1 MONTH OF
FREE
READING

at
www.ForgottenBooks.com

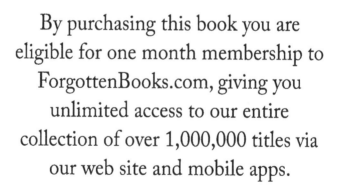

By purchasing this book you are eligible for one month membership to ForgottenBooks.com, giving you unlimited access to our entire collection of over 1,000,000 titles via our web site and mobile apps.

To claim your free month visit:
www.forgottenbooks.com/free899566

ISBN 978-0-266-85365-7
PIBN 10899566

Den østgrønlandske Expedition,

udført i Aarene 1891—92

under Ledelse af

C. Ryder.

Første Del.

Kjøbenhavn.

Bianco Lunos Kgl. Hof-Bogtrykkeri (F. Dreyer).

1895.

Indhold.

Textbilleder.

Tavler

med Henvisning til Texten.

Beretning

om

den østgrønlandske Expedition

1891—92

af

C. Ryder.

Expeditionens Forhistorie.

D̄e danske Undersøgelser paa Vestkysten af Gronland under «Commissionen for Ledelsen af de geologiske og geografiske Undersøgelser i Gronland», havde efterhaanden udstrakt sig til at omfatte hele Vestkysten fra Cap Farvel op til 74½° N.Br., naar et Par mindre Strækninger undtages. Østkysten var derimod kun undersøgt op til Angmagsalik-Distriktet paa c. 66° Br., hvor Capitain Holms Konebaads-Expedition overvintrede i 1884—85. Fra 66° til omtrent 70° Br. var Kysten fuldstændig ubekjendt.

Mellem 70° og 73°, fra Scoresby Sund til Mundingen af Franz Joseph Fjord, havde Yderkysten været besøgt og tildels kaartlagt af William Scoresby i 1822; men, da han, som Fører af et Hvalfangerskib, imidlertid kun kunde foretage den Slags Undersøgelser, naar de ikke kom i Strid med hans Hovedformaal, Hvalfangsten, indskrænkede hans Ophold sig her til omtrent en Maaned, i hvilken Tid han kun var i Land nogle Timer. Der kunde saaledes for denne Stræknings Vedkommende selvfølgelig ikke være Tale om, at den var undersøgt, og navnlig gjaldt dette de indre Partier og Forgreninger af de derværende dybe Fjorde: Scoresby Sund, Halls Inlet, Davy Sund o. s. v.

Fra Franz Joseph Fjord og Nord efter til omtrent 77° N.Br. var Kysten i Hovedsagen bleven kaartlagt og undersøgt af den 2den tydske Nordpolsexpedition i 1869—70, og denne Del af Kysten maatte siges at være forholdsvis grundig kjendt, endskjøndt ogsaa her de inderste Grene af Fjordene ikke bleve besøgte.

Det var altsaa Strækningen mellem 66° og 73°, der endnu laa fuldstændig uberørt af videnskabelige Expeditioner. Der var al Udsigt til, at Undersøgelsen af denne Strækning vilde give særdeles interessante Resultater om geografiske, naturhistoriske og klimatologiske Forhold i de paagjældende Egne, og i Erkjendelsen af det Ønskelige i, at denne Undersøgelse blev foretaget fra Danmark, fremkom Commissionen for Grønlands Undersøgelse i Aarene 1880—81 med Forslag til Udsendelsen af tvende Expeditioner, en Konebaads-Expedition, der fra Cap Farvel skulde arbejde sig mod Nord til 66° N.Br. og en Skibsexpedition, som skulde undersøge den nordenfor liggende Strækning.

Efter at Commissionens Forslag fremkom, blev den ene af disse Expeditioner, Konebaads-Expeditionen, i Aarene 1883—85 lykkeligt fort til Ende under Capitain Holms Ledelse og hjembragte store Resultater. Derimod lykkedes det ikke den Gang at faa Midler til at udsende Skibsexpeditionen.

Da Interessen for grønlandske Undersøgelser efter Dr. F. Nansens Hjemkomst fra Skitouren over Indlandsisen i 1888 var blevet betydelig vækket ogsaa her i Danmark, antog jeg Øjeblikket kommet til igjen at prøve paa at faa en dansk Expedition i Gang til Grønlands Østkyst.

I Vinteren 1889—90 indgav jeg derfor til Marineministeriet et «Forslag og Plan til en Undersøgelse af Grønlands Østkyst fra 66° til 73° N.Br.». Planen støttede sig i Hovedsagen til det af Commandeur Normann i 1880 fremsatte Forslag, som blev indgivet til Commissionen for Grønlands Undersøgelse, («Meddelelser om Grønland» 6te Hefte. «Forslag til en fra Søsiden foretagen Undersøgelse af Grønlands Østkyst») ligesom jeg under Udarbejdelsen modtog en væsentlig Hjælp fra Commandeur Normann og Capitain Holm, hvilke to Mænd herhjemme repræsentere den fyldigste Kjendskab til Forholdene paa Østkysten af Grønland.

Grundlaget for Planen var i korte Træk følgende: Medens

det maatte ansees for at være vanskeligt at komme ind til den grønlandske Kyst mellem 66° og 70°, havde man Erfaring for, at det for et stærkt Trædampskib næppe vilde frembyde synderlige Vanskeligheder at naa denne Kyst et eller andet Sted Nord for 70° Br., især i Eftersommermaanederne. Ligeledes kunde man, efter de Oplysninger, der forelaa fra Capitain Holms Expedition angaaende Isforholdene ved Angmagsalik i September Maaned, gaa ud fra, at Besejlingen af dette Sted i den nævnte Maaned let kunde udføres, idet der paa den Tid af Aaret som Regel var helt isfrit eller ialtfald kun et meget smalt Isbælte udfor Kysten.

Endvidere var det sandsynligt, at skjøndt Kysten mellem Scoresby Sund' og Angmagsalik kunde frembyde saadanne Ishindringer, at den ikke lod sig undersøge fra et Skib, vilde der dog umiddelbart under Landet være saa meget aabent Vand, at man kunde komme frem med Baade.

Planen var derfor folgende:

En Expedition bestaaende af 9 Mand, med 3 Baade, Hus til Overvintring og Proviant til 2 Aar m. m. skulde landsættes af en Damper, saasnart Isforholdene tillode det ɔ: i Juni eller Juli 1891 ved Cap Stewart i Scoresby Sund paa omtrent 70¹/₂° Br., hvor Huset skulde rejses, og Forraadene bringes i Sikkerhed. Saafremt Tiden tillod det, skulde der om Sommeren gjøres saa udstrakte Undersøgelser som Forholdene vilde tillade det, mellem Franz Joseph Fjord og Scoresby Sund, særlig i de indre Farvande.

I Begyndelsen af September skulde Skibet gaa hjem efterladende Expeditionen paa Overvintringsstedet. Under Overvintringen skulde der anstilles udførlige meteorologiske og magnetiske Observationer og lignende, om Foraaret gjøres Slædetoure, og Opholdet i det Hele udnyttes saa godt som muligt.

Naar Isforholdene i 1892 tillod det, skulde Expeditionen i Baade gaa fra Scoresby Sund Syd efter langs Kysten til

Angmagsalik, hvortil man ventede at kunne naa i Midten af September. Skibet skulde, efter at have endt sin Fangsttour, i Slutningen af Juli gaa til Cap Stewart og afhente de der af Expeditionen efterladte Beretninger og Samlinger. Derpaa skulde Skibet gaa til Angmagsalik for at afvente Expeditionens Ankomst. Det var bestemt, at Skibet saa vidt muligt ikke maatte udsætte sig for at overvintre ved Angmagsalik, men at det, hvis Forholdene gjorde det nødvendigt, skulde gaa hjem, selvfølgeligt saa sent som muligt, selv om Expeditionen ikke havde naaet Angmagsalik. I saa Tilfælde skulde der oplosses en Del Proviant, og hvis Expeditionen saa senere kom til Angmagsalik, skulde den overvintre der, for i Sommeren 1893 at gaa videre langs Kysten Syd paa til de danske Colonier paa Vestkysten.

Dette Forslag blev af Marineministeriet sendt videre til Commissionen for Grønlands geografiske og geologiske Undersøgelser. for at denne kunde udtale sig derom. Efterat Commissionen derpaa havde anbefalet Forslaget, særlig i den Form, at der til Expeditionen lejedes et norsk Sælfangerskib, blev der af Hs. Excell. Marineministeren paa Finantslovforslaget optaget Forslag til en Bevilling til Expeditionen paa 180,000 Kr. fordelte paa tre Finantsaar.

Denne Sum blev i 1890 bevilget af Rigsdagen og Expeditionens Virkeliggjørelse var saaledes sikkret.

Der blev i Løbet af Sommeren 1890 truffet forskjellige Forberedelser til Expeditionen, Anskaffelser af Materiel, Skind til Dragter o. s. v. Da man imidlertid efter Fangstskibenes Hjemkomst om Efteraaret skulde leje et norsk Fangstfartøj, viste der sig forskjellige Vanskeligheder herved. Kun faa Rederier vare i det Hele taget tilbøjelige til at udleje deres Skibe til Expeditionen, og de Summer, de forlangte derfor, vare adskilligt højere end de, der vare regnede med i Forslaget til Expeditionen, hvilke sidste hidrørte fra de Opgivelser, der vare givne af Rederierne i 1889.

Efter flere Forhandlinger blev der endelig sluttet Contract

med Consul N. B u g g e i Tonsberg om at leje Sælfangerdamperen «Hekla», ført af Capitain R. K n u d s e n, til Expeditionen. Det blev imidlertid herved nødvendigt at søge Bevillingen til Expeditionen forøget fra 180,000 til 220,000 Kr.

«Hekla» er bygget til Sælfangst i 1872; det horte saaledes til den ældre Type af Sælfangerdampere og havde en temmelig gammeldags Højtryksmaskine af 45 Hestes Kraft (nom.). Skibets Længde var 140 Fod, Brede 30 Fod, og med fuld Last havde det et Dybgaaende af c. 17 Fod. Drægtigheden var 357 Tons Brutto, 240 Tons Netto.

Det kunde paa almindelige Fangsttoure tage c. 200 Tous Kul ombord regnet til 1800 norske Tønder. Med fuld Kraft brugte det 10 norske Tønder i Vagten og skulde dermed kunne lobe 5—6 Mils Fart; det viste sig imidlertid paa Touren undertiden vanskeligt at opnaa denne Fart uden Hjælp af Sejlene. Skibet var barkrigget, havde Reserveskrue og Reserveror ombord og var forøvrigt apteret som de fleste andre Sælfangere.

Paa Fangsttourene havde det i Reglen en Besætning af c. 40 Mand, men da man paa Expeditionen jo ikke skulde drive Fangst og saaledes ikke havde Brug for den store Besætning, blev den sat til 20 Maud.

Expeditionen kom til at bestaa af folgende Medlemmer:
Pr. Lieutenant i Marinen C a r l R y d e r, født i Kjobenhavn 1858.
— — H e l g e V e d e l, født i Kjobenhavn 1863.
Cand. phil. E d v a r d B a y, født i Jylland 1867.
Underkanoner E. A n c k e r, født i Kjobenhavn 1865.
Tolk J o h a n P e t e r s e n, født i Syd-Gronland 1867.
Grønlænder O t t o A n d e r s e n, født ved Christianshaab 1863.
Skibstømrer C h r i s t o f f e r T h r e m s, født i Dragør 1859.
Fangstmand A r n o l d u s A l l a n, født i Hammersfest 1848.
— Gunner E r i k s e n, født i Tromso 1851.

Endvidere skulde de to efternævnte Naturforskere, henholdsvis som Botaniker og som Entomolog, deltage i Touren med Skibet og vende hjem med dette i Efteraaret 1891:

Cand. phil. N. Hartz, født i Randers 1867.

— H. Deichmann, født i Faaborg 1871.

For Expeditionens Hovedformaal blev der givet mig følgende Instrux:

«Expeditionens Hovedformaal er en Fortsættelse af de Opmaalinger og Undersøgelser, som udførtes af Capitain G. Holm i Aarene 1883—85 fra Cap Farvel indtil 66° N. Br., i det Omfang og paa den Maade, som er fremsat i den hermed følgende, til Marineministeriet i 1890 indsendte «Plan til en Undersøgelse af Grønlands Østkyst fra 66° til 73° N. Br.».

Fra denne Plan kan der selvfølgelig gjøres Afvigelser, som de stedlige Forhold, Is og øvrige Omstændigheder maatte gjøre tilraadelige, ligesom der ogsaa strax ved Ankomsten til Grønland kan forsøges landsat et Proviantdepot paa 68°—69° Br.

I Henhold hertil vil Expeditionen, efter i Sommeren 1891 at være landsat af Fangstskibet «Hekla» tilligemed det medbragte Materiel, bestaaende af Baade, Proviant, Hus, Instrumenter m. m., have at undersøge Strækningen fra 70° til 73° N. Br. i saa stor en Udstrækning som muligt, dels ved egne Midler, dels med Bistand af Skibet og den medbragte Dampbarkas. I Vinteren 1891—92 fortsættes Undersøgelserne med Vinterkvarteret som Udgangspunkt, og i Sommeren 1892 undersøges derefter den hidtil saa godt som ubekjendte Kyst fra 70°—66° N. Br.

Skulde der da, efter Ankomsten til Angmagsalik, ikke kunne tilvejebringes Forbindelse med Skibet, der skal afhente Expeditionen i Eftersommeren 1892, saa at den bliver nødsaget til at overvintre sammesteds, maa Expeditionen søge at naa ned til Julianehaabs Distrikt i den paafølgende Sommer, for derfra at vende hjem med et af den Kgl. Grønlandske Handels Skibe.»

Udrejsen.

Den 27de Maj 1891 ankom «Hekla» fra Tønsberg til Kjøbenhavn og lagde ind ved Grønlandsk Handels Plads for at overtage Expeditionens Materiel. Som sædvanligt ved den Slags Expeditioner blev Skibet saa fuldpakket, at hver eneste Krog og Rum ombord blev benyttet, og til meget af Godset blev der ikke Plads i Lasten, saa at det maatte stuves bort paa Dækket. Efterhaanden som vi imidlertid paa Touren brugte Kul, blev der mere Plads om Læ, saa at Dækket igjen kunde blive nogenlunde ryddeligt.

Søndag den 7de Juni om Morgenen gik Expeditionen ombord i Skibet og kort efter kastedes der los, og vi forlod Kjøbenhavn. Deviationen blev undersøgt paa Yderrheden, hvorefter Hekla stod Sundet ud. Den følgende Formiddag passeredes Skagen og den 9de om Middagen Lindesnæs.

I Nordsøen fik vi frisk nordlig Vind med svær Sø, og da Hekla krængede endel over til Bagbord og blev liggende temmelig længe i Overhalingerne paa Grund af sin svære Dækslast, saa at den tog endel Vand over, blev det nødvendigt at stuve denne noget anderledes. Da det derfor en Dag var noget løjere Vind, blev Tømmeret til vore Huse, som hidtil havde været stablet op temmeligt højt paa begge Sider midtskibs, nu anbragt agter mellem Lønningen og Hyttetaget, ligesom ogsaa forskjellige Sager fra Forenden af Skibet blev stuvet agterligere for at lette dette, der laa noget paa Næsen. Det lykkedes ogsaa derved at faa Skibet til at ligge mageligere paa Søen.

De nordlige Vinde holdt sig i flere Dage. Da vi den 13de om Middagen var SØ. for Fair Isle (59° 6′ N.Br. og 0° 8′ V. Lgd.) blev Vandet, som hidtil havde været rent blaat, pludseligt blegblaat eller mælket, som om det kunde være leret. Efter nogle faa Timers Forløb tabte den blegblaa Farve sig og gik over til grønt. Diatoméer havde rimeligvis ikke nogen Skyld i denne Farveforandring, som tiltrods for den temmelig store Afstand fra Land vel nærmest maa søges i, at stærk Strøm har ført plumret Vand ud fra Farvandene mellem Orkney- og Shetlands Øerne.

Tiden blev ombord benyttet til at ordne forskjellige Sager, til at instruere Expeditionens Deltagere i Anstillelsen af de meteorologiske Observationer som, nærmest for at give den fornødne Øvelse, allerede bleve paabegyndte, efter at vi havde passeret Lindesnæs. De bleve anstillede hver Time hele Døgnet igjennem og omfattede Barometerstand, Luftens Temperatur, Vindens Retning og Styrke, Vejrliget samt Havvandets Farve, Temperatur og Vægtfylde. Senere blev der endvidere to Gauge i Døgnet taget Prøver af Overfladevandet til nærmere Undersøgelse efter Hjemkomsten.

Vi gik Øst om Shetlands Øerne og var den 18de om Middagen paa 65° 47′ N.Br. og 6° 23′ V.Lgd. Dels for at prøve vore Loddeapparater dels til Øvelse toge vi her en Temperatur-Serie paa indtil 1000 Fv. Vi fandt ved denne, at Temperaturen fra mellem 500 og 600 Fv. og nedefter var under Nul, medens den opefter steg til 6°,1 [1]). Vi vare nu komne paa det Felt, hvor der i senere Aar af Normændene drives Fangst paa Døglingen eller Næbhvalen., eller som de engelske Hvalfangere og efter dem Normændene kalde den «Bottlenosen».

Fangsten paa disse Dyr er forholdsvis ny, men har udviklet sig stærkt i den Tid, den har fundet Sted. Den begyndte i det Større i 1883. Før den Tid har Døglingen af og til været fanget af Sælfangerne, men det er først, efter at der er begyndt at blive for faa Sæler og for mange Sælfangere, at Fangsten paa Bottlenosen er blevet drevet med Kraft. En engelsk Hvalfanger tog i 1881 c. 200 Stk. i Nærheden af Langenæs paa Island. Fangsten blev derefter paabegyndt fra Norge og drives nu udelukkende af Normænd. I Begyndelsen var det kun Sejlskibe, men senere mødte man ogsaa med Dampere. Sejlskibene ere i Reglen Jagter og Skonnerter, men ogsaa Brigger paa en Størrelse fra 40—100 Tous og med en Besætning fra 14 Mand og opefter. Hvalerne skydes med Harpuner enten fra Skibets Baade eller fra selve Skibet. De fortøjes derefter med Kjæder og Toug til Skibet, indtil Flensningen kan foregaa. Skibene gaa ud i Midten af Maj og blive ude til ind i Juli. I 1891 deltoge 20 nye Fartøjer i Fangsten.

De mindre Skibe kunne have 40—100 Stk. Hvaler. Det største Antal, der er fanget af et norsk Skib, er 150 Stk.

Der dræbes gjennemsnitlig c. 1500 Stk. aarlig, i 1890 c. 3000. Som Regel skal der 11 Hvaler, eller som Fangstmændene kalde dem «Fiske», til at give 10 Tous Tran. Den største Længde, disse Hvaler opnaa, skal være 30 Fod. Værdien af en «Fisk» var i 1890 c. 300—400 Kr., medens den tidligere har været 1200—1300 Kr. Tranen stod tidligere i 70 £ pr. Ton, men paa Grund af Overproduktion faldt Prisen i 1887 til 17 £, men den skal nu være i Stigning igjen. Tranen benyttes meget til Fremstilling af Maskinolie til særlig fine

---

[1]) Saavel her som i det Følgende benyttes altid Celsius Skala.

Maskiner og har, da den i Reglen bliver kogt i raadden Til-
stand, en ubehagelig Lugt.

Dyrene komme om Foraaret i Flokke paa 4—8 Stk. og
søge Nord efter, for i Begyndelsen af Juli igjen at trække SV.
paa. Der fanges i Almindelighed flere Hunner end Hannér.
De sidstnævnte ere større end Hunnerne og træffes almindeligvis
nordligere end disse. I det Hele taget skal «Fisken» være
større, jo nordligere den fanges.

Stedet og Tiden, hvor Døglingen yngler, er ubekjendt, men
Captain Knudsen har flere Gauge i Maj iagttaget Parringen,
som skulde foregaa paa den Maade, at Hunnen lægger sig paa
Ryggen i Vandskorpen med Hovedet skraat nedefter. Hannen
svømmer da ovenpaa, og de gaa nu samlede ned for nogen Tid
efter atter at komme op. Samtidig med, at halvvoxne Unger
ere sete, er der taget Fostre ud af drægtige Hunner. Døg-
lingen findes over hele Nordhavet, men dog næppe Nord for
75° Br. eller Øst for Nordkap i Norge. Den forekommer langs
Norges Kyst og er seet udfor Lofoten og udfor Stat i Sep-
tember. Hovedfeltet for Fangsten ligger imidlertid Øst eller
NØ. for Island mellem 66° og 68° N. Br. og 8° og 11° V. Lgd.,
desuden fanges der aarlig nogle Stykker ved Jan Mayen,
Nord og Øst for Færøerne og i Danmark Strædet. [1]

Angaaende disse Hvalers Maade at svømme havde vi senere
paa Touren Lejlighed til at observere, at de i Reglen gaa
ved Siden af hinanden som Soldater i Geled. De kom op
nøjagtig paa samme Tid og gik ligeledes ned samtidig. De
blæste 6—8 Gauge med et Mellemrum af 10 Sekunder, gik saa
ned med et større Spring og bleve borte i 10 Minutter, der-
efter kom de igjen op, blæste 6—8 Gange med 10 Sekunders
Mellemrum, og derefter vare de igjen nede i 10 Minutter o. s. v.
Captain Knudsen mener, at de kunne være nede i 15—20
Minutter.

---

[1] Det ovenfor meddelte støtter sig til Oplysninger fra Capt. Knudsen.

I Løbet af Aftenen den 18de saae vi flere Fartøjer og stop-
pede lidt før Midnat ved Skonnerten «Haabet» af Tønsberg
tilhørende Sven Foyen. Sceneriet var ganske malerisk. En
arktisk, graa, ulden, blytung Sommernatshimmel hvælvede sig
over Havet, som gik i store, lange Dønninger. Baadene fra
«Haabet» havde nylig gjort Fangst og vare nu iførd med at
bugsere en Hval hen til Skonnerten, som dukkede og slingrede
i de store Dønninger. Snart vare Baadene helt forsvundne,
snart saa man dem bøjt oppe paa Ryggen af Dønningen, medens
nogle tidligere fangne Hvaler laa fortøjede agten for Skonnerten
og syntes endnu at være levende. «Haabet» havde den Dag fanget
3 Hvaler og havde ialt taget 41 Stk., hvad der ansaaes for at
være god Fangst. Føreren af Skonnerten, Capt. Sande, kom
ombord og modtog vore Breve til videre Besørgelse ved hans
Hjemkomst. Saavel af ham som af et andet Fangstfartøj, som
vi tidligere paa Dagen havde prajet, fik vi at vide, at Iskanten
laa meget østlig, og at Isen skulde ligge til Land langs hele
Nordkysten af Island.

Den 19de om Eftermiddagen fik vi stiv, sydlig Kuling, saa
at vi kom rask frem. Vi begyndte samtidig at mærke Tegn
til, at vi ikke vare langt fra Isen. Overfladevandets Temperatur,
som i de sidste Dage havde været jævnt faldende fra 8° til 6°,
faldt nu hurtigt.

Vi maalte følgende Temperaturer den 19de

Kl. 12 Mn.	$+ 5°,6$
- 4 Fm.	$+ 4°,2$
- 8 —	$+ 3°,0$
- 12 Md.	$+ 2°,3$
- 4 Em.	$+ 2°,0$
- 8 —	$+ 1°,6$

Samtidig faldt Luftens Temperatur fra 7° til 3°,5 og Luften
blev bidende og raa. Da det var meget taaget, vilde vi først
kunne se Isen, naar vi vare lige ved den, og vi maatte derfor

om Natten gaa for temmelig smaa Sejl, for strax at kunne dreje til Vinden, saa snart vi fik Isen i Sigte. Efter Midnat trak Vinden sig VSVlig, og Søen lagde sig temmelig hurtigt, et Tegn paa, at vi maatte have Isen tæt Vest for os. Efterhaanden løjede Vinden noget af, det blev klart Vejr, Vandets Temperatur faldt til 0°, og om Morgenen fik vi Isen i Sigte. Kl. 8 vare vi ved Iskanten paa 68° 12′ N. Br. og 13° 5′ V. Lgd., efter at vi forinden paa en Strækning af 1 Kvml. af og til havde passeret smaa, spredte Stykker Is.

Isen var i Yderkanten temmelig spredt og Skodserne smaa og forvadskede. De højeste Skodser vare 5—6 Fod over Vandet. Iskanten strakte sig omtrent i misv. N—S. med store Bugter og Odder. Nordefter syntes den at være tættere. Det meste af Isen var skiden gul, rimeligvis farvet af Støv eller Diatoméer, medens det paa enkelte Steder kunde se ud, som om den var dækket af Fugleexcrementer. Paa et Isstykke saaes et enkelt Stykke Drivtømmer. De levende Væsener vare repræsenterede af en Klapmyds, en Edderfugl og nogle Alker foruden mange Mallemukker, ligesom tre gulbrune Døglinger tumlede sig udenfor Iskanten ganske tæt ved Skibet.

Da Vinden igjen var bleven frisk sydlig, og Isen efterhaanden pakkede sammen, gik vi ikke ind i Isen men krydsede Syd efter til Luvart af denne.

Då vi nu kunde vente, med det forste at skulle gaa ind i Isen, blev der truffet en Disposition, som vi ganske vist haabede ikke at faa Brug for, men som det dog var nødvendigt at tage forud. For det Tilfælde nemlig, at Skibet pludseligt skulde blive knust i Isen, bleve Alle fordelte til Baadene. I hver af disse blev anbragt en Brødkiste, et Anker med Vand, Riffel og Ammunition, Compas, Kikkert, Taagehorn o. s. v. Enhver Mand ombord havde i sin Køje eller lige ved Haanden en Sæk med noget Undertøj og lignende, samt var instrueret om, hvilke Gjenstande f. Ex. Proviant, Telte o. s. v. han skulde sørge for at medbringe i Baadene. Ved dette Arrangement blev det muligt

i Løbet af nogle ganske faa Minutter at være fuldstændig klar
til at forlade Skibet med tilstrækkelig Proviant til at kunne
haabe at naa Angmagsalik, hvis Omstændighederne maatte gjøre
det nødvendigt.

Den 21de om Morgenen stode vi ind i en stor Isbugt, hvis
Nordside gik omtrent i misv. Ø—V. Sydkanten laa i c. 3 Mil
Afstand. Isen indenfor den yderste Kant, hvor de sidste
Dages sydlige Vinde havde presset Skodserne sammen, var
meget aaben ind efter mod Vest, ligesom der i samme Retning
ogsaa stod endel taaget Luft, som tydede paa aabent Vand.

Vi havde ikke strax Dampen oppe og maatte derfor for
Sejl bore os gjennem den yderste Kant, hvilket paa Grund af
Dønningen selvfølgelig ikke løb af uden nogle solide Knubs.
Derefter dampede vi mellem spredt Is retvisende V. og VNV.
efter. Mod N. og mod NV. laa Isen tilsyneladende tæt. Flagerne,
paa den Strækning vi passerede, vare alle meget smudsige.
Farven var gullig eller brunlig. Efter Kaptain Knudsens
Udsagn var det ikke almindeligt, at træffe saa smudsig Is her,
derimod skulde det ligne den Is, man om Foraaret finder ved
Kysterne af det Hvide Hav og Karahavet, hvor Støv og
Sand fra Land af Stormene pidskes ud over Isen. Enkelte
Steder saaes store Samlinger af Ler eller Mudder men ingen
Steder Sten. Isen var gjennemgaaende temmelig lav, 4—5 Fod
over Vandet, enkelte Skodser naaede en Højde af c. 10 Fod.

Efter at vi vare komne 6—7 Mil indenfor Iskanten, be-
gyndte Isen at blive noget tættere og Flagerne noget sværere,
men man kunde dog paa dem alle se, at de i længere Tid
havde ligget spredte, da de langs Kanterne vare meget ud-
hulede og forvadskede. Om Aftenen fortøjede vi ved en stor
sammenskruet Ismasse. Vinden var nemlig nu frisket op og
pakkede Isen mere og mere sammen, saa at det ikke blev an-
seet for tilraadeligt at gaa længere ind i den tætte Is, før
Vinden løjede.

Naar man fortøjer i Isen, bør man, saavidt Forholdene

tillade det, udsøge sig en stor Isflage, der rager godt op over Vaudet, og fortøje i Læ af den. Jo højere den er over Vaudet, desto større vil ogsaa dens Dybgaaende være. Som Følge deraf driver den ikke saa stærkt, som de lavere, mindre dybgaaende Flager, og der holder sig stadigt aabent Vand i Læ af den, saa at Skibet kan ligge fast, uden at generes af den omliggende og forbidrivende Is.

Det er imidlertid en Selvfølge, at man, selv om man er fortøjet et saadant Sted, alligevel maa være meget agtpaagivende og have et Øje paa hver Finger, ligesom man maa være klar til paa kort Varsel at kunne bruge sin Maskine, thi Strøm og andre Forhold kunne foraarsage, at man tiltrods for al Beregning trues af Isen.

Det var første Gang efter at vi havde forladt Kjøbenhavn, at der var Anledning til at røre Benene udenfor Skibet og den blev nu benyttet fuldt ud til at anstille Undersøgelse paa Isen, fotografere, jage o. s. v.

Vi samlede Prøver af det Stof, som fandtes paa Overfladen af Isen. Der syntes efter en foreløbig Undersøgelse at være tre forskjellige Slags. Det første var fint Ler eller Mudder, og nogle Steder blev der sammen med dette fundet Muslingeskaller.

De fundne Muslingeskaller viste sig efter Hjemkomsten ifølge Cand. Bays Meddelelse at være

Astarte semisulcata og *Lyonsia arenosa* var. *sibirica*.

Den første Art er circumpolair, medens den nævnte Varietet af *Lyonsia* hidtil kun er fundet i Cumberland Sund paa 66° N. Br. og 68° V. Lgd. samt paa fire Lokaliteter paa Sibiriens Kyst fra Hvide Ø til Cap Jakan. Da imidlertid den typiske *Lyonsia* er circumpolair, er der næppe nogen Tvivl om, at ogsaa Varieteten er det. Skallerne kunne derfor ikke tjene til nogen Vejledning med Hensyn til det Sted, hvor Isen er kommet fra. De fandtes alle i Mudder eller Lersamlingerne paa Isen. Leret laa fortrinsvis i Fordybninger i Isen, undertiden i saa store Samlinger, at det syntes at være opslemmet af Smeltevandet, som ved at løbe

hen over Isskodsernes Overflade har skyllet alle derpaa liggende
Lerpartikler med sig og aflejret dem i smaa Ferskvandsøer.
Andre Steder laa Leret som smaa Kugler i Hullerne paa Isen.

Det andet Stof lignede meget en Lavart med mange For-
greninger; det laa i Huller, fyldte med Smeltevand, paa Isen,
og, naar man prøvede paa at tage det op med en Ske eller
rørte rundt i Vaudet, blev det Hele mudret op.

Dette Stof bestod saa godt som udelukkende af Diatoméer
og var fedtet at føle paa.

Et tredje Stof, som lignede smaa Fedtkugler med en rødlig
eller mørk Plet i den ene Ende, fandtes paa sine Steder spredt
over Isen i alle smaa Fordybninger. Fra dette Stof og maaske
tildels fra Leret stammede den brungule Farve, som alle Is-
skodserne her havde.

Leret og de smaa Kugler gjorde Indtryk af at have været
spredte over Isen af Vinden og derefter af Smeltevandet at være
samlet og atter aflejret i Fordybningerne paa Isen. Ved Sol-
varmen have disse Aflejringer paa mange Steder «ædt» sig videre
ned gjennem Isen. Vi traf en Mængde Huller paa c. 8" Dybde
og med en Diameter af indtil 3", som vare dannede paa denne
Maade. 'At det farvende Stof kun laa paa Overfladen af Isen,
kunde man se af de friske Brud, som alle vare blaalig-hvide
og fri for enhver fremmed Farvning. Skjøndt man efter min
Mening vanskelig kan tænke sig, at Isen paa hele denne Stræk-
ning skulde have ligget saa nær ved Land, at Støv og Lerpar-
tikler skulde have spredt sig over den, ført af Vinden, synes
dog ingen anden Forklaring mulig, og allerede den næste Nat
fik vi Bevis paa, hvor langt Støv kan føres af Vinden.

Om Morgenen den 22. saae vi overalt paa Skibet, paa
Dækket og paa Forkanten af Rejsningen helt op til Udkigstønden
et fint, gulbrunt Støv, som for en overfladisk Betragtning kunde
ligne de Lerpartikler, der farvede Isen. Ved mikroskopisk Under-
søgelse saae det imidlertid ud som et vulkansk Støv. Vinden,
havde i Løbet af Natten været retvisende SV.-lig og S.-lig og

blæst temmelig stivt, og det er saaledes sandsynligt, at dette Støv maa være kommet fra Island.

Efter Oplysninger, som velvilligt ere mig tilstillede fra Adjunct Thoroddsen, har der i Juni 1891 ikke været noget vulkansk Udbrud i de kjendte Egne af Island, men Fald af vulkansk Støv er hyppigt i alle Egne af Øen, ogsaa naar der intet Udbrud har fundet Sted, da det fine Støv, som dækker store Arealer af Højlandet i det Indre af Øen, under stærke Storme bliver ført langt bort. Dette Støv bestaar især af forvitret Palagonittuf og fin, vulkansk Aske. Under østlige Storme er Luften i Reykiavik (især efter længere Tørke) ofte aldeles opfyldt af det gulbrune Palagonitstøv, der sætter sig paa Vinduerne og tilsmudser udhængt Vadsketøj. Dette Støv stammer især fra Vulkanen Hekla og den vestlige Rand af Vatnajökul. Denne Beskrivelse passer aldeles paa det Støv, der faldt ombord i «Hekla», og det ligger saaledes nær at antage, at Støvet, med den stærke Blæst, er ført fra Islands Indre. Afstanden fra det Indre af Island var dengang c. 50 Mil og fra det nærmeste Puukt af den islandske Kyst c. 30 Mil.

Isflagerne, i Omegnen af det Sted vi laa, vare i Almindelighed ikke mere end 2—3 Fod høje, og kun enkelte, som f. Ex. den, vi vare fortøjede ved, havde Skruninger, som naaede 20 Fods Højde. Dybden under Vaudet var derimod meget betydelig, for de almindelige Flager c. 20 Fod men under Skruningen meget mere.

Om Formiddagen toge vi et Lodskud og en Temperaturserie. Vi fik Bund paa 900 Fv. Bundarten var fint, lysebrunt Ler med smaa, hvide Skaller. Ved Tørring blev Leret graat. Da det begyndte at friske fra Syd med faldende Barometer, og Isen som Følge deraf begyndte at blive tættere, kastede vi los om Eftermiddagen og stode ud efter for at faa slækkere Is; men allerede Kl. 8 om Aftenen maatte vi igjen fortøje paa Grund af Taage og Regn. Næste Middag kom vi atter ud til Iskanten. Efter de Oplysninger, vi havde faaet af Bottlenosefangerne, havde Isen ligget til Nordkysten af Island. Vi antoge derfor, at Chancen for at komme ind gjennem Isbæltet maatte være gunstigere længere Nord paa, da der havde hersket temmelig vedholdende N.-lige og NV.-lige Vinde. Vi stode derfor langs Iskanten Nord efter; Isen blev her betydelig sværere end længere Syd paa.

Efter Middag den 24. begyndte Isen at blive mere spredt indefter; om Aftenen Kl. 9, da vi vare paa 69° N.Br. og 12° V.Lgd., saae vi store «Klarer» og spredt Is i retv. NV. og gik derfor ind i Isen. Allerede næste Morgen, c. 8 Mil indenfor Iskanten, blev Isen imidlertid igjen tæt mod V. og NV., og vi fortøjede for at lodde.

Ved Middagstid fik vi Toppen af Beerenberg paa Jan Mayen i Sigte i en Afstand af c. 25 Mil.

Da Isen vedblev at være tæt indefter, søgte vi i de følgende Dage at arbejde os mellem den spredte og den tætte Is i NO.-lig Retning hen mod Jan Mayen, hvor vi ventede at finde mere spredt Is. Vort Haab herom blev imidlertid fuldstændigt tilintetgjort; thi medens Iskanten i almindelige Isaar plejer at ligge indenfor Jan Mayen allerede i Begyndelsen af Maj, laa Isen iaar i de sidste Dage af Juni henved 20 Mil Ost for Øen.

Paa den Banke, som ifølge Professor Mohn's Kaart over Dybderne i Nordhavet, strækker sig fra Sydenden af Jan Mayen i SSO.-lig Retning, blev der taget flere Lodskud, som viste, at der indenfor de af Prof. Mohn trukne Curver findes betydeligt større Dybder.

De tagne Lodskud her vare følgende:

69°51′N.Br. og 11°18′ V.Lgd. Ingen Bund med 1000 Fv.

69°57′ - - 9°40′ - Ingen Bund med 1000 Fv.

70°18′ - - 9° 2′ - 770 Fv. Bundart: Ler, øverst et c. 1″ tykt Lag blødt, chocoladefarvet Ler, som laa ovenpaa et mere fast, graat Ler. I begge fandtes Diatoméer.

70°21'N.Br. og 8°25'V.Lgd. 160 Fv., Ler.

70°32' -   - 8°10' -   470 Fv., mørkt Ler.

Der blev ligeledes foretaget forskjellige Trawlinger og Skrabninger, som bragte et smukt Udbytte af Havbundens Dyreliv.

Medeus tidligere Rejsende i Almindelighed beklage sig over, at Jan Mayen med sit smukke, gamle Krater Beerenberg i Almindelighed er indhyllet i Skyer og Taage, vare vi saa heldige i de Dage, vi laa under Oen, flere Gange at se den fuldstændig klar, hvortil Grunden rimeligvis maa søges i den Omstændighed, at Isen laa omkring den. Jan Mayen blev forste Gang seet af Hudson i 1607 og efter ham kaldet Hudson Touches, et Navn, som dog snart blev ombyttet med det hollandske Jan Mayen. Hele Øen er kun 8 Mil lang og 1 Mil bred. Den sydlige Del er forholdsvis lav og ved en smal, lav Tange forbundet med den nordlige Del, den c. 7000 Fod høje, udbrændte Vulkan, Beerenberg. Dette Fjæld frembyder et pragtfuldt Skue, og navnlig, naar man i nogen Tid har sejlet om uden at se andet end Himmel, Is og Hav, er det velgjørende at se dets hvide Krater dukke op i Horizonten. Det er imidlertid langsomt at vinde ind paa, thi med klart Vejr kan det selvfølgelig sees i lang Afstand. Vi saae det, som nævnt, første Gang paa c. 25 Mils Afstand, men brugte tre Dage om at naa op til tværs af Øen. I Kikkert kunde vi se Bræerne og Sneen paa Toppen glittre i Solskinnet, medens det snefri Land nede ved Søen laa i en blaalig-violet Dis. Det seer ud, som om en mægtig, hvid Lavastrøm væltede ud af Krateret og bredte sig ned over hele Fjældets Sider for længere nede at samle sig til Udløb i Havet i enkelte større Floder. Og en Strøm er det ogsaa, ikke af glødende Lava men af Is, som langsomt men ustandseligt glider ned over.

Vejret begunstigede os i de Dage, vi laa her inde i Isen; det var gjennemgaaende stille og klart med Solskin. En saadan Sommerdag mellem Isskodserne gjør et ganske betagende Indtryk. Vandet ligger roligt som paa en lille Sø, og Isen

glittrer og flimrer i Solskinnet i blændende Hvidt. Lige i Vand-
fladen, hvor Søgang tidligere har hulet Isen, skinner den snart
smaragdgrøn, snart azurblaa, og dybt nede i Vandet seer man
Foden af Isskodserne i forskjellige Nuancer af Blaat. Oppe fra
Udkigstønden paa Masten har man et udmærket Overblik. Man
seer Skyggen af Rejsningen glide hen over Isflagerne, efterhaanden
som Skibet kiler sig frem imellem dem. Tung, mørk og gul-
brun vælter Stenkulsrøgen op af Skorstenen og strækker sig
som en lang, smudsig Hale efter Skibet. Af og til overrasker
man en Sæl, som hidtil i idyllisk Ro og Fred har ligget og
solet sig paa Isen; nysgjerrig og forskrækket seer den paa det
røgspyende Uhyre, som kommer imod den, og pludselig gjør
den et Par hurtige, slangeagtige Bevægelser, saa den naaer helt
hen til Kanten af Flagen, rejser saa endnu en Gang Hovedet
bøjt i Vejret, og «Pladsk!» er den forsvunden i Vandet, der
danner ringformede Smaabølger, som bryde den spejlklare Over-
flade, hvor Sælen gik ned. Efter Skibet følger en stor Sværm
Maager, som med Skrigen slaas om, hvad der bliver kastet over-
bord af Affald. Det er Ishavets almindeligste Fugl, Stormmaagen
eller Havhesten. Undertiden fangede vi dem i større Antal paa
Krog; thi saa graadige ere disse Fugle, at de ligefrem slaas om
at komme til at bide paa Krogen.

Ombord nød man det gode Vejr; det var varmt paa Dækket,
og man lod sig med Velbehag gjennembage af Solen.

Forholdene kunne imidlertid snart forandre sig. I Hori-
zonten begynder en underlig, hvid, ulden, lav Sky at komme
frem. Med utrolig Fart kommer den nærmere og nærmere.
Det er Taagen, denne Isens sædvanlige Ledsager. I en Fart
søger man sig en stor Isskodse ud, ved hvilken man kan for-
tøje Skibet; thi saalænge Taagen varer, kan man ikke komme
frem, med mindre Isen er meget spredt. Inden man faar for-
tøjet, er imidlertid Taagen kommet op til Skibet. Graa, klam
og isnende kold vælter den sig frem og indhyller i Løbet af
et Par Minutter Alt i sit dækkende Mørke. Alt bliver koldt og

vaadt. Mere end en Skibslængde kan man ikke se og undertiden ikke engang saa langt. I Maskinen er Dampen stadig oppe, thi man maa være klar til at slaa et Slag frem eller bak med kort Varsel, naar en Isflage pludselig dukker frem i Taagen og truer med at drive ned paa Roret og Agterstævnen, som er Skibets svageste Punkt. Taagen kan vare i mange Dage; men vi havde hidtil været temmelig forskaanede for den uvelkomne Gjæst, og først senere paa Touren lærte vi den at kjende tilbunds. Modsætningerne ere store heroppe, den ene Dag Solskin med Liv og Virksomhed, den næste Dag Taage med Uhygge, Stilhed og Kjedsomhed.

Den 29. Juni krydsede vi en stor Bugt i Isen Ost for Jan Mayen; men da vi fandt tæt Is i Bunden af den, maatte vi vende om Syd efter for at komme udenom en stor mod Syd udskydende Isodde.

Vi fulgte Iskanten Nord efter. Flagerne bleve her meget lave, saa at Randen kun var et lille Stykke over Vandspejlet, og Hojden oversteg ikke en Fod. Denne Is maa sandsynligvis have været Vinteris eller Vaaris og ikke egentlig Polaris. Medeus vi efter Bestikket den 28. og 29. Juni havde havt en Forsætning paa Grund af Strømmen i SV.-lig og S.-lig Retning paa c. 27—28 Kvml. i Døguet, saa viste Forskjellen mellem den observerede og den gissede Plads den 1. Juli en Forsætning i NNO.-lig Retning af c. 16 Kvml., hvilket maaske kan have sin Grund i, at vi vare komne ud i varmere Vand, altsaa i den nordgaaende Strøm. Vandets Temperatur var nemlig denne Dag 5,0°—5,7°, medens det de foregaaende Dage inde i Isen havde holdt sig betydeligt nærmere ved 0°. Havvandets Farve var ogsaa blaa, naar vi vare ude af Isen, medens den i Isen i Almindelighed var grøn. Det maa dog erindres, at man ikke af Forskjellen mellem den gissede og den observerede Plads kan komme til et nøjagtigt Kjendskab om Strømmen, thi under Sejlads i Isen variere Courser og Fart saa ofte og saa meget, at det er umuligt at føre noget nøjagtigt Bestik. Endvidere er

Compasset paa disse Breder ikke fuldt paalideligt, og i Taage kan man ikke finde den devierende Misvisning. De her omtalte Distancer ere imidlertid saa store, at de kunne give et nogenlunde paalideligt Billede af Strømsætningen.

Om Morgenen den 2. Juli fik vi en Damper i Sigte, som viste sig at være «Polarstjernen» af Sandefjord. Vi gik der ombord, og Føreren, Capitain E v e n s e n, som havde ligget omtrent en Maaned paa den samme Strækning, fortalte os, at der i Maj havde hersket meget stille Vejr, saa at Isen ikke var begyndt at bryde op før i Juni med N.-lige og NV.-lige Vinde, som undertiden havde blæst haardt. Capt. E v e n s e n fik Breve med til Hjemmet, og afsted gik det igjen Nord efter. Efter hvad vi havde hørt, kunde vi gjøre os Haab om, at den sidste Maaneds vedholdende, nordlige Vinde skulde have spredt Isen og dannet sejlbart Farvand længere Nord paa. Efter alle Fangstmænds Udsagu findes der nemlig i Almindelighed et eller andet Sted paa Strækningen mellem 73° og 76° Bredde en Bugt ind i Isen, som Fangstmændene kalde N o r d b u g t e n. I denne Bugt plejer Isen at være mere spredt, og, navnlig som Vind- og Isforholdene viste sig at være dette Aar, maatte der være størst Chance for at komme ind her. Vi havde fulgt Iskanten fra c. 68° Br., men intet Sted fundet Isen saa spredt, at det kunde lønne sig at gjøre et alvorligt Forsøg paa at presse sig frem. Det blev derfor besluttet at følge Iskanten Nord efter, til vi fik fat i denne Bugt.

Den 4. Juli laa vi det meste af Dagen fortøjet ved en Isskodse paa Grund af Taage og benyttede da Lejligheden til at fylde Vand, til at lodde og tage Dybhavstemperaturmaalinger samt til at anstille forskjellige Undersøgelser over Havisens Temperatur og Smeltning.

Den 5. Juli stode vi igjen ind i en Bugt i Isen, som om Aftenen var usædvanlig tynd og «raadden», og den 6. om Morgeneu fik vi to Skibe i Sigte. Vi vare dengang paa c. 74° Br. og 12 Mil inde i Isen ved en stor Flage paa omtrent en Kvadratmils

Udstrækning og saae de to Skibe fortøjede i Læ af deune. Det viste sig at være Hvalfangerdamperne «Eclipse» og «Hope» af Peterhead førte af Brødrene David og John Gray. Det var mig meget velkomment at kunne høre disse Mænds Mening om Forholdene iaar. De vare begge erfarne Ishavscapitainer, som i 40—50 Aar have befaret disse Farvande. Særlig er Capitain David Gray en anerkjendt Autoritet i alle Spørgs-maal angaaende Isforholdene her, som han i mange Aar har studeret med særlig Omhu. Vi gik der ombord, og Capitain Gray fortalte mig da, at Skibene nu kom fra deres Fangstfelt ved Spitzbergen. De havde i Slutningen af Juni været inde i Isen indtil 10° V.Lgd. paa 75½° N.Br., og siden havde de fulgt Iskanten Syd efter. Isen havde da været ifærd med at aabne sig. Da Capitain Gray af mig hørte, hvorledes For-holdene vare Syd efter, og at Jan Mayen endnu ikke var isfri, meute han, at den bedste Chance for Fremtrængning til Kysten vilde være paa det Sted, hvor de to Skibe havde været inde paa 75½° Br., og han raadede os til at følge denne Route. Da dette stemmede fuldstændigt med, hvad Capitain Knudsen og jeg havde tænkt os, besluttede vi, at følge Capitain Gray's Raad. De to skotske Skibe skulde til deres Fangstfelter udfor Liverpool Kyst, og alle tre Skibe dampede samme Aften Ost paa for at komme ud af Isen og derefter følge Kanten Nord efter.

Den Strækning af Isen, vi nu passerede, frembød mere Af-vexling og Interesse end de sydligere Egue ved den Mængde Sæler, vi her saa liggende paa alle Isskodserne. Det var Grøn-landssælen eller Jan Mayen - Kohben, som nu efter endt Haarskifte nød Livet i fulde Drag ved at ligge og sole sig paa Isen. Paa enkelte Isstykker, som ikke var mere end et Par Hundrede Alen i Diameter, laa der indtil 50—60 Sæler. Nogle laa paa Ryggen og strakte Lufferne i Vejret, medens de fleste laa ubevægelige og sov; af og til strakte de Hals for at se om nogen Fare skulde nærme sig, og naar de havde forvisset sig om, at dette ikke var Tilfældet, lode de med tilsyneladende Tilfredshed Hovedet falde ned paa Isen igjen og sov videre. Det er denne Sæl, som om Foraaret er Gjenstand for det Slagteri, som kaldes Ungfangsten.

En Dag, da vi havde Stille og Intet forsømte dermed, anstillede vi en lille Jagt paa Sæler med tre Baade og skaffede os derved i Løbet af en Timestid en kjærkommen Variation i Skibskostens Ensformighed. Saavel Kjødet af de unge Sæler, som navnlig Lever, Hjærter og Nyrer smage udmærket godt, og det er uforstaaeligt, at de norske Fangstmænd som Regel ikke ere til at formaa til at spise disse særlig i arktiske Egne saa sunde Retter.

Medens vi i disse Dage gik langs Iskanten Nord efter, saae vi oftere «Vandhimmel» [1]) i Vest, medens vi tidligere vare vante til at se den klare, hvid-gule Lysning over Isen. Endelig den 9. Juli, da vi vare paa 76°13′N.Br. og 0°42′V.Lgd., fandt vi Isen saa spredt, at vi satte Coursen retv. SV.-lig og stode indefter. Isen var meget spredt, saa langt man med Kikkert kunde se fra Udkigstønden, omtrent 4 Mil; og mørk Himmel over den vestlige Horizont tydede paa vedblivende spredt Is og aabent Vand længere Vester paa.

I de følgende Dage indtil den 13. Juli gik det nu ganske godt fremefter, hvorvel vi jævnlig maatte fortøje paa Grund af Taagen. Efterhaanden, som vi kom indefter, bleve Isflagerne afløste af store Marker af Is paa flere Miles Udstrækning; selvfølgelig var der i Mellemrummene mellem dem mindre Flager og Skodser, men Ismarkerne vare nu de dominerende. Disse store Marker nødte os selvfølgelig til at gjøre store Omveje. Hele det Indre af Ismarkerne bestod i Almindelighed af fuld-

---

[1]) «Vandhimmel», engelske Hvalfangeres «watersky», kaldes som bekjendt i Isfarvande den mørke Tone, der særligt i Graavejr, viser sig paa Himlen over Steder, hvor der er større Strækninger aabent Vand. Phænomenet giver ligesom et Kaart over Isens Beliggenhed og er til stor Nytte ved Navigeringen.

stændig jævn og flad Is, fuld af store Ferskvandsøer, medens
derimod Kanterne af Ismarken, som havde været udsat for
Presset og Skruningen fra Naboerne, dannede et Miniatur-
Alpelandskab med store Sammenskruninger, som naaede 30
Fod over Vandet og undertiden mere.

Det, som imidlertid, mere end Isen, lagde os Hindringer i
Vejen for at komme hurtigt frem, var Taagen. Da vi gik op
langs Iskanten, havde vi efter Omstændighederne været temmelig
forskaanede for Taagen; men den tog her Revanche, efter at
vi vare komne ind i Isen, og Halvdelen af Døguet vare vi i
Almindelighed nødsagede til at ligge stille. Taage er altid
ubehagelig tilsøs, men i Isen værre end andre Steder, thi
man maa her paa langt Hold undersøge Løbene mellem Is-
markerne og vælge sig en Vej, som kan føre helt igjennem.
Kan man ikke iforvejen gjøre dette, risikerer man kun i Taagen
at komme ind i en Bugt, eller som Normændene kalde det «en
Laas», og man maa da spilde sin Tid og sine Kul paa at
dampe tilbage igjen. Er man derfor ikke i meget spredt Is,
gjør man, naar Taagen kommer, klogest i at fortøje ved en
Isflage og afvente klart Vejr.

De nødtvungne Ophold, som vi saaledes kom til at gjøre
paa Grund af Taagen, benyttedes imidlertid, saa godt som
muligt, til Excursioner og Undersøgelser paa de omliggende
Ismarker og til at tage en Række Lodskud med tilhørende
Temperaturundersøgelser. Lodningerne foretoges med en Staal-
traadsline, paa hvilken Dybhavsthermometre og Vandhentere bleve
anbragte.

I Dagene fra den 14. til den 17. kom vi kun meget smaat
frem, væsentligst paa Grund af Taagen, der tvang os til at ligge
fortøjede hele Døgu. Den 17. om Aftenen fik vi Landet Syd
for Pendulum Oerne med Fjældet Sattelberg i Sigte. Isen
begyndte imidlertid nu at volde os noget mere Besvær, idet
den undertiden laa i meget tætte Strimler, som vi enten maatte
gaa lang Vej for at omgaa eller engang imellem bore os igjennem.

Skrueis i Kanten af en Ismark.

Mod Nord og NV. syntes Isen at ligge fuldstændig fast og ubrudt, og aldrig saae vi mørk Himmel i denne Retning. De to skotske Skibe vare vi temmelig hurtigt blevne skilte fra; men vi saae dem af og til, snart Vest, snart Ost for os. Endnu den 19. om Morgenen var der Nogle ombord, der mente at have scet dem. Den 19. Juli om Middagen, paa 74°14′N.Br. og 16°V.Lgd., vare vi i meget svær Is med store Skruninger. Det saae ikke ud til, at der skulde blive nogen Adgang til Kysten her, thi Isen laa meget tæt og i store ubrudte Flager af uover-skuelig Udstrækning. Om Eftermiddagen vare vi imidlertid saa heldige at finde en ganske smal Rende, som bragte os godt ind mod Land. Isen var øjensynlig først for ganske nylig brudt op her, derpaa tydede de mange smaa Isstumper og Brokker med skarpe Spidser og Kanter, som drev omkring mellem de store Marker og Flager. Kl. 6 Em. vare vi slupne gjennem den tætte Is og kom ud i temmelig spredt Is; der, saavidt vi kunde se, strakte sig lige ind til Pendulum Oerne. Noget egentligt stort, aabent Landvand, som vi havde haabet og ventet at træffe, fandtes ikke her. Den spredte Is strakte sig saa langt, man kunde se fra Toppen; men en gullig Lysning tydede paa, at Isen endnu laa fast i de store Bugter.

Vi satte nu Coursen noget mere sydlig. Hele Kysten fra Pendulum Oerne Syd efter tegnede sig tydeligt og skarpt mod den klare Aftenhimmel. Der laa kun lidt Sne paa Landet; kun paa Fjældplateauerne og hist og her i Kløfter og Dale flimrede Sne og Bræ i Sollyset. Længst Syd paa laa det Land, som første Gang blev set af Hudson i 1607 og af ham fik Navnet Hold with Hope. Det SO.-lige Forbjerg paa dette Land, Cap Broer Ruys, opkaldt efter en gammel hollandsk Hvalfanger, afsluttede Landet med et fremspringende Næs.

Efterhaanden som vi kom Syd efter, saae vi, at Landisen laa ubrudt langs store Strækninger af Kysten. Da man hidtil ikke havde truffet Moskusoxer Syd for Franz Joseph Fjord, og da det zoologiske Museum i Kjøbenhavn meget ønskede

at komme i Besiddelse af nogle Exemplarer af disse Dyr, be-
stemte jeg at offre en Dag paa en lille Jagtexpedition ved
Cap Broer Ruys. Isforholdene Syd efter tydede, saa vidt vi
kunde se, heller ikke paa, at vi derved vilde spilde nogen
videre Tid, en Formodning, som desværre senere blev kun
altfor grundigt stadfæstet.

I Land ved Hold with Hope og videre Syd paa langs Kysten.

Om Morgenen den 20. Juli vare vi lidt Nord for Cap
Broer Ruys. Vi havde haabet, at kunne komme ind i Bugten,
der gaar ind lidt Nord for dette Forbjerg, men Landisen laa
omtrent en dansk Mil ud fra Landet og udenom den lille
Hollands Ø. Da Isen imidlertid saae temmelig jævn og frem-
kommelig ud, besluttede jeg alligevel at gjøre Touren med
Slæder over Isen. Kl. 10 fortøjede vi derfor ved Iskanten og
traf vore Forberedelser til Expeditionen. Vi gjorde tre af vore
Slæder i Stand, og, da vi kunde se, at Isen var brudt inde i
Strandkanten, blev vore tre Kajakker læssede paa Slæderne for
eventuelt at bruges som Færger. Desuden blev selvfølgelig
medtaget noget Proviant, Skier o. s. v. Hovedøjemedet med
Touren var, som nævnt, at jage Moskusoxer, medens Natur-
forskerne anstillede deres specielle Undersøgelser. Ved Middag
forlode vi Skibet, ialt 12 Mand.

Paa det forste Stykke af Isen var der en Del Skruninger,
men Slæderne viste sig at være udmærkede, og vi kom godt ind
efter. Indenfor Skruningerne blev Isen jævn og haard. Over-
fladen var farvet af Grus og Støv, der var blæst ud fra Land,
og, da vi kom nærmere ved Landet, fandtes Blade og et Par
Insekter. Isen mindede meget om den Is, vi først havde mødt
den 20. Juni. Vi styrede ind mod Sydkysten af Bugten Nord
for Cap Broer Ruys.

Da vi kom ind i Bugten, blev Isen fuld af store Huller;

det var Søer, som vare smeltede igjennem. Inde langs Strand-
kanten var Isen brudt, og, for at undgaa at benytte Kajakkerne,
hvad der vilde have taget for lang Tid, færgede vi med Isstykker
til Land, hvor vi ankom efter 2¹/₂ Times Marsch.

Medens Cand. Hartz og Deichmann bleve ved Kysteu
for i Ro at foretage Indsamlinger af Planter og Insekter, og en
Mand blev efterladt ved Slæderne for at beskytte vore Ting mod
en nærmere Undersøgelse af nysgjerrige Bjørne eller Ræve, gik
Resten af Expeditionen ind i Landet Vest paa for at opsøge
Moskusoxer, af hvilke vi allerede nede ved Stranden bavde seet
flere Spor.

Fra Bunden af Bugten strakte sig et Dalstrøg ind i Landet
Vest paa, gjennem hvilket en temmelig bred, men ikke meget
dyb Elv strømmede ud. Omtrent 1¹/₂ Mil inde blev Dalstrøget
ved et mindre Højdeparti paa c. 1200 Fod delt i to Dele. Nord
for Hoveddalen laa høje Fjælde, og Syd for os bavde vi Hold
with Hope's Fjældskraaning, langs hvilken vi gik for at have
Overblik over Dalen. Strandbredden i Bugten dannedes af en
gruset Forstrand paa c. 100 Alens Bredde af grovt, sort Sand
og Grus. Derefter kom en slammet, sumpet Strækning og bag
denne en Slette paa c. 200 Fods Højde med en forholdsvis tem-
melig jævn Overflade.

Det første Indtryk, man fik af Landet her, var ikke meget
tiltalende: Golde, stærkt forvittrede Basaltfjælde, fra hvis Sne-
samlinger Vandet sivede ned langs Fjældskraaningen og dannede
et Ælte af Ler og Grus, hist og her enkelte smaa, forkuede
Planter, altfor smaa og altfor spredte til at give Landskabet
blot et Austrøg af Vegetation; kun enkeltvis fandt vi en lille,
fin Blomst, der kontrasterede stærkt mod de temmelig uhygge-
lige Omgivelser, en sort, gruset Forstrand paa hvilken Is-
skodserne vare strandede og lidt højere oppe paa Stranden
noget forvadsket, afbleget Drivtræ.

Efterhaanden som vi imidlertid kom bort fra Kysteu, bleve
Omgivelserne frodigere. Paa Udløberne fra Fjældryggen, hvilke

tidligere end de lavere liggende Steder blive fri for det nedsivende Smeltevand, begyndte Planterne åt nærme sig mere til hverandre, og enkelte smaa bevoksede Pletter kunde endog sees paa Afstand paa Grund af deres grønbrune Farve; her stode temmelig tætte Klynger af Blomsterplanter som *Potentil, Dryas,* forskjellige *Saxifrager, Oxyria, Papaver, Cassiope* og flere, næsten alle i Blomstring og undertiden afflorerede. Vi saae Spor og Excrementer af Lemmingen, et Dyr som maa findes i Mængder her, efter Antallet af Hullerne paa Fjældskraaningerne at dømme. Skjøndt vi gravede i et Par af Hullerne, fandt vi imidlertid intet levende Dyr.

Endnu havde vi ingen Moskusoxer seet, og da Sporene af dem heroppe paa de forholdsvis golde Fjældskraaninger bleve færre og færre, gik vi over en lille Dal med Elv til det før omtalte, lille Højdeparti, hvis grønne Farve tydede paa en rigere Vegetation og saaledes muligvis ogsaa paa en større Chance for at træffe Dyr. Efterhaanden, som vi fra Lersletten kom op paa Højden, blev Plantelivet ogsaa frodigere. Et Sted saaes Tilløb til et lille Pilekrat. Det var paa en Strækning med Ler, som ved Tørringen var revnet i Prismer. I hvert Prisme stod en Pileplante. Afstanden mellem dem var en halv til en hel Alen, og ingen af dem naaede to Tommer fra Jorden, medens de tykkeste Stammer vare som et almindeligt Penneskaft. Maatte man saaledes end være beskeden med sine Fordringer i Retning af «Krat», saa var det dog altid behageligt for Øjet, at dvæle ved saa meget Grønt. Det var imidlertid blevet henad Aften, og vi vare 1½ til 2 Mil fra Kysten, og endnu havde vi ikke seet nogen Moskusoxe. Vi tænkte saa smaat paa at vende tilbage til Skibet igjen, da det endelig lykkedes os at faa Oje paa nogle Dyr, som græssede nede ved Elven. I Begyndelsen troede vi rigtignok, at det var sorte Sten, saa firkantede og kluntede saae de ud selv i en god Kikkert, men da de langsomt begyndte at bevæge sig, bleve vi endelig overbeviste om, at det var Moskusoxer. Der blev nu i Løbet af en Timestid skudt tre Tyre.

Moskusoxen er, som bekjendt, en Mellemting mellem Oxen og Faaret. Størrelsen er omtrent som en lille Ko, men dens uforholdsmæssigt store Hoved med de store, krumme, opadbøjede Horn, samt den lange, nedhængende Uld, der omtrent naaer Jorden, gjør at den synes større, end den i Virkeligheden er. Dyret er meget fredeligt, men seer med sine smaa, skulende Ojne temmelig ondskabsfuld ud. Skindet er meget tykt, paa sine Steder 1cm.

Det Sted, hvor vi bavde skudt Dyrene, var det frodigste, vi havde seet der paa Landet. Der var et sammenhængende Dække af Græs og Halvgræs, iblandet med Pil, Blomsterplanter og Mosser. Elvkanten kunde tilnød minde om en dansk Aabred. Der var saaledes ikke nogen Grund for Dyrene til at lide Mangel paa Foder, ialtfald ikke paa deune Aarstid. Bugen af de skudte Dyr var da ogsaa næsten kuglerund, og da vi skar Mavesækken op for at undersøge Indholdet, væltede der ud af den en saadan Mængde Græs, Pileblade og Blomsterstængler, at man maatte falde i Forundring over, at Dyrene kunde rumme saa meget. Maaske kan ogsaa deres træge, lidet sky Opførsel forklares ved Forspisthed; thi vi kom dem ganske nær, og den ene af dem laa og sov saa haardt, at to af Expeditionens Medlemmer vare passerede tæt forbi den uden at bemærke den, og uden at den vaagnede. De troede, at det var en Sten.

Vi bavde nu en temmelig besværlig Hjemtour, da vi skulde transportere Skindene og de tunge Hoveder med os. To af Dyrene vare faldne i en Sump, og Skindene vare derved hlevne gjennemtrukne med Vand og meget tunge. Nogle arbejdede sig gjennem Leræltet tilbage til Slæderne, medens vi andre, efter at have prøvet derpaa, belæssede med en Vægt af over 100 Pund, sluttelig opgave Landvejen og bragte Skindet ned til Elven, hvor vi derefter skiftedes til at slæbe det med et Toug, som var gjort fast til Hornene. Kl. 9 om Aftenen forlode vi det Sted, hvor Dyrene bleve skudte, og først den næste Morgen Kl. 4 naaede vi ned til Slæderne; det var en langsom og besværlig Transport, Vandet gik os op over Knæerne og havde en Temperatur af 4°,6, hvad der ikke var saa særdeles varmt. Fødderne gled paa de glatte Sten i Elven, og denne gjorde mange store Krumninger. Vi ausloge den tilbagelagte Vej til godt to Mil.

Kl. 4 var hele Landgangsexpeditionen samlet ved Slæderne, hvor vi spiste en i Forhold til vor Appetit meget sparsom Frokost. Efter et lille Hvil blev alt pakket paa Slæderne igjen, og Kl. 5 tiltraadte vi Tilbagetoget til Skibet, som vi naaede Kl. 7½, efter at vi havde tilbagelagt 7 Mil den Dag.

Om Eftermiddagen kastede vi los fra Isen og krydsede Syd efter, men Taagen hindrede snart al Sejlads, og vi maatte igjen fortøje i en Flage, hvor vi bleve liggende det meste af den 22.

Den 23. om Morgenen var det klart Vejr, saa at vi kunde faae Overblik over Forholdene. Syd paa vare Udsigterne ikke lyse, thi Isen laa tæt og sammenpakket. Da vi derfor syntes at se aabent Landvand inde i Mundingen af Franz Joseph Fjord, stode vi op mod Nordsiden af Fjorden. Det var Hensigten om muligt at finde en indenskjærs Passage Syd efter gjennem en af de sydlige Arme af Franz Joseph Fjord. Kl. 11 vare vi komne til Kanten af det Isbælte, bag hvilket vi havde troet at kunne se aabent Vand. Det viste sig imidlertid nu, at det, vi havde antaget for aabent Vand, var Luftspejling, idet Isen, naar et Par mindre Render undtages, laa ubrudt fra Cap Broer Ruys til c. 2 Mil Ost for Bonteko O. Isforholdene inde i selve Mundingen af Fjorden kunde vi ikke se. Fra Bonteko Ø Ost efter laa en Række større Isfjælde, temmelig uregelmæssige og massive. Mellem og indenfor Isfjældene var der lidt spredt Is, men ogsaa ad denne Vej var det umuligt for Øjeblikket at komme ind i Franz Joseph Fjord.

Der var saaledes ikke andet at gjøre, end at arbejde os

Syd efter, saa godt vi kunde, og afvente en Bedring i Isfor
holdene. I de følgende Dage gik det imidlertid langsomt frem,
snart sejlede vi, snart dampede vi, men i Reglen laa vi for-
tøjede paa Grund af Taage.

Efter Alt, hvad vi navde hørt om de fremherskende N.-
lige og NV.-lige Vinde i Juni dette Aar (1891), bavde vi ventet
at finde et bredt, aabent Landvand langs Kysten, i hvilket man
nemt og hurtigt kunde komme frem; og i denne Anskuelse vare
vi blevne bestyrkede af Capitain David Gray. I denne Hen-
seende bleve vi imidlertid sørgelig skuffede, thi Isen blev
tværtimod sværere og tættere, jo nærmere vi kom til Kysten.
Det var øjensynligt ikke længe siden, at Isen var brudt op, thi
der drev mange smaa Stykker omkring mellem de større
Flager. Samtidig blev Isens Drift, rimeligvis paa Grund af
Tidevandet og Strømningerne fra Fjordene og Sundene indenfor,
nu meget uregelmæssig og uberegnelig. Man kunde undertiden
se Flager, som efterladende Kjølvand kom rask op mod
en stiv Kuling og tørnede sammen med andre, der for fulde
Sejl foer afsted for Vinden. Det var ligemeget om Flagerne
vare store eller smaa, dybt stikkende eller lavt gaaende, om det
var Skrueis eller jævn Ismark, det var umuligt med Sikkerhed
paa Forhaand at sige, hvilken Vej de vilde bevæge sig, eller
finde den Lov, efter hvilken deres Bevægelser fandt Sted.

Den 24. om Eftermiddagen blæste det op til en Storm af
retv. N. og NNO. med Sne og Slud. Isen sluttede efterhaanden
mere og mere sammen om os, og i Læ bavde vi en Række Is-
fjælde, der stode paa Grund SO. for Bonteko Ø. Mod disse
Isfjælde dreve vi nu, indesluttede i Isen. Ud kunde vi imidlertid
ikke komme, saa vi vare nødsagede til at blive. Da Stormen
vedblev om Morgenen den 25., og Isen om Natten var
blevet pakket endnu mere sammen, medens vi samtidig vare
komne betydeligt nærmere ved Isfjældene, blev der, for at
være forberedt paa alle Eventualiteter, purret ud overalt;
Baadene gjordes klare, og Folkene fordeltes paa den Maade,

som tidligere er omtalt. Hvis Skibet skulde føres ned paa Is-
fjældene, af hvilke det nærmeste kun var en Kvml. fra os, kunde
vi da i Forvejen forlade det. Hvilken Skjæbne Skibet i saa
Tilfælde bavde faaet, fik man tilstrækkeligt Bevis for, ved at
se, hvorledes Isfjældene virkede paa Isen, der drev ned paa dem.
Flagerne knustes og skruedes saadan mellem hverandre, hvis
der ikke var Plads for dem til at svinge fri, at selv et stærkt
Skib i Løbet af et Par Sekunder vilde være dødsdømt. Heldigvis
fik vi imidlertid ikke Brug for vore Sikkerhedsforanstaltninger,
da det i Løbet af Formiddagen lykkedes os, naar vi saae en
lille Aabning mellem Flagerne, at arbejde os Øst efter, ud fra
Isfjældene og ud i mere spredt Is. Efter Middag løjede det af,
og om Aftenen laa vi i Blikstille mellem spredt Is, men ind-
hyllet i Taage, gjennem hvilken en mat, røgfarvet Sol bredte en
magisk, Phantasien æggende Belysning; og det Billede, som
Omgivelserne frembøde, da vi om Aftenen gik til Køjs, var i saa
skjær og bestemt en Modstrid med Morgenens Uhygge og Alvor,
at det var vanskeligt at tænke sig denne Forandring fuldført i
Løbet af nogle faa Timer.

I de følgende Dage kom vi næsten slet ikke frem. Taage,
Is og Storm kappedes om at lægge os Hindringer i Vejen.
Naar Vejret engang imellem var klart, kunde vi se Landet, og
der blev da taget Pejlinger og tegnet Toninger, saa at vi
nogenlunde kunde kaartlægge Yderkysten fra 73° til 72° Br.
Landet var temmeligt indskaaret af Suude, Fjorde og Dalstrøg,
og vi bavde undertiden nogen Vanskelighed med at faae det til
at stemme med Scoresby's Angivelser.

Tiden blev desuden benyttet til Lodninger, Temperatur-
undersøgelser og Skrabninger. Lodningerne, som gjennem-
snitlig falde 8—10 Mil fra Kysten, gave temmelig ensformige
Dybdeforhold, varierende mellem c. 100 og 150 Favne. Buud-
arten var i Almindelighed et fint, graat Ler, som rimeligvis skyldes
Aflejringer af det i Elvvand og Smeltevand opslemmede Ler.
Men desuden var Havbunden oversaaet med Sten i alle mulige

Størrelser, hvilket vi kom til Kundskab om ved vore Trawlinger og Skrabninger, idet Trawlen blev fyldt med saadanne Sten og flere Gauge helt itureves. Vi maatte derfor tilsidst fuldstændig indstille Trawlingerne for ikke at forlise alle Apparaterne, og vi fiskede da med store Svabere, som slæbtes hen over Bunden. Faunaen var temmelig rig, og Udbyttet bestod af Slange-stjerner, Søpalmer, Havedderkopper, Søpindsvin, Orme, Bryozoer, o. s. v.

Dag gik efter Dag, og vor Taalmodighed blev sat paa en haard Prøve. Endnu den 30. Juli om Middagen vare vi 35 Mil fra Cap Stewart og havde ligget omtrent paa samme Plet i fire Dage; men heldigvis begyndte det nu at dages for os. Om Eftermiddagen blæste det op med N.-lig Vind, som foraarsagede nogen Spredning i Isen, og igjennem nogle Render kom vi nu frem Syd i. I Løbet af Natten voxede Vinden til en Storm med svært Snefald, og da vi, efterhaanden som vi kom Syd i, fik mere og mere aabent Vaud, kunde vi blive ved med at holde paa. Det var et alt Andet end sommerligt Indtryk, man fik af Omgivelserne. Dækket var belagt med et tykt Lag Sne, som om det kunde være midt om Vinteren.

Stormen vedblev den næste Dag. Om Morgenen passerede vi Nordenden af Liverpool Kyst og bavde herfra aabent Landvand Syd efter. Der laa mange Steder endnu fast Landis langs Kysten, særlig ved Nordenden af Liverpool Kyst, hvor en Del Isfjælde stode paa Grund, og ligeledes mellem Øerne. Vi sejlede Syd paa langs Landisen og drejede ved Middag under udfor Mundingen af Scoresby Sund for at afvente bedre Vejrforhold, da vi ikke med Storm og Tykning kunde staa ind i Fjorden. I to Dage holdt vi krydsende her i det aabne Vand, hvis Udstrækning i N.-S. var saa stor, at der stod en temmelig betydelig Sø.

Endelig den 2. August stode vi i godt Vejr ind i Scoresby Sund op mod Cap Stewart. Det var jo paa et betydeligt senere Tidspunkt, end vi havde ventet, at vi naaede Stedet for vor egentlige Virksomhed. Men Isforholdene i 1891. vare ogsaa saa ugunstige, som kun sjældent, . idet Isbæltet dette Aar var meget bredere og holdt sig meget længere ud paa Sommeren, end det i Almindelighed er Tilfældet.

I Scoresby Sund.

Medens vi Lørdag den 2. August dampede ind i denne store Fjord, vare vi for første Gang begunstigede af et smukt, klart Vejr med Solskin. Man kunde mærke, at Landet gjorde sin Indflydelse gjældende, og at Polarisen med sine Taager, ialtfald foreløbig, laa bag os. Alle vare selvfølgelig paa Dækket for at nyde det storartede Panorama, der udfoldede sig for os, efterhaanden som vi kom ind i Fjorden. Paa vor Bagbords Side bavde vi det høje Basaltparti, der danner Sydkysten af S c o r e s b y S u n d, og som en stejl, næsten ubrudt Væg i omtrent 15 Mils Længde hæver sig lodret op af Fjorden. Den Bratning, der vender ud mod Fjorden, er gjennemgaaende 2—3000 Fod høj. Paa de mange horizontale Hylder, som Basaltfjældene paa Grund af deres Lagdeling altid frembyde, laa Sneen som hvide Linier paa den mørk-violette Fjældgrund. Over Bratningerne kom Plateauer, fyldte med Bræer og Sne, som efterhaanden gjennem Kløfterne og udover Bratningerne bevægede sig ned i Fjorden. Bag disse Plateauer hævede sig Fjældtoppe og Fjældkamme til en Højde af mindst 6000 Fod. De fleste af disse vare som overgydte med Is, hvis Overflade fulgte Formen af det underliggende Fjæld. Hele dette Parti mindede meget om D i s k o Ø e n s Syd- og Vestside. Yderst laa C a p B r e w s t e r med en lavere, plateauformet Udløber i Havet. Udenfor C a p B r e w s t e r stode mange Isfjælde paa Grund. Den mod Nord vendende, stejle Side af Forbjærget var Byggepladsen for Tusinder af Alker, hvis Excrementer farvede Klippen med store hvidgule Pletter. Noget indenfor C a p B r e w s t e r ligger der en større, regenereret Bræ, som dannes, idet Isen fra det ovenfor

liggende Plateau falder ned over Skraaningen og her samler sig
i en Bræ, der igjen i flere Arme glider nedefter og atter samler
sig noget over Vandet, hvor den danner en forholdsvis stor,
kalvende Bræ med lodret Kant. Kalvende Bræer er der mange
af langs Sydkysten, men til at producere egentlige Isfjælde ere
de for smaa. (Scoresby antog, at selve denne Kyststrækning
var en Hovedkilde for Isfjældene.)

Tilhøjre for os laa Sydenden af Liverpool Kyst og
frembød et helt andet Udseende. Ogsaa hér var der høje
Fjælde, men disse bestode af Urfjæld og havde helt andre
Former, nemlig spidse Toppe og takkede Kamme, fra hvilke
Landet faldt jævnt ned mod Scoresby Sund.

Bag dette Land saae man de lave Kyster af Jamesons
Land som en mørkebrun Stribe, og langt inde i Fjorden laa
et mægtigt Alpelandskab. Fjældtop hævede sig ved Fjældtop, og
Solen skinnede paa de snedækkede Plateauer og Toppe; men
for Enden af Fjorden saaes Intet uden Horizonten, og den lette,
disede, blyblaa Tone, som laa over Fjældene, viste, at om
Fjorden havde nogen Bund, saa maatte den ialtfald ligge
langt inde i Landet.

Det saae i Begyndelsen ud, som om der saa godt som slet
ikke var nogen Is og kun meget faa Isfjælde i Fjorden. Efter-
haanden som vi imidlertid efter Middag nærmede os Cap
Stewart, saae vi flere og flere Isfjælde, ligesom der laa et tæt
Bælte af Storis fra Sydenden af Liverpool Kyst forbi Mun-
dingen af Hurry Inlet og videre Vest efter langs et Stykke
af Sydenden af Jamesons Land. Det var saa tæt, at vi
ikke kunde komme derigjennem med Skibet. Vi prøvede da at
komme Vest fra mellem Isen og Jamesons Land; men Isen
laa for nær den lave, grunde Kyst, saa at vi ikke kunde komme
imellem, og vi fortøjede derfor om Aftenen ved en Isflage om-
trent 1 Kvml. fra Kysten.

Da Isforholdene den følgende Morgen ikke havde bedret

sig, benyttede vi Tiden til at gjøre et Par Baadudflugter til Jamesons Land.

Naturforskerne gik ind til Kysten omtrent ved Scoreby's Cap Hooker. I Forbigaaende skal jeg bemærke, at Betegnelsen «Cap» kun passer daarligt paa dette Sted, da Kysten hele Vejen er lav og flad og efterhaanden runder saa jævnt af, at det er meget vanskeligt at betegne noget bestemt Punkt.

Lieutenant Vedel og jeg gik med Baad langs Kysten op til Cap Stewart for at undersøge Forholdene der; Vejen gik langs Jamesons Land indenfor Isen. Vandet var saa grundt, at skjøndt vi roede med en meget fladbundet Baad, maatte vi dog holde os temmelig langt ude, især ud for de Steder, hvor store Elve strømmede ud gjennem Kystskrænterne og bavde aflejret store Banker af Ler og Sand udfor deres Mundinger.

Hele Sydenden af Jamesons Land bestod af lave, nogle faa Hundrede Fod høje Skrænter af Sand, Ler og Grus; nedenfor dem kom en lav, flad Forstrand af varierende Bredde. Medens Baaden roede langs Kysten, gik Lieut. Vedel og jeg et Par Mil paa Stranden. Hvis man ikke havde havt Udsigt til den høje Fjældkyst ligeoverfor, eller til den isfyldte Fjord udenfor, behøvede man ikke megen Phantasi for at kunne indbilde sig, at man gik et eller andet Sted paa Jyllands Vestkyst: Den lave, flade Forstrand af fast Sand, Skrænterne med deres lyngklædte Kløfter, den opdrevne Tang og Drivtømmeret paa Stranden, den klare Himmel, og Varmen fra den stikkende Sol, Smaafuglene som kviddrede i Lyngen, og Sommerfuglene, som flagrede fra Blomst til Blomst. Alt var saa hjemligt og saa uligt, hvad jeg hidtil bavde havt Lejlighed til at se i Grønland, at man kunde fristes til at tro sig forsat til sydligere Breddegrader; et Blik ud over Fjorden var imidlertid tilstrækkeligt til at kalde os tilbage til Virkeligheden og Polaregnene.

Ligesaa idylliske som Naturomgivelserne saaledes vare, ligesaa naive og tillidsfulde vare Dyrene, der levede i dem. Renerne, som øjensynlig holdt meget af at tage sig en lille Promenade langs Stranden for at slikke Salt, optraadte i Mængde, særlig paa den vestlige Del af Kysten. De vare saa lidet sky, at de kom løbende hen til os, ja en Flok paa 7 Stykker gjorde Holdt i kun 30 Skridts Afstand fra mig, da jeg om Middagen maalte Solens Højde. Vi kunde omtrent have skudt saamange af disse Dyr, som vi ønskede; men da vi bavde andre Ting at varetage, skød vi blot to, der saa at sige kom løbende ned i Baaden til os. Noget nærmere ved Cap Stewart saae vi en Flok Moskusoxer, som laa og sov paa en Snemark i en Kløft. Da vi heller ikke vilde gjøre Jagt paa disse for ikke at sinke os med Flaaning og Transport, nøjedes vi med at gaa hen og betragte dem paa nært Hold. Flokken bestod af ialt 9 Stkr., deriblandt en stor, gammel Tyr, en Ko med to smaa Kalve og to Kvier uden Horn. De lode os komme ganske nær, men gjorde dog et lille Tilløb til at danne Carré om de yngste Dyr. Den gamle Tyr gjorde Front mod os og stampede et Par Gauge med Forbenene i Sneen; men da vi forholdt os rolige, bleve Dyrene ogsaa staaende. Først da vi tilstrækkelig havde iagttaget dem, klappede i Hænderne og raabte, satte de afsted i saa hurtig en Galop, som man ikke skulde have tiltroet dem, med den gamle Tyr som Arrièregarde.

Langs Stranden løb Flokke af Ryler og Strandløbere, og udenfor svømmede smaa Flokke af Edderfugle bestaaende af And og Ællinger; desuden saaes Ravne, Maager, Tejster, Falke, Alker, Alkekonger, Snespurve, Lommer og Gæs; paa Land fandtes Spor af Bjørne, Harer, Lemminge og Ryper foruden forskjellige Svømmefugle.

Dyrelivet var saaledes her temmeligt rigt, og, skjønt vi kun holdt os lige til den ydre Kyst, var dog ogsaa Plantevæxtens Frodighed iøjnefaldende, sammenlignet med Floraen ved Cap Broer Ruys. Om Aftenen kom vi til Cap Stewart og fandt her Alt, som Scoresby bavde beskrevet det. I arktiske Egne forandre Terrainforholdene sig kun meget langsomt, og her var ikke Spor af Forandring at se, siden han for 70 Aar siden be-

søgte Stedet. Her laa Sletten og Elven, og paa den anden Side
af denne laa Grønlænderhusene eller rettere sagt Ruinerne af
disse. De vare ikke kjendelige paa Grund af deres Form, men
kunde derimod sees paa lang Afstand ved den frodige, grønne
Vegetation, mest bestaaende af Græsarter, som voxede paa den
i sin Tid med Affald gjødede Jordbund. Pladsen var udmærket
skikket til at bo paa, men der var daarligt at ligge for Skibet,
da Stranden var aaben ud mod Scoresby Sunds Munding, og
der laa temmelig megen Is og drev omkring. Vi saae imidlertid
nu, at der gjennem Isbæltet gik en Rende med mere spredt Is,
gjennem hvilken vi med Skibet kunde komme Syd fra op til.
Cap Stewart.

Kl. 9 om Aftenen. roede vi tilbage til Skibet. Paa Grund
af Strømmen var dette imidlertid drevet saa langt ind i Fjorden,
at vi først naaede at komme ombord den næste Morgen Kl. 8.
Naturforskerne vare tidligere komne ombord efter at have gjort
rige Indsamlinger.

Vi gik nu ud i Fjorden for at gaa Syd om Isbæltet op i
Hurry Inlet. Om Natten fik vi imidlertid stormende Kuling
fra Ost og Taage, alt Andet end velkomne Gjæster for os, som
tildels vare omgivne af Is og Isfjælde. Først om Morgenen
den 5. naaede vi op i Hurry Inlet, efter at det var begyndt
at klare noget op.

Isen ved Cap Stewart bavde spredt sig noget, men For-
holdene vare fremdeles ugunstige for Losningen, da der ikke
var Oer eller fremspringende Pynter, bag hvilke Skibet kunde
søge Læ mod de omkringdrivende Ismasser; disse laa ikke alene
ud for Mundingen af Hurry Inlet, men helt op i Bunden af
dette langs den østlige Bred, fyldende omtrent Fjordens halve
Bredde.

Da vi den foregaaende Dag vare vestligst i Fjorden, saae
det ud, som om denne, Vest for Cap Stevenson paa Syd-
kysten, sendte en eller flere Arme Syd eller SV. efter. En af
disse Arme kunde muligvis føre ud til Kysten længere Syd paa.

Scoresby havde ogsaa i sin Tid antaget, at disse Arme vare gjennemgaaende Sunde, som han antog stode i Forbindelse med en.dyb Bugt eller Fjord, han havde seet fra Søen paa omtrent 69° 20'.

Da Forholdene ved Cap Stewart ikke vare gunstige for Stationens Oprettelse, besluttedes det først at undersøge, om en af de ovenfor omtalte Fjordarme skulde staa i Forbindelse med Yderkysten. Hvis en saadan Forbindelse fandtes, var det Hensigten at oprette Stationen der; hvis ikke, vilde vi, efter at have undersøgt de indre Fjordarme i saa stor en Udstrækning som muligt, vende tilbage til Cap Stewart sidst i Maaneden og se om Isforholdene skulde have bedret·sig.

Vi gik derpaa med Skibet op i Hurry Inlet og fortøjede ved Isen for at anvende denne Dag til forskjellige Undersøgelser. Skibet bavde dog ikke Ro længe ad Gangen paa Grund af Isen; det maatte gjentagne Gange skifte Plads og tilsidst kaste los og holde gaaende i Fjorden. Lieutenant Vedel og Cand. Deichmann gik med en Baad til Cap Stewart for at foretage nogle Udgravninger og Undersøgelser af de gamle Husruiner, medens Cand. Bay og Hartz gjorde Indsamlinger og Undersøgelser paa Kysten af Jamesons Land udfor Skibet. Paa Vestsiden af Hurry Inlet gik jeg tilfjælds for at foretage Maalinger. Fra Toppen af Fjældet, der dannede en Højslette, c. 2500 Fod o. H., bavde jeg en god Udsigt og fik her Vished for, hvad vi allerede bavde antaget nede ved Fjorden, at Hurry Inlet ikke, som af Scoresby antaget, er et Sund, der staar i Forbindelse med Farvandet Nord for Liverpool Kyst. Det lukkes indenfor de tre af Scoresby opkaldte Fame Øer, og i Bunden udmunde to større Elve. Jamesons Land er saaledes her landfast med Liverpool Kyst.

Saavel paa Jamesons Land som paa Liverpool Kyst saaes mange Moskusoxer, og fra Skibet var der seet en Hvalros, den eneste, der blev seet paa hele Rejsen. Da alle igjen den

næste Morgen vare komne ombord i Skibet, stode vi atter ud
af Hurry Inlet.

Vi stode derefter Vest paa i Scoresby Sund. Om Efter-
middagen friskede det op til en stiv Kuling af Ost med Taage.
Efterhaanden som vi kom ind i Fjorden, tiltoge Isfjældene i
Mængde, og i den indre Del laa der Fjæld ved Fjæld. Vi
maatte derfor om Natten dreje til og ligge med smaa Sejl og
Skruen saa smaat i Gang for at undgaa at kollidere med disse
Kolosser. Navigeringen i tæt Taage i en Fjord, hvor Isfjældene
ligge saa tæt som her, er endnu mere usikker end i Pakisen;
thi undertiden kan man ikke se en Skibslængde for sig, og
pludselig opdager man da højt oppe i Luften den hvidlige Lys-
ning af et Isfjæld ganske tæt ved sig, og da gjælder det at
komme bort i en Fart. Dertil kommer, at Taagen altid er
tættest omkring Isfjældene, rimeligvis fordi Kulden i disse
yderligere fortætter Vanddampene i den omgivende fugtige
og forholdsvis varmere Luft. Den 7. laa vi saaledes og holdt
gaaende frem og tilbage. Kun en enkelt Gang lettede Taagen,
saa at vi kunde faae et Par Pejlinger af det omgivende Land.
Et Lødskud og Temperaturserie paa 112 Fv. toges. Om
Aftenen havde vi smukt, stille, ovenklart Vejr, saa at Toppen
af alle Fjældene vare synlige; men over Vandet laa Taagen saa
tæt som en Væg. Først den 8. om Morgenen klarede det op,
og vi gik Vester paa Vi kunde nu se os omkring. Vest-
kysten af Jamesons Land laa meget vestligere end angivet
af Scoresby, og det Land, paa hvilken det af ham angivne
Cap Ross skulde ligge, existerede ikke. Paa den vestlige
Del af Sydkysten af Scoresby Sund saaes ikke saa mange Bræer
paa Fjældene som længere Ost paa. Her fandtes ogsaa flere
Rygge og Spidser, men ikke saa mange Plateauer, og Landet
begyndte at blive lidt mere indskaaret af Dalfører, i hvilke der
de fleste Steder laa Bræer.

Om Formiddagen passerede vi en stor Mængde Isfjælde; de
vare gjennemgaaende større end de, man møder paa Vestkysten,

og bavde i Almindelighed en meget regelmæssig, firkantet Form, undertiden med flere Vandlinier. Vi maalte Højden af et af dem til 288 Fod. Denne Samling af Isfjælde, som syntes at staa paa Grund her, holdt paa noget gammel Fjordis, den eneste Fjordis, vi endnu bavde mødt.

Noget efter Middag vare vi ud for Cap Stevenson, og vi saae derfra en brat Fjældvæg, som, kun et enkelt Sted afbrudt af Dalstrøg, strakte sig c. 6 Mil i SV.-lig Retning. Her blev den afbrudt af en større Bræ med en kalvende Kant paa flere Kvml. Længde. Vore Forhaabninger om et gjennemgaaende Sund fik herved et alvorligt Stød, thi Bræen bavde saa stor en Mægtighed, at den rimeligvis maatte staa i Forbindelse med Indlandsisen, og, hvis det var Tilfældet, var selvfølgelig enhver Tanke om nogen Adgang til Kysten ad deune Vej fuldstændig udelukket. Længere Vest paa saae vi imidlertid Fjordarme, som syntes at strække sig i det Uendelige ind i Landet. Det lykkedes os nu at finde en udmærket god Havn, i hvilken Skibet kunde ligge fuldstændig sikkert, medens vi med Damp-barkassen og Baade gjorde forskjellige Toure i Omegnen. Det var ogsaa paa høje Tid, at der blev undt Maskinen og navnlig Kjedlen lidt Ro, thi siden vi den 20. Juni kom til Iskanten, bavde der ikke været slukket af. Som Følge heraf havde der dannet sig Masser af Kjedelsten, og det kneb med at holde Damp. Skibsbunden var ogsaa meget overgroet og trængte til Rensning. I den sidste Tid havde vi derfor sneglet os frem med en meget ringe Fart. Der var saaledes Arbejde nok at ud-føre ombord i Skibet, medens Baadexpeditionerne foretoges. Den Havn, vi bavde udsøgt os, laa paa en forholdsvis lav O med temmelig indskaarne Kyster. Den bavde et snevert Indløb af en passende Dybde, gjennem hvilket hverken Is, Isfjælde eller Sø kunde genere Skibet. Ost for os kunde vi igjen se vor gamle Fjende Taagen komme anstigende; men inden den naaede os, vare vi dog saa heldige at slippe ind i Havnen, og Kl. 9

om Aftenen den 8. faldt Ankeret for første Gang, efter at vi bavde forladt Kjøbenhavn.

Havnen blev døbt Hekla Havn, medens Øen, hvorpaa den ligger, fik Navnet Danmarks O.

Den næste Morgen blev Dampbarkassen sat i Vaudet, og ved Middagstid afgik Lieutenant Vedel og jeg med deune og en Slup til den sydligste af de af os sete Fjorde, som senere blev døbt Gaasefjord. Naturforskerne bleve ved Skibet for i Ro at kunne gjøre Indsamlinger og Undersøgelser i Omegnen af Havnen.

Vi stode over mod Østpynten af det Syd for Havnen liggende Land. Efter en Times Forløb ankom vi dertil og gik uu langs Kysteu videre Vest paa. Fjorden gik omtrent retvisende VSV. i med forskjellige Bøjninger og Knæk. Den første Del af Nordkysten var lav og jævnt skraanende samt meget bevoxet. Noget inde i Fjorden løb en stor Elv ud, som førte en Mængde Ler med sig og farvede Vandet i Fjorden rødt i en vid Omkreds. Dette Ler bavde aflejret sig og dannet en Banke langt ud i Fjorden, saa at vi med Dampbarkassen maatte søge langt ud for ikke at komme paa Grund. I den yderste Del af Fjorden var der en Mængde meget store Isfjælde, længere inde bleve Isfjældene mindre, men optraadte til Gjengjæld desto talrigere. Indtil et Stykke forbi den røde Elv var Kysten temmelig indskaaret, men derefter begyndte en saa godt som lige, temmelig stejl, af Isskuring afglattet Gneisryg, langs hvilken vi dampede en Time. Denne Ryg fortsattes af et bøjt, stejlt Gneisfjæld, hvis Top vi undertiden saae rage op som en mørk Væg ovenover Skyerne. Kl. 6 blev Isen meget tæt. Foruden de egentlige Isfjælde laa der nu et fuldstændig tæt Dække over Vandet af Isstumper i alle mulige Størrelser, saa at vi maatte gaa langsomt og jævnligt stoppe for ikke at tørne for haardt med Baaden eller risikere at miste Skrueblade̍ne; Isen blev tættere og tættere, og samtidig kom der nu det ene store Isfjæld ved Siden af det andet. Taagen holdt sig omkring dem og forhindrede os i at se dem. Vi saae, at vi maatte være overfor en eller flere Bræer, som fuldstændig havde opfyldt Fjorden med Kalvis. Stejle Fjælde bavde vi paa alle Sider, saa at vi sejlede som i en Gryde. Da der iugen Teltplads var i Nærheden, og det efterhaanden viste sig umuligt at komme videre, vendte vi Kl. 7 om for at gaa tilbage til Begyndelsen af den lige Gneiskyst, hvor vi bavde seet en Havn. Det var en Bugt, i hvilken der udmundede et Par mindre Elve.

Den næste Formiddag begyndte det at klare op, og ved Middag kunde vi faae et nogenlunde Overblik over Forholdene. Vi kunde da se, at Fjorden strakte sig betydelig længere ind og endte med flere Smaaforgreninger, i hvilke der udmundede to eller tre Bræer, der sandsynligvis maatte komme fra Indlandsisen. Det saae ligeledes ud til, at selve Indlandsisen stødte op til Fjældene i Baggrunden. Der laa imidlertid endnu Skyer og drivende Taager i Fjordens midterste Del, saa at det inderste Parti kun glimtvis kunde skjælnes. Bræerne bavde fuldstændig fyldt den indre Del af Fjorden med Isfjælde og Kalvis, og det Hele laa som en samlet Masse. Disse Bræer maa derfor være meget produktive, eller ogsaa havde der, netop i Dagene før vi kom, fundet en større Udskydning Sted. Da vi saaledes vare forhindrede i at komme ind i Bunden af denne Fjord og tillige havde faaet Sikkerhed for, at der intet Udløb til Kysteu kunde findes her, gik vi igjen ud af Fjorden.

Det var nu blevet smukt Vejr med stærkt Solskin, og Toppene af Fjældene kunde sees. Paa den nordlige Kyst bestod Bjergarten ved Vandet af Gneis, stærkt isprængt med Granater, og ovenpaa Gneisen laa Trap, som begyndte i en Højde af c. 1500—2000 Fod. Ogsaa paa Sydsiden af Fjorden bestode Fjældene af Gneis overlejret af Basalt, men Basalten laa her betydelig lavere. Ved et lille Næs omtrent Syd for vor Teltplads forsvandt Gneisen aldeles, saa at Fjældene videre Ost efter udelukkende dannedes af Basalt.

Den maleriske Modsætning mellem Gneis- og Basaltland-

skaber gjorde sig stærkt gjældende her. I den førstnævnte er
der Afvexling, den ene Fjældtop ligner ikke den andeu; Kysteu
er i Almindelighed indskaaret af smaa Fjorde og Bugter, og
hver Pynt, man kommer forbi, byder det spejdende Øje noget
Nyt. Basalt derimod er altid ens; har man seet et Fjæld, har
man seet dem alle. Et Landskab med Basaltfjælde kan tegnes
med Passer og Lineal; Linierne ere rette, alle Vinkler ligestore,
kort sagt, i Længden virker det trættende og ensformigt, og
især fordi en saadan Kyst i Reglen er lige og ubrudt, saa at
man kan overse 10—15 Mil paa engang. Som Baggrund for
et Forgrundslandskab af Gneis, eller blandet med deune, kan
Basalten derimod tage sig smukt ud med sin rødlig-violette
Farve, sine dybe blaa Skygger og sine snedækkede Plateauer
og Hylder.

Om Aftenen ankom vi til Skibet.

Den næste Udflugt gjaldt Fjorden, som Vest for Havnen
gik ind i Landet. Den 11. August om Middagen gik vi frá
Skibet med Dampbarkas og Slup. I den yderste Del af Fjorden
var der mange Isfjældé af en imponerende Størrelse. Om
Aftenen sloge vi Telt paa en noget fremspringende Odde mellem
to Dalstrøg paa Nordsiden af Fjorden. Havn var der ingen af,
saa at vi maatte ankre Fartøjerne op bag et lille Fremspring,
hvor de laa temmelig udsatte. Vejret havde hele Dagen havt
Føhnkarakter. Om Morgenen bavde der over Fjældene hvilet
den paafaldende dybe, mørkviolette Tone, som paa Vestkysten
af Grønland er en sikker Bebuder af Føhn. Luften var om
Formiddagen varm og trykkende, og smaa isolerede Skyer lejrede
sig over Fjældtoppene. Kl. 11½ om Aftenen maalte vi en
Lufttemperatur af 12°,1, Fjorden fik derfor Navnet Føhnfjord.
Det bavde hele Dagen været Stille, men om Aftenen begyndte
det at blæse stivt ud af Fjorden. Fra det Indre af Fjorden
kom Isfjældene nu sejlende i stærk Drift udefter, og meget
hyppigt kalvede de, maaske paa Grund af den høje Temperatur.
En Gang hørte vi pludselig en stærk Bruseu, der vedblev i

længere Tid og lød omtrent som et Fjældskred. Det viste sig imidlertid at være et Vandbassin paa Toppen af et Isfjæld, som pludselig havde skaffet sig Afløb ud over Kanteu, hvor Vandet som en Fos styrtede ned ad den stejle Væg. Tiltrods for at Fjældskraaningerne fra Søen saae temmelig golde ud, fandt vi dog en temmelig frodig Vegetation op til 1000 Fods Højde. Der var de sædvanlige grønlandske, saakaldte Lyngsorter i tætte Masser. I Fordybninger, hvor Vandet bavde staaet, og ligeledes langs Bækkelejerne, var der et fodtykt Tæppe af Mos.

Begge Kyster af Fjorden vare som nævnt stejle og bratte og bestode forneden af Gneis med et Lag Basalt over. Øverst laa Bræ og Firnmarker. Basaltlaget var imidlertid her betydeligt tyndere og laa højere tilvejrs end i Gaasefjord. Det laa ogsaa, især paa Sydkysten, noget tilbage paa Gnejsfjældene, saa at der dannedes en stor Hylde for Bræisen. Det Hele havde omtrent følgende Profil.

I den vestlige Del af Fjorden forsvinder Basalten fuldstændigt fra Nordkysten, saa at Gneisen her gaar lige til Toppen, c. 4000 Fod. Paa Nordsiden fandtes et Par Dalstrøg, der strakte sig ind i Landet omtrent lodret paa Fjordens Længderetning.

I Løbet af Natten og den følgende Morgen blæste Føhnen endnu. Temperaturen i Luften var 13°. Da Vindeu var saa stiv, at vi vanskeligt vilde kunne komme frem med den tungt lastede Baad paa Slæb, lode vi to Mand blive tilbage med Sluppen, medens vi med Dampbarkassen alene gik videre ind efter. Undervejs holdt vi Hvil ved en lille Pynt paa Nordsiden.

Vi vare her omtrent ved, hvad vi ude fra havde antaget for at være Bunden af Fjorden; det viste sig imidlertid, at deune, i Stedet for at afsluttes, gjorde en skarp Drejning og fortsattes Nord efter. Vi gik lidt tilfjælds for at faa Overblik og maatte arbejde os gjennem et knæhøjt Krat af Pil, Birk, Blaabær, Krækkebær med flere, ivævet med et rigt Blomsterflor. Alt var de fleste Steder fortørret, saa at det knasede under Fødderne; en kastet, brændende Tændstik vilde sikkert have foraarsaget en stor Hedebrand. Hvor der var lidt Fugtighed eller i Skyggen i Kløfterne, stode Planterne derimod friske og frodige, og man kunde knap tænke sig, at man midt i i deune Yppighed var paa 70° Nord Bredde paa Grønlands Ost-kyst. Blaablærrene vare modne og overmodne. Der herskede ogsaa paa disse mod Syd vendende Skrænter, som rigtig kunde blive gjennembagte af Solen, en ligefrem tropisk Temperatur, og det endog i den Grad, at vi maatte tage Overtøj og Ben-klæder af og gaa videre, kun iførte det allernødvendigste Undertøj. Mærkværdig nok, men meget heldigt for os, var der ingen Myg, skjøndt der fandtes mange smaa Kjær med frodig Bevoxning, særlig af Kjæruld, der undertiden dannede store hvide Stræk-ninger. Her var et helt Paradis mellem Isfjælde.

Man maa i det Hele taget ikke tro, at den Plantevæxt, man finder heroppe, kan karakteriseres som «en fortrykket og for-kuet, arktisk Vegetation». Nej, Planterne befinde sig aabenbart udmærket vel her, de have acclimatiseret sig og antaget saa-danne Egenskaber, som gjøre dem skikkede til at trives og forplante sig trods den bidende Vinterkulde og den tørrende Sommersol. De ere maaske nok smaa og undersætsige, men fremfor alt sejge og kraftige.

Vi gik derefter med Dampbarkassen rundt om Pynten, hvor Fjorden drejede Nord i og befandt os nu i et større Bassin fyldt med mange store Isfjælde. Midt i Bassinet laa en mindre O, som strax tildrog sig vor Opmærksomhed ved sin intensive røde Farve.

Efter at vi fra Toppen af Øen, som var c. 400 Fod høj, havde foretaget nogle Maalinger og blandt Andet seet, at der højere oppe i Fjorden fandtes Fjælde af den samme røde Farve, gik vi tilbage. Vi bavde nemlig ikke forberedt os paa nogen længere Tour, og det var desuden nødvendigt, at Naturforskerne kom herind for at gjøre specielle Undersøgelser i disse interessante Egne. Vi dampede derfor hele Natten hjemefter, toge undervejs vore to. Mænd op og kom den næste Morgen til Skibet. Det blæste dengang saa stivt ud af Fjorden, at Skibet maatte lade sit andet Anker falde, tiltrods for at det laa i en fuldstændig lukket Havn. Den 14. gik vi saa igjen indefter sammen med Naturforskerne. Atter deune Dag maatte vi i Mundingen af Fjorden kjæmpe med stiv, vestlig Kuling, og først efter Middag, da vi vare komne længere ind, løjede det af. Om Aftenen sloge vi Telt paa Landet SO. for Røde O.

Den 15. August gik vi videre med Dampbarkassen, medens Naturforskerne med Sluppen bleve efterladte. Vi slæbte dem dog først over til Røde O, hvor de vilde begynde Undersøgelserne.

Vi stode derefter over mod den Pynt, som senere fik Navn Renodde. Isen var ude midt i Fjorden forholdsvis spredt, men ovre under Renodden var den paa Grund af Strømmen pakket tæt ind mod Kysteu. Stedet var meget frodigt. Kort efter at vi vare komne i Laud, saae vi mange Rensdyr. De vare saa lidet sky af sig, at Lieut. Vedel i et Øjeblik skød 4. Resten spadserede ganske rolig forbi mig, der ingen Riffel førte med.

Vi gik derefter tværs over Vestfjord og sloge Telt ved en lille Pynt paa Nordsiden, som fik Navnet Kobberpynt paa Grund af den kobberholdige Bjergart, som udgjorde en Del af den. Undervejs passerede vi et meget stort Isfjæld, hvis Højde ved senere Maaling fra Land fandtes at være c. 270 Fod.

Vi gik nu tilfjælds. Vejen gik først opad en meget frodig Skraaning over isskurede Gneiskuller. Paa sine Steder fandtes en saa yppig Vegetation, som jeg sjældent har seet paa Vestkysten af Grønland paa samme Bredde. Ganske vist naaede Krattene paa Vestkysten en større Højde over Jorden, thi de største her naaede os kun lidt over Knæene, men syntes mig at være kraftigere og tættere end paa Vestkysten. Krattenes Højde betinges her ganske sikkert af Tykkelsen af det Snelag, som om Vinteren beskytter dem dels mod den strængeste Kulde, dels mod Føhnstormenes fortørrende Indvirkning.

Vi kom over store, golde Stensletter og isskurede Fjældknolde. Overalt laa Moræneaflejringer, mellem hvilke flere temmelig store Elve løb ud. Kl. 8 vare vi paa den Top, som vi bavde udseet til vor Maalestation. Den egentlige, sneklædte Top laa endnu c. 800 Fod højere, men den laa saa langt tilbage, at man sandsynligvis derfra ikke kunde faa Overblik over Fjorden. Toppen, paa hvilken vi befandt os, var isskuret, og af Vegetation fandtes kun nogle faa Planter, lidt Græs og Mos. Derimod bavde vi et udmærket Overblik over de omliggende Fjorde.

Fjældet laa mellem to Isfjorde, gjennem hvilke Indlandsisen skød ud med store Bræer. Den sydligste af disse to Fjorde, Vestfjord, strakte sig endnu c. 4 Mil ind, og her laa Bræens kalvende Kant. Denne Bræ maatte være meget produktiv, thi Fjorden var i hele sin Længde fyldt med Isfjælde og mindre Kalvis. Inde bag Bræen saae vi flere Nunatakker.

Den nordlige Fjord var strængt taget ikke mere nogen Fjord, thi Bræen var her skudt saa langt frem, at dens kalvende Kant laa helt ude ved Pynten af det Land, paa hvilket vi befandt os. Denne Bræ havde ikke været meget virksom i det sidste Aarstid, thi der laa endnu fast Vinteris et Stykke foran Brækanten, og udenfor Vinterisen var der fuldstændig aabent Vand.

Et stort Isfjæld laa indefrosset i Vinterisen og bekræftede den Hypothese om de store Isfjældes Dannelse, som jeg tidligere har opstillet angaaende Uperniviks Isbræ, nemlig at de store Isfjælde flyde lige ud fra Brækanten paa den samme

Vandlinie, de havde før Frigjørelsen. Det her omtalte Isfjæld stod hverken lavere eller højere end Kanten af Bræen, og man kunde i denne paapege det Sted, hvor Fjældet var løsrevet fra Bræen. Da vi senere hen paa Slædetourene kom hertil, stod Isfjældet her endnu. Bræen fik Navnet Rolige Bræ.

· Noget efter Midnat kom vi igjen ned til Teltet. Fire Rensdyr sprang omkring temmeligt højt tilfjælds, blandt disse en lille Renko med to Kalve, som enten af Nysgjerrighed eller af Befippelse galopperede saa tæt forbi mig, at jeg kunde have naaet dem med Hænderne. Den følgende Dag kom vi tilbage til Teltpladsen ved Røde O.

Naturforskerne havde været ovre paa Røde O, men ikke fundet Forsteninger; derimod havde de forøvrigt havt rigt Udbytte i Retning af videnskabelige Indsamlinger. Der var blevet skudt to Rener og fundet mange Renhorn, hvoriblandt flere usædvanlig store.

Det var nu fristende for os at gaa videre Nord paa, men da Tiden allerede var fremrykket, og det desuden var bestemt, at vi om muligt skulde gjøre en Tour op til nogle Sandstens-Fjælde, som laa NO for Havnen, turde jeg ikke offre mere Tid paa disse indre Farvande. Den 17. gik vi derfor igjen ud efter og kom om Aftenen til Skibet. Undervejs modte vi flere Narhvaler.

Den følgende Dag blev anvendt til forskjellige Arbejder i Omegnen af Havnen, blandt Andet til en Undersøgelse af nogle eskimoiske Husruiner, Teltringe og Grave, thi saavel her ved Hekla Havn, som næsten paa aile de Steder, vi kom til i de indre Fjordforgreninger, fandt vi den Slags Vidnesbyrd om en tidligere Bebyggelse. Saavidt Tiden tillod det, blev der anstillet Undersøgelser og Udgravninger, men da Resultatet af disse vil blive gjort til Gjenstand for en særlig Afhandling, blive de ikke omtalte her.

Den 19. August gik vi atter ud med Dampbarkassen og

Sluppen. Maalet var de to Sandstens-Fjælde, som vi·under Indsejlingen bavde seet 7—8 Mil NO. for Havnen.

Ved Middag kom vi ud for en lang udskydende Sandodde, som strakte sig 1—1½ Kvml. ud fra Kysten. Nord for denne Odde var der en noget større Bugt med stærkt leret og plumret Vand. I Bunden af Bugten faldt en eller flere Elve ud, som førte Leret eller Slammet med sig. Elvene kom fra nogle Sandstenslag, som begyndende her strakte sig videre Nord paa og endte·med de to nævnte, iøjnefaldende, fæstningslignende Fjælde. Kysten blev nu lav og hævede sig i mindre Bølger og Bakker indefter. Den var fuldstændig lige, uden Indskæringer og med meget grundt Vand, saa at man maatte holde sig langt ude med Baadene.

Vinden friskede imidlertid mere og mere med Kuling af Syd og temmelig megen Sø. Da Luften samtidig saae truende ud, og der ikke fandtes Havn, vendte vi om for at se at komme ind i den før omtalte Bugt. Denne var imidlertid saa opfyldt af Ler og Sand, at det var umuligt at komme til Land, vi maatte derfor gaa tilbage til Skibet. Paa vore Baadetoure have· vi i det Hele taget gjort den Erfaring, at skjøndt en Dampbarkas byder den Fordel for Excursioner, at den kommer langt i kort Tid, saa er der dog mange Ulemper forbundne ved Sejladsen med et saadant· Fartøj i Fjorde af almindelig grønlandsk Beskaffenhed. Man er altfor meget bundet med Hensyn til Valg af Teltplads o. l.; thi, da man selvfølgelig ikke kan tage det tunge Fartøj paa Land med de Hjælpemidler, der staa til Raadighed, maa man om muligt sørge for at finde en nogenlunde beskyttet Havn til det, hvor Is og· Kalvning af Isfjælde o. s. v. ikke kan ødelægge det. At finde en saadan Havn er som oftest vanskeligt og undertiden umuligt, og da har man meget Bryderi med et saadant Fartøj. En Konebaad eller en meget let Træslup er ubetinget·det Fartøj, der i Længden egner sig bedst, ialtfald til længere Excursioner i ukjendte Fjorde.

Om Aftenen den 20. blev Dampbarkassen hejst, og Alt gjort

klar til Afgang. Det blæste dog endnu saa stivt, at vi først
næste Morgen kom afsted. Vi stode først op langs Østkysten
af Danmarks Ø.

Nord for Odden ved Sandstens-Fjældene, Cap Leslie,
bøjer Kysteu af Milnes Land mere Nord i. Farvandet var
her opfyldt af en Mængde meget store Isfjælde, hvoriblandt
vistnok de største vi endnu bavde seet. Der saaes kun enkelte
Flager af Fjordis. Efterat vi bavde taget et Sæt Pejlinger udfor
Sandstens-Fjældene, stode vi over'mod Sydenden af Jamesons
Land, idet vi undervejs toge en Række Lodninger og Tempe-
raturserier. Den største Dybde vi fik her var 218 Favue; Bund-
arten var overalt graabrunt Ler.

Om Aftenen gik vi langs Sydkysten af Jamesons Land,
hvis flade Kyst og lyngklædte Bakker i Aftenbelysningen fuld-
stændigt lignede en hjemlig, dansk Strand i Sommeraftenstem-
ning; men al Illusion herom svinder hurtigt, naar man seer
Sydkysten af·Fjorden, hvis høje Fjælde med hvide Snehjelme
og de i Maanelyset tindrende Bræer, der ligesom Fjorden med
sine Mængder af Isfjælde og Storisen, mindst af alt have noget
tilfælles med Danmark.

Den følgende Morgen, den 22., vare vi ved Cap Stewart,
men det viste sig desværre, at der ikke var foregaaet nogen
Bedring med Hensyn til Isforholdene. Saavel i Scoresby
Sunds Munding som i Hurry Inlet laa der megen Is og mange
Isfjælde, som drev omkring for Vind og Strøm. Der fandtes
ingen Steder, hvor Skibet under Losningen kunde ligge blot
nogenlunde beskyttet for Isen, og selv om det holdt gaaende
under Damp, vilde det med Taage og daarligt Vejr let kunne
komme fast i Isen og af deune skrues op paa den lave, flade
Kyst af Jamesons Land; Isen var nemlig ikke sværere, end
at en Del af den var af mindre Dybgaaende end «Hekla». Under
disse Forhold vilde det ikke være forsvarligt at losse her, da
Skibet vilde være for udsat i Tilfælde af daarligt Vejr; vi maatte
se os om efter en anden Plads til Stationen, hvor Skibet kunde

være nogenlunde beskyttet mod Is og Isfjælde, medens Losningen gik for. sig.

Vi stode over mod Sydenden af Liverpool Kyst, men Forholdene vare ikke bedre der.

Valget af en anden Plads til Stationen var under de givne Forhold ikke let. Den maatte helst ligge saa yderligt. i. Fjorden som muligt, da der derved var større Chance for at komme tidligt afsted den næste Sommer end længere inde, hvor Vinterisen sandsynligvis vilde ligge længere. Hele den ydre Del af Scoresby Sund er imidlertid fuldstændig blottet for Havne eller blot Antydninger af saadanne. Sydkysten er en lige, ubrudt Basaltbratning, der hæver sig omtrent lodret op af Fjorden. Kysten af Jamesons Land ligner den jydske Vestkyst og er som denne uden nogensomhelst Tilflugtssted for et Skib, og Sundet mellem de to Kyster var fuldt af Isfjælde og Is, der med de skiftende Strømme og Vinde drev frem og tilbage.

Den eneste sikre Havn, vi havde seet, var Hekla Havn, og jeg maatte derfor under disse Forhold bestemme mig for denne. Da den imidlertid laa omtrent 20 Mil inde i Fjorden, vilde jeg, ved at vælge den til Overvintringssted, ikke alene forøge Vejlængden til Angmagsalik med de nævnte 20 Mil, men jeg maatte tillige befrygte. at vi først vilde kunde komme meget sent afsted med Baadene den følgende Sommer, da vi med tungt lastede Baade ikke kunde begynde Rejsen, før Fjordisen var fuldstændig brudt op. Som Følge heraf maatte jeg, hvis Hekla Havn valgtes til Overvintringssted, beholde Skibet heroppe, da vi med dette antagelig vilde kunde forlade Havnen paa et betydeligt tidligere Tidspunkt, end det vilde være muligt med Baadene.

Det blev derfor bestemt at oprette Overvintringsstationen ved Hekla Havn, og at Skibet skulde overvintre der sammen med Expeditionen for næste Aar at bringe denne ud til Cap Brewster.

Forinden vi stode tilbage i Scoresby Sund, oplagde vi
ved Cap Stewart et Depot af Proviant og Ammunition.
Dette Depot var medtaget som en yderligere Sikkerhedsforan-
staltning for Expeditionen, hvis det Tilfælde skulde indtræde, at
vi i 1892, paa Rejsen Syd efter til Angmagsalik, skulde møde
saa uovervindelige Ishindringer, at vi bleve nødsagede til at
opgive at gaa Syd paa og tvungne til at vende tilbage til
Scoresby Sund. Vi vilde derved være i Stand til ved Cap
Stewart at kunne afvente Opsendelsen af en eventuel Hjælpe-
expedition.

Depotet. blev oplagt paa den lyngklædte Skraaning ved
Grønlænderhusene (ved Cap Stewart) paa et Underlag af Sten.
Det blev først dækket med et dobbelt Lag af et gammelt Sejl,
ovenpaa hvilket der. blev lagt flere Lag Græstørv. Det underste
Lag med Græsset nedefter, det øverste med Græsset opefter.
Kanten af Sejlet blev betynget med saa mange Sten, som vi
kunde faa fat i, for at gjøre det saa vanskeligt som muligt for
Bjørne at ødelægge Depotet.

Medens dette Arbejde stod paa, havde Naturforskerne be-
nyttet Lejligheden til en kortvarig Undersøgelse af Fjældene i
den nærmeste Omegn og blandt Andet været saa heldige at
finde faststaaende Planteforsteninger.

Kl. 6 om Aftenen vare vi færdige med alle Arbejder og
satte nu igjen Coursen indefter i Fjorden. Taagen havde det
meste af Dagen ligget ude i Fjordmundingen, og da det nu
begyndte at blæse op med en frisk Østen, begyndte den at
sætte ind efter, saa at vi vare meget glade ved at kunne for-
lade Cap Stewart.

Natten mellem den 20.—21. havde vi første Gang seet en
Stjerne, det var Jupiter; da vi nu stode ind efter, saae vi allerede
flere. Den følgende Middag, den 23., loddede vi tværs af Cap
Stevenson paa 300 Fv. Vand, og ankrede om Aftenen igjen
i Hekla Havn, som altsaa nu i nogen Tid skulde være vort
Hjemsted. I de følgende Dage herskede der en travl Virk-

somhed med at bringe Tømmeret til Husene i Land, med at rejse disse og med Oplosningen af Expeditionens Proviant og øvrige Bagage.

Medens Husene bleve satte under Bygning, gik Lieut. Vedel og Capt. Knudsen paa en Expedition NO. efter. Vi bavde nemlig den 21., da vi vare ud for Sandstens Fjældene, seet, at der Nord for Milnes Land laa en Gruppe Oer med spidse, takkede Fjælde og tilsyneladende adskilte af mange smalle Sunde. Det vilde være en stor Hjælp ved den nærmere Undersøgelse af Fjordene i denne Egn, om vi der kunde finde en god Havn for Skibet. Med en saadan Havn som Udgangspunkt kunde vi da med Dampbarkas og Baade gjøre Excursioner i Omegnen og spare den lange Vej frem og tilbage fra Hekla Havn til Oerne, især da vi bavde Erfaring for, at Kysten op til Sandstens Fjældene i daarligt Vejr var temmelig uheldig for Baadrejser.

Hovedøjemedet for Lieut. Vedels Expedition var derfor at finde en saadan Havn enten ved Oerne eller i Nærheden deraf. Samtidig skulde Naturforskerne gaa med en Slup op i Mudderbugt for der at anstille Undersøgelser angaaende Sandstensformationen.

Den 25. August afgik begge Expeditionerne i Dampbarkassen med to Slupper paa Slæb.

Imidlertid blev der ved Stationen sat al Kraft paa Husenes Opførelse. Husene vare forfærdigede hjemme af Tømmermester Kyhn, tilpassede og mærkede lige klar til Opsætning, som derfor gik meget let.

Vi medførte fire Huse: et Beboelseshus, to Observatorier og et Proviantskur.

Beboelseshuset var 27 Fod langt og 14 Fod bredt. Det var ved to Skillerum delt i tre Afdelinger. Gjennem et Bislag midt paa den ene Langvæg kom man ind i den midterste Afdeling, der tjente til Opbevaring af Tøj og den Proviant, som i Øjeblikket var i Brug. Fra dette Rum førte en Dør tilvenstre ind i

Folkelukafet, hvor der i to Etager var Køjeplads til 6 Mand. Foruden Bord, Vandtønde, Skibskister og lignende var her et lille Comfur, som foruden til Madlavning ogsaa skulde tjene til Opvarmning af Værelset.

Fra Midterrummet førte en Dør tilhøjre ind til det Rum, som beboedes af Lieut. Vedel, Cand. Bay og mig. Dette Rum opvarmedes ved en lille Kakkelovn, hvis Rør i c. 3 Al. Længde blev ført langs Gulvet inden det drejede op efter og ud gjennem Loftet og Taget. Denne Foranstaltning viste sig overmaade heldig til at forhindre Fodkulden, ligesom der ogsaa derved udnyttedes det mest mulige af Kullenes Brændselsværdi, saa at vi hele Vinteren igjennem, selv med den strengeste Kulde, med et meget lille Kulforbrug kunde holde en passende Temperatur i Værelset. Foruden tre enkelte Standkøjer fandtes der et Par Borde og vore Skibskister, og langs Væggen var anbragt Hylder til Instrumenter, Bøger og lignende Sager.

Ovenpaa var der i hele Husets Længde et Loftsrum til Opbevaring af Telte, Soveposer, Sejl o. s. v. Adgangen hertil var enten gjennem en Luge i Gavlen eller gjennem en mindre Lem i Midtrummet.

Huset var udelukkende bygget af Træ. Det bestod af et Tømmerværk, paa hvilket der blev spigret en Yder- og en Inderklædning af 1" Brædder. Udvendig blev saavel Tag som Vægge beklædte med Tagpap, der paa Taget fastholdtes af smalle, paaspigrede Trælister. Op til $2^{1}/_{2}$ Al. Højde blev derefter hele Huset omgivet af en grønlandsk Mur af Sten og Græstørv. Indvendig blev Gulv og alle Vægge beklædte med Linoleum. Noget senere beklædte vi ogsaa Gulvbrædderne i Loftsrummet med Resterne af Linoleum, Tagpap og, hvor dette ikke slog til, med Græstørv. Huset viste sig i Vinterens Løb at tilfredsstille alle rimelige Fordringer. Kun en Ulempe viste der sig, og det var, at Madlavningen skulde foregaa i Folkelukafet. Denne Omstændighed var paa Grund af de ved Madlavningen udviklede Vanddampe og Madosen mindre heldig, saa at man burde have havt et særegent mindre Rum til Kabys. Det blev ogsaa nødvendigt at skaffe lidt mere Ventilation, hvilket let lod sig gjøre ved i Loftet at udskjære Lemme, som kunde aabnes mer eller mindre, eftersom Omstændighederne krævede det.

Proviantskuret laa 50 Alen SO. for Beboelseshusét. Det bestod af et eneste Rum og havde kun Yderklædning og Tagpap, derimod ikke Gulv eller Inderklædning.

Det astronomiske Observatorium laa Vest for Beboelseshuset. Det var gjennemskaaret i Retning af Meridianen og forsynet med Klapper. I Midten stod en støht Betonpille til Passageinstrumentet. Desuden tjente dette Observatorium til Anstillelsen af Observationer over Variatiouerne i Magnetnaalens Declination. Variationsapparatet var anbragt paa to støbte Betoupiller.

Observatoriet til Anstillelse af de absolute magnetiske Maalinger laa lidt Syd for forannævnte. To støbte Betonpiller tjente ligeledes her til Instrumenternes Opstilling. De to Observatorier havde Gulv og Yderklædning, og vare ligesom de øvrige Huse klædte med Tagpap og omgivne med Grønlændermure.

Udenfor Stationen blev opsat en Flagstang tilligemed forskjellige Arrangementer til de meteorologiske Observationer, som Thermometerskab, Vandstandsmaaler m. m. Vore tre Baade bleve satte paa Land paa en lav, hævet Havstok lige bag Husene.

Den 28. August kom den ene Slup med Naturforskerne tilbage til Havnen. De bavde først landet paa den østlige Side af Mudderbugtens Munding og derefter ladet Baaden ro ind til Bunden, medeus de selv gik langs Kysten. Bugten har ringe Dybde med leret og sandet Bund; Bredderne ere ligeledes lerede og sandede. Efter meget Besvær med at haie Baaden til Land, blev der slaaet Telt paa en flad, gruset Slette.

Der blev derefter foretaget Undersøgelser af Sandstensformationen i Omegnen. Dyrelivet var oppe i Landet meget fattigt, men i nogle store Engstrækninger i det Indre af Bugten saaes usædvanlig mange Vadefugle.

Søndag Middag den 30. kom Capitain Knudsen tilbage over Land. Det bavde om Formiddagen blæst en stormende Kuling af NV., saa at Dampbarkassen bavde været nødsaget til at søge Læ en Mils Vej fra Stationen. Capt. Knudsen var da ledsaget af en Maud gaaet over Land til Stationen. Om Eftermiddagen løjede det af, og Lieut. Vedel kom med Dampbarkassen og Sluppen.

Han havde været oppe ved Oerne, men ikke fundet nogen Havn der, da Fjældene gik bratte ned i Vandet, saa at der ikke var under 25 Fv. Vand en Baadslængde fra Land. Nord for Oerne gik en meget stor Isfjord, Nordvestfjord, i NV.-lig Retning ind i Landet. Paa Nordsiden af deune Fjords Munding var der bag en fremspringende Halvø, Syd Cap, en Havn; men deune var aaben mod NV., altsaa mod Bunden af Fjorden, og Isfjældene bleve derfor med Vind ud af Fjorden drevne ind i Havnen og fyldte deune, saa at Skibet ikke kunde ligge der. Lieut. Vedel havde været 6 Mil oppe i Fjorden, som imidlertid gik endnu længere ind og der bøjede af i nordlig Retning. Fjorden var fuld af Isfjælde, som laa tættere, jo længere man kom indefter.

Der var saaledes ikke fundet nogen Havn, hvori Skibet kunde ligge sikkert, medens Undersøgelserne bleve fortsatte.

Det bestemtes derfor at gjøre endnu en Tour til Nordvestfjord, for at faae deune nærmere undersøgt af Naturforskerne, samt for om muligt at komme ind til Bunden. Vi maatte imidlertid vente et Par Dage, indtil Dampbarkassens Kjedel var renset, og til forskjellige Arbejder ved Husene vare fuldendte.

Den 3. September gik vi igjen fra Skibet; straks efter at vi vare komne ud af Havnen, begyndte det at blæse temmelig stivt ud af Fjorden, saa at der snart stod en Del Sø. Udfor

Mudderbugt stod en Mængde Isfjælde paa Grund, medens de den Dag syntes at være mere spredte ude i Fjorden. Ved Middagstid havde vi naaet Omdrejningspynten ved Sandstens Fjældene, Scoresby's Cap Leslie. Nord herfor drejer Kysten omtrent retv. Nord i og danner en meget brattere og højere Skrænt med en bred, lav Forstrand. Skrænten er gjennemfuret af Vandløbene fra Snesmeltningen om Foraaret. Her saae temmelig grønt ud, men Farven hidrørte vistnok hovedsagelig fra Mosser. Kysten bestaaer mest af Forvittringsprodukter fra Sandstens Fjældene. Paa denne Kyst er der to store Bugter, i Bunden af hvilke man seer to Bræer, som imidlertid ikke naae Vandet. Den sydligste ender c. 1 Kvml. derfra, men den anden endnu højere oppe. Efterhaanden som vi kom frem, tiltog Isfjældene i Mængde, vi talte paa engang et Par Hundrede. Om Eftermiddagen sloge vi Telt i Bunden af en lille Bugt, hvor Kysten begynder at tage en mere NV.-lig Retning. Pynten Ost for Bugten kaldte vi Bregnepynt, fordi Cand. Hartz her fandt mange af de smaa, vellugtende Bregner (*Lastræa fragrans*). Vi havde herfra en glimrende Udsigt til et storslaaet Panorama Nord for Teltpladsen. Paa Fjorden svømmede Masser af Isfjælde af enorm Størrelse. Bag dem laa Øerne. Nogle af disse vare lave og flade som Øerne i en af Vestkystens Skjærgaarde; men andre vare stejle, takkede Fjældkamme, ikke lidt mindende om det bekjendte Fjæld, Redekammen, i Syd Grønland, og bag dem saae man et mægtigt Alpelandskab med skarpe, spidse Toppe, mellem hvilke den store Isfjord skar sig ind.

Fra Bregnepynt drejer Kysten af Milnes Land NV. i, og paa denne Strækning ligger der et Par større lokale Bræer, som naae Vandet. Efter deres jævne Overflade at dømme, have de kun ringe Bevægelse.

Den følgende Morgen gik vi videre. Fjældene paa Landet Nord for Oerne ere høje og stejle med spidse Toppe og Kamme. De hæve sig lige op fra Vandet, majestætiske, forrevne og fulde af Kløfter, i hvilke Bræer overalt glide ned. Ingen af disse naae dog Vandet.

Øgruppen, som fik Navnet Bjørneøer, bestaaer af c. 10 større og mindre meget indskaarne Øer. (Muligen er der nogle flere, da man ved Sejladsen forbi dem ikke altid har let ved at afgjøre, hvorvidt man sejler forbi Sund eller Fjord.) De ligge omtrent paa en Linie i Retningen NO.—SV. og danne Fortsættelsen af Sydkysten af en Fjord, der her skærer sig Vest efter og, som vi senere fik Erfaring for, staaer i Forbindelse med Farvandene inde ved Røde Ø. Denne Fjord fik Navnet Øfjord. Oerne ere gjennemgaaende lave, c. 500—600 Fod; men op over denne Højde, hæve sig nogle skarpe Kamme og Spidser af karakteristiske Former til c. 12—1500 Fods Højde. De lave Øer have alle runde, moutonnerede Former, men paa Kammene kan man ikke se nogen Paavirkning af Isen. Bjergarten er imidlertid en meget forvittret Granit, saa at det ikke er noget Bevis paa, at Indlandsisen i sin Tid ikke skulde have naaet saa højt.

Medens vi sejlede i de snevre Sunde mellem disse Oer, saae vi lidt før Middag en Bjørn, som laa og sov i Blaabærlyngen paa en af de solbeskinnede Skrænter. Vi forstyrrede den i sin Middagsro og gjorde Jagt paa den, som endte med dens Død; det var en meget féd, gammel Han, der øjensynlig bavde nydt Sommerglæderne ved et lille Ophold her paa Landet, hvor den havde gjort sig rigtig tilgode med Blaabærrene.

Efter at være komne ud gjennem Oerne, fulgte vi langs deres Nordkyst i NO.-lig Retning og stode over mod Syd Cap. Vi bavde den samme Formiddag seet et Isfjæld kalve. Der hørtes et Brag, og da vi vendte os i Retning af Lyden, saae vi et stort Stykke af et Isfjæld langsomt sænke sig i Vandet, medens en mægtig Sø væltede ud derfra og brød sig med en voldsom Brænding mod de omliggende Isstykker. En Baad, som havde været i Nærheden, havde været ilde faren, og skjøndt vi vare temmelig langt derfra, saa at Søen kun naaede os som en rund Dønning,

maatte vi dog dreje Stævnen op mod Søen for ikke at fylde
Baadene.

De Isfjælde, vi nu passerede, vare meget store og firkan-
tede; vi saae nogle, som snarere kunde kaldes Marker af Bræis
end Isfjælde. De havde beholdt deres oprindelige Stilling fra
den Tid, de vare sammenhængende med Bræen. Deres Over-
flade var derfor spaltet og kløftet aldeles som Overfladen af en
productiv, stor Bræ.

Et saadant Isfjæld, som vi en af disse Dage passerede,
anslog jeg, efter den Tid vi vare om at passere det med Damp-
barkassen, til følgende Dimensioner: Længde og Bredde ½
Kvml., Gjennemsnitshøjde 200 Fod. Lieut. Vedel havde paa
forrige Tour paa samme Maade jugeret Dimensionerne af et
andet Fjæld og faaet Længden 1 Kvml., Bredde ⅓ Kvml., Højde
150 Fod. Beregner man Volumen af disse to Fjælde og
regner, at der er 8,5 Gange mere under end over Vandet, faaer
man, at hver af dem havde et Volumen af 17,100 Millioner
Kubikfod. Det er vanskeligt at opfatte et saadant Tal, men det
gjøres mere anskueligt ved at sige, at med et saadant Fjæld
kunde man dække hele Amager (1 Kvadrat Mil) med et Lag Is
af 30 Fods Tykkelse. De to saaledes beregnede Isfjælde vare
ingenlunde enestaaende Exempler, men vi kunde tælle indtil et
Par Hundrede af samme Størrelse. Mange firkantede Isfjælde
naaede op til henimod 300 Fods Højde, og enkelte mere uregel-
mæssige med store fritstaaende Taarne og Spidser, som saae ud
til at kunne styrte ned hvert Øjeblik, ragede vistnok endnu
højere i Vejret.

Om Aftenen sloge vi Telt paa Syd Cap. I den af Lieut. Vedel
omtalte Havn i Bugten indenfor Halvøen laa der nu mange Is-
fjælde.

Om Aftenen, da vi skulde vadske os for at fjerne det værste
af Kulstøvet fra Ansigt og Hænder, fandt vi ¼ Tomme Is paa
Ferskvandspytterne.

Cand. Hartz og Deichmann med to Maud og en Baad bleve efterladte her, medens vi med Dampbarkassen og den anden Baad gik længere ind i Fjorden den 5. September. Vi vare næppe komne ud af Havnen, for vi atter saae en Bjorn ligge sovende lidt oppe i Fjældet. Da vi jagede den, gik den i Søen, og vi kunde nu fra Dampbarkassen i Ro betragte den og tage et Par Fotografier af den. Den laa temmelig dybt i Vandet, saa at kun Hovedet og undertiden lidt af Bagkroppen kunde sees. Undertiden, naar den blev bauge, dukkede den under et Øjeblik, hvorefter den som af Fortvivlelse igjen tog Mod til sig og

svømmede hen imod Fartøjet, som den dog stadig holdt sig i ærbødig Afstand fra. Den blev skudt, hvorefter vi slæbte den ind til Land og flensede den. Kjødet blev lagt i Depot her, for at vi kunde tage det med os paa Tilbagevejen. Vi saae et Par hvide Harer, som vi imidlertid forgjæves gjorde Jagt paa; de vare meget sky og smuttede bestandigt fra os. Hvor Terrainet var saaledes, at Planterne kunde faa Fodfæste, var Vegetationen her meget frodig, og der fandtes da navnlig Masser af Blaabær og Krækkebær, som nok kunde friste Andre end Bjørne til at tage sig et lille Hvil i Lyngen. Paa de fleste

Steder vare imidlertid Fjældene saae bratte, at ingen Vegetation kunde trives, og den baarde Gneisklippe laa gold og bar, saa at Fjordsiderne, sete ude fra Baadene, gjorde et temmeligt øde og plantefattigt Indtryk. Paa Nordsiden af Fjorden gaae flere Dalstrøg tværs paa Fjordens Retning, og i Bunden af disse Dalstrøg ligge smaa (ɔ: tynde) men brede Bræer. Deres smudsige Udseende og afsmeltede Overflade synes at kunne tyde paa, at det er «døde Bræer», Rester fra tidligere Isperioder, som endnu beskyttede af det overliggende Lag Ler og Grus have kunnet holde sig. Der er derimod ingen videre Brædannelse paa Toppen af Fjældene. Paa Sydkysten ligger derimod Bræer i hver Kløft, og de naae næsten alle ned til Vandet. Her findes ingen store Dalstrøg, i alt Fald ikke i Fjordens ydre Del.

Det blæste efterhaanden op med Kuling ind ad Fjorden. Udfor Vestpynten af det fjerde Dalstrøg paa Nordsiden laa en Gruppe smaa Øer og Skjær. Kl. 5 rundede vi om Pynten til det femte Dalstrøg, hvis Munding daunes af en større Bugt, Nordbugt. Da vi passerede temmelig tæt om et lille, smudsigt og mørkt udseende Isfjæld, begyndte det pludselig at vælte ganske langsomt rundt. Sluppen var lige tæt ved det, og Dampbarkassen kunde ikke faa mere Fart, da Dampen i Ojeblikket var faldet en Del; det saae derfor i Øjeblikket temmelig farligt ud, men heldigvis slap vi med Skrækken. Vi sloge Telt i en lille Bugt med en sandet Bred. En udskydende Pynt, et lille Skjær og nogle strandede Stykker Kalvis gav Læ for Dampbarkassen. Vore to norske Fangstmænd, Allan og Eriksen, gik paa Renjagt og vendte efter et Par Timers Forløb tilbage. De havde skudt 9 Reuer.

Bjergarten er Gneis, men paa Skraaningerne ligger meget Grus, Sand og Ler. Her var temmelig frodigt, navnlig optraadte Birk og Blaabær talrigt, men dog ikke saa yppigt som ved Røde O. Jeg fandt en udgaaet, fortørret Pilestamme, som var saa tyk, at jeg netop kunde spænde om den med begge mine Hænder. I det Hele taget laa der mange saadanne .tørre Pilestammer rundt omkring paa Fjældskraaningerne.

Om Aftenen blæste det endnu mere op og blev daarligt Vejr. Da vi den folgende Morgen, den 6. September, traadte ud af Teltet, bleve vi meget forundrede, thi fra Gaarsdagens Efteraar var det nu som med et Slag blevet Vinter. Der laa Sne over det Hele, fra Fjældtop til Fjord; en isneude Vind blæste ud af Dalstrøget, saa at Isfjældene for fulde Sejl. kom ud efter, og Thermometret viste et Par Graders Kulde. I Dalstrøget og ind-efter i Fjorden var Himlen nogenlunde klar med enkelte for-revne Cirrusskyer, men paa Fjældene og i en Brædal paa Syd-siden af Fjorden laa tunge Skyer, og alt stod derovre i et Snedrev.

Det var begyndt at sne om Aftenen med enkelte Vindkast ud fra Dalen, men i Løbet af Natten og Morgeneu friskede det op til en Storm, saa at vi ikke kunde komme afsted. Vi be-nyttede derfor Opholdet til forskjellige Smaatoure i Nærheden. I Løbet af Dagen forsvandt Sneen fra Underlandet ved Teltpladsen, men blev liggende paa Fjældene. Lige overfor os havde vi et prægtigt, kegleformet Fjæld, indenfor hvilket en større local Bræ skød sig néd. Paa Sydsiden af Fjorden laa to større Bræer, der syntes at være for store til at være locale Bræer.

Der blev yderligere skudt 8 Reuer. Det var ganske morsomt at se, hvorledes Renerne til deres Spadseretoure altid vælge de mageligste og luneste Steder. Træffer man en Rensti, som fører i den Retning man skal, kan man trøstig følge den og være sikker paa, at man da vil komme frem ad den hedste Vej. Rundt omkring i Fjældbakkerne fandt vi beskyttede Kroge, hvor man tydeligt kunde se, at Renerne i nogen Tid bavde havt Tilhold; det var forholdsvis smaa Pladser mellem store Klippe-blokke eller under Bratninger i Fjældet, hvor der i Reglen var en frodig Vegetation. Selve Pladsen var nedtrampet, saa at det nøgne Ler eller Grus kom frem. Sandsynligvis have

Flokke af Rensdyr søgt Læ saadanne Steder under Storm og daarligt Vejr.

Smaafuglene begyndte nu at forberede sig til Afrejsen til varmere Zoner. Navnlig Graasidskenerne samlede sig i Flokke; de vare saa lidet sky, at de flagrede lige over Hovedet paa os, som om de vilde sætte sig der; sandsynligvis var det de unge Fugle fra samme Sommer.

Paa de Steder, hvor den faste Klippe laa bar, fandtes Is-skuringer op til c. 700 Fods Højde.. Om Aftenen saae vi for første Gang Nordlys.

Den 7. om Formiddagen blæste det endnu, men efter Middag løjede det noget af, saa at vi gik videre ind efter. Ved den lige overfor liggende Pynt vare vi i Land for at se paa Isen, som tilsyneladende spærrede. Der var mange Isfjælde, og Strømmen kjørte de mindre af dem om mellem hverandre. Da vi kom længere ind i Fjorden, hvor Kysten bøjede mere Nord i; fik vi igjen stiv Kuling ud af Fjorden; den tiltog i Styrke, jo længere vi kom frem. Vi kunde under disse Omstændigheder ikke naae frem til noget Sted, hvor vi kunde ligge med Dampbarkassen, da Fjældene paa det første Stykke af Fjorden gik brat ned i Vandet uden Forland. Forst helt inde ved Bunden syntes der at blive lavere og jævnere Former. Vi maatte derfor igjen vende om til vor forrige Teltplads. Vi havde seet, at Fjorden fortsatte sig i NV.-lig Retning. Omtrent $1\frac{1}{2}$—2 Mil fra det Sted, hvor vi vendte om, var der paa Sydsiden en Pynt, bag hvilken et Dalføre eller en Fjordarm gik ind. 5—6 Mil længere inde bøjede Fjorden igjen vestligere, og her maatte rimeligvis den store Bræ være, som producerede de enorme Isfjælde, vi havde mødt i deune Fjord.

Det var imidlertid nu blevet saa sent paa Aaret, at Vinteren saa at sige var begyndt. Temperaturen havde allerede været under Nul om Dagen, og tiltrods for det urolige Vejr, vi havde havt i de sidste Dage, var ogsaa Temperaturen af Overflade-vaudet, der for en stor Del bestod af fersk Smeltevand, gaaet under·Frysepunktet. Med stille Vejr vilde Fjorden, som var opfyldt af Isfjælde og Kalvis, meget hurtigt kunne lægge til med .saa megen .Nyis, at vi ikke kunde komme igjennem den med . Dampbarkassen. I Ferskvandspytterne·havde vi allerede f Tomme tyk Is. Jeg turde derfor ikke udsætte os for. at fryse inde· saa langt fra Skibet og besluttede at gaa tilbage.

Den 8. September stode vi over mod den sydlige Kyst for at omgaa Isfjældene, der laa tæt pakkede op mod den tidligere nævnte. Øgruppe. Her fik vi igjen stiv Kuling ud af Fjorden. Ved Middag tiltog Kulingen efterhaanden til en Storm, og vi maatte holde over paa Nordsiden for at faae saa meget Læ som muligt. ·Tiltrods for de mange Isfjælde rejste der sig meget· hurtigt en usædvanlig svær Sø. Det blev værre og værre, og da vi vare bauge for, at vi med Baaden paa Slæb ikke vilde kunne klare os, om det vedblev at friske, søgte vi med Vindeu tværs at komme ind til et Dalstrøg paa Nordsiden, hvor vi bag en noget· fremskydende Pynt fandt Læ. Det var paa høje· Tid, thi Stormen rasede nu med fuld Kraft ude paa Fjorden, saa at Toppen blæste af Søerue, og hele Fjorden stod i en Fraade.

Da Vindeu om Eftermiddagen ikke vilde lægge sig, saa vi kunde komme vidére, sloge vi Telt paa Pyuten, der blev kaldet Stormpynt. Vindeu optraadte med Føhnkarakter og en Temperatur paa 6° og derover. Om Natten blæste det meget haardt. Den følgende Dag efter Middag gik vi videre udefter. Blæsten lagde sig, kort efter at vi bavde forladt Teltpladsen, og· strax efter fik vi Vind ind ad Fjorden; det gjorde en betydelig Forskjel paa Temperaturen, som sank til 2'. Om Aftenen sloge vi Telt paa Halvøen, hvor vi bavde efterladt Naturforskerne; de vare nu inde i Bunden. af Bugten, hvor de maatte hentes med Dampbarkassen. . Denne havde en Del Besvær med at komme derind., da der var dannet et temmeligt bredt Bælte af Kalvis-stumper og Nyis.

Om deres Ophold her meddelte Cand. Hartz og Deichmann folgende. Efter at vi bavde forladt dem den 5. om Morgeneu, gik de med Baaden ind i Bunden af Bugten, hvor de sloge Telt. Bugten fortsattes op i Landet af en temmelig jævn Skraaning, der endte med et Pas i et Par Hundrede Fods Højde o. H. Passet dannede Skjellet mellem to forskjellige Landskabstyper: Paa den ene Side den sædvanlige, grønlandske Natur, ɔ: mer eller mindre nøgne, vegetationsløse Urfjældknuder, afrundede og afglattede af Istidens Gletschere, gjennemskaaret af en temmelig anselig Elv, som søgte ud til Havet mellem de fra de nærliggende Højder nedstyrtede Klippeblokke. Hist og her fandtes Moræner, som strakte sig tværs over Dalen mellem de to Bjergkjæder, mellem hvilke Bugten og Elven fandtes. Paa den anden Side Passet var derimod et bredt Lavland, mindende om den sydlige Kyst af Jamesons Land og om vore jydske Hedemoser; det var brunt og fladt, paa Kryds og paa Tværs gjennemskaaret af smaa Vandløb; hist og her fandtes en flad, sandet, lille Dam. Intetsteds traadte Fjældet frem i Dagen, overalt bløde Former. Talrige Spor og afkastede Horn viduede om, at Rénerne havde deres Gang her.

Paa det flade Land fandtes ogsaa Spor og nogle Totter Uld af Moskusoxen, men intet Dyr saaes.

Ogsaa her ved Teltpladsen havde de den 6. havt Storm, Sne og 1—2" tyk Is paa Vandhuller og Smaasøer.

Den 10. gik vi over til Bjørneøer. Vi gik denne Gang Øst om den store NO.-lige O og derefter mod NV. op mellem Oerne; der her alle havde lave, runde Former. Om Aftenen sloge vi Telt ved et lille, lukket Bassin. Det var den første rigtig smukke Aften, vi havde havt i lang Tid. Det var fuldstændig stille og klart Vejr, men det begyndte nu at blive mørkt om Nætterne. Fjældene stode imponerende op mod den klare, stjernebedækkede Himmel. Et Par store Baal af Lyng bleve tændte, og medens Ilden blussede højt og kastede sit flakkende Skin over de nærmeste Omgivelser, og Røgen langsomt steg tilvejrs, kom Piberne frem efter Aftensmaden, og Passiaren gik hyggeligt accompagneret af de brændende Lyngkvistes Knittren.

Den 11. gik vi fra Øerne hjemefter.. Vi stode over mod
NO.-Pyuten af Milnes Land og holdt ned mellem dette og
Øerne. Sundet var her saa godt som fuldstændig lukket af
store, bratte Isfjælde, som laa klos op af hverandre. Vi fulgte
forst langs Fastlandskysten, men kunde ikke komme frem og
maatte vende om for at gaa langs Kysten af den inderste af
Bjørneøer. Her var en smal Rende, i hvilken vi kom frem.
Strømmen malede stærkt i dette snevre Farvand mellem Is-
fjældene.

Efter Middag kom vi til Bregnepynt, hvor vi bavde
efterladt to Sække Kul. En Bjørn bavde imidlertid i Mellem-
tiden besøgt Stedet og væltet den ene af Sækkene ned i Vandet.
Sækken havde den rimeligvis revet itu og slæbt med sig;
Kullene kunde vi se paa Bunden af Vandet. Lidt længere
henne paa Kysteu saae vi en Bjørn med sin Unge spadsere
oppe i Fjældet; vi prøvede at jage den, meu den tog Flugten
og forsvandt i det kløftede Terrain. Da Vejret var smukt, holdt
vi gaaende hele Natten. Det var i Begyndelsen temmelig mørkt,
saa at man kun paa meget nært Hold kunde se Isstykkerne,
men efter Midnat lyste Nordlysene godt op. Den 12. om
Morgeneu kom vi til Stationen.

Her havde man imidlertid benyttet Tiden til at forberede
sig paa Vinterlejet. Ombord i «Hekla» vare Sejlene slaaede fra,
Bramstænger og Bramræer nedtagne og alt løbende Gods ud-
skaaret og bragt ned om Læ. Der var opsat et Skot mellem
Banjer og Folkelukaf og samlet en hel Del Lyng, som skulde
bruges til at tætne og isolere med paa forskjellige Steder. Inde
paa Stationen vare Husene omtrent færdige. Den sidste Haaud
blev lagt paa den indre Udstyrelse i de nærmest folgende Dage,
og den 15. flyttede Expeditionen i Land og tog Huset i Be-
siddelse.

Vejret var i de Dage stormende, og der faldt megen Sne,
saa at Landskabet fra nu af var fuldstændig i Vinterdragt.

Alle smaa Soer vare belagte med Is, og endog i Havnen begyndte der at dannes Nyis om Nætterne.

Den 18. begyndte vi de timevise meteorologiske og magnetiske Observationer, som fra nu af skulde fortsættes uden Afbrydelse hele Vinteren.

Forinden vi imidlertid gik fuldstændig i Vinterhi, gjorde vi dog endnu en mindre Baadudflugt. Maalet for denne var en nærmere Undersøgelse af den store Bræ Syd for Stationen. Den 23. September afrejste jeg med Lieut. Vedel og Candidaterne Hartz og Bay med en Slup fra Stationen og slog om Middagen Telt ved den østlige Kant af Bræen. Paa hele Kysten NO. efter gik Fjældene stejle ned i Vandet med store Stenskred, og der var ikke Tale om Teltplads; kun det ene Sted, hvor vi laa, klos op ad Brækanten, var det muligt at slaa Telt, idet en lille Elv og Morænen fra Bræen her bavde dannet et nogenlunde fladt Terrain. (Se Tavle III). Heller ikke paa Vestsiden af Bræen var der, saa vidt vi kunde se, Mulighed for Teltplads.

Landskabet var det mest øde og triste, man kunde forestille sig. Der laa 10 Tommer Sne overalt. Teltene stode som nævnt paa en smal Morænedannelse mellem Bræen og Elven. Paa den anden Side Elven hævede sorte Basaltfjælde deres golde, øde Skraaninger op fra Dalen. Vegetation saaes ikke.

Elven løb kold og isbelagt, næsten lydløst hen over Is og Sten. Bræen laa skidden-hvid med blyblaa Revner og syntes at gjennemisne Omgivelserne med sin Kulde. Den frembød et Billede af Tomhed, Øde og Stilhed. Ikke en Lyd, ikke engang Vindens Susen var at høre. Udenfor laa Fjorden mørk og kold, fuld af hvidblaa Isfjælde; over det Hele hvilede en tung, blyfarvet, lav Himmel, saa lav at den virkede knugende; og kun langt borte i Nord, hvor Himmel, Hav og Fjæld gik i Et, stod en smal, bleggul Stribe, som yderligere fremhævede det mørke og melankolske i det øvrige Landskab.

Vi gik op langs Elven for at undersøge Forholdene dels

Teltpladsen ved Syd Bræ.

paa Isen, dels paa Sidemorænen. Ude ved Elvmundingen er Dalbunden c. 500 Alen bred, men højere oppe indsnevres den betydeligt, idet Fjældskraaningen nærmer sig Sidemorænen.

Denne bestod af store og smaa Sten, derimod saae man intetsteds noget til Ler. Morænen laa i flere Rygge (3—4), som antydede forskjellige Grændser for Bræen til forskjellige Tider. Vi gik ned paa Bræen, som her stødte lige op til Overkant af Morænen og bavde en jævn Overflade. Vi saae, at der under Morænedannelsen laa Is, som var adskilt fra den egentlige Bræ og ikke deltog i dennes Bevægelse. Denne Is er rimeligvis en Levning fra den Tid, da Bræen afsatte Morænen, og altsaa en «død Bræ».· Paa det første Stykke af Bræen, som vi passerede, laa der meget Grus og mange spredte, store Sten, alle med skarpe Kanter. Længere inde kom et Parti med dybe Tværspalter og en for Sten temmelig ren Overflade, derimod fandtes ogsaa her et tyndt Lag Grus. Derefter kom en temmelig smal, c. 30 Alen bred Moræne, saa igjen et Spalteparti. Paa dette sidste naaede vi imidlertid kun et kort Stykke ind,' da vi bleve standsede af Spalter. Inde mod Midten af Bræen kommer deune ned over et noget bakket Underland, hvad vi kunde se af Bræens terrasseformede Overflade og de store Kløfter. Paa Tilbagevejen saae vi paa et Sted i Kanteu af Bræen en Struktur i Isen, som lignede Gletscherkorn af indtil en Valnøds Størrelse. De kunde imidlertid ikke pilles fra hinanden med Fingrene og faldt heller ikke ud fra hinanden, naar man stødte i dem med en Knlv. ' Et andet Sted var der i Kanteu af Bræen en Art dyb Brønd. Bræsiden var ved ·flere horizontalė Islag delt i forskjellige Afdelinger.

Ude ved selve Bræenden saae vi ingen Gletscherkorn, men paa nogle større udfaldne Isstykker fandtes en meget fin Lagdeling af Grus og Is. Lagdelingen bavde været horizontal og gik gjennem hele Isstykkets Højde. Foruden at der som tidligere nævnt under Sidemorænen laa klar Is, fandtes der ogsaa ude ved den yderste Ende af Bræen ligesom et Underlag af Is,

paa hvilket Bræen gled frem, og hvis Overflade bar Skurstriber.
Denne Is var smudsig og tilsyneladende lagdelt.

Vi horte kun et Par Gauge Kalvninger, og det var begge
Gauge kun ganske smaa Stykker, der faldt ned tæt ved Telt-
pladsen. Udenfor Bræen laa der heller ikke nogen Kalvis.
Spredte Isfjælde fandtes, men de vare for store til at hidrøre
fra deune Bræ.

Den følgende Morgen var det tæt Snevejr; der var i Løbet
af Natten allerede faldet 3—4 Tommer Sne. Der kunde fore-
løbig ikke faaes noget Overblik over Bræen. Vi gik en lille
Tour op i en Dal, der gik tværs paa Bræen op i Landet Ost
efter. Vi fulgte Daleus Sydside, hvor der laa nogle meget store
Stenskred. Heroppe viste der sig lidt mere Vegetation, i Be-
gyndelsen Blaabær, Pil og Birk, og senere, da vi kom op til
den faste Klippe over Skredene, var der forholdsvis temmelig
frodigt. I Revnerne i den bratte Basaltvæg voxede mange
Blomsterplanter, Græs og Bregner, og de optraadte endog som
særlig' store Exemplarer; Pilebuskene hævede sig her 8—10
Tommer fra Jorden. Der fandtes ogsaa paa sine Steder et
sammenhængende Plantedække, men Alt var nu dækket af et 1
Fod tykt Lag Sne, saa at man ikke kunde anstille nærmere
Undersøgelser.

Det vedblev imidlertid at sne, og den faldne Sne begyndte
at danne Is ude i Fjorden, hvor tillige det kolde og ferske Elv-
og Brævand hurtig frøs til. Teltpladsen saae meget malerisk ud,
idet baade Telte og Baad bleve dækkede af et tykt Lag Sne.

Vi havde halet Baaden et godt Stykke op paa Stranden
for at være sikker mod Søen, hvis Bræen skulde kalve i Nær-
heden af os, ligesom vi ogsaa bavde flyttet vort Telt, som først
var opslaaet helt nede ved Vaudet, et Stykke højere op. Ikke
destomindre viste det sig, at det ikke var tilstrækkeligt; thi da
der i Løbet af Natten faldt nogle Smaastykker ned fra Bræen
lige ved Teltpladsen, løb Søen saa højt op, at vi gjentagne

Gange maatte ud for at sikkre Baaden; den ene Gang kom
Søen helt op til det ene Telt.

Da Vejret den følgende Dag, den 25., endnu ikke tillod os
at faa noget Overblik over Bræen, og, da det ikke var raadeligt
at ligge her længere, fordi den af det stærke Snefald foraarsagede
Grodis allerede var temmelig tyk, tiltraadte vi Tilbagetouren til
Stationen, hvor vi ankom noget efter Middag.

Hermed vare Baadetourene afsluttede for deune Sommer,
idet det tiltagende Issjap paa Fjorden og de kortere Dage nu
ikke tillod længere Udflugter. Forholdene saavel ombord som
ved Stationen vare saa gode som vel overhovedet under nogen
arktisk Overvintring. Helbredstilstanden var god, saa at man
med Ro kunde se Overvintringen imøde.

Overvintringen.

Før jeg nærmere skal omtale. Overvintringen, og hvad der
hændte under deune, kunde det her være paa sin Plads at
give en kort Beskrivelse af Stationens nærmeste Omegn.

Den O, paa hvilken Stationen blev oprettet, blev som tid-
ligere nævnt kaldet Danmarks Ø. Den ligger paa Sydsiden
af Milnes Land, adskilt fra dette ved et ganske smalt og
bugtet Sund, Ren Sund. Sundet har samme Hovedretning
som Dalstrøgene og Fjældkjæderne paa Øen, meget nær retv.
NV.—SO. Dets Nordkyst, som dannes af Milnes Land, er
temmelig høj og brat, men falder som det øvrige Land lavere
og fladere ud mod Ost. Sundet er trods sin Sneverhed meget
dybt, saa at temmelig store Isfjælde kunne passere igjennem
det. En Mængde Isfjælde pleje at staa paa Grund omkring
Pynterne ved den vestlige Ende af Sundet.

Forholdene ville sees af vedføjede Croquis af Danmarks
O. Oen er i Hovedtrækkene firkantet, men med mange
Indskæringer. Den er gjennemgaaende højest i den V.-lige
og NV.-lige Del, hvor der findes Højder paa c. 1000 Fod.

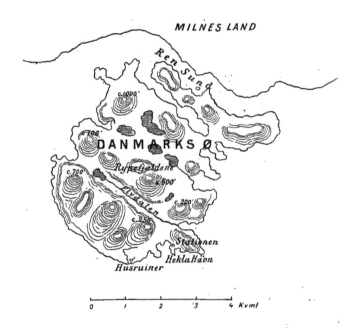

Herfra sænker Landet sig mere og mere mod Ost og SØ., hvor det bliver fladt med Højder paa indtil et Par Hundrede Fod.

Hovedretningen af Dalstrøgene og Fjældryggene er, som ovenfor nævnt, omtrent NV.—SO. Det største Dalstrøg ligger tæt Nord for Stationen, gaaer gjennem hele Oen og danner Fortsættelsen af et større Dalstrøg ovre paa Milnes Land. Den største Højde i dette Dalstrøg er c. 200 Fod o. H. og ligger i den vestlige Del. Noget Ost for Højdeskjellet er en lille Sø, fra hvilken en Elv lober Ost efter. Dalstrøget blev almindeligvis kaldet Elvdalen.

Denne begrændses paa Nordsiden af et Højdedrag, Rype-fjældene, med Toppe paa indtil 700 Fods Højde. Nord for Rypefjældene er der et større Terrain med mindre Højder og mange Søer, af hvilke de største ere viste paa Kaartet. Fra Søerne lobe et Par Elve ud til Kysten Øst efter. Den NO.-ligste Del af Øen dannes af en lang smal Fjældryg, som kun ved en

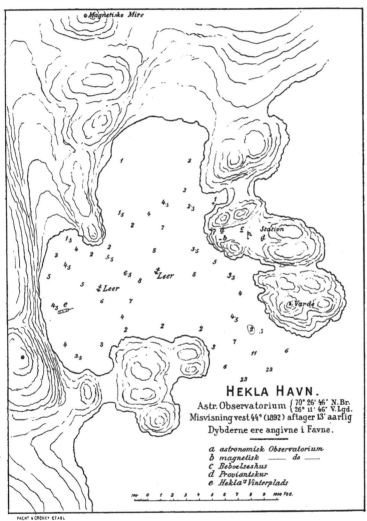

⊙ *Magnetiske Mire*

‡ *Leer*

‡ *Leer*

e

Station

Varde

HEKLA HAVN.

Astr. Observatorium $\left\{ \begin{array}{l} 70°\ 26'\ 46'' \text{ N.Br.} \\ 26°\ 11'\ 46'' \text{ V.Lgd.} \end{array} \right.$

Misvisning vest 44° (1892) aftager 13' aarlig

Dybderne ere angivne i Favne.

a astronomisk Observatorium
b magnetisk —— do ——
c Beboelseshus
d Proviantskur
e Hekla's Vinterplads

100   0   1   2   3   4   5   6   7   8   9   1000 Fod.

meget smal og lav Tange i den ostlige Del er forbundet med den øvrige Del af Øen. SV. for Elvdalen ligger et temmelig couperet Terrain, der med stejle Bratninger falder ned mod Dalen. Nogle Tværdale gaa i NO.—SV. Sydkysten er i den vestlige Del meget stejl og de fleste Steder ubestigelig. Ost efter er Landet meget lavt, og Kysten indskaaret. En af disse Indskæringer danner Hekla Havn, hvor Skibet laa til Ankers. Paa Havnens østlige Side laa Stationen og, et Stykke Vest for Havnen, paa en flad bevoxet Skraaning, Ruiner af gamle eskimoiske Vinterhuse.

Havnen dannes af to udskydende Tanger; den østlige gaaer i N.—S. og bestaaer af nogle lave, flade Stenheller, mellem hvilke der findes smallere Ler- og Grusforbindelser, sandsynligvis hævede Havstokke. Den vestlige Tange danner Sydsiden af Havnen og er ligeledes ved en hævet Havstok forbundet med Fjældpartierne paa Vestsiden, der falde brat ned mod Havnen. Paa Nordsiden gaaer et Par Bugter ind; den østligste og største er temmelig grund. Bugterne fortsættes af en temmelig frodig Skraaning, gjennemrislet af flere smaa Vandløb. Fra Toppen af Skraaningerne fører et Pas ned til Elvdalen. Gjennem dette Pas gik vor Vej, naar vi gjorde Jagttoure eller andre Udflugter ind i Landet.

. Den største Dybde i Havnen er 8—9 Favne, og Bundarten er overalt Ler. Mundingen mellem de to Tanger er knap 300 Alen bred. Der ligger her et lille Stenrev med 2 Fv. Vand, men tæt Vest for er der 7 Fv. Udenfor Havnemundingen tiltager Dybden meget hurtigt til over 20 Fv. (Se Tavle IV.)

Fjældkullerne ere overalt afrundede, afslebne og fulde af Skurstriber. Moræneaflejringer, Grus, Ler og Sten findes overalt i Mængde i Dalstrøgene og paa Afsatser, medens erratiske Blokke ere som dryssede over Højderne. Paa sine Steder er Ispoleringen overordentlig smuk, saaledes paa en haard, rød Granit, der var fuldstændig glat og blank. Hvor Bjergarten har været mindre haard, har derimod de folgende Tiders Vejrlig i

Forbindelse med Føhnstormenes Grus- og Snedrev ødelagt den egentlige Polering, saa at Overfladen er blevet ru. Føhnvindens Virkninger kunde ogsaa tydelig iagttages paa de store erratiske Blokke. Vindsiden (den vestlige Side) var i Almindelighed saa forpidsket af Grus- og Snedrevet, at der fandtes smaa, jætte-grydelignende Hulninger, hvorimod Læsiden stod uberørt med skarpere Kanter. Den største erratiske Blok, som fandtes i Omegnen, var c. 15 Fod høj og 20—25 Fod i Diameter.

Det, der for største Delen beskjæftigede os under Over-vintringen, var Anstillelsen af forskjellige videnskabelige Observa-tioner og Undersøgelser. Foruden at Naturforskerne gjorde Undersøgelser i deres specielle Brancher og bearbejdede det Materiale, der var indsamlet i den foregaaende Sommer, var det navnlig de meteorologiske Observationer, i hvilke alle Ex-peditionens Medlemmer deltoge, der lagde Beslag paa vor Tid. Observationerne bleve anstillede hver Time hele Døgnet rundt og omfattede foruden de sædvanlige Observationer af Barometer-stand, Luftens og Vandets Temperatur, Vind, Vejr, Sky-mængde, Nordlys o. s. v., tillige Maaling af Temperaturen i Isfjæld, i Fjordisen og i Sneen, Vandstandsobservationer m. m.

De magnetiske Observationer forestodes af Lieut. Vedel, som selv anstillede alle de absolute Maalinger, medens Aflæs-ningen af Variationsinstrumentet (for Declinationen) blev udført sammen med de meteorologiske Observationer af samtlige Ob-servatorer.

Af andre Observationer skal jeg nævne: Maalingen af for-skjellige Isfjældes Højde, Smeltnings- og Fordampningsforsøg med forskjellig Slags Is, Maaling af Isens Tykkelse til for-skjellige Tider, saavel paa Fjorden og i Havnen, som paa den lille Ferskesø i Elvdalen, samt nogle Frysningsforsøg til Be-lysning af Udstraalingens Betydning, som bleve foretagne paa Opfordring af Professor Christiansen og efter hans An-visning. Endelig blev der maanedlig taget en Række Dybhavstemperaturer ude paa Fjorden for at søge at komme til Kundskab om Gangen i Temperaturforandringerne i Vandlagene i Lobet áf Vinteren.

Resultaterne af disse forskjellige Undersøgelser ville blive behandlede særskilt, og jeg skal derfor ikke dvæle nærmere ved dem her, men kun meddele, at Vejrliget i Begyndelsen af Vinteren faldt i tre forskjelligé Perioder, af hvilke den midterste, fra Slutningen af Oktober til Slutningen af November, var karakteriseret ved roligt, koldt og klart Vejr; hvorimod den første og sidste nærmest udmærkede sig ved de kolossale Snemasser, som de sendte ned over os. Jeg er tilbøjelig til at tro, at deune Voxlen i Vejrforholdene ved Stationen hænger sammen med Drivisens Forekomst ude ved Kysteu, saaledes at der i de to milde, fugtige Perioder kun har været lidt eller meget spredt Is; medens Isen under Perioden med smukt, koldt, stille Vejr har optraadt i Mængde og ligget tæt, maaske fast til Kysteu. Denne Hypothese støttes ogsaa af Himlens Udseende ude over Mundingen af S c o r e s b y S u n d.

Navnlig i den første Periode, fra Midten af September, just som Sommereu var ophørt, og Vinteren lige med Et begyndte, faldt der Dag efter Dag, Uge efter Uge en stor Mængde Sne. Husene kunde næsten ikke sees, og for at komme frem til Observatorierne og Provianthuset maatte vi grave os dybe Gange, som hver Dag sneede til igjen. Det vár hele Tiden ganske stille, ikke en Vind rørte sig; Sneen blev derfor ogsaa liggende paa hvert nok saa lille Fremspring paa Husene, ja selv paa Enden af de opstillede Stager, hvis Diameter yar nogle faa Tommer, laá Sneen en Fod høj.

· En Dag i Oktober fik vi saa en Føhnstorm, og der begyndte nu et voldsomt Snedṛev.

I otte Timer rasedé Stormen og Snedrevet, saa at man udenfor Huset knap kunde se hinanden paa tre, fire Skridts Afstand; saa løjede det af, og den næste Dag skinnede den lave Sol fra en skyfri, blegblaa Himmel. Kort efter lagde Isen sin faste Bro over Havn og Fjord, og de korte Vinterdage bleve benyttede til at tage saa megen Motion som muligt.

Allerede den 2. Oktober var det vanskeligt at komme med Baad fra Skibet til Stationen, og undertiden. var Forbindelsen afbrudt i flere Dage. Den 9. Oktober kunde man paa Skier gaa over Isen i Havnen, som nu var fast sammenfrossen; men ude paa Fjorden, hvor der fra Slutningen af September stadig drev Snesjap og Tyndis omkring; kan man først regne, at Isen blev sikker fra omtrent 20. Oktober.

Under den klare, kolde Periode i Oktober—November holdt Isen sig haard og glat, saa at der var udmærket Skøjteføre, men efter den Tid, da vi igjen fik Sne og daarligt Vejr, var Isen aldrig helt snefri. Føret var meget forskjelligt; strax efter at Sneen var faldet, var denne løs og vaad, saa at det var meget tungt at gaa i den, selv med Skier eller Snesko; men, naar den havde ligget i nogen Tid, sank den sammen og blev haard og fast. En Føhnstorm gjorde i den Retning udmærket Nytte, idet den fejede den løse Sne bort og gjorde Resten fast og haard. Den Snemængde, som i Vinterens Løb af disse Storme føres fra Landet ud paa Havisen eller maaske derfra videre ud i det aabne Atlanterhav, er meget betydelig. Ganske vist vil der blive liggende en Del i de Dale, som ligge tværs paa Vindretningen, men for det første ligge de fleste Fjorde og Dalstrøg i Ø.—V.-lig Retning, altsaa mere parallel med Fohnstormenes Retning, og for det andet har Vinden stor Tilbøjelighed til at smøge og blæse i Dalstrøgenes Retning. Fra alle Fjældtoppe og Plateauer og fra alle Dalene vil den lose Sne saaledes blæses ned paa Fjordisen og derfra fejes videre af Stormen. Under saadanne Storme kunde der undertiden i 12 Timer eller mere gaa en constant Flod af Sne henover Tangen, hvor Husene laa. Sætter man blot, at denne Sne fejes afsted med en Hastighed af 10 Meter i Sekundet (vi have observeret Vindstyrke af indtil 26 Meter pr. Sekund), vil et Snekorn kun behøve 6 Timer for at tilbagelægge Vejen fra de indre Fjorde

og ud til Kysten. Denne Snefygning er derfor en ikke uvigtig
Faktor ved Bortskaffelsen af den Nedhør, der falder i Løbet af
Vinteren. Landet omkring Stationen blev saaledes flere Gauge
saa godt som fuldstændig blottet for Sne. I Kløfterne og For-
dybningerne blev den selvfølgelig liggende. Endog, hvor den
løse Snè før Føhnstormen bavde været dækket af en haard.Skal,
kunde Vindeu efterhaanden æde sig ind og hule ud, saa at der
fremkom Driver af meget besynderlige Former med langè ud-
skydende, underminerede Tunger.

At Stormen saaledes kan føre al .den lose Sne bort, fik vi
flere Gauge Beviser paa, idet Snedrevet efter nogle Timers For-
løb ophørte, medens Vindeu vedblev at blæse med uformindsket
Styrke.

Dyrelivet blev nu efterhaanden sparsomt.. Under det stærke
Snefald i September kom et Par Gauge en Flok Ryper flyvende
og slog sig ned lige ved Husene, men senere saae vi ikke
meget til disse Fugle før om Foraaret. Selv Ravnene, som om
Efteraaret bavde været saa talrige og saa nærgaaende ved
Stationen, bleve ogsaa meget sparsomme med deres Besøg
under Vinterlejet, hvorvel vi af og til saae enkelte Exemplarer.
De to andre overvintrende Fuglearter, Sneuglen og den hvide
Falk, saae vi heller ikke noget til ved Stationen.

Ved Vinterens Begyndelse udsatte vi flere Rævefælder og
Saxe og fangede ogsaa en halv Snes Ræve, som vistnok ud-
gjorde de fleste af dem, der kom i Stationens Nærhed.

Sidst i Oktober blev der skudt et Par Reuer paa Øen, og
senere blev der undertiden seet Spor af andre, men ellers fik vi
ingen under Overvintringen. Selv Bjørnene, som vi havde skudt
adskillige af om Efteraaret, viste sig slet ikke om Vinteren før
i Marts. Paa Sneen saae vi ofte Spor af Lemminge, men skjøndt
vi stillede forskjellige Fælder, lykkedes det os ikke at faae fat
paa nogle af disse Dyr før paa Slæderejserne. Ogsaa af Hermelinen
saaes flere Gauge Spor, men selve Dyret blev paa hele Expedi-
tionen slet ikke seet. Det. eneste Dyr, som vi fik nogen

Nytte af i Retning af fersk Kjød under Overvintringen, var
Sælerne. Da Isen havde lagt sig fast over hele Fjorden, lod
jeg vor Grønlænder sætte Sælgarn paa forskjellige Steder.
Disse Garn sættes under Isen, i Nærheden af Pynter, Skjær,
eller grundstødte Isfjælde, hvor Isen paa Grund af Tidevandet
brydes, saa at der opstaar Revner, til hvilke Sælerne søge for
at aande. Naar Sælerne komme i Garuene, hildes de deri,
saa at de ikke kunne komme op til Aandehullerne, hvorved
de kvæles eller drukne. . Garnene røgtes med en eller to
Dages Mellemrum efter Omstændighederne. Naar Sælerne om
Foraaret begynde at gaa op paa Isen, giver Garnfangsten ikke
mere. noget Udbytte. Vi fangede ialt henved en Snes Sæler,
med en enkelt Undtagelse (en spraglet Sæl) var det altid de
sædvanlige Fjordsæler (Netsider).

I Havnen og langs Kysterne blev der Vinteren igjennem af
Naturforskerne foretaget Skrabninger under Isen. Havfaunaen
var imidlertid meget fattig. Medens man paa Vestkysten i Reglen
hurtigt faaer Skraberen fuld af Søpindsvin, Søanemoner, Sø-
stjerner o. s. v., maatte man her være glad for en enkelt lille
Orm eller Musling. Tangloppernе, som paa Vestkysten optræde
i saadanne Mængder, at man som bekjendt bruger at lade dem
skelettere Kranier og lignende, fandtes her saa sparsomt, at de
fangne Sæler kunde sidde mange Dage i Garnet uden at blive
«rejeædte». Maaske er denne Fattigdom i det lavere Dyreliv
begrundet i, at vi vare saa langt inde i Fjorden, hvor Vandet
især ôm Sommeren paa Grund af Elve og Is bliver temmeligt
fersk i de øvre Lag.

Under Vinteropholdet lagde vi hyppigt Mærke til den store
Forskjel, der er paa Modtageligheden for Kuldefornemmelser
med klart Vejr og med overtrukken Himmel. I stille Vejr kan
man med samme Temperatur føle det koldt i klart Vejr, men
derimod mildt med overtrukken Himmel. Det er den store Ud-
straaling, som finder Sted i klart Vejr, der foraarsager deune
Forskjel. Ogsaa paa Isens Beskaffenhed har denne Omstæn-

Udsigt fra Stationen mod SV.

dighed Indflydelse, thi ved vore Frysningsforsøg var den Is, som dannedes i klart Vejr, glashaard, skjør og klingende; medens den, der var dannet under graa Himmel, var mere blød og sejg.

Imidlertid nærmede den Dag sig, da Solen skulde forlade os.

Godt er det, at Polarnatten ogsaa har sin Charme, thi ganske vist kan man inden Dore i et luut og godt Hus have det udmærket, og man kan ogsaa udrette en Del i Retning af Observationer og Bearbejdelse af det om Sommereu indhøstede Materiale, men de daglige meteorologiske Observationer ere kun lidet underholdende, og man trænger til Bevægelse i det Frie. Naar Maanen er oppe, eller naar Nordlysene spille med fuldt Liv, er Polarnatten næsten smukkere end Sommerdagen.

De sneklædte Fjælde og den isbelagte Fjord med sine store Isfjælde danne et Billede, som enhver, der har Oje for Naturskjønheder, maatte ønske at se. Alt staaer i den dæmpede Belysning saa blødt og harmonisk, som om man var i en fremmed Verden. Afstanden udvidskes. Nær og fjern flyder i Et. Rummet er tilintetgjort, og tilbage bliver kun en Harmoni i Sølvglands og Sne, hyllet i et Flornet af Maanestraaler og spillende Iskrystaller. Isfjældene blive de prægtigste Paladser, smukkere og dristigere i Formen end noget existerende.

Man har ofte hørt sige, at Polaregnene mangle Farver. Dette er saa langt fra Tilfældet, at de tvertimod optræde der kraftigere end noget andet Sted og navnlig i Tiden før Solens Forsvinden. I en Ugestid stod deune kun ganske lavt paa Himlen. Den saa at sige spadserede langs Toppene af Fjældene Syd for os, medens den farvede Himlen i alle mulige Nuancer af Grønt, Blaat, Gult og Rødt. Navnlig lige efter at Solen var gaaet ned, vare Belysningerne smukke. Der stod da omkring det Sted, hvor den sidst bavde kigget over Fjældene, en Glorie af det mest skinnende Rødt, som umærkeligt gled over i Gyldent og

Orange; længere mod Ost var Himlen smaragdgrøn, og længst
i Nord, hvor Jordskyggen langsomt hævede sig højere og højere
paa Himlen, var deune aldeles mørkeblaa. Mod den klare
Himmel i Syd tegnede Fjældene sig med hver lille fremspringende Spids og Tak saa skarpe, som om de vare klippede af
Metal, og i Nord glødede Fjældtoppene endnu i nogle Minutter
i det smukkeste Rosa; men Solen dalede langsomt, Skyggerne
hævede sig og slukkede snart Gløden.

Solens Vandring over Fjældene blev imidlertid Dag for Dag
kortere og kortere. Den 12. November saae vi den kun en
Time, og den 14. saae vi for sidste Gang dens øverste Kant
i et Kvarterstid.

Skjøndt Solen var borte, var det imidlertid ikke helt mørkt,
og i godt Vejr kunde vi, selv i de korteste Dage, se at færdes
ude 2—3 Timer og faae den nødvendige Motion. Den korteste Dag slukkede vi Lamperne ved Middagstid og prøvede
Dagslyset inde i Huset ved Vinduet. Man kunde da akkurat
læse almindeligt Tryk, men ikke uden Anstrængelse vedblive
dermed i længere Tid.

Julen fejredes som sædvanligt med et Juletræ og større
Fest ombord. Der var Festmaaltid, Tombola og Dauds, og Alle
vare efter endt Gilde enige om at have tilbragt en udmærket
Jul. 2den Juledag gik en stor Ballon tilvejrs forfærdiget af Lieut.
Vedel. Den var af Silkepapir, 6 Fod høj og 16 Fod i Omkreds. Forneden bar den en lille Blikbeholder med Vat og
Sprit. Den holdt sig oppe omtrent ½ Time. I den Højde,
hvortil den steg op, c. 500 Fod, var der ingen Luftstrømning
at observere. Under Arbejdet paa deune Ballon kom vi paa
den Tanke, som desværre ikke var dukket op i os hjemme, at
et Antal større Gummiballoner med Apparater til Fyldning vilde .
være noget, som en Polarexpedition burde have med. Ballonerne
burde have en Diameter af 3 Fod eller deromkring. Ved
jævnligt under passende Vindforhold at opsende saadanne Balloner, maatte der være en Mulighed for, at nogle af dem

naaede civiliserede Egne og der bleve fundne. De vilde saaledes forholdsvis let og billigt kunne bringe Efterretninger fra Expeditionen til Hjemmet.

Det nye Aar meldte sig med en voldsom Føhnstorm. Da der forinden var faldet en Mængde løs Sne, opstod der i et Nu et Snedrev, som om Himmel og Jord stode i Et. Om at se var der slet ikke Tale; Øjnene bleve strax kittede til med Sne. Med enkelte Afbrydelser vedblev det at storme i de første Dage af Aaret, undertiden med megen Voldsomhed, saa at Vindstyrken naaede op til 26 Meter pr. Sekund. I disse Dage viste der sig nogle mærkelige Farver paa Himlen. Den 4. Januar stod der saaledes i Syd nogle tykke, uldne, forrevne Skyer, mellem hvilke der fandtes Rifter, hvor den klare Himmel kom tilsyne. I Kanterne af disse Skyer bleve Solstraalerne brudte aldeles som i et Prisme, saa at alle Solspectrets Farver fremtraadte meget grelt og meget lysstærkt, som med Metalglands. Farverne vare ordnede saaledes, at Rødt var længst ude mod Kanten af Skyen, Violet nærmest det tætte af Skyen, hvor denne blev uigjennemtrængelig for Lyset. Disse Skyer stode temmelig rolige og uden i nogen væsentlig Grad at skifte Form. Fænomenet maa vel tilskrives Lysbrydningen i de Iskrystaller, som dannede Skyerne; det holdt sig flere Timer[1]). Ogsaa den 5. viste de samme Farver sig. Himlen var da overtrukken af et tyndt Skydække, og kun langs Horizonten i Syd saaes en tynd Strimmel klar Himmel. Fænomenet optraadte paa Kanten af Skydækket, som begrændsede denne Strimmel. Farverne vare ordnede paa samme Maade med Hensyn til Skyerne, som den foregaaende Dag, nemlig Rødt nærmest den klare Himmel og Violet længst

---

[1]) At Luften endog helt nede ved Jordoverfladen kunde være opfyldt af saadanne uendelig fine Isnaale, saae vi flere Gange Exempler paa ved Stationen, særligt i koldt Vejr. Det saae da ud, som om Luften flimrede i Sollyset, og man kunde netop skjælne de enkelte Isnaale. Den 20. Febr. var dette saaledes Tilfældet, og vi saae da Bisole foran Fjældene, altsaa dannede i meget kort Afstand fra Iagttageren.

inde i Skyen; men Fænomenet var ikke udbredt over saa stor en Strækning eller saa pragtfuldt som Dagen forud.

Den 10. Januar bavde vi en voldsom Føhn med 6° Varme og en Temperaturstigning i een Time af 23°,8. Himlen var dækket af cirro-stratus Skyer, der atter viste de samme prismatiske Farver. Det var samtidigt meget tørt, vi observerede en Fugtigbed af kun 32 %.

Medens alle Stormene hidtil havde havt en og samme Vindretning, nemlig retvisende VNV., fik vi Natten mellem 21. og 22. Januar en Storm, under hvilken Vindretningen varierede mellem Ø. og SO., med et voldsomt Snedrev, der lagde store Driver overalt, fyldte Bislaget til Huset o. s. v. Henad Morgeneu lagde Vindeu sig noget, men det vedblev at sne omtrent som i September; der lagde sig 1½ Fod Sne paa Pladsen mellem Husene, men desuden var jo en stor Del føget forbi. Under Snestormen skete en Begivenhed, som let kunde have faaet en slem Udgang.

Da Afstanden mellem Stationen og Skibet var saa kort, og den efterhaanden fasttrampede Sti var meget kjendelig, var der ikke opsat noget Toug mellem Stationen og Skibet.

Cand. Hartz og Deichmann, som boede ombord i Skibet, skulde have Vagten fra 10—2 om Natten; men da det var en staaende Aftale, at de i Tilfælde af Storm ikke skulde komme, gjorde vi ikke Regning paa dem den Nat, men besørgede Observationerne med det ilaud værende Mandskab. De bavde imidlertid, da Stormen begyndte, besluttet sig til at gaa ind til Stationen for at være der i rette Tid, inden Stormen tog fat for Alvor. De havde forladt Skibet omtrent Kl. 8 og havde der havt NO.-lig Vind, medens vi ved Stationen bavde SO.-lig og Ø.-lig. Kort efter at de bavde forladt Skibet, tahte de det af Sync og toge nu den Retning, hvori de mente, at Stationen laa. De bleve kort efter uvisse om Vejen og stødte noget efter paa Land; men de kunde i det voldsomme Snedrev ikke afgjøre, hvor de vare. Kun vidste de, at de endnu vare i Havnen, da de havde stødt paa Land, før de ventede det. Den ene antog, at de vare ude ved Indløbet til Havnen, hvorimod den anden mente, at de vare inde i den store østlige Bugt paa Nordsiden af deune. De kunde imidlertid ikke orientere sig og besluttede at gaa tilbage til Skibet efter deres egne Fodspor; men, da de vendte om, blæste Lygten ud for dem. Nu var der ikke Tale om at finde ombord, og de forsøgte da, om de ikke ved at gaa langs Kysteu skulde kunne finde til Stationen. Ogsaa dette maatte de imidlertid opgive, og de begyndte derfor at grave en Hule i Sneen for at tilbringe Natten der. Den første Gang faldt Hulen sammen, da de skulde tage den i Brug, men anden Gang bavde de bedre Held. Hulen var saa stor, at de netop kunde ligge udstrakte. De tilbragte nu Natten, dels i Snebulen, dels spadserende op og ned udenför deune, indtil de om Morgenen kom ombord i Skibet i uskadt Tilstand. Til alt Held havde det været temmelig mildt om Natten, c. ÷ 10° C.

Ligesom Dyrelivet i det Hele taget var fattigt, var Fiskeverdenen ogsaa kun meget svagt repræsenteret om Vinteren, ialtfald saa vidt vi bavde Lejlighed til at iagttage. I en udlagt Ruse kom der kun en sjælden Gang et Par smaa Krebsdyr, ellers Intet; ligesom ogsaa forskjellige Forsøg paa at fiske Ulke med Krog fuldstændigt mislykkedes. I Elven bag Stationen var der om Sommereu fanget fiere smaa Ørreder paa 6—8 Tommers Længde; saadanne fandtes ogsaa om Vinteren oppe i den lille Sø i Elvdalen, men kunde ikke fanges paa Krog. Ude paa Fjordisen blev der anbragt et Par Hajkroge under Isen, og i Vinterens Løb fangede vi nogle Stykker, der bleve anvendte til Hundefoder.

Det begyndte nu at blive lysere og lysere, og med det tiltagende Dagslys kunde vi nu give vore Smaatoure en større Udstrækning.

Vi skulde have seet Solen igjen den 27. Januar, og nogle Dage forinden bavde vi havt særlig smukke Belysninger paa Fjældene. Der manglede endnu nogle Dage i, at selve Solens

Rand kom op over Fjældene, men et Ildknippe af gyldne Lys-
straaler stod i Syd og betegnede Stedet, hvor vi skulde gjense
den længe savnede Ven. Fjældene stode helt mørkeblaa,
medens de fladere Partier af den store Bræ hvilede i et halvt
udvidsket, bleggraat Skjær. Gaaselandet og den lave Taage
over Isen farvedes med den blegrøde, lette Tone, som er ejen-
dommelig for Snelandskaber med lavt Solskin. Himlen blev
imidlertid overtrukken den 27., da Solen igjen skulde vise sig, og
først den 30. saae vi den for første Gang. Vi vare gaaede op paa
en lille Fjældhøjde bag Stationen. Kl. 11,55 kom Solen frem og
skinnede. klart. Man kastede atter Skygge, man saae Lys,
rødgyldent Sollys paa det snedækte Landskab, hvis Fjældtoppe
stode i flammende Glod. Luften var klar, ikke en Sky hvilede
over Fjældene, kun højt oppe i Luften sejlede nogle lette Fjer-
skyer langsomt afsted, forgyldte af Solen. Ude over Mundingen
af Scoresby Sund og bag Jamesons Land saaes en Sky-
banke, hvis mørke Rand syntes at tyde paa aabent Vand.
Taagen laa lavt over Isen og lyste af de gjennemfaldende Sol-
straaler. Op over Taagen ragede Toppene af Isfjældene som
Øer, hvis Strand skjultes af Brændingen. Kl. 1¼ forsvandt
Solen igjen bag Fjældene, og kort efter kom Taagen tilvejrs og
indhyllede hele den nedre Halvdel af disse.

I sidste Halvdel af Februar begyndte vi at træffe forskjellige
Forberedelser til Slædetourene. Det var ganske vist ikke min
Hensigt at begynde disse før sidst i Marts, da jeg af tidligere
Erfaringer vidste, at man først bør lade den strengeste Kulde
sætte sig og vente til Solen kommer saa højt, at den om
Dagen kan tørre Fodtøj, Vanter o. s. v. Da vi skulde have et
Hjælpeparti af Skibets Mandskab med os et Stykke af Vejen,
maatte der sørges for en passende Udrustning til dette. Skibets
Tømmermand lavede et Par Slæder. Skindene af de den forrige
Sommer skudte Reuer bleve benyttede til Soveposer, Fodtøj,
Vanter o. s. v. Et af vore Sommertelte blev lavet om til Slæde-
telt ɔ: forsynet med en Bund af Sejldug.

I de første Dage af Marts begyndte der at vise sig mange Bjørne omkring Stationen, og i en Periode af 14 Dage blev der næsten hver Dag skudt eller ialtfald seet Bjørne. De syntes alle at komme ude fra Kysten og søgte ind i Fjordene. Det var kun Hanner og Hunner med Unger fra den foregaaende Sommer, men derimod ingen drægtige Hunner. I Begyndelsen havde de intet som helst i Maven, men senere hen fandt vi i Reglen Kløer og Levninger af Sælunger. I Marts begynde Fjordsælerne at føde deres Unger. Fødslen skeer i Almindelighed i en af de Snedriver, der dannes op ad de indefrosne Isfjælde. I saadanne Driver laver den drægtige Sæl en lille Hule, til hvilken der kun er Adgang fra neden gjennem et Hul i Isen. I denne Hule opholder den nyfødte Sæl sig, til den har skiftet Haar og kan .gaa i Vandet. Det er sandsynligvis disse smaa Unger, som Bjørnen søger ind i Fjorden for at faae fat paa, thi ellers er der endnu Intet, der kan friste Bjørnene inde paa de tilfrosne Fjorde. Vi saae dem ogsaa altid snuse omkring ved Isfjældene og fandt flere Gauge Steder, hvor man kunde se, at Bjørnen bavde gravet Sælunger ud af Hulen og fortæret dem.

Den 27. Marts begyndte vi paa vor 1ste S l æ d e t o u r, hvis Maal var Undersøgelsen af de Fjordarme, der fra Bassinet ved R ø d e O gik videre Nord paa.

Foruden den egentlige Expedition, der under min Ledelse bestod af Lieut. Vedel, Underkanoner Ancker, Petersen, Threms, Eriksen og Otto, medfulgte en Hjælpeexpedition, bestaaende af 1ste Styrmand og 5 Mand fra Skibet under Cand. Bay's Ledelse; den skulde ledsage os til R ø d e Ø. Det var endnu temmelig koldt, om Morgenen bavde vi saaledes ÷ 37°, men Vejret var smukt og stille. Vejen gik langs den nordre Side af F ø h n - fj o r d. Foret var i den yderste Del af Fjorden temmelig godt, idet Føhnstormene de fleste Steder havde gjort Sneen haard og fast, men vi maatte dog næsten hele Tiden gaa med Snesko, da den haarde Skorpe paa Isen ikke altid kunde bære. Der laa gjennemsnitlig c. 2½ Fod Sne paa Isen.

Den 29. maatte vi ligge over paa Grund af Storm. Den
1. April naaede vi ind til Røde O. I den inderste Del af
Fjorden bavde vi meget daarligt Føre, thi de høje, bratte Fjælde,
som begrændse Fjorden mod Vest, give Læ for Føhnstormene
paa deune Strækning. Der laa derfor 2—3 Fod løs Sne saavel
paa Fjordisen som paa Landet, og i Lavningerne laa der endnu
meget mere. Landskabet var fuldstændig dækket af Sne, kun
hist og her saaes en nøgen Sten; hele den frodige Vegetation
var begravet, og Alt gjorde et temmelig øde og tomt Indtryk.
Ogsaa Dyrelivet var som uddøet. Naar undtages, at en lille
Bjørn fulgte os indefter i Fjorden og jævnlig om Natten kom
hen til vor Teltplads, uden at det dog lykkedes os at skyde
den, saae vi aldeles intet Vildt. Den 3. gik Hjælpeexpeditionen
hjem. Lieut. Vedel maatte gaa hjem med Hjælpepartiet, da han
paa en af Traineringstourene havde faaet en Knæskade, som
endnu ikke tillod ham at anstrenge sig for meget.

Hovedexpeditionen gik imidlertid fra Røde O videre Nord
efter. Det var smukt, stille Solskinsvejr, men Foret var temmelig
daarligt, idet Sneen var dyb og blød og paa Grund af Sol-
skinnet temmelig vaad. Vi kunde imidlertid endnu ikke for-
lægge Rejsetid til Nætterne, da disse endnu vare for mørke,
og Maanen ikke var oppe. Vi fulgte langs Vestsiden af Milnes
Land. Rundt om os bavde vi en Kjedelvæg af sneklædte
Fjælde. Himlen var klar blaa, men mod Vest inde over Ind-
landsisen hvilede en mørk Dis, som af et optrækkende
Tordenvejr.

Den 4. April bøjede vi Syd om Sorte O og sloge om
Aftenen Telt ved Sydpynten af Storø, ved Indgangen til Sne-
suud. I dette Sund, som ligger omtrent tværs paa Hoved-
vindretningen, bavde der hersket meget Stille, thi Sneen laa løs
i 2—3 Fods Dybde. Slæderne lavede en Hulvej paa 8 Tommer,
og gik man uden Snesko, sank man i til Hofterne. Det var
samtidigt blevet tæt Snefald, saa at vi Intet kunde se, men
maatte gaa efter Compasset. At trække Slæderne under saa-

daune Omstændigheder, var et meget kjedeligt og anstrængende Arbejde.

Havde det været daarligt med Føret hidtil, blev det endnu værre de folgende Dage, da Temperaturen blev forholdsvis mild, omkring 15° Kulde, og Solen samtidigt bagte stærkt i dette mellem høje Fjælde indesluttede Sund. Sneen blev derved saa vaad, at den klumpede og frøs fast som Skorper paa Slædernes Jernskinner. Det blev efterhaanden næsten umuligt at trække Slæderne frem. Hvert Øjeblik maatte vi vælte dem om paa Siden og skrabe Skinnerne. Der var tilsidst intet andet at gjøre end at slaa Telt og berefter gaa om Natten, naar der var frossen Skorpe paa Sneen.

Først den 7. April om Formiddagen kom vi ud af S n e - s u n d og drejede om NO.-Pynten af S t o r ø, hvor vi sloge Telt. Saavel hele Kysten af M i l n e s L a n d som S t o r ø og ' S o r t e O bestaaer af Gneisfjælde. De to Oer ere forholdsvis lave, men Østsiden af Sundet er et vældigt Alpelandskab med høje, takkede Fjældkamme, spidse Toppe og dybe Kløfter. Paa de øverste Fjældplateauer ligger der en Brækappe overalt, og 6 større Bræer naae helt ned til Vandet, foruden at flere mindre hænge omkring i Kløfterne.

Efter at vi med temmelig megen Besvær havde arbejdet os igjennem den dybe Sne lidt tilfjælds, saae vi, at S n e s u n d fort- sattes i ' ONO.-lig Retning af en Fjord, der maatte være den samme, i hvis østlige Munding vi havde været paa Baadtourene i September. Man kunde se Toppene af Bjørneøerne. I vestlig Retning fortsattes denne Fjord, Ø fj o r d, af en Arm, der stod i Forbindelse med R ø de F j o r d og med et Par Fjordarme, der gik i NV.-lig Retning. Op imod den østligste af disse Arme gik vi nu. I Fjordarmen Nord for S t o r ø bavde Føhn- stormene gjort Sneen haard og glat, og medens baade Maanen og Nordlys lyste op for os, gik det nu som en Leg Vest paa. Men Glæden varede desværre kun kort, thi da vi efter et Par

Timers Forløb igjen maatte høje Nord i, op i den Fjord, som fik Navnet Rypefjord, modte vi atter den lose, dybe Sne.

I Taushed travede vi efter hinanden i en lang Række; Hundene, af hvilke der var een for hver Slæde, kunde med deres korte Ben ikke bunde i Sneen og vare derfor ikke til nogen Nytte, men sjokkede afsted med Halen mellem Benene.

Hver halve Time pustede vi nogle Minutter og forfriskede os med en lille Bid Flæsk eller Chocolade, eller vi omklamrede med begge Hænder den lille Blikflaske, som enhver af os havde paa Brystet til Smeltevand, for om muligt endnu at presse et Par Draaber ud af den; og saa afsted igjen, indtil Maalet for Dagsrejsen var naaet, eller til Solen var kommen saa højt paa Himlen, at Sneen blev vaad og tung.

Saa blev Teltet stillet op, og Slæderne anbragte til Afstivning udenom. Ancker og jeg toge Instrumenterne frem for at tage Maalinger og Observationer. Den, der havde Tour til at koge, begyndte at grave sig et Hul ned til den faste Is, for at han kunde faae en fast Standplads. En anden hentede Is fra et af de omliggende Isfjælde, og snart var Kogningen i fuld Gang. Samtidigt bleve Rationerne for den næste Dag uddelte, og hver stak sin Part i Madposen. Om nogen høj Grad af Renlighed kan der selvfølgelig paa deune Slags Toure ikke være Tale; alene den Omstændighed, at man skal bruge Sprit til Issmeltning for at faae Vand, forbyder al overflødig Luxus i Retning af Vandforbrug, og hertil maa selvfølgelig absolut regnes al Vadsk og Afvadskning. Naar Maden var spist, krøb vi i Poserne, røg en Pibe Tobak og sov saa, indtil Sneen igjen om Aftenen var blevet tilstrækkelig haard til at kunne bære Slæderne.

Kaartlægningen af de paa Slædetourene berejste Strækninger udførtes dels efter astronomiske Observationer og Vinkelmaalinger fra Teltpladserne, dels efter Croquiser af Kysteu, som bleve optagne under Slædetrækningen.

Til Anstillelsen af de astronomiske Observationer benyttedes en kunstig Horizont og en Prismecirkel samt to Lommeuhre.

Det er imidlertid en Selvfølge, at disses Gang ikke kunde være særlig god, da det jo ikke kunde undgaaes, at de under Slæde-trækningen, Fjældbestigninger o. s. v. fik adskillige·Stød. For saavidt muligt at beskytte dem mod Temperaturforandringer, bar jeg dem altid paa mig saavel om Dagen som om Natten. Af Observationer toges paa saa godt som alle Teltpladserne circum-polaire Højder til Breddens Bestemmelse, og paa en Del af Telt-pladserne Formiddag eller Eftermiddag Stedlinier til Længdens Bestemmelse. De terrestriske Maalinger bleve anstillede med Theodolit og undertiden med et Azimuthcompas. Croquis-erne optoges under Marschen, idet jeg under Hvilene tog Pejlinger med et Lommecompas og til Bedømmelsen af Distan-cerne benyttede et Podometer, som jeg havde hængende i min Træksele og aflæste, hver Gang vi standsede. Efter de optagne Pejlinger og Distancer bleve Kystcontourerne nedtegnede i min Dagbog, efterhaanden som vi kom frem.

Efter Hjemkomsten fra Slædetourene bleve de astronomiske og terrestriske Maalinger passede sammen og Resultatet ned-lagt i Kaartet.

Den 8. havde vi Telt midt i Rypefjord, og H. M. Kon-gens Fødselsdag blev her fejret med Flagning og et Extra-maaltid, bestaaende af en Kop Bouillon og to Kjødkiks pr. Mand. Den følgende Morgen vare vi ved den nordlige Ende af Fjorden, som afsluttes af en større Bræ, ved hvis ostlige Side vi sloge Telt paa en Lerbanke, dannet af en Elv, der kom ud fra Bræen.

Da vi gik ind i Fjorden, bavde vi haabet, at den skulde fortsætte sig Nord efter og staa i Forbindelse med den store Nordvestfjord, som vi havde besøgt i September. Da vi senere kom tilfjælds, viste det sig ogsaa, at en saadan Fort-sættelse af Fjorden i NNO.-Retning existerede, men Adgangen dertil var spærret af en temmelig stor Bræ, der kom fra Ind-landsisen og, efter en længere Passage mellem de omgivende Fjældpartier, skød sig frem forbi Bunden af Rypefjord, hvor den delte sig i tre Arme. Af disse faldt den syd-

ligste ud i Rypefjord og den nordligste i dens Fortsættelse
Nord efter, medens den midterste fortsattes i et Dalstrøg Ost
efter og rimeligvis maa staa i Forbindelse med en af de større
Bræer, der paa Renlandets Nordside falde ud i Nordvest-
fjord. Den Arm af Bræen, som gik Nord efter, var øjensynlig
Hovedarmen, men hverken denne eller den sydlige syntes at
være synderlig produktive, ialtfald i Vintermaanederne, idet der
kun laa ubetydelig Kalvis forau Brækanten.

Paa Rypefjordens Østside og den nordlige Del af Vest-
siden, ligesom i Fjordarmen Nord efter, var Bjergarten Gneis,
medens den mellemste Del af Vestsiden bestod af en rødlig Bjerg-
art, som viste sig at være det samme Conglomerat, der danner
Røde O. Syd for dette Parti strakte sig en Slags Halvø ud,
der ved en lav Tange, rimeligvis en hævet Havstok, stod i For-
bindelse med Landet Vest for. Denne Halvø danner Adskillelsen
mellem Rypefjord og Harefjord.

Stedet var meget frodigt, og den bidende Vind, som jævnlig
blæste ud fra Bræen, havde fejet meget af Sneen bort, saa at
endog den bare Sten paa sine Steder stak frem paa Toppen af
Fjældkullerne. Blaabærlyng og Pilekrat stod knæhøjt under
Sneen i Lavninger, og vi fandt saa meget Brænde i Form af
Birke- og Pilestammer, at vi kunde koge vor Mad derved og
spare vor Sprit. Som Prøve hjembragte vi et Par Stammer af
Tykkelse som en Mands Arm, de tykkeste Stammer af Dverg-
birk, som hidtil ere kjendte. Mængden af disse Stammer, der
i Reglen vare udgaaede og fortørrede, viste, at der i lange
Tider ikke har været Eskimoer paa dette Sted, da de ellers
rimeligvis vilde have brugt dem til Brændsel.

Solen smeltede i disse Dage rask væk paa Sneen herinde,
og da der paa Grund af Blæsten paa sine Steder kun var et
tyndt Snelag paa Bakkekammene, danuede der sig hurtigt sne-
bare Pletter, der yderligere befordrede Formindskelsen af Sne-
mængden. Denne Formindskelse bestod vistnok hovedsagelig i
Fordampning, da der ikke saaes Spor af rindende Vaud. Hvilken

Magt Solen havde, særlig paa mørk Baggrund, fik vi et Bevis for, idet vi, tiltrods for at Temperaturen i Luften udenfor Teltet om Middagen var omtrent ÷ 15°, inde i det brunrøde Telt havde + 26° oppe ved Teltryggen og + 13° ved Gulvet. Oppe tilfjælds maalte jeg en Temperatur af + 13° i en lille snefri Lyngplet, medens Luftens Temperatur heroppe samtidig var ÷ 8°. Det var derfor intet Under, at det var et meget besværligt Arbejde at gaa tilfjælds i deune bagende Sol og den tunge, bløde Sne. Saasnart Solen imidlertid var gaaet bort, faldt Temperaturen meget hurtigt, og der dannede sig da en temmelig tæt, isneude Frosttaage over Isen, hvor vi om Natten kunde have ÷ 35°.

Vi vare her saa heldige en Aften at faae Oje paa en Flok Reuer, som gik oppe paa Fjældskraaningen. Efter en meget besværlig Jagt i den dybe Sne lykkedes det os at skyde to af Dyrene. Flokken bestod ialt af 10 Dyr. De vare alle iførte tyk hvid Vinterpels, hvis Haar sade meget løse. Hornene havde de endnu ikke kastet. Medens Opstigningen og Jagten, som nævnt ovenfor, havde været temmelig anstrengende, slap vi derimod nemt til Transporten af de dræbte Rener ned til Teltet, idet vi blot væltede dem ned ad Bratningen og selv rutschede bag efter. Skjøndt Dyrene vare meget magre i Modsætning til dem, vi havde skudt det foregaaende Efteraar, smagte de os dog udmærket til en Forandring fra vore temmelig ensformige Pemmicanmaaltider, og særligt vore Hunde, som havde været paa en temmelig lille Ration, fik sig nu et. velkommen Maaltid af frisk Kjød og Blod. Af Dyr saae vi forøvrigt kun en hvid Ræv, en Falk, fiere Smaafugle og Ravne, samt Spor af Lemming og Ryper.

Den 11. April havde vi Telt ved en Pynt paa Østsiden af Fjorden. Tæt Ost for Pynten er en Bugt, i hvilken der udmunder en stor Elv. Denne kommer rimeligvis fra den midterste Arm af Bræen, og lober gjennem et Dalstrøg, hvis Bund bestaaer af Terrassedannelser, gjennem hvilke Elven har banet sig Vej.

Foran Elvmundingen er der en Strækning ganske flad Ler-
slette paa c. 12 Tdr. Land. Her laa flere Stenrygge paa c. 8
Fods Højde i en Bue lodret paa Elvens Retning. Det Hele var
imidlertid dækket af dyb Sne, saa at nøjere Undersøgelser ikke
kunde foretages. I Skrænterne samlede vi en Del subfossile
Muslingskaller[1]).

Fra Terrassepynt gik vi Syd efter udenom Halvøen og
ind i Harefjord. Den 13. bavde vi Telt ved Sydsiden af
det føromtalte, røde Fjældparti. Fra Foden af den egentlige
Fjældmasse strakte der sig et jævnt skraanende Lavland ned
mod Søen, hvor det endte med en 10 Fod høj Skrænt. Der
laa 2—3 Fod Sne paa Landet, men en Elv bavde skaaret sig
gjennem Skrænten, og i deune Kløft, hvis Sider paa Grund af
deres Stejlhed vare fuldstændig snefri, bavde vi god Lejlighed
til at se nærmere paa Bjergarten. Denne bestod som tidligere
nævnt af det samme rode Conglomerat, som danner Røde O.
Conglomeratet bestod af Sten og Grus af alle Slags og alle
Størrelser, ligefra fine Sandkorn til alenstore Stenblokke, sam-
menkittede ved en rød Masse. De fleste Sten vare afrundede
og Kanterne afslidte. Man kunde tydelig se en horizontal Lag-
deling, i hvilken Lag af fint Grus og Sand vexlede med Lag af
store Sten. Lagene vare i Reglen et Par Fod tykke.

Den følgende Dag vare vi inde i Bunden af Harefjord.
Her udmunde to Bræer fra Indlandsisen. De have en temmelig
stor Heldning, og som Følge deraf en meget kløftet og forrevet
Overflade. Der laa kun nogle faa og smaa Isfjælde herinde, og
det Hele tydede paa, at heller ikke disse Bræer havde nogen
synderlig livlig Virksomhed.

Sceneriet i den næsten lukkede indre Del af deune Fjord
var imponerende. Her var alt, hvad de arktiske Regioner byde

---

[1]) Nærmere angaaende Terrasserne, se Beretningen om Expeditionens
geologiske Undersøgelser.

af Skjønhed og Vildhed. Hoje, bratte Fjældvægge, Bræer og Is-
fjælde, bag Bræerne igjen Fjældtoppe og længst mod Vest et
lille Glimt af Indlandsisen. Især om Aftenen, naar Solen var
gaaet ned, var Panoramaet ligefrem betagende. Man anede
Fjældene gjennem Disen, de saae ud som stivnede, blaa Taager.
Men vare Omgivelserne og Belysningerne smukke om Nætterne,
saa var Temperaturen alt andet end behagelig, i Reglen mellem
÷ 30° og ÷ 40°. Den lave Frosttaage, som efter Solens Bort-
gang dannede sig over Isen, bed gjennem Alt, frøs hvide Pletter
paa Næse og Fingre og satte sig efterhaanden som et tykt Is-
lag i Skjæg og Klæder. Det kneb da med at spise Frokosten,
hvilket i Almindelighed fandt Sted under et af Hvilene. Paa
dette Tidspunkt bavde vi det Uheld, at vort Saltforraad slap
op, hvad der voldte os endel Bryderi, da vor temmelig solide
Kost, navnlig Pemmican, ikke rigtig vilde smage os uden dette
Krydderi.

Det er en Fejl at tro, at man paa saadanne Toure helst
helt maa undvære Salt for ikke at fremkalde Tørst. Tvertimod,
uden Salt vil Maden ikke gaa ned, man tygger og tygger uden
at kunne synke, medens et passende Kvantum Salt befordrer
Spytafsondringen og Fordøjelsen. Ved en Misforstaaelse blev
der i de første Dage ikke udleveret Salt til Tilberedning af
Pemmican, og jeg tilskriver for en Del deune Omstændighed,
at vi ikke kunde spise noget videre af deune Ret, medens
derimod Smør og fedt, salt Flæsk vare stærkt begjærte.

Fra Bunden af Harefjord fulgte vi Fjordens Vestkyst Syd
efter. Vi havde her Telt ved Røde Pynt, hvor der igjen be-
gynder et Parti af de røde Fjælde. De frembøde her et mere
malerisk Billede end de andre Steder, hvor vi havde truffet dem;
idet de vare gjennemskaarne af fiere temmelig smalle og dybe
Kløfter, sandsynligvis dannede af Elvene. Forøvrigt vare de af
samme Beskaffenhed som de andre Steder med stejle, bratte
Klippeflader, hvor Sten og Gruslag viste en horizontal Lagdeling;
enkelte Steder saae man Huller, hvorfra større Sten vare faldne

ud. Nederst var der et temmelig brat Stenskred med en yppig
Vegetation, som imidlertid nu var dækket af Sne. Et Par Steder
ragede nogle isolerede Støtter c. 50 Fod i Vejret. (Se Tavle VI).

Fra Røde Pynt og Syd efter trække Fjældene sig efter-
haanden tilbage fra Kysten og give Plads for et skraanende For-
land. Dette gjennembrydes paa to Steder af større Elve, der
komme fra Indlandsisen. Den nordligste af disse er den største
og har dannet en betydelig Lerbanke udfor sin Munding, hvor
vi ligeledes saae nogle Terrassedannelser.

Lidt Syd for den sydligste Elv ophører det rode Conglo-
merat, og Gneisfjældet kommer igjen ud til Kysten. Ved
Langenæs, Ostenden af den lange, smalle Landstrækning, der
adskiller Rolige Bræ fra Vestfjord, havde vi Telt den
17. April, og herfra gik vi samme Aften til Røde O. Fra
Røde Ø bavde vi tre Dages Marseh til Stationen, hvor vi
ankom den 21. April om Eftermiddagen. Dagen iforvejen havde
vi en Føhnstorm, saa at vi riggede vore Slæder til Sejlads;
dette tog dog i det voldsomme Snedrev saa megen Tid, at vi
først kom afsted, da Vinden allerede var ifærd med at løje, saa
at vi ikke fik den fulde Nytte af den. Vi beholdt Hundene
forspændte hele Tiden, men i Vindpustene kunde de ikke følge
med, selv om vi sad paa Slæderne.

Det forundrede os, at vi paa denne Tour traf saa fattigt et
Dyreliv. Renerne bavde forladt de Egne, hvor vi om Som-
meren bavde truffet dem i Mængde, og de vare søgte hen til
de mere snehare Fjældpartier ved Bræerne og Indlandsisen. Af
Bjørne bavde vi kun seet to, og disse vare meget sky, saa at vi
slet ikke kom dem paa Skud; dette var os saa meget mere
paafaldende, som den 2den tydske Nordpolarexpedition med
«Germania» blev meget forulæmpet af Bjørnene. Vi havde end-
videre gjort Regning paa at kunne skyde endel «Utokker»,
ɔ: Sæler paa Isen, for at kunne bruge dem til Hundefoder,
men tiltrods for det forholdsvis milde Vejr og klare Solskin
sidst paa Touren, saae vi kun to i de sidste Dage, medens de

Fjældene ved Röde Pynt.

paa Grønlands Vestkyst komme op paa deune Tid, naar Vejret
er godt. Af Lemminge saae vi mange Spor, der viste, at disse
Dyr kunne strejfe vidt omkring. At vi, tiltrods for den dybe
løse Sne, havde kunnet gjøre deune Tour paa c. 50 Mil, skyldtes
udelukkende Sneskoene og de praktiske Slæder. Skier vare efter
vor Erfaring ikke saa gode at trække med, men derimod særlig
praktiske, naar vi gjorde Smaaudflugter uden Slæderne.

Ved Stationen fandt vi Alt vel. Der var ikke forefaldet
Begivenheder af større Betydning. Et Par Bjørne vare skudte,
og forøvrigt var Tiden gaaet med de sædvanlige Observationer
og Arbejder.

De folgende Dage bleve benyttede til at bringe Tøjet i
Orden efter den endte Tour og træffe Forberedelser til den
næste. Tiltrods for at vi stadigt bavde brugt Snebriller, fik dog
et Par af Folkene efter Hjemkomsten ondt i Øjnene, rimeligvis
paa Grund af de sidste Dages Sollys og Taage, men det fortog
sig hurtigt.

Maalet for den næste Slædetour skulde være Bræen i Bunden
af Vestfjord. Den egentlige Expedition skulde, foruden mig,
bestaa af Lieut. Vedel og 5 Mand, men desuden skulde vi led-
sages ind til Bræen af Cand. Hartz, 2den Styrmand og 4 Mand
fra Skibet. Cand. Bay overtog Ledelsen af Stationen.

Den 1. Maj afgik vi fra Stationen. Det gik temmelig let
ind gjennem Føhnfjord, idet der nu ved de tidligere Toure var
dannet ligesom en Vej, hvor Sneen var haard, og vi brugte
derfor kun tre Dage om at naae ind til Røde O. Der var i de
to Uger, siden vi sidst vare her, skeet et voldsomt Omslag i
Vejret. Nu var det næsten bagende varmt med Temperaturer om-
kring Frysepunktet. Fuglene kvidrede udenfor Teltet, og Sneen
smeltede paa Fjældene, saa at der løb Vaud ned ad Klippesiderne,
tilstrækkeligt til at vi kunde samle det i Kjedler og Gryder.
Sneen kunde trykkes til Snebolte, og først temmelig længe efter
Solens Bortgang dannede der sig saa fast en Skorpe, at den
kunde bære. Da vi om Natten mellem den 4. og 5. gik over

til Kobberpynt paa Nordsiden af Vestfjord, laa der meget
Vaud og Snesjap mellem Snelaget og den faste Is, og vi saae
flere. Sæler.

Den 5. Maj steg Temperaturen til + 11°, og samtidigt be-
gyndte det at blæse stivt ud af Fjorden. Det var en Føhnstorm,
som brød løs og om Eftermiddagen og Aftenen blæste med stor
Voldsomhed. Vort ene Telt væltede, skjøndt Bardunerne vare
fastgjorte til Slæderne, og et voldsomt Pust splittede det andet
Telt fra Ende til anden. Vi maatte i en Fart bjerge det og sy
det sammen, hvorefter det igjen blev sat op og udvendig af-
stivet med Skistave. I Begyndelsen var der intet Snedrev, thi
tidligere Føhner bavde fejet den lose Sne bort, og der var
dannet Skorpe paa Resten; men henad Aften fik Stormen pidsket
Hul paa Sneskorpen, og store Sneklumper joge nu afsted i vild
Dauds. Henimod Midnat løjede det betydeligt, og Blæsten kom
mere og mere som Pust med Mellemrum af Stille. Den høje
Temperatur vedblev at holde sig de folgende Dage, og paa
Grund heraf var Føret ufremkommeligt; i tre Dage maatte vi
blive paa den samme Plet. Vi gave Stedet Navnet Kobberpynt,
fordi Formationen tildels bestaaer af en Kobberforbindelse.

En Dag gik jeg med Lieut. Vedel og Cand. Hartz over
Tangen og ned til den Nord for liggende Rolige Bræ. Denne
bavde siden Sommeren ikke havt nogen synderlig Bevægelse.
Det samme store Isfjæld, som laa forau Brækanten dengang, laa
der som tidligere nævnt endnu; desuden var der kommet nogle
mindre Stykker til. Bræens Overflade var meget kløftet og
spaltet lodret paa Bevægelsesretningen paa Grund af det stærke
Fald paa enkelte Partier. Bræen maa, som det vil sees af
Kaartet, klemme sig en lang Vej mellem Nunatakker, hvilket
sandsynligvis er Grund til dens ringe Bevægelse. Den Del af
Bræen, som var nærmest Land, var temmelig jævn paa Grund
af Afsmeltningen.

Den 8. om Aftenen var Sneen endelig bleven saa fast, at

vi kunde fortsætte Rejsen. Vi fulgte langs Nordsiden af Fjorden, der nu var temmelig ren for Isfjælde i Modsætning til den foregaaende Sommer, da den omtrent var fuldproppet ud til Mundingen. Kun i Bugten paa Vestsiden af F l a d e P y n t var der en større Samling Isfjælde.

Næste Morgen sloge vi Telt ved en Pynt paa Nordsiden, som stak temmelig langt ud. Før vi prøvede at gaa videre, vilde jeg have et Overblik over Forholdene indefter fra en nærliggende, lille Fjældhumpel. Det viste sig da, at Fjorden fra Pynten og ind til Brækanten for en Del var opbrudt ved Bræens Udskydning, og at der laa megen Kalvis paa hele dette Stykke. Der var saaledes tydelige Tegn paa, at Bræen allerede bavde begyndt sin Sommervirksomhed, og deune kunde ubetinget ventes at tiltage i Styrke Dag for Dag med det milde Vejr, det nu var faldet ind med.

Da vi om Morgeneu den 10. Maj fortsatte Rejsen, viste det sig, kort efter at vi havde forladt Teltpladsen, at Bræens Livlighed allerede var saa stor, at der endog herude, omtrent 10 Kvml. fra Brækanten, i Løbet af de sidste 24 Timer var dannet høje Volde af Skrueis og store, aabne Render, hvor der før bavde været jævn, fast Is. Jeg ansaae det under disse Omstændigheder ikke for raadeligt at gaa længere ind; saafremt Fjorden blev upassabel, hvad der ikke horte saa meget til, vilde vi blive afskaarne fra Tilbagevejen, idet Kysterne vare stejle og utilgængelige, og en Marseh paa Landet langs Kysteu umulig. Resten af Dagen benyttedes til forskjellige Undersøgelser og Udflugter i Nærheden. Af disse fremgik det, at der foruden Hovedbræen, som kommer fra SV., udmunder en mindre NV. fra kommende Sidebræ i Bunden af Fjorden; deune sidste maa, ligesom R o l i g e B r æ, skyde sig et langt Stykke frem, indeklemt mellem Nunatakker. Fjældtoppene herinde paa Nordsiden af Hovedbræen vare meget høje (7000—8000 Fod). Længere inde saaes endnu nogle Nunatakker, af hvilke de inderste

ligge paa c. 31° V.Lgd. Bag dem saaes den egentlige Ind-
landsis, som hævede sig jævnt indefter.

Medens jeg foretog nogle Maalinger og Observationer ved
Teltpladsen, gik Lieut. Vedel og Petersen ind til den lille Bræ
paa Nordsiden; deune havde en Bredde af 1—1½ Kvml.,
forte en Midtmoræne og havde paa Siderne de sædvanlige
Lervolde. Den fik Tilførsel fra to Arme, men havde ikke
nogen videre Bevægelse. Brækantens Højde var 60—100 Fod.
Paa et fladt, udskydende Forland ved en Elv traf de en
Flok paa 7 Rener, af hvilke de skød en. Det viste sig at
være en drægtig Hun. Fosteret var ikke fuldstændig ud-
viklet og manglede vel endnu mindst en Maanedstid i at være
fuldbaaret.

Samme Aften tiltraadte vi Tilbagerejsen, som for Hoved-
partiets Vedkommende foretoges i smaa Dagsrejser for at faae
Lejlighed til at anstille forskjellige Undersøgelser.

Den 13. bavde vi Telt paa R e n o d d e n. Denne dannes af
en lille Halvø med Fjældkuller paa 2—300 Fod, og er ved
en ganske lav og temmelig smal Tange forbundet med Hoved-
landet. Der blev her skudt en Del Ryper. De optraadte nu
parvis, og Hunnerne havde begyndt at iføre sig Sommerdragten.
Af Reuer saae vi friske Spor, og Stedet maa om Sommereu
være et yndet Tilflugtsted for disse Dyr, thi paa mange
Steder, i de smaa, lune Dale, fandtes større, fuldstændig op-
trampede Strækninger, ligesom der var talrige Stier.

Fra R e n o d d e n gik vi over til Depotpladsen ved R ø d e O
for at medtage Resten af det her oplagte Depot. Maagerne
havde vi allerede seet, da vi kom hertil den 3. Maj, men nu var
der fiere af dem. Deres Ankomst tydede paa, at der under
sædvanlige Forhold maa begynde at blive aabent Vaud paa
deune Tid. Ved Ankomsten til Teltpladsen saae vi en Hunbjørn
med en ganske lille Unge; de bavde øjensynlig været i Færd
med at undersøge Depotet. Vi gjorde Jagt paa dem, og da de
saae, at de ikke kunde slippe ud paa Isen, kravlede de tilfjælds,

og vi efter dem. Føret var imidlertid meget daarligt, Sneen løs og saa dyb, at man sank i til Hofterne, saa at vi ikke kunde indhente Bjørnene. Skier og Snesko bavde vi i Skyndingen ladet blive ved Slæderne, ligesom vi ikke havde spændt Hundene fra. Det lykkedes dog 2den Styrmand at ramme den gamle Bjorn paa langt Hold, saa at den faldt; den rejste sig dog snart igjen og kom ned paa Isen. Styrmanden og Otto forfulgte den endnu et Stykke udefter, men kunde ikke indhente den, hvorvel den blev ramt endnu engang. To af Hundene bavde imidlertid fulgt i vore Spor og satte efter Bjørnen, medens Lieut. Vedel samtidigt paa Ski kom ud fra Teltpladsen. Bjørnen var nu saa medtaget, at den hurtigt blev indhentet og skudt. Bagefter fangede Lieut. Vedel Ungen og bandt den. Den var ganske lille, rimeligvis kun 1 Maanedstid gammel.

Da den paa en Slæde blev kjørt til Teltpladsen, faldt den i Søvn paa Slæden. Naar man langsomt kom hen til den, lod den sig klappe, klø bag Orene og forholdt sig i det Hele temmelig rolig; men en pludselig Bevægelse bragte den til at fare op, hvæse og snappe. Vi bragte den med til Stationen, hvor det imidlertid, efter et Par Dages Fangenskab, lykkedes den at slippe løs en Nat. Den havde en temmelig lang, smækker Jernkjæde om Halsen, og belemret af denne har den ikke kunnet klare sig for Hundene, der kom efter den. Den folgende Morgen fandt vi den frygtelig tilredt nede paa Isen.

Fra Røde O gik Hjælpeexpeditionen hjem, medens Hovedexpeditionen gik over til den store Hjørnedal, hvor vi havde seet nogle Terrasser. Daleus Hovedretning var Vest-Ost, men den yderste Del havde en noget mere nordlig Retning, og Dalhunden i dette Stykke udgjordes udelukkende af Terrassedannelser. En stor Elv løb ud gjennem Daleu og bavde dannet en større Leraflejring ud for sin Munding. Til sine Tider maa deune Elv være meget stor; allerede nu løb den Dag og Nat og havde skaaret Isen op udfor Mundingen. Om den kom fra Indlandsisen er ikke sikkert, thi Vandet i den var ikke leret eller mælket, som det i Almindelighed er i saa Tilfælde, det var snarere brunligt, som farvet af organiske Bestanddele.

Dalen fortsatte sig i Bugtninger Vest efter, og Dalbunden hævede sig efterhaanden ganske jævnt. Paa Sydsiden faldt flere mindre Bræer ned over Fjældene. Bræernes Overflade var for Størstedelen dækket af Sten og Grus. Lieut. Vedel fandt her en nylig død Lemming, som var fuldstændig ubeskadiget. Sandsynligvis er den blevet slaaet af en Ugle eller Falk, som saa af en eller anden Grund, maaske af os, er bleven, bortskræmt.

Efter at have undersøgt Terrasserne [1]) gik vi den 17. Maj fra Hjørnedal over til Morænepynt paa Nordsiden af Fjorden. Vi bavde tidligere seet nogle Dannelser her, som vi antoge for Terrasser; de fandtes saavel bag den fremspringende Halvø som i en Dalkløft lidt vestligere.

Ved vore Undersøgelser viste det sig imidlertid til Dels at være Moræneaflejringer [1]).

Den 19. vare vi igjen ved Stationen. Ogsaa her havde de den 5. havt det milde Vejr med Føhnstorm, men Temperaturen var dog kun gaaet op til + 8°,3, medens vi, som det vil erindres, samme Dag havde + 11° inde ved Kobberpynt. Sneen paa Landet og paa Isen var svunden en Del, men Føret omkring Stationen var meget daarligt paa Grund af det milde Vejr. Ogsaa her vare nu Maagerne komne, og man havde seet en større Svømmefugl, en Gaas eller Lom, ligesom Sælerne begyndte at komme op rundt omkring paa Isen.

De nærmest paafølgende Dage blev der repareret Slæder og Snesko samt gjort smaa Udflugter i Omegnen, hvor der nu var en Del snebart Land paa Toppen af Ryggene, men i alle Dale og Kløfter laa endnu megen Sne. Vandet løb overalt, og der var store Pytter. Nogle Renspor saaes, men det lykkedes os ikke at faae fat i Dyrene. Den 23. Maj fandt Cand. Deichmann

---

[1]) Se Beretningen om Expeditionens geologiske Udbytte

den første Blomst, en *Saxifraga oppositifolia*, og et Par Dage efter fandtes ogsaa Pilen i Blomst.

Den 26. Maj fejrede vi Deres Majestæter Kongens og Dronningens Guldbryllupsdag med en lille Højtidelighed, idet vi paa deune Dag toge de af os undersøgte Landstrækninger i Besiddelse for den danske Stat. Der blev flaget fra Skibet og fra Stationen; i Varden ude ved Indløbet til Havnen blev nedlagt et Dokument. I en af Vardens Sten blev endvidere indstøbt en Guldmønt med Kongens Billede. Festen afsluttedes med et Festmaaltid saavel ombord i Skibet som paa Stationen.

.Som det vil erindres, bleve vi paa vor første Baadtour til Gaasefjord i August 1891 af de tæt pakkede Kalvismasser forhindrede i at komme ind til Bunden, men maatte nøjes med fra et Punkt i den ydre Del af Fjorden at skitsere den indre Del. For at fuldstændiggjøre Kaartet, og for tillige at anstille andre Undersøgelser, blev der foretaget en 3die Slædetour til deune Fjord.

Den 27. Maj afgik Lieut. Vedel, Cand. Hartz og 3 Mand paa deune Expedition.[1] Allerede den første Dag, da de fra Stationen gik over til Gaasepynt, fik de at mærke, at Føret nu var begyndt at blive meget daarligt. Sneen var løs og vaad, tiltrods for at det frøs et Par Grader; Snesko og Slæder sank 6—8 Tommer ned. Udfor Gaasepynt passeredes en Del større Isfjælde. Nogle af disse vare meget revnede og saae ud til at være ifærd med at falde fra hinanden i Smaastykker ved de afvexlende Temperaturer, der havde hersket i deune Tid. Enkelte bavde store Porte og Huler, i hvilke der haug et Gitter af lange, funklende Istappe.

Man fulgte langs Nordsiden af Fjorden, der paa hele det første Stykke bavde samme Karakter som Føhnfjord med høje bratte Fjældplateauer, adskilte ved enkelte Dalstrøg. Medens vi paa de to tidligere Toure gjennemgaaende havde havt klart

---

[1] Meddelelserne om denne Tour ere efter Lieut. Vedels Dagbogsoptegnelser.

Vejr, bleve Opmaalingsarbejderne paa deune Tour i høj Grad besværliggjorte ved vedholdende Taage.

Den 30. Maj undersøgtes nogle Terrassedannelser [1] omtrent paa samme 'Sted, hvor Fjorden har sit første Knæk i sydvestlig Retning.

Fra Terrasserne fulgtes Kysteu Vest efter; her kom nu et couperet Forland med frodige, sncbare Strækninger mellem Gneishumplerne op til en Højde af c. 2000 Fod, hvor Trapformationen begyndte. Undervejs passeredes et Sted, hvor en Elv bavde ført en stor Mængde Grus og Sten langt ud paa Fjordisen. Den største Sten, der laa en Snes Alen fra Kysteu, havde folgende Dimensioner:

$$130^{cm} \times 91^{cm} \times 86^{cm}.$$

Den gav et godt Begreb om den enorme Kraft, Elven havde udviklet under Udbruddet. Stenen kunde ikke være rullet ned med et Fjældskred, hvilket man nærmest vilde antage, naar man ikke havde seet Stedet; men Kysteu hævede sig her kun meget langsomt indefter, saa at deune Mulighed var udelukket. Der var nu kun lidet Vand i Elven, da det meste af Landet var snebart; men alt tydede paa, at den nogen Tid forinden bavde været meget vandrig. Det var i det Hele taget iøjnefaldende, at alle Elve havde været større tidligere paa Foraaret, og Snesmeltningen havde altsaa passeret sit Maximum.

I den inderste Del af Fjorden var der langs Landet en aaben Rende, og de fleste af Isfjældene svømmede omkring i aabent Vand. Isfjældene bavde en Højde af 100—150 Fod, og hidrørte alle fra de store Bræer paa Sydsiden af Fjorden, da Bræen i Bunden af Fjorden, som det senere viste sig, var i Tilbagegang og i lange Tider ikke havde produceret Isfjælde.

Den 1. Juni blev der slaaet Telt ved et Dalstrøg 1½ Kvml. fra Bunden af Fjorden paa dennes Nordside. Herfra gik Lieut. Vedel hen til Bræen. Det viste sig strax, at deune allerede

---

[1] Se Beretningen om Expeditionens geologiske Udbytte.

længe havde været i Tilbagegang. Bræenden rundede som Regel jævnt af og var dækket med Grus og Sten; kun enkelte Steder saaes lodrette, hvide Flader. Højden varierede mellem 50 og 150 Fod, og fra Randen hævede Bræen sig jævnt indefter uden Revner og større Ujævnheder. Den var højest paa Midten og rundede ned til begge Sider, hvor der løb ganske anselige Vandløb.

Foran Bræen laa høje Dynger Moræneaflejringer, bearbejdede af Elvløb. Morænerne hestode dels af Sten (Trap og Gneis) dels af Ler og Grus med Lagdeling. Nogle isolerede Smaaøer af Ler vare skaarne ud af Vandet. Paa disse saaes hyppigt et hvidt, saltagtigt Overtræk. Mellem Morænedyngerne fandtes græsbevoxede Kjær, der vare Tilholdssted for en Mængde Gæs. Foran Morænen laa et stort (1 Kvml. langt, c. ¹/₂ Kvml. bredt), lavt og stenet Forland, dannet af Bræelven i Forening med en stor Elv, der kom fra Nordsiden af Fjorden. Dette Forland var gjennemskaaret af utallige mindre Vandløb.

Landet omkring Teltpladsen var saa godt som snefrit. Vegetationen var meget frodig, dog vare Pile- og Birkekrat sjældnere. I c. 2000 Fods Højde blev Terrainet jævnt skraanende og fortsattes som en Højslette 2—3 Kvml. indover, hvor Trapfjældene hævede sig til den almindelige Højde, 5—6000 Fod. Gneisen naaede op til c. 3000 Fod. Landet var snefrit helt op til Trapformationen. ·

Renstier fulgte Kysten til begge Sider. Ved Bræen saaes fire Rener, som bleve skræmte bort af Hundene. Mange Renhorn fandtes langs Kysten, blandt dem nogle, som vare usædvanlig store.

Det var fuldstændig Sommer herinde. Temperaturen var over Nul, og Solen brændte som i Troperne; Sommerfugle og Fluer fløj omkring, og en Mariehøne blev fundet. Det saae ud som om Alt var mindst 14 Dage længere fremme end ved Stationen. Isen var i Gang med at smelte baade ovenfra og nedenfra. Omtrent 300 Alen fra Land var Islaget af følgende Beskaffenhed:

Sne . . . . . . 4—10^{cm},

Ferskvandsis .   6^{cm},

Fersk Vand . .   3^{cm},

Saltvandsis . . ' 143^{cm}.

Isen var temmelig løs helt igjennem, haardest i Midten.

Den følgende Dag gik Lieut. Vedel tilfjælds. Han fulgte op langs en større Elv til et Plateau i 2200 Fods Højde, hvor . Vegetationen var overordentlig frodig. Derfra gik det videre op til Toppen af et 3000 Fod højt Fjæld, c. 2 Kvml. NV. for Teltpladsen. Bjergarten var let forvittrende Gneis. Skurstriber fandtes paa Toppen. Deres Retning var retv. N. 35° V. Ud over Fjorden stod en lav Taage, der dækkede Pynterne, medens man ind over Landet havde klart og smukt Vejr. I NV.-lig Retning saae man op gjennem en Lavning, paa begge Sider begrændset af snedækkede Trapfjælde, hen over et couperet, snebart Terrain, hvorfra mindre, spidse Gneistoppe hævede sig. I Baggrunden saaes isklædte, spidse Fjælde, forau hvilke en stor Bræ skød frem. Det var den store Bræ i Bunden af Vestfjord og Nunatakkerne paa dens Nordside. Nede i Lavningen laa en større, isdækket Sø.

Den 3. Juni gik man igjen udefter. Foret var daarligt, idet man snart kom ind mellem Isfjældene, der fra Bræerne i Fjordens sydlige Arme strakte sig langt over mod Nordkysten; deres Højde var mellem 50 og 150 Fod, og intet af dem var af nogen betydelig Størrelse. Saavel Isfjældene som den mindre Kalvis laa tættest langs Kysten.

Den 4. blev der slaaet Telt paa Sydkysten, hvor Fjorden drejer Syd i.

Der var en kjendelig Forskjel paa Snesmeltningens Stadium paa Sydsiden og paa Nordsiden af Fjorden. Paa Sydsiden var langt mere end Halvdelen af Landet endnu dækket af Sneen.

Fra Teltpladsen saae man, hvorledes Gneisen paa Nordsiden af Fjorden efterhaanden hæver sig ganske jævnt indefter, som efter en Lineal. Fjældene have imidlertid omtrent samme

Højde overalt, og det over Gneisen liggende Traplags Højde aftog saaledes efterhaanden som Gneisunderlaget blev mægtigere. Ved Teltpladsen inderst i Fjorden laa Trappen i 3000—3500 Fods Højde, medens den midt i Fjorden allerede begyndte i c. 1500 Fods Højde. Paa Sydsiden af Fjorden laa Trappen lavere end paa Nordsiden; ved Teltpladsen laa den i 1200 Fods Højde, og nogle Kvml. Vest for den store Syd Bræ naaede den Vandet.

Cand. Hartz samlede her en Del Prøver af de forskjellige Traparter, der fandtes i mange Variationer: tæt mørk og tæt lys Trap, rød og brun Trap samt Trap med større og mindre Zeolither. Angaaende Vegetationen kan kun siges, at de botaniske Undersøgelser gave et ringe Udbytte, da der kun fandtes meget faa Planter.

Det vedblev imidlertid at være Taage, og kun nu og da kunde man se et Glimt af Landet.

Ved Midnat den 6. Juni gik man videre Ost efter. I Begyndelsen var Føret slet, idet Isen ovenpaa Snesjappet ikke kunde bære, og man sank ned i 6 Tommer Vaud, der gjorde Sneskoene tuuge som Bly. Isens Beskaffenhed blev her undersøgt og viste:

$$\text{Is} \ldots \ldots \ldots 1^{cm},$$
$$\text{Vaud og Snesjap} \ldots 15^{cm},$$
$$\text{Is} \ldots \ldots \ldots 170^{cm}.$$

Isen var paa Midten fast som om Vinteren, men var blød paa Over- og Underkant. Føret bedredes imidlertid, efterhaanden som man kom ud fra Land og ud af Isfjældenes Omraade; dog kunde Snelaget først bære hen ad Morgenen. Man fulgte derefter Kysten og slog Telt paa en bar Klippe lige ved Mundingen af Fjorden.

Medens Kysten forøvrigt falder stejlt ned i Fjorden saavel Ost som Vest for, var der her paa en Strækning af 4—5 Kvml. et fremspringende Gneisforland. Landet var fuldstændig sne-

dækket. Om Aftenen fortsattes til Stationen, hvor Expeditionen
ankom den 7. om Formiddagen.

Paa Touren havde Taagen i høj Grad lagt Expeditionen
Hindringer i Vejen for Opmaalinger og Udflugter, men Fjorden
og dens Sidearme vare dog nu hlevne fuldstændig kaartlagte,
ligesom der var indsamlet et betydeligt, videnskabeligt Materiale.
Ved Stationen havde vi i deune Tid havt nogle enkelte klare
Dage, men selv paa disse kunde vi se Taagen staa ud for
Mundingen af Gaasefjord.

Efter hvad vi havde seet det foregaaende Aar, var hele det
store Fjordcomplex i Begyndelsen af August Maaned saa godt
som fuldstændig isfrit, det vil sige fri for Vinteris.

Jeg gjorde derfor Regning paa, at Fjordisen i det aller-
seneste vilde bryde op i Begyndelsen af Juli, men haabede dog,
at det vilde ske betydeligt tidligere. Allerede paa vor 2den Slæde-
tour havde Temperaturen været saa høj, og Snesmeltningen var
gaaet saa hurtigt fremad, at vi bavde al Grund til at tro, at
ogsaa Fjordisen efterhaanden skulde blive saa medtaget af Sol
og Varme for oven og Strøm for neden, at en ordenlig Føhn-
storm vilde hryde den op og, i Forbindelse med de fra Vest-
fjord kommende Kalvismasser og Isfjælde, føre den ud af
Fjorden.

Vi bestyrkedes yderligere i deune vor Tro paa en snarlig
Frigjørelse for vore Islænker af den Omstændighed, at saa
mange Trækfugle begyndte at komme. Snespurven saae vi alle-
rede paa 1ste Slædetour i April, Maagerne i Begyndelsen af Maj;
i Slutningen af samme Maaned kom Gæssene, og efter dem
fulgte Slag i Slag Havliter, Lommer, Edderfugle, Ryler o. s. v.,
kort sagt alle Svømmefugle, som for at kunne leve maa have
aabent Vand i ikke for stor Afstand.

Jeg bavde derfor ogsaa sat 10. Juni som den sidste Termin
for Hjemkomsten fra 3die Slædeexpedition. Efter at deune var

tilendebragt, og jeg bavde hørt, hvorledes Isen derinde var brudt op langs Kysten, vilde jeg ikke gjøre flere længere Toure paa Fjordisen fra Stationen. Hvis en Føhnstorm begyndte, maatte man være forberedt paa, at hele Ismassen brød op, og det gjaldt da om at være færdig saa hurtigt som muligt, for at vi snarest med «Hekla» kunde komme ud af Fjorden og derefter begynde Baadtouren Syd efter.

Det viste sig imidlertid, at vore «Foraarsbebudere» ikke vare mere paalidelige, end de pleje at være i den civiliserede Verden, og vi maatte vente og vente, Uge efter Uge, inden den vandtrukne, hvidgraa Isflade ude paa Fjorden vilde vige Pladsen for det blaa, aabne Vand.

I hele Juni og Juli var Vejret gjennnemgaaende meget stille med Regn og Taage, og kun af og til blæste en svag, østlig Vind. De vestlige Føhnstorme derimod, som vi alle saa meget ønskede, udebleve aldeles.

Landet omkring Stationen blev efterhaanden helt snefrit, og i de smaa Ferskesøer smeltede Isen. I disse Ferskesøer maatte Svømmefuglene nu holde sig, selv de, der som f. Ex. Edderfuglene høre hjemme i salt Vand. I Begyndelsen blev der skudt en Mængde Fugle; men efterhaanden blev der færre af dem, enten fordi de vare skudte, eller fordi de søgte andre Steder hen. Af Arter, som vi hidtil ikke havde skudt, fik vi nu blandt andre flere Exemplarer af Sædgaasen, en for Gronland ganske ny Gaaseart. Ligeledes fik vi Gæslinger af Bramgaasen, om hvis Ynglepladser man hidtil har været uvidende. Navnlig efter at Ungerne vare rugede ud, optraadte Gæssene i store Flokke, saaledes at der endog engang i Slutningen af Juli blev skudt en Flok paa 50 Stkr.; de vare nemlig i Færd med at fælde Svingfjerene, saa at de ikke kunde flyve.

Sælerne vare allerede i Maj begyndte at komme op paa Isen, og efterhaanden som Vejret blev varmere, og Isen aftog i Tykkelse og Fasthed, bleve de talrigere. I stille, varmt Vejr kunde man fra Stationen se dem ligge i Mængde i Smaagrupper omkring Hullerne i Isen. Vor Grønlænder Otto skød en Del af dem.

Hurtigere end Dyrelivet udviklede dog Plantelivet sig, efterhaanden som Landet blev suchart. Blomster og Planter mylrede frem i saadaune Mængder og med saadan en Hast, at man skulde tro dem tryllede frem, men desværre afflorerede mange af dem næsten ligesaa hurtigt og bleve tørre. Af Blomster, som vi i det foregaaende Aar kom forsent til at se, men som vi nu fandt i Mængde, maa særlig nævnes Alperosen (*Rhododendron lapponicum*) og Blomsterne paa Melbær- og Blaabærlyngen. Man kunde her med stor Lethed plukke Bouketter, som dristigt kunde tage Concurrencen op med de smukkeste, man seer hjemme i Blomsterhandlernes Vinduer; men desværre kunne de tørre Prøver, som vi hjemførte i Botanikerens Mapper og vore egne smaa Erindringssamlinger, ikke give noget Begreb om de zarte Farver og om den elegante Skjønhed, de vare i Besiddelse af, da de bleve plukkede.

Foruden de velkomne Gjæster: Fuglene og Blomsterne, kom der imidlertid ogsaa andre Væsener, som ikke vare os saa velkomne. Det var Myggene, der under Resten af Opholdet her i høj Grad plagede os.

Medens vi med Utaalmodighed ventede paa den Dag, da vi med «Hekla» igjen skulde dampe ud af Havnen, blev Tiden benyttet til, foruden de sædvanlige Observationer, at udgrave og undersøge Husruinerne og Gravene tæt Vest for Stationen, thi om Efteraaret bavde den tidlige Sne og Frost hurtigt sat en Stopper for den Slags Undersøgelser.

Vore Naturforskere ønskede meget at faae Lejlighed til en nærmere Undersøgelse af Basaltdannelserne i Omegnen, men da jeg af de tidligere nævnte Grunde ikke vilde indvillige i en Tour til Fjældene Vest for Cap Stevenson, maatte de lade sig nøje med at gaa over til Fjældene paa Gaaseland ligeoverfor Stationen.

De vare herovre fra 7. til 12. Juli, og særlig var Botanikeren fornøjet med Udbyttet af Touren. Vegetationen var meget rigelig. Der blev fundet en halv Snes nye Blomsterplanter foruden Mosser, Lichener og Svampe. I c. 2000 Fods Højde saaes en Isskuring, hidrørende fra en tidligere større Udbredelse af en af de lokale Bræer.

Inde i Hekla Havn, hvor flere Smaaelve udmundede, og hvor Isen ved Affald, Kulstøv o. s. v. var bleven temmelig smudsig, begyndte den at revne ved Land i Begyndelsen af Juli, og noget senere dannedes der ogsaa en Revne der, hvor tidligere Gang-stien mellem Skibet og Stationen bavde været. Midt i Juli aabnede vi Skibsfarten her, idet vi stagede os frem med en lille, norsk Pram. Vi begyndte nu saa smaat at bringe Godset ombord i Skibet. Paa samme Tid saae vi aabent Vand ved Gaasepynt, og de store Isfjælde udfor deune Pynt begyndte at bevæge sig.

Al Sneen var nu bortsmeltet, og Isens Overflade var god at færdes paa, men fuld af smaa Soer og Kanaler. Mange af disse Søer bavde ædt sig helt gjennem Isen.

Den 20. Juli dannede der sig efter nogen NO.-lig Vind de første større Revner i Isen og lidt aabent Vand udfor Stationen, og den folgende Dag saae vi en Flok Narhvaler følge Revnerne indefter i Fjorden. Det var Tegn paa, at der nu maatte være Revner helt ud til Havet, da disse Dyr ikke kunne være længe under Vandet. Det gik imidlertid kun langsomt med Udbredelsen af det aabne Vand, og først de sidste Dage i Juli var der Tegn til, at vi kunde komme ud med Skibet.

Den 31. Juli afsluttedes Observationerne og Arbejderne i Land, og den 1. August blev Resten af vort Gods taget om-bord, ligesom vi selv installerede os ombord i Skibet. Proviant-skuret og vore to Observatorier vare allerede forinden tagne ned og ombord. Tilbage stod kun det tomme Beboelseshus.

Den 2. August gjorde vi et Forsøg paa at komme ud, men efter at have naaet en halv Mil Ost for Stationen, maatte vi vende tilbage til Havnen, da en frisk, NO.-lig Kuling satte hele Ismassen ind mod os. Vi vare saaledes atter henviste til at vente paa bedre Isforhold. Hver Dag var der Udkig paa de nærmeste Fjældtoppe for at spejde efter aabent Vand, men Dag gik efter Dag uden synderlig Forandring.

Beboelseshuset blev i disse Dage ogsaa nedrevet og taget ombord for eventuelt at bruges som Brændsel, da Skibets Kulbeholdning nu efter Overvintringen var temmelig lille.

Fra Hekla Havn til Island.

Mandag den 8. August oprandt endelig den længselsfuldt ventede Time, da vi for Alvor kunde forlade det Sted, hvor vi nu havde tilbragt et Aar. Det var nemlig Aarsdagen for vor Ankomst her til Havnen.

Tiltrods for at vi alle længtes efter at komme i Gang igjen oven paa den lange Ventetid, var det dog ikke uden en vis vemodig Følelse, at vi sagde Farvel til det Sted, hvor vi under en arktisk, stræng Vinter havde havt en tryg og sikker Havn og ikke lidt Nød i nogensomhelst Retning.

Vejret var det smukkeste, vi havde havt i lang Tid — blikstille med bagende Sol — og her ude paa Søen vare vi heldigvis befriede for vore Fjender fra Landjorden — Myggene. Sollyset glittrede paa Bræer og Isfjælde; alle Fjældene stode solbelyste mod den klare Himmel; de havde allerede begyndt at iføre sig Vinterdragten, thi der laa nyfalden Sne fra Toppen ned til 1000 Fod over Vandet. De smaa Alkekonger svirrede i store Flokke omkring Skibet eller baskede forskrækkede afsted langs Vandfladen, uvisse om de skulde søge Redning ved at flyve eller ved at dykke.

Det var karakteristisk for Isens ualmindelig sene Opbrud, at vi denne Dag for første Gang iaar saae disse Fugle, medens vi det foregaaende Aar havde seet dem trække bort paa denne Tid; de maatte den Gang ikke alene have været færdige med Udrugningen, men Ungerne maatte have været flyvefærdige.

Desværre varede det gode Vejr og den spredte Is ikke længe. Ved Middag passerede vi Cap Stevenson og holdt derefter noget nordligere op mod Jamesons Land. Isen blev efterhaanden tættere, der kom mere Storis, og Isfjældene bleve talrigere. Allerede ved Middag havde vi seet Havtaagen komme ind ude ved Fjordmundingen, og om Eftermiddagen naaede den ind til os, samtidigt med at Isen blev saa tæt, at vi maatte fortøje. Det begyndte nu at blæse op fra Ost, og Fjordisen kom i stærk Drift indefter, medens de store Isfjælde, der paa Grund af deres Dybgaaende ikke paavirkedes af Vinden, virkede som store Plove paa Fjordisen. Paa Grund af Taagen saae man kun et ganske kort Stykke Vej. Vi laa med Dampen oppe og havde Øxen liggende klar til at kappe Fortøjningen, hvis det maatte blive nødvendigt. Den Nat maatte Ingen sove afklædt. Henad Morgenen klarede det lidt op, og efter at have skiftet Plads et Par Gauge, maatte vi gaa tilbage Vest efter for at komme ud i lidt mere aabent Vand bag Isfjældene.

Her laa vi den følgende Dag uden at kunne komme frem. Om Morgenen havde vi gjort et Forsøg paa at komme op under Jamesons Land, men Isen var i saa stærk Drift, at den satte helt sammen, og det var lige netop, at det lykkedes os at komme fri igjen. Vi maatte igjen staa Vest efter, hvor der laa lidt mere spredt Is. Det saae ud, som om Isen med voxende Vande gik retvisende NV. i og ind paa Kysten af Jamesons Land og med faldende Vande modsat.

Om Eftermiddagen klarede det lidt op, men det var et lidet trøsteligt Panorama, vi fik at se, da Taagen trak bort. Mod NV. og Nord, inde i Halls Inlet, laa Fjordisen endnu fuldstændig ubrudt, og mod Ost syntes Sundet ligeledes at være spærret af Is, ikke en Rende var at se. Mod NO., op mod Jamesons Land, var der en Strækning med mere spredt Is, men bag denne laa, saavidt vi kunde se, en fast sammenhængende Masse, hvori der var mange Isfjælde. Ude ved Fjordmundingen stod Taagen endnu som en mørkeblaa Banke.

Den folgende Nat blev det Stille, og Isen mod NO. spredte sig mere og mere, saa at vi om Morgeneu den 10. kunde staa op mod Jamesons Land. Vi passerede mellem en Mængde Isfjælde paa Vejen, men efterhaanden som vi nærmede os Kysteu, bleve de mindre talrige. Imellem Isfjældene laa temmelig tyk Nyis.

Som det vil fremgaa af ovenstaaende Beskrivelse, vilde det under disse Forhold have været umuligt at gaa med Baade fra Hekla Havn til Cap Stewart, og hvis «Hekla» ikke havde overvintret, kunde vi næppe have gjort Regning paa at forlade Hekla Havn før betydeligt senere.

Om Formiddagen Kl. 11 naaede vi ind under Landet og stode nu SO. i langs Kysteu i et aabent Landvand paa 1 Kvml. Bredde. I vore Kikkerter kunde vi se Reuer og Moskusoxer græsse inde paa Kysteu, men vi bavde nu ikke Tid til at gjøre Jagt. Da vi om Eftermiddagen naaede forbi Cap Hooker, kom vi ud i helt aabent Vand, der langs Nordkysten af Fjorden strakte sig saa langt Ost efter, man kunde se; langs Sydkysten. laa der derimod et Isbælte paa c. 1 Mils Bredde. Det begyndte samtidigt at blæse op med en stiv Osten, der efterhaanden friskede saa meget, at vi ikke kunde dampe op mod den, og længere ud paa Aftenen blev det laaget. Vi maatte derfor holde gaaende for Sejl ude i Fjorden. Taagen og den ostlige Kuling vedblev hele den folgende Dag, og først om Morgeneu den 12. August vare vi udfor Cap Stewart. Hensigten med at anløbe dette Sted var at landsætte Proviantskuret her, for at bringe det ifjor oprettede Depot under Tag. Tillige vilde Cand. Hartz og Cand. Bay gjøre nogle Indsamlinger af de her forekommende Forsteninger.

Der var ingen Is i Hurry Inlet og kun faa Isfjælde i Mundingen af Scoresby Sund. Havde Isforholdene været saaledes det foregaaende Aar, vilde Intet have været til Hinder for Stationens Etablering ved Cap Stewart.

Det ifjor oplagte Depot blev nu undersøgt. Bjørnene

havde, rimeligvis samme Foraar, aflagt et Besøg ved Depotet og underkastet det et Eftersyn uden dog at foraarsage større Skade.

Medens vi arbejdede med Hus og Proviant, var Capitain Knudsen lidt oppe i Landet for om muligt at se, hvorledes Isforholdene vare ved Cap Brewster. Han var her saa heldig at skyde en Moskusko og to Kalve. Da de tre Dyr, vi det foregaaende Aar bavde skudt ved Cap Broer Ruys, alle vare Tyre, var Capt. Knudsens Jagtudbytte meget heldigt, da vi jo nu kunde hjembringe Exemplarer af hele Familien. Vi spiste Kjødet med stort Velbehag; navnlig vare de to Kalve aldeles fortrinlige, og da vi senere modte Krydseren «Diana», fik Chef og Officerer en lille resterende Prove deraf, og de udtalte, at det var det hedste Kjød, de havde faaet den Sommer; thi hverken de eller vi kunde mærke den mindste Moskuslugt ved det.

Da Huset var færdigt, blev Depotet bragt derind, og der blev tillige oplagt en lille norsk Pram, et Gevær med Ammunitiou, nogle Slæder, Skier, Snesko o. s. v., saa at man, i Tilfælde af at man blev nødsaget til at falde tilbage paa dette Sted, vilde finde et lille Udvalg af de nødvendigste Gjenstande.

l Varden, som vi havde rejst her forrige Aar, blev der til de to tidligere i en Flaske nedlagte Beretninger føjet et kort Referat af Expeditionens Overvintring.

Kl. 2 om Eftermiddagen var Alt i Orden. Vi gik igjen ombord og stode udefter. Om Aftenen havde vi for første Gang Lampen tændt i Kahytten for at kunne skrive Rapporter og Breve. Henimod Aften løjede Vindeu, og det blev Taage, saa vi maatte stoppe.

Om Morgeneu den 13. klarede Taagen lidt efter lidt op, saa at vi igjen kunde gaa an med Maskinen. Kl. 11 passerede vi forbi Cap Brewster. Den nordlige, stejle Side af dette Forbjerg, der som en smal og i Forhold til det omgivende Land lav Ryg (c. 1000 Fod) skyder ud i Søeu, var snefri og dannede med sine mange Hylder og Afsatser et Ynglested for en Mængde Alker. Disse Fugle havde imidlertid allerede

8*

forladt Rederne, og hver Moder svømmede omkring med sin Unge.

Vi holdt nu langs Kysten SV. efter. Paa Sydsiden af Cap Brewster laa der store Ophobninger af Sne. Kysten gaaer her omtrent SV. i paa en Strækning af c. 10 Kvml. og bojer da .ret Vest paa til 23° Lgd., hvor den igjen tager en sydligere Retning.

Paa den i Ost og Vest liggende Del af Kysten findes 4 Bræer. Af disse ere de to østligste, som ligge, hvor Kysten bøjer Vest i, ikke ret store, medens de to vestligste ere temmelig betydelige.

Medens vi stode ned langs Kysten, vare vi selvfølgeligt travlt beskjæftigede med at tage Pejlinger o. s. v. for at kaartlægge, hvad vi saae. Det var os umuligt ganske at faae det til at stemme med Scoresby's Kaart over denne Strækning, idet Beliggenheden af Oerne ikke ganske passer; men i Hovedtrækkene er hans Kaart rigtigt. Fire større Oer ligge udenfor den egentlige Kyst, der er indskaaret af Fjorde og Dalstrøg. Paa den ene af disse Oer, der i Modsætning til de andre er nogenlunde flad, kunde vi i Kikkert se Rener og maaske Moskusoxer. Der laa ikke ret megen Sne paa Fjældene, som her udelukkende bestaa af Basalt; kun hist og her i Kløfter og paa beskyggede Steder laa nogle Driver.

De første Par Timer, efter at vi havde passeret Cap Brewster, havde vi saa godt som ingen Is; men om Eftermiddagen kom der lidt mere, som dog laa temmelig spredt saavel Syd som Ost efter, saa langt man kunde se. Kl. 5 havde vi endnu et bredt Landvand Syd og Ost efter, selvfølgelig med en Del spredt Is og med talrige Isfjælde, men dog ikke nær saa mange, som jeg havde ventet, thi det var paa dette Sted, at Scoresby paa en Gang talte 400—500. Om Aftenen holdt vi gaaende i omtrent SV.-lig Retning ned langs Kysten. Kl. 10 blev det Snetykning, og Isen laa i tættere Strimler, saa vi stoppede og braste bak for at afvente Daglysningen, thi det var allerede nu begyndt at blive temmelig mørkt om Nætterne.

Næste Morgen den 14. Kl. 3 gik vi an med Maskinen igjen. Luften var tyk med Snebyger, og alle Fjældtoppene skjulte af Skyer; men Isen var endnu nogenlunde spredt; Kl. 6½ stoppede vi paa Grund af tæt Is og Taage. Den sidste lettede igjen Kl. 8, saa vi stode videre, men atter Kl. 9 maatte vi stoppe. Vi traf nemlig her en fuldstændig sammenhængende Ismark, som fra en af Landpynterne strakte sig omtrent i retv. Syd og laa fast til Land. Der var intet aabent Vand omkring Isfjældene, · som sade fast i Isen, og deune laa fuldstændig ubrudt helt ind i Bugterne, saa det var tydeligt, at det var Vinterisen, som ikke var brudt endnu.

At forlade Skibet med Baadene for at vente til Isen skulde gaae, ansaae jeg under disse Forhold ikke forsvarligt saa langt fra Angmagsalik og saa sent paa Aaret; jeg foretrak at forsoge at følge den faste Iskant Syd efter, og hvis vi traf Render eller Aabninger, som førte ind til Land længere Syd paa, da at forsøge med Skibet at komme ind til Kysten der.

Vi holdt altsaa SSO. og SO. i langs Iskanten, men destoværre heller ikke denne Vej aabnede der sig nogen Gjennemgang. Isen udenfor os blev tættere og tættere. Kl. 11 maatte vi brase bak paa Grund af Snetykning og bleve liggende saaledes til Kl. 1, da det klarede lidt af. Vi saae nu tæt Is overalt Syd efter, medens den lose Is Nord for os med rivende Fart satte ned paa os og truede med at bringe os i Besæt. Vi vare dengang paa 69°7′ N.Br. og 23°50′ V.Lgd.. Der var kun et at gjøre, nemlig øjeblikkelig at dampe Nord i igjen for at faae mere spredt Is.

Efterhaanden som vi kom Nord efter, blev Isen igjen mere spredt, og Kl. 5 begyndte det at klare op, saa at Toppene af Fjældene bleve synlige, medens det meste af Underlandet vedblev at være skjult af Dis; samtidigt begyndte det at blæse op med NO.-lig Kuling, og det var deune, som bavde sat Isen i den voldsomme Drift.

Det vi i Klaringerne bavde seet af Landet Syd efter viste,

at Yderkysten, saa langt vi kunde se, strakte sig i SV.-lig Retning. Bjergarten var overalt hovedsagelig Trap, og Fjældene ude ved Kysten havde en gjennemsnitlig Højde af 2—3000 Fod, men længere inde i Landet saaes meget høje, sneklædte Toppe, der ansloges til 7000 à 8000 Fod. Paa flere af disse høje Fjælde laa Bræer fra Toppene. Kysten var indskaaren, og i nogle af Indskæringerne udmundede større Bræer, som dog vistnok alle vare af lokal Oprindelse og ikke stode .i Forbindelse med Indlandsisen.

Kl. 5 stoppede vi for at lodde og tage en Temperaturserie. Dybden fandtes at være 93 Favne og Bundarten fint, brunt Ler.

Efter Lodningen stode vi omtrent ret Ost efter for at komme ud af Isen og saa følge den tætte Is Syd efter. Det kulede stadigt mere og mere op, og om Natten krydsede vi med Sejl og Damp NO. i mellem Land og den tætte Is. Efter Midnat stillede det af, og den følgende Dag bavde vi smukt Sommervejr med flan, sydlig Kuling. Isen, som mest bestod af store Flager, satte en Del sammen, saa at vi maatte gjøre mange Omveje.

Fra Middag gik vi retv. SO. og Ost efter i en Rende med heit aabent Vand, men med store Ismarker paa begge Sider. Herude vare vi saa godt som fri for Isfjældene; disse synes paa enkelte Undtagelser nær ikke at ligge udenfor 3—4 Mil af Kysten.

Om Aftenen fik vi et sjældent smukt Vejr. Det var efterbaanden blevet aldeles Blikstille og fuldstændig Klart. Havet var metalblankt, og i Vest saae man Solen gaa ned bag Cap Brewster og Fjældene i det Indre af Scoresby Sund. Den første Stjerne saaes den Aften.

Den følgende Morgen, den 16., var det Taage, saa at vi maatte stoppe og drive i spredt Is. I to Dage laa vi nu her omtrent paa samme Sted, snart for smaa Sejl, snart fortøjede til en Skodse.

Vi toge et Par Lodskud paa 167 og 175 Fv. Vaud. Vi vare dengang paa omtrent 69°30′N.Br. og 19°50′V.Lgd.

En lille Adspredelse havde vi en af disse Dage, idet vi pludselig saae en Bjorn svømme ikke langt fra Skibet; vi kom i en Fart i en af Baadene og skød den. Det var den 30te Bjorn, der blev skudt paa Touren, og det blev den sidste.

Efter Middag den 18. August lettede Taagen saa meget, at vi kunde begynde at gaa langsomt Ost paa igjen. Der var aabent Vand med spredt Is af meget forskjellig Beskaffenhed. Flagerne vare alle meget smaa, nogle af dem bestode øjensynligt af Vinteris, thi de laa ganske lavt paa Vandet, og de havde ikke været udsatte for nogen Søgang; andre derimod vare sværere Skodser, men af et temmelig forvadsket Udseende. Disse sidste tydede paa, at vi ikke kunde være langt fra Is-kanten.

Kl. 9 blev det igjen Taage, og samtidigt fik vi tæt Is forude. Vi drejede Nord over og fulgte langs Kanten. Noget efter klarede det helt af mod Nord og Ost, og vi saae nu, at der udenfor os laa en fast Ismasse mod Ost. Mod Nord laa der ogsaa fast Is, saa langt vi kunde se, men der var en smal Rende, som syntes at føre ud til helt aabent Vaud. Heldigvis kunde vi komme ind i denne Rende, der gik Syd efter, og Kl. 10½ passerede vi Sydodden af Isen Ost for os og dampede nu langs Iskanten i SV.-lig Retning. Strax efter fik vi nogen Dønning fra Ost, og vi vare nu sikre paa at være i «Stor-klären», som Fangstmændene sige.

Vi vare dengang paa 69°42′N.Br. og 17°57′V.Lgd.

Det var nu Hensigten at søge en Passage ind til Landet længere mod Syd, og hele den folgende Dag holdt vi derfor Sydvest efter langs Iskanten, af og til skærende gjennem en udskydende Odde. Iskanten var overalt tæt, og der stod nogen Dønning ind paa den.

Efter forud truffet Aftale skulde der, ifald «Hekla» ikke kom hjem i Efteraaret 1891, sendes Kul og Proviant op til

Dyrefjord paa NV.-Kysteu af Island. Da Afstanden dertil ikke
var stor, knap 50 danske Mil, besluttede jeg først at gaa til
Dyrefjord for at kompletere Kul og Proviantforsyningen,
aflevere Post o. s. v. og derefter atter at søge op mod Cap
Grivel. Vi bavde da friere Hænder, end naar vi gik ind i Isen
med vor lille resterende Kulbeholdning.

Vi fulgte derfor Iskanten ned til 68¼° Br., men da det stadigt
var Taage, saa at vi ikke kunde staa ind i Isen, og Iskanten
her bøjede mere Vest over, satte vi Cours for Dyrefjord.

Den 20. August efter Middag saae vi de første Vidnesbyrd
om, at vi nærmede os de mere civiliserede Egne; det var tre
af de smaa Dampere, der med Station paa Island drive Hval-
fangst i de omliggende Farvande. En af disse Dampere, «Arctic»
af Tønsberg, tilhørende Sven Foyn, kom paa Siden, og af
dennes Fører flk vi de første kortfattede Meddelelser om For-
holdene i Europa. Snart efter saae vi ogsaa flere Sejlere, een
efter een dukkede op i Horizonten; det var islandske Havkal-
fiskere, som med deres elendige Fartøjer vove sig langt ud paa
dette stormfulde Hav for at fortjene Livsopholdet ved at fiske
Hajer.

Kl. 2 flk vi Islands NV.-Pynt i Sigte og stode nu for en
gunstig Lejlighed langs Kysten ned mod Dyrefjord, hvor vi
ankrede om Aftenen.

Vor første Tanke gjaldt naturligvis Posten. Vi havde jo
ikke faaet Efterretninger fra Hjemmet i over 14 Maaneder, og
vi vare selvfølgeligt derfor glade ved at faae dem.

Den følgende Dag ankom Krydseren «Diana», Capitain
Suenson, paa Fjorden. Saavel af Chefen som af Officererne
blev Expeditionen modtagen med stor Gjæstfrihed. Vi vare
navnlig glade ved at høre, at man hjemme, paa Grund af de
samstemmende Efterretninger fra alle engelske og norske Hval-
og Sælfangere om de særlig ugunstige Isforhold i 1891, ikke
havde næret nogen Ængstelse for Expeditionens Skjæbne, til-
trods for at «Hekla» ikke kom hjem om Efteraaret.

Den 23. om Morgeneu sagde vi Farvel til «Diana», som derefter dampede ud af Fjorden for at gaa Nord om Landet hjem.

Den foregaaende Dag bavde vi losset alle de Sager, som skulde hjemsendes, ved Handelsstedet Thingeyre og dampede derefter lidt længere op i Fjorden til Hvalfangerstationen paa Främnæs, hvor vi skulde fylde Kul og tage Proviant ombord.

Ejeren af Hvalfangerstationen, Capitain L. Berg, og Familie modtoge Expeditionen med en fuldstændig «vestindisk» Gjæstfrihed og Forekommenhed, og vi skylde deune elskværdige Familie en varm Tak for de behagelige og glade Dage, vi tilbragte paa Dyrefjord.

Medens vi laa her, var Vejret meget uroligt og stormende, saa at det endog undertiden hindrede vore Arbejder. Den 27. vare vi klare til at gaa, men da Stormen vedblev, kunde vi Intet udrette tilsøes og bleve derfor liggende.

Efter Bestemmelsen afgik Cand. Hartz og Cand. Deichmanu fra Expeditionen her for at rejse hjem med Postdampskibet. Desværre blev det ogsaa nødvendigt at hjemsende en af Expeditionens Folk, Fangstmand Allan, da han i Løbet af Vinteren bavde lidt af et Maveonde, som gjorde ham uskikket til Arbejde.

Den 28. vedblev Stormen tilsøes, der stod en Taagebanke udenfor Fjordmundingen, og der laa en tæt Skyhætte over Glauma Jokul, det højeste Fjæld i Bunden af Fjorden, hvilket altid er et ubedrageligt Tegn paa stormende Vejr.

Fra Island til Angmagsalik og hjem.

Den 29. August om Morgeneu lettede vi. Efter at vi vare komne ud af Dyrefjord, blev Coursen sat omtrent retvisende NNV. i, op mod Cap Grivel. Det var min Hensigt om muligt at søge at komme ind til Kysteu der; hvis dette lykkedes, vilde jeg fra Skibet kaartlægge Strækningen fra Cap Grivel

til den store Fjord Kangerdlugsuak og siden, efter Om-
stændighederne med Baad eller Skib, følge Kysten Syd efter til
Angmagsalik. Hvis vi paa Grund af Is- og Vejrforholdene
ikke kunde komme ind til Kysten ved Cap Grivel, vilde jeg
følge Iskanten Syd efter for at gaa ind til Kysten, hvor der
maatte være Mulighed derfor.

Allerede den følgende Morgen, den 30. August, vare vi ved
Iskanten paa 67°23′N.Br. og 24°56′V.Lgd. Isen var meget svær
og sammenpakket paa Grund af den østlige Dønning. Da det
tillige var Taage, var det umuligt at gaa ind i Isen her, saa vi
maatte vende udefter for at afvente Bedring. Efter Middag toge
vi et Lodskud paa 700 Fv.

Nu fulgte en Periode med vedholdende, voldsomme NO.-
lige Storme med Sne og Regn. Flere Gauge vare vi ved Is-
kanten; men hver Gang maatte vi paa Grund af Stormen og
den voldsomme Sø igjen holde ud efter. Den meste Tid laa vi
underdrejet.

Paa Grund af Stormen var Isen stadigt tæt sammenpakket.
I og udenfor Iskanten laa mange Isfjælde, hvad der ikke var
Tilfældet paa Strækningen Nord for Scoresby Sund, hvor Is-
fjældene som Regel ikke laa mere end 3—4 Mil fra Kysten.

Uvejret naaede sit Højeste Natten mellem den 3. og 4. Sep-
tember, da det blæste orkanagtigt; medens der samtidigt stod
en meget uregelmæssig Sø, der syntes at komme fra flere Sider.

Efterhaanden bleve vi af Vind og Strøm drevne mere og
mere i SV.-lig Retning, saa at vi den 6. September vare paa
64°41′N.Br. og 30°56′V.Lgd.

Vejret havde nu bedaget sig noget og Søen lagt sig saa
meget, at vi igjen kunde gaa an med Maskinen og staa VNV. i.

Da det var blevet saa sent, kunde det ikke lade sig gjøre,
at søge at komme ind til Kysten længere Nord paa. Det
vilde kun spilde Tiden og sandsynligvis, efter hvad vi havde
seet af Isforholdene, ikke føre til noget Resultat. Den eneste
Chance, vi endnu havde for at udrette noget dette Efteraar, var

at komme ind til Angmagsalik saa snart som muligt, og da søge at komme et Stykke Nord efter med Baadene, hvis Is- forholdene egnede sig dertil. At det geografiske Udbytte af en saadan Tour næppe kunde blive stort, vare vi forberedte paa, da det nu var blevet saa sent paa Aaret; men i alle Tilfælde vilde en Indsamling af ethnografiske Gjenstande samt Oplysninger fra og om de Indfødte ved Angmagsalik være af Værdi.

Den 8. September bavde vi igjen en NO.-lig Storm, og først den 9. om Middagen naaede vi saa langt ind, at vi fik et Glimt af Landet i Sigte.

Den 10. September om Formiddagen stode vi ind mod Cap Dan. Strax stod der Taage og Snebyger over Landet, men senere hen klarede det lidt op.

I Begyndelsen saae vi slet ingen Storis, men mange store Isfjælde og en Del spredt Kalvis, som blev noget tættere, efter- haanden som vi kom indefter. Der løb en stærk SV. gaaende Strøm, som satte et tydeligt Kjølvand i Læ af Isfjældene, af hvilke de fleste vistnok stode paa Grund. Da vi efter Middag kom nærmere til Cap Dan, viste det sig, at der laa en Strimmel temmelig tæt Is paa c. 1 Mils Bredde langs Sydenden af Kulusuk Øen og videre Vest efter op mod Orsuluviak Pynten, hvor den dog var. meget mere spredt.

Naar man kommer ude fra Søen, er Cap Dan (Naujan- guit) paa Sydenden af Kulusuk Oen meget kjendelig ved sit bratte mørke Affald og sin forholdsvis lave Pynt. Ogsaa det store Fjæld Kalerajuek paa NO.-Siden af samme Ø er med sin kjedelformede, kraterlignende Top et godt Anduvnings- mærke.

Vi holdt langs Storisen Syd efter, indtil den blev saa spredt, at vi kunde komme igjennem, og vi holdt da ind mod den store, lukkede Bugt Tasiusak, hvor Nordenskiöld med Damperen «Sofia» i 1883 bavde fundet Ankerplads i Kong Oskars Havn. Tæt udenfor Havnen laa en aldeles tætpakket Strimmel Storis paa 4—5 Skibslængders Bredde parallel med

Kysteu. Det maa rimeligvis skyldes de indviklede Strømforhold her, at en saadan smal Isstrimmel kunde holde sig saa tæt pakket, medens der var fuldstændig aabent Vand, saavel indenfor som udenfor. Vi maatte bore os igjennem; heldigvis var der ikke nogen Dønning, thi allerede nu bleve vi knubsede svært af de sammenskruede Skodser, og med mere Sø kunde vi næppe være kommet igjennem. Efter at være passeret gjennem Isstrimlen stode vi ind i Tasiusak. Kl. 5 vare vi ud for Mundingen af Havnen, hvor ·vi sendte to Baade ud for at lodde og finde en Ankerplads; dette viste sig ikke at være saa. let. I det SV.-lige Hjørne, hvor Nordenskjöld havde ankret med «Sofia», laa der nu temmelig megen Is, og de fleste andre Steder i dette store Bassin var der meget dybt Vand. Forst Kl. 8 om Aftenen kom vi til Ankers i den midterste Bugt paa Nordsiden paa 11 Fv. Vand.

Da vi sejlede ind mod Landet, bavde vi Alle ivrigt udspejdet det aabne Farvand mellem Isflagerne for at opdage nogle Kajakker; men først, da vi vare lige udenfor Mundingen af Tasiusak, saae vi pludselig et Par sorte Punkter pilsnart skyde frem bag en·Isskodse. Det var to Kajakmænd, der af alle Kræfter balede ud for at naae Skibet. Strax efter kom der endnu to. Vi stoppede, firede en Baad i Vandet, og et Ojehlik efter bavde vi dem alle ombord.

Nu begyndte der en Pluddren og en Snakken, som kun vor Tolk Johan Petersen kunde forstaa, han havde jo med Capitain Holm tilbragt en Vinter heroppe.

Vi fik at vide, at de hele Sommeren bavde ventet os — og længtes efter os. sagde de — men da det nu var blevet saa sent, bavde de opgivet Haabet om, at vi skulde komme den Sommer.

Paa min Anmodning havde nemlig Colonibestyrer Lützen ved Julianehaab ladet de Østlændinge, som i Sommereu 1890 besøgte det sydligste danske Udsted, underrette om, at Expeditionen efter Bestemmelsen skulde komme til Angmagsalik med Baade Nord fra i 1892. En af de Konębaade, som dengang vare paa Vestkysten, horte hjemme i Sermilik Fjorden i Angmagsalik Distriktet, og disse Folk havde bragt Efterretninger om vor forventede Ankomst.

Jeg havde ogsaa ladet dem opfordre til at ro os imøde Nord efter, men denne Opfordring var der Ingen, der havde efterkommet. Isforholdene havde været daarlige det Aar, sagde de. Derimod var der flere Konebaade, som vilde have rejst Syd efter. De vare imidlertid ikke naaede længere end til Isfjorden Ikersuak, kun nogle Dagsrejser fra Mundingen af Angmagsalik Fjorden; thi de havde her mødt saa megen Is, at de havde opgivet Rejsen og vare vendte tilbage til deres Hjemsted.

Da det paa forskjellig Maade kunde være til stor Hjælp for os, at have en Indfødt med os, fik jeg den ene af dem, Atakak ogsaa kaldet Ajakuluk, en ung Fanger paa 25—30 Aar, til at gaa med som Roer paa den ene Baad. Han var en opvakt Fyr med livlige Fagter, spillende Øjne og meget snaksom. Han var os til stor Nytte paa Touren og levede sig i den korte Tid, vi vare sammen med ham, fuldstændigt ind i vore civiliserede Skikke, ja han kom endog saa vidt, at han røg nogle enorme Cigaretter, rullede af ham selv af storskaaren Tobak og Avispapir. Selvfølgeligt optraadte han ogsaa ligeoverfor sine Landsmænd med en vis Nimbus paa Grund af sit Forhold til os. Vi erfarede forøvrigt paa Touren af ham selv, at han var Angekok. Han havde to Gauge faret til Maanen, medens han gjorde Angekokkunster. Han bavde helbredet flere Syge, blandt andre ifjor Vinter en Kone, der havde en stor Byld paa Armen. Han gjorde Tornakkunster over hende, hvorpaa Bylden aabnede sig, saa at Koneu kom sig. Hvad han lod til at lægge mest Vægt paa, var den Betaling, han bavde faaet for sine Kure, thi den undlod han aldrig at meddele, naar han fortalte derom. For den omtalte Kones Helbredelse bavde han faaet en Kniv, en Hund og et Sælskind.

Medens Skibet blev liggende i Tasiusak, vilde jeg med Expeditionens to Baade gaa Nord efter, saa langt som Forholdene vilde tillade det. Det aftaltes med Capitain Knudsen, at Skibet skulde vente paa os til den 24. Efter denne Tidsfrist maatte det gaa hjem, hvis vi ikke vare komne tilbage; men det skulde i saa Fald losse en Del Tømmer, Proviant o. s. v., som vi kunde benytte under et eventuelt Vinterophold. Cand. Bay blev ved Skibet for at foretage Indsamlinger og Undersøgelser i Tasiusaks Omegn.

Den 12. September efter Middag forlode vi Skibet i Følge med flere Kajakmænd, som efterhaanden stødte til os. Fra Mundingen af Tasiusak gik Vejen langs Kysten Øst efter. Der var en Del spredt Is, som det imidlertid ikke voldte os nogen Vanskelighed at komme igjennem, og efter et Par Timers Roning naaede vi Tasiusarsik, Capitain Holms Overvintringssted i 1884—85. Murene af Huset stode endnu, men alt Træværket var borttaget tilligemed Taget. Den af Capitain Holms Expedition oprejste Varde stod urørt. Ogsaa det Hus, der under Expeditionens Ophold havde været beboet af Østlændinge, og som laa et Kvarters Vej længere Ost paa, var nu forladt af Beboerne. Nogle vare paa Rejse Syd efter, medens andre vare flyttede til de omliggende Bopladse.

Fra Højderne her kunde vi se, at der tilsøes laa en Kile af temmelig tæt Is fra Cap Dan et Par Mil Syd efter, men ellers var der kun spredt Is og enkelte Isfjælde.

Vi roede tværs over Angmagsalik Fjorden til det nærmeste beboede Sted Siorartusok. Dette Sted var ikke beboet under Capitain Holms Ophold, men nu var der et stort Vinterhus og 3 Telte, beboede af ialt 44 Mennesker; Modtagelsen var overmaade hjertelig. Beboerne vare iforvejen af Kajakmænd blevne underrettede om den store Begivenhed, Skibets Ankomst til Tasiusak og vor Baadrejse. Da vi nærmede os Siorartusok, kom alle Kajakmændene os imøde, og med disse som Lodser snoede vi os frem i det Bælte af Storis, der omgav Øen, paa hvilken Teltene stode. Paa Grund af Isskodserne og Kalvisen kunde vi imidlertid slet ikke se Stranden og Teltene, men horte kun af og til en forvirret Larm af Raaben og Hundegjøen. Efterhaanden dukkede imidlertid Stranden frem, og her saae vi nu alle Kvinder og Børn forsamlede. Alle vare modte, ligefra de ældste gamle Kjærlinger, der saae ud, som om de ikke bavde været ude i Dagens Lys i lange Tider, og til de yngste Patteborn, der endnu sade i Amauten paa Ryggen af deres Mødre. Nogle af de gamle Koner vare saa krumryggede og svage af Alderdom, at de kun kunde gaa ved at støtte Hænderne paa Knæerne og i denne Stilling rokke sig frem; men ud til Fjæren maatte idag alle, hvem der paa nogen mulig Maade kunde krybe eller gaa, for at være med til at modtage os.

Da vi saa kom paa Prajehold, lød det sædvanlige Chor: «Grujanak! Grujanak! Elah! Grujanak!» og Alle vare ivrige for at vise os det hedste Sted at lægge til med Baadene. I Forvirringen kæntrede en af Østlændingene med sin Kajak ved uforsigtig at lobe mod et Isstykke. En af vore Baade fik hurtigt fat i ham og balede ham under almindelig Jubel ind i Baaden. Vi gik nu iland, hvorpaa alle Kvinderne sloge Kreds om os og snakkede i Munden paa hverandre. «De bavde længtes efter os — og de havde løbet tilfjælds hver Dag for at se efter os — og nu glædede de sig over, at vi vare komne — til igjen at kunne faae Tobak — for vi havde vel nok Tobak med til dem — og Synaale og Tøj — og smaa Perler og Baand o. s. v.», saadan gik det i et Kjørevæk.

Da de fik at vide, at jeg var «sakutok» (Officer) og «nalagak» (Leder af Expeditionen), ligesom Capitain Holm, fik de travlt med at ryste deres nøgne, brune Unger ud af Amauterne for at præsentere dem for mig i hele deres paradisiske Uskyldighedstilstand med den Bemærkning, at Børnene ogsaa hed «Nalagak», og at det derfor vilde være meget passende, om jeg gav mine smaa Navnefættere en Foræring. Jeg maa imidlertid tilstaa, at jeg senere ved at optage Navneliste over Beboerne i hele Distriktet, ikke stødte paa Navnet Nalagak, saa at det tydeligt var noget de opfandt «för tilfället».

Vi sloge nu vore Telte op og bragte Bagagen i Land. Det undrede mig, at ingen af Østlændingene af sig selv hjalp os med at bringe Tøjet op, hvad der ellers altid er Skik blandt Grønlænderne paa Vestkysten, naar der kommer velkommen Besøg. Derimod vare de altid meget villige dertil, saasnart de bleve anmodede derom.

Efter at vi havde faaet Teltene slaaet op og Bagage og Baade bragt i Orden, gik vi omkring for at se os om paa Pladsen. Det første, som gjorde Indtryk paa mig, var den Velstand paa Levnetsmidler, som øjensynligt herskede. Mange store Sæler laa uflænsede rundt omkring mellem Klipperne; torret Kjød, Lax, Angmagsætter, Sælmaver fyldte med Blod fandtes i Mængde, alt beregnet til Føde i den kommende Vinter. En Mængde Hunde fandtes ved alle Teltene; de vare altid bundue, og kun de, som havde smaa Hvalpe, havde Lov til at være i Teltene. De fleste Hunde vare hvide, men lignede forøvrigt Hundene paa Vestkysten, kun ere de sidste maaske gjennemgaaende lidt større.

Vi gik derefter i Besøg i Teltene, af hvilke der ved Siorartusok fandtes tre. Naar man har seet de gamle, hullede Skindstumper, under hvilke mange af Grønlænderne paa Vestkysteu tilbringe Sommeren, og som derovre beæres med Benævnelsen Telte, kunde man kun glæde sig over de virkelig udmærkede Telte, som Angmagsalikerne havde, i hvilke der, trods Kulde og Snestorm, altid var lunt og tort og i Reglen en tropisk Varme. Saa godt som alle de Telte vi saae, havde dobbelt Beklædning, den inderste med Haarene indefter, noget man nu kun yderst sjældent seer paa Vestkysten. Alle Teltene havde Tarmskindsforhæng.

Naar vi kom ind i et Telt, blev der strax gjort Plads for os enten paa Brixen eller paa en Kasse; et rent Skind blev bredt ud, og efter at vi havde sat os, begyndte Conversationen saa godt det lod sig gjøre. Kvinderne sade altid og syede, i Reglen i Stillinger, som vilde have bragt en europæisk Syerske til Fortvivlelse; samtidigt besørgede de en Mængde andre Forretninger; de passede at Lamperne ikke osede, gave Børnene Die, rørte rundt i Gryderne, tyggede Spæk og lode frem for Alt Munden løbe, saa at det var en Fornøjelse at høre derpaa, selv om man ikke forstod alting deraf. Mændene bestilte i Almindelighed intet, naar de vare hjemme. Af og til sade de og snittede paa deres Fangstredskaber, eller lavede Legetøj, navnlig Flitsbuer, til Børnene. De sidste kravlede omkring paa Brixen bag de Voxne, spiste, pluddrede, lo eller græd, alt eftersom deres Sindsstemning indgav dem; eller de forrettede de allerintimeste Fornødenheder paa den mest offentlige og mest naturlige Maade. Alle vare i Teltet i «Husdragt», det vil sige fuldstændig nøgue, thi det Par «Benklæder», c. 1—2″ lange, de saakaldte «natit», som saavel Mænd som Kvinder bære, er saa godt som intet. Vi havde derfor udmærket Lejlighed til at gjøre Studier over Beboernes Legemsbygning, til at beundre Mændenes kraftige Bryst og Arme, til at se Kvindernes Tatoveringer, som hyppigst fandtes paa Arme og Ben, men dog ofte paa Bryst og Mave, og til at forundre os over Børnenes uhyre, kuglerunde Maver.

Naar vi havde siddet lidt i Teltet, fik vi altid hver en Foræring i Form af et Stykke tørret Sælkjød, et Bundt Angmagsætter eller lignende. Overensstemmende med god Tone spiste vi da strax noget af det og toge Resten med os hjem.

Da vi havde gjort en Runde i alle Teltene paa Pladsen, gik vi tilbage til vort eget Telt for at spise til Aften, hvilken interessante Proces i Almindelighed foregik for en talrig Tilskuerkreds af Grønlændere, som efterhaanden smuttede ind i Teltet. Naar Spisningen var færdig, var Teltet næsten helt fuldt, og vi uddelte da smaa Foræringer som Synaale, Tobak og Tændstikker. Navnlig Tobakken var kjærkommen; den blev brugt sammen med finstødt Kvarts som Snus, og de følgende Dage var der en Snusen, saa at Taarerne trillede ned ad Kinderne paa alle de gamle Koner, til stor Fornøjelse for dem selv.

Efter at vi i Siorartusok havde gjort forskjellige Bestillinger paa Ting, som vi ønskede at bringe hjem med, og som skulde være færdige, naar vi kom dertil paa Tilbagerejsen til Skibet, gik vi den 13. September videre Nord paa over Umivik til Ingmikertok, en Boplads, der ligger paa en lille O i Angmagsalik Fjorden. Her var et Hus beboet af 27 Mennesker. Vi traf en Kajakmand, Ajeja,. fra det nordligste beboede Sted, Nunakitit, og han fulgte os den følgende Dag, videre Nord paa. Vi besøgte Norajik, gik gjennem Ikerasak og sloge om Aftenen Telt ved Ikatek, hvor der er en Laxeelv. Her var efter Angmagsalik-Forhold frodigt, men Vegetationen kunde langt fra maale sig med den i Scoresby Sund og bestod mest af Lav, Mos, Græs, Krækkebær og Pil. Der var ikke saa lidt Storis i Fjorden, og der begyndte allerede at daune sig en Del Nyis særligt omkring Mundingen af Elven, hvor det ferske Vand, paa Grund af det stille Vejr og den med en fuldstændig klar Himmel. følgende store Udstraaling, hurtigt fros. Den næste Morgen laa der da ogsaa Nyis over hele Fjorden; da Strømmen imidlertid begyndte at løbe stærkt, blev Isen hurtigt brudt. Hvor Ikatek Sundet udmunder i Sermiligak Fjorden var der megen Storis, og vi maatte sno os. en Del, før vi kom ud i friere Farvand. Noget efter Middag kom vi til Nunakitit. Vi havde her lidt Vanskelighed ved at lande, da Oerne vare omgivne af et smalt Bælte af Storisstumper, der af Dønningen bleve malede mellem hverandre.. Ved Hjælp af de Indfødte fandt vi tilsidst ind i en beskyttet Klipperevue, hvor Landingen kunde foregaa, og hvor vi trak Baadene paa Land.

Vi vilde herfra have en kjendt Mand med os videre Nord
efter, og paa vore Forespørgsler udpegede Alle Maratuk som
den Mand, der var hedst skikket til at paatage sig et saadant
Hverv. Maratuk var imidlertid paa Fangst; vi sloge derfor
Telt og begyndte vor sædvanlige Visittour i Teltene, af hvilke
der var 5, beboede af ialt 43 Mennesker.

Folkene her vidste ikke noget om Skibets Ankomst, og de
bleve derfor meget overraskede over vort Besøg, nogle af dem
endog halvvejs forskrækkede, hvilket imidlertid hurtigt gik over.

Om Eftermiddagen kom alle Kajakkerne hjem, næsten alle
med Fangst, og sidst kom Maratuk. Man vil maaske erindre
denne Mand fra Capitain Holms Beskrivelse. Han havde
nogen Tid før Capitain Holms Besøg i Forening med en
anden harpuneret sin Moders Mand, fordi denne behandlede
hende daarligt; men ved en anden Lejlighed havde han vist en
rørende Kjærlighed for denne Moder, ved midt i Vinterens
Hjerte at rejse med Slæde fra Nunakitit for at hente
hende, der paa en Rejse Syd efter var blevet syg og laa i
et Hus ved en af de sydligere Bopladser. Maratuk var en høj,
slank Mand med intelligente Træk og med Øjne, der lyste af
Euergi og Mod. Han viste sig ogsaa at være en Mand, som
hurtigt og sikkert kunde opfatte og forstaa, hvad man fortalte
ham, og hvad han saae. Han var en af de dygtigste Faugere,
havde selvfølgelig Konebaad, Telt og Kajak, og var en af den Slags
Mennesker, som er en Type for de gode Grønlændere, og som
oftest kun findes paa Steder, hvor Civilisationen endnu ikke er
naaet frem.

Maratuk gav os ikke noget Haab om at kunne komme
videre Nord paa. Der havde været for megen Is om Sommeren,
og nu havde den sidste Tids vedholdende Storme pakket hele
Ismassen ind mod Kysten, saa at en Baadtour Nord paa efter al
Sandsynlighed ikke vilde kunne udføres. Han var imidlertid villig
til at gaa med os den følgende Dag over til Østsiden af Fjorden,

9 *

hvor vi da fra Toppen af en af Øerne kunde se nærmere paa Forholdene.

Den næste Morgen gjorde vi Forsøg paa at komme videre; der laa temmelig megen Is, som efterhaanden blev tættere, jo nærmere vi kom Østsiden af Fjorden. Vi gik i Land paa den lille O, Amagak, der ligger lidt Vest for Sydspidsen af Leifs O. Fra Toppen af Amagak saae vi, at der langs Kysten laa et Isbælte, der strakte sig saa langt tilsøes, som man kunde se (3—4 Mil). I de forskjellige Sunde laa megen Is, og den var i rask Drift indefter.

Da det Stykke, som vi under disse Forhold i gunstigste Tilfælde kunde komme Nord efter, kun kunde blive nogle faa Mil Ost for den af Capt. Holm kaartlagte Strækning, vilde jeg ikke risikere en Overvintring her, og vi vendte derfor tilbage til Nunakitit for at tiltræde Rejsen til Skibet den følgende Dag.

Paa alle de beboede Steder, som vi havde besøgt paa Optouren, boede de Indfødte endnu i deres Sommertelte; men Vinterhusene vare gjorte i Stand, tapetserede med nye Græstørv og forsynede med nyt Tag, klar til at tages i Brug. Da vi nu kom tilbage til Nunakitit, flyttede Beboerne i Hus samme Aften, og vi fik Indbydelse til at overvære Trommedands og Angekok-kunster. Flytningen var snart besørget, idet Kvinderne og Børnene løb med de faa Gjenstande, der høre til et østgrøn-landsk Møblement, et Par Skind bleve hængte for Vinduerne, Lamperne tændte, og dermed var Vintersaisonen begyndt.

Da vi længere hen paa Aftenen, efter at have tilendebragt vore Arbejder, kom over for at overvære den lovede Forestilling, modte os et ganske ejendommeligt Syn, idet vi, efter at have kravlet gjennem den lange, lave Husgang, dukkede op i Huset.

Mere end 40 saagodtsom nøgne Mennesker, Mænd, Kvinder og Born imellem hverandre, laa paa den lange Brix langs Bagvæggen. 8 Lamper brændte udfor Brixens forskjellige Af-delinger, angivende ligesaa mange Familier. Lampernes rødlige, flagrende Skær belyste kun dæmpet de brune, nøgne Kroppe

og det lange, sorte Indianerhaar. Bag de Voxne kravlede
Børnene frem og tilbage som Myrer i en Tue. Kvinderne
lagde den sidste Haand paa Ordningen af Brixeskindene sam-
tidigt med, at de toge sig et lille Aftensmaaltid af tørret Sælkjød
eller Angmagsætter; af og til toge de en Bid ud af Munden og
gav den til en af de Smaa; de fleste af Mændene nød en
behagelig dolce farniente efter Dagens Jagt og Anstrængelser.
Maratuk og hans Broder Ajeja toge imod os, og der blev an-
vist os Plads paa et nyt Sælskind ved Vinduesbrixen. Efter at
vi havde hilst paa de forskjellige Familiefædre og beseet Huset,
begyndte Trommedandsen, udført saavel af Mænd som af Kvinder.
Senere blev der hængt et tort Vandskind for Døraabningen;
Maratuk tog Plads udfor denne, en Tromme blev lagt ved Siden
af ham, og en Rem trykket ham ned om Hovedet, hvorefter
Lamperne bleve slukkede en efter en. Den sidste Lampe blev
ikke helt slukket, men dæmpet saa meget som muligt, saa at
den saa godt som ikke lyste. Derefter begyndte Angekok-
kunsterne. Jeg skal ikke nærmere omtale disse, da Capitain
Holm udførligt har beskrevet aldeles lignende Forestillinger, som
han havde Lejlighed til at overvære under sit Vinterophold;
jeg skal kun bemærke, at vi i Aftenens Løb gjorde Bekjendtskab
med ikke mindre end fire forskjellige Aander, der havde deres
Ophold paa forskjellige Oer og Skjær i Nærheden, men nu ved
Maratuks Kunster vare hidkaldte for at aflægge os et Besøg.
Den første Aand var meget nysgjerrig overfor os Europæere
og gjorde os en Mængde Spørgsmaal angaaende os selv og vor
Rejse, men de følgende vare mærkværdig godt underrettede
angaaende de samme Ting og havde i længere Tid vidst, at vi
vilde komme; en af dem havde endog været ude hos os, da vi
med Skibet laa ude i Isen; en anden gjorde sig bemærket ved
at han stammede. Da Angekokkunsterne havde varet en god
Timestid og efterhaanden bleve lidt ensformige, lod jeg Tolken
sporge Maratuk, om han nu ikke kunde holde op. Maratuk
svarede, at Aanderne først skulde sendes hjem. Da dette var

besørget, bleve Lamperne igjen tændte, og dermed vare Angekok-
kunsterne færdige. Vi passiarede endnu nogen Tid med Be-
boerne, af hvilke en Del allerede. under Forestillingen havde lagt
sig til at sove, og derpaa gik vi tilbage til vort Telt. Det var
overmaade interessant at have overværet denne Forestilling, men
vi fik egentlig ikke Indtrykket af, at de Indfødte rigtig troede
paa Angekokkunsterne, hverken Angekokken selv eller de øvrige;
det er imidlertid muligt, at man ikke har taget det saa alvorligt
som ellers, da saavel Trommedandsen som Angekokkunsterne.
bleve. satte i Scene for vor Skyld, ligesom man maaske
ogsaa har generet sig overfor os ved at tilkjendegive, at man
troede derpaa.

Den følgende Dag, den 17. September, tiltraadte vi Til-
bagerejsen til Skibet ledsagede af 7 Kajakmænd fra Nunakitit,
hvoriblandt Maratuk og hans to Brødre, som vilde benytte
Lejligheden til at se et Skib og rimeligvis ogsaa vare ansporede
af Udsigten til at faae nogle af alle de mange Herligheder,
som det indeholdt. Det viste sig snart, at Maratuk ikke havde
overdrevet, da han den foregaaende Dag skildrede os Risikoen
for at blive indestængt af Isen, thi hele den ydre Del af
Sermiligak Fjorden var nu næsten fyldt med Storis lige
op til Ikatek Sundet. Isen laa tæt i den vestlige Del og
mere spredt i den østlige, hvorfor vi arbejdede os. op mod
Utorkarmiut Pynten, og derfra udenom en stor, sammen-
pakket Ismasse ind til Kysten paa Nordsiden af Ikatek
Sundet. Her blev det imidlertid endnu værre, da hele det
snevre Sund var tæt pakket af Storis og Isfjælde. Med stort
Besvær stagede og halede vi os frem klos under og langs med
Nordkysten. Den ene Baad kom engang i Klemme mellem
Fjældsiden og Isen, men slap heldigvis uden videre Skade.
Kajakmændene smuttede ud af og igjen i Kajakkerne, som de
maatte hale op paa Isen, hver Gang Strømmen kjørte denne
sammen. Da vi kom ud for den store Elv paa Nordsiden,
hvor vi paa Optouren havde slaaet Telt, saae vi, at der paa

Grund af den megen Storis og det ferske Elvvand i Forbindelse
med de sidste Dages stille, klare Vejr havde dannet sig Nyis;
denne var meget haard, og paa sine Steder naaede den en Tykkelse
af 1¹/₂—2 ", hvor den kunde bære en Mand. Vi maatte hugge
Baadene igjennem, medens alle Kajakkerne i Kjølvandsorden
fulgte efter i den brudte Rende. Vi vare mange Timer om at
passere dette Sted; først i Sundets vestlige Del aftog Nyisen i
Tykkelse, og Storisen blev mere spredt. Om Aftenen sloge vi
Telt ved Sujunekajik, en Pynt paa Nordsiden af Ikatek
Sundets vestlige Munding.

Ogsaa den 18. havde vi en Del Storis at kjæmpe imod i
Ikerasak, hvor vi nogen Tid i Land maatte vente paa, at.
Isen skulde spredes. Efter et lille Besøg ved Norajik naaede
vi om Aftenen. Ingmikertok. De os ledsagende Kajakmænd
fortalte, at det var meget sjældent, at de indre Farvande paa
denne Aarstid vare saa opfyldte af Storis, som Tilfældet var nu,
hvilket ogsaa stemmer med den Beskrivelse, som Capitain Hohn
efter de Indfødtes Oplysninger har givet om Isforholdene under
sædvanlige Omstændigheder. Capitain Holms Expedition rejste
i Konebaad her i de indre Farvande indtil 1. Oktober, uden at
Isen lagde større Hindringer i Vejen. Hvis vi havde havt Kone-
baad, er det meget tvivlsomt, om vi, som Forholdene vare,
kunde være komne igjennem uden et længere Ophold.

Den 19. kom vi over Umivik til Siorartusok. Vejret
var imidlertid slaaet om til NO.-Storm med Snefog, og vi vare
derfor glade ved at kunne flytte ind i det tomme Vinterhus,
der endnu ikke var taget i Besiddelse af de Indfødte. Disse
havde nemlig været saa optagne af at tilberede og sy alle de
forskjellige Sager, vi paa Optouren havde bestilt hos dem, at
de, i Modsætning til Beboerne paa de andre Pladser, ikke
havde havt Tid til at flytte i Hus. Dette kom os nu overmaade
tilpas. I det store, lune Hus kunde vi rigtig brede os og
gjøre os det bekvemt i de to Dage, Snestormen spærrede os
inde paa Øen.

Da vi den 21. i Følge med 2 Konebaade og 25 Kajakker roede til Tasiusak og igjen kom ombord i «Hekla», hørte vi, at man paa Grund af den stærke Nyis, der dannede sig paa vor første Ankerplads, havde været nødt til at lette og gaae ned i det SV.-lige Hjørne af Bugten. Kort efter at vi vare komne ombord, begyndte Snestormen paany, saa vi igjen · maatte lette, da Skibet begyndte at drive. Vi ankrede atter paa 11 Fv. i den midterste af de tre Bugter paa Nordsiden noget udenfor vor første Ankerplads.

Der var den Dag samlet c. 80 Indfødte af begge Kjøn og alle Aldre ombord i «Hekla», der da ogsaa frembød et usædvanlig livligt· Billede.

Paa Dækket laa der fuldt af Kajakker; overalt saae man skindklædte Mænd, Kvinder og Børn, som pluddrede i Munden paa hverandre, uden at kunne gjøre sig forstaaelige for Matroserne. Conversationen gik paa Grønlandsk, Dansk og Norsk, og hvor disse Sprog ikke sloge til, maatte Mimik og Tegn træde i Stedet. Vejret var saa daarligt, som det vel kunde være; Stormen hylede i Rejsningen, og Sneen væltede ned, saa at der stod et Pløre af Snesjap paa Dækket.

Nede i Lasten blev der, saa godt som muligt, gjort Plads for at skaffe Opholdssted og Natteleje for Kvinderne og Børnene. Der blev udbredt Halm, Sejl og vore fire store Soveposer; her overnattede de fleste, medens Resten maatte søge Ly under en af Konebaadene i Land.

I Kahytten foregik en større Indhandling af ethnografiske Sager. En efter en kom Grønlænderne derind med deres Bylter, og snart var hele Kahytten fyldt af de indkjøbte Klæder, Fangstredskaber, Vandballer, Legetøj o. s. v.

Den følgende Dag bedrede Vejret sig, og efter Middag rejste alle Grønlænderne hjem, rigt belæssede med gode Sager i Form af Rifler, Ammunition, Jernsager, Tøjer og lignende. Forinden var der en Del af dem, der viste os, hvor dygtige de vare i Kajakroning; de fleste af dem kunde rejse sig efter at

være kæntrede med Kajakken, og ikke faa af dem kunde gjøre
det Kunststykke at lægge Kajakaaren om bag Nakken, derefter
kæntre rundt og atter rejse sig uden at tage Aaren fra sin
Plads. Dette Kunststykke har jeg aldrig seet udført paa
Vestkysten.

Ombord i Skibet blev imidlertid Alt gjort klart til at gaa
tilsøes, saasnart Forholdene vilde tillade det, men i nogle
Dage maatte vi vente, dels paa Grund af tæt Is udenfor, dels
paa Grund af stormende Kuling.

Ventetiden blev, saavidt Vejret tillod, benyttet til smaa
Excursioner. Omegnen af Tasiusak er efter Angmagsalik-
Forhold temmelig frodig. Fem Laxeelve falde ud i Bugten,
nemlig tre i hver sin Indskæring paa Nordsiden og to paa
Vestsiden. Den midterste af de nordlige Elve er forholdsvis
stor og kommer fra en større Sø i et Dalstrøg, der fortsættes
i NV.-lig Retning helt ud til Sermilik Fjorden. Dyrelivet
repræsenteredes af nogle Ryper, Ravne og Snespurve. I et
medbragt Laxegarn, som blev udsat i den nordlige Elv paa
Vestsiden, blev der fanget en Del Ørreder. Til den af Norden-
skiöld omtalte Nordboruin blev der ikke seet Spor; der fandtes
kun Ruiner af et Par gamle Grønlænderhuse, som bleve os
udpegede af de Indfødte.

Selvfølgeligt holdt vi jævnligt Udkig med Isforholdene uden-
for. Isbæltet var som Regel ikke bredere, end at der kunde
sees aabent Vand udenfor, og som oftest var det smallest i
retv. sydlig Retning. Tætheden af Isbæltet og dets Afstand
fra Land var derimod meget variabel; med overraskende
Hastighed kunde Isen pakkes tæt som en Mur og atter spredes,
og særligt var dette Tilfældet paa det smalleste Sted, rimeligvis
begrundet i de indviklede Strømforhold, som Tidevand og de
mange store Fjorde foraarsagede.

Inden jeg forlader Angmagsalik Egnen, skal jeg endnu til
Slut gjøre nogle Bemærkninger om Beboerne: Capitain Holm,
den første Europæer, som besøgte den isolerede Folke-
stamme, der befolker Bopladserne i Sermilik og Angmagsalik
Fjordene, har fra sit Vinterophold i 1884—85 hjembragt et saa
fyldigt Materiale til Belysning af dette interessante Folkeslags
Liv, Sædvaner, Skikke, Sagn og Redskaber, at det er klart, at
vor Expedition fra sit 14 Dages Ophold ikke paa nogen Maade
kan komplettere Capitain Holms udførlige Beskrivelser.

Af Justitsraad Steinhauer, der dengang var Inspecteur ved
ethnografisk Museum, var jeg imidlertid blevet anmodet om at
søge yderligere Oplysninger vedrørende Brugen af forskjellige
Redskaber, angaaende hvilken han ikke var af samme Mening
som Capt. Holm. Hos Angmagsalikerne indhentede jeg ved gjen-
tagne Forespørgsler de ønskede Oplysninger, som alle godtgjøre
Rigtigheden af Capitain Holms Opgivelser.

Skjøndt der fra «Konebaads-Expeditionen» ikke var hjem-
bragt noget Exemplar af Øxer af den Slags, som tidligere
vare i Brug blandt Grønlænderne paa Vestkysten og andet-
steds, mente Justitsraad Steinhauer, at et saadant Redskab
nødvendigvis ogsaa maatte bruges af Angmagsalikerne. Da
vi forhørte os derom iblandt dem, nægtede de imidlertid at
kjende et saadant Redskab. Alt det grovere, større Tøm-
mer, som hovedsagelig benyttes til Tagtømmer i Vinter-
husene, bliver ikke tilhugget eller bearbejdet, og det finere
Træarbejde udføres udelukkende ved Hjælp af Drillebor og
Knive samt i den senere Tid tildels med Save og Mejsler.
Denne Mangel paa Øxer er saa meget mere mærkelig, som vi,
i de rimeligvis flere Hundrede Aar gamle, eskimoiske Husruiner
i Scoresby Sund, fandt flere Oxer af den sædvanlige,
eskimoiske Construction.

«Konebaads-Expeditionen» hjembragte en Del Kamme, der
af Capitain Holm vare angivne som Redekamme til Haaret.
Da der i flere af Kammene fandtes dybe, ved Slid frem-

bragte Hulninger eller Riller, antog Justitsraad Steinhauer, at nogle af dem havde været benyttede «til Udspaltning af Sener og til Fletning af grovere Senetraad.» Denne Anvendelse af Kamme kjendes ikke i Angmagsalik. Kammene benyttes kun til Udredning af Haaret; men da dette hos Eskimoerne er temmelig stridt og grovt, kan det jo ogsaa nok i Tidens Løb slide Furer i en Kam. Senetraaden tilberedes udelukkende ved, at de dertil tjenlige Sener udtages af Dyret og tørres; naar den skal bruges, rives de enkelte Trevler fra hinanden med Fingrene og rulles paa Kinden; undertiden flettes eller snoes de til den Tykkelse, de skulle have, og, naar de ere færdige, glattes de ved at trækkes mellem Tænderne.

De af «Konebaads-Expeditionen» hjembragte **Benkroge** antog Justitsraad Steinhauer vare Fiskekroge.

Brugen af Fiskekroge har ikke været kjendt blandt Angmagsalikerne før Capitain Holms Expedition, og de bruges endnu kun undtagelsesvis af Drenge til at fiske Ulke med i Stranden, idet der af et tyndt Stykke Jern laves en tarvelig Krog. Noget egentlig Fiskeri med Kroge foregaaer ikke. Al Fiskefangst indskrænker sig til at stikke Lax i Elvene eller fra Isen med en Slags smaa Spyd eller Harpuner, der ere afbildede i Capt. Holms Beskrivelse (Meddelelser om Grønland. 10. Bind Tavle XV) samt til Opøsning af Angmagsætter med en Slags Øser. Endvidere fanges Hajer om Vinteren paa Isén, idet de stikkes med en Harpun.

De af Capitain Holm hjembragte Benkroge benyttes, som af ham opgivet, saavel i Angmagsalik Egnen som ogsaa undertiden paa Vestkysten, kun som en Slags Knager, paa hvilke der hænges Senetraad.

Justitsraad Steinhauer antog, at der knytter sig en eller anden højere, religiøs Betydning til de smaa Figurer eller **Dukker af Træ**, som af Capitain Holm bleve hjembragte i stort Antal (Medd. om Gr. 10. B. Tavle XXVII), ligesom til de ganske lignende, der ere fundne paa Vestkysten ved Udgravning af gamle grønlandske Grave og Hustomter.

Nu bruge ganske vist Angmagsalikerne blandt andet mandlige og kvindelige Figurer som Amuletter, indsyede i Mændenes Amuletremme og anbragte i Kvindernes Haartop eller Pels (Medd. om Grønl. 10. B. Side 118), ligesom saadanne Figurer, rigtignok overgaaede til en meget conventionel Form, anvendes til Pynt paa Synaaleskind (Medd. om Grønl. 10. B. Tavle XXVIII) og til Ornamenter paa forskjellige Redskaber; i disse Tilfælde er der vel nok forbundet den Tanke dermed, at Figurerne paa en eller anden Maade skulle beskytte og gavne Ejeren; men disse Figurer ere af en hel anden Art end de først omtalte Trædukker, der gjennemgaaende ere mere udførte og i Reglen betydelig større end Amuletterne, paa hvilke sidste kun en Antydning af den menneskelige Form er tilvejebragt. Trædukkerne benyttes nu af Angmagsalikerne kun som Legetøj for Børnene, og saavel Capitain Holms Expedition som vi tiltuskede os dem i Mængde, da ethvert Barn i Almindelighed havde en lille Samling af dem. En anden Omstændighed, som ogsaa viser, at der ikke forbindes nogen højere Betydning ved dem, er, at Angmagsalikerne uden nogensomhelst Vanskelighed skille sig af med dem, medens de meget nødigt, og i Reglen slet ikke, ville af med deres Amuletter, selv for en temmelig høj Betaling. Foruden de Dukker, som skulle forestille Mennesker, havde Børnene ofte udskaarne Dyrefigurer af Træ, forestillende Bjørne, Ræve, Hunde og Sæler; Trædukkerne fandtes altid imellem disse Figurer og det øvrige Legetøj, og de bleve behandlede som dette; undertiden var alt bundet sammen med et Stykke Kobberem. Det synes altsaa ogsaa at fremgaa heraf, at Trædukkerne ikke vare andet end Legetøj. At man paa Vestkysten har fundet Dukker i Grave, beviser intet, da det var en almindelig eskimoisk Skik, at give de Afdøde nogle af deres Ejendele med i Graven. Mændene fik saaledes deres Kajakredskaber e. l., Kvinderne Lamper, Gryder eller deres Træ-

skeer, og Børnene fik noget af deres Legetøj. I gamle Hus-
ruiner paa Vestkysten har jeg selv fundet flere af disse Træ-
dukker, og deres Forekomst her skyldes alene den Omstændighed,
at de ere blevne tabte eller glemte, medens Huset var i Brug.

Selv om der derfor muligvis engang i Fortiden har været
en eller anden højere Tanke forbundet med disse Dukker, hvad
jeg for min Del efter det forau anførte meget betvivler, saa
ere Dukkerne for de nuværende Beboere af Angmagsalik kun
Børnelegetøj.

Blandt Angmagsalikernes Klædningsstykker findes nogle
Tarmskindspelse, syede af Sæltarme. Justitsraad Steinhauer
har kaldt en saadan Pels en «Balearpels» og angivet, at den
«bæres af Østkystens Beboere ved deres overtroiske Fester og
Lege». Vi forhørte os desangaaende, men Resultatet blev, at
denne Opfattelse maa bero paa en Misforstaaelse; thi som af
Capitain Holm anført benyttes Tarmskindspelsen kun som
Beskyttelse mod Fugtighed for den egentlige Pels, udenpaa
hvilken den bæres. Den benyttes altsaa som en Slags
Regntøj samt i Kajak om Vinteren under Helpelsen, for at
denne, der altid skal være blød og fugtig, ikke skal gjøre
Anorakken vaad. Ved Trommedands og Angekokkunster, af
hvilke de sidste altid maa foregaa i Hus, bæres intet Klæd-
ningsstykke undtagen «natit».

Idet jeg vil indskrænke mig til disse Bemærkninger an-
gaaende Angmagsalikernes Redskaber, skal jeg gaa over til at
omtale Resultaterne af den Folketælling, vi foranstaltede. Capi-
tain Holm lod i Efteraaret 1884 optage en fuldstændig Forteg-
tegnelse over alle Østkystens Beboere samt en Optælling af
deres Konebaade, Kajakker og Telte, og det vilde jo nu have
sin Interesse at se, hvilke Forandringer der vare foregaaede i
de forløbne Aar. Overalt hvor vi kom frem, gjorde vi os der-
for Umage for at optage en fuldstændig Folketællingsliste med
Notitser angaaende Flytninger, Dødsaarsager o. s. v. En saadan
Liste vilde være af Interesse som statistisk Materiale og for at

se, hvorvidt og hvorledes den ved Capitain Holms Expedition medførte Berøring med Civilisationen og dens Goder havde bragt Angmagsalikerne til at vandre Syd paa til de danske Kolonier paa Vestkysten.

Ved vore Besøg i Teltene begyndte vi derfor altid paa Folketællingen ved en passende Pause i Conversationen. Ved Optællingen havde vi adskillige Vanskeligheder at kjæmpe imod.

For det Forste vilde vi jo ikke alene have Tal paa de Nulevende, men vi vilde som nævnt ogsaa have at vide, hvem der vare døde.siden Capitain Holms Besøg i 1884—85, og hvoraf de vare.døde. Da Angmagsalikerne imidlertid efter Skik og Brug ikke holde af at nævne eller tale om de Afdøde, voldte denne Omstændighed os i Begyndelsen adskillige Bryderier. Der krævedes lang Tids Taushed og Stirren ned i Jorden, før vi kom saa vidt, at de andre udpegede En, i Reglen et Barn, til at sige Navnet paa den Afdøde, hvilket da blev udtalt paa en egen hviskende, hemmelighedsfuld Maade. Vor indfødte Ledsager, Angekokken Atakak, blev imidlertid efterhaanden saa vant til at tale om de Afdøde, at han tilsidst altid strax nævnede dem, der var Tale om, uden at det syntes at genere ham.

En anden Omstændighed, som voldte os en Del Hovedbrud, vare de temmelig indviklede Familieforhold, som kunne finde Sted. Hvis man har læst Capitain Holms Beskrivelse i «Meddelelser om Gronland» af Angmagsalikernes Levemaade, om Konebytning og Lampeslukningslege, om den unge Kone, som i Løbet af temmelig kort Tid havde havt 8 Mænd, den ene efter den anden, saa vil man kunne forstaa, at vi undertiden maatte gjøre fiere efter europæiske Begreber lidt nærgaaende Spørgsmaal til Damerne.

Efter Capitain Holms Liste fandtes der i Efteraaret 1884 413 Individer hjemmehørende i Angmagsalik-Distriktet. Disse vare fordelte som omstaaende Tabel angiver.

Den tilsvarende Tabel for vor Optælling i 1892 er opført neden under.

Det vil af disse Tabeller sees, at der er en betydelig Formindskelse i de forløbne 8 Aar, en Formindskelse, som beløber

1884.	Boplads.	Mænd.	Kvinder	Ialt	Telte	Konebaade	Kajakker
Sermilik Fjord	Paa Rejse i 1884 .	19	23	42	3	3	10
	Ikatek	26	32	58	4	4	19
	Sevinganek	14	17	31	2	2	8
	Sevinganarsik . . .	14	17	31	2	—	12
	Akerninak	5	7	12	1	1	3
Angmagsalik Fjord	Tasiusarsik	17	18	35	5	3	10
	Kangarsik	15	19	34	4	3	9
	Norsit	14	11 ·	25	4	4	7
	Umivik	10	9	19	2	—	7
	Ingmikertok	20	17	37	3	2	10
	Kumarmiut	14	14	28	2	2	9
	Norajik	· 20	27	47	4	· 2	12
Sermiligak Fjord	Nunakitit	5	. 9	14	1	2	3
	Sum 1884	193	220	413	37	28	119

1892.	Boplads.	Mænd	Kvinder	Ialt	Telte	Konebaade	Kajakker
Sermilik Fjord	Inigsalik	. 8	10	18	1	1	4
	Sevinganek	13	15	28	2	—	7·
	Sevinganarsik . . .	11	12	23	4	1	8
Angmagsalik Fjord	Kangarsik	16	15	31	3	1	6
	Siorartusok	19	25	44	3	3	9
	Umivik	8	8	16	2	1	3
	Ingmikertok	11	16	27	3	2	5
	Norajik	19	28	47	4	2	10
	Kingak	2	4	6	1	—	1
	Kumarmiut	6	4	10	1	1	2
Sermiligak Fjord	Nunakitit	19	24	43	5	4	13
	Sum 1892	132	161	293	29	16	68
	Nedgang i Antal siden 1884 . . .	61	59	120	8	12	51

sig til mere end en Fjerdedel af Folkemængden, med en tilsvarende Nedgang i Antallet af Telte, Konebaade og Kajakker.

Formindskelsen skyldes næsten udelukkende den Omstændighed, at et forholdsvis stort Antal Indfødte, 118, ere rejste Syd paa, medens Forskjellen mellem Antallet af Fødte, 92, og Døde, 107, ikke er stor.

Der er en Unøjagtighed i Opgivelserne, idet 413 (Antallet i 1884) + 92 Fødte ÷ 118 Bortrejste ÷ 107 Døde giver 280 som Antallet i 1892; medens vor Optælling giver 292. Men Forskjellen skyldes rimeligvis Fejl i Opgivelsen af Fødslerne.

De i 1884 beboede Pladser Ikatek i Sermilik Fjord samt Tasiusarsik i Angmagsalik Fjord vare i 1892 ubeboede, idet Folkene herfra med adskillige andre havde bosat sig sydligere paa Kysten. Ogsaa to andre Bopladser, Akerninak og Norsit. vare forladte, idet Beboerne havde fordelt sig paa de øvrige Bosteder: Tre Steder, der ikke vare beboede under Capitain Holms Besøg, vare nu tagne i Brug, nemlig Inigsalik, Siorartusok og Kiugak.

Omflytningerne indenfor Angmagsalik Distriktet ere kun et Udslag af den alle eskimoiske Folkeslag iboende Lyst til Stedforandring; men den større Udvandring Syd efter er nærmest begrundet i, at de Indfødte ville bo nærmere ved de danske Kolonier paa Vestkysten, for lettere at kunne skaffe sig de europæiske Sager, som de nu, tildels ved Konebaads-Expeditionen, have faaet Smag paa. Flere vilde i 1892, som ovenfor nævnt, have fulgt efter, hvis ikke Isforholdene havde standset dem efter nogle faa Dagsrejser. Ved Oprettelsen af den Station, som nu (i 1894) er etableret ved Angmagsalik, vil Aarsagen til denne Folkevandring Syd efter rimeligvis være ophørt, saa at Østlændingene nu ikke mere ville udsætte sig for de Farer, der for dem ere forbundne med den lange, fleraarige Rejse ned til Cap Farvel og med Opholdet ved Udstederne i Julianehaabs Distriktet.

Nedenstaaende lille Tabel viser, hvor de Folk fra Ang-
magsalik, der vare rejste Syd paa siden 1884, boede i 1892:

Sted	Mænd	Kvinder	Ialt
Umivik 64°20′ N.Br. . . .	38	48	86
Igdloluarsuk 63¹/₂° N.Br.	3	5	8
Orkua 63¹/₂° N.Br.	9	7	16
Sted ubekjendt	2	6	8
Ialt . . .	52	66	118

Af Fødsler fik vi, som nævnt, opgivet 92, deraf vare de 42
Drenge, de 50 Piger; det maa imidlertid bemærkes, at vi ikke
fik nogen Opgivelse paa de Børn, som ere fødte efter 1884
men vare dode, inden vi foretoge vor Optælling. Disse ere
altsaa ikke indbefattede i ovenstaaende Tal. I Virkeligheden
er saaledes Antallet af Fødsler noget større end her an-
givet.

I de 8 Aar var der forefaldet 107 Dødsfald. Af de Døde
vare 57 Mænd og 50 Kvinder. (Heri er altsaa heller ikke med-
regnet de før omtalte Børn, fødte efter 1884, men døde inden
1892).

Alder.	Mænd	Kvinder	Ialt
0—10 Aar .	6	3	9
11—20 — .	7	12	19
21—30 — .	12	6	18
31—40 — .	13	14	27
41—50 — .	11	8	19
51—60 — .	5	4	9
over 60 — .	3	2	5
	57	49 *)	106

---

[1]) For een Kvindes Vedkommende var ingen Alder opført.

I foranstaaende Tahel ere Dødsfaldene ordnede efter Alder. Vi kunde ikke faae nogen bestemt Angivelse af, hvornaar de forskjellige Mennesker vare døde, og jeg har derfor lagt 4 Aar (det halve Tidsforløb meltem 1884 og 1892) til de i Capitain Holms Liste anførte Aldere. Selvfølgeligt kan Tabellen derfor kun tjene som en Antydning.

Det sees heraf, at de hyppigste Dødsfald, saavel for Mænd som for Kvinder, forekomme i Alderen mellem 30 og 40 Aar. Tager man Gjennemsnitsalderen for alle de Døde, bliver denne 33,2 Aar for Mænd og 32,8 Aar for Kvinder. Den ældste af de afdøde Mænd var c. 65 Aar, den ældste Kvinde c. 60 Aar. I Forbindelse hermed kan det anføres, at den ældste levende Mand i 1892 var c. 60 Aar, medens den ældste levende Kvinde, Kavauvak ved Ingmikertok, allerede i Capitain Holms Liste er anført at være 65 Aar, altsaa i 1892 var over 70 Aar.

Den følgende Tabel viser Dødsaarsagerne, idet det maa erindres, at det for Sygdommes Vedkommende var meget vanskeligt at faae en paalidelig Definition; de ere derfor ogsaa kun angivne under Et.

	Mænd	Kvinder	Ialt
Sygdom	36	40	76
Voldsom Død	16	5	21
Ubekjendt Dødsaarsag. .	5	5	10
Ialt . . .	57	50	107

Omtrent 20 % af samtlige Dødsfald skyldes altsaa en voldsom Død. Disse Dødsfald fordele sig saaledes:

Otte Mænd omkom i Kajak, to Mænd bleve dræbte af Bjørne, en Maud var faldet gjennem Isen og druknet, og en var druknet i en Ferskvandssø. En Kvinde var fundet død ved Stranden, og en anden Kvinde var styrtet ned af et Fjæld og havde slaaet sig ihjel.

En Mand og tre Kvinder havde begaaet Selvmord ved at kaste sig i Havet. De to af disse vare gamle Folk, der kastede sig i Havet paa Grund af Sygdom; den tredie, en Kone paa c. 40 Aar, druknede sig rimeligvis paa Grund af Sult. Vi fik ikke at vide, hvorfor den fjerde, en Pige paa 20 Aar, havde taget Livet af sig.

Tre Mænd bleve myrdede; de to af disse bleve harpunerede af en Mand, Ilisimartek, der senere rejste Syd paa, hvor han atter gjorde sig skyldig i to Mord, hvorfor hans Rejseledsagere skød ham.

Efter at Storm og Is i nogle Dage havde forhindret vor Afrejse fra Tasiusak, kunde vi endelig den 26. September gaa tilsøes. Isen laa temmelig spredt, og man kunde se aabent Vand paa den anden Side af den. Om Morgenen lettede vi og stode i temmelig spredt Is omtrent retv. Syd i. Noget længere ude kom der tættere Strimler, men bag dem igjen mere spredt Is. Kl. 2 Em. vare vi klar af Iskanten, der her laa c. 4—5 Mil af Landet. Nogle Isfjælde laa endnu udenfor os, og om Natten passerede vi det sidste af disse, som omtrent laa 15 Mil fra Kysten. Hermed toge vi Afsked med de arktiske Egne.

Efter en heldig Hjemrejse ankom vi den 12. Oktober til Kjøbenhavn.

Fortegnelse over Teltpladserne.

		Baadtoure Sommeren 1891.			
$^9/_8$ — $^{10}/_8$	1	Gaasefjord Nordkyst	70°18'5	26°36'	
$^{11}/_8$ — $^{12}/_8$	2	Føhnfjord Nordside	70°29'	27°1'	
$^{14}/_8$ — $^{17}/_8$	3	SO. for Bøde Ø	70°28'	28°3'5	Misv. 46°
$^{15}/_8$ — $^{16}/_8$	4	Kobberpynt i Vestfjord	70°33'	28°22'	
$^3/_9$ — $^4/_9$	5	Bregnepynt	70°55'5	25°16'	
$^4/_9$ — $^{10}/_9$	6	Syd Cap	71°18'	25°6'	
$^5/_9$ — $^8/_9$	7	Nordbugt i Nordvestfjord	71°34'5	26°24'	Misv. 45°
$^8/_9$ — $^9/_9$	8	Stormpynt i —	71°26'5	25°30'	Misv. 45°
$^{10}/_9$ — $^{11}/_9$	9	Bjørneøer	71°5'5	25°28'	
$^{23}/_9$ — $^{25}/_9$	10	Syd Bræ	70°10'5	26°10'	
		1ste Slædetour 1892.			
$^{27}/_3$ — $^{28}/_3$	1	Føhnfjord	70°30'	26°39'	
$^{28}/_3$ — $^{30}/_3$	2	—	70°28'	27°10'	
$^{30}/_3$ — $^{31}/_3$	3		70°25'5	27°37'5	
$^{31}/_3$ — $^1/_4$	4	—	70°25'5	27°57'	
$^1/_4$ — $^3/_4$ $\}$ $^{18}/_4$ — $^{19}/_4$	5	SO. for Bøde Ø	70°28'	28°3'5	
$^3/_4$ — $^4/_4$	6	Røde Fjord	70°37'5	28°0'	
$^4/_4$ — $^5/_4$	7	Sydpynten af Stor Ø	70°45'5	27°37'	
$^5/_4$ — $^6/_4$	8	Snesund	70°47'5	27°29'	
$^6/_4$ — $^7/_4$	9	—	70°50'5	27°15'	
$^7/_4$	10	NO.-Pynten af Stor Ø	70°53'5	27°6'5	
$^8/_4$	11	Rypefjord	70°59'5	27°29'	
$^9/_4$ — $^{10}/_4$	12	Bunden af Rypefjord	71°9'0	27°53'	
$^{10}/_4$ — $^{11}/_4$	13	Terrassepynt i —	71°6'	27°38'	
$^{12}/_4$	14	Pynten mellem Rype- og Harefjord	70°56'0	27°30'	
$^{13}/_4$	15	Harefjord	70°58'0	27°48'5	
$^{13}/_4$ — $^{14}/_4$	16	—	70°57'5	28°0'	
$^{15}/_4$	17	Røde Pynt	70°51'	27°43'	
$^{16}/_4$	18	Røde Fjord	70°41'5	27°59'	
$^{17}/_4$	19	Langenæs i Røde Fjord	70°35'	28°11'	
$^{19}/_4$ — $^{20}/_4$	20	Føhnfjord	70°26'	27°30'	
$^{20}/_4$ — $^{21}/_4$	21	—	70°28'	26°44'	

		2den Slædetour 1892.		
$_5-{}^2/_5$	1	Føhnfjord	70°28'	26°44'
$_5-{}^3/_5$	2	—	70°26'5	27°31'5
$\left.\begin{array}{c}_5-{}^5/_5 \\ -{}^{15}/_5\end{array}\right\}$	3	SO. for Bøde Ø	70°28'	28°3'5
$\left.\begin{array}{c}_5-{}^8/_5 \\ -{}^{13}/_5\end{array}\right\}$	4	Kobberpynt	70°33'	28°22'
$_5-{}^{10}/_5$	5	Ispynt i Vestfjord	70°27'5	29°58'
$^{11}/_5$	6	Fladepynt i —	70°30'	28°39'
$^{13}/_5$	7	Renodde	70°30'5	28°16'
$_5-{}^{16}/_5$	8	Hjørnedal	70°21 5	28°8'
$^{17}/_5$	9	Morænepynt i Føhnfjord	70°26'	27°48'5
$^{18}/_5$	10	Føhnfjord	70°28'	26°48'
		3die Slædetour 1892.		
$^{28}/_5$	1	Gaasefjord Nordside	70°18'5	26°27'5
$^{29}/_5$	2	— —	70°14'5	27°8'0
$_5-{}^{31}/_5$	3		70°7'5	27°28'0
$\left.\begin{array}{c}_5-{}^1/_6 \\ {}^3/_6\end{array}\right\}$	4	-	70°5'5	27°45'0
$_6-{}^3/_6$	5	Bunden af Gaasefjord	70°5'5	28°23'5
$_6-{}^5/_6$	6	Gaasefjord Sydside	70°9'0	27°3'5
$^6/_6$	7	— —	70°14'0	26°30'0

Bemærkninger til Kaartet.

Paa det medfølgende Kaart er med Farve aflagt de Landstrækninger, som Expeditionen fik Lejlighed til at kaartlægge, medens de, der hidrøre fra Scoresby og fra 2den tydske Nordpolarexpedition ikke ere aflagte med Farve.

Vor Kaartlægning falder i to Dele, nemlig 1) Yderkysten mellem 73½° og 72° N.Br. og mellem 70° og 69° N.Br., som er aflagt efter Pejlinger og Vinkler fra Skibet, medens vi med dette gik

Syd efter, og 2) det Indre af Scoresby Sund, der hoved-
sagelig er aflagt efter den mere nøjagtige og detaillerede Op-
maaling, der blev foretaget paa Baadrejserne og Slædetourene.

I de Dage, da vi med «Hekla» efter at have været i Land
ved Hold with Hope stode Syd efter, var Afstanden til
Kysten gjennemsnitlig 8—10 Mil. Det er derfor klart, at Kysten
kun kunde skitseres i store Træk, og at selve Kystcontouren
ikke med Bestemthed kunde angives, da den i Reglen var under
vor Horizont. Denne Kaartlægning maa derfor nærmest betragtes
som en Korrigering af de tidligere med Hensyn til Beliggen-
heden, uden at kunne gjøre Krav paa nogen Nøjagtighed.

Ved Hold with Hope er der aflagt nogle Terrainforhold,
som vi fik Lejlighed til at lære at kjende ved vor Jagttour her
den 20. Juli, men vort Kaart over Sydkysten stemmer forøvrigt
godt med det fra den tydske Expedition.

Bouteko Øen have vi maattet flytte c. 8 Kvml. i NNO.-lig
Retning fra det Sted, hvor den hidtil var angivet i Kaartet. Øen
er ikke høj og ikke fuld af takkede Fjælde, som man skulde
tro efter Scoresby's Toning. Vi havde Lejlighed til i nogle
Dage at se Øen paa temmelig nært Hold, 3—4 Mil. Den be-
staaer rimeligvis af Basalt. Sydsiden dannes af et temmelig
lavt og fladt Forland, der ganske jævnt ·skraaner op mod Midten
af Nordkysten. Her hæver Landet sig noget brattere og danner
et Plateau, hvis Højde jeg anslog til c. 1000 Fod o. H. Øen
var fuldstændig snefri, saalænge vi havde den i Sigte, og var
meget kjendelig ved sin rødbrune Farve.

Cap Graah, Syd for Franz Josephs Fjord, have vi
maattet flytte noget Ost efter og Cap Humboldt noget Vest
efter. Saavel Nord som Syd for det sidstnævnte Forbjerg,
strækker der sig temmelig dybe og brede Fjorde indefter.

Landet mellem Cap Laplace og Cap Freycinet synes
derimod at danne et samlet Complex, i· hvilket der imidlertid
findes flere smalle Fjorde eller Dalstrøg.

Cap Laplace er meget kjendeligt; det har Form som en afstumpet Kegle, paa hvilken findes et bredt, horizontalt Baand af en lys Stenart.

Noget Syd for Cap Laplace, og adskilt derfra ved en Lavning, er der et andet kjendeligt Fjæld med en snebar, rund Top.

Cap Freycinet er derimod ikke altid saa let at finde, da der i en lang Række ligger flere Fjælde, som ligne hverandre. Mellem Cap Freycinet og den runde Top synes der at gaa en mindre Fjord ind. Længere Vest paa findes nogle meget høje Fjælde.

Syd for Cap Freycinet er der en bredere Havarm, og paa den anden Side af denne ligger en større O, hvis Ostende Scoresby kaldte Cap Parry. Dette Forbjerg er paa Kaartet flyttet c. 5 Kvml. Vest efter, medens Øen forøvrigt har beholdt den Kystcontour, som er angivet af Clavering.

Ligeledes er Traill Øen blevet flyttet et lignende Stykke Vest efter, men har bibeholdt den af Scoresby angivne Contour.

Bag Cap Parry og Traill Øen kunde vi se forskjellige Landstrækninger, men uden at vi kunde kaartlægge dem. Kun de høje Werners Bjerge kunde man bestandig skjælne og pejle; de ere sikkert mindst 10,000 Fod høje.

Fra 72° Br. til Mundingen af Scoresby Sund er Yderkysten aflagt efter Scoresby's Angivelse. Vi passerede nemlig denne Kyststrækning under en Snestorm og saa hurtigt, at al Opmaaling var umulig, uagtet vi kun vare c. 1 Mil af Liverpool Kysten. Canning Øen skulde efter vore Maalinger flyttes noget Vest paa; men, da vi kun have Sigter til denne O paa en temmelig stor Afstand Nord fra, har jeg bibeholdt Scoresby's Angivelse.

Der er imidlertid foretaget den Forandring, at den Fjordarm, der Nord om Liverpool Kysten strækker sig Syd efter, og som efter Scoresby's Kaart staaer i Forbindelse med Hurry Inlet, er bleven lukket, da det viste sig, at Hurry Inlet er en Fjord.

Fra Cap Brewster til Cap Barclay er Kysten aflagt efter vore egne Maalinger; disse stemme ikke ganske med Scoresby's, navnlig hvad Øernes Beliggenhed augaaer.

Det Indre af Scoresby Sund er, som nævnt, aflagt efter vore egne Maalinger og Observationer og selvfølgelig med en betydelig større Grad af Nøjagtighed end Yderkysten. Dog er det muligt, at den nordlige Del af Jamesons Lands Vestkyst ikke er ganske nøjagtig, da den er aflagt ved Depressionsvinkler fra et mindre Fjæld ved Syd Cap, og da den lave, flade Kyst ikke frembyder kjendelige Punkter at sigte til.

Fordampnings- og Smeltningsforsøg.

For at se Forholdet mellem de forskjellige Issorters For-
dampning i Luften og Smeltning i Vandet, blev der under Over-
vintringen foretaget et Par Forsøg.

Det første af disse begyndte den 21. Oktober 1891. Der
blev taget Stykker af tre Slags Is:

Bræis fra et lille Isfjæld i Havnen,
Klar Fjordis fra Fjorden udfor Stationen og
Is fra Havnen. Denne Is bestod for største Delen af frosset
Snesjap.

Af hver Sort Is blev der tildannet to nogenlunde regelmæssige
Stykker. Af disse blev det ene lagt til Fordampning i Luften
udsat for Vind og Sol, medens det andet blev nedsænket til
4 Favnes Dybde under Isen i Havnen.

Stykkerne havde følgende Dimensioner og Vægt:

Nr. 1 Bræis	$20^{cm} \times 15^{cm} \times 30^{cm}$	7,70 Kg.
- 2 —	$29 \times 30 \times 20$	16,50 —
- 3 klar Fjordis	$38 \times 28 \times 11$	10,80 —
- 4 — —	$38 \times 37 \times 14$	15,25 —
- 5 Is fra Havnen	$38 \times 20 \times 28$	18,50 —
- 6 — —	$40 \times 24 \times 18$	16,25 —

Nr. 2, 4 og 6 bleve sænkede i Havnen.

Havvandets Temperatur i 4 Fv. Dybde var under Forsøget $\div 0,°9$.

Den 28. Oktober blev der endvidere tildannet to Stykker
Is fra en lille Ferskvandssø.

Nr. 7   22^{chm} × 40^{cm} × 18^{cm}   12,75 Kg.

- 8   23   × 40   × 19   16,20 —

Nr. 7 blev lagt til Fordampning i Luften, medens
Nr. 8 blev sænket i Havnen.

Resultatet af Forsøget vil sees af omstaaende Tabel.

Det fremgaaer af denne, at der i Vintermaanederne kun finder en meget ringe Fordampning Sted. Gjennemsnitsværdierne af Fordampningen, for hele det Tidsrum Forsøget varede, ere meget nær de samme for alle fire Slags Is, nemlig mellem 0,24 % og 0,28 % pr. Døgn.

Det vil endvidere sees, at der i Oktober og November, i hvilke Maaneder vi ikke havde nogen stærk udpræget Føhnstorm, saa godt som ingen Fordampning har fundet Sted. I December og Januar, hvor vi havde fiere Føhnstorme med forholdsvis høj Temperatur og ringe Fugtighedsgrad, er Fordampningen derimod større.

Isens Afsmeltning i Vandet gaaer betydelig hurtigere for sig, og der er her en ikke ringe Forskjel paa den Hastighed, med hvilken de forskjellige Slags Is smelter.

For Fjordisen og Ferskvandsisen er Smeltningen størst, nemlig 25 % pr. Døgn; derefter kommer Isen fra Havnen med 14,3 % pr. Døgn og sidst Bræisen med 5,9 % pr. Døgn.

Det vil sees, at i det første Døgn, efter at Forsøget er begyndt, finder der ingen Afsmeltning Sted; de to af Isstykkerne have endog tiltaget i Vægt. Dette ligger dels i, at det Net, i hvilket Isstykkerne bleve nedsænkede, er blevet vandtrukket, men for Nr. 6's Vedkommende ogsaa i den Omstændighed, at der havde dannet sig et Lag Is uden om Nettet. Isstykket havde altsaa forinden Nedsænkningen havt en saa lav Temperatur, at den bragte det omgivende Vand til at fryse. Ved Beregningen af Afsmeltningen er der derfor ikke taget Hensyn til det første Døgn.

Den 10. December blev der begyndt paa et andet Forsøg for at se Forskjellen paa Isens Smeltning i Strømfårvand og i

Tabel over Fordampnings- og Smeltningsforsøg ²¹/₁₀ 91 — ²⁶/₁ 92.

Datum	Kl.	Tidsforløb siden sidste Vejning.	Nr. 1 Bræis Vægt. Kg.	Nr. 1 Fordampning. Kg.	Nr. 3 Fjordis Vægt. Kg.	Nr. 3 Fordampning. Kg.	Nr. 5 IsfraHavnen Vægt. Kg.	Nr. 5 Fordampning. Kg.	Nr. 7 Fersk. Is Vægt. Kg.	Nr. 7 Fordampning. Kg.	Nr. 2 Bræis Vægt. Kg.	Nr. 2 Afsmeltning Kg.	Nr. 4 Fjordis Vægt. Kg.	Nr. 4 Afsmeltning. Kg.	Nr. 6 IsfraHavnen Vægt. Kg.	Nr. 6 Afsmeltning. Kg.	Nr. 8 Fersk. Is Vægt. Kg.	Nr. 8 Afsmeltning. Kg.
1891 Okt. 21.	2 Em.	21 Tim.	7.70	—	10.80	—	18.50	—			16.50	—	15.25	—	16.25	—	16.20	—
22.	10 Fm.	24	7.60	0.10	10.70	0.10	18.25	0.25			16.50	0.00	15.50	—0.25	18.30	2.05	11.90	4.30
23.	10 —	26	7.50	0.10	10.60	0.10	18.00	0.25			16.00	0.50	11.10	4.40	16.25	2.05	7.00	4.90
24.	12 Md.	22	7.45	0.05	10.50	0.10	18.00	0.00			15.50	0.50	7.70	3.40	15.00	1.25	3.20	3.80
25.	10 Fm.	24	7.40	0.05	10.50	0.00	18.00	0.00			15.00	0.50	4.80	2.90	14.00	1.00	0.20	3.00
26.	10 —	24	7.40	0.00	10.45	0.05	17.75	0.25			14.80	0.20	0	4.80	13.00	1.00		
27.	10 —	25	7.40	0.00	10.50	0.00	17.75	0.50			14.75	0.05			7.00	6.00		
28.	11 —	26	7.40	0.00	10.40	—0.05	17.75	—0.25	12.75	—	14.50	0.25			2.20	4.80		
29.	1 Em.	26	7.35	0.05	10.40	0.10	17.75	0.00	12.60	0.15	14.00	0.50			0	2.20		
30.	11 Fm.	22	7.35	0.00	10.40	0.00	17.65	0.10	12.60	0.00	13.25	0.75						
31.	10 —	23	7.40	—0.05	10.40	0.00	17.60	0.00	12.65	—0.05	12.50	0.75						
Novbr. 1.	10 —	24	7.40	0.00	10.40	0.00	17.75	0.05	12.50	0.15	11.66	0.90						
2.	9 —	23	7.35	0.05	10.40	0.00	17.50	—0.15	12.60	—0.10	10.20	1.40						
3.	10 —	25	7.30	0.05	10.40	0.00	17.50	0.25	12.50	0.10	8.35	1.85						
4.	10 —	24	7.30	0.00	10.50	—0.10	17.70	0.00	12.50	0.00	7.00	1.35						
5.	10 —	24	7.30	0.00	10.40	0.10	17.50	—0.20	12.30	0.00	5.60	1.40						
7.	10 —	48	7.30	0.00	10.35	0.05	17.50	0.00	12.50	0.20	1.20	4.40						
9.	10 —	48	7.25	0.05	10.40	—0.05	17.50	0.00	12.50	—0.20	0							
16.	12 Md.	7 Døgn	7.30	—0.05	10.40	0.00	17.50	0.00	12.25	0.00								
30.	10 Fm.	14	7.15	0.15	10.30	0.10	17.25	0.25	11.00	0.25								
Decbr. 14.	10 —	14	6.30	0.85	9.10	1.20	15.50	1.75	10.50	1.25								
1892 Jan. 5.	12 Md.	22	6.20	0.10	9.10	0.00	15.20	0.30	9.50	0.50								
26.	10 Fm.	21	5.60	0.60	8.30	0.80	13.50	1.70		1.00								
Fordampn. } Afsmeltn. } pr. Døgn				0.28 %		0.24 %		0.28 %		0.28 %		5.9 %		25 %		14.3 %		25 %

stillestaaende Vand. Der blev tilhugget to Stykker Saltvandsis og to Stykker Bræis, som fik følgende Dimensioner

Nr. 1 Saltvandsis $31,5^{cm} \times 43^{cm} \times 38^{cm}$ Vægt 48,25 Kg.

- 2 — 31,5 × 34 × 44,5 — 48,5 —
- 3 Bræis 32,5 × 37,5 × 39 — 40,5 —
- 4 — 25,5 × 35,5 × 43 — 31,0 —

Nr. 1 og 3 bleve sænkede 2 Fv. under Isen i Havnen,

- 2 - 4 — — 2 - — — paa Fjorden.

Vandets Temp. i Fjorden og i Havnen var den ·17· December i 2 Fv. Dybde

med stigende Vande ÷ 1°.6

— faldende — ÷ 2°.0.

Tabel over Forsøget i December.

	Saltvandsis				Bræis			
	Nr. 1 i Havnen		Nr. 2 i Fjorden		Nr. 3 i Havnen		Nr. 4 i Fjorden	
	Vægt Kg.	Afsm.	Vægt Kg.	Afsm.	Vægt Kg.	Afsm.	Vægt Kg.	Afsm.
10 Decbr. 10 Fm. .	48,25	—	48,50	—	40,5	—	31,0	—
— 2 Em. .	50	— 1,75	51	— 2,5	43,5	— 3,0	32,5	— 1,5
11 Decbr.	51	— 1	52	— 1	44,5	— 1,0	33	— 0,5
12 —	47,5	3,5	38,5	13,5	35,5	9,0	15	16
13 —	46	1,5	24	14,5	31	4,5	0	15
14 —	42,5	3,5	14	10	29	2		
15 —	38	3,5	0	14	25,5	3,5		
16 —	36	2	—		24,5	1,0		
Afsmeltn. pr. Døgn	5,9 %		25 %		9 %		50 %	

De i Havnen sænkede Isstykker bortsmeltede først fuldstændigt flere Dage efter.

Som det vil sees af Tabellen, er der ogsaa ved dette Forsog i det første Døgn, saavel i Havnen som paa Strømmen, en negativ Afsmeltning d. v. s. en Tilvæxt af Isen, som hidrører fra, at Isstykkerne, forinden de bleve sænkede i Vandet, henlaa flere Dage paa Isen, medens de bleve tilhuggede. De have derved antaget Luftens Kulde, og denne har da efter Nedsænkningen i Vandet i den første Tid været tilstrækkelig til at afkjøle det omgivende Vand, saa at Isdannelse kunde foregaa.

Først mellem den 11. og 12. begynder Afsmeltningen og foregaaer meget hurtigt, indtil den nydannede Is er smeltet bort, hvorefter Afsmeltningen i Havnen bliver langsommere. Paa Fjorden vedbliver derimod Afsmeltningen at foregaa med rivende Hastighed, saa at Nr. 4 er bortsmeltet den 13. og Nr. 2 den 15.

I Havnen ere Gjennemsnitsværdierne for Afsmeltningen henholdsvis c. 6 % og c. 9 % pr. Døgn, men ude paa Fjorden, hvor Strømmen har kunnet virke, beløber Afsmeltningen sig derimod til 25 % og 50 % pr. Døgn.

Det første Døgn er her ikke taget med i Betragtning.

Nogle Temperaturer fra Storisen.

Den 4. Juli 1891, da Skibet var fortøjet ved en Isflage paa 72°46′N.Br. og 0°13′Ø.Lgd., i Kanten af Isen, blev der anstillet nedenfor anførte Temperaturmaalinger. Flagen havde en temmelig regelmæssig Form, var 80 Skridt lang og 40 Skridt bred. Gjennemsnitshøjden over Vandet ansloges til 2 Fod.

Paa Isen var der flere Vandpytter, indtil 1 Fod dybe. Der blev boret to Huller paa 60^{cm} og 100^{ém} Dybde, og i Hullerne blev der nedstukket Klippethermometre, der havde samme Diameter som det Bor, med hvilket Hullerne vare horede. Hullerne bleve foroven tætnede med Issjap.

Oven paa Isen laa et kornet Lag af Iskrystaller. Lagets Tykkelse var 7^{cm}. Den kornede Form er rimeligvis foraarsaget ved Afsmeltningen.

Følgende Temperaturer bleve maalte:

Luftens Temperatur paa Skibet	— 0°,5
— — - Isen	— 0,3
Havvandets Temperatur i Overfladen	— 0,1
— — 2 Fv. Dybde	+ 0,2
— — 5 - —	+ 0,2
Temp. mellem Korneue paa Isens Overfl.	+ 0,4
— i 7^{cm} Dybde ved Overgangen fra Korn til fast Is	0,0
Temperaturen i Isen i 60^{cm} Dybde	— 1,05
— — 100^{cm} —	— 1,30

Den 11. Juli 1891, da Skibet var fortøjet ved en Flage paa 75°37'N.Br. og 6°40'V.Lgd., c. 25 Mil indenfor Iskanten, anstilledes lignende Observationer.

Flagen var c. ¹/₂ □ Kvml. stor. Gjennemsnitshøjden over Vandet ansloges til 4 Fod, men der var Højder indtil 12—15 Fod.

Ovenpaa Isen laa der ogsaa her et Lag af kornede Iskrystaller. Lagets Tykkelse varierede mellem 7ᶜᵐ og 20ᶜᵐ.

Der blev boret tre Huller i Isen, efter at først det kornede Lag var skuffet bort. Isen var haard at bore i indtil 60ᶜᵐ fra Overfladen, hvor den blev blød. Hullerne løb fulde af Vand, som dog ikke har kunnet paavirke Temperaturen, da Thermometrene fyldte Hullerne.

Følgende Temperaturer bleve maalte:

Luftens Temperatur ombord i Skibet	+ 0°,5
— — paa Isen	+ 0,6
Havvandets Temperatur i Overfladen	— 0,1
— — 2 Fv. Dybde	— 0,1
—· — 5 - —	— 0,2
Temperatur i Kornlaget, Overfladen	+ 0,4
— - — i 10ᶜᵐ Dybde	+ 0,1
— - — i 20ᶜᵐ — ved den faste Is	0,0
— - den faste Is i 28ᶜᵐ Dybde	— 0,40
— - — — 50ᶜᵐ —	— 0,55
— - — — 100ᶜᵐ —	— 1,30

II.

Beretning

om

Resultaterne af Forsøgene over Isdannelse.

Af

C. Christiansen.
Professor.

Da Solen stadig sender Varme til Jorden, maatte man vente, at Jordens Temperatur i Tidernes Længde vilde vokse. Erfaringen viser, at dette i hvert Fald ikke i nogen mærkelig Grad er Tilfældet; tvertimod følger af Varmebevægelsen i de ovre Jordlag, at der stadig strømmer Varme til Jordskorpen. Det er derfor nødvendigt at antage, at Jorden udsender Varme til Himmelrummet; da her ikke kan være Tale om Afledning, bliver kun Udstraaling tilbage. Denne Udstraaling finder som bekjendt Sted i høj Grad, hvorom den natlige Afkjøling i klart Vejr, Dannelsen af Dug og Rimfrost bære Vidne. Af stor Interesse vilde det være, om man kunde maale denne Udstraaling i absolut Maal, men dette er forbunden med meget store Vanskeligheder. Det faldt mig imidlertid ind, at vi i Isdannelsen have en Proces, der maaske kunde give os en Besvarelse af Spørgsmaalet. Den umiddelbare Aarsag til Isdannelse er vistnok den, at de øvre Vandlag afkjøles ved Berøring med den kolde Luft og ved Udstraaling. Den sidste maa især være stærk med klar Luft; for imidlertid at skille Udstraalingen fra Afkjølingen ved Ledning, maa man benytte et Kunstgreb. Jeg anvendte dertil to flade Bliktallerkener, som svømmede paa Vandet i en større Vandbeholder; den ene var blank, forsølvet, den anden sværtet med Konrøg. Her er Udstraalingen fra den første ganske forsvindende, medens den er meget stor fra den

11*

sværtede Overflade. Man maatte altsaa vente, at der vilde komme et tykkere Islag under den sværtede end under den blanke Tallerken, og dette slog fuldstændig til, som jeg har paavist ved Forsøg, der findes meddelte i Oversigterne over Videnskabernes Selskabs Forhandlinger for 1891.

Da jeg erfarede, at der var Tale om at sende en Expedition til Ostgrønland, henvendte jeg mig til Professor Fr. Johnstrup med Anmodning om, at der ved denne Lejlighed maatte blive anstillet Forsøg over Isdannelsen efter den angivne Methode. Jeg fik derefter Lejlighed til at forhandle nærmere med Expeditionens Leder, Premierlieutenant C. Ryder; Resultatet blev, at Expeditionen medførte en større Vandbeholder samt 4 af de omtalte, tallerkenformede «Frysebakker», og der blev da under Expeditionens Vinterophold i Ostgrønland udført en Række Maalinger, hvorover jeg nu skal give en Oversigt.

Omstaaende Tabel I indeholder alle Iagttagelserne over Isdannelse under Frysebakkerne. Overskrifterne ville give tilstrækkelig Oplysning om Tallenes Betydning. Tallene for Skymængde, Vindstyrke, Temperatur og Fugtighed ere Middeltal, udledte af Iagttagelser for hver Time. Forsøget begyndte i Reglen om Aftenen, afsluttedes om Morgenen. Kun de med * betegnede Forsøg ere udførte om Dagen; Forsøgene Nr. 18, 28 og 29, som ere mærkede ** ere anstillede i Solskinsvejr.

Tabel I.

Nr.		Timer.	Vejr.	Skymængde.	Vindstyrke	Temperatur.	Fugtighed.	Fri Is.	Plade I (sort)		Plade II (blank)		Plade III.			Plade IV.			Fordampning. Gram pr. □cm.
									Midte	Rand	Midte	Rand	•	Midte	Rand	Islag o. Pladen.	Midte	Rand	
								cm.	cm.	cm.	cm.	cm.		cm.	cm.	cm.	cm.	cm.	
1.	19 Septbr.	12	Klart	4	0	− 3.5	93	2.15	1.35	1.60	0.50	0.65	blank	0.50	0.65	0.8	1.40	1.35	0.02
2.	21 —	15	halvkl.	10	0.8	− 1.6	83	1.25	0.20	0.35	0.40	0.60	—	0.40	0.60	0.8	0.60	0.7	0.03
3.	25 —	13	—	9	0.4	− 2.7	91	1.65	1.30	1.50	0.95	1.30	—	1.00	1.25	0.35	1.00	1.00	0.06
4.	26 —	13	—	10	0.1	− 2.2	87	0.90	0.80	0.80	0.50	0.70	—	0.40	0.70	0.60	0.85	0.90	—
5.	15 Oktbr.	16	Klart	0	0	− 6.4	88	4.0	3.4	3.3	1.85	2.50	—	2.00	2.2	0.4	3.55	3.1	0.01
6.	16 —	13	—	3.4	0	−12.5	100	5.0	5.0	5.0	3.75	4.30	—	3.70	4.25	0.9	4.30	4.25	0
7.	19 —	13	—	3	0.1	−13.0	99	4.55	3.95	4.05	2.50	3.20	—	3.00	3.55	1.0	3.55	3.50	0.04
8.	20 —	13	—	0	0.4	−12.9	97	4.75	4.25	4.55	3.45	3.55	—	3.35	3.62	0.50	3.50	3.80	0
9.	21 —	14	—	10	2.3	− 7.7	78	4.20	3.45	4.15	3.40	3.40	—	3.45	3.50	0.2	4.65	4.20	0.11
10.	22 —	13	Diset	9.5	0.3	− 8.6	85	3.60	3.10	3.10	2.45	2.70	—	2.60	2.95	0.4	3.35	3.10	0.045
11.	30 —	13½	Sne	9.7	0.4	−10.6	98	3.95	3.20	3.40	2.80	3.00	Sne	3.70	3.45	0.4	3.00	3.25	0
12.	31 —	14	Klart	4	0	−14.6	10	4.10	3.45	3.65	2.90	3.45	—	4.00	4.05	0.75	3.85	3.75	0.01
13.*	23 Novbr.	2½	Diset	10	1	−18.6	84	2.12	1.72	1.85	1.38	1.60	—	1.51	1.95	0.5	1.52	1.51	—
14.*	8 Decbr.	7⅓	Klart	0	0	−24.7	10	4.00	4.05	4.25	3.15	3.65	—	3.35	3.65	0.75	3.70	3.10	—
15.*	9 —	9	Diset	9.5	0.3	−13.5	85	3.65	3.30	3.40	2.80	3.10	—	3.35	3.55	0.65	3.10	2.80	—
16.*	10 —	7⅔	Klart	6.1	3.4	−13.1	83	4.05	3.75	3.25	3.40	3.50	—	3.70	3.65	0.45	3.60	3.55	0.06
17.	24 Febr.	15⅔	—	0	0	−30.4	10	7.45	7.35	7.1	6.00	6.3	—	7.35	7.1	0.3	6.60	7.1	0
18.**	25 —	4	—	0	0	−32.0	100	3.3	2.45	—	2.80	—	—	2.80	—	0.5	2.70	—	—
19.	25 —	14	—	0	0	−32.0	10	8.20	8.05	8.5	7.50	7.9	—	7.80	7.9	0.4	7.70	8.1	—
20.	5 Mrts	11⅙	—	0	0	−38.0	100	7.5	7.25	7.25	7.0	7.0	—	6.7	7,2	0.5	6.5	6.7	—
22.	10 —	3	—	—	0	−29.5	100	2.2	1.95	2.25	1.7	1.9	—	1.65	1.8	0.75	1.8	1.85	—
23.	10 —	10¼	—	8.5	0	−29.7	100	5.20	4.60	4.90	4.50	4.20	—	4.00	4.35	0.5	4.90	4.55	0.02
24.	11 —	8¾	—	0.6	0	−28.4	100	4.45	4.40	4.40	3.85	4.1	—	4.0	4.3	0.3	4.45	4.35	0.01
25.	11 April	10	—	1	0	−27.3	100	4.75	4.45	4.55	3.90	4.20	—	4.20	4.25	1.0	4.52	4.05	0
26.	12 —	5	—	0	0	−25.7	100	3.00	2.85	3.10	2.15	2.45	—	2.95	3.05	0.45	2.90	2.75	—
27.	13 —	7⅚	—	0	0	−29.5	100	3.87	3.75	3.80	3.32	3.60	—	3.45	3.50	0.5	3.52	3.55	0.03
28.**	14 —	4¾	—	2	0	−21.7	100	1.2	0.0	—	0.5	—	—	0.8	—	0.6	0.5	—	—
29.**	28 —	9	—	2.3	0	−18.1	100	1.85	0.55	—	0.95	—	—	0.95	—	0.3	1.40	—	—

Efter Protokollen over Forsøgene følge her nogle Bemærkninger til de enkelte Iagttagelser. Nr. 1. Karret indeholdt. fersk Vand. Nr. 2 ligeledes fersk Vand. Forsøget sluttedes Kl. 11 Fm. Himlen havde hele Natten været overtrukken, men Kl. 9 T. 10 M. Fm. begyndte Solen at skinne frem. Det er sandsynligt, at dette navnlig har paavirket Isen under den sorte Plade noget; den var smeltet løs fra Isen.

Nr. 3. Himlen havde under hele Forsøget været overtrukken, og der var engang i Løbet af Natten falden enkelte Snefnug, saa at der nogen Tid havde ligget et ganske tyndt Lag Sne over alle Pladerne, uden dog at danne et sammenhængende Dække. Lidt Vind henad Morgenen blæste det bort. Karret indeholdt en Blanding af fersk og salt Vand. Ved de følgende Forsøg anvendtes udelukkende Saltvand.

Nr. 4. Overtrukken Himmel under hele Forsøget. Nr. 6. Det var under hele Forsøget Stille, men kort før Midnat kom der nogle lette Skyer paa Himlen, som holdt sig til om Morgenen; de vare dog kun tynde og let gjennemsigtige. Nr. 7. Under Forsøget var det Stille hele Tiden, men det meste af Natten var der et let Skydække over en Del af Himlen. Nr. 8. Stille og klart Vejr under hele Forsøget. Nr. 9. Fuldstændig overtrukken Himmel under hele Forsøget med lidt VNV.-lig Vind og tør Luft.

Nr. 11. Ved dette Forsøg blev den ene af de blanke Plader bestrøet med et tyndt Lag løs Sne. Det samme skete ved alle de følgende Forsøg. Nr. 12. I Begyndelsen af Aftenen klart Vejr, henimod Midnat Luften overtrukken med et Lag Cirrusskyer. Nr. 13. Overtrukken Himmel under hele Forsøget. Paa Slutningen lidt Vind. Nr. 14. Snelaget paa den ene Plade lidt tykkere end sædvanlig; Klart og Stille under hele Forsøget.

Nr. 15. Isen var betydelig blødere end i Nr. 14, hvilket ogsaa er iagttaget tidligere ved Is, som er dannet under overtrukken Himmel og ved en ringere Kuldegrad, medens den, der dannes i klar .Luft ved streng Kulde, almindeligvis er haard. Ligeledes .er Isen under den blanke Plade altid blødere end under de andre. Den frie Is er den haardeste. Nr; 16. Forsøget begyndte Kl. 10½ Em.; det var stille Vejr. indtil Kl. 2 Fm., da begyndte en stiv Føhnvind. Nr. 17. Himlen var en Tid bedækket af et ganske tyndt Skyslør.

Nr. 18 anstilledes for at se hvilken Indflydelse Solstraalerne .havde paa Isdannelsen. Forsøget begyndte Kl. 10½ Fm. og sluttede Kl. 2½ Em. Solstraalerne faldt dog saa skraat ned paa Karret, at de ikke kunde ramme hele Overfladen af Pladerne. Isens Tykkelse maaltes derefter paa 3 Steder, nemlig 1) paa den Kant der var fuldstændigt beskinnet af Solen, altsaa den der var længst fra Solen, 2) paa Midten og 3) i Skygge. Resultaterne vare:

Fri Is i Karrets Midte	3,3^{cm}				
Sort Plade	1) Sol 2,45	2) Midte 2,60	3) Skygge 2,65
Blank —	- 2,80	— 2,55	— 2,60
— — med 0,5^{cm} Is	- 2,70	— 2,45	— 2,30
— — tyndt Lag Sne	- 2,80	— 2,75	— 2,35

I Karret selv, som stod .nede i Sneen paa Isen, havde der ikke dannet sig Is paa Bundens Midte, men derimod paa Siderne; kun paa den Side, der vendte mod Solen, var Isen smæltet indtil c. 1 Fod fra Bunden. Langs Karrets nedre Kant sad der en tæt Række fine, smukke Isblade, indtil 10^{cm} lange og 3^{cm} brede. De stode op mod Midten af Karrets Overflade, men mellem hverandre, uden at noget bestemt System kunde spores.

Nr. 19; Islaget dannede en Hvælving over Vandet i Karret. I Midten fandtes et 1^{cm} højt, luftfyldt. Rum under Isen. Nr. 20. Isen hvælvet; den var meget haard og glasskjør, især paa Overfladen.

Nr. 21. Karret var blevet utæt. Resultaterne ere derfor ikke medtagne i Tabellen. Nr. 22. Snelaget paa Skaalen var maaske noget for tykt, saa at det har virket isolerende. Der

stod noget Vand under Skaalen, som var meget saltholdigt.
Himlen var overtrukken med et tyndt Slør af Cirrostratus.
Nr. 25. Forsøget begyndte Kl. 10½ Em. og afsluttedes Kl. 8½
Fm.; Solen skinnede svagt paa Karret i Løbet af de sidste
Timer.

Nr. 28. Forsøget begyndte Kl. 10¼ Fm. og sluttedes
Kl. 3 Em. Det giver. næppe noget brugbart Resultat, idet
der ikke blot ingen Is dannedes under den sorte Plade,·
men denne svømmede frit, omgiven af 1^{cm} Is paa alle Sider.
Solens Virkning paa en Is-, Sne- og Metalplade vil derimod
kunne sees; dog maa det bemærkes, at det varede 2 Timer inden
Vandet i Isskaalen frøs.

·Nr. 29. Forsøget begyndte Kl. 10 Fm. og endte Kl. 7 Em.
Resultaterne vare:

Fri Is . . . . 1,85^{cm}, meget løs,

Sort Plade . . . . 0,55 løs, usammenhængende Is, som
var dannet efter Kl 4 Em.

Blank — . . . . 0,95 noget fastere Is, men uden
Sammenhæng.

— — med 0,3^{cm} Is . 1,40 sammenhængende Is.

— — - Sne . . . 0,95 samme Konsistens som under
den blanke Plade.

Isen i Iskaalen var dannet, inden Forsøget begyndte.

Med Hensyn til de Resultater, der kunne uddrages af For-
søgene, bemærkes følgende. Det er forsaavidt uheldigt, at der
til de fleste af Forsøgene maatte anvendes Saltvand, som
Havvandets Frysningsforhold ikke afvige lidet fra det ferske
Vands. Jeg maa af deune Grund anse det for tvivlsomt, om der
af Forsøgene kan erholdes nogen Beregning af Udstraalingens
absolute Størrelse. Derimod have de kvantitative Resultater
ikke liden Interesse.

Den natlige Udstraaling. Som man maatte vente, er den frie Is altid tykkere end den Is, der dannes under Frysebakkerne. Sammenlignes Istykkelserne under den sorte Plade I og den blanke Plade II, er Tykkelsen stadig størst under den forste, naar der bortsees fra Forsøg Nr. 2, hvor den ringe Istykkelse gjør Iagttagelsen mindre paalidelig. I efterfølgende Tabel er saaledes Istykkelserne sammenstillede for alle de Forsøg, hvor Forsøget varede 13 Timer.

Tabel II.

Nr.	Sort Plade	Blank Plade	Differens	Temperatur	Skymængde
3	1,30^{cm}	0,95^{cm}	0,35	÷ 2,7	9
4	0,80	0,50	0,30	÷ 2,2	10
6	5,0	3,75	1,25	÷ 12,5	3,4
7	3,95	2,50	1,45	÷ 13,0	3
8	4,25	3,45	0,80	÷ 12,9	0
10	3,10	2,45	0,55	÷ 8,6	9,5

Man seer, at Udstraalingen har en meget kjendelig Indflydelse. Tallene i den med «Differens» betegnede Rubrik vise, at den Del af Islaget, der væsentlig maa siges at hidrøre fra Straalingen, er af meget forskjellig Tykkelse. Straalingen synes at virke desto stærkere, jo koldere Luften er, hvilket heller ikke er saa underligt. Man skulde vente med fuldstændig klar Luft at faae større Virkning af Udstraalingen end under overtrukken Himmel; dog give Forsøgene Nr. 7 og 8 det modsatte Resultat. Ved Sammenligning med de Iagttagelser jeg har anstillet i Kjøbenhavn, finder jeg, at Udstraalingen her spiller omtrent den samme Rolle som i Gronland, hvilket tyder paa, at der finde særegne Forhold Sted i Atmosphæren i Polarlandene, der beskytte Jorden mod for stærk Udstraaling.

Udstraaling fra Sne og Is. Tabel III giver en Sammen-
stilling af de Iagttagelser, der have Betydning for Sammenligning
af Udstraalingen fra Sne og Is.

Tabel III.

Nr.	Sort Plade	Blank Plade	Snelag	Islag.
11	3,20	2,80	3,70	3,00
12	3,45	2,90	4,00	3,85
17	7,35	6,00	7,85	6,60
19	8,05	7,50	7,80	7,70
20	7,25	7,0	6,7	6,5
22	1,95	1,7	1,65	1,8
23	4,60	4,50	4,00	4,90
24	4,40	4,10	4,0	4,45
25	4,45	3,90	4,20	4,52
26	2,85	2,15	2,95	2,90
27	3,75	3,32	3,45	3,52.

Skjøndt man kunde vente, at Sne- og Islaget maatte for-
mindske Tykkelsen af den Is, der danner sig under Fryse-
bakkerne, er dog snarere det modsatte Tilfældet. I en Del af
Forsøgene er endog Islaget tykkere under dem end under den
sorte Plade; dette viser at Udstraalingen fra Sne og Is er be-
tydelig; det synes at Sneen har Overvægt over Isen.

Solstraalernes Indflydelse giver sig tydelig til Kjende i
Forsøg Nr. 18, 28 og 29, idet her Islaget er tyndere under den
sorte end under den blanke Plade.

III.

Résumé

af

de meteorologiske Observationer

ved

V. Willaume-Jantzen.

Expeditionens meteorologiske Observationer strakte sig, for selve Overvintringsstedets Vedkommende, over Tidsrummet fra den 18de September 1891 til den 31te Juli 1892, altsaa over ca. 10½ Maaned. I hele deune Tid er der hver Time i Døguet anstillet Observationer af Luftens Tryk, Temperatur og Fugtighedsgrad, af Vindens Retning og Styrke, Skymængden og Vejrliget; endvidere er der, saa ofte Vinden blæste op til en betydelig Styrke, observeret en Mohn-Robinsonsk Haandvindhastighedsmaaler, ligesom der hyppigt er optaget Skitser af Nordlys.. Fra Tiden før og efter Overvintringen foreligger der endelig en Del Observationer af de almindelige klimatologiske Elementer. Thermometrene vare Kviksølvthermometre, inddelte i halve Grader, Normalthermometret var fra Adie i London; fra samme Firma var Kviksølvbarometret, der var prøvet saavel i England som paa det danske meteorologiske Institut. Dets Kapsel hang 6.1 Meter over Havets Overflade, hvilket giver en Reduktion til Havet af 0.6^{mm}.

Tabellen Side 180 giver Middeltal og Extremer o. s. v. for de klimatologiske Elementer i de 10 Maaneder, Oktobr. 1891—Juli 1892 samt for den 18de—30te September 1891. Af Middeltemperaturen for de forskjellige Maaneder fremgaaer det, at der i de 6 Maaneder, November—April, herskede streng Kulde, idet Middeltemperaturen i disse Maaneder laa imellem ÷ 17° og ÷ 25½° C., medens den halve September, Oktober og Maj

havde Middeltemperaturer paa ÷ 3° til ÷ 7°; Juni og Juli
havde henholdsvis en Middeltemperatur paa + 1° og + 4¹/₂°.
Kulden tog allerede temmelig alvorlig fat den 16de Oktbr.,
da Thermometret saa godt som i hvert Døgn fra deune Dag
sank under ÷ 10°; fra d. 7. November og til Udgangen af
April var de lavest daglig aflæste Varmegrader endog under
÷ 20° paa faa Undtagelser nær. I Maj blev det efterhaanden
mindre koldt, saa at de lavest daglig aflæste Temperaturer i
den sidste Halvdel af deune Maaned laa omkring ÷ 6°. I Juni
var der ikke faa Døgn uden Frost, medeus der i Juli kun 1
Gang blev aflæst negative Grader, nemlig ÷ 0.2°. Den absolut
laveste Temperatur blev aflæst d. 7..Marts med ÷ 46.8°. De
højeste Temperaturer, der blev aflæst i hvert Døgn, varierede
betydeligt paa Grund af de ret hyppige Føhnvinde, der indtraf
under Overvintringen. Som oftest laa dog den højeste Tempe-
ratur under Frysepunktet i hvert Døgn lige til Midten af Maj;
der indtraf saaledes i September kun 1 Dag, da der blev aflæst
en Temperatur over Frysepunktet, i Oktober 2 Dage, i Januar
1, i Februar 2 Dage, men slet ingen i November, December,
Marts og April; efter Midten af Maj svingede den højest aflæste
Temperatur kun lidt paa hegge Sider af Frysepunktet, og fra
d. 7. Juni til Udgangen af Juli steg Thermometret hver Dag
over Frysepunktet. Den absolut højeste Temperatur, der
blev aflæst, indtraf d. 13. Juli med 15°.2; i Januar naaede
Temperaturen op til 6°, i Februar, Maj og Juni til 8¹/₄—8³/₄°.
Forskjellen mellem de absolut højeste og laveste aflæste Tem-
peraturer var altsaa 62°. Strenge Kuldeperioder af længere
Varighed — med en Middeltemperatur for hvert Døgn paa
under ÷ 20° — indtraf kun sjeldent; i Reglen varede saadanne
Perioder fra 1—4 Døgn, og kun i Maanederne Januar—Marts ind-
traf der strenge Kuldeperioder paa 6—14 Dages Varighed; de
længste indtraf d. 2.—15. Februar, da hvert Døgns Middel-
temperatur laa imellem ÷ 21¹/₂ og ÷ 35³/₄°, og d. 3.—13. Marts,
da hvert Døgns Middeltemperatur laa imellem ÷ 21³/₄° og

$\div 43\,^{1}/_{2}°$; den sidstnævnte var tillige den absolut laveste Middel-temperatur for noget Døgn; det var i det samme Døgn, nemlig den · 7. Marts, at den ovennævnte lavest aflæste Temperatur indtraf.

Middellufttrykket ·for hver Maaned varierede, som Tabellen viser, mellem 750.3^{mm} i December og 766.5^{mm} i Maj. Den· absolut højeste Stand hiev naaet d. 14. Februar med 793,4^{mm}, den absolut laveste Stand saavel d. 18. som d. 19. December med 722.5^{mm}; de andre Maaneder var Lufttrykket ikke paa nogen Dag lavere end 737.7^{mm}. Aile de her nævnte Barometer-stande ere ved 0°; for at reducere dem til Havets Overflade, maa der til dem adderes 0.6^{mm}. Reduktionen til Tyngden ved 45° Br. er ikke anvendt.

Vindens Retning sees ligeledes af Tabellen. Som man seer heraf, kan man egentlig ikke tale om nogen overvejende Vindretning, da der i et aldeles overvejende Antal Tilfælde ind-traf stille Vejr, nemlig gjennemsnitlig for alle Maaneder i 80 Procent; forøvrigt blæste der næsten kun Vinde fra Øst og Nordost, henholdsvis 5 og 4 Procent, og fra Vest og Nordvest, hver 5 Procent; disse Vinde fra Vest og Nordvest optraadte hyppigst som Vinde fra VNV., men optræde i Tabellen som anført, fordi deune er opgjort efter de 8 Hovedvindretninger.

Vindens gjennemsnitlige Styrke var, som Følge af de mange Tilfælde med stille Vejr, meget ringe, nemlig i hver Maaned under 1 efter den 12-delelige Scala; gjennemsnitlig for ·alle Maaneder blev den netop $^{1}/_{2}$. VNV. optraadte med størst Styrke, nemlig gjennemsnitlig med ca. 3$^{1}/_{2}$, i November og December endog med indtil 4$^{1}/_{2}$; den gjennemsnitlige Styrke for de andre Vinde var 1—1$^{1}/_{2}$. Stormende Kuling, det vil sige Vindstyrke 8—9, er kun noteret for V. og VNV. og i Alt ved 45 Observationer; heraf forekom 17 i November, 19 i De-cember, 5 i Januar og 4 i Februar. Fuld Storm (Vindstyrke 10) er ikke noteret.

Nedbør forekom paa 131 Dage af de 318, Observationerne bleve anstillede, eller i 41 Procent af Dagenes Antal; den faldt næsten udelukkende som Sne, i Juli dog mest som Regn. Dis og Taage optraadte ret hyppigt, især i December—Februar og i Marts—Juni. Nordlys blev iagttaget meget ofte i Oktober—Marts, nemlig i 142 Nætter af 183 eller i 78 Procent af Nætternes Antal.

Under Expeditionens Ophold paa Danmarks Ø indtraf der mange store Forandringer i Temperaturen: en Stigning paa 3° eller mere i 1 Time var meget almindelig, medens en Stigning paa 5° eller mere i 1 Time i det Hele forekom 30 Gauge, hyppigst i Januar—April. De største Stigninger i Temperaturen i 1 Time var mellem 10° og 24° og forekom 6 Gauge i December—Februar. Hosstaaende Tabel giver en Oversigt over de sidstnævnte.

Maaned.	Datum.	Tid.	Stigning.	Vindforandring.
December 1891	5.	7—8 Em.	15.°3	S_1—VNV_9
Januar 1892	1.	5—6 Fm.	14.°6	Stille—VNV_8
— —	4.	3—4 Fm.	16.°8	Stille—V_4
— —	10.	6—7 Fm.	**23.°8**	Stille—VNV_5
Februar —	15.	9—10 Em.	22.°3	Stille—VNV_6
— —	28.	11—12 Midd.	10.°9	Stille—VNV_7

Som det fremgaar heraf, var de største Temperaturstigninger foraarsaget ved, at det fra stille eller omtrent stille Vejr blæste op til en frisk til stormende Kuling af VNV., og det Samme kan siges om saa godt som alle Temperaturstigninger paa 5° eller mere i 1 Time. Den største Stigning i 1 Time indtraf d. 10. Januar 1892 fra Kl. 6—7 Fm. med 23.°8; det havde været meget koldt d. 7.—9. Januar med stille Vejr og Temperaturer, der svingede mellem ÷ 20° og ÷ 26°, og d. 10. Januar var det endnu Kl. 6 Fm. ÷ 20.°5 med Stille; men allerede Kl. 7 Fm. viste Thermometret

+ 3.°3 samtidigt med, at det blæste en frisk til stiv VNV., og
i den næste Time steg Temperaturen til + 6°. Derefter sank
Temperaturen langsomt, indtil den Kl. 8 Em. var naaet ned til
÷ 3.°4, idet Vinden stadig blæste fra VNV.; Kl. 9 Em. var
Vinden slaaet om til Øst og Temperaturen falden til ÷ 12.°5;
og i Lobet af Natten og den næste Dag sank Temperaturen
med stille Vejr til ÷ 30°. Den næststørste Temperaturstigning
i Lobet af 1 Time indtraf umiddelbart efter Slutningen af den
ovenfor nævnte, længste Kuldeperiode, d. 2.—15. Februar 1892,
hvor de timevise Temperaturer kun steg til ÷ 15¹/₂°, men faldt
til ÷ 42°; d. 15. Februar Kl. 9 Em. viste Thermometret endnu
÷ 23.°0 med stille Vejr, men Kl. 10 Em. viste det ÷ 0°.7 med
en stiv VNV.; denne Vindretning holdt sig med vexlende Styrke
til d. 17. Februar Kl. 4 Fm., og i denne Tid var Temperaturen
naaet op til + 8°.5; derefter blev det stille Vejr med hurtigt
faldende Temperatur, der d. 17. Aften sank ned til ÷ 13°.

Som man vil have seet af disse anførte Exempler paa store
Temperaturforandringer, kunde der ogsaa paa Danmarks Ø ind-
træffer store Fald i Temperaturen; disse vare dog ikke saa
store som Stigningerne; i Alt indtraf der 18 Fald paa 5° eller
mere i 1 Time, hvoraf Halvdelen i Februar 1892. De største
Fald beløh sig til 10¹/₂—11¹/₂° i 1 Time. Det største Temperatur-
fald indtraf i Reglen samtidigt med, at VNV.-Vinden blev afløst
af Stille.

De store Temperaturstigninger dannede Begyndelsen til
Føhnphænomener, som optraadte ret hyppigt under Ex-
peditionens Ophold paa Danmarks Ø. Hosstaaende Tabel giver
en Del Data for disse.

Måaned.	Datum.	Højest Temperatur under Føhn.	Lavest Temperatur i foregaaende Døgn.	Lavest Fugtighedsgrad i Procent.	Vind under Føhnen.	Størst Vindstyrke.
December 1891 . . .	5—6	— 10.°4	— 31°	50	VNV.	9
—	9—10	— 8.3	— 26	57	VNV.	8
—	10—12	— 10.1	— 21	57	VNV.	9
Januar 1892	1	— 9.7	— 28	74	VNV.	9
— —	2	— 9.0	— 30	72	VNV.	6
— —	2—3	— 10.7	— 30	74	V — VNV.	6
— —	4	— 4.0	— 27	62	VNV.	7
— —	10	+ 6.0	— 22.	42	VNV.	7
— —	28	— 8.0	— 27	78	VNV.	3
Februar —	15—17	+ 8.5	— 32	34	VNV.	9
— —	28	— 2.3	— 26	69	VNV.	7
Marts —	21	— 8.9	— 27	64	VNV.	7
— —	22	— 4.0	— 21	44	VNV.	7
April —	7—8	— 4.8	— 31	58	VNV.	7
— —	18	— 11.8	— 23	74	VNV.	2
— —	30	— 7.0	— 27	· 61	VNV—NV.	5
Maj —	5—6	+ 8.3	— 10	32	VNV.	6
Juni —	10	+ 8.2	— 3	32	VNV.	3
Juli —	13	+ 15.2	+ 1	34	VNV.	3

Føhnvindene kom alle fra Retninger mellem V. og NV., i de fleste Tilfælde fra VNV., der ofte blæste op til haard eller stormende Kuling og gav Luften en Fugtighedsgrad, der gjennemsnitlig sank til 56 Procent; flere Gauge var den laveste Fugtighedsgrad 32—34 Procent. Den Colonne i Tabellen, der har til Overskrift: «Lavest Temperatur i foregaaende Døgn», sammenholdt med den foregaaende Colonne: «Højest Temperatur under Fohn», viser, at Temperaturstigningerne, som sædvanligt naar der indtræffer Fohn, vare meget betydelige; dette fremgaar ogsaa af de 2 ovenfor nærmere omtalte stærke Temperaturstigninger, der indtraf lige ved Begyndelsen af 2 af Føhnerne.

Naar disse optraadte, stod der et barometrisk Minimum Nord eller Øst for Island, og Barometerstanden var hyppigst lavere paa Danmarks Ø end paa Island.

Store Forandringer i Barometerstanden, paa 2^{mm} eller mere i Løbet af 1 Time, indtraf i Alt 18 Gauge under Overvintringen; en Forandring paa 3^{mm} eller mere i 1 Time indtraf kun 2 Gauge, det var hegge Gauge en Stigning. Den absolut største Forandring i 1 Time var en Stigning paa 4.4^{mm}. Af Vindretningerne under disse Forandringer lader der sig lutet bedømme om de barometriske Minimas Vandringer, da det som oftest var stille Vejr. De største Forandringer i Lufttrykket i Løbet af 1 Døgn beløb sig til 21—24^{mm}; af dem indtraf der 4, alle i December—Februar.

Til Paavisning af en regelmæssig daglig Svingning i Lufttrykket i Polaregnene er der ved Expeditionen knyttet et smukt Led ind i den allerede ikke korte Række af saadanne Iagttagelser. For aile de 10^{1}/$_{2}$ Maaneder tagne under Eet indtraf der regelmæssig daglige Minima ca. Kl. 3 Fm. og Kl. 4 Em., Maxima Kl. 10—11 Fm. og Kl. 8—9 Em., medens den daglige Amplitude var 0.5^{mm}, altsaa større end i Godthaab og Angmagsalik (0.3—0.4^{mm}) og paa Jan Mayen (0.25^{mm}); paa Sabine-Øen blev der endog kun fundet en daglig Amplitude paa lidt over 0.1^{mm}. Man maa dog erindre, at de anførte Tal for hvert af de nævnte Steder er Resultatet af højest 1 Aars Observationer.

Danmarks Ø. 18. September 1891—31. Juli 1892.

		Septbr. (18.—30.)	Oktbr.	Novbr.	Decbr.	Januar.	Februar.	Marts.	April.	Maj.	Juni.	Juli.
Luftens Temperatur (Celsius) (aflæst hver Time)	Middel	− 3.0	− 7.0	− 20.2	− 20.3	− 18.5	− 24.3	− 25.5	− 17.1	− 5.1	1.1	4.4
	Højest	0.1	1.0	− 6.1	− 8.3	− 6.0	− 8.5	− 4.0	− 1.0	8.3	8.8	14.7[1]
	Lavest	− 7.4	− 18.0	− 33.0	− 38.6	− 33.8	− 42.0	− 46.8	− 31.5	− 18.2	− 8.2	− 0.2
Luftens Tryk ved 0° (Millimeter)	Middel	755.5	752.0	758.3	750.3	756.9	765.3	760.5	763.2	766.5	761.5	757.7
	Højest	765.0	763.1	780.4	762.3	779.3	793.4	776.4	783.3	773.7	771.2	766.8
	Lavest	747.0	737.9	740.4	722.5	737.7	745.5	740.6	747.9	755.3	748.9	743.6
Skymaengde (Scala 0—10)	—	7.9	6.3	4.6	6.4	7.4	5.8	5.2	6.2	7.1	6.4	6.6
Vindens Hyppighed i Procent	N	3	2	2	3	2	2	1	1	4	2	5
	NØ	25	4	2	1	3	3	3	3	12	12	9
	Ø	14	2	2	"	2	2	1	1	"	"	5
	SØ	1	1	1	1	"	"	"	"	"	"	"
	S	2	1	2	"	2	2	1	1	4	2	5
	SV	1	1	1	1	3	3	3	3	12	12	9
	V	1	9	5	9	13	7	4	5	2	1	1
	NV	4	11	4	8	10	6	4	6	1	1	1
	Stille	48	69	83	77	70	82	87	84	81	85	80
Vindstyrke (Scala 0—12)	—	0.9	0.6	0.5	0.8	0.9	0.5	0.3	0.4	0.3	0.2	0.2
Antal Dage med:	Nedbør	6	17	9	12	15	9	12	11	17	12	11
	Regn	"	1	"	"	"	"	"	"	1	4	11
	Sne	6	17	9	12	15	9	12	11	17	10	1
	Hagl	"	"	"	"	"	"	"	"	"	"	"
	Dis	2	"	9	13	8	11	6	6	1	1	4
	Taage	"	"	"	6	8	3	3	12	16	15	6
	Storm	"	"	"	"	"	"	"	"	"	"	"
Antal Nætter med Nordlys		4	26	26	24	18	27	27	4	"	"	"

[1] 14.7

IV.

Résumé

af

de astronomiske og magnetiske Observationer.

Af

H. Vedel.

1893.

Pladsbestemmelse af Stationen paa Danmarks Ø.

Længden af Stationen paa Danmarks Ø blev bestemt ved Maaneculminationer i Løbet af Vinteren 1891—92. Observationerne bleve anstillede med et lille Passageinstrument, der var udlaant til Expeditionen af Observartoriet. Det var med samme Instrument, at Lt. Falbe og Bluhme i 1863 bestemte Godthaabs Længde. Kikkerten er forfærdiget af Utzschneider og Frauenhofer, Stativet af Ertel. Objectivets Diameter er 29ᵐᵐ, Brændvidden 370ᵐᵐ.

Instrumentet var opstillet paa en Betonpille i et fra Kjøbenhavn medbragt Observatorium, i hvilket desuden et magnetisk Variationsapparat var indstalleret. For at belyse dettes Scala var anbragt en stadig brændende Lampe, der holdt Temperaturen i Observatoriet en Del oppe over Luftens Temperatur udenfor, hvilket medførte den Ulempe, at Instrumentet og Ubret ved hver Observation bleve udsatte for store Temperatursvingninger, naar Lemmene i Tag og Vægge aabnedes. Da Observationerne desuden anstilledes under meget forskjellige Temperaturer (fra $+ 0,°2— \div 32°$), kan man ikke undre sig over, at Instrumentets Fejl varierede en Del. De lavere Temperaturer vanskeliggjorde iøvrigt Nivelleringen af Kikkerten i høj Grad.

Da Expeditionen ikke raadede over noget Penduluhr og kun var i Besiddelse af 1 Boxchronometer, som man ikke gjerne vilde udsætte for de lave Temperaturer i Observatoriet, anskaffedes et simpelt Stueuhr med ½ Sekunds Pendul til at observere efter. Det blev inden Afrejsen reguleret til at gaa efter Stjernetid og saaledes indrettet, at Slagene hørtes tydeligt og bestemt. Ubret, der iøvrigt opfyldte sin Bestemmelse meget tilfredsstillende, havde en noget variabel Gang under de vexlende Temperaturforhold.

Ved Reduktionen af Observationerne har man paa Grund af de variable Fejl ved Instrumentet og Uhret kun benyttet de Stjerner, der stode i Nærheden af Maanen paa begge Sider af denne saavel m. H. t. Rectascension som m. H. t. Declination.

Paa de i Nautical Almanac anførte Maanetavler er anvendt Correctioner, udledede af Greenwich-Observationerne.

Der blev ialt anstillet 11 Observationer, af hvilke dog de 2 ikke ere tagne i Betragtning ved Bestemmelsen af Længden, da de ere foretagne under mindre gunstige Omstændigheder og give Værdier, der afvige en Del fra Mediet af de øvrige Bestemmelser.

Observationerne gave følgende Resultat:

Datum	Observator	Tidsforskjel
15de Obtober 1891	Ryder	$1^{t.}$ $44^{m.}$ $51^{s.},4$
20de — —	—	51,7
13de Novbr. —	—	50,4
		Medium $1^{t.}$ $44^{m.}$ $51^{s.},2$

14de Oktober 1891	Vedel	$1^{t.}$ $44^{m.}$ $43^{s.},9$
16de — —	—	39,1
12de Novbr. —		45,1
18de — —		43,5
13de Decbr. —		40,1
10de Februar 1892		46,4
		Medium $1^{t.}$ $44^{m.}$ $43^{s.},0$

Tages Mediet af Lieut. Ryders og Lieut. Vedels Observationer, faaes Længden 1$^t\cdot$ 44$^m\cdot$ 47^s,1 = **26° 11′ 46″**.

Bredden af Stationen er bestemt ved 5 Observationer af circummeridiane Højder af Solen. Til hver Bestemmelse maaltes 16—20 Højder afvexlende af Underrand og Overrand. De 4 af Observationerne anstilledes i Foraaret 1892, den ene i September 1891. Højderne varierede mellem 19° og 42°. Ved Reduktionen er der taget Hensyn til Solens Declinationsforandring under Observationen. Refraktionen er udtaget af Tuxens Tabeller.

Beregningen gav følgende Resultat:

Datum		Observator	N. Br.	
19de Septbr.	1891	Ryder	70° 26′	44″
18de Marts	1892	—		50
18de —	—	—		45
18de April	—	Vedel		44
3die Juni	—	Ryder		46
		Medium	**70° 26′ 46″**	

Stationens Plads 70° 26′ 46″ N.Br. og 26° 11′ 46″ V. Lgd.

Magnetiske Observationer[1]).

Til Brug ved de absolute Bestemmelser var anskaffet fra Firmaet· Bamberg · i Berlin en Rejsetheodolit med tilhørende Inclinatorium og Svingekasse. Theodoliten afveg fra de hidtil paa arktiske Expeditioner benyttede Instrumenter, ved at Magneten hvilede paa en Pivot og ikke, som sædvanlig, var ophængt i en Cocoutraad, hvis Manipulation i stræng Kulde kan have sine Vanskeligheder. Pivotophængningen har i Sammenligning med Traadophængningen den Ulæmpe, at Magneten ikke indstiller sig af sig selv og ikke følger Variationerne under Observationen, naar man ikke stadig bibringer Theodoliten smaa Rystelser med det dertil bestemte Apparat eller maaske bedre ved at kradse med Neglen paa de riflede Fodskruer. Theodoliten viste sig imidlertid meget praktisk.

Desuden medbragtes et Deklinations-Variationsinstrument med Kikkert og Træskala, der i den lyse Tid oplystes af Dagslyset gjennem en Rude i Observatoriets Væg og, naar Solen var nede, ved en Petroleumslampe, i hvis Beholder Petroleumen blev holdt flydende ved Hjælp af en Natlampe. For at holde Magnethuset saa tørt som muligt var det hjemme fra forsynet med en lille Beholder, der fyldtes med Clorcalsium. Efter Ophængningen af Magneten tættedes alle Aabninger med Fernis.

Fra Kjobenhavn var medbragt 2 jernfrie Observatorier, det ene til absolute magnetiske Bestemmelser, det andet til Variationsobservationer og til astronomiske Observationer. Sidst-

---

[1]) En udførlig Rehandling af Observationerne findes i «Observations faites dans l'île de Danemark (Scoresby Sund) 1891—92» udgivet af det meteorologiske Institut i Kjøbenhavn 1895.

nævnte laa 70 Alen Vest for Beboelseshuset, hint 15 Alen SV. for Variationshuset. De to Observatorier vare forbundne med. et Signalapparat, der gjorde det muligt samtidig at aflæse Theodoliten og Variationsinstrumentet. Husene vare henholdsvis 8 og 9 Fod lange og 8 og 7 Fod brede. De vare hegge forsynede med Bislag. En Snemur var opkastet om Husene, for at Temperaturen skulde holde sig saa jævn som mulig. Den gjorde god Nytte om Foraaret, da Solen begyndte at faa Magt om Dagen, medens Nætterne vare kolde. Hen ad Sommeren var det imidlertid ikke muligt at holde Muren vedlige paa Grund af den hurtige Afsmeltning, og man havde da meget vexlende Temperaturer med fugtig Luft inde i Observatorierne.

De magnetiske Observationer falde i 3 Afdelinger:

1. Absolute Bestemmelser ved Stationen.
2. Variationsobservationer ved Stationen.
3. Absolute Observationer foretagne paa Rejser.

Inden Husene bleve opstillede, blev der foretaget Deklinations Observationer paa forskjellige Punkter i Nærheden af Stationen for at komme til Kundskab om, hvorvidt der i Jordbunden skulde findes abnorme, locale magnetiske Forhold. Da man imidlertid overalt fik meget nær samme Resultat, kan man se bort fra locale forstyrrende Kræfter.

Senere paa Aaret, da Scoresby Sund lagde til, bleve Maalinger foretagne paa Isen, hvor man ligeledes fik samme Resultat som ved Stationen. At Observationerne i Begyndelsen maatte lide under, at Observator var nøvet, er en Selvfølge. Der skal megen Øvelse og Taalmodighed til at anstille magnetiske Observationer.

Der blev mindst en Gang ugenlig taget absolute Bestemmelser af Declination, Inclination og Horizontalintensitet. Intensitetsmagneternes Constanter vare inden Afrejsen bestemte paa det magnetiske Observatorium i Kjobenhavn med velvillig Assistance af Hr. Underbestyrer Hjort. Efter Hjemkomsten bestemtes de atter, og det viste sig, at Magneterne havde holdt sig godt.

Declinations Variationsinstrumentet aflæstes hver Time Døguet rundt fra den 22. September 1891 til den 31. Juni 1892.

Som man kunde vente sig, holdt Nulpunktet sig ikke fuldstændig konstant men varierede lidt fra Tid til anden, uden at man kunde finde Aarsagen dertil. Fejlene kunne rimeligvis henføres saavel til de absolute Bestemmelser som til Variations-Instrumentet, der som ovenfor nævnt var underkastet variable Temperaturer.

Paa Baadturene i de indre Forgreninger af Scoresby Sund i Sommeren 1891 og ved Angmagsalik 1892 blev der, naar Lejlighed gaves, anstillet Observationer af Magnetismens tre Elementer. Det var imidlertid ikke mange Bestemmelser, der bleve tagne paa disse Ture, da Tiden til slige Observationer var meget knap tilmaalt.

Man er kommen til følgende Værdier for de magnetiske Constanter ved Stationen paa Danmarks Ø den 1. Januar 1892:

Declination 44° 3′ vestlig
Inclination 79°. 26
Horizontalintensitet 0.10120   C. G. S.
Declinationen aftager c. 13′ aarlig.

Declinationsobservationer paa Rejser.

Datum.	Tid.	Sted.	Plads.		Declination.
3/8 91	8pm	Cap Stewart	70° 27′ N.	22° 37′ V.	38° 48′ v.
16/8 91	7pm	Teltplads ved Røde Ø	70° 28′	28° 4′	46° 42′
6/9 91	4pm	Nordbugt	71° 34′	26° 24′	45° 4′
8/9 91	11am	Stormpynt	71° 28′	25° 30′	45° 50′
12/8 92	9am	Cap Stewart	70° 27′	22° 37′	38° 43′
15/9 92	4pm	Nunakitit	65° 51′	36° 22′	48° 7′
23/9 92	11am	Tasiusak	65° 39′	37° 30′	45° 24′

V.

Hydrografi.

Hydrografiske Undersøgelser.

Ved

C. Ryder.

De hydrografiske Undersøgelser, som bleve anstillede paa Rej-
serne til og fra Grønland, bestode for Overfladevandets Ved-
kommende i Observationer af Temperaturen og Vægtfylden hver
Time. Temperaturen maaltes med et almindeligt Søthermometer
i en ophalet Pøs Vand, Vægtfylden med de sædvanlige Küchlerske
Aræometre.

Desuden blev der som Regel to Gauge i Døgnet, Kl. 8 Fm.
og Kl. 8 Em., taget en Vandprøve til Undersøgelse efter vor
Hjemkomst. Prøverne opbevaredes i omhyggelig rensede Glas-
flasker, der rummede 300 Kubikcentimeter og vare lukkede med
parafinerede Propper. Naar Vandprøverne vare fyldte i Flaskerne,
bleve Propperne isatte, og derefter bleve Flaskernes Hals og
Munding dyppede i Parafin.

Til Lodninger og Dybhavsundersøgelser blev benyttet en fler-
slaaet Staaltraadsline paa 1000 Fv., hvilket altsaa var den største
Dybde, vi kunde lodde paa. Som Lod benyttedes efter Omstæn-
dighederne 1 eller 2 Stkr. 30 ℔'s, gjennemborede Kugler, ophængte
i Brooke's Slippeapparat. For at dette med større Sikkerhed
skulde virke, ogsaa paa blød Bund, vare Vægtstangsarmene, som
under Nedfiringen bære Loddet, gjorte længere og paa Enderne
forsynede med en lille Blyvægt, saaledes at de, saasnart Loddet
mødte selv en mindre Modstand, faldt ned og derved frigjorde
Kuglen. I denne Form, som, saavidt jeg veed, er anvendt første
Gang ombord i Krydseren «Fylla» i 1886, virkede Slippeapparatet
næsten altid tilfredsstillende. Foruden Staaltraadslinen benyt-

tedes i de overste 150 Favne en barket, kabelslaaet Line til Undersøgelserne.

Paa Staaltraadslinen anvendtes Negretti-Zambra's Dybhavs-Thermometre i Magnaghi's Vendeapparat. Thermometrene vare undersøgte ved Kew Observatorium. Af Vandbentere benyttedes Sigsbee's Model.

Undersøgelserne i de øverste 150 Fv., hvor Temperaturen skifter hurtigere, bleve foretagne med Negretti-Zambra's Thermometre i Capitain Rung's Vendeapparat med Faldlod, samt Capitain Rung's sprøjteformede Vandhenter, der tillige har Thermometer og tjener som Vægt. Alle Apparater fungerede til Tilfredshed.

Saavel Vandprøverne fra Overfladen som de, der bleve tagne i forskjellige· Dybder, ere efter Expeditionens Hjemkomst blevne undersøgte af Dr. Rørdam, der i en følgende Afhandling har gjort Rede for disse Undersøgelser og opgivet Resultaterne i de medfølgende Tabeller.

Af Vandprøverne blev der i Reglen strax taget en Vægtfyldebestemmelse for det Tilfælde, at Flasken skulde gaa itu inden Hjemkomsten. For de Vandprøvers Vedkommende, som dette Uheld traf, har Dr. Rørdam i Tabellerne opført Saltmængden beregnet efter de ombord tagne Vægtfyldebestemmelser.

Overfladevandets Temperatur i Nordhavet.

Denne fremgaaer med tilstrækkelig Tydelighed af Tabel I, uden at vore timevise Observationer behøve at anføres.

Det vil sees, at indtil vor Ankomst til Iskanten stemme vore Observationer fuldstændigt med Professor Mohn's Kaart over Temperaturen i Havoverfladen i Juli-August Maaned[1], idet vor Route falder lige i den kolde Strøm, der mellem Jan Mayen og Island løber S O. i.

---

[1] Mohn: Die Norwegische Nordmeer-Expedition. Petermann's Mitth. Ergänzungsheft Nr. 63, Tafel 2.

Efter at vi have naaet Iskanten, blive Overfladetemperaturerne selvfølgeligt i en ikke ringe Grad paavirkede af Isen og det fra deune stammende Smeltevand. Paa Udtouren falder vor Route mellem 68° og 76° Bredde hovedsagelig langs med Iskanten [1]), hvorvel vi undertiden ere flere Mil inde i Isen og til andre Tider udenfor denne; Overfladetemperaturerne ere derfor temmelig skiftende, varierende med Isens Tæthed og Afstanden fra Iskanten.

Saalænge vi ere Vest for Jan Mayens Meridian er Temperaturen i Reglen negativ; Ost for deune Meridian bliver den derimod gjennemgaaende positiv og undertiden forholdsvis høj, saaledes i den isfri Bugt, Ost for Jan Mayen paa c. 5° V. Lgd., hvor Temperaturen kommer op til 2.°6, og paa Strækningen Ost for Jan Mayen mellem 0° og 3° V. Lgd., hvor den endog, noget indenfor Iskanten, kommer op til 6.°6. Paa den sidstnævnte Strækning er der paa Mohn's forannævnte Kaart angivet en mod NV. udskydende Tunge med varmt Vand.

Mellem 72° og 76° Bredde ligger Temperaturen de fleste Steder mellem 0° og +1.°8.

Under Gjennemsejlingen af Isbæltet varierer Temperaturen med Isens Tæthed, men er gjennemgaaende negativ indtil en Afstand fra Kysten af c. 30 Mil, hvor den igjen kommer over 0°.

Langs Grønlands Østkyst er Temperaturen som Regel positiv, indtil + 4°, og kun, naar Isen er meget tæt, falder den under 0°.

I Scoresby Suud naaer Overfladens Temperatur op til 9.°7.

Overfladevandets Saltholdighed i Nordhavet.

Hvad der ovenfor er sagt om Isens og Smeltevandets Indvirkning paa Temperaturen i Overfladen gjælder selvfølgelig ogsaa for Saltholdigheden.

---

[1]) Se Routekaartet, der ledsager Reiseberetningen. Tavle VII.

Den største Saltholdighed paa Udtouren er 3.53 %/o paa det Sted, hvor vi passere Golfstrømmen mellem Færøerne og Island. Efter at vi have naaet Iskanten, naaer Saltholdigheden ikke over 3.50 %/o, men er paa enkelte Steder ikke langt derfra, saaledes paa det Sted, hvor vi forste Gang gaa ind i Isen paa 68° 14' N. Br. og c. 14° V. Lgd., hvor Saltmængden et Par Gauge er 3.487 %/o. Paa Strækningen Ost for Jan Mayen mellem 0° og 3° V. Lgd., hvor vi havde den høje Temperatur + 6°.6, have vi ligeledes en tilsvarende stor Saltprocent af 3.497 og 3.485. Syd for 74° Br. varierer Saltprocenten forøvrigt mellem 3.30 og 3.40.

Mellem 74° og 75½° Br., hvor vi omtrent følge Greenwich Meridian, bliver Saltmængden noget større, mellem 3.42 og 3.48 %/o, hvad der stemmer med den mod Vest udskydende Tunge med Vand af mere end 3.4 %/o Saltholdighed, der er viist paa Tornøe's Kaart over Saltholdigheden i Overfladen [1]).

Under Gjennemsejlingen af Isbæltet er Saltprocenten lidt over 3.3, indtil vi overskride 12° V. Lgd., herfra og Vest efter bliver den noget lavere, og undertiden gaaer den under 3.0.

Langs den grønlandske Kyst er Saltholdigheden i Reglen mellem 2.5 og 3.0 %/o; men den naaer dog enkelte Steder højere, saaledes ud for Mundingen af Scoresby Sund op til 3.33 %/o. I Scoresby Sund aftager Saltholdigheden indefter.

I **Danmark Strædet** falde vore Observationer i September 1892. Der er her en temmelig brat Overgang i Overfladetemperaturen, idet Isothermerne for + 7° og + 2° ligge forholdsvis tæt ved hinanden med Hovedretning retvisende V. t. S. og altsaa omtrent følgende Iskanten.

I Strædets vestlige Del, udfor Angmagsalik ligge Isothermerne for 2° og 7° henholdsvis 8 og 12 Mil fra Cap Dan, medens Afstanden fra Land ved NV.-Fjordene paa Island er henholdsvis c. 15 og 10 Mil.

---

[1]) Den norske Nordhavs-Expedition. 1. Bind Chemi. Kaart Nr. 1.

De to nævnte Isothermer danne tillige det Bælte, i hvilket den største Overgang i Saltholdigheden finder Sted. Syd for Isothermen for 7° har Overfladevandet en Saltprocent af 3.4 til 3.5; men Nord for Isothermen for 2° kommer Saltholdigheden kun lidet over 3.1 %.

Dr. Rørdam har i den efterfølgende Afhandling om Analysen og Undersøgelserne af vore Vandprøver gjort opmærksom paa, at nogle af Prøverne fra Overfladen afvige fra alle de øvrige med Hensyn til Vandets chemiske Sammensætning. De omhandlede Vandprøver hidrøre fra Strækningen mellem 12° V. Lgd. og 0° Lgd. langs Breddeparalellen for 60°, og det er paa denne Strækning, at Kjærnen af det varme Atlanterhavsvand flyder Nord efter.

Dybhavsundersøgelser.

Angaaende disse skal jeg forudskikke den Bemærkning, at da hydrografiske Undersøgelser ikke vare Expeditionens Hovedformaal, kunde vi, da de tage Tid, ikke vælge Sted og Tid til dem, saaledes som det af hydrografiske Hensyn vilde have været heldigst. Vi maatte indskrænke os til at anstille dem, naar Is, Taage eller lignende Forhold lagde os Hindringer i Vejen for at komme frem.

Temperaturserierne med tilsvarende Saltholdighedsbestemmelser m. m. ere in extenso opførte i den medfølgende Tabel II. 18 Serier ere tagne i Nordhavet, 16 i Scoresby Suud og 1 Bundtemperatur i Danmark Strædet. Under vort Ophold paa det sidstnævnte Sted i September 1892 vare Vejrforholdene saa urolige, at der ikke blev Lejlighed til videre hydrografiske Undersøgelser.

Jeg skal først behandle Serierne fra Nordhavet. Disse ere selvfølgeligt for faa, til at man af dem alene kan faae noget fyldigt Billede af Forholdene, men da de for den største Del falde netop i de isopfyldte Egue, hvor den norske Nordhavs - Expedition i Aarene 1876—1878 ikke kom til at anstille Undersøgelser, ville vore Observationer paa vigtige Punkter complettere den norske Expeditions. Ved Diskussionen af vore Observationer maa disse derfor sammenholdes med de norske. Jeg kommer derfor i det folgende til hyppigt at henvise til Professor Mohn's Mønsterværk: «Nordhavets Dybder, Temperatur og Strømninger» i «den norske Nordhavs-Expedition» Bind XVIII A og B.

Paa Kaartet, Tavle IX, ere Pladserne for vore Stationer aflagte, og ved Linier mellem disse er der viist, hvorledes Tværsnittene ere lagte. Jeg har saavidt muligt benyttet de af Professor Mohn tegnede Tværsnit, completterede med vore Observationer i den vestlige Del; men desuden er benyttet et Tværsnit, lagt fra Islands Nordkyst ved Øfjord i NO.-lig Retning over Jan Mayen Banken til c. 73° Br. I dette sidste Tværsnit er der ved Island benyttet nogle Temperaturer fra Krydseren «Fylla»s Islandstogt i 1878.

Nær Overfladen skifter Temperaturen saa hurtigt, at der paa Tværsnittene vanskeligt vilde blive Plads til Isothermerne, og jeg har derfor ikke taget Hensyn til de overste 5 Fv., men kun anført Overfladetemperaturen.

Dybdeforholdene.

1 det af Mohn tegnede Kaart over Nordhavets Dybder[1] vil vore Lodninger bringe nedenfor anførte Forandringer paa Steder, hvor Dybderne, paa Grund af manglende Lodskud, af Mohn forud ere angivne som mindre sikkert bestemte.

Paa Banken Syd for Jan Mayen strækker Curven for 100 Fv. efter det norske Kaart sig ned til 70° Br., og der findes her efter en Angivelse fra Scoresby 36 Fv. lidt indenfor

---

[1] Den norske Nordhavs-Expedition. Bind XVIII B. Pl. 1.

Curven. Vi passerede over denne Banke tværs paa dens Længde-
retning og fik hele Tiden dybere Vand end antydet i Kaartet.
Ved Station IV havde vi ingen Bund med 1000 Fv.; Lod-
ningen paa Station V gav 770 Fv., og paa Stationerne VI og
VII henholdsvis 160 og 470 Fv.

Gaaer man ud fra, at Scoresby's Angivelse, at der i en
Afstand af 33—36 Kvml. i SSO. for Sydenden af Jan Mayen
findes 35—36 Fv. Vand, er rigtig, hvad der vel næppe er nogen
Grund til at tvivle om, vise vore Lodskud saaledes, at der
Nord for det af Scoresby angivne Sted gaaer en dybere Rende
med Retning som Jan Mayen, SV.-NO., i hvilken der paa det
lægeste Sted er c. 160 Fv.

Paa Strækningen mellem 74° og 75° Br., Nord for Tydske
Dyb, ligge Dybdecurverne meget nær hverandre, idet Land-
grunden her falder stejlt af. Paa Stationerne XI og XII fik vi
saaledes ingen Bund med 1000 Fv., medens der 7—8 Mil vest-
ligere kun findes 100—300 Favne.

Langs Grønlands Østkyst varierer Dybden mellem 100 og
200 Fv., og de af Mohn angivne Curver for de to Dybder ere
i Hovedtrækkene rigtige.

Kun gaaer der vistnok en dybere Rende ind i Mundingen
af Scoresby Suud, idet vi ikke langt fra Sydenden af Liver-
pool Kyst ikke fik Buud med 150 Fv. Syd for Cap Brewster
gaaer Landgrunden derimod noget længere ud, idet vi paa
69° 40′ N. Br. ca. 15 Mil fra Land fik to Lodskud paa 175 og 167 Fv.

Lodningen paa Station XXVIII i Danmarks Strædet gav
Buud paa 700 Fv. og falder lige i den af Mohn angivne Curve
for denne Dybde.

Temperaturen i Dybden.

Station I paa 65° 47′ N. Br. og 6° 23′ V. Lgd. falder mel-
lem Stationerne Nr. 51 og 52 i den norske Expeditions Tvær-
snit X, som er en Linie mellem Langenæs paa Island og
Folden Fjord i Norge.

Af Tværsnit *A*, Tavle X, som fremstiller Temperaturfor-
holdene paa denne Linie, vil det sees, at vore Temperaturer i
større Dybder end 200 Fv. gjennemgaaende ere noget højere
end de tilsvarende fra den norske Expedition; altsaa at det
varme Vand[1] gaaer dybere ned paa det Sted, hvor vi
loddede. Curverne for 0° og ÷ 1° ligge omtrent 350 Fv.
dybere end Mohn har angivet og følge omtrent Bundcurven.
Grændsen mellem det varme Vand og det Vest for liggende
kolde Vand bliver derved stejlere. Den nedadgaaende Tunge,
som Curverne saaledes komme til at danne, tyder paa, at den
Gren af Polarstrømmen, som gaaer SO. efter mellem Jan Mayen
og Grønland, ved at mode den varme Strøm, som den paa
Grund af sin større Vægtfylde maa gaa under, slæber noget af
det varme Vand med sig nedefter.

Temperaturen i de øvre Vandlag, indtil 200 Fv., stemmer
med den norske Expeditions Observationer.

Saltholdigheden er gjennem hele Serien meget nær 3.5 %.

Tværsnit *B* begynder ved Øfjord paa Islands Nordkyst
og strækker sig i NO.-lig Retning over Jan Mayen Banken
op til 73° Br., hvor det ender ved den norske Expeditious
Station Nr. 298, hvis Temperaturer tillige med dem fra
Station Nr. 217 ere benyttede i Profilet; ligeledes er, som tid-
ligere nævnt, brugt nogle af Krydseren «Fylla» i 1878 tagne
Temperaturer[2].

Ved Islands Kyst have vi den varme Irmingers Strøm,
i hvilken der i en Afstand fra Land af lidt over 20 Mil kun
findes positive Temperaturer fra Overfladen til Bunden. Men
udenfor Irmingers Strøm, mellem deune og Jan Mayen

---

[1] Paa Grund af den ringe Forskjel i Temperaturen, der hersker i de i
denne Afhandling omtalte Farvande, betegner jeg Vand med positiv
Temperatur som «varmt» og Vand med negativ Temperatur som «koldt».

[2] F. Bardenfleth: Dybvandsundersøgelser i Havet omkring Island. Geogr.
Tidsskrift, 3. B. 1879.

Banken, træffes kun koldt Vand, naar et Par positive Over-
fladetemperaturer undtages.

Af Serierne fra Station II og III sees Kjærnen af Polar-
strømmens SO.-gaaende Gren at ligge mellem c. 50 og 150 Fv.,
hvor Temperaturen gjennemgaaende er mellem — 1°.5 og — 2°.1.
Umiddelbart under dette Kuldemaximum er der i c. 200 Fv.
Dybde et Kuldeminimum med højeste Temperatur — 0°.1. Der-
efter aftager Temperaturen langsomt og jævnt mod Bunden,
hvor den er lidt under — 1°.

NO. for Jan Mayen er der fra 20 Fv. til Bunden koldt
Vand. Paa selve Banken er Temperaturen lidt højere end i de
omgivende Vandlag.

I Tværsnittets østlige Del viser vor Serie fra Station VIII
og den norske fra Station Nr. 298 temmelig ensartede Forhold.
Der ligger her et Kuldemaximum omkring 50 Fv., og under
dette kommer i 100—200 Fv. Dybde et Varmemaximum med
positive Temperaturer op til 0°.5; under dette aftager Tempera-
turen igjen ned mod Bunden. Det varme Vand her er Spidsen
af den samme varme Tunge, som vi saae i Overfladetemperaturen
mellem 0° og 3° V. Lgd.

Angaaende Saltholdigheden i dette Tværsnit vil det sees af
Tabellerne, at Vest for Jan Mayen Banken er Saltholdigheden
mindst i Overfladen og tiltager derfra nedefter, indtil den i
Serien fra Station II naaer sit Maximum, c. 3.48 %, i 100—200
Fv. Dybde, paa samme Sted hvor Temperaturen er lavest. Den
bliver derefter noget mindre i 400 Fv. og er i 700 Fv. atter
3.48. Serien fra Station III viser lignende Forhold, men Maxi-
mum af Saltholdighed ligger her i 300 Favnes Dybde. Øst for
Jan Mayen Banken viser Serien fra Station VIII derimod en
jævnt tiltagende Saltholdighed fra Overfladen ned til 1000 Fv.

Tværsnit C slutter sig til Mohn's Tværsnit XIII og gaaer
fra Grønlands Østkyst omtrent ved Cap Barclay Syd om Jan
Mayen Banken til Station Nr. 245 i Norske Dyb.

Tværsnittets østlige Del hidrører fra de norske Observationer,
og Curverne ere her tegnede efter Mohn. Den vestlige Del er
derimod tegnet efter vore Serier fra Stationerne XXVI, XXVII
og II. Serien fra Station XXVI viser negative Temperaturer fra
10 Fv. til Bunden med et Kuldemaximum, — 1°.4, paa 50 Fv.
Serien fra Station XXVII viser derimod mere varierende Forhold.

Fra Overfladen, hvor Temperaturen er positiv, aftager denne
nedefter til 25 Fv., hvor der er Kuldemaximum — 1°.7; men
herfra stiger Temperaturen nedefter og naaer endog
+ 0°.6 ved Bunden; i de underste 50 Fv. findes
varmt Vand.

Serien fra Station II har Kuldemaximum, — 2°.1, i 100 Fv.,
et Kuldeminimum, — 0°.1, i 200 Fv. og derefter jævnt af-
tagende Temperatur mod Bunden.

Det varme Vaud ligger saaledes paa Kanteu af Landgrunden,
hvor deune falder af mod Dybet. Hvor langt Øst efter og ned-
efter de positive Temperaturer naae, kan ikke afgjøres; men
Kuldeminimet paa 200 Fv. i Station II hidrører dog aabenbart fra
disse, og Forholdene ville næppe være meget forskjellige fra,
hvad der er viist i Profilet.

Desværre fik vi ingen Vandprøver fra Stationerne XXVI og
XXVII, og der kan derfor ikke siges noget om Saltholdigheden
her. For Station II's Vedkommende er Saltholdigheden omtalt
under Tværsnit B. Da Kjærnen af Polarstrømmen, omkring
100 Fv., i deune Serie er baade koldere og saltere end de under
den liggende Lag, viser dette, at den er ifærd med at
synke ned.

Tværsnit D gaaer fra Grønlands Østkyst paa omtrent
73³/₄° Br. i NO.-lig Retning til Sydenden af Spitzbergen.
Dets østlige Del bestaaer af Mohns's Tværsnit XXII, dets vest-
lige Del er tegnet efter de Serier, vi toge paa Vejen ind gjen-
nem Isbæltet.

Den nordgaaende Strøm af varmt Vand langs S p i t z b e r-
g e n s Vestside har en Temperatur af indtil 4°.

I Tværsnittets midterste Del, som er bestemt ved vore
Serier fra Station IX og X samt de norske Stationer Nr. 349
og 350, er der koldt Vand fra Overfladen til Bunden med et
Kuldemaximum, — 1°.5, i c. 50 Fv. Dybde. Derefter kommer
et Kuldeminimum i c. 100 Fv., hvorefter Temperaturen falder
langsomt og jævnt nedefter. I Serierne fra Station IX og X er
der desuden et sekundairt Kuldemaximum, — 1°.0, i 150 Fv.

I Tværsnittets vestlige Del ere Forholdene mere indviklede.
Nærmest den grønlandske Kyst ligger der en Strøm med meget
koldt Vand, indtil — 2°. Denne Strøm har sin største Mæg-
tighed i Station XIV. Kuldemaximet ligger baade i Station XIII
og XIV i 30 Favnes Dybde. H e r f r a t i l t a g e r T e m p e r a t u r e n
n e d e f t e r og naaer + 0°.4 ved Bunden i Serie XIII.

U n d e r d e n k o l d e S t r ø m l i g g e r d e r a l t s a a e t L a g
m e d v a r m t V a n d, som fra Bunden i Station XIII strækker
sig gjennem Station XII hen til Station XI, hvor der fra 50—150
Fv. er en Temperatur af — 0°.1. Fra det varme Lag aftager
Temperaturen igjen langsomt ned mod Bunden og er i 1000 Fv.
— 1°.2.

Saltholdigheden i dette Tværsnit er i Overfladen aftagende
ind mod Kysten fra 3.33 % i Station IX til 2.35 % i Station XIV.
I Stationerne IX og X er der et Maximum af Saltholdighed paa
50 Fv., et Minimum i 100—200 Fv. og derefter stigende Salt-
holdighed nedefter. Det salteste Vand falder altsaa i disse
Serier sammen med den laveste Temperatur, det mindre salt-
holdige med de højere Temperaturer, og der maa derfor her
foregaa en Synkning af de øvre kolde, salte Lag, der hvile paa
varmere og ferskere.

I Stationerne XI—XIV ere Forholdene omtrent diametralt
modsatte, idet vi her have den største Saltholdighed, hvor der
er den højeste Temperatur, altsaa i det varme Lag, og fra
dette aftager Saltprocenten saavel op mod Overfladen som ned

mod Bunden. Den største Saltholdighed her er 3.497 % i Station XII i 75 Favnes Dybde, hvor der er en Temperatur af + 0°.4.

For at faae et mere anskueligt Billede af Forholdet mellem Temperatur og Saltholdighed i Tværsnittets vestlige Del har jeg af Vandprøverne fra Stationerne XI—XIV beregnet nedenstaaende lille Tabel. I deune ere de forskjellige Vandprøver ordnede efter deres Temperatur og Beliggenhed, saaledes at der er dannet syv forskjellige Temperaturbælter, for hvilke Middeltallene af Dybde, Temperatur og Saltholdighed for de dertil hørende Vandprøver ere anførte tilligemed Prøvernes Antal.

Temperaturbælte.	Middel			Antal Observ.
	Dybde i Fv.	Temp.	Salthol-dighed.	
Over 0° (Overfl.)	0	+ 1.°4	2.539	1
Mellem 0° og — 0.°9 (øvre Lag) . .	7	— 0.36	3.340	5
— — 1° og — 2.°0 (Kuldemax.)	46	— 1.4	3.380	6
— — 0.°9 og 0° (mellemste Lag)	87	— 0.17	3.490	2
Over 0° (Varmemax.)	101	+ 0.4	3.492	2
Mellem 0° og — 0.°9 (nedre Lag) .	273	— 0.6	3.463	3
— 1°.0 og — 1.°5 (nedre Lag).	1000	— 1.2	3.439	2

Foruden at et varmt Vandlag, som omtalt, biev truffet i Stationerne XII, XIII og XXVII, fandt vi ogsaa en Antydning deraf i Station XVI, hvor Bundtemperaturen er — 0°.2; men deune Station ligger for nær Kysteu til at. naae de positive Temperaturer.

For noget tydeligere at vise, at Forholdene ere de samme langs hele den af os berejste Del af Grønlands Østkyst fra 74° til 69° Br., har jeg paa Tav. XI i noget større Maalestok tegnet Tværsnittene C_1, E og D_1 paa forskjellige Bredder. De vise meget nær samme Forhold. I alle tre Tværsnit vil det sees, at nærmest den grønlandske Kyst indtager Vand af lavere Temperatur end ÷ 1° den største Del af Pladsen, men Temperaturen er dog i

Stigning mod Bunden. Længere ude fra Kysten bliver det kolde
Lags Mægtighed derimod betydelig mindre, og under det ligger
her det tidligere omtalte Lag med positive Temperaturer.
Stationen XVI ligger, som tidligere nævnt, for nær ved Kysten
til at naae positiv Temperatur ved Bunden, og det koldeste
Vand har derfor ogsaa her endnu en betydelig Mægtighed.

Medens det koldeste Vand i. de to nordligste af Tvær-
snittene ligger.i den Station, der er nærmest Land, ligger det
koldeste Vand i Tværsnit C_1 i den yderste Station XXVII, og i
Station XXVI er den laveste Temperatur — 1°.4, medens den i de
nordlige Tværsnit er — 2°.0. Det viser, at Kjærnen af Polar-
strømmen her er drejet Ost over, følgende Jan Mayen
Renden, hvor vi saae den i Station II i Tværsnit B og C i
100 Fv. Dybde.

Saltholdighedsforholdene i Stationerne XV og XVI ere ikke
ganske analoge med dem i Station XIII og XIV, idet der i de
førstnævnte er et Saltmaximum i 70—100 Favnes Dybde, og
derfra aftagende Saltholdighed op- og nedefter. Saltholdigheden
i de nærmest Bunden liggende Lag er større i Station XVI end
i Station XV.

Af det foregaaende vil det fremgaa, at Temperaturforholdene
i Dybden i den vestlige Del af Nordhavet langtfra ere saa regel-
mæssige og simple, som man tidligere har antaget, og navnlig
er Tilstedeværelsen af et Vandlag med positive
Temperaturer og stor Saltholdighed langs Grøn-
lands Østkyst i 100—200 Favnes Dybde i høj Grad
overraskende.

Dette Vandlag, som har en Saltprocent af c. 3.49 og en
Temperatur + 0°.4 til 0°.6, ligger med sin ene Side paa Kanten
af Landgrunden, hvor denne falder ud mod Dybet, og strækker
sig derfra udefter. Lagets Bredde er i Tværsnit D c. 22 Mil,
og noget lignende er rimeligvis Tilfældet de andre Steder,
hvorvel vi mangle Observationer til at fastslaa det. Lagets
Mægtighed er mindst i den østlige Del, saaledes i Station XII

c. 30 Fv., hvorimod den inde· ved Landgrunden i Station XXVII er c. 70 Fv. Bundtemperaturen er her $+ 0°.6$, saa at Mægtigheden udenfor Landgrunden rimeligvis er betydelig større.

Det er efter min Mening sandsynligst, at deune varme Strøm maa hidrøre fra en Fortsættelse af den varme Strøm langs Spitzbergens Vestside. Jeg anseer det nemlig ,ikke for usandsynligt, at den sidstnævnte varme, salte Strøm, efter at have passeret langs Spitzbergens Kyst, ved at møde den sydgaaende, kolde Polarstrøm, bøjes Vest over mod den grønlandske Kyst og derefter følger med den kolde Strøm langs deune Syd efter. Jeg støttes i deune Anskuelse af den Omstændighed, at der, af den norske Expedition i Station Nr. 351, udfor Isfjorden paa Spitzbergen i en Afstand fra Land af over 35 Mil mellem 60 og 100 Fv. blev truffet et Lag med positive Temperaturer. Isothermerne i Mohn's Kaart over Havets Temperatur i 100 og 200 Favnes Dybde [1] antyde ogsaa Tilstedeværelsen af en saadan vestgaaende Strøm udfor Spitzbergens Vestkyst paa c. $78^{1/2}°$ Br.

En anden Forklaring kunde ogsaa tænkes. I Melvillebugten paa Grønlands Vestkyst er der ifølge Hamberg[2] paa $75°20'$ i 700—820 Meters Dybde fundet Vand med positive Temperaturer indtil $+ 1°.2$ og med forholdsvis stor Saltholdighed. Nares og Moss mene ogsaa i de dybere Partier af de nordlige Fortsættelser af Baffinsbugten at have fundet et Stromdrag af atlantisk Oprindelse. I sin Afhandling anfører Hamberg følgende Yttring af Moss[3].

«The channels between the Polar sea and Smith Sound contain two strata of seawater, not owing their temperatures to local causes — an upper stratum of polar water overlies a warmer northward flowing extension of the Atlantic.»

---

[1] Den norske Nordhavs-Expedition Bind XVIII^B Pl. XVII og XVIII.
[2] Hydrografiska iakttagelser under den svenska expeditionen till Grønland 1883 af Axel Hamberg. Særtryk af «Ymer» 1884 Side 11.
[3] Fra Proc. of the R. Soc. 27, 1878 Side 545.

Det var derfor ogsaa muligt, at den varme Atlanterhavs-
strom, som løber op gjennem den østlige Del af Davis Strædet
og Baffins Bugten, kunde fortsætte sin Vej Nord paa
gjennem Smith Sund, Kennedy- og Robeson Kanal og
derefter bøje mod Ost, Nord om Grønland og atter løbe Syd
paa langs Østkysten.

Observationerne saavel i de sidstnævnte Egne som i Far-
vandet mellem Spitzbergen og Grønland ere imidlertid endnu
for faa, til at man kan fastslaa noget berom med Sikkerhed.

Af andre Resultater skal jeg endnu nævne, at, sammen-
holder man vort Tværsnit D med Mohn's Tværsnit XIX, synes
det, som om Polarstrømmen, der i Tværsnit D sees i to halv-
vejs adskilte Partier, et østligt og et vestligt, under sit Løb Syd
efter afsætter en Arm, det østlige Parti i Tværsnit D, som
sænker sig i Dybet mellem Jan Mayen og Spitzbergen,
Nord for den af Mohn angivne Tværryg.

Den anden Arm, det vestligste Parti i Tværsnit D,
løber derimod videre Syd paa langs Grønlands Østkyst, indtil den
drejer Ost over gjennem Jan Mayen Renden NO. for
Island og sænker sig Ost for Island, hvor den møder Golf-
strømmen, temmelig brat under deune.

Nord for den mellem Island og Grønland liggende Ryg er
der, naar man er udenfor Irminger Strømmens Omraade,
overalt negative Temperaturer ved Bunden. Paa selve Ryggen
kan der midt i Strædet ligge et tyndt Lag af koldt Vand paa
Bunden, saaledes som det fremgaaer af Krydseren «Fylla»s
Observationer i 1877[1]); men Syd for Ryggen er der kun
positive Bundtemperaturer. Saaledes traf Krydseren «Ingolf»
i 1879 kun varmt Vand ved Bunden Vest for 29° V. Lgd. og
Syd for 67° Br.

Over Ryggen kommer saaledes Hovedmassen af

---

[1]) N. Hoffmeyer: Havets Strømninger ved Island. Geogr. Tidsskrift 2. Bd.
1878 Tavle IV.

Polarstrømmen slet ikke, men kun en smal og lidet mægtig Overfladestrøm, der overalt hviler paa et Bundlag af varmt, salt Atlanterhavsvand, saaledes som det fremgaaer af de Observationer, der bleve anstillede paa den svenske Expedition med Dampskibet «Sofia» paa forskjellige Steder langs Grønlands Ostkyst fra 66°—60° Br.[1]).

Desværre mangler der Observationer fra den vestlige Del af Danmark Strædets snevreste Del, særligt fra de intermediaire Dyb.

Medens det om andre Steder f. Ex. Danmark Strædet Syd for 67° Br. omtales, at Havvandets Saltholdighed omtrent er proportional med Temperaturen (Hamberg's tidligere citerede Afhandling Side 3), saa at det koldeste Vand tillige er det mindst saltholdige, kan denne Regel ikke overføres paa Saltforholdene i Nordhavets vestlige Del.

Lade vi Vandprøverne fra Overfladen og de øverste Lag ude af Betragtning, fordi disse ere særligt paavirkede af lokale Forhold, vil det nemlig sees af Tabellerne, at Vand med positiv Temperatur altid optræder med den største Saltholdighed, op til c. 3.5 %; men i de Vandlag, hvis Temperatur er under 0°, ere Forholdene meget indviklede, og ofte er det her de koldeste Lag, der have den største Saltholdighed, som kan naae op over 3.45 %, hvad der vil fremgaa af de nedenfor anførte Exempler.

Vandprøve Nr.	Station	Dybde i Fv.	Temp.	Saltholdighed i %.
24	II..	100	— 2.1	3.497
199	IX.	50	— 1.3	3.446
203	IX.	1000	— 1.2	3.454
210	X.	600	— 1.2	3.459
224	XII.	1000	— 1.2	3.453
245	XV.	70	— 1.6	3.440

[1]) Axel Hamberg: Hydrografiska Iakttagelser under den svenska expeditionen till Grønland 1883. Særtryk af «Ymer» 1884.

Dybhavsundersøgelser i Scoresby Sund.

Af de i Scoresby Sund mellem Sydkysten, Jamesons Land og Milnes Land tagne Lodskud fremgaaer det med Hensyn til Dybdeforholdene, at Havbunden fra det lave, flade Jamesons Land kun sænker sig ganske langsomt, medens der langs Kysten af Milnes Land er over 200 Fv. i et Par Kvartmils Afstand fra Kysten. I Sundet mellem Danmarks Ø og Gaaseland er Dybden gjennemgaaende lidt over 200 Fv. Den største Dybde, 300 Fv., fik vi i Station XXIV, omtrent 7 Kvml. NO. for Cap Stevenson. Nær Sydkysten af Scoresby Sund fik vi ingen Lodskud, men at dømme efter Dybderne og Temperaturforholdene paa vore to østligste Stationer XVIII og XXIII er det sandsynligt, at der paa dette Sted mellem Jamesons Land og Sydkysten af Scoresby Suud ikke findes Dybder over 125 Fv., saa at der i saa Fald her er en Slags Tærskel, som adskiller de dybere liggende Partier indenfor fra det dybere Vand i Mundingen af Fjorden, hvor der ifølge Scoresby midt imellem Liverpool Kyst og Cap Brewster skal være c. 300 Fv. Det er imidlertid ikke umuligt, at der langs Scoresby Sunds Sydkyst, som er meget brat, gaaer en dybere Rende, saa at de to nævnte dybere Partier paa begge Sider af Tærskelen kunne staa i Forbindelse med hinanden. Midt i Hurry Inlet fik vi Bund paa 36 Fv. Langs begge Kysterne af deune Fjord og inde i Bunden, hvor et Par store Elve udmunde, er der meget grundt Vaud.

I den nordlige Del af Hall's Inlet og i de indre Fjordarme fik vi ikke Lejlighed til at lodde, men naar undtages Vestkysten af Jamesons Land og enkelte Steder i Fjordene, hvor store Elve udmunde, og hvor der derfor findes større Lerbanker, er der som Regel stejldybt lige ind til Kysten, og Dybden kan næppe være mindre end 200—300 Fv., da store Isfjælde med en Højde over Havet af 200—300 Fod komme ud gjennem næsten alle Fjordene.

Temperaturforholdene i Scoresby Suud ere frcm-
stillede paa Tavle XI ved Tværsnittene *F*, *G*, *H*, *J* og *K*. Af disse
ligge de to forste omtrent parallel med Fjordens Længderetning;
medeus de tre sidste ligge tværs paa Fjordretningen. Af de til
Tværsnittene benyttede Serier ere Nr. XVIII—XXIV tagne i August
1891, Serien fra Station XXV derimod den 2. Oktober, men
da den sidstnævnte Serie, naar de overste 15 Fv. ikke med-
regues, viser de samme Forhold som Serien fra Station XXIV,
har jeg taget den med for at kunne strække Profilerne saa langt
ind i Fjorden som muligt.

Naar Station XXII, der danner en Undtagelse, som senere
skal omtales, ikke tages i Betragtning, vil det sees, at For-
holdene ere temmelig ensartede gjennem hele det Areal, over
hvilket vore Undersøgelser strække sig.

I Overfladen ligger der et Lag med forholdsvis meget
varmt Vand, der i Almindelighed har en Temperatur mellem 6°
og 8°. Den højeste Temperatur i Overfladen, 9.°7, maaltes den
8. August Kl. 7 Em. udfor Hekla Havn. Det havde den Dag
været Blikstille og meget varmt. Temperaturen falder hurtigt
nedefter, saa at den i 10—20 Favnes Dybde er 0°.

Overfladevandet er overalt meget fersk; Saltholdigheden er
størst ude ved Fjordens Munding. I Station XVIII er den 2.48 %
og aftager herfra indefter og op mod Kysten af Jamesons Land.
Den mindste Saltholdighed i Overfladen maaltes i Station XX
udfor Cap Leslie, hvor den var 1.73 %.

Fra det varme Overfladelag aftager Temperaturen temmelig
rask mod et Kuldemaximum i c. 50 Fv., hvor Temperaturen er
mellem — 1.°6 og — 1.°9. Fra Kuldemaximet tiltager Tempe-
raturen igjen ned mod Bunden. Isothermen for 0° ligger om-
trent i 175 Favnes Dybde, og herfra ned til Bunden er der
positive Temperaturer, indtil + 0.°5. I Stationerne XVIII og
XXIII, hvor Dybden ikke er over 125 Fv., naaer det varme
Vand ikke op, men Temperaturen ved Bunden er her — 1.°0.

Saltholdigheden i de forskjellige Lag er fremstillet i

efterfølgende Tabel, i hvilken er anført Middeltallene af Dybde, Temperatur og Saltholdighed for de til de forskjellige Temperaturbælter hørende Vandprøver.

Temperaturbælter.	Middel			Antal Observ.
	Dybde i Fv.	Temp.	Salthldh. i %.	
Over 7°	0	+ 7.°54	1.86	5
Mellem +7.°0 og +5.°1	1	+ 6.3	2.27	3
" +5.°0 " +0.°1 (øvre Lag)	7	+ 1.33	3.12	3
" 0° " —0.°9 — ..	10	— 0.8	3.23	1
" —1.°0 " —1.°4 — ..	25	— 1.25	3.26	2
" —2.°0 " —1.°5 Kuldemax.	45	— 1.55	3.35	2
" —1.°4 " —1.°0 (nedre Lag)	91	— 1.22	3.40	5.
" —0.°9 " 0° —	150	— 0.2	2.52	4
Over 0° Bundlag	221	+ 0.74	3.47	5

Det sees heraf, at det varme Bundlag har den største Saltholdighed, der imidlertid er noget mindre end den, vi fandt i den varme Strøm langs Yderkysten. Over Bundlaget ligger et Lag med betydelig ferskere Vand, hvorefter der igjen kommer et Saltmaximum i c. 90 Fv. Fra dette aftager Saltprocenten jævnt opefter til 10 Fv. og derpaa meget hurtigt fra 10 Fv. til Overfladen.

Saltholdigheden i samme Lag er nogenlunde ens i de forskjellige Serier. Kun i det Lag, der i 150 Favnes Dybde ligger mellem Bundlaget og Saltholdighedsmaximet i 90 Fv., varierer Saltholdigheden af de fire Prøver meget betydeligt, nemlig mellem 1.90 og 3.44 %. Det er sandsynligt, at dette Lags ringe Saltholdighed hidrører fra den Omstændighed, at det varme Bundlag foraarsager en meget stærk Afsmeltning af de talrige Isfjælde, og det derved fremkomne ferske Smeltevand vil selvfølgeligt fremkalde en betydelig Opspædning af det nærmest det varme Bundvand liggende kolde Lag. Isfjældenes større eller

XVII. 14

mindre Talrighed i Nærheden af de Steder, hvor Serierne ere tagne, vil da selvfølgeligt kunne influere paa Saltholdigheden af de tagne Prover og kan derved forklare den store Differents mellem disse. Hvis der ingen Isfjælde fandtes i Fjorden, vilde vi have havt en paa hele Vejen fra Overfladen til Bunden stigende Saltholdighed.

I det foregaaende er der, som tidligere nævnt, ikke taget Hensyn til Serien fra Station XXII. Af Tværsnit F vil det sees, at denne Series Temperaturer variere en Del fra de øvrige, idet vi i 50 Favnes Dybde have en Temperatur af $+ 0.°2$ og ved Bunden, i 150 Favnes Dybde, en Temperatur af $+ 1.°9$.

De to Temperaturer ere tagne med to forskjellige Thermometre i Magnaghi's Vendeapparat, og de samme to Thermometre ere benyttede til de øvrige den samme Dag tague Serier, saa at der ikke er nogen Grund til at antage, at de begge skulle have viist fejlt. En fejl Aflæsning eller en for snarlig Ophaling af Thermometrene er selvfølgelig mulig, men næppe sandsynlig. Desværre blev der i denne Serie foruden Overfladetemperaturen kun taget de nævnte to Temperaturer, saa at der ikke haves nogen Control ved nærliggende Observationer. Jeg skal dog gjøre opmærksom paa, at den overste Curve for 0° i Tværsnit F allerede mellem Stationerne XX og XXI har en Tendens til at sænke sig og saaledes kunde antyde, at Temperaturen $+ 0.°2$ paa 50 Fv. i Station XXII er rigtig; men for Bundtemperaturen $+ 1.°9$ mangle alle Tilknytningspunkter.

Den fra Bunden tagne Vandprøve Nr. 294 er gaaet itu inden Hjemkomsten, men af den ombord foretagne Aræometerbestemmelse fremgaaer en Saltprocent af 3.50. Efter Dr. Rørdams Tabeller er der for de øvrige Vandprøvers Vedkommende, der ere tagne fra det varme Bundvand, en gjennemsnitlig Forskjel mellem Saltholdigheden bestemt ved Aræometer og Middelsaltholdigheden af Pyknometer- og Titreringsbestemmelserne af c. 0.05 %, idet den første er større end den sidste. Anvendes denne Reduktion paa Vandprøven fra Station XXII, faaes Bundvandets Saltholdighed 3.45 %, altsaa meget nær de øvrige Prøver fra det varme Lag.

Observationer under Overvintringen.

For at komme til Kundskab om de Variationer, der i Aarets Løb foregaa i Vandlagenes Temperatur, blev der under Overvintringen til forskjellige Tider foretaget Temperaturundersøgelser paa Fjorden ud for Stationen. Disse Undersøgelser ere anstillede en Gang hver Maaned undtagen i December og Januar.

Resultatet af disse Maalinger ere Serierne $A—H$ fra Station XXV. Ved Diskussionen er endvidere medtaget Serien fra Station XXIV, som blev taget i August 1891.

Jeg har paa Tav. XII tegnet Curver, saavel for hver enkelt Serie som for Temperaturens Gang i de forskjellige Dybder. Endvidere vil Gangen i Temperaturforandringerne sees af efterfølgende Tabel.

Tabel over Temperaturens Forandring i Dybden fra August 1891 til Juni 1892.

Dybde	Station XXIV. 23/8 .91	Ser. A. 2/10 91	Ser. B. 4/11 91	Ser. C. 18/2 92	Ser. D. 23/3 92	Ser. E. 19/4 92	Ser. F. 17/5 92	Ser. G. 17/5 92	Ser. H. 18/6 92
Overfl.	$+ 7.°5$	$− 1.°2$	$− 1.°8$	$− 1.°4$	$− 1.°8$	$−1.°9$	$−1.°7$	$−1.°5$	$− 0.°4$
2 Fv.	$+ 7.5$	$-- 0.8$	$− 1.7$	$−.1.4$	$− 1.8$	$− 2.0$	$− 1.5$	$− 1.4$	$− 0.9$
5 -	$+ 1.7$	$− 0.6$	$− 1.1$	$− 1.2$	$− 1.2$	$− 1.4$	$− 1.4$	$− 1.4$	$− 1.2$
10 -	$− 0.5$	$+ 0.5$	$− 0.8$	$− 1.2$	$− 1.4$	$− 1.3$	$− 1.3$	$− 1.4$	$− 1.4$
15 -	$(− 1.0)$	$− 0.8$	$− 0.8$	$− 1.3$	$− 1.5$	$− 1.5$	$− 1.4$	$− 1.4$	$− 1.5$
25 -	$− 1.4$	$− 1.3$	$− 1.1$	$.− 1.4$	$.− 1.5$	$− 1.5$	$− 1.5$	$− 1.5$	$− 1.5$
50 -	$− 1.7$	$− 1.9$	$− 1.9$	$− 1.4$	$− 1.5$	$− 1.6$	$− 1.5$	$− 1.5$	$-- 1.6$
75 -	$− 1.4$	$− 1.6$	$−'1.8$	$− 1.3$	$− 1.5$	$− 1.6$	$− 1.4$	$− 1.5$	$− 1.3$
100 -	$− 1.1$	$− 1.1$	$− 1.2$	$− 1.2$	$− 1.4$	$− 1.5$	$− 1.4$	$− 1.4$	$− 1.2$
125 -	$(-- 0.7)$	$(−'0.6)$	$(− 0.8)$	$− 1.4$	$− 1.2$	$− 1.3$	$− 1.1$	$− 1.2$	$− 1.0$
150 -	$− 0.2$	$-- 0.2$	$− 0.6$	$− 1.2$	$− 0.9$	$− 1.0$	$− 0.9$	$− 0.8$	$− 0.7$
175 -	$(+ 0.1)$	$(+ 0.1)$	$(− 0.1)$	$(− 1.2)$	$− 0.3$	$− 0.8$	$− 0.3$	$-- 0.4$	$− 0.3$
200 -	$+ 0 2$	$+ 0.2$	$0 0$	$− 1.3$	$(− 0.1)$	$− 0.2$	$− 0.1$	$− 0.1$	0.0
220 -	$(+ 0.3)$	$(+ 0.3)$	$(+ 0.1)$	$− 1.1$	$---$	$− 0.2$	0.0	0.0	0.0

Serierne F og G ere tagne samme Dag, den første med stigende Vande, den anden med faldende Vande.
De i Parenthes satte Tal ere interpolerede af Curverne.

Betragter man først Gangen i de øverste 100 Fv., vil det af Curverne fremgaa, at den aarlige Variation af Temperaturen i Overfladen og indtil to Favne under denne, begrundet paa Sommerens store Virkning i disse Lag, er $9.°5$.

14*

Allerede i 5 Favnes Dybde, er den aarlige Variation i Tempe‑
raturen imidlertid faldet til 3°, i 10 Fv. til 2°, i 15 Fv. til 0.°7,
hvorefter den videre nedefter falder meget langsomt og naaer
et Minimum af 0.°4 i 100 Favnes Dybde.

Forfølger man Indflydelsen af Sommerens Varme gjennem
de forskjellige Lag, saa indtræder Maximet for det øverste Vand‑
lag indtil 5 Fv., i August. I 10 Fv. naaer det først ned i sidste
Halvdel af September, i 15 Fv. midt i Oktober og i 25 Fv. i
Begyndelsen af December. I 50 Favnes Dybde synes Sommerens
Varme at gjøre sig gjældende sidst i Februar eller med Be‑
gyndelsen af Marts, men Variationerne ere her saa smaa, at
det ikke kan afgjøres med Sikkerhed. Det samme gjælder for
75 Fv. og for 100 Fv.; hvor Maximet, efter Curverne at dømme,
synes at naae henholdsvis først i Juli og først i August, altsaa
omtrent med et Aars Forsinkelse. Efter dette bruger Sommer‑
maximet c. 3 Maaneder om at forplante sig 25 Fv. nedefter.

En lignende Paavisning af Vinterkuldens Vandring gjennem
Vandlagene lader sig ikke udføre, da Temperaturerne i det Hele
taget ere saa lave.

Gaaer man dernæst over til at undersøge Temperaturens
Gang i de Vandlag, der ligge dybere end 100 Fv., da sees, at
medens den aarlige Variation naaede et Minimum af 0.°4 i 100
Favnes Dybde, saa voxer den derfra igjen nedefter, er ved 125
Fv. 0.°8, ved 150 Fv. 1.°1 og naaer ved 175 Fv. et Maximum
af 1.°7. I 200 og 220 Fv. er den henholdsvis 0.7 og 1°.4.
Disse Uregelmæssigheder kunne altsaa ikke stamme fra Over‑
fladen, men tyde paa en fremmed Paavirkning i Bundlaget
mellem 175 og 220 Fv., hvor Variationen er størst. Det vil
erindres fra Sommerobservationerne, at 175 Fv. netop dannede
Grændsen mellem negative Temperaturer foroven og positive
forneden. Den forholdsvis store Temperaturvariation synes da
at pege hen paa en Forandring i det varme Bundlags Mæg‑
tighed.

Der er imidlertid en anden Omstændighed, som ogsaa

kommer til at spille en Rolle i deune Sammenhæng, og det er den Afstand fra Kysten, i hvilken Serierne ere tagne.

For at faae et Profil af Dybdeforholdene i Fjorden udfor Stationen, blev der nemlig i November taget en Række af 6 Lodskud med Bundtemperaturer paa en Linie mellem Gaaseland og Stationen med en indbyrdes Afstand af c. 1 Kvml. Resultatet var følgende:

	Nr. 1	Nr. 2	Nr. 3	Nr. 4	Nr. 5	Nr. 6
	(1 Kvml. fra Gaaseland)				(1 Kvml. fra Stationen)	
Dybde . .	198 Fv.	215 Fv.	201 Fv.	200 Fv.	245 Fv.	178 Fv.
Bundtemp.	$-1°.0$	$0.°0$	$+0°.2$	—	$+0.°1$	$-1°.6$

Det vil beraf sees, at det varme Bundlag kun findes ude i i den midterste Del af Fjorden, men derimod ikke i de to Lodskud, der ligge nærmest Kysterne.

Som Følge beraf vil den Omstændighed, at to Bundtemperaturer ere tagne i noget forskjellig Afstand fra Kysten, kunne foraarsage en temmelig stor Forskjel paa Temperaturerne.

Medens nu de sex Serier $C-H$ fra 1892, ere tagne paa nøjagtigt det samme Sted, der var afmærket paa Isen, saa var dette ikke Tilfældet med de tre Serier fra 1891. Den første blev nemlig taget i August udfor Cap Stevenson og de to andre, henholdsvis med Baad og fra Isen, udfor Stationen, men lidt længere ude paa Fjorden end Serierne fra 1892. Ved Serierne A og B var Dybden henholdsvis 235 og 245 Fv.; medens den paa det Sted, hvor de følgende Serier bleve tagne, kun var 220 Fv.

Selv om man derfor ikke ubetinget kan tage de tre nævnte Serier i Betragtning, synes det dog af de øvrige at fremgaa, at der i Bundlagene foregaaer Temperaturforandringer, hvis Virkning kan spores op efter til 125 Fv. under Overfladen.

Jeg antager, at det varme Bundvand i Scoresby Sund hidrører fra den varme Yderstrøm langs Kysten; idet denne enten

staaer i Forbindelse med det Indre af Scoresby Sund gjennem
en dybere Rende langs Sydkysten, eller, hvis en saadan ikke
existerer, da derved, at det varme Vand udenfor Kysten under
visse Omstændigheder kan komme ind over Tærskelen. En
Periodicitet i Mægtigheden af den varme Yderstrøm, som jo ikke
er utænkelig, vil da kunne influere paa Bundlagene i Scoresby
Sund; ligeledes kan det jo ogsaa tænkes, at der om Som-
meren, naar Snesmeltningen er størst, kan være et saa stærkt
udgaaende Vande i Overfladen, at det foraarsager en Reaktions-
strøm langs Bunden indefter i Fjorden, og denne Reaktionsstrøm
vil maaske om Vinteren, hvor der ingen Snesmeltning finder
Sted, og hvor derfor Udstrømningen i de øvre Lag maa være
mindre stærk, ogsaa blive betydelig forringet og saaledes frem-
kalde en Afkjøling af Bundlagene. Vore Temperaturmaalinger
synes da ogsaa at tyde paa, at det varme Lag er mægtigst om
Sommeren. Forholdene her ere imidlertid for indviklede og vore
Observationer for faa, til at man kan danne sig et klart Begreb
om Aarsagen til og Gangen i disse Forandringer.

Før jeg gaaer over til at omtale Variationerne i Saltholdig-
heden, skal jeg forudskikke den Bemærkning, at flere af vore
Vandprøver fra Vinterserierne (Oktbr.—Marts) gik taht, idet
Flaskerne gik itu under Transporten fra Isen til Stationen. De
resterende Prøver fra disse Maalinger ere maaske heller ikke
fuldt ud paalidelige, da det i streng Kulde er meget vanskeligt
at undgaa, at noget af Vandprøven fryser, forinden den hældes
over i Flasken, og Saltholdigheden kan derved forrykkes. Selv-
følgeligt blev der gjort alt for at faae et saa paalideligt Materiale
som muligt ved Indpakning i varme, uldne Tæpper o. s. v.
Af Prøverne synes det imidlertid at fremgaa, at Saltholdig-
heden i Overfladen er større i Foraarsmaanederne end om Som-
meren, en naturlig Følge af, at der om Foraaret intet Smelte-
vand fremkommer. For de dybere Lags Vedkommende vise
derimod de tagne Prøver gjennemgaaende en mindre Salt-

holdighed i Vinter- og Foraarsmaanederne end i August, et Fænomen, jeg paa Grund af den noget problematiske Paalidelighed af Prøverne ikke skal indlade mig paa at prøve at forklare. Ved Bunden er Saltholdigheden altid størst.

Som det vil sees af det foregaaende, vise Temperaturerne fra Scoresby Sund et lignende Forhold, som er fundet i mange af de store Fjorde i Vestgrønland [1], idet der om Sommeren under et Overfladelag med varmt Vand findes et koldt Vandlag med negative Temperaturer og under dette ved Bunden igjen et varmt Lag.

Varmemaximet i Overfladen skyldes selvfølgeligt Sommerens Varme; men medens Mohn har paavist, at Kuldemaximet, som i Almindelighed findes omkring 50 Fv. under Overfladen, for de norske Fjordes Vedkommende skyldes Afkjølingen den foregaaende Vinter, saa kan denne Forklaring næppe anvendes paa de grønlandske Fjordes Temperaturforhold og ialtfald ikke paa Scoresby Sund.

Det vil nemlig af vore Temperaturserier i Løbet af Vinteren sees, at naar Overfladevandet lades ude af Betragtning, findes i alle Serierne det koldeste Vand omkring 50 Fv., og Fænomenet er saaledes konstant hele Aaret. Temperaturen fra 50 til 100 Fv. varierer kun lidt i Aarets Løb, medens der i Lagene under 100 Fv. og særligt over 50 Fv. foregaaer forholdsvis store Variationer. Hamberg mener [2], at Indlandsisens Bræer og Isfjældene maaske kunne have nogen Indflydelse, og dette kan

---

[1] Hammer om Jakobshavns Isfjord. Medd. om Grønland. 4 Bd. S. 27—31. Hamberg om Arsuk Fjorden m. fl. Hydrografiska iakttagelser o s. v. Ymer 1884. Særtryk S. 8—10. Ryder om Uperniviks Isfjord. Medd. om Grønland. 8 Bd. S. 239. Bloch om Sermitsialik Fjorden. Medd. om Grønland. 7 Bd. S. 155. Garde og Moltke om Ikersuak og Sermilik Fjorden. Medd. om Grønland. 16. Bd.

[2] Hydrografiska iakttagelser o. s. v. Ymer 1884. Særtryk S. 9—10.

maaske ogsaa være Tilfældet for de inderste, mindre Grene af
Fjordene; men for de ydre Partier, og i alt Fald for Scoresby
Sunds Vedkommende, er saavel Kuldemaximet i 50 Fv. som
Varmemaximet over Bunden rimeligvis udelukkende en Følge
af de udenfor Kysten herskende Strømme og Temperaturforhold.
Betragter man nemlig Temperaturforholdene udenfor Kysten,
finder man der paa tilsvarende Dybde ganske de samme Forhold
som inde i Scoresby Sund, nemlig et Kuldemaximum ved 50
Fv. og et varmt Lag ved Bunden.

Alkalinitet-Bestemmelser.

Dr. Rørdam har bestemt Mængden af neutralbunden Kul-
syre i Vandprøverne fra Stationerne I—VIII. Resultatet af disse
Bestemmelser foreligger i Tabel II. Det fremgaaer af denne,
at der er en temmelig stor Variation i de forskjellige Vand-
prøvers Alkalinitet[1]), idet denne varierer mellem 41.7 og 59.5
Milligram CO_2 pr. Kilogram Søvand.

Noget bestemt Forhold mellem Alkalinitet og Temperatur
i Havet kan ikke paavises, idet Vandprøver fra Lag, der have
samme Temperatur, men ere fra forskjellige Serier, kunne inde-
holde en meget forskjellig Mængde neutralbunden Kulsyre, og
det samme gjælder Forholdet mellem Saltholdighed og Akalinitet.

Naar man imidlertid betragter Alkaliniteten i Forhold til
den geografiske Beliggenhed af det Sted, og den sandsynlige
eller mulige Oprindelse af det Vandlag, hvorfra Vandprøverne
ere tagne, da synes der at fremkomme en vis Regelmæssighed.

De tre Vandprøver fra Station I, der ligger i Kanten af
Golfstrømmen, vise saaledes en temmelig stor Alkalinitet, over
51; den er størst i 100 Favnes Dybde, hvor der er en Tem-
peratur af + 4.°0.

I Station II er Alkaliniteten for alle Vandprøvernes Ved-
kommende under 45, og den aftager fra Overfladen nedefter,

---

[1]) Ved »Alkalinitet« betegner jeg her Mængden af neutralbunden Kulsyre.

hvor den naaer den mindste observerede Størrelse 41.7 Milligram pr. Kilo. Denne Serie falder, som tidligere nævnt, lige i Kjærnen af Polarstrømmen, og der er fra Overfladen til Bunden kun negative Temperaturer.

I Station III, som ikke ligger langt fra Jan Mayen Bankens Vestside, er Alkaliniteten igjen over 50; og den stiger fra Overfladen nedefter mod et Maximum i 300 Fv. Dybde, hvor den er 57.2. I 700 Fv. er den 55.2. Temperaturerne i denne Serie ere ikke meget forskjellige fra dem i Serie II.

I de to Serier fra Station IV og VI, som ligge tæt ved og over Jan Mayen Banken, er Alkaliniteten af alle fire Vandprøver meget stor saavel i Overfladen som i de dybere Lag.

I Station VIII er der noget mere Variation i de forskjellige Lag. I Overfladen er Alkaliniteten 48.5, og den voxer herfra nedefter mod et Maximum af 53 i 50 Favnes Dybde og aftager derpaa igjen mod Bunden. I 1000 Fv. er den 43.

Det synes at fremgaa heraf, at Vand af polair Oprindelse har en forholdsvis lille Alkalinitet, medens Atlanterhavsvand har en forholdsvis stor Alkalinitet[1]).

I Serien fra Station I er der nemlig udelukkende Atlanterhavsvand, og Alkaliniteten er her mellem 51 og 55.

Paa Station II maa Vandlaget fortrinsvis antages at bestaa af Polarvand, og Alkaliniteten er her kun mellem 41 og 45.

I Serien fra Station VIII maa man, efter vort Kjendskab til Temperaturforholdene, gaa ud fra, at der er Polarvand ved Bunden og maaske tildels i Overfladen; vi træffe da ogsaa i disse Lag en Alkalinitet af henholdsvis 43 og 48.5. Ligeledes vide vi, at denne Serie gaaer gjennem den mod NV. udskydende Tunge med varmt Atlanterhavsvand (se Texten til Tværsnit *B*),

---

[1]) Dette Resultat stemmer ikke med den Anskuelse, der udtales af Hamberg i «Hydrografisk-Kemiska iakttagelser under den svenska expeditionen till Grønland 1883». Bihang till K. Svenska Vet.-Akad. Handlinger. Band 10. Nr. 13. S. 41—42.

og vi finde da ogsaa her mellem 5 og 100 Fv. en Alkalinitet af 51.8—53.

Det kan synes at være i Modstrid med deune Regel, at vi paa Station III faae en stor Alkalinitet, der tyder paa Atlanterhavsvand, medens Temperaturerne gjennem hele Serien ere negative. Betragter man imidlertid Mohn's forskjellige Kaart over Havets Temperatur i 100 til 600 Favnes Dybde[1]), vil man se, at der paa dem alle er viist en forholdsvis varm Tunge, der Syd fra skyder op langs Jan Mayen Bankens Vestside og altsaa antyder en Strøm Nord efter, hvorved den atlantiske Alkalinitet paa Station III muligvis kan forklares.

Endvidere synes det af den store Alkalinitet paa Stationerne. IV og VI at fremgaa, at der ved Jan Mayen Banken finder en Forøgelse af Alkaliniteten Sted i de over og omkring den liggende Vandlag.

Sammenligner man vore Værdier for Alkaliniteten med de af Tornøe fundne Værdier fra den norske Nordhavs-Expedition[2]), vil man se, at for Steder, der falde i Nærheden af hinanden, faae vi nogenlunde ens Værdier. Da den norske Nordhavs-Expedition imidlertid hovedsagelig arbejdede paa et Felt, hvor Atlanterhavsvandet er dominerende, er der i Tornøe's Tabel ikke saa store Differentser mellem de forskjellige Vandprøvers Alkalinitet. Kun ved Station Nr. 300, lige ved Kanten af Isen, falder Alkaliniteten under 50 Mgr. pr. Liter. Tornøes største Værdier ere 55.0 og 55.4 Mgr. pr. Liter ved Station Nr. 240, og stamme ligesom vore største fra Jan Mayen Bankens Omegn.

Strømflasker.

For om muligt at bidrage til Kjendskaben om Strømforholdene i de af Expeditionen berejste Farvande, blev der saavel paa

---

[1]) Den Norske Nordhavs-Expedition. Bind XVIII B. Pl. XVII—XXII.
[2]) Den Norske Nordhavs-Expedition. Bind I. Tornøe. Chemi Tab. II. S. 33—34.

Udrejsen i 1891 som paa Hjemrejsen i 1892 hver Middag ud-
kastet en Flaske indeholdende en Pergamentseddel med Angivelse
af Skibets Plads samt en kort Notits om Forholdene. Paa
Sedlen var i forskjellige Sprog trykt en Anmodning til den
eventuelle Finder om at anføre Findested og Dato og derefter
sende Sedlen til den nærmeste danske Consul eller til Danmark.
Flaskerne vare almindelige Champagneflasker, der paa den
øverste Halvdel bleve malede røde for bedre at sees. Efter at
Sedlen var lagt i Flasken, blev deune tilproppet og lukket.

I 1891 blev der ialt udkastet 71 Flasker, deraf 25 i
Scoresby Sund.

I 1892 blev der udkastet 30 Flasker.

Fra de det første Aar udkastede Flasker har jeg indtil Dato
(Januar 1895) modtaget 3 Sedler og fra 1892 2 Sedler. De
sidste have mindre Interesse, da den af dem tilbagelagte Vej
falder i Egne, hvor Strømforholdene ere forholdsvis godt kjendte.
Jeg skal omtale dem først.

Den første af disse to Flasker, **Nr. 25**, blev udkastet den
1. Oktober 1892 paa 60° 22′ N. Br. og 16° 23′ V. Lgd., og
den blev fundet den 18. Januar 1893 af Thomas Jamison
ved South Havra paa Shetlands Oerne paa 60° 2′ N. Br.
og 1° 21′ V. Lgd. Afstanden mellem Stedet, hvor den blev
udkastet, og hvor den blev fundet, er i lige Linie c. 112 Mil.
Under Forudsætning af at den er fundet samme Dag, som den
har naaet Shetlands Oerne, har den brugt 109 Dage om Rejsen;
hvilket giver en Gjennemsnitsfart af c. 1 Mil i Døgnet. Ret-
ningen mellem de to Steder er omtrent retvisende Ost; men
Strømmen løber her i mere ONO.-lig Retning, saa at det rime-
ligvis maa skyldes N.-lige Storme, at Flasken har taget en saa
Ø.-lig Cours.

Den anden af de fundne Flasker fra 1892, **Nr. 29**, blev
udkastet den 5. Oktober 1892 paa 59° 27′ N. Br. og 5° 17′ V.
Lgd. Den blev fundet allerede den 15. Oktbr. 1892 af Fyrpasser
Donald Douglas ved Island Glass Fyrtaarn paa Hebriderne

paa 57° 51' N. Br. og 6° 38' V. Lgd. Den tilbagelagte Vej er
c. 25 Mil og Retningen omtrent SSV. Gjennemsnitsfarten bliver
herefter 2.5 Mil pr. Døgu.

De tre fundne Flasker fra 1891 frembyde mere Interesse.

Den første af disse, **Nr. 19,** blev udkastet den 3. Juli 1891
paa 72° 8' N. Br. og 1° 17' V. Lgd., omtrent 35 Mil ONO. for
Jan Mayen.. Den blev fundet den 24. Oktober 1893 af Ole
Kristiansen; ved Lekø i Namdalen i Norge paa 65° 8'
N. Br. og 11° 35' O. Lgd.

Det er selvfølgelig ikke muligt med Sikkerhed at angive
den Route, denne og de følgende Flasker have taget, da de
tilbagelagte Strækninger ere saa store, at mange Omstæn-
digheder kunne komme til at gjøre deres Indflydelse gjældende,
deriblandt særlig Stormene. Den sandsynligste Vej vil imidlertid
være den, jeg har angivet i Kaartet Tavle IX. Flaske.Nr. 19
er i saa Fald først ført med Polarstrømmen SV. efter, Syd om
Jan Mayen, indtil den i Jan Mayen Renden er drejet Syd
efter, derpaa NO. om Island, stadigt drejende mere Ost efter,
indtil den er kommet ind i den varme Strøm, der har ført den
i Land paa Norges Vestkyst. Den tilbagelagte Vej efter deune
Route er c. 270 Mil, og der er forløbet 844 Dage fra den blev
udkastet til den blev fundet; hvilket giver en Gjennemsnitsfart
af c. ⅓ Mil i Døguet. Det er imidlertid ikke muligt heraf at
udlede noget nærmere om Strømmens Fart paa de passerede
Strækninger.

Den anden Flaske, **Nr. 38,** blev udsat· paa Isen den 24.
Juli 1891 paa 72° 53' N. Br. og 20° 36' V. Lgd., lidt Syd for
Mundingen af Franz Joseph Fjord. Den blev fundet den 22.
September 1894 ved Gaasedal paa Vaagø, Færøerne, paa·
62° 8' N. Br. og 7° 20' V. Lgd. af Husmand Jacob Christof-
fersen.

Efter den Route, jeg har aflagt i Kaartet for deune Flaske,
har den først fulgt den grønlandske Kyst Syd efter til c. 69° Br.,
er derefter kommet under Paavirkning af den Arm af Polar-

strømmen, der løber mellem Jan Mayen og Island, og med
deune ført Nord og Ost om den sidstnævnte O, indtil den igjen
af den varme Strøm er ført Ost paa til Færøerne.

Den tilbagelagte Vej efter Routen er c. 265 Mil, og der er
medgaaet 1156 Dage til Rejsen, altsaa 3 Aar og 2 Maaneder.
Der er imidlertid noget, der taler for, at den har ligget inde-
frossen en Vinter et eller andet Sted langs den grønlandske
Kyst, siden den kommer omtrent et Aar senere end baade
Flaske Nr. 19 og Nr. 53. Regner man, at en saadan Inde-
frysning har varet c. 9 Maaneder, fra Oktober til Juli, da vil
Flasken have brugt c. 880 Dage til at tilbagelægge Vejen;
hvilket giver en Gjennemsnitsfart af 0.3 Mil pr. Døgn, altsaa
meget nær det samme som Flaske Nr. 19.

Den tredie Flaske, Nr. 53. blev udkastet den 13. August
1891 i Hekla Havn i Scoresby Sund og blev fundet den
10. April 1893 ved Oerne udenfor Reykiavik Havn paa
Island.

Denne Flaske har sandsynligvis, som viist paa Kaartet,
efter at være kommet ud af Scoresby Sund, først fulgt Kysten
Syd efter, men er gaaet nærmere deune end Flaske Nr. 38.
Den er derfor ogsaa ført længere Syd paa, indtil den er kommet
ind i Irminger Strømmen og med deune og dens Fortsættelse
ført i ringe Afstand fra Kysten Nord, Ost og Syd om Island.

Den tilbagelagte Vej ad deune Route er c. 295 Mil, hvad
der for Tidsforløbet 606 Dage giver en Gjennemsnitsfart af
c. $\frac{1}{2}$ Mil pr. Døgn.

Undersøgelse af Vandprøver.

Af

K. Rørdam.

———

Det forelagte Materiale bestod af c. 300 Prøver indesluttede i Flasker, der rummede 300 c. c. og vare lukkede med parafinerede Propper. Denne Tillukningsmaade viste sig at være meget hensigtsmæssig, da der i ingen af Prøverne kunde paavises Svovlbrinte, som ellers undertiden kan opstaa, naar Havvandets Sulfater i længere Tid ere i Berøring med de organiske Stoffer i Korkpropperne. Adskillige af Prøverne indeholdt mekanisk indblandede Stoffer af forskjellig Art — Ler, Rester af Tang, Diatoméer, Brudstykker af smaa Krebsdyr m. m. — og bleve derfor filtrerede, førend Undersøgelsen blev foretaget. Følgende Bestemmelser ere udførte:

1. Vægtfyldebestemmelser.

A. Med Aræometer.

Vægtfylden blev bestemt i alle Prøverne med Glasaræometer til foreløbig Orientering. Hertil benyttedes et Sæt Glasaræometre af den bekjendte og almenanvendte Konstruktion fra Dr. Küchler i Ilmenau. Vægtfylden kan aflæses med 4 Decimaler, men den 4de Decimal er dog næppe fuldt paalidelig. Samtidig observeredes Temperaturen; af Vægtfylden og Temperaturen kan Saltholdigheden bestemmes, enten ved at reducere Vægtfylden til Normaltemperaturen 17.°5 og multiplicere med en Konstant (131.9 × Vægtfylden ÷ 1 = Saltmængden i Procent)[1] eller ved

———

[1] Den norske Nordhavs-Expedition. H. Tornøe. Chemi p. 54.

at benytte en engang for alle beregnet Tabel. Naar Tabellen
er afpasset efter vedkommende Instruments Rumfangsforandringer
ved forskjellige Temperaturer, frembyder den større Sikkerhed
for at opnaa det rigtige Resultat end Beregningen med den
givne Konstant ved den til Normaltemperaturen reducerede
Vægtfylde, hvorfor jeg ogsaa har benyttet en saadan Tabel. I
uheldigste Tilfælde kunde Differentsen mellem Tabellens Angivelse
af Saltholdigheden og den ved den reducerede Temperatur og
Vægtfylde ved Hjælp af Konstanten fundne Saltmængde beløbe sig
til 0.02 %. Den med Konstanten fundne Saltmængde var altid
større end den af Tabellen aflæste, men Forskjellen var i Reg-
len meget mindre end de angivne 0.02 %.

Fejlkilderne ved Aræometerbestemmelser af Saltholdigheden
kunne være dels Aflæsningerne paa Thermometret, dels Aflæs-
ningerne paa Aræometret. En Aflæsningsfejl af 1° i Tempera-
turen medfører en Fejl i Saltmængden af c. 0.03 %. En Aflæs-
ningsfejl af en Enhed i 4de Decimal af Vægtfylden foraarsager
en Fejl i Saltmængden af 0.013 %. Da Aræometret bør forblive
c. 5 Minutér i Vandet, kan Temperaturen let forandre sig under
Arbejdet, hvorfor man bør maale den baade før og efter Brugen
af Aræometret og benytte Middeltallet af de fundne Tal. Man
kan altsaa paa Forhaand ved Aræometerbestemmelser af Salt-
holdigheden ikke gjøre Regning paa at finde 2den Decimal af
Saltprocenten med fuld Sikkerhed, men ved omhyggeligt Arbejde
i et hensigtsmæssigt Lokale bør Forskjellen mellem to Bestem-
melser dog ikke overskride 0.02 %.

Betegner Sa Saltmængden i Procent, beregnet af Vægt-
fylden, der er funden ved Aræometerobservationerne og Sm
den ad kemisk Vej og ved Pyknometervejninger paa nedenfor
angivne Maade fundne Middelsaltholdighed, (hvis to første Deci-
maler ere fuldt ud paalidelige), kan man ved at beregue Diffe-
rentsen $Sa - Sm$ danne sig et Skjøn om Rigtigheden af Sa. For
Overfladevand optaget paa de i Tabel I angivne Steder er:

$$Sa - Sm = + 0.016 \%$$

som Middeltal af 142 Iagttagelser. I 95 Tilfælde var $Sa - Sm$
positiv, i 18 Tilfælde 0 og 29 Tilfælde negativ. For Vand fra
Dybden optaget paa de i Tabel II nævnte Steder er:

$$Sa - Sm = + 0.029 \, °/o$$

som Middeltal af 123 Iagttagelser. I 93 Tilfælde var $Sa - Sm$
positiv, i 12 Tilfælde 0, i 18 negativ.

Som Middeltal af alle 265 Tilfælde er:

$$Sa - Sm = + 0.025 \, °/o$$

I 188 Tilfælde var $Sa - Sm$ positiv, i·30 var den 0, i 47
negativ. Af 265 Tilfælde var der 6, hvor $Sa - Sm$ var større
eller lig $+ 0.10 \, °/o$ og 7, hvor $Sa - Sm$ var mindre eller lig
$- 0.10 \, °/o$.

B. Med Pyknometer.

I alle de forelagte Prøver er Vægtfylden bleven bestemt ved
Pyknometervejninger. Man vil i Almindelighed i nyere hydro-
grafiske Arbejder finde det Sprengelske Pyknometer aube-
falet, og jeg forsøgte derfor ogsaa i Begyndelsen af Arbejdet
at benytte et saadant, men opgav det snart, da det er vanske-
ligere at fylde, rense og aftørre end det almindelige Flaske-
pyknometer og ikke giver nøjagtigere Resultater. Det benyttede
Flaskepyknometer var forsynet med et nøjagtigt indslebet Ther-
mometer, der var delt i Femtedels Grader, men hvorpaa man
let kunde aflæse $1/10°$. Ved Siden af Flaskens Tubus var til-
smeltet et Haarrør, der foroven var forsynet med et indridset
Mærke, saa at man med Nøjagtighed kunde ·borttage alt det
over Mærket værende Vand. Da Overfladen af Søvandet i Haar-
røret næppe udgjør $1/2 \, \square$ Millimeter, er der paa Forhaand
megen liden Sandsynlighed for, at der kunde fordampe Vand
gjennem Haarrøret, medens Vejningen stod paa, og Forsøg viste
ogsaa, at der selv efter 5 Minutters Forløb ikke var bortgaaet
$0{,}0001^{grm}$ Vand. Pyknometeret rummede ved 15° 50,6152^{grm} de-
stilleret Vand. Med et Pyknometer af den angivne Størrelse er
man i Stand til at faa Vægtfylden bestemt med 4 fuldkommen sikkre

Decimaler og tillige at faae 5te Decimal meget nær nøjagtig. En Fejl af 0,001^{grm} i den afvejede Vandmængde foraarsager en Fejl i Vægtfyldens 5te Decimal af 1.5 Enheder.

For at komme til Kundskab om, hvor stor Nøjagtighed man med de forhaanden værende Redskaber kunde opnaae, foretoges følgende 6 Forsøg. Ved Dp^{15^o} betegnes Vægtfylden af det givne Søvand ved 15.0° i Forhold til udkogt destilleret Vand ved 15.0°. Vandprøvernes Nr. ere de samme som i medfølgende Tabeller.

Nr. 22.

A. $Pyk. + Svd.$ (15°) $=$ 79.6472 ^{grm} B. $Pyk. + Svd.$ (15°) $=$ 79,6470
$Pyk.\ tomt.$ $=$ 27.7208 $Pyk.$ $=$ 27.7208
$Svd.$ (15°) $=$ 51.9264 $Svd._{15\,o}$ $=$ 51.9262
$Dp^{15\,o}$ $=$ 1.025909 $Dp^{15\,o}$ $=$ 1.025906

Beregner man beraf Saltmængden Sp i Procent ved Multiplikatiou med en Konstant (hvorom mere i det følgende), findes:

A. $Sp = $ 3.3568 °/o   B. $Sp = $ 3.3564 °/o

Nr. 95.

A. $Pyk + Svd$ (15°) $=$ 79.7085 ^{grm} B. $Pyk + Svd$ (15°) $=$ 79.7092 ^{grm}
Pyk $=$ 27.7215 Pyk $=$ 27.7215
Svd (15°) $=$ 51.9012 Svd (15°) $=$ 51.9877
$Dp^{15\,o}$ $=$ 1.027102 $Dp^{15\,o}$ $=$ 1.027116
Sp $=$ 3.5115 °/o Sp $=$ 3.5132 °/o

Nr. 100.

A. $Pyk + Svd$ (15°) $=$ 79.7120 ^{grm} Efter en Maaneds Forløb blev Vægten
Pyk $=$ 27.7208   af det med Saltvand ved 15° fyldte
Svd (15°) $=$ 51.9912   Pyknometer paany fundet at være
Dp^{15o} $=$ 1.027186   79.7120 ^{grm}.

Efter at Vægtfylden var bleven bestemt i November 1892 af nogle Prøver, og de derpaa havde henstaaet tilproppede i omtrent 3 Maaneder, blev Vægtfylden paany bestemt ved Pyknometervejninger. Jeg fandt herved:

Nr. 23.

Strax efter Flaskens Aabning   Efter 3 Maaneders Forløb
$Dp^{15\,o}$ $=$ 1.025887 $Dp^{15\,o}$ $=$ 1.025886

Nr. 24.

$$Dp^{15\,\circ} = 1.026827 \qquad\qquad Dp^{15\,\circ} = 1.026852$$

Nr. 25.

$$Dp^{15\,\circ} = 1.026811 \qquad\qquad Dp^{15\,\circ} = 1.026822$$

Nr. 26.

$$Dp^{15\,\circ} = 1.026832 \qquad\qquad Dp^{15\,\circ} = 1.026836$$

I Nr. 24 er rimeligvis begaaet en Fejl ved Aflæsning af de benyttede Lodder under den første Pyknometervejning, men for alle de øvriges Vedkommende, saavel som for de tidligere anførte Nr. 21, 95, (100), hvor Pyknometervejningerne bleve udførte umiddelbart efter hinanden, er der god Overensstemmelse, idet Forskjellen mellem de enkelte Bestemmelser ikke gaar ud over 1 Enhed i 5te Decimal af Vægtfylden. Naar Arbejdet skal foregaa nogenlunde hurtigt, er det meget vanskelig at naae ud over denne Fejlgrændse og faae den 5te Decimal i Vægtfylden bestemt med absolut Sikkerhed, hvilket ogsaa fremgaaer af de af Dr. phil. Topsøe med et større Pyknometer under enhver tænkelig Forsigtighedsregel udførte Vægtfyldebestemmelser af Vaud fra Davis Strædet. Ved disse fortrinligt udførte Vægtfyldebestemmelser, hvor Vejningen blev gjentaget flere Gauge for hver enkelt Prøve, «beløber Fejlen sig *kun* til en enkelt Enhed paa 5te Decimal af de anførte Vægtfylder» [1].

2. Klorbestemmelse.

Klorbestemmelse blev foretaget i alle de forelagte Prøver ved Titrering med en Opløsning af Sølvnitrat med Kaliumkromat som Indikator. Sølvopløsningens Styrke var afpasset saaledes, at der til 1 Kubikcentimeter Søvand svarede c. 3 Kubikcentimeter Sølvopløsning [2]. Der er i alt medgaaet omtrent 18 Liter

---

[1] H. Topsøe's analytiske Bilag til C. F. Wandel: «Om de hydrografiske Forhold i Davis Strædet» Meddelelser om Grønland VII. p. 59.

[2] I Lighed med hvad A. Hamberg benyttede ved sine «Hydrografisk-Kemiska Iakttagelser under den svenska Expeditionen till Grönland 1883.» Bihang till K. Svenska Vet-Akad. Handlingar Bd. 9 Nr. 16. p. 8 (Særtrykket).

Sølvopløsning, saa at den benyttede Sølvmængde, 150 ^{grm}, flere Gauge maatte oparbejdes. For paa en let og sikker Maade at kunne bestemme Titren paa de ny fremstillede Sølvopløsninger og stadig kontrollere de engang titrerede Sølvopløsninger, opløste jeg ved Arbejdets Begyndelse

14.8985 ^{grm} glødet (men ikke fuldstændig smeltet) kemisk rent Klornatrium i

1263 cc destilleret Vand ved c. 15°.

Efter Opløsning udtoges tre Portioner med en Tyvekubikcentimeters Pipette og fældedes med et Overskud af Sølvnitrat og fortyndet Salpetersyre.

1) 20,0 cc Saltopløsning gav 0.5743 ^{grm} Ag Cl glødet i Klorstrøm
2) 20.0 — - 0.5719 Ag Cl $\Big\}$ ikke glødet i Klorst.
3) 20.0 — - 0.5770 Ag Cl

Middeltallet af 2) og 3) er 0.5745 Ag Cl og stemmer godt med den første Bestemmelse. Efter disse Bestemmelser svarer 1 Liter Kogsaltopløsning til 7.1132 ^{grm} Cl.

Af denne Opløsning blev afmaalt et større Antal Portioner paa nøjagtig 10.0 cc (15°). Hver Portion blev indsmeltet i et Glasrør for at kunne anvendes til Kontroltitreringerne af de efterhaanden fremstillede Sølvopløsninger. Titreringerne bleve foretagne ved temmelig nær samme Lufttemperatur for alle Prøvernes Vedkommende, og i hvert Tilfælde var Temperaturen af det paagjældende Søvand og den benyttede Sølvopløsning nøjagtig den samme. Til Titreringen blev anvendt til Sølvopløsningen en Bürette af Schellbachs Konstruktion med Klemhane, Afløbs- og Tilløbsrør forneden. Den rummer 50 cc, er inddelt i Tiendedelskubikcentimeter, men tillader paa Grund af sin særegne Konstruktion Aflæsning med nogenlunde Sikkerhed af 0.03 cc. Saltvandet blev afmaalt i en med Glashane og Svømmer forsynet Geisslersk Bürette inddelt i Tiendedelskubik-

15*

centimeter. For hver 5 eller 6 Titrering blev deune Bürette renset med conc. Svovlsyre, hvori der var opløst lidt Kaliumpermånganat, og derpaa udskyllet med Vand, Vinaand og Æter. Tilsætningen af Kaliumpermanganat til den conc. Svovlsyre, der benyttes til Udskylningen, har jeg fundet at være meget hensigtsmæssig, da man derved let faar bortfjernet de ejendommelige slimede Stoffer, der altid sætte sig inden i Glassager, der benyttes til Søvand og ved Büretter forhindrer «en god Afløbning.» Ved hver Prøve er Titreringen gjentaget i det mindste to Gauge. Til Titreringen blev anvendt 10 cc Søvand, der blev fortyndet med 50 cc dest. Vand, der indeholdt lidt Kaliumkromat (1 Gram K_2CrO_4 opløst i 3 Liter Vaud). En Fejl i Titreringen af 0.1 cc foraarsager en Fejl i Klorbestemmelsen af 0.005 %, men i Reglen er Forskjellen mellem de enkelte Bestemmelser af samme Prøve ikke fuldt 0.002 % Cl.

3. Saltbestemmelser.

Den totale Saltmængde er beregnet dels af Klormængden, dels af Vægtfylden, dels som Middeltal af begge og undtagelsesvis direkte bestemt.

A. Af Klormængden (S_{Cl}) er den totale Saltmængde beregnet ved at multiplicere med 1.810, der er et Middeltal af de foreliggende hinanden iøvrigt meget nærstaaende Koefficienter[1]. En Fejl i Klorprocenten af 0,001 % foraarsager en Fejl i Salt-

---

[1] Forchhammer fandt 1.811 (Om Søvandets Bestanddele Kbhvn. 1859 p. 31.)
H. Tornøe fandt 1.809 af 7 Bestemmelser (Den norske Nordhavsexpedition 1876—78. H. Tornøe Chemi. Chra 1880 p. 35).
W. Dittmar fandt 1.8058 (Challenger Reports, Physics and Chemistry Vol. I p. 39).
Ekmann fandt forskjellige Koefficienter 1.807—1.817 for Saltvand af forskjellig Styrke. (Om hafsvattnet utmed Bohuslänska Kusten K. V. Akad. Handl. 9. Bd. Stockholm 1870).
Smgl. endvidere O. Petterson og G. Ekmann «Grunddragen af Skageracks och Kattegats Hydrografi.» K. V. Akad. Handl. 24. Bd. Stokholm 1891 p. 1.

procenten af 0.002; man vil altsaa ifølge det ovenfor udviklede være udsat for at gjøre 0.004 % fejl.

B. Af Vægtfylden (Sp) fundet med Pyknometer $Dp^{15°}$ idet Saltmængden $Sp = (Dp^{15°} — 1) 129.56$. Koefficienten 129.56 har jeg fundet som Middeltal af 10 Analyser; den stemmer iøvrigt godt med den (129.49), der lader sig beregne af Tornøes Vægtfylde Koefficient 131.9 for Vægtfylden ved 17.°5 i Forhold til dest. Vand ved 17.°5[1]). En Fejl af 0.00001 i den fundne Vægtfylde foraarsager en Fejl af 0.001 % i den beregnede Saltmængde. Saltmængden kan altsaa ved Pyknometervejninger udføres med mindst 4 Gauge saa stor Nøjagtighed som ved Titrering med Sølvopløsninger af den angivne Styrke.

C. Som Middeltal (Sm) af S_{cl} og Sp. I Tabellerne vil man foruden Sm ogsaa i en særlig Rubrik finde angivet Afvigelsen A fra Middelsaltholdigheden, idet

$$A = Sp — Sm$$

Seer man bort fra Prøverne Nr. 99—114, hvor der finder særlige Forhold Sted og som derfor maa betragtes særskilt, var:

For Overfladevand A i 73 Tilfælde positiv og i Middeltal
$$= + 0,0026 \%$$
I 4 Tilfælde var $A = 0,0000 \%$
I 51 — negativ og i Middeltal
$$= — 0,0034 \%.$$

Som Middeltal af 123 Analyser er altsaa
$$A = + 0,0001 \%$$
med en sandsynlig Afvigelse til begge Sider af c: 0,003 %.

For Vand fra Dybden var
A i 58 Tilfælde positiv og i Middeltal $= + 0,0032 \%$
I 4 Tilfælde var $A = 0,0000 \%$
I 63 — var A negativ og i Middeltal $= — 0,0032 \%$

---

[1]) Tornøe: l. c. p. 54.

Som Middeltal af 125 Analyser af Vand fra Dybdeserierne er altsaa

$$A = \div 0.0002\ \%$$

med en sandsynlig Afvigelse til hegge Sider af c: 0.003 %.

Middeltallet for alle de foreliggende Analyser (med Undtagelse af Nr. 99—114) bliver: $A = 0.0000$ med en sandsynlig Afvigelse til begge Sider af 0.003 %. Da Middelfejlen altsaa er 0 og Afvigelsen lige ·stor til begge Sider, maa Klorkoefficienten (1.810) og Vægtfyldekoefficienten (129.56) være· rigtige, og de forefundne Afvigelser bero paa Forsøgsfejl, i Hovedsagen Fejl i Klorbestemmelserne. De, abnormt store Afvigelser ved Nr. 99—114 ville blive omtalte under '4· (Svovlsyrebestemmelser).

D. Direkte Saltbestemmelser. 1 et mindre Antal Tilfælde er der udført Kontrolanalyser ved Bestemmelse af den totale Saltmængde ved Inddampning efter Tornøes Methode [1]. En nøjagtig afvejet Mængde Saltvand — i Reglen den i Pyknometeret værende Vandmængde — blev inddampet til Tørhed i en rummelig Porcellænsdigel (vejet) og, efter at Laaget var paasat Diglen, blev den glødet over en almindelig Bunsensk Lampe i 5 Min., afkjølet i Exsiccator og vejet. En ubekjendt Mængde Magniumklorid bliver ved Glødningen omdannet til Magniumoxyd, hvorfor den fundne Saltmængde ogsaa altid er for lille.

For at bestemme hvor meget Magniumoxyd, der var dannet, blev Saltmassen i Diglen opløst i Vand under Tilsætning af en nøjagtig bekjendt Mængde ⅕ normal Saltsyre. Efter Tilsætning af Fenolfthalein som Indikator blev den ikke forbrugte Saltsyre titreret tilbage med ⅕ normal Natron under Opvarmning. Den saaledes fundne Mængde MgO (svarende til den forbrugte Mængde Saltsyre) blev multipliceret med Konstanten 1.375 [2] og Produktet adderet til den fundne Saltmængde. Ved de enkelte

---

[1] Tornøe 1. c. p. 55.

[2] $\dfrac{Mg\ Cl_2 - MgO}{MgO} = \dfrac{55}{40} = 1.375.$

Bestemmelser fik jeg følgende Resultater, hvor Sp betegner Saltmængden funden af Pyknometervejningerne, Sd den direkte ved Inddampning o. s v. fundne Saltmængde i Procent.

Nr. 57	51.9594^{grm}	Søvand gav	1.7907^{grm} Salt	$Sd = 3.446$ %	$Sp = 3.441$ %
Nr. 59	51.9206	—	- 1.7338	—	$Sd = 3.341$	$Sp = 3.341$
Nr. 60	51.9515	—	- 1.7944	—	$Sd = 3.454$	$Sp = 3.420$
Nr. 86	51.8610	—	- 1.6606	—	$Sd = 3.202$	$Sp = 3.189$
Nr. 87	51.3805	—	- 1.0046	—	$Sd = 1.955$	$Sp = 1.959$
Nr. 88	51.9507	—	- 1.7818	—	$Sd = 3.430$	$Sp = 3.419$[1]
Nr. 95 1)	51.9870	—	- 1.8248	—	$Sd = 3.510$	$Sp = 3.5115$
2)	51.9877	—	- 1.8197	—	$Sd = 3.500$	$Sp = 3.513$

Af de foretagne 8 Bestemmelser er $Sd-Sp$ i Middeltal $= +0.0079$ %, men Parallelforsøgene med Prøve Nr. 95 vise, at Differentsen mellem de enkelte Bestemmelser af Sd kan løbe op til 0.010 %, en omtrent ti Gange saa stor Fejl, som der er Udsigt til at gjøre ved Saltbestemmelser med Pyknometeret.

4. Svovlsyrebestemmelser.

Under Afsnit 3 C. er omtalt, at Differentsen mellem Salt-mængden beregnet af Pyknometervejningerne (Sp) og Middel-saltmængden (Sm), i Middeltal af 123 Analyser af Overflade-vand er positiv, idet

$$A = Sp - Sm = 0.0001 \text{ %}$$

med en sandsynlig Afvigelse til begge Sider af 0.003 %. Dette gjælder dog ikke for c. 15 Prøver, der ere optagne paa Hjem-rejsen fra Grønland til Kjøbenhavn i Oktober 1892. Medens Afvigelsen A for Prøverne Nr. 88—98 — der ere optagne mellem 65° N.Br. og 36° V. Lgd. og 60° N.Br. og 15° V. Lgd. — snart er positiv og snart er negativ og ikke fjerner sig langt

---

[1] Der er rimeligvis begaaet en Fejl ved Vægtfyldebestemmelsen, hvoraf Sp afhænger, da Scl (Saltholdighed af Klorbestemmelsen) er $= 3.426$ og altsaa nærmer sig stærkt til Sd. Sa er 3.428.

fra den sandsynlige Afvigelse 0.003 %, er Forholdet et andet
ved de følgende Prøver Nr. 99—114.

Ved at betragte Tabel 1 seer man, at for

Nr. 98 er $A = + 0.0001$ %

Nr. 99 - $A = — 0.0003$ %

men ved Nr. 100 springer A pludselig op til — 0.025 %. I de
følgende Numre er A ligeledes negativ, men Størrelsen er temme-
lig regelmæssig aftagende indtil Nr. 109, hvor $A = — 0.006$ %.
Derpaa bliver den normal, snart positiv, snart negativ.

Efter at gjentagne Titreringer havde overbevist mig om, at
disse usædvanlige Afvigelser ikke skyldes en eller anden For-
søgsfejl fra min Side, forekom det mig, at Fænomenet burde
betragtes særskilt, da de forefundne Afvigelser (i Maximum
— 0.025 %) jo langt overgaa de hos alle de andre Prøver fundne
Afvigelser, selv om de fra et almindelig kvantitativ analytisk
Synspunkt ingenlunde ere særlig paafaldende. For at faae en
bedre Oversigt over disse Forhold, har jeg fremstillet dem gra-
fisk i nedenstaaende Diagram.

Det Fænomen, der skal undersøges, er Afvigelsen A's
Variation med den geografiske Bredde og Længde, og er altsaa
en Funktion af tre Variable.

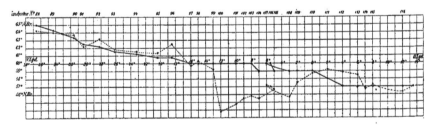

Skibets Kurs er gjengivet ved Kurven ————————
Stationerne ere gjengivne ved •
Afvigelsen fra Middelsaltholdigheden er gjengivet ved Kurven   • ....
Naar Kurven for Afvigelsen ligger ovenfor Kurven for Kursen, er Afvigelsen
   positiv i modsat Tilfælde negativ.
Afstanden mellem Kurven for Afvigelsen og Kurven for Kursen viser Af-
   vigelsens Størrelse idet ⌐⌐ er lig 0.004 %, ⌐⌐⌐ 0.008 %, ⌐⌐⌐⌐ 0.012 % osv.

En Funktion af to Variable, i dette Tilfælde Skibets Rejse
(med Angivelse af Lokaliteterne, hvor Prøverne ere tagne), kan
paa sædvanlig Maade fremstilles ved en Kurve i et Plan,
hvor Ordinaterne ere Bredden og Abcisserne Længden, og
Kurven altsaa gjengiver den tilbagelagte Vej, samtidig med at
Lokaliteterne, hvor Vandprøverne ere tagne, ere fremstillede
ved særligt fremhævede Punkter i Kurven. Er Fænomenet der-
imod afhængig af tre varierende Størrelser, maa man, naar man
vil være konsekvent, gjengive dets Gang ved en Kurve i
Rummet, hvad der ikke let lader sig udføre i Praxis; eller ogsaa
maa man gribe til andre mindre fuldkomne Gjengivelsesmidler af
Fænomenets Gang f. Ex. en Kombination af Farver og Kurver.
Jeg har dog, som man vil se paa vedføjede Figur, fundet en
Maade, hvorpaa der i det givne Tilfælde kan gjengives i et
Plan Variationerne af 1) Bredden, 2) Længden og 3) Afvigelsen
A. Denne Methode vil sikkert kunne anvendes med
Fordel til grafisk at fremstille alle Fænomener. hvis
Gang ere afhængige af tre, indbyrdes uafhængige
Variable. Fremgangsmaaden er følgende: Man tegner en
Kurve, der gjengiver de to Sider af Fænomenet — i det givne
Tilfælde Variationerne mellem Bredde og Længde — og lader
denne Kurve tjene som Abcisseakse for en ny Kurve, der gjen-
giver den tredje Variables Forandringer, altsaa i det givne Til-
fælde Afvigelsen fra Middelsaltholdigheden. Paa Figuren er
Skibets Kurs paa Hjemrejsen fra Tasiusak til Kjøbenhavn gjen-
givet ved en fuldt optrukken Kurve og Afvigelsen A fra
Middelsaltholdigheden ved en punkteret Kurve, der til Ab-
cisseakse har den fuldt optrukne Kurve. Betragter man den
punkterede Kurve, seer man, at den paa den første Del af Rejsen,
indtil Vandprøve Nr. 99, ikke fjerner sig langt fra den fuldt op-
trukne Kurve, men derpaa afviger meget betydeligt indtil Prøve
Nr. 114, hvorpaa Kurverne atter paa Resten af Rejsen omtrent
falde sammen.

At Afvigelsen A for Prøverne Nr. 99—110 er negativ, beroer, paa at S_{cl} er fundet større end Sp, og altsaa S_{cl} (Saltmængden beregnet af Klormængden) er for høj, idet:

$$A = Sp - Sm, \quad Sm = \frac{S_{cl} + Sp}{2}, \text{ altsaa } A = \frac{Sp - S_{cl}}{2}.$$

Den anvendte Klorkoefficient, 1.81, der, som tidligere anført, ved alle de andre. Analyser gav meget nær rigtige Resultater, er ved Prøverne Nr. 99—110 for høj, det vil sige, Saltene i de anførte Prøver af Havvand maa have en fra almindelig Havsalt noget forskjellig Sammensætning.

For direkte at undersøge om dette var Tilfældet, maatte jeg kvantitativt bestemme en eller flere af Havvandets andre Bestanddele foruden Kloret. Da der i de fleste Tilfælde kun var c. 100 cc Havvand tilbage af hver enkelt Prøve, var jeg noget indskrænket i Valget af de Stoffer, der kunde bestemmes. Jeg valgte at bestemme Svovlsyren, og Resultaterne af de første Analyser nødede mig til ogsaa at udstrække denne Undersøgelse over Vandprøverne fra de nærliggende Lokaliteter, saa at der alt i alt maatte foretages Svovlsyrebestemmelser paa Prøverne Nr. 95—115. For en ren kemisk Betragtning af Spørgsmaalet laa det maaske nærmere at udføre Basebestemmelser (navnlig af Natronet) i de paagjældende Tilfælde, men jeg valgte desuagtet at foretage Svovlsyrebestemmelser, da man gjennem Schmelck's [1] og A. Hamberg's [2] Undersøgelser har meget nøje Kundskab til Svovlsyremængden i Havvandet paa nordlige Breddegrader, hvorimod dette ikke med samme Ret kan siges om Natronbestemmelser, der kun foreligge i temmelig indskrænket Antal. Bestemmelserne bleve udførte med de af Schmelck angivne Forsigtighedsregler, og alle

---

[1] Den norske Nordhavs-Expedition 1876—78 IX Chemi I. »Om Søvandets faste Bestanddele«. Af L. Schmelck. p 14.
[2] A Hamberg. »Hydrografisk-kemiska Iagttagelser II. Bihang till K. Sv. Vetensk.-Akad. Handl. Bd. 10 Nr. 13 p. 1—14.

glødede Bundfald af Bariumsulfat bleve prøvede paa Klor, en Forholdsregel, der førte til, at adskillige af de foretagne Bestemmelser maatte udskydes, men som til Gjengæld gjør, at de 3 første Decimaler i Procenterne af SO_3 altid stemme overens i Parallelbestemmelserne, og at den 4de Decimal faaes tilnærmelsesvis rigtig. To Bestemmelser af samme Vandprøve afvige i Middeltal ikke mere end 0.0004 % fra hinanden. Svovlsyrebestemmelserne i Prøverne Nr. 95—115 vil man finde gjengivne paa Tabel 1, hvor tillige Forholdstallet $\dfrac{100\,SO_3}{Cl}$ er beregnet.

Schmelck og Hamberg fandt dette Forholdstal for normalt Havvand kun at fjerne sig meget lidt fra Værdien 11.4—11.5, og som Tabel 1 viser, finder dette ogsaa Sted for Prøve Nr. 95—99, men voxer saa hurtigt op til et Maximum af 11.70 i Prøve Nr. 100, for atter langsomt at synke temmelig regelmæssigt til 11.49 i Prøve Nr. 106. Derpaa stiger det til Maximum 11.97 i Prøve Nr. 111, hvorpaa det synker ned til Normalen 11.45 i Nr. 115.

Svovlsyrebestemmelserne vise altsaa, at der ved Prøverne Nr. 97—114 finder en Uregelmæssighed Sted i Havvandets kemiske Sammensætning i kvantitativ Henseende, den samme Uregelmæssighed, som, om end mindre sikkert og i ikke saa udstrakt Maalestok, lod sig spore ved Afvigelserne fra Middelsaltholdigheden, som omtalt ovenfor. Der maa tillige have været en lignende Variation i Basernes indbyrdes Forhold, (specifisk tungere Baser Natron eller Kalk maa delvis være blevne erstattede, formodentlig af Magnesia), men som omtalt tillod de givne Vandmængder kun at udføre Svovlsyrebestemmelser.

Alkalinitetsbestemmelser.

Paa Grund af de forelagte Vandprøvers Opbevaringsmethode lod der sig ikke foretage paalidelige Bestemmelser af den i

Vandet opløste Luft. Derimod er der foretaget en Del Alkalinitetsbestemmelser, d. v. s. Bestemmelser af den neutralbundne Kulsyre. Dennes Mængde vil ikke kunne forandres ved Prøvernes Opbevaring, selv om de i Vandet i Opløsning værende eller mekanisk opslemmede, organiske Stoffer ved den i alt Søvand tilstedeværende Ilt, er bleven helt eller delvis omdannet til Kulsyre. Den saaledes mulig opstaaede Kulsyre kan kun forøge Mængden af fri eller halvbunden Kulsyre, medeus Alkaliniteten uforandret maa blive den samme, naar Svovlsyren ikke er bleven reduceret til Svovlbrinte.

Alle de undersøgte Prøver reagerede i Kulden alkalisk paa Fenolfthalein og behøvede flere Draaber $^{1}/_{20}$ normal Svovlsyre, for at den røde Farve fuldstændig skulde forsvinde. Heraf sees, at al den tilstedeværende Kulsyre var bundet til Alkali, og tillige, at Kulsyremængden ikke var tilstrækkelig til at neutralisere alt det tilstedeværende Alkali. Der forelaa altsaa Blandinger af Na_2CO_3 og $NaHCO_3$, hvori den sidste Bestanddel dog var den langt overvejende. Tornøe's Erfaringer for Vand fra det nordlige Atlanterhav gaa ganske i den samme Retning[1]), og A. Hamberg har viist[2]): «Att hafsvattnets Kolsyrehalt är beroende af bland annat kolsyrans tension i luften, samt, att om deuna tension är låg såsom i vanlig luft, hafsvattnet aldrig förmår binda så mycket kolsyra, som motsvarar ett fuldständigt bikarbonat».

Alkalinitetsbestemmelserne ere udførte ved til 100—200 cc Havvand, afvejet paa en analytisk Vægt, at sætte en vis Mængde $^{1}/_{20}$ normal (i enkelte Tilfælde $^{1}/_{100}$ normal) Svovlsyre og i en Kolbe med tilbagegaaende Svaleapparat at afdestillere al Kulsyren. Naar Væsken har været i Kog i 10—15 Min. tilsættes nogle Draaber af en Opløsning af Fenolfthalein, og Svovl-

---

[1]) Den norske Nordhavs-Expedition 1876—78 Chemi 2. H. Tornøe «Om Kulsyren i Søvandet»

[2]) Hamberg p. 42.

syren overmættes med et ringe Overskud af $^1/_{20}$ normal Natron, der titreres tilbage $^1/_{20}$ normal Svovlsyre. Af Differentserne mellem den forbrugte Mængde Svovlsyre og Natron lader den neutralbundne Kulsyre sig beregue paa sædvanlig Maade. De fundne Resultater ere gjengivne i Tabel II for Vandprøverne fra Stationerne Nr. I—VIII; som Milligram Kulsyre i 1000 Gram Sø-vand. Alle Prøverne bleve filtrerede gjennem askefri Filtre, før Analyserne foretoges.

Tabel I. Temperatur, Saltholdig

Vand-prøve Nr.	Datum	Klokkeslet	N. Bredde	Længde	Temperatur i Havet	Observationer med Glasaræometer			$Dp^{15\,0}$
						Vægt-fylde	Temp. i Havet	Salthol-dighed i Procent	
			° ′	° ′					
1	¹⁷/₆ 1891	12 Md.	64 04	5 26 V.	+ 6.1	1.0268	+ 19.5	3.56	1.0)
2	— —	4 Em.	64 20	5 40	+ 5.8	1.0274	15.8	3.54	1.0)
3	— —	8 Em.	64 36	5 52	+ 5.8	1.0270	16.8	3.52	1.0)
4	¹⁸/₆ —	12 Mdnt.	64 57	6 04	+ 5 9	1.0265	19.0	3.52	1.0)
5	— —	4 Fm.	65 20	6 18	+ 6.2	1.0284	6.3	3.52	1.0?
6	— —	Fm.	65 47	6 23	+ 6.1	1.0284 ¹) ·	6.7	3.53	F)
11	—. —	8 Em.	66 00	7 00	+ 5.9	1.0271	15.4	3.50	1.0
12	¹⁹/₆ —	8 Fm.	66 32	8 38	+ 2.9	1.0270	15.5	3.485	1.0
13	— —	8 Em.	67 24	10 53	+ 1.5	1.0270	15.8	3.49	1.0
14	²⁰/₆ —	8 Fm.	68 14	13 08	— 0.6	1.0259	15.8	3.35	1.0
15	— —	8 Em.	68 09	13 22	— 0.3	1.0258	16.1	3.35	1.0
16	²¹/₆ —	8 Fm.	68 05	13 30	— 0.1	1.0261	13.9	3.34	1.0
17	— —	8 Em.	68 18	14 04	+ 0.7	1.0269	13.3	3.43	1.0
18	²²/₆ —	8 Fm. ·	68 23	14 04	+ 0.8	1.0266	13.3	3.39	1.0
19	— —	8 Em.	68 19	13 34	— 0.9	1.0275	13.5	3.51	1.0
20	— —	Fm.	68 24	14 04	— 1.0	1.0263	13.6	3.36	1.0
28	²³/₆ —	9 Fm.	68 13	13 50	— 0.2	1.0271	14.0	3.46	1.0
29	— —	9 Em.	68 15	12 46	— 0.3	1.0259	15.0	3.33	1.0
30	²⁴/₆ —	8 Fm.	68 44	12 03	— 0.1	1.0261	14.0	3.34	1.0
31	— —	8 Em.	69 21	11 07	+ 0.8	1.0252	18.0	3.32	1.0
32	²⁵/₆ —	Fm.	69 51	11 18	— 0.2	1.0256	18.1	3.37	1.0
38	— —	10 Em.	69 57	9 40	+ 0.5	1.0261	15.1	3.36	1.0
41	²⁶/₆ —	8 Em.	70 21	8 25	— 0.4	1.0261	13.8	3.34	1.0
42	²⁷/₆ —	8 Fm.	70 32	8 10	— 0.1	1.0262	13.9	3.35	1.0
43	— —	8 Em.	70 42	7 40	+ 0.6	1.0267	14.2	3.39	1.0
44	²⁸/₆ —	8 Fm.	70 44	7 15	+ 0.6	1.0241	13.2	3.10	1.0
45	— —	8 Em.	70 39	6 03	+ 2.6	1.0264	15.0	3.39	1.0

¹) Foretaget under Prøvetagningen til Søs.

Salthol **i.i. i Overfladen.**

Titrering Ct %/o	Sca %/o Saltholdighed af Ct %/o	Sp %/o Saltholdighed af Dp¹⁵°	Sm Middelsaltholdighed $\frac{Sp+Sca}{2}$	A Afvigelse fra Middeltallet $Sp \div Sm$	Anmærkning.
Procent	Procent	Procent	Procent	Procent	
1.8	3.490	3.498	3.494	+ 0.004	
1.3	3.482	3.488	3.485	+ 0.003	
1.5	3.502	3.507	3.5045	+ 0.0025	
1.4	3.501	3.503	3.5015	+ 0.0005	
1.8	3.529	3.528	3.528	— 0.0005	
	....	....	....	....	Station I.
1.7	3.488	3.488	3.488	0.000	
1.1	3.459	3.461	3.460	+ 0.001	
1.2	3.460	3.464	3.462	+ 0.002	
1.8	3.295	3.310	3.303	+ 0.007	I Iskanten.
1.7	3.342	3.334	3.338	— 0.004	—
1.2	3.317	3.326	3.321	+ 0.005	—
1.3	3.372	3.351	3.362	— 0.010	5—6 Mil indenfor Iskanten.
1.9	3.364	3.369	3.367	+ 0.002	— — —
1.0	3.494	3.481	3.487	— 0.006	8—4 Mil — —
1.3	3.335	3.344	3.340	+ 0.004	5—6 Mil — — Station II
1.7	3.488	3.4865	3.487	— 0.0005	I Iskanten.
1.9	3.274	3.273	3.2735	— 0.0005	Udfor Iskanten.
1.3	3.337	3.321	3.329	— 0.008	— —
1.0	3.295	3.309	3.302	+ 0.007	— —
1.3	3.336	3.334	3.335	— 0.001	Station III.
1.3	3.317	3.300	3.3085	— 0.0085	Station IV. Meget spredt Is.
1.0	3.312	3.314	3.313	+ 0.001	Station VI.
1.5	3.338	3.345	3.3415	+ 0.0035	I en Vaage i Isen.
1.4	3.337	3.348	3.344	+ 0.004	I spredt Is.
1.3	3.299	3.301	3.300	+ 0.001	—
1.1	3.350	3.362	3.356	+ 0.006	Udenfor Isen.

Vand-prøve Nr.	Datum	Klokkeslet	N. Bredde	Længde	Temperatur i Havet	Observationer med Glasaræometer		
						Vægtfylde	Temp. i Glasset	Saltholdighed i Procent
			° ′	° ′				
46	²⁹/₆ 1891	8 Fm.	70 50	5 05 V.	+ 1.5	1.0260	15.0	3.34
47	— —	8 Em.	70 26	5 08	+ 1.9	1.0261	15.0	3.35
48	³⁰/₆ —	8 Fm.	70 09	4 45	+ 4.0	1.0274	15.0	3.52
49	— —	8 Em.	70 21	3 20	+ 2.1	1.0260	14.9	3.45
50	¹/₇ —	8 Fm.	70 46	2 28	+ 5.4	1.0272	14.8	3.51
51	— —	8 Em.	70 28	1 02	+ 6.4	1.0274	20.0 ¹)	3 65
52	²/₇ —	8 Fm.	71 34	0 12 Ø.	+ 5.6	1.0270	14.7	3.49
53	— —	8 Em.	71 49	0 07 V.	+ 0.9	1.0240	21.7	3.24
54	³/₇ —	8 Fm.	72 02	1 05	+ 0.3	1.0250	20.6	3.36
55	— —	8 Em.	72 33	0 10	+ 0.2	1.0248	20.8	3.34
56	⁴/₇ —	Fm.	72 46	0 13 Ø.	— 0.1	1.0250	19.7	3.34
185	— —	8 Em.	72 54	0 18	+ 1.0	1.0263	15.6	3.40
186	⁵/₇ —	8 Fm.	72 50	1 20	+ 0.7	1.0266	15.8	3.44
187	— —	8 Em.	73 17	0 20	+ 0.9	1.0266	15.8	3.44
188	⁶/₇ —	8 Fm.	73 47	0 48 V.	+ 0.3	1.0261	15.8	3.38
189	— —	8 Em.	73 54	0 19	+ 0.5	1.0260	15.8	3.36
191	⁷/₇ —	8 Em.	74 18	2 40 Ø.	+ 1.4	1.0271	13.2	3.45
192	⁸/₇ —	8 Fm.	74 50	1 51	+ 1.4	1.0278	13.2	3.54
193	— —	8 Em.	75 24	0 08	+ 1.5	1.0273	13.4	3.48
194	⁹/₇ —	8 Fm.	76 04	0 38 V.	+ 1.2	1.0267	13.4	3.50
195	— —	8 Em.	76 07	2 00	+ 1.0	1.0262	14.2	3.36
190	¹⁰/₇ —		76 07	3 25		1.0012	16.0	0.12
196	— —		76 07	3 25		1.0011	14.0	0.09
197	— —	8 Fm.	76 00	2 54	+ 1.0	1.0262	14.0	3.36
202	— —	8 Em.	75 57	4 15	— 0.1	1.0266	14.0	3.41
205	¹¹/₇ —	8 Fm.	75 37	6 40	— 0.1	1.0264	13.6	3.37
209	— —	8 Em.	75 33	7 09	— 0.7	1.0261	14.4	3.35
211	¹²/₇ —	8 Em.	75 27	7 42	+ 0.5	1.0255	17.8	3.35

¹) Er rimeligvis læst fejlt af.

)**sættelse.**)

	S_{ca} %/o Saltholdighed af Cl %/o	S_p %/o Saltholdighed af $D_p^{15°}$	S_m %/o Middelsaltholdighed $\dfrac{S_p + S_{ca}}{2}$	A Afvigelse fra Middeltallet $S_p \div S_m$	Anmærkning.
ot t	Procent	Procent	Procent	Procent	
8	3.330	3.334	3.332	+ 0.002	Udenfor Isen.
8	3.326	3.335	3.330	+ 0.004	I en stor Vaage i Isen.
9	3.441	3.433	3.438	— 0.004	Udenfor Isen.
8	3.315	3.3025	3.3085	— 0.006	Langs Iskanten.
9	3.498	3.497	3.497	0.000	Udenfor Iskanten.
9	3.483	3.4865	3.485	+ 0.002	Tæt ved Iskanten.
8	3.385	3.392	3.390	+ 0.002	I spredt Is.
7	3.195	3.199	3.197	+ 0.002	—
8	3.296	3.312	3.304	+ 0.007	—
9	3.387	3.401	3.394	+ 0.007	—
8	3.312	3.317	3.314	+ 0.0025	— Station VIII.
8	3.388	3.3945	3.3915	+ 0.003	—
8	3.418	3.415	3.417	— 0.002	Udenfor Iskanten.
8	3.395	3.402	3.399	+ 0.002	I spredt Is.
8	3.345	3.444	3.344	— 0.0005	—
8	3.357	3.361	3.359	+ 0.002	—
9	3.471	3.477	3.474	+ 0.003	I Iskanten.
9	3.479	3.467	3.473	— 0.006	—
8	3.426	3.424	3.425	— 0.001	Langs Iskanten i spredt Is.
8	3.344	3 350	3.347	+ 0.003	— — —
8	3.337	3.331	3.334	— 0.003	I spredt Is indenfor Iskanten.
08	0.175	0.219	0.197	+ 0.022	Vand taget paa Isen.
00	0.009	0.003	0.006	— 0.003	Smeltet Is.
8	3.329	3.330	3.330	0.000	I spredt Is.
8	3.337	3.331	3.334	— 0.003	Station IX.
8	3.337	3.331	3.334	.— 0.003	Station X. 25 Mil indenfor Iskanten.
8	3.337	3.326	3.3315	— 0.006	I Isen.
8	3.322	3.313	3.3175	— 0,005	I Iskanten.

Vand-prøve. Nr.	Datum	Klokkeslet	N. Bredde	Længde	Temperatur i Havet	Observationer med Glasaræometer		
						Vægt-fylde.	Tomp. i Glasset	Salthol-dighed i Procent
			° ′	° ′				
212	¹³/₇ 1891	Fm.	75 06	10 29 V.	— 0.2	1.0254	17.8	3.34
218	¹⁵/₇ —	8 Fm.	75 01	11 08	— 0.7	1.0251	18.2	3.31
219	— . —	8 Em.	74 45	11 42	— 0.1	1.0250	18.2	3.30
225	¹⁶/₇ —	8 Fm.	74 45	11 42	+ 0.3	1.0274¹)	0.1	3.35
226	— —	8 Em.	74 45	11 42	— 0.5	1.0259	16.6	3.37
230	¹⁸/₇ —	8 Fm.	74 17	15 20	+ 0.5	1.0274¹)	0.0	3.35
227	— —	8 Em.	74 17	16 02	+ 1.1	1.0219	16.8	2.85
234	¹⁹/₇ —	8 Fm.	74 15	16 01	+ 0.1	1.0264¹)	1.0	3.32
236	— —	7 Em.	74 07	17 30	+ 1.4	1.0251	14.9	3.22
237	²⁰/₇ —	8 Fm.	73 40	19 58	+ 2.6	1.0226¹)	3.4	2.73
241	²¹/₇ —	8 Em.	73 34	20 17	+ 2.6	1.0202	16.2	2.61
242	²²/₇ —	8 Fm.	73 27	20 04	+ 2.2	1.0209	16.2	2.70
243	²³/₇ —	8 Fm.	73 10	20 27	+ 3.2	1.0192	16.3	2.49
248	— —	7 Em.	72 53	20 38	+ 1.2	1.0188¹)	1.4	2.25
249	²⁵/₇ —	8 Fm.	72 50	20 58	+ 0.3	1.0233	16.7	3.03
250	— —	8 Em.	72 40	20 26	— 0.3	1.0256¹)	0.3	3.11
251	²⁶/₇ —	8 Fm.	72 41	20 16	— 0.5	1.0240	16.8	3.12
252	²⁷/₇ —	Fm.	72 27	19 52	+ 0.2	1.0237	16.9	3.11
257	³⁰/₇ —	8 Em.	71 59	21 05	+ 0.3	1.0231	14.1	2.95
258	³¹/₇ —	8 Fm.	71 02	20 52	— 0.2	1.0250	14.2	3.21
259	— —	8 Em.	70 34	20 56	+ 0.4	1.0254	14.6	3.27
260	¹/₈ —	8 Fm.	70 22	20 56	+ 0.4	1.0250	14.3	3.21
261	— —	8 Em.	70 14	21 04	+ 0.1	1.0253	14.6	3.26
262	²/₈ —	8 Fm.	70 09	21 17	+ 0.3	1.0251	14.8	3.24
263	— —	8 Em.	70 22	22 57	+ 0.4	1.0251	13.8	3.21
268	⁷/₈ —	Fm.	70 25	23 54	+ 5.9	1.0194	14.0	2.46
271	¹⁹/₈ —	8 Fm.	70 27	26 12	+ 7.5	1.0130	14.4	1.64
272	— —	8 Em.	70 27	26 12	+ 8.4	1.0135	14.5	1.71

¹) Foretaget til Søes under Prøvetagningen.

sættelse.)

	Sca % Saltholdighed af Ct %	Sp % Saltholdighed af $Dp^{15°}$	Sm % Middelsaltholdighed $\frac{Sp+Sca}{2}$	A Afvigelse fra Middeltallet $Sp - Sm$	Anmærkning.
t	Procent	Procent	Procent	Procent	
8	3.292	3.288	3.290	— 0.002	Station XI. 33 Mil indenfor Iskanten.
8	3 307	3 309	3.308	+ 0.001	I spredt Is.
8	3.299	3.304	3.302	+ 0.002	Station XII. I spredt Is.
	. . . .	. . . .	. . . .	. . . .	I spredt Is.
9	3.281	3.295	3.288	+ 0.007	—
	. . . .	. . . .	. . . .	. . . .	Station XIII. Svær Is.
5	2.858	2.846	3.852	÷ 0.006	I spredt Is.
	. . . .	. . . .	. . . .	. . . .	Fortøjet ved en Isflage.
7	3.203	3.190	3.201	— 0.011	Station XIV. C. 9 Mil fra Land.
	. . . .	. . . .	. . . .	. . . .	I meget spredt Is. C. 3 Mil fra Land.
4	2.616	2.613	2.615	— 0.002	I spredt Is. C. 2 Mil fra Land.
3	2.705	2.705	2.705	0.000	Mellem Isen og Land.
3	2.511	2.502	2.506	— 0.004	— — Udfor for Frants Josefs Fj.
	. . . .	. . . .	. . . .	. . . .	Station XV. 8 Mil fra Land.
7	3.091	3.095	3.093	+ 0.002	I tæt Is i svær Drift.
	. . . .	. . . .	. . . .	. . . .	I meget spredt Is.
7	3.156	3.143	3.150	— 0.007	Spredt Is.
7	3.120	3.106	3.113	— 0.007	Mellem Isen. Station XVI.
6	2.947	2.944	2.945	— 0.001	I spredt Is.
7	3.188	3.182	3.185	— 0.003	—
7	3.247	3.240	3.244	— 0.004	I aabent Vand udfor Scoresby Sund.
7	3.247	3.242	3.244	— 0.002	— —
7	3.232	3.227	3.330	÷ 0.003	— —
7	3.232	3.227	3.330	— 0.003	— —
7	3.173	3.174	3.174	+ 0.0006	Ved Sydenden af Jamesons Land.
37	2.482	2.481	2.4815	— 0.0005	I Scoresby Sund. Station XVIII.
2	1.666	1.665	1.666	— 0.001	Hekla Havn og Scoresby Sund.
2	1.673	1.674	1.673	+ 0.001	— —

Vand-prøve Nr.	Datum	Klokkeslet	N. Bredde	Længde	Temperatur i Havet	Observationer med Glasaræometer			$Dp^{15°}$
						Vægtfylde	Temp. i Glasset	Saltholdighed i Procent	
			° ′	° ′					
282	$^{21}/_8$ 1891	8 Fm.	70 33	24 27 V.	+ 7.3	1.0134	14.5	1.70	1.0
273	— —	4 Fm.	70 31	25 35	+ 6.1	1.0172	13.1	2.15	1.0
292	— · —	Md.	70 39	25 00	+ 7.5	1.0139	13.4	1.74	1.0
297	— —	2 Em.	70 36	24 32	+ 7.9	1.0145	13.7	1.83	1.0
293	— —	4 Em.	70 34	24 04	+ 7.2	1.0154	13.0	1.91	1.0
298	— —	6 Em.	70 30	23 51	+ 7.6	1.0140	14.0	1.77	1.0
274	$^{22}/_8$ —	8 Fm.	70 30	22 30	+ 8.1	1.0187	14.0	2.37	1.0
280	$^{23}/_8$ —	11 Fm.	70 30.5	24 50	+ 7.5	1.0151	13.0	1.87	1.8
125	$^2/_{10}$ —	Md.	70 25	26 20	— 1.2	. . . .	. . .	. . .	Fl
129	$^{16}/_2$ 1892	1 Em.	70 25	26 20	— 1.4	. . . .	. . .	. . .	Fl
136	$^{23}/_3$ —	Md.	70 25	26 20	— 1.8	. . . .	. . .	. . .	Fl
148	$^{19}/_4$ —	Fm.	70 25	26 20	— 1.9	1.0244	11.4	3.06	1.0
137	$^8/_8$ —	11 Fm.	70 30	25 20	—	1.0088	14.6	1.10	1.0
138	— —	8 Em.	70 30	24 30	+ 2.3	1.0040	14.9	0.47	1.0
139	$^9/_8$ —	8 Em.	70 30	24 30	+ 1.5	1.0040	15.0	0.47	1.0
140	$^{10}/_8$ —	8 Fm.	70 30	24 00	+ 1.1	1.0037	15.0	0.43	1.0
165	$^{13}/_8$ —	8 Em.	69 38	23 00	— 0.2	1.0242	13.5	3.08	1.0
169	$^{14}/_8$ —	8 Fm.	69 18	23 45	+ 1.1	1.0239	16.4	3.10	1.0
170	— —	8 Em.	69 16	23 25	+ 0.3	1.0242	16.6	3.14	1.0
171	$^{15}/_8$ —	8 Fm.	69 36	22 26	+ 0.8	1.0242	16.8	3.15	1.0
173	— —	8 Em.	69 37	20 40	— 0.5	1.0236	16.7	3.07	1.0
65	$^{30}/_8$ —	8 Em.	67 10	25 22	+ 0.8	1.0243	13.3	2.94	1.0
66	$^{31}/_8$ —	8 Fm.	66 55	25 29	+ 2.9	1.0250	13.1	3.17	1.0
67	— —	8 Em.	66 32	27 00	+ 1.0	1.0243	13.2	3.09	1.
68	$^1/_9$ —	8 Fm.	66 18	26 32	+ 2.7	1.0262	13.8	3.35	1.
70	$^2/_9$ —	8 Fm.	65 50	26 54	+ 7.8	1.0276	13.9	3.54	1.
72	$^3/_9$ —	8 Fm.	66 07	29 15	+ 2.0	1.0259	14.0	3.32	1.
73	— —	8 Em.	66 14	31 15	+ 0.3	1.0243	14.0	3.10	1.
74	$^4/_9$ —	8 Fm.	65 48	31 00	+ 0.3	1.0251	14.0	3.21	1.
75	— —	8 Em.	65 20	30 29	+ 9.3	1.0271	14.0	3.47	1

Fortsættelse.)

	$Sca\ \%$ Saltholdighed af $Cl\ \%$	$Sp\ \%$ Saltholdighed af $Dp^{15°}$	$Sm\ \%$ Middelsaltholdighed $\dfrac{Sp + Sca}{2}$	A Afvigelse fra Middeltallet $Sp - Sm$	Anmærkning.
	Procent	Procent	Procent	Procent	
0.9	1.674	1.673	1.673	-- 0.0007	Udfor Milnes Land. Mange Isfjælde.
1.1	2.162	2.160	2.161	— 0.001	Station XIX.
0.9	1.7315	1.727	1.729	— 0.002	Station XX.
1.0	1.857	1.859	1.858	+ 0.001	Station XXI.
1.0	1.949	1.950	1.944	+ 0.0005	Station XXII.
1.3	1.888	1.899	1.8885	+ 0.0005	Station XXIII.
1.3	1.359	2.557	2.558	— 0.001	I Mundingen af Hurry Inlet.
1.8	1.890	1.892	1.891	+ 0.001	Station XXIV.
	....	....	....	....	Udfor Hekla Havn. Station XXV. Serie
	....	....	....	....	— — — —
	....	....	....	....	— —
1.0	3.044	3.045	3.0445	+ 0.0005	— — — —
0.6	1.111	1.114	3.1125	+ 0.0015	Spredt Is.
0.2	0.484	0.496	0.490	+ 0.006	I tæt Is.
0.2	0.482	0.483	0.483	+ 0.0005	Meget spredt Is.
0.2	0.477	0.478	0.478	+ 0.0005	Megen Is.
1.7	3 098	3.077	0.088	— 0.011	I spredt Is. 5 Kvartmil fra Kysten.
1.7	3.098	3.089	0.093	— 0.004	Isen noget tæt. 12 — —
1.7	3.143	3.133	3.137	— 0.004	I spredt Is. 16 — —
1.7	3.158	3.146	3.152	— 0.006	— 12 — —
1.6	3.068	3.069	3.069	+ 0.0004	-- 40 — —
1.7	3.082	3.100	3.091	+ 0.009	
1.7	3.173	3.170	3.172	— 0.001	
1.7	3.089	3.080	3.084	— 0.004	
1.8	3.333	3.336	3.334	+ 0.002	
1.9	3.493	3.496	3.345	+ 0.002	
1.8	3.304	3.310	3.307	+ 0.003	
1.7	3.080	3.082	3.081	+ 0.001	
1.7	3.223	3.326	3.324	+ 0.002	
1.9	3.486	3.492	3.490	+ 0.002	

nd-øve r.	Datum	Klokkeslet	N. Bredde	Længde	Temperatur i Havet	Observationer med Glasaræometer			$Dp^{15°}$ Vægtfylde ved 15°
						Vægt-fylde	Temp. i Glasset	Salthol-dighed i Procent	
			° ′	° ′					
76	⁵/₉ 1892	8 Fm.	65 15	30 13 V.	+ 9.3	1.0276	14.3	3.54	1.026
77	— —	8 Em.	65 04	30 24	+ 9.5	1.0276	14.5	3.54	1.026
78	⁶/₉ —	8 Fm.	64 50	30 30	+ 8.8	1.0273	14.6	3.505	1.026
79	— —	8 Em.	64 41	31 00	+ 8.3	1.0273	15.0	3.51	1.026
80	⁷/₉ —	8 Fm.	64 55	32 02	+ 8.3	1.0272	15.2	3.50	1.027
81	— —	8 Em.	65 12	33 53	+ 7.9	1.0273	15.4	3.52	1.026
82	⁸/₉ —	8 Fm.	65 05	33 53	+ 7.6	1.02695	16.8	3.52	1.026
83	— —	8 Em.	64 48	33 52	+ 7.5	1.0280	12.0	3.54	1.026
84	⁹/₉ —	8 Fm.	64 44	34 31	+ 7.8	1.0280	11.9	3.54	1.026
85	— —	8 Em.	64 45	35 11	+ 7.3	1.0277	11.7	3.50	1.026
86	¹⁰/₉ —	8 Fm.	65 08	36 15	— 0.7	1.0255	11.6	3.20	1.026
87	— —	8 Em.	I Havnen		+ 0.3	1.0158	11.6	1.95	1.016
88	²⁶/₉ —	8 Em.	65 00	36 29	+ 2.8	1.0272	11.6	3.43	1.026
89	²⁷/₉ —	8 Fm.	64 20	34 20	+ 7.4	1.0279	12.4	3.54	1.026
90	— —	8 Em.	63 31	31 56	+ 7.5	1.0276	12.4	3.50	1.026
91	²⁸/₉ —	8 Fm.	62 57	30 21	+ 8.3	1.0279	12.2	3.53	1.027
92	— —	8 Em.	62 21	28 12	+ 8.8	1.0279	12.2	3.53	1.026
93	²⁹/₉ —	8 Fm.	61 41	26 05	+ 8.9	1.0280	12.2	3.55	1.026
94	— —	8 Em.	61 15	23 09	+ 9.5	1.0280	12.2	3 55	1.026
95	³⁰/₉ —	8 Fm.	60 53	20 21	+ 9.5	1.0281	12.4	3 56	1.027
96	— —	8 Em.	60 40	18 53	+ 10.3	1 0281	12.4	3.56	1.026
97	¹/₁₀ —	8 Fm.	60	16	+ 10.1	1.0280	12.8	3.56	1.026
98	— —	8 Em.	60	15	+ 9.5	1.0281	13.2	3.58	1.027
99	²/₁₀ —	8 Fm.	60	13	+ 10.3	1.0276	14.6	3.54	1.026
00	— —	8 Em.	60	12	+ 10.3	1.0280	14.6	3.60	1.026
01	³/₁₀ —	8 Fm.	60	10	+ 10.8	1.0276	14.8	3.55	1.026
02	— —·	8 Em.	60	9	+ 10.1	1.0278	15.0	3.57	1.026
03	⁴/₁₀ —	8 Fm.	60	8	+ 10.3	1.0276	14.6	3.54	1.026
04	— —	8 Em.	59	7	+ 10.3	1.0277	14.4	3.56	1.026
05	⁵/₁₀ —	8 Fm.	59	5	+ 10.3	1.0271	14.8	3.57	1.026

(Fortsættelse.)

Kæmrking	$Sca\%$ Saltholdighed af $Cl\%$	$Sp\%$ Saltholdighed af $Dp^{15°}$	$Sm\%$ Middelsaltholdighed $\frac{Sp+Sca}{2}$	A Afvigelse fra Middeltallet $Sp - Sm$	Anmærkning	SO_3 Svovlsyre-mængde Procent	Forholdstal mell. Svovl-syre og Klor. $\frac{100\,SO_3}{Cl}$
Procent	Procent	Procent	Procent	Procent			
11.9	3.486	3.489	3.487	+ 0.002			
11.8	3.487	3.494	3.491	+ 0.003			
11.8	3.447	3.450	3.4485	+ 0.0015			
11.8	3.495	3.497	3.496	+ 0.001			
11.9	3.510	3.499	3.504	— 0.005			
11.9	3.483	3.496	3.490	+ 0.006			
11.6	3.512	3.513	3.513	+ 0.001			
1.9	3.501	3.493	3.497	— 0.004			
1.9	3.499	3.501	3.500	+ 0.001			
1.9	3.490	3.502	3.496	+ 0.006			
1.7	3.187	3.189	3.188	+ 0.001	Mange Isfjælde, c. 30 Mil af Land.		
1.0	1.942	1.959	1.950	+ 0.009	I Tasiusak ved Angmagsalik.		
1.8	3.426	3.419	3.422	— 0.003			
1.9	3.498	3.498	3.498	— 0.0001			
1.9	3.495	3.4955	3.495	+ 0.0002			
1.9	3.495	3.494	3.495	— 0.0005			
1.9	3.494	3.502	3.498	+ 0.004			
1.9	3.547	3.548	3.548	+ 0.0003			
1.9	3.502	3.506	3.504	+ 0.002			
1.9	3.506	3.512	3.509	+ 0.003		0.2247	11.48
1.9	3.503	3.515	3.509	+ 0.006		0.2221	11.47
1.9	3.521	3.520	3.5205	— 0.0003		0.2255	11.59
1.9	3.517	3.520	3.519	+ 0.001		0.2260	11.63
1.9	3.533	3.527	3.530	— 0.003		0.2282	11.67
1.9	3.572	3.522	3.547	— 0.025		0.2313	11.70
1.9	3.572	3.5305	3.551	— 0.021		0.2302	11.67
1.9	3.589	3.5525	3.571	— 0.018		0.2310	11.67
1.9	3.556	3.522	3.539	— 0.017		0.2289	11.64
1.9	3.547	3.519	3.533	— 0.014		0.2275	11.61
1.9	3.523	3.501	3.512	— 0.011		0.2246	11.54

Tab

Vand-prøve Nr.	Datum	Klokkeslet	N. Bredde	Længde	Temperatur i Havet	Observationer med Glasaræometer			$Dp_{15°}$ Vægtfylde ved 15°
						Vægt-fylde	Temp. i Glasset	Salthol-dighed i Procent	
			°	°					
106	⁵/₁₀ 1892	8 Em.	60	5 V.	+ 10.3	1.0276	14.7	3.55	1.0
107	⁶/₁₀ —	8 Fm.	60	6	+ 10.9	1.0276	14.8	3.55	1.0
108	— —	8 Em.	59	3	+ 10.7	1.0271	15.0	3.48	1.0
109	⁷/₁₀ —	8 Fm.	59	2	+ 11.1	1.0275	14.6	3.53	1.0
110	— —	8 Em.	59	0	+ 9.5	1.0275	15.0	3.53	1.0
111	⁸/₁₀ —	8 Fm.	58	2 Ø.	+ 10.3	1.0275	15.0	3.53	1.0
112	— —	8 Em.	57	4	+ 10.3				
113	⁹/₁₀ —	8 Fm.	57	6 .	+ 10.2	1.0273	15.2	3.52	1.0
114	— —	8 Em.	57	7	+ 12.3	1.0219	15.4	2.82	1.0
115	¹⁰/₁₀ —	8 Fm.	57	8	+ 11.8	1.0226	15.4	2.91	1.0
116	— —	8 Em.	57	12	+ 12.3	1.0254	15.6	3.27	1.0
117	¹¹/₁₀ —	8 Fm.	I Kattegat		+ 12.3	1.0169	15.6	2.16	1.0

sættelse.)

Titrering	Sca % Saltholdighed af Cl %	Sp % Saltholdighed af $Dp^{15\,0}$	Sm % Middelsaltholdighed $\dfrac{Sp + Sca}{2}$	A Afvigelse fra Middeltallet $Sp - Sm$	SO_3 % Svovlsyremængde	Forholdstal mell. Svovlsyre og Klor. $\dfrac{100\,SO_3}{Cl}$
nt	Procent	Procent	Procent	Procent	Procent	
)	3.547	3.523	3.535	— 0.012	0.2253	11.49
7	3.560	3.527	3.538	— 0.011	0.2274	11.56
)	3.529	3.502	3.515	— 0.013	0.2288	11.71
)	3.5285	3.516	3.522	— 0.006	0.2291	11.75
3	3.523	3.524	3.523	— 0.0007	0.2288	11.76
7	3.488	3.498	3.493	+ 0.005	0.2306	11.97
	. . . .	. . . .	. . . .	. . . .	Flasken	itu
5	3.486	3.499	3.492	+ 0.006	0.2255	11.71
3	2.829	2.826	2.827	— 0.001	0.1807	11.55
3	2.925	2.926	2.925	+ 0.0002	0.1840	11.45
	3.259	3.253	3.256	— 0.003		
	2.141	2.142	2.141	+ 0.0002		

Tabel II. Temperatur, Saltholdig

Datum	Station	Vandprøve	Sted	Dybde i Favne	Temperatur i Havet	Observationer med Glasaræometer.			$Dp^{15°}$ Vægtfylde ved 15°
						Vægtfylde	Temp. i Glasset	Salthol- dighed i Procent	
		Nr.							
¹⁸/₆ 1891	I	6	⎰65° 47′N.Br.	0	6.1	1.0284¹)	6.7	3.52	Fla
Fm.			⎱ 6° 23′V.Lgd.	2	6.0				
				5	6.0				
		8		10	5.9	1.0289¹)	7.1	3.59	Fla
				30	5.6				
				50	4.0				
		7		100	4.0	1.0272	15.6	3.51	1.02
				190	1.4				
				400	1.3				
		10		600	÷ 0.2	1.0272	15.8	3.52	1.02
		9		1000	÷ 0.7	1.0275	15.8	3.56	1.02
²²/₆ 1891	II	20	⎰68° 24′N.Br.	0	÷ 1.0	1.0263	13.6	3.36	1.02
		21	⎱14° 4′V.Lgd.	2	÷ 1.0	1.0264	14.1	3.39	1.02
		22		5	÷ 1.0	1.0265	14.2	3.40	1.02
		23		10	÷ 1.0	1.0264	14.4	3.39	1.02
				30	÷ 1.5				
				50	÷ 1.9				
		24		100	÷ 2.1	1.0273	14.2	3.50	1.02
				150	÷ 1.8				
		26		194	÷ 0.1	1.0273	14.5	3.50	1.02
				300	÷ 0.3				
		27		400	÷ 0.7	1.0273	14.6	3.505	1.02
				500	÷ 0.9				
				600	÷ 0.9				
		25		700	—	1.0273	14.4	3.50	1.0
				800	÷ 1.0				

¹) Efter Vægtfyldebestemmelser ombord.

i forskjellige Dybder.

	$Sca\ ^0/_0$ Saltholdighed af $Cl\ ^0/_0$	$Sp\ ^0/_0$ Saltholdighed af $Dp^{15\,0}$	$Sm\ ^0/_0$ Middelsaltholdighed $\dfrac{Sp + Sca}{2}$	A Afvigelse fra Middeltallet $Sp - Sm$	Neutralbunden Kulsyre Milligram i Kilo Søvand	Anmærkning.
0.16	Procent	Procent	Procent	Procent		
	. . . .	. . . .	. . . .	. . . .	. . .	Ingen Bund ved 1000 Fv.
.4	3.516	3.515	3.5155	÷ 0.0005	54.4	
.4	3.476	3.493	3.485	+ 0.008	51.4	
.4	3.488	3.499	3.494	+ 0.005	51.8	
1.4	3.335	3.344	3.340	+ 0.004	44.9	Skibet fortøjet til en Isskodse c. 5—6
1.6	3.337	3.352	3.345	+ 0.007	42.2	Mil indenfor Iskanten.
1.4	3.369	3.357	3.363	− 0.006		Bund ved 900 Fv.
1.6	3.351	3.353	3.352	+ 0.001	43.5	Bundart: lysebrunt Ler med smaa hvide Skaller.
1.8	3.479	3.479	3.479	0.000		
1.8	3.482	3.477	3.480	− 0.003	43.5	
1.8	3.467	3.468	3.468	+ 0.0005	42.9	
1.9	3.480	3.483	3.481	+ 0.002	41.7	

Station	Vandprøve	Sted	Dybde i Favne	Temperatur i Havet	Observationer med Glasaræometer			Dp^{15^o} Vægtfylde ved 15°
					Vægtfylde	Temp. i Glasset	Saltholdighed i Procent	
III	Nr. 32	$\{$69° 51' N.Br. $\{$11 °18' V.Lgd.	0	÷ 0.2	1.0256	18.1	3.37	1.0
			2	÷ 0.3				
			5	÷ 0.4				
			10	÷ 0.5				
			15	÷ 1.0				
			20	÷ 1.2				
	36		30	÷ 1.6	1.0255	18.9	3.37	1.0
	33		50	÷ 1.8	1.0258	18.4	3.40	1.0
			100	÷ 1.1				
	34		150	÷ 0.2	1.0260	18.5	3.435	1.0
			194	÷ 0.4				
	37		300	÷ 0.7	1.0263	18.9	3.49	1.0
			400	÷ 0.7				
			500	÷ 0.5				
			600	÷ 0.9				
	35		700	÷ 1.0	1.0265	18.1	3.49	1.0
			900	÷ 1.0				
			1000	÷ 1.0				
IV	38	$\{$69° 51' N.Br. $\{$ 9° 40'V. Lgd.	0	+ 0.5	1.0261	13.8	3.34	1.0
	39		1000	÷ 1.1	1.0274	15.1	3.52	1.0
V		$\{$70° 18' N.Br. $\{$ 9° 02' V.Lgd.	...	....	....	...	...	..
VI		$\{$70° 21' N.Br. $\{$ 8° 25' V.Lgd.	0	÷ 0.4	1.0261	13.8	3.34	1.0
			160	÷ 0.3	1.0274	15.1	3.52	1.0

sættelse.)

Titrering	$Sca\ \%$ Saltholdighed af $Cl\ \%$	$Sp\ \%$ Saltholdighed af $Dp^{15\ 0}$	$Sm\ \%$ Middelsaltholdighed $\dfrac{Sp + Sca}{2}$	A Afvigelse fra Middeltallet $Sp - Sm$	Neutralbunden Kulsyre Milligram i Kilo Søvand	Anmærkning
o at	Procent	Procent	Procent	Procent		
.)	3.336	3.334	3.335	+ 0.001	51.6	C. 8 Mil indenfor Iskanten i spredt Is. Ingen Bund ved 1000 Fv.
.)	3.336	3.341	3.339	+ 0.002	53.8	
.)	3.337	3.348	3.342	+ 0.006	54.3	
.)	3.412	3.400	3.406	÷ 0.006	54.6	
.)	3.479	3.490	3.485	+ 0.005	57.2	
1.)	3.450	3.462	3.456	+ 0.006	55.2	
1.)	3.317	3.299	3.308	÷ 0.009	59.6	Meget spredt Is.
1.)	3.469	3.471	3.470	+ 0.001	57.0	Ingen Bund ved 1000 Fv.
.).	. . . .	. . . .	. . . .	. . . .	. . .	Bund paa 770 Fv. Bundart: Ler. Øverst c. 1" blødt, chokoladefarvet Ler, under det et fastere, graat Ler. Vandhenter og Thermometer fungerede ikke, da de vare komne ned i Leret.
1.)	3.312	3.314	3.313	+ 0.001	59.9	Bund paa 160 Fv.
.)	3.483	3.475	3.479	÷ 0.004	58.7	Bundart: Ler.

Datum	Station	Vandprøve	Sted	Dybde i Favne.
		Nr.		
²⁷/₆ 1891	VII		{70° 32′ N.Br.	0
			{ 8° 10′ V.Lgd.	470
⁴/₇ 1891	VIII	56	{72° 46′ N.Br.	0
		184	{ 0° 13′ Ø.Lgd.	2
		183		5
				10
				20
		182		30
		181		50
				60
				75
				90
		59		100
				120
				150
		58		200
				400
		60		500
				600
		57		1000
¹⁰/₇ 1891	IX	202	{75° 57′ N.Br.	0
			{ 4° 15′ V.Lgd.	2
				5
		201		10
				15
				20
				30
		199		50
		200		100

sættelse.)

Thurering	$Sca\,\%$ Saltholdighed af $Cl\,\%$	$Sp\,\%$ Saltholdighed af $Dp^{150°}$	$Sm\,\%$ Middelsaltholdighed $\dfrac{Sp+Sca}{2}$	A Afvigelse fra Middeltallet $Sp-Sm$	Neutralbunden Kulsyre Milligram i Kilo Søvand	Anmærkning.
t	Procent	Procent	Procent	Procent		
	. . . .	. . . .	. . . .	. . . .	. . .	Bund paa 170 Fv. Bundart: mørkt Ler.
	3.312	3.317	3.314	+ 0.003	48.5	Fortøjet i en Isflage mellem spredt Is c. 6—8 Kvml. indenfor Iskanten. Ingen Bund med 1000 Fv.
	3.316	3.335	3.325	+ 0.009	49.6	
	3.330	3.326	3.328	— 0.002	51.9	
	3.326	3.328	3.329	+ 0.001	52.5	
	3.339	3.340	3.239	+ 0.001	53.0	
	3.342	3.341	3.3415	— 0.0005	51.8	
	3.363	3.364	3.363	+ 0.001	50.4	
	3.425	3.420	3.423	-- 0.002	50.3	
	3.426	3.441	3.434	+ 0.007	43.0	
	3.3365	3.331	3.334	— 0.003		Fortøjet i en Isflage mellem spredt Is c. 18 Mil indenfor Iskanten. Ingen Bund ved 1000 Fv.
	3.412	3.410	3.411	— 0.001		
.90	3.449	3.442	3.446	— 0.003	. . .	
.89	3.426	3.435	3.430	+ 0.005	. . .	

Tabe.

Datum	Station	Vandprøve	Sted	Dybde i Favne	Temperatur i Havet	Observationer med Glasaræometer.			$Dp^{15°}$ (Fylde ved 15°
						Vægt-fylde	Temp. i Glasset	Salthol-dighed i Procent	
		Nr.							
10/7 1891	IX		⎰75° 57' N. Br.	150	÷ 1.1				
		198	⎱ 4° 15' V. Lgd.	200	÷ 0.6	1.0267	15.0	3.43	1.02
				300	÷ 1.0				
				400	÷ 1.0				
		204		500	÷ 1.1	1.0273	13.4	3.48	1.02(
				600	÷ 1.2				
				800	÷ 1.2				
		203		1000	÷ 1.2	1.0275	13.2	3.50	1.02(
11/7 1891 F. M.	X	205	⎰75° 37' N Br.	0	÷ 0.1	1.0264	13.6	3.37	1.0(
			⎱ 6° 40' V. Lgd.	2	÷ 0.1				
				5	÷ 0.2				
				10	÷ 0.9				
		207		15	÷ 1.0	1.0270	13.9	3.46	1.0
				20	÷ 1.2				
				30	÷ 1.4				
		206		50	÷ 1.0	1.0270	13.8	3.45	1.0
				100	÷ 0.7				
				150	÷ 1.0				
		208		200	÷ 0.9	1.0270	14.0	3.46	1.0
				300	÷ 0.9				
		210		600	÷ 1.2	1.0271	14.8	3.48	1.0
				1000	÷ 1.3				
13/7 1891	XI	212	⎰75° 06' N. Br.	0	÷ 0.2	1.0254	17.8	3.34	1.0(
			⎱10° 29' V. Lgd.	2	÷ 0.3				
		214		5	÷ 0.4	1.0252	17.8	3.31	1.0(
				10	÷ 0.6				
				15	÷ 0.9				

)r ættelse).

Normænde ved	$S\alpha$ % Saltholdighed af Cl %	Sp % Saltholdighed af $Dp^{15°}$	Sm % Middelsaltholdighed $\frac{Sp + S\alpha}{2}$	A Afvigelse fra Middeltallet $Sp - Sm$	Anmærkning.
oce	Procent	Procent	Procent	Procent	
.90	3.4385	3.437	3.438	÷0.001	
.90	3.456	3.457	3.456	+0.001	
.91	3.456	3.4515	3.454	÷0.002	
.34	3.337	3.331	3.334	÷0.003	Fortøjet i en Isflage mellem spredt Is c. 25 Mil indenfor Iskanten. Ingen Bund ved 1000 Fv.
.88	3.404	3.406	3.405	+0.001	
.39	3.4265	3.432	3.429	+0.003	
.38	3.411	3.407	3.409	÷0.002	
.0	3.456	3.462	3.459	+0.003	
.12	3.292	3.288	3.290	÷0.002	Fortøjet ved en Isflage c. 33 Mil indenfor. Iskanten.
.27	3.307	3.299	3.303	÷0.004	Ingen Bund ved 1000 Fv.

Tabel

Datum	Station	Vandprøve	Sted	Dybde i Favne	Temperatur i Havet	Vægt-fylde	Temp. i Glasset	Salthol-dighed i Procent	$Dp^{15°}$
		Nr.							
$^{13}/_7$ 1891	XI		⎰75° 06′ N.Br.	20	÷ 0.9				
		213	⎱10° 29′ V.Lgd.	30	÷ 0.6	1.0264	18.0	3.47	1.02
				50	÷ 0.1				
		215		100	÷ 0.1	1.0270	18.0	3.55	1.02
				150	÷ 0.1				
				200	÷ 0.7				
		217		400	÷ 0.8	1.0262	18.0	3.45	1.02
				600	÷ 1.0				
				800	÷ 1.0				
		216		1000	÷ 1.2	1.0263	18.2	3.47	1.02
$^{15}/_7$ 1891	XII	219	⎰74° 45′ N.Br.	0	÷ 0.1	1.0250	18.2	3.30	1.02
			⎱11° 42′ V.Lgd.	2	÷ 0.1				
				5	÷ 0.1				
				10	÷ 0.2				
				15	÷ 0.9				
				20	÷ 1.1				
				30	÷ 1.1				
				40	÷ 1.0				
				50	÷ 0.5				
		221		60	÷ 0.3	1.0274	15.2	3.53	1.02
		223		75	+ 0.4	1.0269	16.4	3.50	1.02
				80	+ 0.1				
				90	+ 0.4				
				100	÷ 0.3				
		222		120	÷ 0.4	1.0270	16.8	3.49	1.0
				150	÷ 0.6				
				200	÷ 0.4				
		229		300	÷ 0.6	1.0268	17.1	3.50	1.0
				400	÷ 0.8				

Fo**rtsettelse.**)

Titrering	Sca % Saltholdighed af Cl %	Sp % Saltholdighed af $Dp^{15°}$	Sm % Middelsaltholdighed $\dfrac{Sp + Sca}{2}$	A Afvigelse fra Middeltallet $Sp - Sm$	Anmærkning.
Procent	Procent	Procent	Procent	Procent	
1.9	3.456	3.449	3.453	÷ 0.004	
1.9	3.471	3.4645	3.468	÷ 0.004	
1.9	3.456	3.4555	3.456	÷ 0.0004	
1.8	3.434	4.415	3.425	÷ 0.010	
1.8	3.299	3.304	3.302	+ 0.002	Fortøjet i en Isflage mellem spredt Is Ingen Bund ved 1000 Fv.
1.99	3.486	3.480	3.483	÷ 0.003	
1.99	3.501	3.493	3.497	+ 0.004	
1.91	3.471	3.4865	3.479	+ 0.008	
1.91	3.456	3.453	3.455	+ 0.002	

17*

Tabel.

Datum	Station	Vandprøve	Sted	Dybde i Favne	Temperatur i Havet	Observationer med Glasaræometer.			$Dp^{15°}$ Vægtfylde ved 15°
						Vægt-fylde	Temp. i Glasset	Salthol-dighed i Procent	
		Nr.							
15/7 1891	XII		{74° 45′N.Br.	600	÷ ·1.0				
			{11° 42′V.Lgd.	800	÷ 1.0				
		224		1000	÷ 1.2	1.0268	16.4	3.48	1.0268
18/7 1891	XIII	230	{74° 17′N.Br.	0	÷ 0.5	1.0274 [1]	0.0	3.35	Flas
			{15° 20′V.Lgd.	2	÷ 0.9				
				5	÷ 1.1				
		231		10	÷ 1.3	1.0257	17.8	3.38	1.0253
				15	÷ 1.3				
				20	÷ 1.3				
				25	÷ 1.7				
				30	÷ 1.8				
				35	÷ 1.9				
				36	÷ 1.4				
		232		40	÷ 1.3	1.0260	18.2	3.43	1.0262
				60	÷ 1.3				
				75	÷ 1.2				
		233		100	÷ 0.1	1.0288 [1]	1.3	3.52	Flas
		228		127	÷ 0.4	1.0269	16.8	3.51	1.026
19/7 1891	XIV	236	{74° 07′N.Br.	0	+ 1.4	1.0251	14.9	3.22 [2]	1.024
			{17° 30′V.Lgd.	2	+ 0.7				
				3	+ 0.2				
				5	÷ 1.0				
		239		10	÷ 1.3	1.0259	15.0	3.32	1.025
				20	÷ 1.6				
				25	÷ 1.7				

[1] Efter Vægtfyldebestemmelser ombord.
[2] Vægtfylden eller Temperaturen maa være læst fejlt af.

(Fortsættelse.)

Titrering	Sca % Saltholdighed af Cl %	Sp % Saltholdighed af $Dp^{15°}$	Sm % Middelsaltholdighed $\frac{Sp + Sca}{2}$	A Afvigelse fra Middeltallet $Sp - Sm$	Anmærkning.
Prmt	Procent	Procent	Procent	Procent	
19	3.456	3.449	3.453	÷ 0.004	
1u	....	....	....	....	Fortøjet i en Isflage mellem tæt Is, c. 15 Mil fra Grønlands Østkyst. Bund ved 127 Fv. Bundart: øverst brunt Ler, længere nede blandet med fint Grus og Smaasten.
11	3.314	3.308	3.311	÷ 0.003	
115	3.411	3.413	3.412	+ 0.001	
11u 13	3.486	3.488	3.487	+ 0.001	
1.)	2.544	2.534	2.539	÷ 0.005	Mellem spredt Is c. 9 Mil af Land. Bund ved 103 Fv. Bundart: brunt Ler.
1.)	3.292	3.280	3.286	÷ 0.006	

Tabel

Datum	Station	Vandprøve	Sted	Dybde i Favne	Temperatur 0 i Havet	Observationer med Glasaræometer.			$Dp^{15°}$ Vægtfylde ved 15°
						Vægt-fylde	Temp. i Glasset	Salthol-dighed i Procent	
		Nr.							
¹⁹/₇ 1891	XIV		⎧74° 07′ N.Br.	30	÷ 1.9				
		235	⎩17° 30′ V.Lgd.	40	÷ 1.7	1.0268	14.8	3.44	1.026
				50	÷ 1.8				
		238		75	÷ 1.7	1.0270	15.0	3.47	1.026
				80	÷ 1.6				
		240		103	÷ 1.2	1.0270	15.1	3.47	1.026
²³/₇ 1891	XV	248	⎧72° 53′ N.Br.	0	+ 1.2	1.0188 ¹)	1.4	2.25	Fla：
			⎩20° 38′ V.Lgd.	1	+ 1.4				
				2	+ 1.6				
				3	+ 1.3				
				4	+ 1.1				
		247		5	+ 0.5	1.0230	16.6	2.99	1.02：
				6	÷ 0.3				
				7	÷ 0.3				
				8	÷ 0.5				
				10	÷ 1.0				
				15	÷ 1.3				
				20	÷ 1.8				
				30	÷ 2.0				
				35	÷ 1.4				
		246		40	÷ 1.4	1.0262	16.5	3.41	1.02：
				45	÷ 1.6				
				50	÷ 1.9				
				60	÷ 2.0				
		245		70	÷ 1.6	1.0263	16.6	3.43	.1.02
				85	÷ 1.4				
		244		106	÷ 1.1	1.0269	16.8	3.46	1.02

¹) Efter Vægtfyldebestemmelse ombord.

)sættelse.)

Tidering	$Sca\ \%$ Saltholdighed af $Cl\ \%$	$Sp\ \%$ Saltholdighed af $Dp^{15°}$	$Sm\ \%$ Middelsaltholdighed $\dfrac{Sp+Sca}{2}$	A Afvigelse fra Middeltallet $Sp \div Sm$	Anmærkning.
a at	Procent	Procent	Procent	Procent	
5	3.393	3.3945	3.394	+ 0.0005	
6	3.426	3.424	3.425	÷ 0.001	
4	3.456	3.453	3.4545	÷ 0.0015	
	. . . .	. . . .	. . . .	. . . .	Fortøjet ved en Isflage c. 8 Mil af Land. Bund ved 106 Fv. Bundart: graat Ler.
4	3.039	3.028	3.033	÷ 0.005	
4	3.426	3.3945	3.410	÷ 0.0155	
9	3.449	3.432	3.440	÷ 0.008	
4	3.426	3.426	3.426	0.000	

Tab**

Datum	Station	Vandprøve	Sted	Dybde i Favne	Temperatur i Havet	Observationer med Glasaræometer.			$Dp^{15\circ}$
						Vægt-fylde	Temp. i Glasset	Salthol-dighed i Procent	
		Nr.							
27/7 1891	XVI	252	{72° 27' N.Br.	0	+ 0.2	1.0237	16.9	3.11	1.0
			{19° 52' V.Lgd.	1	÷ 0.3				
				2	÷ 0.5				
				5	÷ 0.6				
		256		10	÷ 0.3	1.0250	14.0	3.20	1.0
				20	÷ 0.2				
				22	÷ 1.2				
				25	÷ 1.9				
		254		50	÷ 1.8	1.0271	13.8	3.47	1.0
				75	÷ 1.9				
				90	÷ 1.9				
		253		100	÷ 1.0	1.0272	13.4	3.47	1.0
				124	÷ 1.0				
		255		138	÷ 0.2	1.0271	13.9	3.47	1.0
5/8 1891	XVII		{70° 39' 5 N.Br.	0	+ 1.4	. . . .	. . .	. .	. .
			{22° 31' V.Lgd.	5	+ 0.8				
				10	+ 0.7				
				20	+ 1.0				
				36	÷ 1.2				
7/8 1891	XVIII	268	{70° 34' 5 N.Br.	0	+ 5.9	1.0194	14.0	2.46	1.0
			{23° 54' V.Lgd.	2	+ 4.0				
				5	+ 2.9				
		267		10	+ 0.4	1.0249	14.1	3.19	1.0
				12	+ 0.4				
				15	+ 0.1				
				20	÷ 0.2				
				25	÷ 1.0				
		266		40	÷ 1.5	2.0264·	13.7	3.37	1.0

(Fortsættelse.)

Gv % Titrering	Sa % Saltholdighed af Cl %	Sp % Saltholdighed af $Dp^{13°}$	Sm % Middelsaltholdighed $\dfrac{Sp + Sca}{2}$	A Afvigelse fra Middeltallet $Sp - Sm$	Anmærkning.
Procent	Procent	Procent	Procent	Procent	
1.4	3.120	3.106	3.113	÷ 0.007	Mellem Isen c. 8 Mil af Land. Bund ved 144 Fv. Bundart: graat Ler.
1.1	3.188	3.179	3.1835	÷ 0.004	
1.5	3.411	3.409	3.410	÷ 0.001	
1.5	3.449	3.439	3.444	÷ 0.005	
1.9	3.439	3.440	3.439	+ 0.001	
....	....	....	....	....	I Hurry Inlet. Bund ved 36 Fv. Bundart: Ler.
1.	2.482	2.481	2.4855	÷ 0.0005	I Scoresby Sund. Bund ved 112 Fv. Bundart: graabrunt Ler.
1.7	3.203	3.192	3.1975	÷ 0.005	
1.8	3.344	3.345	3.345	0.000	

Tabel

Datum	Station	Vandprøve	Sted	Dybde i Favne	Temperatur i Havet	Observationer med Glasaræometer.			$Dp^{15\,°}$ Vægtfylde ved 15°
						Vægt-fylde	Temp. i Glasset	Salthol-dighed i Procent	
		Nr.							
⁷/₈ 1891	XVIII		⎰70° 34′ N.Br.	50	÷ 1.8				
			⎱23° 54′ V.Lgd.	57	÷ 1.6				
		265		75	÷ 1.4	1.0264	13.8	3.38	1.02
				100	÷ 1.1				
		264		109	÷ 1.0	1.0272	13.8	3.48	1.02
²¹/₈ 1891	XIX	282	⎰70° 31′ N.Br.	0	+ 6.1	1.0172	13.1	2.15	1.01
Fm.			⎱25° 35′ V.Lgd.	2	+ 6.1				
		286		5	+ 1.9	1.0246	13.3	3.39	1.02
				10	÷ 0.8				
		285		25	÷ 1.1	1.0264	13.1	3.35	1.02
				50	÷ 1.8				
		284		75	÷ 1.3	1.0269	13.1	3.42	1.02
				100	÷ 1.2				
		283		150	÷ 0.2	1.0270	13.1	3.43	1.02
		281		225	+ 0.5	1.0280	13.0	3.56	1.02
²¹/₈ 1891	XX	292	⎰70° 39′ N.Br.	0	+ 7.5	1.0139	13.4	1.74	1.01
Md.		291	⎱25° 00′ V.Lgd.	2	+ 6.9	1.0181[1])	6.7	2.18	Fl
				5	+ 0.9				
		290		10	÷ 0.8	1.0259	13.4	3.30	1.0
				12	÷ 0.7				
				15	÷ 1.2				
				25	÷ 1.7				
		289		50	÷ 1.6	1.0269	13.4	3.43	1.0
				75	÷ 1.7				
				112	÷ 1.0				
		288		150	÷ 0.2	1.0160[1])	7.2	1.91	Fl
		287		212	+ 0.5	1.0288[1])	2.3	3.52	Fl

[1]) Efter Vægtfyldebestemmelse ombord.

(Fortsættelse.)

	Sa % Saltholdighed af Cl %	Sp % Saltholdighed af $Dp^{15\,o}$	Sm % Middelsaltholdighed $\dfrac{Sp + Sca}{2}$	A Afvigelse fra Middeltallet $Sp - Sm$	Anmærkning.
	Procent	Procent	Procent	Procent	
1.8	3.354	3.356	3.335	+ 0.001	
1.8	3.426	3.422	3.424	÷ 0.001	
1.1	2.162	2.160	2.161	÷ 0.001	I Scoresby Sund, c. 1 Mil fra Milnes La
1.7	3.120	3.111	3.1155	÷ 0.004	Bund ved 225 Fv. Bundart: graabrunt Ler
1.8	3.314	3.3155	3.315	+ 0.0008	
1.8	3.393	3.392	3.392	÷ 0.0005	
1.90	3.449	3.432	3.440	÷ 0.008	
1.91	3.471	3.466	3.468	÷ 0.002	
0.98	1.7315	1.727	1.729	÷ 0.002	I Scoresby Sund. Bund ved 212 Fv. Bundart: brunt Ler.
1.78	3.232	3.234	3.233	+ 0.001	
1.14	3.344	3.356	3.350	+ 0.006	

Tabel

Datum	Station	Vandprøve	Sted	Dybde i Favne	Temperatur i Havet	Observationer med Glasaræometer.			Dp^{150} Vægtfylde ved 15°
						Vægt-fylde	Temp. i Glasset	Salthol-dighed i Procent	
$^{21}/_8$ 1891 Em.	XXI	297	{70° 36′ N.Br. 24° 32′ V.Lgd.	0 18 118	+ 7.9 ÷ 0.1 ÷ 1.0	1.0145	13.7	1.83	1.0
		296		218	+ 0.5	1.0274	13.6	3.50	1.0
$^{21}/_8$ 1891 Em.	XXII	293	{70° 34′ N.Br. 24° 04′ V.Lgd.	0 50	+ 7.2 + 0.2	1.0154	13.0	1.91	1.0
		294		150	+ 1.9	1.0286[1])	2.1	3.50	
$^{21}/_8$ 1891 Em.	XXIII	298	{70° 30′ N.Br. 23° 51′ V.Lgd.	0 20	+ 7.6 + 0.1	1.0140	14.0	1.77	1.0
		295		120	÷ 1.0	1 0271	13.0	3.44	1.0
$^{23}/_8$ 1891	XXIV	280	{70° 30′5 N.Br. 24° 50′ V.Lgd.	0 2	+ 7.5 + 7.5	1.0151	13.0	1.87	1.0
		279		5 10	+ 1.7 ÷ 0.5	1.0240	13.8	3.06	1.0
		277		25 50	÷ 1.4 ÷ 1.7	1.0253	13.6	3.23	1.0
		278		75 100	÷ 1.4 ÷ 1.1	1.0266	13.7	3.40	1.0
		276		150 200 250	÷ 0.2 + 0.2 + 0.4	.1.0260	13.6	3.32	1.0
		275		300	÷ 0.3	1.0274	13.8	3.51	1.0
$^2/_{10}$ 1891 Md.	XXV Ser. A.	125	{70° 25′ N.Br. 26° 20′ V.Lgd.	0 2 5	÷ 1.2 ÷ 0.8 ÷ 0.6		Flasken		1

[1]) Efter Vægtfyldebestemmelse ombord.

]r ættelse.)

Klormængde ved	$Sca\%$ Saltholdighed af $Cl\%$	$Sp\%$ Saltholdighed af $Dp^{15°}$	$Sm\%$ Middelsaltholdighed $\frac{Sp+Sa}{2}$	A Afvigelse fra Middeltallet $Sp-Sm$	Anmærkning.
	Procent	Procent	Procent	Procent	
.0	1.857	1.859	1.858	+ 0.001	I Scoresby Sund. Bund ved 218 Fv. Bundart: graabrunt Ler.
.00	3.456	3.4735	3.465	+ 0.007	
.07	1.949	1.950	1.949	+ 0.0005	I Scoresby Sund. Bund ved 150 Fv.
.11	itu				Bundart: graabrunt Ler.
.11	1.888	1.889	1.8885	+ 0.0005	I Scoresby Sund. Bund ved 120 Fv.
.01	3.456	3.436	3.446	÷ 0.010	Bundart: graabrunt Ler.
1.2	1.890	1.892	1.891	+ 0.001	I Scoresby Sund. Nord for Cap Stevens Bund ved 300 Fv.
.0	3.068	3.050	3.060	÷ 0.010	Bundart: brunt Ler.
.6	3.203	3.196	3.200	÷ 0.004	
.85	3.411	3.404	3.4075	÷ 0.003	
.03	3.263	3.265	3.264	+ 0.001	
.18	3.471	3.4865	3.479	+ 0.007	
	. . . .	. . . .	. . . .	. . . .	Taget fra Baad udfor Stationen. Bund ved 235 Fv. Bundart: blødt brunt Ler. Højvande Kl. 12½. Strømmen i Overfladen satte indefter.

I.

Datum	Station	Vandprøve	Sted	Dybde i Favne	Temperatur i Havet	Observationer med Glasaræometer.		
						Vægtfylde	Temp i Glasset	Saltholdighed i Procent
2/10 1891 Md.	XXV Ser. A.	Nr.	{70° 25′ N.Br. 26° 20′ V.Lgd.	10	+ 0.5			
				12	+ 0.6			
				15	÷ 0.8			
		123		25	÷ 1.3	. . . .	Fla sken	
				50	÷ 1.9			
				75	÷ 1.6			
		121		100	÷ 1.1	. . . .	Fla sken	
		122		150	÷ 0.2	1.0192	15.6	2.46
				180	+ 0.1			
		124		200	+ 0.2	. . . .	Fla sken	
				230	+ 0.4			
4/11 1891	XXV Ser. B.		{70° 25′ N.Br. 26° 20′ V.Lgd.	0	÷ 1.8	. . . .	. . .	. . . .
				2	÷ 1.7			
				5	÷ 1.1			
				10	÷ 0.8			
				12	÷ 0.8			
				15	÷ 0 8			
				25	÷ 1.1			
				35	÷ 1.8			
				50	÷ 1.9			
				75	÷ 1.8			
				100	÷ 1.2			
				150	÷ 0.6			
				170	÷ 0.2			
				200	+ 0.0			
				245	+ 0.1			
18/2 1892	XXV Ser. C.	129	{70° 25′ N.Br. 26° 20′ V.Lgd.	1	÷ 1.4	. . . .	Fla sken	
				2	÷ 1.4			

.telse.)

$Sca\ ^o/_o$ Saltholdighed af $Cl\ ^o/_o$	$Sp\ ^o/_o$ Saltholdighed af $Dp^{15\,o}$	$Sm\ ^o/_o$ Middelsaltholdighed $\dfrac{Sp + Sa}{2}$	A Afvigelse fra Middeltallet $Sp - Sm$	Anmærkning.
Procent	Procent	Procent	Procent	
. . . .	. . . .	. . . .	. . . .	
2.491	2.490	2.4905	÷ 0.0005	
. . . .	. . . .	. . . .	. . . .	
. . . .	. . . .	. . . .	. . . .	Taget paa Isen udfor Stationen. Stigende Vande nær Højvande. Bund ved 245 Fv. Bundart: blødt, brunt Ler.
. . . .	. . .. .	. . . .	. . . .	Paa Isen udfor Stationen. Bund ved 220 Fv. Bundart: blødt, brunt Ler. Stigende Vande.

T

Datum	Station	Vandprøve	Sted	Dybde i Favne	Temperatur i Havet	Observationer med Glasaræometer.		
						Vægtfylde	Temp i Glasset	Salthol- dighed i Procent
¹⁸/₂ 1892	XXV		⎰70° 25′ N.Br.	5	÷ 1.2			
	Ser. C.		⎱26° 20′ V.Lgd.	10	÷ 1.2			
				15	÷ 1.3			
		127		25	÷ 1.4	1.0249	14.0	3.19
				50	÷ 1.4			
		128		,75	÷ 1.3	. . . .	Fla|sken	
				100	÷ 1.2			
				125	÷ 1.4			
		126		150	÷ 1.2	1.0269	13.5	3.42
				200	÷ 1.3			
		130		210	÷ 1.3	1.0170	14.6	2.16
				220	÷ 1.1			
²³/₃ 1892	XXV	136	⎰70° 25′ N.Br.	0	÷ 1.8	. . . .	Fla|sken	
	Ser. D.		⎱26° 20′ V.Lgd.	1	÷ 1.7			
				2	÷ 1.8			
				5	÷ 1.2			
				10	÷ 1.4			
		135		15	÷ 1.5	. . . .	Fla|sken.	
				25	÷ 1.5			
		134		50	÷ 1.5	1.0172	14.4	2.18
				75	÷ 1.5			
		133		100	÷ 1.4	. . . .	Fla|sken	
				125	÷ 1.2			
		132		150	÷ 0.9	. . . .	Fla|sken	
				175	÷ 0.3			
		131		212	÷ 0.1	. . . .	Fla|sken	
¹⁹/₄ 1892	XXV	148	⎰70° 25′ N.Br.	0	÷ 1.9	1.0244 .	11.4	3.06
	Ser. E.		⎱26° 20′ V.Lgd.	2	÷ 2.0			

(Fortsættelse.)

Titrering	$Sa\,\%$ Saltholdighed af $Cl\,\%$	$Sp\,\%$ Saltholdighed af $Dp^{16°}$	$Sm\,\%$ Middelsaltholdighed $\dfrac{Sp + Sca}{2}$	A Afvigelse fra Middeltallet $Sp - Sm$	Anmærkning.
roat	Procent	Procent	Procent	Procent	
1.7	3.155	3.151	3.153	÷ 0.002	
	. . . .	. . . .	. . . .	. . . .	
1.8	3.384	3.370	3.377	÷ 0.007	
1.2	2.178	2.186	2.182	+ 0.004	Flaske Nr. 129 og Nr. 130 ere muligvis fo vexlet
	. . . .	. . . .	. . . .	. . . .	Paa Isen udfor Stationen, i samme Hul so foregaaende Ser Stigende Vande.
	. . . .	. . . .	. . . .	. . . .	
1.22	2.214	2.217	2.115	+ 0.002	
	. . . .	. . . .	. . . .	. . . .	
	. . . .	. . . .	. . . .	. . . .	
	. . . .	. . . .	. . . .	. . . .	
3.68	3.044	3.045	3.044	+ 0.002	Paa Isen udfor Stationen, i samme Hul so foregaaende Seri

T.

Datum	Station	Vandprøve	Sted	Dybde i Favne	Temperatur i Havet	Observationer med Glasaræometer		
						Vægtfylde	Temp. i Glasset	Salthol-dighed i Procent
		Nr.						
¹⁹/₄ 1892	XXV		⎰70° 25′ N.Br.	5	÷ 1.4			
	Ser. E.		⎱26° 20′ V.Lgd.	10	÷ 1.3			
		145		15	÷ 1.5	1.0256	11.2	3.21
				25	÷ 1.5			
		144		50	÷ 1.6	1.0234	11.2	2.93
				75	÷ 1.6			
		143		100	÷ 1.5	1.0273	10.8	3.43
				125	÷ 1.3			
		142	/	150	÷ 1.0	1.0276	11.0	3.47
				175	÷ 0.8			
				200	÷ 0.2			
		141		218	÷ 0.2	. . . .	Fla|sken	
¹⁷/₅ 1892	XXV	152	⎰70° 25′ N.Br.	0	÷ 1.7	1.0246	11.6	3.10
	Ser. F.		⎱26° 20′ V.Lgd.	2	÷ 1.5			
				5	÷ 1.4			
				10	÷ 1.3			
		151		15	÷ 1.4	1.0265	11.0	3.33
				25	÷ 1.5			
		150		50	÷ 1.5	1.0260	13.0	3.30
				75	÷ 1.4			
		149		100	÷ 1.4	1.0273	11.8	3.45
				125	÷ 1.1			
		147		150	÷ 0.9	1.0280	11.3	3.53
				175	÷ 0.3			
				200	÷ 0.1			
		146		218	0.0	1.0280	11.2	3.52
¹⁷/₅ 1892	XXV	158	⎰70° 25′ N.Br.	1	÷ 1.5	1.0246	11.0	3.08
	Ser. G.		⎱26° 20′ V.Lgd.	2	÷ 1.4			

'(tsættelse.)

Titrering	Sca % Saltholdighed af Cl %	Sp % Saltholdighed af $Dp^{15\,o}$	Sm % Middelsaltholdighed $\dfrac{Sp + Sca}{2}$	A Afvigelse fra Middeltallet $Sp - Sm$	Anmærkning.
?r·nt	Procent	Procent	Procent	Procent	
1.)	3.204	3.207	3.205	+ 0.002	
1.|l	2.938	2.949	2.943	+ 0.006	
1.->	3.381	3.391	3.386	+ 0.005	
1.-|5	3.400	3.393	3.3965	÷ 0.0035	
··\·	. . . .	. . . .	: . . .	. . . .	
1.(	3.053	3.042	3.048	÷ 0.006	Paa Isen udfor Stationen, i samme Hul som foregaaende Serie. Observationerne anstilledes med stigende Vande Kl. 11¹/₂ Fm.—1 Em. Højvande Kl. 2 Em.
1.#	3.262	3.261	3.2616	÷ 0.0006	
1.#	3.327	3.312	3.319	÷ 0.007	
1.#	3.4045	3.401	3.403	÷ 0.002	
1.#	3.442	3.449	3.445	+ 0.004	
1.9|	3.461	3.459	3.460	÷ 0.001	
1.6|	3.039	3.045	3.042	+ 0.003	Paa Isen udfor Stationen, i samme Hul som foregaaende Serie.

18*

Datum	Station	Vandprøve	Sted	Dybde i Favne	Temperatur i Havet	Observationer med Glasaræometer.		
						Vægtfylde	Temp. i Glasset	Saltholdighed i Procent
		Nr.						
¹⁷/₅ 1892	XXV	·	⌠70° 25′ N.Br.	5	÷ 1.4			
	Ser. G.		⌡26° 20′ V.Lgd.	10	÷ 1.4			
·		157		15	÷ 1.4	1.0263	11.6	3.31
			·	25	÷ 1.5			
		156		50	÷ 1.5	1.0266	13.1	3.38
				75	÷ 1.5			
		155		100	÷ 1.4	1.0272	11.8	3.43
				125	÷ 1.2			
		154		150	÷ 0.8	1.0279	12.4	3.54
				175	÷ 0.6			
				200	÷ 0.1			
		153		218	0.0	1.0280	11.6	3.53
¹⁸/₆ 1892	·XXV	161	⌠70° 25′ N.Br.	1	÷ 0.4	1.0235	12.9	2.97
	Ser. H.		⌡26° 20′ V.Lgd.	2	÷ 0.9			
				5	÷ 1.2			
				10	÷ 1.4			
		162		15	÷ 1.5	1.0260	12.8	3.30
				25	÷ 1.5			
		163		50	÷ 1.6	1.0270	13.5	3.45
				75	÷ 1.3			
		164		100	÷ 1.2	1.0269	13.4	3.43
				125	÷ 1.0			
		166		150	÷ 0.7	1.0271	13.8	3.47
				175	÷ 0.3			
		167		200	0.0	1.0271	16.2	3.52
		168		220	0.0	1.0270	16.4	3.51

(Fortsættelse.)

	Sca % Saltholdighed af Cl %	Sp % Saltholdighed af $Dp^{15°}$	Sm % Middelsaltholdighed $\frac{Sp+Sca}{2}$	A Afvigelse fra Middeltallet $Sp - Sm$	Anmærkning.
	Procent	Procent	Procent	Procent	Observationerne anstilledes med faldend Vande Kl. 4½—5½ Em Højvande Kl. 2 Em.
	3.309	3.311	3.310	+ 0.001	
	3.352	3.3515	3.352	+ 0.0005	
	3.435	3.438	3.436	+ 0.002	
	3.426	3.426	3.426	0.000	
	3.4635	3.471	3.467	+ 0.004	
	3.006	2.986	2.996	÷ 0.010	Paa Isen udfor Stationen, i samme Hul so foregaaende Seri
	3.262	3.269	3.265	+ 0.004	
	3.426	3.424	3.425	÷ 0.001	Flaske Nr. 163 og Nr. 164 ere muligvis foi vexlede
	3.364	3.374	3.369	+ 0.005	
	3.434	3.444	3.439	+ 0 005	
	3.487	3.470	3.478	+ 0.008	
	3.487	3.474	3.4805	÷ 0.007	

Tabel II.   (Fortsættelse.)

Datum	Station	Sted	Dybde i Favne	Temperatur i Havet	Anmærkning.
¹⁴/₈ 1892	XXVI	{69° 18′ N.Br. {23° 37′ V.Lgd.	0	+ 0.₃	I spredt Is c. 6 Kvml. af Kysten. Bund ved 93 Fv. Bundart: brunt Ler.
			5	+ 0.₄	
			10	÷ 0.₈	
			15	÷ 1.₁	
			25	÷ 1.₃	
			50	÷ 1.₄	
			75	÷ 1.₃	
			89	÷ 1.₁	
¹⁶/₈ 1892	XXVII	{69° 35′5 N.Br. {19° 43′ V.Lgd.	0	+ 0.₈	I spredt Is c. 15 Mil af Kysten. Bund ved 175 Fv. Bundart: brunt Ler.
			1	+ 0.₆	
			5	+ 0.₄	
			10	+ 0.₁	
			12	÷ 0.₁	
			15	÷ 1.₀	
			25	÷ 1.₇	
			50	÷ 1.₂	
			75	÷ 0.₆	
			100	÷ 0.₁	
			125	+ 0.₅	
			150	+ 0.₆	
			172	+ 0.₆	
³⁰/₈ 1892	XXVIII	{67° 19′ N.Br. {25° 03′ V.Lgd.	700	÷ 0.₆	c. 1 Mil af Iskanten. Bund ved 700 Fv. Bundart: graat Ler.

Desuden blev der paa Touren taget nedenfor anførte Lod-
skud uden Temperaturobservationer:

Datum	N. Bredde	V. Lgd.	Dybde i Favne	Bundart.
	° ′	° ′		
²⁴/₇ 1891	72 53	20 36	96	Graat Ler og store Sten.
²⁶/₇ —	72 41	20 12	100	— —
²⁹/₇ —	72 25	19 33	125	—
	72 25	19 36	149	—
	72 25	19 38	152	—
	72 25	19 42	132	—
	72 25	19 44	133	—
³¹/₇ —	70 33	20 56	150	
¹⁷/₈ —	69 41	19 20	167	Brunt, blødt Ler.

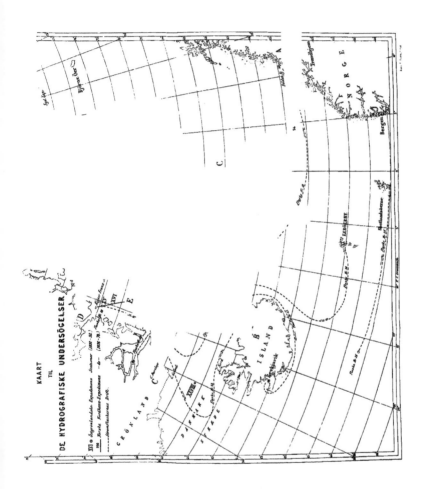

KAART
TIL
DE HYDROGRAFISKE UNDERSØGELSER

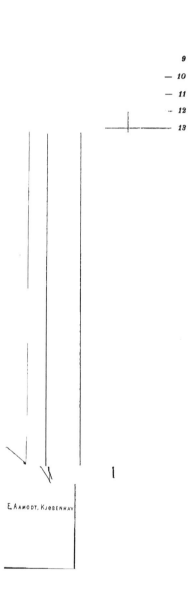

9

— 10

— 11

-- 12

———— 13

E. Aamodt, Kjøbenhav

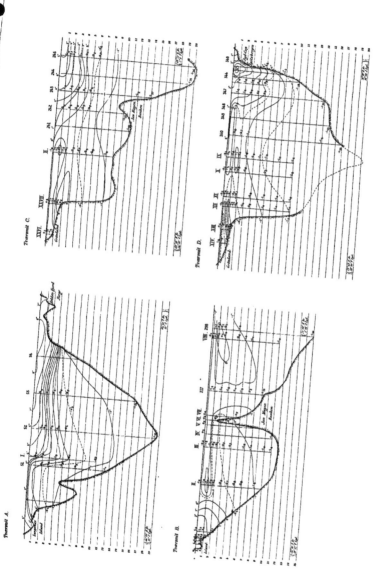

Traversi A.

Traversi B.

Traversi C.

Traversi D.

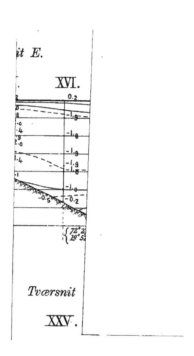

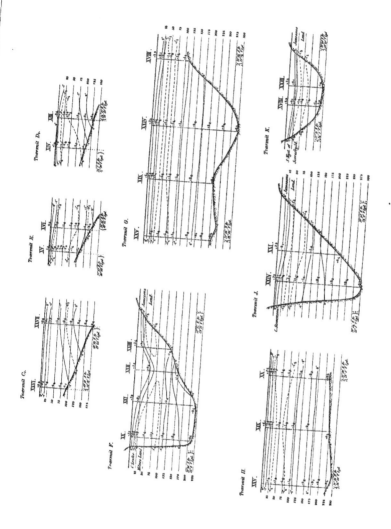

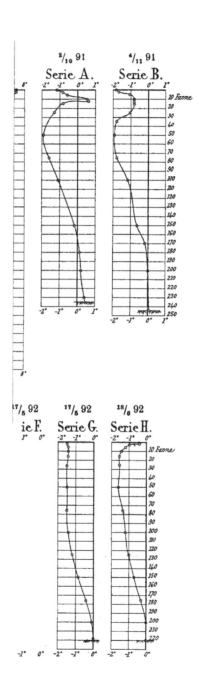

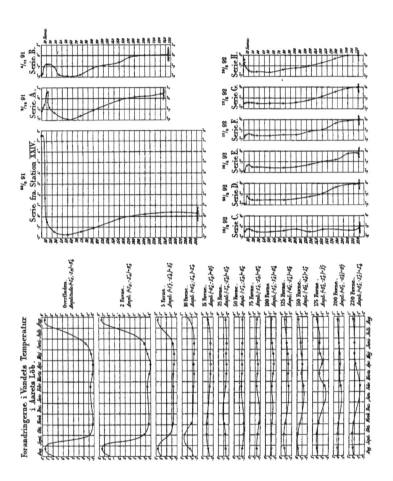

Forandringerne i Vandets Temperatur
i Aarets Löb.

Serie fra Station XXIV.

Serie A. ⁹/₁₂ 91
Serie B. ⁴/₁₂ 91

Serie C. ¹⁰/₃ 92
Serie D. ²⁹/₄ 92
Serie E. ¹⁰/₅ 92
Serie F. ¹⁷/₆ 92
Serie G. ¹⁵/₆ 92
Serie H. ²⁹/₆ 92

VI.

Om den tidligere eskimoiske Bebyggelse

af

Scoresby Sund

af

C. Ryder.

1895.

Da Scoresby i 1822 landede paa forskjellige Steder af Grønlands Østkyst, traf han saa godt som overalt Vidnesbyrd om en eskimoisk Bebyggelse i Form af Vinterhuse, Teltringe, Kjødgrave o. s. v., og paa nogle Steder syntes disse Vidnesbyrd saa friske, at Scoresby antog, at Beboerne for ganske nyligt havde forladt Stedet. Han var imidlertid ikke saa heldig at træffe levende Eskimoer.

I 1823 traf derimod Englænderen, Capitain Clavering, der førte Skibet «Griper», paa Clavering Øen, c. 74° N. Br., en lille Eskimostamme, bestaaende af 12 Personer, der stode i Telt paa Sydsiden af Øen. Han var sammen med dem i nogle Dage, men da hverken han eller hans Ledsagere havde noget Kjendskab til det eskimoiske Sprog, kunde man kun gjøre sig forstaaelig for hinanden ved Tegn, og som Følge deraf kunde Clavering ikke faae nogen Oplysning om, hvorvidt der paa Kysten fandtes flere Indfødte.

Da den 2den tydske Nordpolarexpedition i 1870 besøgte det samme Sted og Egnene deromkring, traf den kun nogle forladte Vinterhuse, i hvilke Taget var styrtet sammen og overgroet. Hvorvel disse Vinterhuse vare af en betydelig nyere Dato end de, som Expeditionen forøvrigt fandt rundt omkring paa den besøgte Strækning, gjorde de dog Indtryk af at have været ubeboede i et længere Tidsrum. Hverken her eller andetsteds saae man Noget, som kunde tyde paa, at der fandtes levende Eskimoer i Omegnen.

Skjøndt Sandsynligheden for, at vor Expedition skulde være saa heldig at træffe sammen med Indfødte i S c o r e s b y S u n d, saaledes ikke var stor, var dog Muligheden ikke ganske udelukket; thi S c o r e s b y' s Besøg var kun kort og indskrænkede sig til nogle faa Lokaliteter i Mundingen af Fjorden; henset til den almindelige eskimoiske Skik at flytte ud af Vinterhusene om Foraaret for at rejse til andre Lokaliteter, kunde man derfor meget vel tænke sig, at Beboerne af de af S c o r e s b y omtalte Vinterhuse ved C a p S t e w a r t og andetsteds, paa det Tidspunkt, da han besøgte Stedet, havde været paa Renjagt eller Laxefangst i det Indre af Fjordene.

Ved vort Besøg paa C a p S t e w a r t, saavel som senere ved vore Baadtoure om Sommeren og Slæderejser den paafølgende Vinter, fik vi desværre Vished for, at der i hele det store Fjordcomplex ikke nu findes levende Indfødte. Derimod fandt vi saa godt som overalt, hvor Terrainforholdene egnede sig dertil, Ruiner af Vinterhuse, Teltringe, Kjødgrave o. s. v., der tydeligt viste, at Egnen engang havde været forholdsvis godt befolket; men ligesaa tydeligt viste det sig, at Tidspunktet for denne Bebyggelse laa mindst 100 Aar tilbage i Tiden og sandsynligvis endnu mere.

Naar Lejlighed gaves, blev der, navnlig af Lieutn. V e d e l, foretaget Undersøgelser og Udgravninger af Husruiner, Grave, Kjøkkenmødinger o. l. Det er naturligt, at man ikke maa vente at gjøre store Indsamlinger af ethnografiske Sager efter et Folk, hvis rørlige Ejendom for Størstedelen har bestaaet af de Klæder, de gik og stode i, deres Jagt- og Fangstredskaber samt enkelte Gjenstande til Brug i Huset.

Tillige maa det, som nu kan findes mellem disse Menneskers halvt underjordiske Hulers Sten og Græstørv, indskrænke sig til, hvad der i Tidens Løb, dels er kastet bort som ubrugeligt, dels er gaaet tabt af Vanvare, medens Alt, hvad der endnu var brugeligt og havde nogen Værdi for Ejerne, er blevet omhyggelig opbevaret og har fulgt ham og maaske hans Efterkommere paa deres Vandringer fra Sted til Sted.

Hvad der blev fundet af Redskaber, Vaaben o. l., i For-
bindelse med, hvad man i forvejen veed om Eskimoernes Levevis,
satte os imidlertid fuldstændig i Stand til at danne os et paa-
lideligt Billede af de tidligere Indbyggeres Levemaade og de
Forhold, de have levet under. Kun angaaende Tidspunktet kan
man vanskeligt danne sig nogen bestemt Mening.

En Beskrivelse af de af os fundne Sager vil formentlig
have sin Interesse til Sammenligning med, hvad der foreligger
om andre Eskimostammer, f. Ex.

Gustav Holm: «Ethnologisk Skizze af Angmagsa-
likerne». (Meddelelser om Grønland, X.)

Dr. Franz Boas: «The Central Eskimo» (Sixth Annual
Report of the Bureau of Ethnology 1884—85).

John Murdoch: «Ethnological Results of the Point
Barrow Expedition». (Ninth Annual Report of the
Bureau of Ethnology 1887—1888.)

for muligt derigennem at faae et Vink om, hvilke nulevende
Eskimostammer de tidligere Indbyggere paa Grønlands nordlige
Østkyst nærmest have været beslægtede med, og derigennem om
Vejen for deres Vandringer.

I det følgende har jeg derfor udførligt beskrevet de af
Expeditionen hjembragte eskimoiske Sager og sammenholdt dem
med, hvad der paa det ethnografiske Museum i Kjøbenhavn
findes af gamle eskimoiske Redskaber fra Grønlands Vestkyst
og andre Steder, samt med ovenfor nævnte Værker m. fl.

Listen paa efterfølgende Side viser de Steder, hvor vi fandt
Vinterhuse, Teltringe o. l.

I. Husruinerne ved Cap Stewart bleve undersøgte af
Lieutenant Vedel. Scoresby's Beskrivelse af denne Lokalitet[1]
passer udmærket godt. Paa det SO-lige Hjørne af en lille
Slette laa 11—12 Husruiner. De 6 laa i en Linie i N.—S. med

---

[1] Tagebuch einer Reise auf den Wallfischfang s. 234.

Nr.	Sted	N. Br.	V. Lgd.	
I	Cap Stewart	70° 27'	22° 37'	12 Huse, 7 Grave.
II	Jamesons Lands Sydk.	70° 30'	23° 25'	2 Huse, Teltringe, Kjødgrave.
III	Syd Cap	71° 17'	24° 52'	ca. 10 Huse, Grave, Teltringe, Kjødgrave.
	—	71° 18'	25° 06'	Teltringe, Kjødgrave.
IV	Nordbugt	71° 34'	26° 29'	5 Huse, Grave, Teltringe, Kjødgrave.
V	Renodde	70° 30'	28° 16'	4 Huse, Grave, Teltringe, Kjødgrave.
VI	SO. for Røde Ø.	70° 28'	28° 04'	Teltringe, Rævefælder.
VII	Morænepynt	70° 26'	27° 50'	Teltringe, Kjødgrave.
VIII	Pynt paa Nordsiden af Føhnfjord	70° 29'	27° 01'	Teltringe, Kjødgrave.
IX	Gaasepynt	70° 22'	26° 18'	4 Huse, Teltringe, Kjødgrave.
X	Gaasefjords Nordside	70° 19'	26° 28'	Teltringe, Kjødgrave.
XI	Bunden af Gaasefjord	70° 5'	28° 23'	Teltringe.
XII	Danmarks Ø.	70° 26'	26° 12'	13 Huse, Teltringe, Kjødgrave, Grave, Rævefælder.

Udgang ud mod Hurry Inlet; Resten laa paa en Linie Ø.—V. med Udgang mod en større Elv Syd for. Vest for Sletten, paa hvilken Husene ligge, hæver den sydlige Del af Neills Klipper sig temmelig brat i Vejret. Nedenfor Husene er der en c. 100 Alen bred Forstrand, der er tør med Lavvande. Husene og deres nærmeste Omegn var overgroet med et frodigt Græsdække. Bag Husene og imellem dem findes en Del Huller i Jorden, rimeligvis Kjød- eller Spækgrave; af disse bære flere Spor af Scoresby's Undersøgelser. Af de 7 Grave, som findes her, laa den ene lige bag Husene, de fem paa en Linie c. 200 Skridt Vest for Bopladsen, og den sidste laa 150 Skridt fra det nordligste Hus. Scoresby fandt flere Grave beliggende mellem Husene, og to eller tre Grave laa inde i nogle af de Huse, der syntes at være af ældst Oprindelse.

Tre af de bedst bevarede og største Huse bleve udgravede med følgende Resultat. Husene vare alle rectangulaire med noget afrundede Hjørner. Den største Udstrækning havde de i Dybden ɔ: fra Væggen ved Indgangen til Bagmuren.

Hus Nr. 1 havde følgende Dimensioner (indvendigt Maal)

Dybde 12 Fod

Bredde 8½ »

Højde fra Gulv til Murens Overkant 4½ »

Husgangens Bredde 2 »

» Højde 3 »

Huset var tildels sammenfaldet, og under de nedstyrtede Sten fandtes Jord blandet med Mos, Kviste, Lyng og Renhaar. Ved Sidevæggene laa der 18″ høje Dynger af jordblandet Spæk, der var sejgt og ildelugtende. (Det blev af Expeditionen benyttet som Brændsel ved Tilberedningen af Maden.). Langs Bagmuren var der en Brix af Sten og Græstørv. Dennes Bredde var kun 30″, saa at det er rimeligt, at den kun har været benyttet som Underlag for en bredere Træbrix. Træpinde, Fuglefjer og Spaaner laa nedenfor Brixen, og, spredt paa Gulvet, der var dækket med flade Sten, fandtes Sælknogler og Renhorn. I en større Dynge Knogler fandtes et Menneskekranie, men ikke andre dertil hørende Skeletdele. Af Redskaber fandtes et Par Harpunspidser af Ben, en større og en mindre Træske, nogle Buepilespidser af Renhorn, en Syring af Skind, endvidere en udskaaren Trædukke, en »Snurre« og forskjellige borede eller paa anden Maade bearbejdede Stykker af Træ, Ben, Narhvaltand og Renhorn. De fleste af disse Ting laa neden for Brixen.

Hus Nr. 2 havde Dimensionerne

Dybde 12 Fod

Bredde 8 »

Murens Højde 5 »

Huset var tildels fyldt med nedfaldne Sten, hvorunder der laa Jord blandet med Mos og Lyng. Gulvet bestod af flade Sten dækkede af et 6″ tykt Lag Is. I selve Huset laa meget faa Knogler, hvorimod en lille Niche (20″ × 15″ × 20″) i den ene

Sidevæg var helt fyldt med Sæl- og Renknogler samt Renhorn. Nogle Harpun- eller Lændserspidser samt en Ullo (Fruentimmerkniv) af Skifer, en Slædeskinne tilligemed lignende Ting som fra Hus Nr. 1, bleve fundne nedenfor Brixen, der i dette Hus havde en lille Tilbygning langs den ene Sidevæg.

Hus Nr. 3 var 11¹/₂ Fod dybt og 7¹/₂ Fod bredt. Gulvet var ligesom i de øvrige Huse belagt med flade Sten, over hvilke der laa Jord, Mos, Lyng o. l. Huset var meget sammenfaldet, og Undersøgelsen gav kun lidet Udbytte.

Tiden tillod ikke en Udgravning af de øvrige 9 Huse, der gjennemgaaende vare mindre og mere sammenfaldne end de tre, der bleve undersøgte.

I tre af de sex Grave, der laa bag Husene, fandtes forholdsvis velbevarede Skeletter. Hovederne laa imod Nord, og Kroppen var stærkt sammenbøjet med Knæerne op under Hagen. Gravene vare smaa Stendysser, 4—5 Alen i Diameter. Der saaes ikke noget regelmæssigt stensat Kammer, men det lod til, at Liget var lagt i et Hul i Jorden, hvorefter der var lagt Sten omkring det. I en af Gravene fandtes ved Fodenden af Skelettet en Lændserspids, en Stump Træ og et Stykke Renhorn. De tre andre Grave, i hvilke Intet fandtes, vare for en Del forstyrrede og Stenene spredte, sandsynligvis ved Scoresby's Undersøgelse. Den syvende Grav laa ved Muren af et sammenfaldet Hus. Hovedet laa underst, omtrent en Alen under Overfladen, og de øvrige Skeletdele skraat opefter. En stor, flad Sten dækkede Graven.

I de firkantede Huller mellem Husene, som havde været benyttede til Spæk- eller Kjødgrave, fandtes endel Knogler af Sæler og Rener.

I Kjøkkenmøddingen nedenfor Husene og paa Pladsen mellem disse fandtes forskjellige raat forarbejdede Brudstykker af Redskaber foruden Kranier og Knogler af Hval, Hvalros, Bjørn, Ren, Sæl, Harer, Hunde og Lemminger.

II. Paa Syd- og Vestkysten af Jamesons Land fandt Naturforskerne langs hele Kysten Spor af tidligere Beboelse, idet der var to Vinterhuse og en Mængde Teltringe og Forraads-kamre. Mange af Teltringene vare dog delvis forsvundne eller deres Undergang nær, da de stode saa yderlig paa Kysten, hvor Bølgeslaget virker stærkt nedbrydende. Teltringene havde en Diameter af 5—6 Alen. Omkring dem fandtes en Mængde Knogler af Sæl, Hvalros og Hval samt nogle Træredskaber.

III. Den næste Boplads var den lille Halvø, Syd Cap, ved Mundingen af Nordvestfjord. Omtrent en Mil Øst for Halvøen skyder en lav Odde ud i SO-lig Retning; her fandtes en Samling af c. 10 Vinterhuse, som sædvanligt kjendelige i lang Afstand paa det friske, saftiggrønne Græstæppe, der dækkede de af Affald og Excrementer gjødede Pletter omkring Husene. Til Tagtømmer i Husene var anvendt mange Hvalribben, og Husgangene vare tildels overdækkede med Ryghvirvler af Hvaler. Tagene vare alle faldne sammen og laa nede i Husene. Rundt om Ruinerne laa spredt en stor Mængde Hvalknogler, hvori-blandt nogle af en mindre Hvalart (Narhvaler?). Foruden Hvalben fandtes ogsaa i Kjøkkenmøddingerne en Mængde Knogler af Sæl og Ren. Paa den yderste Spids af Odden fandtes nogle meget store Teltringe tilligemed en stor Mængde Forraadskamre, men hverken her eller ved Husruinerne fandtes Grave. Af Redskaber blev der kun fundet nogle Slædeskinner og et Par bearbejdede Træstykker [1]).

Paa selve Halvøen, som danner Syd Cap, fandtes ligeledes nogle Teltringe og flere meget store Kjødgrave, c. 12 Fod i Diameter og 3—4 Fod høje. Paa enkelte Steder saae man mindre Stensamlinger, som lignede Teltringe, men som vare for smaa til at have været benyttede hertil. I Nærheden af dem fandtes

---

[1]) Optegnelserne fra dette Sted ere efter Cand. Hartz og Deichmann's Beretninger.

ogsaa en Samling af smaa hvide og røde Sten. Det var aabenbart Børnenes Legeplads. Henved 100 Fod oppe paa et mindre Fjæld fandtes en meget omhyggelig stensat· Grav med en stor flad Overligger. Uden om selve Gravkamret var, som sædvanligt, ophobet større og. mindre Sten. I Graven laa et sammenbøjet Skelet, paa hvis Laar- og Skinneben der endnu sad indtørrede. Kjødrester.

IV. 30 Kvml. længere inde i Nordvestfjord fandt vi paa Vestsiden af :Nordbugt fem Husruiner med Udgang mod Søen. De vare meget sammenfaldne og helt overgroede med et tæt Pilekrat, der næsten fuldstændigt skjulte dem. Desuden fandtes Teltringe, tre Grave og flere Kjødgrave. En af Gravene blev undersøgt, og i denne fandtes et velbevaret Skelet med Hovedet i· Øst. Graven var 38″ lang, 30″ bred og meget omhyggelig sat af flade Sten. Skelettet laa sammenbøjet med Knæerne op under Hagen.

· Paa Østsiden af Nordbugt var der· flere Teltringe og Kjødgrave. Paa Fjældskraaningerne laa en· halv Snes Kranier af Moskusoxer.

V. Paa Renodde, som danner Sydpynten ved Vestfjordens Munding, fandt vi saavel Vinterhuse som Teltringe. Man kunde vanskeligt tænke sig nogen bedre Beliggenhed for en eskimoisk Boplads. Selve den yderste Del af Renodden er en Halvø, som ved en smallere, lav Tange hænger sammen med Fastlandet. Halvøen er lav og bestaar af afglattede Gneiskuller paa indtil et Par Hundrede Fods Højde. Vegetationen er meget frodig, saa at der findes Lyng og Pilekvas i tilstrækkelige Mængder til Brændsel. Fra Pynten kan man se ind i Vestfjorden, op i Røde Fjord og ud over hele Bassinet Syd for Røde Ø. I Farvandene heromkring er der, saavel om Sommeren som om Foraaret, mange Sæler, fornemlig Netsider, Remmesæler og spraglede Sæler.

Paa dette Sted, c. 100 Alen fra Fjordbredden, laa paa

Halvøens Østside 4 Vinterhuse. De vare nogenlunde vel bevarede og gjorde Indtryk af at være af en noget senere Dato end de øvrige, vi saae i Scoresby Sund. Husene vare byggede af flade Sten, af hvilke der findes en Mængde paa Renodden; de vare overgroede med tommetykke Pilestammer, som vare visne og fortørrede

Et af Husene blev udgravet. Der fandtes intet Spor af Tag, hvilken Omstændighed lod formode, at dette var blevet fjernet af Beboerne, forinden de forlode Stedet. Under et 6" tykt Lag Græstørv laa en Brolægning af store, flade Sten, dækkede af Mos, Jord og Renhaar. Nedenfor Brixen fandtes i Gulvet et Par stensatte Beholdere, c. 2 Fod dybe, adskilte ved en stor, flad Sten, der stod paa Højkant, og dækkede af flade Sten. De indeholdt Knogler af Sæl og Ren, paa hvilke der endnu sad indtørret Kjød. I Bunden laa en Del Spæk blandet med Mos og Lyng. Husgangens Bund laa c. 2 Fod lavere end Gulvet i Huset, til hvilket et faststampet Skraaplan af Ler førte op. Udgangen vendte ud mod Søen.

Paa en lille Fjældhumpel lidt over Husene laa en Kjødgrav og ved Siden af denne et Kogested, paa hvilket der laa Trækul og Aske. Kogestedet var dannet af et naturligt Hjørne mellem to lodrette Klippeflader, og det var dækket af en stor flad Sten, der laa paa et Par andre. Det saae ud, som om den havde været benyttet som Stegepande, noget, som endnu bruges meget af Grønlænderne paa Vestkysten, naar de ere paa Renjagt. De opsøge da en flad Sten, der lægges paa et Par andre, saa at den kommer c. 6" fra Jorden, og tænde Ild under den. Naar Stenen er gjennemvarmet lægge de halvfugtigt Mos ovenpaa, og paa Mosset lægges atter Skiver af Renkjød. Den flade Sten havde her beskyttet Asken mod at blæse bort eller blive skyllet bort af Regn og Snesmeltningen; men havde vi ikke i de overgroede Huse havt et tilstrækkeligt talende Bevis paa, at der var gaaet mindst 100 Aar, siden Pladsen havde været beboet, vilde man jo let paa Grund af den forefundne Aske have været fristet til at tro, at de Indfødte endnu maatte findes deromkring.

Et Par Grave fandtes ovenover Husene, og der toges fra disse nogle Skeletdele..

Udgravningen af Husene gav kun et ringe Udbytte, bestaaende af bearbejdede Træpinde, Benstykker, Renhorn samt en· lille, gul Benperle.

Ogsaa her omkring saae man, hvor Børnene havde leget «at bygge Telt», og hvorledes de havde samlet paa smaa, hvide og røde Sten. Det Hele saae saa friskt ud, som om dét var blevet brugt Dagen før vor Ankomst.

Ude paa Spidsen af Pynten laa 5—6 Teltringe af den sædvanlige Størrelse.

VI, VII, VIII. Paa to forskjellige Steder paa Nordsiden af Føhnfjord samt paa Kysten af Milnes Land SO. for Røde Ø saaes Teltringe og Kjødgrave, men ingen Vinterhuse. Det sidstnævnte Sted fandt vi ogsaa en Rævefælde af den sædvanlige eskimoiske Construktion.

IX. Paa Gaasepynt mellem Gaasefjord og Føhnfjord fandtes en Samling af 4 Vinterhuse. De laa c. 100 Alen fra Søen paa en lille Bakke, fra hvilken Terrainet skraaner jævnt ned mod Stranden. De vare meget smaa, de mindste, vi fandt i hele Egnen, og meget sammenfaldne. Deres Dimensioner varierede mellem 8—9 Fod i Dybden og mellem 4½ og 6 Fod i Bredden.

Et af Husene blev udgravet. Under et Lag nedfaldne Sten fandtes et to Fod tykt Lag stenet Jord, som var meget vanskeligt at hakke op. Under Jordlaget laa det stenbelagte Gulv, der fra Udgangsaabningen skraanede jævnt op mod Brixen. Langs den ene Væg fandtes en Del Spæk, men af forarbejdede Sager kun et Par Lampepinde og en Stump gjennemboret Narhvaltand.

Paa Pladsen mellem Husene laa flere store Hvalknogler, Renhorn og Sælknogler samt et Hundekranie.

Ude paa et Næs var der Teltringe og Spækgrave, de sidstnævnte vare i Bunden brolagte med Smaasten og dækkede med store, flade Sten.

X, XI. I Gaasefjord fandt Lieutn. Vedel paa to Steder Teltringe og nogle Kjødgrave, men ingen Vinterboliger.

XII. Det Sted, hvor vi fik Lejlighed til at gjøre de fuldstændigste Udgravninger og Undersøgelser, var paa Danmarks Ø, i Stationens nærmeste Omegn.

Et Kvarters Gang Vest for Hekla Havn er der ved Kysten paa en Strækning af c. 1000 Alen en græsbevoxet, nogenlunde jævn Skraaning, begrændset mod Syd af Fjorden og paa de tre andre Sider af afrundede Granithumpler. Paa denne Skraaning, der gjennemskjæres af et Par smaa Vandløb, laa to Grupper af Vinterboliger; den vestlige bestod af 6, den østlige af 7 Huse. Husene i den vestlige Gruppe laa c. 100 Fod over 'Fjorden, ovenfor en lille, brat Skrænt; de vare alle sammenfaldne med Undtagelse af et, hvis Mure endnu stode lodrette.

Den østlige Gruppe laa paa et fladere Terrain og noget længere nede ved Vandet. Ogsaa her vare Husene sammenfaldne og stærkt overgroede med Græs.

Spredte mellem Husene og paa de nærmeste Klipper laa flere Grave og Kjødgrave.

Lieutn. Vedel undersøgte 9 Huse og 5 Grave, og i Løbet af Sommeren 1892 blev der desuden jævnligt foretaget Gravninger og søgt efter eskimoiske Gjenstande af forskjellige af Expeditionens Medlemmer. Undersøgelserne gave følgende Resultat.

I den vestlige Gruppe udgravedes 2 Huse. Hus Nr. 1 var meget lille og sammenfaldet, 8½ Fod dybt og 5½ Fod bredt.

Det var kun ved en enkelt Stenvæg skilt fra Nabohuset. I det
fandtes kun noget Spæk, men meget faa forarbejdede Sager.

Hus Nr. 2 var 11 Fod dybt og 7 Fod bredt. Under et Lag
af Græstørv laa Tagbjælker af Træ og Hvalben med en ind-
byrdes Afstand af 20″. Foruden Hovedbrixen var der tilvenstre
for Indgangen en lille Sidebrix. Paa denne fandtes ovenpaa et
Lag Spæk en stor Lampe af Vegsten. Indeni Lampen stod en
lille firkantet Gryde med Huller i Bunden. I Gryden laa flere
Perler af Skifer og Brunkul. En Ske laa ved Siden af Lampen,
og mellem Spækket fandtes en Menneskeunderkjæbe. De øvrige
Sager, der blev fundne her i Huset, laa nedenfor Brixen.

Af den østligste Gruppe undersøgtes 6 Huse. Hus Nr. 3
var 11 Fod dybt og 6½ Fod bredt. Gulvet var belagt med
flade Sten; ogsaa her var der en Sidebrix. Tværs over Huset
laa en stor Mængde stinkende Spæk; men af forarbejdede Sager
saaes kun nogle Træpinde, gjennemhullede Ben og en Isskraber.
Husgangens Bund laa 2 Fod lavere end Husets Gulv. Gangen
fortsattes af et Skraaplan op imod Midten af Huset.

Hus Nr. 4 var 10½ Fod dybt og 6½ Fod bredt. Selve
Huset var meget sammenfaldet, hvorimod en Del af Husgangen
stod ubeskadiget. Denne var 3 Fod høi, 2 Fod bred og 6 Fod
lang; dens Overkant var i Højde med Husgulvet, der var belagt
med flade Sten. De fundne Sager laa alle i Krogen mellem
Hoved- og Sidebrixen. Paafaldende faa Knogler saaes inde i
Huset, hvorimod der lige udenfor Gangen fandtes to Narhval-
hoveder og en stor Mængde Sælknogler. Et større Stykke af
en vel conserveret Bue og et Par bearbejdede Stensager laa i
Græsset nedenfor Huset.

Hus Nr. 5 havde omtrent samme Dimensioner som de foran-
nævnte. Det havde en Niche paa hver af Sidevæggene, i hvilke
der laa Sælknogler og Renhorn.

I Hus Nr. 6 laa under det øverste Lag Græstørv et Tag-
underlag af lange Hvalknogler med c. 2 Fods Afstand.

Hus Nr. 7 var lille og meget sammenstyrtet, saa at Væggene næsten helt vare indfaldne.

I Hus Nr. 8 var der under det stenbelagte Gulv to Kjød-grave, der indeholdt Knogler og Spæk. De vare dækkede med større, flade Sten. En raat tilhugget Lampe laa med noget jordblandet Spæk paa Sidebrixen. Blandt de fundne Sager maa særlig nævnes en lille Ullo af Skifer med Træhaandtag, en stor Ullo og en Træske.

Hus Nr. 9 var lille, sammenfaldet og meget overgroet. En Del Spæk, men kun faa forarbejdede Sager fandtes.

I nogle af de undersøgte Grave fandtes Kranier og Knogler, de sidste rigtignok i en temmelig forvitret Tilstand; i andre Grave fandtes ingen Skeletdele. Mange af Gravene havde et Underlag af smaa Sten og et Tag af temmelig svære Træstokke. De fundne Knoglers Stilling tydede paa, at Ligene vare bøjede sammen, inden de nedsattes i Graven.

I Gravene eller deres nærmeste Omegn fandtes forskjellige Gryder, Lamper, Stumper af Slædeskinner, Brudstykker af Buepile og lignende Sager.

Paa Pladsen mellem Husene laa en Mængde Knogler af større Hvaler, Narhvaler, Bjørne, Rener, Sæler, Harer, Ræve og Hunde.

Imellem de to Husgrupper laa en «Teltring» af en fra den almindelige runde meget afvigende Form; den var nemlig rect-angulair, 7 Fod lang og $5^{1}/_{2}$ Fod bred (se Fig 4).

Indgangen var paa en af de korte Sider og vendte mod Øst. Ved en Stenrække over Gulvet var dette delt i to Af-délinger; den bageste Afdeling havde været Brixen, medens den Afdeling, der laa nærmest Indgangen, paa begge Sider var belagt med flade, smaa Sten.

Ved selve Hekla Havn, paa de to Landtunger der dannede dens Begrændsning mod Øst og Syd, havde Eskimoerne havt en Sommerplads. Her fandtes 13—18 Teltringe, omtrent ligesaamange Kjødgrave, fiere Ildsteder med forkullede Træstumper, nogle Rævefælder o. s. v.

Med Undtagelse af en enkelt firkantet «Teltring», som den foranfor ·omtalte, vare alle Teltringene· ved Havnen runde og havde en Diameter af 10—12 Fod. Den nærmest Indgangen værende Halvdel var ved en Række Sten skilt fra Brixen og belagt med flade Sten, undertiden med en Gang hen til Indgangen.

Forraadskamrene (Kjødgravene) udmærkede sig ved den Omhu, med hvilken Stenene vare lagte. I nogle af dem, der saae ud til at være urørte, siden Forraadet blev nedlagt, fandtes endnu Spæk, Fjer, Renhaar og Knogler m. m. Forøvrigt laa omkring · paa Pladsen mange Knogler, Stumper af Renhorn og Hvalben, Tænder, Træstykker og lignende.

Et lille Stykke Vej .Øst for Havnen paa SO.-Pynten af Danmarks Ø laa mange store Hvalknogler, og tæt ved dem fiere meget store Kjødgrave.

Vi havde altsaa ialt fundet c. 50 **Vinterhuse** fordelte paa 7 Bopladser. Det fremgik af Undersøgelserne, at Eskimoerne her have benyttet usædvanlig smaa Huse. Det største af os maalte Hus (ved Cap Stewart) var 12 Fod × 8½ Fod (indvendigt Maal), ·det mindste (paa Gaasepynt) 5 Fod × 8 Fod. Husene havde deres største Udstrækning i Dybden, og Indgangen laa paa en af de smalle Sider. Bagvæggen var i Almindelighed lidt bredere end Forvæggen. Langs Muren var dannet et Underlag af Sten, c. 30" bredt. Brixens Højde over Jorden har ikke været synderlig stor, da Stenene til Underlaget hvilede paa Jorden.

I de fleste af Husene var der til venstre for Indgangen langs den ene Sidevæg bygget en lille Sidebrix, der stødte op til Hovedbrixen. Denne Sidebrix har aabenbart afgivet Plads til Lampe, Spæk o. l.

I Murene paa Siderne var der undertiden dannet smaa Hylder eller Nicher, i hvilke der fandtes en Mængde Knogler.

Fig. 1. Ruin af eskimoisk Vinterhus ved Hekla Havn.

Jeg erindrer ikke at have seet tilsvarende paa Vestkysten, lige_
som det heller ikke bruges ved Angmagsalik. Derimod omtaler
Dr. Boas[1]), at Eskimostammerne ved Davis Strædet, som bo i

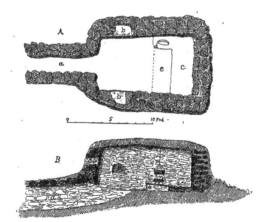

Fig 2. Plan og Snit af reconstrueret, eskimoisk Vinterhus ved Scoresby Sund.
a. Husgang, b. Nicher, c Stenbrix, d. Lampe, e. Træbrix.

---

[1]) The Central Eskimo. S. 541.

Snehuse om Vinteren, lave nogle smaa Tilbygninger (*igdluarn*),
som ved et mindre Hul staa i Forbindelse med det øvrige
Husrum .og bruges til Opbevaring af Kjød og Spæk. Muligvis
kunne disse og Nicherne have samme Oprindelse. I to af de
undersøgte Huse var der under Stengulvet gravet Beholdere til
Opbevaring af Kjød og Spæk.

Skjøndt vi, paa Grund af at Husene vare saa sammenfaldne,
ikke saae noget Spor til Vinduer, er det dog rimeligt, at der
har været et saadant, overspændt med Tarmskind, ligeover Hus-
gangen.

Husene vare byggede paa sædvanlig grønlandsk Maade med
Mure af vexlende Lag Sten og Græstørv. Over Murene var
lagt et Tagværk af Træ og store Hvalknogler, og dette har
været dækket af Græstørv.

Kun enkelte Steder var Husgangen nogenlunde vel bevaret.
Den udgik fra Midten af den forreste Mur og havde en Højde
af 3—4 Fod, en Bredde af 2 Fod, Længden var det umuligt
at bestemme. Husene laa i Almindelighed paa en Skraaning,
saa at Husgangen havde Fald ud mod Søen, medmindre lokale
Forhold havde gjort en anden Retning tilraadelig. Nogen Orien-
tering efter et bestemt Verdenshjørne fandt ikke Sted. Gulvet
i Husgangen laa, hvor den udmundede i Huset, 2—3 Fod lavere
end Husgulvet, og et lille Skraaplan af faststampet Ler førte op
i Huset.

Omkring Husene laa der altid forholdsvis mange **Kjødgrave**.
Disse vare i de fleste' Tilfælde byggede ovenpaa Jorden af
temmelig store Sten, der vare lagte med megen Omhu, for at
Hunde og Ræve ikke skulde kunne stjæle af Forraadene. Under-
tiden havde disse Kjødgrave en anselig Størrelse (c. 12 Fod i
Diameter og 3—4 Fod høje).

Ved Cap Stewart vare Kjødgravene lavede ved at grave
firkantede Huller i Jorden. Siderne vare stensatte. Denne Form
af Kjødgrave har rimeligvis været dækket med større, flade Sten.

De af Germania-Expeditionen undersøgte og beskrevne

Huse· fra den nordlige Del af Østkysten havde aldeles samme Form og Størrelse som de, vi saae i Scoresby Sund.

Et Hus af saa ringe Dimensioner kan kun have været benyttet af een Familie, og herpaa tyder ogsaa den Omstændighed, at dér kun var Lampebrix paa den ene Side i Huset. Havde der boet to Familier, vilde der enten have været en Lampebrix ved hver· Ende af Hovedbrixen, eller ogsaa vilde Lampebrixen have været anbragt midt for Hovedbrixen, da hver Husmoder, efter almindelig eskimoisk Skik, skal have sin Lampe.

Der laa altid flere Huse (indtil 13) paa samme Plads, og hvorvel enkelte af dem vare noget ældre end de andre, er det dog rimeligst at antage, at de fleste have været beboede samtidigt; Eskimoerne benytte nemlig gjerne gamle Hustomter, forsaavidt saadanne findes der, hvor de ville have deres Vinterhus, frem for at bygge et helt nyt Hus, da der derved spares en Del Arbejde.

Flere Hustomter paa samme Sted tyde derfor som Regel paa en samtidig Beboelse.

Det er imidlertid paafaldende, at Beboerne her have brugt saa smaa Huse, thi de nulevende Eskimoer ved· Angmagsalik have kun eet stort Hus paa hver Boplads, og i et saadant leve alle· Pladsens Beboere, undertiden et halvt Hundrede Mennesker. Ogsaa de tidligere Beboere af Grønlands Vestkyst brugte store Huse. I 1887 fandt jeg Nord for de nordligste danske Udsteder i Uperniviks Distrikt paa 8 forskjellige Steder gamle Vinterhuse, i Reglen 2—3 sammen, men alle meget store.

Ifølge Murdoch[1] ere Point Barrow-Eskimoernes Huse gjennemsnitlig 12—14 Fod lange og 8—10 Fod brede, altsaa omtrent af samme Størrelse som Husene i Scoresby Sund, og der boer i Almindelighed to Familier i hvert Hus.

Boas beskriver[2] de Boliger, som bruges af Central-Eski-

---

[1] Ethnological Results. S. 73.
[2] The Central Eskimo. S. 539—553.

moerne. Om Vinteren leve de i Snehytter, der have en Gjen-
nemsnitsdiameter af c. 15 Fod og ligeledes i Almindelighed
beboes af to Familier. Før Central-Eskimoerne begyndte at
bygge Snehytter til Vinterbrug, boede de om Vinteren i Huse
af Sten og Græstørv, hvis Levninger endnu sees og undertiden
bruges. Disse Huse havde en lignende Form som de, vi fandt
i Scoresby Sund. Ogsaa paa Øerne i det nordamerikanske
Archipelag findes mange Ruiner af saadanne gamle Stenhuse,
ligesom ogsaa Lieutn. Greely[1]) fandt Huse af smaa Dimensioner
ved Lake Hazen paa Grinnell Land.

Der synes mig derfor at være en Del, der taler for den
Tanke, at dengang Eskimoerne begyndte at sprede sig fra deres
Hjemstavn i Amerika, brugte de kun smaa Vinterhuse til een
eller to Familier, og som oftest vare de vel ikke flere i Følge.
I en lang Periode vare Eskimoerne paa Vandring, i Reglen vel
i smaa Hold, og skjøndt de enkelte Hold gjorde kortere og
længere Ophold paa forskjellige Steder, bleve dog ikke saa
mange samlede til stadigt Ophold paa et Sted, at Trangen til
at flytte sammen i eet stort Hus er kommet frem. Hvert Hold
eller hver Familie byggede sit Hus. Paa denne Maade kom de
over til Grønland, nogle gik Nord om og ned langs Østkysten,
og andre gik Syd efter langs Vestkysten. Først, da de for Alvor
toge fast Ophold enten paa Vestkysten eller paa Østkysten fra
Angmagsalik og Syd efter, kom der mere Stabilitet i Forholdene.
Man følte sig efterhaanden hjemme paa et bestemt Sted, og for
Beboerne af den samme Plads viste sig da det Praktiske i at
flytte sammen i eet stort Hus, hvorved den Enkelte ikke vilde
være saameget udsat for Tilfældigheder med Hensyn til daarlig
Fangst, da Husbeboerne delte med hinanden, ligesom det ogsaa
var økonomisk i Retning af Lys og Varme. Maaske have Eski-
moerne ført Traditionen om store Huse med sig fra deres
Hjemstavn, idet flere nordlige Indianerstammer benytte saadanne.

---

[1]) Greely: Three years of Arctic Service. Vol. I. 379—383.

Grønlands nordlige Østkyst ned til Scoresby Sund skulde efter denne Opfattelse kun have ydet et Slags midlertidigt Opholdssted, medens det egentlige Træk Syd efter foregik. Dette udelukker jo ikke, at enkelte mindre Samfund ere blevne paa denne Del af Kysten eller maaske paa et senere Tidspunkt fra Amerika ere komne Nord om Grønland; og en Rest af saadanne Samfund, og rimeligvis en af de sidste, var da den lille Eskimoflok, som Clavering traf i 1823.

At Eskimoerne i Amerika ere vedblevne at holde fast ved de smaa Vinterhuse, kan ligge i Omstændighederne, f. Ex. for Central-Eskimoernes Vedkommende deri, at de ere gaaede over til at bruge Snehuse i Kuppelform; Byggematerialet og Formen vil her sætte en Grændse for Bygningens Størrelse.

Fig. 3. Eskimoisk Teltring ved Hekla Havn.

Om Sommeren have Eskimoerne i Scoresby Sund forladt deres Vinterhuse og ere flyttede i Telte. Teltpladserne ligge nogle Steder, f. Ex. paa Renodden og ved Hekla Havn, i den nærmeste Omegn af Vinterboligerne, men desuden have Eskimoerne staaet

i Telt mange andre Steder rundt omkring i Fjordene. Telt-
pladserne ligge i Reglen altid paa lave Pynter eller Odder, hvor
Isen paa Grund af Strømmen hurtigst vil bryde op, og hvor
derfor Foraarsfangsten først kunde tage sin Begyndelse.

Teltene have været af sædvanlig grønlandsk Construktion,
bestaaende af et indre Skelet af Træ, over hvilket der var lagt
Skindbetræk. Den nederste Kant af dette holdtes ned til Jorden
af store Sten. Disse Sten, der paa Grund af Teltets Form kom
til at ligge i en Kreds, kaldes i Almindelighed Teltringe og ere
de eneste Vidnesbyrd, der blive tilbage, naar Teltet tages bort.
Disse Teltringe fandt vi som nævnt i Mængde. Paa to Und-
tagelser nær vare Teltringene kredsrunde og havde en Diameter
af 10—12 Fod, paa et enkelt Sted (Syd Cap) 15—16 Fod. Den
bageste Halvdel af Teltet, der havde dannet Brixen, var ved en Række
Sten adskilt fra den forreste Halvdel, der i Reglen var brolagt
med flade Sten, undertiden med en Gang i Midten. Den bageste
Halvdel var ikke belagt med Sten, thi her havde man enten
havt en Brix af Brædder, eller man havde spredt Lyng og der-
over Skind.

De to Undtagelser dannedes af de tidligere nævnte firkantede
«Teltringe» paa Danmarks Ø, der kun i Formen afveg fra de
andre, medens Arrangementet indvendigt forøvrigt var det samme
som ved de runde Teltringe.

Medens runde Teltringe fra ældre Tider træffes overalt paa
Grønlands Vestkyst, kjender jeg intet Exempel paa, at man der
har fundet firkantede
Teltringe af eskimoisk
Oprindelse.

Det er en meget
almindelig Leg blandt
de forskjellige Eskimo-
stammers Børn, at de
lægge Sten i Række

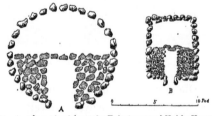

Fig. 4. Plan af eskimoiske Teltringe ved Hekla Havn.

paa Jorden, saa at de danne Contouren af en Konebaad med

Tofter, eller en Kajak med sit Hul. Indenfor disse Stenrækker sætte saa Børnene sig og lege, at de ere ude at sejle. Paa samme Maade markere Børnene smaa Telte, hvad vi ofte saae Exempler paa. Jeg er derfor tilbøjelig til at antage, at de to firkantede »Teltringe« paa lignende Maade skulle betegne et Vinterhus og hidrøre fra Børnenes Leg, tilmed da Dimensionerne ere saa smaa (5½ Fod × 7 Fod). Da jeg imidlertid ikke har nogen Sikkerhed for denne Antagelses Rigtighed, har jeg foretrukket at betegne de omtalte Stensætninger som Teltringe, da hele det indre Arrangement aldeles svarede til de runde Teltringes.

Af de fundne Fangstredskaber, Knogler o. s. v. fremgik det, at Eskimoerne havde jaget og kunnet fange efternævnte Dyr: Bjørne, Rener, (Moskusoxer?), Ræve, Harer, Narhvaler, Sæler, alle Slags Fugle og Lax. Endvidere er det sandsynligt, at de ogsaa have fanget større Hvaler, thi saa godt som ved alle Bopladserne laa Knogler af store Hvaler i Mængde, deriblandt rimeligvis ogsaa af Bardehvaler. Ligeledes fandtes saadanne Steder Kjødgrave af saa store Dimensioner, at de sandsynligvis maa have været brugte til Opbevaring af Hvalkjød. At det udelukkende skulde have været »Drivhvaler« ɔ: døde Hvaler, som Eskimoerne have faaet fat i, er næppe rimeligt, da Hvalknoglerne forekomme paa saa mange Steder. Hvalfangst fra Konebaade drives ogsaa af de fleste Eskimoer langs Amerikas Nordkyst ligesom Angmagsalikerne kjendte Hvalfangst. Hvorvel vi ikke fandt nogen større Harpun eller lignende, som kunde tjene som direkte Bevis, nærer jeg ingen Betænkelighed ved at tro, at de store Hvalknogler ved Bopladserne hidrøre fra Hvaler, som ere dræbte af Eskimoerne.

Hvalrossen forekommer i Mundingen af Scoresby Sund. Der blev fra «Hekla» seet et Exemplar i Hurry Inlet. Derimod findes den næppe i de indre Fjordarme. Det er muligt, at dette Dyr ogsaa har været fanget af Beboerne af Cap Stewart, men noget Bevis derfor have vi ikke fundet. De udskaarne Sager af Tand ere næsten alle af Narhvaltand, der har været brugt i stor Udstrækning.

Vi fandt heller ikke ved Husene noget Bevis for, at Eskimoerne have jaget Moskusoxer. Det eneste, der taler derfor, er at vi paa et enkelt Sted, en Fjældskraaning i Nordvestfjord, samlede en halv Snes Kranier af Moskusoxer, medens der kun var et Par enkelte Knogler af Skeletterne. At saamange Dyr ere omkomne paa samme Sted, kunde vel nok være foraarsaget ved Sne- eller Stenskred, men i saa Fald maatte ialtfald alle de større Knogler ligge i Nærheden af Kranierne. Den eneste sandsynlige Forklaring herpaa er efter min Mening, at Dyrene ere blevne dræbte af Eskimoerne, der have taget Skindet og Kjødet med Knoglerne med sig, men derimod ladet de tunge Hoveder blive liggende.

Mærkeligt er det imidlertid, at vi ikke fandt Knogler og Horn af Moskusoxen i lignende Mængde ved Husene, som vi fandt Renhorn og Renknogler, og man kunde fristes til at tro, at Moskusoxerne ikke fandtes i noget stort Antal paa denne Del af Kysten i den Tid, den var beboet af Eskimoerne, men at de først senere ere komne Syd efter i større Mængder. Angmagsalikerne kjendte rigtignok Moskusoxen og kunde beskrive den, og de fortalte, at den tidligere havde levet i Angmagsalik-Egnen; men, naar man veed, hvor længe og hvor nøjagtig Eskimoerne kunne bevare Traditioner, kunde det antages, at Angmagsalikernes Kjendskab til Moskusoxen stammede fra de Tider, da deres Forfædre levede paa den nordligste Del af Grønlands Østkyst eller i Amerika. Scoresby og hans Ledsagere saae ingen Moskusoxer ved Cap Stewart eller den omgivende Del af Kysten, skjøndt de gjorde flere, lange Excursioner paa Jamesons Land, og netop paa den samme Strækning saae vi dem fra Skibet og fra Baade i Flokke paa 10—12 Stkr. hver Dag i den Tid, vi vare i Hurry Inlet.

Jeg synes derfor, at det ikke er rimeligt at antage, at

Moskusoxen er optraadt saa talrigt i Scoresby Sund, dengang Eskimoerne boede der, som den nu gjør; thi ellers vilde dette Dyr med sit varme, bløde Skind, sine store Horn og sit ud- mærkede Kjød sikkert have været ligesaa ivrigt efterstræbt af dem, som det nu er af Eskimoerne i Amerika; men i saa Fald maatte man formentlig ved Hustomterne have fundet Vidnesbyrd derom, ligesom man nu finder Renhorn, Bjørnekranier o. s. v. i Mængder.

Det vigtigste Befordringsmiddel for Beboerne af Scoresby Sund har været **Hundeslæden.** De 8—9 Maaneder af Aaret, fra Slutningen af Oktober til Slutningen af Juni og undertiden længere, dækker Isen over hele Fjordsystemet, og al Samfærdsel og Jagt, naar denne ikke indskrænkede sig til den nærmeste Omegn af Bopladsen, maatte ske ved Hundeslæde. Af Slæderne fandt vi kun de Benskinner, med hvilke Slædemederne have været beslaaede for at glide lettere, men disse Slædeskinner fandt vi ogsaa overalt. De vare alle usædvanlig brede, hvad der viste, at Eskimoerne havde været nødsagede til at antage denne Form paa Grund af den store Mængde løs Sne, der hele Vinteren dækker Fjordisen, særlig i de indre Farvande.

Af 28 forskjellige Stykker Slædeskinner vare de fem af Narhvaltand og havde en Bredde af c. 5^{cm}. Resten var af Hvalben; af de sidste havde nogle en Bredde af 7—8^{cm.}, de øvrige af 5—6^{cm}, De vare paasatte i Stykker (det længste, vi fandt, var c. 40^{cm.} langt) med Trænagler, af hvilke flere endnu sade i

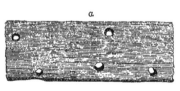

Fig. 5. Brudstykker af Slædeskinner. ¹/₄ a af Hvalben, b af Narhvaltand.

Skinnerne. Hullerne til Trænaglerne vare borede med Drillebor og havde en Diameter varierende mellem $\frac{1}{2}$ og 1^{cm}. De vare borede skraat mod hinanden for bedre at holde Skinnen ind til

XVII. 20

Slædemedens Underkant. Oversiden af Skinnerne var raat bearbejdet med et skarpt Instrument: Øxe, Mejsel eller Kniv, hvorimod Undersiden var omhyggelig glattet og paa de fleste furet paa langs af Slid. Tykkelsen varierede fra 1 til 1¹/₂ ^{cm}. Afstanden mellem Hullerne var tilfældig, paa nogle Skinner sade de tæt ved hinanden, paa andre med en Afstand af indtil 7^{cm}.

Hvorledes Slæderne forøvrigt saae ud, kunde vi ikke danne os nogen Mening om, da vi hverken fandt Meder eller andre Slædedele.

Hundene, af hvilke vi fandt flere Kranier ved Bopladserne, have været forspændte paa sædvanlig grønlandsk Maade. Af Seletøiet fandt vi imidlertid kun 7 **Spænder til Skagler**; de 6

Fig. 5. Spænder til Hundeseler. ¹/₂.

vare af Ben eller Renhorn, og 1 af Narhvaltand. De fleste vare temmelig klodsede og store. De havde Form som en tilspidset Ellipse og vare 6—9$^{cm.}$ lange. Noget fra den spidse Ende er der et mindre Hul, i hvilket Enden af Skaglen har været fastgjort. Fra dette Hul er der ved Boring frembragt Riller eller Furer til Leje for Skaglen. I den brede Ende er der et større Hul.

Af **Konebaade** og **Kajakker** fandt vi ingen Brudstykker; naar undtages et Par tildannede Træstykker, som saae ud til at have været Spanter i en Kajak. Indirekte Bevis for, at Kajakker have været brugte, ligger imidlertid i den Omstændighed, at Eskimoerne have brugt Fuglepile, af hvilke vi fandt en Sidegren (Fig. 16). Fuglepilen kan nemlig kun bruges fra Kajak og i aabent Vand, da den vilde gaa itu ved at kastes paa Land eller paa Isen, og der ikke er nogen Line ved den, saa at den vilde gaa tabt ved at kastes fra Iskanten eller Stranden. Ligeledes fandt vi forskjellige Isskrabere ɔ: Redskaber af Ben til at skrabe og banke Is af Kajakker og Konebaade. (Fig. 19).

Endvidere fandt Germania-Expeditionen ved Cap Borlase Warren den større Halvdel af en Kajakaare. Denne frembyder den Mærkelighed, at den er temmelig bredbladet og minder meget om Kajakaarerne fra Point Barrow, hvor der bruges bredbladede Aarer til Kajakker og smalbladede · til Konebaade[1]), medens det modsatte finder Sted blandt Grønlænderne.

Hvad Konebaadene angaaer, saa have disse været nødvendige, hvis Eskimoerne have drevet Hvalfangst, da de dertil nødvendige, store Harpuner ikke kunne haandteres fra Kajak, og Eskimoerne overalt til denne Fangst benytte Konebaade. Ligeledes tyde de forskjellige Teltpladser, borte fra Vinterpladserne, paa Brugen af Konebaade.

Til **Jagt paa Landjorden** har været benyttet **Buer** og Pile. Af Buer fandt vi kun et større Stykke samt et Par mindre Brudstykker.

Det fundne, større Stykke af en Bue (Fig. 7) bestod af eet Stykke Træ, 94 cm. langt. Da imidlertid den ene Ende mangler, og der paa Bagsiden er Anlæg for en Lask, kan man se, at Buen har været lavet af to Stykker, og at dens hele Længde har været c. 120 cm. Det manglende Stykke har været lasket og surret til det fundne, og Stykkerne have forløbet hinanden c. 50 cm. Fra Midten ud til Enderne har Buen været krummet som et S. Den yderste Ende danner en Slags Tap, der har tjent til Fastgjørelse af Buestrængen og af de Sener, der vare spændte paa Ryggen af Buen fra den ene Ende til den anden for at forøge dens Elasticitet og Styrke. Et lille Stykke Træ ved Siden af Tappen er gaaet af, og et nyt har været paasat med Trænagler, til hvilke Hullerne endnu sees. Gjennemsnittet af Buen er

Fig. 7. Brudstykke af en Bue. ¹/₆.

---

[1]) Murdoch: Ethnological Results. S. 331—339.

rectangulairt med afrundede Hjørner. Buen havde omtrent samme Bredde overalt, c. $3^{1}/_{2}$cm. Materialet er en eller anden Art af Naaletræ og stammer rimeligvis fra Drivtømmer.

Buen ligner ikke de Træbuer, der ere afbildede i Boas Afhandling Side 502 og bruges af Central-Eskimoerne, thi disse Buer have kun een Krumning. Ogsaa paa Grønlands Vestkyst have Træbuer med enkelt Krumning sandsynligvis været de almindeligste, efter hvad der fremgaaer af de i Ethnografisk Museum i Kjøbenhavn opbevarede gamle Buer, saavel som af to Malerier fra 1654 og 1724, der ere ophængte samme Sted; dog have Buer af en lignende Form som den af os fundne ogsaa været brugte paa Vestkysten; et saadant Exemplar findes i ovennævnte Museum, og et andet er afbildet i Johann Andersons: «Efterretninger om Island, Grønland og Strat Davis«, Side 249.

I en Afhandling af Murdoch om eskimoiske Buer i Smithsonian Report 1884, Part II, Plate III, er afbildet en Bue fra Kuskoquim Floden i Alaska, der har ganske samme Form som det før omtalte Exemplar i Ethnografisk Museum og Buen fra Scoresby Sund; kun have de to første mere skarpe Knæk, medens den sidstes Krumninger gaa jævnt og blødt over i hinanden.

Af Buepile fandt vi flere Stykker, men ingen hele. Det saae ud, som om man i Almindelighed har samlet Pileskafterne af flere Stykker Træ, der da vare forbundne ved en skraa Platlask og Surring. De Stykker af Pileskafter, som vi fandt, have en Diameter af c. $1^{1}/_{2}$cm.

Af Pilespidser har der rimeligvis været anvendt tre Slags, nemlig dels smaa, trekantede Pilespidser af Skifer, dels store Pilespidser af Renhorn eller Narhvaltand og endelig smaa stumpe Pilespidser af Ben eller Renhorn.

De smaa, trekantede Pilespidser af Skifer (Fig. 8) vare meget smukt forarbejdede med Eg paa begge Sider, men uden Modhager. Sandsynligvis har Stenspidsen enten været indsat i en

Spalte i Enden af selve Pileskaftet eller ogsaa været fastgjort til et kortere Stykke Ben eller Træ, der da igjen har været for-

Fig. 8. Stenspidser til Buepile ¹/₂.

bundet med det egentlige Pileskaft. Den sidste Maade er anvendt paa gamle Pile fra Vestkysten og af de amerikanske Eskimoer. Stenpilespidserne have sandsynligvis været brugte til Jagt paa mindre Dyr: Harer, Ræve og større Fugle, medens man til større Dyr: Bjørne, Rensdyr o. l. har brugt de større Benspidser.

Af disse fandt vi 10 (Fig. 9). De variere i Længde fra 11—22^{cm}. En er af Narhvaltand, Resten af Renhorn. Den

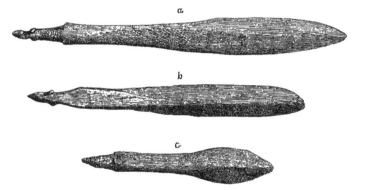

Fig. 9. Benspidser til Buepile ¹/₂.

største er et godt vedligeholdt Exemplar (Fig. 9 a); den hele Længde er 22^{cm}, Bladets Længde 14^{cm}, Bredde 2¹/₂^{cm}. Paa den ene Side er Bladet fuldstændig fladt og paa den anden skjønset af til begge Sider, saa at Tværsnittet faaer Form som en flad Trekant. Bag Bladet kommer et 8^{cm} langt, 1¹/₂^{cm} tykt, næsten cylindrisk Skaft med en tilspidset Ende til Indsætning i Pileskaftet. Omtrent samme Form men mindre Længde har Resten af Benspidserne. Den mindste (Fig. 9 c) har følgende Dimensioner: Længde 11^{cm}, Bladets Længde 5^{cm}, Bredde 2^{cm}. Skaftet har en Længde af 4^{cm} og ender med et lille Bryst for Pileskaftet og en 2^{cm} lang Tap.

Paa 6 af disse Pilespidser er der paa den tilspidsede, bageste Ende, som skal befæstes til Pileskaftet, udskaaret ligesom to Brudstykker af venstreskaarne Skruegjænger. De sidde diametralt modsat, og hver af dem gaaer knap en halv Omgang rundt. Saadanne Tilløb til Skruegjænger findes ogsaa paa gamle Pilespidser fra Vestkysten, undertiden to Par over hinanden og i enkelte Tilfælde endog en fuldstændig udført Skruegang paa flere Vindinger. Skruegjængerne ere saa godt som altid venstreskaarne, og det er ogsaa det, der vil falde nemmest for Haanden, naar man skal forfærdige en saadan Pil; idet man holder denne i venstre Haand og Kniven i højre med Eggen skraa paa Yderkant af Pilen. Ved en drejende Bevægelse af Pilen vil Kniven skjære en venstreskaaren Skruegang. Hvis man holder Pilen i højre Haand og Kniven i venstre, altsaa er kejthaandet, bliver Skruegangen højreskaaren.

Ingen af disse Pilespidser have Modhager; det er sandsynligt, at de ikke have siddet synderligt fast i Pileskafterne, men at de vare beregnede paa at brækkes ud af Skaftet og blive siddende i Saaret paa det anskudte Dyr, saaledes som det brugtes af Eskimoerne ved Point Barrow og paa Grønlands Vestkyst.

Fig. 10. Stumpe Benpilespidser $^1/_2$.

Af stumpe Pilespidser (Fig. 10) fandt vi 4. De bestaae af et lille Stykke tilspidset Ben eller den yderste Ende af en Rentak. Bagtil ere de skraat afskaarne og ved Knivsnit gjorte ru for at give Anlæg for en tilsvarende skraa Flade paa Pileskaftet, til hvilket de have været surrede. Længden var 6—9ᶜᵐ. De stumpe Pile have rimeligvis været benyttede til at skyde mindre Fugle med.

Af øvrige Redskaber, som staa i Forbindelse med Buen og dens Forfærdigelse, fandt vi et lille Stykke tildannet Narhvaltand 9ᶜᵐ langt, 1.1ᶜᵐ bredt og 0.6ᶜᵐ tykt. (Fig. 11a). Paa Midten er det gjennemboret med et lille Hul, og i hver Ende er der dannet en lille ophøjet Kant, i den ene Ende paa Oversiden i den anden paa Undersiden.

Germania-Expeditionen afbilder (S. 603) et saadant Redskab fra den nordlige Del af Østkysten, og paa Ethnografisk Museum findes adskillige Exemplarer fra Vestkysten; det beskrives og afbildes ogsaa i Murdoch's Afhandling om Point Barrow-Eskimoerne (S. 291—294). Dette Redskab har saaledes været almindeligt blandt Eskimoerne.

Det har været brugt til at snoe og derved stramme de stærke Senestrænge, der laa paa Ryggen af Buen for at give mere Spændkraft.

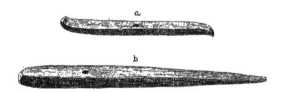

Fig. 11. Redskaber hørende til Buen. ¹/₂. a. Snoer. b. Merlespiger.

Endvidere fandt vi et Par Benkiler af Narhvaltand, (Fig. 11b) 15ᶜᵐ lange med et fladt, rectangulairt Gjennemsnit. 5ᶜᵐ fra den tykke Ende er der et lille, gjennemgaaende Hul. Ifølge Murdoch have disse været benyttede som en Slags Kiler eller Merlespiger til at stikke ind under de før nævnte Sener paa Ryggen af Buen, saa at man kunde faae den løse Ende af Tversurringen igjennem, naar der skulde tages Rundtørn.

Murdoch skriver Side 291, at der til hver Bue hørte et Sæt

Redskaber bestaaende af to «Snoere», et Merlespiger samt endnu et Redskab, en Slags Bennaal til Brug ved Fjerenes Befæstelse paa Pileskafterne. Dette sidste Redskab fandt vi ingen Exemplarer af.

Rævene ere vel i færreste Tilfælde blevne skudte med Bue og Pil, men derimod fortrinsvis fangne i Fælder. Af disse saae vi adskillige. **Fælderne** vare af sædvanlig eskimoisk Construction, idet de bestode af et langt, stensat Kammer, lukket i den ene Ende; for den aabne Ende ophængtes en Falddør, bestaaende af en flad Sten.

Store Fælder af samme Construction til Bjørnefangst, som ifølge Capitain Holm tidligere have været brugte paa den sydligere Del af Østkysten, saae vi ingen af i Scoresby Sund.

Til **Jagt paa Søen**, særlig fra Kajak, har været benyttet Harpuner, Lændsere og Fuglepile.

Harpunerne have været af sædvanlig Construction med et længere Træskaft, paa hvis forreste, noget bredere Ende var fastgjort en Benplade; i denne var der en Fordybning, der passede til en Tap paa Bagenden af det løse Forstykke af Ben, Renhorn eller Narhvaltand. Paa Enden af Forstykket blev paasat den egentlige Harpunspids, til hvilken Fangeremmen var befæstet.

Af selve Harpunskaftet fandt vi ingen Exemplarer, men af Forstykker tre hele og et Brudstykke. Længden varierer fra 16—22^{cm}. De tre ende bagtil med et Anlæg og en Tap (Fig. 12 a), hvorimod den ene blot ender med en stump Spids (Fig. 12 b). Paa denne sidste er der paa den ene Side boret to skraa Huller, som staa i Forbindelse med hinanden til Fastgjørelse, af den lille Rem, der forbandt Forstykket med Skaftet; paa de tre andre Forstykker gaa derimod Hullerne igjennem fra den ene Side til den anden.

Harpunspidser fandt vi fire Exemplarer af. De tre ere udelukkende af Ben, medens der i den fjerde (Fig. 13 c) er dannet Udsnit til Anbringelse af en Stenspids.

Harpunspidsernes Længde er 9—10^{cm}. Kun een af dem (Fig. 13 b) er forsynet med Modhage paa den ene Side, medens de andre ere uden saadanne og have en Bredde af c. 2^{cm}. I den bageste, skraat afskaarne Ende er der boret et større Hul, i hvilket Forstykkets spidse Ende kan gaae ind. Noget forligere og tværs paa Harpunspidsens Længdeaxe er boret et gjennemgaaende Hul til Fast-gjørelse af Fangeremmen, hvis anden Ende sad fast i Fangeblæren. Til Leje for Remmen er der dannet Furer paa langs fra Hullerne ud til den bageste Ende.

En Harpunspids (Fig. 13 d) er 12^{cm} lang og forarbejdet af Narhval- eller Hvalrostand. I den bageste Ende er Anlæg og Tap for Harpun-skaftet, medens der i den forreste er Udskjæring til Anbringelse af en Stenspids, der har været fastholdt ved en Nagle. Vor Grønlænder, Otto, mente, at den havde været benyttet til Isfangst; men det er maaske mere sandsynligt, at den har været For-stykket til en Lændser til Brug for en Dreng.

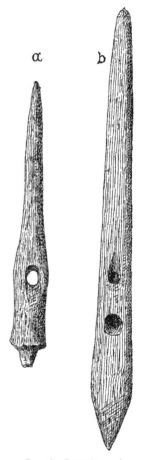

Fig. 12. Forstykker til Harpun. $^1/_2$.

Eskimoerne ved Scoresby Sund have ogsaa benyttet Har-puner, hvis Skaft har været forsynet med et Par «Vinger» af Ben. Vi fandt ingen store, men derimod to smaa Vinger til en Legetøjsharpun (Fig. 14). Det er to smaa, fiskeformede Ben-

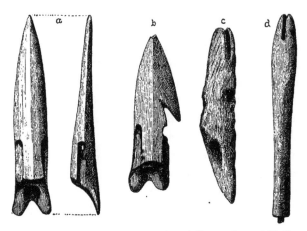

Fig. 13. Harpunspidser. ¹/₂. a. uden Modhage. b. med Modhage.
c. til Spids af Sten. d. til Isfangst.

Fig. 14. Bageste Ende af en
Barneharpun med Vinger. ¹/₂.

plader 9ᶜᵐ lange og 2ᶜᵐ brede, med en smallere Hals, der ved Hjælp af Træ-nagler fastgjordes paa den bageste Ende af Harpunskaftet. Omtrent paa Midten er der i hver Vinge to smaa Huller, forbundne med en Rille til Sur-ring for yderligere at holde Vingerne sammen. Vingeharpunen brugtes af de tidligere Grønlændere paa Vestkysten og er endnu i Brug saavel der som i Angmagsalik; derimod omtales den ikke af Boas og Murdoch blandt Har-punerne fra de af dem beskrevne Eskimostammer. Det er derfor sandsynligt, at denne Form er særlig for Grønland.

Lændserne have et lignende Forstykke som Harpunerne, kun er dette ikke tilspidset i den forreste Ende, men forsynet med en fast Spids af Sten eller Ben. Vi fandt to Forstykker til Lændsere.

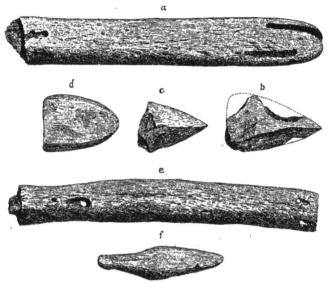

Fig. 15. a. Forstykke til Lændser. ¹/₂. b.–c. Stenspidser til Lændser. ¹/₂. d. Benspids til Lændser. ¹/₂ e. Forstykke til Lændser. ¹/₃. f. Benspids til Lændser. ¹/₃.

Paa det ene (Fig. 15 a) er der i den forreste, afrundede Ende dannet en Udskjæring til Spidsen, som blev fastholdt ved en Nagle eller ved en Surring. Fra Naglehullet er der ved Boring frembragt ligesom et Leje til en Rem, hvis Anbringelse paa dette Sted ikke kan forklares. I den modsatte Ende er der to gjennemgaaende Huller til Anbringelse af den Kobberem, der forbandt Forstykket til Skaftet. Denne Ende er skraat af-skaaret med et lille Anlæg for Skaftet paa den ene Side. For-stykkets Længde er 18ᶜᵐ, Bredde 3ᶜᵐ, Tykkelse ved Bladet 2¹/₂ᶜᵐ.

Det andet Lændserforstykke (Fig. 15 e) er ikke saa smukt forarbejdet, men bestaaer af et 26ᶜᵐ langt og 4ᶜᵐ bredt, fladt Stykke Hvalben med Hul til Remmen og Tap i den Ende, der

var nærmest Skaftet; i den anden Ende, til hvilken Spidsen har
været surret fast, er der to Huller. Mærkerne af Surringen ere
meget tydelige.

Den førstnævnte Slags Lændsere have flade Spidser af Sten
eller Ben af lignende Form, men større end Pilespidserne. Af
saadanne Stenspidser fandt vi tre, forfærdigede af Skifer (Fig.
15 b.c.), Længden af dem er 2—6^{cm}, Bredden 3^{cm}. De have
Eg paa begge Sider, ere uden Hul, men have en Afglatning
paa det Sted, hvor de gaae ind i Forstykket. Af Benspidser
fandt vi en (Fig. 15d). Det var en ganske tynd Benplade, 0.2^{cm}
tyk, af Form som en Ellipse.

Til den anden Form af Lændsere har der rimeligvis været
benyttet Benspidser af en noget anden Form. Vi fandt to saa-
danne, den ene af Narhvaltand, den anden af Ben (Fig. 15 f.);
kun den sidste er fuldstændig, men en Del medtaget af For-
vitring. Hele Længden er 11^{cm}, største Bredde 3^{cm}. Den ene
Ende er formet som en almindelig Lændserspids, kun noget hul
paa den ene Side paa Grund af Benets Form. Den anden
Ende er derimod tilspidset, saa at der dannes et kort Skaft, og
dette er da blevet surret til Lændserens Forstykke.

Fig. 16   Sidegren til en Fuglepil. ¹/₂.

Af **Fuglepile** fandt vi kun en Sidegren og en Spids. Den
første (Fig. 16) er af Hvalben, 20^{cm} lang og temmelig svær. Det
Stykke, der har siddet nærmest Skaftet, er brækket af. Den
har to Modhager paa Indersiden og en paa Ydersiden, hvor der
ogsaa længere nede er en Fordybning til Surringen. Paa
alle i Ethnografisk Museum værende Fuglepile fra Vestkysten
og fra Angmagsalik ligesom paa Afbildningerne i Boas's og
Murdoch's Afhandlinger er der ingen Modhager paa Ydersiden

af Fuglepilenes Sidegrene, derimod fIndes en saadan paa en Sidegren, der er fundet og afbildet af Germania-Expeditionen, samt paa nogle Fuglepile fra Siberien.

Spidsen til Fuglepilen dannes af den yderste Ende af en Narhvaltand, den er 17^{cm} lang og c. 1$^1/_2$^{cm} tyk. Den tykke Ende er skraat afskaaren og temmelig ru for at kunne befæstes til Skaftet. Spidsen kan ogsaa have været til en Blærepil, hvis en saadan har været brugt, hvad vi imidlertid ikke fandt noget Bevis for.

Harpuner og Fuglepile have været kastede med **Kastetræ**. Af saadanne fandt vi et, der laae løst paa Marken mellem Vinterhusene ved Hekla Havn, samt et Brudstykke af et andet. Det første (Fig. 17 a) er 33^{cm} langt og forsynet med en meget smal Rende paa den ene Side til Leje for Harpunskaftet. I den nederste, brede Ende er der et Hul til Pegefingeren og en Udskjæring i Kanten for Tommelfingeren, desuden er der i den smalle Rende et mindre Hul, svarende til en Bentap paa Harpunskaftet. Hul til Pegefingeren fIndes ogsaa paa ældre Kastetræer fra Vestkysten og fra Angmagsalik og bruges endnu af Eskimoerne i Amerika. Det er imidlertid ikke saa praktisk som en Udskjæring og er derfor forladt saavel af Grønlænderne paa Vestkysten som af Angmagsalikerne.

Den smalle, øvre Ende af Kastetræet fra Scoresby Sund er brækket af, men der er paa begge Sider plane, skraa Afglatninger, som have passet til et Benbeslag. I dette Benbeslag har der enten været et Hul, svarende til en anden Bentap paa Harpunskaftet, eller en skraat afskaaren Tap, der kunde gribe over et Skraaplan af Ben mellem Vingerne paa Vingeharpunen. Paa Grund af, at Renden til Harpunskaftet er saa smal, kun 1$^1/_4$^{cm}, er det sandsynligt, at Kastetræet har tilhørt en Dreng.

Det andet Brudstykke af et Kastetræ (Fig. 17 b) afveg imidlertid i høj Grad fra alle Kastetræer, der ere i Brug i Grønland. Det saae ud til at være den Del af Kastetræet, som skulde holdes i Haanden, men det var usædvanligt smalt og havde paa

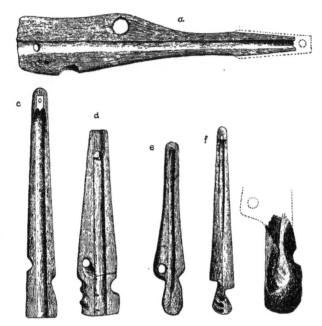

Fig. 17. a. Kastetræ til Harpun. ¹/₄. b. Brudstykke af Kastetræ til Fugle-
pil. ¹/₄. c. Kastetræ til Fuglepil fra Grønlands Vestkyst. d. Kastetræ til
Fuglepil fra Cumberland Sund (Boas). e. Kastetræ til Fuglepil fra Point
Barrow (Murdoch). f. Kastetræ til Fuglepil fra Alaska (Mason).

den Side, som skulde vende ind mod Fuglepilen eller Harpunen,
en Hulning til Leje for Fingerspidserne, noget der ikke kan
findes paa de almindelige grønlandske Kastetræer, da disse i
hele deres Længde ligge an mod det Vaaben, der skal kastes.

Ved Point Barrow¹) bruges der imidlertid til Fuglepilene
Kastetræer, der ikke ere brede i den nedre Ende, men her
have et smalt Haandtag. Dette ligger ikke i Plan med den
øvrige Del af Kastetræet, men er bøjet noget i Retning ud
fra Fuglepilen, saa at denne ikke kommer til at ligge an
her. Derved bliver der Plads til at stikke nogle Fingre ind
mellem Fuglepilen og Kastetræets Haandtag.

---

¹) Murdoch: Ethnological Results. S. 217—218.

I Ethnografisk Museum er der nogle Kastetræer fra de nordvestlige Eskimoer i Amerika, og i disse Kastetræers Haandtag er der Fordybninger til Fingerspidserne. Paa nogle er der, ligesom paa det af os fundne Stykke, een stor samlet Hulning, og paa andre er der tre smaa adskilte Fordybninger hver til een Finger.

Skjøndt det i Scoresby Sund fundne Stykke er saa lille, at man ikke kan sige noget om Kastetræets øvrige Form med Sikkerhed, nærer jeg dog ingen Tvivl om, at det har havt en lignende Form som Kastetræerne fra Point Barrow, og denne Form er, saavidt mig bekjendt, hidtil aldeles ukjendt i Grønland og findes heller ikke i Brug hos Central-Eskimoerne.

De Kastetræer, som bruges af de forskjellige Eskimostammer i Amerika, have, som det fremgaaer af en Afhandling om Kastetræer af Prof. Mason[1], visse meget udprægede Ejendommeligheder, som ere særegne for hver Eskimostamme. Af alle de Kastetræer, der ere afbildede i den nævnte Afhandling, er det kun Kastetræerne fra Alaska's Nordvestkyst, især Point Barrow, hvis Form passer til det af os fundne Stykke, og dette Fund er saaledes et Fingerpeg i Retning af fælles Oprindelse for de tidligere Beboere af Scoresby Sund og Point Barrow-Eskimoerne i Modsætning til Central-Eskimoerne. (Se Fig. 17.)

Der blev fundet nogle smaa, lancetformede Bennaale, hvis Bestemmelse vi ikke kunde gjøre os klar, forinden jeg saae aldeles lignende afbildede i Boas Afhandling Side 479. De ere 10—12^{cm} lange og have i den ene Ende et 1¼^{cm} bredt Hoved, gjennem hvilket der er boret et lille Hul; den anden Ende er dannet som et 1^{cm} bredt, lancetformet Blad (Fig. 18a). Ifølge Boas ere disse Benredskaber **Blodpropper**, som bruges om Vinteren ved Isfangsten. Ved denne sidder nemlig Jægeren paa Vagt ved Sælens Aandehul, og naar den kommer for at aande, stikker han den med en meget lille, smalbladet Harpun

---

[1] Smithsonian Report 1884, Part II.

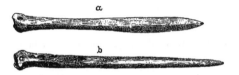

Fig. 18. a.—b. Blodpropper. ¹/₂

i Snuden. For at forhindre Blodet i at løbe ud gjennem Saaret, naar Sælen er dræbt, stikkes Blodproppen derind, og Skindet surres da fast om den smalle Del lige under Proppens Hoved. Paa den ene af Propperne er der ved Boring frembragt smaa Ujævnheder til Surringen (Fig. 18 b). Blodpropper af en lignende Form, men med et Øje i den tykke Ende, bruges ogsaa af Angmagsalikerne («Medd. om Gr. X». Tvl. XV. k).

Af andre Redskaber, som nærmest hørte til en Kajak, maa endnu nævnes **Isskraberen.** Af saadanne fandt vi fire, af hvilke den ene var meget stor. De vare alle af Hvalben og havde en Form, som tidligere ogsaa var meget i Brug paa Vestkysten, men som nu er forladt, idet man er gaaet over til længere, smallere Isskrabere, i Reglen af Renhorn eller Ben. Den gamle Form, som vi fandt i Scoresby Sund, har et 6—8^{cm} bredt og

Fig. 19. Isskraber til Kajak. ¹/₄.

15—20^{cm} langt Blad med et smallere, noget krummet Skaft, der ender med en lille Knop (Fig. 19). Skraberen er flad paa den Side, der laa ned mod Kajakken, naar den var stukket ind under Remmene, medens Oversiden er noget rundet. Den største Skraber, vi fandt, havde en Længde af 46^{cm}. Bladets Bredde var 10^{cm}, Haandtagets Længde 10^{cm}.

Vi fandt ikke noget, der kunde tyde paa, at Eskimoerne havde drevet noget egentligt Fiskeri, naar undtages et Par Brudstykker af **Laxeforke**, Træstænger, i hvis spaltede Ende, der var beviklet med

Hvalbard, havde været fastsurret nogle Benspidser. Forkene benyttedes til at stikke Lax med i Elvene eller fra Isen. Aldeles lignende Redskaber bruges endnu ved Angmagsalik og af alle Eskimoer i Amerika.

Vaaben, som ikke vare beregnede til Fangst, pleje ikke at være almindelige blandt Eskimoerne; vi. fandt imidlertid et Par Gjenstande, hvis Form og Størrelse tyde paa, at de havde været brugte som **Køller.**

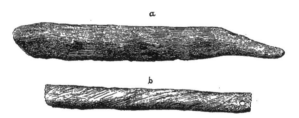

Fig. 20. Køller(?). a. af Hvalben. b. af Narhvaltand.

Den ene (Fig. 20 a) er et 49^{cm} langt, 5^{cm} bredt og 2^{cm} tykt Stykke Hvalben, hvis ene Ende, der er smallere, danner et Haandtag. Langs den ene Kant er der dannet. en stump Eg. Den var meget raat forarbejdet.

Den anden (Fig. 20 b) er et 26^{cm} langt Stykke Narhvaltand, afboret ved begge Ender og med en Diameter af 4$^{1}/_{2}{}^{cm}$. I den ene Ende er der et gjennemgaaende Hul, 1^{cm} i Diameter, som passer til Anbringelse af en Haandstrop.

Begge Gjenstande falde udmærket i Haanden. I grønlandske Sagn nævnes undertiden Køller, der da i Reglen have været brugte som Mordvaaben, f. Ex. i Sagn Nr. 6 om «Uiartek og Kasagsik» i Capitain Holms Samling af Sagn og Fortællinger fra Angmagsalik.

Nogle af Mændenes **Knive** havde Jernblade og andre Sten-blade. Af den første Slags fandt vi to, men kun i den ene af dem, (Fig. 21 a), sidder der endnu et lille Stykke halvfortæret Jern. Skafterne ere af Træ, c. 10^{cm} lange og cigarformede.

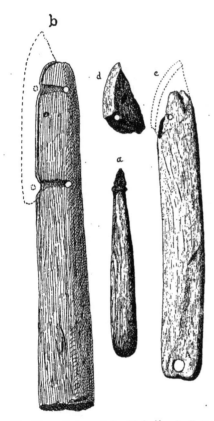

Den ene Ende er afrundet, medens den anden spidser noget til og er spaltet. I Spalten har Jernbladet været indsat. Det har havt et smallere Stykke. af Bredde som · Skaftet. Efter at Bladet var sat paa Plads, har det været fastholdt ved en Surring. Hvilken Form, Bladet har havt, er umuligt at afgjøre, da det resterende Stykke er saa lille.

Jernet tyder ikke paa at være nikkelholdigt og er saaledes næppe af grønlandsk Oprindelse, men stammer sandsynligvis fra Søm eller Jerntøndebaand, som ere komne til Landet med Vraggods eller Drivtømmer.

Germania-Expeditionen fandt to ganske lignende Knive, af hvilke den ene manglede Bladet.

Fig. 21. a. Kniv med Jernblad. $^1/_2$. b. Knivskaft af Træ. $^1/_2$. c. Knivskaft af Ben. $^1/_2$. d. Knivblad af Sten. $^1/_2$.

Vi fandt ingen complette Stenknive, men 1 Blad og 5 Skafter; af de sidstnævnte er det ene af Ben (Fig. 21 c), Resten af Træ (Fig. 21 b). Hele Kniven har omtrent samme Form som en Skomagerkniv. Skafterne ere 14—18^{cm} lange, brat afskaarne i den ene Ende og spaltede i den anden eller forsynede med en Udskjæring, som er lidt længere paa den Side af Knivskaftet, hvor Bladet skal sættes ind, end paa den anden. Bladet er af

Skifer og forsynet med Eg paa den ene Side (Fig. 21 d). Ryggen af Bladet blev indsat i Spalten eller Udskjæringen i Skaftet og fastholdtes her enten ved Nagler eller ved Surringer, til hvilke Huller og Fordybninger sees i Skafterne. Benskaftet har et Hul ·i den bageste Ende, som om det var bestemt til en Snor.

Undertiden vare Knivskafterne ogsaa dannede af to Stykker Renhorn, der vare ligedannede og bleve nittede sammen.

Foruden Knive have Eskimoerne af Værktøj havt Drillebor og Øxer, og disse Gjenstande have været benyttede saavel ved Forfærdigelsen af Vaaben og Fangstredskaber som til al anden Brug, hvor noget skulde spaltes, afskjæres eller tildannes.

Det eskimoiske **Drillebor** bestaaer som bekjendt af tre Stykker: det egentlige Bor, der er en Træpind med en Spids af Sten eller Ben, et Mundstykke, der tjener til at støtte Boret og presse det ned med og endelig en Bue, med hvilken Rotationen frembringes.

Af egentlige Bor fandt vi ingen, men derimod en Del Mundstykker og Brudstykker af Buer. Til Bor har vel været benyttet ·dels Ben, dels Bjærgkrystal og Angmak, af hvilke Stenarter vi fandt Flækker ved nogle af Husene.

· Til Mundstykker anvendtes her som endnu paa Vestkysten en af Renens Fodrodsknogler, der har en passende Form og en Fordybning, i hvilken Borets øvre Ende passer (Fig. 22 a).

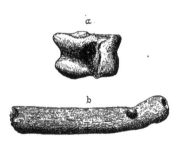

Fig. 22. a: Mundstykke til Drillebor (Renknogle) ¹/₂. b. Brudstykke af Bue til Drillebor. ¹/₂.

Buen er et Stykke Hvalben, tildannet som en noget krummet Stok (Fig. 22 b.). Det største Stykke, vi have, er 40ᶜᵐ langt, men er ikke fuldstændigt. I den fuldstændige Ende er der Huller til Befæstelse af Remmen.

Drilleboret har været benyttet til Spaltning af Træ, Ben,

21*

Renhorn, Narhvaltænder, idet der blev boret det ene Hul tæt ved Siden af det andet. Det har ogsaa været benyttet til at give Form, danne Render o. l. Vi fandt ved alle de undersøgte Bopladser Mængder af Knogler, Stumper af Renhorn og Nar- hvaltand, som havde været bearbejdede med Drillebor. De

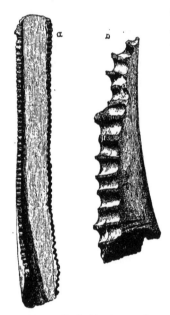

Fig. 23. a. Et Stykke Ben spaltet ved Boring, visende Borehuller af mindste Diameter. ¹/₂. b. Et Stykke Renhorn, visende Borehuller af største Diameter samt Mærker af Øxehug. ¹/₂.

største Huller have en Diameter af c. 1^{cm}, de mindste af 0.2^{cm}. Ved tykkere Gjenstande maatte der bores fra begge Sider; dog kunde der fra een Side i altfald bores 3^{cm} i Dybden.

Men foruden at bruge Drille- boret have Eskimoerne i en ikke ringe Grad gjort Brug af Øxer til det grovere Arbejde, til at hugge overflødige Takker bort fra Renhornene, til den ru Tildannelse af Hvalben o. s. v. Dette frem- gaaer saavel af Mærkerne af Øxe- hug paa de bearbejdede Affalds- stykker, som bleve fundne, saavel som ogsaa deraf, at vi fandt 5 Mellemstykker af Øxer af meget forskjellig Størrelse.

De eskimoiske Øxer (Fig. 24 d. efter Murdoch) have, ligesom Øxerne hos de fleste Folk i Sten- alderperioden, bestaaet af tre Stykker, nemlig et Øxeblad af Sten, et Mellemstykke og et Skaft. Øxebladet havde Eggen paa tværs af Skaftet og var indsat i den ene Ende af Mellemstykket; i dette var der boret Huller, gjennem hvilke det ved Hjælp af Remme blev surret fast til den skraat afskaarne, øverste Ende af Skaftet. Mellemstykket tjente dels til Bladets Befæstelse og dels til at give Øxen Vægt og saaledes forøge Virkningen af Hugget.

Af de 5 Mellemstykker, som vi fandt, have de to største en Længde af 18—20^{cm} (Fig. 24 a) og bestaae af svære Stykker

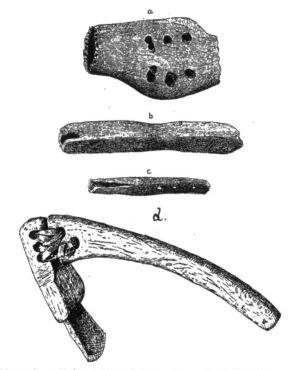

Fig. 24. a. b. c. Mellemstykker til Øxer. $^{1}/_{4}$. d. En fuldstændig, eskimoisk Øxe fra Point Barrow. $^{1}/_{4}$. (Efter Murdoch).

Hvalknogle, der ved Behandling med Bor og Øxe ere skaarne af og tildannede til den ønskede Størrelse og Form. I den ene Ende er der dannet en Fordybning, i hvilken Bladet har været indsat. Fordybningen har et næsten rectangulairt Tværsnit, c. 3$^{1}/_{2}$^{cm} bredt og 1$^{1}/_{4}$^{cm} højt, Dybden er 3—4^{cm}. Paa den modsatte Ende af Mellemstykket er der i to Rækker boret 6 gjennemgaaende Huller, 1^{cm} i Diameter, gjennem hvilke Surringsremmen. har gaaet. Hullerne gaae fra Oversiden til Undersiden, som er afglattet paa det Sted, hvor Skaftet skal ligge an.

Det tredie Mellemstykke (Fig. 24 b) er ikke saa svært og har en mere regelmæssig Form med et rectangulairt Tværsnit og adskiller sig fra de andre ved, at der ingen Huller er til Surringsremmen, derimod er der paa Midten dannet en Udskjæring for denne, som altsaa har været taget rundt om Mellemstykket.

De to sidste Mellemstykker (Fig. 24 c) ere betydeligt mindre, og Hullerne til Remmen, af hvilke der er tre, ere ikke borede fra Overkant til Underkant, men derimod fra den ene Side til den anden.

Vi fandt hverken Øxeblade eller Skafter, men i Beretningen fra Germania-Expeditionen afbildes[1]) et Redskab af Træ fundet paa Østkysten, som angives «rimeligvis at være Haandgrebet til en Dolk eller et lignende Vaaben», men som vistnok er Skaftet til en Øxe.

Som **Surringsmidler** har Hvalbard været benyttet i stor Udstrækning dels i grovere Tykkelse, som fremkom ved at rives ud af Barderne eller ved at flække disse og dels i flettet Tilstand, idet de enkelte Fibrer eller Trevler have været revne ud fra hinanden og flettede i almindelig treslaaet Fletning. Vi fandt Prøver paa begge Slags. Endvidere har Kobberem og Senetraad været anvendt som grovere og finere. Bændsler.

Til Belysning og Opvarmning har man benyttet **Lamper** af den sædvanlige eskimoiske Form. Af disse fandt vi et fuldstændigt, stort Exemplar samt nogle mindre, hvis Bestemmelse rimeligvis kun har været at henlægges i Grave.

Den store Lampe (Fig. 25 a) har den almindelige Halvmaaneform med en høj, opstaaende Kant bag til, men derimod faldende fladt ud paa Forkanten, hvor Vægemosset skulde anbringes. Den er af Vegsten og omhyggeligt forarbejdet. Desværre er

---

[1]) Zweite Deutsche Nordpolarfahit. 1. Band, zweite Abth. S. 603.

Fig. 25. a. Stor Lampe af Vegsten ¹/₈. b. c. smaa Lamper fundne ved
Grave ¹/₄.

den gaaet i Stykker. Længden· er 43^{cm}, Bredden 21^{cm}. Den
opstaaende Kant bagtil er 9^{cm} høj og 2¹/₂^{cm} tyk.

Lampen har staaet paa et Underlag af Træ (Lampefoden)
af omtrent samme Form som Lampen og med en Fordybning
i Midten. Dette Træunderlag stod paa 3—4 Fødder. Af selve
Lampeunderlaget fandt vi kun et meget medtaget Exemplar,
men af Fødder fandt vi 6—7 Stkr. Tillige fandtes flere Lampe-
pinde, ɔ: tilskaarne Træpinde, der have været benyttede til at
pirre op i Mosset med for at faae det til at brænde klart.

I og ved Grave fandtes to smaa, lampelignende Stenskaale,
som imidlertid ikke gjorde Indtryk af at have været benyttede
som Lamper.

Den ene af disse (Fig. 25 b) er af Vegsten og er forarbejdet
af et Brudstykke af en ituslaaet Gryde eller større Lampe; den
er 13¹/₂^{cm} lang og 8^{cm} bred. Hullerne fra dens tidligere Be-
nyttelse vise, at den i sin nuværende Form ikke har været
brugt som Lampe.

Den anden (Fig. 25 c) er af Kalksten (Dolomit) og afviger
noget fra den almindelige Lampeform, idet den er trekantet og
betydelig dyb uden ·nogen flad ˙Kant. Den ligner en Slags

Mellemting mellem en Lampe og en Gryde. Længden er 13^{cm}, Bredden 9^{cm} og Hulningens Dybde 2$^{1}/_{2}{}^{cm}$.

Sandsynligvis ere begge Gjenstande blevne forfærdigede i den bestemte Hensigt at lægges i Graven til en afdød Kvinde for derved at spare hendes store, gode Lampe, som maaske ikke saa let kunde erstattes.

Foruden tildannede Vegstenslamper have Beboerne af Scoresby Sund, maaske paa Grund af Mangel paa Vegsten, undertiden brugt Sten, hvis naturlige Form var saadan, at de kunde benyttes som Lamper. Vi fandt to saadanne, hvis Udseende tydelig viste, at de havde været i Brug. .

Foruden at koge over Lampen have Eskimoerne ved Scoresby Sund om Sommeren i en ikke ringe Udstrækning brugt at koge i det Frie, benyttende tørre Pilegrene, Lyng og lignende til Brændsel, hvilket fremgik af de mange Ildsteder med forkullede Træstykker og Aske, som vi fandt flere Steder.

Af store **Gryder** fandt vi kun nogle smaa Brudstykker, 2$^{1}/_{2}$—3^{cm} tykke. I Hjørnerne var der Huller til Remme, i hvilke Gryderne havde været ophængte.

Derimod fandt vi to hele og et Brudstykke af Gryder med betydelig mindre Dimensioner (Fig. 26).

Længde 14—15^{cm}
Bredde 10—11^{cm}
Dybde 5^{cm}
Tykkelse 1—1$^{1}/_{4}{}^{cm}$.

Fig. 26. Gryde af Vegsten. $^{1}/_{4}$.

Disse Gryder ere for smaa, til at de kunne være benyttede i den egentlige Husholdning, da de i det Højeste kunne rumme c. 3 Pægle, og paa den anden Side ere de for store, til at have været Legetøj. Den ene af dem, som havde et lille Hul i Bunden, blev fundet i et Hus ved Hekla Havn sammen med den føromtalte store Lampe, en Træske m. m. Den anden blev funden i en Grav sammen med et Lampeskaar. Det kunde. tænkes, at de have havt samme Bestemmelse som de føromtalte smaa Lamper, nemlig at lægges i Grave, 'men herimod taler den omhyggelige Bearbejdelse, de have faaet, ligesom man ogsaa kan se, at de have været i Brug.

Det er imidlertid en meget udbredt, eskimoisk Skik, at en frugtsommelig Kvinde eller Barselkone ikke maa spise sammen med de øvrige Medlemmer af Familien, men at hun selv maa koge sin Mad i sin egen Gryde og spise af sin egen Skaal; nogle Steder bliver der endog bygget et særligt lille Hus eller Telt til hende, i hvilket Fødslen foregaaer, og hvor hun sammen med Barnet maa blive i nogen Tid efter Fødslen. Det er jo muligt, at de smaa Gryder have været bestemte til at benyttes af saadanne Kvinder.

I en Grav fandt vi ogsaa en lille Legetøjsgryde (Fig. 36 h), 5^{cm} lang, 3$^{1}/_{2}$^{cm} bred og 0.2^{cm} tyk. Der er begyndt paa Hullerne i Hjørnerne, men de ere ikke færdige.

Ild har man skaffet sig ved de sædvanlige **Fyrtøjer** efter samme Princip som Drilleboret, kun at man i Stedet for Mundstykket benyttede et Haandtag, der pressede den roterende Træpind ned mod Underlaget, medens man i Stedet for Buen sandsynligvis har brugt en Kobberem med et Haandtag i hver Ende. Af Fyrtøjets Dele fandt vi kun et Exemplar af det øverste Haandtag. Det er et temmelig raat tildannet Stykke Træ, sodet, trannet og med en Fordybning til Rotationspindens øverste Ende. (Fig. 27).

Fig. 27. Haandtag til et Fyrtøj. $^{1}/_{4}$.

Af andre Gjenstande til Brug i Husholdningen fandt vi en stor **Madøse** (Fig. 28 a), som laa i en Grav. Den er af Fyrretræ (Drivtømmer) og meget smukt tilskaaret. Nogle af Kanterne ere afbrækkede, men forøvrigt er den i god Stand. Øsens Længde er foroven c. 25^{cm}, den største Bredde 15^{cm} og Dybden 6$^{3}/_{4}$^{cm}.

Fra Bagenden udgaaer et 11^{cm} langt Haandtag, forsynet

med en Hage paa Underkant, for at den kan hænge paa
Kanten af Gryden uden at glide ned. Senere blev der
fundet en mindre, meget defekt Madøse, samt et Brudstykke
af en større, som havde fuldstændig samme Form og smukke
Bearbejdelse som den førstomtalte. Jeg nærer derfor ingen
Tvivl om, at de ere lavede af de Indfødte, tilmed da der paa
Ethnografisk Museum findes aldeles lignende Øser fra Upernivik
Distrikt paa Vestkysten. Det plane Forstykke er særligt karak-
teristisk.

Fig. 28. a. Stor Madøse. ¹/₄. b. Træske. ¹/₂.

Den store Øses Dimensioner vise, at Beboerne have havt
Gryder af samme betydelige Dimensioner, som ere kjendte fra
Angmagsalik og fra Vestkysten.

Af **Skeer** fandt vi en med et temmelig fladt Blad, der op-
rindeligt havde været 6^{cm} langt og 3.7^{cm} bredt. Fra Bagenden
udgaaer et 8¹/₂^{cm} langt Skaft, hvis yderste Ende bøjer lidt op
efter og ender med en bredere Spids. Materialet er Træ
(Fig. 28 b).

Af **Fruentimmerknive** (Ulo'er) fandt vi 9 af Sten og 1 af
Ben. Stenknivene vare lavede af graagrøn og sortgraa Skifer.
De have været brugte i mange forskjellige Størrelser. Den største

vi fandt, var rimeligvis gaaet itu og havde i saa Fald oprindelig
havt en Længde af 20—22^{cm}. Længden langs den skjærende
Kant var nu 15^{cm}, Bredden lodret paa Eggen 10^{cm} og Tykkelsen
1^{cm}. Eggen var slebet paa begge Sider, men mere paa den
ene Side end paa den anden.

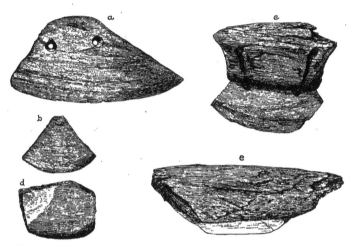

Fig. 29. a—d. Fruentimmerknive af Skifer. ¹/₂. e. Fruentimmerkniv af
Hvalben. ¹/₂.

Den mindste Ulo (Fig. 29 b) var kun 4¹/₂^{cm} langs med den
skjærende Eg og 3.3^{cm} lodret derpaa. Den havde kun en
Tykkelse af 0.2^{cm} og har rimeligvis kun været benyttet som
Legetøj, da den er altfor skrøbelig til at bruges.

Knivene havde i Almindelighed den sædvanlige Uloform
(Fig. 29 a) med et Par enkelte Afvigelser. Naar Knivene vare
store nok og forøvrigt egnede sig dertil, d. v. s. naar de faldt
godt i Haanden, synes der ikke at være brugt noget Haandtag
til dem; ialfald findes der ikke Huller i nogle af dem, medens
der i de øvrige er drillet to Huller. Vi fandt een Ulo med
paasiddende Haandtag (Fig. 29 c). Bladet var af sortgraa Skifer
og havde oprindelig havt en Længde af c. 7^{cm}, men et Hjørne

var knækket af. Tykkelsen var 0.8^{cm}, og Eggen var slebet lige meget paa begge Sider. Haandtaget var en Træklods, som var meget medtaget af Vejrlig og Fugtighed. I Undersiden var dannet en Rille, i hvilken Bladets Ryg var kilet ind. For at holde Bladet paa sin Plads, var der saavel i dette, som i Haandtaget boret to Huller, og en Surring var lagt mellem hvert Par Huller. I Haandtaget var der skaaret Leje for Surringen.

Foruden de her omtalte Knive af den almindeligste Uloform fandt vi et Par mindre, der vare næsten rectangulaire. (Fig. 29 d). Desuden blev der ogsaa fundet Knive af en mere tilfældig Form, betinget af det Stykke Skifer, af hvilke de vare blevne forfærdigede. Ogsaa et Stykke Hvalben (Fig. 29 e) synes at være tildannet og have været benyttet som Ulo.

Saavel Fruentimmerknivene som Mændenes Harpun-, Pile- og Knivspidser, der vare forfærdigede af det forholdsvis bløde Skifer, trængte hyppigt til Skjærpning. Hvæssestene have derfor

Fig. 30. Slibesten af Skifer. ¹/₂.

været meget benyttede, og vi fandt adskillige af dem. De vare alle af Skifer. Som oftest har man ladet Stenen beholde sin tilfældige Form og blot glattet de værste Ujævnheder; men undertiden har man anvendt mere Umage paa dem og givet dem en bestemt aflang Form. Et Par af dem (Fig. 30) ere 8—10^{cm} lange og 3^{cm} brede.

I begge Ender er der en Udhuling i Kanten for at give Anlæg for Fingrene. Rimeligvis er Slibningen gaaet for sig paa samme Maade som endnu bruges paa Vestkysten, nemlig, at det Redskab, der skulde slibes, blev holdt stille i venstre Haand, medens Slibestenen bevægedes med den højre. Paa Midten af de to omtalte Slibesten er der i Kanten dannet et Par Fordybninger, som tyde paa, at Stenen, naar den ikke brugtes, blev ophængt i en Rem.

Af **Skindskrabere** fandt vi en af Flint eller Agat (Fig. 31 a). Den havde samme Form som de, der i Mængde ere fundne paa Vestkysten og endnu bruges af Eskimoerne ved Point Barrow. Skraberen har været indsat i et Træskaft af en særegen Form, der findes afbildet i Murdoch's Afhandling S. 295—297.

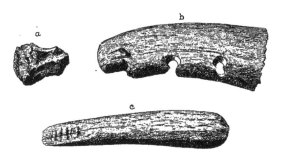

Fig. 31. a. Skindskraber af Flint. ¹/₂. b. c. Skindskraber af Hvalben. ¹/₂.

Desuden blev der fundet to Redskaber af Ben, som paa Grund af deres Form maa antages at være benyttede til Skindskrabning eller maaske snarere til at gjøre Skindene og Skindtøj bløde med, naar de vare blevne stive efter at have været vaade og igjen tørrede. Det ene (Fig. 31 b) har aabenbart tidligere havt en anden Bestemmelse, idet der er nogle store borede Huller i det. Det andet (Fig. 31 c) er et kileformet, fladt Stykke Hvalben, hvis tynde Ende antages at have været benyttet som Skraber, medens den tykke Ende støttede mod det indvendige af Haanden.

Synaale fandt vi ikke, men derimod et Par **Syprene** og en **Syring**.

Den ene Sypren (Fig. 32 a) er udskaaren af Ben og $7^{1}/_{2}^{cm}$ lang. I den ene Ende er der et Hul, og det nærmeste Stykke er forsynet med 6—7 ringformede Udskjæringer. Den blev fundet i en Barnegrav.

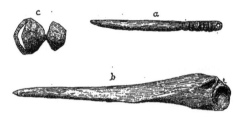

Fig. 32. a. Sypren af Ben. ¹/₂. b. Ben, benyttet som Sypren. ¹/₂.
c. Syring af Skind. ¹/₂.

Den anden Sypren (Fig. 32b) er et naturligt Ben, der har været brugt i sin oprindelige Form.

Syringen (Fig. 32 c) er af Sælskind, som er udskaaret saaledes, at der dannes en lille Plade til Beskyttelse for Fingeren og en tynd Ring, gjennem hvilken Fingeren stikkes. Ved Bagsiden af Pladen hænger en anden Plade af lignende Størrelse. Det Stykke, med hvilket disse to Plader endnu hænge sammen, er kun lille. Det er derfor muligt, at det kun er en Tilfældighed, at denne løse Plade hænger ved. Hvis Forbindelsen mellem dem var større, var der mere Sandsynlighed for, at den løse Plade var bestemt til at foldes op langs den førstnævnte og saaledes fordoble Tykkelsen og yde bedre Beskyttelse for Fingeren. Saaledes foldede eller dobbelte Syringe brugtes nemlig ved Point Barrow, medens Central-Eskimoerne og Angmagsalikerne bruge enkelte.

Af andre Gjenstande, som have været til Brug i Huset, fandt vi nogle ovale **Æskebunde** af Træ, undertiden ved Hjælp af Træpløkke samlede af flere Stykker. Sandsynligvis har der uden om dem været lagt et bredt Baand af Hvalbard eller Træspaan, hvis Ender have været syede sammen. Dette Baand har da dannet Æskens Sider. En af Bundene er 24ᶜᵐ lang og 16—17ᶜᵐ bred, en anden havde Dimensionerne 11ᶜᵐ og 8ᶜᵐ. Paa dem begge er Kanten noget skærpet, som for at passe ind i en Fals.

En anden Form for Træ-Æsker (Fig. 33), dannet ved at ud-

hule en lille Træklods, minder
noget om de Træ-Æsker, der
af de amerikanske Eskimoer
brugtes til at opbevare Harpun-
spidser og lignende Sager i.
Den er udvendig 8¹/₂ᶜᵐ lang

Fig. 33. Æske af Træ. ¹/₂.

og 4¹/₂ᶜᵐ bred. Et løst Laag har kunnet surres paa den ved
to Surringer, til hvilke der er. dannet Lejer paa Ydersiden af
Æsken.

I en Grav fandt vi desuden Sidestykkerne til en lille, fir-
kantet Trækasse, lavet af tynde Træplader, der have været for-
bundne med smaa Trænagler. Kassen var 14ᶜᵐ lang, 8ᶜᵐ bred.
Ved Siden af Kassen laae en halv Snes tynde Træpinde, ikke
tykkere end Tændstikker og 8—10ᶜᵐ lange. Deres Bestemmelse
og Brug have vi ikke kunnet forklare os.

Store **Træbakker**, Kjødfade og lignende have rimeligvis
været brugte af Eskimoerne, endskjøndt vi ikke fandt nogen af
de nævnte Gjenstande. Der blev nemlig fundet forskjellige
Benbeslag, der, i Lighed

med hvad der bruges af
Angmagsalikerne, have
været naglede paa Kanterne
af Træbakker og lignende Fig. 34. Benbeslag til en Træbakke. ¹/₂.
Gjenstande for at forhindre Træet i at flosse op. Et af disse
Beslag er viist i Fig. 34. Det er svagt krummet, saa at det
passer til Randen af et Kar med temmelig stor Runding. Nogle
af Trænaglerne, med hvilke det har været paaspigret, sidde
endnu i Hullerne.

Af**Legetøj** brugtes to Slags «Snurrer». Den ene (Fig. 35 a og b)
bestaaer af et fladt Stykke Ben eller Træ, 10—12ᶜᵐ langt, til-
spidset mod begge Ender og noget sammenknebet paa Midten,
hvor der er boret to gjennemgaaende Huller. En Snor blev
trukket gjennem disse Huller, og Enderne af den knyttede sammen.
Naar Snurren anbringes paa Midten af Snoren, kan man, ved

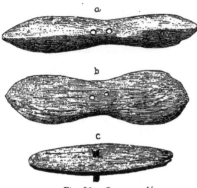

Fig. 35. Snurrer. ¹/₂.

vexelvis at stramme og løsne Snoren, faae Snurren til at gaae rundt.

Den anden Snurre (Fig. 35 c) er en oval Træskive, i hvis Midte, der er boret et Hul, hvorigjennem er stukket en Træpind, som drejes rundt med Fingrene.

Begge Slags Snurrer ere kjendte ved Point Barrow, paa Vestgrønland og i Angmagsalik, men omtales ikke af Boas som værende i Brug blandt Central-Eskimoerne, skjøndt han udførlig beskriver deres Legetøj og Lege.

Som Legetøj, og tildels til Øvelse, have Børnene desuden benyttet næsten alle Redskaber, som de Voxne brugte, forfærdigede en miniature. Drengene havde saaledes havt smaa Harpuner, Hundeseler o. l. (Fig. 36 a. b. c. d. e. og Fig. 14). Pigerne have havt smaa Uloer, Gryder, Lamper, Skeer o. l. (Fig. 36 f. g. h. og Fig. 29 b).

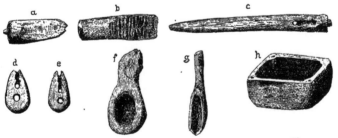

Fig. 36. Legetøj. a. b. c. Benstykker til Barneharpuner. ¹/₂.
d. e. Miniatur-Spænder til Hundeseler. ¹/₂. f. g. Miniatur-Skeer. ¹/₂.
h. Miniatur-Gryde. ¹/₂.

Vi fandt kun een **Dukke**, forestillende et Menneske (Fig. 37). Den er udskaaren af en lille Egetræesklods c. 10ᶜᵐ høj. Figuren forestiller en Mand. Kun Hoved og Hals ere udførte. Ansigtet er temmelig fladt, men Øjne, Næse og Mund ere dog antydede. Saavel Arme som Ben mangle.

Af **Dyrefigurer** fandt vi tre, der forestille Sæler. De ere alle af Træ; den største er $12^{1}/_{2}{}^{cm}$ lang, den mindste 6^{cm}. De to (Fig. 38 a) fremstille Sæler, liggende paa Ryggen, saaledes som de af Grønlænderne slæbes hjem fra Isfangst; den tredje og mindste (Fig. 36 b) ligger derimod paa Bugen. Alle ere meget tarveligt udskaarne, og skjøndt Sælens Krop som Helhed er meget correct

Fig. 37. Trædukke. $^1/_2$.

gjengivet i de forskjellige Stillinger, ere Forlufferne slet ikke angivne og Baglufferne kun antydede paa de to af Exemplarerne, der ligge paa Ryggen. Disse ligne fuldstændig de Sælfigurer fra Point Barrow, der afbildes af Murdoch Side 401.

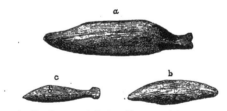

Fig. 38. a.—b. Træfigurer af Sæler. $^1/_2$. c. Udskaaren Fisk af Ben. $^1/_2$.

Endvidere blev der fundet en lille Figur forestillende en Fisk (Fig. 38 c), sandsynligvis en Lax. Den er $4^{3}/_{4}{}^{cm}$ lang, udskaaren af Ben eller Narhvaltand. Paa Fiskens ene Side er anbragt en Række af 13 smaa, borede Fordybninger. Noget lignende sees paa en fiskelignende Dyrefigur fra Point Barrow (Murdoch S. 405). Fisken har et større, gjennemgaaende Hul midt paa Overkant af Ryggen og har derfor rimeligvis været ophængt ved en Pose, et Synaaleskind e. l.

Af andre udskaarne Sager blev der kun fundet faa. Det eneste Stykke, som viser, at Eskimoerne undertiden anvendte lidt Umage paa at udsmykke deres Redskaber·o. l., er et lille Stykke Narhvaltand (Fig. 39 a), paa hvilket der er udskaaret to ophøjede Ringe. Stykket er for fragmentarisk, til at·man kan afgjøre, hvad det har været brugt til.

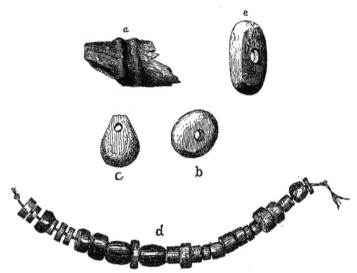

Fig. 39. a. Udskaaret Stykke Narhvaltand. ¹/₂. b. c. Perler af Ben. ¹/₂.
d. Perler af Skifer og Jet. ¹/₁. e. Benprydelse til Kajak. ¹/₁.

Fig. 39 b og c viser to Perler af Ben eller Tand. Den ene er næsten kuglerund, men slidt skjæv ved Brug. Den har et gjennemgaaende Hul paa Midten. Den anden er pæreformet og har et lille Hul i den spidse Ende.

Endvidere blev der fundet 25 smaa Perler (Fig. 39 d) i en lille Gryde i et Hus ved Hekla Havn. Perlerne ere i Hoved-formen cylindriske. 5 af dem ere af Jet (Brunkul) og noget større end de andre, de have en Diameter af c. 0.8^{cm} og en Længde 0.4—0.7^{cm}.

19 Perler ere af graa Skifer 'med en Diameter 0.6^{cm} og

have vistnok alle oprindelig havt en Længde af c. 0.4^{cm}. Flere af dem ere imidlertid ved Brugen slidte tynde og skjæve. En Perle er af en rød Stenart (Rødkridt).

De fleste af Perlerne have concave Endeflader, som vanskeligt kunne tænkes fremkomne paa anden Maade, end at der mellem hver af de cylindriske Perler har siddet en kugleformet Perle af en haardere Substans, som da efterhaanden har slidt den bløde Skifer og tilpasset den efter sin Overflade.

Fig. 39 e viser en kantet, paa Undersiden flad Knap af Narhvaltand, som efter al Sandsynlighed har været anvendt paa en Kajak.

Medens Constructionen af de af os undersøgte Grave ikke afveg fra den vestgrønlandske, var der den Forskjel, at paa Vestkysten pleje Gravene i Almindelighed at ligge noget fjernet fra Husene, oppe paa smaa Fjældrygge, medens vi i Scoresby Sund fandt dem i Husenes umiddelbare Nærhed, ja undertiden mellem Husene. De nuværende Angmagsaliker kaste som Regel deres Døde i Havet, men brugte tidligere den almindelige grønlandske Begravelsesmaade.

Den almindelige eskimoiske Skik, at give den Døde nogle af sine Ejendele med sig i Graven, har ogsaa været i Brug i Scoresby Sund. I eller i Nærheden af 10 forskjellige Grave fandt vi følgende Gjenstande: et Lændserforstykke, en Sypren, smaa Lamper og Gryder, en Træ-Æske, en Madøse, Pileskafter, Slædeskinner, en Isskraber o. s. v. Disse Sager laae i Almindelighed ikke i selve Stenkammeret, hvor Liget laa, men vare gjemte i Stendyngen udenom. Undertiden laae de ogsaa et Stykke derfra i en Klipperevne eller lignende Sted.

Af det foregaaende vil det fremgaae, at de tidligere Beboere af Scoresby Sund, naar de af dem brugte smaa Huse undtages, i alt Væsentligt have levet paa samme Maade som Vestgrønlænderne og Angmagsalikerne og benyttet de samme Vaaben og Redskaber; men det vil tillige sees, at de efter al Sandsyn-

22*

lighed ikke have staaet paa saa højt et Standpunkt i Retning af Bearbejdelsen og Udsmykningen af deres Fangeredskaber og øvrige Ejendele som Angmagsalikerne.

Jeg nærer ingen Tvivl om, at Beboerne af Grønlands Østkyst ere komne dertil Nord om Landet, og jeg antager, at Angmagsalikerne først have naaet det forholdsvis høje Kulturtrin, de nu staae paa, efter at de have taget fast Ophold i Angmagsalik-Egnen, medens deres Forfædre, af hvilke nogle have beboet Husene i Scoresby Sund, have været saa optagne af den daglige Kamp for Tilværelsen, at de ikke have kunnet komme ud over det lavere Standpunkt.

Det er imidlertid ogsaa muligt, at Angmagsalikernes Forfædre, som foretog Vandringen Nord om Grønland og ned langs Østkysten, have været en særlig talrig Eskimoflok, der hurtigt og paa et tidligt Tidspunkt har tilbagelagt Vejen langs Østkysten ned til Angmagsalik, medens Eskimoerne fra Scoresby Sund have været fattigere Individer, der ere indvandrede senere og ikke ere naaede længere end til Scoresby Sund, og det samme kan have været Tilfælde med de af Clavering trufne Eskimoer.

Hvorvel det er umuligt at have nogen bestemt Mening herom, er jeg dog tilbøjelig til at helde til den første Anskuelse af den Grund, at der er en Del, som tyder paa, at Befolkningen fra Scoresby Sund ikke er uddøet der, men at den største Part af den er udvandret.

Hvis nemlig en saa stor Befolkning som den, der har levet i Scoresby Sund, skulde være forsvundet alene paa Grund af, at den lidt efter lidt uddøde, saa maatte man kunne vente at finde forholdsvis mange ubeskadigede og fuldstændige Redskaber og Vaaben, Kajakker, Slæder o. s. v. Vi fandt imidlertid forholdsvis faa Ting, som have været af større Værdi for de oprindelige Ejermænd, men ingen Slæder, Kajakker, hele Kajakredskaber, store Gryder o. l. Størstedelen af vore Fund bestaaer af itubrudte Slædeskinner, gamle Knive, Stumper af Redskaber, kort sagt, mere eller mindre defekte Sager eller Ting, som af Vanvare ere bortkomne, samt af de tarvelige Redskaber, som man havde medgivet de Døde i Graven.

Kun et enkelt Tilfælde kunde tyde paa en Uddøen, nemlig Hus Nr. 2 i Gruppe XII. Her var nemlig Taget styrtet sammen ned i Huset, og i dette fandtes Underkjæben af et Menneske; men i dette Hus gjorde vi da ogsaa nogle af vore bedste Fund. Vi fandt her den store Lampe, en lille firkantet Gryde, en Ulo, en Kniv, en Skindskraber, Perler, Slibesten m. m.

Dette ene Tilfælde synes mig netop at vise Rigtigheden af den Antagelse, at hvis hele Befolkningen var forsvundet ved Uddøen, maatte vi have gjort flere større Fund.

Jeg antager derfor som det Sandsynligste, at Størsteparten af Befolkningen lidt efter lidt er rejst videre Syd paa, medtagende deres Slæder, Kajakker og øvrige gode Ejendele, og disse Folk eller deres Efterkommere have naaet Angmagsalik og den sydligere Del af Østkysten.

Nogle enkelte Familier ere maaske nok forblevne i Scoresby Sund eller komne dertil senere Nord fra, og disse ere da efterhaanden uddøde, enten fordi en enkelt Fangers Død har foraarsaget Sult og Død for hele den af ham afhængige Familie, eller fordi de efterhaanden degenererede af Mangel paa Tilførsel af nyt Blod.

Hvorvel Scoresby Sund og dets indre Forgreninger en stor Del af Aaret byde gode Chancer for eskimoisk Erhverv, vil der dog være en lang Tid, nemlig fra Isen bliver tyk og dækket af Sne, til Sælerne begynde at komme paa Isen, altsaa fra December til Maj, i hvilken det vistnok vil være vanskeligt selv for en Eskimo at skaffe det fornødne Vildt til sin Families Underhold[1]), og denne Omstændighed i Forbindelse med den

---

[1]) Det forudsættes, at Eskimoerne her ikke have kjendt til at fange Sæler i Garn under Isen. Af Sagn Nr. 12 om Matakatak i Capitain Holm's Samling fra Angmagsalik (Medd. om Gr. X. S. 271) fremgaaer det rigtignok, at Angmagsalikernes Forfædre have brugt Sælgarn af Hvalbard;

Eskimoerne iboende Rejselyst, kan da have været Aarsagen til, at de atter ere rejste ud til Yderkysten og derfra videre Syd paa.

Hvis Angmagsalikerne og de sydligere Østlændinge stamme fra de tidligere Beboere af Scoresby Sund, maa imidlertid de sidstes Vandring Syd efter ligge langt tilbage i Tiden; thi allerede i Midten af forrige Aarhundrede omtaltes Angmagsalik af Østgrønlændere, der kom til Vestkysten, som en stor, beboet Plads, der laa højt oppe paa Østkysten.

Der er imidlertid heller ikke noget, der tyder paa, at Husene i Scoresby Sund skulde være af yngre Oprindelse. Nogle af de bedst vedligeholdte Huse, vi fandt, laae paa Ren-odden; men det er selvfølgelig umuligt, at angive en blot nogenlunde omtrentlig Aldersforskjel.

I arktiske Egne forandre Forholdene sig kun yderst lang-somt, og, hvis Lokalileterne egne sig dertil, kunne Hustomter, Redskaber o. l. holde sig i meget lang Tid uden at ødelægges. Naar vi i Kjødgravene fandt Spæk og paa Ildstederne Aske og Trækul, som bevisligt maatte være mere end 100 Aar gammelt, kunne disse Ting lige saa godt være endnu 100 Aar ældre eller mere. Det er, kort sagt, umuligt at bedømme Alderen af Husruinerne og de fundne Gjenstande efter Udseendet.

Det viser, hvor varsom man maa være med af saadanne Fund at slutte sig til Tiden for de Indfødtes Forekomst i ark-tiske Egne. Scoresby fandt ogsaa Aske og forkullet Træ ude paa Sydenden af Liverpool Kysten og sluttede deraf, at de Ind-fødte først for ganske nylig havde forladt Stedet, men, som man

---

men det sees tillige af Sagnet, at Garnet har været brugt om Sommeren i aabent Vand. Det blev nemlig sat tværs over Sundene inde i Fjorden, og Ejeren rejste derind i Konebaad, naar han skulde røgte det.

Ved Point Barrow bruges nu Sælgarn af Kobberem, som om Vinteren sættes under Isen og om Sommeren paa Steder med lavt Vand; men de Indfødte talte om en Tid, »for længe siden, da de ikke brugte Net, men kun fangede Sælerne med Harpun«, hvilket altsaa tyder paa, at Brugen af Garnene først er blevet kjendt i en senere Tid ligesom paa Grønlands Vestkyst (Murdoch S. 250—252).

seer, kan man ikke bygge noget paa dette Vidnesbyrd. Det er
muligt, at der har levet Indfødte der paa den Tid, men det er
ligesaa muligt og, efter hvad jeg ovenfor har anført, mere sand-
synligt, at deres Forekomst ligger betydeligt længere tilbage i
Tiden.

At Tidspunktet for den egentlige Beboelse af Scoresby
Sund og rimeligvis ogsaa den nordligere Del af Østkysten saa-
ledes efter min Mening sandsynligvis ligger flere Hundrede Aar
tilbage i Tiden, udelukker, som tidligere nævnt, jo ikke, at
enkelte mindre Samfund ere blevne paa den omtalte Del af
Kysten, medens Hovedmassen rejste Syd efter, eller at smaa
Hold i senere Tider ere komne dertil fra Amerika.

Anstiller man en Sammenligning for at se, med hvilke
amerikanske Eskimostammer de tidligere Beboere af Scoresby
Sund have mest til fælles, da kommer man mærkværdig nok til
de nordvestligste Stammer, Point Barrow-Eskimoerne. En Over-
eensstemmelse mellem Østgrønlændere (Angmagsaliker) og Vest-
eskimoer i Retning af Ornamentering og Kunstfærdighed om-
tales af Capitain Holm («Medd. om Gr.» X. Side 152—153).

Af de i Scoresby Sund fundne Ting er det navnlig Brud-
stykket af Kastetræet til Fuglepilen, der absolut peger hen til
Point Barrow, endvidere Formen af den fundne Bue, den af
Germania-Expeditionen fundne Kajakaare med bredt Blad og,
noget mere usikkert, Snurrerne, Sælfigurerne og Syringen.

Dette synes at tyde paa, at de tidligere Eskimoer ved
Scoresby Sund have længere, det vil sige indtil et senere Tids-
punkt, været i Forbindelse med de nordvestlige Eskimostammer
end med Central-Eskimoerne.

VII.

Bidrag til Eskimoernes Kraniologi.

Af

Søren Hansen.

1895.

Den Samling af Eskimokranier, der er tilvejebragt ved den af Premierlieutenant Ryder ledede Expedition til den nordlige Del af Grønlands Østkyst, har sin væsenligste Interesse ved den Omstændighed, at den hidrører fra en Befolkning, som repræsenterer det yderste Led af hele den vidt udbredte eskimoiske Race og maa antages at have holdt sig fri for enhver Indblanding af fremmede Elementer. En saadan Befolkning egner sig fremfor nogen anden til Udgangspunkt for Studiet af de Stammeforskjelligheder, som uden al Tvivl maa kunne paavises indenfor denne ejendommelige Race, hvis Afstamning og Slægtskabsforhold endnu ere saa dunkle, og jeg har derfor ikke ment at burde tilbageholde det Bidrag til Racens Kraniologi, der her kan gives, uagtet det foreliggende Materiale er for ringe til en blot nogenlunde udtømmende Behandling af Emnet.

Samlingen danner et værdifuldt Supplement til den af Pansch beskrevne, der stammer fra Egnene ved Cap Borlase Warren, hvor den anden tyske Polarexpedition indsamlede et lignende Antal af Kranier[1]). Den omfatter 9 fuldstændige og 6 mindre vel bevarede Kranier af voxne Individer samt et Barnekranium, medens Pansch havde 6 Kranier af fuldvoxne, 2 af yngre Individer og 3 Barnekranier til sin Raadighed.

---

[1]) Die zweite deutsche Nordpolarfahrt. Leipzig 1874, II. p. 144—56.

Pansch har ikke søgt at gjennemføre nogen bestemt Sondring mellem mandlige og kvindelige Kranier, sandsynligvis fordi han ikke disponerede over det dertil fornødne Sammenligningsmateriale. Her har Kjønsbestemmelsen ikke frembudt Vanskeligheder, og der vil derfor i det følgende blive Lejlighed til at komme noget nærmere ind paa de ret betydelige Kjønsforskjelligheder, end det hidtil er sket ved Beskrivelsen af Eskimokranier, men Materialet har dog ikke været stort nok til en særskilt Behandling af den mandlige og den kvindelige Type.

Den betydelige Udvikling, som Kraniologien har gjennemgaaet i de 20 Aar, der ere forløbne siden Pansch beskrev sine Eskimokranier, har hindret mig i at sammenarbejde hans Undersøgelser med mine og i overhovedet at følge hans Behandling af Emnet saa nøje, som jeg kunde ønske. Det System af Maalinger, som han anvendte, er undergaaet saa mange og saa indgribende Modifikationer, at det ikke længere kan anses for tidssvarende, men Meningerne om, hvad og hvorledes man bør maale, ere endnu saa divergerende, at jeg ikke tør gjøre Regning paa, at det jeg selv har anvendt vil vise sig mere levedygtigt. Jeg har valgt det Princip at indskrænke mig til kun at meddele saadanne Maal, som umiddelbart kunne supplere Beskrivelsen, uden at belemre min Fremstilling med fiere Tal og større Tabeller end absolut nødvendigt.

———————————

Kranierne fra det nordøstlige Grønland maa i det hele betegnes som store. Det gjennemsnitlige Rumfang kan vel ikke angives med fornøden Sikkerhed, men i Omfanget og de lineære Dimensioner har man et efter Omstændighederne tilfredsstillende Udtryk for Størrelsen. Idet jeg forøvrigt henviser til omstaaende Tabel, skal jeg fremhæve Horizontalomfanget, der er større end hos nogen anden Menneskerace, hvad allerede Flower og Broca have paavist ved Undersøgelser af andre Rækker af

	Mænd.	Kvinder.	Begge Kjøn.	Pansch.
Horizontalomfang [1] . . .	528	521	524	525
Sagittalkurven	368	373	371	378
Længde	190	181	185	189,7
Bredde	143	139	141	138,2
Højde	133	134	133	139,5

Eskimokranier. Dette hidrører imidlertid mere fra Kraniernes ejendommelige Form end fra deres virkelige Størrelse, for hvilken Rumfanget er det sikreste Udtryk, og ovenover Horizontalomfangets Niveau indsnævres Kraniet meget betydeligt. Sagittalkurven fra Næseroden til Nakkehullets bageste Rand er ligeledes stor; lægger man hertil Nakkehullets Længde, og Afstanden fra Forkanten af dette til Næseroden (*Linea nasobasilaris*) faar man et Sagittalomfang paa c. 500^{mm}, en Størrelse der neppe overgaaes af nogen anden Race. Ogsaa Kraniernes største Længde er meget anselig, hvorimod deres Bredde er noget mindre end hos de brakycefale Racer; Højden er ligeledes betydelig, og det samme gjælder om en hel Række andre Dimensioner, saaledes at man i Almindelighed kan sige, at det, der gjør Kranierne saa store, er Udviklingen af deres hele ossøse Masse. Det bedste Udtryk herfor vilde man have i Kraniernes Vægt, men da denne er i høj Grad afhængig af deres Konserveringstilstand, og da de foreliggende Oplysninger om andre Racekraniers Vægt ere overmaade sparsomme, er det ikke muligt at gjennemføre en hertil sigtende, komparativ Undersøgelse med fornøden Sikkerhed.

Forsaavidt som man fra Kraniernes Dimensioner tør slutte

---

[1] Alle Maal i Millimetre.

sig til den paagjældende Befolknings Legemshøjde, maa man
antage, at den har været lidt større end længere sydpaa, hvor
den efter Kaptajn Holms Maalinger ved Angmagsalik var
165 Ctm. for Mændenes og 155 Ctm. for Kvindernes Vedkom-
mende. Under alle Omstændigheder har den neppe været mindre,
og der ligger heri et vægtigt Bevis for, at det er den samme
velvoxne Eskimostamme, der er vandret sydpaa, og samtidigt
imod Formodningen om, at de sydligt boende Østgrønlænderes
anseelige Legemshøjde kunde skyldes en Indblanding af euro-
pæisk Blod. Efter at det ved Premierlieutenant Ryders Under-
søgelser af de ved hans Vinterkvarter fundne Redskaber og
Brudstykker af saadanne er godtgjort, at den Befolkning, der
levede her, stod paa et efter eskimoiske Forhold højt Kulturtrin,
har det sin Interesse at se, hvorledes den ogsaa i rent legemlig
Henseende var veludviklet, og det er da heller ikke rimeligt, at
en i fysisk og intellektuel Henseende kuet Stamme kunde have
udført den Bedrift at rejse nord om Grønland, hvad alt tyder
paa, at Befolkningen paa Østkysten virkelig har gjort. Det har
neppe været Trang, men Vandredrift og Foretagelsesaand, der
førte dem denne Vej. Hvorfra denne Stamme forøvrigt er
kommen, lader sig ikke oplyse ved Studiet af deres Legems-
bygning, fordi der endnu kun vides overordentlig lidt om de
mange forskjellige Eskimostammer, der leve i Egnene vest for
Smiths Sund, men det er dog ikke uden Interesse, at Stammen
ved Point Barrow, hvor man af andre Grunde har ment at
finde Østgrønlændernes nærmeste Frænder, ligeledes udmærker
sig ved en anseelig Legemshøjde [2].

Medens Kraniernes Størrelse saaledes antyder en Slægt-
skabsforbindelse mellem den her omhandlede Stamme og Be-

---

[1]) Bidrag til Østgrønlændernes Anthropologi. «Medd. om Grønl.» IX. p. 8.
[2]) Beechey: Voyage of Discovery towards the North Pole. London 1843,
I, p. 360. II, p. 303. Ray: Report of the international Polar-Expedition.
Washington 1885, p. 50.

folkningen paa den sydligere Del af Østkysten er der i deres
Formforhold visse Træk, som antyde en Særstilling, og dette
gjælder da navnlig om Kraniernes relative Bredde. ' Det nume-
riske Udtryk for denne, deres Breddeindex er noget større end
hos andre bekjendte Eskimostammer, nemlig 75,0 for de mand-
lige og 75,8 for de kvindelige Kraniers Vedkommende. Pansch
fandt en gjennemsnitlig Breddeindex for begge Kjøn paa 73,3[1]),
men ogsaa denne Værdi er en Del højere end det sædvanlige,
der er 71—72. Betydningen af denne Afvigelse forringes imid-
lertid ved de anseelige individuelle Forskjelligheder, som findes i
begge Rækker; den laveste Index har et af Pansch's Kranier
med 71,3, den højeste har et af Ryders kvindelige Kranier
med 81,1. Denne Variabilitet fortjener Opmærksomhed i Be-
tragtning af, at vi her have at gjøre med en Stamme, der efter
al Sandsynlighed i mangfoldige Generationer har holdt sig fri
for enhver Indblanding af fremmede Elementer. Det synes at
antyde, at den eskimoiske Race oprindeligt er dannet ved
Krydsning af forskjelligartede Elementer, som vel ikke kunne
udredes med fuld Sikkerhed ved Studiet af Kranierne, men hvis
Spor endnu ere let kjendelige i de levende Individers Fysiog-
nomier. Naar Kraniernes eskimoiske Racepræg desuagtet er
saa udpræget karakteristisk, som det faktisk er, har det sin
Grund i visse fremherskende Træk, som med større eller mindre
Tydelighed gjenfindes, i ethvert Tilfælde paa alle mandlige Kra-
nier. Dette gjælder da navnlig om deres ejendommelige «pyra-
midale» Form, som fremkommer ved Hjernekassens særegne
Tagform i Forbindelse med Ansigtets betydelige Bredde over
Kindbenene, og som navnlig er udtalt, naar Kraniet ses forfra,
men hertil skulle vi senere komme tilbage.

I den forholdsvis høje Breddeindex ligger der forøvrigt en
Antydning af det allerede omtalte sandsynlige Slægtskabsforhold

---

[1]) l. c. p. 147; i Tab. I, p. 155 staar der fejlagtigt 72,9, hvilket Tal frem-
kommer, naar man beregner Index af de gjennemsnitlige Dimensioner.

mellem Østgrønlænderne og de vesteskimoiske Stammer, idet
disse ligesom de nærbeslægtede Tschucktscher synes at have
en endnu højere Breddeindex, men de herom foreliggende Op-
lysninger ere dog vistnok for sparsomme, til at man kan til-
lægge dem nogen afgjørende Betydning.

Kraniernes relative Højde er en Del mindre end sædvanligt
og navnlig adskilligt mindre end paa de af Pansch undersøgte
Kranier, hvilket dog for en Del kan hidrøre fra, at han har
maalt Højden paa en anden Maade end jeg. Ryders mandlige
Kranier have en Højdeindex paa 69,8, medens den paa de
kvindelige er 72,9; Kjønsforskjellen hidrører fra, at disse sidste
ere betydeligt kortere end hine, hvorimod den absolute Højde
(*Diam. basilo-bregmat.*) er omtrent lige stor hos begge Kjøn.
Ogsaa her er Variabiliteten betydelig, idet den mindste Index
er 65,6, den største 75,3.

I Betragtning af Kraniernes store Længde, maa Højden dog
betegnes som meget anseelig, og der er for saavidt god Over-
ensstemmelse mellem disse og alle andre ægte Eskimokranier.
Det transverselle Vertikalplan har ligeledes den for Racen ejen-
dommelige Form, der navnlig paa de mandlige Kranier er næsten
trekantet med fladt buede Sider. Issebulerne ere kun svagt
udviklede, og Sidefladerne have som sædvanligt meget højt
liggende halvrunde Linier, der antyde meget svære Tindinge-
muskler. Dette Træk er en af de Ejendommeligheder ved det
typiske Eskimokranium, der har vakt størst Opmærksomhed;
det omtales allerede af Winsløw i en Afhandling om et Grøn-
lænderkranium fra Hunde Ejland, som indeholder den ældste
Beskrivelse, der overhovedet foreligger af Racekranier[1]. Paa
nordamerikanske Indianerkranier af den dolikocefale Type

---

[1] »La trace demi-circulaire de l'un et de l'autre muscle crotaphite est
fort étendue, et en haut où elle n'est éloignée de la suture sagittale que
d'un peu plus d'un pouce, et en arrière ou elle va jusqu'à la suture
lambdoidale«. — Conformation particulière d'un crâne d'un sauvage de
l'Amérique septentrionale. Mem. de l'Acad. Roy. des Sc. Paris 1722, p. 323.

finder man jevnligt en lige saa høj Beliggenhed af disse Linier, men forøvrigt afvige Eskimoerne i denne Henseende fra alle andre Menneskeracer. Et enkelt af Ryders mandlige Kranier udmærker sig ved en saa stærk Udvikling af dette Træk, at de halvrunde Tindingelinier kun ere adskilte fra hinanden ved en ca. 2 Ctm. bred, flad Kam, der ganske svarer til de menneskelignende Abers bekjendte Issekam, hvortil man ellers ikke finder noget Sidestykke paa Menneskekranier. Selvfølgelig kan dette Forhold ikke opfattes som et umiddelbart Vidnesbyrd om, at Eskimoerne staa Aberne nærmere end andre Menneskeracer; det er en simpel Følge af Tyggemuskulaturens stærke Udvikling, der skyldes Levemaaden, men det er ikke uden Interesse, at Racen ogsaa i denne Henseende indtager en Særstilling som Endeleddet i Rækken af Menneskeracer. Jeg har ved en anden Lejlighed søgt at paavise, hvorledes Proportioneringen og forskjellige andre Træk i Eskimoernes Legemsbygning pege i samme Retning, og at denne Race i Modsætning til, hvad man tidligere har antaget, staar paa det laveste Udviklingstrin i hele Menneskeslægten[1].

Tindingeliniernes højere eller lavere Beliggenhed er et Kjønsmærke af stor Værdi, idet der heri ligger et usædvanlig tydeligt Udtryk for Muskulaturens Udvikling, der gjennemgaaende er langt stærkere paa mandlige end paa kvindelige Kranier; i Modsætning hertil ere Issebulerne betydeligt svagere, hvilket ligeledes er Tilfældet med Pandebulerne og med den tilsvarende skaalformede Udhvælving af Nakkebenets øverste Del.

Et af de for ægte Eskimokranier mest karakteristiske Træk er, som allerede berørt, Ansigtets saakaldte pyramidale Form. Til Oplysning om, hvad det er, der bestemmer denne, har jeg i hosstaaende Tabel sammenstillet en Række herhenhørende Maal og Forholdstal, hvoraf det fremgaar, at det fortrinsvis er An-

---

[1] Bidrag til Vestgrønlændernes Anthropologi. «Medd. om Grønland», VII.

	Mænd.	Kvinder.	Begge Kjøn.	Pansch.
Diameter frontalis maxima . . .	116	114	115	„
— — minima. . . .	98	94	96	„
— biorbitalis externa . . .	110	102	105	„
— bijugalis	122	112	118	„
— bizygomatica	147	133	139	141
— bimaxillaris max. . . .	100	94	97	98
Diam. front. max.: Diam. longit.	61,2	62,9	62,1	„
Diam. front. min.: Diam. transv.	69,1	68,1	68,5	„
Diam. front. min.: Diam. bizyg..	67,5	71,9	70,0	„

sigtets betydelige Bredde over Kindbenene, der er det afgjørende, medens Panden hverken absolut eller relativt er særligt smal.

En særegen Interesse knytter sig i denne Sammenstilling til det sidst anførte Forholdstal, der viser en anseelig Kjønsforskjel; det fremgaar af de absolute Maal, at denne Forskjel navnlig hidrører fra Kindbuebredden, der er betydeligt større paa mandlige end paa kvindelige Kranier, men forøvrigt er det heller ikke uden Betydning, at disse sidste have en forholdsvis bred Pande. Ansigtets forskjellige Tværmaal ere gjennemgaaende kjendeligt mindre paa de kvindelige end paa de mandlige Kranier og Ansigtets hele ossøse Masse ligeledes betydeligt mindre. Dette medfører at Ansigtets tre store Kaviteter, Næsehulen og navnlig Øjenhulerne, ere særdeles rummelige. Øjenhulerne ere paa de mandlige Kranier 41^{mm} brede og 36^{mm} høje, paa de kvindelige henholdsvis 40^{mm} og 37^{mm}. Næsen er hos begge Kjøn meget smal, med en gjennemsnitlig Index paa 42,0 hos Mænd og 39,2 hos Kvinder, omtrent det samme som paa

Kranier fra andre Egne af Grønland[1]). Ogsaa i denne Hen-
seende staa Eskimoerne som det yderste Led i Rækken, idet
de have smallere Næser end nogen anden Menneskerace.

Den stærke Udvikling af Ansigtspartiet staar ligesom Tin-
dingemusklens foran omtalte store Tilhæftningsflade i nøje For-
bindelse med Tyggemuskulaturen, hvis overordentlige Styrke
illustreres paa en ganske ejendommelig Maade ved Tandsliddet.
Paa Kranier af ganske unge Individer ere Tænderne ofte stærkt
slidte, og paa et enkelt ældre Kranium ere ikke blot Tænderne
helt forsvundne, men Overkjæbens Alveolarrand endog saa fuld-
stændigt resorberet ved senil Atrofi, at Kanten ligger i Højde
med Kindbenenes Underkant. Om et umiddelbart Slid af selve
Kjæbebenet kan der vel ikke være Tale, men dets Masse vilde
neppe være saa stærkt reduceret, hvis der ikke var stillet usæd-
vanligt store Krav til Tyggeredskaberne, endnu efter at Tæn-
derne vare tabte. Paa et andet Kranium var Alveolarranden
helt forsvunden ved venstre Side og meget lav ved højre.

Dette Forhold vanskeliggjør Aldersbestemmelsen meget be-
tydeligt, men man har dog ofte et ret godt Holdepunkt for denne
i Visdomstanden, der sandsynligvis bryder frem omtrent ved
samme Tidspunkt hos Eskimoerne som hos Europæerne, maaske
lidt tidligere. Hertil maa dog bemærkes, at den ikke sjældent
udebliver helt, og er den ikke til Stede, kan man følgeligt ikke
deraf slutte, at Individet har været ungt. Forøvrigt maa det
erindres, at det vigtige Aldersmærke, som man hos de euro-
pæiske Folkeslag har i Hjernekassens Sømme, ikke er anvende-
ligt ved Eskimokranierne, hvor de sædvanligvis lukkes meget
tidligt. Et Kranium med fuldstændigt lukkede Sømme behøver
ikke at være mere end ca. 30 Aar gammelt, og for ældre Eskimo-

---

[1]) Jeg har ved en anden Lejlighed meddelt, at et af Kapt. Holms Kranier
fra den sydlige Del af Østkysten havde den laveste Nasalindex, man
indtil da havde maalt paa noget Kranium, nemlig 34,5; Prmltn. Ryder
har senere hjembragt et Kranium fra Nordgrønland (Vestkysten) med en
Nasalindex paa **33,9**!

Kranier, vil det overhovedet neppe være muligt at opnaa en blot nogenlunde rigtig Aldersbestemmelse. Det eneste relativt sikre Tegn paa høj Alder har man i den senile Atrofi, som reducerer Benvævets Masse overalt og gjør Kranierne tynde og lette.

Samlingen indeholder nogle Underkjæber, der udmærke sig ved en ejendommelig Aflejring af meget haard Benmasse paa Indsiden, hvorved Afstanden mellem Sidehalvdelene navnlig fortil bliver meget ringe. Betydningen af dette Træk, der ogsaa forekommer hos andre arktiske Racer, som forøvrigt ikke staa i direkte Slægtskabsforhold til Eskimoerne, er ikke klar, og det skal derfor kun bemærkes, at disse Aflejringer minde om den saakaldte *Torus palatinus*, der hos talrige Folkeslag forekommer som en individuel Ejendommelighed. Paa enkelte af Underkjæberne har Hagen en . særegen firkantet Form med fremstaaende Hjørner, en Racekarakter, hvis funktionelle Betydning ligeledes er dunkel, da den ikke staar i nogen paaviselig Sammenhæng med Muskulaturen.

Forøvrigt frembyde Kranierne endnu adskillige andre Ejendommeligheder, hvorved de dog ikke afvige fra andre ægte Eskimokranier, og som jeg ikke skal komme nærmere ind paa her, da Materialet ikke tillader en udtømmende Undersøgelse af deres Betydning som Racemærker. Exempelvis skal jeg blot anføre, at Vorteudvæxterne ere paafaldende smaa og svage, et Træk af stor Interesse, da det indeholder en Antydning af, at dette Formelements Udvikling ikke betinges af Muskulaturen alene.

Er det foreliggende Materiale saaledes for ringe, til at det kan tjene til Grundlag for en fyldig Behandling af Eskimoernes i saa mange Henseender højst interessante Kraniologi, saa vil det dog stedse have stor Værdi som et særdeles karakteristisk Led i den enestaaende store og smukke Samling af Eskimokranier, der er tilvejebragt ved danske Rejsende i Grønland, og hvis endelige Bearbejdelse uden al Tvivl vil kunne kaste Lys over adskillige endnu dunkle Spørgsmaal, ikke blot i Eskimoernes Anthropologi, men i hele Menneskeslægtens Naturhistorie.

Tilføjelse til Afsnit V, Side 221.

Efter at den hydrografiske Afhandling og det dertil hørende Kaart forelaa trykt, har jeg modtaget 2 Flaskesedler. Begge Flasker ere udkastede 1892.

Den ene, Flaske Nr. 5, var udkastet den 18. August 1892 paa 69° 52' N. Br. og 19° 0' V. Lgd., ·c. 16 Mil udenfor Mundingen af Scoresby Sund. Den blev fundet den 24. April 1895 ved Maasø i Frøien i Søndre Trondhjems Amt paa 63° 43' N. Br. og 8° 30' Ø. Lgd. af Elier Kristiansen Nordskaget.

Den sandsynligste Route for denne Flaske falder Nord og Øst for den, der paa Kaartet er viist for Flaske Nr. 38 og Vest og Syd for Flaske Nr. 19. Den er altsaa først ført et Stykke Syd efter af Polarstrømmen og derpaa svunget Nord og Øst om Island i c. 20 Mil Afstand fra NO.-Kysten af denne Ø, indtil den er kommen ind i den varme Strøm, der har ført den Øst efter og i Land paa Norges Vestkyst.

Den tilbagelagte Vej ad denne Route er c. 245 Mil, og der er forløbet 979 Dage fra den blev udkastet til den blev fundet, hvilket giver en Gjennemsnitsfart af $^1/_4$ Mil i Døgnet.

Den anden, Flaske Nr. 8, var udkastet den 29. August 1892 paa 66° 08' N. Br. og 23° 52' V. Lgd. udfor Mundingen af Dyrefjord paa Island. Den blev fundet den 15. Marts 1895 paa 63° 38' N. Br. og 17° 52' V. Lgd. ved Skaptaros paa Islands Sydkyst af Odd Bjarnasen. Dens Route er altsaa gaaet Nord, Øst og Syd om Island.

Den tilbagelagte Vej er c. 120 Mil, og der er forløbet 928 Dage fra den blev udkastet til den blev fundet, hvilket giver en Gjennemsnitsfart af c. 0,13 Mil pr. Døgn.

Da Routen imidlertid falder saa nær Kysten, er det sandsynligt, at Flasken derved er bleven forsinket undervejs, idet den maaske har ligget ilanddreven flere Steder paa Kysten i nogen Tid, inden den er naaet til det Sted, hvor den blev fundet.

Oktober 1895.

C. Ryder.

VIII.

Résumé

des

Communications sur le Grönland.

————

Dix-septième Partie.

Sur l'expédition danoise entreprise sous la direction de C. Ryder, lieutenant de vaisseau, en 1891—92 sur la côte orientale du Grönland.

––––

Le but principal de l'expédition était d'explorer la côte orientale du Grönland depuis le Scoresby Sund jusqu'à Angmagsalik, entre les 70° et 66° lat. Nord. Voici le plan:

L'expédition, comptant neuf hommes, devait débarquer, avec maisons, bateaux et provisions d'hivernage, au cap Stewart sur la Jamesons Land (terre Jameson). Durant l'été de 1891, les parages entre le Franz Josephs Fjord (fiord François-Joseph) et le Scoresby Sund devaient être explorés sur une étendue aussi grande que possible. Les recherches devaient porter particulièrement sur les parties intérieures des fiords. Au commencement de septembre, le navire devait rentrer et laisser l'expédition dans les quartiers d'hiver. Durant l'hivernage on devait faire des observations météorologiques et magnétiques, etc., et, au printemps, des excursions en traîneau.

En 1892, quand l'état des glaces le permettrait, l'expédition devait se rendre en bateau du Scoresby Sund à Angmagsalik en longeant la côte du nord au sud. Après sa tournée de pêche, le navire devait atteindre le cap Stewart à la fin de juillet et prendre les rapports et les collections qu'y aurait laissés l'expédition, puis aller chercher cette dernière à Angmagsalik.

––––––––

Le 7 juin, l'expédition quitta Copenhague à bord de l'*Hekla,* vapeur armé pour la pêche du phoque, et que le Ministère de la Marine danoise avait pris à louage au service de l'expédition.

Sorti de la mer du Nord, on mit le cap au nord en tournant l'Islande, et l'on se dirigea vers le S c o r e s b y   S u n d. Le 20 juin, l'on atteignit la lisière de la glace par 68° 12′ lat. N. et 13° 5′ long. W. On tenta d'y forcer la banquise; mais, après s'y être engagé d'environ 50 km, on trouva la glace si compacte qu'il fallut rebrousser chemin. Alors on côtoya la glace du sud au nord pour la trouver plus disséminée et, partant, favorable à l'accostage. Mais en 1891 la glace côtière du Grönland formait une bande large et serrée. Voici des chiffres qui montrent quelle était, le long des parallèles de latitude, cette largeur de la zone prise:

68° lat. N.	envir.	560	km.
70 —	—	540	—
72 —	—	700	—
74 —	—	660	—
76 —	—	560	—

Du reste on verra la position de cette lisière de glace sur la carte routière de l'*Hekla*, pl. VII. La planche II montre le bord d'un champ de glace à grands entassements.

Ce fut seulement le 9 juillet que, par 76° 13′ de lat. N. et 0° 42′ de long. W., la glace se trouva assez disséminée pour laisser espérer qu'on pourrait y pénétrer: on fit alors route pour y entrer. Durant les jours qui suivirent, on navigua dans la direction du WSW. vrai, malgré l'obstacle d'un brouillard fréquent. Les haltes que nécessitèrent la brume et la compacité de la glace, furent utilisées pour faire des sondages et recherches hydrographiques. Le 17, on aperçut la terre au sud des îles P e n d u l u m, en même temps que la glace devenait considérablement plus épaisse et moins ouverte, qu'auparavant. Le 19 au soir, on atteignit une glace plus lâche, qui menait à la côte, et le cap fut mis sur H o l d   w i t h   H o p e. Le 20, on ancra le navire sous la glace littorale devant H o l d   w i t h   H o p e, un peu au nord de l'estuaire du F r a n z   J o s e p h s   F j o r d. C'est là qu'on débarqua. On fit des excursions dans l'intérieur des terres, soit pour abattre des bœufs musqués, soit pour faire des explorations relatives aux sciences naturelles. Le littoral proprement dit était d'une grande stérilité; mais, en s'avançant dans l'intérieur du pays, on trouva un peu plus de fertilité. On tua trois bœufs musqués et l'on constata de nombreuses traces de rennes et de lemmings; surtout ce dernier animal doit fourmiller; car la croûte du sol est complètement minée par leurs souterrains et leurs terriers.

On ne vit que peu d'oiseaux. Le lendemain on s'avança plus au sud. On tenta de pénétrer dans le Franz Josephs Fjord, mais on dut y renoncer, la glace de terre étant ferme et barrant sans discontinuité l'entrée du fiord.

Durant les jours suivants, la glace gêna beaucoup pour avancer; car elle était très compacte et épaisse; en outre, elle se balançait très irrégulièrement sous l'action de la marée et des eaux qui descendaient des grands fiords voisins. Autant que possible, on mit ce temps à profit en dressant la carte côtière au sud du Franz Josephs Fjord. La carte de la pl. VIII montre le résultat de nos relevés. Le grand éloignement de la côte a forcé à ne donner qu'un simple croquis des contours du littoral. Le 30 juillet, on n'était encore parvenu qu'un peu au sud du $72^{1/2}°$ de latitude; mais alors, dans l'après-midi, survint une tempête du nord, qui dispersa un peu la glace, en sorte que l'*Hekla* put cheminer vers le sud. La glace de terre, compacte, longeait encore la côte en beaucoup d'endroits. Le 31 juillet, à midi, on était devant l'estuaire du Scoresby Sund, et l'on y croisa durant deux jours jusqu'à ce que la tempête se fût abattue.

Le 2 août, l'on s'engagea dans le fiord et vers le cap Stewart; mais l'accès de ce dernier était barré par la glace, ce qui força à pénétrer plus avant dans le fiord, et ce fut là qu'on débarqua sur la côte méridionale de la Jamesons Land. Le 5 août, l'on réussit à faire entrer le navire par le Hurry Inlet. L'état des glaces près du cap Stewart ne favorisait pas le débarquement du matériel de l'expédition, et comme on avait découvert, à l'intérieur du fiord, des ramifications latérales dirigées vers le sud, il fut décidé qu'on explorerait si l'une d'elles ne mènerait pas à la côte extérieure. Ce même jour, le 5, on fit, à Hurry Inlet, diverses recherches qui apprirent que cette passe ne va pas de pàrt à part, comme le supposait Scoresby, mais constitue un fiord fermé, au fond duquel s'écoulent deux grands torrents. Le 6, on s'enfonça plus avant dans le fiord, et, le 8, on mouilla dans le port d'Hekla-Havn, dans l'île de Danemark, à environ 150 kilomètres de l'estuaire du fiord. On peut voir la situation de l'île et de la station dans les cartes des pl. IV, VIII et la figure de la p. 74. Tandis que le navire y était à l'ancre, on fit des excursions en bateau dans les bras environnants du fiord, et l'on constata qu'il ne se trouvait aucun fiord communiquant avec la côte extérieure. Les divers campements durant ces excursions en bateau, sont marqués p. 148 et 149.

Le 21 août, on leva de nouveau l'ancre et l'on se dirigea sur le cap Stewart pour y établir une station. Mais en y arrivant le lendemain on constata que l'état des choses était toujours défavorable, et l'on se décida à hiverner dans Hekla-Havn et à garder le navire dans les quartiers d'hiver. Un dépôt de provisions fut établi, sur quoi le navire chemina encore dans le fiord, et, le 23, on jetait de nouveau l'ancre dans Hekla-Havn. Pendant que les bâtiments de l'expédition s'élevaient (voy., pl. I, les habitations de l'expédition), l'on fit en bateau le parcours des bras encore inexplorés que le fiord étend vers le nord. Le 25 septembre, on revint à la station après avoir fait la dernière grande excursion au grand glacier situé au sud de la station (pl. III), sur quoi l'on se borna à quelques petites sorties dans le voisinage immédiat de la station.

Au commencement d'octobre, la glace se mit à prendre; mais ce fut seulement à partir du 20 octobre qu'on put regarder la glace comme ferme et continue dans le réseau entier du fiord.

Le temps de l'hivernage fut employé à faire des observations horaires météorologiques et magnétiques, qui eurent lieu sans interruption du 18 septembre 1891 au 31 juillet 1892. En outre, on fit des dragages en dessous de la glace du port, et les matériaux recueillis l'été précédent subirent un traitement provisoire.

Le temps fut assez variable, surtout au début de l'hivernage. Dès le commencement de septembre, alors qu'on était en bateau dans les bras septentrionaux du fiord, l'hiver faisait son entrée par de violentes tourmentes de neige. Le pays fut complètement couvert de neige. Il est vrai que sur la plùpart des points cette neige disparut; mais en d'autres endroits elle persista. Depuis la fin de septembre jusqu'au milieu d'octobre, on eut calme plat et force neige. Sur quoi vint une période de temps calme, clair et froid, qui dura jusqu'à la fin de novembre et donna une température très basse pour la saison, si bien que dès les premiers jours de novembre on eut — 32° C. Par contre, de décembre à la fin de février, le temps fut très agité et amena souvent des tempêtes et de la neige en abondance. Durant notre séjour à la station, l'état barométrique varia de 722^{mm},5 à 793^{mm},4, et la température oscilla entre + 15°,2, et — 46°,8.

En hiver, au Scoresby Sund, comme partout dans les fiords arctiques, le calme plat règne absolument dans les fiords les plus à l'intérieur. On n'en eut pas moins plusieurs tempêtes qui presque toutes émanaient de l'WNW. comme vents de fœhn. Une seule et unique fois, le vent amena la tempête d'autres points. En même temps que ces tempêtes de fœhn se déchaînaient, la température se mettait à monter extraordinairement, et même une fois, le 10 janvier, la différence en une heure atteignit 23°,8 C., et simultanément l'on observa un état hygrométrique de 32 % seulement.

Les aurores boréales furent très fréquentes, mais n'eurent pas toujours la magnificence et la vivacité qu'on leur a trouvées ailleurs. Le type auroral le plus fréquent fut la forme de ruban; mais en outre on observa souvent au SE. un arc auroral régulier, bas et stationnaire, pareil à celui dont on fut témoin durant l'hivernage de la *Véga* au Nord de la Sibérie. Le manque de vivacité dans les aurores boréales, concorde bien avec le fait remarquable que la déclinaison magnétique subit seulement des perturbations faibles et peu nombreuses.

Les mesurages magnétiques absolus furent faits avec un théodolithe Bamberg à suspension pivotante, et voici les valeurs moyennes résultantes:

déclinaison occidentale . . . . . . 44° 03′,
inclinaison . . . . 79° 26′,
intensité horizontale . . . . 0,10120 C. G. S.

La déclinaison diminue d'environ 13′ par an.

Voici la situation de la station d'après des observations circumméridianes de latitude et des déterminations de longitude faites à l'aide des passages de la lune:

70° 26′ 46″ lat. N.
26° 11′ 46″ long. W.

Les éléments climatologiques sont consignés au tableau, p. 180. On trouvera traitées explicitement les observations tant météorologiques que magnétiques dans les *Observations faites dans l'île de Danemark (Scoresby Sund) 1891—92*, ouvrage publié à Copenhague, en 1895, par l'Institut météorologique.

Depuis la fin de mars jusqu'au commencement de juin, l'on fit diverses tournées en traîneau dans le but de poursuivre l'exploration à l'intérieur des bras du fiord. Ces excursions terminées, on attendit dans la station la débâcle du fiord.

Comme on le verra par la carte, pl. VIII, le Scoresby Sund est fortement ramifié, surtout à l'intérieur. A l'embouchure même, le Hurry Inlet s'étend vers le nord entre la Jamesons Land et la Liverpool Kyst (côte de Liverpool). Plus avant dans le fiord, on trouve ce dernier divisé par la Milnes Land en deux bras principaux, l'un au sud, l'autre au nord. A son tour, le bras principal du sud se subdivise vers le 26° de longitude, émettant le Gaasefjord et le Fœhnfjord, tous deux dirigés sur l'WSW. Vers le 28° de longitude, le Fœhnfjord poursuit ·dans la direction du nord sous le nom de Rôde Fjord, qui a pour sous-ramifications les Vestfjord, Rolige Bræ, Harefjord et Rypefjord, ainsi que le Snesund. Les fiords les plus à l'ouest finissent tous par des glaciers terminant la mer de glace intérieure. Le glacier le plus occidental occupe le fond du Vestfjord par environ $29^{1}/_{2}°$ de long. W., et laisse percer plusieurs *nunataks*, dont les plus intérieurs sont à environ 31° de long. W.

Le bras principal du nord, le Halls Inlet, sépare la Jamesons Land de la Milnes Land, et se dirige au NNW. Sa largeur est d'environ 40 ^{km}. En atteignant 70° 20' de lat., il est continué à l'WNW. par le Nordvestfjord, au fond duquel l'expédition ne réussit pourtant pas à pénétrer. Le fiord s'étend au moins jusqu'au 28° de long. W. A partir de l'embouchure de ce fiord, l'Öfjord s'étend vers le SW. et le W. entre Milnes Land et Renland, se reliant ainsi au Rôde Fjord.

Sur la côte méridionale du Scoresby Sund, depuis le cap Brewster jusqu'à environ $26^{1}/_{2}°$ de long. W., la roche consiste exclusivement en formations trappéennes, qui s'élèvent à une hauteur d'environ 2000 mètres. A l'ouest du $26^{1}/_{2}°$ de long., le trapp repose sur une base de gneiss qu'on trouve de plus en plus puissante, tant vers le nord qu'en allant à l'ouest. Au milieu de la partie septentrionale du Gaasefjord, se trouve le bord inférieur de la couche trappéenne à environ 500 mètres de hauteur, tandis qu'au fond de ce fiord le même bord inférieur ne commence qu'à plus de 1000 mètres au-dessus du niveau de la mer. Sur la rive méridionale du Fœhnfjord, le trapp atteint le fond (voy. pl. V, qui donne, à partir de la station, un panorama regardant au SW. les montagnes qui terminent à l'est la Gaaseland), mais, dans la partie septentrionale, le trapp s'arrête presque au milieu du fiord, en sorte que dans la région occidentale de la Milnes Land, ainsi que sur les littoraux des Rödefjord et Vestfjord, on ne trouve pas de trapp. Dans la partie nord de la Milnes Land et dans les fiords situés au nord, le sol consiste exclusivement en roches primitives.

Dans la Röde Ö (île Rouge), sur la côte occidentale du Röde Fjord et sur l'isthme qui sépare le Harefjord du Rypefjord, on trouve des massifs d'un conglomérat rouge et stratifié, composé de pierres et de graviers de tout genre et de toutes dimensions que cimente une matière rouge. La planche VI montre un site de ce genre dans les montagnes près du Röde Pynt et qui fut exploré dans l'excursion en traîneau au mois d'avril 1892. La partie la plus orientale de la Milnes Land contient un massif de grès, au sud duquel s'étendent des formations glaciaires.

Tandis que, dans l'intérieur, on trouve, sur les bords du Scoresby Sund, de ces points de ressemblance avec ce qu'on a constaté dans le reste du Grönland, la Jamesons Land offre un tableau dont le Grönland n'a pas encore fourni le pendant. La côte orientale de la Jamesons Land, qui regarde le Hurry Inlet, consiste en couches à pétrifications, appartenant à la période jurassique et à des époques antérieures. Au cap Stewart, la hauteur n'est que d'environ 100 mètres; mais à partir de là, les rochers augmentent de hauteur à mesure qu'on avance vers le nord. Presque au milieu du Hurry Inlet, cette hauteur atteint environ 700 mètres. Ces montagnes s'abaissent brusquement vers l'est, tout en dirigeant sur l'ouest une pente longue et uniforme. La côte occidentale de la Jamesons Land est tout à fait basse et consiste en formations glaciaires entrecoupées de torrents très forts et très larges. Nulle part dans la Jamesons Land on ne voit de glacier.

Autant qu'on a eu l'occasion de le constater, la Liverpool Kyst consiste exclusivement en roches primitives, et présente plusieurs grands glaciers.

Les fiords explorés se terminent pour ainsi dire tous par un ou plusieurs glaciers émis par la mer de glace intérieure et qui produit une énorme quantité d'icebergs, dont les dimensions, surtout dans le Nordvestfjord, sont immenses. Outre ces débouchés de la mer de glace intérieure, il y a nombre de glaciers locaux, d'où se détache une quantité de glace. En été, les icebergs et les débris des glaciers remplissent pour ainsi dire la totalité des eaux navigables de l'intérieur, et gênent parfois considérablement la circulation des bateaux.

Les icebergs peuvent acquérir une hauteur d'environ 100 mètres, et se présentent en général sous des formes équarries et massives. Le volume de deux de ces icebergs a été estimé à plus de 500000 mètres cubes. La plupart de ces colosses ne parviennent vraisemblablement jamais à sortir du Scoresby Sund avant d'avoir subi de fortes réductions dues au détachement des icebergs et à la fusion; car la profondeur de l'embouchure du fiord ne leur permet pas d'en sortir avec leurs dimensions primitives.

En été, le règne animal montre une assez grande vitalité sur tous les points de cette région; elle surtout, la Jamesons Land abonde en gibier. Le renne et le bœuf musqué se présentent en foule, outre les ours, les renards, les lièvres et les lemmings, ainsi qu'une quantité d'oiseaux. En hiver, au contraire, on ne voit que peu d'animaux; car les oiseaux ont émigré et la plupart des mammifères regagnent les parties des montagnes que le vent a dénudées de neige. Durant l'hivernage on prit quelques renards; aux mois de février et mars, on tua aussi plusieurs ours. On vit des traces d'hermines, mais on ne prit aucun de ces animaux.

La végétation, très rare sur la côte extérieure, à cause de la banquise, se trouve d'autant plus abondante qu'on s'enfonce plus avant dans le fiord. Avant d'avoir dépassé la Jamesons Land, qui pourtant est assez extérieure dans le fiord, on voit de grandes étendues de terrain couvertes de bruyères, de saules et de phanérogames; mais aucun de ces végétaux n'atteint une taille notable, sinon dans des sites particulièrement favorables. On doit sans doute attribuer cet état en grande partie aux brumes froides qui, pendant l'été, entrent assez fréquemment dans le fiord. Au contraire, les littoraux de l'intérieur, du Rôde Fjord, du Vestfjord et lieux semblables, offrent une végétation très luxuriante eu égard aux conditions climatologiques et qui peut assurément soutenir la comparaison avec celle qu'on rencontre sur la côte occidentale du Grönland à égale latitude. On y trouve d'épais halliers principalement composés de saule, bouleau, bruyère mêlée de myrtilles, etc., dont la taille atteint un mètre. Aux herbes et mousses s'entremêlent une quantité de phanérogames

pour former un tapis épais; en automne, on trouve en abondance et
mûres des myrtilles et des camarines.

L'expédition ne réussit pas à trouver vivante une population indi-
gène; mais en revanche elle découvrit des vestiges d'une population
d'Esquimaux antérieurement établie là et relativement nom-
breuse, disséminée depuis les bouches du fiord jusqu'aux ramifications
les plus internes des fiords. On trouva près de 50 habitations d'hiver-
nage, réparties sur sept lieux différents, et, en outre, nombre d'en-
ceintes de pierres pour tentes, sépultures, silos à viande, etc. Sur
la carte, pl. VIII, on a indiqué par le symbole ⋈ les lieux où ont
été trouvées des ruines d'habitation d'hiver pour Esquimaux. Les
enceintes de tente sont marquées △; p. 286, se trouve une liste des
lieux où l'on a découvert des habitations d'hiver ou des enceintes
de tente. Ces habitations d'hiver étaient toutes très petites: longueur
moyenne environ 3 mètres, largeur moyenne $2^1/_2$ mètres. Elles
étaient toutes très délabrées et envahies par les saules, bruyères,
herbes et mousses. La figure 2 de la page 297 montre reconstruite
une habitation d'hiver du Scoresby Sund. Les explorations et
fouilles ont fait trouver des outils, etc., qui témoignent de ce
que les habitants de ces régions ont vécu de chasse à la manière
ordinaire des Esquimaux, leur gibier principal étant le phoque, la
baleine et l'ours, sans excepter le renne, le lièvre, le renard ou les
oiseaux. Les habitations d'hiver ont été construites à la manière
ordinaire des Grönlandais; mais ici les huttes étaient plus petites
que celles dont on se servait antérieurement sur la côte occidentale.
Durant l'été, on logeait comme d'habitude dans les tentes de peau;
voy. fig. 4, p. 302. Les Esquimaux de ces régions ont employé
pirogues (dites *caïacs*), pirogues à rameuses, traîneaux à chiens et à
très larges patins, arcs et flèches pour la chasse sur terre ferme,
ainsi que les engins ordinaires de chasse en caïac et sur la glace,
tels que harpons, lances, etc. Ils ont eu des lampes et des chaudrons
en stéatite, des couteaux et des pointes de harpon en schiste. Les
bois flottés leur ont fourni en quantité suffisante la partie ligneuse
de leurs outils. Ces derniers étaient généralement très primitifs et
grossièrement travaillés.

Divers objets semblent établir que les habitants antérieurs du
Scoresby Sund ont eu beaucoup de côtés communs avec les
Esquimaux du Point Barrow.

L'époque précise à laquelle le Scoresby Sund a été réellement colonisé, n'est pas facile à déterminer; mais elle doit vraisemblablement remonter à plusieurs siècles. Il est vrai qu'on a trouvé des foyers encore couverts de cendre et de bois carbonisé; mais à côté d'eux il y avait des habitations d'hivernage recouvertes par des troncs de saule qui, à en juger par leurs cernes, ne devaient pas avoir moins de cent ans. La majeure partie de la population s'est probablement transportée plus au sud et le reste s'est éteint.

Tant durant les allées et venues du Grönland que pendant le séjour au Scoresby Sund, on a profité des occasions pour faire des recherches hydrographiques. La carte, pl. IX, indique les stations où l'on a exploré le fond des mers, et les tableaux I et II (p. 238 et p. 250) présentent les éléments hydrographiques relatifs à la surface et aux profondeurs.

Ces recherches montrent que dans l'Océan arctique les conditions hydrographiques des parages occidentaux sont loin d'être aussi uniformes et aussi simples qu'on l'avait cru jusqu'ici. C'est dans la coupe transversale D, pl. X, qu'on voit le mieux l'état des choses. Ce qui surprend surtout et considérablement, c'est que le long de la côte orientale du Grönland, à environ 100 ou 200 brasses de profondeur, on trouve une couche d'eau dont la température est positive (de $+ 0°,4$ à $+ 0°,6$) et la salinité forte ($3,40 °/o$). Cette couche d'eau relativement chaude a été trouvée le long du ruban littoral parcouru de 74° à 69° de latitude. Elle s'appuie d'un côté sur le bord des gradins littoraux qui regardent les eaux profondes, et elle s'étend à partir de là jusqu'au large. Par 74° de latitude, cette même couche d'eau a une largeur d'environ 160 kilomètres.

L'exploration bathométrique des eaux circumpolaires du Grönland septentrional n'est pas assez riche pour permettre d'indiquer avec précision l'origine de cette couche d'eau moins froide. Deux possibilités s'offrent à la pensée: ou bien ladite couche est un prolongement du courant chaud qui cherche le nord en longeant le flanc occidental du Spitzberg et qui, rencontrant le courant polaire froid dirigé vers le sud, fléchit à l'ouest et se jette sur le littoral grönlandais pour le côtoyer en allant vers le sud; ou bien encore cette dérivation chaude de l'Atlantique, trouvée dans les couches assez profondes de la baie de Baffin et dans ses prolongements au nord,

poursuit sa route en contournant le Grönland septentrional et re-
descend le long de la côte orientale' de .cette terre.

En s'acheminant vers le sud et descendant entre le Grönland
et le Spitzberg, le courant polaire émet un bras qui s'engage dans
les eaux profondes entre Jan Mayen et le Spitzberg, au nord du
haut-fond transversal signalé par M. le Professeur M o h n.

La partie restante du courant polaire poursuit son cours au sud
en longeant la côte orientale du Grönland, et finit par tourner à
l'est dans la passe Jan Mayen pour plonger sous le · *Gulf-stream* en
arrivant à l'est de l'Islande. Ce haut-fond transversal sous-marin,
qui relie l'Islande au Grönland, est franchi, non point par la masse
principale du courant polaire, mais seulement par un mince et faible
filet superficiel reposant partout sur une 'base d'eau chaude et salée
faisant partie de l'Atlantique.

L'état hydrographique du S c o r e s b y   S u n d est à très peu près
le même que le long des côtes (voy. pl. IX et XI). La plus grande
profondeur trouvée fut de 300 brasses. En .été, la fonte des neiges
et glaces dans les torrents et les icebergs, rend très douce l'eau de la
surface, dont la température relativement élevée peut atteindre 9°,7,
quoiqu'elle se maintienne généralement entre 6° et 8°.

A 10—20 brasses de profondeur la température est zéro, et à
partir de là elle décroît assez rapidement pour atteindre, à environ
50 brasses, un minimum intermédiaire à — 1°,6 et — 1°,9. Après
ce minimum la température se relève en se dirigeant vers le fond;
à environ 175 brasses de profondeur on trouve zéro. Depuis là
jusqu'au fond, la température est positive et peut atteindre + 0°,5.

Durant l'hivernage on a, à diverses reprises et par séries, ob-
servé la température du fiord en face de la station afin d'arriver à
connaître les variations survenues durant l'année dans la température
des couches d'eau. Les 'courbes de la planche XII donnent les
résultats de recherches. La variation annuelle de la température
s'élève à 9°,5 pour la surface, mais à partir de là elle décroît rapide-
ment: 3° à 5 brasses, 2° à 10 brasses; minimum: 0°,4 à 100 brasses.
En quittant cette profondeur et plongeant davantage, on constate un
accroissement de la variation annuelle, et l'on trouve un maximum
de 1°,7 à environ 175 brasses.

L'influence de la chaleur de l'été commence à se faire sentir à
la surface en août; son début à 10 brasses a lieu dans la seconde
quinzaine de septembre; à 15 brasses, c'est à la mi-octobre, et à en-
viron 25 brasses au commencement de décembre. Quant aux couches

situées plus profondément, les variations sont si petites qu'il est malaisé de déterminer le maximum, bien qu'il puisse être placé dans la couche à environ 100 brasses, et qu'il subisse le retard d'un an.

La couche du fond paraît subir des variations thermiques qui pourraient bien dépendre de la diversité que présente la puissance du courant chaud en face du littoral.

La carte, pl. IX, montre la route probable de quelques bouteilles jetées par l'expédition et retrouvées plus tard.

Lorsqu'au commencement d'août 1891 on trouva le Scoresby Sund entièrement débarrassé de la glace d'hiver, on s'attendait qu'en 1892 la débâcle ne serait pas retardée au delà du commencement de juillet; mais cette attente fut déçue, car ce fut seulement le 20 juillet que la glace commença à se fendre profondément. Le 31 juillet se terminèrent les observations et les travaux à terre, et le lendemain l'expédition s'embarqua.

Le 2 août, l'on tenta de sortir du fiord, mais, ne pouvant forcer la glace, il fallut regagner le port. C'est seulement le 8 août, anniversaire de l'entrée de l'expédition dans le port, qu'on put se diriger vers l'embouchure du Scoresby Sund. Durant les premiers jours on eut beaucoup à lutter contre les obstacles qu'opposait la glace, si bien qu'on ne parvint pas au cap Stewart avant le 12. Là, on débarqua une des baraques de la station; l'on y fit un dépôt de provisions et remisa aussi un bateau, des traîneaux, patins de neige (dits *skies*), etc. Le 13, on doubla le cap Brewster et l'on mit le cap au sud pour longer le littoral. Au commencement, les clairières étaient assez grandes; mais vers le soir la glace se serra, l'air devint neigeux, en sorte que durant la nuit on brassa sur le mât. Le lendemain matin, on mit le cap au SW. Durant la matinée, la glace était assez éparse, mais le jour progressant elle se resserra, et l'on se trouva finalement arrêté par un champ de glace tout à fait compact, adhérent au rivage et pénétrant dans les fiords. La glace d'hiver n'était donc point encore en débâcle. On chercha à suivre la lisière de ce champ de glace fixe; mais il fallut remettre le cap au nord, car dans la direction du sud la glace était serrée et les glaçons qui la flanquaient, s'aggloméraient de plus en plus et menaçaient d'enfermer le navire.

Pendant quelques jours on fut cloué sur place par la brume; puis, le 18 août, on sortit de la glace et appuya au SW. en longeant le bord de la glace, dans l'intention de se frayer l'accès de la terre, plus au sud. Étant descendu à 68¼° de latitude, sans trouver la glace assez éparse pour pouvoir aborder la terre, on mit le cap sur le Dyrefjord en Islande; car il avait été convenu à l'avance que cet endroit recevrait un dépôt de charbon et de provisions dont l'expédition pourrait au besoin se servir. L'idée était de faire du charbon et des provisions au Dyrefjord et de tenter ensuite l'accès du littoral grönlandais au cap Grivel.

Le 20 août, l'*Hekla* mouillait au Dyrefjord. Durant les jours suivants, on débarqua les collections scientifiques à destination de Copenhague; puis, on prit à bord charbon et provisions. Ces opérations terminées, on eut une telle tempête qu'il fut impossible de se mettre en mer avant le 29 août. On fit route sur le cap Grivel, et le 30 au matin l'on touchait la lisière de la glace. Mais l'épaisseur de la glace et de la brume rendait impossible de s'engager parmi les glaçons. Durant les jours suivants, on essuya coup sur coup de violentes tempêtes, avec neige et pluie. Plusieurs fois on toucha le bord de la glace, mais chaque fois il fallut céder à la bourrasque et à la force des lames et s'éloigner; la plupart du temps, il fallut être à la cape. Ce ne fut que le 9 septembre qu'on parvint assez loin à l'ouest pour avoir la terre en vue; mais alors le vent et les courants portaient tellement au sud qu'on se trouva par environ 65° de latitude. Alors la saison était tellement avancée qu'il était trop tard pour renouveler la tentative d'aborder la côte plus au nord. Aussi se détermina-t-on à gagner Angmagsalik pour en faire, si possible, le point de départ d'une excursion plus au nord en bateau.

Le 10 septembre, on jeta l'ancre dans la baie de Tasiusak, où, en 1883, M. de Nordenskiöld, monté sur le vapeur la *Sofia*, avait trouvé un mouillage dans le Kong Oskars Havn. Le navire y étant à l'ancre, on fit une tournée en bateau, et parvint, le 15 septembre, dans le fiord de Sermiligak, à Nunakitit, la plus septentrionale des localités habitées de ces parages. Le lendemain, on traversa le fiord, et de sa rive orientale on put jeter, du haut d'un rocher, un coup d'œil sur l'état des glaces au nord; mais ce qui fut constaté, fit rebrousser chemin. En regagnant le navire on fut grandement gêné par la glace; car, contrairement à l'ordinaire, plusieurs détroits et fiords étaient encombrés de la banquise, et même, en certains endroits, il se forma une couche nouvelle assez épaisse. En route on visita la plupart des endroits habités; on y recueillit des objets ayant trait à l'ethnographie, et l'on fit un recensement. Lors de la visite du capitaine Holm, en 1884, ce district comptait 413 habitants. En 1892, leur nombre ne s'élevait qu'à 292. Ce décroissement de la population est dû presque exclusivement au fait que peu·à peu 118 personnes avaient pris le chemin du sud et s'étaient établis sur le littoral plus au midi; mais la différence entre le total des naissances et celui des décès n'était pas grande. Environ 20 %/o des décès sont des morts violentes.

Le 21 septembre, l'expédition en bateau rejoignit le navire; mais les tempêtes et l'état défavorable de la glace sur le littoral ne permirent de se mettre en mer que le 26.

Au retour, la traversée fut heureuse et, le 12 octobre, l'expédition abordait à Copenhague.

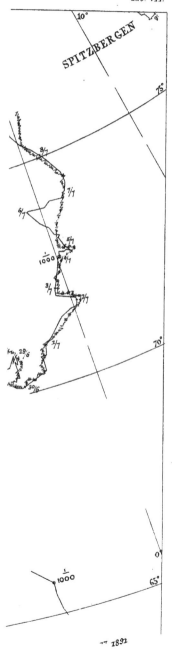

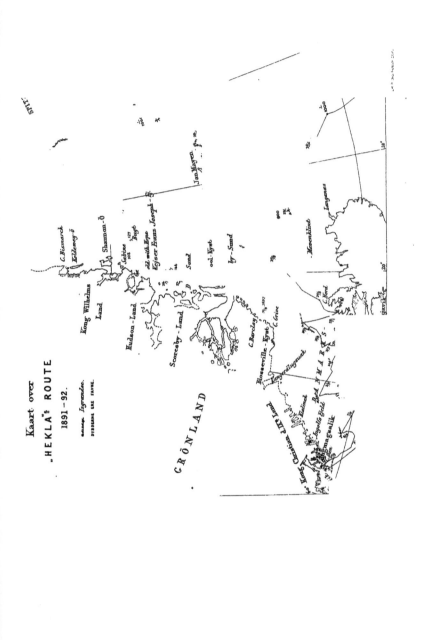

Kaart over
„HEKLA"s ROUTE
1891–92.

Iagtagne Isgrænsen.
DYBDERNE ERE FAVNE.

SPIT

C. Bismarck
Kilkenoj

Kong Wilhelms
Land

Sabine
Pugh
alt. with Hyse
Kejser Franz Joseph - Fj

Shannon - Ö

Hudson - Land

Scoresby - Land

Sund

ool - Kysto

ly - Sand

Jan Mayen

Mønsklints

Langeness

GRÖNLAND

C. Berlin

Blosseville - Kysto
C. Grivic

Kong Christian d. IX's Land

Angmagsalik

DANMARKS

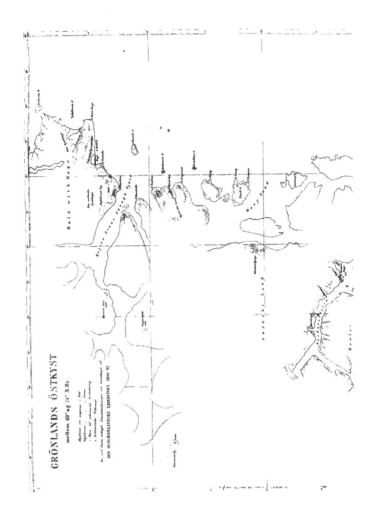

GRÖNLANDS ÖSTKYST

mellem 69° og 74° N.Br.

DEN ØSTGRØNLANDSKE EXPEDITION 1891-92

1895.

Meddelelser om Grønland,

udgivne af

Commissionen for Ledelsen af de geologiske og geographiske
Undersøgelser i Grønland.

Attende Hefte.

Med 9 Tavler

og en

Résumé des Communications sur le Grönland.

Kjøbenhavn.

I Commission hos C. A. Reitzel.

Bianco Lunos Kgl. Hof-Bogtrykkeri (F. Dreyer).

Meddelelser om Grønland.

18

Meddelelser om Grønland,

udgivne af

Commissionen for Ledelsen af de geologiske og geographiske Undersøgelser i Grønland.

Attende Hefte.

Med 9 Tavler

og en

Résumé des Communications sur le Grönland.

Kjøbenhavn.

I Commission hos C. A. Reitzel.

Bianco Lunos Kgl. Hof-Bogtrykkeri (F. Dreyer).

1896.

Den østgrønlandske Expedition,

udført i Aarene 1891—92

under Ledelse af

C. Ryder.

Anden Del.

Kjøbenhavn.

Bianco Lunos Kgl. Hof-Bogtrykkeri (F. Dreyer).

1896.

Indhold.

Tilføjelser og Rettelser.

Side 61, Linie 7 f. n. tilføj: 98, b. *Erysiphe graminis* D. C. Paa *Poa pra-
tensis* i Nordvestfjord og paa Danmarks Ø (N. H.).

- 113,   - 4 f. o.: *Chomocarpon* læs: *Chomiocarpon.*
- 118,   - 1 f. n.: arbeten læs: iakttagelser», Bd. I.
- 142,   - 4 f. n.: Nord læs: Nordvest.
- 149,   - 14 f. o.: Trap-Konglomerat læs: Konglomerat.
- 217,   - 14 f. n. tilføj: Bjærgarten er en Amphibol-Pikṛit ɔ: en Amphibol-
            Olivin-Bjærgart.
- 306,   - 9 f. o.: *Alchemilla alpina* udgaaer.
- 338,   - 7 f. n.: Alm. i Nordøst-Grønland (C. & P.) udgaaer.
- 354,   - 10 f. o. tilføj: 9. *Juncus triglumis* L. var. *Copelandi* B. & F.
- 380,   - 8 f. o.: *Dryas * integrifolia* udgaaer.
- 417,   - 1 f. o.: *Navicula bicapitata* Lgstdt., var. *truncata* m., Tab.
            nost. III, Fig. 13, er upaatvivlelig identisk med *N. notata*
            M. Perag. et F. Herib., cfr. Héribaud: Les Diatomées
            d'Auvergne, tab. IV, fig. 11.

I.

Ferskvandsalger fra Østgrønland.

Af

F. Børgesen.

1894.

Materialet til foreliggende Arbejde stammer fra Expeditionen til Østgrønland 1891—92. Det er saa godt som udelukkende samlet af Cand. N. Hartz; kun et Par Prøver ere tagne af Cand. Bay og Deichmann. Det bestod af omtrent 50 Glas, navnlig indeholdende Grønalger, opbevarede i Spiritus, samt af et stort tørret Materiale, der særlig indeholdt blaagrønne Alger. Den overvejende Del af Samlingen er taget ved Hekla Havn, hvor Expeditionen overvintrede.

Grønlands Ferskvandsalger ere, naar man ser bort fra Desmidieerne, endnu saa godt som ukjendte. Det botaniske Museums store Samlinger ere endnu ubearbejdede. Derimod ere Desmidieerne ganske godt kjendte og dette skyldes navnlig flere Afhandlinger af Nordstedt og Boldt[1]); i dennes Arbejde: «Desmidieer från Grönland» omtales ogsaa 44 Desmidieer (foruden Varieteter og Former) fra Østgrønland; de ere samlede af Nathorst og Berlin ved Kung Oskars Hamn nær Angmagsalik. Disse 44 Desmidieer tilhøre følgende 12 Slægter: *Micrasterias* (med 2 Arter), *Euastrum* (7), *Cosmarium* (18), *Arthrodesmus* (1), *Xanthidium* (1), *Staurastrum* (7), *Penium* (1), *Pleurotænium* (1), *Tetmemorus* (1), *Closterium* (3), *Hyalotheca* (1) og *Sphærozosma* (1). Af disse Slægter har jeg ikke fundet *Micrasterias* og *Tetmemorus*. Hvad *Micrasterias* angaar, mangler denne

---

[1]) Angaaende en Fortegnelse over Arbejder om Grønlands Desmidiéflora se Boldt: Grundlagen af Desmidieernas Utbredning i Norden i Bihang till Svenska Vet. Akad. Handl. Bind 13, Afdel. III, Nr. 6, Side 13.

ogsaa paa Spetsbergen, Beeren Eiland og Novaja
Semlja, og i Nordvestgrønland har den kun 1 Art; det er i
det Hele taget en sydligere Slægt. *Tetmemorus* optræder i Øst-
og Nordvestgrønland kun med 1 Art: *T. lævis*; at den mulig
kunde findes i de Egne, hvorfra Materialet stammer, er vel
ikke udelukket.

· Jeg har til sammen fundet noget over· Hundrede Arter og
af disse høre 41 til Slægten *Cosmarium*, 29 til Slægten *Stau-
rastrum*. Af *Euastrum*-Arter· fandtes 6; lige som alt af Boldt i
hans Arbejde om Desm. Udbredn. i Norden, pag. 80 og 84,
fremhævet, har det ogsaa ved mine Undersøgelser vist sig, at
de store *Euastrum*-Arter som *oblongum, crassum, verrucosum* og
nærstaaende mangle i de arktiske Egne; i Sydgrønland findes
dog *E. verrucosum, gemmatum* og *pectinatum*, men Klimaet er
jo ogsaa her mildere.

Foruden. ovennævnte Slægter, altsaa med Undtagelse af
Micrasterias og *Tetmemorus*, har jeg endvidere fundet følgende
5 Slægter, der ere nye·for Østgrønland, nemlig: *Desmidium,
Gonatozygon, Gymnozyga, Cylindrocystis* og *Mesotænium,* hvilken
sidste ogsaa er ny for Grønland.

Paa enkelte Undtagelser nær ligne i det Hele Desmidieerne
i det Omraade, hvorfra Materialet er, i høj Grad Nordvest-
grønlands og vise sig som en arktisk sammensat Flora. Lige-
som man paa Vestgrønland efter Boldt l. c. pag. 86 kan sætte
Holstensborg som Grænsen for den arktiske og sydligere
Desmidiéflora, saaledes vil man vist kunne sætte Egnene. nord
for Angmagsalik som Grænsen paa Østkysten. Thi paa den
ene Lokalitet, Kung Oskars Hamn, hvorfra man kjender Des-
midieer, har man fundet flere sydligere Former, f. Ex. *Micra-
sterias*, store *Euastrum* o. s. v., medens i det af mig undersøgte
Materiale disse fuldstændig mangle.

Desværre er det arktiske Nordamerikas Desmidiéflora endnu
fuldstændig ukjendt og en Sammenligning er derfor umulig;
sammenlignes Grønlands Desmidieer med Skandinaviens, viser

der sig et udpræget Slægtskab, idet efter Boldt 93,3 pCt. af alle Grønlands Desmidieer ere fundne i Skandinavien, og dette Resultat har de her opregnede Desmidieer yderligere bekræftet.

Af andre Conjugater var navnlig en Zygnemacé med ofte meget tykke Vægge og hyppig korte rhizoideagtige · Sidegrene meget almindelig udbredt, at dømme efter de talrige hjembragte Præparater.

Rød Sne blev enkelte Gange iagttaget; de hjembragte Prøver indeholdt kun *Sphærella nivalis.*

Af de øvrige Grønalger vare de hyppigste Slægter følgende: *Pleurococcus, Scenedesmus, Ulothrix, Conferva, Microspora, Oedogonium* o. s. v.; men i det Hele var der kun faa Slægter repræsenterede og af Slægter, som det forekommer mig, man kunde have ventet at finde, men som manglede, vil jeg fremhæve *Tetraspora, Pediastrum* og *Cladophora.*

Hvad de blaagrønne Alger angaar, har jeg fundet 15 Slægter med henved 30 Arter.

De hyppigst forekommende vare Slægterne *Stigonema* og *Glæocapsa,* der dannede Hovedmassen af de «sorte Striber» paa Klipperne, som efter Hartz vare saa fremtrædende i Landskabet.

Til Professor Flahault i Montpellier og Dr. Gomont i Paris bringer jeg min bedste Tak for at have efterset mine Bestemmelser henholdsvis af Slægterne *Stigonema* og *Phormidium.* Ogsaa af Dr. L. Kolderup Rosenvinge og Dr. O. Nordstedt i Lund har jeg modtaget værdifulde Oplysninger, hvorfor jeg bringer min bedste Tak.

Myxophyceæ.

Chroococcaceæ.

I. Chroococcus Näg.

1. *C. turgidus* (Kütz.) Näg.
Hekla Havn. Gaasefjord.

2. *C. macrococcus* Rabh.
Hekla Havn.

3. *C. rufescens* (Bréb.) Näg. var. *turicensis* Näg.
Danmarks Ø.

II. Aphanocapsa Näg.

1. *A. Grevillei* Rabh.
Hekla Havn.

III. Gloeocapsa Näg.

1. *G. dubia* Wartm.
2. *G. æruginosa* Kütz.
3. *G. ambigua* Näg.
4. *G. ianthina* Kütz.
5. *G. Magma* Kütz.
6. *G. sanguinea* Kütz.
7. *G. rupestris* Kütz.

Hos denne sidste Art saas ofte brune, paa Overfladen pig-
gede, Hvilesporer.

De fandtes alle, indblandede mellem andre blaagrønne
Alger, som en Bestanddel af de «sorte Striber».

IV. Aphanothece Näg.

1. *A. microscopica* Näg.
Hekla Havn.

V. Synechococcus Näg.

1. *S. æruginosus* Nag.
Hekla Havn (Bay). Danmarks Ø.

VI. Merismopedium Meyen.

1. *M. glaucum* (Ehrenb.) Näg.

Hekla Havn.

Oscillariaceæ.

I. Schizothrix Kütz.

1. *S.* sp.

Jeg har ikke bestemt kunnet afgjøre, hvilken Art det er, da jeg kun har set den i ringe Mængde indblandet mellem andre Alger i de «sorte Striber».

II. Phormidium Kütz.

1. *Ph. Corium* Gomont Monogr. des Oscill. pag. 192.

Hekla Havn.

I Elv sammen med *Phormidium uncinatum*.

2. *Ph. uncinatum* Gomont l. c. pag. 204.

Hekla Havn.

Fandtes i Elv i Selskab med foregaaende.

3. *Ph. autumnale* (Ag.) Gomont l. c. pag. 207.

Hekla Havn.

I Elv indblandet med *Ph. Corium*.

III. Oscillatoria (Vauch.) Gomont.

1. *O. tenuis* Ag. Gomont l. c. pag. 240.

Hekla Havn. Gaasefjord.

2. *O. amphibia* Ag. Gomont l. c. pag. 241.

Hold with hope.

Rivulariaceæ.

I. Dichothrix Zan.

1. *D.* sp.

Muligvis *D. compacta*; men da jeg kun har set mindre Brudstykker indblandet mellem andre blaagrønne Alger i de «sorte Striber», har jeg anset det for rigtigst at lade den være ubestemt.

Sirosiphoniaceæ.

I. Stigonema.

1. *S. ocellatum* Thur. Bornet et Flahault Revision pag. 69.
Hekla Havn, Røde Ø, Hold with hope.

Forekom dels frit i Vand, dels som Bestanddel af de «sorte Striber» og da oftest slet udviklet og hyppig licheniseret.

2. *S. minutum* Hass. l. c. pag. 72.

Forekomst sammen med foregaaende paa samme Maade.

Scytonemaceæ.

I. Scytonema.

1. *S.* ? *Myochrous* Ag.

Fandtes sparsomt indblandet mellem andre Alger i de «sorte Striber»; den var daarligt udviklet, hvorfor Bestemmelsen ej er ganske sikker.

II. Tolypothrix Kütz.

1. *T. lanata* Wartm.
Hekla Havn.
Fandtes i stillestaaende Vand.

2. *T. tenuis* Kütz.
Hekla Havn. Danmarks Ø.
I stillestaaende Vand.

Nostocaceæ.

I. Nostoc Vauch.

1. *N. commune* Vauch.
Hekla Havn.
Fandtes ofte som store Hinder i Vandhuller.

2. *N.* sp. (steril).

Flere forskjellige Arter sterile Nostoc forekom hyppig i de hjembragte Prøver.

II. Anabæna Bory.

1. *A.* ? *Flos-aquæ* Bréb.

Sporerne ej ganske modne, hvorfor Bestemmelsen er usikker.

Chlorophyceæ.

Conjugatæ.

Desmidiaceæ.

I. Mesotænium Näg.

1. *M. Braunii* De By. var. *minus* De By.   Conjugaten pag. 74, tab. 7, A. 9—11.

Lat. = 9 μ.

Paa Mos i Kær; Gaasefjord $^{31}/_5$ 92.

II. Penium (Bréb.) De By.

1. *P. margaritaceum* (Ehrenb.) Bréb.

Lat. = 22 μ.

Hekla Havn.

2. *P. closterioides* Ralfs.

Long. = 68—88 μ; lat. = 17—22 μ.

Hekla Havn.

En enkelt Zygospore iagttoges (tab. nostr. 1, fig. 1); den stemte ganske overens med Lundells Beskrivelse Desm. Suec. pag. 84. Lat. zygsp. = 46 μ.

3. *P.* sp. Nordst. Desm. arct. pag. 15, tab. 6, fig. 1.

Long. = 52 μ; lat. = 25 μ; lat. isthm. = 22 μ.

Membrana subtiliter punctata.

Hekla Havn.

Cellens Form var fuldt overensstemmende med Nordstedts Figur. Kromatoforens Form er det heller ikke lykkedes mig tydeligt at se, hvorfor jeg foretrækker at lade den henstaa ubestemt.

4. *P. curtum* Bréb. Forma *minor* Wille.

Novaja Semlja pag. 56, tab. 14, fig. 75.

Forma cellulæ paullo minus ad apicem attenuata quam in figura citata, ad formam intermediam accendens.

Long. = 26 μ; lat. = 14 μ.

I Elv ved Hekla Havn.

var. *globosa* Wille l. c. fig. 72.

Forma paullo minor.

Long. = 28 μ; lat. = 19 μ.

Hekla Havn.

5. *P. Regelianum* (Näg.) Wille.

Novaja Semlja pag. 55, tab. 13, fig. 71.

Long. = 43 μ; lat. 20—21 μ.

Hold with Hope.

III. Cylindrocystis (Menegh.) De By.

1. *C. Brebissonii* Menegh.

Gaasefjorden.

IV. Closterium Nitzsch.

1. *C. Kützingii* Bréb.

Lat. = 27 μ.

Røde Ø.

2. *C. striolatum* Ehrenb.

Long. = 220 μ; lat. = 22,5 μ.

Hekla Havn.

Forma similis figuræ Delpontii Desm. subalp., tab. 17, fig. 39.

Lat. = 22 μ.

Røde Ø.

3. *C. intermedium* Ralfs.

Lat. = 30 μ.

Hekla Havn.

4. *C. juncidum* Ralfs. Forma *brevior* et *robustior*.

Rabenh. Alg. Europ. pag. 127.

Long. = 135 μ; lat. = 14 μ.

Hekla Havn.

5. *C. acutum* Bréb. Ralfs Brit. Desm. pag. 177, tab. 30, fig. 5.

Lat. = 11 μ; long. spor. = 33,5 μ; lat. sp. = 25 μ.

Hekla Havn.

6. *C. Dianæ* Ehrenb. Forma *major* Wille.

Novaja Semlja pag. 60, tab. 14, fig. 82.

Forma a me observata paullo major et in medio vix tumida.

Long. $= 160-190\,\mu$; lat. $= 17-19\,\mu$.

Hekla Havn.

En Zygospore blev set; den var kugleformet og med glat Membran. Lat. $= 40\,\mu$.

7. *C. Jenneri* Ralfs.

Long. $= 73-86\,\mu$; lat. $= 11-16\,\mu$.

Der fandtes hyppig Zygosporer; disse vare noget varierende i Form, snart næsten kugleformede, snart mere ovale. Tab. nostr. 1, fig. 2.

Long. zygosp. $= 25\,\mu$; lat. zygosp. $= 20-23\,\mu$.

Hekla Havn.

V. Pleurotænium (Näg.) Lund.

1. *P. Trabecula* (Ehrenb.) Näg.

Lat. $= 27\,\mu$.

Danmarks Ø.

β, *crassum* Wittr.

Gotl. och Ölands Sötvatnsalg. pag. 62, tab. 4, fig. 17.

Long. $= 500-600\,\mu$; lat. $= 42\,\mu$.

Hekla Havn. Røde Ø.

VI. Cosmarium (Corda) Ralfs[1].

1. *C. punctulatum* Bréb. *typicum* Klebs.

Desm. Ostpreuss. pag. 37, tab. 3, fig. 50—51.

Long. $= 31\,\mu$; lat. $= 30\,\mu$; lat. isthm. $= 8,5\,\mu$; crass. $= 16,5\,\mu$.

Hekla Havn.

---

[1] Jeg tager her Slægten *Cosmarium* efter Ralfs Opfattelse, dels og navnlig fordi Chlorophylstrukturen ikke altid var tydelig, dels vil jeg ogsaa henvise til Lütkemüller: Beobachtungen über die Chlorophylkörper einiger Desmidiaceen, hvor der paavises for nogle Arters Vedkommende en ikke ringe Variation i Chlorophyllegemernes Ordning noget, som rimeligvis ved videregaaende Undersøgelser vil vise sig at være ret almindeligt.

Forma. Tab. nostr. 1, fig. 3.

Semicellulæ medio tumore minore, granulis paullo majoribus variabititer ordinatis ornata.

Long. = 33 μ; lat. = 31 μ; lat. isthm. = 10 μ.

Hekla Havn.

Formen slutter sig nær til de af Schmidle i «Ueber die individuelle Variabilität einer Cosmarienspecies» pag. 110 omtalte Former.

Dels til *C. punctulatum*, dels til *C. subpunctulatum* Nordst. er der efterhaanden henført saa mange Mellemformer, at det forekommer mig rettest blot at betragte *subpunctulatum* som en Varietet af *punctulatum*. Det er da navnlig de større Granula i Cellens Midte, der skal udmærke var. *subpunctulata* fra Hovedarten. Cfr. Nordstedt Freshw. Alg. pag. 48. Schmidle antyder i sit ovenfor nævnte Arbejde (pag. 115) en lignende Opfattelse.

2. *C. subcostatum* Nordst.

Desm. Ital. pag. 37, tab. 12, fig. 13.

Forma Groenlandica inprimis differt a f. typ. semicellulis a vertice visis medio non granulatis. Tab. nostr. 1, fig. 4.

Long. = 35 μ; lat. = 32 μ; lat. isthm. = 11 μ; crass. = 20 μ.

Hekla Havn.

3. *C. Portianum* Archer.

Long. = 35 μ; lat. = 27 μ; lat. isthm. = 11 μ.

Hekla Havn.

4. *C. Kirchneri* Børgs.

Desm. Bornh. pag. 143, tab. 6, fig. 3.

Individua e Groenlandia forma cellulæ et magnitudine et dispositione granulorum plane cum iis e Bornholmia congruunt, granuli tamen paullo minores sunt.

Long. = 55—62 μ; lat. = 49—52 μ; lat. isthm. = 16—17 μ; crass. = 38 μ.

Hekla Havn, Danmarks Ø.

5. *C. Botrytis* (De By.) Menegh.

Long. = 71 μ; lat. = 59 μ; lat. isthm. = 19 μ.

Hekla Havn. Danmarks Ø.

Forma similis figuræ Klebsii (Desm. Ostpreuss. tab. 3, fig. 64—65), differt autem dorso semicellulæ paullo minus retuso.

Long. = 86 μ; lat. = 64 μ; lat. isthm. = 24 μ; crass. = 43 μ.

Hekla Havn.

6. *C. margaritiferum* (Turp.) Menegh.

Long. = 35 μ; lat. = 27 μ.

Hekla Havn.

7. *C. reniforme* (Ralfs) Archer.

Long. = 54 μ; lat. = 46 μ; lat. isthm. = 19 μ.

Hekla Havn.

8. *C. ochtodes* Nordst.

Desm. arctoæ pag. 17, tab. 6, fig. 3.

Long. = 80 μ; lat. = 59 μ.

Hekla Havn.

9. *C. Turpinii* Bréb.

Liste Desm. pag. 127, tab. 1, fig. 11.

Circuitus cellulæ similis figuræ Lundellii Desm. Suess. pag. 29, tab. 3, fig. 9, sed in medio semicellularum tantummodo una elevatione (forma *Gallica* Lund. l. c.; videatur etiam Boldt Desm. Grönl pag. 24). Tab. nostr. 1, fig. 7.

Long. = 68 μ; lat. = 61 μ; lat. isthm. = 17,5 μ; crass. = 33,5.

Hekla Havn.

Paa et enkelt Exemplar saa jeg paa Halvcellens Side, set a vertice, en tydelig udpræget Tvedeling af den centrale Opsvulmning (se Fig. 7 c'). Paa Grund af Celleindholdet lykkedes det mig ikke tydeligt at se Arrangementet af Granula.

10. *C. conspersum* Ralfs, β, *rotundatum* Wittr.

Anteckn. Skand. Desm. pag. 13, tab. 1, fig. 4.

Forma fere similis figuræ Boldtii Desm. Grönl. pag. 26,

tab. 2, fig. 27, sed paullo magis elongata, ad var. elongatam Racib. Desm. Pol. pag. 19, tab. 11; fig. 14 accedens.

Long. = 80—83 μ; lat. = 59—62 μ; lat. isthm. = 24—25 μ; crass. = 40 μ.

Hekla Havn. Røde Ø.

Jeg har i Almindelighed set 17 Rækker af vertikale Granula.

? *C. Quadrum* Lund. var. *minor* Nordstedt.

Sydlige Norg. Desm. pag. 11.

Long. = 47 μ; lat. = 43 μ; lat. isthm. = 17 μ; crass. = 26 μ.

Hekla Havn.

Det er dog ikke uden Tvivl, at jeg fører den herhen, idet der kun var 14 vertikale Rækker Granula; men bortset herfra var Ordningen af disse og Cellens Form overensstemmende med Lundells Figur. (Obs. crit. pag. 25, tab. 2, fig. 11). Nordstedt skriver l. c. intet andet om Granula end, at de ere mindre. Kun et Exemplar blev set.

11. *C. pulcherrimum* Nordst., β *boreale* Nordst.

Desm. Spetsberg. pag. 32, tab. 6, fig. 14.

Long. = 52 μ; lat. = 37 μ; lat. isthm. = 21 μ.

Hekla Havn.

12. *C. nasutum* Nordst.

Forma *granulata* Nordst. Desm. Spetsb. pag. 34. Wille Novaja Semlja pag. 42, tab. 12, fig. 30.

Long. = 42 μ; lat. = 36 μ.

Hekla Havn.

13. *C. crenatum* Ralfs.

Forma «crenæ laterales 2» Nordst. Desm. Spetsb. pag. 30, tab. 6, fig. 8.

Long. = 30 μ; lat. = 26 μ; lat. isthm. = 12 μ; crass. = 16 μ.

Hekla Havn.

14. *C. subcrenatum* Hantzsch.

Nordst. Desm. arct. pag. 21, fig. 10 og 11.

Long. 40 μ; lat. == 32 μ.

Hekla Havn.

Jeg er ikke fri for at hælde til den Anskuelse, at denne Art vist rettest burde betragtes blot som en Varietet af fore-gaaende. Der er efterhaanden beskreven saa mange herhen-hørende Former, at det næppe er muligt at holde dem adskilte. ·

15. *C. Blyttii* Wille.

Bidrag Norg. Alg. pag. 25, tab. 1, fig. 7.

Long. = 21 μ; lat. = 18 μ.

Hekla Havn.

16. *C. costatum* Nordst.

Desm. arct. pag. 25, tab. 7, fig. 17.

Hekla Havn.

17. *C. cyclicum* Lund. * *arcticum* Nordst.

Desm. Spetsb. pag. 31, tab. 6, fig. 13.

Long. = 66 μ = lat.

Hekla Havn.

18. *C. hexalobum* Nordst.

Desm. Spetsb. pag. 33, tab. 7, fig. 16.

Long. = 46 μ; lat. = 35 μ; lat. isthm. 18 μ; crass. = 24 μ.

Hekla Havn.

19. *C. excavatum* Nordst. var. *elliptica* Wille.

Novaja Semlja pag. 47, tab. 13, fig. 46.

Forma e Groenlandia paullo major et a vertice visa magis ovalis.

Long. = 38 μ; lat. = 26 μ; crass. = 20 μ; lat. isthm. = 18 μ.

Hekla Havn.

20. *C. speciosum* Lund. var. *simplex* Nordst.

Desm. Spetsb. pag. 31, tab. 6, fig. 12.

Forma margine circiter 16-crenato ad formam minorem, quæ a Nordstedt l. c. descripta est, transiit.

Hekla Havn.

var. *biformis* Nordst. l. c. fig. 11.

Long. = 60 μ; lat. = 49 μ; lat. isthm. = 25 μ.

Røde Ø.

21. *C. subspeciosum* Nordst.

Desm. arct. pag. 22, tab. 6, fig. 13.

Forma paullo minor.

Long. $= 35\,\mu$; lat. $= 27\,\mu$; lat. isthm. $= 14\,\mu$; crass. $= 21\,\mu$.

Hekla Havn.

22. *C. capitulum* Roy & Biss.

Jap. Desm. pag. 195.

var. *Grönlandica* n. v. tab. nostr. 1, fig. 5.

A forma typica f. mea præcipue differt isthmo latiore, lateribus semicellularum paullo rectioribus, angulis superioribus paullo magis productis et tenuioribus; semicellulæ a vertice visæ angulis magis productis, crassitudine majore. Membrana distincte punctata.

Long. $= 23,5\,\mu$; lat. $= 21\,\mu$; lat. isthm. $= 9,7\,\mu$; crass. $= 13\,\mu$.

Hekla Havn.

23. *C. microsphinctum* Nordst.

Desm. Ital. pag. 33, tab. 12, fig. 9.

Forma, quæ a Boldt (Desm. Grönl. pag. 11) commemorata est. Tab. nostr. 1, fig. 6.

Long. $= 44\,\mu$; lat. $= 29\,\mu$; lat. isthm. $= 16\,\mu$.

Hekla Havn.

24. *C. Meneghinii* Bréb.

    a) Formæ *vulgari* Jacobs. (Aperçu, pag. 197.) f. Grönlandica proxima, differt autem medio semicellularum elevatione minore prædita. Cellula paullo profundiore constricta.

        Tab. nostr. 1, fig. 9.

        Long. $= 28\,\mu$; lat. $= 19\,\mu$; lat. isthm. $= 5,5\,\mu$; crass. $= 11\,\mu$.

        Hekla Havn.

    b) Forma *Reinschii* Istv.

        Borge: Sib. Chlorophyl. pag. 12, fig. 8.

Long. $= 25\,\mu$; lat. $= 21\,\mu$.

Hekla Havn.

c) Forma *angulosa* (Bréb.) Rabenh.

Bréb. Liste, pag. 127, tab. 1, fig. 17.

Long. $= 26\,\mu$; lat. $= 16{,}5\,\mu$.

Hekla Havn.

d) Forma *minuta* nob. $=$ Forma i Boldt Desm. Grönl.
pag. 13, tab. 1, fig. 16.

Røde Ø.

25. *C. venustum* (Bréb.) Archer.

Euast. venustum Bréb. Liste Desm. pag. 124, tab. 1, fig. 3.
Tab. nostr. 1, fig. 10.

Long. $= 44\,\mu$; lat. $= 32\,\mu$; lat. isthm. $= 10\,\mu$; crass.
$= 17\,\mu$.

Hekla Havn. Danmarks Ø.

Meget nærstaaende er *C. Meneghinii* Bréb. var. *Braunii*
(Reinsch) Hansg. i Reinsch Algenfl. pag. 114, tab. 10, fig. 3.

26. *C. sublobatum* (Bréb.) Archer. * *dissimile* Nordst.

Desm. Ital. pag. 39, tab. 12, fig. 15. Tab. nostr. 1, fig. 11.

Long. $= 29\,\mu$; lat. $= 22\,\mu$; lat. isthm. $= 14\,\mu$.

Hekla Havn.

Jeg har dog ikke set Cellen a vertice, men den grønlandske
Form stemmer jo, ganske overens med den italienske ved den
brede Isthmus.

27. *C. undulatum* Corda var. *subundulata* (Wille) nob.

C. subundulatum Wille. Norges Ferskv. Alg. pag. 27, tab. 1,
fig. 9. Tab. nostr. 1, fig. 8.

Long. $= 53\,\mu$; lat. $= 38\,\mu$; lat. isthm. $= 18\,\mu$; crass.
$= 26\,\mu$.

Hekla Havn.

Hos den grønlandske Form vare ofte Granula meget utyde-
lige (saas kun naar Cellen laa tør), ligesom der ofte kun var
1 Række Granula at se. Set a vertice var den noget mere
opsvulmet end paa Willes Figur og nærmer sig derved til

var. *tumida* Jacobs. Aperçu pag: 197, tab. 8, fig. 18 (Cfr. Borge Chloroph. Norsk. Finm. pag. 10, fig. 8). Som alt af Wille l. c. antydet, forekommer *C. subundulatum* mig kun at kunne opfattes som en Varietet af *undulatum*, hvad ogsaa de hos den grønlandske Form fremhævede Forhold pege hen paa.

C. Nuttallii West Freshw. Alg. of West Ireland pag. 51, tab. 21, fig. 5 kan, hvis den overhovedet er forskjellig fra *C. undulatum* var. *subundulata*, kun betragtes som en herhenhørende Form. Cfr. ogsaa Borge: Uebersicht der neu erschein. Desm. Litteratur II, pag. 22.

28. *C. anceps* Lund.

Desm. Suec. pag. 48, tab. 3, fig. 4.

Long. $= 30 \mu$; lat. $= 16 \mu$; lat. isthm. $= 11 \mu$; crass. $= 13,5 \mu$.

Røde Ø.

Den grønlandske Form var lidt mindre end Lundells, men stemte ellers godt overens med denne.

29. *C. granatum* Bréb.

Hekla Havn (ogsaa samlet af Deichmann). Danmarks Ø.

Forma ad f. *alatam* Jacobs. accedens (Nordstedt Desm. Grönl. pag. 7, tab. 7, fig. 1.

Hekla Havn.

30. *C. bioculatum* Bréb.

Forma fere similis figuræ in Ralfs Brit. Desm. tab. 15, fig. 5.

Long. $= 19 \mu$; lat. $= 17 \mu$.

Røde Ø.

Forma Nordst. Desm. arct. pag. 20, tab. 6, fig. 8.

Long. $= 20 \mu$; lat. $= 18 \mu$; lat. isthm. $= 5 \mu$.

Hekla Havn.

31. *C. tinctum* Ralfs.

Long. $= 13,5 \mu$; lat. 12 μ.

Hekla Havn.

32. *C. pseudoprotuberans* Kirchner.

Forma isthmo latiore. Tab. nostr. 1, fig. 12.

Long. = 38 μ; lat. = 31 μ; lat. isthm. = 13—15 μ; crass. = 23—25 μ.

Hekla Havn.

Cfr. *C. pseudoprotuberans* β *angustius* Nordst. Fresh - Water Algæ fr. New Zeal. pag. 58, tab. 6, fig. 15.

33. *C. Phaseolus* Bréb.

Long. = 32 μ; lat. = 30 μ; lat. isthm. = 12 μ.

Hekla Havn.

var. *elevata* Nordst.

Sydl. Norg. Desm. pag. 17, fig. 5.

Long. = 29 μ; lat. = 27 μ; lat. isthm. = 9 μ.

Hekla Havn.

var. *achondra* Boldt. Sib. Chloroph. pag. 103, tab. 5, fig. 7.

Forma Groenlandica fere similis figuræ Boldtii l. c., differt autem semicellulis paullo magis reniformibus, dorso magis rotundata. Tab. nostr. 1, fig. 13.

Long. = 38 μ = lat. ; lat. isthm. = 10,8 μ ; crass. = 19—22 μ.

Hekla Havn.

Denne Form knytter Boldts Varietet nærmere til *Phaseolus*, som den jo særlig afviger fra ved, at Halvcellerne kun ere svagt nyreformede. Mulig burde Boldts og min Form betragtes som en stor Form af *bioculatum*; i hvert Tilfælde staa de nær visse Former af denne Art (se f. Ex. Nordstedt Desm. Bornh. pag. 201, tab. 6, fig. 12—14). Andre nærstaaende Arter ere *C. Scenedesmus* Delp., *C. panduratum* Delp., *C. ellipsoideum* Elfv. o. s. v. Meget nærstaaende er ligeledes *C. subtumidum* Nordst. Alg. Exsicc. pag. 44 og i Særdeleshed Schmidles Former i «Aus der Chlorophyceen-Flora der Torfstiche zu Virnheim pag. 52, fig. 13 og 14 (cfr. med disse Figurer Klebs Desm. Ostpreus. fig. 41 og 42). Schmidle skriver ganske vist l. c., at Størrelsesforholdene mellem de forskjellige Former er konstant i de af ham undersøgte Lokaliteter, men i andre Lokaliteter vil man finde Former med afvigende Størrelser, saa herpaa lader sig næppe tilstrækkelige Forskjelligheder begrunde. Jeg er derfor tilbøjelig til at tro, at vi her staa overfor en Række nøje forbundne Former, for hvilke *C. Phaseolus* kan betragtes som Udgangspunkt.

34. *C. Scenedesmus* Delp. Forma *Boldtii.*
Desm. Grönl. pag. 15.

Cfr. etiam *C. Scenedesmus* var. *dorsitruncata* Nordst. Fresh-Water Alg. pag. 59, tab. 3, fig. 15. Tab. nostr. 1, fig. 14.

Membrana leviter sed distincte punctata.

Long. $= 46\,\mu$; lat. $= 54\,\mu$; lat. isthm. $= 12\,\mu$.

Hekla Havn; Danmarks Ø.

? *C. pachydermum* Lund. var. *minus* Nordst.

Sydl. Norg. Desm. pag. 18, tab. 1, fig. 7.

Forma Groenlandica minor et magis similis figuræ Lundellii. Semicellulæ dorso late rotundato et angulis inferioribus magis rotundatis instructu. Unam tantummodo cellulam vidi.

Long. $= 52\,\mu$; lat. $= 39\,\mu$; lat. isthm. $= 17\,\mu$.

Hekla Havn.

35. *C. arctoum* Nordst.

Desm. arct. pag. 28, tab. 7, fig. 22—23.

Long. $= 15\,\mu$; lat. $= 14\,\mu$; lat. istm. $= 11\,\mu$.

Hekla Havn.

36. *C. Holmiense* Lund. β *integrum* Lund.

Desm. Suec. pag. 49. Nordstedt: Desm. Spetsb. pag. 28, tab. 6, fig. 5.

Long. $= 60\,\mu$; lat. $= 38\,\mu$; lat. isthm. $= 22\,\mu$; lat. apic. $= 30\,\mu$.

Hekla Havn, Røde Ø, Hold with Hope.

37. *C. quadratum* Ralfs. Forma *major* Wille. Alg. Novaj. Semlj. pag. 37, tab. 12, fig. 20 og 21.

Long. $= 60$—$70\,\mu$; lat. $= 30$—$40\,\mu$; lat. isthm. $= 18$—$24\,\mu$.

Hekla Havn, Røde Ø.

Ganske som af Wille anført fandt jeg denne Art meget variabel, og det ikke blot mellem de forskjellige Individer ind-byrdes, men ogsaa hos samme Individs 2 Halvceller fandtes hyppig Forskjelligheder. Et Individ havde saaledes den ene Halvcelles Sider stærkt udrandede som paa Ralfs' Figur (Brit. Desm. tab. 15, fig. 1), den andens Sider vare omtrent parallele; hos et andet Individ vare Siderne i den ene Halvcelle parallele i den anden noget konvexe. Hyppigst vare Cellernes Sider dog konkave. For de arktiske Exemplarers Vedkommende synes jeg ikke man kan betragte de forskjellige Variationer som andet end Former. Cfr. Var. *Willei* Schmidle i Algenfl. Schwarzwald. und der Rheineb. pag. 24 og 25, tab. 4, fig. 1 og 2.

38. *C. connatum* Bréb.

Hekla Havn.

39. *C. globosum* Bulnheim?

Nordst. Desm. arct. pag. 28, tab. 7, fig. 25. Tab. nostr. 1, fig. 15.

Nordstedts ovennævnte Fig. synes mig at stemme ganske godt overens med min Form; dog afviger den ved sin mindre Tykkelse og ved i det Hele at være mindre. Kun et Exemplar er set.

Long. $= 15\,\mu$; lat. $= 11\,\mu$; lat. isthm. $= 8{,}5\,\mu$; crass. $= 7{,}5\,\mu$.

Hekla Havn.

40. *C. Debaryi* Archer.

Den grønlandske Form staar nær forma *Spetsbergensis* Nordst.; den adskiller sig ved, at Sinus er noget mere aaben, Membranen tyndere og Størrelsen mindre.

Long. $= 104\,\mu$; lat. $= 52\,\mu$; lat. isthm. $= 33\,\mu$.

Hekla Havn.

41. *C. Cucumis* Ralfs.

Forma fere similis figuræ a Nordstedt: Desm. arct. pag. 29, tab. 7, fig. 29, delineatæ, sed minor et membrana paullo tenuior.

Long. $= 64\,\mu$; lat. $= 36\,\mu$; lat. isthm. $= 24\,\mu$.

Hekla Havn.

Forma *major* Nordst. 1. c. fig. 29.

Membrana paullo tenuiore.

Long. $= 80-97\,\mu$; lat. $= 56-60\,\mu$; lat. isthm. $= 36-40\,\mu$.

Hekla Havn.

42. *C. annulatum* (Näg.) De By.

Long. $= 49\,\mu$; lat. $= 22\,\mu$.

Hekla Havn.

VII. Arthrodesmus Ehrb.

1. *A. Incus* (Bréb.) Hass.

   a) Ralfs Brit. Desm., tab. 20, fig. 4 b.

     Hekla Havn.

   b) var. β Ralfs Brit. Desm. pag. 118, tab. 20, fig. 4 c—g.

     (Syn. *A. Ralfsii* West: Freshw. Alg. of West
     Ireland pag. 168).

        Long. $= 22\,\mu$; lat. $= 18\,\mu$.

     Hekla Havn.

     Tornene vare noget kortere end paa den citerede
Figur.

     At opstille denne Varietet hos Ralfs som egen
Art (se West 1. c.) synes mig ikke heldigt. Dertil
kjender man altfor mange Overgange mellem de
forskjellige Former.

   c) Forma *depauperata* Boldt. Desm. Grønl. pag. 30,
     tab. 2, fig. 35.

        Long. $= 49\,\mu$; lat. $= 18\,\mu$; lat. isthm. $= 10\,\mu$.

     Hekla Havn.

2. *A. octocornis* Ehrenb.

Hekla Havn.

VIII. Xanthidium Ehrenb.

1. *X. antilopæum* (Bréb.) Kütz.

   a) Forma medio semicellularum utrinque elevatione
obtusa majore prædita. Tab. nostr. 1, fig. 16.

Long. cell. sin acul. = 57 μ; lat. c. s. acul.
= 54 μ; lat. isthm. = 20 μ; crass. cell. cum eleva-
tione = 46 μ; crass. cell. s. elevatione = 34 μ;
· Hekla Havn.

    Cfr. *X. antilopæum* (Bréb.) Kütz. var. *Canadensis*
Josh. i On some new ant rare Desm. pag. 2, tab.
254, fig. 5 og var. *Minneapoliensis* Wolle Desm. U. S.
pag. 94, tab. 52, fig. 16.

b) Forma var. *ornata* Borge Chloroph. från Roslagen
    pag. 13, fig. 6 proxima, differt autem semicellulis
    mediis lateribus 2 seriebus circularibus scrobicu-
    lorum (non granulorum) præditis. Tab. nostr. 1,
    fig. 17. Af denne sidste Form har jeg ogsaa set
    trekantede Celler; cfr. var. *triquetra* Lund. Desm.
    Suec. pag. 76, tab. 5, fig. 6.

    Hekla Havn.

    Schmidle har i Beitr. zur Algenfl. des Schwarzw. pag. 27,
tab. 4, fig. 6 omtalt en *X. fasciculatum* Ehrb. var. *ornata* Nordst.;
denne Form bør efter min Mening regnes til *X. antilopæum*
var. *ornata* Borge i Chlorophyc. från Roslagen pag. 13; fig. 6.
Om man vil betragte *X. antilopæum* som en egen Art eller som
en Varietet af *fasciculatum* er en Smagssag. Den eneste For-
skjel, der er konstant og hvorved man let kan skjelne de 2
Former fra hverandre, er efter min Mening den, at *fasciculatum*
har 6 Par Torne, *antilopæum* 4 Par paa hver Halvcelle. Man se
f. Ex. Ralfs Brit. Desm. tab. 19, fig. 4 og tab. 20, fig. 1 eller
Nordstedt. Desm. Grönl. tab. 7, fig. 10 og F. W. A. tab. 4, fig. 23.
Cellens Form tror jeg ikke kan bruges, da den varierer i høj
Grad; dog kan man vist sige, at *antilopæum* oftest har ovale
hexagonale Halvceller, *fasciculatum* mere afrundede, hvad der jo
ogsaa staar i Forbindelse med Tornenes Arrangement; at det
dog ikke altid passer, viser f. Ex. Nordstedts ovenfor citerede
Figur 23. Heller ikke Lütkemüllers Varietet *fasciculoides* (i Desm.
aus der Umgeb. des Attersees pag. 11), tror jeg er heldig; der

findes altfor mange intermediære Former. f. Ex. med lige Torne og lige afskaaret Basis (se f. Ex. Ralfs l. c., fig. 1 b). Ogsaa Opsvulmningen paa Halvcellernes Midte er saa varierende i dens Optræden og Udseende, at den intet fast Holdepunkt kan give.

IX. Staurastrum (Mey.) Ralfs.

1. *St. orbiculare* (Ehrenb.) Ralfs.
Brit. Desm. pag. 125, tab. 21, fig. 5.
Long. $= 33 \mu$; lat. $= 27 \mu$.
Hekla Havn.

2. *St. muticum* Bréb.
Ralfs Brit. Desm. pag. 125, tab. 21, fig. 4.
Long. $= 30 \mu$; lat. $= 27 \mu$; lat. isthm. $= 10 \mu$.
Hekla Havn.
var. *subsphærica* n. v. Tab. nostr. 2, fig. 18.
A forma typica imprimis differt cellula magis elongata, semicellulis ovalibus-subsphæricis, a vertice visis tetragonis.
Long. $= 43 \mu$; lat. $= 29 \mu$; lat. isthm. $= 14 \mu$.
Denne Varietet er navnlig ogsaa at sammenligne med *St. subsphæricum* Nordstedt og *St. globosum* Roy & Bisset.

3. *St. pachyrhynchum* Nordst.
Forma trigona. Desm. arctoæ pag. 32, tab. 8, fig. 34.
Long. $= 32 \mu$; lat. $= 27 \mu$; lat. isthm. $= 10 \mu$.
Forma tetragona. Long. $= 41 \mu$.
Hekla Havn, Røde Ø.
Forma apice paullo altiore. Tab. nostr. 2, fig. 20.
Long. $= 36 \mu$; lat. $= 33 \mu$; lat. isthm. $= 11 \mu$.
Hekla Havn.
Forma brachiis tenuioribus. Tab. nostr. 2, fig. 19.
Long. $= 39 \mu$; lat. $= 44 \mu$; lat. isthm. $= 11 \mu$.
Hekla Havn.

Det er en meget variabel Art baade hvad Størrelse og Form angaar; cfr. Nordstedts fig. l. c. og Boldt: Desm. Grönl. pag. 32 tab. 11, fig. 39. Min sidste Form danner et Mellemled mellem Nordstedts og Boldts Former ved, at Hjørnerne ere mere spidse og Siderne mindre concave. Boldts Form af *St. clepsydra* l. c., pag. 32, tab. 11, fig. 38 synes mig rettest at kunne føres hertil.

4. *St. insigne* Lund.

Desm. Suec. pag. 58, tab. 3, fig. 25.

Forma *Groenlandica* n. f. Tab. nostr. 2, fig. 24.

F. Gr. a f. typica præcipue differt tumore apicale minore, incisura mediana minus profunda; s. a vertice visæ lobis paullo longioribus, magnitudine minore.

Long. = $16,5\,\mu$;. lat. = $13,5\,\mu$; lat. isthm. = $9,5\,\mu$.

Hekla Havn.

5. *St. minutissimum* Reinsch.

Forma *trigona minor* Wille Nov. Semlj. pag. 52, tab. 13, fig. 60.

Long. = $19,5\,\mu$; lat. = $17\,\mu$.

Hekla Havn.

6. *St. Bieneanum* Rab.

Forma *Spetsbergensis* Nordstedt. Desm. arctoæ pag. 33, tab. 8, fig. 35.

Long. = $39\,\mu$; lat. = $35\,\mu$; lat. isthm. = $14\,\mu$.

Hekla Havn.

7. *St. brevispinum* Bréb.

Ralfs Brit. Desm. tab. 34, fig. 7.

Hekla Havn.

Forma semicellulis altioribus Boldt Desm. Sib. pag. 113, tab. 5, fig. 30.

Hekla Havn, Røde Ø.

Long. = $40-49\,\mu$; lat. = $29-38\,\mu$.

Forma *minor* Rab. Fl. Europ. Alg. pag. 202.

Long. = $34\,\mu$; lat. = $31\,\mu$; lat. isthm. = $10\,\mu$.

Hekla Havn.

8. *St. Dickei* Ralfs.

Forma *Groenlandica* n. f. Tab. nostr. 2, fig. 2.

Forma *Boldtii* (Desm. Grönl. pag. 36, tab. 2, fig. 47) mihi proxima esse videtur, differt autem spinis longioribus. Ut in forma *Brasiliensi* (Børgs.: Desm. Brasil. pag. 44, fig. 42) spinæ ejusdem semicellulæ eodem spectant.

Long. = 18 μ = lat.; long. spin. = 3 μ; lat. isthm. = 7 μ.
Hekla Havn.

9. *St. sibiricum* Borge.

Sib. Chlorophy. Fl. pag. 9.

var. *crassiangulata* n. var. (= St. sp. Boldt Desm. Grönl. pag. 34, tab. 11, fig. 51) tab. nostr. 2, fig. 22.

A forma typica præcipue differt angulis incrassatis et isthmo mediano paullo majore.

Long. = 20 μ = lat; lat. isthm. = 13 μ.
Hekla Havn.

Foruden den trekantede Form har jeg ogsaa set enkelte tosidede.

10. *St. dejectum* Bréb.

Long. = 31 μ; lat. = 27 μ.
Hekla Havn.

11. *St. cuspidatum* Bréb.

Long. = 41 μ; lat. sin. spin. = 27 μ; long. sp. = 9 μ; lat. isthm. = 8 μ.
Hekla Havn, Danmarks Ø, Røde Ø.

12. *St. pygmæum* Bréb.

Forma fere similis formæ majori Wille: Nov. Semlj. pag. 51, fig. 54, sed paullo minor.

Long. = 36 μ; lat. = 28 μ; lat. isthm. = 16 μ.
Hekla Havn.

Forma *tetragona* Boldt Desm. Grönl. pag. 34, tab. 11, fig. 42.

Long. = 36 μ = lat.
Hekla Havn.

13. *St. punctulatum* Bréb.

var. *Kjellmani* Wille (Dijmphna Alg. pag. 8). *St. Kjellmani* Wille Nov. Semlj. pag. 58, tab. 13, fig. 50—53.

Forma *tetragona* et *pentagona*:

Long. = 47 μ; lat. = 33 μ; lat. isthm. = 21 μ.

Hekla Havn.

14. *St. hexaceros* Wittr.

Forma *alternans* Wille Nov. Semlj. pag. 53.

Hekla Havn.

15. *St. margaritaceum* (Ehrenb.) Menegh.

Ralfs Brit. Desm. tab. 21, fig. 9.

Hekla Havn.

16. *St. pilosum* (Näg.) Archer.

Long. = 50 μ; lat. = 48 μ; lat. isthm. = 22 μ.

Hekla Havn, Danmarks Ø.

17. *St. teliferum* Ralfs.

var. *ordinata* nov. var.   Tab. nostr. 2, fig. 23.

A forma typica differt spinis non sine ordine dispositis; semicellulæ a fronte visæ apicibus circiter 13 spinis ornatis, a vertice visæ medio glabro ad marginem versus 12 spinis in orbem triangularum dispositis, margine etiam spinifera.

Long. = 38 μ; lat. sine spin. = 33 μ.

Hekla Havn. Danmarks Ø.

Nærstaaende er *St. subteliferum* Roy & Bisset: Jap. Desm. pag. 238, tab. 269, fig. 1; men denne sidste adskiller sig ved at have længere Torne og ved at de ere færre i Antal.

18. *St. Saxonicum* Bulnh.

Long. = 71 μ; lat. = 60 μ; long. spin. = 5 μ.

Hekla Havn.

19. *St. polymorphum* Bréb.

Ralfs Brit. Desm. pag. 135, tab. 22, fig. 9.

Long. = 35 μ; lat. = 38 μ.

Hekla Havn.

Forma *intermedia* Wille Nov. Seml. pag. 53, tab. 13, fig. 64.

Forma *Groenlandica* fere cum figura Willei congruit, differt a fronte visa apice paullo magis altiore.

Long. = 35—40 μ; lat. = 40—43 μ.

Hekla Havn.

20. *St. spongiosum* Bréb.

Hekla Havn (Deichmann).

21. *St. aculeatum* (Ehrenb.) Menegh.

β *ornatum* Nordst. Desm. Spets. pag. 40, tab. 7, fig. 27.

Long. = 48 μ; lat. = 40 μ; lat. isthm. = 17 μ.

Hekla Havn.

Forma *spinosissima* Wille Nov. Semlj. pag. 54, tab. 13, fig. 67.

Long. = 40 μ; lat. = 35—39 μ; lat. isthm. = 16 μ.

Hekla Havn.

Forma *simplex* Boldt Desm. Grönl. pag. 38, tab. 2, fig. 49.

Forma a me visa plane cum figura Boldtii congruit sed pentagona.

Long. = 36; lat. = 39 μ; lat. isthm. = 13,5 μ.

Hekla Havn.

Forma *torta* n. f. Tab. nostr. 2, fig. 26.

A figura *Nordstedtii* l. c. forma mea præcipue differt angulis semicellularum tortis et semicellulis alternantibus.

Long. = 38 μ; lat. = 48 μ; lat. isthm. = 14 μ.

Hekla Havn.

Det er i det Hele en meget variabel Art, og jeg har hyppig set Overgange mellem de forskjellige Former.

22. *St. meganolotum* Nordst.

Desm. arct. pag. 35, tab. 8, fig. 38.

Forma Groenlandica a forma typica præcipue differt spinis paullo majoribus et paucioribus. Tab. nostr. 2, fig. 29.

Long. c. spin. = 49 μ; lat. c. spin. = 41 μ; lat. isthm. = 17 μ.

Hekla Havn.

I Udseende nærmer den sig ikke lidt til forma «processibus apice bifidis» Nordstedt Desm. Grönl. pag. 11, tab. 7, fig. 7;

men jeg har dog ikke paa de faa fundne Exemplarer set Hjørnerne forsynede med 2 Takker. Ligeledes stemmer den ogsaa i høj Grad overens med forma *hastata* Lütkemüller Desm. Umgeb. Atters. pag. 32, tab. 9, fig. 18, hvilken Form, ved at Hjørnerne ere forsynede med 2 Takker, staar nærmest Nordstedts ovenfor nævnte Figur.

Forma spinis minoribus, paucioribus et magis ordinatis quam in forma præcedenti; semicellulæ a fronte visæ magis rotundatæ. Tab. nostr. 2, fig. 30.

Long. sin. acul. $= 36{,}5\,\mu$; lat. sin. acul. $26\,\mu$; lat. isthm. $= 19\,\mu$.

Hekla Havn.

Jeg har kun set et Par Exemplarer.

23. *St. monticulosum* Bréb.

β *bifarium* Nordst. Sydl. Norg. Desm. pag. 31, fig. 14.

Forma Groenlandica a f. Norvegica præcipue differt incisura mediana extremo valde ampliata, forma semicellularum magis ovalis. Membrana granulata. (Cfr. etiam var. duplex Nordst. Alg. Sandvic. pag. 16).

Tab. nostr. 2, fig. 25.

Long. $= 40\,\mu$; lat. $= 38\,\mu$; lat. isthm. $= 18\,\mu$.

Hekla Havn.

24. *St. lunatum* Ralfs.

Forma Groenlandica a f. typica differt semicellulis tantum in angulis granulatis, aculeis minoribus. Tab. nostr. 2, fig. 27.

Long. $= 33\,\mu$; lat. sin. spin. $= 30\,\mu$; lat. isthm. $= 14\,\mu$; long. spin. $= 3\,\mu$.

Hekla Havn.

var. *triangularis* n. var. Tab. nostr. 2, fig. 28.

Semicellulæ a fronte visæ fere triangulares dorso pæne recto truncato, aculeis rectis. Cellula minor.

Long. $= 20\,\mu = $ lat. sin. acul; lat. isthm. $= 9{,}5\,\mu$; long. acul. $= 3\,\mu$.

Hekla Havn.

Foruden Ralfs' Figur i Brit. Desm. tab. 34, fig. 12 se ogsaa
Reinsch Contrib. tab. 11, fig. 4. Cfr. ligeledes *St. megacanthum*
Lund. Desm. Suec. pag. 61, tab. 4, fig. 1 og flere andre.

25. *St. papillosum* Kirchn.

Boldt Sib. Chlorophyc. tab. 5, fig. 23.

Long. $= 28\,\mu$; lat. cum sp. $= 30\,\mu$.

Røde Ø.

26. *St. tetracerum* (Kütz.) Ralfs.

Brit. Desm. pag. 137, tab. 23, fig. 7.

Lat. $= 24.$

Hekla Havn.

27. *St. Sebaldi* Reinsch.

Forma *Groenlandica* nov. form. Tab. nostr. 2, fig. 31.

St. Sebaldi Reinsch. var. *ornata* Nordst. Sydl. Norg. Desm.
pag. 34, fig. 15 et forma *Novizelandica* Nordst. F. W. A. of
New Zeal. pag. 36 et var. *Brasiliensis* Børgs. Desm. Brasil. pag. 952,
tab. 5 fig. 51 mihi proximum esse videtur. Forma *Groenlandica*
differt brachiis brevioribus et paullo crassioribus et a fronte
visis fere rectis; granulis in lateribus semicellularum sine ordine
dispositis.

Long. $= 60\,\mu$; lat. $= 70\,\mu$; lat. isthm. $= 15,5\,\mu$.

Hekla Havn, Danmarks Ø.

28. *St. vestitum* Ralfs.

Danmarks Ø.

29. *St. furcigerum* Bréb.

Hekla Havn (ogsaa samlet af Deichmann), Røde Ø.

X. Euastrum (Ehrenb.) Ralfs.

1. *E. ansatum* Ralfs.

Hekla Havn.

Forma tab. nostr. 2, fig. 32.

S. a fronte visæ in lateribus nulla elevatione, medio supra
isthmum elevationibus 5 ornatæ; a vertice visæ fere ovales.

Long. = 65—73 μ; lat. = 33—36 μ; lat. isthm. = 12 μ; crass. = 23 μ.

Hekla Havn.

2. *E. cuneatum* Jenner.

var. *subansatum* Boldt Desm. Grönl. pag. 7, tab. 1, fig. 8.

Long. = 62 μ; lat. = 39 μ; lat. isthm. = 11 μ; lat. lob. pol. = 17 μ.

Hekla Havn.

3. *E. crassicolle* Lund.

Desm. Suec. pag. 23, tab. 2, fig. 8.

Long. = 25 μ; lat. = 13,5 μ; lat. lob. pol. = 8,7 μ; lat. isthm. = 7 μ.

Hekla Havn.

4. *E. elegans* (Bréb.) Kütz.

Forma habitu fere similis Ralfs Brit. Desm. tab. 14, fig. 7 b og c sed membrana verrucis ornata. Tab nostr. 2, fig. 37.

Long. = 30 μ; lat. = 20 μ; lat. isthm. = 6 μ; crass. = 10 μ.

Hekla Havn.

var. *bidentata* Nag.

Forma e Groenlandia orientali plane cum ea in Bornholmia a me observata (Desm. Bornh. pag. 143, tab. 6, fig. 2) congruit, etiam cum *E. elegante* var. *speciosa* Boldt Grönl. Desm. pag. 9, tab. 1, fig. 10, quæ varietas = var. *bidentata* Nägl. mea opinione est.

Long. = 52 μ; lat. = 35 μ; lat. isthm. = 9 μ.

Hekla Havn (ogsaa samlet af Deichmann).

5. *E. denticulatum* (Kirchn.) Gay.

Forma Boldt. Desm. Grönl. pag. 8, tab. 1, fig. 9.

Long. = 31 μ; lat. = 21 μ.

Hekla Havn.

6. *E. binale* (Turp.) Ralfs.

Forma *minuta* Lund. Desm. Suec. pag. 22. Ralfs Brit. Desm. tab. 14, fig. 8 a.

Danmarks Ø.

*dissimile Nordst. Desm. arct. pag. 31, tab. 8, fig. 31.

Long. = 27 μ; lat. = 18 μ.

Gaasefjord.

Forma ad formam «angles supérieurs arrondis» (Gay Essai d'une Mongr. loc. des Conjug. pag. 54, tab. 1, fig. 8) accedens, differt tamen angulis superioribus paullo acutioribus et magnitudine majore. Tab. nostr. 2, fig. 34.

Long. = 22 μ; lat. = 16 μ; lat. isthm. = 5,5 μ; crass. = 12,5 μ.

Hekla Havn.

Euastrum crassangulatum Børgs. var ornata West Freshw. Alg. of West Ireland pag. 140, tab. 20, fig. 16 synes mig rettest at burde regnes til Gays ovennævnte Form. Ved at Hjørnerne ikke ere stærkt fortykkede adskiller den sig stærkt fra crassangulatum (Desm. Brasil. pag. 942, tab. 3, fig. 25), der netop er særlig udmærket herved. Forøvrigt vil jeg slet ikke, hvad jeg ogsaa l. c. har antydet, være utilbøjelig til kun at anse crassangulatum som en Varietet af binale.

XI. Gonatozygon De By.

1. G. Ralfsii De By.

Lat. = 13,5 μ.

Hekla Havn, Røde Ø, Gaasefjord.

XII. Desmidium (Ag.) Ralfs.

1. D. Swartzii Ag.

Hekla Havn.

XIII. Gymnozyga Ehrenb.

1. G. moniliformis Ehrenb.

Lat. = 17 μ.

Hekla Havn.

XIV. Hyalotheca.

1. H. dissiliens (Smith) Bréb.

Lat. = 29 μ.

Hekla Havn.

var. *bidentata* Nordst. Sydl. Norges Desm. pag. 48, tab. 1, fig. 22.

Lat. 18 μ.

Hekla Havn.

XV. Sphærozosma (Corda) Arch.

1. *Sp. excavatum* Ralfs.

Lat. = 12—14 μ; lat. = 5—7,5 μ; long. = 10,8—13,5 u.

Hekla Havn.

Zygnemaceæ.

I. Zygnema (Ag.), De By.

1. *Z. lejospermum* De By.

Lat. cel. vegt. = 20—24 μ; diam. sp. = 30—35 μ.

I Elv ved Hekla Havn.

Jeg har dog kun set udmodne Sporer, saa Bestemmelsen er derfor usikker.

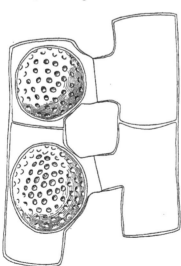

2. *Z. stellinum* (Vauch.) Ag., *genuinum* Kirchner.

Alg. Schles. pag. 126.

Lat. c. vegt. = 30 μ; lat. sp. = 40—45 μ; lat. scrobic. = 3 μ = intervallum inter scrobicula.

Hekla Havn.

Sporens Form var snart kuglerund snart noget oval, Forhold, der vist blot skyldes den optagende Celles Form. Mesosporie-Membranen var oftest sortagtig-olivenfarvet, men kunde dog o'gsaa undertiden være brunlig.

Fig. 1. *Zygnema stellinum* (Vauch.) Ag. genuinum Kirchner. ($^{250}/_1$).

En Form som mulig bør regnes hertil er *Z. peliosporum* Wittr.; den adskiller sig egentlig kun ved i det Hele at være noget mindre. I et af denne Art forfærdiget Præparat, som Dr. Nordstedt velvilligst har vist mig, vare ogsaa enkelte Sporer brunlige og Sporernes Diameter naaede hos enkelte op til 37—38 μ. Jeg tror, man maa være varsom med at benytte Sporernes Farve som Artskarakter; mulig kan man derimod finde brugelige Artsmærker i Scrobicula's Størrelse og Talrighed samt i deres indbyrdes Afstand.

Z. sp.

Saa godt som alle Glassene og ligesaa en stor Mængde tørrede Præparater indeholdt sterile *Zygnema*-Traade; jeg har fundet dem fra følgende Steder: Hekla Havn, Gaasefjord, Røde Ø og Cap Stewart og det i mange forskjellige Collekter fra hvert Sted; man maa derfor formode, at det er en meget udbredt og almindelig Alge i disse Egne.

Cellemembranen var ofte stærkt fortykket og Traadene tillige omgivne af en tyk Slimskede; Celleindholdet var ofte rødligt. Muligvis ere disse tykkere Traade *Zygogonium ericetorum* (Kg.) De By. *β terrestre* Kirchner Alg. Schles. pag. 127.

II. **Spirogyra** Link.

Kun sterile Celletraade blev set; dog tilhørte disse mindst 2 forskjellige Arter. I et Glas fra Gaasefjord havde Traadene en Tykkelse af 35 μ og Cellerne indeholdt 2—3 Klorofylbaand med 1—1$\frac{1}{2}$ Omgang; Tværvæggene vare foldede; det er muligvis *Sp. insignis* Kg.

Fra Hekla Havn fandtes en anden Art med Traade, der vare 16 μ tykke, og som havde foldede Vægge og et Klorofylbaand med 2$\frac{1}{2}$—5 Omgange i hver Celle.

Mesocarpaceæ.

I. **Mougeotia** (Ag.) Wittr.

1. *M.* sp.

Lat. c. = 13,5 μ; long. sp. = 33 μ; lat. sp. = 26 μ.

Hekla Havn.

Kun 2 Exemplarer blev set, hvorfor jeg foretrækker at lade Arten forblive ubestemt. Hvad Størrelsen angaar, staar den nærmest *Mougeotia ovalis* (Hass.) Nordstedt; men den adskiller sig ved, at de kopulerende Celler ere rette og ved at Sporen er omgiven med et Slimlag, og stemmer heri overens med *M. gelatinosa* Wittr. i Nordst. og Wittr. Exsic. Nr. 957.

2. *M.* sp. (steril).

Røde Ø.

Volvocaceæ.

I. Sphærella Sommerf.

1. *S. nivalis* (Bauer) Sommef.

Jeg har kun fundet den i vegetativt Hvilestadium. Foruden i rød Sne, af hvilken de hjembragte Prøver trods omhyggelig Eftersøgning kun indeholdt denne Alge, har Hartz ogsaa samlet den paa Bunden af Vandhuller ved Hold with Hope [1]). Prøver af rød Sne ere samlede ved Hekla Havn, Danmarks Ø, Hold with Hope.

II. Pandorina (Bory) Pringsh.

1. *P. Morum* Müll.

Hekla Havn.

III. Eudorina Ehrenb.

1. *E. elegans* Ehrenb.

Hekla Havn.

Palmellaceæ.

I. Palmella Lyngb.

1. *P. mucosa* Kütz.

Hekla Havn.

II. Gloeocystis Näg.

1. *G. rupestris* Rabh.

Danmarks Ø.

---

[1]) Om den røde Snealge i Vand se Sutherland: Journal of a voyage in Baffins Bay. Vol. I, Side 320.

III. Pleuròcoccus Menegh.

1. *P. vulgaris* Menegh.

Danmarks Ø, Røde Ø, Gaaselandet, Hekla Havn.

IV. Acanthococcus Lagerh.

1. *A. hirtus* (Reinsch.) Lagerh.

Pleurococcus vestitus Reinsch. Lagerheim. Stockh. Pedisstr. etc. pag. 78, tab. 3, fig. 38, 39.

Paa gamle Knogler fra Boplads ved Hekla Havn.

V. Oocystis Näg.

1. *O. solitaria* Wittr.

Wittr. et Nordst. Alg. Exs. Nr. 244.

Long. c. $= 17\,\mu$; lat. $= 8\,\mu$.

Hekla Havn. Røde Ø.

Una familia ex 8 cellulis formata observata est.

VI. Raphidium Kütz.

1. *R. polymorphum* Fres.

Hekla Havn.

VII. Scenedesmus Meyen.

1. *S. quadricauda* (Turp.) Bréb.

Long. c. $= 17\,\mu$; lat. $= 7\,\mu$.

Røde Ø.

2. *S. bijugatus* (Turp.) Kütz.

Lagerh. Stockh. Pediast. etc. pag. 60.

Lat. $= 5\,\mu$.

Hekla Havn.

3. *S. denticulatus* Lagerh. var. *lineaus* West.

Lagerh. l. c. pag. 61; West. Freshw. Alg. of West Ireland pag. 193, tab. 18, fig. 7.

Long. $15\,\mu$; lat. $= 8\,\mu$.

Danmarks Ø.

Protococcaceæ.

1. Chlorococcum Fries.

1. *C. humicola* Rabenh.?

Kobberpynten paa Knogler af Sæl; Danmarks Ø; Cap Stewart.

Ulothricaceæ.

I. Ulothrix Kütz.

1. *U. zonata* (Web. et Mohr) Kütz.

Lat. 14—32 μ.

Gaasefjord, Cap Stewart.

2. *U. subtilis* Kütz.?

Lat. fil. = 5—8 μ.

Elv ved Hekla Havn.

Cellerne vare snart kvadratiske snart omtrent dobbelt saa lange som brede; Cellemembranen var temmelig tynd. Mulig er det Forma *stagnorum* (Rabh.) Kirchner Alg. Schles. pag. 77.

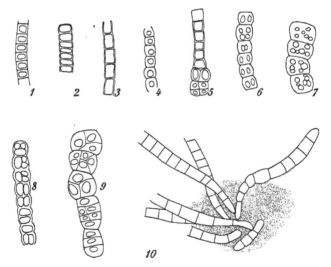

Fig. 2. *Ulothrix subtilis* Kütz. ($^{360}/_1$). Fig. 1, 2, 3 og 4. Vegetative Celletraade. Fig. 5. I den ene Ende af Traaden er der dannet Vægge parallele med Traadens Længdeaxe. Fig. 6, 7, 8 og 9. Forskjellige palmellaagtige Stadier. Fig. 10. Unge vegetative Traade fastsiddende paa gamle Rester af Palmellastadiet.

Hos en Form, som rimeligvis ogsaa kan regnes hertil og som var samlet af Hartz paa Bunden af et Vandhul, har jeg ofte set Traadene omdannede til mere eller mindre palmella-lignende Stadier; disse stemte særdeles godt overens med Cien-kowsky Figurer (cfr. Cienkowsky, Zur Morphologie der Ulothri-cheen i Bullet. de l'Acad. imp. des sciences de Saint-Petersb. Bind 21, pag. 529); Cienkowsky henfører sin Art med Tvivl til den nærstaaende *U. mucosa*.

De vegetative Celler vare 5—6 μ brede, Membranen var tem-melig tynd og Chromatophorerne mere eller mindre ringformede; Cellerne vare i Almindelighed omtrent kvadratiske; dog kunde de ogsaa være kortere og ligeledes indtil dobbelt saa lange som Breden, se Fig. 1, 2 og 3. Ofte saas nu i den ene Ende af de korte Traade Vægge opstaaede parallelt med Traadens Længdeaxe, medens det øvrige af Traaden endnu var normalt, se Fig. 5. I andre Traade var Udviklingen ført videre, der var dannet flere, indtil en halv Snes, Celler af hver oprindelige Celle, hvis Vægge man hyppig endnu tydelig kunde se; samtidig svulmede Væggene stærkt op og Cellerne bleve kuglerunde, se Fig. 6, 7, 8 og 9. Af de ældre mere eller mindre opløste Palmellaklumper saa jeg flere Gange unge Ulothrixtraade voxe frem. Enten kan man nu antage, at Cellerne i Palmellamasserne umiddelbart spire, eller, hvad der vel er det rimeligste og hvad der stemmer overens med Cienkowskys Undersøgelser, de danne Sværmesporer, som saa i Mangel af bedre Fæstepunkt have fæstet sig og spiret paa Palmellaklum-perne. Om Polymorphisme hos *Ulothrix* cfr. Gay: Algues vertes pag. 70.

II. Hormidium Kütz.

1. *H. parietinum* Kütz. Wille: Die natürl. Pflanzenfamil. 1. Del, 2 Afd., pag. 84. *Schizogonium crispum* Gay, Algues vertes, pag. 86.

Jeg har kun set den under Form af *Prasiola crispa* (Lightf.) Menegh.

Røde Ø: Indersiden af «Brændestabelen» og et lille Skjær ved Danmarks Ø.

III. Microspora (Thur.) Lagerh.

1. *M. pachyderma* (Wille) Lagerh.

Stud. über die Gatt. Conferva und Microspora i Flora 1889 Hefte 3, pag. 208.

Lat. fil. $= 14 \mu$.

Hekla Havn, Cap Stewart.

Hvileceller har jeg ikke set; derimod vare de halvmaaneformede Cellulosefortykkelser paa hver Side af Tværvæggen meget tydelige; Wille anser dem for at være en rudimentær Hvilecelledannelse.

IV. Conferva (L.) Lagerh.

1. *C. bombycina* Ag.

genuina Wille.

Lat. $= 11 \mu$.

Hekla Havn.

**minor* Wille.

Lat. $= 5,4 \mu$.

Hekla Havn, Gaaselandet.

Oedogoniaceæ.

I. Oedogonium Link.

1. *O.* sp. (steril).

Lat. $= 12 \mu$.

Hekla Havn.

2. *O.* sp. (steril).

Lat. $= 7 \mu$.

Cap Stewart.

3. *O.* sp. (steril).

Lat. $= 16 \mu$.

Røde Ø, Danmarks Ø.

II. Bulbochæte Ag.

1. *B. intermedia* De By.

Wittr. Monogrph. Oedog. pag. 44.

Long. cel. vegt. = 40 μ; lat. cel. vegt. = 16 μ; long. oogon. = 31 μ; lat. oogon. = 38 μ; crass. nannandr. = 9,5 μ; long. nannandr. = 22 μ.

Hekla Havn.

2. *B.* sp. (*mirabilis* Wittr.?).

Kun nogle ufuldstændige Exemplarer bleve fundne; Oogonierne vare ej fuldt modne, men disses Form ligesom de vegetative Celler stemte godt overens med *B. mirabilis* Wittr. l. c. pag. 50 og Disp. Oed. Suec. pag. 139, tab. 1, fig. 8 og 9.

Lat. c. vegt. = 17 μ; long. oogon. = 47 μ; lat. oogon. = 31 μ.

Hekla Havn.

3. *B.* sp. (steril).

Røde Ø.

Vaucheriaceæ.

Vaucheria De Cand.

1. *V. terrestris* Lyngb.

Hydroph. Dan. pag. 77, tab. 21 A. Walz: Beitr. z. Morph. und System. der Gatt. Vaucheria i Pringsh. Jahrb. 5te B. pag. 149, tab. 13 fig. 18—19.

Traadenes Vægge vare temmelig tykke.

Crass. max. oogon. = 103 μ; long. oogon. = 124 μ; crass. antherid = 34 μ; crass. membr. = 4 μ.

Gaaselandet.

2. *V. geminata* Walz.?

Jeg har kun set de ubevægelige Sporer og da det tilmed ikke lykkedes mig med Sikkerhed at se disses Forhold til Sporangiemembranen (idet jeg kun har set løsrevne Sporer), er Bestemmelsen usikker. Den stemte imidlertid særdeles godt med Walz, Figur 10, tab. 12 i Pringsheims Jahrb. Bind V, Side 133, ligesom ogsaa Membranen var temmelig tyk.

Long. sp. $= 110\,\mu$; lat. sp. $= 90\,\mu$.

Den forekom paa lav leret Strand et Par Mil øst for Hekla Havn sammen med et Par blaagrønne Alger og udgjorde efter Hartz paa store Strækninger af disse Lerflader den eneste Vegetation.

Phæophyceæ.

Hydrureæ.

Hydrurus Ag.

1. *H. foetidus* (Vill.) Kirch.

Forekommer i iskolde Bække ved Hekla Havn og Cap Stewart.

Explicatio tabularum.

Tab. I.

Fig. 1. *Penium closteroides* Ralfs cum zygospora. ($^{200}/_1$).

- 2. *Closterium Jenneri* Ralfs. ($^{200}/_1$). a = Zygosporis ovalis cum cellulis evacuatis; b = altera zygospora magis sphæroïdea.

- 3. *Cosmarium punctulatum* Bréb. Forma fere similis figuris Schmidlei. ($^{270}/_1$).

- 4. *C. subcostatum* Nordst. a = semicellula a fronte; c = cell. a vertice. ($^{270}/_1$).

- 5. *C. capitulum* Roy & Bisset, var. *Groenlandica* nov. var. a = cellula a fronte; c = cellula a vertice. ($^{300}/_1$).

- 6. *C. microsphinctum* Nordst. ($^{250}/_1$).

- 7. *C. Turpinii* Bréb., forma *Gallica* Lund. a = cell. a fronte; c = cell. a vertice. ($^{200}/_1$). c' = altera cellula a vertice, inflatione mediana magis bifida. ($^{250}/_1$).

- 8. *C. undulatum* Corda, var. *subundulata* (Wille) nob. a = cell. a fronte. ($^{300}/_1$). c = cell. a vertice; d = cell. e basi. ($^{200}/_1$).

- 9. *C. Meneghinii* Bréb. Forma. ($^{300}/_1$).

- 10. *C. venustum* (Bréb.) Archer. ($^{250}/_1$).

- 11. *C. sublobatum* (Bréb.) Archer. *dissimile* Nordst. ($^{300}/_1$).

- 12. *C. pseudoprotuberans* Kirchner. ($^{250}/_1$).

- 13. *C. Phaseolus* Bréb., var. *achondra* Boldt. ($^{250}/_1$).

- 14. *C. Scenedesmus* Delp. Forma *Boldtii*. ($^{200}/_1$).

- 15. *C. globosum* Nordst.? ($^{300}/_1$).

- 16. *Xanthidium antilopæum* (Bréb.) Kütz. Forma. ($^{200}/_1$).

- 17. — — a = unum latus semicellularum a vertice. ($^{200}/_1$).

Tab. 1.

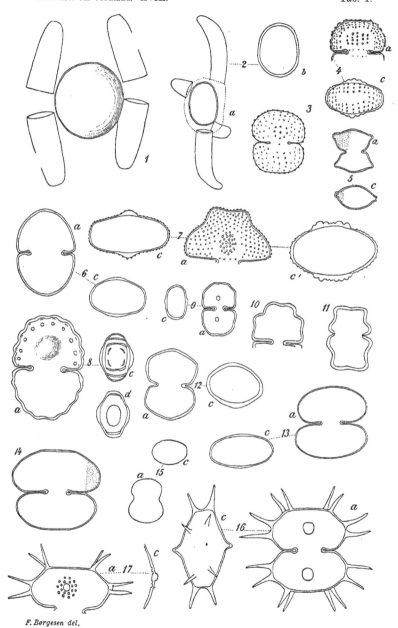

F. Børgesen del.

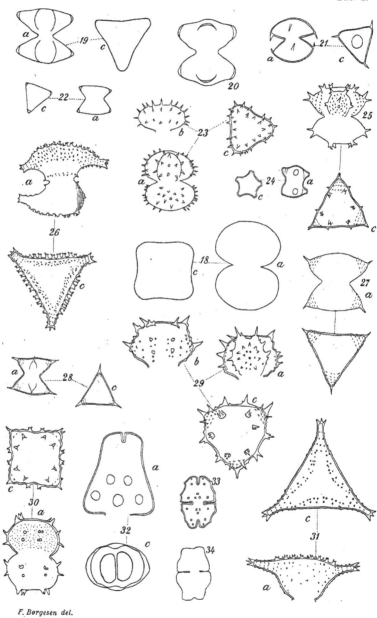

F. Børgesen del.

II.

Øst-Grønlands Svampe.

Af

E. Rostrup.

1894.

XVIII.

Det paa Lieutenant Ryders Expedition til Øst-Grønland i 1891—92 indsamlede betydelige Svampemateriale blev overdraget mig til Undersøgelse og Bestemmelse. For allerstørste Delen ere disse Indsamlinger foretagne af Stud. mag. N. Hartz paa Kysterne af Scoresby Sund og dets mange Forgreninger, særlig paa den centralt beliggende Danmarks Ø med Hekla Havn. Et mindre Antal Svampe bleve indsamlede ved Angmagsalik af Stud. mag. E. Bay.

Antallet af de hjembragte Arter af Svampe fra Øst-Grønland er 211, af hvilke de 90 Arter ere nye for Grønland og i Listen fremhævede med større fed Tryk; af disse ere 19 Arter ikke tidligere kjendte eller beskrevne. Fra den sydligste Del af Østkysten samt fra Keiser Franz Joseph Fjord var tidligere kjendt ialt 55 Svampearter, af hvilke de 30 Arter ikke fandtes paa den sidste Expedition; der kjendes altsaa for Øjeblikket fra Østkysten ialt 241 Svampearter. Tre af disse var tidligere alene kjendte fra Nordamerika (Leptosphaeria Marcyensis, Phoma stercoraria og Ascochyta Cassandrae).

Den systematiske Fordeling vil ses af følgende Oversigt over de nu kjendte Svampearter fra Grønlands Østkyst.

	Samlede paa Expeditionen 1891—92.	Heraf nye for Grønland.	Nye Svampearter.	Desuden tidligere kjendte fra Østkysten.	Ialt nu kjendte Svampe fra Østkysten.
Hymenomycetes	25	10	0	3	28
Gasteromycetes	6	5	1	1	7
Ustilaginaceae	5	0	0	1	6
Uredinaceae	7	1	0	3	10
Taphrinaceae.	2	1	0	0	2
Gymnoasceae	1	1	1	0	1
Discomycetes.	51	25	6	7	58
Pyrenomycetes	59	19	4	8	67
Sphæropsideae.	25	14	4	6	31
Melanconiaceae	5	3	1	0	5
Hyphomycetes	19	10	2	1	20
Entomophthoraceae	1	0	0	0	1
Saprolegniaceae	1	0	0	0	1
Chytridiaceae	1	0	0	0	1
Myxomycetes	1	1	0	0	1
Mycelia sterilia	2	0	0	0	2
	211	90	19	30	241

Det aldeles overvejende Antal af de ved Scoresby Sund fundne Svampe tilhører Ascomyceterne, nemlig 162. Ægte parasitiske Svampe ere svagt repræsenterede, i det der af saadanne kun fandtes 5 Ustilaginaceae, 7 Uredinaceae, 1 Exobasidium, 2 Taphrinaceae, 2 Sclerotinia, 2 Rhytisma, 1 Podosphaera, 1 Physoderma, 1 Gloeosporium, foruden tre paa Insekter snyltende Svampe, nemlig Empusa Muscae, Isaria densa og Cladosporium Aphidis; til Hypertrofyter kan næppe henregnes flere end Exobasidium Vaccinii, Taphrina alpina og T. carnea. Det er dog sandsynligt, at adskillige af de fundne Ascomyceter begynde deres Angreb paa de levende Plantedele, paa den Tid, da deres vegetative Virksomhed begynder at svækkes, men at deres videre

Udvikling og Fruktifikation først fuldendes paa de døde Plante-
dele. Af Værtplanter, der afgive Opholdssted for de fleste
Arter af saavel Snylte- som Raadsvampe, maa særlig fremhæves
Pilene, paa hvilke der i Øst-Grønland er indsamlet 52 Svampe-
arter; paa Birk er fundet 13, paa Carex 10, Polygonum vivi-
parum 8, Chamænerium latifolium, Vaccinium uliginosum,
Cassiope tetragona og Poa 6, Sedum Rhodiola, Melandrium,
Potentilla, Draba og Diapensia 4 Svampearter.

Gødningssvampe er mærkværdig stærkt repræsenterede,
og alle de hjembragte tørre Exkrementer af Moskusoxer, Rens-
dyr, Harer, Lemminger, Ryper og Gæs ere besaaede med
Svampe. De fleste af disse vise sig for det blotte Øje kun
som yderst fine mørke Prikker. Af de fundne 16 Arter Gød-
ningssvampe høre de 14 til Ascomycetes, nemlig til Slægterne
Saccobolus, Ascophanus, Lasiobolus, Ryparobius, Sphaeroderma,
Sordaria og Sporormia, 1 til Sphæropsideae (Phoma) og 1 til
Hyphomycetes (Fusarium). Paa Exkrementer af Moskusoxen
fandtes 4, af Rensdyr 5, hvoraf to nye Arter, nemlig Sphaero-
derma fimbriatam og Fusarium stercorarium; nogle Arter op-
træde i Flæng paa Exkrementer af de fleste af de nævnte Dyr.
At Gødningssvampe optræde saa at sige overalt, hvor det for
dem egnede Substrat er til Stede, finder nærmest sin Forkla-
ring i det Forhold, at de næsten alle besidde særegne meka-
niske Midler til at udslynge Sporerne saaledes, at disse blive
hængende ved de i Omgivelserne voxende Planter, der fortæres
af de planteædende Dyr, saa at de ufordøjede Sporer fra første
Færd ere til Stede i Exkrementerne, hvor de forefinde Betingel-
serne for at kunne spire og udvikle sig.

Paa Rovfuglegylp fandtes tre Svampearter, af hvilke den
ene var en ny og ejendommelig Gymnoascus; endvidere Conio-
thecium toruloides og Licea brunnea.

En samlet Oversigt over alle de for Tiden fra hele Grønland kjendte Svampe, henførte til de forskjellige Hovedgrupper,
gives nedenfor. Foruden de i to tidligere Artikler fra 1888 og
1891 i «Meddelelser fra Grønland» givne Lister, samt de i
nærværende Artikel opførte Svampe fra Østkysten, er endvidere
medregnet 7 Arter, som i de senere Aar ere modtagne fra
Vestkysten, men hvis Forekomst endnu ikke er publiceret, nemlig:
Lactaria rufa (Scop.) Fr., Jakobshavn (T. Sørensen), Cyphella
Muscicola Fr., Disco (Margr. Smith), Clavaria Ligula
Schaeff., Cyathus Olla (Batsch) Pers. og Vibrissea truncorum (A. et G.) Fr. ved Ilua (Fru E. Lundholm), Dothidella
Laminariae n. sp., paa Stilken af Laminaria longicrurus,
Patoot ved Vajgattet (N. Hartz) og endelig Cephalothecium
Saulcyanum Mart. paa Prasiola orbicularis ved Frederikshaab
(vide Saccardo's Sylloge fungorum IV, 57).

Oversigt over de for Tiden (1894) kjendte, grønlandske Svampe.

	Hele Antallet af Arter.	Af disse ere alene kjendte fra Grønland.
Hymenomycetes	102	3
Gasteromycetes	13	1
Tremellaceae	5	0
Ustilaginaceae	10	2
Uredinaceae	23	1
Taphrinaceae	4	0
Gymnoasceae	1	1
Discomycetes	112	28
Pyrenomycetes	180	40
Sphæropsideae	96	24
Melanconieae	17	4
Hyphomycetes	46	8
Mucoraceae	2	0
Entomophthoraceae	1	0
Saprolegniaceae	1	0
Peronosporaceae	1	0
Chytridiaceae	2	1
Myxomycetes	6	0
Mycelia sterilia	7	4
	629	117

Hymenomycetes.

1. **Russuliopsis laccata** (Scop.) Schroet.

Danmarks Ø, Cap Stewart paa Jamesons Land (N. H.).

Exemplarerne fra sidstnævnte Sted vare ·rødlige, Lamellerne kjødrøde.

2. **Mycena galericulata** (Scop.)

Mellem Mos paa Danmarks Ø (N. H.).

3. **Mycena debilis** Fr.

Mellem Mos og Vaccinium uliginosum paa Danmarks Ø (N. H.).

Hele Svampen hvidgul.

4. **Omphalia umbellifera** (L.).

Almindelig paa fugtige Pletter i Lyngheden i Scoresby Sund (N. H.).

5. **Inocybe lacera** Fr.

Danmarks Ø (N. H.).

6. **Inocybe flocculosa** (Berk.).

Danmarks Ø, almindelig (N. H.).

7. **Inocybe rimosa** (Bull.).

Røde Ø (N. H.).

En lille Form, med omtr. 1 Cent. bred Hat og 1,5 Cent. lang Stok.

8. **Naucoria lapponica** Fr.

Cap Stewart (N. H.).

9. **Galera hypnorum** (Batsch).

Danmarks Ø (N. H.).

10. **Astrosporina scabella** (Fr.) Schroeter.

Hæftet til Mos og døde Stængler af Cassiope tetragona: Danmarks Ø (N. H.).

11. **Psalliota campestris** (L.)
Cap Stewart (N. H.).

12. **Hygrophorus conicus** (Scop.).
Danmarks Ø (N. H.).

13. **Lactarius blennius** Fr.
Danmarks Ø (N. H.).

14. **Lactarius pargamenus** (Swartz).
Danmarks Ø (N. H.).

15. **Lactarius rufus** (Scop.).
Danmarks Ø (N. H.).

16. **Russula emetica** (Schaeff.).
Fjeldmose paa Danmarks Ø, Lynghede ved Cap Stewart
(N. H.).

17. **Cantharellus brachypodes** Chev.
Paa Strandeng tre Mil Øst for Danmarks Ø (N. H.).

Den stemmer saa nøje med Beskrivelsen hos Chevallier
(Flore gen. des env. de Paris, p. 240) at jeg ikke tager i Be-
tænkning at henføre de grønlandske Exemplarer til denne
sjældne Art, der hidtil kun synes at være kjendt fra Omegnen
af Paris. De talrige Exemplarer varierede fra 0,5—2,5 Cent.
brede, med kort og tyk Stok. Sporer ægformede med kort
Spids.

18. **Cantharellus glaucus** (Batsch).
Fugtig Muld paa en Pilestub: Danmarks Ø (N. H.).

19. **Cantharellus lobatus** (Pers.).
Danmarks Ø (N. H.).

20. **Marasmius candidus** (Bolt.).
Paa Pilegrene, Gaaseland (N. H.).

21. **Boletus scaber** Fr.
Almindelig allevegne i Scoresby Sund (N. H.).

22. **Corticium lacteum** Fr.

Paa Bark og Ved af tørre Grene af *Betula nana*, *Salix groenlandica* og *Salix glauca*, mange Steder: Gaaseland, Flade Pynt, Røde Ø, Morænepynt, Danmarks Ø (N. H.).

23. **Solenia anomala** (Pers.) Fuckel.

Paa Træbark, Røde Ø (E. Bay); Flade Pynt, Grene af *Salix groenlandica*, Blaabærhøj paa Danmarks Ø (N. H.).

24. **Clavaria tenuipes** Berk.

Paa fugtig Jord, Blaabærhøj paa Danmarks Ø (N. H.).

25. **Exobasidium Vaccinii** Wor.

Blade af *Vaccinium uliginosum*: Gaaseland, Danmarks Ø, Cap Stewart (N. H.).

Blade af *Cassiope tetragona*: Hjørnedal paa Gaaseland, 700 Meter o. H., Danmarks Ø, Hurry Inlet paa Jamesons Land, 500 Meter o. H. (N. H.).

De af Svampen angrebne Blade af Cassiope fiere Gange større end normalt, 8^{mm} lange og 6^{mm} brede.

Gasteromycetes.

26. **Lycoperdon gemmatum** Batsch.

Danmarks Ø, Hold with Hope (N. H.).

27. **Lycoperdon excipuliforme** Scop.

Gaasefjord, Renodde v. Vestfjord, Danmarks Ø (N. H.).

Den udmærker sig ved sit forneden kegleformede og furet-buglede Peridium; Sporer rue, brune, 5—5,5 μ t.

28. **Lycoperdon furfuraceum** Schaeff.

Gaaseland (N. H.).

De fundne Exemplarer vare 1—1,5 Cent. tykke, Sporer 4—5 μ t., svagt rue.

29. **Lycoperdon favosum** (Rostk.) Bon.

Danmarks Ø (N. H.).

30. **Bovista plumbea** Pers.

I Bunden af Gaasefjord (N. H.).

Da Beskrivelsen af denne og flere nærstaaende Arter lader meget tilbage at ønske, skal her gives en Diagnose af den grønlandske Form: Peridium obovatum , 1,5 cent. long., 1 cent. crass., sursum flavesc. deorsum fuscopurpureum; sporae globosae v. crasse obovatae, glabrae v. minute verruculosae, 4—5 μ diam., pedicellum 8 μ long.

31. **Bovista limosa** n. sp.

Peridium sphæricum v. globuloso-depressum, breve radiculosum, membranaceum, pusillum, pisi magnitudine, 5—7^{mm} diam., argenteum demum cervinum, osculum fimbriatum, basi radiculoso; cortice evanido maculasve albidas relinquente; capillitium castaneo-fuscnm, septatum, usque 7 μ cr.; sporae flavo-olivaceae, globosae, laeves, nucleo centrali laetiori, pedicellatae, 5,5—6,5 μ cr., stipes 5—6 μ l.

Denne meget lille og ejendommelige Art fandtes i større Antal mellem Mos i Kær: Gaaseland, Røde Ø (N. H.).

Ustilaginaceae.

32. **Sphacelotheca Hydropiperis** (Schum.) de Bary.

I Frugtknuden af *Polygonum viviparum*: Røde Ø, Danmarks Ø, Jamesons Land (N. H.).

33. **Ustilago Bistortarum** (DC.) Kke.

Blade af *Polygonum viviparum*: Gaaseland, Danmarks Ø (N. H.).

34. **Ustilago vinosa** (Berk.) Tul.

I Blomsterdelene af *Oxyria digyna*: Danmarks Ø, Jamesons Land, 500 Meter o. H., Hold with Hope (N. H.).

35. **Ustilago Caricis** (Pers.) Fuckel.

I Frugtknuden af *Carex* sp.: Røde Ø (N. H.).

36. **Urocystis sorosporoides** Kke.

Blade af *Thalictrum alpinum*: Danmarks Ø (N. H.).

Uredinaceae.

37. **Puccinia Bistortae** (Strauss) DC.

Blade af *Polygonum viviparum*: Gaaseland, Morænepynt (N. H.).

38. **Puccinia Saxifragae** Schlect.

Paa *Saxifraga nivalis*: Danmarks Ø, Jamesons Land (N. H.).

39. **Puccinia Veronicarum** DC.

Paa *Veronica alpina*: Jamesons Land, omtr. 400 Meter o. H. (N. H.).

40. **Puccinia Blyttii** de Toni.

.Blade af *Sedum Rhodiola*: Danmarks Ø (N. H.).

41. **Puccinia Cruciferarum** Rudolphi.

Blade af *Cardamine bellidifolia*: Røde Ø (Ryder), Danmarks Ø (N. H.).

42. **Melampsora arctica** Rostr.

Paa Blade af *Salix glauca* og *Salix groenlandica*: Gaaseland, Danmarks Ø, Jamesons Land, Hold with Hope (N. H.).

43. **Chrysomyxa Pyrolae** (DC.) Rostr.

Paa Blade af *Pyrola grandiflora*: Røde Ø (N. H).

Taphrinaceae.

44. **Taphrina carnea** Joh.

Blade af *Betula nana*: Danmarks Ø (N. H.).

45. **Taphrina alpina** Joh.

Danner Hexekoste paa *Betula nana*: Røde Ø (N. H.).

Gymnoasceae.

46. Gymnoascus myriosporus n. sp.

Glomerula sphæroidea, alba, floccosa, 0,5—1^{mm} diam.;
hyphae copiose ramosae, dense intricatae, hyalinae; asci nume-
rosi, oblongi, myriospori, long. 45 μ, crass. 20 μ; sporae
ellipsoideae, long. 6 μ, crass. 3 μ.

Svampen ligner smaa Bomuldstotter, spredte paa Overfladen
og i Revner af Rovfuglegylp: Gaaseland, «III Slædetur, 2den
Teltplads»; Danmarks Ø (N. H.).

Denne ny til den lille Familie Gymnoasceerne hørende
Svamp afviger fra de hidtil beskrevne Arter af Slægten Gymno-
ascus ved at have talrige Sporer i Sporesækken, men stemmer
iøvrigt i andre Karakterer fuldstændig med denne Slægt. Den
eneste til denne Familie hørende Slægt, som har «asci poly-
spori», nemlig Eremothecium, afviger ved sit udbredte Mycelium
og sine naaleformede Sporer altfor meget til at den foreliggende
Art kan høre herhen.

Discomycetes.

47. Mitrula gracilis Karst.

Paa Mos: Cap Stewart paa Jamesons Land, Danmarks Ø
(N. H.).

De grønlandske Exemplarer havde 1—1,5 Cent. lange Frugt-
legemer, med en 0,5^{mm} tyk, bleg Stok; Hovedet kølleformet
eller hatformet, rustbrunt paa den halvkugleformig hvælvede
Overside, blegere paa Undersiden, 2—3^{mm} tykt; Sporesække
kølleformede, 55—65 μ l., i Spidsen 6—6,5 μ t.; Sporer aflange,
9—10 μ l., 2 μ cr.

48. Geopyxis Ciborium (Vahl) Pers.

Mellem Mos: Danmarks Ø (Vedel); Cap Stewart (N. H.).

Hele Svampen 2—3 Cent. høj, hvoraf Stokken udgjør ²/₃; Hatten fingerbølformig, Sporesække langstilkede, 155—170 μ l., 10—12 μ t.; Sporer skjævt ellipsoidiske, 12—14 u l., 6 μ t.

49. Peziza crenata n. sp.

Apothecia sessilia, crucibuliformes, deinde obconica, 5—7ᵐᵐ diam., extus cinerea, furfuracea, intus ochracea, margine distincte crenato; asci cylindracei, longe stipitati, long. 220 μ, crass. 12—14 μ; sporae oblongo-ellipsoideae, long. 18—20 μ, crass. 8—10 μ.

I en fugtig Klipperevne, Røde Ø (N. H.).

50. Barlæa asperella Rehm.

Mellem Hepaticae: Hold with Hope (N. H.).

51. Humaria groenlandica n. sp.

Apothecia gregaria, sessilia, planiuscula, immarginata, glabra, glauco-nigricantia, 1,5—2,5ᵐᵐ diam.; asci copiosi, cylindracei, basi tenuati, long. 250 μ, crass. 20 μ; sporae monostichae, ellipsoideae, long. 20—22 μ, crass. 15 μ, hyalinae, strato interiori brunneo; paraphyses filiformes, apice versus clavatae, 7—9 μ cr., rufofuscae. Terricola.

Paa fugtig Jord ved en Elv: Hurry Inlet paa Jamesons Land (N. H.).

52. Humaria depressa Phil.

Fugtig Land ved en Elv: Danmarks Ø (N. H.).

53. Macropodia corium (Weberb.) Cooke.

Fugtig Tørvejord paa Danmarks Ø, gruset Skrænt ved Cap Stewart (N. H.).

Sortebrun, Stokken 1 Cent. lang, Bægeret 1—1,5 Cent. bredt, udvendig fløjlshaaret af leddede, grenede, brune Haar, med stærk Indsnøring mellem Leddene, der ere 10—18 μ tykke. Sporesække 220—250 μ l., 15—20 μ t.; Sporer ellipsoidiske, 18—20 μ l., 9—11 μ t.; Parafyser i Spidsen kølleformede, 5 μ t., brune.

54. **Lachnea gregaria** Rehm.

Fugtig Klippegrund: Røde Ø, Danmarks Ø (N. H.).

Apothecierne 4—5ᵐᵐ brede, konkave med bleg Skive, indrullet Rand, hele Ydersiden beklædt med brune Haar med en enkelt Tværvæg. Sporesække 220 μ l., 18 μ t., Sporer ellipsoidiske, 20—23 μ l., 11—13 μ t., med et stort Saftrum.

55. **Lachnea scutellata** (L.) Sacc.

Fugtig, sandet Elvbred: Danmarks Ø (N. H.).

56. **Sclerotinia Libertiana** Fuck.

Mellem fugtig Mos ved Søbred: Danmarks Ø (N. H.).

57. **Sclerotinia Cassiopes** n. sp.

Apothecia e sclerotio capsulae Cassiopes tetragonae orta, cupulata, atro-brunnea, altitudin. et latitudin. 3—4ᵐᵐ, stipes 10—12ᵐᵐ alt., 0,5—1ᵐᵐ crass.; paraphyses filiformes; sporae ellipsoideae v. citriformes, 10—12 μ l., 6 μ cr.

Denne nye, interessante Art, som maa stilles nærmest Sclerotinia Ledi Naw., blev samlet flere Steder paa Danmarks Ø (N. H.). Dels fandtes Frugtlegemerne fastsiddende paa Sklerotierne, men hyppigst fandtes alene de sklerotiserede Frugter af *Cassiope tetragona*, der forvandledes til glinsende sorte, indvendig hvide og bløde, næsten kugleformede Sklerotier. Oftest fandtes disse Sklerotier mellem de gamle, visne Blade af Cassiope, men de sklerotiserede Kapsler fandtes ogsaa fastsiddende paa Moderplanten. Udviklingen foregaar meget langsomt; nogle hjembragte sklerotiserede Kapsler bleve den 20de April 1893 anbragte i Sand i lukket Rum, der stadig holdtes fugtigt; men først i Septbr. s. A. begyndte der at vise sig Tegn til at de ville skyde Frugtlegemer, idet der opstod flere smaa Vorter paa Overfladen, og først efter flere Maaneders Forløb, i Begyndelsen af December 1893 vare de nogenlunde fuldt udviklede.

58. Ciboria Caucus (Reb.) Fuckel.

Paa Pilerakler i Kær: Danmarks Ø (N. H.).

Sporesække 125 μ l., 9 μ t., Sporer ellipsoidiske, skjæve, 9 μ l., 5 μ t.

59. Helotium uliginosum Fr.

Mellem Mos og paa vissent Bregneløv: Gaaseland; paa Kviste af *Salix groenlandica*: Danmarks Ø (N. H.).

60. Helotium nigresceus (Cooke) Rehm.

Talrige Exemplarer paa en tynd, vissen Stængel: Gaaseland (N. H.); tørre Stængler af *Bartsia alpina*: Tasiusak v. Angmagsalik (E. Bay).

De aflang-tenformede, butte, ofte lidt bønneformet krummede Sporer, der vare 12 μ l. og 3 μ t., vare i Regelen enrummede, men enkelte havde en Skillevæg.

61. Phialea virgultorum (Vahl) Sacc.

Paa Grene af *Salix groenlandica*: Gaaseland (N. H.).

62. Mollisia cinerea (Batsch) Karst.

Paa tørre Grene af *Salix groenlandica* og *Salix glauca*: Teltplads ved Røde Ø, Danmarks Ø (N. H.).

63. Mollisia atrata (Pers.) Karst.

Visne Blade af *Potentilla maculata*: Angmagsalik (Ryder); Stængler af *Potentilla emarginata*: Jamesons Land, Hold with Hope (N. H.).

64. Mollisia ramealis Karst.

Paa Stammen af *Betula nana*: Danmarks Ø (N. H.).

65. Mollisia graminis (Desm.) Karst.

Visne Blade af *Festuca ovina* og *Poa*: Danmarks Ø, Gaaseland (N. H.).

66. Pyrenopeziza sphæroides (Pers.) Fuckel.

Paa Oversiden af Blade af *Salix glauca*, i Mængde paa samme Blad: Teltplads ved Røde Ø (N. H.).

58

67. **Tapesia fusca** (Pers.) Fuckel.
Paa Grene af *Salix groenlandica*: Gaaseland (N. H.).
Den er synonym med Mollisia fusca Karst.

68. **Tapesia lata** n. sp.
Subiculum late effusum, usque 30 cent. long. et 6 cent.
lat., fuscum, e hyphis ramosis, septatis, 5 μ cr., dense con-
textum; apothecia numerosa, sessilia, alba v. flavida, humida,
plana, sicca flexuosa, circ. 1^{mm} lata; asci cylindracei-clavati,
longit. 40—45 μ, crassit. 5—6 μ; sporae elongatae, long.
8—10 μ, crass. 2 μ; paraphyses filiformes, hyalinae, apice
sensim incrassatae, 3—4 μ cr. Lignicola.
Paa Tømmer i et gammelt Grønlænderhus: Danmarks Ø
(N. H.).

69. **Lachnella corticalis** (Pers.) Fr.
Paa tørre Grene af *Salix groenlandica*: Danmarks Ø (N. H.).

70. **Lachnella flammea** (A. et S.) Fr.
I Selskab med Lophium dolabriforme paa tørre Grene af
Salix groenlandica: Danmarks Ø (N. H.).
Sporerne i Regelen krummede, lidt større end Saccardo
angiver, nemlig 12—20 μ l., 4 μ t.

71. **Trichopeziza fusca** (Schum.) Sacc.
Paa Ved af *Salix groenlandica*: Gaasefjord (N. H.).

72. **Dasyscypha bicolor** (Bull.) Fuckel.
Tørre Grene af *Salix groenlandica*: Danmarks Ø (N. H.).

73. **Phæopezia Lignicola** n. sp.
Apothecia gregaria, minuta, 0,5—1^{mm} diam., nigra, sessilia,
margine tenui; asci cylindracei, 70—72 μ l., 6—7 μ cr.; sporae
oblongo-ellipsoideae, fuscae, monostichae, 10—11 μ l., 6 μ cr.
Danmarks Ø, paa Tømmer i Grønlandshuse (N. H.).

74. **Saccobolus obscurus** Cooke.
Da den af Cooke givne Diagnose er ufuldstændig, gives
her en supplerende Beskrivelse efter de grønlandske Exemplarer:

Apothecia minuta, 0,25—0,5^{mm} diam., atro-brunnea, plana; asci clavati, pars sporifer. 32—40 μ l., 12—16 μ cr., stipes 25—30 μ l.; sporae violaceae, dein fuscae, ellipsoideae, 12—15 μ l., 6—7 μ cr.; paraphyses filiformes, longae.

In fimo Cervi tarandi: Gaaseland (N. H.).

75. **Ascophanus cinerellus** (Karst.) Speg.

In stercore Bovis moschatis: Hold with Hope (N. H.).
Sporesække dels med 8, dels med 4 Sporer.

76. **Ascophanus Cesatii** (Carest.) Sacc.

Supra fimum Tetraonis: Danmarks Ø (N. H.).

77. **Lasiobolus pilosus** (Fr.) Sacc.

In fimo Cervi tarandi: Gaaseland (N. H.).

78. **Ryparobius hyalinellus** (Karst.) Sacc.

Supra fimum Tetraonis: Danmarks Ø; in stercore anserino: Gaaseland, Danmarks Ø (N. H.).

79. **Tympanis saligna** Tode.

Grene af *Salix glauca*: Teltplads ved Røde Ø (N. H.).

80. **Cenangella pruinosa** n. sp.

Apothecia corticola, gregaria, sessilia, albo-pruinosa, initio clausa dein concava, margine crasso, 0,5^{mm} diametro; asci crassule clavati, long. 75—85 μ, crass. 20—25 μ, distichi; sporae 8nae, 1-septatae, ovato-oblongae, fuscae, deorsum papilla hyalina, sæpe inæquales, long. 25—34 μ, crass. 10—12 μ; paraphyses filiformes.

In ramis siccis *Vaccinii uliginosi*: Røde Ø (N. H.).

81. **Calloria erythrostigmoides** Rehm.

Paa halvvisne Stængler og Blade af *Cerastium trigynum*: Jamesons Land (N. H.).

82. **Calloria minutissima** Rostr.

Visne Stængler af *Arabis Holbølli*: Scoresby Sund, 800 Meter o. H.

Den afviger fra den tidligere i Grønland paa Stængler af Archangelica fundne Form (se Medd. fra Grønland, III, 537) ved at Sporerne ere tydelig torummede, hvilket er det normale hos Slægten; hos den først beskrevne vare Sporerne formodentlig ikke fuldt modne.

83. **Odontotrema minus** Nyl.

Paa Drivtømmer af Naaletræ, Strandbred ved Danmarks Ø (N. H.).

84. **Stictis mollis** Pers.

Grene af *Salix glauca*: Røde Ø; Stængler af *Dryas integrifolia*: Danmarks Ø (N. H.).

85. **Trochila Stellariae** Rostr.

Paa *Stellaria longipes*: Hold with Hope (N. H.).

86. **Trochila Juncicola** Rostr.

Visne Stængler af *Juncus trifidus*: Gaaseland (N. H.).

87. **Trochila ignobilis** Karst.

Visne Blade af *Elyna Bellardi*: Danmarks Ø; *Carex hyperborea*: Danmarks Ø, Jamesons Land; *Kobresia caricina*: Scoresby Sund (N. H.).

88. **Rhytisma salicinum** (Pers.) Fr.

Blade af *Salix groenlandica*: Gaaseland, Danmarks Ø, Jamesons Land; *Salix glauca* og *Salix herbacea*: Danmarks Ø (N. H.).

89. **Rhytisma Bistortae** (DC.) Rostr.

Blade af *Polygonum viviparum*: Hurry Inlet paa Jamesons Land (N. H.).

90. **Leptopeziza groenlandica** Rostr.

Paa visne Straa af *Poa*: Danmarks Ø (N. H.).

Den af mig opstillede Slægt Leptopeziza er af Saccardo opført som Underslægt af Durella, og ovennævnte Art kaldt Durella groenlandica (Rostr.) Sacc. (Syll. fung. VIII, 794).

91. **Lophodermium hysterioides** (Pers.) Sacc.

Blade af *Salix groenlandica*: Danmarks Ø (N. H.).

92. **Lophodermium maculare** (Fr.) de Not.

Blade af *Vaccinium uliginosum*: Scoresby Sund. «Overordentlig almindelig» (N. H.).·

93. **Lophodermium juniperinum** (Fr.) de Not.

Blade af *Juniperus nana*: Tasiusak ved Angmagsalik (E. Bay).

94. **Lophodermium arundinaceum** (Schrad.) Chev.

Paa *Calamagrostis purpurascens*, *Hierochloa alpina* og *Festuca ovina*: Danmarks Ø (N. H.).

95. **Lophodermium caricinum** (Desm.) Duby.

Paa Blade af *Carex* sp.: Danmarks Ø (N. H.).

96. **Lophium dolabriforme** Wallr.

Paa tørre, afbarkede Grene af *Salix groenlandica* og *Salix glauca*: Gaasefjord, Teltplads ved Røde Ø, Danmarks Ø (N. H.).

97. **Sporomega degenerans** (Fr.) Cda.

Grene af *Vaccinium uliginosum*: Danmarks Ø (N. H.).

Pyrenomycetes.

98. **Podosphaera myrtillina** Kze.

Blade af *Vaccinium uliginosum*: Danmarks Ø (N. H.).

99. **Asterella Chamænerii** Rostr.

Paa *Chamaenerium latifolium*: Danmarks Ø (N. H.).

100. **Diatrypella verruciformis** (Ehrh.) Nke.

Grene af *Salix groenlandica*: Gaaseland (N. H.).

101. **Diatrypella melaleuca** (Kze.) Nke.

Grene af *Salix groenlandica*: Danmarks Ø (N. H.).

De grønlandske Exemplarer stemme nøje med Beskrivelsen hos Nitschke (Pyrenomycetes germanici p. 80) undtagen at Sporerne ere farveløse.

102. **Rosellinia pulveracea** (Ehrh.) Fuck.

Døde, afbarkede Grene af *Salix groenlandica*: Bunden af Gaasefjord, Danmarks Ø (N. H.).

103. **Rosellinia protuberans** Karst.

Afbarkede Grene af *Salix groenlandica*: Danmarks Ø (N. H.).

104. **Laestadia Potentillae** Rostr.

Visne Blade af *Sibbaldia procumbens*: Danmarks Ø (N. H.).

105. **Physalospora alpestris** (Niessl.

Blade af *Carex parallela*: Røde Ø (N. H.).

106. **Sphaerella Capronii** Sacc.

Visne Blade af *Salix*: Danmarks Ø (N. H.).

107. **Sphaerella Salicicola** (Fr.) Fuckel.

Visne Pileblade: Gaaseland; Blade af *Salix herbacea*: Cap Stewart (N. H.).

108. **Sphaerella innumerella** Karst.

Blade af *Sibbaldia procumbens*: Danmarks Ø (N. H.).

109. **Sphaerella confinis** Karst.

Blade af *Erigeron eriocephalus*, visne Stængler af *Antennaria alpina* og Blade af *Sedum Rhodiola*: Danmarks Ø (N. H.).

110. **Sphaerella sibirica** Thum.

Paa *Melandrium involucratum*: Danmarks Ø (N. H.).

111. **Sphaerella Stellarianearum** (Rbh.) Karst.

Paa Blade, Bæger og Stængel af *Alsine biflora* og *Carastium trigynum*: Jamesons Land, *Arenaria ciliata*: Scoresby Sund (N. H.).

112. **Sphaerella eucarpa** Karst.

Blade af *Polygonum viviparum*: Hurry Inlet paa Jamesons Land (N. H.).

113. **Sphaerella Polygonorum** (Crié) Sacc.

Blade af *Polygonum viviparum*: Danmark Ø (N. H.).

114. **Sphaerella Compositarum** Awd.

Paa *Antennaria alpina*: Danmarks Ø (N. H.).

115. **Sphaerella minor** Karst.

Blade af *Chamaenerium latifolium*: Hold with Hope (N. H.).

116. **Sphaerella arthopyrenioides** Awd.

Paa Blade og Stængler af *Papaver nudicaule*: Danmarks Ø, Hold with Hope (N. H.).

Optræder allerede paa de levende Blade, men Perithecierne modnes først paa de visne Blade.

117. **Sphaerella pachyasca** Rostr.

Overordentlig almindelig paa en Mængde forskjellige Planter, hyppigst paa Stængler, men ogsaa ofte paa Blade og Frugter, f. Ex paa Skulper af Korsblomster. Af hjembragte Planter er den funden paa følgende: *Chamaenerium latifolium*, *Potentilla maculata*, *Draba nivalis*, *Ranunculus pygmæus*, *Thalictrum alpinum*, *Saxifraga stellaris*, *cernua*, *Pedicularis flammea*, *lapponica*, *Campanula rotundifolia*, *uniflora*, *Diapensia lapponica*, alle fra Danmarks Ø; Blade af *Sedum Rhodiola*: Gaaseland; *Armeria sibirica* ved Cap Stewart; *Arabis Holbølli* især i Mængde paa Skulperne: Røde Ø, Scoresby Sund; *Ranunculus affinis* (Sporerne 28 μ l., 8 μ t.), *Draba alpina*, *aurea*, *hirta*; Scoresby Sund (N. H.).

118. **Sphaerella pusilla** Awd.

Blade af *Carex parallela*: Scoresby Sund (N. H.).

119. **Sphaerella Tassiana** de Not.

Trisetum subspicatum: Angmagsalik (E. Bay); *Tofjeldia borealis*: Gaasefjord, Scoresby Sund; *Juncus biglumis*, *Eriophorum Scheuchzeri*, *Carex festiva*, *Colpodium latifolium*, *Festuca ovina*, *Glyceria sp.*: Danmarks Ø; *Poa adbreviata*: Jamesons Land; *Poa alpina*, *Catabrosa algida*, *Carex incurva*: Scoresby Sund (N. H.).

120. **Sphaerella lycopodina** Karst.

Blade af *Lycopodium annotinum β alpestre*: Røde Ø, Scoresby Sund (N. H.).

121. **Stigmatea Ranunculi** Fr.

Blade af *Ranunculus nivalis*: Danmarks Ø, Hold with Hope (N. H.).

122. **Gnomonia campylostyla** Awd.

Blade af *Betula nana*: Danmarks Ø (N. H.).

123. **Diaporthe salicella** (Fr.) Sacc.

Grene af *Salix groenlandica*: Danmarks Ø (N. H.).

Skjønt Sporerne ere en Del større (nemlig 26—33 μ l., 6—7 μ t.) end Saccardo (Syll. fung. I, 622) angiver, maa de grønlandske Exemplarer dog vistnok høre herhen; særlig karakteristisk er en Opsvulmning ved Skillevæggen, hvad der ogsaa antydes i en Anmærkning hos Saccardo (l. c.).

124. **Venturia macrospora** n. sp.

Perithecia hypophylla, gregaria, aterrima, setis nigris dense armata; asci sessiles, cylindracei, longit. 100—105 μ, crass. 15—20 μ; sporae submonostichae, ovoideae, uniseptatae, constrictae, hyalinae, longit. 25—29 μ, crass. 12—14 μ.

In foliis dejectis *Salicis groenlandicae*: Danmarks Ø (N. H.).

125. **Venturia chlorospora** (Ces.) Karst.

Blade af *Salix groenlandica*: Cap Stewart paa Jamesons Land (N. H.).

126. **Didymosphaeria Dryadis** (Fuck.) Rostr.

Blade af *Dryas octopetala*: Danmarks Ø (N. H.). Sporerne vare 32 μ l., 12 μ t.

127. **Didymosphaeria Cassiopes** n. sp.

Perithecia gregaria, globulosa, papillata, vix 0,5^{mm} diametro; asci sessilia, ovoidea, long. 40 μ, crass. 18—20 μ; Sporae octonae, oblongae, fuscae, 1-septatae, constrictae, 18—24 μ l., 7—8 μ cr., di-tristichae.

In foliis siccis *Cassiopes tetragonae*: Hold with Hope (N. H.).

128. **Leptosphaeria Doliolum** (Pers.) de Not.

Stængler af *Chamaenerium latif.*: Danmarks Ø (N. H.).

129. **Leptosphaeria Silenes** de Not.

Blade af *Silene acaulis*: Cap Stewart, Hold with Hope (N. H.).

130. **Leptosphaeria Andromedae** Sacc.

Blade af *Cassiope tetrag.*: Hold with Hope (N. H.).

131. **Leptosphaeria Coniothyrium** Sacc.

Blade af *Salix groenlandica*: Danmarks Ø (N. H.).

132. **Leptosphaeria microscopica** Karst.

Paa *Eriophorum Scheuchzeri*: Danmarks Ø (N. H.).

133. **Leptosphaeria culmorum** Awd.

Paa *Trisetum subspicatum*: Tasiusak v. Angmagsalik (E. Bay).

134. **Leptosphaeria Marcyensis** (Peck) Sacc.

Blade af *Lycopodium annot. β alpestre*: Danmarks Ø (N. H.).

135. **Chaetosphaeria Potentillae** n. sp.

Perithecia byssiseda, gregaria, conica; asci crasse inflati, long. 38—45 μ, crass. 22—25 μ; sporae octonae, conglobatae, fuscae, cylindraceo-oblongae, 3-septatae, vix constrictae, 18—20 μ l., 7—8 μ cr.

In foliis et caulibus *Potentillae niveae*: Danmarks Ø, paa en snebar Plet i November 1891 (N. H.).

136. **Melanomma salicinum** Rostr.

Afbarkede Grene af *Salix groenlandica*: Gaaseland, Danmarks Ø (N. H.).

137. **Pleospora herbarum** (Pers.) Rhb.

Paa en Mængde forskjellige Planter, især Stængler: *Silene acaulis* ved Kobberpynt og Danmarks Ø; *Draba alpina*: Danmarks Ø; *Arnica alpina*: Danmarks Ø og Cap Stewart (Ryder);

Campanula uniflora og *Polygonum viviparum* paa Jamesons Land; *Pyrola grandiflora* paa Røde Ø; *Viscaria alpina, Vesicaria arctica, Erigeron compositus, Tofjeldia borealis, Juncus triglumis* ved Scoresby Sund; paa en vissen *Lycoperdon*: Hold with Hope (N. H.).

138. Pleospora vulgaris Niessl.

Paa *Cerastium alpinum*: Danmarks Ø (N. H.).

139. Pleospora pentamera Karst.

Paa *Hierochloa alpina* og *Festuca ovina*: Danmarks Ø; *Poa glauca*: Scoresby Sund; *Alopecurus alpinus*: Hold with Hope (N. H.).

140. Pleospora platyspora Sacc.

Stængler af *Chamaenerium latif.*: Danmarks Ø (N. H.), Kapsler af *Draba aurea*: Gaaseland, 800 Meter o. H. (N. H.).

141. Pleospora Elynae (Rbh.) de Not.

Stængler og Blade af *Carex scirpoidea* og *Carex rupestris*: Scoresby Sund (N. H.).

142. Pyrenophora comata (Niessl) Sacc.

Paa *Melandrium*: Føhnfjord; *Saxifraga Aizoon*: Røde Ø; *Cerastium alpinum, Campanula rotundifolia, Oxyria digyna*: Danmarks Ø; *Pedicularis hirsuta*: Jamesons Land (N. H.).

143. Pyrenophora chrysospora (Niessl) Sacc.

Visne Stængler og Blade af *Melandrium, Viscaria, Erigeron eriocephalus, Tofjeldia coccinea, Polygonum viviparum,. Salix groenlandica*: Scoresby Sund (N. H.).

144. Pyrenophora paucitricha (Fuck.) Rostr.

Blade af *Salix groenlandica*: Røde Ø (N. H.).

145. Teichospora pruniformis (Nyl.) Karst.

Grene af *Salix groenlandica*: Gaaseland, Hold with Hope (N. H.).

Sporerne vare 33—38 μ l., 10—14 μ t., med 7—9 Tværvægge og spredte Længdevægge.

146. **Teichospora pomiformis** Karst.

Bark af *Salix groenlandica*: Gaaseland (N. H.).

147. **Sphaeroderma fimbriatum** n. sp.

Perithecia minima, sphæroidea, rubella, ostiolo fimbriato, subiculo obsoleto; asci cylindraceo-clavati, longit. 100—110 μ, crass. 20 μ; sporae distichae, initio hyalinae, dein fuscae, ellipsoideae, long. 20 μ, crass. 11—12 μ.

In fimo Cervi tarandi: Gaaseland (N. H.).

148. **Sordaria discospora** (Awd.) Niessl.

In fimo leporino. Kobberpynt ved Vestfjord (N. H.).

149. **Sporormia minima** Awd.

In fimo Bovis moschatis: Hurry Inlet paa Jamesons Land (N. H.).

Sporer 24—28 μ l., 5—6 μ t.

150. **Sporormia promiscua** Carestia.

In fimo Tetraonum: Danmarks Ø (N. H.).

151. **Sporormia ambigua** Niessl.

In fimo Hypudaei lemmi: Hold with Hope (N. H.).

152. **Sporormia intermedia** Awd.

In stercore: Bos moschatus paa Jamesons Land og Hold with Hope; Cervus tarandus paa Gaaseland og Hold with Hope; Lepus paa Danmarks Ø og Kobberpynt; Anser paa Danmarks Ø; Tetrao paa Danmarks Ø og Hold with Hope (N. H.).

153. **Sporormia megalospora** Awd.

In stercore Bovis maschatis: Hurry Inlet paa Jamesons Land (N. H.).

Perithecier meget store, 0,5—0,75^{mm}, ægformet-kegleformede, med tydelig Munding; Sporer meget store, 4-rummede, omgivne af et Slimlag, 68—75 μ l., 13—15 μ t.

154. **Sporormia heptamera** Awd.

In fimo anserino: Danmarks Ø (N. H.).

155. **Sporormia octomera** Awd.

In fimo Tetraonum: Danmarks Ø (N. H.).

156. **Dothidella Vaccinii** Rostr.

Levende Blade af *Vaccinium uliginosum*: Danmarks Ø (N. H.).

Sphaeropsideae.

157. **Phoma nebulosa** (Pers.) Mont.

Visne Stængler af *Cardamine bellidifolia*: Danmarks Ø (N. H.).

Peritheciernes Væg meget tynd, hindeagtig; Peritheciet tæt pakket med en overordentlig Mængde, meget smaa Sporer, 4—5 μ l., 1 μ t.

158. **Phoma complanata** (Tode) Desm.

Paa Frugter og Fnok af *Erigeron eriocephalus*: Gaaseland (N. H.).

159. **Phoma Pyrolae** (Ehrenb.). Rostr.

Blade af *Pyrola grandiflora*: Gaaseland (N. H.).

160. **Phoma salicina** West.

Grene af *Salix groenlandica*: Gaaseland (N. H.).

161. **Phoma Agaricicola** n. sp.

Perithecia gregaria, exigua, semiimmersa, sphaeroideo-conica, papilla alba. Pycnoconidia numerosa, oblonga, 4—5,5 μ l., 1,5—2 μ cr.

Paa Hatten af tørre *Agarici*, sammen med Cladosporium Epimyces: Danmarks Ø (N. H.).

162. **Phoma stercoraria** P. et C.

In fimo anserino: Gaaseland (N. H.).

Kun kjendt fra Nordamerika, ligeledes paa Exkrementer af Vildgæs.

163. **Sphæronaema Acrospermum** (Tode) Fr.

Paa Kviste af *Salix groenlandica*: Gaaseland, 300 Meter o. H. (N. H.).

Bestemmelsen beror paa habituelle Karakterer, da denne Art hidtil ikke har været underkastet nogen mikroskopisk Undersøgelse .og overhovedet ikke synes at være fundet i nyere Tid. De farveløse, ellipsoidiske Sporer ere 9 μ l., 6—7 μ t.

164. **Cytospora Salicis.** (Cda.) Rbh.

Grene af *Salix groenlandica* og *Betula nana*: Danmarks Ø; *Salix glauca*: Teltplads ved Røde Ø (N. H.).

165. **Cytospora salicella** Sacc.

Grene af *Salix groenlandica* og *Betula nana*: Danmarks Ø (N. H.).

Den afviger fra den hyppigere forekommende C. Salicis ved sine særdeles smaa Sporer, 2,5—3 μ l., 0,5 μ t.

166. **Cytospora nivea** (Hoffm.) Sacc.

Grene af *Salix groenlandica*: Morænepynt: *Salix glauca*: Danmarks Ø (N. H.).

167. **Diplodia Betulae** West.

Paa Ved af *Betula nana*: Føhnfjord (N. H.).

De mørkebrune, torummede Sporer 24—28 μ l., 11—13 μ t. (Størrelsen har ikke tidligere været angivet).

168. **Ascochyta Dianthi** (A. et S.) Berk.

Paa Stængler, Blade, Bægere af *Stellaria humifusa*: Danmarks Ø (N. H.).

Da Sporernes Størrelse hidtil ikke har været kjendt, anføres her Dimensionerne hos de grønlandske Exemplarer, nemlig 12—16 μ i Længde og 4 μ i Tykkelse.

169. **Ascochyta Cassandrae** Peck.

Paa tørre Kapsler af *Cassiope hypnoides*: Danmarks Ø, Nordvestfjord (N. H.).

Exemplarer fra førstnævnte Sted stemme nøje med Peck's Beskrivelse af denne nordamerikanske, paa Blade af Cassandra calyculata fundne Art. Exemplarer fra Nordvestfjord havde lidt kortere og tykkere Sporer (9—10 μ l., 4 μ t.), af hvilke enkelte havde to Skillevægge.

170. Ascochyta Diapensiae n. sp.

Perithecia numerosa, dense gregaria, epiphylla, minutissima, globosa, in foliis albidis languidis. Pycnoconidia osseiformia, continua v. medio septata, 12—15 μ l., 3—5 μ cr.

Paa visne, hvidlige Blade af *Diapensia lapponica*: Danmarks Ø (N. H.).

171. Topospora proboscidea Fr.

Paa tørre Grene af *Salix groenlandica*: Gaaseland (N. H.).

Det er med nogen Tvivl, at jeg henfører den grønlandske Svamp til den nævnte, hidtil temmelig ufuldstændig kjendte, af Saccardo med ? til Mastomyces henførte Art. Den habituelle Lighed med Topospora uberiformis Fr. (Mastomyces Friesii Mart.) og de ikke forhen beskrevne Sporers Form fører den dog herhen. Paa Grund af de hidtidige ufuldstændige Beskrivelser gives her en Diagnose efter de grønlandske Exemplarer.

Perithecia cæspitosa, rima corticali erumpentia, obovato-claviformia, apice obtusa, 0,5^{mm} crassa, nigra, membranacea, collabescentia; pycnoconidia cylindracea vel anguste fusiformes, hyalina, triseptata, 20—25 μ l., 2 μ cr.; basidia filiformes, spora 3—4-plo longiores.

172. Cytosporium Heclae n. sp.

Perithecia epixyla, superficialia, hemisphaerica, gregaria, atra, subastoma, 0,25^{mm} diametro; pycnoconidia fuliginea, ellipsoidea v. ovata v. pyriformia, 12—14 μ l., 8—10 μ cr., radiatim v. cruciatim 3—6-septata v. 2—4-murali-septata.

In ramis decorticatis *Salicis groenlandicae*: Danmarks Ø ved Hekla Havn (N. H.).

173. **Septoria cercosperma** Rostr.

Visne Stængler af *Pedicularis hirsuta*: Danmarks Ø (N. H.).

174. **Septoria Drabae** (Fuck.) Rostr.

Tørre Stængler af *Draba*: Bunden af Gaasefjord (N. H.).

175. **Septoria Empetri** Rostr.

Paa Oversiden af Blade af *Empetrum nigrum*: Danmarks Ø (N. H.).

176. **Septoria Diapensiae** Karst.

Visne Blomsterdele af *Diapensia lapponica*: Danmarks Ø (N. H.).

177. **Septoria salicella** B. et Br.

Paa Grene af *Salix groenlandica*: Danmarks Ø (N. H.).

178. **Septoria punctoidea** Karst.

Paa visne Blade af *Carex pedata*: Røde Ø; *Carex capillaris, supina, Elyna Bellardi*: Danmarks Ø (N. H.).

179. **Septoria caricinella** Sacc. et Roum.

Paa Blade af *Carex nardina*: Danmarks Ø (N. H.).

180. **Actinothyrium graminis** Kze.

Visne Straa af *Poa*: Danmarks Ø (N. H.).

181. **Excipula Diapensiae** n. sp.

Perithecia minutissima, dense gregaria, hypophylla, innato-excipuliformia, celluloso-contexta, fusca, ore orbiculari; pycnoconidia breve stipitata, recta, cylindracea, 12—14 μ l., 2,5 μ cr.

I Mængde paa halvvisne Blade af *Diapensia lapponica*: Danmarks Ø (N. H.).

Melanconiaceae.

182. **Gloeosporium Pedicularidis** n. sp.

Acervuli biogeni, amphigeni, discoidei, sparsi, cinereo-nigri, 0,5ᵐᵐ diametro. Pycnoconidia cylindrico-oblonga, recta v. sabarcuata, hyalina, guttulata, 12—15 μ l., 3—4 μ cr.

Ad fol. viv. *Pedicularidis hirsutae*: Hold with Hope (N. H.).

183. **Myxosporium salicinum** Sacc.

Paa Grene af *Salix groenlandica*: Danmarks Ø (N. H.).

184. **Discula microsperma** (B. et Br.) Sacc.

Grene af *Salix groenlandica*: Danmarks Ø (N. H.).

185. **Næmospora microspora** Desm.

Paa Grene af *Betula nana*: Danmarks Ø (N. H.).

Det er med nogen Tvivl, at jeg henfører de grønlandske Exemplarer til denne Art. Talrige $^1/_4 - ^1/_5$ mm store, forskjelligt formede, ofte sammentrykte Pyknider samlede i tværstillede Hobe af 4—6 mm Længde, først rødgule, tilsidst sortagtige, med en større eller mindre, aaben Munding og fyldte med lange, traadformede Sterigmer og særdeles smaa, 2—3 μ l., 0,5 μ t. Konidier, altsaa endnu mindre end Saccardo angiver dem.

186. **Coryneum Kunzei** Cda.

Grene af *Betula nana*: Danmarks Ø, Hjørnedalen paa Gaaseland (N. H.).

Hyphomycetes.

187. **Coniosporium miserrimum** Karst.

Grene af *Betula odorata*: Danmarks Ø (N. H.).

188. **Coniosporium phæospermum** (Cda.) Sacc.

Afbarkede Grene af *Salix groenlandica*: Danmarks Ø (N. H.).

189. **Torula antiqua** Cda.

Afbarkede Grene af *Salix groenlandica*: Danmarks Ø (N. H.).

190. **Antennatula arctica** Rostr.

Grene af *Rhododendron lapponicum*: Kobberpynt; *Salix glauca*: Teltplads ved Røde Ø (N. H.).

191. **Goniosporium puccinioides** (Kze. et Schm.) Lk.

Paa Blade af *Carex sp.*: Jamesons Land; *Carex festivā*: Gaaseland (N. H.).

192. Cladosporium herbarum (Pers.) Lk.

Overalt ved Scoresby Sund paa døde Stængler, Blade, Blomsterdele af en Mængde forskjellige Planter, f. Ex. paa *Chamaenerium, Melandrium, Vesicaria, Papaver, Saxifraga oppositifolia* og *cernua, Rhodiola, Campanula rotund., Betula nana, Salix groenl., Empetrum, Tofjeldia coccinea, Lycopodium annot.;* paa tørre Fisk (N. H.).

193. Cladosporium graminum Cda.

Paa visne Græsblade: Gaaseland, Danmarks Ø (N. H.).

194. Cladosporium Aphidis Thüm.

·Paa døde Insekter: Tipula sp., Larver og Imago af Dasychira groenlandica: Danmarks Ø (Deichmann).

Den afviger fra den nærstaaende Cl. herb. bl. a. ved sine blegere Hyfer og Konidier.

195. Cladosporium Epimyces Cooke.

Paa *Boletus scaber*: Flade Pynt; paa *Agaricus*: Danmarks Ø (N. H.).

196. Helminthosporium Rhododendri n. sp.

Hyphae epiphyllae, cæspitosae, fasciculatae, erectae, atrofuscae, septatae, 6—7 μ crass.; Conidia cylindracea, utrinque obtusa, 3-septata (passim 2-septata), obscure fusca, 4-guttulata, 22—28 μ l., 6—7 μ cr.

In foliis sicc. *Rhododendron lapponicum*: Danmarks Ø (N. H.).

197. Dendryphium fumosum (Cda.) Fr.

Visne Kviste og Blade af *Salix*: Gaaseland (N. H.).

Konidierne valseformede, 20—50 μ l., 6—8 μ t., med 8—10 Tværvægge.

198.· Coniothecium toruloides Cda.

I Mængde paa Rovfuglegylp: Danmarks Ø (N. H.).

Trods sit ejendommelige Voxested synes den dog at være identisk med denne tidligere i Grønland paa Juniperus fundne Art.

199. Coniothecium complanatum (Nees) Sacc.

Paa Grene af *Salix groenlandica*: Morænepynt, Hekla Havn (N. H.).

200. Coniothecium betulinum Cda.

Paa Grene af *Betula odorata*: Røde Ø (N. H.).

201. Coniothecium helicoideum Sacc.

Visne Tuer af *Poa glauca*, i snefri Spalter i Februar 1892: Danmarks Ø (N. H.).

202. Fumago vagans Pers.

Paa Grene og Blade af *Salix groenlandica* og *Cystopteris fragilis*: Danmarks Ø (N. H.).

203. Isaria densa (Link) Giard.

Paa Larver og Pupper af Dasychira groenlandica: Danmarks Ø o. fl. St. (Deichmann).

Denne paa en Mængde forskjellige Insekter optrædende Parasit, der rimeligvis er Konidestadiet af en Cordyceps, er første Gang beskrevet af Link (Observ. mycol. I, 11) under Navn af Sporotrichum densum. Fries (Syst. myc. III, 419) bemærker lejlighedsvis, at den Link'ske Art synes at høre til Isaria, men han opfører den dog ikke under denne Slægt. Giard benævner den med Rette Isaria densa (fyldigst udviklet i Bulletin scientifique de la France et de la Belgique, XXIV tome). Det er sikkert den samme Svamp som af Saccardo (Syll. fung. IV, 119) er beskrevet under Navn af Botrytis tenella, som en Underart af Botrytis Bassiana Bals.

204. Volutella pulchra B. et C.

Tørre Grene af *Salix groenlandica*: Gaaseland (N. H.).

205. Fusarium stercorarium n. sp.

Crusta fimicola, effusa, nigrescens, nitida; hyphae subhyalinae, compactae; conidia late fusoidea, compressa, $15-18\,\mu$ l., $6-8\,\mu$ cr., fusca, numerosa.

Danner en tynd sort Skorpe paa hele Overfladen af Rensdyr-Ekkrementer: Kobberpynt ved Vestfjord (N. H.).

Entomophthoraceae.

206. Empusa Muscae Cohn.

Døde Fluer, Anthomyia sp., siddende paa Dryas octopetala: Dánmarks Ø, og paa Pilerakler: Hold with Hope (N. H.).

Saprolegniaceae.

207. Saprolegnia ferax (Gruith.) Nees.

Paa Hundeexkrementer i et Hul paa Isen, fyldt med Vand. Danmarks Ø.

Óosporerne vare 30—40 μ i Diameter.

. Chytridiaceae.

208. Physoderma Hippuridis Rostr.

l Mængde paa Stængler og Blade af *Hippuris vulgaris var. maritima*: Tasiusak ved Angmagsalik (E. Bay); Føhnfjord (N. H.).

Appendix.

a. *Mycelia sterilia.*

209. Sclerotium durum Pers.

Paa visne Stængler af *Potentilla maculata*: Angmagsalik (Ryder); i Kurvene og paa Stængler af *Erigeron eriocephalus*: Danmarks Ø (N. H.).

Hører sandsynligvis til Sclerotinia Fuckeliana.

210. Sclerotium rufum Rostr.

Tørre Stængler af *Viscaria alpina* og *Bartsia alpina*: Tasiusak ved Angmagsalik (E. Bay).

· Af golde Mycelier fandtes endvidere meget almindelig et spindelvævsagtigt Net af oftest brunlige Hyfer over forskjellige Plantedele, som nylig vare blottede for Sneen, muligvis hørende til Fries' Lanosa nivalis. Endvidere fandtes flere Steder udprægede Mycorhiza-Dannelser hos Arctostaphylos alpina og Cassiope tetragona: Danmarks Ø (N. H.).

b. *Myxomycetes.*

211. **Licea brunnea** Preuss.

Paa Rovfuglegylp: Danmarks Ø (N. H.).

Øst-Grønlandske Svampe,

ordnede efter Værtplanterne.

Dryas octopetala
Didymosphaeria Dryadis (Fuck.).

Dryas integrifolia.
Stictis mollis Pers.

Potentilla maculata.
Mollisia atrata (Pers).
Sclerotium durum Pers.
Sphaerella pachyasca Rostr.

Potentilla emarginata.
Mollisia atrata (Pers.).

Potentilla nivea.
Chaetosphaeria Potentillae n. sp.

Sibbaldia procumbens.
Laestadia Potentillae Rostr.
Sphaerella innumerella Karst.

Hippuris vulgaris.
Physoderma Hippuridis Rostr.

Chamaenerium latifolium.
Asterella Chamaenerii Rostr.
Sphaerella minor Karst.
Sphaerella pachyasca Rostr.
Leptosphaeria Doliolum (Pers.).
Pleospora platyspora Sacc.
Cladosporium herbarum (Pers.).

Empetrum nigrum.
Septoria Empetri Rostr.
Cladosporium herbarum (Pers.).

Silene acaulis.
Leptosphaeria Silenes de Not.
Pleospora herbarum (Pers.)

Viscaria alpina.
Sclerotium rufum Rostr.

Melandrium involucratum.
Sphaerella sibirica Thüm.
Pyrenophora comata (Niessl).
Pyrenophora chrysospora (Niessl).
Cladosporium herbarum (Pers.).

Alsine biflora.
Sphaerella Stellarianearum (Rbh.).

Stellaria humifusa.
Ascochyta Dianthi (A. & S.).

Stellaria longipes.
Trochila Stellariae Rostr.

Cerastium trigynum.
Calloria erythrostigmoides Rehm.
Sphaerella Stellarianearum (Rbh.).

6*

Cerastium alpinum.
Pleospora vulgaris Niessl.
Pyrenophora comata (Niessl).

Draba alpina.
Sphaerella pachyasca Rostr.
Pleospora herbarum (Pers.).

Draba aurea.
Pleospora platyspora Sacc.

Draba nivalis.
Sphaerella pachyasca Rostr.

Draba hirta.
Sphaerella pachyasca Rostr.

Draba sp.
Septoria Drabae (Fuck.).

Cardamine bellidifolia.
Puccinia Cruciferarum Rud.
Phoma nebulosa (Pers.).

Arabis Holboellii.
Calloria minutissima Rostr.
Sphaerella pachyasca Rostr.

Papaver nudicaule.
Sphaerella arthopyrenioides Awd.

Thalictrum alpinum.
Urocystis sorosporioides Kke.
Sphaerella pachyasca Rostr.

Ranunculus nivalis.
Stigmatea Ranunculi Fr.

Saxifraga nivalis.
Puccinia Saxifragae Schlect.

Saxifraga stellaris.
Sphaerella pachyasca Rostr.

Saxifraga cernua.
Sphaerella pachyasca Rostr.
Cladosporium herbarum (Pers.).

Saxifraga Aizoon.
Pyrenophora comata (Niessl).

Saxifraga oppositifolia.
Cladosporium herbarum (Pers.).

Sedum Rhodiola.
Puccinia Blyttii de Toni.
Sphaerella confinis Karst.
Sphaerella pachyasca Rostr.
Cladosporium herbarum (Pers.).

Veronica alpina.
Puccinia Veronicarum DC.

Pedicularis hirsuta.
Septoria cercosperma Rostr.
Gloeosporium Pedicularidis n. sp.

Bartsia alpina.
Helotium nigrescens (Cooke).
Sclerotium rufum Rostr.

Diapensia lapponica.
Sphaerella pachyasca Rostr.
Ascochyta Diapensiae n. sp.
Septoria Diapensiae Karst.
Excipula Diapensiae n. sp.

Pyrola grandiflora.
Chrysomyxa Pyrolae (DC.).
Pleospora herbarum (Pers.).
Phoma Pyrolae (Ehrenb.).

Cassiope tetragona.
Astrosporina scabella (Fr.).
Exobasidium Vaccinii Wor.
Sclerotinia Cassiopes n. sp.
Didymosphaeria Cassiopes n. sp.
Leptosphaeria Andromedae Sacc.

Cassiope hypnoides.
Ascochyta Cassandrae Peck.

Rhododendron lapponicum.
Antennatula arctica Rostr.
Helminthosporium Rhododendri n. sp.

Vaccinium uliginosum.
Exobasidium Vaccinii Wor.
Cenangella pruinosa n sp.
Lophodermium maculare (Fr).

Sporomega degenerans (Fr.).
Podosphaera myrtillina Kze.
Dothidella Vaccinii Rostr.

Campanula rotundifolia.
Sphaerella pachyasca Rostr.
Pyrenophora comata (Niessl).
Cladosporium herbarum (Pers.).

Antennaria alpina.
Sphaerella confinis Karst.
Sphaerella Compositarum Awd.

Erigeron eriocephalus.
Sphaerella confinis Karst.
Pyrenophora chrysospora (Niessl).
Phoma complanata (Tode).
Sclerotium durum Pers.

Arnica alpina.
Pleospora herbarum (Pers.).

Polygonum viviparum.
Sphacelotheca Hydropiperis (Schum.)
Ustilago Bistortarum (DC.).
Puccinia Bistortae (Strauss).
Rhytisma Bistortae (DC.).
Sphaerella eucarpa Karst.
Sphaerella Polygonorum (Crié).
Pleospora herbarum (Pers.).
Pyrenophora chrysospora Niessl).

Oxyria digyna.
Ustilago vinosa (Berk.).

Salix herbacea.
Rhytisma salicinum (Pers.).
Sphaerella Salicicola (Fr.).

Salix groenlandica et glauca.
Marasmius candidus (Bolt.).
Corticium lacteum Fr.
Solenia anomala (Pers.).
Melampsora arctica Rostr.
Ciboria Caucus (Reb.).
Helotium uliginosum Fr.
Phialea virgultorum (Vahl).
Pyrenopeziza sphaeroides (Pers.).
Tapesia fusca (Pers.).

Mollisia cinerea (Batsch).
Lachnella corticalis (Pers.).
Lachnella flammea (A. & S.):
Trichopeziza fusca (Schum.).
Dasyscypha bicolor (Bull.).
Tympanis saligna Tode.
Stictis mollis Pers.
Rhytisma salicinum (Pers.).
Lophodermium hysterioides (Pers.).
Lophium dolabriforme Wallr.
Diatrypella verruciformis (Ehrh.).
Diatrypella melaleuca (Kze.).
Rosellinia pulveracea (Ehrh.).
Rosellinia protuberans Karst.
Sphaerella Capronii Sacc.
Diaporthe salicella (Fr.).
Venturia macrospora n. sp.
Venturia chlorospora (Ces.).
Leptosphaeria Coniothyrium Sacc.
Melanomma salicinum Rostr.
Pyrenophora chrysospora (Niessl).
Pyrenophora paucitricha (Fuck.).
Teichospora pruniformis (Nyl.).
Teichospora pomiformis Karst.
Phoma salicina West.
Sphæronema Acrospermum (Tode).
Cytospora Salicis (Cda.).
Cytospora salicella Sacc.
Cytospora nivea (Hoffm.).
Tospospora proboscidea Fr.
Cytosporium Heclae n. sp.
Septoria salicella B. et Br.
Myxosporium salicinum Sacc.
Discula microsperma (B. et Br.).
Coniosporium phæospermum (Cda.).
Torula antiqna Cda.
Antennatula arctica Rostr.
Cladosporium herbarum (Pers.).
Dendryphium fumosum (Cda.).
Coniothecium complanatum (Nees).
Fumago vagans Pers.
Volutella pulchra B. et C.

Betula nana.
Corticium lacteum Fr.
Taphrina carnea Joh.
Taphrina alpina Joh.

Mollisia ramealis Karst.
Gnomonia campylostyla Awd.
Cytospora Salicis (Cda.).
Cytospora salicella Sacc.
Diplodia Betulae West.
Naemospora microspora Desm.
Coryneum Kunzei Cda.
Cladosporium herbarum (Pers.).

Betula odorata.
Coniosporium miserrimum Karst.
Coniothecium betulinum Cda.

Tofjeldia coccinea.
Cladosporium herbarum (Pers.).

Tofjeldia borealis.
Sphaerella Tassiana Not.

Juncus trifidus.
Trochila Juncicola Rostr.

· *Eriophorum Scheuchzeri.*
Leptosphaeria microscopica Karst.

Elyna Bellardi.
Trochila ignobilis Karst.
Septoria punctoidea Karst.

Kobresia caricina.
Trochila ignobilis Karst.

Carex nardina.
Septoria caricinella Sacc.

Carex scirpoidea.
Pleospora Elynae (Rbh.).

Carex rupestris.
Pleospora Elynae (Rbh.).

Carex incurva.
Sphaerella Tassiana Not.

Carex festiva.
Sphaerella Tassiana Not.
Goniosporium puccinioides (K. et S.).

Carex hyperborea.
Trochila ignobilis Karst.

Carex capillaris.
Septoria punctoidea Karst.

Carex pedata.
Septoria punctoidea Karst.

Carex supina.
Septoria punctoidea Karst.

Carex parallela.
Physalospora alpestris Niessl.
Sphaerella pusilla Awd.

Carex sp.
Ustilago Caricis (Pers.).
Lophodermium caricinum (Desm.).

Alopecurus alpinus.
Pleospora pentamera Karst.

Hierochloa alpina.
Lophodermium arundinaceum (Schr.).
Pleospora pentamera Karst.

Calamagrostis purpurascens.
Lophodermium arundinaceum (Schr).

Trisetum subspicatum.
Sphaerella Tassiana Not.
Leptosphaeria culmorum Awd.

Catabrosa algida.
Sphaerella Tassiana Not.

Colpodium latifolium.
Sphaerella Tassiana Not.

Glyceria sp.
Sphaerella Tassiana Not.

Poa adbreviata.
Sphaerella Tassiana Not.

Poa glauca.
Pleospora pentamera Karst.
Coniothecium helicoideum Sacc.

Poa sp.
Mollisia graminis (Desm.).

Leptopeziza groenlandica Rostr.
Actinothyrium graminis Kze.

Festuca ovina.

Mollisia graminis (Desm.).
Lophodermium   arundinaceum
(Schrad.).
Sphaerella Tassiana Not.
Pleospora pentamera Karst.

Juniperus.

Lophodermium juniperinum (Fr.).

Lycopodium annotinnm.

Sphaerella lycopodina Karst.
Leptosphaeria Marcyensis (Peck).

Cystopteris fragilis.

Fumago vagans Pers.

Agaricus sp.

Phoma Agaricicola n. sp.
Cladosporium Epimyces Cooke.

Boletus scaber.

Cladosporium Epimyces Cooke.

III.

Lichener fra Scoresby Sund
og Hold with Hope.

Ved

J. S. Deichmann Branth.

1894.

At dømme efter det betydelige af Stud. mag. N. Hartz indsamlede Materiale, som dog for den største Del stammer fra Midten af Scoresby Sund og kun for en ringe Del fra Mundingen og Bunden, bære Lichenerne ikke noget frodigt og kraftigt Præg. Af store Arter, som findes i det sydlige Grønland, men mangle her, nævnes: *Cetraria juniperina, saepincola, Nephromata, Sticta scrobiculata, Parmelia hyperopta, conspersa, centrifuga, incurva, Xanthoria murorum, Placodium saxicola, Cladonia bellidiflora,* medens *Alectoria ochroleuca* kun er sjelden og kummerlig, og *Cladonia rangiferina* optræder i ringe Mængde, om end hyppigt nok. Antallet af Arter bliver i det hele omtrent 190 eller $^2/_3$ af det Antal, som er fundet i det øvrige Grønland, hvilket maa anses for betydeligt, naar Hensyn tages til, at der hverken er opstillet ny Arter eller de vedtagne udkløvede saa vidt som det nu bruges af mange Forfattere. 25 Arter ere ikke fundne i det øvrige Grønland, mest skorpeagtige paa Jord, hvis Indsamling ellers plejer at tilsidesættes, men paa hvilke denne Samling er meget rig. At *Dermatocarpon cinereum* og *Polychidium muscicola* kun ere fundne her, kan med Rimelighed forklares af, at de ere oversete andensteds, medens Fundet af *Thelocarpon epibolum, Collema verrucaeforme* og *Pannaria nigra (Lecoth. corall.)* allerede er mærkeligere. Dersom Kryptogamernes Udbredelse kunde betragtes paa samme Maade som Fanerogamernes, maatte man anse Forekomsten af *Acarospora Schleicheri* for lige saa mærkelig som om man ved Scoresby Sund havde fundet en levende Kastanie eller Cypres, i hvis Gebet den hører hjemme, medens den ikke før er fundet Nord for Middelhavslandene og Kalifornien.

For at lette Sammenligningen er den følgende Liste ligesom «Grønlands Lichen - Flora», ordnet efter Th. Fries: «Lichenes Arctoi».

En Del af de almindelige Bemærkninger om enkelte Arters Udbredelse skyldes Meddelelser af Samleren.

Bryopogon jubatus (L.). Almindelig enkeltvis.

Alectoria ochroleuca (Ehrh.). Lave og fine, ofte solbrændte Former, sjelden og ofte nærmende sig til den efterfølgende.

Al. nigricans (Ach.) Nyl. Alm. enkeltvis paa tørre Steder.

Obs. Distributio duarum varietatum (specierum) alia qvam in Groenlandia australi et occidentali.

Cornicularia divergens Ach. formae minores. I det hele sjelden og slet udviklet. Kun paa Runde Fjeld, mellem Vestfjord og Rolige Bræ, i større Puder mellem Ras.

C. aculeata (Ehrh.). Haardfør og alm. baade ved Havet og inde i Scoresby Sund.

Thamnolia vermicularis (L.) f. gracilior. Alm. enkeltvis paa grusede Steder.

Cetraria Islandica (L.). Er maaske (med C. nivalis og Stereocaula) den almindeligste buskede Lav, men mest i smaa Eksplr. Ogsaa paa Toppen af Runde Fjeld, c. 5000'. Var. *platyna* sjelden, var. *crispa* alm. paa tør Bund. De bredeste Former findes i Reglen paa de yderste Skær.

C. Delisei Bory. Alm. En Mellemform mellem *platyna* og *Delisei* paa Jamesons Land (thallo opaco et subinermi), Overgange mellem denne og den sædvanlige *Delisei* i Nordvestfjord, Overgange mellem *Delisei* og *nigricans* ved Hekla Havn.

C. nigricans Nyl. Hold with Hope.

C. odontella Ach. Mellem Sten i Ras flere Steder.

C. cucullata (Bell.). Enkeltvis mellem andre Cetrarier hist og her.

C. nivalis (L.). Meget alm. Ikke sjelden med Apothecier.

Peltigera aphthosa (L.). Alm. mellem Mos under Buske.

P. canina (L.). Hist og her paa lignende Steder.

Obs. Forma minor soreumatica, sorediis caesiis et dense tomentosa (valde similis var. *spuriae* DC., cf. Hue, Descr. lich. de la Moselle p. 378) ad Danmarks Ø et Gaasefjord inventa.

P. malacea Ach. Temmelig alm., ofte nærmende sig *P. rufescens.*

P. rufescens Fr. Den almindeligste Peltigera.

Obs. Interdum thallus globulis rubris, a fungillo *Illosporio carneo* formatis, obsitus est.

P. scabrosa Th. Fr. (*pulverulenta* Tayl.). Gaaseland, Røde Ø.

P. venosa (L.). Paa fugtige Steder hist og her.

Solorina crocea (L.). Alm. paa Grus.

S. saccata. Flere Steder paa fugtig Jord. Var. *limbata* (Sommerf.) ligeledes især i Fjeldsprækker·

Parmelia saxatilis (L.). Meget alm. paa Sten, ogsaa ofte paa Jord. Var. *omphalodes* (L.) alm. Var. *panniformis* Ach. Røde Ø.

P. encausta (Sm.). Hekla Havn med *Alectoria nigricans.* Var. *intestiniformis* (Vill.), flere Steder, · deriblandt Toppen af Runde Fjeld.

P. alpicola Th. Fr. Toppen af Runde Fjeld, Røde Ø.

Obs. Structura laciniarum extremarum suadet eam ad affinitatem *P. encaustae* pertinere, ut allatum Nyl. Lich. Lapp. or. p. 120. Interdum tamen videtur a *P. stygia* descendere.

P. olivacea var. *prolixa* Ach. Kviste ved Cap Stewart. Var. *fuliginosa* Fr. og var. *sorediata* Ach., erratiske Blokke paa Danmarks Ø, den sidste tillige paa Røde Ø.

P. stygia (L.). Meget alm.

P. lanata (L.). Ligesaa, ogsaa i Ras og Grus.

P. Fahlunensis (L.). Meget alm., ogsaa ofte paa Jord.

P. commixta (Nyl.). Danmarks Ø.

Obs. Spermatia ellipsoidea, unum alterumve apice incrassatulum.

P. diffusa (Web.) (P. ambigua Nyl.). Birk paa Danmarks Ø og Røde Ø, ogsaa over P. saxatilis.

Physcia pulverulenta var. *muscigena* Ach. Meget alm. paa Jorden i Pilekrattene, sjelden med Apothecier.

Ph. stellaris (L.). Den opstigende Form sjeldnere end den tiltrykte, som findes paa Sten, Ved, Kviste, Knokler, Jord, Gyrophorer, i Reglen noget mørkere end andensteds (f. *subobscura* Nyl.). Formerne *aipolia* Ach. og *albinea* Ach. ere hyppige og nærme sig *Ph. caesia*.

Ph. obscura (Ehrh.). Sten paa Danmarks Ø. Sammesteds med Soredier.

Xanthoria elegans (Link.). Meget alm. Danner oftere brede Striber og Flader selv paa meget udsatte Steder af Klipperne. Sjeldnere paa Jord og Gyrophorer. Den oprette Form (status erectus, pygmaeus), som i Grønland med Urette er henført til *Xanth. parietina*, er sjælden.

X. vitellina Ehrh. Meget alm. paa Sten, Jord, Grus, Mos, Knokler, Kviste. Var. *placodizans* Nyl. et Par Steder paa Jord.

X. subsimilis Th. Fr. Ligesaa.

Obs. Illa plejospora paullo frequentior quam haec octospora. Sporae interdum 8—16 vel 12—24, plerumque tamen aut 8-nae majores aut c. 24-nae minores. 36 specimina microscopice examinavi.

Pannaria microphylla (Sw.). Jord paa Morænepynt og Danmarks Ø.

P. lepidiota (Sommerf.). Danmarks Ø.

Obs. Nyl. Scand. p. 290: »Forte sit modo *P. microphylla* muscicola thalli sqvamulis magis evolutis», et forte plures species hujus generis aeque debiles sint.

P. brunnea (Sw.). Danmarks Ø, Cap Stewart. Var. *nebulosa* (Hoffm.) Danmarks Ø. Var. *demissa* Th. Fr. Gaaseland.

P. hypnorum (Vahl). Meget alm. paa fugtig Jord imellem Mos.

P. lanuginosa (Ach.). Hekla Havn tillige med *Lepraria latebrarum* Ach.

Placodium chrysoleucum (Sw.). Meget alm. inde i Scoresby Sund, især var. *opacum* Ach.

Obs. Saepius male evolutum et subcrustaceum quam normale. Apo-thecia interdum a Pyrenomycetibus variis infestata sunt ut *Cercidospora Ulothii* Koerb. (sporis 4—6-nis, uniseptatis, 18—20 μ) et *Endococco pyg-maeo* (Koerb.). Illa etiam inventa est ad apothecia *Xanth. elegantis* et ad thallum *Solor. croceae.*

Pl. geophilum Th. Fr. Paa Jord paa Danmarks Ø, Kobber-pynt.

Obs. Modo sterilis. Thallus centro torulosus, stramineus (pallidior quam in *Pl. stramineo*), ambitus laciniarum saepe ochroleucus. In her-bario aetate colorem sordide ochraceum assumit (non ochroleucum sive colorem *Parmeliae conspersae*, qui tamen rectius glaucus vel stramineo-glaucus nominandus esset).

Pl. stramineum (Wahlenb.). Usikre Fragmenter paa Danmarks Ø.

Pl. fulgens var. *alpinum*. Steril paa Flade Pynt.

Pl. albescens var. *dispersum* (Pers.). Toppen af Runde Fjeld, Danmarks Ø.

Acarospora chlorophana (Wahlenb.). Danmarks Ø.

A. Scleicheri (Ach.). Paa Skrænter af Glimmergrus ved Flade Pynt og inderst i Gaasefjord med Apothecier. Steril paa Danmarks Ø og Cap Stewart.

Obs. Haec species modo e regionibus calidioribus zonae temperatae, scilicet Maris Mediterranei, Valisia mitiori et California cognita est et parum credibile mihi videbatur eam longe intra circulum polarem inveniri. Cl. A r n o l d tamen determinationem affirmavit. Specimen e Sardinia apothecia habet pallide castanea, e Montpellier et San Diego (California austr.) autem similia iis e Scoresby Sund, quae ne varietatis quidem nomine digna sunt. Thallus flavus, verrucoso-areolatus, modo subsparsus, modo continuus. Apothecia immersa, sangvineo-fusca 0,4—8 mill. Paraphyses conglutinatae. Asci clavato-fusiformes, myriospori. Sporae globosae vel mutua pressione subangulosae, 2—3 μ. Spermogonia frequentia, immersa, thallo intensius colorata, spermatia non visa.

A. cervina f. *rufescens* (Turn.). Alm.

A. peliocypha (Wahlenb.). Danmarks Ø.

A. badiofusca (Nyl.). En Klippesprække paa Gaaseland.

A. smaragdula (Wahlenb.). Flere Steder.

Obs. Haec et tres praecedentes, quae re vera non specifice differunt, rupicolae sunt et amant rimas, praecipue schisti micacei, in quas saepe rhizinas validas ad modum *Psorae rubiformis* emittunt. Haud raro tamen ad terram inveniuntur.

Haematomma ventosum (L.). Alm. i det Indre af Scoresby Sund.

Obs. Interdum ab hyphis alienis Torulaceis et aliis parasitis infestatum quae acervos nigros apothecia simulantes formant.

Lecanora tartarea (L.). Overalt paa organisk Substrat, dog ikke paa Silene acaulis (ligesom i Lapland).

L. pallescens (L.). Danmarks Ø paa tørre Kviste. Var. *Upsaliensis* (L.) samme Sted paa vissen Dryas.

L. oculata (Dicks). Danmarks Ø steril.

L. atra (Huds.). Hekla Havn paa Sten og Grus.

L. subfusca (L.). Hyppig over Mos (var. *hypnorum* Wulfen). Paa Knokler med Overgange til den følgende.

L. Hageni Ach. Hist og her paa visne Mostuer, Pilekviste, Stængler, Sten og Knokler (paa disse med var. *crenulata* Nyl.).

L. albella (Hoffm.). Danmarks Ø paa Birk.

L. frustulosa (Dicks.). Flere Steder paa Sten og Jord.

Obs. Thallus in eodem frustulo modo flavescens et modo albidus. Interdum infestata ab hyphis alienis Torulaceis sicut *Haematomma ventosum*.

L. cenisea Ach. Forma recedens lignicola ad Hekla Havn apotheciis lividopruinosis, sporis 12—15 μ, ad hanc vel ad *albellam* referri potest.

L. varia (Ehrh.). Gammelt Hustømmer paa Danmarks Ø. Var. *symmicta* (Ach.) paa Diapensia og andre visne Halvbuske paa Danmarks Ø, kun ved Voxestedet forskjellig fra den følgende.

L. polytropa (Ehrh.). Meget alm. paa Sten, paa Ler ved Morænepynt med *Acarospora peliocypha* og *Aspicilia gibbosa*. Var. *intricata* (Schrad.) synes mindre almindelig.

L. badia (Ehrh.). Temmelig almindelig.

L. bryontha (Ach.). Danmarks Ø.

Caloplaca cerina (Hedw.). Paa tørre Kviste, Ved og Knokler, temmelig almindelig. Med meget smaa Apothecier paa Ved af Naaletræ. Var. *stillicidiorum* (Oed.) hyppigere. Var. *pyracea* (Ach.) et Par Steder paa Sten og Knokler. Var. *chloroleuca* (Sm.) paa Danmarks Ø.

C. Jungermanniae (Vahl). Meget alm. paa visne Plantestængler, især paa Læsiden. Var. *subolivacea* Th. Fr. flere Steder paa Knokler og Jord.

C. diphyes (Nyl.). Danmarks Ø paa vissen Cerastium alpinum med den normale *C. Jungermanniae*. Spor 12—15 μ.

Obs. Forte consideranda ut *C. Jung.* nigricans. Valde similis *plejophorae* (Nyl.).

C. leucoraea (Ach.). Paa lidt tørrere Steder over. Mos paa Jord temmelig alm. Spor. 16—24 μ.

C. tetraspora (Nyl.). Hekla Havn paa Peltigera.

Obs. Non typica, sed forma inter hanc et *leucoraeam* intermedia: Sporae 4 – 8-nae, late ellipsoideae, 16—20 μ.

C. ferruginea (Huds.). Hist og her paa Mos, Kviste, Sten og Jord.

Obs. Etiam haec sicut ceterae species nothae generis hujus formas habet obscuriores et minores, quae nominibus *cinnamomea et fuscoatra* salutatae sunt. Tales inventae ad surculos putrescentes in Danmarks Ø.

Rinodina turfacea (Wahlenb.). Meget almindelig og i mange Former, ikke sjælden paa Peltigera.

Obs. Forma apotheciis pruinosis, magnis (0,5—7 mill.) et sporis majoribus (usque ad 40 μ) ad Sil. acaulem; haec forma ad. var. *roscidam* (Sommerf.) spor. 35—40 μ (ad Hekla Havn inventam) referri posset nisi apothecia majora debito essent. Apotheciis parvis arctissime confertis (0,3—4 mill., spor. 20—25 μ) ad excrementa leporina vel murina; fere similis esset var. *orbatae* Ach. (*succedens* Nyl.) ad ramulos inventae vel. var. *archaeae* Ach. (spor. 15—28 μ) ad Betulam, Salicem, Peltigeras et ligna inventae, nisi margo apotheciorum plane integer esset neque crenatus qvalis in hac varietate describitur. Sane vanus labor in his varietatibus constituendis.

R. mniaraea (Ach.). Paa tørrere Steder i Lyngheden end den. foregaaende, hist og her. Var. *cinnamomea* Th. Fr. paa Runde Fjeld og ved Hekla Havn.

Obs. Apothecia interdum valde pruinosa et facie sublecideina. Sporae magis uniformi magnitudine (20—24 μ) quam in hoc genere solent.

R. sophodes var. *exigua* (Ach.). Danmarks Ø.

Aspicilia verrucosa (Ach.). Temmelig almindelig over Mos og tørre Kviste.

A. cinerea (L.). Paa Jord ved Morænepynt, Klippe ved Hekla Havn.

A. gibbosa (Ach.). Alm. Nærmer sig ofte var. *sqvamata* Flot., som er fundet nogle Steder.

A. calcarea var. *Hoffmanni* (Ach.). Gaasefjord.

Obs. Sporae modo 10—12 μ. E. Pyrenæis 18—24 μ.

A. cinereo-rufescéns (Ach.). Gaasefjord.

Urceolaria scruposa (L.). Almindelig paa Jord og forvitrende Klippesprækker.

Stereocaulon paschale (L.). Hist og her.

S. tomentosum Fr. Danmarks Ø, Gaaseland.

S. alpinum Laur. Temmelig almindelig.

S. denudatum Flk. Temmelig almindelig paa beskyttede Steder imellem Mos, ligesom de foregaaende Former. Var. *pulvinatum* (Schaer.), den hyppigste Form findes derimod mest i faste Tuer paa nøgent Grus. Var. *capitatum* Flot. (apicibus granulato-sorediosis) paa Danmarks Ø.

Cladonia gracilis var. *hybrida* Ach. Danmarks Ø daarligt udviklet.

Cl. pyxidata (L.). Meget alm. i Lyngheden.

Cl. fimbriata (L.). Raaddent Naaletræsved af Husruiner ved Hekla Havn med Overgange til den foregaaende.

Cl. furcata var. *racemosa* (Hoffm.). Temmelig alm.

Cl. cornucopioides (L.). Hekla Havn.

Cl. digitata (L.). Kobberpynt.

Cl. rangiferina (L.). Smaa Eksplr. ere temmelig almindelige især inde i Scoresby Sund, mest var. *silvatica* (Hoffm.).

Obs. Ad Angmagsalik (66°) caespites validi collecti sunt, ad fretum Scoresbyi (70½°) adhuc sat frequens sed parva et sparsa specimina, ad 73—75° perrara (teste P an s ch). Ita in Groenlandia orientali septentrioñem versus rarescit. De ceteris Cladoniis addendum est caespites exténsos squamarum stirpis *Cl. gracilis* copiose ad fretum Scoresbyi collectos esse sed steriles et male evolutos. Apothecia coccinea dicuntur rara.

Cl. uncialis (L.). I det hele almindeligere end *Cl. rangiferina* (ligesom paa Spitzbergen).

Cl. amaurocraea Flk. Danmarks Ø.

Gyrophora hyperborea (Hoffm.). Meget alm.

G. proboscidea (L.). Ligesaa. Var. *deplicans* Nyl. flere Steder.

G. erosa (Web.). Maaske den hyppigste.

Obs. Etiam de Gyrophoris fere valet eas omnino esse parvas et male evolutas, melius evolutae plerumque modo in locis tectis obveniunt. In latere rupium occidentem versus spectante et vento siccanti (Føn) exposito dicuntur deesse. *G. erosa* dicitur frequentissima et *G. proboscidea* durissima, dum *G. hyperborea* fertilissima est.

G. arctica Ach. Danmarks Ø.

G. cylindrica (L.). Alm. Var. *Delisei* Nyl. endnu mere udbredt.

G. stipitata (Nyl.). Hekla Havn (Varietet af *cylindrica* og *vellea*).

G. hirsuta Ach. Danmarks Ø. Var. *papyria* Ach. sammesteds, i Skygge.

G. vellea Ach. Temmelig almindelig og paa beskyttede Steder kraftigt udviklet, sjelden med Frugt (altsaa ikke fuldkommen sikker).

Psora rubiformis (Wahlenb.). Almindelig paa Jord især i Klipperevner.

Obs. In fissuras rupium interdum usque ad 2 centim. penetrat stipitibus vel rhizinis validis, ab hyphis adglutinatis formatis et saepe 1 mill. crassis. Spermatia cylindrica sunt. Variat apotheciis sublobatis, rufofuscis, fere *luridae*, cui et *globiferae* valde affinis est (an nimis?). Tamen ab illis facilius distingvitur quam illae invicem, quae praeterea steriles et squamis adpressis *Dermatocarpis* externa facie valde similes sunt; hoc genus tamen gonidia habet Pleurococcina, dum gonidia Psorae Cystococcina sunt

Ps. globifera (Ach.) I store Pletter paa Jorden hist og her.

Ps. lurida (Sw.). Danmarks O.

Ps. atrorufa (Dicks.). Meget alm. paa tørre grusede Steder.

Ps. decipiens (Ehrh.). Hist og her.

Toninia squalida (Ach.). Danmarks Ø paa Ras og forvitret Glimmerskifer.

T. lugubris (Sommerf.) (*Lec. caudata* Nyl.). Danmarks Ø paa Ras.

Thalloidima candidum (Web.). Hekla Havn.

Schaereria cinereo-rufa (Schaer.) (*Lec. lugubris* Nyl.). Danmarks Ø paa løs Gnejs og Grus.

Catolechia epigaea (Pers). Th. Fr. Scand. p. 587. Inderst i Gaasefjord paa Jord.

Bacidia vermifera (Nyl.) Th. Fr. Scand. p. 363 (*Sec. lecideoides* Stizenb. Krit. Bem. S. 23). Apothecia 0,3—4^{mm}. Sporae 20—30 μ, subclavatae, contortae, septis indistinctis. Hekla Havn paa tørre Kviste.

Biatorina tuberculosa Th. Fr. Hekla Havn paa Solorina.

B. Stereocaulorum Th. Fr. Danmarks Ø paa Stereocaula.

Obs. Haec et praecedens forsan potius fungis adnumerandae.

Biatora vernalis (L.), f. minor. Cap Stewart paa Jord, Hekla Havn paa tørre Kviste. Apoth. 0,5—7 mill., spor. 10—14 μ.

B. cuprea (Sommerf.). Hekla Havn, Røde Ø.

B. Berengeriana Mass. Hold with Hope, Hekla Havn, Danmarks Ø, ved Bræen i Gaasefjord.

B. fusca (Schaer.). Flere Steder paa tørre Stængler, ogsaa af Silene acaulis.

Obs. Liceat hic substrata nonnulla in suffruticibus arcticis et aliis locis peculiaribus enumerare.

Vaccinium uliginosum: *Caloplaca cerina, Biatora Tornoënsis, Lecidea enteroleuca.*

Silene acaulis: *Caloplaca cerina* et var. *stillicidiorum*, *Cal. jungermanniae*, *Rinodina turfacea*, *Biatora castanea*, *B. fusca.*

Diapensia lapponica: *Lecanora varia f. symmicta*, *Xanthoria vitellina*, *Biatora castanea*, *Lecidea Diapensiae*, quarum thallus invisibilis est et modo ex hyphis in substrato occultis sine gonidiis constat. Lichenes hi in natura modo analogo vivere videntur atque in experimentis cognitis ab A. Møller factis.

Dryas: *Caloplaca ferruginea*, *Rinodina turfacea*, *Biatora castanea*, *Lopadium pezizoideum*, *Lecidea enteroleuca f. muscorum*, *Buellia parasema.*

Empetrum: *Buellia myriocarpa.*

Ossa vetusta balaenarum et phocarum frequenter in litore sparsa: *Physcia stellaris* (minor) vel *caesia*, *Xanthoria subsimilis* et *vitellina* (illa frequentior) *Caloplaca cerina* (omnium frequentissima) et var. *pyracea*, *Rinodina turfacea*, *Lecanora subfusca* minor et *L. Hageni* cum var. *crenulata*, *Lecidea enteroleuca* var. *pilularis* praeter nonnullas rariores ut *Buelliam myriocarpam*. *Bacidia subfuscula*, quae in Groenl. occidentali sat frequenter ad hoc substratum crescit, ad Scoresby sund non inventa.

Terra turfosa vento siccanti (Føn) exposita: *Xanthoria vitellina*, *Caloplaca Jungermanniae*, *Rinodina turfacea*, *Lecidea assimilata.*

B. epiphaea Nyl. Danmarks Ø over Mos mellem Ras.

Obs. Apothecia bicolora, parte infera pallescente et supera rufo-spadicea. Spor. 8—12 μ. Affinis *B. vernali* sed verisimiliter distincta non modo interdum (varietas), sed semper (species).

B. Tornoënsis (Nyl.). Temmelig alm. over Mos og tørre Kviste, især Birk, ogsaa over Stereocaulon.

B. castanea Hepp. Alm. paa Mos, Diapensia, Salix, Peltigera.

Obs. Sporae speciminum variant magnitudine: 12—16 μ, 15—20 μ, 16—24 μ, 20—28 μ.

B. fuscescens Sommerf. Danmarks Ø paa Birk.

Obs. Sporae minores solito, 6—8 μ, late ellipsoideae.

Lopadium pezizoideum (Ach.). Alm. paa lidt tørveagtig Jord.

Rhexophiale coronata Th. Fr. (*Lecidea rhexoblephara* Nyl.). Danmarks Ø over Mos paa Jord.

Lecidea panaeola Ach. Danmarks Ø paa fugtigt liggende Sten.

Obs. Credibile eam esse *contiguam* var. *macrocarpam* cum cephalodiis Notandum eam loca humida amare.

L. contigua Hoffm. Hekla Havn.

L. confluens Ach. Danmarks Ø flere Steder.

L. speirea Ach. Alm. flere Steder.

L. spilota Fr. Danmarks Ø.

L. lithophila (Ach.). Alm. Kobberpynt paa Asbest nærmende sig *L. spilota*.

Obs. Specimina ex hoc substrato apothecia habent irregularia , et medullam Jodo coerulescentem. Utrum hypothecium pallidum vel obscurum; an hyphas jodo immutatas vel coerulescentes ut notas specificas inter *L. lithophilam* et *lapicidam* constituamus, aeque vacillantes sunt et formae intermediae aeque frequentes.

L. lapicida Ach. Temmelig alm.

L. auriculata var. *evoluta* Th. Fr. Danmarks Ø. Var. *diducens* Nyl. hist og her.

L. polycarpa Flk. Danmarks Ø paa en erratisk Blok.

L. crustulata Ach. Gaaseland.

L. enteroleuca var. *muscorum* (Wulfen) paa Mos , Betula, Salix, Dryas, Vaccinium, undertiden med kugleformede Sporer. Var. *euphorea* Flk. paa gammelt Hustømmer ved Hekla Havn. Var. *pilularis* (Dav.) paa Sten, Jord, Knokler, ofte ikke til at skjelne fra var. *muscorum*. Var. *latypea* (Ach.) temmelig alm. paa Sten

L. vitellinaria Nyl. Danmarks Ø og Røde Ø paa Xanth. vitellina paa Jord.

Obs. Potius fungus quam affinis praecedenti cui sequens magis vicina est paraphysibus laxis et sporis limbatis.

L. Diapensiae Th. Fr. Paa Diapensia, en enkelt Gang paa Dryas. Danmarks Ø og Røde Ø.

L. alpestris Sommerf. Danmarks Ø flere Steder.

Obs. Sporae solitae 15—25 μ irregulariter oblongo - fusiformes, raro subseptatae.

L. limosa Ach. Flere Steder paa visne og forraadnende Stængler og Kviste.

L. assimilata Nyl. Ligesaa.

Obs. Haec et praecedens sine ullo dubio varietates L. *alpestris* sporis similibus irregularibus, modo paullo minoribus, altera hypothecio pallidiore, altera obscuriore et vix propriis nominibus dignae

L. aglaea Sommerf. Kobberpynt.

L. atrobrunnea Ram. Flere Steder.

L. paupercula Th. Fr. Hekla Havn.

L. atroferrata Branth og pletvis var. *Dicksoni* (Ach.). Flere Steder ved Hekla Havn.

Obs. Ad lapidem (Danmarks Ø) inventa est var. *Dicksoni* spor. 7—8 μ intermixtis areolis nonnullis albidis sub lente rimosis, verisimiliter Lecanorae e. g. *gibbosae*, statu misero et copia minima. Num quidquam cum *Lecidea sincerula* Nyl.?

Sporastatia Morio (Ram.). Danmarks Ø flere Steder.

Obs. Marginem habet thallodem, etiamsi sine gonidiis, itaque forsan melius *Acarosporae* adnumeranda, quod etiam de sequente valeat. Confusione speciminn hujus nonnulla in Lich. Groenl. p. 481 ad *Lecanoram deustam* relata sunt, quae in Groenlandia vix inventa est.

Sp. Clavus (DC.) (*Lecanora eucarpa* Nyl.). Danmarks Ø paa Glimmerskifer sparsom og ofte nærmende sig den følgende.

Sp. simplex (Dav.). Gaaseland, Gaasefjord paa Granit, Gnejs og Diabas.

Sp. pruinosa (Sm.) var. *atrosangvinea* Flk. En Sten ved Hurry Inlet.

Obs. Temeritas esset suffultus in paucis et mancis speciminibus certo judicio sententias discrepantes de formis huic affinibus dijudicare. Th Fr.

Lich. Scand. p. 407 hanc varietatem describit «disco atrosangvineo nudo, excipulo albido pseudolecanorino» et Sommerf. Suppl. p. 153 scribit: «satis alienum habitum praebet, inprimis apotheciis in substrato substantiae sub-pulveraceae albo sessilibus», descriptiones, quae specimini e Hurry Inlet quadrant. Species Nylanderianae e Fennia *Lecanora plinthina* et *L. psim-mythina* sec. descr. vix longe distant et *Acarospora cinerascens* Steiner Arn. Exsicc. Nr. 1500 sat similis est.

Buellia parasema (Ach.). Var. *muscorum* (Schaer.), meget alm. paa Mos. De følgende Varieteter mere paa tørre Kviste. Var. *triphragmia* (Nyl.) og *papillata* Sommerf. flere Steder. Var. *triphragmioides* Anzi (i. e. *triphragmia* thallo flavescente) Danmarks Ø. Var. *albocincta* Th. Fr. (spor. 16 — 18 μ) Flade Pynt.

B. convexa Th. Fr. Danmarks Ø paa Physcia pulv. var. muscigena og Ph. stellaris var. albinea (eller Ph. caesia).

Obs. Videtur praecedens et *B. myriocarpa* sine gonidiis propriis parasitantes.

B. coniops (Wahlenb.). Gaasefjord.

Obs. Thallus in statu vegeto violaceo-fuscus, vetustior cinerascit.

B. vilis Th. Fr. Lich. Spitsb. p. 44 (*Lec. enteroleucoides* Nyl.). Danmarks Ø.

B. myriocarpa (DC.). Alm. paa Bark og tørre Græsstraa, ogsaa fundet paa Sten, Knokler, Empetrum, Sedum Rhodiola og Physcia stellaris.

B. saxatilis (Schaer.). Gaasefjord paa Diabas.

Obs. Thallus videtur *Placodii chrysoleuci* et *Aspiciliae*. «Est quasi *myriocarpa* omnino ecrustacea et apotheciis solis crescens in crustis alienis», Nyl.

B. atroalba (Ach.). Meget alm.

B. Rittokensis Hellb. Runde Fjeld.

B. applanata Th. Fr. (*chlorospora* Nyl.). Hekla Havn nogle Steder.

B. expallescens Th. Fr. (sec. descr.). Paa Siden af en lille Sten paa Danmarks Ø og Gaaseland.

B. coracina (Hoffm.) (*moriopsis* Mass.). Diabas i Gaasefjord et eneste Apothecium mellem *B. atroalba.*

Rhizocarpon geminatum Flot. Lige saa almindelig som *B. atroalba.*

Rh. petraeum (Wulfen). Mindre alm. end den forrige.

Obs. Si species secundum colorem sporarum et reactionem hypharum constituimus, sequentes inventae: *grande* Arn. (aliquando hyphis subcoerulescentibus et sporis 25—30 μ)·passim, *distinctum* Th. Fr. Danmarks Ø, *reductum* Th. Fr. Hekla Havn.

Rh. geographicum (L.). Meget alm., den eneste Art paa glat skurede Steder.

Rh. alpicola (Schaer.). Kobberpynt, Røde Ø.

Rh. effiguratum (Anzi). Runde Fjeld, Hekla Havn, Kobberpynt paa Asbest.

Obs. Aemulatur formas minutas *Rh. geographici.* Apothecia 0,8—5 mill. Paraphyses confluentes. Sporae 10—14 μ. Epithallus K÷, hyphae J÷ («dilute coerulescunt» Th. Fr Lich. Scand. p. 613). Neque reactiones *alpicolae* inveni ut traduntur (scilicet K + J÷) sed modo K÷, J÷ et modo colorem his reagentiis submutatum. *Rh. effiguratum* forsan includat *Lecid. semotulam* Nyl. Nullus finis specierum conficiendarum in notis vacillantibus süffultarum.

Sphaerophoron coralloides Pers. Temmelig alm. mellem Mos paa beskyttede Steder.

Sph. fragile (L.). Meget alm. paa Grus imellem Ras.

Dermatocarpon miniatum var. *complicatum* (Sw.). Røde Ø.

D. rufescens (Ach.). Temmelig alm. paa Jord, i hvert Tilfælde hyppigere end *Psora globifera*, med hvilken den i steril Tilstand kan forvexles.

D. cinereum (Pers.). Temmelig alm. paa Jord.

Normandina viridis (Ach.). Danmarks Ø, Gaaseland.

Pertusaria Sommerfeltii (Flk.). Hekla Havn og Cap Stewart paa Mos og tørre Kviste.

Obs. Sporae haud semper sed plerumque una serie dispositae. Magnitudo variat. 30—35 μ, 35—40 μ, c. 60 μ.

P. subobducens Nyl. Danmarks Ø flere Steder over Mos og Kviste.

Obs. Crustam *Lecan. tartareae* aemulatur etiam in muscis involvendis. Sporae solitariae 160 μ. Arn. Exsicc. 1258 e Miquelon sporas habet 1—3, 150—60 μ.

Verrucaria rupestris (Schrad.). Danmarks Ø.

V. aethiobola Wahlenb. (h. e. formae V. *rupestris, nigrescentis et margaceae* thallo obsoleto). Hekla Havn.

Microglena sphinctrinoidella (Nyl. Lich. Lapp. or. p. 171). Cap Stewart.

Obs. In thallo mortuo et expallido Cetr. crispae. Thallus' proprius gonidiifer vix ullus. Paraphyses graciles, ramosae. Sporae fusiformes, murali-divisae, viridulae 25—35 μ. Determinatio modo sec. descr., ideo sat incerta. Verisimiliter lichenes definiendi sunt ut fungi normaliter in algis parasitantes et eas inter hyphas suas includentes, sed exceptione algis (gonidiis) carentes et nutrimentis alienis muniti, unde sequitur plantulam non lichenis nomine posse salutari nisi inventa algis modo lichenum solito conjuncta. Itaque nostra species proprie ut fungus consideranda est, donec gonidiis munita inveniatur.

Polyblastia Sendtneri Krempelh. (Th. Fr. Polyblastiae Scandinaviae p. 19). Danmarks Ø, Cap Stewart, Røde Ø, paa Jord over Mos.

P. intercedens (Nyl.) (Polybl. Scand. p. 20). Klipper paa Danmarks Ø.

Obs. Sporae 40—45 μ. Magnitudo sporarum in hac stirpe sat variabilis videtur. Specimina manca et pauca.

P. intermedia Th. Fr. (Polybl. Scand. p. 24). Danmarks Ø paa Diabas.

P. pseudomyces Norman (Polybl. Scand. p. 26). Danmarks Ø paa erratiske Blokke.

Thelocarpon epibolum Nyl. (Hue Addenda Nr. 1635). Gaasefjord paa Peltigera aphthosa, Danmarks Ø paa Solorina saccata.

Endococcus pygmaeus (Koerb.), (*erraticus* Mass.). Paa Apothecier af Placodium chrysophthalmum og Lecanora polytropa.

Collema verrucaeforme (Ach.). Hold with Hope paa Pilegrene.

Obs. · Haud dubie *C. microphyllo* magis affine quam aliae speciei. *C. quadratum* Lahm vix longe distat.

Synechoblastus flaccidus (Ach.). Flere Steder.

Leptogium saturninum (Dicks.). Gaasefjord paa Betula nana.

Polychidium muscicola (Sw.). Røde Ø paa Jord.

Pyrenopsis haemalea (Sommerf.) (*Pannaria granatina* v. *haemalea* Lich. Arct. p. 77). Det Indre af Danmarks Ø.

Lecothecium corallinoides (Hoffm.). Gaasefjord paa Diabas.

Ephebe pubescens (L.). Mellem Stigonema.

Obs. Species generum *Stigonematis* et *Gloeocapsae* saepe in lateribus rupium latas taenias verticales nigro-tomentosas formant longe lateque visibiles. Stigonematum Cand. B o r g e s e n nonnulla hyphis infestata invenit, quae igitur ad interim Ephebes nomine salutanda, etsi sine apotheciis et spermogoniis. Monendum tamen est verisimiliter etiam alias hyphas Stigonemata infestare quam Ephebes. Si cum D e B a r y *Cystocoleum* (Racodium) naturae lichenosae habemus, notandum est *Cyst. ebeneum* (Dillw.) ad Danmarks Ø esse inventum.

IV.

Østgrønlands Vegetationsforhold.

Af

N. Hartz.

1895.

Forord.

I vore Dage vil man vel næppe lægge stor Vægt paa, om en arktisk Expedition trænger en Breddegrad eller to længere frem mod Nordpolen end tidligere Expeditioner. Forskere og Opdagere som Nordenskiøld, Petermann og Weyprecht have ikke levet deres Liv forgæves, have ikke til ingen Nytte atter og atter, gennem Daad og Ord, urgeret, at Polarforskningen, i hvis Tjeneste saa mange gode Kræfter have virket og saa store Kapitaler ere anvendte, har og maa have sin Hovedopgave i at studere de arktiske Naturforhold, studere dem alsidig, grundig og indtrængende; disse Mænd have ikke forgæves paavist, at det rent sportslige «Kapløb mod Polen» i og for sig er af ringe almindelig Interesse, at en alene orografisk-kartografisk Skildring af et nyopdaget, arktisk Land heller ikke tilfredsstiller, at den moderne, videnskabelige Geografi kræver noget andet og mere.

En detailleret og udførlig Skildring af de arktiske Planters Livsforhold vil i denne Tid, da Glacialgeologien og de i Forbindelse med den staaende Problemer høre til Dagens brændende, videnskabelige Spørgsmaal i hele Nordeuropa, antagelig kunne paaregne en vis Interesse, ikke blot i de specielle Plantegeografers Kreds, men ogsaa blandt Geologerne, som ud fra de af Nathorst paaviste, arktiske Planterester under vore

Tørvemoser søge at naa til Forstaaelse af de under Glacialtiden
i Nordeuropa raadende Klimatforhold.

For Vestgrønlands Vedkommende have vi i vor Litte-
ratur i Warmings Arbejde «Om Grønlands Vegetation»
(«Medd. om Grønland», H. XII.) en udmærket klar, let over-
skuelig og grundig Skildring af Vegetationen, de forskellige
Væxtformationer og deres Biologi, en Skildring, der naturligvis
særlig gælder for den midterste Del af denne lange Kyststræk-
ning, som Warming selv besøgte i 1884. Ogsaa andre, baade
svenske og danske Forskere have leveret smukke Bidrag til
Kendskabet til Vestgrønlands Vegetation. Østgrønland har
derimod hidtil været meget lidet kendt i denne som i de fleste
andre Henseender. Vort Kendskab til Østkystens Vegetations-
Forhold har hidtil været indskrænket til et Par — øjensynlig
meget ufuldstændige — Artsfortegnelser; en brugbar Skildring
af Vegetationen, Væxtformationerne og deres biologiske Forhold
har hidtil manglet. Dr. Pansch's velskrevne og interessante
Afhandling: «Klima und Pflanzenleben in Ostgrönland»
(Die 2. deutsche Nordpolarfahrt, II) er desværre altfor kortfattet
og berører altfor faa af de mange Problemer til at være fuldt
ud tilfredsstillende [1]).

Det gælder naturligvis lige saa fuldt i de arktiske Egne
som andetsteds, at for at naa til en tilnærmelsesvis rigtig
Forstaaelse af Vegetationen, dens Udbredelse, Grunden til de
forskellige Væxtformationers Fordeling i Terrænet m. m., kort
sagt de væxtbiologiske Forhold, maa man følge Vegetationen
i dens Udvikling, Skridt for Skridt, mindst et Aar igennem;
der maa tages tilbørligt Hensyn til alle fysiske og klimatolo-
giske Forhold.

Dette har jeg forsøgt efter ringe Evne at gennemføre, da
jeg uventet blev nødt til at deltage i Expeditionens Overvintring

---

[1]) 1 den systematiske Del af dette Arbejde vil jeg udførligere behandle
Artsstatistiken for hele Østgrønland.

paa Danmarks Ø; om Resultaterne af mit Arbejde ikke have svaret til mine Anstrængelser, tør jeg trøstig tilskrive de uheldige Forhold, hvorunder jeg virkede, en Del af Skylden. Jeg var, som sagt, ikke forberedt paa en Overvintring; den Litteratur, jeg førte med mig, var altfor ufuldstændig, og mine Instrumenter ikke, som de vilde have været, om jeg havde forberedt mig paa at overvintre. Plads- og Lysforholdene i den lille Kahyt paa «Hekla», hvor jeg boede under hele Expeditionen, vare yderst daarlige, til Trods for at Kaptajn R. Knudsen gjorde alt for at lette mig mit Arbejde; min Domæne om Bord var det halve af et Klædeskab, der tjente mig baade som Køje og Opbevaringssted for mine Samlinger, min Garderobe og andet Bohave. Endelig maa der ogsaa tages Hensyn til et psykologisk Moment: den Energislappelse ved Midvintertid, som altid er en Følge af den lange, mørke Vinternat og de isolerede Forhold, hvorunder en arktisk Expedition lever, naar den ikke staar i Forbindelse med en indfødt Befolkning.

D'Hrr. Prof., Dr. E. Warming, min mangeaarige Lærer og Velynder, hvis Arbejder over Grønlands Vegetation og de arktiske Planters Biologi have sat saa dybe Spor i den arktiske Forskning, og Dr. L. Kolderup Rosenvinge, som utrættelig har staaet mig bi med sin rige Erfaring fra de arktiske Egne, maa det være mig tilladt at takke for en Mængde gode Impulser og elskværdig Hjælp, baade før og efter Expeditionen.

Mine Kammerater paa Expeditionen, Candd. E. Bay og H. Deichmann skylder jeg Tak for godt, kollegialt Samarbejde.

Alle de andre inden- og udenlandske Naturforskere, som paa det elskværdigste have hjulpet mig under Udarbejdelsen, beder jeg herved modtage min bedste Tak for deres værdifulde Bistand.

A. Beskrivelse af de besøgte Lokaliteters Vegetation.

I. Hold with Hope, c. 73° 30' N. Br.

Hold with Hope kaldte Henry Hudson i Aaret 1607 det nordligste Land, han naaede paa sin berømmelige Rejse langs Grønlands Østkyst; dette Land blev det første, som vor Expedition besøgte.

Den 20. Juli 1891 trak vi — ialt 12 Mand — med Slæder og Kajakker afsted fra «Hekla», der laa fortøjet ved den faste Iskant, c. 1 Mil[1]) fra Kysten; efter et Par Timers Marsch naaede vi lidt Nord for Cap Bror Ruys til Land, hvor en ret anselig Elv gennem et bredt Dalføre løber ud i Bugten. —˙ Den anden tyske Nordpolsexpedition besøgte i August Maaned 1870 en Lokalitet i Nærheden, paa den sydlige Side af den Odde, hvis Østpynt er Cap Bror Ruys; der blev her af Dr. Pansch indsamlet en Del Planter, og efter den kortfattede Skildring af Vegetationsforholdene, som gives, faar man det Indtryk, at disse omtrent have været som paa det Terræn, jeg undersøgte. Det er dog sandsynligt, at der har været noget frodigere paa den af Tyskerne besøgte Lokalitet, da denne har sydlig Exposition; enkelte af deres Plantefund tyde ogsaa herpaa.

Den Is, vi passerede paa Marschen fra «Hekla» til Land, var aabenbart den gamle, ubrudte Vinteris. Endnu saa langt

---

[1]) Her og i det følgende forstaas ved Mil altid geografiske Mil.

fra Land som ude ved «Hekla» og paa hele Vejen ind til
Kysten var den mer eller mindre smudsig af et fint, rødbrunt
Støv, som øjensynlig af Vinden var ført ud fra Land; endvidere
fandtes der en Mængde store, døde eller halvdøde Stankelben
(*Tipula arctica*), adskillige Fluer og ikke faa visne Pileblade, et
enkelt Græsstraa o. s. v. Plantefrø bemærkede jeg ikke, trods
ivrig Søgen; men det kan jo umulig undgaas, at saadanne
med alt det øvrige Materiale føres ud fra Land af Vinden og
transporteres sydpaa med Isen.

Ude ved Iskanten fandt jeg opskyllet paa Isen: *Desmarestia
aculeata, Delesseria sinuosa,* Brudstykker af *Laminaria*-Blade og
andre Havalger.

Den brede Elvdal var mod Syd begrænset af c. 3000' høje
Basaltfjælde; den højeste Top paa Odden er if. Payers Maa-
ling i 1870 3400' (1067 M.) høj. Ude paa Odden havde Fjældet
ofte en smuk prismatisk Struktur, paa andre Steder var Bjærg-
arten mandelstensagtig. De temmelig bratte Skraaninger vare
dækkede af Grus, Sten og større Blokke, yderst golde og plante-
fattige. Bræer ser man — som allerede af Hudson bemærket
— ikke herude, og selv mindre Snedriver saa jeg ikke højere
til Fjælds; det var kun lige ved Bjærgfoden, at der fandtes større
Snedriver. — I Henseende til Fugtighedsforholdene var der en
iøjnefaldende Forskel mellem Basaltfjældenes Skrænter og Dalens
fladere, lerede Terræn. Ude paa Odden gik de brunsorte Fjælde
næsten lodret ned i Stranden og vare saa godt som fuldstændig
blottede for Fanerogamer. Længere inde i Dalen gik Fjældenes
Fod mere jævnt over i Lavlandet, men overalt var der utrolig
tørt og goldt paa det stærkt forvitrende Fjæld, ikke blot paa
de stejle Skrænter, hvor Sneen ikke kan ligge, men ogsaa paa
de smaa Afsatser og Bænke og paa de noget større Smaapla-
teau'er, der findes hist og her; paa store Strækninger voxede
kun en enkelt lille afblomstret *Saxifraga oppositifolia.* Paa
et lille Plateau i et Par Hundrede Fods Højde noteredes følgende
Arter: *Dryas octopetala,* til Dels var. *argentea* Blytt, en ejendom-

melig, paa begge Bladflader hvidfiltet Form, der øjensynlig er
ganske særlig værnet mod stærk Fordampning, *Oxyria digyna*
(et enkelt Individ angrebet af *Ustilago vinosa* i Blomsterstanden),
Papaver radicatum, *Cassiope tetragona*, *Salix arctica* f., *Luzula*
arcuata * *confusa*, *Carex misandra* og *nardina*, *Poa glauca*, *Saxi-*
fraga cernua, *Cerastium alpinum* β. *lanatum* og *Silene acaulis*.
Alle Arterne vare smaa, forkrøblede og medtagne af Tørke. I
Reglen var der flere Favne mellem de enkelte Planter; ofte vare
de desuden afgnavede af Lemming (*Myodes torquatus*), hvis Reder
og Exkrementer saas i ret betydelig Mængde paa dette lille
Plateau, som havde et Omfang af et Par Hundrede Kvadrat-
Alen. Over et andet af disse smaa Plateau'er løb der en ganske
lille Bæk; heller ikke ved dens Bredder var der nogen sammen-
hængende Vegetation, kun nøgne Stene og Grus; paa Stene i
Bækken fandt jeg en enkelt Tue af en friskgrøn *Limnobium*
samt *Hypnum giganteum* og *Bryum obtusifolium*. I smaa For-
dybninger, hvor der var dannet lidt Muld eller Mor, og hvor
der var lidt Fugtighed, stode ret kraftige Individer af *Saxi-*
fraga decipiens og *Ranunculus pygmæus*; særlig denne sidste
syntes at være Lemmingens Yndlingsføde. I saadanne Smaa-
huller kunde man ogsaa finde kraftige Mostuer; Mosserne vare dog
alle sterile; jeg tror ikke, jeg saa et eneste fructificerende Individ.
Af Arter fandt jeg her følgende:. *Amblystegium uncinatum** [1],
Distichum capillaceum, *Bryum inclinatum*, *argenteum*, *ventricosum*,
pallens og *arcticum* *, *Swartzia montana* *, *Dicranum fuscescens* *,

---

[1] En * bag Mossernes Artsnavne betegner her og i det følgende, at
vedkommende Arter ere dominerende i de hjembragte og undersøgte
Mostuer. Da det desværre ikke har været muligt at faa det store Mos-
materiale endelig bearbejdet saa hurtigt, at Bearbejdelsen kan foreligge
sammen med denne Skildring, har Apotheker Chr. Jensen, Hvalsø,
vor højtfortjente Bryolog, velvilligst paataget sig det store Arbejde at
gennemgaa Samlingerne med mig og levere mig Fortegnelser over det
væsentligste Indhold. Det er ogsaa Hr. Chr. Jensen, som har sat mig i
Stand til at vedføje de orienterende Stjærner; han har ligeledes meddelt
mig, at der i Samlingen findes en Del for Videnskaben nye Arter og en
Del, som ikke hidtil have været kendte fra Grønland. Bearbejdelsen vil
senere fremkomme i »Medd. om Grønland«.

congestum og *elongatum* *, *Sphærocephalus turgidus* * og *palustris, Timmia austriaca, Stereodon rufescens, Grimmia ericoides* og *apocarpa* *; den sidste var meget almindelig paa Stene i Raset. I det tørre Basaltgrus fandtes en Marchantiacé: *Chomocarpon commutatus* samt *Pohlia commutata* *; almindeligst paa tørre Skrænter vare smaa *Polytrichum* - Arter: *piliferum* og *hyperboreum*.

Hvad Liken-Vegetationen angaar, da var den store Fattigdom paa Busklikener iøjnefaldende. *Cetraria islandica* var. *Delisei* og . *C. nigricans* samt *Cornicularia aculeata* dannede hist og her — især i smaa Huller og Fordybninger paa Plateau'erne, hvor der var lidt Læ og Fugtighed — smaa, tætte Tuer af højst 6—8 □ Cm. Omfang; *Stereocaulon denudatum* var temmelig almindelig, men dannede aldrig større Tuer; *Cetraria nivalis*, kun enkeltstaaende Individer, aldrig tuedannende; *Cladonia pyxidata*, hist og her; *Thamnolia vermicularis* mellem Mos. *Cladonia rangiferina* fandtes ikke, heller ikke *Usnea melaxantha*.

Basalten var derimod — saavel de løstliggende Stene som det faststaaende Fjæld — rigt beklædt med skorpe- og bladformede Likener; yderst almindelige vare f. Ex. *Xanthoria elegans*, der farvede en fremspringende Kant af Fjældet ganske rød, *Parmelia saxatilis* og *Physcia stellaris*, Lecideer o. s. fr. Paa Jord, Mos og visne Plantedele fandtes en Mængde Smaaformer, alm. vare f. Ex. *Rinodina turfacea, Lecanora Hageni* og *Xanthoria vitellina* paa vissen *Dryas; Caloplaca cerina, C. Jungermanniæ* og *Lecanora Hageni* paa vissen *Carex; Buellia parasema* paa vissen Pil og *Dryas; Physcia pulverulenta* var. *muscigena* c. fr. paa Jord sammen med *Rinodina turfacea, Peltigera rufescens* og Dværgexemplarer af *Solorina saccata*, næsten reducerede til de smaa, skaalformede Apothecier. *Lecanora tartarea* fandtes ikke, i hvert Fald ikke c. fr. Det vilde tage for megen Plads her at opregne alle disse Smaaformer, som dog ikke præge Landskabet i nogen synderlig Grad.

Ét maa jeg dog fremhæve, nemlig den store Fattigdom paa

Gyrophorer; jeg saa kun faa og smaa Individer af denne Slægt, som er meget dominerende i Vestgrønland, især i Kystegnene; saavidt jeg husker, prægede den samme Fattigdom paa Gyrophorer dog ogsaa Basalten i Vestgrønland — paa Disko og Nugsuaks Halvø.

Paa disse Skrænter var det aabenbart — til Trods for Havets næsten umiddelbare Nærhed — Mangel paa Fugtighed[1]) i Forbindelse med Bjærgartens raske Forvitring og Skrænternes Exposition mod Nord, der traadte hindrende i Vejen for en kraftigere Udvikling af Vegetationen. Var jeg gaaet tværs over Elvdalen og havde undersøgt den mod Syd vendende Skrænt, tvivler jeg ikke om, at jeg havde truffet en betydelig kraftigere Plantevæxt og betydelig flere Arter; men det tænkte jeg desværre ikke paa i Øjeblikket; Tiden var knap, og jeg samlede og noterede med febrilsk Hast.

I et Basaltlandskab i de arktiske Egne vil Sydskraaningen altid være mere forvitret og eroderet end Nordskraaningen og altsaa frembyde bedre Betingelser for Vegetationen; Skrænterne ville være jævnere, Formerne mere afrundede, de enkelte Bænke ikke saa fremtrædende som paa Nordsiden. De store og ofte bratte Temperatur-Vexlinger i den mørke Bjærgart turde vel være Hovedaarsagen hertil; samme Faktor maa selvfølgelig have lignende Virkninger i et Gnejs- eller Granit-Landskab: Virkningen vil altid — ceteris paribus — være stærkere inde i Bunden af Fjordene end ude ved Kysten.

Et andet væsentlig bestemmende Forhold er Bræernes og Snedrivernes Mængde og Nærhed samt Smeltevandets Afløb fra dem. Har et Basaltland Kamform ɔ: ender Fjældet opadtil — som det ofte er Tilfældet — i én eller flere smalle Kamme (Tyskernes «Grat»), saa at der intet Plateau dannes, da vil Nordsiden ofte være ligesaa frodig eller frodigere end Syd-

---

[1]) Snefaldet og Nedbøren overhovedet er sandsynligvis temmelig ringe her, jfr. Pansch: Klima u. Pflanzenleben, l. c. og 2. deutsche Nordpolarfahrt, II, p. 533 og p. 568—580.

siden. Sneen gaar nemlig ikke saa hurtig bort dèr, da For-
dampningen og Afsmeltningen ikke er saa kraftig. I et Landskab
med kamformede Basalttoppe ville Bræerne — for saa vidt de
findes — ligge i Kløfter nede paa Fjældet, Kammen selv vil
være sne- og isfri den allerstørste Del af Aaret. — Helt ander-
ledes ere Forholdene, hvor Basalten øverst oppe danner store,
flade Plateau'er; disse ville altid være dækkede af Bræer,
som ofte kalotformig hænge ud over Plateauets Rand, sende
Tunger ned gennem Kløfterne eller danne regenererede Bræer
længere nede paa Skrænterne.

Her ved Hold with Hope, hvor Bjærgene have Kamform,
var der som sagt ingen Bræer; men Vinden, hvis Hovedretning
— efter alt, hvad man ved — er N-S i disse Egne, aflejrer Sneen,
der i Reglen vistnok falder i stille Vejr, i Læ af de i Ø-V gaaende
Bjærgsystemer. Jeg antager, at hele det store Dalstrøg om Vinteren
vil være dækket af et sammenhængende, men ikke synderlig tykt
Snetæppe, at alle Sydskraaninger ere snedækkede, medens Nord-
skrænterne fejes omtrent fuldstændig snefri; kun ved Foden af
Nordskrænterne vil der naturligvis aflejres betydelige Driver.
Disse Driver ere de sidste Vandreservoirer for Dalens Vegeta-
tion; de ville — efter hvad jeg saa — næppe opbruges helt, før
den første Sne atter falder i Eftersommeren. — I et Landskab
som dette vil altsaa al Fordelen være paa Sydsiden: baade Varme
og Fugtighed; Sydsiden faar ikke blot al den Sne, som falder
paa den, men ogsaa Størstedelen af Nordsidens Sne, som føres
op over Kammen.

Store Strækninger af Disko ved Grønlands Vestkyst og den
østlige Del af Scoresby Sunds Sydside ere Exempler paa
«Tafelland».

Længere inde i Landet bedrede Forholdene sig; c. $3/4$
Mil fra Kystlinjen fandt jeg paa Skrænterne Tilløb til Lyng-
hede. Heden var meget tør; der var aldrig noget sammen-
hængende Dække af mere end et Par Kvadratalens Størrelse,
men det var dog tydelig nok Begyndelsen til den Lynghede,

som sikkert vil findes længere inde i Dalen. Her vil man sandsynligvis ogsaa finde Pilekrat. — Lyngheden dannes hovedsagelig af *Cassiope tetragona*, men ogsaa *Dryas octopetala* og *Salix arctica* f. vare temmelig almindelige. Den længste *Salix*-Gren, jeg saa, var 1 Al. (63 Cm.) lang; den var et *unicum*; de fleste vare kun et · Par Tommer lange; Roden af disse Dværgexemplarer kryber derimod vidt omkring, næsten horizontalt, paa Grund af Jordsmonnets ringe Mægtighed, og er i Reglen over 3 Al. (2 M.) lang. De øvrige Arter, der fandtes indsprængte i denne embryonale Lynghede, vare: *Vaccinium uliginosum *microphyllum* (et enkelt Ex.), *Papaver* (alm., ligesaa ofte hvidblomstret som gulblomstret), *Pedicularis·hirsuta* (alm.), *Luzula confusa, Carex nardina* og *misandra, Hierochloa alpina* (ikke alm.), *Trisetum subspicatum, Poa glauca* og *flexuosa, Saxifraga flagellaris, nivalis, cernua* o. a. Arter, *Potentilla nivea, Melandrium affine, Silene acaulis, Polygonum viviparum* og *Lycopodium Selago*. Af Agaricaceer fandt jeg kun en *Lycoperdon gemmatum*, mærkelig nok ikke en eneste *Agaricus* (s. lat.). 2. deutsche Nordpolarfahrt fandt ved sit Landingssted her i Nærheden større sammenhængende *Vaccinium*-Partier; det bemærkes udtrykkelig, at det var det nordligste Sted, Expeditionen saa *Vaccinium* optræde i Mængde. *Phyllodoce, Azalea, Cassiope hypnoides, Empetrum* og *Betula nana* manglede fuldstændigt. *Dryas integrifolia* fandtes her heller ikke, alle *Dryas*-Buskene havde tydelig takkede Blade, men forøvrigt varierede de meget i Henseende til Bladenes Størrelse og Behaaring (til Dels var. *argentea* Blytt, som er ny for Grønland). I Lyngheden var der et rigt Insektliv: Myg, Fluer, talrige Stankelben, *Argynnis, Colias*, Noctuider og Humler *(Bombus hyperboreus)* sværmede lystigt omkring; Edderkopper (deriblandt de almindelige Lycoser) og Podurer savnedes heller ikke. Bestøvere synes der saaledes ikke at være Mangel paa, men — Tiden var som sagt knap, og jeg iagttog her kun én Pollination, nemlig en *Rhamphomyia*- (Rovflue-) Art, stærkt haaret baade paa Ben og Krop, der meget flittigt besøgte *Dryas*-Blomsterne og blev fuldstændig overpudret af det gule Pollen. Pilebladene vare ofte angrebne af *Melampsora arctica* og Phytopter eller gnavede af Insekter; i nogle Rakler fandt jeg Kapslernes Væg gennemboret af et lille Insekt, sandsynligvis en Larve, som havde ædt alle Frøene, men ladet Ulden blive tilbage. Jeg fandt her intetsteds Planter, der vare afgnavede af Rensdyr eller Moskusoxe, skønt disse Dyr aabenbart ogsaa komme helt ned til Stranden, sandsynligvis for at drikke og slikke Salt; paa deres Exkrementer fandtes en rig og interessant Svampe-Vegetation (se Dr. E. Rostrups Afhandling foran, p. 47). Paa en Pilerakle fandtes en død Flue med *Empusa Muscæ*.

Gaar man nu ned i Dalen fra de omtalte Nordskrænter, hvis Plantevæxt, saavidt jeg kan skønne, har sin værste Fjende i Vandmangel, da maa man paa de allerfleste Steder passere over store Snedriver, der ere føgne sammen ved Foden af Fjældene, lige paa Overgangen til det flade, yderst jævnt ind mod Dalens Midte og Elven hældende Dalføre. Paa et Par Steder var Sneen farvet rød af *Sphærella nivalis*; den havde da et svagt, rødviolet Skær, især i smaa Fordybninger. I Reglen var Sneen kun farvet til en Dybde af 1—2 Mm., i enkelte Fordybninger indtil et Par Tommers (c. 5 Cm.) Dybde; i sidste Fald var Sneen mere grovkornet («Firnkorn») og gennemtrukken af Smeltevand, medens den øvrige Sne var mere «tør»; andre «Snealger» fandtes ikke. Har man passeret Snedriven, befinder man sig i en bundløs Sump; uophørlig siver Smeltevandet fra Driven ned mod Elven, men Faldet er ringe og Leret dybt; man vader i opblødt Ler til Knæerne. Det er naturligvis Smeltevand og Vind, som i Tidernes Løb have samlet dette betydelige, løse Jordlag her.

Ligesaa uheldig som den fuldstændige eller næsten fuldstændige Vandmangel er for Plantevæxten, ligesaa uheldig er denne overdrevne og kolde Fugtighed; ogsaa her var Vegeta-

tionen yderst spredt og artsfattig. Her voxede med favnestore
Mellemrum *Poa alpina* f. *vivipara* (den vivipare Form var hidtil
ikke kendt fra Grønland), *Ranunculus glacialis* (baade hvide og
rødlige Kronblade), *Equisetum arvense β. alpestre, Juncus biglumis*
(alm.), *Catabrosa algida, Saxifraga stellaris* var. *comosa* og *S.
rivularis β. purpurascens, Alsine verna β. rubella, Alsine biflora,*
Aira brevifolia, Alopecurus alpinus, Koenigia (næppe 1 Cm. høj,
c. fl.), *Cerastium alpinum* var. *cæspitosa* Malmgr. (dog kun i
Nærheden af Stranden), alle uden Undtagelse usle Pygmæer
paa én eller et Par Cm. Højde, adskillige næsten ukendelige,
saa reducerede vare de. Den vivipare *Poa alpina* var den
eneste Art, der en sjælden Gang naaede en Højde af 7—8
Cm.; de fleste Ex. vare kun 5 Cm. høje, og Dværge vare de i
alle Tilfælde. Endelig voxede her en Del Mosser, men kun i
spredte Smaatuer, aldrig i større Puder: *Pogonatum alpinum,
Sphærocephalus turgidus, Dicranum elongatum, Encalypta rhabdo-
carpa, Astrophyllum hymenophylloides. Sphagnum* saa jeg ikke
her. Paa det fugtigste, koldeste Ler voxede den lille staalgraa
Anthelia nivalis.

1 Snedrivernes umiddelbare Nærhed var Leret næsten som
Vælling; noget længere borte vare Lerfladerne ofte stærkt
sprækkede og udskaarne i Smaafelter paa Overfladen, en Virk-
ning af den stadige Insolation og tørre Luft nu i Sommer-
tiden; den fugtigste Tid d. v. s. den livligste Snesmeltning
var aabenbart nu forbi. Sprækkerne mellem de enkelte Felter
eller Ruder, som man med Kjellman[1]) kan kalde dem, vare
nu kun af ringe Bredde og Dybde (c. 2 Cm.), og Plan-
terne voxede saa vel paa Rudefladerne som i Sprækkerne, i
Modsætning til den nordsibiriske Rudemark, hvor Planterne
ifølge Kjellman kun voxe i Sprækkerne og paa Kanten af

---

¹) Växtligheten på Sibiriens nordkust i »Vega-Expeditionens vetenskapliga
  arbeten«, p. 238—39.

Ruderne[1]). Selv naar Leret saaledes var sprækket paa Overfladen,
kunde man dog godt synke dybt ned i det; Skorpen var endnú
ikke synderlig tyk og fast, men senere paa Aaret, naar Snedrivén
er opbrugt eller Afstanden fra den er bleven større, ville disse
Lerflader sandsynligvis blive ganske stenhaarde og knastørre.
Ganske ejendommelige Forhold, hvorunder disse Planter maa
friste Livet! Intet Under, at de blive Krøblinge, naar de først
maa kæmpe mod Fugtighed og senere mod Tørke! Ganske vist
maa adskillige arktiske Planter, især Kærplanterne, føre den
selvsamme Kamp, men intetsteds har jeg dog set Forholdene
saa tilspidsede som her.

De Planter, der voxe paa denne Bund, ere til Dels de samme,
som Kjellman nævner som ejendommelige for det nordsibiriske
Kystlands «rutmark». Ejendommelig for «rutmarken» er Manglen
paa *Carices*; Kjellman nævner fra Sibirien paa saadanne Lokali-
teter kun *Carex rigida*; paa Lerfladerne her manglede *Carex*-Slægten
helt. Medens Kjellman for sin «rutmark» angiver «en temligen
betydlig mängd lafvar», fandtes der her ingen eller næsten ingen
Laver; i min Dagbog har jeg ikke noteret en eneste Liken fra
disse Lokaliteter. Under den livligste Snesmeltning havde
aabenbart en Mængde Smaabække fra Fjældene søgt ned til
den store Elv; i de nu udtørrede Bækkelejer laa paa Stenene
og Jorden et slimet, brunt, graaligt eller hvidt Overtræk af
mer eller mindre udtørrede Alger *(Zygnema* sp., steril, *Oscilla-*
toria tenuis og andre Arter, *Penium Regelianum*, *Cosmarium*-
Arter m. m.); mellem Stenene voxede *Stellaria longipes* i Mængde.
Hist og her fandtes gamle, døde Hinder af *Nostoc commune* i
de udtørrede Vandhuller.

At det nu virkelig var den overdrevne og kolde Fugtighed,
der var Skyld i Plantelivets Fattigdom paa disse Lerflader, synes
at fremgaa deraf, at jeg paa nogle ganske lave, isoleret beliggende
Lerbakker, der i bløde Bølger næppe hæve sig mer end c. 10'

---

[1]) Jfr. dog f. Ex. Spörer: Petermanns Mittheilungen, Ergh. 21. 1867, p. 75.

(3 M.) over Dalens almindelige Niveau, midt ude i Dalen traf en efter Forholdene virkelig frodig Plantevæxt. Ogsaa her var Vegetationen ganske vist meget spredt, men Individerne vare ret kraftige og Artsrigdommen betydelig større her, hvor Leret var nogenlunde tørt og derfor varmt, end ude paa de vaade og kolde Lerflader; desværre forsømte jeg at maale Jordens Temperatur paa de forskellige Lokaliteter, Forskellen vilde sikkert have været betydelig (jfr. Observationerne paa Danmarks Ø). Disse Bakker havde allerede paa Afstand en mere livlig Kolorit, og man traf her f. Ex. *Potentilla emarginata* og *nivea*, talrige *Dryas octopetala*, *Arnica alpina*, *Taraxacum phymatocarpum* med røde Kroner, *Campanula uniflora*, gigantiske Ex. af *Papaver radicatum*, *Draba alpina*, *arctica*, *hirta* og *Wahlenbergii*, *Ranunculus nivalis* og *altaicus*, Saxifrager, *Poa glauca* og *flexuosa*, *Festuca ovina*, *Trisetum subspicatum*, *Melandrium affine* og *triflorum*, *Chamænerium latifolium*, *Polygonum viviparum*, *Oxyria digyna*, *Carex misandra* o. s. v. Næsten alle blomstrede. Herude rørte der sig ogsaa et rigt og broget Insektliv; det var prægtige Oaser i denne Ørken, der var en Ørk, ikke paa Grund af Vandmangel, men paa Grund af for megen Væde. Vegetationen her kan betegnes som en frodig Fjældmark eller maaske snarere Blomstermark i Kjellmans Betydning af Ordet (Växtligheten på Sibiriens Nordkust p. 240—41); fra den grønlandske Urtemark (Warming) afviger denne Vegetation ved at være usammenhængende, idet Jorden ofte træder nøgen frem, da Græsserne ikke danne Tæppe under de talrige Dikotyledoner, men ere spredte og tueformede. En *Papaver*-Tue havde 13 Kapsler med modne eller næsten modne Frø og 4 Blomster og Blomsterknopper; Frugtstilkene vare 20—21 Cm. lange, Kronbladene 2 Cm., Løvbladene 8,5 Cm. lange. De fleste Exemplarer af Arten vare Pygmæer: Blomsterstilke 9 Cm., Kronblade 1 Cm., Løvblade 1,5 Cm. lange. Desværre naaede jeg ikke ret langt ind i Landet; da Tiden var saa knap, ansaa jeg det for rigtigst at indskrænke mig til et overkommeligt Areal,

og jeg naaede derfor kun c. ³/₄ Mil op i Dalen; skønt Vegetationen, som allerede omtalt, var betydelig kraftigere i denne Afstand fra Kysten end helt ude ved Stranden, saa jeg dog intetsteds · større Arealer dækkede med sammenhængende Vegetation. Det var en Gentagelse af det gammelkendte For- hold, at Vegetationen i en Fjord bliver desto kraftigere, jo læn- gere man fjærner sig fra Kystlinjen.

Hovedexpeditionen, der var c. 1½ Mil inde i Landet paa Jagt efter Moskusoxer (*Ovibos moschatus*), berettede, at der her- inde i Dalbunden var et sammenhængende Dække af Græsser, Halvgræsser og Kæruld, og bragte mig herfra *Eriophorum angustifolium*, som ikke fandtes paa det Terræn, jeg undersøgte. Men ogsaa derinde var Vegetationen paa Fjældskrænterne meget spredt: «En Valmue pr, Kvadratalen», som Ltnt. Ve de l sagde. Temperaturen i Elven var if. Ltnt. R y d e r: 4,6° C. ¹).

Tilbage staar Stranden. *Cochlearia fenestrata* (smaa Dværg- exemplarer) og *Cerastium alpinum* var. *cæspitosa* vare de eneste egentlige Strandplanter; en sammenhængende Strandvegetation manglede. Strandbredden var i Fortsættelse af Dalen leret, langs Odden ganske smal og dannet af sort Basaltgrus paa de faa Steder, hvor Klipperne ikke gik lodret ned i Vandet. *Elymus arenarius*, *Carex glareosa* og de andre paa Vestkysten af Grønland saa almindelige Strandplanter fandtes ikke her. *Cerastium alpinum* var. *cæspitosa*, som i Vestgrønland kun er funden af H a r t, men som er yderst almindelig paa Spitz- bergen og Sibiriens Nordkyst, er ny for Østgrønland; den er muligvis udbredt med Storisen fra disse østligere Egne. En stor Mængde Drivtræ og en Del Alger, f. Ex. *Fucus*, fandtes opdrevne i Fjæren; ingen fastsiddende Littoral - Alger saas paa Klipperne eller i den lave, flade Strand udfor Dalen, kun det nøgne, fine Basaltgrus og Smaasten. Grunden til, at Littoral- Alger savnedes, er sandsynligvis den, at Isen i Bugten, der

---

¹) Her og i det følgende benyttes altid Angivelse efter C e l s i u s.

øjensynlig for nylig havde forladt Land, havde taget hele Alge-
vegetationen med sig; der var nu paa de fleste Steder et aabent
Bælte paa et Par Favnes (c. 4—5 M.) Bredde mellem Isen og
Land. Længere hen paa Aaret ville Algerne sandsynligvis være
udviklede igen.

Skulde man i faa Ord give en Karakteristik af Vegetations-
formationerne i det Land, jeg undersøgte, maatte det blive om-
trent saaledes: Mest udbredt er Fjældmarken, gold og fattig,
kun paa tørre Smaabakker ude i Dalen kraftig og veludviklet;
paa de lave Fjældskrænter længere inde Tilløb til Lynghede;
i den Del af Dalen, som jeg saa, ingen sammenhængende
Kær-Vegetation, højere oppe: Starkær. Strandforma-
tionen saa godt som ikke udviklet; Littoral-Alger mangle
eller kun til Stede i ringe Antal.

Mærkeligt er det ringe Antal *Carices* (*C. misandra* og *nar-
dina*), de talrige Pygmæer og den tidlige Blomstring hos de
fleste Arter; adskillige Arter, som længere sydpaa, i Scoresby
Sund, endnu stode i Blomst, vare allerede afblomstrede her.
Dette sidste Forhold staar rimeligvis i Forbindelse med, at Sne-
faldet her nordpaa er ringe; Planterne blive derfor tidlig snefri.
Taraxacum phymatocarpum optraadte altid med hvide eller lila-
farvede Kroner (var. *albiflora*), og *Papaver* var meget ofte hvid-
kronet, hvilket ellers ikke er almindeligt i Grønland.

II. Scoresby Sund, c. 70° 15′ N. Br.

Den 21de Juli gik vi videre sydpaa; først den 2den Aug.
stod vi ind i Scoresby Sund[1]).

Liverpool Kyst, som er dannet af Urfjæld (vistnok
Gnejs) og har mange Bræer, kom vi aldrig i Land paa; jeg vil
derfor anføre Scoresby's faa Bemærkninger om Vegetationen
og Insektlivet her:

---

[1]) Jfr. Kaartet Tavle VIII i «Medd. om Grønland» XVII.

Cape Lister, 24de Juli 1822 (Journal &c. p. 185).

«The coast here having changed its mountainous character, and become more level towards the south and west, we were enabled to reach the top of the cliff, which was only 300 or 400 feet high, and to travel along its brow to the westward.

. . . . The brow of the cliff, instead of soil and verdure, presented either a naked or lichen - clad pavement of loose angular stones. . . . . Bordering the sea, these stones were almost enveloped in a covering of black lichens; but on ascending over a sheet of snow to a superior eminence, the lichens became much less abundant. The almost total want of soil was an effectual preventive to verdure; the vegetation was therefore confined to a few hardy lichens, with an occasional tuft of the *Andromeda tetragona, Saxifraga oppositifolia, Papaver nudicaule,* and *Ranunculus nivalis*».

Cape Swainson, 24de Juli (l. c. p. 188).

«Numbers of winged insects, however, were met with, particularly on the hills among the stones. These consisted of several species of butterflies, with bees, and mosquitoes! Near the beach were several plants in flower, with a few that were further advanced, and in state of fructification. I obtained beautiful specimens of *Ranunculus nivalis* and *Andromeda tetragona,* two or three species of *Saxifraga, Epilobium latifolium, Potentilla verna,* &c. with the *Cochlearia anglica, Rumex digynus* and a species of *Salix.* The latter was the only arborous plant met with. This willow expands to the extent of three or four feet, or more, and grows to the thickness of the little finger; yet so is it accommodated to the nature of the climate, that it only spreads laterally, never being observed to rise higher than two or three inches above the ground. . . . . No sea-weed was seen on the beach, nor any shells; but in deep water, near the shore, both these productions were observed».

Cape Hope, 25de Juli (l. c. p. 204).

«The insects were numerous, consisting of mosquitoes, and

several species of butterflies. The heat among the rocks was most oppressive; . . . Its effects on the vegetation was indeed so great, that most of the plants met with had already seeded, and some were quite dried and decayed».

1. Jamesons Land.

«About five leagues to the westward (true) of this cape (Cap Tobin), a new coast appears, which being rather low land, of a smooth surface, and regular brown colour, has a totally different character from the adjoining country. It received the name of Jameson's Land». Saaledes skildrer Scoresby sit første Indtryk af Jamesons Land, og fuldkommen rigtigt.

Naar det tilføjes, at man fra Sydkysten ikke ser en eneste Bræ eller en eneste Snedrive paa dette Land, vil det være indlysende, at det er noget for sig, at det er for Grønland, hvad Grinnell Land er for det nordamerikanske Arkipelag. Med Hensyn til dets geologiske Forhold henviser jeg til det følgende (især p. 133) og til den geologiske Del af dette Værk i «Medd. om Grønland» XIX.

Landet hæver sig jævnt mod Nord til en ret betydelig Højde; sikkert vil det ved en grundigere Undersøgelse, end vi havde Lejlighed til at udføre, kunne give Resultater af uanet Rækkevidde for alle Naturvidenskaber. Dyrelivet er rigt; Hjorde af Rensdyr og Moskusoxer strejfe om overalt.

Den 3. August landede jeg sammen med Bay og Deichmann paa Sydkysten, et Par Mil Vest for Cap Stewart, i Nærheden af Cap Hooker. Ganske jævnt skraanede Fjordbunden, dækket med fint, hvidt Kvartssand, op mod den flade hvide Sandstrand, der hist og her var rødviolet paa Grund af indblandet Granatsand (Granater forekomme i stor Mængde i Gnejsen i det indre af Fjorden). Den egentlige Strand havde kun ringe Bredde, Sandstrands-Vegetation manglede fuldstændig. En Del Alger (*Fucus*, *Desmarestia aculeata*, *Laminaria cuneifolia*) laa opdrevne paa Stranden, af Drivtræ saas kun lidt. Hvor Elve havde deres Udløb, fandtes ofte en svag Deltadannelse; paa Delta-Leret voxede en lav Lerstrands-Vegetation, bestaaende af meget smaabladet *Stellaria humifusa*, *Glyceria vilfoidea* (steril med lange Udløbere) og *Carex subspathacea*, alle tæt indfiltrede i hverandre og pletvis dannende et tæt, grønt Dække; *Cochlearia* fandt jeg mærkelig nok ikke ved Stranden, men kun oppe i Landet i Moskær (se p. 130). Af Kryptogamer voxede her en Mængde Mosser og enkelte Halvmosser, der dannede et lavt (næppe 1 Cm. højt), tæt Tæppe hen over Leret; jeg fandt følgende Arter: *Amblystegium exannulatum* ♂, *A. uncinatum*, *Grimmia alpicola* c. fr., *Brachythecium reflexum* ster., *Bryum ovatum* ster., *Polytrichum strictum*, *Stereodon revolutus* ster., *Polytrichum juniperinum* ster., *Dicranum Mühlenbeckii* var. *brevifolia* ster., *Tortula aciphylla* f. *gracilis* ster., *Distichum capillaceum*, *Brachythecium Mildeanum* var. *minor* ster., *Ceratodon purpureus* ster., *Tortula ruralis* ster., *Encalypta rhabdocarpa* c. fr., *Dicranum fuscescens* ster., *Pohlia commutata* ster., *Pogonatum alpinum* var. *septentrionalis*, *Polytrichum sexangulare*, *Pohlia cruda*, *Dicranum congestum*, et Par sterile *Brya* (*B. calophyllum* o. a. Arter) samt *Sauteria alpina* c. fr., *Jungermannia quinquedentata* ster. og *Pleuroclada albescens* ster. Paa store Strækninger var Lerets Overflade farvet okkerrød af Jærntveiltehydrat; paa det røde Ler og til Dels dækket af det voxede *Vaucheria* sp. i Mængde, desuden *Oscillatoria* sp. og *Nostoc* sp.; en Del Anguilluliner levede ogsaa her.

Fra Stranden hævede Landet sig mod Nord i bløde, vage Bølger, gennemskaaret af talrige Smaabække, der mæandrisk bugtede sig frem mod Kysten og ofte havde gravet sig ret dybt ned i de løse Jordarter, der i betydelige Lag dække Jamesons Land, især dets sydlige Del. I de stejle Ler- og Sandbrinker fandt jeg talrige subfossile Muslinger (*Mya truncata* L., *Saxicava arctica* L. og *Astarte Banksii* var. *stricta*), der

9*

vise, at denne Kyst i en, geologisk talt, sen Tid har været dækket af Havet. Paa denne Del af Jamesons Land saa vi intetsteds fast Fjæld træde frem i Dagen; alt var-dækket af Bundmorænens Ler, Grus og løse Blokke eller af alluviale Dannelser.

Det største Areal indtog Fjældmarken, især i Nærheden af Kysten; længere oppe i Landet blev Lyngheden mere dominerende.

Fjældmarken var temmelig artsfattig og tør; man kunde sondre den i 1) Grusmark: goldt, tørt, grovkornet Grus, hvori enkelte spredte Tuer af *Luzula confusa*, *Salix arctica* f., *Carex rupestris*, *C. nardina* og *Oxyria* (Bladene paa Oversiden ofte mørkerøde eller rødbrune), *Dryas octopetala* f. *hirsuta*, *Sibbaldia* (i Mængde) og *Papaver*, sidstnævnte ofte i saa store Mængder, at den paa lang Afstand tiltrak sig Opmærksomheden; den var her næsten altid gulblomstret, sjælden hvid. Endelig en Del Mosser, især Grimmier. 2) Lermark: store, ganske horizontale Lerflader nær Stranden, c. 50' (15 M.) o. H., revnede og sprækkede af Tørke, ganske uden Vegetation, naar undtages enkelte tætte Tuer af *Glyceria angustata* f., spredte hist og her. 3) Sandbakker, dannede af fint Kvartssand med talrige subfossile Muslinger; de vare for største Delen fuldstændigt blottede for Vegetation, men de faa Arter, der voxede her, vare til Gengæld meget kraftige: *Papaver*, *Saxifraga cernua*, *Poa alpina* f. *vivipara*, *Poa pratensis*, *Poa glauca* f. *arenaria*, *Carex rigida* (med meget langt, krybende Rhizom) og *Equisetum arvense β. alpestre*.

Mosmark vil jeg kalde en Formation, jeg traf her paa tørre, horizontale eller svagt mod Syd hældende Flader: Jorden var dækket med et sammenhængende Tæppe af lave Mosser og Likener; snart dominerede Mosserne, snart Likenerne; de første vare dog langt overvejende paa de fleste Steder. De optrædende Mosser vare:

Sphærocephalus turgidus *.

Dicranum congestum ster.

— Mühlenbeckii var. bre-
vifolia ster.

— neglectum ster.

— elongatum *.

Ditrichum flexicaule var. brevi-
folia *.

Bryum ovatum ster.

— pendulum c. fr.

Conostomum boreale c. fr.

Polytrichum alpinum var. septen-
trionalis c. fr.

— strictum ster.

Amblystegium uncinatum *.

Distichum capillaceum *.

Sælania cæsia * c. fr.

Oligotrichum lævigatum ster.

Pohlia commutata * ster.

Bartramia ityphylla *.

Grimmia apocarpa * ster.

Plagiothecium nitidulum ster.

Ceratodon purpureus.

Sammen med Mosserne fandtes følgende Halvmosser:

Jungermannia quinquedentata.

— gracilis ster.

— minuta ster.

Cesia corallioides ster.

Anthelia nivalis c. fr.

Cephalozia bicuspidata ster.

— divaricata var. *

— tessellata ster.

Blepharostoma trichophyllum
ster.

Busklikenerne vare faa og smaa: *Cetraria nivalis, Corni-cularia aculeata,* Stereocaulon denudatum, *Cladonia pyxidata* (oftest kun Thallus); aldrig dannede de større, ublandede Tuer. *Peltigera canina* var alm. i kraftige Individer. Endvidere samlede jeg her: *Pannaria brunnea, Lecidea assimilata, Pertusaria Som-merfeltii, Biatora vernalis* og *Tornoeensis, Rinodina turfacea, Pannaria hypnorum* og *Caloplaca Jungermanniæ,* voxende dels paa Jord, dels paa døde Mosser. Den lille graa eller gule *Omphalia umbellifera* var alm. her.

Spredte i det sammenhængende Dække af Kryptogamer (kun sjældent traadte den nøgne Jord frem) fandtes enkelte Fane-rogamer: *Salix arctica* f., *Luzula confusa, Potentilla emarginata, Alopecurus alpinus, Cassiope tetragona, Polygonum viviparum,*

Saxifraga cernua og *stellaris*, *Poa glauca*, *Stellaria longipes*, *Pedicularis hirsuta*, *Juncus biglumis*, *Cerastium alpinum β. lanatum*, *Vaccinium uliginosum* *, lutter xerophile Fjældmarksplanter.

Denne Mosmark adskiller sig fra Fjældmarken, saaledes som denne er karakteriseret af W a r m i n g og almindelig optræder i Grønland ved, at Vegetationen danner et tæt, sammenhængende Dække; fra Lyngheden ved, at Lyngbuskene mangle eller ere meget tilbagetrængte; fra Moskær ved, at Bunden er yderst tør, de optrædende Mosser ere derfor ganske andre Arter. Denne Formation er ikke hidtil beskreven fra Grønland; jeg genfandt den senere, den 5. August, længere østpaa paa Jamesons Land, ellers ikke (jfr. p. 138). Den er aabenbart betinget af store, tørre, for Vinden udsatte Flader, som jeg ikke kender andetsteds fra i Nordgrønland. — Jamesons Land er ved sine Overfladeforhold og sin geognostiske Bygning forskelligt fra hele det øvrige Grønland; der er derfor heller intet forbavsende i, at Vegetationen til Dels har et andet Præg her.

Paa jævne, ikke for tørre Skraaninger med sydlig Exposition optraadte L y n g h e d e n meget almindelig over store Arealer: det er Heden, der giver Landet den allerede af S c o r e s b y omtalte, karakteristiske brune Farve, som ses langt ude paa Fjorden og paa Forhaand røber for Botanikeren, at han her staar overfor noget fremmedartet, overfor et usædvanlig frodigt Land. H e d e n e r s a a g o d t s o m u d e l u k k e n d e d a n n e t af *Cassiope tetragona*. Efter den er *Vaccinium uliginosum* * almindeligst tæppedannende, men dog kun pletvis; den var kun sjældent i Blomst; hist og her vare store Pletter i Lyngheden rødfarvede af *Exobasidium Vaccinii*. Af *Empetrum* fandt jeg kun et Par smaa Exemplarer; den er i det hele taget meget tilbagetrængt i Heden i Scoresby Sund, medens den paa hele Vestkysten, maaske den nordligste Del (fra c. 72° N. Br.) undtaget, danner den vigtigste Bestanddel af Heden. *Cassiope hypnoides* fandtes kun paa en lille Skraaning c. ½ Mil fra Kysten; den dannede her paa et Par

Kvadratalen et ublandet Tæppe med Udelukkelse af *Cassiope tetragona*.

Salix arctica f. var almindelig i Heden; en Busk, som espalierformet laa opad Sydsiden af en stor erratisk Blok, havde Grene af 2—3 Alens (1—2 M.) Længde. *Dryas* optraadte her med sine sædvanlige, paa Oversiden glatte og glinsende Blade. Urterne i Lyngheden fortjene ingen særlig Omtale; de vare de sædvanlige. En *Lycoperdon* (*L. gemmatum*) var meget almindelig.

Omtrent ³/₄ Mil fra Kystlinjen stødte jeg paa en lille fugtig Erosionsdal med leret, sandet Bund, c. 100 Alen (63 M.) bred, gennemstrømmet af en lille Bæk. Vegetationen var her en Form af M o s k æ r, men Mosserne vare ikke — som Reglen er i Moskær — lange og kraftige Vandmosser, men ganske korte, omtrent 1 Cm. lange, og havde et mere xerophilt Præg; de gave dog Dalen en friskgrøn Kolorit. Mosserne vare bl. a.: *Oncophorus virens* var.?, *Bartramia ityphylla* c. fr., *Pogonatum alpinum* var. *septentrionalis* *, *Pohlia commutata* *, *Bryum purpurascens* * c. fr. og *B. arcticum* c. fr., *Distichum capillaceum* c. fr., *Jungermannia lurida* * c. fr. og *J. Kunzei* c. fr. Som man ser, fructificerede de forholdsvis rigeligt. Spredte i dette temmelig sammenhængende Mosdække forekom følgende Fanerogamer og Karkryptogamer: *Draba alpina*, *Carex lagopina* (kraftige, tætte Tuer), *Luzula confusa*, *Salix herbacea* og *S. arctica* f., *Poa alpina* f. *vivipara*, *Cerastium trigynum*, *Oxyria*, *Ranunculus pygmæus*, *nivalis* og *altaicus*, *Saxifraga hieracifolia*, *rivularis*, *cernua* og *stellaris* β. *comosa*, *Cochlearia fenestrata* og *Equisetum arvense* (sterile Skud).

Cochlearia fandtes kun som ganske smaa, forkrøblede Rosetter af 1—2 Cm. Diameter med enkelte Blomster og Frugter nede mellem Bladene; ved Stranden saa jeg den ikke.

Da denne Del af Jamesons Land øjensynlig har hævet sig over Havet efter Glacialtiden, forekommer det mig højst sandsynligt, at Koklearen bør opfattes som en Reliktform; i Ler- og

Sandbankerne her i Nærheden fandtes talrige Muslinger, og Dr. K. Rørdam, som velvilligst har foretaget en Analyse af Leret, har paavist Klornatrium deri [1].

Det er jo ogsaa andetsteds fra bekendt, at Strandplanter i umaadelige Tidsrum kunne holde sig langt fra Kysten, efter at deres Voxesteder ved Landets Hævning ere blevne fjærnede fra Stranden [2]. For Opfattelsen af Koklearen som Relikt taler ogsaa dens Dværgform og forkrøblede Tilstand, om det end maa indrømmes, at Arten er tilbøjelig til ogsaa ved Stranden at optræde som Pygmæ. Paa Vestkysten er det ikke helt ualmindeligt at træffe den eller dens nære Slægtning *C. grønlandica* paa de saakaldte Maagetuer og paa andre Steder, hvor Søfuglene have deres Tilhold, selv højt til Fjælds [3], saa den synes ikke i altfor høj Grad at være bunden til Stranden. Jeg har dog aldrig bemærket den saa langt fra Kysten som her eller paa saadant Voxested; utænkeligt er det imidlertid ikke, at Gæs eller andre Fugle kunne have bragt

---

[1] «De to forelagte Prøver bestaa af en fin, gullig, glimmerholdig Lerart, der indeholder en Mængde Skaller af *Mya truncata, Saxicava arctica* og *Astarte Banksii.* Leret blev udkogt med destilleret Vand og Opløsningen filtreret. I Opløsningen kunde med Sølvnitrat eftervises Spor af Klor og med Flammereaktion Natrium. Efter dette indeholder Leret altsaa utvivlsomt Klornatrium, men i meget ringe Mængde».

K. R.

Jeg kan — saaledes som Forholdene paa Stedet vare — ikke tro andet end, at dette Klornatrium er en Relikt fra den Tid, da disse Banker vare undersøiske. At Vinden skulde have ført det herop, er temmelig sikkert udelukket; Prøverne bleve tagne c. $1/2$ Mil fra den nuværende Strandlinje og til Dels i c. 1 Fods ($1/3$ M.) Dybde.

N. H.

[2] Jfr. f. Ex. A. Mentz: Levninger af en Lerstrandsvegetation funden i Nærheden af den store Vildmose. Botan. Tidsskrift, Bd. 18, Kjøbenhavn 1892.

[3] E. Warming: Medd. om Grønland, XII, p. 90, Toppen af Præstefjældet, 1770′ o. H. Paa Præstefjældet har jeg samlet *C. fenestrata* i en Højde af c. 1500′ o. H.; jfr. ogsaa H. Rink: Grønland II, p. 159 og N. Hartz: Medd. om Grønland, XV, p. 8.

den med sig op fra Stranden. Ved Hurry Inlet (5. Aug.) fandt jeg den ret almindeligt ved Stranden.

Foruden dette ejendommelige Moskær, som jeg ikke erindrer at have set Magen til nogetsteds i Grønland, fandtes ogsaa ganske typisk Moskær paa andre Steder i det samme Dalstrøg, hvor Dalen var bredere og Elven fladede sig ud, og hvor der var en svag Humus-Dannelse (som manglede fuldstændigt i det ovenfor omtalte Moskær); her vare Mosserne lange og kraftige (der fandtes bl. a. *Sphagnum rubellum*), blandede med *Eriophora (E. Scheuchzeri), Carices (C. pulla* og andre), *Poæ* o. s. v.

Kærene have i det hele taget her en stor Udbredelse og findes overalt i Elvdalenes Bund; i de Dale, som ere omgivne af stejle Sandbrinker, og som kun have en ringe Bredde, vil Vegetationen vistnok lide meget under Sandskred, og Smeltevandet vil i Foraarstiden sikkert føre store Mængder af Sand ned over Dalbunden; maaske er det disse Forhold, som betinge Dannelsen af det ovenfor omtalte Moskær med de korte Mosser.

Foruden de omtalte Formationer fandtes der endelig en veludviklet Urteli[1]: i smaa Kløfter og paa fugtige Sydskrænter var der et sammenhængende, lavt Græstæppe med talrige, blomstrende Urter: *Pyrola grandiflora, Arnica alpina, Erigeron eriocephalus* f. *pygmæa, Taraxacum phymatocarpum* med hvide eller lila Kroner og Bladene ofte angrebne af Phytopter; *Ranunculus nivalis, Potentilla emarginata* (den eneste Potentil-Art, jeg fandt her), *Polygonum viviparum* o. s. v., omtrent de samme Arter, som ogsaa findes i Fjældmark og Lynghede, men i kraftigere Individer og sluttende sig sammen til et broget, livligt Mønster paa en saftiggrøn Baggrund af Græsser. Der var her et rigt og fornøjeligt Insektliv: Masser af *Colias* og *Argynnis*,

---

[1] Med Rosenvinge (Geografisk Tidsskrift, 1889) foretrækker jeg det norske Urteli for Warmings Urtemark; denne Vegetationsformation findes altid eller i Reglen paa skraanende Flader (Li); med Mark forbinder man vel paa Dansk Forestillingen om en horizontal Flade.

Noctuider, Humler, Fluer, Podurer og Jordmider; jeg saa *Colias* besøge *Silene acaulis*, Fluer i Blomsten af *Cerastium alpinum β. lanatum* og *Dryas octopetala*. Ogsaa i Lyngheden og Fjældmarken var Insektlivet rigt.

Den 5. August besøgte vi Hurry Inlet, der viste sig at være en dyb Bugt og ikke et Sund, som Scoresby troede; jeg gik i Land ét Par Mil Nord for Cap Stewart. Bunden i Bugten var i Nærheden af Jamesons Land overalt hvidt Kvartssand; af Alger saas kun hist og her en enkelt *Laminaria* (vistnok *cuneifolia*) paa Bunden. Strandbredden var sandet eller leret og dannede kun en ganske smal Bræmme; ingen særlig Strandvegetation fandtes paa den flade Strand, som ofte overskylles ved Højvande. — Umiddelbart bag den kun faa Alen brede Forstrand eller faldende brat ned i Stranden ligge langs Størstedelen af Hurry Inlets vestlige Side lave Ler- eller Sandskrænter af 10—30' (3—10 M.) Højde; Sandet eller Leret var næsten overalt uden Plantevæxt; Søen og Smeltevandet foraarsagede aabenbart hyppige Nedskred. De faa, spredte Planter, der fandtes her, vare for en Del *«plantæ raræ»*, som jeg ikke fandt andre Steder i Scoresby Sund (jfr. Tabellen i det følgende), og som overhovedet ere Sjældenheder i Grønland: *Braya glabella* Richards, *Lesquerella (Vesicaria) arctica*, *Glyceria angustata* (kraftige Tuer), *Potentilla pulchella* og *nivea*, *Arenaria ciliata β.*, *Draba alpina* var. *glacialis*, *D. corymbosa* og *D. altaica*, *Papaver*, *Melandrium affine*, *Cochlearia fenestrata*, *Poa abbreviata*, *Poa alpina* f. *vivipara*. Paa mange Steder, især i Nærheden af Cap Stewart og den første Mil nordefter herfra, gaar Forlandet dog jævnt over i Stranden. — Paa det flade, svagt bølgeformede Forland op mod Neills Klipper var der nærmest Stranden en spredt Fjældmark -Vegetation med omtrent samme Arter som paa de ovenfor omtalte Skrænter; jo længere man kom fra Stranden, des mere trængte Lyngbuskene sig frem, og Strandplanter som *Glyceria*, *Cochlearia*, *Braya* og *Poa abbreviata* gik fra. Fjældmarken veg tilsidst for ren Lynghede, dannet af *Cassiope tetragona* med indblandet *Betula nana*; Heden var forøvrigt ganske kraftig. Hist og her fandtes der et lille Vandhul eller en lille Bæk, som fra en Drive i Kløfterne paa Neills Klipper søgte ned til Hurry Inlet; det lidet Vand, jeg saa her, kunde føres tilbage til Snedriverne. Bræer saas ikke paa den Del af Jamesons Land, som var synlig herfra; paa Liverpool Kyst ligeoverfor, paa Hurry Inlets Østside, vare Bræerne derimod talrige og store ligesom .paa Basaltfjældene paa Sydsiden af Scoresby Sund.

Langs alle de smaa, nu for en stor Del udtørrede Bækkelejer, fandtes kraftige S t a r- e l l e r G r æ s k æ r, i Reglen dog ikke af mange Favnes Bredde; de dannedes af *Colpodium latifolium* (meget hyppig), *Carex pulla* (yderst alm.), *hyperborea* og *incurva, Eriophorum Scheuchzeri* og *angustifolium* (i Frugt), *Juncus arcticus, castaneus* og *biglumis* (den sidste ofte i meget kraftige Exemplarer), *Arabis alpina, Equisetum arvense* og *scirpoides* m. m. foruden talrige, kraftige Mosser; paa fugtigt Ler voxede i. stor Mængde en lille sort Discomycet: *Humaria groenlandica* E. Rostrup (n. sp.).

· I Bækken selv fandtes forskellige Mosser, f. Ex. *Amblystegium Kneiffii* var., Grønalger, *Hydrurus* og smaa *Nostoc*-Kolonier.

Bag Forlandet, i et Par Tusind Alens Afstand fra Kystlinjen, hæve N e i l l s K l i p p e r sig; ved Cap Stewart have de en ringe Højde (c. 500′ = 155 M.), men de hæve sig rask nordover, og dèr, hvor jeg besteg dem, c. 2 Mil Nord for Cap Stewart, havde de allerede en Højde af c. 2500′ (785 M.). Granit, Gnejs eller andre Urfjælds - Bjærgarter saas ikke her, .men kun yngre, mesozoiske, sedimentære Bjærgarter: Kalksten, Sandsten og sorte Lerskifre, gennemsatte af horizontale, skraa eller lodrette Trapgange, som ofte viste en smuk, søjleformig Afsondring. I Kalkstenen fandt B a y og jeg talrige til J u r a hørende Saltvandsforsteninger, i Skifrene under Kalkstenen talrige rhätiske Plantefossiler. Angaaende de geologiske Detailler henviser jeg forøvrigt til den geologiske Del af dette Rejseværk, »Medd. om Grønland» XIX.

Bjærgfoden ligger c. 100' (30 M.) over Havets Niveau; dèr, hvor jeg gik til Fjælds, var Bjærgarten ikke synlig førend c. 700' (220 M.) o. H.; den var dækket af det nedstyrtede Ras (Trap, Sandsten og Kalksten) og Grus; her var yderlig goldt og plantefattigt; Planterne ere stadig udsatte for Forskydninger og Begravelse, og der er for tørt. Ovenfor Raset rejse Klipperne sig næsten lodret i Vejret, kun gennemskaarne af faa dybere Kløfter, der ere dannede af større Elve fra det ovenfor liggende Plateau.

Set nede fra Forlandet var der ikke det mindste Spor af Vegetation at opdage paa Fjældskraaningen; i Virkeligheden kunde man ogsaa gaa lange Strækninger uden at opdage en eneste Plante, især naar Skrænten var brat. Saasnart der imidlertid fandtes en lille Terrasse eller Afsats inde under en Trapgang (Trappen var den af de her forekommende Bjærgarter, der forvitrede langsomst), kunde man ogsaa være sikker paa at finde Planter dèr, f. Ex. *Saxifraga cernua* · og *decipiens*, *Oxyria* eller lign.

Under Bestigningen af Neills Klipper noterede jeg følgende:

c. 1200' (375 M.) o. H., paa en lille Afsats mellem Trap- og Sandstensblokke: spredt Vegetation af *Cystopteris fragilis*, *Potentilla nivea*, *Campanula rotundifolia* var. *arctica*, *Papaver*, *Poa glauca*, *Erigeron compositus*, *Chamænerium latifolium*, *Arnica*, *Festuca rubra* β. *arenaria*, *Cerastium alpinum* β. *lanatum*, *Drabæ* og *Saxifragæ*.

1400—1500' (c. 450 M.) o. H., lille Plateau med store Partier dækkede af sammenhængende Grenvæv af *Salix arctica* f., desuden *Draba corymbosa*, *Taraxacum phymatocarpum*, *Calamagrostis purpurascens*, *Dryas octopetala*, *Melandrium affine*, *Equisetum scirpoides* og alle de i en Højde af 1200' noterede.

1600—1800' (500—565 M.) o. H., stejl Skraaning: hist og

her *Stellaria longipes* c. fl., *Erigeron eriocephalus*, *Alsine verna* β. *hirta*, *Polygonum viviparum*, *Trisetum subspicatum*, *Equisetum arvense*, *Ranunculus nivalis*, *Oxyria*, *Papaver*, *Salix arctica* f., *Cerastium alpinum* β. o. s. v.

1800—1950' (565—615 M.) o. H., lille Plateau, spredt Fjældmark-Vegetation: *Antennaria alpina*, *Campanula uniflora*, *Poa glauca*, *Luzula confusa*, *Arenaria ciliata* β. (hyppigst Strand-plante), *Alopecurus* (kraftige, indtil 30 Cm. høje Expl.), *Festuca rubra* β., *Melandrium affine*, *Silene acaulis*, *Cerastium alpinum* β., *Potentilla nivea*, *Taraxacum phymatocarpum* og *Salix arctica* f.; et Exemplar af denne sidste Art, der dannede Espalier op ad en Trapgang, som gærdeagtig løb hen over Plateau'et, havde allerede moden Frugt; Grenene vare mer end en Alen lange (c. 1 M.). Desuden fandtes her en Del Mosser, *Peltigera*, *Stereo-caulon* o. s. v.

Randen af Plateau'et laa her — som sagt — c. 2500' (785 M.) over Havets Niveau. Paa den stenet-grusede Højslette, som hævede sig jævnt mod Nord og Nordvest, var der en spredt Fjældmark-Vegetation. Følgende Arter noteredes: *Poa glauca* c. fl., *Hierochloa alpina*, *Catabrosa algida*, *Luzula con-fusa*, *Juncus biglumis*, *Carex nardina*, *Salix arctica* f. c. fr., *Campanula rotundifolia* β. c. fl. og *C. uniflora*, *Potentilla emar-ginata* c. fl., *Papaver* c. fr., *Taraxacum phymatocarpum* c. fr., *Arnica* c. fl., *Saxifraga nivalis* c. fr., *Polygonum viviparum*, *Oxyria*, *Silene acaulis* c. fr., *Rhodiola* ♂ og ♀ c. fr., *Alsine verna* β. *hirta*, *Cardamine bellidifolia*, *Ranunculus altaicus*, *Stellaria longipes*, *Sagina Linnæi*(?) og *Equisetum arvense.* β. *alpestre*.

Af Mosser saa jeg *Grimmia alpicola* ster., *Brachythecium turgidum*, *Amblystegium Kneiffii* f. *gracilis* og *Bryum calo-phyllum*? ster.; *Racomitrium lanuginosum* og *Polytricha* noteredes som almindelige. Af Likener saa jeg bl. a. *Peltigera* og *Stereo-caulon*. Vegetationen var yderst spredt, der var en eller flere Favne mellem de enkelte Fanerogamer; den mest iøjnefaldende Plante heroppe var *Salix arctica* f., som nu alm. stod i Frugt;

den dannede smaa, tæt til Jorden trykkede Tæpper af indtil
1 ☐ Fods Størrelse. — Alle Arter heroppe syntes at sætte Frugt.
Der var ikke Spor af Vand at opdage paa Plateau'et; alle Plan-
terne gjorde et fortørret Indtryk. Det jævne, svagt mod Syd
hældende Terræn frembyder kun faa eller ingen Steder, hvor
Sneen kan samle sig i større Driver, og uden afsmeltende Driver
er der overalt tørt, knastørt.

Saa man fra Randen af Plateau'et ned paa Forlandet langs
Hurry Inlet, syntes dette fuldstændig vegetationsløst; det havde
en rødbrun Farve, kun langs Bækkene saas en smal Bræmme
med grøngraa Tone, hidrørende fra Kærstrøgene.

Efter at have undersøgt Randen af Plateau'et og de nær-
mest indenfor liggende, meget ensformige Partier, gik jeg i
sydvestlig Retning ind over Landet, ned mod et bredt Dalstrøg,
som løb i omtrent N.-S., altsaa omtrent parallelt med Hurry
Inlet. Landet skraanede ganske jævnt ned mod Dalen. I en
Højde af 2400' (755 M.) fandtes i en Fordybning i Terrænet
et sumpet Parti med *Eriophorum angustifolium*, *Ranunculus
altaicus*, *Saxifraga cernua*, *Poa alpina* f. *vivipara* o. s. v.; i Vand-
huller (aabenbart de sidste Rester af en stor Snedrive) forskel-
lige Grønalger; omkring Hullerne sammenhængende Mostæpper
af flere ☐ Alens Størrelse. c. 2000' (625 M.) o. H. traf jeg atter
— efter at have passeret en længere Strækning af den sæd-
vanlige Fjældmark — et større Moskær, hovedsagelig dannet af
Sphærocephalus palustris ster., med talrige *Colpodium latifolium*,
Cerastium trigynum, *Arabis alpina*, *Saxifraga hieracifolia* c. fr.,
Arenaria ciliata β., *Oxyria* med *Ustilago vinosa* i Blomsterne,
Salix arctica f. o. s. v.

c. 1700' (535 M.) o. H. traf jeg den første sammenhæn-
gende Lynghede, som altid dannet af *Cassiope tetragona* og en
Del *Vaccinium* (med næsten modne Bær). Her ogsaa *Russula emetica*.

Vældige, sorte Snedriver afsluttede her, i en Højde af
c. 2000—1700' o. H., det omtalte Dalstrøg, som jeg stilede ned

imod; hele Dalen er sikkert i Tidernes Løb udgravet af den
store Elv, som har en af sine Hovedkilder i disse Driver, men
som desuden faar Tilløb fra forskellige andre Snedriver længere
vesterpaa. I Nærheden af Sneen var der svuppende vaadt,
man sank dybt ned i det vaade Ler, som var fuldstændig blottet
for Vegetation.

Omtrent 100' (31 M.) nedenfor Foden af Driverne fandtes
paa en lav Skrænt med sydlig Exposition en frodig Urteli
langs en lille Bæk, der løb ud i den store Elv i Hoveddalen.
Det tykke, sorte Muldlag var dækket med et tæt og grønt
Græstæppe af *Poæ* og *Trisetum*, hvori *Taraxacum officinale,
Veronica alpina* (ofte med *Puccinia* paa Bladene), *Ranunculus
pygmæus, Alsine biflora, Potentilla maculata, Sibbaldia, Antennaria
alpina* og mange andre blomstrende Dikotyledoner. Der var
talrige Spor og Exkrementer af Moskusoxer, som særlig havde
ædt *Taraxacum's* Blade. Paa den vestlige Side af den store
Elvdal fandtes adskillige saadanne lave (10—15', 3—5 M. høje)
Skrænter med smuk Urteli-Vegetation, færre paa den østlige
Side. — Lidt længere nede, hvor Elvdalen blev bredere, fandtes
store Mos-, *Carex-* og *Juncus*-Kær med kraftige *Sphæroce-
phalus*-Puder, *Eriophora, Carex hyperborea, Colpodium* (indtil
35 Cm. høj), *Juncus arcticus, castaneus* og *biglumis* o. s. v. Mange
mindre Agaricaceer voxede her. Kærene vare langt frodigere
end nede paa Forlandet ved Hurry Inlet og paa Sydkysten
af Jamesons Land; de vare paa kryds og tværs gennemstrøm-
mede af talrige smaa Vandløb, Forgreninger i det flade Terræn
af den store Elv.

Længere sydpaa, c. 1400' (440 M.) o. H., dækkedes Plateau'et
ovenfor og Vest for Dalen af frodig Lynghede; *Cassiope tetragona*
var her ofte angrebet af *Exobasidium Vaccinii*. Her fandtes
ogsaa bl. a. *Betula nana, Pedicularis lapponica* og *Boletus
scaber*.

Omtrent i denne Højde vadede jeg over Elven og gik
østerover mod Randen af Neills Klipper. Paa en jævn Skraa-

ning, som hældede ned mod Elvdalen, altsaa mod Vest, fandtes der en Formation, som nærmest svarede til den p. 126—128 omtalte Mosmark, en Overgangsform mellem denne og almindelig Fjældmark. Foruden lave Mosser og Likener voxede her en Del *Carices: C. scirpoidea* (til Dels var. *basigyna*), *C. nardina, C. rigida* samt *Elyna Bellardi*, alle i smaa, fortørrede. Exemplarer.

Da jeg atter naaede Randen af Plateau'et, der her (omtrent $1/2$ Mil Syd for det Sted, hvor jeg gik op) laa et Par Hundrede Fod lavere, altsaa c. 2200' (690 M.) o. H., var det umuligt at komme ned; en høj, lodret Trapskrænt løb omtrent horizontalt langs Randen af Plateau'et, og jeg gik da sydover for at komme ned gennem en Kløft. I nogen Afstand fra Plateau'ets Rand løb en lille Bæk mod Syd; snart løb den i en ganske smal Kløft med golde, stenede Skrænter paa begge Sider, snart bredte den sig over større Flader, beklædte med Mos- eller Starkær, hvori særlig *Carex pulla* og *lagopina, Colpodium, Poa pratensis* var. *domestica, Junci, Tofieldia borealis, Saxifraga hieracifolia, Pedicularis lapponica, Sphagna* og andre Mosser spillede en fremtrædende Rolle. Det største og frodigste Kær laa i en Højde af c. 1300' (410 M.); her havde jeg Lejlighed til paa nært Hold at betragte en Hjord Moskusoxer. Rensdyrhorn og hele, smukt blegede Skeletter af Rener og Moskusoxer laa spredte omkring i Lyngheden og Kærene.

Endelig — efter en lang og trættende Vandring — kom jeg ned til Kysten igennem en Kløft, som var dannet af den ovenfor omtalte, store Elv. Kløften var meget stejl og smal, til Dels fyldt med Sne, saa at Elven paa lange Strækninger løb under en Snebro. Ltnt. Vedel, som med Baad havde været ved Cap Stewart for at udgrave Grønlænderhuse, optog mig paa Tilbagevejen til «Hekla».

Scoresby giver følgende Skildring af Vegetationen ved Cap Stewart, 25. Juli (l. c. p. 214—215).

«The vegetation in Jameson's Land is superior to any thing that I could have expected in such a latitude. About the hamlet, the ground was richly clothed with grass, a·foot in. height; and more inland, my Father, who explored .this country to a great extent, discovered considerable tracts that might justly be denominated *green-land*, patches of several acres, occurring here and there, (according to the testimony of Mr. Scott, surgeon of the Fame), «of as· fine meadow-land as could be seen in England». There was a considerable variety of grasses, and many other plants in a beautiful state. A good deal of the vegetation, however, that was without shelter, was completely parched up by the heat of the sun. The most luxuriant tracts were those little low plains, similar to that near Neill's Cliffs, which were covered with a tolerable soil, where the percolation of the water from the melted snows of the higher land, produced a fruitful irrigation of the plains below. I obtained here very fine specimens, though mostly of the dwarf kind, of *Ranunculus nivalis, Saxifraga cernua, S. nivalis, S. cœspitosa* or *Groenlandica,· S. oppositifolia, Eriophorum capitatum, Epilobium latifolium, Dryas octopetala, Papaver nudicaule, Rhodiola rosea,* &c. with the creeping dwarf willows before met with. The whole· number of species that I collected was about fourty.

. . . . and in insects, . . . butterflies, moths, bees, gnats, &c.».

Cap Stewart besøgte jeg tre Gange, men kun i kortere Tid, og jeg var hver Gang saa optaget af at samle Forsteninger, at der kun blev ringe Lejlighed til botaniske Indsamlinger. D. 6. Aug. 1891 var jeg i Land en .Timestid, d. 22. Aug. 1891 ligeledes nogle Timer, og endelig kom jeg her igen d. 12. Aug. 1892, da vi paa Hjemvejen til Europa byggede Proviantskur.

Grønlænderhusene og deres nærmeste Omgivelser vare dækkede af et frodigt og friskgrønt Græstæppe, dannet af *Alopecurus alpinus*, endvidere Saxifrager og *Taraxacum officinale.*

I fugtige Moskær fandtes *Saxifraga hieracifolia*, *Ranunculus altaicus*, *Eriophorum Scheuchzeri* og *angustifolium* og *Alopecurus alpinus*; paa Mos i Kæret: *Geopyxis Ciborium* og *Mitrula gracilis*. Paa en lav Skrænt ved Stranden: *Psalliota campestris* og *Macropodium corium* (¹²/8 92). Paa Plateau'et her ovenfor: sædvanlig Fjældmarks- eller Kær-Vegetation, men betydelig fattigere og daarligere udviklet end de ovenfor omtalte. Skrænterne af Neills Klipper vare her golde og plantefattige; kun i en lille Fordybning Syd for den store Elv, som løber ud ved Cap Stewart, traf jeg et Parti med Urteli, og her sværmede ogsaa en Mængde Insekter. Bunden i Elven var pletvis ganske skjult af de lange, bølgende, gulgrønne, gelatinøse Traade af *Hydrurus foetidus*, som var almindelig overalt i Bækkene i Nærheden af Snedriverne, men forsvandt, naar Vandet blev varmere; paa Stene i Elven: *Cinclidotus fontinaloides*. Ved Stranden laa den 12. Aug. 1892 en Mængde store Laminarier opdrevne: *L. cuneifolia* og *digitata* samt flere andre Alger, som jeg ikke fik ved mine Skrabninger længere inde i Fjorden ved Hekla Havn.

I et Moskær ved Cap Stewart samlede jeg ¹²/8 92 følgende Mosser, som vare de mest fremtrædende her: *Amblystegium uncinatum* *, *A. sarmentosum* *, *A. revolvens* *, *Sphærocephalus turgidus* *, *S. palustris* * ¹), *Bryum ovatum*, *B. ventricosum*, *Hypnum trichoides*, *Anthelia julacea*.

Det var kraftige og lange hydrophile Mosser; Arterne vare for største Delen andre end de p. 129 omtalte; de Arter, der vare fælles for de to Lokaliteter, havde en af den forskellige Bund præget, forskellig Habitus.

Den 6. Aug. om Morgenen forlode vi Hurry Inlet og stode ind i Fjorden; paa Grund af Taage og Is naaede vi først d. 8. Danmarks Ø, som skulde blive vort Vinterkvarter. Fra Danmarks Ø foretog jeg i Løbet af Efteraaret forskellige større og

¹) Dannede store Partier af lysegrøn Farve, næsten uden Indblanding af andre Arter (*Hypnum trichoides*).

mindre Udflugter, som først skulle omtales; mine Iagttagelser paa Danmarks Ø og det nærliggende Gaaseland samler jeg nedenfor.

2. Røde Ø.

. D. 14. Aug. rejste vi med Dampbarkassen fra Danmarks Ø ind til R ø d e Ø og sloge Telt paa Gnejslandet ligeoverfor Øen, paa Østsiden af Fjorden.

I det Par Dage, vi opholdt os her, havde vi varmt, stille Solskin; Sommervejr og Sommerstemning! Tusinder af skinnende hvide eller blaalige Isfjælde i alle mulige Størrelser og vexlende Former sejlede frem og tilbage i Fjorden, førte af Tidevandet; de spejlede sig i det blanke Vand, som krusedes i store, bløde, koncentriske Ringe, naar en Isblok styrtede ned, eller i et Nu bragtes i rasende Oprør, naar et stort Isfjæld pludselig med Tordenbrag ramlede sammen og væltede rundt. De tavse Sælhunde dukkede nysgærrige op af deres vaade Element og betragtede med store, klare Øjne de fremmede, ukendte Væsner, der trængte sig ind paa deres Enemærker. I lange Tider har Kajaken ikke kløvet Vandene i denne skønne Fjord.

Graamaagérne, der havde Rede ovre paa Røde Ø, holdt Flyveøvelser med deres Unger og fyldte Luften med hæse Skrig, naar en af deres Kammerater blev anskudt og faldt i Vandet, hvæsende og baskende med de store Vinger. — Luften dirrede af Varme over Landet, der var klædt i sin fejreste Pragt; de alenhøje Birke- og Pilekrat prangede med grønne, røde og gule «Oktober»-Farver, i hvilke Pileraklernes hvide Uld lysnede op; Melbærrisen og Mosebøllen skinnede frem mellem de højere Buske som skarlagenrøde Tæpper, hvori sorte, lyserøde eller blaaduggede Bær dannede en skøn Mosaik. Den lila eller violette Gederams med sit rige Blomsterflor, hvide Frøuld og blaagrønne, matte Blade kappedes i Skønhed med gulblomstrede, silkebladede Potentiller; Fjældsimmerens vajende Fjerbuske og Blaaklokkens store, nikkende Blomster svajede for den sagteste

10*

Brise. Høje, lysegrønne Bægerbregner og lyserøde, fine Som-
merkonvaller dannede yppige Bræmmer i skyggefulde, fugtige
Klippespalter sammen med Saxifragernes gul- eller hvidblom-
strede Tuer, medens rødlige, tætte Duske af Rørhvene og
·Rødknæ farvede de.tørreste, grusede Pletter. Citronfarvede
Colias og spraglede *Argynnis* med Perlemorglans paa Vin-
gernes Underside sværmede om mellem glinsende Syrphider,
der med rappe Vingeslag holdt sig svævende foran Blomsternes
Kalk; basbrummende Humler og langbenede Tipulider fløj over
Marken. De irriterende Myg, som saa ofte ødelægge Stemningen
en grønlandsk Sommerdag, havde paa Grund af den fremrykkede
Aarstid indstillet deres Virksomhed.

Paa Vestsiden af Fjorden kastede de høje, gletscherkronede
Fjælde mørke Skygger, der fremhævede Isfjældenes lyse, rene
Jomfruelighed, og den idylliske Røde Ø dannede den ypper-
ligste Farveharmoni med Vandspejlet, de hvide Ismasser og
Himlens blaa Hvælv, hvorover lette, lyse Fjerskyer sejlede. —
Det er en overvældende Fylde af Skønhedsindtryk, Øjet mod-
tager paa en saadan grønlandsk Sommerdag; det ophøjede,
imponerende i de grønlandske Landskaber forvandles til en
fredelig Idyl. — —

15. Aug. Røde Ø er en ganske lille Ø, næppe mer end
¹/₈ □ Mil stor; men den fortjener nærmere Omtale paa Grund
af sin geologiske Særstilling; den er nemlig dannet af et tegl-
stensrødt, kalkholdigt Konglomerat, bestaaende af rødfarvet Grus
og større eller mindre, rullede Blokke, der udvendig have et
tyndt Overtræk af den røde Farve, men ikke ere helt gennem-
trængte af den. En Del Trapgange af et Par Alens Bredde
skære i forskellige Retninger gennem Øen. Konglomeratet viser
en tydelig Lagdeling, Lagene hælde ret betydeligt mod Nord
(Hældningsvinklen er c. 25°), og Øens Form er betinget heraf:
Sydsiden danner en lodret Skrænt (c. 400′ høj, 125 M.), medens
Nordkysten skraaner jævnt ned mod Vandet. Det bølgeformet-

kupérede Plateau er — som jeg bemærkede i Maj 1892 — om Vinteren dækket af ét jævnt Snelag.

Hele det store Højland langs Vestkysten af Røde Fjord, Nord for R o l i g e B r æ, er opbygget af samme Bjærgart som Røde Ø, men jeg havde aldrig Lejlighed til at komme derover.

Tiltrods for Bjærgartens Ejendommelighed fandt jeg ingen særlige Plante-Formationer[1], heller ingen særlige Arter her; Vegetationen er — skønt Bjærgarten er temmelig kalkholdig — heller ikke frodigere end paa Gnejslandet i Nærheden.

Den flade Sandstrand paa Øens Nordside er ganske smal, kun 10—12 Alen (6—8 M.) bred. Her fandtes en lav Bræmme af *Glyceria vilfoidea* (c. fr.), *Halianthus*, *Rhodiola*, *Sagina Linnæi*, indenfor dem *Empetrum* og *Trisetum subspicatum*. *Glyceria* var meget afbidt af Gæs (*Bernicla leucopsis*); kun mellem Stenene, hvor Gæssene ikke kunde komme til at nappe, fandtes der ubeskadigede Exemplarer; *Sagina* var ogsaa medtaget af dem, derimod ikke de andre Arter. *Stellaria humifusa*, som ellers findes paa saadanne Lokaliteter, voxede her ikke; jeg saa den overhovedet ikke i det inderste af Fjordene; paa Vestkysten er den almindelig overalt, baade ved Kysterne og i K i n g u a[2]. Paa mange Steder var der slet ingen særlig Strandvegetation, men Lyngheden eller Kærene gik helt ned til Fjorden.

Plateau'et var dækket med rødt Grus og røde Stene (det minder for saa vidt om Partier ved P a t o o t ved Vajgat, som bestaa af røde, brændte Skifre[3]) og en spredt Fjældmarks-Vegetation (hvori bl. a. *Lesquerella*, *Rumex Acetosella* o. a.) eller med Lynghede, hvori *Arctostaphylos alpina* med højrøde Efter-aarsblade og store, sorte Bær tog sig henrivende ud. Paa lange Strækninger ser man gærdeformede Trapgange, der have modstaaet Forvitringen bedre end Konglomeratet, løbe hen over

---

[1] Jfr. dog Bemærkningerne nedenfor, Maj 1892.
[2] K i n g u a er det eskimoiske Ord for det inderste af en Fjord.
[3] Jfr. N. H a r t z: «Medd. om Grønland» XV, p. 49.

Plateau'et. Hist og her have smaa Bække gravet sig Kløfter og givet Anledning til Dannelsen af smaa, tuede Kærstrækninger.

I de ikke altfor fugtige Dele af Kløfterne og paa store, tørre Tuer i Kærene findes smaa Krat af Birk og Pil (*Salix glauca* var. *subarctica*) paa ½ Al. (0,3 M.) Højde; Birken havde talrige, store Hexekoste, dannede af *Taphrina alpina*. I Krattene voxede bl. a. *Luzula multiflora* (eneste Findested i Scoresby Sund).

Et Par Hundrede Fod oppe traf jeg et interessant lille Kær: en flad, kredsrund Fordybning i Terrænet (c. 25 Skridt i Diam.) var dækket af en tæt, næsten ublandet Bevoxning af fodhøj *Carex pulla* med enkelte Tuer af *Eriophorum Scheuchzeri*; et tæt og blødt Tæppe, dannet af *Amblystegium exannulatum* * og *A. uncinatum* * samt *Leptobryum pyriforme* og *Brachythecium Mildeanum* (de sidste 2 Arter i forsvindende Mængde), dækkede Bunden. Især i Midten af Kæret vare Mosserne overtrukne med Hinder af *Nostoc commune* og andre indtørrede, blaagrønne Alger; der staar aabenbart Vand her i Foraarstiden og Forsommeren, nu var der knastørt. I et særlig fugtigt Hjørne laa *Callitriche verna* β. *minima* hen over Mosset, i Udkanten af Kæret voxede *Carex lagopina*, *Polygonum viviparum* og *Equisetum variegatum*; *Sphagnum* fandtes ikke.

Midt ude i Kæret var Mostørven over 1 Alen (²/₃ M.) dyb; den var dannet af Amblystegier (mest *A. sarmentosum*, øverst *A. revolvens*), men meget blandet med Ler.

Det lille Vandhuls Udviklingshistorie er altsaa meget simpel og klar og fremgaar umiddelbart af ovenstaaende Beskrivelse (jfr. nedenfor).

Teltpladsen ved Røde Ø, 16. Aug. Det indtil 4—5000' (1250—1570 M.) høje Gnejsland danner ved Kysten et temmelig smalt Forland med kuperet Overflade og hæver sig terrasseformet, temmelig brat. Den Vegetations-Formation, som strax og stærkest faldt i Øjnene her, var Krattene, men der fandtes ogsaa kraftig Lynghede og alle de andre Formationer. Baade Birken og Pilene (*Salix glauca* var. *subarctica*, men ogsaa *S. arctica* f.) danne udstrakte, men lave Krat af c. 1 Alens (0,6 M.) Højde, ikke blot paa Forlandet, men helt op til c. 2200′ (690 M.). Krattene findes ikke blot paa Sydskrænterne, jeg saa dem ogsaa paa Skraaninger mod Vest, Nordvest og Sydost. Jeg naaede her til en Højde af c. 2500′ (785 M.), men fandt ikke Krat ovenfor den angivne Højde, hvor det kun var gennemsnitlig ½ Alen (0,3 M.) højt. -- Skønt Krattene her, ligesom paa Grønlands Vest-kyst, især findes i Kløfter og paa ikke altfor tørre, grusede Flader, voxe de dog gennemgaaende paa langt tørrere Bund end Vestkystens Krat og have en betydelig mere xerophil Karakter end disse. Urterne i de østgrønlandske Krat ere derfor ganske andre Arter, end man træffer i Krattene paa Vestkysten, og mere xerophile. Vestkystens Kraturter ere de samme som Urteliens; Warming definerer træffende Urtelien (Urtemarken) som: «Kratbunden, men uden Buskene». I Scoresby Sund fandt jeg Urteli, svarende til Vestkystens, paa Jamesons Land (svagt udviklet, for nær Yderlandet!), Danmarks Ø og især paa Gaaseland ligeoverfor Danmarks Ø; men i det indre af Fjordene saa jeg aldrig noget, der kunde sammenstilles med Vestkystens Urteli. Den tilsvarende Vegetations-Formation: Kratbunden uden Krattene var vel almindelig, ogsaa ovenfor Kratgrænsen (indtil c. 2400′, 755 M.), men den dannedes hovedsagelig af høje, xerophile Tuegræsser: *Calamagrostis purpurascens*, *Poa glauca* var. *elatior*, *Poa pratensis* var. *angustifolia*, *Festuca rubra* f. *are-naria* og *Poa alpina* (den sidste tilbagetrængt, heller ikke saa xerophil som de andre Arter); af andre Urter, der her ved Røde Ø voxede i Selskab med Tuegræsserne, maa nævnes: *Arabis Holböllii*, Kæmpe-Exemplarer af 65—70 Cm. Længde, c. fl. et fr., *Draba aurea* c. fr., *Chamænerium latifolium*, *Arnica*

---

[1] «Om Grønlands Vegetation», p. 37.

alpina c. fr., *Campanula rotundifolia* var. *arctica* c. fl., *Rumex Acetosella, Euphrasia, Alsine hirta* var. *propinqua, Viscaria alpina, Cerastium alpinum* var. *lanata, Polygonum viviparum, Carex rupestris* og *supina* og *Juncus trifidus* (sjælden).

Kratgræsserne havde en gennemsnitlig Højde af 50—60 Cm.; nu vare de gule eller rødligt anløbne og stode med indrullede Blade; ogsaa alle de andre Urter vare meget kräftige, hele denne Formations Gennemsnitshøjde over Jordbunden er c. 50 Cm. I Reglen var det ikke noget sammenhængende Vegetationsdække; Gruset traadte nøgent frem imellem Planterne; men nu og da rykkede Tuerne sammen og dannede et tæt, højt, i Vinden bølgende Dække, som gjorde et højst fremmedartet Indtryk. Jeg har intetsteds i den arktiske Litteratur fundet en lignende Vegetation omtalt, har heller ikke selv set noget lignende paa Vestkysten af Grønland. I visse Henseender maa den vistnok minde om Syd- og Østeuropas Græssteppe og Sydamerikas Campos cerrados.

Jeg tager næppe fejl, naar jeg antager, at det indre af Østgrønlands mægtige Fjorde har ringere Nedbør end Vestkystens, hele Vegetationen tyder derpaa; som en Følge heraf og paa Grund af de hyppige Føhner bliver Mulddannelsen betydelig mindre end paa Vestkysten. I en Fjord paa Vestkysten paa tilsvarende geogr. Bredde vilde disse Kløfter og Skraaninger, der vare grusede og tørre og kun havde Muldlag af ringe Mægtighed og Udstrækning, sikkert være dækkede af et tykt, sort, fugtigt Muldlag med hydrophile Mosser og Urter; som omtalt p. 145 undgik Krattene paa Røde Ø endog de fugtigste, muldede Partier.

Disse Krat blive — som jeg senere fik at se — snebare temmelig tidligt om Foraaret.

Den Vestkyst-Formation, som minder mest om Scoresby Sunds Krat- og Tuegræs-Formation er Likenheden, som findes i det indre af de sydligste Fjorde paa flade Sletter og grusede Skrænter, der ere for tørre og for meget exponerede for Føhnen til at kunne bære Krat. Forskellen er dog mere iøjnefaldende end Ligheden. I de østgrønlandske Krat og mellem Græstuerne findes ingen eller yderst faa Busklikener, medens disse danne et sammenhængende, hvidgraat Tæppe i den vestgrønlandske Likenhede[1]). Fanerogamerne ere heller ikke de samme: *Aira flexuosa*, som er den dominerende Græsart i Likenheden, findes her ikke, *Nardus* heller ikke; de ere begge sydligere Former; men de østgrønlandske Græsser have dog samme eller lignende Habitus, og det øvrige Planteselskab er omtrent ens, naar man fraregner enkelte Arter, som mangle her paa Grund af den store Forskel i geografisk Beliggenhed eller ere erstattede af andre, nordlige korresponderende Arter (f. Ex. *Betula glandulosa* af *B. nana*).

Betula nana er ikke tilbøjelig til at danne Krat; intetsteds ellers i Grønland har jeg set den rejse Grenene frit fra Jorden; i c. 2200′ Højde (690 M.) dannede den paa en enkelt Plet endnu Krat af ³/₄ Alens (¹/₂ M.) Højde. c. 600′ o. H. (200 M.) var Birkekrattet 1 Alen højt, enkelte Buske endog ⁵/₄ Alen høje; Grene af 1″ (2,5 Cm.) Diam. vare almindelige. I Litteraturen er den, saavidt jeg ved, kun omtalt som kratdannende fra Franz Joseph Fjord; if. Stud. mag. Helgi Jónsson danner den dog paa Island Krat af 1—2 Fods Højde.

Salix arctica f. *grønlandica* har jeg lige saa lidt set kratdannende før; det er mærkværdigt, at den optræder som kratdannende i disse tørre Krat; den er ikke nær saa haaret som *Salix glauca*, kun paa Undersiden af Bladene har den Haar og Vox, og jeg har ellers aldrig set den rejse sig paa aabent Terræn uden Støtte, skønt den ofte danner alenlange Grene som Espalier-Busk. Den var dog her mere haaret end sædvanlig og havde

---

[1]) Jfr. L. Kolderup Rosenvinge: Geografisk Tidsskrift, Bd. X, 1889—90, p. 5, og N. Hartz: Medd. om Grønland, XV, p. 15, 17 og 23.

ogsaa undertiden Haar paa Oversiden af Bladene, men kun
meget spredt (jfr. den systematiske Del af dette Arbejde).

Ikke mindre undrede det mig, 'at *Salix glauca* optræder
med den forholdsvis lidet haarede var. *subarctica* Lundstr.,
medens de Former, der optræde i de fugtige Krat paa Vest-
kysten, ofte ere saa stærkt filtede, at de kunne minde om
S. lanata. Jeg saa ikke *Salix glauca* fruktificerende til større
Højde end c. 1900' (600 M.) o. H.

I Franz Joseph Fjord fandt den anden tyske Nordpolar-
expedition Krat; «die Weide war auch hier die allgemein
verbreitete einzige Art (*Salix arctica* Pall.) und entwickelte nament-
lich zwischen den Felsen und grossen Blöcken auf der alten
Seitenmoräne Stämme von ungewöhnlicher Länge (über 6 Fuss)
o. s. v.» «Mellem Stene hævede Pilen sig til mere end en Fods
Højde. Birken hævede sig til 2—3 Fods. Højde» [1]).

Ligesom i Franz Joseph Fjord (l. c. p. 669) naaede Vege-
tationen ved Røde Ø og andetsteds i Scoresby Sund sin yppigste
Udvikling i en Højde o. H. af c. 500—1000' (160—320 M.), paa
Fjældskrænter og i Kløfter; paa Plateau'er findes sjældent eller
aldrig Krat.

Endnu i en Højde af c. 2400' (755 M.) fandt jeg kraftige
Sphagneta langs en Bæk. *Pinguicula,* som ikke fandtes andre
Steder i Scoresby Sund, gik indtil 2000' (625 M.) o. H.

I en Højde af c. 600' (185 M.) fandt jeg en lille Sø, hvis
Bund var helt dækket med *Hippuris* og alenlange, kraftige
Vandmosser, mest *Amblystegium exannulatum*; ved Bredden
voxede f. Ex. *Eriophorum Scheuchzeri, Carex microglochin, pulla*
og *hyperborea* m. m.

Partiet her ved Røde Ø var den frodigste Egn, jeg hidtil
havde truffet i Scoresby Sund; de fleste Arter vare betydelig
kraftigere her end længere ude i Fjorden; jeg fandt ogsaa ad-
skillige Arter, som jeg ikke traf nærmere Fjordens Munding.

---

[1]) Pansch i 2. deutsche Nordpolarfahrt I, p. 668 og II, p. 47.

Det maa dog siges strax, at Krattene her ikke naa den Yppighed og Kraft som paa tilsvarende Bredder paa Vestkysten, f. Ex. paa Disko; der er ogsaa betydelig flere Arter i Vestkystens Krat; jeg vender nedenfor tilbage hertil.

3. Mudderbugt.

Mudderbugt kaldte vi en stor, flad, sandet og leret Bugt, i hvis Bund der udmunder et Par Elve; Bay, Deichmann og jeg opholdt os her 25.—27. Aug. og havde Telt paa en flad, gruset Slette (Terrassedannelse?), c. 10' (3 M.) o. H.; Sletten skraanede jævnt opad mod Nord.

Hele det lavere Land var dækket med løse Jordarter; kun i Elvenes Erosionskløfter kunde man se den faststaaende Bjærgart, som var Gnejs indtil et Par Hundrede Fods Høide; c. 5—600' (c. 175 M.) o. H.: rødbrunt Trap-Konglomerat, derover Sandsten. Der fandtes ingen Forsteninger i disse Bjærgarter, saa at deres Alder foreløbig er ubestemt. Indtil c. 1500' (470 M.) Højde var den jævne Skraaning beklædt med Lynghede eller ganske nøgen; store Strækninger vare dækkede med grovt Sand, dannet ved Forvitring af Sandstenen; i det løse Sand voxede næsten kun *Carex rigida* med lange, krybende Rhizomer. c. 1500' (470 M.): Sandstenen traadte nøgen frem i Dagen; det er en grovkornet, hvidgraa Sandsten, som ofte har en rødlig Vejrskorpe. Toppen af det Fjæld, jeg besteg, laa c. 2000' (625 M.) over Havet; det var en isoleret staaende Kegle, som foroven dannede et lille Plateau, ved Randen omgivet af en Vold ligesom et Brystværn. De sidste 200' (62 M.) af Keglen vare aldeles nøgne og blottede for Vegetation, dækkede af løse Blokke og Smaastykker af Sandsten. Skrænten er meget stejl, Skred og Nedstyrtninger høre til Dagens Orden; heri maa Grunden til den absolute Plantemangel søges. Paa det lille Plateau paa Toppen fandtes kun en enkelt Busk af *Cassiope tetragona.* — Fjældene bagved hævede sig til langt større Højder.

Ved Mudderbugt og langs Kysten østerover findes paa flere Steder store Lerflader langs Stranden; de overskylles ved Højvande, i hvert Fald delvis. Den yderste Del af dem er fuldstændig blottet for Vegetation, derpaa følger et Bælte, beklædt med et tæt, brungrønt Filt af blaagrønne og grønne Alger: *Vaucheria (geminata?)*, *Lyngbya (lutea?)* og *Anabæna Flos-aquæ?*; indenfor dette et lavt Mostæppe, hvori den ejendommelige og sjældne lille *Cantharellus brachypodus*; i Mosbæltet og indenfor det et lavt «Græstæppe», dannet af *Glyceria vilfoidea, Stellaria humifusa* og *Carex subspathacea*.

Den inderste Del af Lerfladerne mindede om vore Syltenge; *Glyceria vilfoidea* er dominerende her. En Mængde Gæs og Ryler færdedes paa disse Flader.

Temmelig højt oppe paa Stranden fandt jeg her i Mudderbugt det største Stykke Drivtømmer, jeg nogensinde har set i Grønland; det var en Konifer-Stamme af 13½ Alens (9 M.) Længde; ved Grunden maalte den 23" (61 Cm.), ved Toppen 14" (37 Cm.) i Omkreds.

4. Nordvestfjord.

I Dagene fra den 3.—12. Septbr. gjorde vi pr. Dampbarkasse en Tur op til Nordvestfjord. Paa en lille Odde, Bregnepynt, paa Vejen hertil fandt jeg *Lastræa fragrans* i Klippespalter. Den 5. sloge Deichmann og jeg Telt ved Syd Cap i Mundingen af Nordvestfjord, medens de andre fortsatte Rejsen ind i Fjorden. Fra Teltpladsen, som laa inde i Bunden af en lille Bugt Nord for Syd Cap, gik jeg østerover langs en Elv og naaede over et Pas ned paa et lavt, temmelig fladt Land med omtrent samme Karakter som Sydkysten af Jamesons Land, hvorfra det dog, saa vidt jeg kunde se, er adskilt ved et Sund eller i hvert Fald ved en meget langt mod Nord indskydende Bugt. Hele det lave Land er dækket med løse Jordarter og klædt med Vegetation, Fjældene nordenfor ere dannede af Urfjæld ligesom det høje Land paa begge Bredder af Nordvestfjord.

Dette Lavland er meget fugtigt og sumpet. Paa de tørrere Steder findes frodig Lynghede med megen *Vaccinium*, men den allerstørste Del af Terrænet er klædt med en tuet Kærvegetation, dannet hovedsagelig af *Sphagna*, medens de 1—2' høje Tuer ere bevoxede med *Cassiope tetragona* og *Vaccinium*. De tykke Sphagneta vare frosne i et Par Tommers Dybde; den almindeligste *Sphagnum*-Art var *Sph. fimbriatum* *; desuden samlede jeg her: *Astrophyllum orthorrhynchum* *, *Hylocomium proliferum* *, *Plagiothecium nitidulum*, *Pohlia gracilis* og *Amblystegium Sprucei*. Utallige smaa Vandløb bugte sig mellem de høje Tuer; hist og her findes større og mindre Vandhuller.

Paa en i N o r d o s t b u g t langt fremskydende, lav, sandet Odde laa en halv Snes gamle eskimoiske Vinterhuse, dækkede med et tæt og frodigt Græstæppe: *Alopecurus alpinus* og *Poa pratensis* (med *Erysiphe graminis* paa Bladene); *Stellaria longipes* voxede meget kraftig paa Væggene og inde i Husene. Allerede paa lang Afstand kunde man af det lysegrønne, frodige Græstæppe slutte sig til, at der maatte have været en Boplads her.

Natten mellem d. 5. og 6. indtraadte Vinteren med ét Slag. Da jeg tidlig om Morgenen d. 6. aabnede Teltdøren, var hele Landet hvidt og snedækt; omkring Teltet laa Sneen c. ½ Alen høj; samtidig begyndte det at blæse føhnagtigt ud ad Nordvestfjorden. Sneen faldt med stille Vejr; hen ad Morgenstunden ophørte Snefaldet, men det begyndte da at fyge saa voldsomt, at den største Del af Landet atter var snefri inden Aften; kun i Kløfter og Fordybninger laa Sneen i vældige Driver. Lufttemperaturen var om Middagen d. 5. + 3°; om Middagen d. 6. ÷ 2°; men Solen skinnede, og Thermometret (blank Kugle) viste i Solen + 1—2°. Paa Vandpytter og Smaasøer var Isen et Par Tommer tyk. Havvandet inde i Bugten frøs ogsaa paa Grund af, at Vinden førte en Masse Kalvis herind. Vi havde

meget Arbejde med at forhindre Teltet i at flyve bort, faa
Baaden halet paa Land, faa kogt Mad o. s. v.

Den 7.: Vedvarende stærk Blæst, Snefog fra Fjældene.
Den 8.: Blæsten aftaget, Snefoget ophørt; Lufttp. om Middagen:
c. + 3°, Solskin og fint Vejr.

Paa det lavere, flade, for Vinden udsatte Land
ved vor Teltplads var Vegetationen bleven ilde tilredt. De
fleste urteagtige Planter havde sorte, visne Pletter paa Bla-
dene, især vare Bladspidserne ødelagte. Adskillige Arter vare
helt kollaberede. *Campanula rotundifolia β.*, som stod i Mængde
omkring Teltet og som Dagen før Snefaldet blomstrede rige-
ligt, havde visne, ødelagte Blomster. Bladene af *Cassiope tetra-
gona* havde faaet en brunlig Farvetone, som de ikke havde tid-
ligere; de i Forvejen gule eller brune Pileblade vare for største
Delen blæste af Grenene, Birkens røde Efteraarsblade vare ogsaa
til Dels afblæste, men dog i mindre Grad end Pilens.

Helt anderledes vare Forholdene paa Sydskrænterne,
mellem Stenene i Urerne, hvor der var Læ for Stormen; her
havde Planterne ingen Skade lidt, Snevejret og Føhnen vare
gaaede hen over deres Hoved, men de havde rejst sig igen. De
fleste Arter vare jo afblomstrede før Uvejret, men *Arabis alpina*,
Saxifraga Aizoon og *oppositifolia*, *Cerastium alpinum β. lanatum*,
Silene acaulis, *Campanula rotundifolia β.* og andre Arter blom-
strede som før og havde — saa vidt jeg kunde se — ingen
Skade taget. Mosebøllens Bær vare her friske og svulmende,
paa de udsatte Steder indtørrede og rynkede.

Disse Dages Vejrforhold viste fortrinligt, hvilken kolossal
Betydning Føhnen har for Vegetationen; det er den, der be-
stemmer Snedækkets Beliggenhed og Mægtighed paa de for-
skellige Lokaliteter. Plantevæxten paa en Lokalitet er i høj
Grad afhængig af, om den er direkte udsat for, eller om den
staar i Læ for Føhnen, selv om det lægivende Objekt er nok
saa lille. Jeg antager nemlig bestemt, at det er Føhnen, Tørken,
som har dræbt Blomsterne, ikke Kulden alene.

Vegetationen her frembød forøvrigt intet af særlig Interesse; Lynghede og Fjældmark vare som sædvanlig de almindeligste Formationer oppe paa Fjældene, Kærene vare nu for største Delen dækkede med fast, haard Sne. Paa Skrænter med sydlig Exposition var der et Par Hundrede Fod o. H. lavt Krat af Birk, Pil og storbladet *Vaccinium uliginosum* var. *pubescens*; alle tre Buskarter hævede sig ¹/₂ Alen (²/₃ M.) over Jorden, ingen af dem blev højere. Krattene vare kun af ringe Udstrækning.

Den storbladede *Vaccinium uliginosum* var. *pubescens*, som voxer paa fugtig Bund og i Læ, sætter faa eller ingen Bær, medens den mindre var. *microphylla* overalt bærer talrige Frugter. Begge Former kunne findes tæt ved hinandén; en lille Forhøjning i Terrænet, en Birke- eller Pilebusk kan frembringe Forandringer, store nok til at udelukke eller muliggøre den ene eller den anden Form.

Ved Udløbet af Elven var der et stort, leret, fladt Delta, gennemfuret af Elvens Forgreninger, der havde opdynget store Volde af Sten og Grus. Naar Elven i Foraarstiden bryder op, er hele dette Terræn aabenbart en brusende Vandmasse; Vegetationen bliver hvert Aar oprevet og ødelagt, der er derfor næsten ingen. Ved Stranden fandtes følgende Arter: *Carex lagopina*, *Glyceria vilfoidea* og *Stellaria humifusa*; disse tre Arter dannede hist og her smaa Strandenge af et Par Kvadratalens Størrelse mellem Stenene. Endvidere *Rhodiola* med visne, røde Blade, enkelte Exemplarer af nedliggende *Salix arctica* f. og *Halianthus* med modne, ofte brunrøde Frugter eller visne ♂-Blomster.

Den 9. Septbr. kom Ltnt. Ve d e l med Dampbarkassen og slæbte vor Baad ud til Teltpladsen paa S y d C a p; uden Dampbarkassens Hjælp vilde vi have haft meget vanskeligt ved at komme ud, da der var adskillige brede Isbælter at gennembryde og megen Kalvis. Efter en forceret Rejse kom vi frysende tilbage til Stationen d. 12. om Morgenen.

5. Syd Bræ.

Aarets sidste, længere Udflugt gjaldt Syd Bræ ligeoverfor Havnen og strakte sig over Dagene fra 23.—25. Septbr. Hele Sydkysten af Scoresby Sund, fra Cap Brewster til Sydbræen, er fra Havets Niveau til Toppen af Fjældene dannet af Basalt. Basaltplateau'et dækkes af en sammenhængende Indlandsis, hvoraf kun enkelte spidse Nunatakker hist og her rage frem. Bræerne naa paa mange Steder helt ned til Fjordens Niveau, paa adskillige Steder ser man smukke regenererede Gletschere, der minde meget om det af Payer givne Billede i 2. deutsche Nordpolarfahrt I, p. 663. Scoresby giver i sin «Journal etc.» et rigtigt, om end noget stiliseret Billede af Sydkysten i Scoresby Sund; det giver et godt Indtryk af denne lange Kyststræknings Udseende: en stejl, utilgængelig Basaltmur, som paa de fleste Steder rejser sig lodret op af Havet. Vi vare desværre ikke i Land paa Strækningen fra Cap Brewster til Sydbræen, men Vegetationen har sikkert været yderst fattig og ringe; heller ikke Scoresby var i Land paa Sydkysten af Fjorden. Langs Bræens østlige Side laa vældige Sidemoræner op til c. 500' Højde; mellem disse og Bræen løb en stor Elv med leret-grumset Vand; den var for største Delen tilfrossen med indtil 3" (8 Cm.) tyk Is. Overalt laa et betydeligt Snelag, der var derfor ikke meget at udrette. Morænerne havde — saa vidt jeg kunde skønne under disse Forhold — en ganske almindelig Moræne-Vegetation. Jeg fik Indtryk af, at der paa Basaltfjældenes Vest- og Sydskrænter fandtes ret frodige Partier; Nordskrænterne vare derimod frygtelig golde paa Grund af deres Stejlhed og Exposition. — Halvdøde Myg kravlede forfrosne omkring paa Sneen og ventede Døden.

I Betragtning af, at det er første Gang, der forelægges den botaniske Verden en fyldigere Skildring af en arktisk Vegetation og dens Forhold i de forskellige Aarstider, baseret paa dagligt Studium gennem et helt Aar, vil jeg ikke vige tilbage for undertiden at synes lidt bred i den følgende Fremstilling [1]. Den, der selv har erfaret, hvor lidet tilfredsstillende de almindelige Vegetations-Skildringer ere, naar de søges anvendte til grundigere Sammenligninger, vil sikkert indrømme, at man hellere maa give for meget end for lidt, vel at mærke, naar Kausalforbindelsen mellem Fænomenerne stadig holdes for Øje: en omhyggelig Skildring af Terrænet, dets Overflade-Forhold, geologiske Bygning, Fugtighedsforhold, Snedækket, Exposition o. s. v., o. s. v. maa absolut kræves; lange, trættende Opremsninger af Arter give kun ringe Udbytte, naar de staa isolerede. I den store arktiske Litteratur er det egentlig kun svenske, finske, russiske og danske Forskere, der have leveret brugelige Bidrag til Opfattelsen af Landenes Væxtfysiognomi. De amerikanske og engelske Forskere, der saa ihærdigt og opofrende have kaartlagt det store Arkipelag Nord for Amerika og den nordligste Del af Grønland, have desværre kun givet faa og sparsomme Antydninger i denne Retning, og — hvad endnu værre er — end ikke deres Artsfortegnelser ere altid forfattede med den Nøjagtighed, som er uomgængelig nødvendig, naar de skulle anvendes til statistiske, plantegeografiske Undersøgelser.

---

[1] Det turde maaske ikke være overflødigt at fremhæve, at mine Skildringer af Vegetationen, saavel i det foregaaende som i det følgende, ere baserede paa og for en Del ere saa godt som ordrette Gengivelser af mine i Marken førte Journaler, der altid udførtes nærmere umiddelbart efter Hjemkomsten til «Hekla» eller Teltet.

Kroquis af Danmarks Ø (C. Ryder).

6. Danmarks Ø

ligger omtrent centralt i det store Fjordkomplex Scoresby Sund,
c. 20 Mil Vest for Cap Brewster, c. 1 Mil Nord for Gaasepynt,
adskilt fra Milnes Land ved Ren Sund; Afstanden til Syd Bræ
paa Sydsiden af Fjorden er c. 3 Mil. Den geografiske Belig-
genhed er 70° 27′ N. Br. og 26° 12′ Lgd. V. for Grw.

Øen er en lav, c. 1 □ Mil stor, Gnejskulle; Kyststrækningen
fra Sydvestpynten til Østpynten er c. 2 Mil lang. Vinterhavnen,
Hekla Havn, ligger paa dens Sydspids, indrammet af to
ganske lave, fremspringende Odder. De højeste Punkter ere
c. 1000′ (315 M.) høje, men kun enkelte Toppe hæve sig til
denne Højde; det indre af Øen, et bølgeformet, meget kuperet
Plateau, er 200—400′ (63—126 M.) højt og gennemskaaret af Dal-
strøg, der ligge betydelig lavere. Plateau'et er højest i den

vestlige Del af Øen og sænker sig mod Øst. Affaldet mod
Syd ned mod Føhnfjord er stejlt paa Strækningen fra Syd-
vestpynten til Hekla Havn (100—200', 31—63 M.' højt), derfra
mod Øst bliver Landet betydelig lavere og falder jævnt ned
mod Fjorden i alle Retninger; Øens Affald·mod Vest og Nord-
vest er brat.

Især paa den vestlige Del af Øen iagttager man tydelig to
Hoved-Systemer (Diaklaser) af isskurede Fjældrygge; det ene
løber i Retningen SV.—NO. med bratte Affald mod SO., hvor
der har været Læ under Isbevægelsen, det andet løber vinkel-
ret paa det første.

Den østlige Del af Øen (NO. for Hekla Havn) er be-
tydelig stærkere indskaaret end den vestlige; talrige Bugter
skyde sig ind i det lave Land, hist og her ligge smaa Holme
og undersøiske Skær. Langs Vestkysten er Vandet dybt helt
ind under Land; her findes ogsaa et Par smaa Holme.

Talrige mindre Søer og Vandhuller fylde de af Isen ud-
gravede Fordybninger paa Øens Overflade; en Mængde smaa
Elve og Bække søge i alle Retninger ned til Fjorden fra Søerne
og de perennerende Snedriver; egentlige Bræer findes ikke paa
Øen. Søerne og Elvene forsynes med Vand i Snesmeltnings-
tiden, og Elvene føre da betydelige Vandmasser; naar den
kraftigste Snesmeltning er forbi, tørre mange Elve helt ud eller
reduceres til smaa, ubetydelige Bække, der snegle sig frem i
en lille Rende midt i det brede Elvleje.

I Retningen omtr. NV.—SO. strækker en dyb og forholdsvis
bred Dal, Elvdalen, sig gennem hele den sydlige Del af
Øen. Paa Vandskellet i denne Dal ligger en lille, men ret dyb
Sø (5 Favne, 10 M.) med Afløb til begge Sider. Den mod Syd-
ost løbende Elv, som er den længste af de to, fører tillige den
største Vandmængde og er den betydeligste Elv paa Øen; dens
Fald er jævnt; i sit nedre Løb forgrener den sig nu og da
paa Steder, hvor Dalen er bred og flad. De andre Søer, hvoraf
adskillige ere betydelig større end den omtalte, ere alle tem-

11*

melig lavvandede. En Mængde af de mindre Vandhuller ud-
tørres helt i August-September; mange af de flade Smaasøer
gro efterhaanden til med Mosser.

I geologisk og petrografisk Henseende er Øen yderst
ensformig: Overalt Urfjæld, Gnejs, hist og her Glimmerskifer,
hyppig gennemsat af Granit- eller Pegmatitgange og en Del
Grønstensgange. Af særlig Interesse i botanisk Henseende ere
nogle meget skraatstillede, stærkt skifrede, temmelig finbladede
Glimmerskiferlag, som findes i Nærheden af Havnen; deres
Strygning er omtrent NV.—SO. med betydeligt Fald indover
mod NO.; de i det følgende ofte omtalte Bakker: Blaabær-
højen, c. 250′ (80 M.) (afsat paa Kroquisen p. 156 med Højde-
angivelse) og Skibakken høre til dette System. Skibakken
er mere isoleret beliggende, medens Blaabærhøjen er et enkelt
Led i en lang Række Bakker af samme Bygning, der strække
sig fra Øens Sydøstpynt parallelt med Elvdalen i nordvestlig
Retning.

De kvartære Jordlag ere af ringe Mægtighed. Isen er i
Glacialtiden gaaet hen over hele Øen, eroderende og polerende
overalt; Bundmorænens Stene, ofte af anselig Størrelse, Grus
eller Ler findes spredt over hele Øen og i Fjorden, overalt
hvor der skrabedes. Mellem de erratiske Blokke fandtes talrige
Stene fra Røde Ø-Partiet (rødt Konglomerat og Sandsten),
Basalt, en meget storbladet, let forvitrende Gnejs, som er
almindelig udbredt i det inderste af Fjorden m. m. De løse,
erratiske Gnejs-Blokke, som ligge udsatte for Føhnvinden oppe
paa Plateau'et, ere stærkt eroderede paa Vindsiden; en stor
Blok af 3 Alens Højde paa den vestlige Del af Øen var saa
udhulet, at man kunde sidde fuldstændig gemt inde i den. Den
største Blok maalte 15′ i Højden og 20—25′ i Diameter. I den
nedre Del af Elvdalen, og paa forskellige Steder oppe paa Øens
Plateau findes store, afrundede Banker, dannede af Smaasten
og Grus, vistnok Aasdannelser.

De bratte Glimmerskiferskrænter forvitre stærkt, ellers er

Forvitringen ubetydelig; paa Gnejskullerne oppe paa Øen saa jeg paa mangfoldige Steder den oprindelige, blanke Ispolitur inde under de talrige, store erratiske Bundmoræne-Blokke; ved at sammenholde Kullens ru Overflade med disse polerede Partier fremgik det tydeligt, at Forvitringen efter Isbedækningen paa de fleste, jævnt afrundede Toppe næppe andrager $1/2^{mm}$. Blank Ispolitur ser man forøvrigt ogsaa ret ofte paa de lodrette Fjæld-sider, der løbe i Isbevægelsens tidligere Retning ɔ: i Hovedret-ningen NV.—SO.

Dannelsen af Muld og Mor er paa de allerfleste Steder ringe, kun ved Foden af Bratninger, hvor Vind og Vand sam-menhobe visne Plantedele, Fjældets Forvitringsprodukter o. s. v. findes anselige Muldlag. Tørvedannelsen er vistnok ringe; de enkelte Steder, hvor jeg fandt lidt Tørv, var denne saa godt som udelukkende dannet af Mosser (*Sphagna, Amblystegia* m. m.), løs, «umoden» og blandet med betydelige Mængder af Grus og Sand.

Forholdene i Nærheden af Havnen afgive tydelige Beviser for, at Landet har hævet sig efter Istiden; lige ved Havnen findes der f. Ex. flere smaa, grusede og stenede Tanger (c. 10—20', 3—6 M. høje), som forbinde de tidligere Smaaøer med Hovedøen. Her ligge i det grus- og sandbladede Ler mange subfossile Muslinger — som sædvanlig i disse Dilu-viallag ofte tykskallede indtil Deformitet—Arter, der endnu findes levende i Havnen og Fjorden paa 5—10 Fv. Vand: *Saxicava arctica, Mya truncata, Astarte compressa.*

Den nordøstligste Del af Øen er ved en smal og lav Grus-tange forbunden med Hovedøen; Gruset er lerblandet, og hele. Tangen er øjensynlig først efter Istiden hævet op over Fjordens Niveau. I den østlige Del af Øen fandt jeg subfossile Mus-linger til en Højde af c. 80—100' (25—31 M.) o. H.

I det jeg forøvrigt henviser til «Medd. om Grønland», XVII, p. 171 og «Observations faites dans l'île de Danemark (Scoresby

	Septbr. 18-30.	Oktbr.	Novbr.	Decbr.	Jan.	Febr.	Marts.	April.	Maj.	Juni.	Juli.
Luftens Tp. (C.), aflæst hver Time. Middel	÷ 3,0	÷ 7,0	÷ 20,2	÷ 20,3	÷ 18,5	÷ 24,3	÷ 25,5	÷ 17,1	÷ 5,1	+ 1,1	+ 4,4
Højest	+ 0,1	÷ 1,0	÷ 6,1	÷ 8,3	+ 6,0	÷ 8,5	÷ 4,0	÷ 1,0	÷ 8,3	+ 8,8	+ 14,7')
Lavest	÷ 7,4	÷ 18,0	÷ 33,0	÷ 38,6	÷ 33,8	÷ 42,0	÷ 46,8	÷ 31,5	÷ 18,2	÷ 8,2	÷ 0,2
Vindens Hyppighed i Procent. Stille	48	69	83	77	70	82	87	84	81	85	80
N.	3	2	2	3	2	2	1	1	4	2	5
NØ	25	4	2	3	3	3	3	3	12	12	9
Ø	14	2	2	1	2	"	1	1	"	1	5
SØ	1	1	1	"	"	"	"	"	"	"	"
S.	2	1	1	1	"	"	"	"	"	"	"
SV	1	1	1	1	"	"	"	"	"	"	"
V.	2	9	5	9	13	7	4	5	2	0	1
NV	4	11	4	8	10	6	4	6	0	0	0
Vindst. (0–12)	0,9	0,6	0,5	0,8	0,9	0,5	0,3	0,4	0,3	0,2	0,2
Antal Dage med: Nedbør ²)	6	17	9	12	15	9	12	11	17	12	11
Regn	6	1	"	"	"	"	"	"	1	4	11
Sne	2	17	9	12	15	9	12	11	17	10	1
Disé	2	6	9	13	8	11	6	6	1	1	4
Taage	"	1	"	6	8	3	3	12	16	15	6

¹) Imellem de timevise Observationer aflæstes dog + 15,2°.

²) Nedbør forekom paa 131 Dage blandt de 318, Observationer anstilledes, eller i 41% af Dagenes Antal; den faldt næsten ude-lukkende som Sne, i Juli dog mest som Regn.

Sund) 1891—92» samt mine egne Skildringer i det følgende,
tror jeg dog at maatte forudskikke enkelte Bemærkninger om
de meteorologiske Forhold til hurtig Orientering (se hos-
staaende Tabel).

Det bør udtrykkelig bemærkes, at Middeltemperaturen i
Vintermaanederne vilde have været betydelig lavere, hvis ikke
Føhnerne havde blæst; de optraadte netop hyppigst og kraftigst
i de koldeste Maaneder. Den absolut laveste Temp. aflæstes
den 7. Marts: ÷ 46,8°, den absolut højeste Temp. den 13. Juli:
+ 15,2°. Kun i Juni og Juli naaede Maanedens Middeltemp. over
Frysepunktet: + 1,1 og + 4,4; i August, i hvilken Maaned
der ikke observeredes regelmæssigt, har Middeltemp. dog sikkert
ogsaa været over Frysepunktet. I Novbr., Decbr., Marts og
April steg Temp. aldrig over Frysepunktet, i Septbr. 1 Dag,
Oktbr. 2 Dage, Jan. 1 Dag, Febr. 2 Dage; først efter Midten
af Maj steg Temp. over Frysepunktet (Føhntemperaturerne und-
tagne), fra 7. Juni til Udgangen af Juli naaede Temp. hver Dag
over Frysepunktet.

Nedbøren er — eller rettere var i det Aar, vi opholdt os
her, som dog antagelig var et nogenlunde normalt Aar —
meget betydelig i Vinterhalvaaret (Oktober-Marts), men meget
ringe i Sommerhalvaaret (April-Septbr.) [1]; i Vegetationstiden ere
Planterne derfor henviste til at forsyne sig med Vand af den
«Sne, som faldt i Fjor». Overalt, hvor der ikke er en Snedrive
i Nærheden, er der yderst tørt om Sommeren; det tynde Lag
af Grus, hvori Fjældmarkens Planter voxe, udtørres hurtigt, og
oppe paa Plateau'et er der ikke megen Sne, undtagen i Lav-
ningerne. Hovedkilden for Vandforsyningen ere de store,
perennerende Snedriver, som ligge paa den mod SO.
vendende Side af Bratninger og Skrænter, i Kløfter og lignende
Steder; fra dem flyder Vandet stadig hele Sommerhalvaaret

---

[1] Dette strider naturligvis ikke mod Tabellen, som angiver det Antal Dage,
paa hvilke der faldt Nedbør, men ikke Nedbørens Størrelse.

igennem, nedenfor dem finder man den hydrophile Kær-Vege-
tation, og knyttede til dem ere alle de Væxtformationer og alle
de Arter, som behøve megen Fugtighed; Søer og Elve faa, som
alt sagt, ogsaa en meget væsentlig Del af deres Vand fra disse
Snedriver. Paa det højere Land, hvor Forholdene tillade Dan-
nelsen af Bræer, spille disse naturligvis en lignende Rolle som
Driverne; men Bræer findes jo ikke paa Danmarks Ø. Det kan
her bemærkes, at Kildevæld heller ikke findes paa Øen.

Snedrivernes Oprindelse er følgende: Sneen falder med
stille Vejr eller svag østlig Vind og lægger sig som et jævnt
Dække over hele Landet, blødt og løst; snart efter opstaar der
Vind af NV.: en Føhn, en tør, varm Vind, der blæser i vold-
somme Kast, kort sagt, den svarer fuldstændigt i sin Karakter
til Alpernes velkendte Føhn og til Vestgrønlands Sydostvind
(nigek i Sydgrønland, nunasarnek i Nordgrønland).

Føhnen, den eneste Vind af nævneværdig Betydning i
Scoresby Sund, er det, der bestemmer Snedækkets Udbredelse
og Beliggenhed, det er derfor den, der betinger ikke blot Ar-
ternes Fordeling, men ogsaa Væxtformationernes, det er den,
der præger Landskabet, baade Landet og Fjorden, baade Høj-
land og Lavland, især om Vinteren, da man tydeligst ser dens
Virkninger, og paa hvilken Aarstid den ogsaa blæser hyppigst
og kraftigst. — Saasnart altsaa Føhnen begynder at tage fat
efter et Snefald, hvirvles Sneen afsted, den jages i vild Hast
hen over Fjordens jævne Flade og Fjældenes bølgede Former;
ud over Bratningerne hvirvles de fine, hvide Sneskyer. Efter et
større Snefald flyde Himmel og Jord sammen, det er umuligt
at skelne et Skridt frem for sig, Øjne, Næse og Mund til-
stoppes af Snestøv; det er det store Kaos! — Naar Stormen
har lagt sig, er Landskabet forvandlet. Før: et jævnt, blødt
Snedække, hvori man sank ned til midt paa Livet, end ikke
Skier eller Snesko bar oppe; efter Stormen er Sneen haard
og fast, man gaar uden Ski eller Snesko paa en fastpresset,
furet Snemasse, henover hvilken blændende hvide Bølgelinjer

trække sig vinkelret paa Føhnens Retning; betydelige Stræk-
ninger af Landet ere blevne fejede fri for Sne; de graasorte,
afrundede, glatte Kulletoppe rage op af Snehavet som Nuna-
takker af Indlandsisen; de stejle Skrænter, der ikke ligge i
Læ, ere ligeledes fejede snebare, medens vældige Snedriver ere
føgne ned i Læ af de Bratninger og Forhøjninger, der stryge
lodret paa Vindens Retning, paa Danmarks Ø i Retningen
SV—NO. Sneen lægger sig op ad disse Skraaninger i saa
store Driver, at Bratninger, der ere absolut lodrette i Efter-
sommeren, naar Sneen er smeltet, med Lethed lade sig bestige
om Vinteren; der dannes en jævn Skraaning (den almindelige
Hældningsvinkel, som rimeligvis vil være ret konstant, har jeg
desværre ikke maalt) fra Randen af Bratningen til det nedenfor
liggende Terræn, som altid vil blive en Sø eller en Sump. Jeg
vil ofte faa Anledning til at vende tilbage til disse Snedriver og
deres Skaber: Føhnen.

Den 8. Aug. 1891 passerede «Hekla» Cap Stevenson;
Kl. 9 Em. faldt Ankeret i Hekla Havn; Aarsdagen efter,
den 8. Aug. 1892, forlode vi atter Havnen; hele dette Aar til-
bragte jeg derfor paa den lille Danmarks Ø, med Undtagelse
af de længere og kortere Udflugter, jeg foretog sammen med
de andre Deltagere i Expeditionen eller alene. Dag for Dag,
Time for Time fulgte jeg Vegetationen og dens Udvikling.

En kort Oversigt over de paa Danmarks Ø optrædende
Vegetations-Formationer vil det maaske være passende at for-
udskikke. Fjældmark, saaledes som Warming[1]) og andre
have skildret den, er her som overalt i Grønland og vel i alle
arktiske Lande, den Formation, som er videst udbredt; overalt,
hvor Forholdene ikke ere særlig gunstige, træffer man den.
Naar man ude fra Fjorden nærmer sig Øen, er det umuligt at
opdage Spor af Plantevæxt paa Landet; de graa eller graasorte

---

[1]) «Medd. om Grønland», XII.

Fjælde vise deres Konturer skarpt og nøgent, der er ingen Vegetation, som afrunder Formerne eller giver dem den grønne Kolorit, som strax fanger Blikket, naar man f. Ex. nærmer sig Island, Færøerne eller sydligere Lande[1].

Først naar man staar midt i Fjældmarken, opdager man de Planter, der danne denne Væxtformation, den yderste Forpost, som det paa sydligere Bredder alt dominerende «*regnum vegetabile*» skyder frem mod Nord, i sin Karakter ganske svarende til de højeste Alpetoppes Vegetation hele Jorden over (*Regio alpina*, Wahlenberg).

I de fugtige Lavninger finder man Kærene; forskellige Arter deltage i deres Dannelse, men de brede altid et sammenhængende Vegetationstæppe over Jorden; et Lag af humøse Stoffer dækker her det nøgne Fjæld eller Bundmorænens Ler og Grus. Medens Fjældmarken i hvert Fald til Dels er snefri om Vinteren, ere Kærene paa Grund af deres Beliggenhed i Lavningerne dækkede af Sne i Vintertiden og langt ud paa Sommeren.

Store, sammenhængende Strækninger af Lynghede, saaledes som man ser det overalt i Vestgrønland, findes ikke paa Danmarks Ø; denne Formation optræder vel paa ikke altfor tørre Skraaninger eller Flader, hvor Sneen ligger Vinteren over, men Forholdene ere her paa Øen for smaa og Terrænet for afvexlende til, at der kan udvikle sig større, sammenhængende Formationer; paa Jamesons Land og i det indre af Fjordene fandtes derimod veludviklede, store Lynghede-Strækninger.

Urtelien og Krattene ere ligeledes svagt udviklede,

---

[1] Jeg kan ikke undlade her at gjøre opmærksom paa dette Forhold, som har præget sig dybt i min Erindring. Hvor man end nærmer sig den grønlandske Kyst, gøre Fjældene et fuldstændig vegetationsløst Indtryk; Fjældenes Farve og Form er Landets. Naar man nærmer sig Islands Vestkyst, ser man de jævnt skraanende eller ikke altfor bratstejle Flader ned mod Havet klædte med et friskgrønt, sammenhængende Vegetationsdække indtil 1000—2000' (315—625 M.) Højde; Færøerne endelig og Skotland vise sig paa de dertil egnede Skraaninger dækkede med sammenhængende Vegetation fra Havets Niveau til Fjældets Top.

egentlig kun antydede; at dette skyldes Terrænforholdene og ikke Klimaet, vil fremgaa f. Ex. af Skildringen af Gaaselandet i det følgende.

Hvad endelig Strand-Vegetationen og «den gødede Jords Plantevæxt» angaar, da ere de rudimentært udviklede, men kunne dog paavises; at de ikke ere kraftigere, skyldes til Dels Terrænforholdene og den Omstændighed, at det er meget længe siden, Eskimoerne have levet her.

Derimod er det naturligvis klimatiske Aarsager, der holde Sydgrønlands *regio subalpina*, Birkeregionen med *Betula odorata* fjærnet fra disse Egne; paa Grønlands Vestkyst gaar denne Formation som bekendt kun til c. 62° n. Br. og naar kun i de store Fjorde i Julianehaabs Distrikt en fyldig Udvikling.

August 1891.

8. Aug. Strax da Ankeret var faldet i Havnens bløde Ler, gik vi i Land, op over det sumpede Kær, som strækker sig fra Havnen til Blaabærhøjens Fod. Det var Eftersommer; paa Blaabærhøjens Sydskrænter stod Mosebøllen med Tusindér af modne, blaasorte, velsmagende Bær, Rævlingen med glinsende, kulsorte Frugter og Melbærrisen med grønne eller røde Bær og Mængder af sorte Frugter fra i Fjor. Alene paa denne lille Tur fandt jeg adskillige «Fjordplanter», Arter, som ikke findes (eller som jeg ikke fandt) længere ude i Fjorden; her skal kun nævnes *Callitriche verna β. minima*, *Ranunculus hyperboreus*, *Diapensia*, *Phyllodoce coerulea*, *Arctostaphylos alpina*, *Rhododendron*, *Pedicularis flammea*, flere *Carices*; en Del af de samme Arter fandt 2. deutsche Nordpolarfahrt inde i Franz Joseph Fjord, men ikke ude ved Kysten.

De fleste Arter vare nu i Frugtsætning.

Paa Snedriver ved Foden af Blaabærhøjen fandtes «Rød Sne», *Sphærella nivalis*.

Da det oprindelig ikke var Hensigten at overvintre her, anvendtes de nærmest følgende Dage til Masse-Indsamling af

højere og lavere Planter, (Præparation til Dels efter S c h w e i n-
f u r t h s Methode med Nedlægning i Zinkkasser i fortyndet
Spiritus), Skrabning o. s. v.

10. Aug. gjorde B a y, D e i c h m a n n og jeg en lille Ud-
flugt pr. Baad til F a l k e p y n t paa G a a s e l a n d, c. 2 Mil SV.
for Hekla Havn. Forholdene paa det lave, kuperede Forland
mindede meget om Danmarks Ø; denne Del af Gaaseland er —
som jeg bemærkede paa en Exkursion i Marts 1892 — udsat
for Føhnen ligesom Danmarks Ø, medens derimod hele den
lavere Del af Gaaselandet, fra Falkepynt til G a a s e p y n t, ikke
eller kun i meget ringe Grad er paavirket af denne og derfor
til langt hen paa Sommeren dækkes af et tykt Snelag..

Bag Forlandet hæve de høje Basaltfjælde sig til 5—6000'
Højde (indtil 2000 M.), og der dannes derfor Bræer i Kløfterne.
Bræerne vare fuldstændig sorte paa Overfladen af Grus og Støv
fra Basaltfjældene.

Vegetationen paa Forlandet frembød kun lidet af særlig
Interesse, den mindede naturligvis meget om Danmarks Ø, og
Lejlighed til at komme til Fjælds gaves den Dag ikke.

Ligesom paa Danmarks Ø fandtes der her paa Skrænter
mod Øst og Sydost Urteli med frodigt og tæt Græs- og Mos-
tæppe af betydelig Højde og en Mængde af de til denne For-
mation hørende Urter, alle i kraftige Individer. Mange, til
Dels store, Agaricaceer voxede mellem det fugtige Mos: *Lac-
tarius pargamenus* (Hatten 8—10 Cm. i Diam.), *Russuliopsis lac-
cata*, *Omphalia umbellifera* (gul, i Mængde) og *Lycoperdon
gemmatum*.

Paa en lille Terrasse med Exposition mod Øst fandt jeg
et af de største *Sphagnum*-Tæpper, jeg saa i Østgrønland; det
indtog et Areal af flere Kvadratmeters Udstrækning, og Mosset
var mere end 20 Cm. langt; Arterne vare hovedsagelig *Sph.
Girgensohnii* og *Sph. fimbriatum*. I Selskab med Tørvemosset
voxede en Mængde andre Mosser:

Dicranum molle.

Polytrichum hyperboreum *.

— capillare.

— strictum *.

— alpinum.

Swartzia montana *.

Sphærocephalus turgidus *.

— palustris *.

Hypnum trichoides *.

Isopterygium nitidulum.

Amblystegium sarmentosum *.

Amblystegium stramineum.

— uncinatum.

— revolvens *.

— turgescens *.

— Kneiffii *.

Pohlia nutans.

— cruda.

Grimma hypnoides *. ⎫

— ericoides. ⎬ tørrere .

— torquata *. ⎭ Bund.

Oncophorus Wahlenbergii *.

Der dannedes her en alendyb Mostørv. I *Sphagnum*-Tæppet fandtes indblandet: *Vaccinium uliginosum** med *Exobasidium* paa Bladene, *Carex hyperborea, Salix arctica* f., *Polygonum, Pedicularis hirsuta, Cassiope tetragona, Empetrum, Poa flexuosa* o. s. v.

12. Aug. Udflugt gennem Elvdalen. I Forlængelsen af Kæret fra Havnen til Blaabærhøjen fører et Pas med bratte Sidevægge op over Glimmerskifer-Bakkerne og ned til Elvdalen.

Dalen, der gaar fra NV. til SO., omgivet af Fjælde af 100—200' (31—62 M.) Højde, har en vexlende Bredde. Forskellen mellem Vegetationen paa de to Sider af Dalen er meget iøjnefaldende. Den mod NO.—N. vendende Skrænt er gold og nøgen, hist og her ligge store, sorte Snedriver. Jorden er kold og fugtig eller, paa Steder, der i længere Tid have været blottede for Sne, tør og sprukken, Muld- og Mordannelsen yderst ringe. Lave, smaa Jordlikener og Mosser, korte, enkeltstaaende Skud af *Polytrichum piliferum*, den graasorte *Cesia corallioides* o. a. samt de blaagrønne Algers (*Scytonema, Stigonema*) fine, sorte Filt give kun hist og her Jorden et graasort Skær. Fanerogamerne ere yderst faa, faa i Antal og faa i Arter: *Oxyria, Salix arctica* f. og *herbacea, Cassiope*

tetragona og *hypnoides*, *Ranunculus pygmæus*, *Saxifraga nivalis*
og *rivularis*, *Luzula confusa*, *Poa flexuosa* og *Juncus biglumis*;
Individerne ere smaa og daarligt udviklede; kun *Oxyria* er domi-
nerende og kraftig. Den samme Vegetation er overalt knyttet
til Snedrivernes umiddelbare Nærhed og betinget af, at de holde
sig hele Aaret igennem; den kan nærmest sammenstilles med
«Mosmarken» fra Jamesons Land (jfr. p. 126—128). — Saaledes
er Vegetationen paa de jævnere Skrænter; men paa de fleste.
Steder findes nøgne Urer, hvor store, skarpkantede Blokke ligge
hulter til bulter nedenfor de Bratninger, hvorfra de have løsnet
sig. Paa enkelte Steder fortsætter Dalbundens Kær sig jævnt
opad Skrænten langs Bredden af de smaa Bække, der løbe
ned til den store Elv; men ligger der en højere Fjældtop bag-
ved, som forhindrer Solen i at opvarme Kløften, vil Sneen
stadig holde sig dèr, og vi faa den ovenfor omtalte, spredte
«Snedrive-Vegetation».

Vandet i de smaa Bække er iskoldt; *Hydrurus foetidus*,
hvis lange, gulgrønne Slimtraade bølge deri, vise det tilstræk-
keligt. Naar man ser den i et Vandløb, kan man spare sit
Thermometer, Vandet vil altid vise sig at være c. 0° varmt.

Den mod SO.—S. vendende Skraaning frembyder
et ganske andet Skue; den hæver sig jævnt eller i (bredere
eller smallere) Terrasser, der stadig beskinnes af Solen; Sne-
driverne ere ganske forsvundne fra den eller ligge kun i enkelte
Kløfter, i saa Fald altid paa den nordvestlige Side af Kløften,
hvor Føhnen har ophobet særlig store Snemasser; Mulddan-
nelsen er her betydelig, Vegetationen rig og Insektlivet lystigt.
Talrige Smaabække fra Søerne og Driverne paa Plateau'et oven-
for risle hen over de jævne Skraaninger eller hoppe fra Ter-
rasse til Terrasse, deres Vand er ikke isnende koldt som
Bækkenes paa den anden Side af Dalen, *Hydrurus* findes ikke
i dem, Vandet er opvarmet ved Berøringen med den solhede
Jord og den sommervarme Luft.

I de tørre Sprækker og Revner i Fjældet, paa smaa Fremspring eller dristigt klamrende sig fast paa Terrassernes lodrette Skrænter finder man Fjældmarkens almindelige Urter, men i pragtfulde, veludviklede Exemplarer, rigt blomstrende eller fruktificerende; *Saxifraga oppositifolia* hænger som alenlange, elegante Guirlander ud over Terrassernes Trin, *Potentilla nivea* med fodhøje Blomsterstængler, *Chamænerium latifolium* c. fl. o. s. v., o. s. v. Paa de større Terrassers Flader (især lige inde under de lodrette Vægge) og i de jævnt opadskraanende Dalstrøg er der sammenhængende, friskgrøn Urteli og Antydning af Pilekrat.

Som Type skal jeg gennemgaa en af de smaa Kløfter, der gennemstrømmes af en lille Bæk: Lidt ovenfor den store Elv og det til den knyttede Kærdrag hæver Terrænet sig jævnt mod NO.—N.; her findes typisk L y n g h e d e , dannet af *Cassiope tetragona*; almindelige i Lyngheden ere: *Vaccinium uliginosum* * c. fr., *Cassiope hypnoides*, *Salix arctica* f. og *herbacea*, *Arnica*, *Silene acaulis*, *Luzula confusa* m. fl.; adskillige Mosser, især *Dicrana*, *Polytricha* og *Aulacomnia*; Likener, f. Ex. *Cladonia rangiferina* og *pyxidata*, *Peltigeræ*, *Lecanora tartarea* o. s. v.; en Del Agaricaceer og andre Svampe, hyppigst *Boletus scaber*[1]). Heden er betydelig kraftigere, højere og tættere paa fugtig Bund end paa tør; i sidste Fald staa *Cassiope*-Buskene mere spredte og ere mer eller mindre overvoxede med *Lecanora tartarea* og andre Likener.

Især paa *Cassiope tetragona*-Buskene er Vindretningen ɔ: Føhnens Retning tydelig at se; de have alle en mer eller mindre udpræget Vifteform; Grenenes Hovedretning var omtrent NV.—SO. Grenene, der ofte kunne naa en Længde af en Alen eller mere, ligge tæt tiltrykte til Jorden eller rejse kun deres yderste Del op fra dens Overflade; den ældre Del af Grenene er dækket med visne, mer eller mindre formuldede Blade og halvt eller helt begravet i Mor eller Mos.

---

[1]) I fugtig Lynghede fandt jeg et Kæmpe-Exemplar af denne Svamp; Hattens Diameter var 18 Cm., Stokkens Længde 10 Cm., dens Diameter 4—5 Cm.

I en lille Kløft i Nærheden blev jeg meget overrasket ved at finde, at Buskenes Grenretning var NO.—SV.; denne Anomali fik en smuk Forklaring, da jeg nogen Tid efter under en Føhn gik derop for at se, om ikke Vinden skulde blive tvunget ind igennem Kløften i denne Retning. Ganske rigtig, en stejl Klippevæg i Nærheden kastede Vinden tilbage og netop i den Retning, som Grenene angav.

Langs den lille Bæk strækker sig opad Skraaningen et Bælte af Urteli paa 20—50 Al. (12—30 M.) Bredde; Bræmmer af *Sphagna, Aulacomnia* og andre Mosser omramme Vandløbet, et sammenhængende Tæppe af lave; grønne *Poæ* og *Carîces* dækker den sorte Muld, og talrige, flere Tommer lange *Zygnema*-Traade bølge i Bækken; af Arterne i denne skønne Oase skal jeg kun nævne: *Carex hyperborea, Poa pratensis, Hierochloa alpina, Trisetum subspicatum, Colpodium latifolium, Equisetum arvense, Polygonum, Tofieldia borealis* og *coccinea, Potentilla maculata* (til Dels var. *gelida*), *Sibbaldia, Antennaria alpina* f. *glabrata* og Hovedformen, *Erigeron eriocephalus, Veronica alpina, Euphrasia, Pedicularis flammea* og *hirsuta, Saxifraga stellaris* f. *comosa* og *S. cernua, Cerastium alpinum* β. *lanatum* (forholdsvis glatbladet), *Vaccinium uliginosum* β. *pubescens, Salix arctica* f. og *S. glauca* var. *subarctica*. Pilene hæve sig af og til 1' (⅓ M.) over Jorden, men de fleste ere nedliggende. Det er altsaa Tilløb til Pilekrat; højere bliver Krattet ikke paa Danmarks Ø. De her optrædende Arter forekomme ganske vist alle i Kærene, *Salix glauca* maaske undtagen, men Habitus: de overvejende Græsser og de talrige Blomster er Urteliens. Det er — især i Nordgrønland — ikke altid muligt at holde Urtelien adskilt fra de andre Formationer. I Sydgrønland er denne Formation betydelig kraftigere udviklet, mere udbredt og bedre afgrænset; den omfatter der et betydeligt større Antal Arter, som kun optræde i den. — Det er især Urteliens Arter, der forsvinde, efterhaanden som man kommer længere mod Nord i Grønland.

Paa den Side af Kløften, der ligger i Læ for Føhnen, laa endnu en stor, sort Snedrive; i dens nærmeste Omgivelser voxede den sædvanlige «Snedrive-Vegetation» (jfr. ovenfor p. 167—168).

I Elvdalen selv, paa Bunden af den store Hoveddal, der er ganske jævn med svagt Fald ned mod Elven, dækkes store Flader af Kær, dannede af *Carices*, især *C. pulla, hyperborea* og *rariflora, Eriophora* c. fr., baade *E. angustifolium* og *E. Scheuchzeri, Poa pratensis* og *Colpodium latifolium*, hvis alenlange Straa med rødgule, store Toppe rage op over den øvrige Vegetation. Underbunden er Mosser, især de store, lyse *Aulacomnia* og den allestedsnærværende *Hypnum uncinatum*; paa de fugtigste Steder bestaar Vegetationen ofte kun af Mosser, deriblandt ikke faa store Tæpper af hvidlig *Sphagnum (Sph. rubellum, Warnstorfii* og *fimbriatum)*, endvidere *Polytrichum juniperinum, Timmia, Dicranum elongatum, Paludella, Amblystegium badium, stramineum* og *exannulatum, Aulacomnium turgidum* og *palustre, Philonotis, Cinclidium, Cephalozia, Ptilidium, Pogonatum alpinum, Jungermannia islandica* o. a. Arter, *Mnium* m. m. fl.

I Kærene trivedes en rig og broget Svampeflora: den gule *Mitrula gracilis*, den matgraa, konsolformede *Cantharellus lobatus*, den elegante *Mycena galericulata* og den rødbrune *Galera hypnorum* voxede paa Mosserne; mellem Mosset den gule, voxagtige *Hygrophorus conicus*, den smukke *Lactarius blennius* med graa Hat og mørkere koncentriske Ringe, den røde *Russula emetica* og mange flere.

Eriophorum-Kæret er mere tuet end Starkæret.

En hel Del andre Fanerogamer fandtes naturligvis i Kærene, f. Ex. mange *Pedicularis hirsuta* og *flammea*.

Umiddelbart ved Elven vexlede Vegetationen efter Breddens Form og Beskaffenhed. Hvor der er Sandflader, ere disse oftest nøgne; Elven gaar en lang Tid af Sommeren over sine Bredder og river alt med sig fra det løse Sand; hist og her stod nogle smaa gule, røde eller graasorte Discomyceter, som jeg ogsaa fandt i Vestgrønland paa lignende Flader af Sand eller Ler langs Elvene: *Lachnea scutellata* og *Humaria depressa*[1]). — Er Bredden stejl, ere de ofte alenhøje, lodrette Kanter beklædte med et tæt, lavt, mørkegrønt Filt af Mosser og Jungermannier, hvori den elegante, blaagraa *Anthelia nivalis* lyser op; store Marchantiaceer, *Chomiocarpon commutatus*, dække hist og her hele Flader som et lysegrønt Tæppe; Tuer af *Carex lagopina*, *Salix herbacea*, *Cerastium trigynum* (nu i rig Blomstring, den var Efteraarsplante) og *Oxyria* staa i denne Jordbund, som er for fast for de ægte Rhizomplanter.

Er Bredden endelig flad og leret, dækkes den af *Sphagna* og andre store, lysegrønne Vandmosser, mellem hvilke *Carex rariflora* med de nydelige, hængende, sorte Ax, *Carex hyperborea*, *Polygonum*, *Saxifraga stellaris* β., *Salix herbacea*, *Eriophora* og talrige Svampe; her er Bunden fortrinlig egnet for Rhizomplanterne.

I Elven selv voxede en Del Mosser, talrige Grønalger, mest *Zygnema stellinum* o. a. Arter, men ogsaa *Mougeotia*, *Conferva bombycina*, *Ulothrix subtilis*, *Spirogyra* sp., Desmidiaceer, blaagrønne Alger f. Ex. *Nostoc commune* o. a. Arter; *Scytonema*, *Stigonema* som Overtræk paa Sten.

I Søer og Vandhuller omtrent samme Algevegetation; af Fanerogamer: *Hippuris vulgaris* β. *maritima*, *Callitriche verna* β. *minima*, *Ranunculus hyperboreus*, *Batrachium confervoides*, endvidere talrige, indtil omtrent alenlange Vandmosser: *Amblystegium sarmentosum*, *fluitans*, *exannulatum* og *revolvens*, *Cephalozia* m. m. I Reglen er Søbunden nøgen Klippe eller kun dækket med et sort Filt af blaagrønne Alger. En Del af Kærplanterne gaa ret ofte ud i Søerne: *Eriophorum*-Arterne, *Equisetum arvense*, *Carex pulla* og *hyperborea*, *Cardamine pratensis* (yderst sjælden paa Danmarks Ø) og flere.

---

[1]) Jfr. «Medd. om Grønland», XV, p. 30.

Hvad endelig Grusbankerne (Aasene?) i den nedre Del af
Elvdalen angaar, da er Vegetationen paa dem yderst spredt,
lutter xerophile Fjældmarksplanter.

Forholdene i Elvdalen kunne betragtes som
typiske for Danmarks Ø.

14.— 17. Aug.: Udflugt til Røde Ø, cfr. p. 141—149.
19. Aug.: Forsøg paa at komme i Land ved Mudderbugt
med Dampbarkassen, men maatte vende paa Grund af høj Sø
og Blæst. 21.—23. Aug.: Udflugt til Cap Stewart, hvor for-
skellige, mest geologiske Undersøgelser anstilledes (jfr. p. 139),
og tilbage til Danmarks Ø, efter at «Hekla»'s Overvintring
og derfor ogsaa min Forbliven var besluttet. 25.—28. Aug.:
Udflugt til Mudderbugt, jfr. p. 149.

Medens Sneen i Slutningen af August stadig var i Aftagen
paa Danmarks Ø, og Nedbøren faldt som Regn, syntes Fjæld-
toppene paa Gaaseland og Milnes Land allerede nu at blive dæk-
kede med Sne; Basaltens Afsatser paa Gaaseland vare allerede
den 19. Aug. betydelig hvidere end før; den 18. Aug. havde vi
hele Dagen Regnvejr paa Danmarks Ø. Den 30. Aug. saa jeg
for første Gang Is paa Vandpytterne; den blev liggende til
Kl. 12 Md. Kl. 8 Em. samme Dag saa jeg Is paa en lille Bæk
og Kl. 10 Em. dannedes der Tyndis paa en af Bugterne i Havnen;
i sidste Tilfælde var det dog næppe Havvandet selv, der frøs,
men Smeltevand fra Isskodserne og Snedriverne paa Landet
ovenfor.

Endnu var det varmt, naar blot Solen skinnede, endnu
rørte Insektlivet sig, og endnu vare Fuglene ikke trukne bort.

Medens de fleste Arter paa de fleste Lokaliteter vare af-
blomstrede, fandtes der dog enkelte Partier, hvor det endnu
var «Foraar», eller hvor «Foraaret» endnu ikke var naaet hen
og heller ikke naaede dette Aar; det var ved Foden af de store
Snedriver. Vandet flød stadig fra dem, Dag og Nat, og efter-

12*

haanden som en lille Plet Jord blev snebar, begyndte Planterne paa den at arbejde. Mellem de visne, til Jorden. tæt klistrede Blade af *Trisetum* og *Poa flexuosa* tittede friske, grønne Skud strax frem, og paa faa Dage vare *Ranunculus pygmæus*, *Alsine biflora*, *Silene acaulis*, *Salix arctica* f., *S. herbacea* og alle de andre «Snedriveplanter» i Blomst. Det gælder — som allerede af · Kjellman o. a. paapeget — for alle Polarplanterne, at de maa skynde sig i den korte Sommer; men i særlig Grad gælder det Snedriveplanterne; mangt et Aar komme de slet ikke frem i Dagens Lys og Varme, men maa vente til næste Aar. Der vil sikkert ofte hengaa mange Aar, uden at adskillige af de under Snedriverne begravede Planter blive snefri; men de kunne vel ogsaa holde sig levende i mangfoldige Aar under Isen.

Drivernes Afsmeltning var ikke ringe; den 24. Aug. stillede jeg en Række Mærker op langs Randen af en stor Drive paa Havnens bratte Vestskrænt (jfr. p. 175); da jeg 5 Dage efter, den 29. Aug., atter saa til Mærkerne, viste det sig, at en 1—2 Alen (0,6—1,2 M.) bred Bræmme Jord var bleven blottet i den forløbne Tid. Jorden var lige ved Randen af Driven optøet til en Dybde af 1—2" (3—5 Cm.), i et Par Alens Afstand i hele sin Dybde ɔ: indtil 6—12" (16—32 Cm.); i de løse *Polytrichum piliferum* - Tuer, hvor Luften hurtigere kan trænge ned, var Jorden optøet i flere Tommers Dybde, selv umiddelbart ved Randen af Driven. -

Hvor en større Sten ligger under Sneen, vil den, allerede før den er bleven blottet, virke som Varmekilde; Firnsneen og i endnu højere Grad Isen (som altid findes inderst i Driverne) er som bekendt diatherman: Stenen indsuger derfor Varme, udstraaler den igen til den omgivende Is og ligger tilsidst i en Hule, den selv har dannet. Er Stenen først blottet, vil den naturligvis i endnu højere Grad befordre Afsmeltningen. .

Ved at grave i den omtalte Snedrive fandt jeg den 1. Septbr. et lille Hul af c. 1—2" Diam.; jeg gravede videre, og langt inde under Snedriven, paa et Sted, som ellers ikke vilde være blevet blottet i Aar, fandt jeg langs Jorden en Gang af lignende Størrelse; sandsynligvis har det oprindelig været en Lemming-Gang. I denne Gang, som selvfølgelig var fuldstændig mørk (den laa vel et Par Alen under Drivens daværende Overflade), fandtes en Del Mosser, bl. a. *Polytrichum piliferum* og *Ranunculus pygmæus*, baade ældre og yngre Planter; alle vare ganske friskgrønne og levende. Ved Siderne af Gangen fandt jeg de samme Arter fast indefrosnè i Isen, som her sluttede tæt til Jorden, men ogsaa de vare friske og grønne.

September 1891.

Som sagt, de fleste Arter vare allerede afblomstrede før vor Ankomst til Øen; ikke desto mindre noterede jeg endnu den 1. Septbr. 39 blomstrende Arter paa det Par Hundrede Kvadratalen Land, som fandtes nedenfor den omtalte Snedrive og paa den stejle Bratning ved Siden af[1]:

1. *Pedicularis lapponica* (flere Ex.).
2.* [2] — *flammea* (3—4 Ex.).
3.* — *hirsuta* (i Knop).
4. *Phyllodoce coerulea.*
5. *Cassiope tetragona* (kun faa).
6.* — *hypnoides.*
7. *Campanula rotundifolia β.* (vulg. c. fl.).
8. *Hieracium alpinum* (enkelte Ex.).
9. *Arnica alpina* (enkelte Ex.).
10.* *Erigeron eriocephalus* (alm.).
11.* *Antennaria alpina.*
12. *Potentilla maculata* (vulg. c. fl.).
13.* *Ranunculus pygmæus.*
14. *Chamænerium latifolium.*

---

[1] «Haven» kaldte jeg dette Parti; det var forbudt Expeditionens andre Medlemmer at betræde det og plukke Blomster dèr, for at jeg i Ro kunde studere det interessante Terræn.

[2] En * bag Tallet betegner, at vedkommende Art kun fandtes i Blomst paa den ganske nylig blottede Jord nedenfor Snedriven; et (vulg. c. fl.) efter Arten betegner, at den ogsaa fandtes i Blomst paa den øvrige Del af Øen; til denne sidste Afdeling høre kun 3 Arter: *Campanula rotundifolia β.*, *Potentilla maculata* og *Saxifraga cernua.*

15.* *Draba alpina* (Pygmæer, alm.).

16. — *nivalis* (kun 1 Ex.).

17. — *Wahlenbergii* (kun 1 Ex.).

18.* *Papaver radicatum* (1 Ex.).

19. *Melandrium affine* (1 Ex.).

20.* *Silene acaulis* (♂ og ♀).

21.* *Alsine biflora*.

22.* *Cerastium trigynum* (alm.).

23. — *alpinum* β. (alm.).

24.* *Rhodiola rosea* (♂, flere Tuer).

25.* *Saxifraga oppositifolia*.

26.* — *cernua* (vulg. c. fl.).

27.* *Saxifraga nivalis* (Pygmæer).

28.* — *rivularis* (faa Ex.).

29.* *Polygonum viviparum*.

30.* *Koenigia islandica*.

31.* *Oxyria digyna* (i Knop og Blomst).

32.* *Salix arctica* f.

33.* — *herbacea*.

34.* *Luzula confusa*.

35. *Agrostis rubra*.

36.* *Trisetum subspicatum* (alm.).

37.* *Poa glauca*.

38 — *flexuosa*.

39. *Carex rigida*.

En Forestilling om Temperaturforholdene og Solens varmende Evne i disse Dage faar man af følgende Observationer:

1. Septbr., svag Brise, Solskin, 3—5 Cm. over Jorden:

	Kl. 10^{30} Fm.	Kl. 11^{30} Fm.	Kl. 12^{30} Em.	Kl. 2^{30} Em.
Luftens Skyggetemperatur	+ 4°	"	10°	8°
Blank Kugle ⎱ i Sol ⎰	+ 7°	9°	13°	12°.
Sort — ⎰	+ 14°	11°	16°	15°

Kl. 2^{30} Em.

Blank Kugle, staaende paa sandet, tør Sydskrænt . . . . 19°

— — i fugtig Jord, 2 Cm. Dybde . . . . 10°

— — i tørt Sand paa Sydskrænten, 1 Cm. Dybde . . . . 20°

— — i et lille Vandhul med *Zygnema* . . . . 6°

— — i et lille Vandløb . . . . 3°

2. Septbr., svag Brise, til Dels overtrukket, Kl. 4³⁰ Em.:

Skyggetemperatur . . . . 4,5° ⎫
Blank Kugle, i Sol . . . . . . 5,5° ⎬ 3—5 Cm.
Sort   — , - — . , ... 10° ⎭ over Jorden.

12. Septbr., svag Brise, diset Luft, Kl. 1³⁰ Em.

Skyggetemperatur . . . . 2° ⎫
Blank Kugle, i Sol . . . . 3° ⎬ 5 Cm.
Sort   — , - — . . . . 3,5° ⎭ over Jorden

Kl. 1³⁰ Em.: Jorden i 2 Cm. Dybde, bevoxet med *Salix herbacea*: 6° (Lufttp. 2°).
Kl. 3³⁰ Em.: —   —   —   —   5° (Lufttp. 2°).

I Dagene fra den 3. til den 11. Septbr. inkl. deltog jeg i Udflugten til Nordvestfjorden; p. 150—153 finder man en Skildring af det første Snefald i Lavlandet, som samtidig indtraf paa Danmarks Ø.

Da jeg atter den 12. Septbr. gjorde en Tur op over Danmarks Ø, var Landet i alle Lavninger dækket med flere Tommer Sne, hvorover kun nogle faa, høje Fanerogamer ragede op; Blaabærhøjens Sydskrænt og lignende Bratninger vare til Dels snefri ligesom Kullernes Toppe, men der laa dog betydelig mere Sne end ved Teltpladsen paa Syd Cap; Føhnen har vistnok blæst kraftigere dèr end her. Jeg lagde særlig Mærke til *Oxyria*'s høje Frugtstande; den bar Masser af Frugter, som Snespurve (*Plectrophanes nivalis*), Graasiskener (*Acanthis linaria*) og Bynkefugle (*Saxicola oenanthe*) fortærede. *Campanula rotundifolia β. arctica* ragede ligeledes højt op over Sneen; de store, blaa Kroner havde overstaaet Snefaldet og Føhnen uden at forandre Farve eller Form.

Insekter saa man nu kun sjældent; en enkelt Flue kravler mat hen mellem Græsset, en enkelt Edderkop ses ogsaa nu og da, men Humler og Sommerfugle saa jeg ikke i Septbr. Fuglene ere her til Dels endnu; ¹¹/₉ skød vi Edderfugle-Unger, der næppe vare flyvefærdige; Havlit (*Pagonessa glacialis*) og den lille

Lom (*Colymbus septentrionalis*) viste sig ved Havnen ¹²/₉. De smaa Sangfugle har jeg omtalt ovenfor; Ravnene spiste Masser af Blaabær; deres Exkrementer vare sorteblaa af Frugtskallerne. En Bjørn, der blev skudt ¹⁰/₉, altsaa efter Snefaldet, havde maattet tage til Takke med *Oxyria*-Blade og -Frugter og Pileblade; i Efteraarstiden spise Bjørnene ellers mange Blaabær, men disse vare her til Dels dækkede af Sne.

Bladene af *Arctostaphylos alpina* bleve først nu røde her paa Øen; Rødfarvningen skyldes Cellesaften. Ved Røde Ø indtraadte Efteraarsfarvningen af Løvet og Modningen af Bærrene tidligere; Foraaret indtræder ogsaa tidligere i det indre af Fjorden end længere ude.

¹⁴/₉: Tøsne, store, brede Snefnug, Taage over Fjorden, Stille.

¹⁵/₉: Snevejr; ¹⁶/₉: Snefog, stærk Blæst; ¹⁷/₉: Blæst; ¹⁸/₉: Hele Dagen Solskin, klart Vejr; Lufttemp.: ÷ 1°—÷ 2°; Kl. 2 Em., Sol, blank Kugle, svag Brise fra Ø.: + 5°; Natten mellem den 17. og 18. dannede der sig 2—3ᵐᵐ tyk Is paa en Del af Havnen. Paa Vandpytter og Smaasøer har der allerede i flere Dage været tommetyk Is.

Nedenfor Driven bag Havnen fandt jeg i Blomst: *Erigeron eriocephalus, Alsine biflora, Trisetum, Ranunculus pygmæus* (baade Blomsterknopper og udsprungne Blomster), *Campanula rotundifolia β., Polygonum* og *Silene acaulis*. Af *Alsine biflora* fandtes Kimplanter i Mængde under Moderplanten, der var fuld af modne, opsprungne Kapsler. Under *Vaccinium uliginosum** fandtes et Par Kimplanter med 5—6 Løvblade.

¹⁹/₉: Skøjtetur til Smaasøerne paa den anden Side af Elvdalen; klart, stille Solskinsvejr.

Kl. 11 Fm.:

Lufttemperatur . . . . ÷ 2,5°
Blank Kugle i Sol . . . . 8,5°
Grøn Kugle — . . . . 10°
Sort Kugle — . . . . 13,5°

Isen paa Søerne var i Dag 6—7 Cm. tyk; gennem den glasklare Is saa man utallige smaa Daphnier tumle sig i Vandet; en Del Vandkalve (*Colymbetes dolobratus*) vare indefrosne i Isen; en enkelt fløj om i Luften. En Myggesværm summede i Solskinnet. *Hippuris* og *Batrachium confervoides* vare ligeledes indefrosne. I Elvdalen blomstrede den store *Campanula* og *Euphrasia; Veronica alpina* var afblomstret og havde modne, opsprungne Kapsler.

$^{23}/_9$—$^{25}/_9$ inkl.: Udflugt til Syd Bræ, se pag. 154.

$^{26}/_9$ toges Insolations-Thermometrene i Brug, se nedenfor.

$^{27}/_9$: Overalt et flere Tommer tykt Snedække; kun de lodrette Skrænter ere til Dels snebare. Den Dag saa jeg Aarets sidste Blomst: *Campanula rotundifolia β.*; dens smukke, blaa Krone ragede trodsig og haardfør op over Sneen. Nu tog Vinteren fat for Alvor. — Septembers Middeltemperatur i Dagene fra den 18.—30. inkl. var $\div 3°$, Maximumstemp. $+ 1°$, Minimumstemperaturen $\div 8°$.

Oktober 1891.

Maanedens Middeltemp. var $\div 7°$, dens Maximumstemp. $+ 1°$, dens Minimumstemp. $\div 18°$. I den første Halvdel af Maaneden. faldt der — gennemgaaende med stille Vejr eller svag østlig Brise — et overordentlig betydeligt Snelag, vel gennemsnitlig en 4—5 Fod dybt (1,2—1,6 M.); Sneen laa overalt som et jævnt, hvidt Dække og afrundede Landskabets skarpe Former; Luften var tyk og diset. Al Vegetation begravedes selvfølgelig under de vældige Snemasser; i det stille Vejr bleve selv de stejleste Skrænter overpudrede med store, bløde Snefnug. I Slutningen af Maaneden fejedes enkelte mindre Partier paa Toppen af Kullerne og de lodrette Skrænter snebare af en svag Føhn; det var dog kun en aldeles forsvindende Del af hele Terrænet, der blottedes. Den bløde, løse Sne var fuldstændig upassabel; Skier og Snesko sank alendybt ned, man maatte grave sig frem. Paa de enkelte snebare Partier holdt Rensdyr og Ryper til og søgte at bjærge Livet af de faa og usle Planter, der stod her. Paa Vindsiden af de store, fritliggende, erratiske Blokke paa Kullerne og ved Nordvestsiden af Bratningerne havde Vinden ved sin Tilbagekastning dannet brede og dybe Huller i Snedækket; her laa kun et Par Tommer løs Sne, der let kunde skrabes bort af Dyrene, som derfor ogsaa opholdt sig her.

«Haven» er fuldstændig tilsneet; selv de mindste smaa Fremspring bære en høj Snekalot; undertiden er dog den alleryderste Rand af Terrassen med de derpaa voxende Planter blottet. Vinden havde nemlig dannet Snefaner, som hang langt ud over Terrassens Rand; disse Faner styrtede senere ned og tog en Del af den paa Terrassen selv hvilende Sne med sig, saa at den yderste Del af Terrassen blev blottet. Her stod f. Ex. *Vaccinium, Rhodiola, Woodsia ilvensis, Poa glauca* o. a.

Endnu $^{12}/_{10}$ saa jeg enkelte Myg kravle om paa Sneens Overflade. I Maven paa en Bjørn, der blev skudt $^{10}/_{10}$, fandtes en Del Alger, mest *Desmarestia aculeata.* — Hele Maaneden igennem var der stærk Morild i Snesjappet paa Havnen, især ved Stranden, hvor Tidevandet stadig holdt Sprækker aabne.

$^{18}/_{10}$ var Fjordisen saa tyk (8 Cm.), at vi kunde løbe paa Skøjter paa den; store Strækninger vare spejlblanke. Isen paa Havnen, der for største Delen var dannet af Snesjap, var til Trods for sin betydelige Tykkelse, c. 50 Cm., først $^{17}/_{10}$ saa fast, at vi kunde passere den til Fods; en Tid lang passerede vi den paa Ski, men hele det bløde Dække gyngede elastisk under os, og Skistaven gik med Lethed gennem hele Laget. Endnu for et Par Dage siden saa vi en Graamaage; ellers ere alle Trækfugle fløjne bort.

November og December 1891.

Novembers Middeltemp.: ÷ 20,2°, Maximumstemp. ÷ 6,1°, Minimumstemp.÷33,0°; de tilsvarende Tempp. for December vare: ÷ 20,3°, ÷ 8,3° og ÷ 38,6°. — Da jeg ²/₁₁ om Formiddagen var ude paa Fjorden for at skrabe, saa jeg allerede Kl. 10—11 (Lufttemp.: ÷ 15°), at Sneen føg overordentlig stærkt fra Fjældtoppene paa Gaaseland og Milnes Land, baade Øst og Vest for Havnen. Kl. 12 Md. naaede Føhnen (thi en saadan var det) ned paa Fjorden, og det begyndte at fyge med stor Voldsomhed henover dens Flade. Der var Dagen før faldet nogle Tommer Sne, men i Løbet af ganske kort Tid var Fjorden fejet snebar. Da jeg Kl. 2 kørte ud med Slæden for at hente Skraben, var alt i Oprør. Et jagende, hvinende Snehav piskede hen over Fjorden; ud over «Havens» Skrænter styrtede pragtfulde Snekaskader sig og øgede de store Driver, medens Højderne bleve mere og mere snebare. Temperaturen steg hurtig til ÷ 10°, Vindstyrken til 9; henimod Kl. 2 Fm. næste Dag havde Vinden næsten fuldstændig lagt sig; Barometret steg til 783ᵐᵐ. Ved Snestangen ved Stationen, der laa paa en lav Odde Øst for Havnen, hvor Vinden altsaa havde frit Spil, svandt der 20 Cm. Sne, til Dels ved Fordampning, thi Luften var meget tør.

I de følgende Dage foretog jeg en Del Exkursioner omkring paa Øen; Sneen var haard og fanet. Næsten alle de fladere, højtliggende Partier paa Plateau'et vare snebare. Det er naturligvis altid de samme Pletter, der blive snebare Aar efter Aar, og det er kun de haardføreste Arter, der kunne holde sig paa de snebare Kuller, hvor de ere udsatte for Vinterens haardeste Kuldegrader og Føhnens direkte Angreb. Føhnen virker dels rent mekanisk: Grus, Sand, Iskrystaller og skarpe Snenaale jages hen over Marken og afslibe Planterne, dels stærkt udtørrende; den sidste Virkning er saa meget farligere, som Planterne i den frosne, tørre Jord ingen Mulighed have for at faa deres Vandtab erstattet.

Disse Planter. ere, som jeg nedenfor skal omtale nærmere, alle prægede af Føhnen; de ere alle særlig udprægede Xerophiler; Tuernes Form viser Vindens Retning og den Kraft, hvormed den virker paa de forskellige Lokaliteter, alt efter Terrænets Form og Beliggenhed.

De almindeligste Arter vare: *Vaccinium* (altid *microphyllum), *Dryas integrifolia* og *octopetala* β. *minor*, *Silene acaulis*, *Saxifraga oppositifolia* og *nivalis*, *Luzula confusa*, *Cassiope tetragona*, *Rhododendron*, *Diapensia*, *Betula nana*, *Carex nardina* og *misandra*, *Festuca ovina*, *Poa glauca*, *Salix arctica* f., *Tofieldia coccinea*, *Cerastium alpinum* β., *Chamænerium*, *Potentilla nivea* og *emarginata*, *Cystopteris*, *Papaver*, *Campanula rotundifolia* β.

Enkelte af disse Arter fortjene nærmere Omtale: *Rhododendron* var den eneste vintergrønne Art, hvis Blade ikke holdt sig turgescente, men bleve slatne og rynkede; den er øjensynlig ikke tilpasset til saa excessiv Udtørring om Vinteren. Alle de andre vintergrønne Arters Blade syntes derimod at være turgescente; deres Farve var betydelig mørkere end om Sommeren, nærmest brungrøn (*Cassiope*, *Dryas*, *Saxifraga*-Arterne, *Silene acaulis*, *Tofieldia coccinea*). *Diapensia*'s Blade havde paa Oversiden en dyb, mørkerød Farve, Undersiden var lysegrøn, de yngste Blade ofte farvede svagt lyserøde paa Undersiden. De unge Skud af Græs- og Star-Arterne vare turgescente og grønne. Undersiden af *Saxifraga nivalis*'s Blade var intensivt rød-farvet, Oversiden mørkebrun eller grønlig. De rødbrune, visne Blade af *Betula nana* og *Vaccinium uliginosum* * sade endnu paa Planterne; de falde let af den første, men sidde fast paa den sidste. Alle Arter stod, til Trods for deres udsatte Voxested, med modne Frugter.

Hvad Kryptogamerne angaar, da var det heller ikke mange af dem, der stod snebare. Af Mosser fandt man hyppigst et Par *Grimmia*-Arter og *Racomitrium lanuginosum*. Busklikenerne ere som Regel dækkede, kun undtagelsesvis fandtes et Par Exemplarer af *Cetraria nivalis*, *Cornicularia aculeata* eller *Stereocaulon denudatum*, alle i usle, forkrøblede Individer; skorpeformede Likener saa man derimod naturligvis ofte. De af forkrøblede blaagrønne Alger (*Stigonema*, *Scytonema*) og Likener (*Ephebe*) dannede «sorte Striber» paa de lodrette Fjældskrænter vare ligeledes snefri hele Vinteren igennem.

Den 14. Novbr. viste Solen sig over Fjældene for sidste Gang i 1891; i denne Tid iagttoge vi daglig et prægtigt Farvespil paa den sydlige Himmel, hvor glimrende Farver i alle Nuancer vexlede paa Skyerne, medens den nordlige Himmelhvælving straalede i fornem Ro med fine, blaa Farver. Endnu i nogen Tid efter Solens Forsvinden nøde vi i Middagsstunden dette ophøjede Skuespil; hvert Øjeblik frembød ny, overraskende Forvandlinger. December var den tristeste, mest nedtrykkende Maaned; men allerede i de første Dage af Januar begyndte de pragtfulde Belysninger: i Syd en intensivt rød Himmel, Klodeskyerne farvede i de nydeligste Toner fra hvidt til blaat, den nordlige Himmel dybt mørkeblaa. — Den 30. Januar naaede Solskiven op over Bræen i Syd; det var et overvældende og blændende Skue: I Syd lyse, lette Fjerskyer, der sagte glide frem for en svag vestlig Brise, rødlig- eller violetfarvede med skiftende Farvespil, hele den østlige og nordlige Himmel klar og skyfri, farvet rød eller rødviolet i utallige Nuancer. Straalende Isfjælde, hvidblaa Sne og i Syd de høje, takkede Basaltfjældes afvexlende sortviolette og hvide Tinder dannede en henrivende Farveharmoni.

Januar 1892.

I den mørkeste Tid var der ikke meget andet at foretage sig end at indsamle og præparere Kryptogamer; Mørket tillod ikke længere Exkursioner. Snedækket holdt sig omtrent paa samme Standpunkt som i Novbr. $^{10}/_1$ havde vi en kraftig

Føhn, under hvilken Temp. i 9 Timer holdt sig over Nul-
punktet; den steg til + 6°, men jeg saa intet flydende Vand
før under næste, kraftige Føhn den 16. Febr. I Løbet af én
Time observeredes en Temperatur-Stigning af 24°! Luftens
Fugtighedsgrad sank til 32%!

Oppe i Elvdalen saa jeg 8/1 et Par snebare Pletter, hvor
kraftige, lysegrønne *Aulacomnium*-Puder vare blottede; ellers
ere alle Kærstrækninger snedækkede saa vel som alle de andre
Formationer med sammenhængende Vegetation; i Slutningen af
Maaneden dækkedes disse Pletter af ny Sne.

Efter det store Snefald i Oktober var Nedbøren ikke be-
tydelig; først i Dagene den 21.—22. Jan. faldt der atter en
større Snemængde af nogle Fods Tykkelse. Luftens Middeltp.
var i Decbr. ÷ 12°, og i Jan. ÷ 19°; men ikke desto mindre
faldt Temp. ved Jordens Overflade under Snedækket ved Sne-
stangen (hvor Laget var c. 1¼ Meter tykt) ikke lavere end
÷ 10°. Urteliens Planter, der tidlig om Efteraaret blive dæk-
kede af Sne, og som hele Vinteren igennem have et mægtigt
Snetæppe over sig, ville sandsynligvis aldrig blive udsatte for
saa lave Temperaturer. Som Nehring[1] bemærker, ville mange
Arter overraskes af Sne og Kulde, før de visne om Efteraaret;
de staa derfor saftfulde, om end frosne, under Sneen og byde
Rensdyr, Harer og andre Planteædere et kraftigt Foder. De
danne «naturlige Konserver» i frossen Tilstand.

Februar 1892.

Maanedens Middeltemp. var ÷ 25°, Maximumstemp. + 8,5°,
Minimumstemp. ÷ 42°. Man begynder nu at kunne føle Solens
varmende Kraft; allerede den 14. viste et i Solskin paa Sta-
tionens sorte Sydvæg ophængt Thermometer (blank Kugle) + 5°
med en Lufttemp. i Skygge af ÷ 30°.

---

[1] «Über Tundren und Steppen».

Den 16.—17. havde vi en meget kraftig Føhn, under hvilken Temp. steg til + 8,5°; efter den meteorologiske Journal skal jeg give en kort Oversigt over Temperaturens Gang i disse interessante Dage:

	Tempe-ratur.		Tempe-ratur.		Tempe-ratur.
¹⁵/₂.		¹⁶/₂.		¹⁷/₂.	
9 Em.....	÷23,0	Middag . . .	6,0	5 Fm. . . .	3,0
10 —	÷ 0,7	1 Em. . . .	5,7	6 — . . .	1,2
11 —	÷ 1,4	2 — . . .	5,7	7 — . . .	÷ 2,1
		3 — . . .	5,5	8 — . . .	÷ 3,4
		4 — . . .	6,0	9 — . . .	÷ 4,3
¹⁶/₂.		5 — . . .	5,2	10 — . . .	÷ 4,2
Midnat	÷ 0,1	6 — . . .	6,7	11 — . . .	÷ 5,3
1 Fm.....	1,0	7 — . . .	7,2	Middag . . .	÷ 6,3
2 —	0,3	8 — . . .	6,0	1 Em. . . .	÷ 7,8
3 —	2,1	9 — . . .	4,0	2 — . . .	÷ 8,0
4 —	2,4	10 — . . .	7,3	3 — . . .	÷ 9,0
5 —	4,2	11 — . . .	7,2	4 — . . .	÷10,8
6 —	6,0			5 — . . .	÷10,7
7 —	2,3	¹⁷/₂.		6 — . . .	÷11,5
8 —	4,2	Midnat . . .	8,5	7 — . . .	÷12,0
9 —	5,2	1 Fm. . . .	8,2	8 — . . .	÷11,8
10 —	5,6	2 — . . .	6,8	9 — . . .	÷12,0
11 —	6,7	3 — . . .	7,2	10 — . . .	÷13,3
		4 — . . .	7,0	11 — . . .	÷12,2

Den 20. var Temp. atter nede ved det i denne Tid normale: c. ÷ 30°. Under Føhnen sank Luftens Fugtighedsgrad til 34 %, Vindstyrken varierede mellem 6 og 26 Meter pr. Sek., en meget betydelig Vindhastighed (Hastighed 9 efter den 12-delelige Skala). Ved Snestangen svandt fra Kl. 11 Em. ¹⁵/₂ til Kl. 7 Fm. ¹⁷/₂ 15 Cm. Sne (fra 125—110 Cm.)

Et Thermometer (blank Kugle), ophængt paa Stationsbygningens Sydvæg, 5—6' fra Jorden, viste fra Kl. 11 Fm.—3 Em. inkl. den 17.: + 12°, + 15,5°, + 14,5°, + 19°, 0°; Kl. 3 var Solen nede.

Paa Skrænterne ved Skibakken anstillede jeg den 17. nogle Observationer: [1]

Kl. 11³⁰ Fm.

Sort Kugle { Sol, svag vestlig Brise . . . . 0,0°
{ Sol, Læ i en lille Hule i Glimmerskiferen . . + 3,0°

Blank·Kugle: Sol, Thermometret paa vissent Græs, Læ i
en Hule . . . . + 3,0°

Kl. 1³⁰ Em. viste de samme Thermometre henholdsvis 0,0°, ÷ 1,5° og ÷ 2,5°; det var nu blevet Stille, men Solen skinnede endnu.

Jorden var delvis optøet og opblødt af Smeltevand i et Par Cm. Dybde; Kl. 1³⁰ Em. var Tp. i Jorden (2—3 Cm. Dybde): 0,0°, Kl. 2 Em.: ÷ 0,5°. Endnu Kl. 2 skinnede Solen paa Skrænterne, og Vandet rislede ned ad Fjældsiderne; omtrent Kl. 2³⁰ Em. gik Solen imidlertid ned, og Vandet holdt da strax op at rinde. Ogsaa for den umiddelbare Følelse var Solens Forsvinden strax at mærke.

Landskabet var efter Føhnen næppe til at kende igen; Blaabærhøjens og Skibakkens Sydskrænter vare for en stor Del blæste snebare, oppe paa Plateau'et ragede store, snefri Partier op af Sneen, der var haard, fanet og dækket af en fast Skorpe. Det var vældige Snemasser, der forsvandt!

Medens Føhnen stod paa, flød Smeltevandet, som sagt, ned ad Klippernes Sydskrænter; Vandet løb ofte under en ganske tynd (c. 2ᵐᵐ) Isskorpe, som dog ofte smeltede helt bort over de «sorte Striber»; Vandstrømmene fulgte næsten altid disse Striber. Paa de snebare Kuller var der ikke Spor af Vand at

---

[1] Thermometer-Kuglerne vare kun et Par Tommer over Jorden, som pletvis var dækket med Sne eller Is, men til Dels fejet snebar i disse Dage.

se, men Grus og Jord var optøet i 1—2 Cm. Dybde. Vejret var ganske foraarsagtigt. Likener og Mosser stode friskgrønne, bløde og gennemvaade i den optøede, fugtige Jord. De «sorte Striber»'s Alger og Likener sugede sig fulde af Vand og svulmede op; paa Grund af deres sorte Farve indsuge de naturligvis særlig mange Varmestraaler. En Del højere Planter, som jeg ikke havde bemærket snefri tidligere paa Vinteren, kom nu frem for Dagens Lys. Paa Skibakken fandt jeg den lille *Woodsia hyperborea* i Klippespalter, der før Føhnen havde været snefyldte; Bladene vare friske, grønne og turgescente. *Campanula rotundifolia β.*, *Cerastium alpinum* var. *lanata* og andre havde lysegrønne, turgescente Skud; disse nylig blottede Exemplarer havde en ganske anden Habitus end de, der hele Vinteren igennem havde staaet snebare paa Kulletoppene. I en stor *Papaver*-Tue fandtes friske, unge Blade af 2 Cm. Længde skjulte mellem de visne. I Lavbladaxlerne af *Chamænerium latifolium* sade talrige, lyserøde Knopper, ragende op over Jordens Overflade, aldeles ubeskyttede, men dog saftfulde. *Diapensia* er en af de almindeligste Planter paa de snebare Kulletoppe; i Reglen danner den tætte, kortleddede, halvkugleformede Puder, som dog paa vindaabne Lokaliteter ofte blive mere eller mindre excentriske derved, at Føhnen dræber og afsliber den vestlige Del af Tuen. Inde under en erratisk Blok, hvor der var temmelig fugtigt om Sommeren, fandt jeg i disse Dage en Tue, hvis Skud vare meget lange og straktleddede; Bladene havde en betydelig lysere Farve end sædvanligt om Vinteren, deres Overflade var ikke rødbrun, men havde den almindelige, mørkegrønne Sommerfarve, Undersiden var lysegrøn. Denne Tue var sikkert først bleven blottet af disse Dages Føhn. I det hele antage de Individer af denne og mange andre Arter, der strax ved Vinterens eller Efteraarets Komme blive dækkede af Sne, ikke de Efteraarsfarver, som pryde de Individer, der først sent blive snedække og tidlig snebare. Tuer af *Cassiope tetragona*, der vare blevne blottede under Føhnen, havde f. Ex.

en meget lysere Kolorit end de Tuer, der havde staaet snefri hele Vinteren.

Først. nu saa jeg snefri Tuer af *Empetrum*; Knopperne vare 1—1½ᵐᵐ i Diameter; Bladene forekom mig at have en noget mørkere Farve end i Vegetationstiden. *Pedicularis flammea*: de visne Blade vare blæste bort, Vinterknopperne sade fuldstændig nøgne over Jorden; de vare 2ᵐᵐ tykke og 6—11ᵐᵐ lange. *Arctostaphylos alpina* er altid snedækt om Vinteren; først nu saa man hist og her en mindre, forpjusket Busk; de store, kraftige Individer med alenlange (dog altid nedliggende) Grene blive først senere snebare. I en Klippespalte paa Blaabærhøjen voxede et Exemplar af *Saxifraga decipiens*; paa hvert Skud sad nederst en Del visne, men desuden talrige friskgrønne, glanduløse, klæbrige Blade, nogle helt udfoldede, de yngste endnu i Knopstadium; de unge Blade vare dog aldeles ubeskyttede, de visne Blade naaede nemlig ikke op til Knoppens Basis. *Saxifraga oppositifolia*: en stor Tue med lange, nedhængende Grene havde fuldstændig turgescente Blade, næppe mørkere end om Sommeren. Blomsterne vare allerede vidt udviklede; Frugtknuden var mere end ½ᵐᵐ lang, og man skælnede med Lethed de røde Kronblade og Antherer.

Busklikener, som før Føhnen aldrig havde staaet snebare, viste sig ogsaa. Jeg fandt f. Ex. *Thamnolia vermicularis* paa Mos i Læ bag en stor erratisk Blok og talrige, kraftige Tuer af *Sphærophoron fragile* mellem Raset ved Blaabærhøjens Fod; disse Arter høre ellers til de ømtaaligere Former, som undgaa de udsatte Lokaliteter.

Likener paa snebart Land:

Paa Jord.

Lecanora tartarea.	*Rinodina turfacea* f. *micro-*
— *verrucosa.*	*carpa.*
Stereocaulon denudatum.	*Psora rubiformis.*
Parmelia saxatilis.	*Alectoria nigricans.*
Physcia pulverulenta var. *mus-*	*Cetraria Fahlunensis.*
cigena (meget alm.).	*Pertusaria subobducens.*

Paa Sten.

Buellia geographica.
— *badioatra.*
—, *parasema.*
Lecanora varia var. *polytropa.*
Cetraria commixta, dannende en tæt, sort Kage hen over Stenene.
Placodium chrysoleucum var. *opaca,* nogle Ex. med *Cercidospora Ulothii.*
Buellia convexa paa *Physcia pulverulenta.*

Physcia cæsia.
Parmelia stygia.
— *lanata.*
— *encausta* var. *intestiniformis.*
Lopadium pezizoideum.
Lecidea auriculata.
— *vernalis* f. *minor.*
— *lithophila,* paa erratisk Asbest.
Sarcogyne privigna.
Xanthoria vitellina var. *octospora.*

Sphærophoron fragile: de paa udsatte Steder voxende Tuer ere meget tætte og lave, Grenene afbidte af Vinden, i Reglen mørkere farvede end de, der ere beskyttede, f. Ex. mellem Stenene i Raset og paa lignende Steder.

Det turde vel være ret rimeligt at antage, at i hvert Fald nogle Fanerogamer og mange Kryptogamer benytte et Par Dage som disse til at genoptage Assimilations-Arbejdet og forsyne sig med Vand. — Naar det ikke var Føhnvejr, var Luftens relative Fugtighed altid c. 100, den absolute Fugtighed derimod naturligvis ringe ved saa lave Temperaturer.

Som Bevis paa, hvor foraarsagtige disse to varme Dage forekom os, fortjener det at omtales, at én af Mandskabet, der havde været ude paa Skitur, fortalte mig, at han havde set udsprungne Blomster, en anden havde set udsprungne «Gæslinger» ɔ: Pilerakler. Ltnt. Ryder bragte mig en Pil (*Salix arctica* f.), hvis Knopskæl vare afrevne, og mente, at den var i Færd med at springe ud. Det var nemlig et yderst almindeligt Fænomen paa Kulletoppene, at de store og forholdsvis daarligt beskyttede

Rakler ·af Pil og Birk vare afgnavede (NB. ikke af Lemminger eller Ryper) paa den mod Føhnen vendende Side. Jeg bemærkede det paa talrige Birke, der først vare blevne blottede af denne Føhn; de smaa, gule Antherer ragede frem, efter at Dækskællene vare eroderede bort. Paa Pilene var det endnu mere iøjnefaldende, fordi de lange hvide Haar paa Hunblomsternes Dækskæl vældede ud af de iturevne Knopper og bleve tvungne tilbage i Vindens Retning. Alle disse Knopper bleve — saavidt jeg kunde se — senere dræbte ved Udtørring (og Kulde?). . Paa mange endnu levende Grene var ogsaa Barken paa den nordvestlige Side filet bort af Føhnen. .

²⁸/₂. Atter i Dag Føhnvind, men ikke nær saa kraftig som den sidste ; det. var klart Solskin, Temperaturen steg til ÷ 3°. Under en længere Skitur saa jeg kun flydende Vand paa ét enkelt Sted; det var paa en lille, snebar Bratning mod Syd, kun et Par Alen høj, som fra sidste Føhn fuldstændig var beklædt med et tyndt Islag af ½—1½ Cm. Tykkelse; her smeltede Isen livligt paa en «sort Stribe», og det sorte Overtræk var vanddrukkent og svulmende; udenfor Striben var der ikke Spor af Vand.

²⁹/₂. Solskin, Stille. Vandet flyder rigeligt ned ad Blaabærhøjens Sydskrænt til Trods for en Lufttemperatur i Skyggen af c. ÷ 20°.

Marts 1892.

Maanedens Middeltemp. ÷ 25,5°, Maximumstemp. ÷ 4°, Minimumstemp. ÷ 46,8°.

¹/₃. Insekter og Edderkopper kan man naturligvis ikke vente at se meget til paa denne Aarstid. Kun hist og her træffer man gamle, afskudte Hamme af den almindelige Jagtedderkop, *Lycosa grønlandica*, · liggende mellem Birke- og Bøllegrene. Hyppigst ser man de allestedsnærværende Larver af *Dasychira grønlandica* med de lange, gulbrune, glinsende Haar

og to sorte, langhaarede Totter paa Ryggen; de ligge ofte ganske ubeskyttede paa de nøgneste Kulletoppe, naturligvis stivfrosne; øjensynlig ere de de haardføreste af alle de Insekter, jeg iagttog[1]). Ude i Naturen har jeg i Aar ikke set andre Insekter; men naar jeg hjemme i Kahytten præparerede Mostuerne, kom der ofte Fluemaddiker og smaa Edderkopper frem, som hurtig tøede op og løb omkring.

²/₃. Exkursion til Rypefjældene (se Kaartskitsen. p. 156). Her er der meget snebart Land, ikke blot paa Kullernes Toppe, men ogsaa i et Par Kløfter, Rypedalene, som Føhnen stryger igennem fra Syd til Nord (ved Tilbagekastning); alle Dryas-Frugtstilke, Carices o. s. v. vare bøjede nordover. Vegetationen i disse Kløfter var paa de fleste Steder ringe: fattig Grusmark-Vegetation (Luzula confusa, Silene acaulis, Dryas, en enkelt lille; forkuet Arctostaphylos), men pletvis Kær-Vegetation med kraftige Kær-Mosser (Aulacomnium, Polytrichum, Dicranum), Carex pulla, hyperborea og misandra, Poa og Colpodium, Cassiope tetragona, Vaccinium, Tofieldia coccinea o. s. v. Allerede i Begyndelsen af Februar var der nøgne Pletter i disse Kløfter, og hele Vinteren igennem fandtes Øens bedste Jagtsteder heroppe; der var næsten altid Ryper og ofte Rener.

⁹/₃. I de sidste Dage har der overalt ligget et Par Tommer Sne, som generer Indsamlingen meget; Temp. har været meget lav, c. 40—45° Kulde nede ved Stationen, medens Temp. oppe paa Plateau'et holder sig 10—15° højere, en Insolations-Virkning, som ogsaa «2. deutsche Nordpolarfahrt» omtaler, og som ligeledes er vel kendt fra Alperne og andre Bjærge.

²¹⁻²²/₃. Svage Føhner, der bragte Temp. op til ÷ 4°. Paa

---

[1]) Det fuldkomne Insekt ser man mærkelig lidt til i Sommertiden, hvilket vel for en stor Del hidrører fra, at en meget betydelig Del af Larverne ødelægges af Fluer (Tachina) og Snyltehvepse; jfr. H. Deichmann i «Medd. om Grønland», XIX, p. 101—102.

Sydskrænterne tøede Sneen hver Dag i den sidste Uge af Marts, naar Solen var fremme.

²³/₃. Paa Blaabærhøjens Sydskrænt fandtes to unge, nys udviklede Individer af *Clavaria tenuipes*, c. 1 Cm. lange; de stode i fugtig, optøet Jord i en Spalte i Glimmerskiferen og havde sikkert udviklet sig i Løbet af de to foregaaende Dage; Lufttemp. i Skygge var c. ÷ 20°. **Første Foraarstegn!**

²⁷/₃. I Skylightet i Kahytten havde jeg allerede i længere Tid haft nogle Birkegrene og Bølleris staaende; de havde nu Blomster og unge Blade. Ved en Forglemmelse blev Kahytsdøren staaende aaben om Aftenen, medens Kaptajn Knudsen var paa meteorologisk Vagt paa Stationen, og da han kom hjem for at purre Afløsningen til Vagt Kl. 2, var Temperaturen i Kahytten ÷ 30° (udenfor ÷ 35°); de omtalte Planter udholdt denne Temp. uden at tage mindste Skade (maaske har der dog været en noget højere Temp. oppe under Skylightet); Vandet i den Blikdaase, hvori de stode, var naturligvis bundfrossent. En *Fuchsia* og en *Pelargonium*, som stod i Jord i Urtepotter ved Siden af, og som ogsaa havde store, friske Skud fra i Aar, bleve derimod fuldstændig ødelagte af Kulden; senere paa Aaret skød de dog nye Skud. Spirende Rødløg med kvarterlange, friske Skud i en Blikdaase med Jord tog ingen Skade. — ²/₄ satte jeg Daasen med Birkene og Bøllerne ud i Kulden; de stod ude fra Kl. 4—8 Em. i 12—17° Kulde; det kunde de ikke taale, men visnede.

April 1892.

Maanedens Middeltemp.: ÷ 17°, Maximumstemp. ÷ 1,0°, Minimumstemp. ÷ 31,5°. Det tøer nu hver Dag paa Sydskrænterne, naar Solen er fremme.

³/₄. Kl. 2 Em., Stille, klart Solskin; Sydskrænten ved Skibakken:

Lufttemperatur i Skygge . . . . ÷16°

Blank Kugle, i Sol, liggende paa Glimmerskiferen . . . +12° ¹)

Kuglen 4 Cm. nede mellem visne *Chamænerium*-Stængler
    i en Spalte i Glimmerskiferen, i Sol . . . . +12°

I optøet, fugtig Jord, 2,₅ Cm. Dybde . . . . ÷0,₅°

I de sidste Dage er der af og til falden lidt Nysne, som hver Dag smelter bort i Middagstiden paa Sydskrænterne.

I Dag saa jeg det første levende Insekt ude i Naturen; det var en stor Fluemaddike, som krøb om paa fugtig, optøet Jord; tæt ved den laa en stor Dynge Exkrementer, som den aabenbart nylig havde kvitteret. Det var dog næppe helt naturligt, at den var kommen frem; den havde overvintret under en Glimmerskiferplade, som jeg tilfældigvis havde væltet, vistnok for et Par Dage siden. Var Stenen bleven liggende, vilde Jorden under den have været frossen og Larven naturligvis endnu have ligget i Vinterdvale. Jeg saa talrige *Dasychira*-Larver under saadanne Stenplader, men ingen bevægede sig.

Mosser og Likener staa bløde og svulmende, hvor Vandet risler ned; ligesaa de «sorte Striber»'s Vegetation.

⁴/₄. Stærkt Snevejr, fuldstændig og tæt overskyet Himmel; det er ganske umuligt at skimte Solen. Ikke desto mindre var der indtil et Par Graders Forskel mellem Temp. paa Nordsiden og Sydsiden af Proviantskuret; den sorte Thermometer-Kugle viste ligeledes et Par Grader højere end den blanke ved Siden af. Her maa altsaa dog have været Insolationsvirkning. Insolationen maa det ligeledes tilskrives, at et Thermometer, der lagdes paa Sneoverfladen, og som aflæstes timevis fra Kl. 12 Middag til 5 Em., viste indtil 4° højere Temp. end Luftthermometret i Skygge; Thermometret var ved hver Aflæsning dækket

---

¹) Kl. 4, Solen overskyet: + 2°.

af .c. 1 Cm. Nysne. Begge Forhold synes at være gennemgaaende i saadant· Vejr.

⁵/₄. Atter i Dag Snevejr til henimod Middag; ialt er der i Gaar og i Dag faldet c. 30 Cm. Sne; det har hele Tiden været stille Vejr, saa at Sneen ligger jævnt overalt. Om Eftermiddagen· var det varmt Solskinsvejr, og endnu Kl. 5 viste Thermometret (blank K.) paa Sydskrænten ved Skibakken: + 5°, liggende paa en Sten i Solskinnet (Lufttemp. ÷ 13°). Sneen tøede livligt, ofte ikke fra Overfladen, men fra Underfladen, paa Berørings-fladen med Stenene; Sneen er jo — som bekendt — til en vis Grad diatherman.

⁶/₄. Atter et Par Cm. Sne, Stille.

⁷⁻⁸/₄. Føhn, Vindstyrken indtil 20 M. pr. Sekund (Vind-styrke 7); Temp. c. ÷ 7°, naaede ikke over ÷ 5°. Stærkt Sne-fog, al den faldne Nysne føg bort fra Kuller og Sydskrænter, atter meget snebart Land.

⁹/₄. Solskin, Stille, klart, Sydskrænt ved Skibakken:

	Fm. Kl. 10²⁰.	Fm. Kl. 10⁴⁵.
Lufttemperatur i Skygge	÷ 15°	÷ 15°
Sort Kugle, insoleret, paa snefri Afsats, liggende paa vissen *Potentilla nivea*, 1 Alen (63 Cm.) over en stor Sneflade	+ 18°	+ 19°
Blank Kugle, insoleret, paa snefri Afsats, liggende paa vissen *Potentilla nivea*, 1 Alen (63 Cm.) over en stor Sneflade	+ 3°	+ 6°
Blank Kugle, i Skygge, liggende paa Klippen selv, paa samme Afsats som foregaaende	÷ 9°	÷ 5°
Blank K., paa Snefladen, i Skygge bag en Sten		÷ 12°

Atter i Dag fandt jeg en levende Fluemaddike, som' kräv-lede om mellem fugtigt Græs og *Vaccinium*; den var selv krøben frem af sit Vinterskjul.

Oppe paa Plateau'et fandt jeg et Pileblad, som var. smeltet 1¹/₂" (4 Cm.) ned i Sneen (Insolation). Paa Snemarkerne inde paa Øen ser man ofte temmelig grovt Grus, som af Føhnen er ført ud fra Kullerne. Smaasten af 1 Kubikcm. Størrelse ere

ikke sjældne; ere de saa store, ligge de dog sjældent mere end
en Snes Alen fra det snebare Land, men Smaasten af ½ Ku-
bikcm. Størrelse kunne føres Hundreder af Alen, før de blive
fangede paa den udhulede Vindside af Snefurerne.

¹⁰/₄. Hele Dagen smukt Solskinsvejr, klart og stille — fuld-
stændigt Foraarsvejr. Det sorte Thermometer viste indtil + 15°,
liggende paa en snebar, solbeskinnet Sten mod Syd; Lufttemp.
! Skygge varierede i Dagens Løb fra ÷ 25° til ÷ 13°. I Læ
af et Par store, løstliggende Blokke var der i disse Dage bleven
blottet en lav Skrænt af c. 1½ Alens (1 M.) Højde med sydlig
Exposition; Skræntens Længde var c. 50 Alen (17 M.); Jorden
var optøet c. 12 Timer i Døgnet i ₁—2" (2,5—5 Cm.) Dybde.
En Sommerfuglelarve krøb om mellem Blaabærrisene. Skrænten
var næsten ganske beklædt med et sammenhængende Dække af
Mosser med iblandede Likenèr og Fanerogamer. *Amblystegium
uncinatum* *, *Pohlia commutata* *, *Swartzia montana*, *Conostomum
tetragonum*, *Pogonatum*, *Sphærocephalus turgidus*, *Cephalozia*
sp. nova?, *Cesia concinnata* og *Cesia revoluta* *, *Sphagnum Gir-
gensohnii* * og *Jungermannia ventricosa* dannede store, tætte
Puder, *Cesia revoluta* store, ublandede Kager af ½ □ Alens
Størrelse. Af større Busklikener fandtes *Cladonia rangiferina*
(de første Exemplarer, jeg saa snebare i Aar), *Cl. pyxidata* og
andre Cladonier, *Solorina crocea* paa tørrere, gruset Bund, *Pel-
tigera rufescens* især ved Grunden af *Salix* o. s. v. Faneroga-
merne vare *Carex hyperborea* (pletvis tæppedannende), *Vaccinium*,
Cassiope tetragona, *Luzula confusa*, *Salix arctica* f. og *herbacea*.
Cassiope's Skud vare ofte graalige og udtørrede. Paa delvis i
Sne begravede Tuer vare de snebare Skud udtørrede, de sne-
dækte derimod friskgrønne og turgescente; inderst i Buskene
fandtes en Del meget straktleddede Skud med indtil 1 Cm. Af-
stand mellem de enkelte Bladpar, Skygge- og Fugtighedsskud,
som ikke vare «tetragone» og derfor gjorde et helt fremmed-
artet Indtryk. Smukke fjerformede, indtil tommelange Rim-
krystaller hang overalt paa Moskapsler, Græsstraa o. s. v. og

holdt sig hele Dagen igennem til Trods for den «brændende» Sol. — Randen af de tilgrænsende Sneflader, der her vare c. 8″ (21 Cm.) tykke, var ved Varmeudstraaling fra den mørke Jord og Planterne altid udhulet indtil 5—6″ (13—16 Cm.) Bredde under en fremspringende Iskant (jfr. Fig. p. 198). Den yderste Del af den fremspringende Sneskorpe var nemlig altid forvandlet til en tynd Isflade, paa hvis Underside smaa Vanddraaber stadig dannedes og dryppede ned. Jorden inde i Hulen var optøet lige, ind til Sneens Rand. — Ude i Sneen ragede et Par visne Pilegrene op over Snefladen; ved Insolationen havde der omkring Grenene dannet sig et Hulrum, som naaede helt ned til Jorden; paa den cylindriske Hulheds Indervægge var Sneen forvandlet til Is [1].

Sphagnum-Puderne, der ofte maalte mere end 1 □ Alen i Omkreds (Stænglerne indtil 40 Cm. lange), vare optøede og svulmende i et Par Tommers Dybde, forneden naturligvis frosne; i det Vand, jeg pressede af Tuerne, fandtes mærkelig nok ingen Desmidiaceer; kun en ganske enkelt Diatomé, en Del Anguilluliner og skalbærende Rhizopoder.

I Læ bag en stor erratisk Blok var Jorden, der her om Sommeren er fugtig og kold, dækket af et ganske lavt, tæt Mostæppe, der nu var revnet og sprukket paa Grund af Tørke; det dannedes af *Cephalozia bifida**, *Cesia corallioides**, *concinnata* og *revoluta*, *Blepharostoma trichophyllum* og *Anthelia julacea*. I Udkanten, hvor denne Plet grænsede op til et Kær nedenfor, voxede *Dicranum elongatum** og *fuscescens*, *Sphærocephalus turgidus* og *palustris**, *Amblystegium revolvens*, *Sphagnum Girgensohnii*, *Polytrichum capillare* og *Jungermannia gracilis*.

Paa adskillige Planter sporedes Solens Indvirkning. I fugtig, optøet Jord under en tynd Ishinde voxede f. Ex. en ung, men fuldt udviklet *Agaricus* (s. lat.) og ganske smaa, spirende Bulbiller af *Saxifraga stellaris* med lange, fine Rødder og friske Blade. Paa tør, gruset Bund stod *Potentilla nivea* med saa

---

[1] Jfr. Kihlman: Pflanzenbiologische Studien p 47 ff.

store Blade og Blomsterknopper, at de vistnok maa have voxet i Aar. *Cassiope tetragona* havde store, svulmende Knopper, betydelig større end paa de snedækte Exemplarer, ligesaa *Empetrum*. Jeg fandt ogsaa for første Gang i Aar et Exemplar af *Pyrola grandiflora* snebar; den er ellers altid snedækt til længere hen paa Aaret. 1 fugtig, optøet Jord, dybt inde i en Spalte i Glimmerskiferen, voxede et Par unge *Cystopteris fragilis*; de havde friske, grønne Blade af 1 Cm. Længde, udelte eller svagt delte, der øjensynlig vare dannede i Aar.

¹¹/4. Atter i Dag smukt Solskinsvejr, klart og stille, Lufttemp. i Skygge c. ÷ 20°.

Skibakken i Nærheden af Havnen har — som det fremgaar af det foregaaende — en stor Del af Vinteren været delvis snebar. De stejle Sydskrænter hæve sig terrasseformet til c. 100′ (30 M.) Højde; ved Foden af Bakken ligger en Mængde store, nedstyrtede Glimmerskiferblokke.

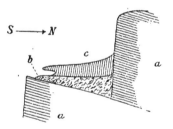

Forholdene vare nu saaledes: Yderst paa Terrassernes (*a*) Flader traadte Bjærgarten nøgen frem, kun klædt med skorpe- og bladformede Likener og enkelte Grimmier; dette Bælte var snefrit saa godt som hele Vinteren igennem. Indenfor fulgte et andet Bælte (*b*), bestaaende af en jævnt opadskraanende Flade af Mor, gennemfiltret af utallige Rødder, Mos-Rhizoider o. s. v.; den var i sin yderste Del beklædt med et sammenhængende Dække af Busk- og Blad-Likener: *Cetraria nivalis, C. islandica* var. *Delisei, Cornicularia aculeata, Cladonia pyxidata* og *gracilis* (steril, i Mængde), *Cl. cornucopioides, Bryopogon jubatus, Ste-*

reocaulon alpinum, Thamnolia, Lopadium pezizoideum, Pertusaria subobducens, Parmelia saxatilis o. s. v. tilligemed en Del Mosser: Cesia corallioides, Anthelia nivalis, Campylopus sp., Sphœrocephalus turgidus, Grimmia hypnoides og ovalis, Pohlia cruda, Encalypta rhabdocarpa, Myurella julacea m. fl.

Dette Bælte, ligesom det følgende, er først i de sidste Dage blevet snebart ved Solvarmens Indflydelse.

Indenfor. dette Kryptogambælte fandtes Fanerogamerne, af hvilke Vaccinium var den mest fremherskende; de stode til Dels inde under den fremspringende Snetunge fra Snefladen c, der hævede sig ind over til den lodrette Terrassevæg (se Fig.). Jorden var selv her optøet i et Par Tommers Dybde. Pannaria hypnorum spillede en stor Rolle i Fanerogambæltet; den danner store, brune, sammenhængende, fruktificerende Kager af indtil 10—12 □ Cm. Størrelse inde under Vaccinium-Buskene og ved Grunden af Salix arctica f. Den minder i sin Voxemaade meget om Lecanora tartarea, idet den ligesom denne overvoxer Mosser og visne Grene. Sammen med den fandtes store Kager af Cladonier, f. Ex. Cl. uncialis, rangiferina og pyxidata, Stereocaulon alpinum og denudatum, Sphœrophoron fragile, Cetraria nivalis, lidt C. cucullata, Parmelia saxatilis, Lecanora tartarea og hypnorum, Peltigera rufescens var almindelig ved Grunden af Pilebuskene sammen med P. aphthosa og Physcia pulverulenta var. muscigena; Sphœrocephalus turgidus, Pohlia nutans, Racomitrium lanuginosum, Jungermannier m. m.; alt filtret og blandet ind imellem hinanden. Kun Cladonia uncialis dannede af og til større, ublandede Tuer under Lyngen.

Fanerogamerne vare foruden Vaccinium en Del Arctostaphylos-Buske (kraftige Exemplarer), Salix arctica f., Carex supina og rupestris, Poa flexuosa, Melandrium affine, Empetrum, Rhodiola m. fl. De Vaccinium-Buske, der stode snebare, hørte alle til *microphyllum; de, der stode under Sne, vare for største Delen mere storbladede (var. pubescens).

I Dagene ¹²⁻¹⁶/₄ var Vejret noget koldt, og jeg saa intet rindende Vand i disse Dage; Middagens Lufttemp. i Skygge var c. ÷ 20°, Lufttemp. om Natten c. ÷ 25 — ÷ 30°. Vi saa og hørte dog en Del Graasiskener (*Acanthis linaria*¹)), og der viste sig forholdsvis mange Ryper i Nærheden af Havnen.

¹⁸/₄. Store Partier i Rypedalene ere snefri; jeg fandt et udtørret Vandhul med dets Mosflora, som laa fuldstændig snebar: *Amblystegium sarmentosum.**, *revolvens**, *exannulatum** og *turgescens** samt *Cephalozia sp.**; disse Arter ere ellers i Reglen endnu dækkede af Sne og Is.

Sneen svinder nu hurtigt paa Plateau'et, idet Solvarmen hjælper betydeligt med til at befri Kulletoppene for Sne. Som det alt er fremhævet af forskellige Forfattere, er det ikke Solen, der indleder Snesmeltningen om Foraaret, men derimod altid varme Luftstrømme, *in casu* Føhnen. Paa de store, flade Snemarker er Solens Indflydelse endnu ringe, men paa de moutonnerede Kuller, hvis Toppe allerede tidligere ere fejede snebare af Føhnen, vil Solvarmen nu befri store Partier for Sne.

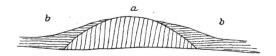

Lad os antage, at den øverste Del (*a*) af Kullen, som er beklædt med mørke, skorpe- og bladformede Likener eller ganske nøgen, er bleven blottet af den store Føhn ¹⁸/₂; den har siden da kun været snedækt nogle enkelte Dage. I den sidste Tid har den hver Dag været beskinnet af Solen c. 12 Timer i Døgnet, har indsuget en Mængde Varme og afgiver den igen til den omgivende Sne. Paa Grund af Kullens omtrentlige Kuglekalotform danner den sammenføgne Sne et i Tyk-

---

¹) Arten saas allerede den 1. Febr. ved Stationen, jfr. E. Bay: Medd. om Grønland, XIX, hvortil iøvrigt henvises for Pattedyrs og Fugles Vedkommende.

kelse opefter jævnt aftagende Lag (*b*), som forholdsvis let tøer bort; Fjærnelsen af en ringe Snemængde giver Anledning til Blottelse af et forholdsvis stort Parti. At Solvarmen allerede nu kan opvarme Klipperne meget betydeligt, fremgaar tilstrækkeligt af følgende Observationer, der anstilledes [18]/4. I min Dagbog noterede jeg denne Dag: «I Middagsstunden er Vejret særdeles smukt, det er generende varmt, virkeligt Foraar med Graasisken-Kvidder paa Bakkerne. Pile- og Birkegrenene staa optøede og bøjelige, Smeltevandet flyder i stride Strømme ned ad Sydskrænterne, og Insolations-Thermometrene angive saa høje Tempp. som ikke tidligere i Aar.»

Kl. 1[30] Em.

Lufttemp., maalt med Svingthermometer, over en større Sneflade ÷ 12°

Sort Kugle, liggende paa Gnejsskrænt mod Syd, i Solen . . . . . + 13°

Kl. 2 Em.

Lufttemp., maalt med Svingthermometer over en stor, snefri Grusflade . . . . ÷ 10°

Sort Kugle, liggende oven paa Gruset, der var optøet i 3—4″ (8—10 Cm.) Dybde . . . . + 15°

Temp. i Gruset, solbeskinnet Sydskraaning, 2,5 Cm. Dybde . . . . + 7°

Kl. 2[30] Em.

Paa en lille, snebar Plet, bevoxet med Blaabær og Mosser, af c. 20 ☐ Alen (13 ☐ M.) Størrelse (smaa Sneklatter, der laa paa og mellem Blaabærrisene, forsvandt, mens jeg observerede), sort K., liggende paa tørre Blaabærris og tørt Mos, Sydskrænt, Sol + 28°

Temperatur i tørt Mos, 2,5 Cm. Dybde . . . . + 14°

— — 4 - — . . . . + 10°

Fuldstændig foraarsågtigt, som man ser. Men Overgangene ere bratte i Polarlandene; Kl. 3—4 begyndte Smaaskyer at vise sig paa Himlen; efterhaanden trak de sammen og dækkede for Solen, samtidig bredte Taagen sig over Landet: Foraaret var forsvundet, det var atter Vinter og bidende koldt.

$^{22}/_4.$ Stille, klart Solskinsvejr, Lufttemp. $\div 6 - \div 10°$. Kl. 4 Em. viste sort Kugle, hængende paa «Hekla»'s sortmalede . Skrog mod Syd, i Solen: $+ 44°$.

	4^{45} Em. Sol.	5^{30} Em. Sol.	6^{15} Em. Sol.	8^{30} Em. Efter Solnedgang, Taage, Luft-temp. $\div 9°$.
Sort Kugle, i Sol, liggende paa Sten, lodret Sydskrænt	$+ 27°$	$+ 17°$	$+ 20°$	$+ 4°$
Blank Kugle, skjult mellem visne, tørre Blade af *Potentilla nivea*, Insolation	$+ 19°$	$+ 15°$	$+ 14,5°$	$+ 2°$
Blank Kugle, mellem visne, tørre Blade af *Cystopteris*, i Klippe-spalte, kun delvis Insolation .	$+ 7°$	$+ 7°$	$+ 6,5°$	$+ 4°$

Kl. 8^{30} var den øverste Cm. af Jorden frossen, men under den frosne Skorpe var Jorden endnu blød og optøet (0°).

Under en stor erratisk Blok, jeg væltede $^{13}/_4$, fandt jeg en større Forsamling af *Dasychira*-Larver og Lycoser; Stenens Grundflade var ikke mere end c. 1 □ Alen ($^2/_3$ □ M.), men under den laa et Par levende Sommerfuglelarver og 10—12 levende Lycoser, som strax begyndte at kravle omkring i Solskinnet; Edderkopperne vare af forskellig Alder og Størrelse, 3—10^{mm} lange; sammen med dem laa desuden en død Flue, en halv Snes døde Lycoser foruden en hel Del afskudte Hamme.

Paa Glimmerskiferen i Skibakken og Blaabærhøjen fandtes en Mængde Likener og Mosser; det var mine bedste Indsamlingssteder for Kryptogamer.

Revnerne mellem de enkelte Skiferlag udfyldtes ofte af en ejendommelig, filtet Jordart, sammensat af løse Glimmerblade,

der vare overspundne af Mos-Rhizoider og Svampehyfer; det
hele dannede en sammenhængende, traadet, elastisk Masse. At
opregne de her forekommende Likener vilde nærmest blive en
Gentagelse af Liken-Fortegnelsen p. 87—103: jeg skal derfor
indskrænke mig til følgende almindelige Bemærkninger.

Paa Undersiden af de tagformet fremspringende Lag fandtes
talrige smaa, halvkugleformede Vorter (et Par Mm. i Gennem-
snit) af hvidgraa eller sort Farve; de dannedes af ynkelig for-
krøblede Former af *Stereocaulon denudatum*, mer eller mindre
overtrukne med blaagrønne Alger og *Gloeocapsa sanguinea*.
Paa disse Flader voxede ogsaa *Cystocoleus ebeneus* som smaa
Vorter, hvis glinsende sorte Farve blev yderligere fremhævet af
den hvide *Thalloidima candidum*, som sad paa dem. Endelig
dannede *Parmelia saxatilis* var. *omphalodes* store, skinnende
hvide Kager af betydelig Udstrækning sammen med *Ephebe*,
Stigonema og *Scytonema*; *Xanthoria elegans*, *Lecidea lapicida*
(meget alm.), *Acarospora fuscata* f. *peliocypha*, *Placodium chryso-
leucum* var. *melanophthalma*, *Parmelia stygia* o. fl. yndede lige-
ledes saadanne Voxesteder.

Inde i Revner i Skiferen, ofte ganske udfyldende dem, tri-
vedes f. Ex.: *Gyrophora hirsuta* var. *papyrica* (lille, tynd, lyse-
graa), *Lecanora varia* var. *polytropa*, *Xanthoria vitellina*, *subsi-
milis* og *elegans* f. *pygmœa*, *Dermatocarpon pulvinatum*, *Urceolaria
scruposa*, *Psora rubiformis* (jfr. Deichmann Branth p. 95),
Buellia parasema var. *muscorum*, *Solorina saccata* (smaa Ex.,
næsten uden Thallus, men med Apothecier), *Parmelia saxatilis*
f. *omphalodes*, *Acarospora fuscata* f. *rufescens* og *chlorophana*,
Lecidea enteroleuca f. *muscorum* og *L. alpestris* var. *assimilata*
og desuden *Placodium chrysoleucum* var. *melanophthalma*. Sidst-
nævnte er en meget variabel Art; den almindeligste Form er
fast, tæt og voxer især paa haarde Granitter og lignende
Bjærgarter; dens Thallus er dybt delt, og den fruktificerer rige-
ligt. I tynde Sprækker i Glimmerskiferen, hvor der er Læ, men
dog tilstrækkeligt Lys, danner dens Thallus større, sammen-

hængende Flader, saa at den set fra neden næsten faar Udseende som en *Gyrophora;* den er da endnu livlig farvet. I mørke Spalter bliver den lysegul og klorotisk.

Mange af de omtalte Former vare meget excentriske og strakte sig ud mod Lyset; paa Mos og paa Bjærgarten selv fandtes inde i de mørke, dybe Spalter talrige Soredieformer med hvidlige, hvidgrønne, hvidgule eller orangegule Farver.

Af Mosser fandtes her bl. a. følgende Arter:

Myurella julacea.

Swartzia montana.

Stereodon revolutus.

Philonotis fontana.

Bartramia ityphylla.

Sauteria alpina (i Skygge).

Isopterygium nitidulum.

Barbula rubella.

Dicranum molle.

Sphærocephalus palustris.

Pohlia cruda.

Amblystegium uncinatum.

— *turgescens.*

Grimmia apocarpa.

— *hypnoides.*

Cesia concinnata.

Bryum argenteum.

Brachythecium trachypodium.

Grimaldia fragrans.

Jungermannia minuta.

— *gracilis.*

Særlig almindelig paa de haarde Ganggranitter, der gennemsætte Skiferen, er *Lecidea auriculata;* de vorteformede, sorte Apothecier ere af et stort Knappenaalshoveds Størrelse. Den er sikkert en af de i Forvitringens Tjeneste virksomste Likener; det hvide Thallus gennemtrænger Granitten i flere Millimeters Dybde og sprænger ofte den yderste Skorpe af i Flader paa flere ☐ Centimeters Størrelse.

Paa Skifrenes tynde Kant voxede især: *Lecanora varia* var. *polytropa* og *L. atrosulphurea, Parmelia lanata, P. encausta* var. *intestiniformis, Physcia stellaris* f. *adpressa* og *Ph. obscura, Gyrophora vella, Cornicularia aculeata, Rinodina turfacea, Lecidea aglæa, Stereocaulon denudatum, Dermatocarpon pulvinatum* (hvis kraftige Rhiziner trænge indtil 1 Cm. ind imellem Skiferlagene)

og *Xanthoria elegans* f. *pygmœa*, som er meget haardfør over-
for Føhnen og kan voxe paa de mest udsatte Steder.

I større Kløfter, paa disses lodrètte Flader, voxede f. Ex.
Gyrophora vellea, som paa saadanne Lokaliteter dannede store,
skaalformede, rigt fruktificerende Bægere af indtil 2″ (5 Cm.)
Tværmaal, og de mindre *G. hyperborea* (¹/₂″ — 1,5 Cm.) og *cylin-
drica*. *G. vellea* var den hyppigste Gyrophor paa beskyttede
Lokaliteter, *G. hyperborea* og *erosa* paa mere vindaabne sammen
med *G. proboscidea* (jfr. Deichmann Branth p. 95). *G. vellea*
er ofte overvoxet med andre Likener, f. Ex. *Physcia stellaris*
var. *adpressa*, *Parmelia saxatilis* og *Cetraria Fahlunensis*. Inde
under en Sten fandt jeg nogle Exemplarer af *G. cylindrica* var.
Delisei, ganske blege (men fruktificerende) og stærkt excentriske,
strækkende sig ud efter Lyset.

Af andre almindelige Arter maa exempelvis nævnes: *Phys-
cia obscura* f. *sorediifera*, *Ph. stellaris* f. *albinea*, *Rhizocarpon
geminatum* og *badioatrum*, *Parmelia alpicola* og *Sarcogyne prui-
nosa*. I Kløfterne dannede *Xanthoria elegans* et skinnende rød-
gult Overtræk over den graalige Skifer, som paa saadanne
Steder ofte var farvet sort af blaagrønne Alger.

Mange af de større, bladformede Likener viste en smuk,
radiær Væxt, saaledes f. Ex. *Xanthoria elegans*, *Parmelia lanata*,
P. encausta var. *intestiniformis* og især *P. stygia*; de dannede ofte
Hel- eller Halvcirkler af betydeligt Omfang, undertiden flere
Buer indenfor hverandre; de mellemliggende Partier vare bort-
døde. Jeg saa Exemplarer af *Parmelia stygia*, hvis Diameter var
indtil 10″ (26 Cm.) stor.

Paa en stor, nedstyrtet Sten ved Skibakken fandtes «Liken-
tørv», udelukkende dannet af *Cetraria Fahlunensis*; en centi-
metertyk, sammenhængende Kage af ¹/₂ □ Alens (32 □ Cm.) Stør-
relse, det ene Likenlag liggende over det andet.

De største og kraftigste Mos- og Likentuer træffer man
mellem Raset ved Foden af Bakken; her findes Mospuder af
Kvadratalens Størrelse, dannede af:

Racomitrium lanuginosum *.
Grimmia hypnoides *.
Dicranum scoparium *.
— elongatum *.
— fuscescens *.
Amblystegium uncinatum *.
Blepharostoma trichophyllum *.
— setiforme *.

Jungermannia lycopodioides *.
Polytrichum piliferum *.
— alpinum.
— strictum *.
Stereodon sp. *
Bartramia ityphylla.
Pohlia cruda.

Endvidere en Mængde Busk- og Bladlikener, saa smukt udviklede som de overhovedet blive her: *Cetraria nivalis* (til Dels c. fr.) og *islandica* f. *typica, Stereocaulon alpinum, denudatum* med var. *capitata, paschale, tomentosum, Cladonia uncialis* (2—3", 5—7 Cm. høj), *rangiferina, furcata* var. *racemosa, pyxidata, Cornicularia aculeata, Thamnolia vermicularis, Sphærophoron fragile*, *Sph. coralloides* mellem Mos, store Flader af *Peltigera rufescens* (hvorpaa *Biatora castanea*), *Solorina crocea;* desuden f. Ex. *Biatora epiphœa* paa Mos, *Pertusaria subobducens* og *Lecidea assimilata* dannende et *Lecanora tartarea*-agtigt, hvidt Overtræk paa Mos, *Toninia lugubris* (*Lecidea caudata*) paa Grus og last not least *Lecanora tartarea.* Her breder denne Art sig og danner et fint, hvidt Overtræk over alle mulige Genstande, levende eller døde, Mos, Græs, *Vaccinium*, *Salix*, Rype-Exkrementer (i Raset holde Ryperne til om Natten), Sten o. s. v.; den bærer her smukke, røde Apothecier i Mængde. Paa mere vindaabne Lokaliteter er det sjældnere at se den i Frugt. *Polytrichum* - Skuddene ere ofte helt hvide af dens Hyfer, men have iøvrigt bevaret deres Form. Arten er — som ofte nævnt — almindelig overalt, den angriber alle Planter, dog med Undtagelse af *Silene acaulis;* paa denne Plante har jeg, lige saa lidt som Kihlman, kunnet opdage den.

Paa gamle Hare-Exkrementer var *Rinodina turfacea* var. *microcarpa* almindelig.

E. Almquist bemærker [1]), at i «Stenrös», mellem de store Stenblokke, fandtes en «särdeles yppig lafflora». «Sådana platser äro utan tvifvel de enda, der busk- og bladlika lafvar tyckas trifvas paa den sibiriska kusten».

I den sidste Halvdel af April indsamlede jeg et stort Materiale af Kryptogamer paa Plateau'ets snebare Kuller og Flader. De snefri Fanerogamer vare omtrent de samme Arter, som allerede vare snebare i November (se pag: 182); de vare naturligvis endnu mere forpiskede og medtagne af Vind og Vejr end da. Næsten alle vare bevoxede med Likener og Svampe [2]). I Hovedsagen er det de samme Mosser og Likener, der findes i Kullernes smaa Sprækker og Revner, paa de fladere, grusede Partier og paa de lodrette Skrænter; alle eller de fleste Arter ere smaa og fortrykte, daarligt udviklede og vanskelige at bestemme; dette gælder i særlig høj Grad Likenerne. Imellem de nedstyrtede Blokke — i Raset («Uren») ved Foden af de lodrette Skrænter — findes ligeledes til Dels de samme Arter, men, som sagt, i kraftige Exemplarer.

Paa de mest vindaabne Steder dominere Jordlikenerne over Mosserne; af Mosser findes hovedsagelig følgende Arter:

Racomitrium lanuginosum *.	*Pohlia cruda* [5]).
Cesia corallioides * [3]), (alm.).	— *nutans* [5]).
Anoectangium Mougeotii [3]).	*Polytrichum strictum* [5]).
— *lapponicum* * [3]).	— *alpinum* [5]).
Grimmia hypnoides [4]).	— *capillare* [4]).
— *torquata* * [3]).	— *pilosum* [5]).
— *apocarpa* [4]).	*Ceratodon purpureus* [5]).
Tortula ruralis [4]).	*Barbula rubella* f. * [3]).
— *norvegica* [5]).	

---

[1]) Lichenologiska iakttagelser på Sibiriens nordkust, p. 55. (Öfvers. af K. Vet.-Ak. Forh. 1879).

[2]) Se J. S. Deichmann Branth, p. 96—97 og E. Rostrup, p. 35—39.

[3]) fandtes allerede snebare i Januar, [4]) i Februar, [5]) i Marts.

Orthotrichum Killiasii [3]).
Swartzia montana [4]).
Sphærocephalus turgidus [5]).
Dicranum fuscescens [5]).

Pleurozygodon æstivus [5]).
Bryum sp. (steril) [4]).
Cephalozia bifida [5]).
Jungermannia minuta [4]).

Disse Mosarter (der er naturligvis et større Antal) maa antages at høre til de mest haardføre Arter; ogsaa de ere paa disse Lokaliteter ofte overvoxede med Likener, især *Lecanora tartarea*.

Likenernes Antal er her — som sagt — betydelig større end Mossernes, baade hvad Arter og Individer angaar:

Stereocaulon denudatum (oftest f. *pulvinata* eller f. *subcrustacea*), meget haardfør.
Cladonia-Skæl (sterile), vistnok mest *Cl. gracilis*.
Alectoria nigricans (sparsom).
— *divergens*.
Sphærophoron fragile (kuet og fortrykt).
Bryopogon jubatus (sparsom).
Cornicularia aculeata (alm., haardfør).
Cetraria islandica (helst i Læ).
— *nivalis* (helst i Læ).
— *Fahlunensis* (store, glinsende, sortbrune Kager paa de større Sten, alm.).
Parmelia saxatilis (alm.).
— *lanata* (alm.).
Solorina crocea (alm.).

Solorina saccata og var. *limbata*.
Peltigera malacea.
— *aphthosa*.
Lecanora tartarea (yderst alm., men oftest steril).
— *atra*.
— *frustulosa* (alm.).
Aspicilia verrucosa (alm.).
Rinodina turfacea (alm.) og var. *archæa*.
Lecidea limosa (alm.).
— *vitellinaria*.
— *alpestris* (meget alm.) [1]).
Psora atrorufa (meget alm.), halvkugleformede Puder af indtil 8—9 Cm. Størrelse, fulde af Revner paa Grund af Tørken.

---

[1]) Store Kager af indtil ¹/₄ □ Alen (36 □ Cm.) i Gruset; naar den bliver saa kraftig, er den dog beskyttet og har staaet under Sne i den haardeste Vintertid.

Urceolaria scruposa (alm., sam-
menkitter Gruskornene til en
fast Masse, fertil).

Gyrophora cylindrica (alm.,
lille, graa, med talrige sorte
Apothecier).

Psora rubiformis (meget alm.).
Rhizocarpon geographicum (alm.).
Xanthoria vitellina (alm.).
Pyrenopsis hæmalea.
Polyblastia Sendtneri.
Toninia squalida.

Paa visne Fanerogamer og Mosser:

Lecanora tartarea.
— *pallescens* og var. *Upsa-
liensis,*
— *varia.*
Caloplaca Jungermanniæ.
— *diphyes.*
— *ferruginea.*
— *leucorœa.*
— *cerina* var. *chloroleuca.*
Xanthoria vitellina.

Lecidea elæochroma og var.
muscorum.
— *Diapensiæ.*
Biatora castanea.
Cornicularia aculeata.
Buellia myriocarpa.
— *parasema.*
Rinodina turfacea.
Lopadium pezizoideum.
Thelocarpon epibolum (paa *So-
lorina saccata*).

Paa erratiske Smaasten fra Røde Ø-Partiet hovedsagelig:

Polyblastia pseudomyces (smaa,
gule Disci, meget alm.).
Lecidea polycarpa.
— *pantherina.*
— *paupercula.*

Lecanora varia var. *polytropa*
(svovlgul).
Kun sjældent smaa Gyrophorer
og Parmelier.

Man kunde ofte træffe *Cornicularia aculeata* og *Cetraria islandica* i samme Klipperevne; *Cetraria* stod da altid i Revnens sydøstlige Del, i Læ bag de smaltløvede Cornicularier; disse ere i det hele taget meget· mere haardføre end *Cetraria islandica* og mere xerophile end denne.

Mest forkrøblede ere Individerne i de smaa Revner paa de glatte Kulletoppe; paa de grusede Flader bliver Vindens Kraft til Dels brudt af de talrige, større og mindre Sten, der er bedre Plads for Likenerne til at brede sig, og Tuerne blive derfor kraftigere.

Meget ofte har Isen udgravet smaa Fordybninger af indtil et Par □ Alens Størrelse paa Kulletoppene; fra mange af disse Huller er Bundmorænens Grus fejet bort af Føhnen. De ere da klædte med skorpeformede Likener (*Rhizocarpon geographicum*, *Lecidea atroalba*, *Parmelia lanata*, smaa Gyrophorer o. s. v.) eller — hvis de en Del af Aaret ere vandfyldte — med et sort Overtræk af blaagrønne Alger (*Stigonema*, *Scytonema*, *Gloeocapsa* o. s. v.), der dække Klippen saa højt, som Vandet naar; smaa «sorte Striber» have ofte deres Udspring fra saadanne Huller. Det er kun sjældent, at Vandhullerne heroppe paa Kulletoppene ere saa store og vandfyldte saa længe, at der findes større Traadalger (*Zygnema* o. s. v.) i dem. Ved Bredden af de større Vandhuller voxe især *Cesia* og mere bredløvede Former af *Cetraria islandica*.

Paa haarde Granitflader, der have bevaret den oprindelige, blanke Ispolitur, trives kun faa, skorpeformede Likener: *Rhizocarpon geographicum* og *Lecidea lapicida;* den sidste Arts Thallus antager ofte en rustbrun Farve, men er i Reglen hvidgraat.

Maj 1892.

Maanedens Middeltemp. ved Hekla Havn var ÷ 5,1°, Maximumstemp. ⊹ 8,8°, Minimumstemp. ÷ 18,2°. Den største Del af Maaneden opholdt jeg mig ikke paa Danmarks Ø, men deltog i Slædeturene ind i Vestfjord og Gaasefjord.

Paa 1. Slædetur under Ltnt. Ryder undersøgtes i April Maaned de Fjorde, der fra Røde Ø gaa nordefter; i denne Expedition deltog jeg ikke. Ltnt. Ryder medbragte fra den et Par store Stammer, som jeg nedenfor omtaler.

2· Slædetur. Den 1. Maj Kl. 11 Fm. afgik Ltnt. Ryder, Ltnt. Vedel og jeg med Mandskab, Hunde og Slæder for at undersøge Føhnfjord og Vestfjord. Det var kun et Par

Graders Frost (Middag Kl. 12: ÷ 4°) og stille Vejr, Kl. 8 Em.
viste Thermometret ÷ 8°; op ad Dagen blæste en svag Føhn,
og Sneen føg hen over Fjordens store, hvide Flade.

Føhnfjord. Vi trak langs Gaaselandets Kyst, hvor Sneen
Vest for Falkepynten var god og haard, og passerede adskillige
smaa Bræer, der naa helt ned til Vandfladen, men aabenbart
kun producere mindre Isblokke, der styrte ned fra den lodrette
Brækant. Udfor Bræerne laa store, blanke Isflader, der skyldtes
Kælvninger af Bræen i Vinterens Løb og den dermed følgende
Brækning og Oversvømmelse af Fjordisen. Langs Bræernes
Sider saas Sidemoræner, paa en enkelt Bræ en smuk Midt-
moræne. Skraaningerne vare temmelig snebare; dels ere de
temmelig stejle, dels havde Føhnen ført Sneen bort. Bjærg-
arten paa Underlandet er Gnejs, ofte stærkt foldet og krøllet.
Hist og her dannede Gnejsen et ret anseligt, kuperet Plateau i
et Par Tusind Fods Højde, men i Reglen hævede den sig stejlt
allerede fra Vandfladen og overlejredes af Basalten uden nogen
mellemliggende Plateaudannelse [1]. Fremspringende Pynter af
blødere, let forvitrende Gnejs eller Glimmerskifer vare ofte
stærkt eroderede af Føhnen. De mest fremtrædende eller rettere
de eneste iøjnefaldende Planter paa disse Bratninger vare de
blaagrønne Alger (*Stigonema* m. m.), der dannede brede, «sorte
Striber» ned ad Fjældsiderne; Likenerne (Parmelier, smaa Gyro-
phorer o. s. v.) vare ikke nær saa fremtrædende. Kun hist og
her i Revner og Sprækker trivedes enkelte af de mest haardføre
Fjældmarksurter.

Midt ude paa Fjorden er Sneen ren og hvid; man ser kun
yderst lidt, brunligt «Kryokonit» (*in casu* Basaltstøv), men i
Nærheden af Stranden er der ikke smaa Kvantiteter af det,
især paa Vestsiden af de lave Snebølger, der bugte sig tværs
over Fjorden og ofte ere udhulede paa Vindsiden. Af Plante-
stof fandt jeg yderst lidt paa Fjordisen; langt fra Land saa jeg

---

[1] Jfr. den skematiske Profil i «Medd. om Grønland», XVII, p. 47.

egentlig kun Blade og opsprungne, tomme Frugstande af *Salix arctica* f.; Frø bemærkede jeg ikke. Inde i det indre af Vestfjorden ophobedes derimod paa mange Steder store Dynger af visne Plantedele, Græsblade o. s. v. paa Isen tæt under Land; dels vare de blæste derud og aflejrede mellem de af Tidevandet opskruede Isblokke langs Land, dels vare de skyllede ud af Elvene.

I det hele taget er der betydelig større Mulighed for, at Planterne i det indre af Fjordene kunne udbrede sig udefter mod Havet end for, at Havkystens Planter kunne brede sig indefter. Baade Vind og Vand ville især have udadgaaende Retning. Gaar Kysten — som her — brat ned i Fjorden, vil Fjordisen ogsaa transportere et ret betydeligt Materiale af Sten, Grus, Plantedele m. m., men dog næppe ret lange Strækninger, da den største Del af Fjordisen sikkert smelter inde i Fjordene selv. Det Isbælte, som ligger nærmest Kysten (den saakaldte «Isfod»), tøer paa sit Dannelsessted.

Udenfor denne «Isfod», som til langt ud paa Sommeren er fastfrossen med Land, ligger langs hele Fjordkysten et Bælte, hvor der allerede nu var meget Vand, som dels var presset op gennem Tidevands-Revnerne, dels bestod af Elvvand fra Højderne; især inde i Vestfjorden stod der paa dette Bælte af Fjordisen dybe, 2—3 Alen brede Render af brunt (af Humusstoffer farvet) fersk Vand.

1. og 2. Maj trak vi ude paa Fjorden, uden at der gaves Lejlighed til at komme synderlig i Land, men ved Middagstid den 3. naaede vi **Morænepynt** paa Fjordens Nordside.

7. Morænepynt.

Temperaturen steg Kl. 2 Em. til + 2,5°, og Sneen paa Fjorden var nu saa blød, at det var meget besværligt at gaa i den. Da vi naaede Land, var det saa varmt, at vi sov til Middag i det fri uden Tæpper, magelig henslængte i et tykt og tørt Lyngtæppe. Theen kogte vi ved Lyng, Birk og Pil; selv den Lyng, vi gravede frem under Sneen, leverede strax udmærket, letfængende Brændsel.

Kl. 4 Em. viste et Thermometer med sort Kugle liggende paa en Sten i Sol: + 15°; det blæste da en svag Føhn. Sneen fordampede. rask i det brændende hede Solskinsvejr. Luften var overmaade tør, og de af Snevand og Sved fugtige «Kamikker» (grønlandske Skindstøvler) og andre Klædningsstykker tørredes i et Øjeblik. Graasiskenerne parrede sig ivrigt og forfulgte hidsigt hverandre under livlig Skrigen. Ude paa Isen saas en «Utok» (Sæl).

Der fandtes meget snefrit Land her, og adskillige Arter stode snebare, som vare dækkede med Sne paa Danmarks Ø paa denne Aarstid, f. Ex. *Pyrola* og *Alsine hirta;* den sidste havde talrige store, friskgrønne Skud, skønt den vistnok havde staaet snebar i længere Tid. Jeg bemærkede her, at en stor Del Blad- og Blomsterknopper af *Rhododendron* vare udtørrede og visne; det er sikkert ikke Kulden, men Tørken (under Føhnerne), der har dræbt dem. — En Del *Dryas*-Frugter, som endnu sade paa Moderplanten, vare hule og tomme; de mane til Forsigtighed i Udtalelser om, hvorvidt Planterne i de arktiske Egne sætte moden Frugt eller ikke. Det var ikke den eneste Gang, jeg fandt Frugter, som tilsyneladende vare normalt udviklede og modne, uden spiredygtige Frø[1].

Der fandtes her betydelige Partier af en meget jærnholdig, grovkornet, paa Overfladen rustbrun Granit, ganske svarende til Ganggranitten i Skibakken paa Danmarks Ø. Paa denne Granit voxede den pragtfulde *Hæmatomma ventosum* i store, sammenhængende, rigt fruktificerende Skorper. Arten er yderst sjælden paa Danmarks Ø, men viste sig at være meget almindelig i det indre af Vestfjorden og Føhnfjorden.

---

[1] Dette Forhold har ogsaa Hart haft Øje for, jfr. Journal of botany, 2. Ser vol. IX p. 74 og p. 306.

Ved Forvitring af Granitten dannes en brun, jærnholdig Lerart, som bar en meget frodig Likenbevoxning: store, ublandede Filtpuder af *Bryopogon jubatus* var. *chalybeiformis*, talrige *Urceolaria scruposa* og *Lecanora polytropa*, *Acarospora peliocypha* og *Aspicilia gibbosa*, alle rigelig fruktificerende.

En stejl Gnejsvæg, gennemsat af store, hvidlige Pegmatitgange, var tæt beklædt med *Xanthoria elegans*, hvis livlige, røde Farve var synlig i lang Afstand. I Sprækkerne i Pegmatitten dannede *Pleurococcus vulgaris* og *Synechococcus æruginosus* et grønt Overtræk.

Paa tørre Bakker længere oppe i Landet fandtes i c. 500' (150 M.) Højde lave Krat og den karakteristiske Vegetation af høje Tuegræsser, som er ejendommelig for det indre af Fjordene i· Scoresby Sund; *Hierochloa* var usædvanlig fremtrædende her.

Kl. 10 Em. naaede vi vor gamle Teltplads ved Røde Ø, hvor vi teltede i Midten af August forrige Aar (se pag. 141—149).

8. Røde Ø.

I det varme Solskinsvejr den 4. Maj fløld Smeltevandet ned ad Røde Ø's stejle Sydskrænt, saa at de «sorte Striber» ikke vare synderlig fremtrædende. I de stejle Kløfter var Sneen saa blød og løs, at jeg sank i til Hofterne og maatte opgive ad den Vej at naa op paa Plateau'et. I Læ af Øen var Sneen ude paa Fjorden ogsaa meget løs; der fandtes ofte en betydelig Mængde Vand mellem Sneen og Isen; langs Øens Kyst strakte sig et bredt, aabent Vandbælte.

Nedenfor den bratte Sydskrænt staar en isoleret, af Vandet fremragende Trapgang, som vi kaldte «Brændestablen»; i nogen Afstand mindede den ganske om en saadan, idet den er dannet af omtrent horizontalt liggende, prismatiske Søjler. Forrige Sommer var det mig umuligt at bestige den, men nu lykkedes det mig at naa dens Top, idet en stor Drive havde lejret sig mellem Øen og den; Afstanden fra Øen er iøvrigt kun et

Par Alen. Paa Toppen fandtes en Maagerede; af Fanerogamer
kun et Par Tuer af *Poa glauca* og *Potentilla nivea.* Den mest
fremtrædende Plante var *Xanthoria elegans*; desuden fandtes en
Del Mostuer, især *Bryum argenteum*, *Orthotrichum* sp. *, Tor-
tula ruralis *, Thuidium abietinum og Sphærocephalus turgidus.*
Paa Skrænten ind mod Øen, hvor der er temmelig mørkt og
skyggefuldt, var Trappen ganske grøn af et fint Overtræk af
Pleurococcus vulgaris; i Sprækkerne krusede Hinder af *Hormidium
parietinum (Prasiola crispa).*

De bratte Sydskrænter af Røde Ø udmærke sig ved en
næsten total Mangel paa Likener og Mosser; der var ikke
Spor af de sædvanlige graa eller sorte Gyrophorer, Parmelier,
Grimmier o. s. v. Forvitringen er vistnok ikke saa stærk, at det
er den, der kan være Skyld heri; jeg antager, det er Konglome-
ratets Kalkholdighed. I Konglomeratet fandtes talrige, mer end
nævestore Sten, som tilsyneladende egnede sig særdeles vel for
Likenbevoxning; de vare imidlertid likenfri. I en af Kløfterne
fandt jeg derimod paa løse, nedstyrtede Rullesten (tidligere
Bestanddele af Konglomeratet *Parmelia saxatilis, Xanthoria
elegans* o. a. Naar Stenene i Konglomeratet ere blevne tilstræk-
keligt udvaskede, kunne de altsaa godt bære Likener. —
Paa Danmarks Ø fandtes talrige større og mindre erratiske
Blokke af det røde Konglomerat; de vare likenklædte, men de
paa dem voxende Individer vare ganske vist meget slet udvik-
lede. — De eneste Likener, der syntes at voxe paa det fast-
staaende Konglomerat, vare smaa gule, sortegraa eller hvide
Discomycet-Likener, f. Ex. den gule *Polyblastia pseudomyces* og
Lecanora varia var. *polytropa* (de almindeligste), desuden *Lecidea
polycarpa, pantherina* og *paupercula* (jfr. p. 208).

En Del Graamaager vare allerede nu vendte tilbage til deres
Sommerkvarter paa Røde Ø, skønt der ingen større Vaager
fandtes i mange Miles Omkreds; dette kunde maaske tyde paa,
at Isen dette Aar brød senere op end sædvanligt. Hvorledes
de under saadanne Forhold kunne bjærge Livet, er ufatteligt;

sandsynligvis tage de til Takke med Bær og anden Plante-
føde [1]).

Den 14. Maj besøgte jeg Øens lave, kun et Par Alen høje
Nordskrænt. Konglomeratet er her stærkere forvitret og løsere;
de store Sten ere mere i Overvægt i Bjærgarten end paa Øens
Sydskrænt, og Smeltevandet løb alle Vegne inde mellem Spræk-
kerne. Paa denne Skrænt trivedes en spredt, men dog kraftig
Vegetation af usædvanlig rigt fruktificerende Mosser. Pletvis var
Lyngheden blottet. Øen var forøvrigt dækket af et jævnt Sne-
tæppe. Paa Nordskrænten samledes følgende Mosser:

Myurella julacea *.	*Encalypta rhabdocarpa.*
— *apiculata.*	*Oncophorus gracilescens.*
Bryum aeneum *.	*Meesea trichoides.*
— *arcticum.*	*Stereodon rubellus.*
Bartramia ityphylla.	*Ceratodon purpureus.*
Dicranum brevifolium.	

Vestfjord. Natten mellem den 4. og 5. Maj trak vi forbi
Røde Ø og ind i Vestfjorden; Temp. sank til ÷ 12°. Vi slog
Telt i Mundingen af Fjorden ved Kobberpynt.

9. Kobberpynt.

5. Maj. Op ad Dagen blæste en voldsom Føhn ud ad
Fjorden, saa at vi hvert Øjeblik ventede, at vort Telt skulde
flyve sin Vej; Mandskabets Telt revnede fra Ende til anden.
Temp. steg til + 11°! Sneen smeltede og fordampede vold-
somt; henad Aften var den øverste, faste Sneskorpe fortæret, og
det begyndte da at fyge med grov, skarpkantet Firnsne. Føhnen
og det dermed følgende varme Vejr holdt sig med enkelte,

---

[1]) Jfr. E. Bay: »Medd. om Grønland«, XIX, p. 31.

kortere Afbrydelser indtil den 7. inkl., og først den 8. om
Aftenen var Sneen saa fast, at vi kunde trække videre.

Mens Føhnen rasede hæftigst, gjorde jeg en Exkursion op
paa den bag Kobberpynten liggende Odde, som skyder sig ud
mellem Vestfjorden og Rolige Bræ; vi kaldte den Langenæs.
Bjærgarten er her en meget storbladet Gnejs med dominerende,
store Glimmerblade.

Intetsteds har jeg set Føhnens eroderende og udtørrende
Kraft aabenbare sig tydeligere, og intet Under! Planterne her-
oppe staa nemlig under dobbelt Ild, idet Føhnen ikke blot
blæser ud ad Vestfjorden, men ogsaa i vilde Kast styrter sig
tværs over Langenæs fra Rolige Bræ. Øst for det store Fjæld-
massiv, som vi kaldte Runde Fjæld, bliver den tvungen ind
gennem et snævert Pas og forener sig over Langenæs med de
brusende Luftelve fra Vestfjorden.

Paa dette Terræn var det i 500—1000' (c. 160—320 M.)
Højde. paa Steder, der ikke vare særligt beskyttede, næppe
muligt at træffe en Pilebusk, hvis Knopper ikke vare iturevne,
og hvis unge Rakler ikke vare visne og knastørre; de ældre,
visne Birkegrene vare alle skinnende hvide og afbarkede, ofte
var ogsaa en Del af Veddet affilet og blankpoleret. Der var ikke
en Liken at se paa Vindsiden af Stenene, og de urteagtige
Planter vare — om muligt — endnu mere afgnavede og for-
krøblede end paa de snebare Kuller paa Danmarks Ø. *Carex
nardina's* tætte Tuer viste særdeles instruktivt Føhnens dobbelte
Retning.

Om Formiddagen den 6. Kl. 8, da jeg traadte ud af Teltet,
saa og hørte jeg strax adskillige metalglinsende, sorte Fluer
(*Calliphora grønlandica*), som livligt summede omkring i det
varme Solskin og klare Vejr (Temp. var da + 6°); de havde
aabenbart ladet sig lokke frem af deres Vinterdvale. Kl. 9 Em.
saa jeg en Mikrolepidopter lidt oppe i Landet; Temp. var da
÷ 2°, svag østlig Brise ind ad Fjorden.

Temp. sank Natten mellem den 7. og 8. til ÷ 10°, Kl. 8 Fm.

den 8. var den ÷ 8°; Jorden holdt sig dog optøet og blød paa Sydskrænterne af Langenæs hele Døgnet igennem i de Dage, vi opholdt os her. Den omtalte Nat dannede der sig vel en frossen Skorpe af 1 Cm. Tykkelse, men denne Skorpe, under hvilken Jorden var optøet, forsvandt hurtig igen. Nær Toppen af Langenæs paa Nordskraaningen noterede jeg den 8. Kl. 4 Em.: Sort Kugle, liggende paa Aulacomnier: + 17°; blank Kugle stukket ind mellem Lyng: + 14°.

Landet her deler sig naturligt efter sine Overfladeformer i a) Kobberpynten selv, b) det flade Lavland mellem denne og c) Langenæs og endelig d) det høje Fjældmassiv, hvis nordlige Top paa Grund af sin afrundede Form fik Navnet Runde Fjæld.

a. Kobberpynt er en lav Kulle af c. 100ʹ (30 M.) Højde, hvis Overflade af Isen er udpløjet i en halv Snes større og bredere Rygge (10—15ʹ, 3—5 M., høje) og en Del mindre, der alle løbe i Fjordens og den tidligere Isbevægelses Retning. Bjærgarten[1]) er let forvitrende og falder hen i et grovt, graat Grus med skarpkantede, uregelmæssigt formede Bestanddele (af ½—1 Cm. Diameter), som ved yderligere Henliggen forvitre til fint Sand. Paa de nøgne, grusede Partier laa i Reglen øverst et Par Cm. Grus, derunder et Sandlag af 10—15 Cm. Tykkelse. Lavningerne mellem de snebare Rygge vare dækkede af mægtige Snelag. Vegetationen var — som venteligt her — en spredt Fjældmarks-Vegetation: *Salix arctica* f., *Betula* (begge lave og krybende), *Dryas octopetala, Calamagrostis purpurascens, Carex nardina, Saxifraga oppositifolia* og enkelte andre.

Paa den let forvitrende Bjærgart saas i Reglen ingen Likener eller Mosser; Forvitringen er for stærk. Kun paa Overfladen af et Par Toppe, hvor der havde dannet sig en fast «Vejrskorpe», fandtes en rig Likenbevoxning, især *Xanthoria*

---

1) Jfr. den geologiske Afhandling, «Medd. om Grønland», XIX.

elegans, Parmelier og Gyrophorer; paa Asbest med en rødlig, fast Vejrskorpe: *Parmelia lanata*, *Lecidea atrobrunnea*, *Lec. lithophila* og *Buellia effigurata* (den sidste ny for Grønland), alle i smukke, fruktificerende Exemplarer.

b. Lavlandet op til Langenæs-Fjældene var dækket med dyb, løs Sne; kun enkelte Driver vare saa faste, at man til Trods for det varme Vejr kunde gaa paa dem uden at synke igennem. En Del af Lavlandet bestaar af nøgne Grussletter; paa andre Steder findes vel Kærstrækninger.

c. Langenæs er som største Delen af Fjældene i Vest-fjorden dannet af en skifret, ofte Glimmerskifer-lignende Gnejs med betydeligt Indhold af Jærn. Adskilt fra Runde Fjæld-Partiet ved et smalt Pas, hæver det sig til 800—1000' (250—315 M.) i talrige Terrasser, der nu og da brede sig til mindre Plateau'er, over hvis Flader nøgne Kuller løbe i Fjor-dens Retning. Paa disse Kuller ses ofte et ejendommeligt Forvitringsfænomen, idet store Skaller, ofte en Kvadratmeter store og kun et Par Cm. tykke, sprænges fra af Frosten. Ter-rassetrinenes Højde varierer fra 5—20' (1,5—6 M.).

Jeg skal først omtale Sydskrænterne ned mod Vest-fjorden. De vare for en meget stor Del allerede snebare. Pile- og Birkekrattet gaar helt op til Toppen. Det frodigste Bælte ligger i en Højde af 600—700' (c. 200 M.). Krattet, der sjældent bliver højere end 1 Alen (²/₃ M.), sammensættes af *Betula nana*, *Salix glauca* var. *subarctica* og *Salix arctica* f. *Betula* viste her en Frodighed, som jeg ikke har set andetsteds; Grene af 4¹/₂ Al. Længde (3 M.) vare ikke ualmindelige. Den dannede tætte Tæpper af flere Kvadratalens Størrelse, dækkede Bunden saa fuldstæn-digt og skyggede, naar den var beløvet, saa stærkt, at der ikke en Gang fandtes Mosser under Grenetæppet. Birødder mangle næsten eller ganske paa de nedliggende Grene, i Modsætning til de nedliggende Grene af *Salix arctica* f., som danne talrige

Birødder, især paa fugtig Bund, færre paa tør, gruset-stenet Bund.

Pedicularis lapponica er nøje knyttet til *Betula*, paa hvis Rødder den vistnok snylter. Birken synes ikke at være saa tilbøjelig som *Salix glauca* til at rejse Grenene fra Jorden, vistnok kun, naar den tvinges dertil af Lysmangel mellem Pilekrattets Grene. Rene Birkekrat saa jeg aldrig, derimod ofte ublandede Pilekrat. De omtalte to Pilearter, især *Salix glauca* var. *subarctica*[1]), danne Hovedbestanddelen af Krattene. Grenene ere altid krogede og knudrede, langt stærkere end Birkens; naar de ligge som Espalier op ad en Klippe, kunne de naa Mandshøjde eller derover. Det er ikke sjældent, at Grenene ikke rejse sig strax, men ligge hen ad Jorden en Strækning, før de søge til Vejrs.

Det var yderst sjældent at se en Knop, der var opreven og ødelagt af Føhnen; Krattene udvikle sig aabenbart kun, hvor der er Læ, helst holde de sig inde under lodrette Klippevægge. Kihlman, der har gjort saa glimrende Iagttagelser over Trægrænsen paa Kola-Halvøen, omtaler i sine «Pflanzenbiologische Schilderungen» p. 73, at Birken (dèr *Betula odorata*) i de nordligst beliggende, udsatte Krat danner «tisch- oder heckenförmig geschorene Straücher», der ere karakteristiske for Tundraen Nord for Trægrænsen og ligeledes for Tundralandskabet i det indre af Kola; saadanne Buskformer fandtes ikke her, heller ikke har jeg set dem andetsteds i Grønland. Kihlman omtaler ogsaa, at de Grenespidser, der rage op over en vis, af Snedækkets Mægtighed normeret Højde, dø bort, og mener, at ligesom det er «hauptsächlich die Monate lang dauernde ununterbrochene Austrocknung der jungen Triebe zu einer Jahreszeit, die jede Ersetzung des verdunsteten Wassers

---

[1]) Som Skælnemærke mellem de to Arter, naar de vare blad- og frugtløse om Vinteren, benyttede jeg Behaaringen paa Bladknopperne, Grenene og de affaldne, visne Blade.

unmöglich macht», der sætter en Stopper for Skovens Udbredelse mod Nord, saaledes er det ogsaa hovedsagelig Tørken, der dræber de over Snedækket fremragende Grene. De af Kihlman omtalte Krat voxe paa en forholdsvis flad Tundra, hvor Nordvestvinden (som dèr er den farlige Vind) har uhindret Passage, men paa den anden Side ere de — saavidt jeg kan forstaa — snedækte til længere hen paa Aaret end de østgrønlandske Krat, der allerede tidligt, i April-Maj, blottes for Sne, i hvert Fald i det inderste af Fjordene.

Alle de urteagtige Planter i Krattene vare meget kraftige og høje: *Lesquerella arctica, Rumex Acetosella, Euphrasia, Saxifraga decipiens* (Rosetter med lutter friskgrønne Blade)[1]), *Pyrola grandiflora, Alsine verna* var. *propinqua* (indtil 10 Cm. høj), *Draba aurea, Carex scirpoidea, Calamagrostis purpurascens, Poa pratensis* var. *angustifolia, Festuca rubra* var. *arenaria* (de nævnte 3 Græsarter dannende c. 40 Cm. høje Tuer). *Arabis Holbøllii*, som hører til i denne Formation, fandt jeg mærkelig nok ikke her. De østgrønlandske Krat ere langtfra saa artsrige som de vestgrønlandske, og ogsaa i andre Henseender ere de vidt forskellige fra disse (se p. 145 ff.).

Iøvrigt vare alle de andre Vegetations-Formationer kraftigt repræsenterede paa disse Sydskrænter.

Større Puder af Busklikener fandtes aldrig paa disse Skraaninger; *Stereocaulon* var den eneste buskformede Lav, jeg saa her, men dens Tuer vare smaa. Derimod var Mosvegetationen kraftig og optraadte under ret ejendommelige Forhold. Mosserne dannede nemlig store Puder af indtil 1 Alens Bredde og 25 Alens Længde, som løb langs Randen af Terrasserne og ofte hang i tunge Drapperier ud over Terrassens Rand. Mos-

---

[1]) Paa saadanne beskyttede Steder, hvor Sneen samler sig tidligt om Efteraaret, staa ogsaa flere andre Arter, der ellers ikke have vintergrønne Blade, grønne hele Vinteren igennem, (jfr. E. Warming: Om Skudbygning, Overvintring og Foryngelse i Naturhistorisk Forenings Festskrift, Kjøbenhavn 1884, p. 92).

pudernes Tykkelse varierede naturligvis meget, de spidsede til forneden, men vare foroven ofte 10 Cm. tykke; det indre bestod af død Mostørv.

Vedføjede Figur fremstiller en skematisk Profil af en Terrasse (a), paa hvis Overflade Grundmorænens Grus (b) og Mor (c), gennemvævet af Planterødder og dækket med Lyng, hvile; Mospuden (d) beklæder Morens og Gruslagets mer eller mindre lodret afskaarne Endeflade og hænger frit ud over Terrassens Rand.

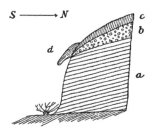

Det var mange forskellige Arter, der dannede disse Mospuder; paa deres Yderside voxede bl. a.:

Amblystegium falcatum.	*Bryum ventricosum.*
— *uncinatum.*	*Pohlia cruda.*
— *sarmentosum.*	*Philonotis fontana.*
— *intermedium.*	*Bartramia Oederi.*
— *revolvens.*	*Dicranum congestum.*
Swartzia montana.	*Desmatodon latifolius.*
Hypnum trichoides.	*Encalypta rhabdocarpa.*
Sphærocephalus turgidus.	*Mollia tortuosa.*
— *palustris.*	*Barbula rubella.*

Paa Indersiden, hvor der altid er Fugtighed, Læ for Vinden og skyggefuldt, voxede især de ømtaaligere Arter:

15*

Myurella gracilis.	*Amblystegium stellatum.*
— *julacea.*	*Stereodon revolutus.*
Brachythecium sp.	*Jungermannia* (flere sp.).
Astrophyllum hymenophylloides.	

Oppe paa Toppen af Langenæs, en flad Grusmark eller bølgeformet, kuperet Fjældmark, vare alle Planter sortfarvede ved Grunden af et fint Overtræk: *Antennatula arctica.* Dette Terræn var meget udsat for Føhnen, som havde afsvedet alt.

Nordskrænten af Langenæs, der skraaner ned mod Rolige Bræ, har en ganske anden Karakter end Sydskrænten; medens denne karakteriseres ved Krat, er Lyngheden den dominerende Formation her. Man finder næppe en Pil eller Birk, der løfter sine Grene en Tomme over Jorden. Naar Lyngheden ikke breder sig paa disse Skraaninger, som ere langt jævnere end Sydsidens, ere Skrænterne klædte med kraftige, lysegule Aulacomnier og andre Mosser; man mindes Warming's og J. A. D. Jensen's Skildringer af tilsvarende Nordskraaninger paa Vestkysten[1]). Der laa betydelig mere Sne end paa Sydskrænten.

Vegetationen naaede lige til Brækanten, og Bræen syntes ikke at' have nogen som helst skadelig Indflydelse paa Planternes Udvikling. Dèr, hvor jeg undersøgte Forholdene, gik en brat Skrænt ned mod Bræen, paa hvis Overflade der fandtes en — sagtens ved Varmeudstraaling fra Skrænten dannet — c. 20' (6 M.) dyb Rende, som allerede nu til Dels var fyldt med Vand. Bræen, som delvis var snefri, var nærmest Land sortfarvet af Grus, Ler og Sten.

Umiddelbart ved Brækanten voxede bl. a. *Betula, Dryas, Vaccinium, Silene acaulis* samt talrige Likener og Mosser, f. Ex. *Swartzia montana* *, *Grimmia apocarpa* *, *Pohlia cruda,*

---

[1]) «Medd. om Grønland», XII, p. 134 og II, p. 134.

Astrophyllum orthorrhynchum * og *Isopterygium nitidulum*. Nogen Indvirkning af Bræen paa Pile- eller Birkegrenenes Retning var ikke at spore[1]).

d. **Runde Fjæld** besteg jeg i Selskab med Ltnt. **Vedel** den 12. Maj.

Toppen af Fjældet, der ligger c. 5000' (1570 M.) o. H., danner et svagt bølget Plateau, som for største Delen var snebart, om der end fandtes store Snemarker i Lavningerne; mod Nord falder det stejlbrat ned mod Rolige Bræ. Helt heroppe saa man talrige Isskurer paa de haardere Partier af Fjældet; dette Fjæld (sikkert ogsaa alle de omliggende) har altsaa været fuldstændig dækket i Istiden. Skurerne vare saa tydelige og udprægede, at der ikke kan være mindste Tvivl om Iagttagelsens Rigtighed. Hvor Bjærgarten ikke traadte nøgen frem i Dagen, var den dækket af Bundmorænens Grus og Rullesten eller af Fjældets postglaciale Forvitringsprodukter, hvoriblandt særlig tommetykke, store Granater vare iøjnefaldende. Vegetationen var yderst spredt; Sneen i Lavningerne skjulte dog muligvis smaa Kærstrøg. I smaa Huller og Fordybninger fandtes allerede nu en Del Smeltevand. Fire hvide Rener holdt os ved Selskab, medens vi tegnede og noterede.

Af Fanerogamer fandt jeg følgende: *Poa glauca, Poa flexuosa, Luzula confusa, Carex nardina, Salix arctica* f., *Cerastium alpinum* β. *lanatum, Silene acaulis, Draba nivalis, Cardamine bellidifolia, Saxifraga decipiens, S. nivalis, S. oppositifolia, Papaver radicatum, Campanula uniflora, Cassiope tetragona* og *Potentilla emarginata*, ialt 16 Arter. *Luzula* var mest medtagen af Føhnen; den var nemlig den eneste Fanerogam, som ikke søgte Læ bag Sten eller i smaa Fordybninger i Terrænet, men tog Kampen op mod Føhnen i aaben Mark.

Alle Fanerogamer fruktificerede.

---

[1]) Jfr. **Berggren**: Öfvers. af K. Vet.-Akad. Förh. 1871, p. 865.

Af Kryptogamer noterede og samlede jeg: Store Puder af Kvadratfods Størrelse af *Racomitrium lanuginosum*, mindre Tuer af forskellige andre Mosser (se Listen p. 226). Af Likener:

Cetraria islandica.
— *nivalis.*
Cornicularia divergens f. *minor.*
Thamnolia vermicularis.
Stereocaulon denudatum var.
  communis og *pulvinata* (store
  Puder).
Xanthoria vitellina var.
Bryopogon jubatus var. *chalybei-*
  formis.
Solorina crocea.
Parmelia lanata.
— *stygia.*
— *alpicola.*

Parmelia Fahlunensis.
Gyrophora cylindrica.
— *proboscidea* f. *deplicans.*
Lecidea lapicida.
Placodium albescens var. *dispersa.*
Lecanora varia var. *polytropa.*
— *verrucosa.*
— *badia.*
Caloplaca tetraspora.
— *cerina* var. *chloroleuca.*
Buellia alpicola.
— *badioatra.*
Rhizocarpon geographicum
  (meget alm.).

Paa Granaterne: *Buellia badioatra* og *Rittokensis* samt *Xanthoria vitellina.*

c. 4800′ (1500 M.): Stejl Østskrænt dækket med store, kantede Blokke. Store Puder af *Racomitrium lanuginosum*, *Grimmia ericoides*, *Polytricha*, *Brya*, *Cetraria nivalis*, *Stereocaulon* og *Solorina crocea* mellem Blokkene. *Luzula confusa* var den almindeligste Fanerogam her.

c. 4500′ (1410 M.): Mindre Plateau, østlig Exposition; stenet, gold Bund. Kraftig *Dryas*, store Puder af *Solorina crocea* (10 Cm. i Diameter). I Ras talrige Tuer af *Thamnolia vermicularis* f. *gracilis* (eneste Gang, jeg har set denne Art tuedannende i Grønland).

c. 4200′ (1320 M.): Jævn Skrænt med østlig og sydlig Exposition. Pletvis Lyngtæppe, dannet hovedsagelig af *Vaccinium*, *Salix arctica* f. (fodlange Grene) og *Dryas*, kun enkeltvis *Cassiope tetragona;* desuden *Pedicularis hirsuta, Pyrola, Hierochloa, Carex rigida, Rhododendron, Melandrium affine, Potentilla nivea.* Frodig Fjældmark: *Poa glauca, Luzula confusa, Carex nardina, Calamagrostis purpurascens* og *Hierochloa* dannede hist og her næsten sammenhængende, tuede Græstæpper; *Papaver, Silene acaulis* (store Tuer, 1 □'), *Campanula uniflora* (c. fr.), *Potentilla nivea* og *emarginata, Saxifraga decipiens* o. a. Arter, *Alsine hirta, Woodsia hyperborea* o. s. v. fandtes i kraftige, fruktificerende Exemplarer, spredte i det fodhøje Græstæppe. Nedenfor dette Parti fandt jeg ikke *Potentilla emarginata.*

I denne Højde er det af Mosser *Polytricha* (især *P. pilosum*), *Grimmia-* og *Tortula-*Arter, som dominere.

c. 4000' (1260 M.): Skrænt med sydøstlig Exposition. Alenhøje *Calamagrostis purpurascens, Poa glauca, Poa pratensis* f. *angustifolia* og *Trisetum subspicatum,* altsaa Udløbere fra Krattene, Kratgræsser uden Krat. Denne Vegetation var særdeles kraftigt udviklet et Par Hundrede Fod lavere (c. 3700—3600', c. 1150 M. o. H.); følgende Arter hørte med til den, næsten alle fodhøje: *Arnica, Campanula rotundifolia* var. *arctica* og *C. uniflora, Pyrola, Melandrium, Chamænerium, Potentilla nivea, Cerastium alpinum* β. *lanatum, Alsine hirta, Salix arctica* f. (nedliggende, alenlange Grene), *Draba nivalis, Silene acaulis, Saxifragæ, Dryas* (Tæpper af flere □ Alens Størrelse) og *Woodsia hyperborea.* Hvor Skrænterne ikke vare for stejle, fandtes denne karakteristiske Tuegræs-Vegetation overalt i denne Højde.

Her begyndte ogsaa de frodige Mos- og Græskær med kraftige *Aulacomnia* og *Amblystegia, Eriophora, Juncus castaneus, Carex pulla, hyperborea* og *misandra* o. s. v. Talrige modne «Blaabær». *Stereocaulon* c. fr. inde under en Sten (den sætter ikke ofte Frugt i Scoresby Sund).

Paa fugtig Bund c. 2600' (820 M.) o. H., under og mellem store Sten, som vare overflydte af talrige smaa Vandløb, fandtes et tæt, grønt Mostæppe (se Listen p. 227).

I en Højde af 2500' (785 M.): Store Strækninger dækkede

med frodig Lynghede; denne dannedes hovedsagelig af *Vaccinium* og nedliggende *Betula*.

Krattene gik her ikke højere end 1000' (315 M.) over Havet.

Nedenstaaende Lister ville give Oplysning om Mossernes Udbredelse efter Højden paa dette Fjæld, og tillige om «Mosselskabet», hvilke Arter, der forekomme sammen.

c. 5000' (1570 M.) o. H.:

Racomitrium lanuginosum *.
Cesia corallioides *.
Polytrichum hyperboreum *.
— *capillare* *.
Webera (polymorpha?)
Grimmia sp.
Conostomum boreale.

Cynodontium sp.
Bryum sp.
Stereodon revolutus *.
Tortula ruralis *.
Pohlia nutans.
Bartramia ityphylla.

c. 4000' (1260 M.) o. H.:

Polytrichum pilosum *.
— *alpinum* *.
— sp. nova.
Amblystegium uncinatum *.
Sphærocephalus turgidus *.
Pohlia cruda.
Bryum pallens.

Philonotis fontana *.
Grimmia hypnoides *.
— *ericoides.*
Conostomum tetragonum.
Dicranum brevifolium.
Cesia corallioides *.
Sælania cæsia.

c. 3500' (1100 M.) o. H.:

Amblystegium sarmentosum.

| *Desmatodon latifolius.*

c. 3300' (1030 M.) o. H.:

Swartzia montana *.
Stereodon revolutus.
Amblystegium uncinatum *.

Dicranum congestum.
Jungermannia gracilis.

c. 3000' (950 M.) o. H.:

Stereodon rufescens.

Sphærocephalus palustris *.

Isopterygium nitidulum.

Blepharostoma trichophyllum.

Amblystegium stellatum *.

Amblystegium intermedium.

Swartzia montana *.

Pohlia cruda *.

Philonotis fontana *.

c. 2600' (820 M.) o. H., fugtig Bund:

Sphærocephalus palustris *.

— turgidus.

Hylocomium proliferum *.

Bartramia ityphylla.

Dicranum congestum.

— elongatum *.

— Bonjeani *.

Desmatodon latifolius.

Amblystegium uncinatum.

— intermedium,

Blindia acuta (paa Sten).

Distichum capillaceum.

Stereodon callichrous.

Tortula ruralis.

Swartzia montana.

Pohlia cruda.

Ditrichum flexicaule.

Grimmia ericoides.

Jungermannia minuta.

— alpestris *.

Cesia corallioides.

c. 1500' (470 M.) o. H. i Lyngheden:

Hypnum trichoides.

Sphærocephalus turgidus *.

Amblystegium uncinatum.

Stereodon revolutus *.

Swartzia montana.

Dicranum scoparium *.

Hylocomium proliferum *.

Den 8. Maj Kl. 10 Em. forlod vi Kobberpynten og naaede Kl. 7 Fm. den 9. Ispynt nær Kingua i Vestfjorden.

10. Ispynt.

Under Marschen sank Temp. til ÷ 16°. Der var meget snebart Land overalt langt Kysten, og modne «Blaabær» vare blottede i Mængde; Ryperne fraasede i dem.

Herinde ved Ispynten var Isen brudt overalt langs Land,
paa adskillige Steder løb brede Revner tværs over Fjorden; det
er antagelig Presset fra den store Bræ, der afslutter Fjorden
og sandsynligvis havde «skudt ud», som har foraarsaget disse
Forstyrrelser.

Ispynten er en lav (c. 500', 160 M.) Gnejsodde, der skyder
ud i Fjorden; dens Vegetation frembød lidet af særlig Interesse.
Dog maa det bemærkes, at jeg i Gruset paa nogle Glimmer-
skiferlag fandt *Acarospora Schleicheri* (ny for Grønland), en
Liken, som har en overordentlig mærkværdig geografisk Ud-
bredelse, idet den hidtil kun var kendt fra Californien og Mid-
delhavslandene; samme Art fandtes senere paa flere Steder
(jfr. p. 90—91).

Vort Telt stod tæt Øst for Ispynten, paa det ¼ Mil brede
Forland, som strækker sig op til de bagved liggende Fjælde.
Forvitringen er altid stærkest i det inderste af de grønlandske
Fjorde, Differentieringen i Højland og Sletteland videst frem-
skreden. Saaledes ogsaa her; intetsteds ellers i Scoresby Sund
(hvor jeg har været) fandtes saa store Partier Sletteland som
her og i Bunden af Gaasefjorden; Jamesons Land er nemlig
— som ovenfor omtalt — noget for sig. Det brede Sletteland
var kun til Dels snedækt, dets Overflade var udskaaren i et
System af 10—20' (3—7 M.) høje Grus- og Stenvolde, der
radiært straalede ud fra den store Kløft i Fjældet bagved, hvor-
igennem Elven styrtede sig ned mod Fjorden. Elven førte be-
tydelige Vandmasser, man hørte Vandets Brusen under Sneen,
som dækkede den. Det ferske Vand, der stod langs Kysten, var
gulbrunt (af Humusstoffer). De omtalte Volde havde den
sædvanlige, yderst spredte Fjældmark-Vegetation, der findes
paa saadanne Lokaliteter; de vestligste af dem vare til Dels
bevoxede med Lynghede; det fremgaar heraf, at Elven efter-
haanden har flyttet sit Løb mod Øst.

Den 10. Maj gjorde jeg en Exkursion op gennem Kløften;
den var, til Trods for sin sydlige Exposition, endnu fyldt af

umaadelige Snemasser·med ishaard Overflade og brat Fald mod Syd (25—35° Hældning). Kløftens Sider vare bratte, dannede af en usædvanlig stærkt forvitrende Gnejs; store Masser af fint Støv, Grus og store, skarpkantede Sten vare blæste og rullede ud paa Driven. Til Dels paa Grund af Insolationen vare Stenene sunkne foddybt ned i Sneen; de fandtes i saadan Mængde, at der paa lange Strækninger dannedes ganske regelmæssige Trappetrin, hvorfor jeg ikke fik megen Brug for min Isøxe. Sneens Overflade var saa fast og glat og Skraaningen saa stejl, at det var umuligt at hugge sig fast med Støvlerne alene.

I en Højde af c. 1500′ (470 M.) krydses Kløften af en vældig Trapgang, der løber skraat op gennem Fjældet; den er dannet af skraatliggende Søjler af mindst 100′ (30 M.) Længde; Søjlernes Længderetning er omtrent Nord-Syd, med Fald mod Syd. Elven har skaaret sig dybt ned i den. I Mellemrummene mellem de mangekantede Søjlers Endeflader voxede kraftige Exemplarer af *Saxifraga oppositifolia, Poa glaucá* og *Lesquerella arctica.*

Paa Grund af den stærke Forvitring var der fuldstændig nøgent paa Kløftens lodrette Skrænter; kun paa de haardeste Lag sad der hist og her en lille Skorpelav. Jeg naaede til en Højde af c. 3000′ (940 M.) o. H., men blev her standset af et meget finkornet, tæt, horizontalt Gnejslag af c. 20′ (7 M.) Mægtighed, der gik tværs over Kløften med absolut lodret Affald mod Syd; Laget var tilmed overtrukket med en tommetyk Isskorpe og fuldstændig upassabelt. Her maa dannes et prægtigt Vandfald, naar Elven bliver løst af sine Islænker. At dette Lag har en usædvanlig Haardhed fremgaar deraf, at Elven nu i Tusinder af Aar har arbejdet paa at gennembryde det, men uden Resultat; den har dog faaet Bugt med den nedenfor liggende Trapgang.

Jeg blev her Vidne til et imponerende Fjældskred. Et Brag hørtes i Fjældet et Tusind Fod ovenfor mig; vældige Støvmasser hvirvledes op i Luften, og umiddelbart efter kom de store Blokke susende ned, sprang i vilde Buer ud fra Fjældet, stødte atter og atter mod Skrænten og endte tilsidst deres Bane med et dumpt Plump dybt nede i Driven; nogen Tid efter kom det store Tros af Smaasten med en Lyd, der mindede om Rullestenenes Raslen ved en flad, stenet Kyst i Brændingen. Naar man har været Vidne til et saadant Fænomen, da forstaar man, at al Plantevæxt er umulig paa disse Skrænter, og at dømme efter de Mængder af Blokke, der laa spredte ud over Kløftens Sne, er Fænomenet ganske dagligdags.

Paa de stejle Fjælde ovenfor, der hæve sig til 5—6000 (indtil c. 2000 M.), vare de ofte omtalte «sorte Striber» yderst almindelige helt op til Toppen. De Likener og Alger, der danne disse Striber, leve i Sandhed under mærkværdige Forhold: om Sommeren i stadig Tørke, bagte af Solen Nat og Dag, opvarmede til mindst $+ 50°$; da de altid voxe paa stejle Skrænter, blive de aldrig dækkede af Sne om Vinteren, men ere direkte udsatte for den strængeste Vinterkulde. Hvor utroligt det end lyder, ere de sikkert hvert Aar udsatte for Temperaturvexlinger af c. 100°. Kun naar Smeltevandet, paa hvis Vej de voxe, flyder ned ad Klipperne, altsaa i det korte Foraar og paa de yderst faa Regnvejrs- og Snevejrsdage om Sommeren, faa de Fugtighed; da svulme de efter fattig Evne og udfolde sig i al deres «Pragt», ellers staa de indtørrede og skrumpne.

Hvilken vidunderlig Haardførhed hos disse smaa Cellers Protoplasma! Hvor i Verden træffer man vel Planter, der leve under ugunstigere Forhold?

Wittrock skildrer[1] de vanskelige Kaar, hvorunder Sneens og Isens Flora frister Livet; men denne interessante Flora har dog — saa vidt jeg kan skønne — betydelig bedre Livsbetingelser end de «sorte Striber»'s Flora. Det er forholdsvis smaa Temperatursvingninger, den er udsat for, den vil sikkert om Vinteren

[1] Om Snöns och isens flora» i Nordenskiöld: «Studier och forskningar o. s. v. p. 98 ff.

altid være dækket af tykke Snelag, saa at den langtfra er udsat
for saa lave Temperaturer, som Luftthermometret angiver; i
Sommertiden er der Vand nok, Indtørring i Vegetationsperioden
kender den ikke.

Paa Fjældskrænterne udenfor Kløften fandtes der ogsaa her
den for det inderste af Fjordene karakteristiske Vegetation af
alenhøje Birke- og Pilekrat og de dermed følgende høje Tue-
græsser og andre Urter. Lidt Vest for Kløften naaede Krattene,
ligesom ved Kobberpynten, til c. 1000′ (315 M.) Højde, men
endnu i denne Højde vare de saa kraftige, at hvis Terræn-
forholdene ikke havde sat en Stopper for deres Udbredelse,
vare de sikkert naaede betydelig højere. c. 1000′ o. H. ophørte
imidlertid de jævnere Skraaninger og kuperede Smaaplateau'er
og afløstes af stejle, stærkt forvitrende Bratninger, dækkede
med løse Blokke, der vare fuldstændig golde og ude af Stand
til at bære Krat. Det er lignende Terrænforhold, der hindre
Krattene paa Sydsiden af Runde Fjæld i at stige højere.
Paa den østlige Side af Kløften viste Forholdene tydeligt,
i hvor høj Grad Kratvegetationen er betinget af Terrænet; her
havde det løse Ras betydelig større Udbredelse, og Krattene naaede
derfor ikke saa højt op. En vis Grad af Stabilitet i Jordbunden
er en nødvendig Betingelse for al Vegetation og i særlig høj
Grad for alle sammenhængende Vegetations-Formationer.

Paa et lille Plateau Vest for Elven laa i 4—500′ (c. 150 M.) Højde
o. H. en lille Sø, kun 25—30 Alen i Diameter; ved dens Bredder
voxede den frodigste Kærvegetation, jeg saa i Scoresby Sund.
Hele Søen havde aabenbart været optøet under den sidste vold-
somme Føhn; nu var der blank, tommetyk Is langs Bredden,
tyndere Is længere ude. Langs den lerede eller stenede Bred
et blødt, tykt Mostæppe, hovedsagelig dannet af *Amblystegium
stellatum* *, *sarmentosum* *, *exannulatum* *, *intermedium* og *tur-
gescens* samt *Sphærocephalus palustris* *, *Catoscopium nigritum*,

Stereodon revolutus og *Astrophyllum hymenophylloides;* paa Mosset talrige, store Hinder af indtørret *Nostoc commune.* Stenene ved Bredden vare overtrukne med sorte Algetraade (*Scytonema* sp., steril). Paa Mosset og overalt ved Bredden fandtes i Tusindvis de smaa, nu luftfyldte, derfor skinnende hvide Ephippier af *Daphnia Pulex*, som altsaa tumler sig her om Sommeren. Hvide, indtørrede Grønalger dannede store, sammenhængende Kager af flere Kvadratfods Omkreds mellem og over Stenene. Alenhøje Tuer af *Juncus arcticus* (indtil 75 Cm.) og *Carex pulla* (til 50 Cm.), fodhøje *Juncus castaneus* (til 17 Cm.), *J. triglumis* (til 20 Cm.), *Carex hyperborea* (10 Cm.) og *Kobresia caricina* (20 Cm.) dannede en Bræmme rundt om Søen, og store Flader vare dækkede af visne Skud af *Saxifraga aizoides. Equisetum variegatum, scirpoides* og *arvense* krøb mellem Stenene ved Bredden. Ude i Vandet, fastfrossen i Isen, stod *Calamagrostis stricta* var. *borealis* (40 Cm.). *Kobresia* fandt jeg kun paa denne ene Plet i Scoresby Sund, de fleste andre Arter ere almindelige, men i saa kraftige Exemplarer har jeg ikke set dem andetsteds paa denne geografiske Bredde. *Calamagrostis stricta* traf jeg senere i Gaasefjordens Kingua paa tilsvarende Lokaliteter.

Jeg bemærkede her friske Spor af Bjørn, endvidere Lemming og talrige Ryper; en af de skudte Ryper havde allerede enkelte, brune Sommerfjer (ikke helt udviklede) paa den øverste Del af Benet; Harer, Falke, Ravne og Rener bleve sete eller skudte. Snespurvene parrede sig; under Parringslegen kvidre de paa en særegen hvæsende, skærende Maade, omtrent som Graaspurve, naar de parre sig; sidde de stille, kan deres Pip ofte minde om Stillidsen. I Maven paa et af Ltnt. Vedel skudt Rensdyr fandtes Frugter af *Arctostaphylos alpina* og *Empetrum*, Græs, Pile- og Birkekviste m. m.

11. Flade Pynt.

Den 11. Maj. Under Marschen hjem holdt vi Hvil ved Flade Pynt; her fandtes *Halianthus peploides* var. *diffusa* ved Stranden, sammen med gamle, opdrevne Exemplarer af *Desmarestia aculeata* og *Fucus evanescens*. Paa det flade, gruset-stenede, tørre Forland.voxede *Braya alpina* Sternb. & Hoppe i Selskab med *Dryas, Carex nardina, Vaccinium* m. m. Forlandet var her paa Grund af, at det springer frem foran Kystlinjen, fejet betydelig mere snebart end Forlandet ved Ispynten, som ligger i Læ af den fremspringende Odde. Store Strækninger af det flade Land vare dækkede med blank, nydannet Is. Elvene havde aabenbart været optøede under den sidste Føhn, men vare nu atter frosne til; Isen havde i Reglen en gulbrun Farve. Jeg fandt her tommelange, friskgrønne Blade af *Potentilla nivea*. *Pyrola grandiflora* tog sig ganske besynderlig ud i den tidlige Morgenstund, da vi opholdt os her; paa alle de større Nerver i Bladet havde der lagt sig en ganske tynd, hvid Rimbelægning, medens der ingen Rim var paa Areolerne mellem Nerverne; Bladene fik derved et fremmedartet, marmoreret Udseende. Arten havde nu store Blomsterknopper, og Blomsterne, der om Vinteren sidde nede i Midten af Bladrosetten, sade allerede paa et Skaft af et Par Cm. Længde.

Paa Lavlandet var der intet Krat, men et Par Hundrede Fod oppe paa Skrænterne fandtes Pil og Birk med saa tykke Stammer, at Folkene benyttede Øxen, da de skulde hente Brændsel til Madlavningen. En nedliggende Stamme af *Salix glauca* maalte 32 Cm. i Omkreds, c. 12 Cm. i Diameter; flere af dens Grene vare 120 Cm. lange og maalte 5—7 Cm. i Diameter.

Den 12. Maj havde vi atter Telt ved Kobberpynt; Kl. 2 Fm. var Temp. ÷ 12°, Kl. 4 Em. 0°, Kl. 10 Em. (c. 4400' o. H.): ÷ 1°, Kl. 12 Nat ÷ 7°. Denne Dag anvendtes til Bestigning af Runde Fjæld (se p. 224).

12. Renodden.

Renodden er en lav, meget kuperet Odde, som ved en ganske lav Tange er forbunden med Fastlandet; de geologiske

Forhold ere ,omtrent som paa Kobberpynten. Her opholdt vi
os den 13. Maj; største Delen af Dagen anvendtes til geologiske
Undersøgelser og Indsamlinger. De her optrædende Vegetations-
Formationer vare Lynghede, Kær og Fjældmark; Krat fandtes
ikke paa Odden, da Føhnen — at dømme efter Snefurerne —
stryger tværs over det lave Land.

I en Lavning fandtes et lille *Juncus*-Kær, dannet hoved-
sagelig af *J. castaneus* og *triglumis* med indblandede *Carices*:
C. microglochin, *pulla*, *misandra*, *hyperborea* og *Eriophorum*
angustifolium; i et udtørret Vandhul: *Hippuris.*

Paa Jordmurene af nogle gamle Eskimohytter voxede *Poa*
pratensis, hvorimod *Alopecurus alpinus* ikke fandtes her; dette
kunde maaske tyde paa, at disse Huse have været ubeboede i
længere Tid end Husene ved Cap Stewart, der vare bevoxede
med *Alopecurus.* I den nordlige Del af Vestgrønland ere Hus-
tomter og Teltpladser altid bevoxede med denne Art, ogsaa
i det inderste af Fjordene. Det er dog maaske ikke værd at
lægge for stor Vægt paa dette Forhold ved Bedømmelsen af
disse Huses Alder.

Paa Indersiden af en Husmur fandtes en anselig Pilebusk
(*Salix arctica* f.), hvis Alder jeg vil anslaa til mindst 100 Aar;
den viser, at det er mindst 100 Aar siden, dette Hus har
været benyttet, men siger naturligvis intet om, hvorvidt de
andre Huse have været befolkede senere.

Mellem de flade Stene i Husmuren: *Lycoperdon excipuli-*
forme, paa Husmuren: *Draba hirta* var. *condensata*, en Form,
som ogsaa paa Vestkysten træffes paa lignende Lokaliteter.

Føhnfjord. Den 15. Maj gik vi fra Teltpladsen ved Røde Ø
over til Hjørnedal paa Fjordens Sydside. Sneen var løs
og blød paa Fjorden her, i Læ bag Renodden og det SV. derfor
liggende Højland. Temp. var Kl. 12 Md.: + 0°.

13. Hjørnedal.

Hjørnedalen er en bred og dyb Dal, som strækker sig i Hovedretningen Ø.—V.; den gennemstrømmes af en betydelig Elv, som i sit nedre Løb nu havde en Bredde af 3—4 Alen og $^1/_2$—$^3/_4$ Alens Dybde. Elven var brudt op og førte brungult, ikke leret Vand, et Tegn paa, at den ikke er. en Gletscherbæk; Gletscherbækkens Vand er nemlig altid leret og mælkefarvet. Langs Elven strakte sig flere Mil op i Landet smukke, tydelige Terrasser, ordnede i 3 Trin, dannede af Rullesten, Grus og lidt Ler. Paa Terrassernes Flader laa Sneen endnu paa de fleste Steder. Paa de faa snebare Partier, som især fandtes langs Randen af Terrassernes Affald ned mod Elven, var der ofte en meget frodig Kratvegetation sammen med de tit omtalte, store Tuegræsser; disse Krat fandtes især nordenfor Elven, hvor der er bedst Læ for Føhnen, men ogsaa paa den sydlige Side. Føhnen har — som rimeligt er, da Dalens ydre Del er vinkelret paa Fjordretningen — ikke synderlig direkte Virkning her. I en Dal som denne har Vegetationen kun Gavn af Føhnen eller i hvert Fald ikke synderlig Skade af den; Planterne ere fri for dens direkte Kast og dermed følgende Erosion og Udtørring. nyde derimod godt af Varmen og Smeltevandet fra Højderne. Det syntes for Resten, efter Snedrivernes Retning i Dalen at dømme, som om der blæser en svag Føhn ud ad Dalen, men den er øjensynlig af ringe Betydning.

De stejle Terrasseskrænter ned mod Elven ere i Reglen fuldstændig vegetationsløse, især naar de bestaa af Sand; hist og her saa man, hvorledes hele Kubikfavne af Overfladen med dens Vegetation vare skredne ned som Følge af Underminering; disse «Vandrekrat» syntes foreløbig at trives meget godt. Paa en Del sandede Skrænter fandtes Tuegræs-Vegetation: *Calamagrostis purpurascens, Poa glauca, Poa pratensis* var. *angustifolia, Carex nardina* og *Chamænerium latifolium,* men intet Krat. De Vandløb, som i sin Tid have udskaaret

disse Skrænter, have søgt sig andre Baner, saa at Sandet nu
ligger mere roligt.

I Lyngheden, som dækkede de jævneste Flader af Terras-
serne, medens Krattene bemægtigede sig alle de tørre Fordyb-
ninger, fandt jeg *Phyllodoce* snebar med friske, grønne Blade,
ligeledes *Cladonia rangiferina*. Det var de eneste Exemplarer,
jeg saa af Rensdyrlav paa hele denne Slædetur, skønt jeg med
Tanken paa Kihlmans smukke Undersøgelser søgte særlig
efter den. Den og flere andre Arter, som endnu ikke vare
snebare andetsteds, antyde ogsaa, at disse Flader kun i ringe
Grad ere udsatte for Føhnen; de omtalle Arter taale nemlig
ikke for stærk Udtørring, i hvert Fald ikke om Vinteren, da de
ikke kunne faa deres Transpirations-Vandtab dækket.

Den 16. Maj gjorde jeg en Udflugt op gennem en 'Kløft
med omtrent nordlig Exposition, c. ¹/₄ Mil Øst for Elvens Udløb.
Lufttemp. var hele Dagen c. ÷ 4°.

I en Højde af c. 4000' (1260 M.) laa der tæt Taage langs
Basaltlagets Underkant. c. 3000' (950 M.): Jævnt Plateau, derfor
Lynghede; kun enkelte nøgne Gruspletter hist og her. *Vac-
cinium* var dominerende, og dens modne, saftige Bær fandtes
i Mængde; paa *Cassiope tetragona* fandtes store, deforme
Blade, der vare angrebne af *Exobasidium Vaccinii*. Af andre
Arter (alle høje og kraftige) bør noteres: *Papaver radi-
catum* (den er ikke almindelig i det inderste af Fjorden,
næsten overalt, hvor jeg noterede den, skrev jeg: sparsomt),
Tofieldia borealis, *Lycopodium Selago*, *Polygonum viviparum*,
Antennaria alpina, *Hierochloa*, *Potentilla emarginata* (ikke set her
nedenfor denne Højde), *Carex nardina*, *rigida* og *rupestris*,
Alsine biflora, *Campanula uniflora*, *Poa pratensis* var. *angusti-
folia* (40—50 Cm. høj, sjælden i denne Formation), *Salix arc-
tica* f., *Saxifragæ*, *Dryas*, *Luzula confusa*, *Silene acaulis* o. s. v.
Af Kryptogamer noterede jeg: *Cetraria nivalis*, store *Peltigeræ*

og i det hele taget en kraftig Vegetation af Mosser og Jord-
likener i Bunden af Lyngheden.

Morlaget i Heden var ret betydeligt; det var nu optøet og
fugtigt, i Nærheden af Snemarkerne svampet-blødt. Hist og her
— naturligvis især i Lavninger — laa endnu store Snemasser.
Plateau'et hældede svagt mod Vest.

De store Toppe af *Poa* hang tungt mod Jorden, tyngede
af tommelange, fjerformede Rimkrystaller, der ogsaa beklædte
Blomsterstraa og Blade, men vare særlig smukt udviklede paa
Axene. De øvrige højere Arter vare ligeledes beklædte med
Rimkrystaller, men ingen saa smukt som den høje *Poa*.

Pletvis, især paa Steder, der ganske nylig vare blottede
for Sne, dominerede *Cassiope tetragona*. Jeg fik det Indtryk
her og paa mangfoldige Steder i Vestfjorden, at de Partier af
Lyngheden, der staa snebare den største Del af Aaret, ere
dannede af *Vaccinium*, især naar Lyngheden ligger i et Par
Tusind Fods Højde, medens *Cassiope* har Overtaget, hvor Sneen
ligger længere.

De Exemplarer af *Cassiope*, som nylig vare blevne blottede
for Sne, havde talrige visne, hvidgule Blomster fra 1891,
hvilket ogsaa tyder paa, at de allerede tidligt om Efteraaret
vare blevne dækkede af Sneen; de Exemplarer, der stode ude i
Vaccinium-Heden, havde derimod opsprungne, modne Kapsler,
ligesom *Vaccinium* havde modne Bær. Alt peger saaledes hen
paa, at min Opfattelse er rigtig.

Vaccinium, der er løvfældende, og hvis Knopper ere beskyt-
tede af Knopskæl mod Udtørring, maa man ogsaa *a priori* an-
tage bedre i Stand til at udholde Tørken end den vintergrønne
Cassiope. Mærkværdigt er det, i hvor høj Grad *Vaccinium uligi-
nosum* har forandret sin Natur i Højnorden; i Mellemeuropa og
Skandinavien er den Moseplante, her en af de haardføreste
Fjældmarksplanter. Det er dog kun den smaabladede Form,
* *microphylla* Lge., som forekommer paa saa udsatte Steder;
de mere storbladede Former, var. *pubescens* Hornem., voxe vel

16*

ogsaa paa tør Bund, men til Trods for deres ganske vist svage Haarbeklædning opsøge de dog altid mere beskyttede Lokaliteter, hvor Vindens Kraft er brudt. I min Rejseberetning fra 1889[1] omtaler jeg, at storbladet *Vaccinium uliginosum* (var. *pubescens*) var tæppedannende ovenfor Kratgrænsen i Kvanfjorden (c. 62° N. Br.); dette *Vaccinium*-Tæppe stod i Læ.

Paa Skrænten nedenfor Plateau'et — omtrent vestlig Exposition — fandtes der c. 2900—2700′ (c. 900 M.) o. H. en meget kraftig Fjældmarks-Vegetation. mellem Grus og Sten. Jeg fandt f Ex. en *Empetrum*-Busk med Grene af 1 Alens Længde ($^2/_3$ M.), Hovedroden var 2 Alen (1$^1/_3$ M.) lang, et Par Siderødder af 1 Alens Længde. *Betula nana* i en lille Fordybning havde Grene af 2—3 Alens Længde, men tiltrykte til Jorden; endnu i denne Højde satte den rigelig Frugt. Her fandtes *integrifolia*-Formen af *Dryas octopetala*, men ogsaa den almindelige smaabladede *minor*-Form. *Stereocaulon*-Løv af 4 Cm. Højde. En lodden Sommerfuglelarve kravlede i Lyngen.

Paa en anden jævn Skraaning i denne Højde laa der vældige Snemarker med mer end 1 Alen dyb Sne; kun ved Randen af Bratningen ned til Kløften strakte sig en smal Bræmme snebart Land af et Par Alens Bredde; her gik der en fasttrampet Rensti, og talrige Exkrementer af Ren laa spredte heroppe. Jeg skulde tro, at i hvert Fald nogle af de nøgne Gruspletter i Lyngheden skyldes de talrige Rener, som have deres Tumleplads her.

c. 2600′ (820 M.) o. H.: Enkelte Exemplarer af *Salix glauca* rejse deres Grene ½ Alen fra Jorden, men først c. 400′ lavere (2200′, 690 M. o. H.) finde vi en typisk Kratvegetation af Birk og Pil. I denne Højde dannede *Arctostaphylos alpina*, som er meget almindelig i det indre af Fjordene, rødbrune Tæpper

---

[1] »Medd. om Grønland«, XV, p. 11.

af flere □ Alens Størrelse, som fortsatte sig ind under en Sneflade.

Nede paa Lavlandet var *Salix glauca* var. *subarctica* hyppigere i Krattene end *Betula* og havde tykkere Stammer end denne; i Vestfjorden var Forholdet omvendt. Jorden i Krattene var optøet i et Par Tommers Dybde. Paa de erratiske Blokke dannede *Hæmatomma ventosum* store Kager af indtil 15 Cm. Diameter.

Den 17. Maj teltede vi paa Morænepynt, den 19. vare vi atter hjemme paa Danmarks Ø.

14. Danmarks Ø.

19.—27. Maj. I de forløbne 3 Uger var der sket store Forandringer her paa Øen. Store Strækninger vare blevne snebare; den kraftige Føhn, som holdt os fangne ved Kobberpynten, havde ogsaa virket her med stor Kraft (Temp. var dog ikke naaet over + 8,3°); Vandpytter og smaa Vandløb saa man overalt. Sneen var om Dagen løs og blød, dannet af store, vanddrukne Iskorn; selv paa Ski sank man ofte 1—2 Alen ned i den løse, underminerede og hule Snemasse, hvis øverste Lag var udgravet og udgnavet af Solen, medens den franeden blev angreben af det allestedsnærværende Smeltevand. Om Natten dannedes en fast Isskorpe paa Sneens Overflade.

Paa Vegetationen var der stor Fremgang at spore. Paa Blaabærhøjens og Skibakkens Skrænter havde *Potentilla nivea* mer end tommelange, friskgrønne Blade, nydelig kantede med hvide Silkehaar, omgivne af de visne Blade fra forrige Aar; *Melandrium affine* næsten udvoxne, lysegrønne, randhaarede Blade; *Sedum Rhodiola*: de store, runde, om smaa Hvidkaalshoveder mindende Vinterknopper begyndte at svulme og afkastede Knopskællene, der ofte antog en intensiv rød Farve, som jeg ikke tidligere havde bemærket. Græsser og *Carices* havde friske, grønne Blade af 1—2" (3—5 Cm.) Længde, og *Saxifraga oppo-sitifolia*, denne nydelige lille Plante, som altid bringer Polar-fareren den første med Jubel hilste Blomst, fandtes d. 23. Maj udsprungen paa Blaabærhøjen; talrige Exemplarer stode lige paa Springet til at udfolde deres Blomster, hvis røde Farve skinnede frem gennem de omgivende Blades friske grønt. Den 25. Maj fandtes en lille Busk af *Salix arctica* f. med hvidlodne ♂-Rakler af indtil 12ᵐᵐ Længde; Blomsterne vare dog endnu ikke aabnede.

3. **Slædetur.** Den 27. Maj Kl. 10 Em. trak Ltnt. Vedel, jeg og 3 Mand med 5 Hunde og 4 Slæder afsted fra Stationen for at kaartlægge og undersøge **Gaasefjord.** Den 28. Kl. 2 Fm. naaede vi Gaasepynt i Taage, svagt Snefald og stille Vejr, 3° Frost.

15. Nordkysten af Gaasefjord.

I tyk Taage trak vi langs Fjordens Nordkyst. Gaaseland, i hvert Fald den Del af det, vi kunde se for Taagen, var fuld-stændig snedækt; kun hist og her traadte en sort, snefri, lodret Skrænt eller en lille, gruset Plet, som Føhnen havde fejet sne-bar, frem af det bløde, hvide og tykke Snedække. Det var kun det lave Forland, vi kunde se; Basalten over Gnejsfjældene var helt skjult i Taagen. Gaaselandet skraaner her mere jævnt ned mod Gaasefjord end paa dets Nordside mod Føhnfjord. Og dog var der ogsaa i dette Vinterlandskab Tegn paa Vaarens snare Komme.

1. **Teltplads.** Kl. 6 Fm. den 28. Maj slog vi Telt paa en gruset, snebar lille Plet c. ⁵/₄ Mil Vest for Gaasepynten, nær ved en lille Elv, der endnu løb under et snavset Dække af Is

og . Sne. Vegetation var der overmaade lidt af, næppe nok til at koge en Kop The ved; vi maatte grave Lyng og Pil frem under Sneen for at faa det nødvendige. Hele Landet var dækket af alenhøj, løs Sne; kun hist og her fandtes lignende smaa Pletter som vor Teltplads.

Til Trods for at alt var saa vinterligt, og til Trods for at de snebare Pletter vare saa faa og saa smaa (gennemsnitlig kun 10 — 20 □ M., Føhnen har aabenbart kun ringe Kraft her), fandt jeg dog enkelte Planter spredte mellem Stenene og Gruset, og Solens Indflydelse kunde allerede spores paa dem. Besynderligt tog det sig ud paa disse Smaapletter at se For-aarstegn: *Saxifraga oppositifolia* med næsten helt udfoldede Blomster, smaa Pilebuske (*S. arctica* f.) med 2—3 Cm. lange, uldne Rakler, *Betula nana* med nye, friske Blade, *Arctostaphylos alpina* med udsprungne Blomster inde under og mellem de visne Blade og store, sorte Frugter; endvidere fandtes her *Arenaria ciliata* c. fr. fra 1891. Alle disse Planter stode i Ler og Grus mellem Sten, alle vare smaa og ynkelig fortørrede. Disse Pletter har Føhnen rimeligvis holdt snefri hele Vinteren igennem, og kun langs Randen af Pletterne har nu i Maj Maaned ogsaa Insolationen øvet sin Virkning.

Kl. 10 Em. trak vi videre; vi gjorde overhovedet altid Natterejser paa denne Slædetur, da Føret var bedst og Sneen haardest paa den Tid af Døgnet. Temperaturen sank til ÷ 7° i Løbet af Natten.

2. Teltplads, c. 5 Mil Vest for Gaasepynten. Kl. 7½ Fm. den 29. Maj slog vi Telt paa en lille Pynt ved en Elv, hvor en lille gruset Plet var snebar. Der var her noget mindre Sne end paa 1. Teltplads. Jeg fandt bl. a. et frodigt Lynghedeparti snebart, dog var langt den største Del af Landet endnu snedækt. Flere Elve vare allerede isfri; det Vand, de førte, var leret-grumset. Næsten hele Dagen Taage, Temp. 0 — ÷ 3°.

30. Maj. Paa Marschen · passerede vi en Mængde store

Elve og Dalstrøg, hvis Mundinger vare helt opfyldte af store
Sten- og Grusbanker; de løse Blokke vare for største Delen
Basalt og mærkelig blottede for Likener; Elvvandet som sæd-
vanlig i Snesmeltningstiden leret-grumset. Paa flere Steder var
det tydeligt, at den livligste Snesmeltning, i hvert Fald oppe
til Fjælds, var forbi; man saa det blandt andet af de friske
Grus- og Stenvolde, som Elvene havde afsat og omlejret langs
deres Løb, og man saa det ude paa Fjordisen, hvor Elve, som
nu vare ganske ubetydelige, havde aflejret store Grus- og Sten-
banker.

3. Teltplads, c. 7 Mil indenfor Gaasepynten, naaede vi
Kl. 8 Fm. Kysten var her meget stejl, de faa fladere Partier
ganske snedække; det var næppe muligt at finde en snefri Plet
ved Stranden, stor nok til at rumme vort Telt. Bjærgarten paa
Underlandet var en stærkt forvitrende Gnejs. Jeg fandt her
paa en ganske lav, foroven afrundet Kulle ved Stranden følgende
Arter: *Draba arctica* c. fl., *Salix arctica* f. med helt udfoldede
Blade og store, dog ikke helt udsprungne Rakler, *Potentilla
nivea* med friske Blade, talrige store Blomsterknopper og en
enkelt helt udsprungen Blomst; desuden grønne Græstuer af
Trisetum og *Poa glauca*. I en skaalformet Fordybning i Klippen
lige over Fjæren voxede en stor, helt friskgrøn Tue af *Poa
glauca*; de unge Blade vare 6—7 Cm., Blomsterstraaene fra
1891 indtil 30 Cm. lange; hele den lille Fordybning var fyldt
med Tuens kolossale Rodsystem, mange Hundrede, 30 Cm. lange,
stærkt forgrenede Rodtrævler, der dannede en næsten tørveagtig
Masse i Skaalen. *Betula* havde her helt udfoldede Blade, *Eri-
geron eriocephalus* friske Bladrosetter og Frugt fra i Fjor. De
højere Fjælde vare temmelig snebare.

31. Maj. Paa Grund af tyk Taage, saa tæt, at vi ikke
kunde se fra Næs til Næs, bleve vi liggende til Kl. 7 Fm.
Temp. var ÷ 1°—+ 1°.

4. Te l t p l a d s, c. 8½ Mil vest for Gaasepynten (Luftlinje). Et temmelig bredt og snefrit Forland, som først et Par Tusind Alen fra Stranden hæver sig stejlt. Her fandtes mange eskimoiske Teltringe, Kødgrave, Hvalben (til Dels grønfarvede af *Pleurococcus vulgaris*) og andre Tegn paa tidligere Bebyggelse. Rigt Fugleliv: Masser af Gæs, Maager (et Maagefjæld med c. 50 Maager fandtes i Nærheden) o. s. v. Et lille Isfjæld herudenfor laa frit svømmende i et flere Alen bredt Vandbælte.

Langs Elvene store, snefri Kær, hvori Juncaceerne dominerede (*J. arcticus, castaneus* og *biglumis*), kraftige Mosser, *Poæ, Carices* o. s. v.; Kærene vare dog endnu graa og visne. Mellem Mosserne talrige smaa *Nostoc*-Kugler af et Knappenaalshoveds Størrelse; i Vandhuller og Elve (hvor Vandet var roligt) store Hinder af *Nostoc commune*. Talrige, ganske smaa *Lycoperda* (*L. excipuliforme*) mellem Mosset.

Paa de tørre, varme, grusede Partier var det fuldt Foraar og den stærkeste Snesmeltning forbi; et rigt Blomsterflor af *Saxifraga oppositifolia* med Masser af udsprungne Blomster (hvoraf dog mange misdannede), store Flader dækkede med tiltrykt Grenevæv af *Betula nana* med helt udfoldede Blade og blomstrende Rakler, *Salix arctica* f. med store Blade og aabnede Rakler med veludviklede Arpapiller, *Arctostaphylos* c. fl. og talrige andre Arter med friske, grønne Blade, f. Ex. *Arnica, Arabis Holbøllii, Polygonum, Dryas, Erigeron · eriocephalus, Potentilla nivea*, Græsser og *Carices* (*C. rupestris* o. a.). I Lyngheden løb *Lycosa* omkring.

Her som overalt var det meget iøjnefaldende, at Planterne først naa til Blomstring paa de tørre, grusede Pletter; paa fugtigere Bund, hvor Individerne ganske vist blive kraftigere, vare de samme Arter betydelig længere tilbage i Udviklingen.

Ved Stranden fandtes *Halianthus* med store, røde Bladknopper i de døde Blades Axler; desuden *Bryum lacustre*. — I de større Elve, hvor Vandet har stærkt Fald og skyller alt løst Materiale bort, var der i Reglen bar Stenbund uden

Mosser; alle de mindre Bække, som vel tørre helt ud om Sommeren, havde derimod en rig Mos-Vegetation (*Amblystegium sarmentosum* og andre Arter, *Philonotis fontana*, *Hypnum trichoides* o. m. fl.).

16. Kingua i Gaasefjord.

5. Teltplads, c. 11½ Mil Vest for Gaasepynten (Luftlinje); her laa vi i Telt fra Form. den 1. Juni til Kl. 3 Fm. den 3. Juni. I Løbet af Natten mellem 31. Maj og 1. Juni sank Temperaturen til ÷ 10°, men allerede Kl. 9 Fm. steg den til 0°, og i prægtigt Solskinsvejr naaede vi Bunden af Fjorden.

Vi slog — efter 8 Timers ofte anstrængende Marsch i blødt Snesjap og mellem talrige Isfjælde — Telt paa Nordsiden af Fjorden.

Med brede Terrasser hævede Landet sig mod Nord. Nede ved Stranden traadte den graa Gnejs frem i Dagen, paa fremspringende Kanter iøjnefaldende rød af *Xanthoria elegans*. Den nederste Terrasse var vel et Par Hundrede Fod bred, grusetstenet med Masser af løstliggende Granater. Vegetationen bestod her af spredte Tuegræsser, hovedsagelig *Calamagrostis purpurascens*, men desuden talrige *Poa glauca*, *Carex nardina*, *Elyna Bellardi*, *Alsine hirta*, *Potentilla nivea*, *Melandrium* o. s. v. *Betula* og *Salix arctica* f. dannede store, sammenhængende Tæpper af Grenefilt hen over Jorden. Jo længere man fjærnede sig fra Stranden, desto mere sammenhængende blev Vegetationen, Tuerne rykkede nærmere sammen, Birken og Pilen rejste Grenene i Vejret, og c. 60′ (20 M.) o. H. begyndte en udpræget, tør Kratvegetation, dannet af alenhøj *Betula* og *Salix*, *Poa pratensis* var. *angustifolia*, storbladet *Rhododendron*, *Arabis Holbøllii*, *Rumex Acetosella*, *Saxifraga nivalis* med store, røde Blomsterknopper nede mellem de fuldt udviklede Blade og *Empetrum* med store Blomsterknopper lige i Udspring; desuden *Carex rupestris*, *scir-*

poidea, capillaris, pedata, supina (en Del af dem i Blomst paa tør Bund), *Pyrola grandiflora*, *Arnica alpina* o. s. v.

Bunden i Krattene var klædt med store *Peltigeræ* og kraftige Mosser:

Dicranum Mühlenbeckii *.	*Philonotis fontana.*
Cynodontium Wahlenbergii *.	*Swartzia montana* *.
Tortula ruralis *.	*Sphærocephalus palustris* *.
Grimmia canescens.	*Encalypta rhabdocarpa* *.
Hylocomium splendens.	*Isopterygium nitidulum.*
— *rugosum* *.	*Timmia bavarica* *.
Astrophyllum orthorrhynchum *.	*Desmatodon latifolius.*
Amblystegium uncinatum *.	*Hypnum trichoides* *.
— *revolvens.*	*Myurella tenerrima.*
Thuidium abietinum *.	

Dicranum var overvejende.

Paa de visne Birkegrene fandtes af Mosser f. Ex. *Orthotrichum* sp. og af Likener: *Physcia stellaris*, *obscura* og *pulverulenta* var. *muscigena*, *Peltigera rufescens*, *Lecidea elæochroma* var. *muscorum*, *Leptogium saturninum* o. a.

Mellem Mos under Pilegrene fandt jeg en *Argynnis* (imago); den har antagelig overvintret som imago [1].

I en lille Elv voxede friske, grønne Traadalger (*Zygnema* sp., steril) som Overtræk paa Mos. *Lesquerella* var alm. i tørre Klippespalter i Grus. En Tue af *Woodsia hyperborea* havde allerede 6 fuldt udviklede Blade, dog endnu ikke Sporangier.

Næppe 1% af Landets Areal var snedækt.

Overalt, hvor der var Fugtighed, i Lavninger og bredere Kløfter, langs de talrige mindre Vandløb, strakte sig store *Juncus*-Kær (*J. arcticus*, *castaneus*, *biglumis*); de vare endnu

---

[1] If. H. D e i c h m a n n s Iagttagelser (»Medd. om Grønland«, XIX, p. 97—104) overvintrede mange Insekter som Larver og ikke som Pupper; enkelte Individer overvintre dog sikkert som imagines, se ogsaa foran p. 216.

graa og visne. Lufttemperaturen svingede i de to Dage, vi opholdt os her, omkring Frysepunktet; Kl. 11½ Em. den 2. sank den til 5—6° Frost, men naar Solen skinnede, var det dog varmt i det stille Vejr. Om Natten var det taaget, men Taagen holdt sig langs Fjordisen, og da jeg om Aftenen den 2. Juni gik til Fjælds, naaede jeg op til klart Solskin i c. 800' Højde. Den hyppige lave Frosttaage herinde i Fjordene i Foraarstiden er sikkert en af Aarsagerne til, at man saa ofte træffer Vegetationen videre fremskreden i c. 500—1000' Højde end nede paa Lavlandet.

c. 3000' (950 M.) o. H. fandt jeg paa en temmelig nøgen Gnejskulle af ringe Udstrækning følgende Arter: *Woodsia hyperborea, Cystopteris fragilis, Festuca ovina* var., *Poa glauca, Carex nardina, Luzula confusa, Oxyria, Salix arctica* f. c. fl., *Silene acaulis, Saxifraga cernua, nivalis, decipiens* og *oppositifolia*, den sidste c. fl., *Pyrola grandiflora, Vaccinium, Cassiope tetragona, Draba nivalis, Campanula rotundifolia β., Potentilla nivea, Dryas, Papaver, Melandrium* og *Alsine hirta*; det var en meget spredt Fjældmarks-Vegetation, afsveden af Vinden. Store Liken- og Mospuder fandtes mellem Klippeblokkene, hovedsagelig dannede af *Stereocaulon denudatum, Cetraria nivalis, Peltigera* samt:

Racomitrium lanuginosum.	*Grimmia apocarpa.*
Stereodon revolutus * (store, flade Puder).	— *ericoides* *.
	— *hypnoides* *
Dicranum congestum *.	*Tortula ruralis* *.
— *scoparium* *.	*Hylocomium proliferum* *.
Swartzia montana *.	*Jungermannia gracilis.*

Et Par store Søer, der laa c. 500' (150 M.) lavere, vare endnu tillagte, flere mindre Søer derimod isfri.

Den Kulle, jeg besteg, kan tjene som Exempel paa Vegetationen heroppe paa det stærkt kuperede Gnejsplateau, som strækker sig nordover, hvor de stejle Basaltskrænter hæve sig ovenpaa Gnejsen. Desværre tillod Tiden mig ikke at naa over

til dem; de vare temmelig snefri, kun i dybe Kløfter laa der
store Snedriver. I Lavningerne mellem de temmelig nøgne
Kuller fandtes der endnu i denne Højde udstrakte og kraftige
Juncus- og *Carex*-Kær med *Carex misandra*, *Pedicularis flammea*,
Polygonum viviparum og *Saxifraga oppositifolia* (c. fl.) og med store
Aulacomnia (c. fl.), *Amblystegia* og andre Mosser som Under-
bund. Kærene naaede — saavidt jeg kunde se — helt op til
Basaltens Underkant, altsaa til c. 3500' (1100 M.) Højde. Her-
oppe manglede dog *Juncus arcticus*, som jeg ikke fandt højere
end c. 2000' (625 M.) o. H., og dèr endda kun i enkelte, spredte
Exemplarer. *Eriophorum Scheuchzeri* fandt jeg her til en Højde
af c. 2700' (850 M.), *E. angustifolium* (med næsten udsprungne
Blomster) kun til c. 2000' (625 M.).

I Kærene fandtes den sjældne *Calamagrostis stricta* var.
borealis; i enkelte Kærstrækninger var den dominerende. *Cha-
mænerium latifolium* naaede til c. 2700' (850 M.); *Rhododendron,
Pedicularis hirsuta*, *P. lapponica* og *Tofieldia coccinea* til c. 2000'
(625 M.). Den første Antydning af Krat fandt jeg i c. 2700' (850 M.)
Højde (baade *Betula* og *Salix*).

Lige nedenfor den omtalte Kulle paa en tør, gruset Skrænt:
tuet Græsvegetation, omtrent som nede ved Stranden, dannet
hovedsagelig af *Calamagrostis purpurascens* og *Carex nardina;*
her ogsaa *Betula;* hist og her var Græstæppet ganske tæt.
Ogsaa Lynghede fandtes endnu i denne Højde, men dog ikke
af større Udstrækning.

Det frodigste Kær traf jeg i c. 2000' (625 M.) Højde; her
fandtes *Carex hyperborea* med visne Blomsterstængler af 40 Cm.
Højde, *Eriophora*, *Juncus castaneus*, *biglumis* og enkelte Ex. af
J. arcticus, Calamagrostis o. s. v. *Salix arctica* f. havde udfoldede
Blade og store Rakler; *Saxifraga oppositifolia* blomstrede. I
Vandhullerne Grønalger (*Zygnema*) og talrige *Nostoc*-Hinder.

c. 2800' (880 M.) *Arnica* og *Draba* (arctica?), den sidste
med udsprungne, hvide Blomster; i et Kær i samme Højde

Vandhuller med Myggelarver, Traadalger, *Nostoc commune,* lange Vandmosser, *Equisetum arvense* og *Ranunculus hyperboreus.*

Det omtalte Terræn kunde deles i: 1) Kullerne, nøgne eller kun med enkelte spredte Fanerogamer i Sprækker og grusfyldte smaa Fordybninger, 2) flade, gruset-stenede, tørre. Plateau'er og Skraaninger med spredt Fjældmarks-Vegetation omtrent som paa Kullerne; 3) fugtige Kløfter, gennemstrømmede af Bække og 4) fugtige Plateau'er; de to sidste med Kær-Vegetation, hvori Juncaceerne (især *J. arcticus*) spillede Hovedrollen. *Sphagnum* fandt jeg mærkelig nok ikke i Gaasefjord. Krattene havde ikke den store Udbredelse som i Vestfjorden; muligvis staar dette i Forbindelse med, at Jordbunden øjensynlig var betydelig fugtigere her.

Om Formiddagen den 2. Juni besøgte jeg Bræen og dens Morænedannelser. Den yderste (østligste) Del af Bræen var dækket af et Lag af skarpkantede Basaltblokke; Laget havde en meget forskellig Tykkelse, snart traadte Bræisen nøgen frem, snart var Stenlaget flere Alen tykt. Paa Bræen selv var al Sneen smeltet, nogen «Sne- og Isflora» fandt jeg ikke. De højere Planter vare naturligvis kun sparsomt repræsenterede paa Isen; hvor Gruslaget naaede en Tykkelse af et Par Tommer (5—6 Cm.) eller derover, fandt man dog hist og her en lille Mosart, *Papaver* med fuldt udviklede Blade og store Blomsterknopper, som snart skulde springe ud, *Saxifraga cernua, Draba* sp., *Poa glauca, Melandrium affine, Chamænerium latifolium, Alsine hirta* og *Festuca ovina.* Oppe paa Bræen fandtes forøvrigt talrige Vandhuller og Elve, som ofte løb gennem anselige Tunneler; der var ikke Spor af Plante- eller Dyreliv i det iskolde Vand.

En stor Elv fra Bræens nordligste Ende bugtede sig hen over et anseligt Lavland mellem et System af lave Høje, der vare dannede — en enkelt Lerbanke undtagen — af Basaltsten og Grus. Paa disse Stenbankers ofte bratte Skrænter ned mod Elven fandtes en spredt, tuet Moræne-Vegetation: Store Tuer af *Calamagrostis purpurascens*, *Poa glauca*, *Festuca ovina* var., *Elyna Bellardi*, *Salix arctica* f., *Drabæ*, *Saxifraga decipiens* og *nivalis*, *Rhodiola*, *Chamænerium*, *Melandrium*, *Cerastium alpinum* β. *lanatum*, *Halianthus*, *Dryas octopetala*, *Potentilla nivea*, *Betula*, *Woodsia*; Mosser (mest *Polytricha*) og Likener (*Stereocaulon*, *Xanthoria vitellina* o. s. v.). Paa Ryggen af Smaabakkerne var Vegetationen ofte sammenhængende: Lynghede eller Kær. I tørt Sand paa Sydskrænter blomstrede baade Pil og Birk og dannede store, grønne Pletter. I Vandhullerne i Kærene var der en kraftig Mosvegetation. Lemmingen havde ofte bygget sine Reder af de lange Vandmosser (*Amblystegium sarmentosum*, *revolvens* o. a. Arter, *Cephalozia* m. m.).

Mellem Sten og Grus umiddelbart ved Brækanten voxede *Draba arctica* med fuldt udsprungne Blomster og indtil 4—5 Cm. lange Blomsterskafter og *Braya alpina* Sternb. & Hoppe med store Blomsterknopper i Midten af Bladrosetten.

Mellem Stenbankerne laa en enkelt Lerbanke, næppe 50′ høj; den var saa godt som ganske uden Plantevæxt; paa store Strækninger var Lerets Overflade dækket af et tyndt, hvidt, udkrystalliseret Saltovertræk. Mosser manglede ganske, kun hist og her en lille Tue af *Glyceria vilfoidea* med lange Udløbere. Dette Salt, som især fandtes i smaa Fordybninger, havde aabenbart tidligere været til Stede i vandig Opløsning og var udskilt ved Vandets Fordampning; det fandtes forøvrigt ogsaa — men ikke i saa stor Mængde — paa de stenede Høje som et tyndt Overtræk paa Grus, Smaasten, Ler og Planter.

Den Del af Lavlandet, der var nærmest Fjorden, var ganske flad og kun faa Fod over Fjordens Niveau. Elven grenede sig her mæandrisk, og mange Smaabække fra Brækanten søgte i talrige Bugter ned til den store Hovedelv. Bunden var her saa godt som blottet for Planter; rullede Basaltsten og fint Glacialler dækkede dette Terræn, der indtog et Areal af adskillige Tusind Kvadratalen. I Snesmeltningstiden overskyller Elvvandet aabenbart hele Terrænet og hindrer de fleste Planter i at udvikle sig. Selv en Plante som *Salix arctica* f. havde den rivende Strøm faaet Bugt med; jeg fandt f. Ex. en lille, knudret Busk med Grene af 15 Cm. Længde (6″); den var revet op med Rode; Roden var 5 Alen (3¹/₃ M.) lang og manglede endda det yderste Stykke, sikkert mindst 2 Alen (1¹/₃ M.); en slaaende· Illustration til Elvens oppløjende Virksomhed! Det er kun Planter med kraftige, stærkt forgrenede og dybt liggende Rhizomer, som kunne holde sig her, nemlig *Chamænerium*, hvis røde, kraftige overjordiske Skud saas hist og her, og *Halianthus;* desuden enkelte Tuer af *Poa glauca*, der (som omtalt p. 242) har meget lange og stærkt forgrenede Rødder. Langs Elven fandtes der endelig pletvis tætte Tæpper af ganske lave, hyppig fruktificerende Mosser: *Funaria hygrometica* *, *Pottia Heimii*, *Desmatodon* og *Brya*, alle graa af Ler. Ogsaa disse ere sikkert forankrede ved et tæt Filt af Rhizoider, der gennemvæve Leret og give dette en vis Fasthed.

I hvert Fald en Del af disse Morænedannelser ere hævede Havdannelser; i den omtalte Lerbanke fandt jeg et Brudstykke af *Portlandia arctica*, og nærmere ved Stranden i Elvlejet en hel Skal, som saa ud til nylig·at være var skyllet ud af Leret.

Dyrelivet var naturligvis rigt herinde.

17. Sydkysten af Gaasefjord.

6. Teltplads. Den 4. Juni Kl. 1¹/₂ Fm. trak vi over til Fjordens Sydkyst, som vi naaede Kl. 11 Fm.; Teltpladsen laa c. 5 Mil vest for Gaasepynten (Luftlinje); Temp. sank til 9° Frost; ved Middagstid steg den til + 1°. Bjærgarten var her indtil c. 1000′ Højde Gnejs, derover 3—4000′ høje, lodrette Basaltfjælde. Der var her betydelig mere Sne end paa de to sidste Teltpladser paa Nordsiden af Fjorden; Insolationen er ikke saa kraftig, og Føhnen har aabenbart heller ikke saa stor Indflydelse her som paa den modsatte Side af Fjorden. Det

kuperede og temmelig smalle Gnejsland var for største Delen dækket med Morænegrus og nedstyrtede Basaltblokke. Vort Telt stod paa en lav Gnejspynt, som ved en anselig Elv var adskilt fra det indenfor liggende Land, der hævede sig stejlt, og som helt ned til Havfladen var dækket med Basaltras; kun som stejle Bratninger traadte Gnejsen frem i Dagen. Baade Nat og Dag var der en stadig Kanonade fra Basaltfjældene, idet vældige Blokke idelig løsnede sig og styrtede ned med Tordenbrag. Paa selve den lodrette Basaltmur laa der kun lidt Sne, men i de stejle Kløfter og Nischer, hvor hverken Sol eller Føhn kunde virke, laa der store Driver ligesom ogsaa paa det kuperede Gnejsland og i «Uren». Fra Driverne og det højtliggende, sne- og isdækte Plateau bag Randen af Fjældet styrtede talrige Elve i dristigt Fald ned mod Stranden. Nu vare Elvene kun smaa, men de vældige Stenvolde, som omgave deres Lejer, talte højt om kolossale Vandmasser og uhyre Kræfter, der havde været i Virksomhed for at bane Elven Vej gennem Raset. Paa disse Elvvolde var Vegetationen yderst spredt og fattig: *Dryas*, *Chamænerium*, *Cerastium alpinum β. lanatum*, *Salix arctica* f. og *Stellaria longipes*; den sidste optraadte pletvis i stor Mængde. I Elvlejerne fandtes der ingen levende Planter; kun oprevne, dræbte Individer.

Mellem Basaltraset voxede bl. a. følgende Mosser:

Bryum ventricosum.	*Amblystegium uncinatum* *.
Stereodon revolutus * (store Puder).	*Thuidium abietinum.*
	Oncophorus gracilescens.
Swartzia montana *.	*Hypnum trichoides.*
Tortula ruralis.	*Dicranum Mühlenbeckii* *.
Grimmia apocarpa *.	— *brevifolium.*

Det var et vildt og storslaaet Landskab, præget af mægtige Naturkræfter, men Vegetationen var kuet og trængt tilbage. Dog maa det erindres, at under Snedriverne findes de ømtaaligere Planter. «Foraaret» vil selvfølgelig altid komme. meget senere paa Fjordens Sydside, hvor Solen først sent paa Aaret faar nogen større Indflydelse.

Her laa vi til den 6. Juni,. da vi efter 10 Timers yderst anstrængende Marsch gennem opblødt, vanddrukken Sne, ofte vadende til langt op over Knæerne, naaede vor sidste Teltplads, c. 1 Mil Vest for den store Syd-Bræ, som ligger lige Syd for vor Vinterhavn.

Det var vor Hensigt at blive liggende paa denne Teltplads et Par Dage, for at jeg kunde faa Lejlighed til at undersøge Basalten, der her naar omtrent ned til Fjordens Niveau. Men hele Landet var dækket af mægtige Snelag, og Sneen var saa blød, at det viste sig umuligt at udrette noget af Betydning. Næste Dag trak vi derfor hjem til Hekla Havn, som vi naaede den 7. Juni om Formiddagen.

Paa løse Basaltblokke ved sidste Teltplads indsamlede jeg en større Mængde Likener, der næsten alle vare daarligt udviklede og forkrøblede. Almindeligst forekommende vare:

Parmelia lanata.
— stygia.
— saxatilis.
Physcia cæsia.
Lecidea enteroleuca og Varieteterne latypea og pungens.
— aglæa.
— lapicida.
Lecanora Hageni, Hovedformen og var. lithophila.
Lecanora polytropa.
— badia.

Lecanora varia (meget alm.).
Aspicilia gibbosa (meget alm.).
Sarcogyne privigna.
Gyrophora cylindrica.
— proboscidea.
Rhizocarpon grande.
— geographicum.
— geminatum.
Placodium chrysoleucum.
Buellia saxatilis.
— coracina.
— myriocarpa.

Det viste sig altsaa — som venteligt — at der paa denne Aarstid, baade paa Nord- og Sydsiden af Fjorden, var betydelig større Snemængder i det ydre af Fjorden end i Kingua. Solen havde aabenbart virket langt kraftigere inde i Bunden af Fjorden end længere ude; thi der er vel ingen Grund til at antage, at Snefaldet har været saameget ringere det ene Sted end det andet, og de ømtaalige Kingua-Planter have sikkert staaet dækkede af Sne i den strænge Vintertid. Man kan vist anslaa Tidsforskellen mellem Planternes Udvikling i Bunden af Gaasefjord og paa Danmarks Ø til en halv Snes Dage, skønt Afstanden kun er c. 10 Mil.

---

18. Danmarks Ø.

Middeltemperaturen i Juni ved Hekla Havn var + 1,1°, Maximumstemp. 8,8°, Minimumstemp. ÷ 8,2°.

Efter Hjemkomsten fra 3. Slædetur gik Udviklingen sin rolige Gang. Hver Dag bragte nye, blomstrende Arter for Dagen; fra $^7/_6 — ^{20}/_6$ havde vi smukt Solskinsvejr, klart og stille. De Lokaliteter, hvor de forskellige Arter først naaede til Blomstring, vare Skibakkens og Blaabærhøjens ofte omtalte Sydskrænter samt de gruset-stenede Aasdannelser, der fandtes hist og her, og som Vinden havde holdt snebare næsten hele Vinteren igennem. Den første Insektbestøvning, jeg iagttog i Aar, var *Bombus hyperboreus* i *Arctostaphylos alpina* $^{10}/_6$, men jeg tvivler ikke paa, at *Saxifraga oppositifolia* og de andre Entomophiler, der vare udsprungne tidligere, strax have fundet Bestøvere. Den østgrønlandske Humle (*B. hyperboreus*) er en udmærket flittig Bestøver; den er i Virksomhed hele Døgnet igennem, ikke blot i Solskin, men ogsaa i Regn og Sne; det var ligegyldigt, hvor man gik, og naar man var ude — paa de frodige Lokaliteter, hvor der var blomstrende Melbær eller Bøller, kunde man altid være sikker paa at se Humlerne i Arbejde. Jeg har aldrig set dem gennembide Bunden af *Arctostaphylos-*

17*

Kronen, derimod saa man ret ofte dens karakteristiske Huller i *Vaccinium*'s Kroner. Fluerne, især Syrphiderne, stille større Fordringer til Vejrliget; saasnart der kommer en Sky for Solen, krybe de i Skjul; men er det endelig Solskin og stille Vejr, sværme de ogsaa i Tusindvis paa de blomsterrige Lokaliteter.

$^{12}/_6$. I Kærstrøgene fra Havnen op til Blaabærhøjen og Passet ligger der endnu store Snemarker af 1½ Alens (1 M.) Tykkelse. Blaabærhøjens Østskrænt og Passet ere endnu snedækte. Paa fugtige Lokaliteter er *Saxifraga oppositifolia* endnu ikke i Blomst, medens den staar i fuld Blomstring paa alle tørre Partier. *Woodsia ilvensis* har tommelange, friske Blade, endnu dog uden Sporangier; Avnerne, der senere blive brune og tørre, ere nu glinsende sølvhvide og give Bladene en usædvanlig Skønhed.

$^{13}/_6$. Elven i «Elvdalen» brød op for et Par Dage siden; den fører nu en vældig Vandmasse, som gaar højt op over Bredderne; hele Dalbunden er dækket med Snesjap af 1½ Al. (1 M.) Tykkelse.

Paa Elvdalens Skrænter mod Syd er *Saxifraga oppositifolia* ofte afblomstret. *Rhododendron* er den Plante, der spiller Hovedrollen her for Tiden; naar den er i fuld Blomstring, kan man ikke tænke sig en skønnere lille Busk. — Hundreder af Fluer i *Salix arctica*'s Rakler, især i ♂-Raklerne. Det er Nektar og ikke Pollen, Fluerne søge; jeg betragtede en Mængde Individer under Blomsterbesøget, og alle stak de Snablen ned i Nektaren; men naturligvis bleve de samtidig overpudrede med Pollen.

Oppe paa Øens Plateau er der ganske vist svunden en betydelig Mængde Sne, men alle Lavninger og Kær ere dog for største Delen snedækte. De fleste Søer ere kun optøede lige ved Randen; en enkelt dog helt optøet, naar undtages, at der ligger en Del fastfrossen Bundis.

De fleste Elve brød op i disse Dage. Smaa Vandløb, der om Sommeren ere saa ubetydelige, at man næppe lægger

Mærke til dem, naar man passerer dem, maa man nu gøre lange Omveje for, eller man maa søge sig et Sted ud, hvor der endnu ligger en Snebro over dem. En ubetydelig lille Elv var brudt op gennem et flere Alen tykt, fastpresset Snedække og havde slynget vældige Sneblokke indtil en Snes Alen bort fra sit Leje. Naar man saa, hvilke betydelige Virkninger de smaa Vandløb her paa Øen kunde fremkalde, forstod man let, hvilke Katastrofer de store Elve med stærkt Fald fra betydelige Højder maatte foraarsage. De Dele af Kærene, der ere snebare, danne bundløse Moradser, som kun ere passable paa Ski, og selv saaledes synker man ofte en halv Alen ned i det bløde Mos. Vegetationen i Kærene har endnu fuldstændigt Vinterpræg: alle Fanerogamer ere visne og graa, Mosserne derimod naturligvis friskgrønne. I Vandhullerne spirede Algerne; de almindelige, sortblaa Zygnemer havde nye, lysegrønne Traade, og talrige Desmidiaceer fandtes mellem dem. Daphnierne viste sig ikke endnu, heller ikke *Colymbetes* eller andre Vanddyr, kun Myggelarver.

¹⁵/₆ fandtes de første udprægede Kærplanter i Blomst, nemlig *Eriophorum angustifolium* og *Carex pulla*. *Saxifraga oppositifolia* i Blomst i fugtigt Kær.

I Vandhuller, der have ligget tørre Vinteren igennem, ser man nu ofte store Kager af *Amblystegium*-Arter drive om oven paa Vandet; Mosserne ere blevne saa fyldte med Luft, at Opdriften har løsnet hele Kagen fra Bunden. Mellem Mosserne findes en Mængde Myggelarver, Anguilluliner, Infusorier, Diatoméer, Traadalger m. m.

Først nu ser man *Cladonia rangiferina* almindelig snebar; den hører — som ogsaa Kihlman bemærker — til de ømtaaligste Likener, der ikke staa snebare i Vintertiden.

¹⁷/₆. Baade Deichmann og jeg saa for første Gang i Aar en flyvende *Argynnis;* men først et Par Dage senere blev den almindelig.

Gaasesøen kaldte vi en ret betydelig Sø Vest for Blaabærhøjen; mod V. og N. var den begrænset af stejle Skrænter, paa hvilke en Del Gæs ynglede. Søen var endnu isdækt, Raset derimod for største Delen befriet for Sne; mellem de store, kantede Blokke laa anselige Puder af *Racomitrium lanuginosum* og Busklikener: *Stereocaulon, Sphærophoron, Cladonia rangiferina, nivalis* og *furcata.*

De smaa Afsatser paa Sydskrænten vare prægtige at se til: Store, grønne Tæpper af Pil og Birk med blomstrende Rakler, en Mængde blomstrende *Drabæ* (*D. nivalis, hirta* og * *rupestris*), *Arnica, Rhododendron, Saxifraga oppositifolia* og *nivalis, Rhodiola, Silene* ♀, *Potentilla nivea* og *maculata* (den sidste dog ikke alm. c. fl.), *Cassiope tetragona, Pedicularis flammea, Dryas, Melandrium affine.* Humler og Fluer i Mængde.

Paa Plantedele, som nylig vare blottede for Sneen, fandtes ofte et fint, spindelvævsagtigt Overtræk af brune Svampehyfer over og mellem visne Blade og Grene, muligvis *Lanosa nivalis* (jfr. p. 34).

18-19/6. Natexkursion. Elven i «Elvdalen» fører allerede nu mindre Vand end tidligere; Vandmængden varierer forøvrigt efter Dagstiden; om Eftermiddagen er der mest Vand, om Morgenen mindst. Oppe paa Plateau'et er Solen nu kun nede en Timestid, skjult bag de høje Basaltfjælde paa Milnes Land. Hele Natten summede Humlerne omkring; jeg traf ogsaa en Del *Argynnis*, men de fløj, mærkelig nok, altid paa golde Lokaliteter, hvor der ingen udsprungne Blomster fandtes. Rigt Fugleliv i Kær og Søer i de aabne Render langs Land.

Landet var nu saa snebart, at jeg — efter at være kommen op paa Højderne — kunde sætte Skierne fra mig og gaa til Fods. Siden Septbr. var det den første længere Exkursion, jeg foretog uden Ski eller Snesko her paa Øen. Sneskorpen var paa de fleste Steder saa haard, at den kunde bære.

Jeg gik østover til Østspidsen af Øen, passerede en lille aaben Sø og dernæst den store «Langesø» (vor største Sø), som endnu for største Delen var isdækt, men hvor jeg dog for første Gang ·i Aar fandt den lille Vandkalv (*Colymbetes dolabratus*).

Tangen mellem den østlige Halvø og Hovedøen er c. 30' (10 M.) høj og c. 7—800' (220—250 M.) bred; den har en yderst tarvelig Fjældmarks-Vegetation. Paa nogle store, drivvaade Lerflader i Nærheden bestod hele Vegetationen af smaa, tiltrykte Tuer (man vægrer sig ved at bruge Udtrykket Buske) af *Salix arctica* f.; der var· akkurat saa mange af dem, at jeg ved at springe fra den ene til den anden kunde undgaa at vade i det tunge Ler.

I et leret, temmelig fugtigt Kær fandtes *Ranunculus altaicus* c. fl.; Løvbladene vare endnu ikke udviklede.·

En lille Sø Syd for «Langesø» var for faa· Dage siden bleven aaben; Isen laa endnu paa mange Steder. fast paa Bunden. I Løbet af de to sidste Dage var Vandet faldet flere Alen, efter at Elven havde banet sig en Tunnel gennem de mægtige Snedriver, der fylde den snævre Kløft, hvorigennem den styrter sig ud i Fjorden.

Ved Bredden af et Par Smaasøer fandtes frodige Moskær, dannede hovedsagelig af følgende Arter:

Amblystegium. sarmentosum.*.	*Sphagnum Girgensohnii.*
— *stramineum* *.	*Isopterygium nitidulum.*
— *revolvens.*	*Hylocomium proliferum.*
— *exannulatum* *.·	*Meesea triquetra.*
— *turgescens* *.	*Cinclidium subrotundum.*
— *badium.*	*Philonotis fontana* *.·
Sphærocephalus turgidus *.	*Bartramia ityphylla.*
— *palustris* *.	*Oncophorus virens.*
Paludella squarrosa *.	*Odontoschisma Sphagni.*
Dicranum molle.	*Anthelia julacea.*
— *elongatum.*	*Timmia austriaca.*
— *neglectum.*	*Polytrichum strictum.*
Sphagnum fimbriatum.	— *alpinum.*

Polytrichum hyperboreum.   Jungermannia gracilis.
Tortula ruralis.   — minuta.
Stereodon revolutus.   — Wenzelii.
Blepharostoma trichophyllum.   Ptilidium ciliare *.
— setiforme.   Scapania sp.

Under Sten og mellem Birkegrene, i Skygge og Fugtighed:

Astrophyllum orthorrhynchum *.   Pohlia cruda *.
— cinclidioides *.   Swartzia montana *.

Dicranum elongatum med indblandet *Jungermannia minuta*
dannede store, halvkugleformede, *Conostomum tetragonum* mindre,
næsten kugleformede, rigt fruktificerende Tuer af et Par Tom-
mers Diameter. *Splachnum vasculosum* voxede almindelig paa
Rensdyr-Exkrementer sammen med *Pohlia commutata* og *Onco-
phorus (gracilescens?)*.

Med den 20. Juni begyndte en Periode af Taage, Graavejr,
Regn og Sne; Nedbøren var dog ret ubetydelig, og Sneen for-
svandt strax, efter at den var falden.

²²/₆. Kærene begynde nu hist og her at grønnes. *Cassiope
tetragona* staar almindelig i Blomst paa tørre Lokaliteter.

²⁷/₆. I Tangen ved Stationen (leret Sand med subfossile
Muslinger) var Jorden frossen i en Dybde af 21" (55 Cm.). I
Kærene var Jorden i et Par Alens Afstand fra de perennerende
Driver, altsaa nylig blottet for Sne, frossen i 2" (5 Cm.) Dybde;
ude i Midten af et Kær, der var blevet snefrit for c. 10 Dage
siden, var Jorden frostfri i mindst 8—10" (21—26 Cm.) Dybde.

I den sidste Uge. har Lufttemp. i Skyggen næsten daglig
i nogle Timer været i Nærheden af Nulpunktet, og Fjordisen
aftog kun 6 Cm., medens den i forrige Uge aftog 30 Cm.
Der var heller ikke rigtig Fart i Vegetationens Udvikling i
denne Tid.

Nedenstaaende Tabeller ville give en Forestilling om Temperaturforholdene i den sidste Halvdel af Juni Maaned.

$^{15}/_6$ ved Stationen, Stille, klart Solskin. Kl. 1^{15}: Skymængde 5, Cirrstrat.; Kl. 2: Skymængde 0.

	Kl. 1^{15} Fm.	Kl. 2 Fm.
Lufttemperatur i Thermometer-Skabet	0,8°	2,0°
I Sol:		
Paa vissen *Vaccinium* ved Pro- (Sort K. . . .	13,0°	9,0°
viantskuret. 2″ fra Væggen · (Blank - . . .	7,8°	″
Paa et Stativ paa Grønlænder- (Grøn K. . . .	4,8°	3,8°
muren ved Proviantskuret, (Blank - . . .	3,3°	2,7°
4—5″ over Græstørven, 5″ fra (Sort - . . .	5,5°	4,5°
Væggen.		
Frit i Luften, under Platformen (		
paa Evaporimeter-Pælen, c. 2 Al.) Sort K. . . .	1,0°	3,5°
over Jorden, der er snedækt og) Blank - . . .	÷1,0°	1,5°
fuld af Vandhuller. (		
I Græstørven paa Grønlændermuren, 3″ Dybde,		
tør, løs Mor	″	10,5°

$^{16}/_6$. Kl. 4^{30} Em. Skibakken; Stille, klart, bagende Solskin, Lufttemp. (Svingthermometer) 10°.

Tør, gruset Bund med spredte *Carex rupestris*, 2″ Dybde . . 28,5°

Tørt, ubevoxet Grus, 1″ Dybde . . . . 25°

Mor, svagt fugtig, under blomstrende *Vaccinium*. 3″ Dybde . 16,5°

    —   —   —   7″ Dybde . 15°

Blank Kugle, liggende paa lodret Klippevæg . . . . 29°

    — , næppe dækket af visne *Vaccinium*-Blade, i Skygge under Buskene . . . . 19°

I knastør *Polytrichum*-Tue, 2″ Dybde . . . . 27,5°

$$I \text{ vissen, tør } \textit{Silene acaulis}\text{-Tue} \begin{cases} 1'' \text{ Dybde } (2,5 \text{ Cm.}) \dots \dots 31° \\ 2'' \quad - \quad (5 \quad - \quad) \dots \dots 24,5° \\ 3'' \quad - \quad (8 \quad - \quad) \dots \dots 23° \\ 4'' \quad - \quad (10,5 - \quad) \dots \dots 21,5° \end{cases}$$

Kl. 5³⁰ Em. Klart, Stille, Solskin. Lufttemp. 8,5°.
Dagens Maximumstemp. 8,8° (5 Em.).
— Minimumstemp. + 0,4° (1 Fm.).

¹⁷/₆. Kl. 3³⁰ Em. Gruset Skrænt (Aas?) Vest for Blaabær-
højen, sydlig Exposition, Stille, Solskin.

I tørt, groft, graat Grus, 1'' Dybde . . . . 29°
I svagt fugtigt, graat Grus, 2'' — (den øverste Tomme tørt Grus) 27°
Sort Kugle, liggende paa Gruset . . . . 36°
— , frit i Luften. 1'' over Gruset . . . . 28°

²¹/₆. Kl. 4 Em. Skibakken, sammesteds som ¹⁶/₆, Graa-
vejr, Taage, Stille, nu og da lidt Sne.

Lufttemperatur . . . . 2°
I *Polytrichum*-Tuen, 1¹/₂'' Dybde . . . . 13°
I tørt Grus, 1'' Dybde . . . . 14°
Blank Kugle, liggende paa Klippen . . . . 10°

²⁹/₆. Kl. 5¹⁰ Em. Skibakken, taaget Graavejr, Lufttemp. 1,3°
Kl. 5⁴⁵ Em., ibid., af og til Solglimt gennem den tætte
    Taage, Lufttemperatur . . . . · . . 0,9°
³⁰/₆. Kl. 8⁴⁵ Fm., ibid.: Graavejr, Taage, Regn, Solen
    ikke synlig, Lufttemperatur . . . . 2,2°
Kl. 9⁴⁵ Fm., ibid.: Som Kl. 8⁴⁵.
Kl. 9 Em., ibid.: Graavejr, Taage, svag Regn, Solen
    ikke synlig, Lufttemperatur . . . . 2,8°
Kl. 11¹⁵ Em., ibid.

I. Sort Kugle paa *Vaccinium*, 2—3″ over Jorden.

II. Blank —   —   ,   —   .

III. Svagt fugtig Mor, bevoxet med *Vaccinium* og *Aulacomnia*, 2″ (5 Cm.) Dybde.

IV. Som III, 7¹/₂″ (20 Cm.) Dybde (Klippethermometer Nr. 1).

V. I en stenet Grusbanke, Sydskrænt, 17¹/₂″ (46 Cm.) Dybde; det øverste Par Tommer bestod af tørt Grus, medens det underliggende var fugtigt Grus (Klippethermometer Nr. 2)[1].

	²⁹/₆, 5⁴⁵ Em.	³⁰/₆, 8⁴⁵ Fm.	³⁰/₆, 9⁴⁵ Fm.	³⁰/₆, 9 Em.	³⁰/₆, 11¹⁵ Em.	⁶/₇, 6 Em.
I.	24°	6,₈°	8.0°	6,0° [2]	″	″
II.	10°	4,0°	4,₅°	3,₈°	″	″
III.	4,₈°	3,₈°	4,0°	5,₂°	5,0° [3]	″
IV.	2,₆°	2,₈°	2,₈°	3,₂°	3,0°	2,₆° [4]
V.	″	0,₇°	0,₇°	1,0°	1,0°	1,₈°

⁶/₇. Temperaturer i et Vandhul, Kl. 6 Em.

3″ (8 Cm.) Dybde (Bunden af Vandhullet) . . . . . . 4°

2″ (5 Cm.) Dybde . . . . 7°

1″ (2,5 Cm.) Dybde . . . . 9°

Lufttemperatur . . . . 5,₅°

²²/₆. Kl. 4—5 Em. I et Kær ved Havnen, c. 150′ o. H. Graavejr, helt overskyet, Stille.

Lufttemperatur . . . . 1,₂°

I. I et Vandhul med rindende Vand, Tilløb fra en Snedrive, 10 Skridts Afstand fra Driven, 1″ Dybde . . . . 5,₂°

II. I samme Vandhul som I, umiddelbart ved den afsmeltende Drive, 3″ Dybde . . . . 3,₈°

[1]) Klippethermometrene bleve staaende i Jorden i flere Dage.

[2]) Sværten til Dels afvasket af Regnen.

[3]) I 1″ (2,5 Cm.) Dybde: 5,0°.

[4]) Stod nu i Vand.

III. I samme Vandhul som I og ll, 5 Skridt fra Driven,
2¹/₂″ Dybde . . . . 7,0°

IV. I en lille Vandpyt med stillestaaende Vand, 1 □ Alen
stor, i en Fordybning i Klippen; Bunden sort af blaa-
grønt Algefilt, 1″ Dybde . . . . 14°

V. Større Vandpyt, stillestaaende Vand, blaagrønne Alger
paa Bunden, *Carex pulla* m. m., 2″ Dybde . . . . . . : . . 15°

VI. Større Vandpyt ved en afsmeltende Snedrive, 8″ Dybde 6°

VII.   —   —   —   13″   —   6°

VIII. I et lille Vandløb, c. ¹/₂″ dybt Vand, nær Snedriven . . 3°

IX.   —   — ,   —   — , c 25 Skridt fra
Snedriven . . . . 7°
(VIII og IX: Vandet løb hen over «Sorte Striber»,
ɔ: blaagrønne Alger m. m.)

X. I fugtig Mostue i Kæret, 1″ Dybde . . . . 11°
   —   — , 2″   —   . . . . 11°
   —   — , 3″   —   . . . . : . 10°

XI. I fugtigt, graat Grus i Kæret, 1″ Dybde . . . . 11°
   —   —   — , 2″   —   . . . . 9°
   —   —   — , 3″   —   . . . . 8°

XII. Svagt fugtig Bund, den øverste halve Tomme tør, mellem
Vaccinium, 1″ Dybde . . . . 13,5°
Ibid. 2″ Dybde . . . . 11,8°
Ibid. 3″   —   . . . . 10,0°

XIII. I tørt Grus under visne *Empetrum*-Grene, 1″ Dybde . 14°

XIV. I levende, tæt *Diapensia*-Tue, 1″ Dybde . . . . 14°
   —   —   , 2″   —   . . . . 13°

Juli 1892.

Maanedens Middeltemp.: + 4,4°, Maximumstemp. + 15,2°,
Minimumstemp. ÷ 0,2°.

⁴/₇. Paa de fladere Strækninger Øst for Havnen har der hist
og her dannet sig svage Antydninger af Strandformation;
men den er meget fattig og uden Betydning for Landskabets
Karakter. *Glyceria vilfoidea* voxer pletvis i smaa, tætte og lave
Tuer med lange Udløbere, men danner kun sjældent sammen-

hængende Tæpper, endsige Strandenge, skønt Terrænet paa adskillige Steder indbyder dertil. De unge Blade ere nu rødligt anløbne; Arten er endnu ikke naaet til Blomstring og sætter overhovedet sjældent Blomst i Scoresby Sund. Den er den almindeligste Strandplante her. *Stellaria humifusa* optræder ved Scoresby Sund i en meget smaabladet Varietet. Paa enkelte Steder ser man smaa, lave Tuer af *Carex ursina* c. fl.; *C. glareosa*, som aldrig mangler ved Stranden i Vestgrønland, saa jeg ikke i Østgrønland. *Catabrosa algida* danner 1—2" (2,5—5 Cm.) høje, friskgrønne, blomstrende Tuer; den staar ofte i Vandpytter ved Stranden. Den lille *Carex subspathacea* fandtes paa en enkelt Plet ved Havnen; den naaede sjældent mer end 1—1½ Cm. Højde og ynder at voxe mellem Mosser og Glycerier umiddelbart ved Strandkanten. Af andre Strandplanter kunne nævnes: *Sedum Rhodiola*, *Saxifraga rivularis* og *Halianthus peploides*, men — som sagt — Strandfloraen er yderst fattig; af de nævnte 7 Arter ere kun *Glyceria* og *Stellaria* nogenlunde almindelige, de andre ere sjældne (som Strandplanter). Paa tilsvarende Lokaliteter i Vestgrønland vilde man ikke have savnet f. Ex. *Elymus arenarius β.* og *Mertensia*. Ved Stranden fandtes der endvidere en Del Drivtræ (Koniferer), men kun i ringe Mængde, samt en Del opdrevne, halvraadne Alger, mest *Fucus evanescens* og *Desmarestia aculeata*. Mellem Algerne levede en Del smaa Lumbriciner (*Enchytræus* sp.) og store Mængder af Podurer (Grønlændernes baset, ɔ: Krudt, et meget betegnende Navn, da de i høj Grad ligne flnt Krudt) og en Del smaa brune, rødbenede Mider. Af Kryptogamer ere kun faa knyttede til Stranden: en steril *Bryum*-Art og smaa *Nostoc*-Kugler; i Klipperevner, helst hvor Terner og Maager holde til: *Hormidium parietinum*.

Paa et enkelt Sted voxede *Anthelia julacea*, *Oncophorus gracilescens*, *Bryum pallescens* og et Par *Amblystegium*-Arter mellem *Stellaria humifusa* og *Carex subspathacea*.

Strand-Vegetationen kommer sent til Udvikling, dels fordi

Sneen ligger længe i Lavningerne, dels fordi Fjordisen til langt ud paa Sommeren virker som stadig Kuldepol. Af *Stellaria humifusa* saa jeg kun en enkelt lille Tue i Blomst; den voxede imellem sort, hornblendeholdigt Grus paa en Gang i Gnejsen. At denne Tue var udsprungen, skyldtes Insolationens kraftige Virkning paa den mørke Jordbund.

Man behøver kun at fjærne sig 50—100 Al. fra Kystlinjen for at træffe en Mængde blomstrende Arter.

Paa et lille Skær (20 □ Alen, 13 □ M. stort, 10—15‘, 3—5 M. højt) fandtes en lille Fordybning af et Par Kvadratalens Størrelse; Bunden var beklædt med et tæt Tæppe af *Glyceria* samt blomstrende *Catabrosa* og *Saxifraga rivularis;* der var her et sort, fedt Muldlag af 8″ (21 Cm.) Dybde, gennemvævet af Græsrødder.

I Græsset fandtes tre Ternereder (*Sterna macrura*); Frodigheden og Muldlaget skyldes Fuglenes Gødning; her laa store Kager af *Hormidium parietinum.*

I nogle smaa Vandhuller i den nøgne Klippe havde Vandet en besynderlig rødlig Farve; den hidrørte fra *Sphærella nivalis,* der ogsaa som en rød Slim beklædte de almindelige blaagrønne Alger paa Bunden; i andre Vandhuller var Vandet grøntfarvet af *Hormidium.*

Paa lignende smaa Skær fandtes usædvanlig mange og store Puder af *Cladonia rangiferina.*

19. Gaaseland.

⁷/₇ afgik Bay, Deichmann og jeg med 3 Hunde og 2 Slæder til Gaaseland, hvor man nu fra vor Ø saa betydelige Strækninger af snebart Land. Natten mellem ⁵/₇ og ⁶/₇ faldt der, medens det regnede paa Danmarks Ø, Sne paa Basalttoppene herovre; den forsvandt dog hurtigt igen. Paa Havnen og Fjorden stod der nu talrige Smaasøer af fersk Vand, ude paa Fjorden var største Delen af Sneen smeltet, hist og her

fandtes aabne Strømhuller og Revner i Isen. Denne var endnu meget tyk, midt ude paa Fjorden gennemsnitlig 70—90 Cm. Langs Land løb ved begge Kyster brede, aabne Render, saa vi maatte færge os i Land paa drivende Isflager. I de Dage, vi opholdt os paa Gaaseland, havde vi en Del Regn og Taage, men dog ogsaa et Par Dages smukt Vejr. Følgende Temperaturobservationer anstilledes:

⁷/₇.	Kl. 8 Em., i Fjordens Niveau: Lufttemp. i Skygge	. .	2°
Overskyet,	- 9 - — : —	. . .	2°
Solglimt i	- 9¹⁵ - c 150′ (50 M.) o. H.: —	. .	5°
Øst og Nord.	- 12³⁰ Fm. c. 200′ (63 M.) o H.: —	. .	4°

⁸/₇, Kl. 1 Em., i Fjordens Niveau, Lufttemp. i Skygge: 5° ⎫
- 2 - c 200′ (63 M.) o. H. — 9° ⎪ Stille,
- 2¹⁵ - c. 700′ (220 M.) o. H. — 9° ⎬ overtrukket.
- 3³⁰ - c. 2000′ (625 M.) o H. — 10° ⎭
- 7³⁰ - c. 3700′ (1165 M.) o. H — 9°, Stille, Solskin.
- 7³ᵘ - Temp. i tørt Basaltgrus, solbeskinnet
SO.-Skraaning, 3700′ (1165 M.) o. H.,
2ᶜᵐ Dybde . . . . 15°
Blank Kugle, liggende paa tørt Basalt-
grus, ibid., Sol . . . . 14°

Paa en frodig Østskrænt, c. 200′ (63 M.) o. H., Regn,
Stille. ⁹/₇, Kl. 7 Em. ¹⁰/₇, Kl. 7 Em.
I fugtigt Grønsvær, 2″ (5 Cm.) Dybde . . . . 5° ·7°
I meget fugtigt Grønsvær ved et lille Vandløb,
1″ (2,5 Cm) Dybde . . . . 5° 4,5°

¹⁰/₇, Kl. 3 Em., Lufttemp. i Skygge, i Fjordens Niveau . . . . 8°
- 5 - , Regn, c. 1000′ (315 M.) o. H. . . . . 6°

Vi gik i Land ved Mundingen af en stor Elv lidt Vest for Falkepynten; Elven har sit Udspring fra en cirkelrund Kedeldal, der til alle Sider undtagen mod Nord er omgiven af terrasseformede, mørke Basaltfjælde; Dalbunden er opfyldt af en ikke ubetydelig Lokalbræ. Det er et kolossalt Amfitheater, Naturen

her i et Lune har dannet, et malerisk, storslaaet Parti med
stærke, men dog vidunderlig samstemte Modsætninger mellem
den hvide, skinnende Bræ og de mørkviolette, høje Basalt-
fjælde, der her naa indtil 5—6000' o. H.

Allerede ude paa Fjorden henledtes vor Opmærksomhed
uvilkaarlig paa en lav, friskgrøn Østskrænt i Nærheden af den
Plads, hvor vi opslog vort Telt. Den ligger c. 200' (63 M.) o. H.
og begrænses mod Vest af en c. 100' (30 M.) høj, stejl Brat-
ning, som overalt er klædt med et sort Filt af de sædvanlige
blaagrønne Alger og Byssolikener eller med kraftige, grønne
Vandmosser; hist og her styrter en lille Fos ud over ·Brat-
ningen, omrammet af tykke, lysegrønne Puder af *Philonotis
fontana* og andre Mosser, paa hvilke de klare Vanddraaber
glinse som Perler i Solen. I Revner og Sprækker klamre
nydelige, blomstrende Potentiller og Rhodioler sig til Klippen.
Nedenfor Bratningen er Klippen skjult af et alentykt, sort
Muldlag, som for en Del er skyllet ned af Vandet i Tidernes
Løb, for en Del dannet af Vegetationen selv; Føhnen har
nemlig — som allerede tidligere omtalt — ingen Indflydelse
paa denne Del af Gaaselandet. Det var den smukkeste og
kraftigste Urteli, jeg saa i Østgrønland; et tæt og friskgrønt
Græs- og Mostæppe dækkede Jorden, og talrige, prægtige Blom-
ster stode spredte i Tæppet. Lige inde under Skrænten dannede
Carex scirpoidea — som sædvanlig paa saadanne Lokaliteter —
en sammenhængende Bræmme; udenfor den voxede *Poa pra-
tensis, alpina* og *glauca* i kraftige Individer; de vare endnu ikke
naaede til Blomstring. Pletvis dækkedes Jorden af *Alchemilla
vulgaris* (endnu ej c. fl.) med skinnende Vanddraaber paa alle
Bladtænder og *Sibbaldia* med de smaa, gule, stjærneformede
Blomster. *Botrychium Lunaria* (c. sporang.), *Ranunculus affinis*
(ex. p. c. fl.), *Draba hirta* (c. fl.), *D. rupestris* (til Dels f. flor. pal-
lide flavis), *D. crassifolia*, *Erigeron eriocephalus* (c. fl.), *Veronica
alpina* (endnu ej c. fl.), *Arabis alpina* (c. fl.), *Alsine biflora* (c. fl.

ex. p. lilacinis), *Carex scirpoidea* (c. fl.), *Carex festiva* (c. fl.), *Lyco-*
podium annotinum (c. sporang.), Bladrosetter af *Hieracium al-*
pinum og *Taraxacum officinale* og mange flere; (de to først-
nævnte Arter fandtes kun paa denne Skrænt). En Del lave
Pilebuske stode spredte hist og her, men de spillede ikke nogen
synderlig Rolle i denne Vegetation og naaede ikke saa betydelig
en Størrelse som højere til Fjælds i Pilekrattene.

Af de utallige her forekommende Bladmosser skal jeg
kun nævne:

Philonotis fontana * (i Mængde).

Timmia austriaca *.

Pohlia commutata *.

— *nutans.*

— *cruda.*

— *albicans.*

Brachythecium trachypodium.

— *collinum* *.

— *glaciale.*

Amblystegium Kneiffii.

— *uncinatum* *.

— *sarmentosum.*

— *neglectum.*

— *fuscescens.*

— *brevifolium.*

Dicranum congestum *.

— *scoparium* *.

— *molle.*

Plagiothecium denticulatum.

Hypnum trichoides.

Bryum ventricosum.

— *pallescens.*

Isopterygium nitidulum.

Swartzia montana.

Mollia tortuosa.

Tortula ruralis.

Polytrichum pilosum.

— *juniperinum.*

Bartramia ityphylla.

Dicranoweissia crispula.

Hylocomium proliferum.

Myurella julacea *.

Astrophyllum hymenophylloides.

— *orthorrhynchum..*

Sphærocephalus palustris.

Sphagnum Girgensohnii * (Puder
af flere □ Alens Størrelse).

og af Halvmosser, dels voxende mellem Mosserne, dels dan-
nende ublandede, store Tuer:

Jungermannia lycopodioides.
— Limprichtii.
— gracilis *.
— alpestris.
— ventricosa *.
— incisa.

Jungermannia minuta.
— Wenzelii..
— heterocolpa.
— quinquedentata.
Cephalozia divaricata.
Peltolepis grandis.

Her som paa Danmarks Ø vare de stejle Bredder langs Vandløbene ofte dækkede af et mørkegrønt, tæt, vanddrukkent Filt af Jungermannier og Marchantiacéer.

Hen over Mospuderne laa talrige store, graalighvide Plader af *Peltigera malacea*, plettede af *Illosporium carneum*'s rødlige Konidiehobe, den smukke, lille *Peltigera venosa* og den hvidgraa *Solorina saccata*. Der er kun faa Likener i denne Vegetation.

Muldlaget var optøet og fugtigt i hele sin Dybde, dets Temperatur, til Trods for Fugtigheden, ret betydelig (se p. 265). Insektlivet var rigt; Humlerne summede omkring i travl Virksomhed; der blev fundet en *Thrips* sp., og jeg genfandt her den i Vestgrønland paa lignende Lokaliteter saa almindelige *Dorthesia Chiton*. De smaa, kridhvide Skjoldlus med de mørke Ben kravlede langsomt om mellem de visne Pileblade paa Muldjorden. (Jeg traf dem atter paa Toppen af Fjældet, c. 4000′ (1260 M.) o. H., mellem Rødderne af *Melandrium apetalum* i Basaltgrus; mellem Rødderne af *Hieracium alpinum* fra Angmagsalik (leg. Bay) fandt jeg den paany). Den er nøje knyttet til Pilekrattene og Urtelien; dens nordligste, kendte Forekomst i Vestgrønland er Mudderbugten paa Disko, hvor jeg saa den i 1890.

Det var mig ikke muligt at finde Lumbriciner i Mulden; at Rhizomplanterne ikke voxe ovenud af Jorden, maa dels skyldes den Omstændighed, at Smeltevandet stadig aflæsser Materiale, der dækker Rhizomerne, dels staa i Forbindelse med den kraftige Mosvæxt.

Ovenfor og Vest for Bratningen paa et bølgeformet, fugtigt Plateau, der faar sin Vandforsyning fra nogle store Snedriver i Nærheden, ligger et tuet Moskær med østlig Exposition; det er paa Kryds og tværs gennemfuret af talrige smaa Vandløb, som længere nede styrte sig ud over Bratningen og give Anledning til Dannelsen af den omtalte Urteli.

Helt andre Fanerogamer voxede her end i Urtelien; følgende noteredes: *Ranunculus nivalis* c. fl. i Mængde sammen med *R. altaicus*, hvis store, gule Blomster minde meget om vor hjemlige Eng - Kabbeleje, *R. pygmæus*, *Salix arctica* f. og *herbacea*, *Cerastium trigynum*, *Equisetum arvense* og *scirpoides*, *Saxifraga rivularis*, *stellaris* og *cernua*, *Oxyria*, *Polygonum viviparum*, *Erigeron eriocephalus*, *Arabis alpina*, *Silene acaulis*, *Taraxacum officinale*, *Luzula confusa*, *Juncus biglumis*, *Potentilla maculata*, kun faa Græsser (*Poæ*, *Colpodium*) og *Carices* (*C. hyperborea* og *pulla*).

Mosserne vare hovedsagelig *Sphærocephalus-* og *Amblystegium*-Arter.

Den store Elv forgrener sig i sit nedre Løb over et jævnt skraanende, stenet-gruset Terræn med mange store Snemarker paa Nordskrænterne, medens de mod de andre Verdenshjørner vendende Skraaninger vare saa godt som snefri. Elven var brudt op for længere Tid siden; vi havde hørt det helt over paa Danmarks Ø som en tordenlignende Buldren. Mellem Stenene og i Gruset en meget spredt Vegetation med følgende Fanerogamer: *Arabis alpina* c. fl. i Mængde, *Cerastium trigynum*, alm., men endnu ej c. fl., *Draba alpina* og *D. crassifolia* c. fl., *Oxyria* og *Chamænerium*, endnu ej c. fl., *Salix arctica* f. og *herbacea*, *Cerastium alpinum* β. *lanatum*, *Luzula confusa*, *Poa flexuosa*, *Saxifraga nivalis* og *cernua*. Paa Stene i den rivende Elv fandtes en *Limnobium* - Art samt *Amblystegium viridulum* * og *polare*.

Fra Elvlejet gik jeg vesterover op mod Basalten. Paa mange af det bølgeformede Forlands Skrænter fandtes der sne-

bare Lynghede - Strækninger, afbrudte af store Snemarker,
men fra 4—500' (125—150 M.) Højde og opefter var Terrænet
næsten. ganske snebart. Lyngheden var her som paa Dan-
marks Ø hovedsagelig dannet af *Cassiope tetragona*, men *Phyl-
lodoce, Empetrum* og *Cassiope hypnoides* spillede en efter øst-
grønlandske Forhold betydelig Rolle; den sidste Art kunde i
smaa Fordybninger i Terrænet danne ublandede, lave Tæpper.
I Lyngheden fandtes kun lidt *Vaccinium*, desuden den sjældne
Juncus trifidus og en Del andre Arter: *Salix arctica* f., *Silene
acaulis, Cerastium alpinum* β., *Alsine biflora, Dryas octo-
petala* β. *minor, Sibbaldia procumbens, Polygonum viviparum,
Draba hirta, D. rupestris, D. nivalis, Saxifraga nivalis, S. op-
positifolia, Carex rigida, Equisetum arvense, E. scirpoides, Lyco-
podium Selago.* Desuden *Polytricha, Dicrana, Stereocaulon*, men
ingen Cetrarier eller Cladonier; talrige smaa Jordlikener, f. Ex.:
Rinodina mniarœa, Caloplaca leucorœa og *C. Jungermanniœ* m. fl. .

I samme Højde (4—500') traf man paa stejlere Skrænter,
hvor Fugtigheden var. ringe, den sædvanlige Fjældmårks-Vege-
tation med mange Arter og rigt Blomsterflor; *Empetrum* havde
paa disse solaabne Skrænter allerede store, brunligt anløbne
Frugter. Paa de fugtigste Skrænter omkring smaa Vandløb:
Urteli; *Trisetum* dannede her et tæt Græstæppe sammen med
Mosser og Halvmosser.

Paa en vissen Pilestub c. 750' (220 M.) o. H.: *Marasmius
candidus* og *Corticium lacteum* i Mængde. Ved Grunden af
Stubben voxede den almindelige *Peltigera rufescens* i saa store
fruktificerende Exemplarer, som jeg ikke har set dem andet
Steds i Grønland (over ¼ Alen, 16 Cm. i Diameter), desuden
Tortula ruralis, Jungermannia barbata og *Brachythecium col-
linum* *.

c. 1000' (315 M.) o. H.: Gruset, tør, stejl Skrænt, c. 35°
Hældning mod Øst. Hovedmassen af Vegetationen dannes af
store, nedliggende Grenetæpper af *Betula nana*, men Gruset
ligger paa mange Steder nøgent. *Hieracium alpinum, Taraxacum*

officinale, *Arnica*, *Campanula rotundifolia*, *Veronica alpina*, *Draba hirta*, *Viscaria alpina*, *Carex scirpoidea* m. fl. vise, at Vegetationen her maa betragtes som en sjælden Form af Urtelien, en Udløber fra denne Formations egentlige, fugtigere Hjem lidt højere oppe. Her fandt jeg nemlig under en stejl Bratning med østlig Exposition Urteli og Pilekrat af ¹/₂ Al. (²/₃ M.) Højde. Bunden var fugtig Muldjord. Der 'var et meget rigt Blomsterflor og en Mængde Insekter, Humler, Fluer og især Mikrolepidopterer. *Pedicularis lapponica* og *Viscaria* fyldte Luften med Vellugt, *Saxifragæ*, *Thalictrum alpinum*, *Drabæ*, deriblandt den graafiltede, gulblomstrede *D. aurea*, den høje, rødblomstrede *Arabis Holbøllii*, *Cerastium alpinum* med store, hvide Blomster, *C. trigynum*, gulblomstrede Potentiller (*P. maculata* og *nivea*), *Sibbaldia*, *Arnica*, *Veronica alpina*, *Alsine biflora* (som paa god, fugtig Muld ofte havde lilafarvede Kroner), *Rumex Acetosella*, *Carex supina* og *C. nardina*, *Poa alpina* m. m. fl. I og ved et lille Vandløb voxede *Paludella squarrosa* *, *Oncophorus Wahlenbergii* *, *Philonotis fontana* *, *Amblystegium Sprucei*, *Jungermannia minuta* og *Scapania curta*.

Under en Sten i denne Højde stod følgende Mosser:

Oncophorus Wahlenbergii *.	*Astrophyllum orthorrhynchum.*
Bartramia ityphylla *.	*Blepharostoma trichophyllum.*
Bryum ventricosum.	*Isopterygium pulchellum.*
Pohlia commutata.	*Jungermannia gracilis.*
— *cruda.*	*Cephalozia* sp.

I Lynghede i samme Højde:

Desmatodon latifolius.	*Jungermannia incisa.*
Encalypta rhabdocarpa.	*Polytrichum alpinum.*
Bryum inclinatum.	*Isopterygium nitidulum.*
Dicranum brevifolium.	

Nedenfor denne Højde (1000', 315 M.) dannede Pilen og
Birken ikke Krat med oprejste Grene, og selv der rejste dè sig
kun inde under den omtalte Bratning, men lidt højere oppe i
Dalen (1200—1600', 375—500 M.) naaede Pilekrattet sin be-
tydeligste Udvikling, idet store Skraaninger med østlig Exposi-
tion vare klædte med ublandede Krat af *Salix glauca* var. *sub-
arctica*. Krattene vare saa tætte, at al anden Plantevæxt kuedes,
og den fugtige Muldjord var kun dækket af visne, med hvidt
Svampemycélium gennemvævede og overtrukne Pileblade. Disse
Krat vare de eneste, jeg i Østgrønland saa voxe paa fugtig
Bund; de mindede meget om de vestgrønlandske Krat.

Basaltens Underkant ligger her c. 2200' (c. 700 M.) o. H.; store,
skraanende Flader ere dannede af nedstyrtede Basaltblokke; dèr,
hvor jeg gik op, var Hældningsvinklen mod NO. c. 35°. Under
disse Rasflader bredte Gnejsen sig som et bølgeformet, leret,
meget sumpet Plateau, der for største Delen endnu var dækket
af alendyb Sne; paa de blottede Partier var Vegetationen spredt:
Salix arctica f.; *Cerastium trigynum*, *Arabis alpina* m. m. Ras-
fladerne vare naturligvis meget golde, de stadig nedrullende
Blokke hindre Vegetationen i at udvikle sig. I Basaltgruset
paa Rasfladerne voxede bl. a: *Clevea hyalina*, *Stereodon revolutus*,
Grimmia rivularis og *Brachythecium trachypodium*; af Likener:
Stereocaulon tomentosum, *Peltigera scabrosa*, *Caloplaca Junger-
manniæ* paa Mos, *Pannaria brunnea*.

Paa den faststaaende Basalt var Vegetationen, til Trods for
den ret betydelige Højde over Havets Niveau, meget frodig og
yppig og Planterne langt kraftigere og videre fremmè i Ud-
viklingen end paa det lavere liggende Gnejsland. Paa Grund
af Basaltlandets Form kan der kun ligge forholdsvis lidt Sne
paa det, og Insolations-Virkningen paa den mørke Bjærgart er
meget større end paa de lysere Gnejser. Foraaret kommer
derfor tidligt i et Basaltlandskab. En Fare for Vegetationen paa
de stejle Basaltfjælde er til Gengæld den stærke Forvitring og
de hyppige Fjældskred; medens jeg opholdt mig heroppe, saa

og hørte jeg en Mængde Skred, og Op- og Nedstigningen var stadig ledsaget af Nedstyrtninger.

Mellem 2200′ og 3000′ (733—1000 M.) fandt jeg følgende Arter i Blomst, som endnu ikke blomstrede længere nede: *Campanula rotundifolia*, *Chamænerium latifolium*, *Trisetum subspicatum*, *Saxifraga cernua*, *Taraxacum officinale*, *Oxyria digyna*, *Poa alpina*, *pratensis* og *flexuosa*, alle i gigantiske Exemplarer. *Salix arctica* f. havde modne, opsprungne Kapsler, indtil 2″ (5 Cm.) lange; *Taracaxum officinale* og *Oxyria*, der — som sagt — endnu ikke blomstrede længere nede, vare her allerede til Dels afblomstrede og i Frugtsætning.

Det frodigste Parti laa i c. 3000′ (940 M.) Højde, paa en smal Basaltbænk (kun et Par Alen bred), med østlig Exposition under en brat, haard Skrænt, hvor der havde samlet sig et tykt Lag af fugtig Muldjord; enkelte Pile rejste endnu Grenene fra Jorden, Humler og andre Insekter sværmede om. En Mængde Arter voxede her, af hvilke følgende ikke fandtes længere nede: *Veronica saxatilis* med store, dybt blaa Blomster, *Potentilla emarginata* og *Erigeron compositus*. Den bratte, haarde Skrænt bagved denne Bænk beskyttede Vegetationen mod nedstyrtende Blokke; medens jeg opholdt mig her, kom flere store Sten susende ned fra Fjældet ovenfor, men de sprang alle saa langt ud over Bratningen, at de ingen Ulykker gjorde paa Bænken.

Den Fjældtop, Deichmann og jeg naaede (8/7), er c. 4000′ (1260 M.) høj. Fjældet spidser til foroven og danner her en smal Kam af 10—20 Alens (7—14 M.) Bredde, bedækket med mørkebrunt eller sort, hist og her rødligt Basaltgrus og Blokke. Først heroppe paa Toppen saa jeg en Snedrive; den laa paa Nordskrænten, men dækkede kun c. 20 ☐ Alen (14 ☐ M.); hist og her laa en lille Sneklat, Rester af den Sne, der faldt Natten mellem 5/7 og 6/7. Nedenfor Snedriverne var der ikke synderlig mere Vegetation end paa de tørre Partier, ingen Mosser, heller ingen Fanerogamer, hvis Forekomst syntes at staa i Forhold til Driven; maaske var *Arabis alpina* dog. noget hyppigere end paa de mere tørre Lokaliteter. Men denne lille Drive vil jo ogsaa snart være fortæret, og Planterne heroppe ville da være udelukkende henviste til at skaffe sig Vand af den Smule Nysne, som falder af og til i Sommerens Løb; Dugdannelsen er sandsynligvis ogsaa af Betydning.

Heroppe paa Kammen var der ingen Forskel paa Syd- og Nordsidens Vegetation, modsat Forholdene længere nede paa Fjældet. For en Del beror dette vistnok paa, at der lige Syd for denne Top — paa den anden Side af Kedeldalen — ligger en anden og betydelig højere Basaltkæde, som berøver Kammens Sydskrænt en betydelig Mængde Solskin, medens Nordskrænten ud 'mod den brede Fjord bliver uafbrudt beskinnet af Solen, naar denne staar i Nord.

Vegetationen var yderst spredt i det løse, varme Basaltgrus; der fandtes omtrent lige saa mange Arter som Individer.

Paa den øverste Del af Kammen noteredes ikke mindre end 30 Arter af Fanerogamer og Karkryptogamer: *Potentilla nivea* c. fl., *P. emarginata* c. fl., *Chamænerium* c. fl., *Silene acaulis* c. fl. et fr., *Melandrium apetalum* c. fl., *Cerastium alpinum* β. *lanatum* c. fl., *Alsine hirta* c. fl., *Papaver radicatum* c. fl., *Saxifraga nivalis* c. fl., *S. decipiens* c. fl., *S. oppositifolia* c. fr., *S. cernua* c. fl., *Draba nivalis* c. fl. et fr., *Arabis alpina* c. fl., *Rhododendron* c. fl., *Arnica* c. fl. et fr., *Taraxacum phymatocarpum* c. fl. et fr., *Erigeron eriocephalus* c. fl., *Antennaria alpina* c. fl., *Polygonum viviparum* c. fl. et bulbill., *Salix arctica* c. fr., *Luzula confusa* c. fl., *Poa flexuosa*, *Poa glauca*, *Trisetum* c. fl., *Carex nardina*, *Equisetum arvense*, sterile Skud, *E. variegatum* c. sporang., *Cystopteris fragilis*, *Woodsia hyperborea*.

Kun faa Kryptogamer: hist og her en *Xanthoria elegans* paa en fremspringende Kant, en lille *Stereocaulon*-Pude i Gruset, en *Grimmia*-Tue i Revner i den faste Basalt og endelig en Del af de almindelige, smaa Discomycet-Likener paa fast Fjæld, det var alt.

Jeg samlede følgende Likener: *Lecidea lithophila, Placodium chrysoleucum, Lecanora varia* f. *polytropa, Aspicilia gibbosa, Pannaria* sp. og *Cetraria (.Fahlunensis ?).*

Det er ingen Overdrivelse, at de·99⁰/o af Overfladen vare fuldstændig vegetationsløse. Grunden hertil er — som ovenfor nævnt — den stærke Forvitring og Basaltgrusets Tørhed. Allerede paa denne Aarstid var der saa knastørt heroppe paa Toppen og paa alle de jævnere Skraaninger, at det fine Støv hvirvledes op, naar man gik hen over det, og saa godt som al Sne var forsvunden undtagen i enkelte dybe Kløfter mod Nord.

I en af disse Kløfter trivedes en meget fattig Vegetation. Elven, der havde sit Udspring fra en vældig Snedrive i Kløftens Bund, fyldte naturligvis nu kun en yderst ringe Del af denne, men Vaarflommen skyller hvert Aar alle mindre Stene og alt løst Materiale bort. Kun paa de Steder, hvor Elven dannede Vandfald, fandtes der inde under selve disse Fald en rig Mosvegetation (*Philonotis fontana* ynder saadanne Voxsteder) og Masser af gulblomstrede Rhodioler, Potentiller og Ranunkler. Endnu i c. 3700' (1165 M.) Højde strakte smaa, kraftige Moskær sig langs Bredden af Elven, hvor blot Terrænet tillod deres Udvikling.

Paa de golde, tørre Basaltflader i 2000—3000' Højde vare de almindeligste Fanerogamer: *Salix arctica* f., *Poa glauca, Saxifraga nivalis* og *rivularis, Ranunculus pygmœus, Arabis alpina, Trisetum subspicatum, Cerastium trigynum* og *alpinum, Oxyria, Luzula confusa* og *Arabis Holbøllii;* alle i smaa, fortørrede Individer.

20. Danmarks Ø.

	$^{16}/_7$, 11 Fm.	$^{16}/_7$, 2^{20} Em.	$^{16}/_7$, 4^{30} Em.	$^{17}/_7$, 4 Em
I fugtigt Kær ved Vandløb, 6'' (16 Cm.) Dybde	7,5	9,8	12,2	10,8
I tør, gruset Sydskrænt, 10'' (26 Cm.) Dybde	9,7	10,2	11,2	11,6

$^{18}/_7$. Først nu faa Kærene almindelig en grøn Farvetone; for en stor Del hidrører Farven fra den lille *Salix herbacea*, som paa fugtige Lokaliteter — krybende mellem Mosset — sammen med dette ganske kan dække Jorden. Stargræsserne og de egentlige Græsser begynde vel ogsaa at grønnes, men de unge, næppe fuldt udviklede Blade ere til Dels skjulte mellem de lange, visne Blade fra forrige Aar; et Kær, der er dannet af ublandede Græsser og Star vil derfor i Almindelighed hele Aaret igennem gøre et vissent Indtryk.

Det er en — ogsaa af andre omtalt — Ejendommelighed for den arktiske Vegetation, at Hovedmassen af dens faa Arter ikke er kræsen med Hensyn til Voxestedet; saa godt som alle Arter voxe paa Lokaliteter af den størst mulige Forskellighed i Henseende til Fugtighed. Man kan — i de store Træk — naturligvis skælne mellem xerophile og hydrophile Arter, men alle de xerophile Arter kan man ogsaa træffe i drivvaade Kær, og en stor Mængde ellers hydrophile Arter i den tørreste Fjældmark.

Den arktiske Flora har gennem Aartusinders Kamp erhvervet sig en Haardførhed og en Uimodtagelighed for alle ydre Faktorer, som er aldeles forbavsende. Naar man læser Kjellman's Beskrivelse af den berømte *Cochlearia fenestrata*, som begyndte at blomstre i Efteraaret 1878 paa en høj Sandbakke

ved Pitlekaj, og hvis spæde Blomsterknopper — efter s n e -
b a r e at have udholdt den strænge Vinter med dens Storme og
46° Kulde — udfoldede sig i Sommeren 1879, da faar man et
godt Indtryk af, i hvilken Grad arktiske Planter have forstaaet
at tilpasse sig til de klimatiske Forhold, hvorunder de leve[1]).

Der er dog enkelte hydrophile Arter, som man aldrig ser
paa tørre Lokaliteter, f. Ex.: *Eriophorum angustifolium, E. Scheuch-
zeri, Carex pulla* og *Calamagrostis stricta* var. *borealis;* men paa
den anden Side træffer man — som omtalt — xerophile Arter,
f. Ex.: *Dryas octopetala, Silene acaulis, Cardamine bellidifolia* og
Tofieldia coccinea i ·de fugtigste Moskær, ikke blot paa Tuerne
i Kæret, men endogsaa ude i Vandhuller. Lynghedens Planter
(*Cassiope, Phyllodoce*) gaa ogsaa ofte ned i fugtige Kær. *Anten-
naria alpina,* som er meget almindelig i Lyngheden og Fjæld-
marken, optræder paa fugtige Steder ofte i en glatbladet Form
(var. *glabrata*); men den laadne Hovedart kan forekomme paa
lige saa fugtig Bund, og omvendt ser man ogsaa den glatte
Form i tør Fjældmark sammen med Hovedarten.

Naar Kærene grønnes, er den fugtigste Tid forbi. Saa-
længe de stadig overrisles af det iskolde Smeltevand fra de
nærliggende Snedriver, er Jordens Temperatur for lav, til at
der kan komme Fart i Planternes Udvikling; men naar Driven
er smeltet bort eller i hvert Fald formindsket, naar .Solen er
kommen højere paa Himlen, og Vandet derfor bliver varmere,
da kommer «Foraaret» for Kærene. Saalænge Oversvømmelsen
i Kærene stod paa, bredte· de allestedsnærværende blaagrønne
Alger sig overalt paa Bunden af Vandet; man lægger ikke syn-

---

[1]) V a n h ø f f e n omtaler (Frühlingsleben in Nordgrönland, Verhandl. d. Ges.
f. Erdkunde zu Berlin 1893, nr. 8 u. 9, Sonderabdruck p. 30), at en
Saxifraga Aizoon allerede stod i Blomst ved Itivdliarsuk ⁷/₈; dens
Blomsterknopper havde overvintret og vare først nu komne til Udvikling.
V a n h ø f f e n nævner ikke, om den har staaet snebar om Vinteren; det er
derfor ikke sikkert, at dens Blomsterknopper — som han antager —
have udholdt 20 — 40° Kulde. Arten staar vistnok altid snedækt om
Vinteren.

derlig Mærke til dem, saalænge de staa under Vand; de ère da lysere, grønlige. Men er Kæret udtørret, hvad der almindelig sker i Slutningen af Juli og August, ser man dem danne en sort, tør, raslende Skorpe hen over alt, over Jord, Sten og Vegetationen. Naar Kæret er helt udtørret, have Kærets Fanerogamer ogsaa naaet at sætte Frugt.

Sne træffer man nu kun i store Driver paa Skrænter med sydøstlig Exposition eller i dybe Kløfter mod Nord; de perennerende Snedriver have i Reglen hen paa Sommeren deres bestemt afgrænsede Afløb; allerede inde under Driven samler Smeltevandet sig til en lille Bæk, der gennem en «Port» (i Analogi med «Gletscherporte») flyder ud fra Driven og hurtigt rinder bort, naar Terrænet ikke er altfor fladt.

1 Midten af Juli kom ogsaa Søernes Vegetation til Udvikling. I den tidlig aabne Sø, som omtaltes p. 259, var $^{21}/_7$ en Strækning af c. 50 □ Alens Størrelse opfyldt af et tæt *Hippuris*-Tæppe, hvorimellem de langstilkede Svømmeblade af *Ranunculus hyperboreus* og enkelte Exemplarer af *Batrachium paucistamineum (confervoides)*; *Callitriche verna* β. *minima* fandtes kun som Kimplanter. Disse Partier af Søen vare paa Bunden dækkede af et tykt Lag «gyttje», fint Ler, raadne Mosdele, Diatoméer, Desmidiacéer, Exkrementer af Vanddyr o. s. fr.

Først nu begynde Agaricaceerne at optræde i større Mængde; de kulminere i August. Lyngheden staar nu i Midten af Juli i fuld Blomstring; *Cassiope tetragona*'s rene, hvide Kroner, der i saa høj Grad minde om Liljekonvallens, gøre et overvældende Indtryk; Heden er ellers ikke nogen smuk Formation.

Natten mellem $^{17}/_7$ og $^{18}/_7$ var der Nyis af et Par Mm. Tykkelse paa Søerne og Havnen; i de samme Dage blev Havnen isfri. $^{20}/_7$ dannede den første, store Vaage sig midt ude paa Fjorden, og allerede 5 Dage efter kunde vi gøre en Exkursion i Baad til Gaaseland. Vi roede os frem mellem drivende Isflager og Isfjælde, men naaede dog forholdsvis let Gaasepynt. Denne var nu omtrent snebar, men Vegetationen yderst fattig

og spredt. Sneen ligger her til Midten af Juli som et mæg-
tigt, jævnt Tæppe over hele Landet. Føhnen har ikke Lejlighed
til at fordele Sneen, og den Tid, Vegetationen faar til sin
Udvikling, bliver derfor kort; Jorden er kold og fugtig hele
Sommeren igennem.

De Havnen omgivende Odder havde — paa Grund af deres
nære Beliggenhed ved Fjorden — en meget spredt Fjældmarks-
vegetation. Det eneste ejendommelige ved deres Vegetation var
en Slags Likenhede (men af ringe Udstrækning) i de smaa
Fordybninger i Klippen. Jordbunden var et ganske tyndt Morlag,
til Dels dækket med visne Mosser; i Foraarstiden vare Hullerne
fyldte med Smeltevand, senere bleve de knastørre. Liken-
selskabet bestod hovedsagelig af følgende Arter, de fleste kraf-
tigt udviklede:

Cladonia rangiferina.
— *pyxidata.*
Stereocaulon denudatum.
— *alpinum.*
Cetraria islandica.
Cornicularia aculeata.
Lecanora tartarea.
Pannaria hypnorum.

Rinodina mniaræa (paa vissent
Mos).
Caloplaca tetraspora,
— *leucoræa* (paa vissent
Mos).
Biatora castanea.
Psora atrorufa.
Lopadium pezizoideum.
Buellia parasema (meget alm.).

Disse smaa Likenhede-Partier skyldes sikkert den større
Fugtighed i Fjordens umiddelbare Nærhed og svare til de af
Warming fra Vestkystens Skærgaard omtalte Smaapartier af
Likenhede (Om Grønlands Vegetation, p. 76).

Det mærkelige Forhold, at Likenheden i Grønland optræder
dels i Skærgaarden (dèr i smaa Fordybninger) og dels i det
indre af Sydgrønlands Fjorde (dèr paa store, aabne Flader,
jfr. p. 146 og 147), søger Kihlman (l. c. p. 139) at forklare
ved, at Likenerne paa begge Lokaliteter ere snedække en

stor Del af Aaret og i det hele taget staa paa beskyttede,
i Læ liggende Voxesteder. Længe varende Snebedækning er
sikkert nødvendig for Likenheden i Nordgrønland (altsaa Skær-
gaardens Likenhede), men de store Likenheder i Sydgrøn-
lands Fjorde ere vistnok i første Linje en Følge af Føhnen,
saaledes som Rosenvinge antager. Den sydgrønlandske
Vinter er derimod næppe saa stræng, at Likenheden af Hensyn
til Kulden behøver længere Tids Snebedækning, og det turde
vel ikke være urimeligt at antage, at Likenerne, hvis store
Modstandskraft overfor alle ydre Faktorer er bekendt, have
kunnet bemægtige sig saa forskellige Lokaliteter, netop fordi
disses Fugtighedsforhold ere saa extreme: den -ene Lokalitet
yderst fugtig, den anden yderst tør.

Likenhedens Forhold i Grønland fortjener dog nærmere
Undersøgelse.

Mosser paa og omkring de gamle Eskimohuse nær Havnen
(fugtig Bund):

Splachnum Wormskioldii * (c. fr. i Mængde).
Bryum ventricosum *.
— *obtusifolium* *.
Tortula ruralis *.
Amblystegium uncinatum *.
— *stramineum*.
— *Kneiffii* var.
Grimmia apocarpa.
Sphærocephalus palustris *.
Polytrichum hyperboreum *.

Polytrichum strictum *.
— *pilosum*.
— *alpinum*.
Dicranum flagellare.
— *angustum*.
Ceratodon purpureus.
Pohlia nutans.
Oncophorus Wahlenbergii *.
— *gracilescens*.
Brachythecium salebrosum.

Op over det almindelige Mosdække ragede store, tætte,
halvkugleformede Tuer, dræbte og afsvedne paa NV.-Siden,

dannede af *Polytrichum strictum*, *Sphærocephalus palustris* og *Amblystegium uncinatum*.

²²/₇. Ved Eskimohusene, Klart Stille, Solskin, Kl. 3 Em.

Lufttemperatur . . . . 7,8°
Blank Kugle, paa den nøgne, graa Klippe, sydlig Exposition . 29°
1 blomstrende *Silene acaulis*-Tue $\begin{cases} 6,5 \text{ Cm. } (2,5'') \text{ Dybde} . . . . 17° \\ 4 \quad - \quad (1,5'') \quad - \quad . . . . 19,3° \end{cases}$
I tørt Grus $\begin{cases} 4 \text{ Cm. } (1,5'') \text{ Dybde} . . . . 20° \\ 2 \quad - \quad (³/₄'') \quad - \quad . . . . 24° \end{cases}$
I vissen, tør *Polytrichum*-Tue, 2 Cm. Dybde . . . . 17,2°
Mellem fugtigt Mos i Kær, 5 Cm. Dybde . . . . 15,0°
I et lille Vandløb, 6 Cm. Dybde . . . . 14°

Avgust 1892.

Natten mellem ⁶/₈ og ⁷/₈ faldt der en betydelig Mængde Regn paa Danmarks Ø. Da vi forlod Havnen ⁸/₈, vare Højderne paa Gaaseland og Milnes Land klædte i Sne og saa allerede helt vinterlige ud.

Efter et kort Ophold ved Cap Stewart (se p. 140) dampede vi lidt Sydpaa langs Kysten og derpaa til Island, hvor jeg gik fra Borde.

III. Angmagsalik, c. 65° 40' N. Br.

Af E. Bay.

Ialt opholdt Expeditionen sig i Tasiusak (Kong Oscars Havn) i 15 Dage (fra 11. til 26. September 1892). Naar det botaniske Udbytte i dette ikke ubetydelige Tidsrum blev saa ringe, som det blev, ligger det naturligvis først og fremmest i, at jeg ikke var vant til at foretage botaniske Indsamlinger, men

dernæst arbejdede jeg under temmelig uheldige Forhold. Under
Baadexpeditionens Fraværelse havde jeg faaet Ordre til at ind-
købe ethnografiske Genstande af Grønlænderne og kunde der-
for ikke tage bort paa længere Ture. Højdemaalinger var jeg
ikke i Stand til at tage, da det Barometer, der var blevet mig
tildelt, var aldeles upaalideligt og gik itu strax efter Baad-
expeditionens Afrejse, hvorpaa jeg ikke kunde faa det erstattet.
Fra den 19. var det desuden gennemgaaende meget uheldigt
Vejr.

Den 11. September var jeg i Land paa den Odde, der
ligger Vest for Skibets daværende Ankerplads, og som ender i
Cap Hørring. Den er klippefuld, næppe 100' høj og tem-
melig plantefattig. Følgende Vegetationsformationer fandtes:

Likenhede indtog den største Del af Odden: *Cladonia
rangiferina* f. *silvatica*, *Cl. uncialis*, *Cl. furcata*, *Stereocaulon alpi-
num* og *denudatum*, *Peltigera malacea* og *Cetraria islandica* med
Var. *Delisei*. Likenerne voxede i store Pletter (c. 20—30 Kva-
dratalen) og dannede fuldstændige Tæpper, adskilte ved smaa,
bare Mellemrum[1]). Det forekom mig, at disse Partier meget
lignede de udstrakte Likenheder, man finder f. Ex. paa de
norske Højfjælde, og jeg har derfor anvendt denne Betegnelse;
dog vare de hverken saa udstrakte eller saa frodige som de til-
svarende i Norge.

Jordbunden i Likenheden var mellemtør. Mellem Like-
nerne voxede talrige Mosser, der endog paa enkelte Steder vare
dominerende. Desuden fandtes der saavel paa de likenbevoxede
som paa de bare Steder, enkeltvis og meget spredt, nogle
Fanerogamer: *Poa pratensis*, *Salix glauca* var. *subarctica*, *Salix
herbacea*, *Betula nana*, *Polygonum viviparum*, *Campanula rotundi-
folia* β. *arctica*, *Hieracium alpinum*, *Antennaria alpina*, *Cerastium*

---

[1]) Denne Likenhede svarer vistnok ganske til Likenheden paa Odderne
ved Hekla Havn (p. 279).

N. H.

alpinum, Saxifraga nivalis og *decipiens, Thymus Serpyllum, Vaccinium uliginosum, Empetrum nigrum.*

Fjældmark. Hvor der fandtes flade Klipper eller lignende, var der ofte en temmelig tæt Vegetation af *Salix* og *Betula nana;* den sidste var svagt udviklet; Pilene bleve ikke høje (indtil 21 Cm. fra Jorden). Mellem dette «Krat» voxede der en temmelig talrig Mængde af andre Fanerogamer, omtrent de samme som i Likenheden, men kraftigere Exemplarer.

Kær fandtes enkelte Steder. Vegetationen var temmelig frodig, men der var ikke mange Arter. Hovedmassen var Græsser og Halvgræsser; derimellem fandtes bl. a. *Eriophorum Scheuchzeri* i Mængde.

De fleste af Fanerogamerne paa Odden vare afblomstrede, mange endog visne (f. Ex. *Betula nana* og *Vaccinium uliginosum*), medens de samme Arter endnu stode i Blomst, naar man kom længere op i Landet.

Jeg har beskrevet dette Parti saa nøje, fordi der paa dette lille Omraade fandtes næsten alle de Vegetationsformationer, som i det hele taget findes i Tasiusaks Omegn. Likenheden saa jeg kun nogle faa andre Steder og stedse i Nærheden af Havet.

Den øvrige Del af Angmagsaliks Omegn var af en temmelig ensformig Beskaffenhed; den var tør og klippefuld med megét gruset Jordbund. Al Fugtighed syntes at være koncentreret i større og mindre Søer, hvoraf jeg desværre kun havde Lejlighed til at undersøge to. Plantevæxten ved disse syntes omtrent udelukkende at være indskrænket til det Sted, hvor Elvene forlod Søerne, men var der til Gjengjæld overordentlig frodig, saa at Vegetationen maatte betegnes som Urteli. Navnlig var dette Tilfældet paa et Sted, hvor en Elv, idet den forlod Søen, dannede en Række Vandfald; det var ubetinget den frodigste Plet, jeg traf ved Tasiusak; *Alchemilla alpina* og *vulgaris* vare meget dominerende her. I Forbindelse hermed maa ogsaa omtales, at Kvanen, *Archangelica officinalis*, fandtes i

Nærheden af Tasiusak. Grønlænderne havde fortalt det til
Ltnt. Ryder, men desværre havde jeg misforstaaet hans An-
visning paa Stedet, saa at det ikke lykkedes mig at finde det;
derimod saa jeg nogle afskaarne Stilke, som Grønlænderne
havde kastet bort ved Stranden. Saavidt jeg kunde forstaa, findes
Kvanerne ved en Sø Vest for Amaga.

De øvrige Dele af Egnen vare, som anført, temmelig golde;
intetsteds nærmede Vegetationen sig i Yppighed den paa Dan-
marks Ø. Den mest karakteristiske Plante var *Juniperus
communis β. nana*, der fandtes temmelig almindelig som Espa-
lierbusk op ad flade Klipper med sydlig Exposition. Som Regel
var det store, kraftige Exemplarer, ofte med modne Bærkogler.

Paa Grund af det meget andet, jeg skulde varetage, havde
jeg, som sagt, ikke Tid og Lejlighed til længere Udflugter, der
ellers sikkert vilde have givet et betydeligere botanisk Udbytte,
navnlig i de to store Dale, der strække sig ind i Landet fra
Bundene af Tasiusaks to Bugter.

B. Almindelige Bemærkninger om Vegetationen i Scoresby Sund.

Som overalt i Grønland er det —. paa samme geografiske
Bredde — først og fremmest Afstanden fra Kystlinjen,
fra det kolde, taagefyldte Hav, som betinger Vegetationens større
eller mindre Frodighed. Jo længere fra Kysten, des frodigere
Vegetation. Det var derfor paa Forhaand givet, at et Fjord-
kompleks som Scoresby Sund, hvis inderste Forgreninger ere
fjærnede c. 40 Mil fra det aabne Hav, maatte fostre en for-
holdsvis frodig Vegetation. Naar denne dog ikke kan maale
sig med Vestgrønlands paa tilsvarende geogr. Bredde, da maa
det, til Trods for den betydelige Vinternedbør, vistnok til Dels
skyldes en mindre Luft- og Jordbunds-Fugtighed i Vegetations-
tiden. Krattenes mærkelige, xerophile Præg og *Cassiope tetra-
gona*-Heden, som vistnok er mere xerophil end den vestgrøn-
landske *Empetrum*-Hede, synes mig at tale herfor. Da det
desuden er vel kendt fra Vestkysten, at Mangelen paa Fugtighed
om Sommeren bliver mere og mere fremtrædende, jo længere
man kommer ind i en Fjord, er det jo ogsaa rimeligt at antage,
at der maa være meget tørt i det indre af Scoresby Sund, som
er betydelig længere end nogen af Vestkystens Fjorde.

I Forhold til Afstanden fra Kysten er alt andet af under-
ordnet Betydning. Indlandsisen er — mærkelig nok — ingen
væsentlig Hindring for Vegetationen i dens Nærhed, i hvert
Fald strækker dens hæmmende Indflydelse sig forbavsende kort.
Man kan træffe kraftig Vegetation, ja endog Krat i Isens umid-

19*

delbare Nærhed (jfr. f. Ex. foran p. 222 og «Medd. om Grønland», XV, p. 24 og 25).

. **Phytostatik.** Scoresby Sund udmærker sig ligesom det tilsvarende Parti af Vestgrønland ved sine afvexlende geologiske Forhold. Disse øve dog kun indirekte Virkning paa Vegetationen, nemlig forsaavidt som de betinge forskellige Terrænforhold. Jamesons Lands Sydkyst, der er dannet af mesozoiske, sedimentære Bjærgarter og dækket med forholdsvis betydelige diluviale og alluviale Lag, byder naturligvis alene paa Grund af sin Overfladeform langt bedre Vilkaar for Vegetationen end Basaltformationen paa Fjordens Sydside med de stejle Bratninger og gletscherklædte Plateau'er. Snedækket om Vinteren vil være afhængigt af Terrænets Overfladeformer; Grunden til, at Lyngheden er saa fremtrædende paa Jamesons Land (p. 128) og de jævne Sandstensskraaninger paa Milnes Land (p. 149), er sandsynligvis Terrænets Form og det deraf følgende betydelige Snedække i Vintertiden. Det er derimod ikke muligt at paavise nogen større Forskel i Vegetationens Præg eller en eneste Art, som er udelukkende eller særlig knyttet til bestemte Bjærgarter. Selv Kalkstenen i Neills Klipper og det kalkrige Konglomerat paa Røde Ø bære ikke en eneste Art, som ikke findes paa de andre Bjærgarter, og heller ikke ere Individerne eller Vegetationsformationerne kraftigere eller anderledes udviklede. Stor Fattigdom paa Likener synes dog at være en Ejendommelighed for disse to Bjærgarter, ligesom ogsaa for Lerskifrene i Neills Klipper [1]) og for Basaltformationen.

---

[1]) Dette stemmer overens med, hvad Th. Fries (Öfvers. af K. Sv. Vet. Ak. Förh. 1869, p. 124) bemærker, at Busk- og Bladlikener paa Spitzbergen ere «forkrøblede og næsten banlyste» fra Kalk- og Skiferterrænet, men kraftige paa Granitten. Omvendt findes der, if. samme Forf., kun et ringe Antal Fanerogamer paa Granitten, langt flere paa Kalk og Skifer; dette er ikke Tilfældet i Grønland, og A. G. Nathorst siger ogsaa (Spetsbergens kärlväxter, K. Sv. Vet. Akad. Handl. Bd 20, nr. 6, p 56): «mig veterligen är ingen af Spetsbergens kärlväxter — om man undantager de få arter, hvilka hittils endast iakttagits på ett ställe — uteslutande inskränkt till någon bestämd bergart».

Fænologi. Det er naturligvis 'umuligt — paa Grundlag
af vore etaarige Observationer — at udtale sig om, hvorvidt
Aaret 1891—92 i Scoresby Sund var et Normalaar i klimato-
logisk Henseende. De ret talrige Eskimohuse kunde maaske
tyde paa, at Fjordene i 1892 vare tillagte længere hen paa
Sommeren end sædvanligt; Graamaagers og andre Svømme-
fugles Ankomst, længe før Isen brød op, peger maaske i samme
Retning. — I Begyndelsen af August var Vegetationen i alle
Tilfælde betydelig videre udviklet i 1891 end i 1892. Den
8. Aug. 1891 vare Frugterne af *Vaccinium uliginosum* 'og *Empe-
trum* modne i stor Mængde, samme Dato i 1892 kun ganske
enkelte. Jeg anslog Forskellen i Udviklingen til 8—10 Dage.

Paa 69—71° N. Br. i Vestgrønland er Juni Foraarsmaaned,
enkelte Planter blomstre dog undertiden allerede i Slutningen
af Maj[1]). Rink omtaler f. Ex.[2]), at *Saxifraga oppositifolia* i
1850 sprang ud $^{22}/_5$ ved Umanak, i 1849 $^5/_6$ ved Godhavn.
Hermed stemme ogsaa Vanhöffens Iagttagelser i Karajaks
Fjord 1893[3]).

I, Scoresby Sund indtraadte Foraaret omtrent paa samme
Tid; i hosstaaende Tabel er opført Udspringsdagene for over
100 Arter Blomsterplanter paa Danmarks Ø, Gaasefjord og
Gaaseland; i Parenthes er desuden anført et Par Svampe.

$^{23}/_3$. (*Clavaria tenuipes*).	$^{30}/_5$. *Potentilla nivea*.
$^{10}/_4$. (*Agaricus* sp. s. lat.).	$^{31}/_5$. *Betula nana*.
$^{23}/_5$. *Saxifraga oppositifolia*.	$^1/_6$. *Carex rupestris*.
$^{25}/_5$. *Salix arctica* f.	—. *scirpoidea*.
$^{28}/_5$. *Arctostaphylos alpina*.	$^5/_6$. *Cerastium alpinum*.
$^{30}/_5$. *Draba arctica*.	$^{10}/_6$. *Sedum Rhodiola* ♂.

[1]) Se Warming: «Om Naturen i det nordligste Grønland», Geografisk
    Tidsskrift 1888.
[2]) De danske Handelsdistrikter i Nordgrønland, I, p. 63.
[3]) Frühlingsleben in Nord - Grönland, Verhandl. d. Ges. f. Erdkunde zu
    Berlin, 1893.

10/6. *Vaccinium uliginosum* *.
Draba Wahlenbergii.
Hierochloa alpina.

12/6. *Empetrum nigrum* ☿.
Rhododendron lapponicum.
Cassiope tetragona.
Carex nardina.
— *pedata.*
Diapensia lapponica.
Melandrium affine.
Draba nivalis.

13/6. *Silene acaulis.*

15/6. *Saxifraga nivalis.*
Luzula confusa.
Pedicularis flammea.
Dryas octopetala.
Eriophorum angustifolium.
Carex pulla.
— *capillaris.*

16/6. *Antennaria alpina.*

17/6. *Arnica alpina.*
Draba hirta.
— **rupestris.*
Potentilla maculata.

19/6. — *emarginata.*
Ranunculus altaicus.
Salix herbacea ♂.
Cardamine bellidifolia.
Pedicularis hirsuta.
(*Equisetum arvense* c. sporang.)

22/6. *Alsine hirta.*
Polygonum viviparum.

24/6. *Papaver radicatum.*

24/6. *Halianthus peploides.*

27/6. *Tofieldia coccinea.*
Carex misandra.

28/6. *Pedicularis lapponica.*

4/7. *Stellaria humifusa.*
Catabrosa algida.
Carex hyperborea.
Saxifraga rivularis.
Elyna Bellardi.
Campanula uniflora.
Ranunculus nivalis.
Draba aurea.
Viscaria alpina.
(*Boletus scaber*).
(*Omphalia umbellifera*).

6/7. *Ranunculus pygmæus.*

7/7. *Sibbaldia procumbens.*
Draba crassifolia.
Veronica alpina.
Carex festiva.
Ranunculus affinis.
Erigeron eriocephalus.
Arabis alpina.
Alsine biflora.

8/7. *Saxifraga cernua.*
Poa flexuosa.
— *pratensis.*
— *alpina.*
Taraxacum officinale.
— *phymatocarpum.*
Cerastium trigynum.
Draba alpina.
Melandrium apetalum.
Chamænerium latifolium.

⁸/₇. Saxifraga decipiens.

Veronica saxatilis.

Campanula rotundifolia.

Erigeron compositus,

Oxyria digyna.

⁹/₇. Trisetum subspicatum.

Juncus biglumis.

¹⁰/₇. Arabis Holbøllii.

Thalictrum alpinum.

Tofieldia .borealis.

Luzula spicata.

Phyllodoce coerulea.

Cassiope hypnoides.

¹⁸/₇. (Lycoperdon favosum).

²⁰/₇. Pyrola grandiflora.

(Cantharellus lobatus).

(Melampsora arctica).

²⁵/₇. Kœnigia islandica.

²/₈. Hieracium alpinum.

Carex subspathacea.

²⁻⁸/₈. Agrostis rubra.

Ranunculus hyperboreus.

Euphrasia officinalis.

Erigeron uniflorus.

Rumex Acetosella.

Stellaria longipes.

Carex rariflora.

— alpina.

Vanhöffen, som i 1892—93 overvintrede i Karajaks Fjord — omtrent paa samme Bredde som Danmarks Ø — har (l. c.) givet en Skildring af Foraaret i denne Fjord.

Til Sammenligning med mine Iagttagelser anføres følgende: I de første Dage af April viste en lille Edderkop sig. De lavere Planter vaagne atter til Liv. I Midten af April kom Snespurven, midt i Maj Svømmefuglene; Fjorden var da endnu tillagt. Sneen smelter nu rask. I Slutningen af Maj vaagner Dyrelivet i de ferske Vande: Hjuldyr, Copepoder, Branchipus-Larver, Daphnier m. m., ogsaa Landinsekter vise sig nu almindelig: Fluer, Myggelarver o. s. v. Lastrœa fragrans udfolder sine unge Blade. Først ²⁹/₆ ses Argynnis. Jeg har efter hans Skildringer sammenstillet følgende Tabel:

²⁷/₅. Empetrum nigrum.

³⁰/₅. Saxifraga oppositifolia¹).

⁶/₆. Arabis sp.

Potentilla sp. (nivea?).

---

¹) «Auf sonnigen, trocknen Hügeln». — «Samme Dag udfoldede de første Bladknopper af Pil og Birk sig, først helt nede ved Jorden, hvor de faa rigeligere Solvarme, beskyttede mod Vind og Frost».

⁶/₆. *Saxifraga sp.*

⁷/₆. *Salix sp. (arctica f. ?).*

⁸/₆. *Cochlearia grønlandica.*

⁹/₆. *Potentilla maculata.*
Carex rupestris.
Eriophorum (Scheuchzeri?).

¹⁰/₆. *Rhododendron lapponicum.*
Vaccinium uliginosum.
Draba hirta.
Betula nana.
Saxifraga nivalis.
Silene acaulis.

¹²/₆. *Oxyria digyna.*

¹³/₆. *Diapensia lapponica.*
Cassiope tetragona.
Dryas integrifolia.
Papaver radicatum.

¹⁴/₆. *Antennaria alpina.*
Hierochloa alpina.

¹⁴/₆. *Carex nardina.*

¹⁵/₆. *Luzula sp.*
Loiseleuria procumbens.

¹⁷/₆. *Ledum palustre.*
Pedicularis hirsuta.

²⁰/₆. *Salix herbacea.*
Draba nivalis.
Cardamine bellidifolia.

¹⁵/₆. *Saxifraga tricuspidata.*
— *cernua.*
Artemisia borealis.
Campanula uniflora.
Arnica montana.
Melandrium triflorum.
Pedicularis flammea.

²⁶/₆. *Cerastium alpinum.*
Polygonum viviparum.
Tofieldia borealis.

²⁷/₆. *Pedicularis lapponica.*

Insolations-Temperaturer. Det er forlængst af for-
skellige Forfattere paavist, at de almindelige meteorologiske
Temperatur-Observationer give et fejlagtigt Begreb om, hvilke
Temperaturer Vegetationen er udsat for, og man har paapeget
det direkte Solskins store Betydning. Der foreligger dog
kun faa, spredte Iagttagelser af Temperaturen i Solskin fra
Polarlandene (se Warming: Om Grønlands Vegetation p. 99).
Jeg fik derfor opstillet 5 Thermometre, som, naar de vare
beskinnede af Solen, aflæstes timevis sammen med de øvrige
meteorologiske Instrumenter. Deres Opstilling var saaledes:
Tre Kvægsølv-Thermometre med grønmalet, blank og sort
(sværtet) Kugle anbragtes paa et Træstativ paa Grønlænder-
muren om Proviantskurets Sydside. Skuret var beklædt med

sort Tagpap; Grønlændermuren, der var dækket med et Lag Græstørv, var 4' (1,8 M.) høj. Thermometer-Kuglerne hang 4—5" (c. 12 Cm.) over Græstørven og 5" (13 Cm.) fjærnede fra Skuret. To Thermometre med sort og blank Kugle hang paa en Pæl, c. 5' (1,6 M.) over Jorden. I en egen Rubrik: «Solskin» betegnedes i Journalen Solskinnets Intensitet (0 — 4) efter Obser-vators Skøn; 4 betegnede klart Solskin, 0: Solen nede eller ganske skjult bag Skyer. Disse Insolations-Observationer anstil-ledes fra $^{26}/_9$—$^3/_{11}$ 91 og fra $^8/_3$—$^{11}/_7$ 92.

Tabellen angiver, hvormange Timer i Døgnet Temp. steg til 0° og derover; i Parenthesen staar den højeste aflæste Temperatur[1].

1891.

Dato.	ved Proviantskuret.			paa Pælen.		Luftens Skyggetemp.	
	Grøn K.	Blank K.	Sort K.	Blank K.	Sort K.	Max.	Min.
$^{26}/_9$	4 (3,0)	4 (1,0)	5 (3,0)	0	3 (1,5)	÷ 0,2	÷ 3,2
$^{27}/_9$	6 (7,5)	6 (5,0)	6 (9,3)	2 (1,0)	5 (3,0)	÷ 0,4	÷ 3,6
$^1/_{10}$	6 (7,8)	4 (4,0)	6 (8,3)	0	1 (0,0)	÷ 4,5	÷ 9,5
$^5/_{10}$	5 (7,6)	6 (5,5)	6 (9,5)	1 (0,8)	5 (7,2)	÷ 1,1	÷ 5,2
$^{15}/_{10}$	2 (3,5)	2 (1,5)	2 (1,7)	0	2 (1,0)	÷ 0,3	÷ 6,5
$^{16}/_{10}$	4 (2,2)	0	3 (2,0)	0	0	÷ 6,0	÷12,8
$^{19}/_{10}$	0	0	3 (2,4)	0	0	÷ 9,4	÷13,0
$^{21}/_{10}$	0	0	1 (0,2)	0	0	÷ 7,1	÷13,7
$^{27}/_{10}$	1 (2,2)	0	2 (3,2)	0	0	÷ 7,3	÷10,4

[1] Det bør bemærkes, at i Sommertiden skyggede Proviantskuret, naar Solen stod i Nord, for de 3 Thermometre; enkelte Dage flyttedes de derfor efter Solen (mrk. med *).

1892.

Dato.	ved Proviantskuret.			paa Pælen.		Luftens Skyggetemp.	
	Grøn K.	Blank K.	Sort K	Blank K.	Sort K.	Max.	Min.
21/3 1)	0	0	1 (2.5)	0	0	÷ 8,9	÷21.2
22/3	1 (1.2)	0	1 (2,6)	0	0	÷ 4,0	÷19,0
23/3	0	0	2 (2,5)	0	0	÷15,0	÷25,4
31/3	0	0	2 (1,0)	0	0	÷15,6	÷26,0
5/4	1 (10,5)	1 (0,0)	2 (13,6)	0	0	÷ 9,0	÷28,8
7/4	0	0	1 (4,5)	0	0	÷ 4,8	÷28,4
8/4	1 (0,0)	0	3 (1,5)	0	0	÷ 5,2	÷17,4
9/4	0	0	7 (5,0)	0	1 (1,0)	÷10,5	÷18,8
10/4	0	0	4 (3,5)	0	0	÷12,9	÷25,4
11/4 2)	0	0	1 (0,5)	0	0	÷17,2	÷29,7
18/4	1 (0,0)	0	3 (4,7)	0	2 (1,8)	÷11,5	÷27,4
20/4	2 (1,0)	0	5 (2,7)	0	4 (2,3)	÷ 2,3	÷12,0
21/4	4 (3,3)	2 (0,3)	8 (5,5)	5 (1,0)	8 (6,0)	÷ 1,0	÷ 8,8
22/4	5 (8,0)	3 (3,2)	7 (14,0)	3 (1.0)	7 (9,5)	÷ 5,2	÷10,3
23/4	0	0	1 (1,7)	0	1 (0,5)	÷ 8,5	÷18,3
24/4	0	0	2 (2,0)	0	0	÷13,7	÷24,5
29/4	0	0	1 (2,3)	0	0	÷13,7	÷26,6
30/4	2 (2,3)	0	5 (4.5)	0.	1 (0 0)	÷ 7 0	÷22,2
1/5	5 (4,5)	1 (0,5)	7 (8,5)	0	7 (3,0)	÷ 4,4	÷12,6
2/5	6 (3,8)	0	8 (8,5)	0	6 (5,5)	÷ 5,5	÷14,7
3/5	7 (6,2)	2 (2,0)	7 (10,5)	0	8 (6,0)	÷ 1,6	÷13,9
4/5	7 (4,5)	1 (0,5)	10 (6,0)	0	7 (2,5)	÷ 2,9	÷10,0
5/5	10 (9,0)	7 (9,0)	11 (12.5)	5 (9,5)	8 (9.5)	+ 8,3	÷14,9
6/5	9 (7,3)	9 (4,8)	10 (12,0)	0	10 (5,3)	+ 1,8	÷ 8,0

1) 8/3 anbragtes 2 Vindskærme paa Siderne for at hindre Sneen i at samle sig om Thermometrene.
2) 13/4 fjærnes Vindskærmene.

Dato.	ved Proviantskuret.			paa Pælen.		Luftens Skyggetemp.	
	Grøn K.	Blank K.	Sort K.	Blank K.	Sort K.	Max.	Min.
⁷/₅	7 (3,3)	1 (0,5)	8 (7,0)	0	2 (1,3)	÷ 4,6	÷10,6
⁸/₅	7 (4,5)	2 (0,7)	9 (8,5)	0	4 (6,2)	÷ 4,9	÷16,5
⁹/₅	0	0	4 (2,5)	0	1 (2,0)	÷ 7,3	÷18,2
¹⁰/₅	1 (0,5)	0	5 (4,5)	0	2 (2,5)	÷ 6,9	÷17,1
¹¹/₅	2 (1,0)	0	5 (3,5)	0	1 (1,5)	÷ 6,8	÷17,5
¹²/₅	0	0	2 (2,0)	0	1 (0,0)	÷ 5,1	÷11,2
¹³/₅	3 (3,5)	1 (0,3)	8 (6,5)	0	4 (4,5)	÷ 3,3	÷ 9,4
¹⁴/₅	10 (7,5)	8 (5,0)	10 (9,5)	2 (2,3)	10 (9,3)	+ 1,5	÷ 6,0
¹⁵/₅	11 (3,1)	3 (0,6)	11 (5,5)	0	12 (3,7)	÷ 1,6	÷ 6,3
¹⁶/₅	4 (4,0)	2 (2,0)	4 (6,3)	0	4 (5,5)	÷ 0,9	÷ 6,1
¹⁷/₅	6 (3,0)	3 (1,5)	6 (5,4)	0	6 (1,5)	÷ 2,2	÷ 6,4
¹⁸/₅	2 (1,2)	0	3 (3,5)	0	7 (2,5)	÷ 0,3	÷ 6,7
¹⁹/₅	7 (5,3)	4 (2,5)	8 (8,5)	0	9 (6,0)	+ 0,7	÷ 9,6
²⁰/₅	10 (10,8)	9 (9,5)	10 (14 6)	9 (2,5)	12 (11,6)	+ 0,7	÷ 7,3
²¹/₅	8 (3.2)	1 (0,5)	8 (6,0)	0	1 (1,5)	÷ 2,6	÷ 8,3
²²/₅	6 (2.0)	1 (0,0)	8 (3.5)	0	7 (1,5)	÷ 1,5	÷ 5,2
²³/₅	8 (7,8)	8 (6,0)	10 (11,0)	4 (0,8)	8 (10,0)	+ 0,7	÷ 5,8
²⁴/₅	9 (8,7)	9 (6,7)	9 (13,0)	1 (0,0)	11 (8,5)	0,0	÷ 6,0
²⁵/₅	11 (8,2)	10 (6,8)	11 (11,6)	2 (0,0)	10 (7,5)	+ 0,6	÷ 6,6
²⁶/₅	7 (3.0)	5 (2,0)	9 (5,0)	0	6 (2,5)	÷ 1,0	÷ 5,5
²⁷/₅	9 (4 0)	9 (3,5)	9 (5,7)	0	9 (4,5)	+ 0,8	÷ 3,4
²⁸/₅	4 (4,5)	4 (4,2)	4 (6,5)	0	4 (5,5)	+ 1,1	÷ 4,1
²⁹/₅	11 (8,6)	9 (7,4)	11 (12,0)	2 (0,6)	10 (9,4)	÷ 0,1	÷ 5,7
³⁰/₅	10 (5.0)	8 (4,0)	11 (6,5)	1 (1,5)	8 (2,5)	÷ 0,4	÷ 6,2
³¹/₅	9 (10,6)	9 (9,0)	9 (13,5)	7 (2,7)	10 (9,5)	+ 0,9	÷ 6,8
¹/₆	11 (8,0)	11 (6,5)	11 (10,7)	1 (1,7)	12 (5,0)	÷ 0,4	÷ 8,2
²/₆	8 (4,0)	7 (3,5)	10 (6,5)	0	9 (5,0)	+ 0,1	÷ 7,0
³/₆	9 (5,5)	9 (4,0)	10 (7,5)	0	12 (4,5)	÷ 1,2	÷ 7,3
⁴/₆	10 (10,0)	9 (8,5)	12 (12,0)	1 (0 0)	10 (6,5)	÷ 1,5	÷ 7,8
⁵/₆	9 (6,0)	9 (4,5)	10 (8,5)	0	10 (2,5)	÷ 1,4	÷ 7,2

Dato.	ved Proviantskuret.			paa Pælen.		Luftens Skyggetemp.	
	Grøn K.	Blank K.	Sort K.	Blank K.	Sort K.	Max.	Min.
6/6	6 (6,0)	6 (6,0)	8 (10,0)	0	6 (2,5)	÷ 0,6	÷ 7,2
7/6	10 (6,5)	10 (5,5)	10 (9,5)	2 (0,3)	11 (6,3)	+ 1,5	÷ 2,0
8/6	9 (4,5)	9 (3,5)	9 (6,0)	0	10 (4,5)	+ 2,0	÷ 5,2
9/6	9 (12,0)	9 (10,0)	9 (13,5)	7 (1,5)	12 (8,3)	+ 2,1	÷ 3,3
10/6	9 (19,0)	9 (18,3)	9 (22,0)	3 (2,7)	4 (8,5)	+ 8,2	÷ 1,7
11/6	10 (18,2)	10 (16,5)	10 (20,0)	"	"	+ 5,6	+ 0,9
12/6	11 (13,8)	11 (13,0)	11 (17,4)	"	"	+ 3,9	÷ 0,4
13/6	11 (17,0)	11 (15,0)	11 (20,0)	"	"	+ 4,5	÷ 1,9
14/6	11 (15,8)	11 (13,5)	11 (17,5)	"	"	+ 6,7	÷ 0,8
15/6 *	24 (15,2)	24 (14,3)	24 (19,1)	19 (9,6)	20 (14,4)	+ 4,9	+ 0,8
16/6 *	22 (24,2)	21 (22,5)	22 (28,7)	17 (11,5)	15 (11,5)	+ 8,8	+ 0,4
17/6 *	24 (18,0)	24 (15,8)	24 (20,5)	17 (7,8)	18 (12,3)	+ 6,7	+ 1,6
18/6 *	22 (14,0)	22 (12,5)	22 (19,5)	"	"	+ 4,9	+ 1,4
19/6 *	22 (19,1)	22 (17,0)	22 (22,5)	22 (7,0)	22 (10,0)	+ 5,8	+ 1,7
20/6 *	22 (14,2)	21 (12,2)	22 (17,2)	16 (2,8)	14 (7,6)	+ 3,4	÷ 0,3
21/6	8 (2,0)	5 (1,5)	8 (2,5)	6 (0,3)	4 (1,5)	+ 4,5	+ 0,2
22/6 *	18 (8,6)	18 (7,5)	18 (10,4)	18 (3,5)	18 (8,5)	+ 5,0	+ 1,2
23/6	9 (16,0)	10 (13,5)	10 (18,5)	9 (3,5)	9 (6,3)	+ 4,7	÷ 0,6
24/6	12 (6,0)	11 (5,5)	13 (7,0)	11 (5,5)	8 (4,5)	+ 2,5	÷ 1,0
25/6	12 (10,2)	12 (8,5)	13 (12,5)	8 (1,5)	9 (3,5)	+ 4,3	÷ 0,5
26/6 *	16 (14,0)	16 (12,0)	16 (16,0)	16 (5,5)	16 (6,4)	+ 4,9	÷ 0,9
27/6	15 (3,8)	15 (3,5)	15 (3,5)	9 (2,7)	10 (3,0)	+ 3,5	÷ 0,5
28/6	5 (16,0)	5 (13,5)	5 (16,5)	5 (4,3)	5 (4,5)	+ 3,0	÷ 1,0
29/6	6 (15,1)	6 (12,5)	6 (16,5)	6 (3,5)	6 (3,5)	+ 2,9	÷ 1,4
7/7	6 (10,0)	6 (9,3)	6 (12,0)	6 (6,7)	6 (8,5)	+ 6,2	+ 2,8
6/7 *	24 (14,7)	24 (13,5)	24 (17,6)	23 (6,5)	23 (10,3)	+ 7,1	+ 2,4
9/7	8 (7,0)	8 (7,7)	8 (8,3)	8 (7,5)	8 (7,5)	+ 7,8	+ 3,5
11/7	13 (20,0)	13 (17,5)	13 (23,0)	13 (5,5)	13 (6,5)	÷ 4,3	+ 1,0

*) Thermometrene ved Proviantskuret flyttedes efter Solen.

Exempelvis anfører jeg Observationerne for et Par Dage:

15/5.	Ved Proviantskuret.			Paa Pælen.		Solskin (0—4).	Luftens Skyggetemperatur.	Anmærkninger.
	Grøn Kugle.	Blank Kugle.	Sort Kugle.	Blank Kugle.	Sort Kugle.			
Kl. 4 Fm.	I Skygge.			÷ 4,7	÷ 1,5	4	÷ 3,7	
- 5 —	—			÷ 3,3	+ 0,5	4	÷ 2,6	
- 6 —	÷ 0,8	÷ 0,8	÷ 0,5	÷ 4,3	+ 1,5	3	÷ 2,9	
- 7 —	+ 2,5	÷ 0,5	+ 3,4	÷ 3,3	+ 1,0	4	÷ 4,0	
- 8 —	+ 2,9	÷ 0,5	+ 5,4	÷ 3,0	+ 2,6	4	÷ 2,3	
- 9 —	+ 2,2	÷ 1,2	+ 4,3	÷ 3,8	+ 1,5	4	÷ 3,0	
- 10 —	+ 2,5	÷ 0,5	+ 5,0	÷ 3,8	+ 1,5	4	÷ 3,8	
- 11 —	÷ 2,1	÷ 0,7	+ 3,6	÷ 3,0	+ 2,0	4	÷ 3,1	
Middag .	+ 0,8	÷ 1,5	+ 2,3	÷ 3,3	+ 0,6	2	÷ 2,6	
Kl. 1 Em.	0,0	÷ 1,7	+ 1,5	÷ 2,7	+ 0,5	2	÷ 2,6	
- 2 —	+ 2,8	0,0	+ 3,7	÷ 2,3	+ 1,5	3	÷ 2,2	
- 3 —	+ 3,1	0,0	+ 5,5	÷ 0,6	+ 3,7	3	÷ 2,7	
- 4 —	+ 1,0	+ 0,6	+ 3,5	÷ 2,7	+ 1,1	3	÷ 1,6	
- 5 —	÷ 0,7	÷ 2,5	+ 0,3	÷ 3,5	÷ 1,3	1	÷ 2,7	Solen meget svag.
- 6 —	÷ 2,0	÷ 3,7	÷ 1,5	÷ 3,5	÷ 1,5	0	÷ 2,4	— bag Skyer.

$^{15}/_{6}$.	Ved Proviantskuret.			Paa Pælen.		Solskin (0–4).	Luftens Skyggetemperatur.	Anmærkninger.
	Grøn Kugle.	Blank Kugle.	Sort Kugle.	Blank Kugle.	Sort Kugle.			
Kl. 1 Fm.	4,8	3,3	5,5	÷1,0	1,0	4	0,8	
- 2 —	3,8	2,7	4,5	1,5	3,5	4	2,0	
- 3 —	6,0	4,5	7,5	3,5	2,5	4	3,4	
- 4 —	5,8	3,5	7,8	"	1,5	4	1,9	
- 5 —	"	"	"	"	"	4	3,0	
- 6 —	9,0	5,5	8,5	3,2	1,5*	4	2,5	* 1 Skygge.
- 7 —	7,5	5,0	8,5	2,7	7,0	4	2,9	
- 8 —	11,3	9,5	14,5	6,0	11,5	4	3,4	
- 9 —	10,9	9,6	14,5	2,5	4,7	4	3,9	
- 10 —	10,1	9,3	12,9	3,2	6,2	4	4,3	
- 11 —	11,3	10,5	14,5	9,4	13,0	4	3,7	
Middag .	8,5	8,5	11,5	3,0	5,5	4	4,5	
Kl. 1 Em.	12,2	11,5	16,1	9,6	14,4	4	4,4	
- 2 —	11,6	10,6	15,4	8,5	13,8	4	4,2	
- 3 —	11,0	9,7	14,5	8,2	12,7	4	4,5	
- 4 —	" *	9,5	13,5	4,0	8,5	4	4,0	* I Skygge.
- 5 —	15,2*	14,3*	19,1*	2,3	4,7	4	4,3	* Før Kl. 5 flyttedes Thermometrene efter Solen.
- 6 —	14,0	12,6	17,7	2,7	7,0	4	4,3	
- 7 —	12,6	10,0	14,2	4,7	8,5	4	4,9	
- 8 —	9,7	8,4	11,7	3,5	6,2	4	4,0	
- 9 —	6,6*	5,5*	8,5*	I Skygge.		4	3,0	* Thermometrene flyttede eft. Solen.
- 10 —	4,2	4,0	5,8	—		4	3,1	
- 11 —	2,0	1,5	2,5	—		0	2,1	} Solen bag Fjældene.
Midnat . .	0,9	0,6	2,5	—		0	1,1	

²⁰/₈.	Ved Proviantskuret.			Paa Pælen.		Solskin (0—4).	Luftens Skyggetemperatur.	Anmærkninger.
	Grøn Kugle.	Blank Kugle.	Sort Kugle	Blank Kugle.	Sort Kugle.			
Kl. 1 Fm.	3,5	2,5	4,5	I Skygge.		4	2,4	
- 2 —	7,0	5,5	8,5	—		4	3,4	
- 3 —	7,0	5,5	8,5	0,5	—	4	2,8	
- 4 —	8,3	7,5	11,0	0,0	—	4	1,8	
- 5 —	8,3	6,5	10,5	0,8	—	4	2,5	Østlig Vind
- 6 —	7,0	6,0	10,5	1,7	—	4	2,7	—
- 7 —	6,2	5,5	9,5	0,8	2,5	4	2,5	
- 8 —	8,5	8,0	12,5	1,7	6,0	4	3,2	
- 9 —	7,0	6,5	9,7	1,8	6,2	4	3,4	
- 10 —	7,1	6,6	10,5	2,8	7,5	4	3,0	
- 11 —	I Skygge.			2,6	7,5	4	2,2	
Middag .	10,2	9,5	12,7	2,4	7,6	4	1,7	
Kl. 1 Em.	6,2	5,5	8,2	1,7	4,5	4	3,0	
- 2 —	4,1	3,5	5,6	0,7	3,5	3	2,7	—
- 3 —	5,3	4,5	6,5	0,5	3,8	1	1,3	
- 4 —	4,2	3,7	5,8	0,8	4,6	2	1,5	
- 5 —	2,3	1,7	3,0	0,2	2,3	1	1,5	Taage.
- 6 —	10,2	9,5	12,6	0,0	3,5	4	1,5	Svag østlig Vind
- 7 —	14,2	12,2	17,2	÷0,4	6,7	4	2,2	
- 8 —	8,0	6,4	9,8	÷0,5	2,5	3	1,6	
- 9 —	7,5	6,0	9,5	I Skygge.		2	0,5	
- 10 —	÷0,2	÷0,5	÷0,2	—		0	÷0,8	Taage.
- 11 —	÷0,5	÷0,5	÷0,3	÷1,7	÷1,3	0	0,0	
Midnat. .	0,2	÷0,2	0,3	÷1,0	÷0,2	0	0,3	

Af Observationerne i Efteraaret 1891 fremgaar det, at
Solen paa denne Aarstid kun var lidet fremme; fuldt Solskin
observeredes i alt kun i 65 Timer fra $^{25}/_9$—$^3/_{11}$. Endnu $^{27}/_{10}$
viste sort Kugle i to Timer positiv Temperatur. I Foraars-
og Sommertiden 1892 var Solen derimod meget fremme. $^{21}/_3$
viste sort Kugle for første Gang positiv Temperatur (bortset fra
Føhndagene); fra April viste sort Kugle saa godt som hver Dag
Temp. over 0°; dette stemmer med, at efter den sidste Uge af
Marts tøede Sneen hver Dag i Middagstimerne paa Sydskræn-
terne (p. 193).

Ved at sammenstille Tabellerne med de i det foregaaende
under de enkelte Maaneder anførte Temperatur-Observationer,
der anstilledes paa forskellige Lokaliteter paa Danmarks Ø, i
Jord, Vand o. s. v., med sort og blank Kugle, vil det let indses,
at Planternes Vegetationsperiode kan begynde, længe før Døgnets
Middeltemp. (i meteorologisk Forstand) naar op over Nulpunktet.
Det ses tillige, at Thermometrene ved Proviantskuret ikke stod
under exceptionelt gunstige Forhold og ikke viste højere, men
tværtimod lavere Temperaturer end Thermometre anbragte paa
beskyttede Lokaliteter andetsteds. Dette hidrører dels fra, at
Kuglerne hang nogle Tommer over Græstørven, dels fra, at
Proviantskuret stod paa en lav Odde, som til langt hen paa
Sommeren var omgiven af Fjordis og laa udsat for Vinden[1].
Man kan derfor gaa ud fra, at Planter, der stod i længere Af-
stand fra Fjordisen eller det kolde Fjordvand og paa Lokaliteter,
der vare mere beskyttede mod Vinden, allerede tidligere, end
Tabellen angiver, have staaet i optøet Jord og ligeledes have
nydt godt af betydelig større Varmemængder.

Endelig fremgaar det af Tabellerne, hvilken betydelig For-
skel der er mellem Temp. nær Jordoverfladen og i nogle Fods
Højde over denne, en Forskel, som tilstrækkeligt forklarer, at

---

[1] Erfaringen viste, at selv det svageste Vindpust var tilstrækkeligt til at
nedsætte Temperaturen flere Grader.

de oprejste Pile- og Birkegrene udvikle sig betydelig senere end Grenene paa de nedliggende Buske. At dette er Tilfældet er oftere omtalt i Litteraturen.

Man maa altsaa antage, at Planter paa beskyttede Lokaliteter (Sydskrænter o. s. v.) inde i Scoresby Sund have en Vegetationstid af 5—6 Maaneder; i saa langt et Tidsrum vil Jorden paa saadanne Lokaliteter — i hvert Fald nogle Timer i Døgnet — være optøet. Ude ved Kysten vil Taage og Vind naturligvis forkorte Vegetationstiden betydelig.

Det stemmer derfor sikkert ikke med de faktiske Forhold, naar Kjellman mener[1], at Udviklingen ikke kan begynde, før Døgnets Middeltemp. er naaet op over 0°. Polarplanterne taale (som Kjellman ogsaa selv bemærker l. c. p. 481) lige saa vel som vore Foraarsplanter en forbigaaende Frysning. Og desuden, selv om Lufttemp. falder nogle Grader under 0°, er det dermed ingenlunde givet, at Jordbunden eller Planterne antage en saa lav Varmegrad. Temperatur-Vexlinger foregaa ikke saa hurtig i Klippen og de løse Jordlag som i Luften. Udstraaling fra Sten og Jord, Varmeledning gennem Rødderne, der staa i optøet, varm Jord, og endelig den Omstændighed, at Cellesaften — i sin Egenskab af Saltopløsning — har sit Frysepunkt beliggende under 0°, alt dette vil bevirke, at Planterne i Foraarstiden kunne holde sig optøede, selv om Lufttemp. i nogle Timer er under 0° og Solen ikke fremme.

Insektbesøg. Der foreligger i Litteraturen kun faa direkte Iagttagelser af Insektbesøg i Blomster i de arktiske Egne[2]. Warming har[3] omtalt en Del Iagttagelser fra Grønland, i «Medd. om Grønland» XV. p. 27—28 har jeg anført nogle

---

[1] Ur polarväxternes lif, p. 471.

[2] F. Ex.: Ekstam: Blütenbestaûbung auf Novaja Semlja, Öfvers. af K. Vet. Akad. Förh. 1894.

[3] Om Bygningen og den formodede Bestøvningsmaade af nogle grønlandske Blomster i «Overs. o. K. D. Vid. Selsk. Forhdl. 1886, p. 125—126.

andre; ellers findes der i Rejseberetningerne kun enkelte og spredte Bemærkninger om denne Sag.

I Blomster af følgende Arter iagttoges Insektbesøg[1]:

Silene acaulis .... *Colias, Argynnis.*
Vaccinium uliginosum .... Noctuider (D.).
Cassiope tetragona .... — . (D.).

Arctostaphylos alpina .... *Bombus hyperboreus.*
Vaccinium uliginosum .... —
Campanula rotundifolia var. *arctica*
Silene acaulis ....
Salix arctica f. ....

Arnica alpina .... Fluer.
Diapensia lapponica .... —
Rhododendron lapponicum .... *Rhamphomyia* (D.).
Saxifraga oppositifolia ...... Fluer.
Silene acaulis .... *Calliphora grønlandica* (D.).
Cerastium alpinum .... Fluer.
 — *trigynum* .... —
Potentilla nivea .... Syrphider.
 — *maculata* .... Fluer.
Dryas octopetala .... { *Rhamphomyia, Anthomyia, Cal-liphora grønlandica* o. a. Fluer.
Salix arctica f. .... Syrphider o. a. Fluer.

Salix arctica f. .... *Thrips* sp. (D.).

[*Saxifraga oppositifolia* ...... Mider.]

---

[1] Et (D.) betegner, at Iagttagelsen skyldes Expeditionens Entomolog, H. Deichmann.

De hyppigst besøgte Blomster ere sikkert *Salix arctica* f. (især Fluer), *Arctostaphylos* og *Vaccinium* (især Humler). Humler iagttog jeg paa Gaaseland endnu 3000' (950 M.) o. H.

Cand. H. Deichmann har meddelt mig følgende: «De vigtigste Blomsterfluer ere sikkert *Rhamphomyia nigrita* og *R. hirtula*, i alt Fald ses de hyppigst i *Dryas* og *Rhododendron*; begge Arter ere vist lige hyppige. I *Salix arctica* f. forekommer i Blomstringstiden en Del Fluer, vistnok især Syrphider og *Calliphora grønlandica*, af og til en enkelt *Tachina*; *Rhamphomyia*-Arterne ved jeg aldrig at have set paa *Salix*. *Thrips* optræder paa enkelte Steder i Mængde i Pileraklerne».

I det hele taget var det ikke almindeligt at se Insektgnav paa Planterne; ved Hold with Hope vare dog næsten alle Bladene af *Salix arctica* f. stærkt forgnavede.

I denne Sammenhæng kan det maaske nævnes, at *Phytoptus*-Galler vare meget almindelige paa Pileblade; enkelte Gange saa jeg ogsaa Hunraklerne angrebne. Paa Røde Ø vare Frugter af *Sedum Rhodiola* stærkt angrebne af *Phytoptus*.

Vegetationsformationerne.

Sammenligner man Vestgrønlands Vegetationsformationer med Scoresby Sunds, viser der sig adskillige interessante Forskelligheder, om det end maa indrømmes, at Forholdene i det store og hele ere temmelig ens. Angaaende de floristiske Enkeltheder henvises til Tabellerne i det følgende.

Pilekrattene (se især p. 145 og 218). Kun et enkelt Krat paa Gaaseland (p. 272) svarede nogenlunde til de almindelige, fugtige Muldjords-Krat paa Vestkysten. Alle de andre Krat, jeg saa, udmærkede sig ved at voxe paa tørre, stenetgrusede Skraaninger, og Kraturterne havde som en Følge heraf et xerophilt Præg, der dannede den skarpeste Kontrast til Vestkystens friskgrønne Kraturter. Krattene paa Disko naa endnu

Mandshøjde, Krattene i Scoresby Sund blive ikke højere end c. 1½ Al. (1 M.). Kvanen (*Archangelica officinalis*), som er Karakterplante for de frodige Krat paa Vestkysten, og som endnu findes paa Disko, manglede ganske. Den fandtes forøvrigt heller ikke i Urteliens fugtige Muld. Af andre Arter, som høre hjemme i Vestkystens Krat, f. Ex. paa Disko, men mangle i Scoresby Sund, kunne især nævnes: *Epilobium-* Arterne, *Draba incana*, *Bartsia alpina*, *Pyrola-*Arter (*P. minor* og *secunda*), *Gnaphalium norvegicum*, alle Orkidéerne: *Corallorhiza innata*, *Habenariá albida*, *Listera cordata*, *Platanthera hyperborea*, *Listera cordata*; *Luzula parviflora*, *Phleum alpinum*, *Calamagrostis phragmitoides*, *Aspidium Lonchitis*, *Polypodium Dryopteris* og *Equisetum silvaticum*.

Det bør bemærkes, at en stor Del af disse ere Grønlands mest udprægede Entomophiler.

De høje Tuegræsser ere den ejendommeligste Bestanddel af Krattenes Urter; de andre Arter ere for største Delen almindelige Fjældmarksurter. Paa Grund af Terrænforholdene og den gunstige Exposition mod Syd eller Øst ere Individerne altid særlig kraftigt udviklede (se p. 145—146).

Krattene naaede deres fyldigste Udvikling paa Sydskraaninger c. 500—1000' (160—315 M.) o. H. I denne Højde er Taagen meget sjældnere end ved Havets Niveau og Temp. paa Grund af længere Insolationstid og Hældningen højere; jeg har oftere iagttaget en Forskel af 10—15° mellem Lufttemp. paa Lavlandet og paa Fjældskraaningerne. Den større Afstand fra den længe liggende Fjordis eller det kolde Fjordvand er naturligvis ogsaa af væsentlig Betydning.

Nathorst, som har iagttaget lignende Forhold paa Spitzbergen, forklarer [1] Vegetationens større Yppighed paa Skraaningerne deraf, at den fugtigere Jordbund paa Lavlandet, hvor der i Tidens Løb har samlet sig betydelige Mængder af organisk

---

[1] «Botaniska Notitser», 1871, p. 114.

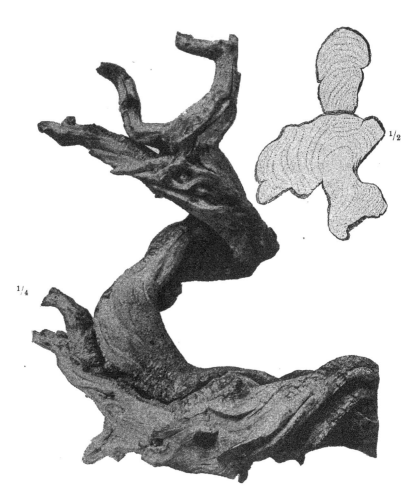

Salix glauca var. *subarctica*.

En af Ltnt. Ryder fra Rypefjord medbragt, død Stamme, den kraftigste, jeg saa i Scoresby Sund. Den er meget excentrisk, afbarket og har været nedliggende. Som Figuren viser, er den meget forvreden og fuld af større og mindre Sprækker. Afstanden fra Basis til yderste Grenspids er i lige Linje 45 Cm., medens Stammens virkelige Længde er 94 Cm. Største Diameter er 11,5 Cm. Veddet er meget blødt, Aarringene yderst smalle.

Stof, har en tørveagtig Karakter, og mener, at Planterne i en saadan Jordbund — ligesom i Skandinavien — ere tilbøjelige til at forkrøble. Dette Forhold er muligvis ogsaa af Betydning, men dog næppe den vigtigste Faktor.

Krat iagttoges til en Højde af c. 2000' (625 M.) o. H., og det skyldes sikkert kun Terrænforholdene, at de ikke gik højere til Fjælds (p. 231). De kræve Snebedækning om Vinteren, men blive tidligere snebare end Urtelien.

Krat saa jeg ikke Øst for Gaaseland, ɔ: c. 20 Mil indenfor Fjordens Munding.

Urtelien findes i Scoresby Sund paa lignende Lokaliteter som i Vestgrønland ɔ: paa fugtige, muldede Skrænter i Læ for Vinden, helst mod Syd. Den mest udprægede og frodigste Urteli, den p. 266 omtalte paa Gaaseland, havde dog Exposition mod Øst.

Urtelien kræver tidligt og betydeligt Snedække; den første Efteraarsføhn dynger store Snemasser op over dens Planter[1]. Her traf man de «sydligste», ømtaaligste Arter: *Botrychium Lunaria, Ranunculus affinis, Veronica alpina, Alchemilla vulgaris, Potentilla maculata, Thalictrum alpinum, Draba crassifolia, Hieracium alpinum* m. fl. Naar jeg paa Slædeturene i Maj-Juni ikke fandt Urtelier i Vestfjord og Gaasefjord, hidrører dette sandsynligvis fra, at de have været dækkede af Sne; maaske er dog Sommeren i det inderste af Fjordene for tør for denne Vegetationsformation.

Urteli iagttoges paa Gaaseland indtil c. 3000' (940 M.) o. H.

Naar Sydskrænterne i de arktiske Egne altid have en meget rigere Vegetation end Skrænterne med Exposition mod de andre Verdenshjørner, skyldes det naturligvis først og fremmest Solens Indflydelse, paa mange Steder dog ogsaa Vinden. Den frem-

---

[1] «Those places, where the snow collects into the deeper drifts, are found to be the scene of the more luxuriant vegetation in spring.» Turner: Contributions to the natural history of Alaska 1886, p. 15.

herskende Vindretning i Højnorden er nemlig nordlig, og Vinden
vil altsaa aflejre Fjældenes Forvitringsprodukter, Humusstoffer,
visne Plantedele m. m. paa Sydskrænterne, hvor der er Læ; om
Vinteren desuden store Snemasser.

Warming har fremhævet, at Regnormene ere ejendom-
melige for Krattene og Urtelien. Dette gælder dog hovedsagelig
i Sydgrønland; i Nordgrønland ere Regnorme sjældne eller
mangle ganske. At de ikke fandtes i den grusede, temmelig
tørre Kratbund i Scoresby Sund, er en Selvfølge; men de
fandtes heller ikke i Urteliens Muld (jfr. p. 268)[1]. Landsnegle
manglede ligeledes.

Lyngheden i Scoresby Sund (og ved Hold with Hope)
afviger fra Vestkystens *Empetrum*-Hede ved at være dannet af
Cassiope tetragona. I det nordligste Grønland, baade paa Øst-
og Vestkysten, er denne Art ligeledes dominerende. At *Cassiope
tetragona* paa enkelte Lokaliteter paa Vestkysten pletvis kan være
Hovedbestanddel af Heden er omtalt af Berggren og Warming.
Empetrum er i Scoresby Sund ganske tilbagetrængt; den findes
kun enkeltvis i Heden, især i fugtigere Fordybninger; det samme
gælder *Phyllodoce* og *Cassiope hypnoides*.

---

[1] Et Par Ord om Regnormenes Udbredelse i Grønland turde være af In-
teresse i denne Sammenhæng. Den eneste Lumbricin, som iagttoges i
Scoresby Sund, var en *Enchytræus* sp., næppe 1″ (2 Cm.) lang; den
fandtes mellem halvraadden Tang ved Stranden. I vort zoologiske
Musæum findes kun faa Regnorme fra Vestgrønland. Jeg har haft
Lejlighed til at gennemgaa hele Materialet; det var følgende: *Lum-
bricus terrestris*, 1 Ex., etiketteret Grønland (Findested ubekendt,
sandsynligvis Sydgrønland), 5″ (13 Cm.) langt; eneste anselige Individ
i hele Samlingen. Den almindeligste Art synes at være *L. Boeckii*,
1—2″ (2,5—5 Cm.) lang; dens nordligste Findested er S. Kangerdluarsuk
ved Holstensborg (c. 67° N. Br.); fra Tunugdliarfik Fjord (c. 61° N. Br.)
angiver Lundbeck den som almindelig i fugtig Jord under Græsdækket.
(Denne Art findes ogsaa paa Island.) Endvidere: *L. riparius* (Jakobs-
havn, 1¹/₂″ lang), *L. subrubicundus* (Ø mellem Frederikshaab og Ivigtut),
L. variegatus (Egedesminde, Godhavn) og *Enchytræus* sp. (fra et Par
Lokaliteter i Sydgrønland paa c. 62° og c. 64° N. Br. samt fra Riten-
benk, i Fjæren).

Heden kræver Snebedækning om Vinteren, nogen Fugtighed og Læ, dog mindre end Urtelien. I Yderkanterne af Heden og paa Lokaliteter, der paa Grund af Terrænforholdene blive fejede snebare af Vinden, er *Vaccinium uliginosum *microphyllum* fremherskende (p. 237).

Lynghede iagttog jeg til 4200' (1320 M.) o. H.; større, sammenhængende Hedestrækninger dog ikke over 2500' (785 M.).

Følgende Arter ere almindelige i den vestgrønlandske Hedé (69—71° N. Br.), men mangle i Scóresby Sund: *Alchemilla alpina, Saxifraga tricuspidata, Pedicularis lanata, Loiseleuria procumbens, Ledum palustre, Artemisia borealis.*

Dryas octopetala, Arctostaphylos alpina og *Tofieldia coccinea,* som ere sjældne eller mangle paa den tilsvarende Del af Vestkysten, ere almindelige i Scoresby Sund.

Fjældmarken indtager langt det største Areal af den isfri Del af Grønland og har overalt omtrent samme Præg. Paa beskyttede Lokaliteter, i Urer, paa Afsatser paa bratte Sydskrænter og lignende Steder, hvor der er Læ, ere Individerne kraftige og rykke tættere sammen. Paa vindaabne Lokaliteter, især saadanne, der om Vinteren ere snebare, og hvor Planterne derfor ere direkte udsatte for Vindenes voldsomme Angreb hele Aaret igennem, ere Individerne (ikke blot Fanerogamer, men ogsaa Kryptogamer) forkrøblede, afsvedne og dræbte paa Vindsiden, sætte faa eller ingen Frugter og staa overordentlig spredt. I Scoresby Sund er Føhnen — som nævnt — den eneste Vind, der blæser med betydelig Kraft, paa Kystlandet er Nordenvinden overvejende.

Føhnens store Betydning for Vegetationen i de grønlandske Fjorde er hidtil ikke bleven tilstrækkelig paaagtet (jfr. p. 162). Rosenvinge har[1]) omtalt dens Indflydelse paa Kratvegetationens Udbredelse i Tunugliarfik-Fjord, og naar Berg-

---

[1]) Geografisk Tidsskrift, Bd. 10.

gren[1]) antager, at «kalla vindar» i Auleitsivik-Fjorden o. a. St.
ere Grunden til den fattige og forkrøblede Fjældmarks-Vegetation
paa vindaabne Lokaliteter, er det sikkert Føhnens Virkninger,
han har set.

Maaned.	Dato.	Højeste Temperatur under Føhnen.	Laveste Tøj når i foregaaende Døgn.	Laveste Fugtigheds-grad i Procent.	Vindretning under Føhnen.	Størst Vindstyrke (0—12).
December 91	5—6	÷10,4	÷31	50	VNV.	9
— -	9—10	÷ 8,3	÷26	57	—	8
— -	10—12	÷10,1	÷21	57	—	9
Januar 92	1	÷ 9,7	÷28	74	—	9
— -	2	÷ 9,0	÷30	72	—	6
— -	2—3	÷10,7	÷30	74	V-VNV.	6
— -	4	÷ 4,0	÷27	62	VNV.	7
— -	10	+ 6,0	÷22	42	—	7
— -	28	÷ 8,0	÷27	78	—	3
Februar 92	15—17	+ 8,5	÷32	84	—	9
— -	28	÷ 2,8	÷26	69	—	7
Marts 92	21	÷ 8,9	÷27	64	—	7
— -	22	÷ 4,0	÷21	44	—	7
April 92	7—8	÷ 4,8	÷31	58	—	7
— -	18	÷11,8	÷23	74	—	2
— -	30	÷ 7,0	÷27	61	VNV-NV.	5
Maj 92	5—6	+ 8,3	÷10	32	VNV.	6
Juni 92	10	+ 8,2	÷ 3	32	—	3
Juli 92	13	+15,2	+ 1	34	—	3

[1]) Öfvers. of K. Vet.-Akad. Förh. 1871.

I foranstaaende Tabel vil man finde en Oversigt over Føhnerne ved Danmarks Ø fra Septbr. 1891—Juli 1892. Det fremgaar af Tabellen (hvilket ogsaa er kendt fra Grønlands Vestkyst), at Føhnen blæser oftest og kraftigst i Vinterhalv-aaret, at Luftens Fugtighedsgrad kan blive meget ringe og Vindstyrken meget betydelig.

Gik man i Vintertiden, da den eneste snebare Vegetations-formation var Fjældmarkens mest forkuede Dele, fra S. til N. op over Danmarks Ø, saa man til venstre Sten og Fjæld-skrænter beklædte med smaa Gyrophorer, Parmelier, Mosser o. s. v., til højre derimod kun nøgne, graa Stenflader. Kun yderst faa Likener kunde voxe paa de for Vinden udsatte Flader. *Xanthoria elegans* f. *pygmœa*, *Acarospora* sp. (brun, steril), *Lecanora badia*, *Placodium chrysoleucum* f., *Rhizocarpon geographicum* f. *monstrosa* og *Gyrophora arctica* vare de mest haardføre Arter; men paa saadanne Lokaliteter vare de dog altid forkrøblede og ofte næppe til at genkende. Gyrophorerne tabte ganske Bægerformen og bleve kompakte, smaa Halvkugler. Paa de erratiske Sten, der laa spredte paa Kullerne, fandtes der dog altid paa Stenens Vindside lige ved Jordoverfladen et Bælte af skorpeformede Likener; umiddelbart nede ved Jord-overfladen blev Vindens Kraft aabenbart brudt saa meget, at Likenerne kunde udvikle sig dèr. Noget lignende iagttoges paa Fanerogamerne fra disse Lokaliteter: de vare dræbte paa Vindsiden, og kun fra Tuens Underside søgte et enkelt eller et Par Skud lige op i Vindens Retning, tæt presset til Jorden og søgende Læ mellem foran liggende smaa Stene eller benyttende sig af de mindste Ujævnheder i Terrænet.

Alle Grene og Stammer af de nedliggènde Buske vare excentriske, ofte næsten knivskarpt afgnavede af Vinden, saa at Marven laa helt oppe paa Grenens Overside eller endog var helt borteroderet.

· :Et smukt Exempel herpaa er den afbildede Stamme af *Salix glauca* var. *subarctica* (?) fra Ispynt i Vestfjorden.

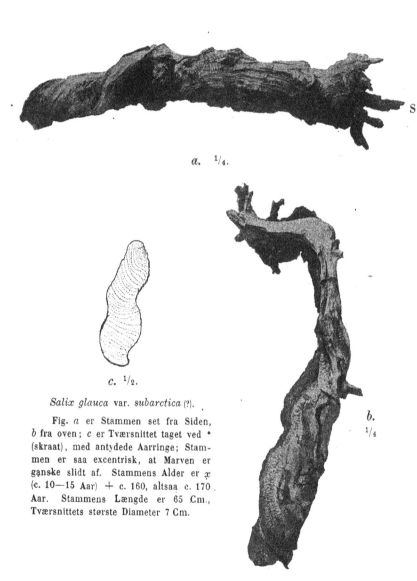

a. $^1/_4$.

c. $^1/_2$.

Salix glauca var. *subarctica* (?).

Fig. *a* er Stammen set fra Siden, *b* fra oven; *c* er Tværsnittet taget ved • (skraat), med antydede Aarringe; Stammen er saa excentrisk, at Marven er ganske slidt af. Stammens Alder er x (c. 10—15 Aar) + c. 160, altsaa c. 170. Aar. Stammens Længde er 65 Cm., Tværsnittets største Diameter 7 Cm.

b. $^1/_4$

S

De følgende Figurer vise det Udseende, som Planterne i Almindelighed havde paa de mest udsatte Føhnlokaliteter; alle de afbildede Tuer og Buske ere fra Danmarks Ø.

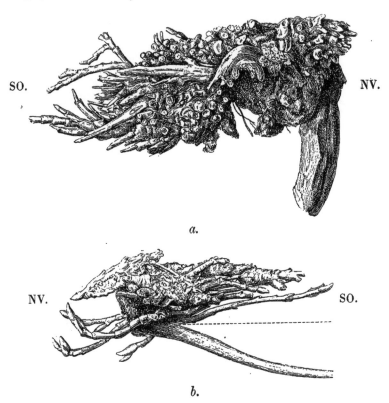

a.

b.

Salix arctica f. (¹/₁).

De to Figurer vise denne Arts almindelige Form paa de snebare Kuller. Busken antager en mer eller mindre udpræget Kileform med den spidse Ende vendt mod NV. Set fra oven danner en saadan Busk en bred, kompakt Flade, sammensat af talrige, smaa, afsvedne Grene; kun fra Buskens Læside og fra Undersiden udgaa levende Grene. Alle ældre Dele ere afbarkede og hvidlige paa Vindsiden, ofte bevoxede med Likener. Paa *b* ses en Del Grene, som gaa op mod Vinden (jfr. ovenfor)[1]. Den punkterede Linje betegner her og paa de følgende Figurer Jordoverfladen.

---

[1] Disse Buskformer minde om de af Kihlman (l. c. p. 225) omtalte Dværgbuske af *Salix rotundifolia*.

Dryas octopetala f. *minor* ($^6/_5$).

Den overjordiske, blottede Del af Roden er vreden og kroget, afbarket (kun paa Læsiden sidder endnu lidt Bark), meget excentrisk, dens største Diameter 3,5mm, mindste 1,5mm. Paa Vindsiden ere Grenene afbidte og af-barkede, Bladene afrevne eller yderst smaa, linjeformede med indrullet Blad_rand; Bladene paa Buskens Læside ere større, og deres Bladrand ikke eller mindre indrullet.

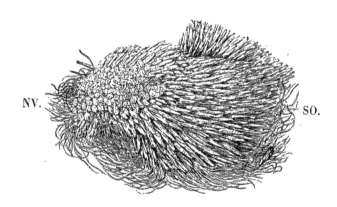

Carex nardina ($^1/_1$).

En lille Tue, afsveden og beklædt med en graalig Likenskorpe paa Vindsiden, næsten udelukkende dannet af forrevne, optrevlede Bladskeder. Kun fra Tuens Læside og fra Undersiden skyde smaa, ynkelig forkrøblede Blade og en enkelt Blomsterstand frem.

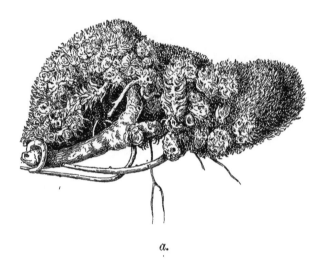

a.

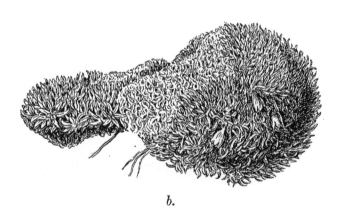

b.

Silene acaulis ($^1/_1$).

En meget uregelmæssig formet Tue, set fra Vindsiden (*a*) og Læsiden
(*b*). Hovedroden var for en stor Del blottet og dræbt, da Gruset var blæst
bort fra den.

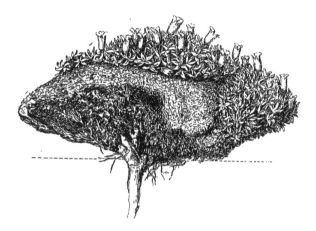

Silene acaulis (¹/₁).

Meget excentrisk Tue, dræbt paa Vindsiden. En Del Birødder ere ud-
viklede fra Tuens Underside, Hovedroden er blottet af Vinden og til Dels
dræbt. Tuen er højest paa Vindsiden, saa at de levende Skud ligge i. Læ
bag den ødelagte Del af Tuen.

Den store Betydning, de «sorte Striber», der ere dan-
nede af mer eller mindre likeniserede, blaagrønne Alger: *Scyto-
nema, Stigonema, Gloeocapsa*, have for Landskabets Fysiognomi,
især i Vintertiden er oftere omtalt i det foregaaende (jfr. p. 230).
De ere — mærkelig nok — ikke hidtil omtalte fra Grønland,
men jeg har ofte set dem ogsaa i Vestgrønland. Kerner
omtaler dem[1] fra Alperne. Prof. Lagerheim har gjort mig
opmærksom paa, at disse Planters store Haardførhed muligvis
staar i Forbindelse med deres Likenisering, jfr. Jumelle[2]).

Fjældmark iagttog jeg til c. 5000′ (1570 M.) o. H. (Runde
Fjæld); endnu i denne Højde fruktificerede alle Planterne.

Kærene. Det mest karakteristiske for Kærene i Scoresby
Sund er deres Fattigdom paa *Carices; C. pulla* og *hyperborea*

---

[1]) Pflanzenleben I, p. 109.
[2]) Revue générale de botanique, IV, 1892.

ere de eneste Arter, der voxe selskabeligt og danne større
Bevoxninger. *Colpodium latifolium* er ejendommelig for Kærene
paa Jamesons Land og den ydre Del af Fjorden indtil Danmarks
Ø, *Calamagrostis stricta* var. *borealis* for Kingua i Vestfjord og
Gaasefjord. *Saxifraga hieracifolia*, som ikke er funden i Vest-
grønland, er almindelig paa Jamesons Land, men fandtes ikke
længere inde i Fjorden. Juncaceerne vare særlig fremtrædende
i Fjordenes Kingua.

Kær iagttoges til en Højde af 4000′ (1260 M.) o. H.

De ferske Vandes fattige Vegetation er omtalt i det
foregaaende p. 148 og 278.

Tørv (jfr. p. 144 og 166). 2 Prøver af Mostørv, fra Røde
Ø og Gaaseland, undersøgtes nærmere. Tørven fra Røde Ø
var i hele sin Dybde dannet af *Amblystegium sarmentosum* og
A. exannulatum, Tørven fra Gaaseland udelukkende af *Sphagnum
Girgensohnii*. Der fandtes forholdsvis faa Blade og andre orga-
niske Rester i Tørven: Blade, Frø og Rakleskæl af *Betula nana*,
Blade og Bær af *Vaccinium*, Blade af *Empetrum* og *Dryas octo-
petala* f. *minor*, Frugter af *Carices*, en Del smaa Sklerotier af
Typhula? sp.[1] og Ephippier af *Daphnia Pulex*[2]).

Mosmarken er omtalt p. 126.

Strandvegetationen se især p. 150 og 262. [Inde i
Scoresby Sund fandtes kun lidt Drivtræ; dette bestaar udeluk-
kende af Koniférved; et enkelt Stykke Fyrrebark og et lille
Stykke hvid Birkebark fandtes paa Jamesons Land.]

Vegetationen ved Eskimoruinerne er omtalt under
de enkelte Lokaliteter og frembød intet af særlig Interesse.

---

[1]) det. Dr. E. Rostrup.
[2]) det. Cand. C. Wesenberg-Lund.

V.

Fanerogamer og Karkryptogamer

fra

Nordøst-Grønland, c. 75°—70° N. Br.,

og

Angmagsalik, c. 65° 40' N. Br.

Af

N. Hartz.

1895.

Nordøst-Grønland, c. 70°—75° N. Br.

Hvad vi hidtil kende til Nordøst-Grønlands Flora skyldes Scoresby jun.[1]), Sabine[2]) og Zweite deutsche Nordpolarfahrt[3]), paa hvilken Planter indsamledes af Pansch og Copeland (i det følgende citerede som C. & P.).

Scoresby's Planter ere hovedsagelig samlede ved Cap Stewart paa Jamesons Land i Scoresby Sund og bearbejdedes af W. J. Hooker, som opregner ialt 34 sikre Arter Fanerogamer og 5 Kryptogamer[4]). Sabine's Samling hidrører vistnok hovedsagelig fra Pendulum Øerne, c. 74° 30' N. Br., især vel fra Sabine Ø; W. J. Hooker angiver 59 Arter Fanerogamer, 1 Bregne-Art og 4 lavere Kryptogamer[5]).

Den tyske Expeditions Samlinger hidrøre fra forskellige Lokaliteter mellem Shannon Ø, c. 75° N. Br., og Franz Joseph Fjord, c. 73° 20' N. Br.; Fr. Buchenau og W. Focke angive herfra 89 Arter Fanerogamer og Karkryptogamer, K. Müller 71 Arter Mosser, G. W. Körber 52 Arter Likener og G. Zeller 16 Arter Havalger[3]).

---

[1]) Journal of a voyage to the northern whale-fishery &c. 1823.

[2]) Se Clavering: Journal of a voyage to Spitzbergen and the east coast of Greenland &c. Edinburg Phil. Journ. 1830.

[3]) Die zweite deutsche Nordpolarfahrt 1869—70. 1873—74.

[4]) List of plants from the east coast of Greenland i Scoresby: Journal &c., p. 410.

[5]) Some account of a collection of arctic plants formed by Edward Sabine &c., Transact. Linn. Soc. 1825, XIV, p. 360.

Mine Indsamlinger hidrøre fra Hold with Hope, c. 73°
30' N. Br., og Scoresby Sund, c. 70°—71° N. Br.

Ialt var der hidtil — med den af mig benyttede Arts-
begrænsning — kendt 98 Arter af Fanerogamer og Karkrypto-
gamer fra denne Del af Grønland. Af mere betydelige Ret-
telser, jeg har foretaget i Buchenau og Fockes Angivelser,
kunne mærkes, at den af disse angivne *Arabis petræa* Lam.
har vist sig at være *Braya alpina* Sternb. & Hoppe; at *Ledum
palustre* ikke er kendt fra denne Del af Grønland (Angivelsen
beror paa Forvexling med Hookers Angivelse af *Leontodon
palustre* (leg. Sabine)); at samme Forfatteres *Poa annua* L. (?)
er *Glyceria sp.* (angustata?) og *Festuca* (?) en vivipar Form af
F. ovina L. (*F. brevifolia* R. Br.).

At der ikke hidtil var kendt flere Arter fra denne Strækning,
hidrører antagelig især fra, at næsten alle Indsamlinger foretoges
paa Yderlandet; i Franz Joseph Fjord, som lovede det rigeste
botaniske Udbytte, blev den tyske Expeditions Ophold desværre
saa kort, at der ikke blev Lejlighed til større Indsamlinger.

I den følgende systematiske Fortegnelse har jeg sammen-
arbejdet de tidligere gjorte Samlinger med mine egne. Et !
efter Lokaliteten betegner, at vedkommende Plante er samlet af
mig selv, et ! efter en anden Samlers Navn, at jeg har set
Exemplaret. Alle mine Højdeangivelser stamme fra Scoresby
Sund. Saavidt muligt har jeg fulgt Conspectus Floræ Groen-
landicæ («Medd. om Grønland» III).

Prof. Fr. Buchenau har velvilligst overladt mig en Del
Arter fra den tyske Expedition til Undersøgelse; Prof. A. Blytt
og Dr. phil. L. Kolderup Rosenvinge have været mig
behjælpelige paa forskellig Maade og Dr. phil. A. Lundström
har revideret mine *Salices*; til alle D'Hrr. tillader jeg mig her-
ved at rette en ærbødig Tak.

Fam. 1. *Rosaceæ.*

1. Dryas octopetala L.

Species valde variabilis. In Groenl. orient. formas se-
quentes legi:

a, genuina Regel. Foliis elliptico-oblongis, crenato-serratis,
magnis, latis (ad 2 cm. longis et 1 cm. latis, absque petiolo),
longe petiolatis; superficie glabra v. parce hirsuta. Fig. 1.

Paa fugtigere Lokaliteter i Læ, Krat og Lynghede. Snedækt om Vinteren.
Scoresby Sund: Nordvestfjord, Røde Ø, Danmarks Ø!

β, minor Hook. Transact. Linn. Soc. XIV, p. 387: «foliis
parvis, angustis, profunde crenatis»; ad descr. Hookeri addatur:
margine interdum involuto, foliis vix 1 cm. longis, 1—2 mm.
latis, absque petiolo brevi. Fig. 8, 9 og 10. Ad alt. 4500′
s. m. obs.

Paa tørre Lokaliteter, i Lynghede og Fjældmark. Ofte snebar om Vinteren.
Den hyppigste Form i Nordøst-Grønland (C. & P.)! Hold with Hope!
Overalt i Scoresby Sund! (Scoresby).
Hooker angiver som samlet af Sabine: *Dryas* sp.; det har sikkert
været denne Form.

Obs. In Danmarks Ø sæpe formas intermedias inter *genuinam* et
minorem, etiam in una eademque planta, inveni.

γ, hirsuta! Petiolis foliisque supra longe hirsutis; foliis
margine crenato-serratis; petiolo brevi; magnitudine foliorum
variabili, inter *a* et *β* intermedia.

Paa tør Bund, Fjældmark og Lynghede. Ofte snebar om Vinteren.
Shannon Ø (C. & P.)! Hold with Hope! Scoresby Sund: Jamesons Land,
Nordvestfjord, Danmarks Ø!

δ, *argentea* A. Blytt. «Foliis utrinque argentatis», dense lanatis, margine crenato - serratis. In γ, *hirsutam* transiens, magnitudine foliorum variabili, inter α et β intermedia.

Paa tør Bund, Fjældmark.

Hold with. Hope (foliis minimis)! Scoresby Sund: Jamesons Land (fol. parvis), Ispynt i Vestfjord (fol. magnis)!

* **integrifolia** (M. Vahl). Fig. 3, 4, 5, 6 og 7. Ad alt. 2900' s. m. obs.

Foliis integerrimis v. basi 1 — 2 - crenatis, margine (non semper) revolutis.

I tør Fjældmark. Snebar om Vinteren.

Scoresby Sund: Røde Ø, Hjørnedal, Danmarks Ø! Ikke alm.

f. *intermedia* Nath. Ad alt. 2900' s. m. obs.

Foliis planis vel margine parce involutis, non vel 2—4-crenatis, petiolo parce hirsuto; foliis supra magis rugosis quam in *integrifolia. Inter *octopetalam* et *integrifoliam* vagans (Fig. 2).

Scoresby Sund: Danmarks Ø, Hjørnedal!

Obs. *Dryas integrifolia* a *Dr. octopetala* specifice non distincta est, cfr. etiam L. K. Rosenvinge, Consp. fl. Groenl. p. 654.

In una eademque planta formas varias foliorum ad *minorem*, *integrifoliam* et *intermediam* pertinentes inveni.

Distributio harum formarum in Groenlandia satis notabilis. *integrifolia in Groenl. occidentali, *octopetala* β. *minor* in Groenl. maxime boreali occurrit; in Groenl. circa 70°—72°, et orientali et occidentali: f. *intermedia*. *Dr.* *integrifolia adhuc e Groenl. orientali-boreali non indicata erat.

2. **Potentilla pulchella** R. Br.

·Clavering Ø (C. & P.). Scoresby Sund: Jamesons Land! Paa Ler- og Sandbanker ved Stranden, baade f. *humilis* (foliis dense argentatis, caule unifloro, 5 cm. longo) og f. *elatior* (caule 10—15 cm. longo).

Obs. Folia radicalia inferiora interdum ternata, foliolis integris vel profunde crenatis (ut in *Potentilla nivea*).

Fig. 1: *Dryas octopetala a. genuina* fra Røde Ø. ¹/₁.
- 2: — **integrifolia* f. *intermedia* fra Danmarks Ø. ¹/₁.
- 3, 4, 5: *Dryas* **integrifolia* fra Danmarks Ø. ¹/₁.
  (Fig. 2, 3, 4, 5 ere ₁Blade fra samme Plante).

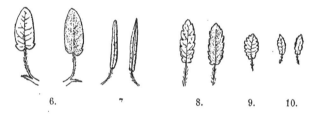

Fig. 6, 7: *Dryas octopetala* **integrifolia* fra Hjørnedal. Blade af samme Plante. ¹/₁.

Fig. 8, 9, 10: *Dryas octopetala β. minor.* 8 fra Danmarks Ø.; 9 og 10 fra Hold with Hope, af samme Plante. ¹/₁.

3. **Potentilla maculata** Pourr. Ad alt. 1600' s. m. obs.

I Muld, Urteli; snedækt om Vinteren.

a, vulgaris.

Alm. i Scoresby Sund: Danmarks Ø, Cap Stewart, Gaaseland! Gennemsnitshøjden 8—10 Cm.; usædvanlig kraftige Ex. paa Mure af Eskimohuse ved Hekla Havn (20 Cm. høje).

β, debilis.

Scoresby Sund: Jamesons Land! til Dels med rødfarvede Efteraarsblade (Aug.).

γ, gelida (C. A. Mey.) Hartm.

«Foliis omnibus vel nonnullis ternatis, glabris vel glabriusculis»; etiam folia nonnulla 4-digitata inveni.

Scoresby Sund: Danmarks Ø, Nordvestfjord! 8 — 10 Cm., sidste Sted med rødfarvede Efteraarsblade (Septbr.).

Obs. Hæc varietas, satis notabilis, nondum in Groenlandia inventa, in Lapmarken, regione alpina Norvegiæ et Caucasi (1400—1600' s. m.), Dahuria, Altai et Baikal antea reperta est.

4. Potentilla emarginata Pursh. Ad alt. 5000' s. m. obs.

Fjældmark, ofte snebar om Vinteren; ogsaa i Urteli. Paa forskellige Lokaliteter i det indre af Fjordene fandtes den kun højt til Fjælds (paa Runde Fjæld (p. 225) ikke lavere end c. 4200' o. H., i Hjørnedal. (p. 236) ikke lavere end c. 3000' o. H. Cfr. Consp. fl. gr. p. 655).

Alm. i Nordøst-Grønland (Sabine?, C. & P.). Hold with Hope! Alm. i Scoresby Sund: Jamesons Land, Danmarks Ø o. fl. St.! (Scoresby?: *P. verna*).

5. Potentilla nivea L. Ad alt. 4200' s. m. obs.

I Fjældmark, ofte snebar om Vinteren.

Sabine Ø, Jackson Ø (C. & P.), (Sabine). Hold with Hope, tør Lerbund (5—8 Cm.)! Franz Joseph Fjord (C. & P.). Yderst alm. i Scoresby Sund: Jamesons Land (Ler- og Sandskrænter ved Stranden, rødlige Efteraarsblade (Aug.), indtil 25 Cm. høj), Danmarks Ø og det indre af Fjordene (6— 25 Cm. høj)!

var. *subquinata* Lge.

Hold with Hope! en enkelt kraftig Tue sammen med Hovedarten (12 Cm.).

var. *subviridis* Lehm. Ad alt. 2000' s. m. obs.

Scoresby Sund: Gaaseland (12—16 Cm)!

6. Sibbaldia procumbens L. Ad alt. 3000' s. m. obs.

Fjældmark og Urteli.

Temmelig alm. i Scoresby Sund: Jamesons Land, Danmarks Ø, Nordvestfjord, Gaaseland! Bladene farves i Septbr. rødgule. Gennemsnitlig 7 Cm. høj, sjældent 10 Cm.

7. Alchemilla vulgaris L. Ad alt. 200' s. m. obs.

Urteli.

Fandtes kun paa Gaaseland i Scoresby Sund! men her i Mængde. Endnu ikke i Blomst ⁷/₇ 92, men med visne Blomsterstængler af 30 Cm. Længde.

Fam. 2. *Halorrhageæ.*

8. **Hippuris vulgaris** L. β, maritima Hartm. Ad alt. 600′ s. m. obs.

I Søer og Vandhuller.

Scoresby Sund: Danmarks Ø, Teltplads ved Røde Ø (c. fr. ¹⁶/₈ 91), Renodden! Kraftige, men meget kortbladede Ex., indtil 40 Cm. lange.

Fam. 3. *Callitrichineæ.*

9. **Callitriche verna** L. β, minima (Hppe.). Ad alt. 500′ s. m. obs.

I Søer og Vandhuller.

Scoresby Sund: Danmarks Ø, Røde Ø! Paa begge Lokaliteter havde nogle Ex. Svømmeblade.

Fam. 4. *Onagrarieæ.*

10. **Chamænerium latifolium** (L.) Spach. Ad alt. 4000′ s. m. obs.

Fjældmark, især paa lodrette Skrænter; ofte snebar om Vinteren.

Alm. i Nordøst-Grønland (Sabine, Scoresby, C. & P.); Hold with Hope! Alm. overalt i Scoresby Sund. Paa Gaaseland, c. 2200′ o. H., fandtes Ex. 16—17 Cm. høje; Blomstens Diameter indtil 3,5 Cm.; paa Danmarks Ø Ex. med en Krondiameter af 4—4,5 Cm.[1].

β, *stenopetala* Hausskn. (= *tenuiflora* Th. Fr. et Lge.).

Alm. paa Danmarks Ø i Scoresby Sund!

γ, *parviflora*! Petalis parvis, obovatis.

Scoresby Sund: Røde Ø! Kortgriflet, Blomstens Diam. 2—2,5 Cm.; Individerne kraftige, indtil 35 Cm. høje.

---

[1] Kjellman udtaler (Asiatiska Beringssunds-Kust. Fanerogamflora i Vega-exp. vet. iaktt. I, p. 529), at denne Art paa flere Steder i de arktiske Egne «torde mest om ej uteslutanda föröka sig på vegetativ väg». I Scoresby Sund satte den overalt rigelig Frugt.

Fam. 5. *Empetraceæ.*

11. Empetrum nigrum L. Ad alt. 2900' s. m. obs.

Lynghede og Fjældmark, oftest snedækt om Vinteren.

Kuhn Ø, Mackenzie Bugt (C. & P.); (Scoresby). Hist og her i Scoresby Sund! men ikke alm.

Obs. Altid ☿, hvilket ogsaa er det almindeligste overalt i Grønland; Prof. Lagerheim har meddelt mig, at Arten ligeledes ved Tromsø hyppigst er ☿, om end dioiciske Individer findes. Ogsaa Ambronn nævner, at Blomsterne ved Cumberlands Golf vare gennemgaaende ☿ [1]).

Fam. 6. *Silenaceæ.*

12. Silene acaulis L. Ad alt. 5000' s. m. obs.

Fjældmark og Lynghede, ofte snebar om Vinteren.

Alm. overalt i Nordøst-Grønland (Sabine, Scoresby, C. & P.). Hold with Hope! Yderst alm. i Scoresby Sund!

f. *albiflora.*

Ikke sjælden paa fugtige Lokaliteter i Scoresby Sund!

13. Viscaria alpina L. Ad alt. 2500' s. m. obs.

I Krat og Urteli, snedækt om Vinteren.

Alm. i det indre af Scoresby Sund: Danmarks Ø, Gaaseland, Røde Ø, Vestfjord (indtil 15 Cm.)!

14. Melandrium apetalum. Ad alt. 4000' s. m. obs.

Fjældmark, især højt til Fjælds; foretrækker vistnok Basalt og sedimentære Bjærgarter for Granit og Gnejs.

(Sabine); Sabine Ø, Clavering Ø, Jackson Ø, Cap Broer Ruys (C. & P.). I Scoresby Sund ikke alm.: Jamesons Land, Gaaseland (indtil 12 Cm.)!

15. Melandrium involucratum (Cham. et Schld.) *β, affine* (J. Vahl) Rohrb. Ad alt. 4200' s. m. obs.

Lynghede og Fjældmark, ofte snebar om Vinteren.

(Sabine?: *Lychnis dioica* var. *nana*), Sabine Ø, Clavering Ø (C. & P.), Hold with Hope, (5—16 Cm.)! Franz Joseph Fjord (C. & P.). Alm. i Scoresby Sund! (indtil 38 Cm. høj).

---

[1]) Die internationale Polarforschung 1882—83. Die deutschen Expeditionen II, 1890.

16. **Melandrium triflorum** (R. Br.) J. Vahl.

Lynghede og Fjældmark.

Shannon Ø, Sabine Ø (C. & P.); Hold with Hope (5 Cm. høj)! Ikke saa alm. i Scoresby Sund som foregaaende Art: Jamesons Land (5—6 Cm.), Danmarks Ø (15 Cm.) o. fl. St.!

Fam. 7. *Alsinaceæ.*

17.. **Sagina cæspitosa** (J. Vahl) Lge.

Ved Stranden.

Scoresby Sund: Jamesons Land! kun et Par smaa Tuer fandtes.

18. **Sagina Linnæi** Presl. Ad alt. 2500' s. m. obs.

Ved Stranden, ikke alm.; smaa Tuer (1—3 Cm. lange Skud); sjældnere i tør Fjældmark (Jamesons Land).

Scoresby Sund: Jamesons Land, Danmarks Ø, Gaaseland, Bøde Ø!

19. **Alsine biflora** (L.) Wbg. Ad alt. 3000' s. m. obs.

Urteli, ved afsmeltende Snedriver, i Krat, Lynghede o. s. v. Snedækt om Vinteren.

Sabine Ø (C. & P.), Hold with Hope! Alm. i Scoresby Sund!

f. flor. lilacinis.

Fugtig Muldjord, Urteli.

Scoresby Sund: Danmarks Ø, Gaaseland!

20. **Alsine verna** Bartl.

· β, *rubella* (Wbg.). (Sec. L a n g e , Consp. fl. gr. p. 24 = *A. Gieseckii* (Horn.)).

(Sabine); Sabine Ø, Jackson Ø, Cap Broer Ruys (C. & P.), Hold with Hope i fugtigt Ler ·ved Stranden! Franz Joseph Fjord (C. & P.); Scoresby Sund: Jamesons Land! ·

γ, *hirta.* Ad alt. 4200' s. m. obs.

I Lynghede og Fjældmark, ogsaa i tørre Krat. Snedækt om Vinteren.

Alm. i Scoresby Sund!

δ, *propinqua* (Richards). Ad alt. 2500' s. m. obs.

I tørre Krat.

Sjælden; kun i det indre af Scoresby Sund: Teltplads ved Røde Ø (indtil 15 Cm.), Kobberpynt (indtil 10 Cm.)!

21. **Alsine stricta** (Sw.) Wbg.

Kun et enkelt Ex. fra Gaasefjord i Scoresby Sund (5—6-Cm.)!

22. **Halianthus peploides** (L.) Fr. var. *diffusa* Horn.

Ved Stranden.

(Sabine); Clavering Ø, Cap Borlase Warren (C. & P.). Ret alm. i de indre Forgreninger af Scoresby Sund! ikke funden Øst for Danmarks Ø.

23. **Arenaria ciliata** L. *β, humifusa* (Wbg.). Ad alt. 2000' s. m. obs.

I Ler og Sand ved Stranden, ogsaa i fugtigt Moskær og tør Fjældmark inde i Landet.

(Sabine); Sabine Ø, Clavering Ø, Jackson Ø, Cap Broer Ruys, Franz Joseph Fjord (C. & P.). I Scoresby Sund ikke alm.: Jamesons Land, Gaasefjord!

24. **Stellaria humifusa** Rottb. f. *typica*!

(Sabine); Sabine Ø (C. & P.)!

β, parvifolia! Meget smaabladet Form (de paa Sabine Ø samlede Ex. have den sædvanlige Bladstørrelse).

Paa Ler ved Stranden. Snedækt om Vinteren.

Scoresby Sund: Jamesons Land, Danmarks Ø! Ikke i de indre Fjorde.

25. **Stellaria longipes** Goldie. (*S. nitida* Hook. apud Scoresby, p. 411). Ad alt. 2500' s. m. obs.

Fjældmark, i stenede, udtørrede Elvlejer, paa Eskimoruiner o. s. v.

Alm. i Nordøst-Grønland (Sabine, C. & P.); Hold with Hope! (Scoresby). Alm. i Scoresby Sund! Kraftige Ex. paa Eskimoruiner indtil 20 Cm. høje.

26. **Cerastium trigynum** VIII. Ad alt. 3000' s. m. obs.

Ved afsmeltende Snedriver, i Kær og Urteli. Ogsaa, men sjældnere, i tør Fjældmark. Snedækt om Vinteren.

(Sabine). Alm. i Scoresby Sund, især Øst for Danmarks Ø!

var. *brachypetala* Lge.

Alm. paa Danmarks Ø!

27. **Cerastium alpinum** L.

a, legitimum Lindbl.

Fjældmark.

Hold with Hope! Scoresby Sund: Cap Stewart, Danmarks Ø! Ikke alm.

Obs. Ex. fra Cap Stewart vare ♂; Warming omtaler (Den botaniske Forenings Festskrift, Kjøbenhavn 1890, p. 197) ikke ♂-Blomster af denne Art.

β, lanatum Lindbl. Ad alt. 5000' s. m. obs.

Meget alm. i alle Vegetationsformationer, især Fjældmark og Urteli. Ofte snebar om Vinteren.

Alm. i Nordøst-Grønland: (Sabine, Scoresby, C. & P.); Hold with Hope! Overalt i Scoresby Sund!

γ, procerum Lge.

Urteli og gødet Jord ved Eskimohuse. Snedækt om Vinteren.

Scoresby Sund: Gaaseland, Danmarks Ø (indtil 27 Cm.)!

δ, cæspitosum Malmgr. Öfvers. af K. Vet. Akad. Förhdl. 1862, p. 242.

Fugtig Lerbund ved Stranden.

Kun fundet ved Hold with Hope! smaa, tætte Tuer.

Obs. En i sine Yderformer fra Hovedarten meget afvigende Form; forskellige Overgangsformer fandtes, som vise, at den — som Malmgren angiver — ikke er artsforskellig fra *C. alpinum.*

Geogr. Udbred. Disko; Hayes Sund, Gould Bay, Discovery Bay, Floeberg Beach (Hart). Spitzbergen, Nordøstl. Sibirien, Novaja Semlja.

[Hooker (Scoresby: Journal etc. 413) *Cerastium latifolium* indicat. An *C. latifolium* Hartm. (*C. arcticum* Lge.)? Potius *C. alpini* forma?]

Fam. 8. *Cruciferæ.*

28. **Lesquerella arctica** (Richards.) Watson. Ad alt. 1500' s. m. obs.

Tørre, grusede Skrænter, Fjældmark, ikke alm.

Franz Joseph Fjord (C & P.). Scoresby Sund: Jamesons Land (lave Lerbanker ved Stranden, 5—10 Cm. høj! Alm. i det indre af Fjordene: Røde Ø, Vestfjord o. fl. St.!

29. **Cochlearia fenestrata** R. Br. (?)

(Sabine), Hvalros Ø, Sabine Ø, Lille Pendulum Ø (C. & P.), (Scoresby: *C. anglica*); Hold with Hope! Scoresby Sund: Jamesons Land (ved Stranden og i Moskær, jfr. p. 129), Danmarks Ø!

Obs. Alle Ex. vare Dværgformer. Det er mig i mange Tilfælde umuligt at skælne mellem *C. groenlandica* og *C. fenestrata;* jeg henfører dog — om end med Tvivl — alle de fundne Ex. til *C. fenestrata.*

30. **Draba alpina** L.   Ad alt. 3000' s. m. obs.

I Fjældmark, Grus og Ler. Af og til snebar om Vinteren.

Alm. i Nordøst-Grønland (Sabine, C. & P.); jeg fandt følgende Former:

α, genuina Lindbl.

Scoresby Sund: Jamesons Land! et enkelt kraftigt Ex., 10 Cm. højt, paa Lerbanker ved Stranden.

β, hebecarpa Lindbl. (var. *Panschii* Buchenau et Focke?).

Sabine Ø? Jackson Ø, Cap Broer Ruys (C. & P.); Hold with Hope (de fleste Ex. kun 1—3 Cm. høje)! Scoresby Sund: Danmarks Ø, Gaaseland o. fl. St.! Den almindeligste Form.

γ, glacialis Adams.

Scoresby Sund: Jamesons Land (Moskær langs Elv og Lerbanker ved Stranden), Gaaseland, Danmarks Ø!

Obs.   Hooker hujus speciei formas tres a Sabine lectas indicat: 1, *major*; 2, *intermedia*; 3, *nana*.

31. **Draba crassifolia** Grah.

Urteli, dog ogsaa i fugtige, stenede Elvlejer.

Hold with Hope! Scoresby Sund: Jamesons Land, Gaaseland, Danmarks Ø, Nordvestfjord! Ikke alm.; 1—4 Cm. høj.

32. **Draba aurea** M. Vahl.   Ad alt 2500' s. m. obs.

Faa tørre, grusede Skrænter, i Krat.

Alm. i det indre af Scoresby Sund: Danmarks Ø, Gaaseland, Teltplads ved Røde Ø, Vestfjord o. fl. St.! Indtil 35 Cm. høj.

33. **Draba nivalis** Liljebl.   Ad alt. 5000' s. m. obs.

Fjældmark og Lynghede; ofte snebar om Vinteren.

(Sabine); Sabine Ø (C. & P.). Alm. i Scoresby Sund!

34. **Draba Wahlenbergii** Hartm.

Urteli, Fjældmark og Lynghede.

Sabine Ø, Clavering Ø (C. & P.); Hold with Hope (2—5 Cm.)! Franz Joseph Fjord (C. & P.); Scoresby Sund: Jamesons Land, Gaaseland, Danmarks Ø o. fl. St.! (indtil 12 Cm.).

35. **Draba altaica** (Led.) Bge.

Clavering Ø (C. & P.! det. Th. Fries, cfr. Consp. fl. gr. p. 248), Hold with Hope! Scoresby Sund: Jamesons Land! (Lerbanker ved Stranden).

36. **Draba corymbosa** R. Br.   Ad alt. 14—1500' s. m. obs.

(Sabine: *Dr. incana*?); Hold with Hope (10—12 Cm.)! Scoresby Sund: Jamesons Land (Lerbanker ved Stranden, 10—15 Cm.)!

37. **Draba hirta** L.   Ad alt. 3000' s. m. obs.

Fjældmark, Lynghede, Urteli.

(Sabine); Hold with Hope! (fleste Ex. 1—3 Cm. høje); (Scoresby). Alm. i Scoresby Sund! Indtil 42 Cm. høj, f. *elatior* Blytt., pr. Røde Ø!

β, *condensata* Lge.

Paa Eskimoruiner i Scoresby Sund: Renodden! Bladene 15 Cm. lange.

f. petalis pallide flavis.

Scoresby Sund: Gaaseland! i Urteli.

* **rupestris.**   Ad alt. 3000' s. m. obs.

Clavering Ø, Jackson Ø, Franz Joseph Fjord (C. & P.). Alm. i Scoresby Sund!

38. **Draba arctica** J. Vahl.   Ad alt. 3000' s. m. obs.

Paa tørre Skraaninger, Moræner og lignende Steder.

Pendulum Ø, Clavering Ø, Jackson Ø, Sabine Ø (C. & P.); Hold with Hope! Franz Joseph Fjord (C. & P.). Ret alm. i Scoresby Sund! Indtil 20 Cm. høj.

, 39. **Braya glabella** Richards.   f. siliculis glabris.

Scoresby Sund: Jamesons Land! paa Sand- og Lerskrænter ved Stranden; 3—5 Cm. høj.

40. **Braya alpina** Sternb. et Hoppe (Reichenbach: lc. fl. germ. fig. 4370, Fl. Dan. Suppl. Tavle 148).

Stenet-gruset, fladt Terræn (jfr. p. 233 og p. 249).

Franz Joseph Fjord? (C. & P.! s. n. *Arabis petræa* Lam.). Scoresby Sund: Kun i det inderste af Fjordene, Flade Pynt i Vestfjord og Kingua i Gaasefjord.

Geogr. Udbred. Nordl. Norge, Kärnthen og Tyrol, Klippebjærgene mellem 52° og 57° N. Br., overalt sjælden.

41. **Cardamine bellidifolia** L.   Ad alt. 5000' s. m. obs.

I Fjældmark, dog ogsaa i fugtige Moskær; af og til snebar om Vinteren.

Sabine Ø, Lille Pendulum Ø (C. & P.); Hold with Hope! Alm. i Scoresby Sund!

42. **Cardamine pratensis** L.

I Kær.

Sjælden i Scoresby Sund: Jamesons Land, Danmarks Ø!

43. **Arabis alpina** L. Ad alt. 4000' s. m. obs.

Urteli, stenede Elvlejer, Fjældmark o. s. v.

Alm. i Scoresby Sund: (Scoresby), Jamesons Land, Danmarks Ø, Gaaseland, Vestfjord, Gaasefjord o. fl. St.! Indtil 20—25 Cm. høj.

f. *glabrata* Blytt.

Scoresby Sund: Jamesons Land! stenet Elvleje, i Selskab med mere behaarede Former.

[*Arabis petræa* (L.) Lam. e flora groenlandica d e l e a t u r! =· *Braya alpina* Sternb. et Hoppe. Specimen unicum fructiferum ab expeditione germanica in Franz Joseph Fjord lectum examinavi; dubitari non potest, quin *Braya alpina* sit; J o h. L a n g e determinationem meam confirmavit.]

44. **Arabis Holboellii** Hornem. Ad alt. 3000' s. m. obs.

Paa grusede, stenede Skraaninger og i tørre Krat.

Alm. i det inderste af Scoresby Sund: Gaaseland, Teltplads ved Røde Ø, Vestfjord! Indtil 75 Cm. høj, Skulperne 5—7 Cm. lange.

Fam. 9. *Papaveraceæ.*

45. **Papaver radicatum** Rottb. (*P. nudicaule* aut. ex p., cfr. Sv. M u r b e c k: Neue oder wenig bekannte Hybriden in dem botanischen Garten Bergielund, Acta Horti Bergiani, Bd. II, nr. 5, Stockholm 1894). Ad alt. 5000' s. m. obs.

Fjældmark, i Klippespalter, ofte snebar om Vinteren.

Alm. i Nordøst-Grønland: (Sabine, Scoresby, C. & P.); Hold with Hope! Alm. i Scoresby Sund, især i den ydre Del af Fjordene. Indtil 30 Cm. høj.

Species valde variabilis.

f. *albiflora.*

Ligesaa hyppig som den gulkronede Form ved Hold with Hope! sjældnere i Scoresby Sund: Jamesons Land! [1]).

f. *pygmæa,* 5—10 Cm. høj.

Hold with Hope! Scoresby Sund: Danmarks Ø!

---

[1]) A. G. N a t h o r s t omtaler (Botan. anteckningar från nordvestra Grönland, Öfvers. of Kgl. Vet. Akad. Förh. 1884, p. 20), at f. *albiflora* var meget alm. ved Cap York. Jf. M e e h a n (Proceed. of the acad. of nat. sc. of Philadelphia, 1893, p. 208) var den hvidblomstrede Var. ogsaa alm. ved Mc. Cormick Bay.

f. *glabriuscula*! Foliis læte viridibus, parce hirsutis, ad *P.*
nudicaule L. (*P. croceum* Ledeb.) accedens.

Scoresby Sund: Jamesons Land! sammen med Hovedarten, paa Lerbanker
ved Stranden.

Fam. 10. *Ranunculaceæ.*

46. **Thalictrum alpinum** L.   Ad. alt. 1000' s. m. obs.
Urteli; snedækt om Vinteren.

I det indre af Scoresby Sund, ikke alm.: Gaaseland, Danmarks Ø,
Kingua i Gaasefjord! Indtil 15 Cm høj.

47. **Batrachium paucistamineum** (Tausch.), var. *eradicata*
(Læst.). (*B. confervoides* Fr., Lge. Consp. fl. gr.). Cfr. Gelert:
Botan. Tidsskr. Bd. 19, p. 28.

Sjælden i Scoresby Sund: Kun paa Danmarks Ø! aldrig i Blomst.

48. **Ranunculus glacialis** L.
Fugtigt Ler nær Stranden.

Alm. i Nordøst-Grønland (C. & P., Sabine), Hold with Hope, 2—4 Cm. høj!
(Scoresby[1]). Jeg fandt den ikke i Scoresby Sund.

49. **Ranunculus pygmæus** Wbg.   Ad alt. 1600' s. m. obs.

Ved afsmeltende Snedriver, Urteli, Kær. Arten er toaarig. altid snedækt
om Vinteren.

Lille Pendulum Ø, Jackson Ø (C. & P.), Hold with Hope (1—6 Cm.)!
Alm. i Scoresby Sund! Ex. fra Danmarks Ø indtil 11 Cm. høje.

var. *Langeana* Nath.

Mellem fugtigt Mos sammen med Hovedarten og Overgangsformer i
Scoresby Sund: Gaaseland og Danmarks Ø!

50. **Ranunculus hyperboreus** Rottb.   Ad alt. 2800' s. m. obs.
Scoresby Sund: Cap Stewart, Danmarks Ø, Kingua i Gaasefjord!

51. **Ranunculus nivalis** L.   Ad alt. 16—1800' s. m. obs.
I Kær, fugtigt Ler og lign. Steder. Snedækt om Vinteren.

---

[1]) cfr. Hooker i Transact. Linn. Soc. XIV, p. 362.

(Sabine), Lille Pendulum Ø (C. & P.), Hold with Hope (4 — 10 Cm.)! Scoresby Sund: Jamesons Land, Danmarks Ø! (indtil 15—17 Cm.).

52. Ranunculus altaicus Laxm.   Ad alt. 2500' s. m. obs.

I Kær; snedækt om Vinteren.

(Sabine), Sabine Ø, Clavering Ø, Jackson Ø, Cap Broer Ruys (C. & P.); Hold with Hope! Scoresby Sund: Jamesons Land, Gaaseland, Danmarks Ø!

53. Ranunculus affinis R. Br. (*R. auricomus* L.).

I fugtig Urteli.

(Sabine, kun 1 Ex.), Franz Joseph Fjord (C. & P.)! Scoresby Sund: Gaaseland!

Obs. Potius modo varietas *R. auricomi* L., cfr. Hooker et Buchenau et Focke

Fam. 11. *Saxifragaceæ.*

54. Saxifraga hieracifolia Waldst. et Kit.   Ad alt. 2000' s. m. obs.

I fugtige Moskær, indtil 20 Cm. høj.

Cap Bror Ruys (kun 1 Ex., C. & P.).   Alm. paa Jamesons Land! men fandtes ikke i det indre af Scoresby Sund.

55. Saxifraga nivalis L.   Ad alt. 5000' s. m. obs.

Lynghede, Fjældmark og tørre Krat.   Ofte snebar om Vinteren.

Overalt i Nordøst-Grønland (Sabine, C. & P.), Hold with Hope (8—9 Cm.)! (Scoresby).   Alm. i Scoresby Sund! indtil 25 Cm. høj.

β, tenuior Wbg.

Sabine Ø (C. & P.), Hold with Hope (Pygmæer, ofte rødligt farvede, 2—5 Cm. høje)! Scoresby Sund: Jamesons Land!

56. Saxifraga stellaris L., var. *comosa* Poir.

I Kær og fugtige Klippespalter; snedækt om Vinteren.

(Sabine), Hold with Hope (4—5 Cm. høj)! Overalt i Scoresby Sund (indtil 25 Cm. høj)!

Obs. In speciminibus in Danmarks Ø lectis sæpe gemmas in planta matricali germinantes inveni.

· 57. **Saxifraga cernua** L. Ad alt. 4000′ s. m. obs.

I Kær, Fjældmark og Lynghede, hyppig ved afsmeltende Snedriver. I Reglen snedækt om Vinteren.

Alm. i Nordøst-Grønland. (Sabine, Scoresby, C. & P.). Hold with Hope (6—14 Cm.)! Alm. i Scoresby Sund (indtil 25 Cm. høj)!

var. *ramosa* Gmel.

Hold with Hope! Scoresby Sund: meget robuste, laadne Former ved Grønlænderhusene paa Danmarks Ø!

f. *cryptopetala* L. K. Rosenvinge.

Scoresby Sund: Nordvestfjord! Danmarks Ø (i mørke Klippespalter i Glimmerskiferen)!

58. **Saxifraga rivularis** L. Ad alt. 3000′ s. m. obs.

I fugtige Klippespalter, Kær og Urteli; ogsaa i tør Fjældmark. I Reglen snedækt om Vinteren.

(Sabine), Clavering Ø, Cap Broer Ruys (C. & P.). Alm. i Scoresby Sund! I mørke Klippespalter indtil 9 Cm. høj, ellers næppe 4—5 Cm.

β, purpurascens Lge.

Hold with Hope (2—4 Cm.)!

59. **Saxifraga decipiens** Ehrh. Ad alt. 5000′ s. m. obs.

Især paa fugtige, skyggefulde Lokaliteter, under Klippeblokke, i Revner. Ret ofte snebar om Vinteren.

Alm. i Nordøst-Grønland (Sabine, C. & P., Scoresby). Alm. i Scoresby Sund! indtil 6—8 Cm. høj.

. *β, uniflora* (R. Br.).

Hold with Hope (kraftige Ex. indtil 10 Cm.)! Scoresby Sund: Gaaseland!

60. **Saxifraga Hirculus** L., var. *alpina* Engl.

(Sabine), Pendulum Øerne og Sabine Ø, Mackenzie Bugt (C. & P.).

61. **Saxifraga aizoides** L. Ad alt. 400′ s. m. obs.

Paa fugtig Bund mellem Mos, ved Bredden af Søer og Bække. Snedækt om Vinteren.

Franz Joseph Fjord (C. & P.). Scoresby Sund: kun i det indre af Fjordene, f. Ex. Teltplads ved Røde Ø, Ispynt i Vestfjord!

62. **Saxifraga flagellaris** Willd., var. *setigera* (Pursh) Engl.

I Lynghede.

22*

(Sabine), Pendulum Øerne (C. & P.). Hold with Hope! Kun 3 Ex. fandtes, 3—4 Cm. høje, Udløberne 7 8 Cm. lange.

63. Saxifraga Aizoon L. Ad alt. 1000' s. m. obs.

I Krat, Lynghede og Fjældmark.

Scoresby Sund, ikke alm : Nordvestfjord, Gaaseland, Teltplads ved Bøde Ø!

64. Saxifraga oppositifolia L. Ad alt. 5000' s. m. obs.

I Fjældmark, især i Spalter og Sprækker paa lodrette Fjældskrænter. Meget ofte snebar om Vinteren.

Alm. i Nordøst-Grønland (Sabine, C. & P., Scoresby). Alm. overalt ved Hold with Hope! og i Scoresby Sund!

Obs. Den tyske Expedition medbragte denne Art fra c. 77° N. Br.

Fam. 12. *Crassulaceæ.*

65. Sedum Rhodiola D. C. Ad alt. 2500' s. m. obs.

Fjældmark, især paa lodrette Skrænter, i tørre Krat, ved Stranden o. s. v.; ofte snebar om Vinteren.

Clavering Ø (3 — 4 Cm. høj, C. & P.). (Scoresby). Alm. i Scoresby Sund: Jamesons Land (3,5—11 Cm.), Danmarks Ø, Røde Ø (indtil 25 Cm.) o. fl. St.!

Obs. ♂-Planterne kom paa Danmarks Ø i Blomst flere Dage før ♀.

Fam. 13. *Plumbagineæ.*

66. Armeria vulgaris Willd., var. *sibirica* (Turcz.).

Ved Stranden.

(Sabine), Sabine Ø? (C. & P.). Cap Stewart (Ryder)! Indtil 10 Cm. lange Blomsterskafter.

Fam. 14. *Lentibularieæ.*

67. Pinguicula vulgaris L. Ad. alt. 2000' s. m. obs.

I Kær ved Bække mellem Mos. Snedækt om Vinteren.

Sjælden i Scoresby Sund: Teltplads ved Røde Ø!

Fam. 15. *Scrophulariaceæ*.

68. **Veronica alpina** L.   Ad alt. 3000' s. m. obs.
Urteli.   Snedækt om Vinteren.

Scoresby Sund: (Scoresby), Jamesons Land, Gaaseland, Danmarks Ø! i Reglen 7—8 Cm. høj.

69. **Veronica saxatilis** L.   Ad alt. 3000' s. m. obs.
Urteli og Pilekrat.   Snedækt om Vinteren.

Meget sjælden i Scoresby Sund: Gaaseland, 7—8 Cm. høj!

70. **Pedicularis lapponica** L.   Ad alt. 2200' s. m. obs.
I alle Vegetationsformationer, især mellem Grene af *Betula nana*. Snedækt om Vinteren.

Alm. i Scoresby Sund!

71. **Pedicularis flammea** L.   Ad alt. 3000' s. m. obs.
Især i Kær, men ogsaa i de andre Vegetationsformationer. Snedækt om Vinteren.

Alm. i det indre af Scoresby Sund! Ikke funden Øst for Danmarks Ø! Indtil 18 Cm. høj, i Reglen dog kun 8—10 Cm.

72. **Pedicularis hirsuta** L.   Ad alt 4200' s. m. obs.
Lynghede og Fjældmark.   Ofte snebar om Vinteren.

Alm. i Nordøst-Grønland (Sabine, C. & P.). Hold with Hope (4—7 Cm.)! I Scoresby Sund alm.! Et Ex. paa Danmarks Ø! var 30 Cm. højt og havde c. 35 Kapsler.

73. **Euphrasia officinalis** L.   Ad alt. 2500' s. m. obs.
Grusede, tørre Skraaninger og tørre Krat.   Snedækt om Vinteren.

Jackson Ø (1 Ex., 1 Cm. højt, C. & P.); Scoresby Sund: Danmarks Ø! og de indre Fjorde! men ikke alm.   Ex. indtil 10 Cm. høje.

Fam. 16. *Polemoniaceæ*.

74. **Polemonium humile** Willd.
(Sabine), Sabine Ø, Clavering Ø, Lille Pendulum Ø, indtil 15 Cm. høj (C. & P.).   Jeg fandt den ikke.

Fam. 17. *Diapensiaceæ.*

75. Diapensia lapponica L.

Fjældmark og Lynghede. Ofte snebar om Vinteren.

Scoresby Sund: alm. overalt! Ikke fundet ved Hold with Hope eller længere nordpaa.

Fam. 18. *Hypopityeæ.*

76. Pyrola grandiflora Rad. (*P. rotundifolia ' β*, *arenaria* Koch, 2. deutsche Nordpolarfahrt II, p. 45). Ad alt. 4200' s. m. obs.

Urteli, Lynghede og Fjældmark; ogsaa i Krat, indtil 7—8 Cm. høj. Snedækt om Vinteren.

Franz Joseph Fjord (6—800' s. m., C. & P.)! Scoresby Sund: Jamesons Land, Danmarks Ø, Gaaseland, alm. i det indre af Fjordene!

Fam. 19. *Ericaceæ.*

77. Arctostaphylos alpina L. Ad alt. 2300' s. m. obs.

Lynghede og Fjældmark; oftest snedækt om Vinteren.

Franz Joseph Fjord (C. & P.). Scoresby Sund: alm. paa Danmarks Ø og i det indre af Fjordene! Ikke fundet Øst for Danmarks Ø

78. Phyllodoce coerulea L.

Fugtig Lynghede; snedækt om Vinteren.

Scoresby Sund: Danmarks Ø, Gaaseland og det indre af Fjordene! Ikke almindelig

79. Cassiope tetragona L. Ad alt. 5000' s. m. obs.

Lynghede og Fjældmark; oftest snedækt om Vinteren.

Alm. i Nordøst-Grønland (Sabine, C. & P., Scoresby). Hold with Hope! og Scoresby Sund! Yderst alm.; vigtigste Plante i Lyngheden.

80. Cassiope hypnoides L.

Fugtig Lynghede, ved afsmeltende Snedriver; snedækt om Vinteren.

Scoresby Sund: Jamesons Land, Danmarks Ø, Gaaseland!

81. **Rhododendron lapponicum** L.   Ad alt. 4200′ s. m. obs.

Lynghede, Fjældmark; ofte snebar om Vinteren.

(Sabine), Kuhn Ø, Franz Joseph Fjord (C. & P.)., Alm. i det indre af Scoresby Sund! ikke fundet paa Jamesons Land.   Grene paa Danmarks Ø! af 30 Cm. Længde og 5—6 Mm. Diameter.

[*Ledum palustre* L., a Buchenau et Focke e Groenl. orientali indicatum (ut a Sabine lectum), d e l e a t u r = *Leontodon* (*Taraxacum*) *palustre. Ledum palustre* a Hooker non indicatum est, sed de *Leontodon palustre*, a Hooker (Sabine) indicatum, a B. et F. dicitur: «Bei Scoresby und Sabine fehlt merkwürdigerweise jedes *Taraxacum*».]

Fam. 20.   *Vacciniaceæ.*

82. **Vaccinium uliginosum** L.   β, *pubescens* (Horn.).

I fugtig Lynghede, Klippespalter i Læ; ofte snebar om Vinteren.

Alm. i Scoresby Sund!   Paa Danmarks Ø! fandtes Grene af 35 Cm. Længde og 5^{mm} i Tværsnit.

f. *umbrosa*! Foliis anguste ellipticis, longe acuminatis, sæpe mucronatis, subtus pubescentibus.

Paa fugtige og skyggefulde Lokaliteter:
Scoresby Sund: Jamesons Land, Danmarks Ø!

* **microphyllum** Lge.   Ad alt. 4200′ s. m. obs.

Lynghede og Fjældmark; meget ofte snebar om Vinteren.

Alm. i Nordøst-Grønland (Sabine: *V. uliginosum*, C. & P., Scoresby); Hold with Hope (steril)! yderst alm. i Scoresby Sund!

f. *acuminata*! Ut f. *umbrosa* var. *pubescentis* (Horn.), sed foliis subtus glaberrimis.

Scoresby Sund: Danmarks Ø, Gaaseland!

Fam. 21.   *Campanulaceæ.*

83. **Campanula uniflora** L.   Ad alt. 5000′ s. m. obs.

I Fjældmark. Af og til snebar om Vinteren.

(Sabine), Pendulum Øerne (C. & P.), Hold with Hope (10—12 Cm.)! Scoresby Sund! Temmelig alm., især i et Par Tusind Fods Højde o. H., indtil 25 Cm. høj.

84. Campanula rotundifolia L.

β, arctica Lge. Ad alt. 3700' s. m. obs.

Fjældmark, i Klippespalter, tørre Krat o. s. v.; ofte snebar om Vinteren.

Franz Joseph Fjord (C. & P.). Alm. i Scoresby Sund, indtil 30 Cm. høj!

γ, stricta Schum.

Alm. paa Danmarks Ø i Scoresby Sund, i Klippespalter, indtil 40 Cm. høj!

f. *pygmæa*, flore unico magno (cfr. Consp. fl. groenl. p. 694).

I Basaltgrus paa Gaaseland i Scoresby Sund!

Obs. Monstrositeter ere temmelig hyppige hos denne Art; f. Ex. fandtes paa Danmarks Ø en Form, paa hvis fascierede Blomsterstængel sad 3 hovedformet sammentrængte Blomster, af hvilke de to vare ganske sammenvoxede, saa at der dannedes én stor Krone med 11 Kronflige og 2 Grifler.

Sammesteds fandtes en anden Monstrositet: en dobbelt Krone, den ene siddende indeni den anden; de to Kroners Flige afvexlede med hinanden.

Fam. 22. *Synanthereæ.*

85. Taraxacum phymatocarpum J. Vahl., f. *albiflora* Kjellm. (Asiat. Beringssunds Kust. Fanerogamflora, Vega-exp. vet. iaktt. I, p. 505). Ad alt. 4000' s. m. obs.

I Fjældmark, tør Bund; sjældnere i fugtigt Moskær. Snedækt om Vinteren.

Alm. i Nordøst-Grønland (Sabine: *Leontodon palustre β*, floribus purpurascentibus; C. & P.). Hold with Hope! Scoresby Sund: Jamesons Land, Danmarks Ø, Gaaseland! Ex. fra Eskimoruiner paa Danmarks Ø have 12 Cm. høje Blomsterskafter.

86. Taraxacum officinale Web. Ad alt. 3000' s. m.

Fugtig Urteli og paa Eskimoruiner. Snedækt om Vinteren.

(Sabine: *Leontodon palustre α*, floribus luteis). Alm. i Nordøst-Grønland (C. & P.). Scoresby Sund: Jamesons Land, Gaaseland, Danmarks Ø!

87. Hieracium alpinum L. Ad alt. 1000' s. m. obs.

I Urteli og fugtig Lynghede. Snedækt om Vinteren.

Scoresby Sund: Danmarks Ø, Gaaseland, Mudderbugt! indtil 18 Cm. høje Kurveskafter.

Obs. Mærkelig nordlig Forekomst!

88. **Antennaria alpina** Gärtn. Ad alt. 4000' s. m. obs.

Lynghede, Urteli, ved afsmeltende Snedriver o. s. v. I Reglen snedækt
om Vinteren.

(Scoresby). Alm. i Scoresby Sund (6—8 Cm. høj)!

var. *glabrata* J. Vahl.

Især ved afsmeltende Snedriver; altid snedækt om Vinteren.

Scoresby Sund:, Danmarks Ø, Gaaseland!

89. **Erigeron compositus** Pursh. Ad alt. 3000' s. m. obs.

I Fjældmark, 6—7 Cm. høj, især i et Par Tusind Fods Højde o. H., paa
Basalt.

(Sabine). Scoresby Sund, ikke alm.: Jamesons Land, Gaaseland!

90. **Erigeron uniflorus** L. *β, pulchellus* Fr.

Fjældmark og Urteli. Snedækt om Vinteren.

(Sabine). Scoresby Sund: (Scoresby); alm. paa Danmarks Ø! gennem-
snitlig 7—12 Cm. høj.

91. **Erigeron eriocephalus** J. Vahl. Ad alt. 4000' s. m. obs.
An specifice a præcedente distincta?

Fjældmark og Urteli. Snedækt om Vinteren.

Clavering Ø (C. & P.). Alm. i Scoresby Sund: Jamesons Land (f. *pyg-
mæa*, 2—3 Cm. høj, c. fl.), Danmarks Ø, Gaaseland, Taagefjord o. fl. St.!

92. **Arnica alpina** (L.) Murr. Ad alt. 4000' s. m. obs.

I Lynghede, Fjældmark og Krat. Snedækt om Vinteren.

Alm. i Nordøst-Grønland (Sabine, C & P., Scoresby). Hold with Hope!
Alm. i Scoresby Sund!

Fam. 23. *Polygonaceæ.*

93. **Koenigia islandica** L.

Fugtige Kær mellem Mos, oftest 1—1,5 Cm. høj, enkelte Individer dog
4—4,5 Cm. høje. Snedækt om Vinteren.

(Sabine). Scoresby Sund: Jamesons Land, Danmarks Ø, Gaaseland!

94. **Polygonum viviparum** L. Ad alt. 4000' s. m. obs.

I alle Vegetationsformationer. Ofte snebar om Vinteren

Alm. i Nordøst-Grønland (Sabine, C. & P., Scoresby). Hold with Hope (5 Cm.)! Alm. i Scoresby Sund! Indtil 25 Cm. høj.

Obs. In speciminibus nonnullis in Danmarks Ø lectis bulbillos jam $^{15}/_6$ in planta matricali germinantes inveni.

95.. Oxyria digyna (L.) Campd.   Ad alt. 3000' s. m. obs.

I alle Vegetationsformationer, især ved afsmeltende Snedriver. Indtil 30 Cm. høj; snedækt om Vinteren.

Alm. i Nordøst-Grønland (Sabine, C. & P., Scoresby). Hold with Hope! (smaa, tætte Tuer, de fleste Ex. kun 3—4 Cm. høje, et enkelt Ex. 12 Cm. højt). Alm. i Scoresby Sund! Paa Danmarks Ø! indtil .30 Cm. høj.

96. Rumex Acetosella L.   Ad alt. 2500' s. m. obs.

Tørre Skraaninger, Krat og Fjældmark. Gennemsnitlig 12—15 Cm. høj; snedækt om Vinteren.

Scoresby Sund, i det indre af Fjordene: Danmarks Ø, Røde Ø (indtil 27 Cm. høj) o. fl. St.!

Fam. 24. *Salicineæ.*

97. Salix herbacea L.   Ad alt. 3000' s. m. obs.

I næsten alle Vegetationsformationer, især ved afsmeltende Snedriver. I Reglen snedækt om Vinteren

Synes at mangle i det nordligste Østgrønland. Alm. i Scoresby Sund!

98. Salix arctica Pall.   *a, typica.*

Lynghede og Fjældmark.

Hold with Hope! Scoresby Sund: Danmarks Ø[1]!

β, groenlandica And. (*Salix groenlandica* (And.) Lundstr.; *S. arctica* Pall. apud Buchenau et Focke, l. c. p. 48, ex p.). Ad alt. 5000' s. m. obs.

Lynghede, Fjældmark, Kær, Krat o. s. v. Ofte snebar om Vinteren.

Alm. overalt i Nordøst-Grønland (Sabine: *S. arctica* R. Br.; C. & P.! Scoresby: *Salix* sp.), Hold with Hope! Yderst alm. i Scoresby Sund! hvor den ogsaa dannede Krat, indtil c. $^2/_3$ M. Højde[2].

---

[1] det. A. Lundström.
[2] Confirm. idem.

f. *latifolia* (And.).

Lynghede, fugtig Bund, i Læ. Snedækt om Vinteren.

Scoresby Sund: Danmarks Ø! sjælden²).

f. *angustifolia* (And.).

Lynghede, Fjældmark.

Scoresby Sund: Danmarks Ø! sjælden²).

γ, *Brownii* And.¹) Cfr. Lundström! Die Weiden Nowaja Semljas (Nova Acta Reg. Soc. Sc. Ups. Ser. III).

Lynghede, Fjældmark.

Hold with Hope! Scoresby Sund: Danmarks Ø! sjælden.

Obs. Hæc varietas, satis notabilis, e Groenlandia adhuc indicata non erat. Inter *S. arcticam a*, et *glaucam* intermedia.

99. **Salix glauca** L., var. *subarctica* Lundstr. (*Salix glauca* f. *glabrescens* Lge. , Consp. fl. gr. p. 704). Ad alt. 2600' s. m. obs.

Lynghede, tørre Krat. Vigtigste Bestanddel af Krattene i det indre af Scoresby Sund. Indtil c. 1 M. høje Grene. Snedækt om Vinteren.

Sabine Ø (C. & P.! s. n. *Salix arctica* Pall.); Hold with Hope! Scoresby Sund: Danmarks Ø, Gaaseland, Røde Ø, Gaasefjord, Vestfjord o. fl. St.²)!

Obs. I Vestgrønland er denne Form — foruden de l. c. angivne Lokaliteter — fundet af Rink paa »Prøvens Ø« (Ex. i Herb. Mus. Haun., bestemt af Lange som *Salix arctica* R. Br. var. *villosa* Lge.) og af L. K. Rosenvinge ved Prøven²).

Obs. *Salices* e Scoresby Sund a *Salicibus* occidentaligroenlandicis differunt: Formæ ad *S. groenlandicam* pertinentes foliis vulgo subtus magis hirsutis, formæ ad *S. glaucam* pertinentes foliis minus hirsutis quam in speciminibus e Groenl. occidentali. Folia *S. glaucæ* in Groenl. occident. sæpe dense lanata sunt.

Fam. 25. *Betulaceæ*.

100. **Betula nana** L. Ad alt. 3000' s. m. obs.

Lynghede, Fjældmark, Krat. Vigtig Bestanddel af Krattene i det indre af Scoresby Sund, men danner aldrig ublandede Krat. Indtil meterlange

---

¹) det. A. Lundström.

²) Confirm. idem.

Grene. Aarsskuddene naa ofte en meget betydelig Længde: indtil 10—15 Cm.; Bladene farves intensivt rødt om Efteraaret. Ofte snebar om Vinteren.

Franz Joseph Fjord (især 800—1000' s. m., C. & P.). Alm. i Scoresby Sund: Jamesons Land, Danmarks Ø og de indre Fjorde!

f. *flabellifolia* Hook.

I Lynghede og tørre Krat.

Scoresby Sund: Røde Ø! meget storbladet (2 × 1,5 Cm.). Paa samme Busk fandtes vifteformede Blade og Blade af Artens sædvanlige Form.

f. *magnifolia*! Foliis magnis, ad 3 × 3 Cm. latis.

I Krat.

Scoresby Sund: Nordvestfjord! sjælden.

Fam. 26. *Liliaceæ*.

101. **Tofieldia borealis** Wbg. Ad alt. 3000' s. m. obs.

I Kær, Urteli og Krat. Indtil 12 Cm. høj; altid snedækt om Vinteren.

Scoresby Sund, ikke alm.: Jamesons Land, Danmarks Ø, Gaaseland! hyppigere i det inderste af Fjordene: Vestfjord og Gaasefjord!

102. **Tofieldia coccinea** Richards. Ad alt. 3000' s. m. obs.

I Kær, Urteli og Fjældmark. Ofte snebar om Vinteren; indtil 12 Cm. høj.

Alm. i det indre af Scoresby Sund: Danmark Ø, Gaaseland, Kingua i Gaasefjord, Vestfjord!

Obs. Denne Art, som har en udpræget vestlig Udbredelse, er i Vestgrønland kun fundet ved Kakordlugsuit, 70° 5' N. Br.

103. **Juncus biglumis** L. Ad alt. 2500' s. m. obs.

I Kær.

Sabine Ø, Cap Broer Ruys (C. & P.)! Hold with Hope (2—3 Cm.)! Franz Joseph Fjord (C. & P.). Alm. i Scoresby Sund: Jamesons Land (1,5—6 Cm.), Danmarks Ø (2—18 Cm.), Gaaseland o. fl. St.!

104. **Juncus triglumis** L.

I Kær.

Ikke alm. i Scoresby Sund, kun i det inderste af Fjordene: Teltplads ved Røde Ø, Renodden, Ispynt i Vestfjord!

var. *Copelandi* Buchenau et Focke.

Paa Moræner (?).

Franz Joseph Fjord (C. & P.)!

105. **Juncus castaneus** Sm. Ad alt. 2000' s. m. obs.

I Kær.

Franz Joseph Fjord (C. & P.)! Scoresby Sund: Jamesons Land (10—15 Cm.), Danmarks Ø (15—25 Cm.), Ispynt i Vestfjord m. fl. St !

106. **Juncus trifidus** L. Ad alt. 2500' s. m. obs.

Tørre Skraaninger, Krat og Fjældmark; sjældnere i Lynghede.

Scoresby Sund i det indre af Fjordene: Danmarks Ø (10—12 Cm.), Gaaseland, Teltplads ved Røde Ø (7—20 Cm.)!

107. **Juncus arcticus** Willd. Ad alt. 2000' s. m. obs.

I Kær, leret eller sandet Bund ved Elvbredder.

Scoresby Sund: Jamesons Land (15—25 Cm.)! alm. i det indre af Fjordene! Indtil 75 Cm. høj (Ispynt i Vestfjord)!

108. **Luzula multiflora** Lej.

I Krat.

Scoresby Sund: Røde Ø! Indtil 45 Cm. høj.

109. **Luzula confusa** Lindeb. (*L. hyperborea* R. Br.). Ad alt. 5000' s. m. obs.

I tør Fjældmark og Lynghede. Ofte snebar om Vinteren, meget haardfør.

Alm. i Nordøst-Grønland (Sabine, C. & P., Scoresby: *Juncus arcuatus* Wbg.); Hold with Hope (6—10 Cm)! Alm. overalt i Scoresby Sund! indtil 20 Cm. høj.

Obs. Formas in *L. arcuatam* Wbg. et *L. arcticam* Blytt. transientes non raro inveni.

110. **Luzula arctica** Blytt.

Tør Lermark.

Hold with Hope (10 Cm. høj)!

f. *pygmæa.*

Scoresby Sund: Jamesons Land (1,5—3 Cm. høj)!

111. **Luzula spicata** (L.) D. C.   Ad alt. 1000' s. m. obs.

Urteli og Pilekrat.   Snedækt om Vinteren

Scoresby Sund: Danmarks Ø (indtil 25 Cm.), Gaaseland, Røde Ø, Kobberpynt o. fl. St., især i de indre Fjorde!

Fam. 27. *Cyperaceæ.*

112. **Eriophorum Scheuchzeri** Hopp.   Ad alt. 2700' s. m. obs.

I Kær.

(Sabine), Clavering Ø, Cap Broer Ruys, Franz Joseph Fjord (C. & P.), (Scoresby). Alm. i Scoresby Sund! Ex. paa Danmarks Ø! vare indtil 35 Cm. høje.

113. **Eriophorum angustifolium** Roth.   (*E. polystachyum* Buchenau et Focke l. c., p. 53).   Ad alt. 2400' s. m. obs.

I Kær.

(Sabine), Sabine Ø, Clavering Ø, Cap Broer Ruys og fl. St. (C. & P.); Hold with Hope (10—15 Cm.)! Franz Joseph Fjord (C. & P.). Alm. i Scoresby Sund! Ex. paa Danmarks Ø! indtil 30 Cm.

114. **Elyna Bellardi** (All.).   Ad alt. 2000' s. m. obs.

I Fjældmark og tørre Krat   I Reglen snedækt om Vinteren.

Cap Broer Ruys (C. & P.); Scoresby Sund: Jamesons Land (4—7 Cm.)! Danmarks Ø (18—20 Cm., paa beskyttede Lokaliteter indtil 30 Cm. høj)! især hyppig i det indre af Fjordene: Vestfjord! Gaasefjord!

115. **Kobresia caricina** Willd.   Ad alt. 400' s. m. obs.

I Kær.

Franz Joseph Fjord (C. & P.). Sjælden i Scoresby Sund: Ispynt i Vestfjord (kraftige Tuer, 20 Cm. høje)!

116. **Carex parallela** Sommerf.   (*C. dioica* L. var. *parallela* (Sommerf.)).   Ad alt. 400' s. m. obs.

I fugtige Kær.

I det inderste af Scoresby Sund: Ispynt i Vestfjord, Røde Ø, Teltplads ved Røde Ø! sjælden.

Obs. Hæc species e Groenlandia adhuc indicata non erat. Sec. Th. Fries a *C. dioica* vix specifice distincta (Botaniska Notiser, 1857, p. 209). Etiam Ledebour (cum Drejer et Andersson) eam formam androgynam

C. dioicæ esse putat. *C. dioicam* in Halls Land a B e s s e l s lectam indicavit A s a G r a y, sec. A. G N a t h o r s t, Englers Jahrb., Vll.)

117. Carex nardina Fr. Ad alt. 5000′ s. m. obs.

I Fjældmark og tørre Krat. Ofte snebar om Vinteren.

Clavering Ø, Jackson Ø (C. & P); Hold with Hope (7—10 Cm.)! Yderst alm. i Scoresby Sund (indtil 20 Cm. høj)!

118. Carex ursina Dew.

Lerflader ved Stranden. Snedækt om Vinteren.

Scoresby Sund: Danmarks Ø!

Obs. Nogle Ex. havde 2 Ax, et mindre, nedre ☿-Ax og et større, øvre, forneden ♂ og foroven ♀; enkelte Ex. havde rene ♂-Ax.

119. Carex scirpoidea Mich. Ad alt. 2500′ s. m. obs.

Især i fugtig Muldjord, Urteli, dog ogsaa i Fjældmark og Mosmark. Snedækt om Vinteren.

Alm. i Scoresby Sund: Jamesons Land, Danmarks Ø, Gaaseland, Vestfjord, Gaasefjord! indtil 25 Cm. høj.

var. *basigyna.*

Scoresby Sund: Jamesons Land (i Fjældmark)!

120. Carex microglochin Wbg. Ad alt. 600′ s. m. obs.

I fugtige Kær mellem Sphagna.

Scoresby Sund, i det indre af Fjordene, ikke alm.: Danmarks Ø, Røde Ø! hyppigere i Vestfjord!

121. Carex rupestris All. Ad alt. 3000′ s. m. obs.

Fjældmark, især i Klippespalter; tør Lynghede og tørre Krat. ·Ofte snebar om Vinteren.

Jackson Ø, Cap Broer Ruys (C. & P.). Alm. i Scoresby Sund!

122. Carex incurva Lightf.

Scoresby Sund, ikke alm.: Jamesons Land (i Sand ved Elvbred) og Gaasefjord (i Juncus-Kær)!

123. Carex festiva Dew. Ad alt. 2000′ s. m. obs.

I Urtell, Krat og Fjældmark.

Scoresby Sund: kun paa Gaaseland! Indtil 35 Cm. høj.

124. **Carex lagopina** Wbg. Ad alt. 2200'. s. m. obs.

I Kær, ved afsmeltende Snedriver, ved Stranden o. s. v. Snedækt om Vinteren.

Alm. i Scoresby Sund: Jamesons Land, Danmarks Ø, Røde Ø (indtil 16 Cm. høj) o. fl. St.!

125. **Carex alpina** Sw.

Fjældmark.

Scoresby Sund: Danmarks Ø! sjælden.

126. **Carex misandra** R. Br. (*C. fuliginosa* Sternb. et Hoppe). Ad alt. 3500' s. m. obs.

I Lynghede og Fjældmark, altid snedækt om Vinteren.

(Sabine), Clavering Ø, Sabine Ø, Franz Joseph Fjord (C. & P.). Alm. i Scoresby Sund! indtil 30 Cm. høj. Yderst alm. i det indre af Gaasefjord og Vestfjord!

f. *pygmœa.*
Hold with Hope (5—10 Cm.)!

127. **Carex subspathacea** Wormsk. *β, curvata* Drej.

I Ler og Sand ved Stranden.

Franz Joseph Fjord (C. & P.); Scoresby Sund: Jamesons Land og Danmarks Ø! I Reglen vare Ex. ganske smaa, 1 Cm. høje; kun enkelte Ex. vare 4—5 Cm. høje.

128. **Carex hyperborea** Drej. Ad alt. 2000' s. m. obs.

J Kær og Vandhuller. Snedækt om Vinteren.

Alm. i Scoresby Sund, især i de indre Fjorde: Danmarks Ø, Gaaseland, Vestfjord, Gaasefjord! Gennemsnitlig 15 Cm. høj, sjældnere 25 Cm.; enkelte Ex. i de inderste Fjorde indtil 40 Cm. høje.

129. **Carex rigida** Good. Ad alt. 4200' s. m. obs.

I Lynghede og Fjældmark, Sand og Grus; ofte snebar om Vinteren.

Cap Broer Ruys (C. & P.)! (Scoresby?). Meget alm. i Scoresby Sund, lavere end *C. hyperborea.*

130. **Carex capillaris** L.

I Lynghede og Fjældmark, især i Klippespalter; i Reglen snedækt om Vinteren.

Scoresby Sund: Danmarks Ø, Røde Ø, Kingua i Gaasefjord o. fl. St.!

131. **Carex rariflora** Sm.

I Kær, mellem Sphagna ved Elvbredder og Søer; indtil 15 Cm. høj.

Sjælden i Scoresby Sund: Danmarks Ø, Røde Ø!

132. **Carex pedata** Wbg.

! Fjældmark, især i Klippespalter; snedækt om Vinteren.

Ikke sjælden i Scoresby Sund: Danmarks Ø, Røde Ø, Kingua i Gaase-
fjord! Paa Danmarks Ø fandt jeg en meget kraftig Tue med c. 100 Blom-
sterstængler af 12 Cm. Længde.

133. **Carex supina** Wbg. Ad alt. 2500′ s. m. obs.

I Fjældmark, især i tørre Klippespalter, ogsaa i tørre Krat. Ofte snebar
om Vinteren.

I det indre af Scoresby Sund: Danmarks Ø, Gaaseland, Røde Ø, Vest-
fjord, Gaasefjord og fl. St !

134. **Carex pulla** Good. Ad alt. 2000′ s. m. obs.

I Kær og Vandhuller. Snedækt om Vinteren.

Yderst alm. i Scoresby Sund, indtil 50 Cm høj!

Obs. Varierer betydeligt i Henseende til Bladenes Bredde og ♀-Axenes
Antal og Form. Ex. fra Jamesons Land ($^5/_6$) vare usædvanlig lave (10—
15 Cm.) og bredbladede, men satte rigelig Frugt og havde to veludviklede
♀-Ax.

Paa Danmarks Ø varierede Arten betydelig; i fugtige Kærstrøg var den
alm. 30 Cm. høj, bredbladet og havde 2 ♀-Ax; paa tørrere Bund mere smal-
bladet, lavere (10—12 Cm.) og havde oftest kun 1 ♀-Ax. Endelig forekom
Former med smalle Blade, 2 ♂-Ax og 1 ♀-Ax; i enkelte ♂-Ax fandtes en
♀-Blomst i Axlen af nederste Axskæl.

I Vandhuller og Søer — ude i Vandet — vare ♀-Axene ofte rudimen-
tære og ustilkede, ♂-Axet derimod veludviklet.

Fam. 28. *Gramineæ.*

135. **Alopecurus alpinus** Sm. Ad alt. 2000′ s. m. obs.

I Kær, paa fugtige Lerflader, ved Eskimoruiner o. s. v.

Alm. i Nordøst-Grønland (Scoresby, Sabine, C. & P.), Hold with Hope!
Alm. i den ydre Del af Scoresby Sund! Fandtes ikke i de indre Fjorde.

136. **Hierochloa alpina** (Sw.) R. & S. Ad alt. 4200′ s. m. obs.

Lynghede, Fjældmark, tørre Krat o. s. v. I Reglen snedækt om Vinteren.

XVIII.   23

Shannon Ø, Sabine Ø, Jackson Ø og fl. St., indtil 20 Cm. høj (C. & P.); Hold with Hope (indtil 25 Cm.)! Meget alm. i Scoresby Sund, indtil 50 Cm. høj!

Obs. Paa Danmarks Ø fandtes ikke sjældent Ex., hvis Smaaax manglede ☿-Blomsten, og hvis ♂-Blomster vare sterile; disse Planters Top havde et vissent, gult Udseende.

137. Agrostis rubra L.

Tørre, grusede Skraaninger; snedækt om Vinteren.

Ikke alm. i Scoresby Sund: Danmarks Ø, Teltplads ved Røde Ø!

Obs. Specimina e Scoresby Sund a speciminibus reliquis groenlandicis differunt ramis culmi scabris; tamen ea ad hanc speciem refero, quum foliis planis, ligula minore quam *A. caninæ* et ramis culmi divaricatis munita sunt.

f. *mutica.*·

Scoresby Sund: Teltplads ved Røde Ø! paa en tør, gruset Skrænt sammen med Hovedarten.

138. Calamagrostis purpurascens R. Br. Ad alt. 4200' s. m. obs.

I Fjældmark, tørre Krat, tør Lynghede. Ofte snebar om Vinteren.

Franz Joseph Fjord, indtil 50 Cm. høj (C. & P.). Meget alm. i Scoresby Sund! Indtil 60 Cm. høj.

139. Calamagrostis stricta Hartm. *β, borealis* Læst. Ad alt. 3000' s. m. obs.

I Kær og Søer.

Kun i det inderste af Fjordene i Scoresby Sund: Kingua i Gaasefjord og Vestfjord! sjælden.

Obs. Differt a descriptione speciei apud Hartman et Lange culmis lævibus (nec scabris); sed etiam specimina culmis lævibus a Lange determinata in herb. Mus Haun. adsunt. In speciminibus ab amico Bay ad Tasiusak pr. Angmagsalik lectis etiam culmi læves sunt.

140. Aira brevifolia R. Br.

Fugtig Lerbund, nær Stranden.

(Sabine), Cap Philipp Broke (C. & P.), Hold with Hope!

Obs. Species *A. cæspitosæ* maxime affinis.

141. **Trisetum subspicatum** (L.) Beauv. Ad alt. 4000' s. m. obs.

I Fjældmark, tørre Krat o. s. v. Ofte snebar om Vinteren.

(Sabine), Jackson Ø, Clavering Ø, Cap Broer Ruys (C. & P.), Hold with Hope! (Scoresby: *Aira spicata* L.). Alm. i Scoresby Sund! Indtil 30—35 Cm. høj.

142. **Catabrosa algida** (Sol.) .Fr. Ad alt. 2500' s. m. obs.

Fugtig Lerbund, i Kær og Vandhuller; ogsaa i fugtige Klippespalter, sjældnere i tør Fjældmark. I Reglen snedækt om Vinteren.

Sabine Ø, Shannon Ø (C. & P.); Hold with Hope (4—5 Cm.)! Alm. i Scoresby Sund, især i den ydre Del! I Vandhuller paa Danmarks Ø fandt jeg Ex. med 12 Cm. lange, brede og flade Blade.

143. **Colpodium latifolium** R. Br. Ad alt. 2000' s. m. obs.

I Kær. Snedækt om Vinteren.

Cap Broer Ruys, Franz Joseph Fjord (indtil 50 Cm. høj, C. & P.). Alm. i den ydre Del af Scoresby Sund: Jamesons Land (indtil 45 Cm. høj), Danmarks Ø (indtil 55 Cm)! Ikke fundet Vest for Danmarks Ø.

144. **Glyceria angustata** (R. Br.) Fr.

Ved Stranden paa Ler.

(Sabine), Scoresby Sund: Jamesons Land (15—20 Cm.)!

Obs. *Poa annua* L. (?), II. deutsche Nordpolarfahrt II, p. 56, verosimiliter huc referenda est.

145. **Glyceria vilfoidea** (And.) Th. Fr.

Paa Lerflader ved Stranden, ofte dannende smaa Strandenge.

Scoresby Sund: Jamesons Land, Danmarks Ø, Røde Ø, Nordvestfjord, Kingua i Gaasefjord og fl. St.!

Obs. Oftest steril, kun i det indre af Fjordene med Blomster.

[*Poa annua* L. (?) a Buchenau et Focke indicata deleatur = *Glyceria* sp., verosimiliter *angustata*.]

146. **Poa abbreviata** R. Br.

Paa Ler ved Stranden.

Clavering Ø, Franz Joseph Fjord (C. & P.)! Scoresby Sund: kun fundet paa Jamesons Land! Kraftige, tætte Tuer med Blomsterstængler af 10—15 Cm. Højde.

147. **Poa glauca** M. Vahl (*P. cæsia* Sm.). Ad alt. 5000'
s. m. obs.

I Fjældmark og Lynghede; ogsaa, men sjældent, i fugtig Urtell. Ofte
snebar om Vinteren.

Alm. i Nordøst-Grønland (C. & P.); Hold with Hope! Alm. overalt i
Scoresby Sund (Ex. indtil 30 Cm. Højde)!

β, elatior And. Ad alt. 2400' s. m. obs.

I tørre Krat og paa beskyttede Lokaliteter i Fjældmarken, i Klippespalter.

Alm. i det indre af Fjordene i Scoresby Sund: Danmarks Ø, Teltplads
ved Røde Ø, Gaasefjord, Vestfjord! I Krattene indtil 70 Cm. høj; disse kolos-
sale Ex. vare oftest rødlig anløbne baade paa Stængler og Blade.

γ, atroviolacea Lge.

Paa grusede, tørre Skrænter.

Scoresby Sund: Cap Stewart!

f. *arenaria*! Laxe cæspitosa.

Paa Sandbakker.

Scoresby Sund: Jamesons Land!

148. **Poa nemoralis** L. var. *pallida* Lge.

I en fugtig Klippespalte i Glimmerskifer, i Læ. Snedækt om Vinteren.

Scoresby Sund: Danmarks Ø! Sjælden.

149. **Poa alpina** L. Ad alt. 3000' s. m. obs.

Fjældmark og tørre Krat, Urteli o. s. v. I Reglen snedækt om Vinteren.

Hold with Hope! Alm. i Scoresby Sund, indtil 40 Cm. høj!

f. *vivipara*. Ad alt. 2400' s. m. obs.

Paa Sand og Ler, baade fugtig og tør Bund, i Moskær o. s. v.

Hold with Hope (5—10 Cm.)! Alm. i den ydre Del af Scoresby Sund:
Jamesons Land! Ikke fundet i det indre af Fjordene.

Obs. Forma vivipara hujus speciei antea in Groenlandia non inventa.

150. **Poa pratensis** L.

I alle Vegetationsformationer. I Reglen snedækt om Vinteren.

Alm. i Scoresby Sund!

β, *alpigena* Blytt.

I Lynghede og Fjældmark.

Alm. i Scoresby Sund: Jamesons Land, Danmarks Ø (i Lyngheden indtil 40 Cm. høj) og fl. St.!

γ, *domestica*. Ad alt. 2200' s. m. obs.

Fugtigt Kær ved Elv.

Scoresby Sund: Jamesons Land!

δ, *angustifolia* (L.) Sm. Ad alt. 4000' s. m. obs.

I tørre Krat paa grusede Skraaninger, sjældnere i tør Lynghede.

Alm. i det indre af Fjordene i Scoresby Sund, indtil 70 Cm. høj!

ε, *humilis* Rchb.

Scoresby Sund: Danmarks Ø!

151. **Poa flexuosa** Wbg. (*Poa arctica* R. Br.). Ad alt. 5000' s. m. obs.

I tør Fjældmark, især højere til Fjælds. Ofte snebar om Vinteren.

Alm. i Nordøst-Grønland (Sabine: *Poa arctica* og *Poa laxa*; C. & P.!); Hold with Hope! Alm. i Scoresby Sund (indtil 25 Cm. høj)!

Obs. *Poa filipes* Lge. Consp. fl. gr. p. 175 (*Poa arctica* R. Br. β, Buchenau et Focke l. c.) a *Poa flexuosa* Wbg. vix specifice distincta.

152. **Festuca ovina** L., var. *alpina* Koch et * *borealis* Lge. (*F. brevifolia* R. Br.). Ad alt. 3000' s. m. obs.

I Fjældmark. Ofte snebar om Vinteren.

(Sabine), Jackson Ø, Clavering Ø, Cap Broer Ruys (C. & P.)! Hold with Hope! Alm. i Scoresby Sund!

f. *vivipara* (huc etiam *Festuca* (?) apud Buchenau et Focke l. c. p. 56 referenda est).

I Fjældmark og Kær.

Sabine Ø (C. & P.)! (Scoresby: *F. vivipara*); Scoresby Sund: alm. paa Danmarks Ø!

153. **Festuca rubra** L., var. *arenaria* (Osb.). Ad alt. 2400' s. m. obs.

Tørre, grusede Skraaninger, i Fjældmark og tørre Krat.

Scoresby Sund: Jamesons Land (10—20 Cm.)! Alm. i det indre af Fjor- ·
dene i Krattene (indtil 60 Cm.)!

Fam. 29. *Lycopodiaceæ.*

154. **Lycopodium Selago** L., f. *alpestris.* Ad alt. 3000'
s. m. obs.

l Lynghede og Fjældmark. Snedækt om Vinteren.

Hold with Hope (4 Cm.)! Alm. i Scoresby Sund: Jamesons Land (7—
8 Cm.), Danmarks Ø {10—12 Cm.), Gaaseland o. fl. St.!

155. **Lycopodium annotinum** L. *β, alpestre* Hartm.
I Lynghede. Snedækt om Vinteren.

Alm. i det indre af Scoresby Sund: Danmarks Ø, Gaaseland, Vestfjord,
Gaasefjord!

156. **Lycopodium alpinum** L. Ad alt. 1000' s. m. obs.
I Lynghede. Snedækt om Vinteren.

Sjælden i Scoresby Sund: Mudderbugten, Danmarks Ø!

Fam. 30. *Filices.*

157. **Lastræa fragrans** (L.) Presl.
I Lynghede og tørre Klippespalter.

Scoresby Sund: Kun paa Bregnepynt! Blade af 10—12 Cm. Længde.

158. **Cystopteris fragilis** (L.) Bernh. Ad alt. 4000' s. m. obs.
I Klippespalter, ofte snebar om Vinteren.

(Sabine), Jackson Ø, Clavering Ø, Franz Joseph Fjord (C. & P.). Alm. i
Scoresby Sund! Bladene indtil 35 Cm. lange.

159. **Woodsia ilvensis** (L.) R. Br.
I Klippespalter. Ofte snebar om Vinteren.

Alm. i Scoresby Sund! Indtil 10 Cm. lange Blade.

160. **Woodsia hyperborea** (Wbg.) R. Br. Ad alt. 4200'
s. m. obs.

I Klippespalter, ofte snebar om Vinteren.

Franz Joseph Fjord (c. 700' s. m., C. & P.). Alm. i Scoresby Sund!

161. **Woodsia glabella** R. Br.
I Klippespalter.

Hold with Hope! Scoresby Sund: Røde Ø! 1—5 Cm. lange Blade.

162. **Botrychium Lunaria** (F.) Sw. Ad alt. 200' s. m. obs.
I fugtig Urteli.

Kun fundet paa Gaaseland i Scoresby Sund!

Fam. 31. *Equisetaceæ.*

163. **Equisetum scirpoides** Michx. Ad alt. 1500' s. m. obs.
Lynghede, Fjældmark, ved Søbredder o. s. v.

Sabine Ø (C. & P.), Hold with Hope! Alm. i Scoresby Sund!

164. **Equisetum variegatum** Schleich. Ad alt. 4000' s. m. obs.
I Fjældmark, paa sandede Søbredder o. s. v.

Alm. i Scoresby Sund, især i det indre af Fjordene!

165. **Equisetum arvense** F. *β, boreale* (Bong). Ad alt. 4000'
s. m. obs.

Paa fugtig Bund, i Kær og Urteli, paa Elvbredder o. s. v., ogsaa i Vandhuller. Snedækt om Vinteren.

Sabine Ø, Cap Broer Ruys (C. & P.). Alm. i Scoresby Sund! Indtil 25 Cm. høje, sterile Skud.

γ, alpestre Wbg. Ad alt. 2500' s. m. obs.
Hold with Hope! Scoresby Sund: Jamesons Land (paa Sandbakker)!

δ, campestre Milde.
Scoresby Sund: Jamesons Land!

Følgende 8 Arter og mere udprægede Varieteter ere Grønland kun fundne i Nordøst-Grønland:

1. *Potentilla maculata* Pourr. γ, *gelida* Hartm.
2. *Draba altaica* Bge.
3. *Braya alpina* Sternb. et Hoppe.
4. *Polemonium humile* Willd.
5. *Saxifraga hieracifolia* Waldst. et Kit.
6. *Saxifraga Hirculus* L., var. *alpina* Engl.
7. *Salix arctica* Pall., var. *Brownii* And.
8. *Carex parallela* Sommerf.

Sammenligning mellem Nordøst- og Nordvest-Grønland.
Tabel I.

I de to første Kolonner ere Fanerogamerne og Karkrypto-gamerne fra Vestgrønland, c. 69°—71° N. Br.[1]) og fra Scoresby Sund sammenstillede. De tre sidste Kolonner skulle anskuelig-gøre Arternes Udbredelse i Scoresby Sund: A. Jamesons Land, B. Danmarks Ø, Gaaseland og de nærmeste Partier, C. de indre Fjorde: Vestfjord, Røde Ø-Partiet og Gaasefjord[2]).

	V.-Gr. c. 69°—71° N. Br.	Ø.-Gr. Scoresby Sund.	Scoresby Sund.		
Rosaceæ.			A.	B.	C.
1. Dryas octopetala L.		†	†	†	†
— — *integrifolia (M. Vahl)	†	†		†	†
2. Potentilla pulchella R. Br. ...	†	†	†		
3. — anserina L.	†				
4. — maculata Pourr.	†	†	†	†	† ?
— — γ. gelida Hartm.		†.		†	

[1]) Ved Udarbejdelsen af denne Tabel har jeg hovedsagelig benyttet Lange og Rosenvinge: Conspectus floræ groenlandicæ (Medd. om Grønland, III) og egne Optegnelser fra min Rejse i Nordvest-Grønland 1890 (Medd. om Grønland, XV).

[2]) Et ? i de tre sidste Kolonner betegner, at jeg ikke har fundet Arten i dette Parti, men at den sandsynligvis findes dèr.

	V.-Gr. c. 69°—71° N. Br.	Ø.-Gr. Scoresby Sund.	Scoresby Sund.		
			A.	B.	C.
5. Potentilla Ranunculus Lge. . . .	†				
6. — Vahliana Lehm. . :	†				
7. — emarginata Pursh.	†	†	†	†	†
8. — nivea L.	†	†	†	†	†
9. — Frieseana Lge.	†				
10. — tridentata Sol.	†				
11. Sibbaldia procumbens L.	†	†	†	†	†?
12. Alchemilla vulgaris L.	†	†		†	
Halorrhageæ.					
13. Myriophyllum spicatum L. . . .	†				
14. Hippuris vulgaris L. β.	†	†·		†	†
Callitrichineæ.					
15. Callitriche verna Kütz. β.	†	†		†	†
Onagrarieæ.					
16. Epilobium anagallidifolium Lam.	†				
17. — alsinefolium Vill. *	†				
18. — palustre L.	†				
19. Chamænerium angustifolium (L.)	†				
20. — latifolium (L.) Spach. . . .	†	·†	†	†	†
Empetraceæ.					
21. Empetrum nigrum L.	†	†	†	†	†·
Silenaceæ.					
22. Silene acaulis L.	†	†	†	†	†·
23. Viscaria alpina (L.) Don.	†	†.		†	†
24. Melandrium apetalum (L.) Fzl. .	†	†	†	†	
25. — involucratum (Cham. et Schld.) β.	†	†	†	†	†
26. — triflorum (R. Br.) J. Vahl. .	†	†	†	†	†?

	V.-Gr. c. 69°—71° N. Br.	Ø.-Gr. Scoresby Sund.	Scoresby Sund.		
			A.	B.	C.
Alsinaceæ.					
27. Sagina Linnæi Presl.	†	†	†	†	†
28. — nivalis (Lindbl.) Fr.	†				
29. — cæspitosa (J. Vahl) Lge. . . .	†	†	†		
30. Alsine biflora (L.) Wbg.	†	†	†	†	†
31. — verna Bartl. β. rubella (Wbg.)	†	†	†		
— — γ. hirta	†	†	†	†	†
— — δ. propinqua (Rich.)	†	†			†
32. — stricta (Sw.) Wbg.	†	†			†
33. — groenlandica (Retz.) Fzl. .	†				
34. Halianthus peploides (L.) var. .	†	†		†	†
35. Arenaria ciliata L. β.	†	†	†	†	†
36. Stellaria humifusa Rottb.	†	†	†	†	
37. — media (L.) With.	†				
38. — longipes Goldie	†	†	†	†	†
39. — borealis Big.	†				
40. Cerastium trigynum Vill	†	†	†	†	†?
41. — alpinum L. c. varr.	†	†	†	†	†
Portulacaceæ.					
42. Montia rivularis Gmel.	T				
Cruciferæ.					
43. Lesquerella arctica (Richards.)	†	†	†	†	†
44. Cochlearia groenlandica L. ⎱ [1] . .	†	†	†	· †	
— fenestrata R. Br. ⎰					
45. Draba alpina L.	†	†	†	†	†
46. — crassifolia Grah.	†	†	†	†	†?
47. — aurea M. Vahl.	†	†		†	†
48. — nivalis Liljebl.	†	†	†	†	†
49. — Wahlenbergii Hartm. . . .	†	†	†	†	†

[1] Paa Grund af den hyppige Usikkerhed i Angivelserne for disse to Arter (?), foretrækker jeg her at slaa dem sammen.

	V.-Gr. c. 69°—71° N. Br.	Ø.-Gr. Scoresby Sund.	Scoresby Sund.		
			A.	B.	C.
50. Draba altaica (Led.) Bge.		†	†		
51. — corymbosa R. Br.	†	†	†		
52. — hirta L. og *rupestris Hartm.	·· †	†	†	†	†
53. — arctica J. Vahl	†	†		†	†
54. — incana L. . . . . , ...	†				
55. Braya glabella Richards	†	†	†·		
56. — alpina Sternb. et Hppe. . .		†			†
57. Eutrema Edwardsii R. Br. . . .	†				
58. Cardamine bellidifolia L.	†	†	†	†	†
59. — pratensis L.	†	†	†		
60. Arabis alpina L.	†	†	†	†	†
61. — Holboellii Hornem.	†	†		†	†
62. — Hookeri Lge.	†				
63. — humifusa (J. Vahl) Wats. .	†				
Papaveraceæ.					
64. Papaver radicatum Rottb.	†	†	†	†	†
Ranunculaceæ.					
65. Thalictrum alpinum L.	†	†		†	†
66. Batrachium paucistamineum (Tausch) var.	†	†		†	† ?
67. Ranunculus glacialis L.		†¹)	†		
68. — pygmæus Wbg.	†	†	†	†	†
69. — hyperboreus Rottb.	†	†	†	†	†
70 — nivalis L.	†	†	†	†	† ?
71. — altaicus Laxm.	†	†	†	†	† ?
72. — lapponicus L. . .'	†				
73. — reptans L.	†				
74. — affinis R. Br.	²)	†		†	

¹) Scoresby.
²) cfr. L a n g e, Consp. fl. gr. III, p. 255.

	V.-Gr.	Ø.-Gr.	Scoresby Sund.		
	c. 69°—71° N. Br.	Scoresby Sund.	A.	B.	C.
Saxifrageæ.					
75. Saxifraga hieracifolia Waldst. et Kit.		†	† ·		
76. — nivalis L.	†	†	†	†	†
77. — stellaris L. var. comosa . .	†	†	†	†	†?
78. — cernua L.	†	†	†	†	†
79. — rivularis L.	†	. †	†	†	†?
80. — decipiens Ehrh.	†	†	†	†	†
81. — tricuspidata Rottb.	†				
82. — flagellaris Willd. var. . . .	† ?[1])				
83. — aizoides L.	†	†			†
84. — Aizoon L.	†	†		†	†
85. — oppositifolia L.	†	†	†	†	†
Crassulaceæ					
86. Sedum Rhodiola D. C.	†	· †	†	†	†
87. — villosum L.	†				
Umbelliferæ.					
88. Archangelica officinalis Hoffm. .	†				
Plantagineæ.					
89. Plantago borealis Lge.	†	·			
90. — maritima L.	†				
Plumbagineæ.					
91. Armeria vulgaris Willd. var. si- birica (Turcz.)	†	†	†		
Primulaceæ.					
92. Primula farinosa L. var.	†				

[1]) Disko (Kane) Rimeligvis beroende paa en Fejltagelse; er aldrig senere fundet paa Disko.

	V.-Gr. c. 69°—71° N. Br.	Ø.-Gr. Scoresby, Sund.	Scoresby Sund.		
			A.	B.	C.
Lentibularieæ.					
93. Pinguicula vulgaris L.	†	†			†
94. Utricularia minor L.	†				
Scrophulariaceæ.					
95. Limosella aquatica L. *β.* . . .	†				
96. Veronica alpina L.	†	†	†	†	†?
97. — saxatilis L.	†	†		†	
98. Pedicularis lapponica L.	†	†	†	†	†
99. — euphrasioides Steph. . . .	†				
100 — flammea L. . . . . ; . . .	†	†		†	†
101. — hirsuta L.	†	†	†	†	†
102. — lanata Cham.	†				
103. Bartsia alpina L.	†				
104. Euphrasia officinalis L.	†	†		†	†
Asperifoliæ.					
105. Stenhammaria maritima (L.). .	†				
Gentianaceæ.					
106. Gentiana tenella Rottb.	†				
Diapensiaceæ.					
107. Diapensia lapponica L.	†	†	†	†	†
Hypopityeæ.					
108. Pyrola grandiflora Rad.	†	†	†	†	†
109. — rotundifolia L. *β.*	†				
110. — minor L.	†				
111. — secunda L. var.	†				
Ericaceæ.					
112. Arctostaphylos alpina (L.) Spreng.	†	†		†	†
113. Phyllodoce coerulea (L.)	†	†		†	†

	V.-Gr. c. 69°—71° N. Br.	Ø.-Gr. Scoresby Sund.	Scoresby Sund.		
			A.	B.	C.
114. Andromeda polifolia L.	†				
115. Cassiope tetragona (L.) Don. .	†	†	†	†	†
116. — hypnoides (L.) Don. ...	†	†	†	†	†
117. Loiseleuria procumbens (L.)..	†				
118. Rhododendron lapponicum (L.)	†	†		†	†
119. Ledum palustre L.	†				
Vacciniaceæ.					
120. Vaccinium Vitis idæa L. β...	†				
121. — uliginosum L. c. varr. et *microphyllum Lge.	†	†	†	†	†
Campanulaceæ.					
122. Campanula uniflora L......	†	†	†	†	†
123. — rotundifolia L. c. varr. .	†	†	†	†	†
Synantheræ.					
124. Taraxacum phymatocarpum J. Vahl	†	†	†	†	
125. — officinale Web.	†	†	†	†	†?
126. Hieracium alpinum L.		†		†	†
127. Artemisia borealis Pall.	†				
128. Gnaphalium supinum L.....	†				
129. — norvegicum Gunn.	†				
130. Antennaria alpina L.	†	†	†	†	†
131. Erigeron compositus Pursh ..	†	†	†	†	
132. — alpinus L.........	†				
133. — uniflorus L........	†	†		†	†?
134. — eriocephalus J. Vahl ...	†	†	†	†	†
135. Arnica alpina (L.) Murr.	†	†	†	†	†
Polygonaceæ.					
136. Koenigia islandica L.......	†	†	†	†	†?
137. Polygonum aviculare L. var. .	†				

	V.-Gr. c. 69°—71° N. Br.	Ø.-Gr. Scoresby Sund.	Scoresby Sund.		
			A.	B.	C.
138. Polygonum viviparum L. . . .	†	†	†	†	†
139. Oxyria digyna (L.) Campd. . . .	† .	†	†	†	†
140 Rumex Acetosella L.	†	†		†	†
Salicineæ.					
141. Salix herbacea L.	†	†	†	†	†
142. — Myrsinites L. var.	†				
143. — arctica Pall. f. typica . . .		†		†	
— — var. groenlandica And.	†	†	†	†	†
— . — var. Brownii And. . .		†		†	
144. — glauca L. c. var. subarctica Lundstr.	†	†		†	†
Betulaceæ.					
145. Betula nana L	†	†	†	†	†
Typhaceæ.					
146. Sparganium hyperboreum Læst.	†				
Fluviales.					
147. Potamogeton pusillus L.	†				
148. — filiformis Pers.	†				
Orchideæ.					
149. Habenaria albida (L.) R. Br. .	†				
150. Platanthera. hyperborea (L.) . .	†				
151. Corallorhiza innata R Br. . . .	†				
152. Listera cordata (L.) R. Br. . .	†				
Alismaceæ.					
153. Triglochin palustre L.	T				

	V.-Gr. c. 69°—71° N. Br.	Ø.-Gr. Scoresby Sund.	Scoresby Sund.		
			A.	B.	C.
Liliaceæ.					
154. Tofieldia borealis Wbg.	†	†	†	†	†
155. — coccinea Richards.	†	†		†	†
156. Juncus biglumis L.	†	† •	†	†	†
157. — triglumis L.	†	†			†
158. — castaneus Sm.	†	†	†	†	†
159. — trifidus L.	†	†		†	†
160. — arcticus Willd.	†	†	†	† ?	†
161. Luzula parviflora (Ehrh.) Desv.	†				
162. — multiflora Lej.	†	†			†
163. — arcuata Wbg.	†				
164. — confusa Lindeb.	†	†	†	†	†
165. — arctica Blytt.	†	†	†		
166. — spicata (L.) D. C.	†	†		†	†
Cyperaceæ.					
167. Scirpus parvulus R. & S. . . .	†				
168. — cæspitosus L.	†				
169. Eriophorum Scheuchzeri Hoppe	†	†	†	†	†
170. — angustifolium Roth. . . .	†	†	†	†	†
171. Elyna Bellardi (All.)	†	†	†	†	†
172. Kobresia caricina Willd.	†	†			†
173. Carex parallela Sommerf. . . .		†			†
174. — gynocrates Wormsk. . . .	†				
175. — nardina Fr.	†	†	†	†	†
176. — capitata L.	†				
177. — ursina Dew.	†	†		†	
178. — scirpoidea Mich.	†	†	†	†	†
179. — microglochin Wbg.	†	†		†	†
180. — rupestris All.	†	†	†	†	†
181. — incurva Lightf.	†	†	†	† ?	†
182. — festiva Dew.	†	†		†	† ?
183. — lagopina Wbg.	†	†	†	†	†
184. — glareosa Wbg.	†				

	V.-Gr. c. 69°—71° N. Br.	Ø.-Gr. Scoresby Sund.	Scoresby Sund.		
			A.	B.	C.
185. Carex bicolor All.	†				
186. — alpina Sw.	†	†		†	
187. — holostoma Drej.	†				
188. — misandra R. Br.	†	†	†?	†	†
189. — subspathacea Wormsk.	†	†	†	†	
190. — anguillulata Drej.	†				
191. — groenlandica Lge.	†				
192. — hyperborea Drej.	†	†	.†	†	†
193. — rigida Good.	†	†.	†	†	†
194. — limula Fr.	†				
195. — stans Drej.	†·				
196. — Epigejos Læst.	†				
197. — capillaris L.	†	†		†	†
198. — rariflora Sm.	†	†		†	†
199. — pedata Wbg.	†	†		†	†
200. — supina Wbg.	†	†		†	†
201. — rotundata Wbg.	†				
202. — pulla Good.	†	†	†	†	†
Gramineæ.					
203. Elymus arenarius L. β.	†				
204. Agropyrum violaceum (Horn.)	†				
205. Phleum alpinum L.	†				
206. Alopecurus alpinus Sm.	†	†	†		
207. — fulvus Sm.	†				
208. Hierochloa alpina (Sw.) R. & S.	†	†	†	†	†
209. Agrostis rubra L.	†	†		†	†
210. Calamagrostis phragmitoides Hartm.	†				
211. — purpurascens R. Br.	†	†	†	†	†
212. — stricta Hartm., var.	†	†			†
213. — lapponica Hartm.	†				
214. Aira brevifolia R. Br.	†				

	V.-Gr. c. 69°—71° N. Br.	Ø.-Gr. Scoresby Sund.	Scoresby Sund.		
			A.	B.	C.
215. Trisetum subspicatum (L.) Beauv.	†	†	†	†	†
216. Dupontia psilosantha Rupr. . .	†				
217. Catabrosa algida (Sol.) Fr. . . .	†	†	†	†	
218. Colpodium latifolium R. Br. . .	†	†	†	†	
219. Glyceria vaginata Lge.	†				
220. — arctica Hook.	†				
221. — vilfoidea (And.) Th. Fr. .	†	†	†	†	†
222. — Langeana Berl.	†				
223. — Kjellmani Lge.	†				
224. — Vahliana (Liebm.) Th. Fr.	†				
225. — angustata (R. Br.) Fr. . .	†	†	†		
226. Poa abbreviata R. Br.	†	†	†		
227. — glauca M. Vahl	†	†	†	†	†
228. — nemoralis L. var.	†	†		†	
229. — alpina L.	†	†	†	†	†
230. — pratensis L.	†	†	†	†	†
231. — flexuosa Wbg.	†	†	†	†	†
232. Festuca ovina L. c. varr. et *borealis Lge.	†	†	†	†	†
233. — rubra L.	†	†	†	†	†
Lycopodiaceæ.					
234. Lycopodium Selago L.	†	†	†	†	†
235. — annotinum L. β.	†	†		†	†
236. — alpinum L.	†	†		†	†?
Filices.					
237. Polypodium Dryopteris L. . . .	†				
238. Aspidium Lonchitis (L.) Sw. .	†				
239. Lastræa fragrans (L.) Presl. . .	†	†		†	
240. Cystopteris fragilis (L.) Bernh.	†	†		†	†
241. Woodsia ilvensis (L.) R. Br. . .	†	†		†	†
242. — hyperborea R. Br.	†	†	†	†	†

	V.-Gr. c. 69°—71° N. Br.	Ø.-Gr. Scoresby Sund.	Scoresby Sund.		
			A.	B.	C.
243. Woodsia glabella R. Br.	†	†			†
244. Botrychium Lunaria (L.) Sw. .	†	†		†	
Equisetaceæ.					
245. Equisetum scirpoides Michx. .	†	†	†	†	†
246. — variegatum Schleich. . . .	†	†		†	†
247. — arvense L.	†	†	†	†	†
248. — silvaticum L.	†				

Medens Antallet af Familjer for hele Grønland er 54, fremgaar det af Tabellen, at det for Vestgrønland c. 69°— 71° N. Br. er 40[1]), for Scoresby Sund 30[2]). For hele Nordøst-Grønland c. 70°—75° N. Br. er det 31[3]).

Forholdet mellem det Antal Arter, hvormed Familjerne ere repræsenterede i Scoresby Sund og i Vestgrønland c. 69°—71° N. Br., er omtrent det samme:

---

[1]) De 14 manglende Familjer ere: 1. Papilionaceæ (2 sp.), 2. Pomaceæ (1 sp.), 3. Geraniaceæ (1 sp.), 4. Droseraceæ (2 sp.), 5. Violaceæ (4 sp.), 6. Cornaceæ (1 sp.), 7. Polemoniaceæ (1 sp.), 8. Labiatæ (1 sp.), 9. Menyantheæ (1 sp.), 10. Caprifoliaceæ (1 sp.), 11. Rubiaceæ (2 sp.), 12. Salsolaceæ (1 sp.), 13. Cupressineæ (1 sp.), 14. Isoëteæ (1 sp.). Altsaa for største Delen udprægede Entomofiler og næsten alle Familjer, der i Grønland kun ere repræsenterede af en enkelt Art.

[2]) De 10 manglende Familjer ere: 1. Portulacaceæ (1), 2. Umbelliferæ (1), 3. Plantagineæ (2), 4. Primulaceæ (1), 5. Asperifoliæ (1), 6. Gentianaceæ (1), 7. Typhaceæ (1), 8. Fluviales (2), 9. Orchideæ (4), 10. Alismaceæ (1). [Tallene i Parenthesen angive det Antal Arter, hvormed Familjen er repræsenteret i Vestgrønland c. 69°—71° N. Br.]

[3]) Polemoniaceæ mangle i Scoresby Sund.

24*

	Scoresby Sund.	Vest-Grønland c. 69-71° N.Br.
Cyperaceæ	23	35
Gramineæ...............	18	31
Cruciferæ	17	19 (20)
Caryophyllaceæ...........	16	20
Liliaceæ...............	11	13
Saxifragaceæ	9	10 (9)
Synanthereæ	8	11
Ranunculaceæ	8	8
Rosaceæ...............	7	12
Scrophulariaceæ	6	10
Filices	6	8
Ericaceæ	5	8
Polygonaceæ	4	5
Salices	3	4
Equisetaceæ	3	4
Lycopodiaceæ...........	3	3
Onagrarieæ	1	5
Hypopityeæ	1	4
Orchideæ	0	4

De andre Familjer ere begge Steder kun repræsenterede af 1 eller 2 Arter. I Hovedtrækkene er Forholdet mellem Familjernes Artsrigdom det samme som i hele Grønland (jfr. Warmings Liste, Medd. om Grønland, XII, p. 167) og i den arktiske Region i det hele (ibid. p. 168).

L. K. Rosenvinge opgiver (Consp. fl. gr., p. 651) Antallet af de fra hele Grønland i 1892 kendte Arter til 374; dette Tal staar ogsaa nu i 1895 fast. Ifølge den af mig anvendte Artsbegrænsning er *Dryas integrifolia* M. Vahl Underart af *D. octopetala* L. og *Salix groenlandica* (And.) Lundstr. en Varietet af *S. arctica* Pall.; disse to Planter opføres af Rosenvinge som selvstændige Arter. I deres Plads indtræde *Carex parallela* Sommerf. (fra Scorcsby Sund) og *C. dioica* L. (leg. Bessels, det.

Asa Gray)[1]); den sidste Art er ikke optaget af Rosenvinge.
(Maaske ere *C. dioica* L., *C. parallela* Sommerf. og *C. gynocrates* Wormsk. at opfatte som én eneste Art, cfr. ovenfor p. 344
og Consp. fl. gr., p. 717).

Antallet af Arter i hele Grønland (1895) 374
     —   i Vestgrønland c. 69°—71° N. Br. . . 241
     —   i Scoresby Sund 161
        i hele Nordøst-Grønl. c. 70°-75° N. Br. 165[2])
        paa Danmarks Ø . . . . c. 100

Følgende Arter og mere udprægede Varieteter, som findes i
Scoresby Sund, mangle i Vestgrønland c. 69°—71° N. Br.

Dryas octopetala L. f. *typica.*	*Saxifraga hieracifolia* Waldst.
Potentilla maculata Pourr.	et Kit.
γ. gelida Hartm.	*Hieracium alpinum* L.
Draba altaica Bge.	*Salix arctica* Pall., f. *typica.*
Braya alpina Sternb. & Hppe.	— — var. *Brownii* Lundstr.
Ranunculus glacialis L.	*Carex parallela* Sommerf.
— *affinis* R. Br.	

Det fremgaar endvidere overskueligt af Tabellen, hvilke
Arter der foretrække den ydre Del, Mundingen af Fjorden, og
hvilke der kun findes i de inderste Fjord-Forgreninger. Mange
af de Arter, som paa Vestkysten af Grønland c. 69°—71° N. Br.
træffes helt ude véd Havkysten, findes i Scoresby Sund først
langt inde i Fjordene. Adskillige Arter, der i Mundingen af Scoresby Sund fandtes helt nede ved Havets Niveau, traf man i de
indre Fjorde 'først højt til Fjælds (f. Ex. *Papaver*, *Potentilla emarginata*); et lignende Forhold møder os i Sydvest-Grønland, hvor

---

[1]) cfr. A. G. Nathorst: Englers Jahrb. VII, 1886.
[2]) De 4 Arter, der mangle i Scoresby Sund, men findes i den nordligere
Del af Østgrønland, ere: 1. *Saxifraga flagellaris*, 2. *Sax. Hirculus*,
3. *Polemonium humile*, 4. *Aira brevifolia*.

adskillige af de nordligere Typer først træffes højt til Fjælds.
Det inderste af en Fjord har altid en «sydligere» Flora end
Mundingen.

Den betydelige Forskel mellem Artsantallet i Vestgrønland
c. 69°—71° N. Br. og i Scoresby Sund skyldes for en meget
stor Del Disko's velkendte Rigdom paa sydlige Arter; denne
Del af Vestgrønland hører desuden til de bedst undersøgte
Egne i Grønland. En grundigere Undersøgelse af de indre Fjorde
i Scoresby Sund i Sommertiden vil sikkert bringe adskillige
Arter, som jeg ikke kunde finde paa Slædeturene i Maj-Juni,
da mange — og netop de frodigste — Lokaliteter endnu vare
dækkede med alenhøj Sne.

Tabel II.

l denne Tabel har jeg sammenstillet de fra N o r d ø s t-
G r ø n l a n d N o r d f o r S c o r e s b y S u n d kendte Arter af Fane-
rogamer og Karkryptogamer: A: Hold with Hope og Cap Broer
Ruys, B: de af den anden tyske Nordpolsexpedition i Franz
Joseph Fjord (de Arter, der kun fandtes her, ere mrk.*), Sabine
Ø, Clavering Ø o. s. v. og C: de af Sabine (vistnok især paa
Sabine Ø) samlede Arter — med V e s t g r ø n l a n d s A r t e r c.7 2°—
7 4° 3 0′ N. Br. (D), samt med de Arter, der ere kendte fra Vest-
grønland Nord for Melville Bugt (E)[1]). Det mellemliggende
Parti af Vestkysten (c. 74° 30′—c. 76° N. Br.) er ubekendt i bo-
tanisk som i andre Henseender.

---

[1]) Ved Udarbejdelsen af denne Tabel har jeg foruden C o n s p. fl. gr.,
B u c h e n a u og F o c k e's samt H o o k e r s Lister benyttet N a t h o r s t's
Liste i «Bot. anteckn. från nordvestra Grønland» (Öfvers. Kgl. Vet. Akad.
Forhdl. 1884) og «Nachträge» (Englers Jahrb., VII), H a r t's Fortegnelse
(Journal of Botany, new ser., vol. IX), D u r a n d: Plantæ Kaneanæ (Journ.
of the Acad. of nat. sc. of Philadelphia, 1856), L a n g e s Liste over de
af R y d e r i Uperniviks Distrikt fundne Planter (Medd. om Grønl., VIII),
W a r m i n g: Tabellarisk Oversigt over Grønlands, Islands og Færøernes
Flora, 1887 (Vidensk. Meddel. fra den naturhist. Forening, 1888), B j ö r-

Senere Expeditioner ville sikkert med Lethed kunne forøge Artsantallet i disse lidet kendte Egne; det maa meget' beklages, at Pearys og Heilprins Expeditioner hidtil kun have bragt et saa tarveligt botanisk Resultat som Meehans ufuldstændige Liste [1]).

	A.	B.	C.	D.	E.
Rosaceæ.					
1. Dryas octopetala L.	†	†	†		†
— *integrifolia M. Vahl				†	†
2. Potentilla emarginata Pursh.	†	†		†	†
3. — anserina L. f. groenlandica .					†
4. — pulchella R. Br.		†		†	†
5. — maculata Pourr.					†?
6. — nivea L.	†	†	†	†	†
7. — Vahliana Lehm.				†	†
8. — tridentata Sol.				†	†
9. Alchemilla vulgaris L.				†	
Onagrarieæ.					
10. Chamænerium angustifolium (L.) .				†	
11. — latifolium (L.)	†	†	†	†	†
Empetraceæ.					
12. Empetrum nigrum L.		†		†	†
Silenaceæ.					
13. Silene acaulis L.	†	†	†	†	†
14. Viscaria alpina (L.) Fzl.				†	

lings Rejseberetning (Ymer 1891; indeholder intet nyt) og Meehan: A contribution to the flora of Greenland (Proceed. of the Acad. of nat. sc. of Philadelphia, 1893). Jfr. Fodnoten p. 376.

[1]) Hvor lidt Meehan kender til Grønlands Flora, fremgaar tilstrækkeligt af, at han mener, at hans Fortegnelse, der indeholder 100 Arter, «may be taken as a fairly complete flora of that portion (63°—78° N. Br.!!) of the territory of Greenland» (sic!). Fra Fjorde i Nærheden af Godthaab angiver han *Abies obovata* Loud.; det skal vel være *Alnus ovata* (Schr.), skønt «Trykfejlen» er gennemført lige til Autornavnet.

	A.	B.	C.	D.	E.
15. Melandrium apetalum (L.)		†..	†	†	†
16. — involucratum (Ch. et Schldl.) β.	†	†	?	†	†
17. — triflorum (R. Br.)	†	†		†	†
Alsinaceæ.					
18. Sagina nivalis (Lindbl.) Fr......				†	
19. — cæspitosa (J. Vahl) Lge.....				†	
20. Alsine biflora (L.)	†	†		†	
21. -- verna, β. hirta Wormsk. ...				†	
— — γ. rubella Wbg.	†	†	†		†
22. Alsine Rossii Fzl.				†	
23. — groenlandica Fzl.				†	†
24. Halianthus peploides Fr. β......		†	†	†	
25. Arenaria ciliata L. β........	†	†	†	†	
26. Stellaria humifusa Rottb.		†	†	†	†
27. — longipes Goldie	†	†	†	†	†
28. Cerastium trigynum Vill.	†		†		
29. — alpinum L. β. lanatum	†		†	†	†.
— — γ. cæspitosa Malmgr.	†				
30. — arcticum Lge.				†	
Cruciferæ.					
31. Lesquerella arctica (Rich.)		†*		†	†.
32. Cochlearia groenlandica L. } / — fenestrata R. Br. }	†	†	†	†	†
33. Draba alpina L.	†	†	†	†	†'
34. — crassifolia Grah........	†			†	
35. — nivalis Liljebl.	†	†	†	†	†
36. — Wahlenbergii Hartm.	†	†		†	†
37. — altaica Bge...........	†	†			
38. — corymbosa R. Br.	†	†	?	†	† ?
39. — hirta L. et *rupestris Hartm.	†	†	†	†	†
40. Draba arctica J. Vahl	†	†		†	†
41. Braya alpina Sternb. & Hppe. ., .		†*			
42. — glabella Richards.					†.

	A.	B.	C.	D.	E.
43. Hesperis Pallasii (Pursh)					†
44. Cardamine bellidifolia L.	†	†		†	†
45. Arabis alpina L.				†	
46. — Hookeri Lge.				†	
Papaveraceæ.					
47. Papaver radicatum Rottb.	†	†	†	†	†
Ranunculaceæ.					
48. Ranunculus glacialis L.........	†	†	†	†¹)	
49. — pygmæus Wbg.	†	†		†	†
50. — hyperboreus Rottb.				†	
51. — nivalis L.............	†	†	†	†	†
52. — altaicus Laxm..........	†	†	†	†	†
53. — lapponicus L.				†²)	
54. — affinis R. Br...........		†*	†		
Saxifragaceæ.					
55. Saxifraga hieracifolia Waldst. & Kit.	†				
56. — nivalis L.............	†	†	†	†	†
57. — stellaris L. β. comosa	†		†	†	†
58. — cernua L.............	†	†	†	†	†
59. — rivularis L............	†	†	†	†	†
60. — decipiens Ehrh.	†	†	†	†	†
61. — tricuspidata Rottb........				†	†
62. — Hirculus L. var.........		†	†		
63. — aizoides L............				†	†
64. — flagellaris Willd. var......	†	†	†		†
65. — Aizoon L.............				†	
66. — oppositifolia L..........	†	†	†	†	†
Crassulaceæ.					
67. Sedum Rhodiola D. C........				†	

¹) Kane, Prøven.
²) Harł, Prøven.

	A.	B.	C.	D.	E.
Plumbagineæ.					
68. Armeria vulgaris Willd. *β.* sibirica Turcz.		†	†	†	
Scrophulariaceæ.					
Veronica alpina L.				?[1]	
69. Pedicularis lapponica L.				†	†
70. — flammea L.				†	
71. — capitata Adams					†
72. — hirsuta L.	†	†	†	†	†
73. — lanata Cham.				†	†
74. Bartsia alpina L.				†	
75. Euphrasia officinalis L.		†			
Polemoniaceæ.					
76. Polemonium humile Willd.		†	†		
Asperifoliæ.					
77. Stenhammaria maritima (L.)				†	?
Diapensiaceæ.					
78. Diapensia lapponica L.				†	
Hypopityeæ.					
79. Pyrola grandiflora Radde		†*		†	.†
Ericaceæ.					
80. Arctostaphylos alpina (L.) Spr. . . .		†*			
81. Phyllodoce coerulea (L.)				†	
82. Andromeda polifolia L.				†[2]	
83. Cassiope tetragona (L.) Don.	†	†	†	†	†

[1]) cfr. L. K. Rosenvinge i Consp. fl. Grønl., p. 685.
[2]) Taylor: Wilcox Point.

	A.	B.	C.	D.	E.
84. Cassiope hypnoides (L.) Don. . . .				†	
85. Loiseleuria procumbens (L.)				†	†
86. Rhododendron lapponicum (L.) . .		†	†	†	
87. Ledum palustre L.				†	
Vacciniaceæ.					
88. Vaccinium Vitis idæa L. *β*.				†	†
89. — uliginosum L. et *micro- phyllum Lge.	†	†	†	†	†
Campanulaceæ.					
90. Campanula uniflora L.	†	†	†	†	†
Synanthereæ.					
91. Taraxacum phymatocarpum J. Vahl	†	†	†	†	
92. — officinale Web.			†	†	†
93. Artemisia borealis Pall.				†	
94. Gnaphalium norvegicum Gunn. . .				†	
95. Antennaria alpina L.				†	†
96. Erigeron compositus Pursh.			†		†
97. — uniflorus L.			†	†	
98. — eriocephalus J. Vahl		†		†	
99. Arnica alpina (L.) Murr.	†	†	†	†	†
Polygonaceæ.					
100. Koenigia islandica L.	†		†	†	
101. Polygonum viviparum L.	†	†	†	†	†
102. Oxyria digyna (L.) Campd.	†	†	†	†	†
103 Rumex Acetosella L.				†	
Salicineæ.					
104. Salix herbacea L.				†	†
105. — arctica Pall. f. typica	†				†
— — — var. groenlan- dica And.	†	†	†	†	

	A.	B.	C.	D.	E.
Salix arctica Pall., var. Brownii And.	†				
106. — glauca L. et var. subarctica Lundstr.	†	?*	†	†	†?
Betulaceæ.					
107. Betula nana L.		†*		†	†
Liliaceæ.					
108. Tofieldia borealis Wbg.				†	
109. Juncus biglumis L.	·†	†		†	†
110. — triglumis L. var. Copelandi.		†*			
111. — castaneus Sm.		ǂ*			
112. Luzula parviflora Desv.				†	
113. — arcuata (Wbg.) Hook.				†	†
114. — confusa Lindeb.	†	†	†	†	†
115. — arctica Blytt.	†			†	†
116. — spicata (L.), var. Kjellmani					†
Cyperaceæ.					
117. Eriophorum Scheuchzeri Hoppe .	†	†	†	†	†
118. — angustifolium Roth.	†	†	†	†	†
119. Elyna Bellardi (All.)	†			?[1]	†
120. Kobresia caricina Willd.		†*		?[1]	
121. Carex dioica L.					†
122. — nardina Fr.	†	†		†	†
123. — ursina Dew.				†	
124. — scirpoidea Michx.				†	
125. — rupestris All.	†	†		†	
— incurva Lightf.				?[2]	
126. — lagopina Wbg.				†	
127. — glareosa Wbg.				†	

[1]) Lange angiver (l. c., p. 130), at *Elyna* er fundet paa 72° og *Kobresia* paa 72° 45′ N. Br.; vistnok Trykfejl for 70° og 70° 45′ N. Br.

[2]) Lange angiver 72° 48′ N. Br. (Umanak), vistnok Trykfejl for 70° N. Br.

	A.	B.	C.	D.	E.
128. Carex alpina Sw.				†	
129. — misandra R. Br.	†	†	†	†	†
130. — subspathacea Wormsk. . . .		†*			
131. — rigida Good.				†	†
132. — stans Drej.				†	
133. — capillaris L.				†	
134. — rariflora Sm.				†	
135. — pedata Wbg.				†	
136. — supina Wbg.				†	
137. — pulla Good.				†	
Gramineæ.					
138. Phleum alpinum L.				†	
139. Alopecurus alpinus Sm.	†	†	†	†	†
140. Hierochloa alpina R. & S.	†	†		†	†
141. Calamagrostis purpurascens R. Br.		†*			
142. Aira brevifolia R. Br.	†	†	†		†
143. Trisetum subspicatum (L.)	†		†		†
144. Pleuropogon Sabinei R. Br.					†
145. Dupontia psilosantha Rupr.					†
146. Catabrosa algida Fr.	†	†		†	†
147. Colpodium latifolium R. Br.	†	†*		†	†
148. Glyceria vaginata Lge.				†	
149. — vilfoidea (And.)				†	†
150. — angustata (R. Br.)			†		†
151. Poa abbreviata R. Br.		†			
152. — glauca M. Vahl	†			†	†
— filipes Lge. [1])	†	†*			
153. — alpina L.	†			†	†
154. — pratensis L.				·†	†
155. — flexuosa Wbg.	†	†		†	†
156. Festuca ovina L. c. varr. et *brevifolia R. Br.	†	†	†	†	†

[1]) An species distincta?

	A.	B.	C.	D.	E.
Lycopodiaceæ.					
157. Lycopodium Selago L.	†			†	
158. — annotinum L. β.				†	
Filices.					
159. Lastræa fragrans				†	
160. Cystopteris fragilis (L.)		†	†	†	†
161. Woodsia ilvensis R. Br				†	
162. — hyperborea R. Br.	†	†*		†	
163. — glabella R. Br.	†			†	
Equisetaceæ.					
164. Equisetum scirpoides Michx.	†	†			
165. — arvense L.	†	†		†	

Antallet af Arter i. Nordvest-Grønland, N. for Mel-
ville Bugt. . . . . 90 [1]). .

— — Nordvest-Grønland c. 72°—74° 30' N. Br. 134.

— — Nordøst-Grønland c. 73°—75° N. Br. . . 90 [2]).

— — Hold with Hope og Cap Broer Ruys . . 71.

---

[1]) Nathorst's Liste (Botan. anteckn. o. s. v.) indeholder 88 Arter; i «Nachträge
o. s. v.» tilføjes 5 = 93; af disse bør vistnok udgaa 8 Arter: *Pedicularis
Kanei* Dur., *Ranunculus* «Sabinei» aff.» Dur., *Eriophorum vaginatum*
L., *Agrostis canina* L. f. og *Gentiana* sp.? som altfor usikre og usand-
synlige; *Dryas integrifolia* M. Vahl, *Festuca brevifolia* R. Br. og
Draba rupestris Hartm. opfatter jeg som Underarter; til Rest: 85 Arter.
Luzula confusa Lindeb. opfører jeg (i Lighed med Rosenvinge,
Consp. fl. gr. p. 651) som særskilt Art, da den er ligesaa vel adskilt fra
L. arcuata Wbg. som *L. arctica* Blytt. Meehan (l. c.) angiver 4
Arter (Navnene forandrede efter den af mig anvendte Synonymik): *Alsine
groenlandica* Fzl. (Mc. Cormick Bay), *Saxifraga aizoides* L. (Wolsten-
holme Island og Mc. Cormick Bay), *Erigeron compositus* Pursh (Ingle-
field Gulf) og *Elyna Bellardi* (All.) (Mc. Cormick Bay); desuden angiver
han *Arnica alpina* (L.) Murr., (der af Nathorst — som jeg synes,
uden Grund — opføres med ?) fra Verhoeff Nunatak. Ialt altsaa 90 Artér.
[2]) Af disse ere 4 Arter ikke fundne i Scoresby Sund: *Saxifraga flagel-
laris* Willd., *S. Hirculus* L., var., *Polemonium humile* Willd. og *Aira
brevifolia* R. Br.

3 Familjer ere repræsenterede i Scoresby Sund, men mangle i Nordøst-Grønland c. 73°—75° N. Br.: 1. *Halorrhageæ*, 2. *Callitrichineæ;* 3. *Lentibularieæ*.

Arter og mere udprægede Varieteter, som findes i Nordøst-Grønland c. 73°—75° N. Br., men mangle i Vestgrønland c. 72°—74° 30′ N. Br.; (de med † betegnede findes i Vestgrønland N. for Melville-Bugt):

† *Dryas octopetala* L. f. *typica*.

† *Alsine verna* L. β, *rubella*.

Cerastium trigynum Vill.

— *alpinum* L. γ, *cæspitosa* Malmgr.

Draba altaica Bge.

Braya alpina Sternb. & Hppe.

Ranunculus affinis R. Br.

Saxifraga hieracifolia Waldst. & Kit.

† — *flagellaris* Willd.

— *Hirculus* L. var.

Euphrasia officinalis L.

Polemonium humile Willd.

Arctostaphylos alpina (L.) Spreng.

Erigeron compositus Pursh.

† *Salix arctica* Pall. f. *typica*.

— — var. *Brownii* And.

Juncus triglumis L. et var. *Copelandi* B. & F. [1]).

— *castaneus* Sm.

Elyna Bellardi (All.).

Kobresia caricina (Willd.).

Carex subspathacea Wormsk.

Calamagrostis purpurascens R. Br.

† *Aira brevifolia* R. Br.

† *Trisetum subspicatum* (L.).

† *Glyceria angustata* (R. Br.).

Poa abbreviata R. Br.

(— *filipes* Lge.)

Equisetum scirpoides Michx.

Fælles for Vestgrønland N. for Melville Bugt og Nordøst-Grønland c. 70°—75° N. Br., mangle i den øvrige Del af Grønland:

Dryas octopetala L. f. *typica*.

Saxifraga flagellaris [2]).

Salix arctica Pall. f. *typica*.

---

[1]) *Juncus triglumis* L. var. *Copelandi* B. & F. er ved en Forglemmelse ikke anført i Listen p. 354 over de Arter og mere udprægede Varieteter, som fra Grønland kun kendes fra Nordøst-Grønland.

[2]) jfr. Fodnoten p. 358.

Som bekendt have Prof. Eug. Warming og Prof. A. G. Nathorst i de senere Aar ført en livlig Diskussion om den grønlandske Vegetations Natur og Historie[1].

Paa dette Tidspunkt tør jeg ikke udtale mig om disse Spørgsmaal i deres Helhed, men vil indskrænke mig til et Par af Strids-Spørgsmaalene, over hvilke mine Undersøgelser i Nordøst-Grønland formentlig have kastet nyt Lys[2].

Nordøst-Grønlands plantegeografiske Stilling.

Danner Danmarks-Strædet — som af Warming antaget — i det Hele og Store Skillelinje mellem en europæisk Flora paa dets Østside (Island) og en arktisk-amerikansk paa dets Vestside (Grønland) eller danner Indlandsisen — som Nathorst mener — Grænsen mellem disse to Florer?

Som af Warming og Nathorst paapeget, bør man ikke alene fæste Opmærksomheden paa de artsstatistiske Tabeller, men ogsaa tage Hensyn til Vegetationens Sammensætning, Individ-Rigdommen m. m. I min foregaaende Afhandling: Østgrønlands Vegetationsforhold har jeg p. 301—314 omtalt de

---

[1] Warming: Om Grønlands Vegetation, Medd. om Grønland, XII, 1888.
 Nathorst: ·Kritiska anmärkningar om den grönländska vegetationens historia, Bihang til K. Sv. Vet. Akad. Handl. Bd. 16, 1890.
 Warming: Grønlands Natur og Historie, Videnskabelige Meddelelser fra den naturhistoriske Forening i Kjøbenhavn. 1890.
 Nathorst: Fortsatta anmärkningar om den grönländska vegetationens historia, Öfvers. af K. Sv. Vet.-Akad. Förhdl., 1891.
[2] Grunden til, at jeg ikke for Tiden tør indlade mig paa en Diskussion af hele Grønlands plantegeografiske Stilling er den, at jeg anser den sydlige Del af Østgrønland — ogsaa Angmagsalik-Partiet — altfor ufuldstændigt undersøgt, til at man tør drage Slutninger fra den — ganske vist iøjnefaldende — Mangel af vestlige Typer i denne Del af Grønland.

mest iøjnefaldende Forskelligheder mellem Vegetationen i Nordøst- og Nordvest-Grønland.

· En af de betydeligste Forskelligheder var den, at Lyngheden i Nordøst-Grønland dannes af *Cassiope tetragona*. Dette er ogsaa Tilfældet paa den nordligste Del af Amerikas Østkyst (se f. Ex. Ambronn fra Cumberland Golf[1]). I de østlige Polaregne synes denne Art derimod ikke at være saa fremtrædende, eller den mangler ganske (Island, Novaja Semlja). I den sydøstlige Del af Alaska er *Empetrum* fremherskende i Lyngheden, if. A. Krause[2]); først i anden Række komme Ericaceerne (*Bryanthus, Cassiope* m. fl.).

Fra Spitzbergen omtaler Nathorst *Cassiope· tetragona* under «sluttningarnes» Vegetation: «I mossa växa äfven gerna tvenna andra buskartade växter, *Andromeda tetragona* och *Empetrum*, den förra ganska allmän, den senare mera sällsynt. De tillhøra. de få arter, hvilka kunna bilda verkliga sammanhängande mattor»[3]; men egentlig, veludviklet Lynghede omtales ikke fra Spitzbergen.

I Skandinavien ere *Empetrum, Vacciniaceæ* og *Ericaceæ* fremherskende i Lyngheden, men blandt de massevis optrædende har jeg ikke set *Cassiope tetragona* nævne.

I det nordøstlige Sibirien findes denne Art, men egentlig Lynghede omtales ikke af Kjellman[4] eller af Kurtz[5], om end denne sidste opfører den som «Karakterplante» for «Stenmarken» ɔ: de stenede Skraaninger.

«Størst Lighed have Grønlands Heder dog med

[3]) Die internationale Polarforschung 1882—83. Die deutschen Expeditionen. II, 1890.

[2]) Zeitschr. d. Gesellsch..f. Erdkunde zu Berlin, Bd. 18, 1883, p. 362; cfr. F. Kurtz: Die Flora des Chilcatgebietes im südöstlichen Alaska, Englers Jahrb., Bd. XIX, 1894.

[8]) Nya bidrag till kännedomen om Spetsbergens kärlväxter, Kgl. Sv. Vet. Ak. Handl., Bd. 20. 1883.

[4]) Växtligheten paa Sibiriens nordkust, Vega-Exp. vet. iaktt. I, p. 244.

[5]) Die Flora der Tschuktschenhalbinsel, Englers Jahrb., Bd. XIX, 1894.

Nord-Amerika's», siger Warming[1]); dette gælder altsaa i
endnu højere Grad Nordøst-Grønland (og den nordligste Del af
Vestgrønland) end den øvrige Del af Grønland. Den store For-
skel mellem Islands Heder og Grønlands er ligeledes fremhævet
af Warming (l. c.).

Salix arctica var. groenlandica, Melandrium triflorum, Arabis
Holboellii, Draba aurea, Erigeron eriocephalus, Calamagrostis
purpurascens, Lesquerella arctica, Tofieldia coccinea og Dryas
* integrifolia, der vare almindelige i Scoresby Sund, bidroge til
at give Vegetationen et arktisk-amerikansk Præg. At Tofieldia
coccinea er saa almindelig i Scoresby Sund, er saa meget mere
overraskende, som den kun er fundet paa en enkelt Lokalitet i
Vestgrønland[2]). Af de i Nordvest-Grønland c. 69°—71° N. Br.
almindelige vestlige Typer mangle i Nordøst-Grønland kun
Potentilla Vahliana og Saxifraga tricuspidata.

Af østlige Typer vare Carex pedata, Draba arctica, Tara-
xacum phymatocarpum og Glyceria vilfoidea almindelige eller ret
almindelige i Scoresby Sund; af de i Nordvest-Grønland
c. 69°—71° N. Br. almindelige østlige Typer manglede kun
Plantago borealis.

Jeg tror derfor at kunne sige, at Vegetationen i Nord-
øst-Grønland har et mere arktisk-amerikansk end
europæisk Præg.

Dermed er dog — mener jeg — intet sagt om Flora'ens
Oprindelse, om den er indvandret fra Vest eller Øst. Naar
f. Ex. Cassiope faar Overtaget over Empetrum — hvor begge
Arter findes — antager jeg, at dette skyldes klimatiske eller
andre Aarsager. Ere begge Arter til Stede, ville de kæmpe om
Pladsen; den af dem, for hvem de givne Klimat-, Jordbunds-,
Snebedæknings- og andre Forhold passe bedst, vil faa Over-

---

[1]) Om Grønlands Vegetation, p. 68.
[2]) Arten er meget let kendelig fra T. borealis; at den kun er fundet paa
en enkelt Lokalitet hidrører sikkert fra, at den virkelig er meget sjælden,
og ikke fra, at den er overset.

taget over den anden og fortrænge den. Landet er sikkert tilstrækkelig gammelt ɔ: har været isfrit længe nok, til at Kampen er naaet til Afslutning, og, forudsat at Klimatforholdene ikke forandre sig, ville Arternes Styrkeforhold vel heller ikke forandres.

Vil man derimod tillægge Vegetationens Sammensætning Betydning for Spørgsmaalet om Flora'ens Oprindelse, da peger denne afgjort mod Amerika og fra de østligere arktiske Egne.

———————

De for Nordøst-Grønland (i Forhold til det øvrige Grønland) særegne 8 Arter og Varieteter give ingen eller faa Oplysninger angaaende Omraadets plantegeografiske Stilling. *Polemonium humile, Saxifraga flagellaris* og *S. Hirculus* ere Arter med circumpolær Udbredelse, om hvilke Buchenau og Focke med Rette kunde sige, at «ihr Fehlen in Westgrönland auffälliger erscheint, als ihr Vorkommen in Ostgrönland». *Braya alpina* findes saavel i Amerika som i Europa. At drage Slutninger fra Forekomsten af *Potentilla maculata γ. gelida* og *Salix arctica* var. *Brownii*, der saa let overses og sammenblandes med Hovedarterne, eller af *Carex parallela,* der staar den vidt udbredte *C. dioica* saa nær, vilde næppe være berettiget. *Draba altaica* er da den eneste Art, der udpræget peger mod Øst; ogsaa den vil forøvrigt let overses eller forvexles med nærstaaende Arter.

Vi gaa da over til Betragtningen af de i Nordøst-Grønland forekommende vestlige og østlige Typers Udbredelse i Grønland. I omstaaende to Tabeller har jeg ordnet dem i de Warming'ske Grupper og opstillet dem som af Nathorst foreslaaet. (Den vandrette Linje angiver Artens Udbredelse; et † betegner, at Arten kun er fundet paa én eller nogle faa Lokaliteter indenfor nævnte Breddegrad.)

Tabel I: De i Nordøst-Grønland f᷑ːd᷑

Vestgrøn᷑n

	N. Br.	81	80	79	78	77	76	75	74	73	72	71	70	

Gruppe 7.

Melandrium triflorum . . . .

Arabis Holboellii . . . .

Draba aurea . . . .

Erigeron compositus . . . . †

— eriocephalus . . . .

Salix arctica Pall. f. groenlandica .

Calamagrostis purpurascens . . . .

Gruppe 8.

Dryas octopetala L. * integrifolia .

Lesquerella arctica . . . .

Gruppe 9.

Tofieldia coccinea . . . . †

Lastræa fragrans . . . .

Gruppe 21.

Draba crassifolia . . . .

...lige Typers Udbredelse i Grønland.

| | 66 | 65 | 64 | 63 | 62 | 61 | 60 | Østgrønland. | | | | | | | | | | | | | | | |
| | | | | | | | | 60 | 61 | 62 | 63 | 64 | 65 | 66 | 67 | 68 | 69 | 70 | 71 | 72 | 73 | 74 | 75 |

Tabel II: De i Nordøst-Grønland fu[

	Vestgrønl[											
N. Br. {	81	80	79	78	77	76	75	74	73	72	71	70
Gruppe 10.												
Sagina cæspitosa												
Veronica saxatilis												
Hieracium alpinum[1]												
Gruppe 12.												
Batrachium paucistamineum var. . .												
Gruppe 13.												
Carex pedata[2]												
Gruppe 16.												
Arenaria ciliata β												
Gruppe 18.												
Draba altaica												
— arctica					†							
Taraxacum phymatocarpum								†				
Gruppe 22.												
Alsine stricta												
Glyceria vilfoidea												

[1] cfr. Consp. fl. gr., p. 695.
[2] Fundet af Brødrene Krause i Alaska, cfr. Kurtz, l. c.

sige Typers Udbredelse i Grønland.

							Østgrønland.														
66	65	64	63	62	61	60	60	61	62	63	64	65	66	67	68	69	70	71	72	73	74	75

Ved Sammenligning af Nathorst's og mine Tabeller frem-
gaa følgende interessante Resultater:

Østgrønland . 70°—71° N. Br. har 12 vestl., 11 østl. Typer,
Vestgrønland - — - — - 16 — , 16 — —
— .·. 70°—69° — - 20 — , 16 — —

Østgrønland . . 73°—74° N. Br. har 7 vestl., 4 østl. Typer,
Vestgrønland . - — - — - 7 — , 4 — —

Der viser sig saaledes en særdeles smuk Overensstemmelse
mellem Øst- og Vestgrønland 70°—71° N. Br. og 73°—74° N. Br.
Det forholdsvis betydelige Antal vestlige Typer i Nordøst-Grøn-
land er saa meget mere iøjnefaldende som netop denne Del af
Grønland maa antages at have betydelige Chancer for en Inva-
sion af østlige Arter ved Drivis og Havstrømme [1].

---

[1] Warming drøfter udførligt (Om Grønlands Vegetation) de forskellige
Indvandrings-Muligheder for Plantefrø til Grønland og henviser bl. a.
til Eberlins og Nansens Afhandlinger om «Storisens» Transport af
Ler og Sten (Naturen, 1887 og Medd. om Grønland, IX). Idet jeg for-
øvrigt henviser til E. Bay's Bemærkninger i Medd. om Grønland, XIX,
og mine egne i Efterskrift til E. Østrup: Marine Diatoméer fra Øst-
grønland, skal jeg her indskrænke mig til følgende: Vor Expedition til-
bragte omtrent 1½ Maaned i «Storisen» (c. 68°—c. 76° N. Br.). Jeg
undersøgte i denne Tid utallige Lerprøver fra Isen, men fandt aldrig —
trods omhyggelig Søgen — et eneste Plantefrø i Leret, heller ikke fik
jeg nogensinde et Plantefrø med Slæbenettet (et enkelt undtaget, som dog
vistnok hidrørte fra Skibet). Det eneste Plantestof fra Landjorden, som
jeg iagttog, var Drivtræ, for største Delen Koniférved. Næsten alt det
undersøgte Ler indeholdt derimod marine Diatoméer, af og til marine
Muslingeskaller, kun sjældent fandtes Sten i Leret. Dette hidrørte øjen-
synligt fra Havbunden. At der i kort Afstand fra Land — paa den
faste Landis — aflejres Støv og Plantestof fra Land, er en Selvfølge;
vi saa det f. Ex. ved Hold with Hope (se Østgrønlands Vegetationsforhold
p. 111); men den største Del af Storisen dannes langt fra Land og inde-
holder af Plantestof kun marine Diatoméer, der hovedsagelig ere inde-
frosne i Isen i dennes Frysnings-Moment.

At Isen kan bringe Plantefrø til Grønlands Østkyst, vil jeg natur-

Under den Forudsætning, at kun faa Arter have overlevet Istiden i Grønland, synes alt mig at tyde paa — som ogsaa af Warming og Nathorst udtalt — at Indvandringen af de vestlige Typer til Nordøst-Grønland (i hvert Fald for de flestes Vedkommende) er sket Nord om Grønland, at de have fulgt samme Vej som Østgrønlands Eskimoer (if. Rink), som Moskusoxen, Lemmingen og Hermelinen. Ogsaa Rensdyret er — antager jeg — indvandret til Nordøst-Grønland ad samme Vej. Peary's Opdagelse af et betydeligt, isfrlt Land langs Grønlands Nordkyst har givet denne Hypothese fast Grund

---

ligvis ikke benægte, men jeg antager ikke, at denne Indvandringsmodus er af synderlig Betydning — i hvert Fald ikke for Nordøst-Grønland.

Strækningen mellem 73° og 76° N. Br. skulde vel forøvrigt — forudsat, at Is og Strøm føre Plantefrø med sig — have særlig gode Chancer for en østlig Indvandring med Drivis, idet det maa antages, at Fangstmændenes «Nordbugt» (jfr. Ryder: Medd. om Grønl., XVII, p. 23) netop dannes ved, at Strømmen her sætter ind til Land. Strandplanterne *Arenaria ciliata β.* og *Cerastium alpinum* var. *cæspitosa* Malmgr. kunde muligvis være komne hertil paa denne Maade.

Som Kuriositet kan nævnes, at jeg en Dag fandt et Stykke ganske frisk udseende Bændeltang (*Zostera marina* L.) paa en Isflage flere Hundrede Alen fra Skibet. Ved nærmere at undersøge den Trosse, der var ført ud paa Isen, viste det sig, at den var fuld af Bændeltang, der altsaa var bragt op fra Norge eller Danmark, og som ved at blive fugtig paa Isen atter antog en frisk grøn Farve.

Ved forskellige Lejligheder, især naar Isen var tæt, fik jeg talrige smaa Laminarier og andre marine Alger i Slæbenettet; ved nærmere at undersøge Sagen viste det sig, at de vare løsrevne fra Skibssiderne ved Isens Skuren langs Skibet. Vi have her en Vandringsmaade for Algerne, som muligvis ikke er uden Betydning; den norske og skotske Trafik paa Ishavet er jo betydelig, og der er i alle Tilfælde en Mulighed for Sammenblanding af de to Algeflorer paa denne Maade. En Undersøgelse af Ishavsfartøjerne efter Hjemkomsten kunde muligvis give Oplysninger herom. — Under Overvintringen i Hekla Havn i Scoresby Sund bleve Skibssiderne skrabede og rensede for deres rige Algevegetation, hele Havnen var i den Tid fyldt med løsrevne dansk-norske Alger. Skulde Havnen atter blive algologisk undersøgt, vil man muligvis træffe tydelige Spor derefter.

Prof. Lagerheim har meddelt mig, at han i Tromsøsundet har fundet forskellige grønlandske Alger, f. Ex. *Phæosaccion Collinsii.* Skulde de være komne hertil paa denne Maade? Fra Tromsø udgaar aarlig en stor Ishavsflaade.

under Fødderne eller i hvert Fald en høj Grad af Sandsynlighed.

Artsstatistikken viser saaledes, at Nordøst-Grønlands Flora er ligesaa arktisk-amerikansk som Floraen i den tilsvarende Del af Vestgrønland; det østlige Element er forholdsvis ikke større i Nordøst-Grønland end i Nordvest-Grønland.

Kunde Floraen holde sig i Scoresby Sund under Istiden?

Medens Warming antager, at «Kjærnen» i Landets Flora har holdt sig i Grønland under Istiden, mener Nathorst, at «större delen af Grönlands flora måste . . . antages hafva efter istiden invandrat till landet».

Idet jeg henviser til disse Forfatteres Udtalelser, skal jeg kun bemærke følgende: Min Bestigning af Runde Fjæld, c. 5000' (1570 M.) o. H.[1], og mine andre Fjældbestigninger indtil 4000' (1260 M.) o. H. have ført mig til den faste Overbevisning, at i det indre af Scoresby Sund have ingen Planter kunnet overleve Istiden. Runde Fjæld viste overalt paa sin Overflade, lige til Toppen af Fjældet, tydelige Isskurer og en udpræget Forskel mellem «Stødside» og «Læside» paa de fastere, fremragende Partier; alle de andre Fjældtoppe, jeg besteg, viste ganske de samme Forhold, og intet af dem, jeg kun saa paa Afstand, gjorde paa mig Indtryk af ikke at have været isdækt. Liverpool-Kystens Fjælde saa jeg desværre kun paa Afstand. Man kunde indvende, at Isen naturligvis har ligget højere i Fjordenes indre end ude ved Kysten (og det gaar jeg

---

[1] Østgrønlands Vegetationsforhold, p. 223—227.

naturligvis ogsaa ud fra); men de ømtaalige Kingua-Planter, som under de nuværende, forholdsvis gunstige, Klimatforhold ikke kunne trives ude ved Kysten, kunde dog naturligvis langt mindre opholde sig dèr under Istiden, selv om der ogsaa hist og her fandtes en isfri Fjældtop eller en stejl Fjældvæg. Hvis Planter overhovedet have overlevet Istiden i Scoresby Sund, har det sikkert kun været nogle faa Arter, de haardføreste, f. Ex. *Luzula confusa, Saxifraga oppositifolia* o. s. v.

Én sikker, positiv Iagttagelse af Isskurer har mere Værd end talrige negative Angivelser.

I denne Sammenhæng kan henvises til T. V. Garde's Iagttagelse[1]), at paa den af ham i 1893 bestegne Nunatak ved Aputajuitsok c. 61° 30′ N.Br. saas «intet levende — hverken af Planter eller Dyr —; end ikke de tarveligste Likener opdagede vi». Og videre: «Det synes mig utvivlsomt, at som Aputajuitsok nu seer ud, saaledes have alle de andre Nunatakker for ikke lang Tid siden ogsaa set ud; den Tid er maaske ikke saa fjærn, da det sorte Land paa Aputajuitsok tydeligt begynder at brede sig». Her have vi altsaa et Exempel paa en fuldstændig vegetationsløs Nunatak i Nutiden, og dog ligger den næppe et Par Mil fra nærmeste isfri Land. Naar en Nunatak i Nutiden, saa nær Kystlandet, kan være fuldstændigt blottet for Vegetation, hvor meget mere sandsynligt er det da ikke, at dette oftere har været Tilfældet i Istiden, da Nunatakkerne ikke stadig kunde faa Forsyning af Plantefrø fra et nærliggende isfrit, vegetationsklædt Kystland?

Det bør endvidere erindres, at en Fjældtop meget vel kan have været dækket af Firn, uden at det nu kan ses paa dens Overflade, og at lodrette Skrænter kunne have været — og sikkert ofte have været — dækkede af mægtige, perennerende Snedriver, føgne sammen af Vinden.

---

[1]) Medd. om Grønland, XVI, Særtryk, p. 31.

At Forholdene under Istiden andetsteds i Grønland have været gunstigere for Planterne, derom tvivler jeg ikke, om jeg end nærer Tvivl om Rigtigheden af adskillige af de af Warming citerede Angivelser.

Jeg skal dog ikke undlade at gøre opmærksom paa, at Dr. E. v. Drygalski har meddelt mig, at adskillige af Fjældene i Umanaks Fjord i Vestgrønland efter hans Mening aldrig have været dækkede af Is. Men — som sagt — dermed er ikke givet, at de have været Opholdssted for Planter under Istiden.

Angmagsalik, c. 65° 40' N. Br.

Fra Tasiusak ved Angmagsalik medbragte Cand. E. Bay[1]) 64 Arter af Fanerogamer og Karkryptogamer; de med * betegnede vare hidtil ikke kendte fra dette Parti af Grønland. P. Eberlin har[2]) leveret en tabellarisk Sammenstilling af Blomsterplanterne i Østgrønland c. 60°—66° N. Br. Saa godt som hele vort Kendskab til Angmagsalik-Partiets Flora skyldes Berlin og Nathorst, der i 1884 med Sofia-Expeditionen besøgte Tasiusak (Kong Oscars Havn)[3]).

Knutsen, der var Medlem af den danske Konebaads-Expedition til Grønlands Østkyst 1883—85 under G. Holm, samlede kun 36 Arter[4]).

Fortegnelse over de af Cand. E. Bay samlede Arter:

1. *Potentilla palustris* (L.) Scop.
2. — *maculata* Pourr.
3. *Sibbaldia procumbens* L.
4. *Alchemilla alpina* L.
5. — *vulgaris* L.
6. *Hippuris vulgaris* L. *β. maritima* Hartm.
7. *Chamænerium angustifolium* (L.) Spach. Steril.
8. *Chamænerium latifolium* (L.) Spach. et *β. stenopetala* Hausskn.
9. *Empetrum nigrum* L.
10. *Silene acaulis* L.
11. *Cerastium trigynum* Vill.
12. — *alpinum* L. *β. lanatum* Lindbl.

---

[1]) cfr. Østgrønlands Vegetationsforhold, p. 281—284.
[2]) «Arkiv for Mathematik og Naturvidenskab», Bd. 12, 1888.
[3]) Berlin: Kårlvåxter från Grönland, Öfvers. af K. Vet. Akad. Förh. 1884; cfr. «Medd. om Grønland», III.
[4]) Joh. Lange: Bemærkninger om de i 1883—85 indsamlede Planter paa Østkysten af Grønland. Medd. om Grønl., IX, p. 270—283.

13. *Viscaria alpina* L. var. *albiflora.*
14. *Viola palustris* L.
15. *Arabis alpina* L.
*16· *Batrachium paucistamineum* (Tausch), var. *eradicata* (Læst.). Cfr. p. 331.
17. *Ranunculus glacialis* L.
18. *Thalictrum alpinum* L.
19. *Saxifraga stellaris* L.
20. — *nivalis* L.
21. — *Aizoon.*
22. — *rivularis* L.
23. — *decipiens* Ehrh.
24. *Sedum Rhodiola* D. C.
*25· *Archangelica officinalis* (observeret, ej samlet).
*26· *Armeria vulgaris* L., var. *sibirica* Turcz.
27. *Veronica alpina* L.
28. — *saxatilis* L.
29. *Bartsia alpina* L.
30. *Thymus Serpyllum* L. var. *prostrata* Horn.
31. *Diapensia lapponica* L.
32. *Pyrola* (*minor?*), steril.
33. *Vaccinium uliginosum* L. *microphyllum* Lge.
34. *Cassiope hypnoides* (L.) Don.
35. *Campanula rotundifolia* L. var. *arctica* Lge.
36. *Hieracium alpinum* L.
37. *Taraxacum officinale* Web.

38. *Gnaphalium supinum* L.
39. *Antennaria alpina* L.
40. *Erigeron uniflorus* L.
41. *Polygonum viviparum* L.
42. *Oxyria digyna* (L.) Campd.
43. *Salix glauca* L. var. *subarctica* Lundstr.
44. — *herbacea* L.
45. *Betula nana* L.
46. *Tofieldia borealis* Wbg.
*47· *Luzula multiflora* Lej. (steril).
48. — *spicata* D. C.
49. — *confusa* Lindeb.
50. *Eriophorum Scheuchzeri* Hopp.
51. *Carex hyperborea* Drej.
52. — *rigida* Good.
53. *Poa pratensis* L.
54. — *alpina* L.
*55· — *glauca* M. Vahl.
56. *Calamagrostis stricta* Hartm. β. *borealis* Læst.
57. *Phleum alpinum* L.
58. *Trisetum subspicatum* (L.) Beauv.
59. *Aira alpina* L. β. *vivipara.*
60. *Juniperus communis* L. β. *nana* Willd.
61. *Lycopodium alpinum* L.
62. — *Selago* L.
63. *Woodsia ilvensis* (L.) R. Br.
64. *Cystopteris fragilis* (L.) Bernh.

Fra Angmagsalik-Partiet kendes nu 120 Arter; Nathorst og Berlin samlede og iagttog nemlig 112 Arter; Knutsen fandt 3 og Bay 5 Arter, som ikke omtales af Berlin og Nathorst.

Jeg tvivler ikke om, at Artsantallet i dette Parti er mindst det dobbelte af dette Antal.

Den eneste uventede Art i Angmagsalik-Partiet er *Ranunculus glacialis* L.; denne Art, som maa være almindelig her, da den er hjembragt af alle Expeditionerne, findes ellers i Grønland kun paa det allernordligste af Vestkysten og i Nordøst-Grønland.

Meget iøjnefaldende er den af Nathorst fremhævede Mangel af vestlige Typer[1]); jeg skal dog henlede Opmærksomheden paa G. Holm's Bemærkning, at Ukutiak «havde saavel i Hus som i Telt en Rønnebærgren stikkende i Taget over sit Hoved»[2]. Skønt denne *Sorbus* naturligvis kan være hentet fra sydligere Egne, er det dog rimeligst at antage, at den har voxet i Nærheden af Angmagsalik. Vi have da — forudsat at det er *S. americana* — i dette Omraade én vestlig Type, som naturligvis er gaaet Syd om Grønland.

Mærkværdigt er det, at der blandt de 120 kendte Arter fra Angmagsalik ikke findes én eneste, sikker vestlig Type. Dette Parti af Grønland turde nu være det, der mest af alle trænger til Undersøgelse. Det er mit Haab, at en saadan Undersøgelse ikke vil lade vente alt for længe paa sig; efter Anlæget af Missionsstationen vil den forholdsvis let kunne lade sig udføre.

---

[1]) Den grönländska vegetationens historia, l. c.
[2]) Medd. om Grønland, X, p. 118.

VI.

Marine Diatoméer fra Østgrønland.

Af

E. Østrup.

1895.

Raamaterialet, der ligger til Grund for dette Arbejde, er indsamlet af Cand. Hartz og Cand. Bay. paa den danske Expedition til Østgrønland 1891—92 under Premierlieutenant C. Ryders Ledelse. Det af Cand. Hartz indsamlede Materiale blev — efter at være afgivet til Botanisk Have — overdraget mig til Undersøgelse af Professor, Dr. phil. E. Warming. Et mindre Antal Prøver, indsamlede af Cand. Bay, modtog jeg gjennem Professor, Dr. phil. F. Johnstrup til Bearbejdelse.

Prøverne, der saa godt som alle vare opbevarede i Spiritus, ere alle behandlede kemisk ɔ: med Svovlsyre og tvekromsurt Kali, en Behandlingsmaade, der — med fornøden Omhu — kan lade sig foretage, uden at et særligt Lokale er nødvendigt. Men foruden kemisk renset Materiale har jeg tillige benyttet udvasket Raamateriale, som kun blev underkastet en Glødning paa Dækglasset. Hver Prøve er derfor undersøgt i to Slags Præparater, et kemisk renset og et udvasket. Ved Plankton-undersøgelser giver det gjennemgaaende bedst Resultat at be-nytte Udvaskning med destilleret Vand, da mange af Formerne ere meget ømtaalige overfor kemisk Behandling (cnfr. *Chætoceras debilis* og *Chæt. septentrionale*).

Da det ved et Arbejde som dette bliver vanskeligt paa en overskuelig Maade at angive Lokaliteter, har jeg benyttet følgende Fremgangsmaade: Med Cand. Hartz's Billigelse har jeg først givet et Uddrag af de Dele af hans Journal, som have Interesse for dette Arbejde; dernæst har jeg paa en Liste ind-ordnet de forskjellige Prøver, der ere tagne paa samme Sted, under samme Nr., idet jeg da maa overlade Læseren, saafremt

26*

han ·ønsker en nøjagtig Lokalitets-Angivelse, at slaa efter i Listen. At denne Fremgangsmaade har sine Mangler, er jeg mig bevidst, men jeg antager dog, at den maa foretrækkes fremfor under hver Art at anføre maaske undertiden en halv Snes Længde- og Bredde-Angivelser.

Med Hensyn til Ordningen af Stoffet har jeg af praktiske Grunde fulgt de Forfattere, der have behandlet det samme Emne, nemlig Cleve og Grunow, hvis fortrinlige Værker om arktiske Diatoméer selvfølgelig have dannet det litterære Grundlag for dette Arbejde. Cleves nyeste Monografi over *Naviculaceæ* har jeg desværre ikke kunnet benytte, da jeg først fik den i Hænde, da mit Manuskript omtrent var renskrevet.· Med Hensyn til Opstillingen af nye Arter har jeg været saa maadeholdende, som det har været mig muligt, idet det er min Overbevisning, vundet netop gjennem Undersøgelsen af dette variantrige Materiale, at adskillige Arter (f. Ex. *Naviculaceæ*) ere overmaade vanskelige at holde ude fra hinanden; dette gjælder navnlig *Navicula directa* og *Nav. gastrum* Grupperne. Et Par *Amphora*-Arter har jeg benævnet som nye, skjøndt de vistnok ere identiske med Former, der ere. aftegnede i A. Schmidts store Atlas. Men da de der findes uden Navne og — som alle i Atlasset aftegnede Arter — tillige uden Beskrivelse, kan jeg ikke skjønne, at jeg har gjort noget Indgreb i Dr. Schmidts Ejendomsret, saa meget mindre, som jeg i Beskrivelsen har henledet Opmærksomheden paa Figurene i hans enestaaende Billedværk.

Idet jeg hermed overgiver dette Arbejde til Offentligheden, bringer jeg min Tak til Carlsbergfondet for den Hjælp, det har ydet mig ved at stille et fortrinligt Mikroskop fra Zeiss i Jena til min Raadighed, men ikke mindre bringer jeg min Tak til Professor, Dr. phil. Eug. Warming, uden hvis Opfordring der ikke var blevet lagt Haand paa dette Arbejde, og uden hvis Støtte det ikke var fremkommet.

Uddrag af Cand. Hartz's Journal over de fra «Hekla» foretagne marine-botaniske Indsamlinger og Iagttagelser.

A. Diatoméer som Plankton.

$\frac{60°\ 58'}{1°24'\ Ø.L.}$ Plankton 2 [1]). $^{14}/_6$ 91, Kl. 12 Md. Vandet blaagrønt.

$\frac{64°\ 20'}{5°\ 40'}$[2]) Pl. 3. $^{17}/_6$. Vandet brungrønt-graagrønt.

$\frac{65°\ 42'}{6°\ 22'}$ Pl. 4. $^{18}/_6$. Kl. 8 Fm. Vandet klart, marineblaat.

$\frac{76°\ 7'}{3°\ 25'}$ Pl.˙ 8. $^{10}/_7$. Vandet grønblaat. Store slimede Klumper (indtil 8 Cm. i Diameter) af brungrønne - blegbrune Diatoméer flød i Mængde i Vandet mellem Isen. De samme Klumper fandtes paa Isen i affarvet Tilstand (cnfr. Is Nr. 25).

$\frac{75°\ 37'}{6°\ 40'}$ Pl. 9. $^{11}/_7$. Store Klumper, indtil 12—13$^{cm.}$ i Diam., drev i kolossal Mængde om langs Kanten af den Isflage, ved hvilken vi laa˙ fortøjede.

— Pl. 10. $^{11}/_7$. Stor Klump — 5 Cm. lang, 2,5 Cm. i Tværmaal, næsten regelmæssig cylindrisk — af meget løs Konsistens. Drev ved Kanten af Flagen og er sikkert sluppet løs fra de almindelige, cylindriske Smeltehuller i Flagens Fod. Farven: yderst hvidgul, indeni brunlig. Farven ligesom Formen tyder paa, at den har været i Ferskvand, der har affarvet den ydre Del af Klumpen. (Smeltevandet paa Storisen er ganske uden Saltsmag og fortrinligt Drikkevand).

---

[1]) Naar der i dette Uddrag og den dermed korresponderende Sammenstilling af Prøverne efter Lokaliteten findes Huller i Numrenes Rækkefølge, er Grunden den, at jeg har anset det for overflødigt at medtage de Prøver, der ikke indeholde Diatoméer.

[2]) Længderne ere vestlige, hvor ikke det modsatte (Ø. L.) udtrykkelig er bemærket.

$\frac{75° 30'}{7° 11'}$ Pl. 11. $^{12}/_7$. = Pl. 8 og Pl. 9.

$\frac{75° 6'}{10° 29'}$ Pl. 12. $^{13}/_7$. Paa Brudfladerne og i Sprækkerne af et Stykke Drivtræ, som fiskedes op.

$\frac{75°}{11°}$ Pl. 13 a. $^{13\text{-}18}/_7$. Flydende i store Klumper i Mængde paa Havets Overflade.

$\frac{74° 14'}{16° 0'}$ Pl. 13 b. $^{19}/_7$. Vandet brungrønt; stille og varmt Solskinsvejr. I Overfladen ingen Diatoméer; naar derimod Nættet firedes et Par Favne ned og derpaa blev trukket op, var der et ikke ubetydeligt Overtræk paa det, bestaaende af Diatomékæder.

$\frac{73° 14'}{20° 30'}$ Pl. 14. $^{23}/_7$. Ganske tynd Hinde paa Havvandets Overflade.

— Pl. 15. $^2/_8$. Udfor Cap Brewster, i den yderste Munding af Scoresby Sund. Vandet klart, grønt; Farven er langt fra den i Davis-Strædet almindelige brungrønne, grumsede.

B. Diatoméer paa Storisen.

$\frac{68° 10'}{13° 50'}$ Is Nr. 1. $^{21}/_6$ 91. Fint fordelt Stof paa Isens Overflade, til Dels lidt nede i Isen.

— Is 2. $^{21}/_6$. Grønbrun Kugle, indefrosset i et lille Stykke Drivis. Kuglen havde en radiær-straalet Struktur.

— Is 3. $^{21}/_6$. Ler fra større Lersamlinger paa Bunden af cylindriske Huller i uregelmæssige, større Fordybninger i Isen; altid mindst et Par Cm. under den omgivende Is' Niveau.

— Is 4. $^{21}/_6$. Graa-graagrønne, flossede og uregelmæssigt lappede, lidt slimede Masser paa Bunden af dybe, cylindriske Huller i Isen.

— Is 5. $^{21}/_6$. Smaa, lysegraa Kugler, (lysere end Leret), 1—2^{mm} i Diameter; dannede Konglomerater, der undertiden havde temmelig regelmæssig Druseform; undertiden laa de enkeltvis. Kuglerne ere af temmelig løs Konsistens; baade i Spiritus og i Snevand gaa de let itu. Laa paa Overfladen af Isen og Sneen eller lidt nede i denne.

— Is 6. $^{21}/_6$. Grøngul, skidden Hinde paa Overfladen af Vandet paa Skodserne.

$\frac{68^\circ\ 25'}{14^\circ\ 4'}$ Is 9 a og b. $^{22}/_8$.   Ler med Diatoméer.

—   Is 10. $^{22}/_8$.   Smaa rødgule, slimede, 2—3^{mm} brede, c. 1^{mm} tykke Puder paa Leret paa Isens Overflade.

$\frac{69^\circ\ 51'}{11^\circ\ 18'}$ Is 12. $^{25}/_6$.   Rødbrunt, slimet Overtræk paa Ler paa en Plet af c. 2 ☐ Meters Størrelse.

—   Is 13. $^{25}/_6$.   Lysegraa, fedtede Masser paa Bunden af Huller i Isen. Meget almindelig paa næsten alle Flager.

—   Is 14. $^{25}/_6$.   Lysegraa (lysere end Nr. 13), fedtet, grødagtig Masse paa Bunden af cylindriske Huller i Isen.

—   Is 15. $^{25}/_6$.   Makroskopisk = Nr. 14.

—   Is 16. $^{25}/_6$.   Stor Klump, c. 5 ☐ Cm., paa Bunden af et Hul.

—   Is 17. $^{25}/_6$.   Alger paa Overfladen af en Isskodse, til Dels siddende paa en lille Sten.

—   Is 18. $^{25}/_6$.   Alger fra Isens Overflade.

— $^{25}/_6$.   1) Ler (almindeligt, graat Ler).
       2) Ler med rødbrunt Overtræk.
       3) fint fordelt Stof fra Isens Overflade (indtil 2—3 Cm. Dybde), som gav denne et rødligt-rødgraat Skær.

$\frac{72^\circ\ 46'}{0^\circ\ 13'\emptyset.L.}$ Is 19. $^4/_7$.   Graalig Deig paa Bunden af cylindriske Huller i Isen.

—   Is 20. $^4/_7$.   = Nr. 19, men meget lysere.

—   Is 21. $^4/_7$.   Graalig, paa Isen.

—   Is 22. $^4/_7$.   Brungrøn Masse, i Huller paa Isen.

—   Is 23. $^4/_7$.   Kugler indesluttede i Is — paa Isfoden — under Saltvand; nogle grønlig brune, andre mælkehvide.

$\frac{73^\circ\ 55'}{1^\circ\ 6'}$ Is 24. $^6/_7$.   Graat Ler med rødbrunt-rustbrunt Overtræk; paa Isen.

$\frac{75^\circ\ 37'}{6^\circ\ 40'}$ Is 25. $^{11}/_7$.   Mælkehvide, svampagtige — dannende et fint Netværk — fedtede Klumper af indtil 5 Cm. Diameter paa Bunden af Ferskvandssøer paa en stor Isflage. Altid nede i cylindriske Huller.

—   Is 26. $^{11}/_7$.   = Is 25.

—   Is 27. $^{11}/_7$.   Sæl-Ekrementer paa en Isflage.

75° 37′
6° 40′   Is 28. $^{11}/_7$. Paa vaad Sne ved Bredden af Ferskvands-
søer paa Flagen. Sort, fintdelt Stof — i ringe Mængde —;
hidrører sikkert ikke fra Skibet.

75° 6′
10° 29′   Is 29. $^{13}/_7$. Hvide fedtede Klumper, samme Udseende
som Nr. 25 og samme Forekomst. Nogle af de største
Klumper vare endnu indvendig brungrønne.

—   Is 30. $^{13}/_7$. = Is 29.

—   Is 31. $^{13}/_7$. Bjørne-Exkrementer.

75° 4′
10° 29′   Is 32. $^{14}/_7$. Graalige, noget fedtede, flossede Masser
paa Bunden af cylindriske Huller i Isens smaa Fersk-
vandssøer.

—   Is 33. $^{14}/_7$. Vistnok = Nr. 32.

—   Is 34. $^{14}/_7$. = Nr. 32 og 33, men en Del rødbrunt
Overtræk imellem.

—   Is 35. $^{14}/_7$. Skum paa en lille Sø paa en Flage; i
Skummet graalige Smaakugler.

74° 45′
11° 42′   Is 36. $^{16}/_7$. Paa Bunden af Huller i Isen.

—   Is 37. $^{16}/_7$. Forekomst som Nr. 36.

—   Is 38. $^{16}/_7$. Graaligt Skum ved Randen af en Sø paa
Isen. Skummet skyldes den Blæst, vi har haft i de
sidste Dage.

—   Is 39. $^{16}/_7$. = Is 38.

—   Is 40. $^{16}/_7$. Graaligt, noget fedtet Stof med et rød-
brunt Overtræk, paa Bunden af et stort Vandhul.

—   Is 41. $^{16}/_7$. Paa Bunden af et Vandhul, c. 30 □ Cm.
stort, fandtes et graaligt, paa sine Steder grønt, sam-
menhængende Dække som tykt Papir.

—   Is 42. $^{16}/_7$. Store, lyst-brungrønne Klumper af levende
Diatoméer, dels flydende omkring paa en Sø paa Isen,
dels liggende paa Bunden af lave cylindriske Huller i
Søens Bund.

—   Is 43. $^{16}/_7$. Mørkt-brungrøn Klump paa Bunden af et
cylindrisk Hul i Sneen.

—   Is 44. $^{16}/_7$. Rødligt, fint fordelt Stof paa Overfladen
af Sneen, tydeligt nok fordelt af Vinden.

—   Is 45. $^{16}/_7$. Hvidgraat. I Bunden af et Hul paa Sne.

$\frac{74°\ 45'}{11°\ 42'}$ Is 46 a og b. $^{16}/_7$. Hvid, fast Masse — paa Bunden af udtørrede Huller i Sneen.

$\frac{74°\ 17'}{15°\ 20'}$ Is 47. $^{18}/_7$. Flydende paa Overfladen af et Vandhul paa Isen.

— Is 48. $^{18}/_7$. Ler. Paa Bunden af Huller i en Sø paa Isen.

— Is 49. $^{18}/_7$. I Vandhuller paa Isen.

— Is 50. $^{18}/_7$. = Nr. 49. I Mængde i Vandhuller paa Isen — nær Iskanten.

$\frac{73°\ 24'}{20°\ 0'}$ Is 51 a og b. $^{22}/_7$. Huller i Isen, et Par ☐ Meter store, vare dækkede med et hvidt, nederst brungrønt Lag af et fedtet, slimet Stof.

$\frac{73°\ 14'}{20°\ 30'}$ Is 52. $^{23}/_7$. Rødligt Stof, fordelt over Isen; bemærket i de sidste Dage, i særlig Mængde tæt inde ved Land. Paa Snedriver i Land saas et lignende Stof fordelt.

— Is 53. $^{23}/_7$. Hvidt, til Dels svagt rosarødt, Stof paa Bunden af Huller i Isen.

Indsamlet af Cand. Hartz og modtaget gjennem Professor, Dr. phil. Warming.

3. $\frac{60°\ 58'}{1°\ 24'\ Ø.L.}$ $^{14}/_6$ 91. Pl. 2.

4. $\frac{64°\ 20'}{5°\ 40'}$ $^{17}/_6$ 91. Pl. 3.

5. $\frac{65°\ 47'}{6°\ 23'}$ $^{18}/_6$ 91. Pl. 4.

7. $\frac{68°\ 10'}{13°\ 15'}$ $^{21}/_6$ 91. Is Nr. 1, 2, 3, 4, 5, 6.

8. $\frac{68°\ 25'}{14°\ 4'}$ $^{22}/_6$ 91. Is Nr. 9 a og b; 10 Ler. Bundprøve 900 Favne.

10. $\frac{69°\ 51'}{11°\ 18'}$ $^{25}/_6$ 91. Is Nr. 12, 13, 14, 15, 16, 17, 18. Fint fordelt Stof paa Isen; cnfr. Nr. 43.

12. $\frac{70°\ 18'}{9°\ 2'}$ $^{26}/_6$ 91. Bundprøve 770 Favne.

13. $\dfrac{70°\ 32'}{8°\ 10'}$ $^{27}/_6$ 91. Bundprøve 470 Favne.

16. $\dfrac{72°\ 46'}{0°\ 13'\text{Ø.L.}}$ $^4/_7$ 91. Is Nr. 12, 20, 21, 22, 23.

18. $\dfrac{73°\ 55'}{1°\ 6'}$ $^6/_7$ 91. Is Nr. 24.

20. $\dfrac{76°\ 7'}{3°\ 25'}$ $^{10}/_7$ 91. Pl. 8. Drivtræ.

21. $\dfrac{75°\ 37'}{6°\ 40'}$ $^{11}/_7$ 91. Pl. 9, 10. Is Nr. 25, 26, 27, 28.

22. $\dfrac{75°\ 30'}{7°\ 11'}$ $^{12}/_7$ 91. Pl. 11.

23. $\dfrac{75°\ 6'}{10°\ 29'}$ $^{13}/_7$ 91. Pl. 12, 13. Is Nr. 29, 30, 31.

24. $\dfrac{75°\ 4'}{10°\ 29'}$ $^{14}/_7$ 91. Is Nr. 32, 33, 34, 35. Fint fordelt Stof paa Isen.

25. $\dfrac{74°\ 45'}{11°\ 42'}$ $^{16}/_7$ 91. Is Nr. 36, 37, 38, 39, 40, 41, 42. 43, 44, 45, 46 a og b. Ler.

26. $\dfrac{74°\ 20'}{14°\ 48'}$ $^{17\text{-}18}/_7$ 91. Store Klumper = Pl. 9; cnfr. Nr. 45.

27. $\dfrac{74°\ 36'}{12°\ 0'}$ $^{17}/_7$ 91. Bundprøve 127 Favne.

28. $\dfrac{74°\ 17'}{15°\ 20'}$ $^{18}/_7$ 91. Is Nr. 47, 48, 49, 50.

30. $\dfrac{73°\ 24'}{20°\ 0'}$ $^{22}/_7$ 91. Is Nr. 51 a og b.

31. $\dfrac{73°\ 14'}{20°\ 30'}$ $^{23}/_7$ 91. Pl. 14. Is Nr. 52, 53.

32. $\dfrac{72°\ 41'}{20°\ 12'}$ $^{26}/_7$ 91. Bundprøve 100 Favne.

33. $\dfrac{72°\ 27'}{19°\ 52'}$ $^{27}/_7$ 91. Bundprøve 115 Favne.

34. $\dfrac{70°\ 10'}{22°}$ $^2/_8$ 91. Pl. 15.

35. $\dfrac{70°\ 31'}{25°\ 35'}$ $^{21}/_8$ 91. Bundprøve 225 Favne. Kl. 4½ Fm.

36. $\dfrac{70°\ 39'}{25°\ 0'}$ — — 212 — - 11 -

37. $\dfrac{70°\ 36'}{24°\ 32'}$ — — 218 — - 2 Em.

38. $\dfrac{70°\ 34'}{24°\ 4'}$ — — 150 — - 4 -

39. $\dfrac{70° 30'}{23° 51'}$ $^{31}/_8$ 91. Bundprøve 120 Favne. Kl. 6 Em.

40. $\dfrac{70° 30'}{24° 50'}$ $^{23}/_8$ 91. — 300 — - 10¹/₂ Fm.

H. H. Hekla Havn, Oktober 1891. Mudder.

41. Ved Danmarks Ø. $^4/_{11}$ 91. Bundprøve 245 Favne.

42a. $\dfrac{69° 18'}{23° 37'}$ $^{14}/_8$ 92. Plankton.

42b. $\dfrac{69° 41'}{19° 20'}$ $^{17}/_8$ 92. Bundprøve 167 Favne.

' Indsamlet af Cand. Bay og modtaget gjennem Professor, Dr. phil. Johnstrup.

43. $\dfrac{69° 51'}{11° 28'}$ a) Mudder fra Huller i Isen. b) Ler i Bunker paa Isen. c) Smuds indblandet i Isen.

44. $\dfrac{74° 45'}{11° 42'}$ Ler i Bunker paa Isen.

45. $\dfrac{75° 4'}{10° 29'}$ a) Mudder fra et Hul i Isen. b) Ler i Bunker paa Isen. c) Støv paa Storisen.

Fortegnelse over de citerede Værker.

Bailey, J. W. Notes on new species and localities of microscopical organisms. Smith. Contrib. to Knowl. vol. VII. 1854. (Smith. Contr.)

Castracane. Report on the Diatomaceæ collected by H. M. S. Chal-. lenger (Cast. Chall. Exp.) 1886.

Cleve, P. T. Diatomaceer från Spetsbergen (Cl. D. f. Sptsb.) i Öfversigt af Kongl. Vetenskaps-Akademiens Förhandlingar 1867. Nr. 10.

— Svenska och Norska Diatomacéer (Cl. Sv. & Nor. Diat.) i Öfversigt af Kongl. Vetensk.-Akad. Förh. 1868. Nr. 3.

— On Diatoms from the Arctic sea. (Cl. arct. Sea.) Bihang till K. Svenska Vet. Akad. Handl. B. I. Nr. 13. 1873.

— On some new and little known Diatoms (Cl. New. Diat.). K. Svenska Vet. Akad. Handl. B. 18. Nr. 5. 1881).

— Planktonundersökningar (Cl. Plankt.) i Bihang till K. Svenska Vet. Akad. Handl. B. 20. Afd. III Nr. 2. 1894.

406

Cleve, P. T. The Diatoms of Finland (Cl. Diat. Finl.) i Acta societ. pro fauna et flora Fennica. VIII, Nr. 2. 1891.

— Diatoms collected during the expedition of the Vega. (Cl. Vega Exp.) Communicated 1883. Vega Exp. Vetenskapl, Arbeten. III.

Cleve & Grunow. Beiträge zur Kentniss der arctischen Diatomeen. (Cl. & Grun. ark. Diat.). Kgl. Svenska Vet. Akad. Handl. B. 17, Nr. 2. 1880.

De Toni. Sylloge Bacillariearum. 1891—94.

Donkin, A. The natural history of the British Diatoms (Donk. Brit. Diat.). 1871—72.

Gregory, W. On new forms of Diatomaceæ, found in the Firth of Clyde and in Loch Fyne. (Greg. Diat. Clyde). 1857.

Greville, K., i Transactions of Microscopical Society (Grev. Transact.).

Grunow, A. Ueber neue oder ungenügend gekannte Algen. (Grun. Wien Akad.) i Verh. d. k. k. zool.-bot. Gesellschaft in Wien. 1860—63.

— Algen und Diatomaceen aus dem Kasp. Meere. (Grun. Diat. Kasp.) i O. Schneider: Naturw. Beitr. z. Kentn. d. Kaukasusländer. 1878.

— Beiträge z. Kentn. der foss. Diat. Øst.-Ung. (Grun. Pal. Øst.-Ung.). 1882.

— Die Diatoméen von Franz Josefs Land (Grun. Fz. Jos. L.). 1884.

Lagerstedt. Sötvattens Diatomaceen från Spetsbergen och Beeren Eiland. (Lgstdt. Spetsb.). Bihang till K. Svenska Akad. Handl. B. 1, Nr. 14. 1873.

Peragallo. Monographie du Genre Pleurosigma. (Perag. Monog.) i le Diatomiste. Vol. I.

— Monographie du Genre Rhizosolenia. (Perag. le Diat.) i le Diatomiste. Vol. I.

Schmidt, A. Die in d. Grundproben der Nordseefahrt 1872 enthaltenen Diatomaceen. (A. S. N. S. Diat.). 1874.

— Atlas der Diatomaceenkunde. (A. S. Atlas). 1874.

Smith, W. Synopsis of the British Diatomaceæ. (Sm. Syn.). 1853—56.

Van Heurck, H. Synopsis des Diatomées de Belgique (V. H. Syn.). 1880—85.

PLACOCROMATICÆ.

1. *Cocconeideæ.*

1. **Cocconeis Scutellum** Ehr. (V. H. Syn., Tab. XXIX, 1—9).
H. H.

Geogr. Udbr.[1]). Almindelig udbredt i alle Have.

var. *stauroneiformis* Sm. (V. H. Syn., Tab. XXIX, 10—11).
H. H., 31 Pl., 10 Is[2]).
Geogr. Udbr. Mellem Hovedarten.

2. **C. costata** Greg. (V. H. Syn., Tab. XXX, 11—12).
H. H.

Geogr. Udbr. Nordlige Havkyster.

3. **C. lineata** (Ehr.?) Grun. (V. H. Syn., Tab. XXX, 31—32).
H. H., 20 Drivtræ.

Geogr. Udbr. Spredt overalt.

4. **C. pseudomarginata** Greg. (V. H. Syn., Tab. XXIX, 20).
H. H.

Geogr. Udbr. Europas Kyster. Nordlige Polarhav.

2. *Achnantheæ.*

5. **Achnanthes subsessilis** Ktz. (*Achnanthidium arcticum* Cl.
arct. Sea. Tab. IV, 22).

---

[1]) Angivelserne vedrørende den geografiske Udbredelse ere hovedsagelig
hentede fra De-Toni's »Sylloge Bacillariearum«.

[2]) Disse og tilsvarende Tal i det følgende henvise til Listen p. 403—405.

Jeg har fulgt Cleve (Vega Exp., P. 460) i at opstille denne Form som *Achn. subs.* Ktz., skjøndt Grun. (Cl. & Gr. ark. Diat., P. 18—19) nævner den blandt dem, der mer eller mindre slutte sig til *Achn. brevipes* eller *Ach. subs.* Mine Exemplarer stemme fuldstændig med Cleves Figur.

H. H.

Geogr. Udbr. Hovedarten almindelig i Europa og Nord-Amerika.

var. *incurvata* m. Tab. nost. III, Fig. 1.

L. 0,058^{mm}, B. foroven 0,012^{mm}, i Midten 0,009^{mm}, forneden 0,015^{mm}; Str. 7—8, dannede af Perler, 7—8 paa 0,01^{mm}.

· Denne Form, der fandtes i samme Materiale som den foregaaende, slutter sig vistnok til den lange Variantrække af *A. subs.* og sikkert nærmest til Cleves foran citerede Afbildning,. men den afviger dog saameget ved sin ydre Form, at den vel nok bør opstilles som en særegen Varietet.

H. H.

6. **A. polaris** m. Tab. nost. VII, Fig. 86 a & b.

L. c. 0,05^{mm}, B. 0,008^{mm}; Str. c. 10 p. 0,01^{mm}.

· Begge Skaller ensdannede, *Navicula*-agtige. Striberne paa Overskallen omtrent vinkelrette paa Længdeaxen; hyppigt er den midterste Stribe paa den ene Side kortere, hvorved denne Skal kommer til at minde noget om *Rhaphoneis? fluminensis* Gr. (V. H. Syn., Tab. XXXVI, 34). Striberne paa Underskallen svagt radierende.

Jeg vilde have antaget denne Art for en robustere Form af *Ach. Hauchiana* Gr., (V. H. Syn., XXVII, 14—15), naar ikke Grunow (Cl. & Gr. ark. Diat., P. 21) udtrykkelig havde fremhævet, at dennes Overskal »ausserordentlich der *Fragilaria mutabilis* gleicht«, hvilket ikke kan siges at være Tilfældet med den her foreliggende.

8 Is.

3. *Amphoreæ.*

7. **Amphora polaris** m. Tab. nost. III, Fig. 2.

L. 0,08^{mm}, B. 0,02^{mm}; Str. 10 p. 0,01^{mm}.

Skallens Rygside convex, Bugsiden i Midten svagt udbuet, lidt contraheret henimod de but afrundede Skal-Ender. Striberne parallele, fint punkterede.

I sit Atlas har A. Schmidt (Tab. XXVI, 24) afbildet en ubenævnt Form fra Davis Strait, hvilken han stiller i Nærheden i *A. nova Caledonica* (A. S. Atl. XXVI, 16). Denne ubenævnte Art findes ligeledes i Materialet fra Hekla Havn, dog i ringere Antal, og jeg har derfor valgt at give en Afbildning af den noget hyppigere forekommende, lidt kortere og bredere Form. H. H.

8. **A. lævissima** Greg. (V. H. Syn., Tab. I, 15).

Ikke sjælden, men dog aldrig i stor Mængde.

7, 16, 23, 25 Is; 21 Pl.

Geogr. Udbr. Nordlige Havkyster.

9. **A. salina** W. Sm., *var.*, (cnfr. V. H. Syn., Tab. 1, 18—19). Tab. nost. III, Fig. 3 × 1000, den ene Figur ved stærkere Objektivforstørrelse.

L. $0,03^{mm}$, B. $0,0045^{mm}$, Str. 16—18 p. $0,01^{mm}$.

Rygsiden convex, Bugsiden næsten plan, kun i Midten lidt udbuet. Skal-Enderne ubetydeligt opsvulmede. Striberne svagt radierende, næsten parallele. Vistnok en Varietet af *A. salina* W. Sm.

7 Is.

Geogr. Udbr. Hoved-Arten spredt hist og her i Havene ved Europa, Asien og Amerika.

10. **A. Erebi** Ehr. (A. S. Atl., Tab. XXV, 18—19).

11. **A. costata** W. Sm. (Sm. Syn., Tab. XXX, 253).

12. **A. cymbifera** Greg., var. (A. S. Atl., Tab. XXV, 32—36).

Jeg har opført disse tre Former, der alle forekomme ved Hekla Havn, som specielle Arter, men jeg indrømmer iøvrigt, at det vistnok er korrektest at opstille de to sidste som Varianter af *A. Erebi* Ehr. (cnfr. Cl. Vega Exp., p. 462 og de Toni, Syll., p. 387).

Geogr. Udbr. Europas, Amerikas og Asiens Kyster.

13. **A. lanceolata** Cl. (D. f. Sptsb., Tab. XXIII, 2).
H. H.
Geogr. Udbr. Nordlige Polarhav: Cap Horn.

En meget nærstaaende Form, der forekommer i samme Materiale, har jeg afbildet paa Tab. nost. III, Fig. 4. Det er aabenbart den samme Form, som A. Schmidt har afbildet i sit Atlas, Tab. XXV, Fig. 6 fra Monterey, og om hvilken han siger, at den maaske bør forbindes med *A. lanceolata* Cl.

14. **A. inflata** Grun.? (A. S., Atlas, Tab. XXV, 30). Tab. nost. III, Fig. 6.
L. 0,087^{mm}, B. 0,02^{mm}, Str. 7 p. 0,01^{mm}.

Exemplarerne fra Hekla Havn afvige noget fra den citerede Figur hos A. Schmidt. Bugsiden er hos mine Exemplarer plan, Striberne noget mere spatierede og strække sig ikke over hele Skallen, men lade et noget større Rum stribefrit, end Tilfældet er i Schmidts Figur. Maaske er den foreliggende Form kun en Varietet af *A. cymbifera* Greg. (A. S., Atlas, Tab. XXV, 32—36), maaske slutter den sig nærmere til *A. clara*, A. S., (Atlas, Tab. XXV, 20).
H. H.

15. **A. subinflata** Grun. (A. S. Atlas, Tab. XXVI, 48).
21 Pl.
Geogr. Udbr. Finmarken. Adriatiske Hav.

16. **A. Proteus** Greg. (A. S. Atlas, Tab. XXVII, 2—3, 5—6).
H. H.
Geogr. Udbr. Spredt i Havene ved Europa, Asien og Amerika.

17. **A. septentrionalis** m. Tab. nost. III, Fig. 7.
L. 0,108^{mm}, B. 0,024^{mm}, Str. c. 15, p. 0,01^{mm}.

Skallens Rygside convex, Bugsiden lidt opsvulmet i Midten, kontraheret henimod de afrundede Skal-Ender, der ere svagt indbøjede mod denne Side. Ved svagere Forstørrelse synes Skallerne furede af langsgaaende, uregelmæssigt bølgede Linier.

Obs. Denne Art minder overmaade meget om den i A. Schmidts Atlas, Tab. XXVI, Fig. 21 aftegnede Form fra Sølsvig, der af Grunow antages beslægtet med *A. qvadrata* Bréb. eller med *A. excisa* Greg. Den her foreliggende Form mangler imidlertid Stauros, men da de midterste Striber ere noget mere spatierede og derved give en Antydning af et saadant, har jeg troet det rigtigst her at henlede Opmærksomheden paa A. Schmidts ovenciterede Form, der iøvrigt ikke er benævnt af Forfatteren. H. H.

18. **A. groenlàndica** m. Tab. nost. III, Fig. 5.

L. 0,095^{mm}, B. 0,017^{mm}, Str. 7—8 p. 0,01^{mm}.

Skallens Rygside convex, Bugsiden næsten plan. Skal-Enderne opsvulmede, afrundede og vendte mod Bugsiden. Striberne næsten parallele, tydeligt punkterede.

Obs. Denne Form er vistnok identisk med den hos A. Schmidt i hans Atlas, Tab. XXVII, 43—44 afbildede Art. Fig. 43 er fra Camp-Bay, Fig. 44 fra Spitzbergen. H. H.

19. **A. crassa** Greg., var. *punctata* Grun. (A. S. Atlas, Tab. XXVIII, 30—33). H. H.

Geogr. Udbr. Hovedarten spredt i Havene ved Europa, Asien og Amerika.

20. **A. marina** W. Sm. (V. H. Syn., Tab. I, 16.)

7 Is. H. H.

Geogr. Udbr. Spredt i alle Have.

21. **A. ovalis** Ktz. (V. H. Syn., Tab. I, 1).

H. H.

Geogr. Udbr. Almindelig udbredt.

var. *affinis* Ktz. (V. H. Syn., Tab. I, 2).

43 Is.

Geogr. Udbr. Som Hovedarten.

22. **A. Pediculus** Ktz., f. *major*. (V. H. Syn., Tab. I, 4—5).
24 Is.
Geogr. Udbr. Almindelig i Europa.

4. *Epithemieæ.*

23. **Epithemia turgida** (Ehr.) Ktz. (V. H. Syn., Tab. XXXI, 1—2).
20 Drivtræ.
Geogr. Udbr. Almindelig i Europa.

24. **E. Zebra** (Ehr.) Ktz. (V. H. Syn., Tab. XXXI, 9).
43 c.
Geogr. Udbr. Almindelig i Europa.

25. **E. gibba** (Ehr.) Ktz. (V. H. Syn., Tab. XXXII, 1—2).
10 Stof paa Isen. 25 Is.
Geogr. Udbr. Almindelig i Europa og Amerika.

var. *ventricosa* Grun. (V. H. Syn., Tab. XXXII, 4—5).
4 Pl., 43 c.
Geogr. Udbr. Som Hovedarten.

5. *Cymbelleæ.*

26. **Cymbella variabilis** (Cramer) Heib., var. *arctica* Lgstdt. (Lgstdt. Spetsb., Tab. II, 21).
43 c.
Geogr. Udbr. Spitsbergen. Beeren-Eiland.

27. **C. anglica** Lgstdt. (V. H. Syn., Tab. II, 4).
45 b.
Geogr. Udbr. England, Spanien, Spitsbergen, Beeren-Eiland.

***C.** sp. Tab. nost. III, Fig. 18.
L. 0,04^{mm}, B. 0,009^{mm}, Str. 12 p. 0,01^{mm}.

Det har ikke været mig muligt at finde nogen Afbildning, der fuldstændig svarer til denne Form. Nærmest kommer den vistnok til *Cymb. leptoceras* (Ehr.?), Ktz. Rabenh. (V. H. Syn., Tab. II, 18). Da jeg kun har fundet den i ét Exemplar, der tilmed ikke ligger heldigt, har jeg ikke ment at burde opstille den som en særegen Art.

28 Is.

28. **Encyonema cæspitosum** Ktz. (V. H. Syn., Tab. III, 14).
28 Is.
Geogr. Udbr. Almindelig i Europa.

***Enc.** sp. (cnfr. V. H. Syn., Tab. III, 18).

L. $0,029^{mm}$, B. $0,008^{mm}$, Str. 8 p. $0,01^{mm}$ i Midten, længere ude noget tættere stillede.

Obs. Svarer, paa den noget videre Stribning nær, fuldstændig til *van Heurcks* Figur, der er ubenævnt, men karakteriseret som en Mellemform mellem *E. cæspitosum* og *E. Lunula.*

31 Is.

6. *Gomphonemeæ.*

29. **Rhoïcosphenia curvata** (Ktz.) Grun. (V. H. Syn., Tab. XXVI, 1—4).

10 Is. H. H.
Geogr. Udbr. Almindelig i Europa. Nordlige Polarhave.

30. **Gomphonema parvulum** Ktz.? (V. H. Syn., Tab. XXV, 9).
20 Drivtræ.
Geogr. Udbr. Europa. Syd-Amerika. Tahiti.

Obs. Kun i ét Exemplar, der ikke ligger godt. Det er derfor kun med Tvivl, at jeg opfører denne Art.

31. **G. Herculeanum** Ehr. (V. H. Syn., Tab. XXIII, 2).
43 c.
Geogr. Udbr. Nord-Amerika. Kamtschatka.

32. **G. arcticum** Grun. (V. H. Syn., Tab. XXV, 30).
Geogr. Udbr. Franz Joseph Land. Cap Wankarema.

33. **G. Kamtschaticum** Grun. (V. H. Syn., Tab. XXV, 29 c).
Geogr. Udbr. Kamtschatka, Esquimault Harbour.

34. **G. Groenlandicum** m. Tab. nost. III, Fig. 8, 11 og 12.
L. indtil 0,108^{mm}, B. indtil 0,012^{mm}.

Denne Form, der varierer en Del, minder i sit Ydre om
G. Kamtschaticum Grun., men afviger dog i Henseende til Stri-
bernes Antal og Karakter saameget, at· den vistnok fortjener
at opstilles som egen Art. Hos den typiske *G. Kamtsch.* Grun.
angives Stribernes Antal af Grunow (Diat. a. d. Kasp. Meere,
p. 109) til 12 — 15 p. 0,01^{mm}, ja Cleve angiver endog (Vega
Exp. p. 463) Stribetallet hos en mindre Varietet til 15 — 18.
Forholdet er hos den foreliggende Art følgende: Striberne ere
svagt radierende i Midten og dér tillige noget kortere, iøvrigt
gaa de omtrent vinkelret paa Midtspalten. Men, medens de
paa den ene Side naa helt hen til denne og her ere mere spa-
tierede, ere de paa den anden Side tættere stillede og trække
sig tilbage fra Midtspalten, saaledes at der langs denne bliver
et bredere eller smallere stribefrit Rum. Antallet af Striber
varierer noget. Paa de større Former er det gjerne 7 — 8
p. 0,01^{mm} paa den ene Side, 10—12 paa den anden; hos de
mindre synes Forskjellen ikke at være saa stor, f. Ex. 9—10
mod 10—11. Et Exemplar, hvor dette Forhold er særlig ud-
præget, er aftegnet paa Tab. nost. III, Fig. 8. En saadan usym-
metrisk Udvikling af Striberne er iøvrigt ikke sjelden hos ark-
tiske Diatoméer, man efterse f. Ex. Cleve, Vega Exp., Tab.
XXXVI, Fig. 27 og 30.

35. **G. septentrionale** m. Tab. nost. III, Fig. 9.
L. 0,023^{mm}, størst B. 0,0056^{mm}, Str. c. 12 p. 0,01^{mm}.

Denne lille Form staar nærmest ved *Gomph. arcticum* Grun.,
men afviger ved den grovere Stribning, og ved at Striberne

staa næsten vinkelret paa Midtspalten. Ogsaa her kunne undertiden Striberne paa den ene Side være kortere end paa den anden.

> var. *angusta m.* Tab. nost. III, Fig. 10.
> L. 0,05^{mm}, B. 0,06^{mm}, Str. 12—13 p. 0,01^{mm}.

Er en Varietet af foregaaende, forbundet med den ved Overgangsformer, der kunne være noget kortere og forholdsvis bredere. Det stribefrie Rum paa den ene Side af Midtspalten er smalt og undertiden næsten forsvindende.

De fem sidstnævnte *Gomphonema*-Arter (*G. arcticum*, *Kamtschaticum*, *Groenlandicum*, *septentrionale* og *sept.* var. *angusta*) forekomme gjerne spredte mellem hverandre; *G. Kamtsch.* og de store Individer af *G. Groenl.* dog mindst hyppigt, paa følgende Lokaliteter:

7 Is, 10 Is, 16 Is, 21 Is og Pl., 22 Pl. 25 Is, 30 Is, 31 Is og Pl.

7. *Naviculaceæ*.

NAVICULA.

Pinnularia-Gruppen.

36. **Navicula major** Ktz. (V. H. Syn., Tab. V, 3—4).
10 Stof paa Isen. 43 c.
Geogr. Udbr. Hist og her i Europa og Amerika.

37. **N. viridis** Ktz. (V. H. Syn., Tab. V, 5).
43 c.
Geogr. Udbr. Hist og her overalt.

38. **N. rupestris** Hantzsch. (A. S. Atlas, Tab XLV, 39).
43 c.
Geogr. Udbr. Nordlige Europa.

39. **N. platycephala** Ehr. (Cl. Diat. Finl., Tab. II, 1).
43 c.

Geogr. Udbr. Sverig, Finland, Vogeserne.

40. **N. mesogongyla** Ehr.? (Cl. Diat. Finl., Tab. I, 10).
43 c.

Geogr. Udbr. Skandinavisk Halvø, Finland, Nord-Island.
Cap Deschneff. ·

41. **N. lata** Bréb. (V. H. Syn., Tab. V, 1—2).
10 Ler. 43 c.

Geogr. Udbr. Europa og Amerika.

42. **N. borealis** Ehr. (V. H. Syn., Tab. VI, 3).
7 Is. 10 Stof paa Isen. 21 Is, 24 Is, 25 Is, 31 Is. 43 c.

Geogr. Udbr. Europa, Amerika.

Ikke sjelden, men i Regelen- kun i faa Exemplarer. I en
Prøve fra 24 Is (i Journalen Nr. 35 nærmere betegnet som
«Skum paa. en lille Sø paa en Flage») findes *N. bor.* i større
Antal end sædvanligt. I Prøven 43 c. (Smuds, indblandet i Isen)
forekommer *Nav. bor.* i · flere Varieteter, idet de midterste
Striber undertiden kunne være noget divergerende (cnfr. A. S.
Atlas, Tab. XLV, 17), undertiden vinkelrette paa Midtspalten
(cnfr. A. S. Atlas, Tab. XLV, 20 og 21). De divergerende
Former minde overmaade meget om Lagerstedts *Nav. inter-
media* (Lgstedt. Spitsb., Tab. I, 3), idet denne Form kun afviger
ved fuldstændig at mangle .de midterste Striber. Lgstdt. op-
fører ogsaa sin *Nav. interm.* som en Mellemform mellem *Nav.
bor.* og *Nav. Brébissonii* (l. c. P. 23).

43. **N. Brébissonii** Ktz., *var.* (Lgstdt. Spitsb., Tab. I, 2).
25 Is.

Geogr. Udbr. Spitsbergen.

44. **N. intermedia** Lgstdt. (Lgstdt. Spitsb., Tab. I, 3).
7 Is. 24 Drivtræ. 21 Is, 24 Is. 43 c.

Geogr. Udbr. Spitsbergen og Beeren-Eiland.

45. **N. bicapitata** Lgstdt. (l. c., Tab. I, 5 a), var. *truncata* m. Tab. nost. III, Fig. 13.

L. 0,046ᵐᵐ, B. 0,01ᵐᵐ, Str. 8—9 p. 0,01ᵐᵐ.

Uagtet den her foreliggende Form afviger en Del i sit Ydre fra Lagerstedts Figur, navnlig ved at mangle Striberne i Midten og ved at være but-kiledannet tilspidset, nærer jeg dog ingen Tvivl om, at den bør henføres til *N. bicapitata*, om hvilken Lgstdt. (l. c. P. 23) bemærker, at det er en «lätt skild form utan öfvergånger.» En saadan Overgang (til *Nav. nodulosa*) turde var. *truncata* sikkert netop være.

46. **N. subcapitata** Greg. (V. H. Syn., Tab. VI, 22.)
43 c.
Geogr. Udbr. Storbritanien. Belgien.

47. **N. hemiptera** Ktz., var. *stauroneiformis* Lgstdt. (W. Sm. Syn., Tab. XIX, 178 β).
43 c.
Geogr. Udbr. Spitsbergen.

48. **N. mesolepta** Ehr., var. *interrupta* W. Sm. (W. Sm. Syn., Tab. XIX, 184).
43 c.
Geogr. Udbr. Spredt i Europa og Amerika.

var. *stauroneiformis*. (Grun. Wien 1860., Tab. II, 22 b).
43 c.
Geogr. Udbr. Som foregaaende.

49. **N. costulata** Grun. (V. H. Syn., Suppl. Fig. 15).
24 Is.
Geogr. Udbr. Wedel, Wrietzen, Westerbottn. Belgien.

50. **N. globiceps** Greg. (V. H. Syn., Suppl. Fig. 13), Tab. nost. III, Fig. 21.
L. 0,038ᵐᵐ, B. 0,009ᵐᵐ, Str. 12—14 p. 0,01ᵐᵐ.

Da den her forefundne Form' afviger lidt i sit Ydre fra
Figuren hos van Heurck, har jeg givet en Afbildning af den.
Jeg har iøvrigt ogsaa fundet den baade mere lang- og kort-
halset end det aftegnede Exemplar. Der er næppe nogen
Grund til at opstille den afbildede Form som en særegen
Varietet.

16 Is, 25 Is.

Geogr. Udbr. Skotland. Belgien. Jamal.

·51· **N. Pinnularia** Cl. (Sv. & Norsk D., Tab. IV, 1—2 = *N.
qvadratarea* A. S. N. S. Diat., Tab. II, 26).

I sit fortræffelige Arbejde over Vega Expeditionens Diato-
méer fremhæver Cleve, at der i Materialet fra Cape Wan-
karema findes talrige Individer af denne Art varierende saaledes
baade i Henseende til Skallens ydre Form og Stribernes Antal,
at der findes alle mulige Overgange til *Nav. Stuxbergii* Cl.
Det samme er Tilfældet for det af mig undersøgte Materiales
Vedkommende: *Nav. Pinn.*-Varieteterne ere talrige og saaledes
forbundne ved Overgangsformer, at det næppe vilde kunne for-
svares at opstille enkelte af Varianterne som selvstændige Arter.
Jeg skal derfor her kun omtale de mest udprægede Former,
og da navnlig dem, der — saavidt mig bekjendt — ikke ere
afbildede andetsteds, idet jeg dog ikke kan tilbageholde den
Bemærkning, at foruden *Nav. Stuxbergii* Cl. tillige *Nav. flumi-
nensis* Grun., *Nav. cruciformis* Donk. og *Nav. Théelii* Cl. fore-
komme mig at maatte ·komme ind under *Nav. Pinn.'s* Form-
kreds.

f. *typica*. (Afb. se ovenfor).

7 Is. 8 Ler. 10 Is, Ler og Stof paa Isen, 23 Is. 25 Is. 31 Pl.

Geogr. Udbr. Nordlige Europa. Nordlige Polarhav.

var. *maxima* m. Tab. nost. IV, Fig. 22.

L. 0,119^{mm}, B. 0,015^{mm}, Str. 8 p. 0,01^{mm}.

Lidt bredere paa Midten, derfra jevnet afsmalnende ud imod de lidt opsvulmede, but-kiledannede Skal-Ender. Striberne svagt radierende, i Spidsen omtrent vinkelrette paa Midtspalten. Midtpartiet stribefrit, dog saaledes, at Striberne undertiden kunne skimtes i Randen. Maaske er det denne Form, som Grunow (Fz. Josf. L., P. 52) opstiller som *Nav. Stuxb.* Cl., var. *amphiglottis*; men da Grunow ikke giver nogen Afbildning, kan jeg ikke med Sikkerhed afgjøre det. Længden 0,115^{mm} stemmer godt, den korte Beskrivelse de Toni: «apicibus longe productis» derimod ikke fuldt saa godt. Grunows Art er fra Nord-Sibirien.

16 Is, 25 Is, 31 Is.

var. *bicontracta* m. Tab. nost. lV, Fig. 34.

L. 0,07^{mm}, B. 0,013^{mm}, Str. 8 p. 0,01^{mm}.

Noget mindre end foregaaende og stærkere contraheret mellem Midtpartiet og Skal-Enderne. Striberne lige ved det blanke Midtparti næsten vinkelrette paa Midtspalten, længere ude noget radierende.

21 Pl.

var. *constricta* m. Tab. nost. IV, Fig. 23.

L. 0,045^{mm}, B. 0,012^{mm}, Str. 9—10 p. 0,01^{mm}.

Contraheret i Midten, bredere ud imod Skal-Enderne, der ere kileformet afrundede.

7 Is, 10 Is, 16 Is. 21 Is og Pl. 23 Is, 25 Is, 28 Is.

Et 'ualmindeligt kraftigt Exemplar af denne Varietet, dog svagere contraheret og med raderede Striber har jeg afbildet paa Tab. nost. lV, Fig. 24.

L. 0,078^{mm}, B. 0,019^{mm}, Str. 7--8 p. 0,01^{mm}.

16 Is.

var. *subconstricta* m. Tab. nost. lV, Fig. 25.

L. 0,069^{mm}, B. 0,015^{mm}, Str. 9—10 p. 0,01^{mm}.

Contrahering og Opsvulmning mindre udpræget end hos

foregaaende. Det stribefrie Rum i Midten kun svagt ud-
viklet.

25 Is.

var. *minor* m. Tab. nost. IV, Fig. 32.

L. 0,03^{mm}—0,04^{mm}, B. 0,01^{mm}, Str. 10 p. 0,01^{mm}.

Skal-Enderne mer eller mindre afrundede, iøvrigt nær-
mende sig stærkt til *Nav. Pin.* f. *typica.*

7 Is, 10 Is, 16 Is, 18 Is, 21 Is og Pl. 24 Is, 25 Is, 28 Is.

var. *minima* m. Tab. nost. IV, Fig. 29.

L. 0,022^{mm}, B. 0,008^{mm}, Str. 10 p. 0,01^{mm}.

Oval-lancetdannet.

16 Is, 25 Is, 28 Is.

var. *gibbosa* m. Tab. nost. IV, Fig. 28.

L. 0,027^{mm}, B. 0,0086^{mm}, Str. 10 p. 0,01^{mm}.

Stærkt opsvulmet paa Midten, Opsvulmningen jævnt af-
tagende ud imod de but afrundede Skal-Ender.

16 Is.

var. *interrupta* Cl. (Vega Exp. Tab. XXXVI, 21).

L. 0,072^{mm}, B. 0,01^{mm}, Str. 10 p. 0,01^{min}. Tab. nost. IV,
Fig. 26.

Uagtet den her foreliggende Form er forholdsvis ikke saa
lidt smallere end Cleves Varietet — hvis Længde kun er
omtrent 4 Gange Breden — nærer jeg dog ingen Tvivl om, at
den bør henføres hertil.

16 Is.

52. **N. Stuxbergii** Cl. (Cl. & Gr. Ark Diat. Tab. I, 15).

En Form, der i Kontur fuldstændig svarer til den oven
citerede Figur, har jeg ikke fundet; derimod forekommer ikke
sjeldent sammen med *Nav. Pinn.* = Varieteterne en noget smallere
Form. Hyppigt er den noget indkneben ud imod Skal-Enderne,
saaledes at den i hele sit Habitus kommer meget nær til
Nav. Pinn. Cl., var. *maxima* m., dog at den i Regelen ikke

naar meget over Halvdelen af dennes Størrelse og tillige er tættere stribet (10—11 Str. p. 0,01^{mm}).

7 Is, 16 Is, 18 Is, 25 Is. 26 Is & Pl.

Geogr. Udbr. Franz Joseph Land. Kara Havet. Cap Wankarema.

var. *subglabra* m. Tab. nost. IV, Fig. 27.

L. 0,078^{mm}, B. 0,015^{mm}, Str. 7—8 p. 0,01^{mm}.

Striberne svagt radierende, ud imod Spidsen vinkelrette paa Midtspalten, i Midtpartiet tildels udviskede; vistnok en Overgangsform mellem *Nav. Stuxb.* og *Nav. Théelii.*

7 Is, 25 Is.

var. *cuneata* m. Tab. nost. IV, Fig. 37.

L. 0,07^{mm}, B. 0,018^{mm}, Str. 9—10 p. 0,01^{mm}.

Striberne svagt radierende, næsten vinkelrette paa Midtspalten, i Midten delvis udviskede. Er maaske kun en noget langstrakt Variant af *Nav. Théelii.*

21 Is.

53. **N. Théelii** Cl. (Cl. & Grun., arkt. Diat. Tab. I, 22).

L. 0,057^{mm}, B. 0,018^{mm}, Str. 7—8 p. 0,01^{mm}. Tab. nost. IV. Fig. 36.

Noget videre stribet end den typiske *Nav. Théelii*, med hvilken den ellers stemmer godt i Form og Størrelse.

23 Is, 25 Is.

Geogr. Udbr. Kara Havet.

54. **N. perlucens** m. Tab. nost. III, Fig. 14 × 1000.

L. 0,014^{mm}, B. 0,005^{mm}, Str. c. 25, p. 0,01^{mm}.

Noget udbuet paa Midten, jævnt aftagende mod de hovedformede Skal-Ender. Striberne manglende i Midten, dernæst svagt radierende. Central- og Terminalnodus stærkt fremtrædende, den sidste beliggende lidt indenfor Skal-Enden. Ved svagere Objectiv-Forstørrelse, hvor Striberne ikke ses, har den paa Grund af de stærkt lysbrydende Nodi et meget karakteristisk Ydre (cnfr. Fig. 14.) Forekommer undertiden forbundet

efter den længste Axe til korte Baand paa 3—4 Individer.
Blandt de mig bekjendte Former minder den mest om *Nav.*
Kroockii Gr. (Gr. Palæont. Øst. Un. Tab. XXX, 40), men
Grunows Form er videre stribet og har ikke nogen·Afbrydelse
af Striberne paa Midten. Baade *Nav. Kroockii* og den her ·fore-
liggende Form bør vist henføres under *Pinnularia*-Gruppen
(cnfr. de Toni, P. 67); med *Nav. trinodis* (V. H. Syn. Tab. XIV,
Fig. 31) er den næppe identisk.

I Prøverne 7 Is, 10 Is og Ler, 24 Is, 25 Is hyppig; men
iøvrigt spredt i den største Del af det undersøgte Materiale.

Qvadriseriatæ.

54. **N. latefasciata** Grun., var. *angusta* m. (Cl. & Grun.,
ark. Diat., Pl. I, 21). Tab. nost. IV, Fig. 35.

L. 0,06^{mm}, B. 0,009^{mm}, Str. 12—13 p. 0,01^{mm}.

Lineær med afrundede Ender. Striberne vinkelrette paa
Midtspalten, manglende i Midten og afbrudte paa hver Side,
saaledes at de stribefrie Tunger fortsættes temmelig langt ud
imod Skal-Enderne. Terminalnodus et lille Stykke fra Skal-
Enden, hvor Striberne fortsættes radierende udenom den. Fore-
kommer ogsaa en Del mindre og forholdsvis bredere f. Ex.
L. 0,045^{mm}, B. 0,01^{mm}. Afviger fra den typiske *N. latefasciata*
ved at være videre stribet og i Regelen forholdsvis smalere.

25 Is.

Geogr. Udbr. Hovedarten. Nordlige Polarhav. Adriatiske Hav.

55. **N. semiinflata** m. Tab. nost. IV, Fig. 39.

L. 0,06^{mm}, B. 0,01^{mm}, Str. c. 12 p. 0,01^{mm}.

· Lineær med afrundede Ender og med en Udbugtning paa
den ene Side. Striberne vinkelrette paa Midtspalten, manglende
helt i Midtpartiet paa den udbugtede Side, tildels manglende
paa den rette Side, saaledes at der her bliver en halvrund bar
Plet. Terminalnodus lidt fjærnet fra Skal-Enderne, hvor Stri-

berne fortsættes radierende udenom den. Forekommer ogsaa indtil halv saa stor som det afbildede Exemplar. En meget karakteristisk Form, som sikkert er nær beslægtet med foregaaende.

10 Is og Ler. 21 Is. 28 Is.

Affines.

56. **N. Peisonis** Grun. (A. S. Atlas, Tab. XLIX, 24—26).
24 Is.

Geogr. Udbr. Østerrig, Ungarn, Mähren og Galicien.

Radiosæ.

57. **N. Gastrum** (Ehr.?) Donk. (Donk. B. Diat., Tab. III, 10. V. H. Syn., Tab. VIII, 25 og 27).

7 Is. 28 Is. 31 Pl. 44.

Geogr. Udbr. Sverig, Belgien, Bøhmen, Nordlige Polarhav.

Det af mig undersøgte Materiale giver mig Anledning til at fremkomme med et Par Bemærkninger angaaende ovenstaaende Art.

Baade Grunow (Cl. & Gr. ark. Diat., p. 31) og Van Heurck (Syn., P. 87) fremhæve som karakteristisk for *N. Gastrum* det mer eller mindre brede, stribefrie Rum omkring Centralnodus, hvilket ogsaa er rigtigt gjengivet i Van Heurcks Figurer. Donkin omtaler ligeledes (l. c., p. 22) Striberne i Skallens Midtparti som «transverse, shortened, and of uneqval length», men paa hans Figur gaa Striberne lige ind til Centralnodus og lade ikke noget Rum frit. Grunow gjør (l. c.) en Bemærkning desangaaende og føjer til, at saa store Exemplarer som Donkins (0,072^{mm} lang und 0,027^{mm} breit) har han endnu ikke set. Det synes altsaa, som om Donkin beskriver den typiske *Nav. Gast.*, medens hans Afbildning enten har en — ikke ubetydelig — Fejl eller gjengiver en anden Form end den typiske. Dette sidste turde nu vist nok være Tilfældet, thi i det undersøgte

Materiale har jeg fundet Exemplarer, der baade hvad Størrelse og Midtpartiets Stribning angaar svare særdeles godt til Donkins Figur. Paa Tab. nost. IV, Fig. 40 har jeg afbildet en saadan Form, der har Dimensionerne L. 0,053^{mm}, B. 0,018^{mm}. Disse Dimensioner synes nu ganske vist ikke at stemme med Grunows Opgivelser 0,072^{mm} og 0,027^{mm}, men her kan jeg ikke skjønne andet, end at Grunow maa have begaaet en Fejl-Regning.

Donkin opgiver ingen Dimensioner i sin Text, men hans Figurer ere, naar ikke det modsatte specielt angives, forstørrede 500 Gange. Figuren af *Nav. gast.* er 29^{mm} lang og 11^{mm} bred, hvilket altsaa giver Dimensionerne 0,058^{mm} og 0,022^{mm}, hvad der ret godt stemmer med den af mig afbildede Form. Skulde det synes nødvendigt at benævne denne Varietet, der trods den ikke uvæsenlige Afvigelse dog vel bør henregnes til *Nav. Gast.*, da turde maaske Benævnelsen *Nav. Gastr.* Donk., var. *Donkinii* være passende.

var. *intermedia* m. Tab. nost. IV, Fig. 38, L. 0,059^{mm}, B. 0,016^{mm}, Str. 6—7 p. 0,01^{mm}.

Denne Form er aabenbart et Bindeled mellem *Nav. valida* Cl. & Gr. og *Nav. gast.* var. *Yeniseyensis* Gr. Den er smallere og mere flntbygget end *Nav. valida*, men den er til Gjengjæld mindre elegant tilspidset end *N. gast. Yen.* og videre stribet, det aftegnede Exemplar endog ualmindelig vidt stribet.

25 Is.

var. *Yenisseyensis* Gr. (Cl. & Gr. ark. Diat., Tab. I, 28.)

10 Is. 16 Is. 25 Is.

Geogr. Udbr. Cap Deschneff.

N. digitoradiata Greg. (V. H. Syn., Tab. VII, 4.)

25 Is.

Geogr. Udbr. Spredt ved Europas Kyster. Nordlige Polarhav.

59. **N. digitoradiata** Greg.? *var.* (cnfr. Cl. & Grun. ark. Diat., Tab. II, 30). Tab. nost. V, Fig. 49.

L. 0,117^{mm}, B. 0,025^{mm}, Str. 6—7 p. 0,01^{mm}.

Det er med nogen Tvivl, at jeg opfører den her afbildede Form under *Nav. dig.* og henviser til Cl. & Gr.'s ovenciterede Figur, der gjengiver en Varietet *striolata* fra Yenissey. Grunow anfører nemlig denne Varietet med 8—9 Striber, der ere tydelig tværstribede, hvilket jo ogsaa Navnet antyder. Striberne hos den af mig afbildede Form ere ganske vist tværstribede, men det lykkedes mig først at se denne Tværstribning ved Anvendelse af Apochromat Olie-Immersion og skraat Lys, saaledes at den her næppe kan betegnes som tydelig. Det ejendommelige Forhold, at Striberne henimod Spidsen af Skallen paa de to diametralt modsatte Partier af denne ere vinkelrette paa Midtspalten, men iøvrigt radierende, synes at anvise denne Form en Plads som en Overgang mellem *Nav. gast.* og *Nav. digitoradiata.*

28 Is.

*Nav. sp. f. *anormalis.* Tab. nost. III, Fig. 16.

Ejendommelig pleurosigmoidisk Abnormitet af Gruppen *Nav. Gastrum*, vistnok nærmest en *Nav. valida.*

25 Is.

60. **N. valida** Cl. & Grun. (Cl. & Grun. ark. Diat., Tab. II, 29). Forekommer med usymmetrisk Stribning i Lighed med, hvad Cleve anfører om Wankarema-Formerne af denne Art. (Vega-Exp., p. 466).

10 Ler og Stof paa Isen. 16 Is. 25 Is. 28 Is.

Geogr. Udbr. Kara Havet, Cap Wankarema.

var. *minuta* Cl. Tab. nost. III, Fig. 19.

L. 0,026^{mm}, B. 0,013^{mm}, Str. 7—8 p. 0,01^{mm}.

Forekommer ogsaa med lidt mere tilspidsede Skal-Ender. Da denne Varietet ikke findes afbildet noget Sted, og jeg derfor

ikke var fuldstændig sikker paa min Bestemmelses Rigtighed,
henvendte jeg mig med en Forespørgsel desangaaende til Pro-
fessor Cleve, der viste mig den Velvillie at svare, at saavidt
det var ham muligt at dømme alene efter den ham tilsendte
Kopi af min Tegning, var Bestemmelsen rigtig, forudsat at der
ikke forelaa en lille Form af *Nav. Gast.* Da den imidlertid
mangler det udprægede blanke Parti om Centralnodus, tror jeg,
at den rettest finder sin Plads som en Varietet af *Nav. valida,*
men iøvrigt turde det vistnok være vanskeligt at trække en
skarp Grændse mellem denne sidste og *Nav. Gast.*; (cnfr. Cl. & Gr.
ark. Diat, p. 33).

Spredt mellem *Nav. valida* og *Nav. Gastrum.*

61. **N. imperfecta** Cl. (Cl. Vega Exp., Tab. XXXVI, 34).
25 Is. 28 Is.
Geogr. Udbr. Kara Havet, Cap Wankarema.

62. **N. peregrina** (Eh.?) Ktz., var. *Meniscus Schum.* (V. H.
Syn., Tab. VIII, 19).
25 Is.
Geogr. Udbr. Europa. Amerika.

63. **N. Menisculus** Schum., *var.* (V. H. Syn., Tab. VIII, 22).
20 Drivtræ.
Geogr. Udbr. Østersøen.

64. **N. rhyncocephala** Ktz. (V. H. Syn., Tab. VII, 31).
20 Drivtræ.
Geogr. Udbr. Spredt i Europa. Kara Havet.

65. **N. radiosa** Ktz. (V. H. Syn., Tab. VII, 20).
43 C.
Geogr. Udbr. Spredt i Europa.

66. **N. Rostellum** W. Sm. (Donk. Brit. Diat., Tab. VI, 7).
Tab. nost. VI, Fig. 73 × 1000.
L. 0,024^{mm}, B. 0,011^{mm}, Str. over 25 p. 0,01^{mm}.

Afviger fra Donkins Figur ved at have mere butte Skal-Ender.

7 Is.

Geogr. Udbr. England.

Directæ.

I sine indledende Bemærkninger om denne Gruppe fremhæver Cleve (Vega Exp. P. 466—67), at han i Materiale fra Cap Wankarema har fundet en „næsten utrolig Overflødighed af Varieteter og Former, alle forbundne med hinanden og mer eller mindre beslægtede med .*N. directa* W. Sm.", og han tilføjer, at der findes nærbeslægtede Former med bøjede Skaller, som derfor høre til *Rhoikoneis*-Gruppen. Det af mig undersøgte Materiale viser en lignende Rigdom paa Varieteter og Overgangsformer, som det derfor falder naturligst at indordne under de af Cleve opstillede Hovedformer.

67. **N. directa** W. Sm.

Geogr. Udbr. Europas Kyster. Nordlige Polarhav.

var. *remota* Grun. (cnfr. Cl. & Grun., ark. Diat., P. 39 og A. S. Atlas, Tab. XLVIII, 2).

H. H.

var. *lata* m. Tab. nost. V, 47.

L. 0,37^{mm}, B. 0,02^{mm}, Str. 5—6 p. 0,01^{mm}.

Striberne tværstribede. Nærmer sig noget til Varieteten *N. dir. remota*, men er bredere og tættere stribet og er maaske kun en Form af *N. transitans*.

16 Is.

var. *angusta* Grun. (I Følge Cleve l. c., p. 467 = den typiske *N. directa* W. Sm. Sm. Syn., Tab. XVIII, 172).

var. *subtilis* Greg. (Greg. Diat. Clyde, Tab. IX, 19).

Begge de to sidstnævnte Varieteter ere ikke sjeldne.

7 Is. 8 Is og Ler. 16 Is. 21 Is & Pl. 23 Is. 24 Is. 25 Is. 28 Is. 31 Is & Pl. H. H.

var. *derasa m.* Tab. nost. V, Fig. 48.

L. 0,09^{mm}, B. 0,013, Str. 12 p. 0,01^{mm}.

Striberne tildels bortraderede. Burde maaske snarere have sin Plads blandt de raderede Former af *N. transitans.*

Forekommer af og til mellem Varieteterne *N. dir. angusta* og *subtilis.*

var. *cuneata m.* Tab. nost. IV, Fig. 42.

L. 0,064^{mm}, B. 0,01^{mm}, Str. 10 p. 0,01^{mm}.

Danner ved sin noget bredere Form en Overgang til *N. transitans.*

21 Is.

68. **N. transitans** Cl. (Cl. Vega Exp., Tab. XXXVI, 31 og 33).

7 Is, 10 Is, 16 Is. 21 Is & Pl. 23 Is, 24 Is, 25 Is, 28 Is, 30 Is.

Geogr. Udbr. Kara Havet. Cap Wankarema.

Det turde vist være vanskeligt at holde *N. transitans* Cl. ude fra *N. Zostereti* Grun. Cleve opstiller ogsaa *N. transitans* som Mellemform mellem *N. directa* og *N. Zostereti.*

var. *lata m.* Tab. nost. IV, Fig. 43.

L. 0,061^{mm}, B. 0,022^{mm}, Str. 7—8 p. 0,01^{mm}.

Striberne svagt radierende, næsten parallele, fint tværstribede. Paa den ene Side af Midtspalten, et lille Stykke fra begge Skal-Enderne findes en ind imod Midten tvedelt Stribe: en Ejendommelighed, der mer eller mindre udpræget gjenfindes hos adskillige af de i Materialet forekommende *Nav. transitans* (cnfr. vor Afbildning Tab. V, 47 af *Nav. dir. lata.*)

7 Is, 16 Is, 25 Is.

var. *derasa* Grun. (Cl. Vega Exp., Tab. XXXVI, 32).

Hist og her sammen med Hovedarten.

* **N. transitans?** f. *anormalis.* Tab. nost. III, Fig. 17.

Vistnok en *Nav. transitans* i Sygelighedstilstand.

10 Is.

69. **N. incudiformis** Grun. (Cl. & Gr., ark. Diat., Tab. II, 43. Cl. Vega Exp., Tab. XXXVI, 26 og 30.)

7 Is, 25 Is.

Geogr. Udbr. Cape Wankarema.

70. **N. Zostereti** Grun. (A. S. Atlas, Tab. XLVII, 42—44).

16 Is, 25 Is.

Geogr. Udbr. Hist og her ved Europas Kyster. Nordlige Polarhav.

71. **N. erosa** Cl. (Cl. Vega Exp., Tab. XXXVI, 28).

7 Is, 25 Is.

Geogr. Udbr. Cap Wankarema.

var. *elegans* m. Tab. nost. V, Fig. 50.

L. $0,105^{mm}$, B. $0,025^{mm}$, Str. 7—8 p. $0,01^{mm}$.

En smukt tilspidset, anselig Varietet.

16 Is.

var. *crassa* m. Tab. nost. VIII, Fig. 94.

L. $0,056^{mm}$, B. $0,024^{mm}$, Str. 10 p. $0,01^{mm}$.

Minder i Form noget om *Nav. imperfecta* Cl., men Striberne gaa hele Vejen vinkelret paa Midtspalten.

16 Is.

Den sidste Varietet kunde maaske ogsaa opfattes som hørende til *Nav. assymetrica* Cl., der dog sikkert kun er en Form af *N. erosa* Cl. (cnfr. ogsaa Cl., Vega Exp., p. .468).

72. **N. (Rhoikoneis) trigonocephala** Cl. (Cl. Vega Exp., Tab. XXXVI, 29).

Geogr. Udbr. Cap Wankarema.

f. typica.

10 Is, 23 Is, 25 Is. 31 Pl.

f. minor. Tab. nost. IV, Fig. 45.

L. $0,034^{mm}$, B. $0,017^{mm}$, Str. 10 p. $0,01^{mm}$.

10 Is, 16 Is, 21 Is, 30 Is, 31 Is.

var. *contracta* m. Tab. nost. IV, Fig. 46.

L. 0,036^{mm}, B. størst 0,0125^{mm}, i Midten 0,0106^{mm}, Str. 10 p. 0,01^{mm}.

Contraheret i Midten. Skal-Enderne temmelig langt tilspidsede. Er maaske en raderet og mere tætstribet Varietet af *N. bicuspidata* Cl. & Gr. (Cl. New Diat., Tab. II, 25), som Cleve (l. & c. p. 10) anser for beslægtet med *N. directa*. Det forekommer mig dog, at i hvert Fald den her foreliggende Form har sin naturligste Plads under *N. trigonocephala*, forbundet med den ved Varieteten *minor*.

7 Is, 16 Is.

var. *depressa* m. Tab. nost. IV, Fig. 44.

L. 0,059^{mm}, B. 0,018^{mm}, Str. 10 p. 0,01^{mm}.

Skallen nedtrykt paa begge Sider af Midtspalten, Striberne vinkelrette paa denne, mod Skal-Enderne radierende, fint tværstribede, ikke raderede. I Midten et Stauros paa Grund af afkortede Striber.

10 Is, 21 Is.

73. **N. (Rhoik.) superba** Cl. (Cl. Vega Exp., Tab. XXXVI, 23).

10 Is og Ler.

Geogr. Udbr. Cap Wankarema.

var. *elliptica* Cl. (Cl. Vega Exp., Tab. XXXVI, 24).

7 Is, 10 Is, 16 Is, 31 Is.

f. minor.

L. 0,04^{mm}.

16 Is, 25 Is.

74. **N. (Rhoik.) obtusa** Cl. (Cl. Vega Exp., Tab. XXXVI, 25).

I det af mig undersøgte Materiale varierer denne Form stærkt i Henseende til Størrelse og Erodering. Jeg har fundet den fra 0,04^{mm} til 0,1^{mm} i Længde, de største Former ere forholdsvis smalle.

7 Is. 10 Is og Ler. 16 Is, 25 Is, 28 Is, 31 Is.

Geogr. Udbr. Cap Wankarema.

var. *amphiglottis* m. Tab. nost. V, Fig. 56.

• L. 0,106^{mm}, B. 0,017^{mm}, i Midten 0,015^{mm}, Str. 10—12 p. 0,01^{mm}.

Længere og forholdsvis smallere end Hovedarten, fra hvilken den desuden afviger ved den i Midten noget indsnevrede og ud imod Spidsen tungedannede Skal. Stribningen usymmetrisk. Paa den Side af Skallen, hvor Striberne ere længst fjernede fra Midtspalten, fortsættes de utydeligt over det blanke Rum helt ind til denne, hvor de igjen komme til Syne som smaa Fragmenter.

Findes af og til sammen med Hovedarten.

75. **N. (Rhoik.) Bolleana** Grun. var.? *Siberica.* Cl. Vega Exp., Tab. XXXVII, 38).

7 Is, 10 Is, 31 Is.

Geogr. Udbr. Cap Wankarema.

var. *intermedia* m. Tab. nost. V, Fig. 51.

L. 0,056^{mm}, B. 0,011^{mm}, Str. 8 p. 0,01^{mm}.

Minder i Form om Varieteten *Siberica*, i Stribernes Karakter maaske mere om Formen *assymetrica*. (Cl. l. c., Tab. XXXVII, 39.)

7 Is.

76. **N. Kariana** Grun. (Cl. & Gr., ark. Diat., Tab. II, 44).

Geogr. Udbr. Kara Havet.

var. *detersa* Grun. (Cl. Vega Exp., Tab. XXXVI, 36).

10 Is, 21 Is, 31 Is.

var. *minor* Grun.

10 Is og Ler. 21 Is, 25 Is. 31 Pl.

f. *curta* Cl. (Cl. Vega Exp., Tab. XXXVII, 40).

21 Is, 23 Is, 25 Is. 31 Pl.

Den typiske uraderede *Nav. Kariana* Grun. har jeg ikke fundet, derimod findes af og til imellem de øvrige Varianter en Form, der i sit Ydre svarer til Typen, men hvis Striber forsvinde paa et Parti af Skallen.

N. distans W. Sm., var. *borealis* Grun. (Cl. & Gr. ark. Diat., Tab. II, 42).

7 Is. 10 Ler og Is. 43 a og b. 44.

Geogr. Udbr. Spitsbergen. Franz Joseph Land.

Retusæ.

78. **N. retusa** Bréb. (Cl. Vega Exp., Tab. XXXVI, 35).

7 Is, 16 Is. 21 Pl. 23 Is, 25 Is. 31 Pl.

Forekommer f. Ex. i 25 Is indtil 0.09^{mm} lang.

Geogr. Udbr. Spredt ved Europas Kyster.

79. **N. Gregorii** Ralfs, *var.* (A. S. N. S. Diat., Tab. II, 22).

25 Is.

Geogr. Udbr. England. Kara Havet.

80. **N. cancellata** Donk., var. *Schmidtii* Grun. (A. S. Atlas. Tab. XLVI, 45).

21 Pl.

Geogr. Udbr. Spitsbergen. Cap Deschneff.

Decipientes.

81. **N. subinflata** Grun. (Cl. Vega Exp., Tab. XXXVII, 50).

10 Ler og Støv. 24 Is, 25 Is..

Geogr. Udbr. Nordlige Polarhav.

Punctatæ.

82. **N. cluthensis** Greg., var.? *Finmarchica* Grun. (Cl. & Gr., ark. Diat., Tab. II, 49). Tab. nost. VI, Fig. 69.

L. 0,058^{mm}, B. 0,032^{mm}. Striberne maalte ved Midtspalten 12 p. 0,01^{mm}.

Afviger noget fra Grunows Figur ved Stribernes Karakter i Midtpartiet (cnfr. A. S. Atlas, Tab. VI, 40).

H. H.

Geogr. Udbr. Finmarkens Kyster. Cap Horn.

N. glacialis Cl. (A. S. Atlas, Tab. VI, 35—39, Grun. Fz. Jos. L., Tab. I, 31).

7 Is. 10 Is og Støv. 21 Pl. 25 Is. 31 Pl.

Geogr. Udbr. Nordlige Polarhav.

Varierer en Del i Størrelse og Habitus. Et Par af disse Varianter turde fortjene særlig Omtale:

var. *inæqvalis m.* Tab. nost. V, Fig. 53.

K. 0,083^{mm}, B. 0,016^{mm}, Str. 12 p. 0,01^{mm}.

Denne Form er i en paafaldende Grad usymmetrisk bygget. Skallens ene Kant næsten retlinet, den anden retlinet paa Midten, dernæst skraanende med en jævn Bue ind mod de afrundede Skal-Ender; Terminal-Nodus temmelig langt fra disse, omgivet af et stribefrit Rum, der fortsættes langs Midtspalten. Striberne kun tydeligt fremtrædende i Kanten, den øvrige Del af Skallen har et ejendommeligt chagrinagtigt Ydre. Det stribefrie Rum i Midten usymmetrisk udviklet ɔ: afrundet mod den lineære Kant og her ikke naaende denne, tragtdannet udvidende sig mod den krumme Kant og gaaende helt ud til denne. (Cnfr. Cleves Fig. 41 paa Tab. XXXVII i Vega Exp., hvor en lignende men langt fra saa udpræget Form er aftegnet).

25 Is, 28 Is.

var? *angusta m.* Tab. nost. V, Fig. 55.

L. 0,058^{mm}, B. 0,013^{mm}, Str. c. 16 p. 0,01^{mm}.

Er vistnok, trods den tættere Stribning, at betragte som en Variant af *N. glacialis* Cl. Skallen viser — ved svagere Forstørrelse — det samme chagrinagtige Habitus som den foregaaende Varietet.

21 Pl. 25 Is. 31 Pl.

Didymæ.

84. **N. didyma** Ktz. (V. H. Syn., Tab. IX, 5—6).
44.

Geogr. Udbr. Europa, Amerika, Afrika.

var.? Tab. nost. IV, Fig. 41.

L. 0,083^{mm}, B. 0,016^{mm}, Str. 9—10 p. 0,01^{mm}.

Denne Form er næppe andet end en retlinet Varietet af *N. did.* Den vilde maaske være at regne til *N. elliptica,* saafremt Længdefurerne gjorde den for denne sidste Art karakteristiske Udbugtning paa Midten.

7 Is, 10 Is, 16 Is, 25 Is, 28 Is. 31 Pl.

85. **N. interrupta** Ktz. (Donk. Brit. Diat. Tab. VII, 2). 43.

Geogr. Udbr. Europa, Amerika, Afrika.

86. **N. splendida** Greg. Tab nost. V, Fig. 64.

H. H.

Geogr. Udbr. Nordlige Have.

87. **N. bomboides** A. S., var. *media* Grun. (Cl. & Gr. ark. Diat. Tab. III, 54).

H. H.

Geogr. Udbr. Nordlige Have.

88. **N. subcincta** A. S. (A. S., N. S. Diat. . Tab. II, 7).

H. H.

Geogr. Udbr. Fortrinsvis nordlige Have.

Ellipticæ.

89. **N. littoralis** Donk. (V. H. Syn. Suppl., Fig. 25).

7 Is. 10 Is og Ler. 24 Is, 25 Is, 28 Is. 31 Is & Pl. 44.

Geogr. Udbr. Spredt ved Europas Kyster.

var. *subtilis.*

Spredt mellem Hovedarten.

var. (A. S. Atlas. Tab. VIII, 24).

44.

90. **N. parca** A. S. (A. S. Atlas. Tab. VIII, 20). Tab. nost. V, Fig. 52 × 1000.

L. 0,019^{mm}, B. 0,011^{mm}, Str. c. 20 p. 0,01^{mm}.

Striberne meget fine og lyssvage, vinkelrette paa Midt-
spalten, ude imod Skal-Enderne radierende. Længdefuren paral-
lel med Midtspalten og ikke udvidet paa Midten.

Er sikkert identisk med den af A. Schmidt aftegnede
men ikke beskrevne Form, der angives som «konstant kom-
mende igjen i meget forskjellige Have.»

24 Is.

91. **N. clathrata** m. Tab. nost. III, Fig. 15.

L. 0,075^{mm}, B. 0,015^{mm}, Str. c. 17 p. 0,01^{mm}.

Lineær med afrundede Ender. Striberne, der ere meget
svagt punkterede, ere parallele og vinkelrette paa Midtspalten;
ud imod Skal-Enden blive de radierende og fortsættes svagt
men dog tydeligt rundt om Terminal-Nodus, der ligger noget
fjernet fra denne. Furen følger Midtspalten og er svagt udad-
bøjet ved Central-Nodus. Denne Form minder noget om Af-
bildningen hos A. Schmidt (Atlas, Tab. VIII, 37) af en ube-
nævnt og ubeskrevet Art fra Cap.

7 Is.

92. **N. Smithii** Bréb. (A. S. Atlas. Tab. VII, 14—22).

10 Ler. 20 Drivtræ. 25 Is.

Geogr. Udbr. Europas Kyster. Auckland. Kamortha. Tahiti.

93. **N. elliptica!!** (A. S. Atlas. Tab. VII, 55).

L. 0,019^{mm}, B? Str. 12 p. 0,01^{mm}.

I Materialet „20 Drivtræ" fandtes i ét Exemplar en lille
Navicula, der stemmer godt med A. Schmidts ovenciterede Figur.
Da Exemplaret ligger skævt, har jeg ikke nøjagtig kunnet angive
Breden. Schmidt angiver sin Art fra „Rammer Moor", en mig
ubekjendt — dog vistnok Ferskvands-Lokalitet.

Lyratæ.

94. **N. forcipata** Grev. (V. H. Syn. Tab. X, 3).

16 Is, 25 Is.

Geogr. Udbr. Europas Kyster. Davis Strait.

var. *spatiata* m. Tab. nost. V, Fig. 60 × 1000.

L. 0,025^{mm}, B. 0,011^{mm}, Str. 16—17 p. 0,01^{mm}.

Er maaske beslægtet med *N. forcip.* var. *densestriata.* (A. S. Atlas. Tab. LXX, 15), der har en noget videre Stribning i Midten, dog langtfra i den Grad, som den her foreliggende, hvor de tre midterste Striber ere stærkt spatierede og give — selv ved svagere Forstørrelse — Formen et karakteristisk Ydre. 25 Is.

var. *minima* m. Tab. nost. V, Fig. 57 × 1000.

L. 0,015^{mm}, B. 0.0054^{mm}, Str. over 25 p. 0,01^{mm}.

Denne Form hører til Gruppen „*forcipata*" og minder mest om *N. forc. minor* (A. S. Atlas. Tab. LXX, 32), men er mindre og tættere stribet.

95. **Nav. spectabilis** Greg. (Greg. Diat. Clyde. Tab. IX, 10). H. H.

Geogr. Udbr. Europas Kyster. Grønland.

var. *densestriata* m. Tab. nost. VI, Fig. 67.

L. 0,06^{mm}, B. 0,052^{mm}, Str. 12 p. 0,01^{mm}.

Tættere stribet samt kortere og bredere end Hoved-Arten, saaledes at Omridset nærmer sig til en Cirkel.

H. H.

96. **N. kryophila** Cl. (Cl. Vega Exp., Tab. XXXVII, 43).

Af denne Art har jeg fundet et Exemplar, hvor Randstriberne mangle paa den midterste Tredjedel af Skallen.

7 Is. 10 Is og Støv. 16 Is, 18 Is, 25 Is. 44.

Geogr. Udbr. Cap Wankarema.

var? *gelida* Cl. (Cl. Vega Exp., Tab. XXXII, 42).

10 Ler. 23 Pl. 28 Is.

Geogr. Udbr. Cap Wankarema.

97. **N. transfuga** Grun., var. *septentrionalis* m. Tab. nost. VI, Fig. 64. B.

L. 0,064^{mm}, B. 0,029^{mm}, Str. 10 p. 0,01^{mm}.

Oval med indsænkede, Skal-Ender. Striberne i Midten vinkelrette paa Midtspalten, længere ude radierende og buede; omkring Central-Nodus ere de afkortede, saaledes at der her dannes et ovalt stribefrit Rum; iøvrigt ere de opløste i Fragmenter, hvorved der fremkommer langsgaaende lyse Linier. Grunows *N. transf.* er fundet i Materiale fra Seyschellerne (af Grunow) og i en Bundprøve fra Bab el Mandeb (af Cleve). Den her foreliggende Form afviger navnlig ved de karakteristiske indsænkede Skal-Ender, men bør vist alligevel hellere opfattes som en Varietet af Grunows Art fremfor at opstilles som selvstændig Art.

16 Is.

98. **N. Bayleana** Grun., var.? *septentrionalis* m. Tab. nost. VI, Fig. 65. Cnfr. A. S. Atlas. Tab. VI, 37.

L. 0,048ᵐᵐ, B. 0,031ᵐᵐ, Str. 12 p. 0,01ᵐᵐ.

Oval. Striberne vinkelrette paa Midtspalten, længere ude radierende, opløste i grove Punkter undtagen i Randen. Paa begge Sider af Midtspalten et stribefrit Rum, der omkring Centralnodus udvider sig og danner en blank Plet om denne. Upaatvivlelig identisk med A. Schmidts ovenciterede Afbildning, der gjengiver et Exemplar fra Spitsbergen. Den er ubenævnt og anført som «*sp. nov?*» Det forekommer mig, at den staar *N. Bayleana* nærmest.

H. H.

Pseudoamphiproræ.

99. **N. arctica** Cl. (Cl. ark. Sea. Tab. III, 13).

H. H.

Geogr. Udbr. Skotland. Nordlige Polarhav.

Minutulæ.

100. **N. cocconeiformis** Greg. (V. H. Syn. Tab. XIV, 1). Tab. nost. V, Fig. 58 × 1000.

7 Is, 16 Is.

Geogr. Udbr. Spredt i Europa. Spitsbergen.

101. **N. Bahusiensis** Grun.? (Grun. Fz. Jos. L. Tab. I, 43, V. H. Syn., Tab. XIV, 2 og 3). Tab. nost. IV, Fig. 30 og 31 × 1000. L. 0,014^{mm} — 0,024^{mm}, B. 0,005^{mm}, Str. c. 20 p. 0,01^{mm}.

Den længste af mine to Varieteter svarer nærmest til den første af V. H.'s Fig. 2, men er meget slankere bygget; den mindste kommer maaske nærmest til Grunow's *Nav. Bah.* var. *arctica* (Gr. Fz. Jos. L. Tab. I, 43) og til V. H.'s Fig. 3. Begge Varieteterne findes i samme Prøve og afviger fra de citerede Figurer ved at Striberne, der ere meget lyssvage, ude imod Spidsen staa næsten vinkelrette paa Midtspalten.

25 Is.

102. **N. crassirostris** Grun. (Cl. & Gr. ark. Diat., Tab. III, 57). 7 Is, 21 Is.

Geogr. Udbr. Kara Havet.

var. *Maasöensis* Grun.

23 Is.

Geogr. Udbr. Maasø.

103. **N. kryokonites** Cl., var. *subprotracta* Cl. (Cl. Vega Exp., Tab. XXXVII, 46).

10 Is og Støv. 16 Is, 24 Is, 25 Is.

Geogr. Udbr. Cap Wankarema.

var. *semiperfecta* Cl. (Cl. Vega Exp., Tab. XXXVII, 45).

Sammen med foregaaende.

Geogr. Udbr. Som foregaaende.

104. **N. Baculus** Cl. (Cl. Vega Exp., Tab. XXXVII, 51). 7 Is, 10 Is, 16 Is, 21 Is, 25 Is, 28 Is.

Geogr. Udbr. Cap Wankarema.

105. **N. semistriata** m. Tab. nost. VI, Fig. 66 × 1000. L. 0,024^{mm}, B. 0,008^{mm}, Str. c. 20 p. 0,01^{mm}.

Minder i Form noget om *Nav. rhyncocephala.* Striberne meget fine og lyssvage, svagt radierende, manglende paa den ene Side af Centralnodus. Vistnok en Variant af *N. kryokonites.*

7 Is.

Vegæ.

106. **N. Vegæ** Cl. (Cl. & Gr. ark. Diat., Tab. IV, 30).

1ò Is, 16 Is, 21 Is, 25 Is, 28 Is.

Geogr. Udbr. Kara Havet.

var. *cuneata* m. Tab. nost. VI, Fig. 72.

L. 0.164^{mm}, B. 0.033^{mm}.

Lineær med but kegledannede Skal-Ender.

16 Is.

Libellus.

107. **Libellus constrictus** (Ehr.). De Toni. (A. S. Atlas, Tab. XXVI, 39).

7 Is.

Geogr. Udbr. Europas Kyster. Cuba.

108. **Libellus? septentrionalis** m. Tab. nost. VIII, Fig. 97.

L. 0,03^{mm}, B. 0,0045^{mm}, Str. meget fine.

Lineær med afrundede Skal-Ender. I Midten et Stauros. Striberne kunne ses ved Olie-Immersion og skævt Lys, men det er ikke lykkedes mig at tælle dem. Forekommer kjædet sammen i meget lange Baand f. Ex. paa 0.5 Længde og derover.

Det er med megen Tvivl, at jeg opfører denne Art som en *Libellus.*

23 Pl.

---

109. **N. evulsa** m. Tab. nost. V, Fig. 54.

L. 0,042^{mm}, B. 0,012^{mm}, Str. 12 p. 0,01^{mm}.

Skallen lancetdannet, but kileformet tilløbende i Spidsen, hvor den undertiden kan være lidt mere indsnøret end det aftegnede Exemplar. Striberne radierende, dernæst vinkelrette paa Midtspalten. Paa de to yderste Tredjedele af Skallen gaa de helt ind til Midtspalten, paa den midterste Tredjedel vige de ud fra denne, saaledes at der om Centralnodus fremkommer et stribefrit Rum af Form som et uregelmæssigt Kors, hvilket giver dette Parti af Skallen et ejendommeligt oprevet Udseende.

25 Is. 31 Pl.

Obs. Jeg har været noget i Tvivl om, hvorvidt denne Form virkelig repræsenterer en egen Art eller mulig skulde' være en Variant af *Stauroneis Finmarchicha* (Cl. & Grun. ark. Diat., Tab. III, 63), hvorfra den ene afviger noget i ydre. Kontur, men stemmer i Størrelse, Stribernes Retning og Antal. Da jeg imidlertid ikke har kunnet erkjende det, blanke Rum som et virkeligt Stauros, har jeg meent at burde opstille den som selvstændig Art.

Stauroneis.

110. **Stauroneis aspera** (Ehr.), var. *intermedia* Grun. (Grun. Fz. Jos. L. Tab. I, 29).

10 Is, 25 Is. H. H.

Geogr. Udbr. Nordlige Polarhav. Cap Horn.

111. **S. Spicula** Hickie. (V. H. Syn. Tab. IV, 9).

7 Is, 16 Is, 25 Is. 31 Pl.

Geogr. Udbr. Fortrinsvis i de koldere Have.

112. **S. pellucida** Cl. (Cl. Vega Exp., Tab. XXXV, 10).

Geogr. Udbr. Cap Wankarema.

var *cuneata* m. Tab. nost. V, Fig. 59.

var. *pleurosigmoidea* m. Tab. nost. V, Fig. 63.

var. *contracta* m. Tab. nost. V, Fig. 62.

Varianterne, der turde være tilstrækkelig karaktiserede gjennem Afbildningerne, forekomme blandede med Hovedarten.

7 Is, 16 Is, 25 Is. 31 Pl.

113. **S. polymorpha** Lgstdt. (Lgstdt. Spetsb. Tab. I, 12).

7 Is. 43 c.

Geogr. Udbr. Spredt i Europa. Spitsbergen.

114. **S. anceps** Ehr. (V. H. Syn. Tab. IV, 4—5).
H.' H.
Geogr. Udbr. Europa, Amerika, Asien.

115. **S. Groenlandica** m. Tab. nost. V, Fig. 61 × 1000.
L. 0,026^{mm}, B. 0,006^{mm}, Str. mindst 25 p. 0,01^{mm}.

Striberne meget fine og lyssvage, svagt radierende, samt ikke naaende Midtspalten. Stauros veludviklet, gaaende helt ud til Randen.
7 Is.

116. **S. exigua** m. Tab. nost. III, Fig. 20 × 1000
L. 0,019^{mm}, B. 0,006^{mm}, Str. 15 p. 0,01^{mm} .

Skal-Enderne hovedformet opsvulmede. Striberne tydelige inde ved Stauros, forsvindende ud imod Skal-Enderne, svagt radierende. Maaske en mere lineær Variant af *S. Heufleriana* Grun. (Grun. Wien Akad.˙1863. Tab. XIII, 10).
24 Is.

117. **St. perpusilla** Grun. (Gr. Fz. Jos. L. Tab. I, Fig. 50).
7 Is, 16 Is, 25 Is.
Geogr. Udbr. Franz Joseph Land.

118. **S. Hartzii** m. Tab. nost. VI, Fig. ˙71 × 1000.
L. 0,035^{mm}, B. 0,005^{mm}.

Skallen lineær, opsvulmet indenfor de hovedformede Skal-Ender. Opsvulmningen varierende i Størrelse, undertiden næsten forsvindende. Hyppigst forekommer Arten, som den er gjengivet i Afbildningen. Det har ikke været mig muligt at opdage nogen Structur paa den.

Det forekommer mig naturligt, at Cand. Hartz's Navn knyttes til denne Form, der ikke blot er karakteristisk i og for sig, men ogsaa for en stor Del af det indsamlede Materiale.

7 Is, 10 Is, 16 Is, 24 Is, 25 Is, 30 Is. 43. 44.

Pleurosigma.

119. **Pleurosigma delicatulum** W. Sm. (Sm. Syn. Tab. XXI, 202). 23 Is.

Geogr. Udbr. Spredt ved Europas, Asiens og Amerikas Kyster.

120. **P. Clevei** Grun. (Cl. & Grun. ark. Diat. Tab. III, 70). 16 Is.

Geogr. Udbr. Kara Havet.

121. **P. rhomboides** Cl. (Cl. & Gr. ark. Diat. Tab. IV, 73). 7 Is, 16 Is, 28 Is.

Geogr. Udbr. Kara Havet. Franz Joseph Land. Cap Wankarema.

122. **P. Stuxbergii** Cl. & Grun. (Cl. & Grun. ark. Diat. Tab. IV, 74).

7 Is.

Geogr. Udbr. Kara Havet. Franz Joseph Land. Cap Horn.

123. **P. longinum** W. Sm. (Perag. Monog. Pl. VIII, 3). 7 Is, 16 Is.

Geogr. Udbr. Nordlige Polarhav.

124. **P. vitreum** Cl. (Cl. & Gr., ark. Diat. Tab. IV, 78.) 7 Is, 16 Is, 25 Is.

Geogr. Udbr. Spredt i forskjellige Håve.

125. **P. glaciale** Cl. (Cl. Vega Exp. Tab. XXXV, 13.) 25 Is.

Geogr. Udbr. Cap Wankarema.

Amphiprora.

126. **Amphiprora? amphoroides** m. Tab. nost. VI, Fig. 70 & VII, Fig. 87 a og b.

L. 0,055^{mm}, B. 0,007^{mm}.

Skallen mer·eller mindre tydeligt tre-bølget. Skal-Enderne kiledannet tilspidsede. Stribning meget utydelig, synes i Midten at være vinkelret paa Længde-Axen. Midtspalten bøjer sig ved de to Skal-Ender til modsatte Sider, saaledes at de to Termi- nalnodi komme til at ligge hver paa sin Kant af Skallen, lidt nedenfor dennes Spids. Lykkes det — i et Styrax-Præparat — at dreje Skallen, kan den under Drejningen antage det Ud- seende, som er gjengivet i Fig. 87 a, altsaa antage et *Amphora-* lignende Udseende.

Jeg har været meget usikker med Hensyn til denne Forms Plads i Systemet, og det er med en ikke ringe Tvivl, at jeg op- stiller den som en *Amphiprora.*

7 Is. 16 Is. 25 Is.

127. **A. paludosa** W. Sm., var. *punctulata* Grun. (Cl. & Gr. ark. Diat., Tab. IV, 84).

16 Is. 21 Pl. 23 Is. 25 Is. 28 Is.

Geogr. Udbr. Kara Havet. Cap Wankarema.

128. **A. kryophila** Cl. (Cl. Vega Exp., Tab. XXXV, 11). Tab. nost. VI, Fig. 75.

Mine Exemplarer afvige fra Cleves ved at Stribernes Antal paa Vinger og Skal ere ens, nemlig 12—13 p. 0,01.

10 Is. 25 Is. 31 Pl. 44.

Geogr. Udbr. Cap Wankarema.

129. **A. striolata** Grun. (Cl. & Gr. ark. Diat., Tab. IV, 81). Tab. nost. VI, Fig. 76.

16 Is. 28 Is.

Geogr. Udbr. Kara Havet.

Da de af mig fundne Exemplarer afvige noget fra Grunows Figur, har jeg givet en Afbildning af denne Art.

130. **A. glacialis** Cl. (Cl. Vega Exp., Tab. XXXV, 12).

28 Is.

Geogr. Udbr. Cap Wankarema.

131. **A. decussata** Grun., var. *septentrionalis* Grun. (Cl. & Gr. ark. Diat., Tab. V, 87).

21 Is.   25 Is.   28 Is.

Geogr. Udbr.   Finmarken.

I det af mig undersøgte Materiale findes den typiske Form af denne Varietet, dog ikke sjeldent større end angivet hos Grunow (l. c. p. 63, hvor Længden angives til 0,076^{mm}). Paa Tab. nost. VII, Fig. 79 har jeg gjengivet en Form, der forekommer spredt med de ·andre, og som vistnok maa opfattes som hørende herhen, uagtet dens kolossale Størrelse, nemlig L. 0,16^{mm}, Str. c. 20 p. 0,01^{mm}. Den har det fint krydsstribede Vinge-Parti, der ved lige Belysning viser sig ejendommeligt nupret, et Forhold, ·som Grunow netop fremhæver som karakteristisk for Varieteten *septentrionalis*.

132. **A. longa** Cl. (Cl. Arc. Sea, Tab. III, 15).

H. H.

Geogr. Udbr.   Nordlige Polarhav.   ·

8. *Nitzschieæ.*

Apiculatæ.

133. **N. apiculata** (Greg.) Grun. (V. H. Syn., Tab. LVIII, 26.)

H. H.

Geogr. Udbr.   Europas Kyster.   Grønlands og Finmarkens Kyster.

Dubiæ.

134. **N. Wankaremæ** Cl. (Cl. Vega Exp., Tab. XXXVIII, 71).

8 Ler.

Geogr. Udbr.   Cap Wankarema.

135. **N. littorea** var. *parva* Grun. (V. H. Syn., Tab. LIX, 25).

22 Pl.

Bilobatæ.

136. **N. hybrida** Grun. (Cl. & Grun. ark. Diat., Tab. V, 95. Grun. Fz. Jos. L., Tab. I, 61).

8 Is. 10 Ler. 16 Is. 21 Pl. 44.

Geogr, Udbr. Nordlige Europas Kyster. Nordlige Polarhav.

• Insignes.

137. **N. insignis** W. Sm., var. *arctica* Grun. Tab. nost. VII, Fig. 81. Kjølperler 2—3, Str. 15 p. 0,01^{mm}.

H. H.

Geogr. Udbr. Nordlige Polarhav.

⌐ Bacillarieæ.

138. **N. socialis** Greg., var. *septentrionalis* m. Tab. nost. VII, Fig. 80.

L. 0,16^{mm}. B. 0,078^{mm}. Kjølperler 7—8, Striber 15 p. 0,01^{mm}.

Afviger fra de øvrige Varianter af denne Art ved at være tydelig indsnevret paa Midten.

7 Is. 10 Is. 16 Is. 25 Is. 28 Is.

Spathulatæ.

139. **N. distans** Greg., var.? *subsigmoidea* Grun. (V. H. Syn., Tab. LXII, 18.)

28 Is.

140. **N. angularis** W. Sm. (V. H. Syn., Tab. LXII, 11—14.

7 Is. 10 Is. 16 Is. 21 Is. 25 Is. 31 Pl.

Geogr. Udbr. Europas Kyster. Ceylon. Cap Horn. Nordlige Polarhav.

En Varietet med Sidevinklen lidt mere fremtrædende end hos Hovedarten er ikke sjelden.

var. *borealis* Grun. (Cl. & Grun. ark. Diat., Tab. V, 99).

H. H.

Geogr. Udbr. Kerguelens Land. Finmarken. Kara Havet.

141. **N. affinis** Grun. (V. H. Syn., Tab. LXII, 16.)

21 Pl.

Geogr. Udbr. Spredt i alle Have.

Sigmoidea.

142. **N. sigmoidea** (Ehr.) W. Sm. (V. H. Syn., Tab. LXIII, 5—7.)

H. H.

Geogr. Udbr. Europa. Madeira. Japan.

Sigmata.

143. **N. scabra** Cl. (Cl. Vega Exp., Tab. XXXVIII, 73).

7 Is. 10 Is. 16 Is. 25 Is. 28 Is.

Geogr. Udbr. Cap Wankarema.

144. **N. lævissima** Grun. (Grun. Fz. Jos. L., Tab. I, 65—66).

7 Is. 10 Is. 16 Is. 21 Is & Pl. 22 Pl. 23 Is. 25 Is.

Geogr. Udbr. Franz Joseph Land. Cap Wankarema.

Lineares.

145. **N. linearis** W. Sm., var. *tenuis* Grun. (V. H. Syn., Tab. XVII, 16.)

21 Pl.

Geogr. Udbr. Spredt overalt i Ferskvand. Kara Havet.

146. **N. gelida** Cl. & Grun. (Cl. Vega Exp., Tab. XXXVIII, 70.)

7 Is. 16 Is.

Geogr. Udbr. Cap Wankarema.

147. **N. polaris** Cl. & Grun. (Grun. Fz. Jos. L., Tab. I, 62—63).

7 Is. 8 Is og Ler. 10 Is og Ler. 16 Is. 21 Is & Pl. 22 Pl. 25 Is. 28 Is. 31 Is & Pl.

Geogr. Udbr. Franz Joseph Land. Cap Wankarema.

148. **N. formosa** m. Tab. nost. VII, Fig. 83.

L. 0,076^{mm}, B. 0,01^{mm}, Kjølperler 6 p. 0,01^{mm}.

Kjøl lidt excentrisk, de to midterste Kjølperler distante med en meget lille Centralnodus mellem sig. Striberne meget fine, kun til at skimte i Randen ved Olie-Immersion og skævt Lys. Bør vistnok opfattes som en Mellemform mellem *N. gelida* og *N. polaris*, idet Tilstedeværelsen af Centralnodus peger henimod den første, medens den har den overordentlige fine Stribning tilfælles med den sidste.

8 Is. 10 Is. 25 Is.

149. **N, vitrea** Norm. (V. H. Syn., Tab. LXVII, 10.)

7 Is.

Geogr. Udbr. Englands og Belgiens Kyster. Spitsbergen.

150. **N. frigida** Grun.? (Cl. & Grun. ark. Diat., Tab. V, 101.) Tab. nost. VIII, 99.

L. 0,06ᵐᵐ, B. 0,035ᵐᵐ.

I flere af de hjembragte Prøver forekommer en *Nitzschia*, som i den Stilling, den hyppigst indtager i Præparaterne, (se Fig. 99 a) fuldstændig i Konturen svarer til Grunows oven-citerede Figur. Den har ligesom *N. frigida* 7—9 Kjølperler og Antydning af Centralnodus. Ikke sjeldent ses den ogsaa i en lidt skæv Stilling, som er vist i Fig. 99 e. Ved imidlertid at undersøge et Præparat af udvasket Planktonmateriale, der blev glødet paa Dækglasset, og hvor Diatoméerne havde samlet sig i Klumper, lykkedes det mig at faa den at se fra Hovedfladen. Fig. 99 b og c viser i dyb og høj Indstilling et Exemplar i skæv Hovedstilling, Fig. 99 d et i ret Hovedstilling. Det frem-gaar af denne sidste Figur, at Kjølen er central, men bugtet i en Retning, vinkelret paa Hovedfladen, og at Skallen, set fra denne Side, er overordentlig bred. Da Grunow (cnfr. l. c. p. 94) hidtil kun har iagttaget *N. frigida* «in ganzen Frustulen» og ikke giver nogen Afbildning af Hovedfladen, har jeg anset det for muligt, at den af mig aftegnede Form er identisk med hans Art, og jeg har derfor ikke villet opstille den som ny.

21 Pl. 23 Is & Pl. 31 Pl.

151. **N. recta** Hautzsch. (V. H. Syn., Tab. LXVII. 17—18.) 21 Pl.

Geogr. Udbr. Yenissey.

Lanceolatæ.

152. **N. lanceolata** W. Sm. (V. H. Syn., Tab. LXVIII, 2.) 16 Is. 21 Is & Pl. 23 Is.

Geogr. Udbr. Europas og Asiens Kyster.

var.? Tab. nost. VII, Fig. 82.

L. 0,06^{mm}, B. 0,0066^{mm}, Kjølperler 7—8. Str. meget fine.

Afviger fra den typiske *N. lanceolata* ved sin mere elegante Form og ved at have Spor til Centralnodus.

16 Is. 21 Is & Pl. 23 Is.

153. **N. ovalis** Arn. var.? *major* m. Tab. nost. VII, Fig. 84.

L. 0.056^{mm}, B. 0,013, Kjølperler 6—7, Str. c. 25 paa 0,01^{mm}.

Vistnok en Varietet af *N. ovalis*, uagtet den har færre Kjølperler.

13 Bdp.

Nitschiella.

154. **N. longissima** (Breb.) Ralfs, f. *parva* (V. H. Syn., Tab. LXX, 2.)

16 Is. 22 Pl. 34 Pl.

Geogr. Udbr. Hovedarten: Europas Kyster. St. Barthelemy. Borneo.

155. **N. closterium** W. Sm. (V. H. Syn., Tab. LXX, 5.) 21 Pl. 23 Pl.

Geogr. Udbr. Europas Kyster.

Hantzschia.

156. **H. amphioxys** (Ehr.) Grun., *var.* (Øst. Diat. i Støv. p. 140). 20 Drivtræ. 24 Is. 25 Is. 43 c.

157. **H. Weyprechtii** Grun. (Grun. Fz. Jos. L., Tab. I, 60.)
10 Is. 21 Is. 23 Is. 31 Pl.
Geogr. Udbr. Franz Joseph Land.

9. *Surirellæ.*

158. **Surirella septentrionalis** m. Tab. nost. VI, Fig. 78.
L. $0{,}116^{mm}$, B. størst $0{,}05^{mm}$, mindst $0{,}047^{mm}$, Str. $20-25$
p. $0{,}01^{mm}$.

Kontraheret i Midten, den ene Skal-Ende cirkulært afrundet,
den anden svagt kiledannet. Skallen, set fra Konnectivfladen,
kiledannet [1]). Ribberne 2 p. $0{,}01^{mm}$. Striberne meget lyssvage,
lidt tydeligere fremtrædende i Randen og hist og her ved Midt-
linien. Denne Forms nærmeste Slægtning er *S. Apiæ* Witt. fra
Samoa (A. S. Atlas, Tab. V, Fig. 3), med hvilken den har den
karakteristiske forskjelligartede Udvikling af de to Skal-Ender
tilfælles. Da den imidlertid afviger ikke saa lidt ved de mindre
robuste Ribber og ved den tydelige Midtlinie, nærer jeg ingen
Betænkelighed ved at opstille den som en ny Art.
10 Stof paa Is. 16 Is. 18 Is. 24 Is.

159. **S. splendida** Ktz., var.? *minima* m. Tab. nost. VI, Fig. 68.
L. $0{,}03^{mm}-0{,}04^{mm}$, Str. c. 25 p. $0{,}01^{mm}$.

Skallen oval, set fra Konnectivfladen svagt kiledannet til-
spidset. Striberne meget lyssvage. Tydelig udpræget Midtlinie.
Jeg kan ikke skjønne andet end, at denne Form — trods den
ringe Størrelse — maa opfattes som en Varietet af *S. splendida.*
Med de talrige Varianter af *S. ovalis* har den næppe noget at
gjøre. Temmelig hyppig i det hjembragte Materiale.
7 Is. 8 Ler. 10 Is og Stof paa Isen. 18 Is. 24 Is og Stof
paa Isen. 25 Is.

---

[1]) Ved at undersøge Raamaterialet lykkedes det mig at se Skallen fra
Konnektivfladen; desværre lykkedes det ikke at faa et Exemplar liggende
bekvemt til Tegning.

450

160. **Campylodiscus biangulatus** Grev. (Grev. Transact. Vol. 10, Tab. III, 2.)

H. H.

Geogr. Udbr. Adriatiske Hav. Asiens og Australiens Kyster.

161. **C. simulans** Greg. (A. S., N. S. Diat., Tab. III, 10.)
H. H.
Geogr. Udbr. Europas og Asiens Kyster.

10. *Synedræ.*

162. **Synedra ulna** (Nitz.) Ehr. (V. H. Syn , Tab. XXXVIII, 7.)
43 c.
Geogr. Udbr. Spredt i Europa og Amerika.

163. **S. affinis** Ktz., var. *gracilis* Grun. (V. H. Syn., Tab. XLI, 15 B.)

H. H.

var. *tabulata* Ktz., *f. curta acuminata* (V. H. Syn., Tab. XLI, 9 A.).

31 Is.

Geogr. Udbr. Hovedarten spredt i alle Have.

164. **S. Kamtschatica** Grun., var. (cnfr. Cl. & Gr. ark. Diat., p. 106). Tab. nost. VII, Fig. 85.

L. 0,305^{mm}, B. 0,0065^{mm}, Str. c. 15 p. 0,01^{mm}.

Striberne kun synlige i Randen og mangle i et lille Stykke paa Midten. Svarer ikke fuldstændig til nogen af de af Grunow l. c. omtalte Varieteter.

H. H.

Geogr. Udbr. Hovedarten: Spitsbergen. Kamtschatka.

165. **S. hyperborea** Grun., var.? *rostellata* Gr. (Gr. Fz. Josf. L., Tab. II, Fig. 6.)

16 Is.   21 Is & Pl.   22 Pl.   23 Is & Pl.   24 Is.   25 Is.
28 Is.

Geogr. Udbr. Franz Joseph Land.

166. **Thalassiothrix longissima** Cl. & Gr. (Cl. arct. Sea, Tab. IV, 24.)

3 Pl. 4 Pl. 5 Pl. 25 Is.

Geogr. Udbr. Nordlige Polarhav.

167. **Th. Frauenfeldii** Grun., *var.*

Kun Brudstykker.

8 Bdp. 12 Bdp.

Geogr. Udbr. Sydlige europæiske og østlige asiatiske Have.

11. *Eunotiæ.*

168. **Eunotia Diodon** Ehr. (W. Sm. Syn., Tab. II, 17.)

43 c.

Geogr. Udbr. Hist og her i Europa.

169. **E. Triodon** Ehr. (V. H. Syn., Tab. XXXIII, 9—10.)

H. H.

Geogr. Udbr. Som foregaaende.

170. **E. Arcus** Ehr. (V. H. Syn., Tab. XXXIV, 2.)

43 c.

Geogr. Udbr. Nordlige Europa og Amerika.

var. *curta* Grun. (Gr. Wien-A., 1862, Tab. VI, 16: W. Sm. Syn., Tab. II, 16.)

20 Drivtræ. 43 c.

COCCOCHROMATICÆ.

12. *Fragilarieæ.*

171. **F. oceanica** Cl. (*F. arctica* Gr. i Cl. & Gr. ark. Diat., Tab. VII, 124).

7 Is. 8 Is. 10 Is og Ler. 16 Is. 21 Is. 23 Is & Pl. 24 Is. 25 Is. 31 Is & Pl. 34 Pl.

Geogr. Udbr. Nordlige Polarhav.

var. *complicata* Grun. (Gr. Fz. Josf. L., Tab. II, 14.)
23 Pl.
Geogr. Udbr. Nordlige Polarhav.

172. **F. Cylindrus** Grun. (Cl. Vega Exp., Tab. XXXVII, 64 og Gr. Fz. Josf. L., Tab. II. 13.)

7 Is. 8 Is. 10 Is, Ler og Stof paa Is. 16 Is. 21 Is & Pl. 23 Is & Pl. 24 Is. 25 Is. 28 Is. 31 Pl.

Geogr. Udbr. Franz Joseph Land. Nord-Sibirien.

173. **F. mutabilis** (W. Sm.) Grun. (V. H. Syn., Tab. XLV, 12.)
20 Drivtræ.
Geogr. Udbr. Europa og Amerika.

174. **F. lapponica** Grun. (V. H. Syn., Tab. XLV, 35.)
44.
Geogr. Udbr. Lapland.

175. **Diatoma vulgare** Bory. (V. H. Syn., Tab. L, 1—6.)
20 Drivtræ.
Geogr. Udbr. Europa. Nordlige Afrika.

176. **D. tenue** Ag., var. *elongata* Lyngb. (V. H. Syn., Tab. L, 14 c.)

20 Drivtræ.

Geogr. Udbr. Europa.

177. **Rhaphoneis Surirella** (Ehr.?) Grun. (V. H. Syn., Tab. XXXVI, 26.)

7 Is. 8 Bdp. 10 Ler. 43 b. 44.

Geogr. Udbr. Europas Vestkyst. St. Barthelemy.

178. **Meridion circulare** Ag. (V. H. Syn., Tab. LI, 10—12.)

24 Is. 31 Is.

Geogr. Udbr. Europa. Amerika. Afrika.

13. *Tabellarieæ.*

179. **Grammatophora arctica** Cl. (V. H. Syn., Tab. LIII B, 3.) 44.

Geogr. Udbr. Spitsbergen. Franz Joseph Land.

180. **Gr. arcuata** Ehr. (Grun. Wien. Akad. 1862. Tab. XI, 7.) Tab. nost. VI, Fig. 74 a og b, b × 1000.

L. indtil 0,07^{mm}, Str. 10—11 p. 0,01^{mm}.

Noget videre stribet end angivet hos Grunow. Fig. 74 b er tegnet efter et mindre Exemplar, som afviger fra de større ved at Diafragmets Bugtninger ere færre.

10 Is. 13 Bdp.

Geogr. Udbr. Nordlige og sydlige Polarhave.

181. **Rhabdonema arcuatum** (Ag.) Ktz. (V. H. Syn., Tab. LIV, 14—16.)

31 Is.

Geogr. Udbr. Europa. Amerika. Atlantiske Hav. Nordlige Polarhav.

182. **Rh. minutum** Ktz. (V. H. Syn., Tab. LIV, 17—21.)

H. H.

Geogr. Udbr. Omtrent som foregaaende. Cap Det gode Haab.

Forekommer i dette Materiale baade typisk og i betydelig større Exemplarer, indtil en Længde af 0,066^{mm} (v. Tab. nost. VI, Fig. 77).

183. **Rh. Torellii** Cl., var.? **regularis** m. (cnfr. Cl. arc. Sea, Tab. IV, 20). Tab. nost. VIII, Fig. 98.

L. 0,05^{mm}, B. 0,01^{mm}, Ribber 5, Striber 12 p. 0,01^{mm}.

Jeg har opstillet denne Form som en Varietet af *R. Torellii* Cl., hvormed den har en Del tilfælles. Den har imidlertid tættere stillede Ribber og Striber og er i det Hele taget noget mere regelmæssigt bygget. Maaske kunde den fortjene Plads som selvstændig Art.

31 Is. 43 a.

Geogr. Udbr. Hovedarten: Grønland. Spitsbergen.

184. **Tabellaria flocculosa** (Roth.) Ktz. (V. H. Syn., Tab. LII, 10—12.)

24 Is. 42 b. H. H.

Geogr. Udbr. Europa. Grønland.

14. *Biddulphieæ.*

185. **Biddulphia aurita** (Lyngb.) Bréb. (W. Sm. Syn., Tab. XLV, Fig. 319.)

7 Is. 10 Ler. 13 Bdp. 24 Is. 25 Is. 28 Is. 43 a og b. 44.

Geogr. Udbr. Spredt i forskjellige Have.

15. *Rhizosoleniæ.*

186. **Rhizosolenia styliformis** Btw. (Perag. le Diat., Tab. XVII, 1—5.)

3 Pl. 4 Pl. 5 Pl.

Geogr. Udbr. Europæiske, asiatiske og vestindiske Have.

187. **R. setigera** Btw. (Perag. le Diat., Tab. XVII, 12—16.)
4 Pl. 8 Bdp. 12 Bdp.
Geogr. Udbr. Europæiske og østasiatiske Have.

188. **R. Shrubsolii** Cl. (Perag. le Diat., Tab. XVIII, 8—9.)
12 Bdp.
Geogr. Udbr. Øen Sheppey. Danmarks Strædet.

189. **R. hebetata** Bail., var. *subacuta* Grun. (Gr. Fz, Jos. L.,
Tab. V, 49—50.)
7 Is. 12 Bdp.
Geogr. Udbr. Nordlige og sydlige Polarhave.

190. **Pyxilla baltica** Grun. (V. H. Syn., Tab. LXXXIII, 1—2.)
43 a.
Geogr. Udbr. Østersøen.

16. *Chætocereæ.*

191. **Chætoceros decipiens** Cl. (Cl. arct. Sea, Tab. I, 5; cnfr.
Cl. Plankt., p. 13.)
2 Pl. 3 Pl. 4 Pl. 23 Pl. 34 Pl. H. H.
Geogr. Udbr. Sverig. Nordlige Atlanterhav. Davis Strait.

192. **C. atlanticum** Cl. (Cl. arc. Sea, Tab. II, 8 a.)
4 Pl. 5 Pl. 28 Is.
Geogr. Udbr. Nordlige Atlanterhav. Davis Strait.

•193. **C. boreale** Bail. (Smits. Contr., 1854, p. 8, fig. 22—23.)
3 Pl. 4 Pl. 5 Pl. 7 Is. 10 Stof paa Isen. 23 Pl. 25 Is.
28 Is.

var. *Brightwellii* Cl. (Cl. arc. Sea, Tab. II, 7.)
4 Pl. 5 Pl.
Geogr. Udbr. Sammen med Hovedarten. Atlantiske Hav.
Nicobarerne. Sverig.

194. **C. paradoxum** Cl., var. *subsecunda* Cl. Spore. (V. H. Syn., Tab. LXXXII B., 7.)

7 Is. 10 Stof paa Is. 25 Is. 28 Is. 44.

Geogr. Udbr. Japan.

195. **C. furcellatum** Bail., var.? (Cl. & Gr. ark. Diat., Tab. VII, 136.)

7 Is. 25 Is.

·Geogr. Udbr. Ochotske og Kariske Hav.

var. *mammillosa* Gr. (Cl. & Gr. ark. Diat., Tab. V, 137.)

10 Ler.

Geogr. Udbr. Kara Havet.

196. **C. Gastridium** Ehr. (V. H. Syn., Tab. LXXXII B, 1—2.)

44.

Geogr. Udbr. Richmond. Peru-Guano.

197. **C. debilis** Cl. (Cl. Plankt., Tab. I, 2.) Tab. nost. VII, Fig. 89.

L. 0,015^{mm}, B. 0,0185^{mm}.

Denne Form har jeg truffet i Baand paa indtil en halv Snes Individer. Stakkene ere alle bøjede til samme Side og have deres Plan staaende vinkelret paa Koloniens Længde-Axe. Individer med Terminal-Stakke har jeg ikke kunnet finde. Individerne røre hinanden ved Stakkene, og Aabningen mellem dem er rektangulær. Uagtet jeg ikke har kunnet finde saa regelmæssige Baand, som Cleves Figur udviser, nærer jeg dog ingen Tvivl om denne Forms Indentitet med *C. debilis*, thi ikke blot svarer den godt til Cleves Beskrivelse, men den viser end yderligere — hvad Cleve ogsaa fremhæver som karakteristisk for *C. debilis* — en overordentlig ringe Stabilitet under Præparationen. Den taaler ikke uden at deformeres en Glødning paa Dækglas, end sige da kemisk Behandling.

4 Pl.

Geogr. Udbr. Sverig.

198. **C. septentrionale** m. Tab. nost. VII, Fig. 88.
B. 0,008ᵐᵐ.

Individerne enkelte eller parvis forbundne ved de meget fine uregelmæssig bugtede Stakke. Aabningen mellem dem uregelmæssig oval. Ved kemisk Behandling mister den Stakkene, og den kommer da i en aldeles paafaldende Grad til at minde om Grunows Afbildning af *Eucampia Payerii* Grun. (Fz. Jos. L., Tab. II, 17), om hvilken Form Grunow selv bemærker, at den mangler det for *Eucampia* karakteristiske Punkt i Midten. Først ved Glødning af fuldstændig udvasket Plankton-Materiale lykkes det at faa den i Exemplarer med tydelige Stakke, saaledes at den viser sig som en utvivlsom *Chætoceros*.
Meget hyppig i det hjembragte Materiale.
7 Is. 16 Is. 21 Is. 22 Pl. 23 Is & Pl. 25 Is. 28 Is. 31 Pl.

199. **Dicladia Mitra** Bail. (Cl. arct. Sea, Tab. II, 10.)
7 Is. 25 Is. 28 Is. 44.
Geogr. Udbr. Davis Strait. Kamtschatka.

17. *Melosireæ*.

200. **Asteromphalus Broockii** Baill. (Cl. arct. Sea, Tab. IV, 19.)
4 Pl. 7 Is. 22 Pl.
Geogr. Udbr. Nordlige Polarhav. Atlantiske Hav. Java.

201. **Actinoptychus undulatus** Ehr. (V. H. Syn., Tab. CXXII, 1.)
7 Is. 10 Is. 25 Is. 43 a. 44.
Geogr. Udbr. Spredt overalt.

202. **Actinocyclus Ralfsii** W. Sm. (V. H. Syn., Tab. CXXIII, 6.)
43 b.
Geogr. Udbr. Spredt overalt.

var., Tab. nost. VIII, Fig. 92.
Diam. 0,08ᵐᵐ, Striber i Kanten 15—16 p. 0,01ᵐᵐ. Punktrækker maalt ved Kanten 8 p. 0,01ᵐᵐ.
Denne Variant minder noget om *A. Ralfsii* forma major

(V. H. Syn., Tab. CXXIV, 4) fra Syd-Australien, men staar maaske nærmere var. *Challengerensis* Castr. (Castr. Chall. Exp., Tab. XXX, 1.)

43 a.

203. **A. Ehrenbergii** Ralfs. (V. H. Syn., Tab. CXXIII, 7.)

10 Is.

Geogr. Udbr. Spredt overalt.

204. **Coscinodiscus Oculus Iridis** Ehr. (A. S. Atlas, Tab. LXIII, 9.)

10 Ler. 25 Ler. 43 a.

Geogr. Udbr. Spredt overalt.

205. **C. radiatus** Ehr. (Grun. Fz. Jos. L., Tab. III, 4 og 7.)

8 Is & Bdp. 12 Bdp. 13 Bdp. 43 a. 44.

Geogr. Udbr. Spredt overalt.

206. **C. Asteromphalus** Ehr., var. *hybrida* Grun. (Grun. Fz. Jos. L., Tab. III, 9. A. S. Atlas, Tab. CXIII, 22.)

10 Is.

Geogr. Udbr. Spredt hist og her, f. Ex. Europa, Kalifornien, Marañon, nordlige Polarhav.

207. **C. concinnus** Rop. (A. S. Atlas, Tab. CXIII, 8.)

3 Pl. 28 Is. 43 a.

Geogr. Udbr. Spredt overalt.

208. **C. excentricus** Ehr. (V. H. Syn., Tab. CXXX, 4 og 8.)

7 Is. 8 Is og Bdp. 10 Is. 12 Bdp. 13 Bdp. 24 Is. 28 Is. 31 Is & Pl.

Geogr. Udbr. Spredt overalt.

209. **C. decrescens** Grun., var.? Tab. nost. VIII, Fig. 95.

Diam. $0,056^{mm}$.

Perlerne forsynede med Papil og aftagende i Størrelse udefter. 1 Midten c. 4 p. $0,01^{mm}$. Perle-Rækkerne tildels fasciculate, 6 p. $0,01^{mm}$, Randen fintstribet 12 Str. p. $0,01^{mm}$. Karakteristisk for denne Form er en lille lineært ordnet Gruppe af smaa Punkter ved Centrum. Denne Varietet forekommer mig at staa imellem *Cosc. decresc. polaris* og *C. dec. repletus*, idet den har den subfasciculate Ordning af Rækkerne tilfælles med den første og det udfyldte Centrum med den sidste.

12 Bdp.

210. **C. minor** Ehr., var. *quadripartita* m. Tab. nost. VIII, Fig. 93 × 1000.

Diam. 0,03^{mm}.

Perle-Rækker 8 p. 0,01^{mm} med Tendens til en Ordning i 4 Fascicler. Perlerne omtrent lige store overalt. Randen fint-stribet og forsynet med smaa Torne i en indbyrdes Afstand af 0,0035^{mm}.

8 Bdp.

211. **C. lineatus** Ehr. (V. H. Syn., Tab. CXXXI, 3.)

8 Bdp. 12 Bdp. 21 Is. 28 Is.

Geogr. Udbr. Spredt overalt.

212. **C. sublineatus** Grun. (Gr. Fz. Jos. L., Tab. IV, 21—22.)

8 Bdp.

Geogr. Udbr. Franz Joseph Land. Det hvide Hav.

213. **C. Normannii** Greg. (A. S. Atlas, Tab. LVII, 9—10.)

44 a.

Geogr. Udbr. Europas Kyster.

214. **C. subglobosus** Cl. & Gr. (Grun. Fz. Jos. L., Tab. IV, 19—20. A. S. Atlas, Tab. LVIII, 44.)

7 Is. 8 Is og Bdp. 10 Is. 25 Is. 28 Is. 44.

Geogr. Udbr. Nordlige og sydlige polare Have.

215. **C. marginatus** Ehr. (A. S. Atlas, Tab. LXV, 6.)

43 a,

Geogr. Udbr. Spredt overalt.

216. **C. curvatulus** Grun., var. *genuina* Grun. (Gr. Fz. Jos. L., Tab. IV, 13—14). Tab. nost. VIII, Fig. 96.

Diam. 0,05^{mm}.

Perle-Rækker 10 paa Fasciclet. Centrum med enkelte spredte Perler, iøvrigt 8—10 Perler p. 0,01^{mm}. Da den synes at afvige fra Grunows ovenciterede Figur ved at have færre Rækker i Fasciclet, har jeg givet en Afbildning af den.

28 Is.

Geogr. Udbr. Afrikas 'og Amerikas Kyster.

var. *inermis* Grun. (Grun. Fz. Jos. L., Tab. IV, 11—12.)

8 Bdp. 10 Ler. 24 Is. 44.

Geogr. Udbr. Spredt overalt.

var. *latius striata* Grun. (A. S. Atlas, Tab. LVII, 34.)

8 Bdp.

Geogr. Udbr. Barbados.

var. *Kariana* Cl. & Grun. (Cl. & Grun. arkt. Diat., Tab. VII, 129.)

10 Is.

Geogr. Udbr. Kara Havet. Finmarken.

217. **C. polyacanthus** Gr. (Cl. & Gr. ark. Diat., Tab. VII, 127. Grun. Fz. Jos. L., Tab. III, 17.)

10 Stof paa Is. 25 Is. 45 c.

Geogr. Udbr. Nordlige Polarhav.

218. **C. hyalinus** Grun. (Cl. & Gr. ark. Diat., Tab. VII, 128.)

7 Is. 8 Is og Ler. 10 Is. 16 Is. 24 Is. 25 Is. 28 Is. 31 Pl.

Geogr. Udbr. Nordlige Polarhav.

219. **C. pellucidus** Grun. (V. H. Syn., Tab. CXXXII, 8.)

Diam. indtil 0,083^{mm}.

Punktrækkerne, talte omtrent midt imellem Centrum og Rand, 16 p. 0,01^{mm}. I Randen meget smaa Torne, som kun ere synlige under særlig heldige Belysningsforhold. Meget hyalin, antager ved svagere Forstørrelse et chagrin-agtigt Ydre.

7 Is. 8 Is. 10 Ler. 25 Is. 31 Is & Pl. 44.

Geogr. Udbr. Grønland. Davis Strait. 'Magellanstrædet.

220. **C. lacustris** Grun., var. *septentrionalis* Grun. (Gr. Fz. Jos. L., Tab. IV, 33.)

8 Is og Ler. 10 Stof paa Is. 18 Is. 20 Drivtræ. 21 Is. 24 Is. 25 Is. 44. 45 c.

Geogr. Udbr. Nordlige Polarhav. Whampoa Canton River. Baleariske Øer.

221. **C. kryophilus** Grun. (Gr. Fz. Jos. L., Tab. III, 21.)

7 Is. 10 Is. 25 Is.

Geogr. Udbr. Cap Wankarema.

222. **C. bathyomphalus** Cl. (Cl. Vega Exp., Tab. XXXVIII, 81.)

8 Is. 10 Is. 28 Is. 43 a. 44.

Geogr. Udbr. Spitsbergen.

223. **C. adumbratus** m. Tab. nost. VIII, Fig. 90.

Diam. 0,059^{mm}.

Rækker 9—10 p. 0,01^{mm}, ordnede i Fascicler paa c. 16 Rækker i hvert. Fasciclerne naa omtrent ²/₃ af Radius ind paa Skallen, hvor de enkelte Rækker tilsyneladende bue over i hinanden og tabe sig i det uregelmæssigt og grovt punkterede Midtparti. Paa Grund af Indbugtninger i Fasciclerne faar Skallen ved svagere Førstørrelse Udseendet af en mørkere taaget Stjerne paa lysere Grund. Denne Art staar vistnok nærmest ved *C. atlanticus* (?) Cast. var. nov. Cast. (Cast. Chall. Exp., Tab. III, 7), men er sikkert artsforskjellig fra den. I Castracanes Text (l. c. p. 158) er Findestedet ikke angivet, formodentlig er det det sydlige Atlanterhav.

43 a.

224. Thalassiosira Nordenskiøldii Cl. (V. H. Syn., Tab. LXXXIII, 9.)

4 Pl. 7 Is. 10 Ler. 23 Pl. 24 Is og Stof paa Isen. 28 Is. 31 Pl. 34 Pl. 42 a Pl. 45 b.

Geogr. Udbr. Yderst almindelig i Davis Strait.

225. Hyalodiscus scoticus (Ktz.) Grun. (V. H., Tab. LXXXIV, 15—17.)

10 Is. H. H.

Geogr. Udbr. Europa.

226. Podosira hormoides Mont. (V. H. Syn., Tab. LXXXIV, 3—7.)

10 Is.

Geogr. Udbr. Nordlige Polarhav.

var. *glacialis* Grun. (Gr. Fz. Jos. L., Tab. V, 32.)
10 Is.

Geogr. Udbr. Franz Joseph Land.

227. Melosira nummuloides (Bory) Ag., var. *hyperborea* Grun. (V. H. Syn., Tab. LXXXV, 3—4.)

7 Is. 21 Is. 22 Pl. 23 Is & Pl. 25 Is. 30 Is. 31 Is. Geogr. Udbr. Nordlige Polarhav.

228. M. crenulata Ktz., var. *tenuis* (Ktz.) Grun. (V. H. Syn., Tab. LXXXVIII, 9—10.)

8 Drivtræ.

Geogr. Udbr. Europa. Nord-Amerika.

var. *lineolata* Grun. (A. S. Atlas, Tab. CLXXXI, 1.)
43 c.

229. M. Roeseana Rabh. (V. H. Syn., Tab. LXXXIX, 1—6.)
43 c. 45 c.

Geogr. Udbr. Europa. Syd-Amerika.

230. **M. granulata** (Ehr.) Ralfs var. (A. S. Atlas, Tab. CLXXXI, 57—58.)

43 a.

Geogr. Udbr. Spredt overalt.

231. **Paralia sulcata** Heib. (W. Sm. Syn , Tab. LIII, 338.)

8 Is. 10 Is og Ler. 25 Is. 35 Bdp. 36 Bdp. 37 Bdp. H: H.

Geogr. Udbr. Europa. Amerika.

var. *minima* m. Tab. nost. VIII, Fig. 91 × 1000. Diam. 0,0135^{mm}.

Denne lille Form er sikkert en Variant af *P. sulcata.* Den minder meget om Fig. 37 i A. S.'s Atlas, Tab. CLXXVI, en Form — fra Nottingham — som A. Schmidt regner til *P. sulcata.*

25 Is. 28 Is.

Almindelige Bemærkninger.

De samlede Bemærkninger, som det undersøgte Materiale kan give Anledning til, ere forholdsvis faa; thi, som man kunde vente, have mange af de Prøver, der ere tagne paa nogenlunde ensartede Steder, vist ét temmelig ensartet Indhold. Dog er der Undtagelser fra dette Forhold, og først og fremmest gjælder dette da Planktonmaterialet. De fleste af Planktonprøverne ere betegnede ved, at ganske enkelte Arter danne den aldeles overvejende Mængde af Materialet, og man vil derefter — for disse Prøvers Vedkommende — kunne karakterisere dem saaledes.

Nr. 3, Plankton 2: er *Chætoceros* óg *Rhizosolenia*-Plankton.
- 4, Plankton 3: *Chætoceros*-Plankton.
- 5, Plankton 4: *Chætoceros*-Plankton.
- 20, Plankton 8: *Melosira nummuloides, β, hyperborea*-Plankton.
- 21, Plankton 9: — — — —

Nr. 22, Plankton 11: *Melosira nummuloides, β hyperborea*-Plankton.

- 23, Plankton 12 & 13 a: *Fragilaria oceanica*-Plankton.

- 34, Plankton 15: *Chætoceros*-Plankton.

- 42 a, Plankton $^{14}/_8$ 92: *Thalassiosira Nordenskiøldii*-Plankton.

Hvad Nr. 21 (Plankton 10) og Nr. 31 (Plankton 14) angaar, da ere disse ikke saa bestemt karakteriserede ved specielle Hovedformer. I Nr. 21 synes dog forskjellige *Nitzschia*-Arter at have Overvægten, men begge Prøver minde meget om Materialet fra Huller i Isen (cnfr. ogsaa Bemærkninger i Journalen ved Plankton 10); de turde maaske — i Modsætning til de andre Plank- tonprøver — kunne karakteriseres som s e k u n d æ r t P l a n k t o n. Planktonprøverne Nr. 20, 21 og 22 indeholde som karakteriserende Form *Melosira nummuloides*, *β hyperborea*, en Art, der ligeledes kan findes i overvejende Mængde i adskillige af Isprøverne, men her er Forholdet omvendt, idet *Melos. num. hyp.*, naar 'den findes paa Isen, er paa sekundært Lejested (cnfr. Journal, Plankton 8). Isprøverne kunne selvfølgelig variere en Del; saaledes indeholder Is Nr. 24 (Journal Nr. 32, 33 og 34) fortrinsvis d i s c o i d e Former, og i Prøver, der kunne formodes at skyldes Blæsten, vil man sjeldent savne *Navicula borealis* og *Hautzschia amphioxys* var., men Forskjellen mellem Prøverne synes mig dog ikke at være en saadan, at der derpaa kan begrundes en Klassificering af dem.

En Særstilling indtager dog Prøven fra H e k l a H a v n (der ikke findes noteret i Journalen, men paa Etiketten er betegnet som «Mudder med Diatoméer»). Karakteristisk for denne Prøve er den store Mængde *Amphoræ* samt de større Former af *Navicula*-Grupperne *Lyræ* og *Didymæ*, hvorimod Prøven kun indeholdt meget lidt af de' for det øvrige Materiale karakteristiske Former. Prøven 43 c: «Smuds indblandet i Isen»' indeholder en Del Former, navnlig af Gruppen *Navicula* sect. *Pinnularia*, ved hvis Bestemmelse L a g e r s t e d t s Arbejde om Spitsbergens og Beeren Eilands Ferskvandsdiatoméer har været et hyppigt anvendt Værk. Denne «Smuds-Indblanding» skyldes sikkert Vinden, der har ført Støv fra Land ud over Isen. Den lange Serie Bundprøver (fra Nr. 27 Bdp. 4 til Nr. 40 Bdp. 13) var saa at sige blottet for Diatoméer, i de øvrige Bundprøver ere derimod d i s c o i d e Former fremherskende.

Bliver Spørgsmaalet nu, om hvorvidt man fra de fundne Diatoméer i det Hele taget kan slutte noget angaaende Isens Vej gjennem Polarhavet, da drister jeg mig — paa Grundlag af mine Undersøgelser — ikke til at udtale nogen. bestemt Mening. Som «Wankarema-Former»[1]), der ere fundne i det af mig undersøgte Materiale, kan jeg nævne:

> *Navicula incudiformis.*
> — *erosa.*
> — *trigonocephala.*
> — *superba.*
> — *obtusa.*
> — *kryokonites.*
> — *Baculus.*
> — *kryophila.*
> — *gelida.*
> *Stauronëis pellucida.*
> *Pleurosigma glaciale.*
> *Amphiprora kryophila.*
> — *glacialis.*
> *Nitzschia scabra.*
> — *gelida.*
> — *Wankaremæ.*
> *Coscinodiscus kryophilus.*

Disse Former findes dels i typiske Exemplarer, svarende godt til Cleves Beskrivelse og Figurer, men adskillige af

---

[1]) Cnfr.: «Petermann's Mittheilungen 1892, Ergänzungsheft Nr. 105». (p. 107.)

dem tillige stærkt varierende. Nu fremhæver Cleve ganske
vist flere Steder i sin Beretning om Vega-Expeditionens Dia-
toméer den Rigdom af Varianter, hvormed flere Arter ere for-
synede, men adskillige af de af mig fundne Varieteter ere saa
karakteristiske, at jeg ikke kan tænke mig andet, end at Cleve
vilde have sat dem ind paa deres Plads i Systemet, saafremt
han havde fundet dem i sit Materiale. Kommer nu hertil tre
Former, der, saavidt jeg kan sé, ere nye Arter, nemlig *Navicula*
perlucens, *Stauroneis Hartzii* og *Chœtoceros septentrionale*, d e r s a a
at s i g e k a r a k t e r i s e r e h e l e I s - M a t e r i a l e t, ja saa vilde
disse sikkert heller ikke have undgaaet Cleves øvede Øje,
saafremt Wankarema-Materialet havde indeholdt dem. For mig
stiller det sig derfor saaledes, at jeg — som sagt — ikke af
Diatoméerne tør drage videregaaende Slutninger.

Endelig er der et Fænomen, som tildrager sig Opmærk-
somheden ved Undersøgelsen af de her foreliggende marine
Diatoméer af *Naviculacéernes* Gruppe, det er d e n h y p p i g e
F o r e k o m s t a f g r o v t r i b b e d e, r a d e r e d e o g u s y m m e t r i s k
s t r i b e d e F o r m e r. G r u n o w har — Side 103 i sine Franz
Joseph Lands Diatoméer — en Bemærkning herom, men
nogen Forklaring giver han ikke, og jeg maa paa dette Punkt
erklære mig ligesaa uforstaaende. Jeg kan ikke se rettere, end
at dette Forhold maa bevirke en Forandring af Gnidningsmod-
standen mellem Skallen og dens Omgivelser; men hvilken Nytte
disse Koldtvandsformer kunne drage deraf, formaar jeg ikke
at indse.

Efterskrift.

Af

N. Hartz.

Plankton.

1. Medens Davisstrædet karakteriseres ved et udpræget *Thalassiosira Nordenskiöldii*-Plankton [1], var denne Art forholdsvis sjælden i den østgrønlandske Isstrøm. 2. Den store Mængde afsmeltende Is, som foraarsagede, at Overfladevandet ofte var næsten ganske ferskt, gav Anledning til, at Planktonlivet mellem Isflagerne i Storisen var saa ringe; først i nogen Dybde fandtes en rigere Diatoméflora. 3. Plankton-Diatoméerne optraadte i Isstrømmen ofte i store Klumper — af Størrelse som en knyttet Næve eller endog større — et Forhold, som jeg aldrig har set i Davisstrædet, hvor Diatoméerne altid vare jævnt fordelte i Vandet.

Hvorfra stamme Diatoméerne paa Drivisen?

Som ogsaa fremhævet af Cand. Østrup p. 465 er øjensynlig en Del af Diatoméerne ført ud paa Isen af Vinden, andre muligvis af Elvene. En Del pelagiske Former ville naturligvis komme op paa Isen i Stormvejr, naar Søen skvulper op over Isflagernes Kant. Langt den største Del af det paa og i Isen fundne Materiale er dog vistnok ganske simpelt frossen inde i Isen, da denne dannedes.

Diatoméernes Forekomst i Isen som større eller mindre Klumper stemmer med deres Optræden som Plankton.

De Klumper, der havde ligget indesluttede i længere Tid i Isen, vare helt igennem afblegede og farveløse; andre Klumper,

---

[1] Jfr. f. Ex. N. Hartz, Medd. om Grønland, XV, p. 28.

der ikke havde ligget saa længe i Isen, vare kun affarvede i den ydre Del, medens de indvendig havde bevaret deres brun-grønne Farve.

Inde i Scoresby Sund manglede Plankton-Diatoméer fuld-stændigt om Vinteren; endnu i Begyndelsen af April fik jeg ingen Diatoméer i mine under Isen ophængte Slæbenet (1 Fv. og 4 Fv. under Isens Underkant). Vanhöffen [1] har fra Umanaks Fjord i Vestgrønland optegnet, at fra Midten af Maj begyndte Diatoméer at optræde talrigt i Fjordens Plankton; allerede den 22. Marts fandt han Diatoméer paa Isens Underkant.

---

[1] Frühlingsleben in Nordgrönland. Verhandl. d. Ges. f. Erdkunde zu Berlin 1893.

Register over Marine Diatoméer.

Tab. IV.

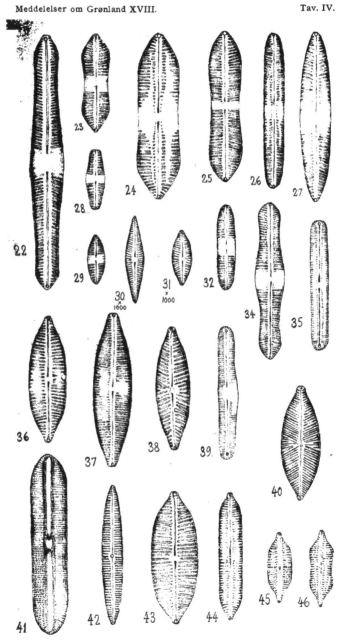

Tab. V.

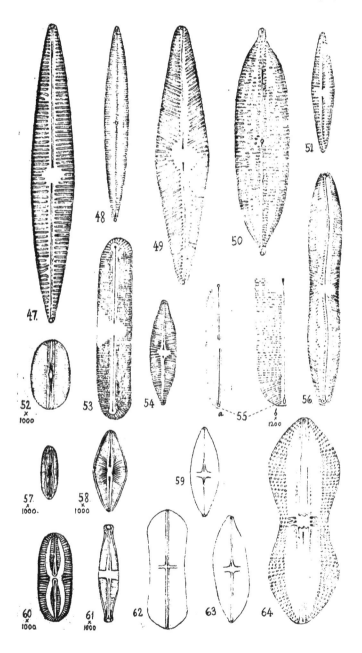

Tab. VI.

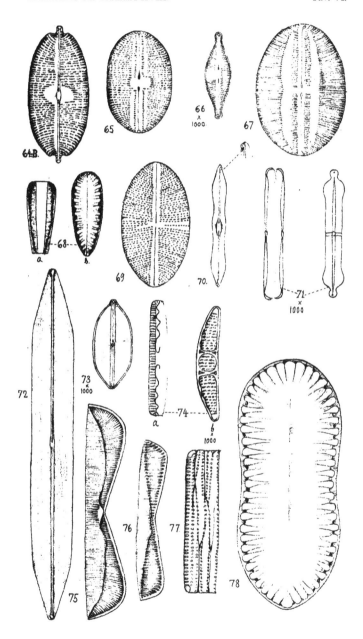

Tab. VII.

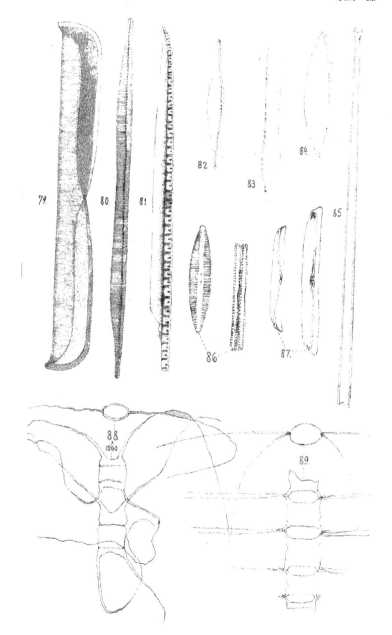

Tab. VIII.

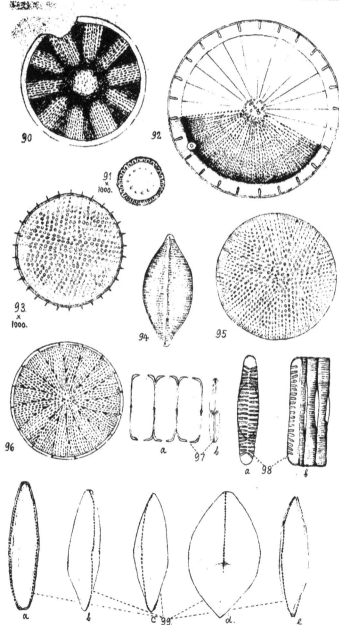

SCORESBY SUND.

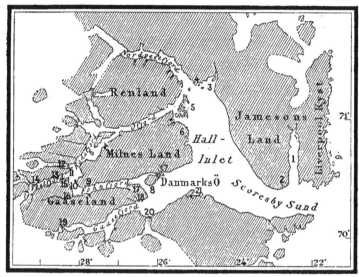

1. Hurry Inlet.	12. Rolige Bræ.
2. Cap Stewart.	13. Runde Fjæld.
3. Nordostbugt.	14. Ispynt.
4. Syd Cap.	15. Renodde.
5. Bjørne Øer.	16. Hjørnedal.
6. Bregnepynt.	17. Falkepynt.
7. Mudderbugt.	18. Gaasepynt.
8. Hekla Havn	19. Kingua i Gaasefjord.
9. Morænepynt.	20. Syd Bræ.
10. Røde Ø.	21. Cap Stevenson.
11. Kobberpynt.	

VII.

Résumé

des

Communications sur le Grönland.

———

Dix-huitième Partie.

———

Algues d'eau douce du Grönland Oriental.

Par

F. Börgesen.

P. 1—41 avec Pl. I et II.

Les matériaux sur lesquels porte le présent travail, proviennent de l'expédition faite en 1891—92 dans l'Est du Grönland. Ils ont été collectionnés presque exclusivement par M. N. Hartz; seuls quelques spécimens ont été recueillis par MM. Bay et Deichmann. La collection comprenait une cinquantaine de bocaux contenant surtout des Algues vertes conservées dans l'alcool, ainsi qu'un grand nombre de spécimens desséchés qui consistaient spécialement en Algues phycochromacées. La grande majorité des objets collectionnés provient de l'Hekla Havn, où hiverna l'expédition.

Les Algues d'eau douce du Grönland sont encore pour ainsi dire inconnues, abstraction faite des Desmidiées. Les grandes collections du Musée Botanique à Copenhague n'ont pas encore été étudiées, tandis que les Desmidiées sont assez bien connues, surtout grâce à plusieurs mémoires de MM. Nordstedt et Boldt[1]). Dans son travail, intitulé Desmidieer från Grönland, ce dernier auteur énumère aussi 44 Desmidiées du Grönland Oriental (sans compter leurs variétés et formes), recueillies par MM. Nathorst et Berlin au Kung Oskars Hamn près d'Angmagsalik. Ces 44 Desmidiées appartiennent aux 12 genres énumérés p. 3. De ces genres je n'ai trouvé ni le *Micrasterias* ni le *Tetmemorus*. Quant au *Micras-*

---

[1]) Veut-on une liste des travaux sur la flore des Desmidiées, voy. Boldt: Grundlagen af Desmidieernas utbredning i Norden, Bihang till Svenska Vet. Akad. Handl. Vol. 13, sect. III, n° 6, p. 13.

terias, il manque aussi au Spitzberg, à l'île Beeren et à la
Nouvelle-Zemble, et le Nord-Ouest du Grönland n'en a qu'une
espèce: c'est en somme un genre plus méridional. Le *Tetmemorus*
n'est représenté dans l'Est et le Nord-Ouest du Grönland que par
une espèce, *T. lævis*; la possibilité de le trouver dans les contrées
d'où proviennent les matériaux n'est pas exclue, je pense.

Ce que j'ai trouvé, constitue un ensemble dépassant une centaine
d'espèces, dont 41 appartiennent au genre *Cosmarium* et 29 au genre
Staurastrum. On a trouvé 6 espèces d'*Euastrum*. Tout comme l'a
déjà fait ressortir M. Boldt, p. 80 et 84, dans son ouvrage sur
l'extension des Desmidiées dans le Nord, mes recherches m'ont égale-
ment fait constater que les régions arctiques sont dépourvues des
grandes espèces d'*Euastrum*, telles que les *E. oblongum*, *crassum*,
verrucosum et celles qui s'en rapprochent, tandis que, dans le Midi
du Grönland, on trouve les *E. verrucosum*, *gemmatum* et *pectinatum*;
aussi bien le climat y est-il plus doux.

Outre les genres susdits et par conséquent à l'exception des
Micrasterias et *Tetmemorus*, j'ai en outre trouvé les 5 genres que
voici, et qui sont nouveaux pour la flore du Grönland Oriental;
ce sont les *Desmidium*, *Gonatozygon*, *Gymnozyga*, *Cylindrocystis*
et *Mesotænium*; ce dernier est également nouveau pour la flore du
Grönland.

A quelques exceptions près, les Desmidiées du territoire qui a
fourni les matériaux, ressemblent généralement beaucoup à celles du
Nord-Ouest du Grönland et se présentent comme une flore arctique
composée. De même que dans le Grönland Occidental on peut,
comme le dit M. Boldt, *loc. cit.* p. 86, poser Holstensborg comme
limite de la flore desmidienne arctique et plus méridionale, de même
on pourra sans doute établir dans les régions au Nord d'Angmag-
salik la limite concernant la côte orientale. Car dans l'un des
endroits, Kung Oskars Hamn, on a trouvé divers types plus méri-
dionaux, par exemple le *Micrasterias*, les grands *Euastrum*, etc., qui
font totalement défaut parmi les objets de mon analyse.

Malheureusement la flore desmidienne des régions arctiques de
l'Amérique du Nord est encore tout à fait inconnue, ce qui rend la
comparaison impossible. Si l'on compare les Desmidiées du Grönland
avec celles de la Scandinavie, on constate une parenté accentuée,
car, selon M. Boldt, 93,3 p. c. du total des Desmidiées grönlan-
daises ont été trouvées en Scandinavie, résultat ultérieurement con-
firmé par les Desmidiées énumérées ici.

En fait d'autres Conjuguées, il y avait surtout une Zygnémacée à parois souvent très épaisses et à branches latérales ressemblant à des rhizoïdes et fréquemment courtes, qui a dû être très communément répandue, si l'on en juge par les nombreuses préparations qu'on en a rapportées.

La neige rouge a été observée quelques fois. Les échantillons rapportés ne contenaient que le *Sphærella nivalis*.

Parmi les autres Algues vertes, les genres les plus fréquents étaient ceux-ci: *Pleurococcus, Scenedesmus, Ulothrix, Conferva, Microspora, Œdogonium*, etc.; mais en général il n'y avait que peu de genres représentés, et parmi ceux qu'à mon sens on aurait pu s'attendre à trouver, mais qui faisaient défaut, je signalerai les *Tetraspora, Pediastrum* et *Cladophora*.

Quant aux Algues phycochromacées, j'ai trouvé 15 genres ayant une trentaine d'espèces.

Les plus fréquemment rencontrés étaient les genres *Stigonema* et *Glœocapsa*, qui formaient l'élément principal des stries noires qu'on voyait sur les rochers et qui, selon M. Hartz, prédominaient dans le paysage.

J'adresse mes meilleurs remercîments à MM. Flahault de Montpellier et le Dr Gomont de Paris, qui ont bien voulu vérifier mes déterminations, l'un du genre *Stigonema*, l'autre du genre *Phormidium*. J'en adresse autant à MM. les Drs L. Kolderup Rosenvinge de Copenhague et O. Nordstedt de Lund, qui m'ont fait tenir de précieux renseignements.

P. 6—41, on trouve la liste des espèces.

II.

Champignons du Grönland Oriental.

Par

E. Rostrup.

P. 43—81.

On m'a confié la tâche d'examiner et de définir les spécimens de Champignons dont la collection considérable a été rapportée par l'expédition qu'en 1891—92 M. le lieutenant Ryder fit dans le

Grönland Oriental. La grande majorité de ces récoltes a été faite
par M. N. Hartz sur les côtes du Scoresby Sund et de ses nom-
breuses ramifications, surtout dans l'île de Danmarks Ö située au
centre et où se trouve l'Hekla Havn. En nombre moins consi-
dérable, des Champignons ont été recueillis à Angmagsalik par
M. E. Bay.

Le total des espèces de Champignons rapportées du Grönland
Oriental est de 211, dont 90 sont nouvelles pour la flore du Grönland,
et sont mises en évidence dans la liste à l'aide de grands caractères
gras; parmi ces 90 espèces il y en a 19 qui jusqu'alors n'étaient
ni connues ni décrites. La partie la plus au Sud de la côte orien-
tale, ainsi que le Franz Joseph Fjord, avaient antérieurement
fourni un total de 55 espèces de Champignons, dont 30 n'ont pas
été trouvées dans la dernière expédition, en sorte que pour le moment
la côte orientale nous a fait connaître en tout 241 espèces de Cham-
pignons. Trois d'entre elles avaient été trouvées seulement dans
l'Amérique du Nord, savoir les *Leptosphæria Marcyensis*, *Phoma
stercoraria* et *Ascochyta Cassandræ*.

Voy., p. 46, 'la distribution systématique des espèces de Cham-
pignons actuellement connues et venant du littoral Est du Grönland.

La presque totalité des Champignons trouvés au Scoresby Sund,
savoir 162, appartiennent aux Ascomycètes. Les Champignons vraiment
parasites sont pauvrement représentés, car ils ne figurent que comme
suit: 5 Ustilaginacées, 7 Urédinacées, 1 *Exobasidium*, 2 Taphrinacées,
2 *Sclerotinia*, 2 *Rhytisma*, 1 *Podosphæra*, 1 *Physoderma*, 1 *Glœo-
sporium*, outre trois Champignons portés comme parasites par des
insectes, savoir les *Empusa Muscæ*, *Isaria densa* et *Cladosporium
Aphidis*. C'est à peine si, en fait d'Hypertrophytes, on peut pré-
senter d'autres espèces que les *Exobasidium Vaccinii*, *Taphrina alpina*
et *T. carnea*. Pourtant il est vraisemblable que plusieurs des Asco-
mycètes trouvés commencent à attaquer les parties vivantes des
plantes à l'époque où l'activité végétative de ces plantes commence
à faiblir, mais que leur évolution ultérieure et leur fructification
ne s'achèvent que sur les parties mortes des plantes. Parmi les
plantes nourricières fournissant le support à la plupart des espèces
de Champignons tant parasites que saprophytes, il faut signaler
spécialement les Saules; car on y a recueilli 52 espèces de
Champignons dans l'Est du Grönland. Sur le Bouleau on en a trouvé
13, sur le *Carex* 10, sur le *Polygonum viviparum* 8, sur les *Cha-
mœnerium latifolium*, *Vaccinium uliginosum*, *Cassiope tetragona* et

Poa 7, sur les *Sedum Rhodiola, Melandrium, Potentilla, Draba* et *Diapensia* 4 espèces de Champignons.

Il est remarquable combien les Champignons fimicoles sont fortement représentés, et tous les échantillons, rapportés en Danemark, d'excréments desséchés provenant de bœufs musqués, de rennes, lièvres, lemmings, poules blanches et oies, ont été trouvés parsemés de Champignons, dont la plupart ne se montrent à l'œil nu que comme des points sombres extrêmement fins. On a trouvé 16 espèces de Champignons fimicoles: 14 appartiennent aux Ascomycètes, et représentent les genres *Saccobolus, Ascophanus, Lasiobolus, Ryparobius, Sphæroderma, Sordaria* et *Sporormia,* 1 aux Sphéropsidées (*Phoma*) et 1 aux Hyphomycètes (*Fusarium*). Sur les excréments du bœuf musqué, on a trouvé 4 espèces de Champignons, sur ceux du renne 5, dont deux espèces nouvelles, *Sphæroderma fimbriatum* et *Fusarium stercorarium.* Quelques espèces se présentent indifféremment sur les excréments de la plupart des animaux susdits. Si les Champignons fimicoles figurent pour ainsi dire partout où se trouve le milieu qui leur convient, il faut en chercher l'explication surtout dans le fait qu'ils sont presque tous pourvus de moyens mécaniques spéciaux pour lancer les spores de manière à ce que celles-ci puissent adhérer aux plantes qui poussent dans le voisinage et qui sont mangées par les animaux herbivores, en sorte que les spores non digérées sont présentes de prime abord dans les excréments et y trouvent remplies les conditions dans lesquelles elles peuvent germer et se développer.

Sur des vomissements d'oiseaux de proie on trouva trois espèces de Champignons, dont l'une était un nouvel et singulier *Gymnoascus*; en outre, les *Coniothecium toruloïdes* et *Licea brunnea.*

P. 48, on trouve un tableau synoptique de tous les Champignons provenant du Grönland entier et tels qu'on les connaît aujourd'hui, rapportés aux différents groupes principaux. Dans la première colonne: le nombre total des espèces; dans la seconde colonne: les espèces qui proviennent seulement du Grönland.

P. 49—76: liste des espèces trouvées; p. 77—81: Champignons du Grönland Oriental, classés d'après les plantes nourricières.

III.

Lichens provenant du Scoresby Sund et de Hold-with-Hope.

Par

J.-S. Deichmann Branth.

P. 83—103.

———

A en juger par la collection considérable de spécimens due à
M. N. Hartz, bien que la majorité des échantillons provienne du
centre du Scoresby Sund et que seulement peu d'entre eux
viennent de l'embouchure et du fond, les Lichens n'ont rien de
marquant pour l'abondance et la vigueur. Les grandes espèces qu'on
trouve dans le Grönland Méridional mais qui manquent ici, sont
indiquées p. 85. Toutefois l'*Alectoria ochroleuca* ne fait que de rares
et piteuses apparitions, et le *Cladonia rangiferina* se montre peu
abondant, bien qu'assez fréquemment rencontré. Le nombre total des
espèces est d'environ 190, soit les deux tiers du nombre
trouvé dans le reste du Grönland, ce qu'on doit regarder
comme considérable, eu égard à ce qu'on n'a pas établi de nouvelles
espèces, et que les espèces admises n'ont pas été scindées au même
degré que le pratiquent aujourd'hui beaucoup d'auteurs. 25 de ces
espèces n'ont pas été trouvées dans le reste du Grönland; elles sont
le plus souvent semblables à une croûte sur le sol, ordinairement
négligées par les collectionneurs, mais abondantes dans la présente
collection. Si les *Dermatocarpon cinereum* et *Polychidium muscicola*
n'ont été trouvés qu'ici, la seule explication probable en est qu'ailleurs
on les a négligés, et d'autre part c'est déjà chose assez remarquable
qu'on ait trouvé les *Thelocarpon epibolum*, *Collema verrucæforme* et
Pannaria nigra (*Lecothecium coralloïdes*). Si l'extension des Crypto-
games pouvait se prêter aux mêmes considérations que celle des Phanéro-
games, il faudrait voir dans l'apparition de l'*Acarospora Schleicheri*
un phénomène aussi remarquable que la trouvaille d'un chataîgnier
ou d'un cyprès vivants aux environs du Scoresby Sound, au territoire
duquel il ressort, tandis qu'on n'en a pas trouvé jusqu'ici au Nord
des pays qui bordent la Méditerranée et de la Californie.

Pour faciliter la comparaison, la liste qui suit (p. 87—103)
a été dressée, ainsi que „Grönlands Lichen-Flora" (Meddelelser om
Grönland, III), à l'instar des „Lichenes Arctoï" de M. Th. Fries.

Une partie des remarques générales sur l'extension de certaines
espèces sont dues aux communications du collectionneur.

IV.
Sur la végétation du Grönland Oriental.

Par

N. Hartz.

(P. 105—314.)

Ce mémoire se divise en deux sections principales, savoir **A**: Description de la végétation des localités visitées et explorées (p. 110—284) et **B**: Remarques générales sur la végétation du Scoresby Sund (p. 285—314). L'expédition a exploré Hold-with-Hope, le Scoresby Sund, où elle hiverna, et Angmagsalik.

A.

I. **Hold-with-Hope,** à env. 73° 30' Lat. N. (p. 110—122).

L'expédition n'y séjourna que 24 heures (20 juillet 1891). La roche est le basalte, et l'on n'explora qu'une seule vallée dans le voisinage de la côte. Le bas de la page 111 et le haut de la page 112 donnent les noms des Phanérogames fréquentes d'un petit plateau (flore rupestre) exposé au Nord, à environ 100ᵐ d'altitude, près de la côte. Ce qu'on y vit de caractéristique, c'est une forme fortement velue et feutrée (var. *argentea*) du *Dryas octopetala*. Toutes les espèces étaient petites, rabougries et abîmées par la sécheresse. La distance d'un individu à d'autres était considérable; ils étaient souvent rongés par les lemmings (*Myodes torquatus*). La flore des Mousses et Lichens était pauvre; le bas de la page 112 et la page 113 donnent les noms de plusieurs espèces. Ce qui mérite d'être noté, c'est l'absence des *Cladonia rangiferina* et *Lecanora tartarea* d'ailleurs si communs en Grönland; on n'y trouva pas non plus d'*Usnea melaxantha*.

A environ ³/₄ de mille géographique du littoral, commençait la lande de bruyère. Ses plantes principales se voient p. 116.

Si, d'une part, la végétation des versants basaltiques était évidemment enrayée par la sécheresse, on trouvait au fond de la vallée une végétation tout autre, sur de grandes aires argileuses longeant un gros torrent. Ici aussi les individus étaient nains: mais la cause en était dans l'excès d'humidité qui les faisait manquer de chaleur. Sur les espèces, voy. p. 118. Les seuls endroits où la végétation eût atteint un degré d'évolution équivalent à l'abondance eu égard à la situation géographique du lieu, c'étaient quelques collines basses d'argile au loin dans la vallée, là où l'état hygométrique était tant soit peu moyen, ce qui rendait plus favorables les conditions de température. Les noms des espèces qui figurent vigoureuses et bien développées, sont indiqués p. 120.

La végétation du littoral est extrêmement pauvre. On n'y trouva point les *Elymus arenarius* et *Carex glareosa*, si communs sur les côtes du Grönland Occidental. On peut caractériser en peu de mots, comme suit, les types de végétation qui se présentent à Holdwith-Hope; quant à la terminologie, voy. Warming: Sur la végétation du Grönland, Meddelelser om Grönland, XII. Copenhague 1888, avec résumé en français, p. 225—245. La flore la plus répandue est la flore rupestre, stérile et pauvre; c'est seulement sur les petites collines sèches situées au loin dans la vallée qu'on constate de la vigueur et un bon développement; sur les versants bas plus à l'intérieur, il y a une ébauche de lande de bruyère. Dans ce que j'ai vu de la vallée, il n'y avait pas de végétation palustre continue; en montant plus haut l'on trouvait les marais de *Carex*. La végétation du littoral n'était pour ainsi dire pas développée; les Algues du littoral font défaut ou ne figurent qu'en petit nombre. On n'y vit pas d'oseraies, mais il est certain qu'on doit en trouver plus haut dans la vallée. En 1870—71, l'expédition allemande trouva, dans le Franz-Joseph Fjord, des oseraies considérables (voy. Zweite deutsche Nordpolfahrt, II).

Ce qu'il y a de remarquable, c'est le petit nombre de *Carices* (*C. misandra* et *nardina*), la multitude de pygmées et la précocité de la floraison de la plupart des espèces; plusieurs espèces qui, plus au Sud, dans le Scoresby Sund, étaient encore en fleur, se trouvaient déjà défleuries. Ce dernier état de choses se relie probablement à ce qu'ici, plus au Nord, il tombe peu de neige; ce qui fait que les plantes en sont délivrées de bonne heure. Le *Taraxacum phymatocarpum* se présentait toujours avec des corolles blanches ou de couleur lilas (var. *albiflora*), et le *Papaver* avait souvent la corolle blanche, ce qui d'ailleurs n'est pas commun en Grönland.

II. **Scoresby Sound,** à env. 70° 15′ Lat. N. (P. 122—281).

Dans ce puissant réseau de fiords (dont l'intérieur est à environ 40 milles géographiques du littoral; voy. la carte annexée, croquis indiquant les localités en question) l'expédition a séjourné une année;

elle y a visité et exploré de nombreuses localités depuis l'estuaire du fiord jusque dans l'intérieur. Page 123, Scoresby fils: Tableau de la végétation à la Côte de Liverpool.

1°. La Jamesons Land (p. 124—141) a été visitée principalement les 3 et 5 août 1891. La surface de cette terre contraste avec le reste du Grönland en ce qu'elle est uniforme et plate; elle s'élève doucement vers le Nord, consiste en roches sédimentaires mésozoïques et est recouverte de forts dépôts de moraines profondes. La faune y est extraordinairement riche: les Rennes et les Bœufs musqués (*Ovibos moschatus*) errent partout. On n'y voyait pas de glaciers; mais de nombreux et gros torrents, provenant des neiges entassées dans les ravins ainsi que des plateaux qui les dominent, se dirigeaient sur la côte et apportaient l'humidité nécessaire. Le Sud du littoral, qui fut exploré le 3 août, est bas, plat, sablonneux ou argileux. On pourrait ici (voy. p. 126) distinguer entre: 1° flore de gravier, 2° flore d'argile, 3° flore de dunes, et 4° flore de Mousses („Mosmark"), les trois premières, des formations végétales ouvertes (types de la flore rupestre); au contraire, dans la flore de Mousses (flore qui forme un type intermédiaire, spécial et rare entre la flore rupestre et la flore de la lande de bruyère, mais très proche de la première), le sol est couvert d'un tapis continu de Mousses basses, de Lichens et de quelques Phanérogames. La page 127 et le haut de la page 128 donnent les espèces qui figurent dans cette formation et qui appartiennent toutes à une flore rupestre xérophile. En outre on trouva 5° la lande de bruyère fortement développée et consistant surtout en *Cassiope tetragona*. Enfin de vastes étendues de terrain présentant 6° des marais (marais de Mousses et marais de *Carex*) ainsi que, 7° des pacages herbeux, représentant la formation végétale la plus élevée et la plus fortement développée sur les versants humides et chauds qui regardent le Sud; les espèces des pacages herbeux se trouvent énumérées p. 131. On ne trouva pas d'oseraies, si près de la côte.

Dans un marais de Mousses, à environ $^3/_4$ de mille géographique de la côte, on trouva le *Cochlearia fenestrata*, qui sans doute doit être considéré comme forme survivante (*Reliktenform*) dans cette localité; car de nombreuses Moules sous-fossiles (*Mya truncata, Saxicava arctica, Astarte Banksii*) montraient qu'après la période glaciaire ce littoral s'est considérablement soulevé. Dans les bancs de sable environnants, l'analyse chimique a de plus prouvé la présence de chlorure de sodium (Dr K. Rördam).

Le 5 août, on visita la côte orientale, au Hurry Inlet, au Nord du cap Stewart. Ce littoral de l'Est est formé d'une avant-terre basse et étroite, terminée à l'Ouest pas des rochers escarpés de calcaire et de grès, où alternent des couches de schistes argileux et de nombreux filons de basalte. Derrière ces rochers se trouve le grand plateau, sillonné par les ravins d'érosion des torrents. Les pages 134—138 donnent un tableau de la végétation à diverses altitudes, jusqu'à environ 785^m. On y trouva différentes espèces qui plus avant dans l'intérieur du fiord ne se présentaient pas (comp. Phanérogames et Cryptogames, etc., pl. I, p. 354—365, col. A).

2°. Rôde Ö (p. 141 — 149). C'est ici qu'à environ 30 milles géographiques en deçà du littoral, nous rencontrons pour la première fois les fourrés en plein développement, formés des *Salix glauca* var. *subarctica*, *Salix arctica* f. *grönlandica* et *Betula nana*. Quant à la différence considérable entre le fourré du Grönland Occidental et celui du Scoresby Sund, voy. plus bas.

3°. Le Mudderbugten (p. 149—150). Roches de grès (âge indéterminé) et vigoureuse lande de bruyère (*Cassiope tetragona*); formation considérable de prairies sur le rivage (plante dominante: *Glyceria vilfoïdea*).

4°. Le Nordvestfjord (p. 150—153). Durant la halte qu'y fit l'expédition, l'hiver fit tout d'un coup son entrée, dans la nuit du 5 au 6 septembre: de puissantes masses de neige couvrirent le pays, mais pour être bientôt disséminées par le fœhn, et la glace forma, sur les lacs et les torrents, des croûtes d'une épaisseur de 3^{cm},5. Ces jours-là fournirent aussitôt la preuve très évidente de la grande importance du fœhn pour l'ensemble des conditions physiques du fiord, et spécialement pour la végétation.

5°. Le Sydbræen (p. 154); 22—25 septembre. Terrain de basalte, avec de grands glaciers et des formations morainiques. Végétation pauvre.

6°. L'île de Danmarks Ö (voy. le croquis, p. 156); p. 156 —210, 239—240, 253—264, 276—281. C'est dans cette petite île, dont l'aire est d'environ 1 mille carré, et située à une vingtaine de milles à l'Ouest du cap Brewster, c. à. d. à peu près au centre du fiord, qu'hiverna l'expédition. Le port où stationna le navire, s'appelle Hekla Havn. L'île entière consiste en une roche moutonnée et basse de gneiss; les points culminants atteignent 315^m environ; mais l'altitude moyenne du plateau varie entre 60^m et

130^m. Dans cette île on ne trouve pas de glaciers, mais de nom-
breux et vastes amas d'une neige permanente, surtout sur les escar-
pements tournés au Sud-Est, ainsi que dans les ravins qui s'ouvrent
dans cette direction et dans celle du Nord. Ces amas de neige sont
pour les plantes la principale source d'humidité à la période de
végétation; ils doivent leur origine au fœhn, vent chaud et sec qui
souffle de l'intérieur du fiord (à peu près NW) souvent avec beau-
coup de violence. De tous les vents ressentis dans le Scoresby
Sund, le fœhn est le seul dont l'importance mérite d'être notée. C'est
le fœhn qui règle l'extension et la position de la couche de neige
et, par conséquent, c'est lui qui détermine, non seulement la répar-
tition des espèces, mais encore celle des formations végétales.
A l'égard de diverses conditions météorologiques, voy. le tableau de
la page 160 (A: température de l'air: moyen, maximum, minimum;
B: fréquence du vent sur cent cas; [Stille = Calme]; C: force du
vent (0—12); D: nombre de jours d'eau tombée, pluie, neige, brume
et brouillard).

On suit alors l'évolution de la végétation mois par mois, jour
par jour. Les pages 167—173 donnent comme caractérisant la
végétation de la Danmarks Ö la vie végétative de l'Elvdalen
située dans cette île. La chaleur (c. à. d. exposition au Sud),
l'humidité et l'abri contre le fœhn (surtout en hiver), sont évidemment
les plus importantes des conditions auxquelles la végétation de ce
pays puisse être plantureuse. Voy., p. 170, la végétation du pacage
herbeux, p. 171—172, celle du marais.

Au cœur même de l'hiver (d'octobre à mars inclus.) il n'y a
que peu de Phanérogames qui soient exemptes de neige, malgré
l'étendue assez considérable du terrain d'où la neige a disparu. La
page 182 donne les noms de ces espèces, qui sont par conséquent
les plus résistantes, les mieux appropriées à vivre dans les conditions
climatologiques les plus défavorables; car ce sont naturellement
toujours les mêmes parties du pays qui se dépouillent de la neige
année par année; et seules les espèces les plus résistantes peuvent se
maintenir sur les roches moutonnées dépourvues de neige, où elles
sont exposées aux froids les plus rigoureux de l'hiver ainsi qu'à
l'attaque directe du fœhn. L'action du fœhn est, soit mécanique, en
ce qu'il fouette les plantes et chasse contre elles gravier, sable,
aiguilles acérées de glace et de neige, soit physique en les dessé-
chant, et cette dernière influence est d'autant plus dangereuse que
les plantes ne trouvent aucune chance de recouvrer, dans le sol gelé

et sec, l'humidité qu'elles ont perdue. Voy., p. 185, les éléments météorologiques du puissant fœhn du 16 au 17 février 1892 : la température monta jusqu'à + 8°,5 C. Voy., p. 188—189, les listes des Lichens sur sol nu en février.

Dès le 23 mars on trouva un petit champignon, le *Clavaria tenuipes*, qui à coup sûr avait poussé cette même année. A partir de cette date, la neige fond presque tous les jours, à l'heure de midi, sur les versants tournés au Sud, quand le soleil brille.

Au milieu d'avril, le groupe de plantes dont parlent les pages 195—200, était déjà débarrassé de la neige. Le tableau de la page 200 montre dès maintenant des températures d'insolation notables indiquées par le bulbe noirci (jusqu'à + 28° C.).

Les pages 201—209 mentionnent la végétation des Cryptogames, p. 201—205 inclusive, du mica mou qui s'effrite aisément, p. 206—209, le gneiss plus dur des roches moutonnées sans neige, ainsi que le gros gravier des plateaux.

Au mois de mai, je pris part à une expédition en traîneau à l'intérieur du Vestfjord, et l'on y visita entre autres les Kobberpynt, Runde Fjæld, Ispynt et Renodden. Là il y avait relativement peu de neige et de vastes étendues couvertes par des fourrés hauts de 60^{cm}; en somme, la végétation y était plantureuse. Le 6 mai, l'expédition fut arrêtée (à la Kobberpynt) par un puissant fœhn, durant lequel la température monta jusqu'à + 6° : les mouches dansèrent et la neige fondit.

Voir, p. 223—227, la végétation à différentes hauteurs sur le Runde Fjæld; à environ 1570^m d'altitude on trouva encore les Phanérogames désignées p. 223; le *Luzula confusa* paraissait être la plus résistante de toutes celles-là. Les espèces portaient toutes fruit.

P. 236, on voit les noms des espèces trouvées à environ 1260^m d'altitude dans la Hjörnedalen : elles sont en nombre assez considérable.

Du 27 mai au 7 juin : excursion en traîneau à l'intérieur du Gaasefjord. Les premières fleurs s'épanouissent (comp. le tableau, p. 287—289); la neige disparaît rapidement. D'épais fourrés et de vastes marécages à hautes Graminées, *Carices* et Juncacées (surtout le *J. arcticus*) au fond du fiord.

P. 257 : Mousses prises sur les bords de petits lacs dans

la Danmarks Ö; p. 263—264, il est parlé de la végétation sur le littoral de cette île.

P. 264—275: végétation de la Gaaseland au Sud de l'île de Danmarks Ö; p. 266—268: Mousses et Phanérogames du pacage herbeux; p. 270: espèces de la lande de bruyère; p. 274—275: espèces croissant sur un sommet en basalte, à environ 1260ᵐ d'altitude.

P. 280: Mousses venant de quelques ruines laissées par les Esquimaux; elles venaient d'un fond humide dans la Danmarks Ö.

III. Augmagsalik, à env. 65° 40' Lat. N., par E. Bay, p. 281—284.

Les formations végétales qui figurent ici, sont la lande de Lichen, p. 282, la roche rupestre, le marais et le pacage herbeux. On fit la trouvaille intéressante de l'*Archangelica officinalis*.

B.
Remarques générales sur la végétation du Scoresby Sund.

Comme partout en Grönland, c'est — à égale latitude — tout d'abord l'éloignement du littoral, la distance à une mer froide et brumeuse, qui détermine l'abondance plus ou moins grande de la végétation: plus on s'éloigne de la côte, plus la végétation est luxuriante. On savait donc d'avance qu'un réseau de fiords, tel que le Scoresby Sund, dont les ramifications les plus intérieures sont à environ 280 kilomêtres de la pleine mer, doit favoriser une végétation relativement abondante. Si néanmoins cette végétation ne peut pas rivaliser avec celle du Grönland Occidental à la même latitude, bien que l'hiver y fasse tomber assez d'eau, la cause en est sans doute en ce que l'air et le sol ne sont pas assez humides à la période de végétation. Les fourrés y ont un cachet xérophile remarquable, et la lande à *Cassiope tetragona* y est sans doute plus xérophile que la lande à *Empetrum* de l'Ouest du Grönland: j'y vois un fait à l'appui. De plus, il est notoire que, durant l'été, le manque d'humidité prend d'autant plus de relief sur la côte occidentale qu'on s'engage plus avant dans un fiord; il est donc vraisemblable aussi d'admettre que l'intérieur du Scoresby Sund doit être très sec, puisque ce dernier est considérablement plus long que n'importe lequel des fiords du littoral occidental.

Comparé à l'éloignement de la côte, tout le reste est d'importance secondaire. La glace de l'intérieur a cela de particulier,

qu'elle ne gêne pas essentiellement la végétation du voisinage ; en
tout cas elle n'influe, par les entraves qu'elle y apporte, que dans
un rayon étonnamment court: on peut rencontrer une végétation
vigoureuse et même des fourrés à proximité immédiate de la glace.

Phytostatique. Le Scoresby Sund se distingue, comme la
partie correspondante du Grönland Occidental, par la diversité de
sa constitution géologique. Celle-ci n'exerce pourtant sur la
végétation qu'une influence indirecte, savoir, autant qu'elle détermine
diverses propriétés du terrain. La côte Sud de la Jamesons
Land, formée de roches sédimentaires et mésozoïques, couvertes
de couches relativement considérables de diluvium et d'alluvions,
offrira, seulement à cause de la forme plane de la surface offre
de bien meilleures conditions de végétation que la formation basal-
tique du côté sud du fiord, où les versants sont escarpés et les
plateaux couverts de glaciers. En hiver, la couche de neige dépendra
des formes qu'affecte la surface du terrain. Si la bruyère prédomine
en Jamesons Land et sur les grès qui s'abaissent doucement en
Milnes Land, c'est probablement à cause de la forme du terrain qui,
par conséquent, retient beaucoup de neige pendant l'hiver. Mais,
d'autre part, il n'est pas possible de constater une différence notable
de végétation, pas plus qu'une seule espèce exclusivement ou spé-
cialement affectée à telle roche. Même la pierre calcaire de la
Jamesons Land et le conglomérat riche en chaux de la Rôde Ö
n'ont pas une seule espèce qu'on ne trouve sur les autres roches,
et les individus ou les formations végétales n'ont pas non plus
une plus grande vigueur ni un développement différent. Toute-
fois, la grande pauvreté en Lichens semble être une particularité des
roches susdites, ainsi que des schistes argileux des rochers Neill [1])
au Hurry Inlet et de la formation basaltique.

Phénologie. Il va de soi que, nos observations n'ayant duré
qu'un an, l'on ne peut décider si l'année 1891 a été normale au
point de vue climatologique. Le nombre assez grand de maisons
d'Esquimaux pourrait peut-être signifier qu'en 1892 les fiords étaient
pris plus avant que d'ordinaire durant l'été: l'arrivée des Goélands
à manteau gris et d'autres Palmipèdes longtemps avant la débâcle,

---

[1]) Ceci concorde avec la remarque faite par M. Th. Fries (Öfvers. af K.
Sv. Vet. Ak. Forh. 1869, p. 124), savoir qu'au Spitzberg les Lichens
fruticuleux ou foliacés sont »rabougris ou presque bannis« des terrains
tant calcaires que schisteux, tandis qu'ils sont vigoureux sur le granit.

semble peut-être aussi le suggérer. En tout cas, au commencement d'août, la végétation était considérablement plus avancée en 1891 qu'en 1892. Au 8 août 1891, les fruits du *Vaccinium uliginosum* et de l'*Empetrum* étaient mûrs par grandes quantités, tandis qu'à la même date en 1892 quelques-uns seulement l'étaient. J'ai estimé la durée comme ayant varié de 8 à 20 jours.

Dans l'Ouest du Grönland, par 69—71° Lat. N., juin est le mois de printemps; mais parfois à la fin de mai[1]) l'on voit déjà fleurir certaines plantes. Rink dit, par exemple, que le *Saxifraga oppositofolia* fut éclos à Umanak le $^{22}/_5$ 1850, à Godhavn le $^5/_6$ 1849. C'est avec quoi concordent aussi les observations de M. Vanhöffen dans le fiord de Karajak, en 1893[2]).

Dans le Scoresby Sund le printemps commença à peu près à la même date; au tableau des p. 287—289, on a porté les jours d'éclosion de plus de 100 espèces de Phanérogames, de la Danmarks Ö, du Gaasefjord et de la Gaaseland; de plus on a cité entre parenthèses quelques Champignons.

M. Vanhöffen, qui, en 1892—93, hiverna au fiord de Karajak dans l'Ouest du Grönland — presque sur le parallèle de la Danmarks Ö — a donné, *loc. cit.*, une esquisse du printemps dans ce fiord, et il en résulte que généralement les conditions furent les mêmes durant ces deux années (1891—92 et 1892—93). Le tableau de la page 289 au bas et de la p. 290 donne, d'après M. Vanhöffen, la date d'éclosion d'un certain nombre de Phanérogames au fiord de Karajak.

Températures d'insolation. Depuis longtemps divers auteurs ont démontré que les observations météorologiques générales de la température donnent une fausse idée des températures auxquelles la végétation est exposée, et l'on a signalé la grande importance des rayons solaires directs. Toutefois on n'a des régions polaires que des observations peu nombreuses et éparses sur la température au soleil (voy. Warming: Om Grönlands Vegetation, p. 99). C'est pourquoi j'ai fait installer cinq thermomètres qui recevaient les rayons du soleil et qu'on observait en même temps que

---

[1]) Voy. Warming, Om Naturen i det nordligste Grönland. Geografisk Tidsskrift 1888.

[2]) Fruhlingsleben in Nord-Grönland. Verhandl. d. Ges. f. Erdkunde zu Berlin 1893.

le reste des instruments météorologiques. Voici leur installation: trois thermomètres à mercure, l'un à bulbe peint en vert, l'autre à bulbe nu et le troisième à bulbe noir (enfumé), furent installés sur un support en bois, sur le mur de pisé du pan méridional du magasin aux provisions. Ce magasin portait un revêtement en carton bitumé noir; le mur de pisé était couvert d'une couche en mottes de gazon, et sa hauteur était de 1^m,3. Les bulbes des thermomètres étaient suspendus à 13^{cm} au-dessus de ces mottes et à une distance de 13^{cm} de la paroi du magasin. Deux thermomètres à bulbes, l'un noir, l'autre nu, furent suspendus à un poteau, à environ 1^m,6 au-dessus du sol. Sous le titre spécial *Insolation*, le journal donna l'intensité des rayons solaires estimés de 0 à 4 par l'observateur, 4 désignant l'insolation sans obstacles, 0, le soleil sous l'horizon ou tout à fait caché par les nuages. Ces observations d'insolation se firent du $^{26}/_9$ au $^3/_{11}$ 92, et du $^8/_3$ au $^{11}/_7$ 92.

Le tableau des p. 291—97 indique pendant combien d'heures sur 24 la température atteignit et dépassa 0°C.; les parenthèses contiennent les relevés de la plus haute température[1]).

1891.

Date.	Au magasin des provisions.			Au poteau.		Température de l'air, à l'ombre.	
	B. vert.	B. nu.	B. noir.	B. nu.	B. noir.	Maxima.	Minima.

Voy. p. 291—295.

Les observations de l'automne de 1891 font ressortir qu'en cette saison le soleil ne se montrait pas beaucoup; car, du $^{25}/_9$ au $^3/_{11}$, on ne l'observa dans tout son éclat que 65 heures en tout. Le $^{27}/_{10}$ le bulbe noir donna encore, durant deux heures, une température positive. Mais, en 1892, le printemps et l'été donnèrent beaucoup de soleil. Le $^{21}/_3$ le bulbe noir accusa pour la première fois une température positive (abstraction faite des jours

---

[1]) Il faut remarquer qu'en été, le soleil étant au Nord, le magasin aux provisions portait ombre sur les trois thermomètres, ce qui fit qu'à certains jours on les transporta au soleil (marqué par*).

de fœhn); à partir d'avril il n'y eut presque pas de jour où le bulbe noir ne donnât des températures dépassant zéró, ce qui concorde avec le fait qu'après la dernière semaine de mars la neige fondit chaque jour durant les heures autour de midi sur les versants méridionaux.

Si l'on compare les tableaux avec les observations de température faites en diverses localités de la Danmarks Ö (et précédemment citées sous chaque mois) soit pour le sol, soit pour l'eau, etc., avec le bulbe nu, on verra aisément que la période de végétation des plantes peut commencer longtemps avant que la température moyenne du jour, telle que l'entendent les météorologues, dépasse le zéro. On voit également que les thermomètres installés au magasin des provisions, n'étaient point dans des conditions exceptionnellement favorables et indiquaient des températures, non pas plus élevées, mais au contraire plus basses que ne le faisaient les thermomètres installés ailleurs dans des localités abritées. La cause en est partiellement dans ce que les bulbes étaient suspendus à quelques centimètres au-dessous des mottes, en partie aussi dans ce que ledit magasin occupait une langue de terre basse qui, jusque fort avant dans l'été, était entourée par les glaces du fiord et se trouvait exposée au vent[1]). On peut donc partir de ce principe que les plantes plus éloignées de la glace du fiord ou de ses eaux froides et dans des localités mieux abritées du vent, se sont déjà trouvées, avant l'époque indiquée par le tableau, dans une terre dégelée, et qu'elles ont également profité de quantités de chaleur considérablement plus fortes qu'ailleurs.

Enfin les tableaux font ressortir la différence considérable de la température suivant la proximité de la surface du sol ou la hauteur de quelques pieds de suspension au-dessus de ce sol, différence qui explique suffisamment le retard considérable du développement des branches de saule et de bouleau qui sont verticales, relativement à celui des branches des buissons décombants. Ce fait se constate souvent dans les ouvrages qui en traitent.

Il faut donc admettre que dans les localités abritées (versants qui regardent le Sud, etc.) à l'intérieur du Scoresby Sund, les plantes ont une saison de végétation de 5 à 6 mois: durant un laps de temps aussi long, le sol de ces localités sera dégelé, en tout cas, quelques

---

[1]) L'expérience a montré que même le plus léger souffle suffisait pour faire baisser de plusieurs degrés la température.

heures par jour. Sur la côte il est naturel que la brume et le vent raccourcissent considérablement le temps de la végétation.

C'est donc sans doute en désaccord avec l'état réel des choses que Kjellman prétend[1]) que l'évolution ne peut pas commencer avant que la température moyenne du jour ait dépassé zéro. Tout comme nos plantes vernales et suivant la remarque de Kjellman lui-même (*loc. cit.*, p. 481), les plantes polaires supportent une gelée passagère. Et, de plus, même quand la température baisse de quelques degrés au-dessous de zéro, cela ne dit aucunement que le sol ou les plantes prennent une aussi basse température. Les oscillations de la température ne se font pas aussi rapidement dans la roche ou dans le sol meuble que dans l'air. Le rayonnement de la pierre et de la terre, la propagation de la chaleur par les racines qui se trouvent dans une terre dégelée et chaude, et enfin le fait que la sève cellulaire, en sa qualité de solution saline, a le point de congélation au-dessous de zéro, tout cela fera que durant la saison du printemps les plantes peuvent se maintenir dégelées, quand même la température de l'air reste inférieure à zéro durant quelques heures et que le soleil ne paraît pas.

Apparition des insectes. La littérature ne présente que peu d'observations directes sur l'apparition des insectes dans les fleurs des régions polaires[2]). M. Warming a mentionné[3]) plusieurs observations faites dans le Grönland; dans „Medd. om Grönland" XV, p. 27—28, j'en ai cité quelques autres. A part cela, on ne trouve dans les relations de voyages que des remarques isolées et éparses sur ce sujet.

Dans les fleurs des espèces énumérées dans le tableau de la page 300 („Fluer" = Diptères), on a observé l'apparition d'insectes. Les fleurs les plus fréquentées sont certainement les *Salix arctica* f. (surtout par les Diptères) *Arctostaphylos* et *Vaccinium* (spécialement par les Bourdons). A la Gaaseland j'ai observé des Bourdons jusqu'à l'altitude de 950ᵐ.

M. H. Deichmann, l'entomologiste de l'expédition, m'a communiqué ce qui suit: „Les principales Mouches des fleurs sont certaine-

---

[1]) Ur polarväxternes lif, p. 471.

[2]) Par ex. Ekstam: Blütenbestäubung auf Novaja Semlja, Öfvers. af K. Vet. Akad. Forh. 1894.

[3]) Sur la structure et le mode présumé de pollination de quelques fleurs grönlandaises, voy. «Overs. o. K. D Vid Selsk. Forhdl.» 1886, p. 125—126.

ment les *Rhamphomyia nigrita* et *R. hirtula*, en tout cas ce sont elles qu'on voit le plus souvent sur les *Dryas* et *Rhododendron*; ces deux espèces apparaissent sans doute avec égale fréquence. Dans le *Salix arctica* f., on trouve à l'époque de la floraison une quantité de Diptères, parmi lesquels dominent sans doute les Syrphides et la *Calliphora grönlandica*, de temps à autre une *Tachina* isolée: quant aux espèces de *Ramphomyia*, je ne sache pas les avoir jamais vues sur le ·*Salix*. En certains endroits, les *Trips* fourmillent dans les chatons de saule."

En général il n'était pas commun de voir des piqûres d'insectes dans les plantes; toutefois, à Hold-with-Hope, on constata que presque toutes les fleurs du *Salix arctica* f. étaient fortement piquées.

A ce sujet on pourrait peut-être citer le fait que les nodosités de *Phytoptus* sur les feuilles de saule étaient très communes; quelques fois aussi j'ai vu les chatons femelles attaquées. Dans la Rôde Ö, des fruits de *Sedum Rhodiola* étaient fortement attaqués par le *Phytoptus*.

Formations végétales.

Si l'on compare les formations végétales du Grönland Occidental avec celles du Scoresby Sund, on constate divers écarts intéressants, bien qu'il faille convenir qu'en général et dans son ensemble l'état des choses est assez identique. Quant aux particularités de la flore, on peut consulter les tableaux qui suivent.

Oseraies (voy. surtout p. 145 et 218). A la Gaaseland une oseraie (p. 272) fut la seule qui répondît un peu au type commun d'oseraies en humus humide de la côte occidentale. Toutes les autres oseraies que je vis, avaient cela de remarquable qu'elles croissaient sur des versants secs, pierreux et graveleux et que les plantes de ces fourrés avaient conséquemment un cachet xérophile formant un fort contraste avec les plantes des fourrés à verdure fraîche de la côte occidentale. Les oseraies de Disco atteignent encore à hauteur d'homme; celles du Scoresby Sund ne s'élèvent pas à plus d'environ 1^m. L'Angélique (*Archangelica officinalis*), plante qui caractérise l'oseraie de la côte occidentale et qu'on trouve encore à Disco, manquait tout à fait, faisant du reste défaut, même dans l'humus humide du pacage herbeux. Entre autres espèces ayant pour habitat les oseraies de la côte occidentale, Disco par exemple, et qui manquent au Scoresby Sund, on peut surtout citer les espèces d'*Epilobium*, les *Draba incana*, *Bartsia alpina*, des espèces de *Pyrola* (*P. minor* et *secunda*), les *Gnaphalium norvegicum*, toutes les Orchidées, savoir: *Corallorhiza innata*, *Habenaria albida*, *Listera cordata*, *Platanthera hyperborea*, *Luzula parviflora*, *Phleum alpinum*, *Calamagrostis phragmitoïdes*, *Aspidium Lonchitis*, *Polypodium Dryopteris*, *Equisetum silvaticum*.

Il faut remarquer qu'un grand nombre de ces plantes sont les Entomophiles les plus marquées du Grönland.

Les hautes Graminées en touffes (p. 145) forment un élément tout spécial des plantes herbacées des fourrés; les autres espèces sont en grande majorité des plantes communes dans la flore rupestre. Les conditions offertes par le sol et l'exposition favorable au Sud ou à l'Est, font que les individus se distinguent toujours par la vigueur de leur dévoloppement ($0^m,50 — 0^m,60$).

C'est sur les versants tournés au Sud et par une altitude de 160^m à 315^m environ, que les oseraies atteignaient leur plein développement. A cette hauteur le brouillard est beaucoup plus rare qu'au niveau de la mer, et la température s'élève en raison de ce que l'insolation dure plus longtemps et que la pente est plus forte; j'ai observé assez souvent une différence de $10°$ à $15°$ entre la température de l'air du pays bas et celle des versants des rochers. Il faut naturellement aussi attribuer une grande importance au fait que ces points sont plus éloignés de la glace, qui séjourne longtemps dans les fiords, ou de leurs eaux froides.

La figure, p. 303, montre un spécimen rapporté du Rypefiord par M. le lieutenant Ryder. C'est le tronc mort d'un *Salix glauca* var. *subarctica*, le plus fort tronc que j'aie vu parmi ceux qui proviennent du Scoresby Sund. Il est fortement excentrique, écorcé, et a été décombant. Comme le montre la figure, il est très tourmenté et plein de crevasses grandes et petites. La distance de sa base à l'extrême pointe est de $0^m,45$ en ligne droite, tandis que la véritable longueur du tronc est de $0^m,94$. Le plus grand diamètre est de $11^{cm},5$. L'aubier est très mou, les cernes extrêmement étroites.

Des oseraies ont été aperçues à une altitude d'environ 625^m, et c'est sans doute uniquement l'effet du terrain, si on ne les rencontre pas plus haut dans les rochers. Ces fourrés ont besoin d'être couverts pendant l'hiver, mais ils se dénudent plus tôt que le pacage herbeux.

Je n'ai aperçu aucune oseraie à l'Est de la Gaaseland, c. à. d. à environ 20 lieues à partir de l'embouchure du fiord.

Le pacage herbeux se trouve, au Scoresby Sund, dans les mêmes localités que dans l'Ouest du Grönland, c. à. d. sur les versants humides et couverts d'humus, à l'abri du vent et surtout regardant le Sud; toutefois, le pacage herbeux le mieux accentué et le plus plantureux (à la Gaaseland) était exposé à l'Est.

Le pacage herbeux veut être de bonne heuré couvert d'une neige épaisse; le premier fœhn d'automne entasse sur les plantes de ce pacage de grandes masses de neige. C'est là qu'on rencontra les espèces les plus „méridionales" et les plus délicates: *Botrychium Lunaria, Ranunculus affinis, Veronica alpina, Alchemilla vulgaris, Potentilla maculata, Thalictrum alpinum, Draba crassifolia, Hieracium alpinum* et d'autres. Si, aux mois de mai—juin, dans mes excursions en traîneau, je n'ai pas trouvé de pacages herbeux dans le Vestfjord et le Gaasefjord, cela tient vraisemblablement à ce qu'ils ont été couverts de neige. Il se peut qu'au fond des fiords l'été soit trop sec pour cette formation végétale.

Le pacage herbeux a été trouvé à la Gaaseland jusqu'à l'altitude d'environ 940^m.

Si dans les régions arctiques les versants tournés au Sud ont toujours une végétation plus riche que les versants qui regardent les autres points cardinaux, la cause en est naturellement tout d'abord l'influence solaire; mais en beaucoup d'endroits le vent y contribue aussi. En effet, dans le haut Nord, c'est du Nord que souffle le vent dominant. Il déposera donc sur le versant tourné au midi et abrité, les détritus des rochers, les substances de l'humus, des parties de plantes flétries, etc. En outre, durant l'hiver, le vent apporte de grandes masses de neige.

M. Warming a avancé que les Lombrics sont les hôtes spéciaux des fourrés et des pacages herbeux: mais cela n'est guère vrai que pour le Grönland Méridional. Dans le Grönland Septentrional, les Lombrics sont rares, ou font tout à fait défaut. Il va de soi que ces animaux ne pourraient être rencontrés dans le sol graveleux, assez sec qui porte les fourrés; mais on ne les trouve pas non plus dans l'humus du pacage herbeux. Les Gastéropodes terrestres manquaient également.

La lande de bruyère du Scoresby Sund (ainsi que celle de Hold-with-Hope) diffère de la lande à *Empetrum* de la côte occidentale par la *Cassiope tetragona* qui la constitue. Dans le Grönland le plus septentrional sur la côte tant à l'Est qu'à l'Ouest, cette dernière espèce est également prédominante. Dans certaines localités de la côte occidentale, le *Cassiope tetragona* peut être l'élément principal de la lande, comme le disent Berggreen et Warming. Dans le Scoresby Sund, l'*Empetrum* est tout à fait refoulé; on ne le trouve qu'isolément dans les landes, surtout dans les dépressions plus humides: tel est aussi le cas des *Phyllodoce cœrulea* et *Cassiope hypnoïdes*.

La lande veut être couverte de neige durant l'hiver; il lui faut de l'humidité et un abri, mais moins qu'au pacage herbeux. Sur les lisières de la lande et dans les localités que le vent, favorisé par la configuration du terrain, a dénudées de neige, c'est le *Vaccinium uliginosum* microphyllum* qui domine.

J'ai vu des landes de bruyère à 1320ᵐ au-dessus de la mer, mais pas d'étendues de landes considérables et non interrompues plus haut qu'à 785ᵐ.

Voici les espèces communes dans les landes du Grönland Occidental (69°—71° Lat. N.), mais qui manquent au Scoresby Sund: *Saxifraga tricuspidata*, *Pedicularis lanata*, *Loiseleuria procumbens*, *Ledum palustre*, *Artemisia borealis*.

Les *Dryas octopetala*, *Arctostaphylos alpina* et *Tofieldia coccinea*, qui sont rares ou manquent dans la partie correspondante de la côte occidentale, sont communs dans le Scoresby Sund.

La flore rupestre couvre, en Grönländ, la plus grande partie de la surface exempte de glace, et partout elle a à peu près le même cachet. Dans les localités abritées, sur les pentes à fond pierreux, sur les terrasses des versants abrupts regardant le Sud et dans les lieux analogues offrant un abri, les individus sont vigoureux et forment des groupes serrés. Dans les lieux découverts, surtout ceux qui en hiver sont exempts de neige, ce qui expose directement les plantes à la violente attaque des vents, d'un bout à l'autre de l'année, les individus placés dans le vent, non seulement les Phanérogames, mais encore les Cryptogames, sont rabougris, brûlés ou dépourvus de vie: ils ne portent que peu ou point de fruits et se trouvent extrêmement dispersés. Dans le Scoresby Sund, le fœhn est, comme on l'a dit, l'unique vent de force considérable; sur le littoral, c'est le vent du Nord qui prédomine.

La grande importance du fœhn pour la végétation des fiords grönlandais n'a pas reçu assez d'attention. M. Rosenvinge a mentionné[1]) l'influence du fœhn sur l'expansion de la végétation des fourrés dans le fiord de Tunugliarfik, et quand Berggreen[2]) attribue aux vents froids du fiord d'Auleitsivik et ailleurs la pauvreté et le rabougrissement de la végétation de flore rupestre dans les lieux ouverts, ce sont sans doute les effets du fœhn qu'il a vus.

Dans le tableau de la page 307, on trouvera un aperçu des fœhns dans la Danmarks Ö, de septembre 1891 à juillet 1892. Ce tableau fait ressortir — comme la côte occidentale du Grönland nous l'a déjà appris — que le fœhn a son maximum de fréquence et de force durant le semestre d'hiver, et que le degré d'humidité de l'air peut être fort bas et la force du vent très considérable. Dans ce tableau,

la 3e colonne indique la température maxima durant le fœhn
- 4e   „   „   „ température minima des 24 heures précédentes
- 5e   „   „   „ teneur pour cent du plus bas degré d'humidité
- 6e   „   „   „ direction du vent durant le fœhn.
- 7e   „   „   „ force du vent (0—12).

Si, pendant l'hiver, l'unique type de végétation sans neige se composant des parties les plus enrayées de la flore rupestre, on parcourait du Sud au Nord la Danmarks Ö, on voyait à gauche des pierres et des versants rocheux couverts de petites Gyrophores, Parmélies, Mousses, etc., tandis que le côté droit ne présentait que des surfaces pierreuses nues et grises. Seuls, des Lichens extrêmement rares peuvent croître sur les aires exposées au vent. Les *Xanthoria elegans* f. *pygmœa*, *Acarospora* sp. (brun, stérile), *Lecanora badia*, *Placodium chrysoleucum* f., *Rhizocarpon geographicum* f. *monstrosa* et *Gyrophora arctica* représentaient les espèces les plus résistantes; toutefois, dans ces localités, ils étaient toujours rabougris, et souvent on avait de la peine à les reconnaître: les Gyrophores perdaient complètement leur forme de calice et devenaient compactes, comme de petits hémisphères. Sur les blocs erratiques qui gisaient épars sur les collines, on trouvait toujours aux flancs des pierres situées sous le vent et tout près du sol une zone de Lichens en forme de croûtes; au contact immédiat du sol, là force du vent était évidemment brisée, à tel point que les Lichens pouvaient s'y développer. On observa quelque chose d'analogue dans les Phanérogames de ces

---

[1]) Geografisk Tidsskrift, vol. X.
[2]) Öfvers. af K. Vet.-Akad. Forh. 1871.

localités: au vent elles étaient privées de vie, et c'est seulement de par-dessous la touffe qu'une pousse isolée ou quelques pousses tâchaient de se faire jour dans la direction du vent, tapies contre le sol et cherchant un abri entre les petites pierres placées en avant, ou profitant des moindres inégalités du terrain.

Les rameaux et troncs des buissons décombants étaient tous excentriques, souvent rongés par le vent presque comme par un couteau tranchant, de sorte que la moelle était déplacée jusqu'à la face supérieure de la branche, ou même était rongée et avait disparu.

La page 309 en représente un bel exemple. C'est le tronc d'un *Salix glauca* var. *subarctica*(?), provenant de l'Ispynt dans le Vestfjord: Tronc: fig. *a*, profil; *b*, vu d'en haut; *c*, coupe transversale (en biais) suivant *, les cernes indiquées légèrement. Ce tronc est tellement excentrique, que la moelle est tout à fait usée. L'âge du tronc est x (env. 10—15 ans) + env. 160 ans, soit env. 170 ans. La longueur du tronc est de $0^m,65$, le plus grand diamètre de la coupe transversale $0^m,07$.

Les figures des pages 310—313, reproduisent l'aspect que présentaient généralement les plantes des localités exposées au fœhn; les touffes et les buissons qu'on y voit, sont tous de la Danmarks Ö:

Salix arctica f. ($^1/_1$). Les deux figures montrent la forme générale de cette espèce sur les collines exemptes de neige. Le buisson affecte avec plus ou moins de cachet, la forme d'un coin tournant au NW son extrémité pointue. Vu d'en haut, un pareil buisson forme une surface large et compacte, composée de nombreuses ramilles grillées par la gelée; c'est seulement du côté abrité du buisson, ainsi que de la face inférieure, que partent des branches vives. Les parties anciennes sont toutes écorcées et blanchâtres du côté du vent, et souvent il y pousse des Lichens. En *b*, on voit un certain nombre de branches allant contre le vent (comp. ci-dessus)[1]. Ici et dans les figures suivantes, la ligne ponctuée représente la surface du sol.

Dryas octopetala f. *minor* ($^6/_5$). La partie aérienne et nue de la racine est tordue et recourbée, écorcée (elle ne garde un peu d'écorce que du côté abrité) et fortement excentrique. Son plus

---

[1] Ces types de buisson rappellent les buissons nains de *Salix rotundifolia* dont parle Kihlman (Pflanzenbiologische Studien, p. 225).

grand diamètre est 3^{mm},5, le plus petit 1^{mm},5. Du côté du vent, les branches sont rongées et écorcées, les feuilles arrachées ou extrêmement petites, de forme linéaire et à bord recourbé en arrière; du côté abrité, le buisson a les feuilles plus grandes, et leur bord est peu ou point recourbé en arrière.

Carex nardina (¹/₁). Petite touffe, grillée et, du côté du vent, revêtue d'une croûte grisâtre de Lichens, croûte formée presque uniquement de gaines lacérées et effilochées. C'est seulement du côté abrité et de la face inférieure que la touffe émet de petites feuilles, piteusement rabougries, et une seule floraison.

Silene acaulis (¹/₁) [p. 312]. Touffe de forme très irrégulière, vue du côté du vent (*a*) et du côté abrité (*b*). La racine principale était, en grande partie, dénudée et privée de vie, le gravier en ayant été arraché par le vent.

Silene acaulis (¹/₁) [p. 313]. Touffe très excentrique, privée de vie du côté du vent. Nombre de racines adventives se sont développées en dessous de la touffe; la racine principale a été dénudée par le vent et partiellement privée de vie. La touffe a sa plus grande hauteur du côté du vent, de sorte que les pousses vives sont à l'abri derrière les parties détruites de la touffe.

La grande importance que les „stries noires", formées par les Algues phycochromacées, plus ou moins lichénisées, savoir les *Scytonema*, *Stigonema*, *Glœocapsa*, ont pour la physionomie du paysage, surtout en hiver, a été souvent mentionnée plus haut. Chose étrange! jusqu'ici l'on n'en a point parlé à propos du Grönland; mais je les ai souvent vues, même dans le Grönland Occidental. Kerner[1]) mentionne celles des Alpes. Le professeur Lagerheim m'a fait remarquer que, si ces plantes ont la vie très dure, ce fait pourrait être attribuable à leur lichénisation; comp. Jumelle[2]).

J'ai vu des flores rupestres jusqu'à l'altitude de 1570^m, hauteur à laquelle toutes les plantes fructifiaient encore.

Marais. Le cachet principal des marais du Scoresby Sund, c'est leur pauvreté en *Carices*. Les *C. pulla* et *hyperborea* sont les

---

[1]) Pflanzenleben, I, p. 109.
[2]) Revue générale de botanique, IV, 1892.

seules espèces qui vivent en famille et forment des colonies assez grandes. Le *Calpodium latifolium* est particulier aux marais de la Jamesons Land et à la partie externe du fiord jusqu'à la Danmarks Ö; le *Calamagrostis stricta* var. *borealis* est particulier à l'intérieur du Vestfjord et au Gaasefjord. Le *Saxifraga hieracifolia*, qui n'a pas été trouvé dans le Grönland Occidental, est commun dans la Jamesons Land; mais on cessa de le trouver en pénétrant dans le fiord. Les Juncacées prédominaient spécialement à l'intérieur des fiords.

On a vu des marais jusqu'à une altitude de 1260ᵐ.

La pauvreté d e s e a u x d o u c e s en végétation a été mentionnée plus haut, p. 148 et p. 278.

T o u r b e. Deux échantillons de tourbe de Mousses, l'un de la Röde Ö, l'autre de la Gaaseland, ont fait l'objet d'une étude plus particulière. Dans toute sa profondeur, la tourbe provenant de la Röde Ö consiste en *Amblystegium sarmentosum* et en *A. exannulatum*; celle de Gaaseland est exclusivement formée de *Sphagnum Girgensohnii*. On ne trouve, relativement parlant, que peu de feuilles et d'autres résidus organiques dans cette tourbe: feuilles, graines et pellicules de chaton du *Betula nana*; feuilles et baies du *Vaccinium*; feuilles des *Empetrum* et *Dryas octopetala* f. *minor*; fruits de *Carices*; bon nombre de petites scléroties du *Typhula*(?) sp., et éphippies du *Daphnia pulex*.

Les c h a m p s d e M o u s s e s sont mentionnés p. 126 et p. 487.

Quant à la végétation du littoral, voy. surtout les pages 150 et 262—264. [A l'intérieur du Scoresby Sund, on ne trouva que peu de b o i s f l o t t é : il consiste exclusivement en bois de Conifères; un unique morceau d'écorce de *Pinus* et un petit morceau d'écorce blanc de Bouleau furent trouvés à la Jamesons Land.]

La végétation près des ruines laissées par les Equimaux n'offre rien de spécialement intéressant.

V.

Phanérogames et Cryptogames Vasculaires

du Nord-Est du Grönland, à env. 70°—75° Lat. N.,
et d'Angmagsalik, à env. 65°40' Lat. N.

Par

N. Hartz.

———

Ce que nous savons jusqu'ici de la flore du Nord-Est du Grönland, nous le devons à Scoresby fils[1]), à Sabine[2]) et à la Deuxième expédition allemande au pôle Nord[3]), durant laquelle des plantes furent collectionnées par MM. Pansch et Copeland, qui par la suite seront désignés dans les citations par C. & P.

Les plantes de Scoresby ont été pour la plupart cueillies au Cap Stewart de la Jamesons Land dans le Scoresby Sund et étudiées par W.-J. Hooker, qui énumère un total de 34 espèces de Phanérogames définies et 5 espèces de Crygtogames[4]). La collection de Sabine provient sans doute principalement des îles Pendulum, par environ 74°30' Lat. N., et spécialement, sans doute, de l'île Sabine; W.-J. Hooker donne 59 espèces de Phanérogames, 1 espèce de Fougère et 4 Cryptogames inférieures[5]).

Les collections de l'expédition allemande proviennent de différentes localités entre l'île Shannon, à environ 75° Lat. N., et le fiord François Joseph, à environ 73°20' Lat. N., et donnent d'après Fr. Buchenau et W. Focke 89 espèces de Phanérogames et de Cryptogames vasculaires, d'après K. Müller 71 espèces de Mousses, d'après G.-W. Körber 52 espèces de Lichens et, d'après G. Zeller, 16 espèces d'Algues marines[3]).

Mes collections proviennent de Hold-with-Hope, par environ 73°30' Lat. N., et du Scoresby Sund, à environ 70°—71° Lat. N.

En tout — eu égard à la limitation des espèces que j'ai employée, — on connaissait jusqu'ici 98 espèces de Phanérogames et de Cryptogames vasculaires comme provenant de cette partie du

---

[1]) Journal of a voyage to the northern whale-fishery, etc. 1823.

[2]) Voy. Clavering: Journal of a voyage to Spitzbergen and the east coast of Greenland, etc. Edinburg Phil. Journ. 1830.

[3]) Die zweite deutsche Nordpolarfarth 1869—70. 1873—74.

[4]) List of plants from the east coast of Greenland, dans Scoresby: Journal, etc., p. 410.

[5]) Some account of a collection of arctic plants formed by Edward Sabine, etc., Transact. Linn. Soc. 1825, XIV, p. 360.

Grönland. Quant aux rectifications assez importantes que j'ai faites dans les indications de Buchenau et Focke, ou voudra bien noter que dans la plante qu'ils appellent *Arabis petræa* Lam., j'ai retrouvé le *Braya alpina* Sternb. & Hoppe; que le *Ledum palustre* n'est pas connu comme venant de cette partie du Grönland, l'indication étant due à ce qu'on a confondu avec le nom de *Leontodon palustre* (leg. Sabine) employé par Hooker; que le *Poa annua* L. (?) de ces mêmes auteurs est le *Glyceria* sp. (*angustata?*), et le *Festuca* une forme du *F. ovina* L. (*F. brevifolia* R. Br.).

Si jusqu'à présent on n'a pas connu plus d'espèces provenant de cette région, il est admissible que la cause spéciale en est que presque toutes les collections ont été faites dans le voisinage de la mer: au fiord François-Joseph, qui promettait aux botanistes le plus riche butin, l'expédition allemande séjourna malheureusement si peu de temps, qu'il n'y eut pas lieu de faire de grandes collections.

Dans la nomenclature des p. 319—353 j'ai fusionné mes propres collections avec celles qu'on a faites précédemment. Un (!) qui suit un nom de localité, indique que la plante a été cueillie par moi-même; un (!) après le nom d'un autre collectionneur, signifie que j'ai vu le spécimen en question. Mes indications d'altitude ont toutes été faites au Scoresby Sund. Autant que possible j'ai suivi le *Conspectus Floræ Groenlandicæ* („Medd. om Grönland", III).

M. le professeur Fr. Buchenau a eu l'extrême obligeance de me céder, pour analyse, nombre des espèces rapportées par l'expédition allemande; MM. le professeur A. Blytt et le Dr L. Kolderup Rosenvinge m'ont aidé de diverses manières, et M. le Dr A. Lundström a revu mes *Salices*: je prends la liberté d'adresser à tous ces messieurs mes respectueux remercîments.

Voir au haut de la page 354 la liste de 8 espèces et variétés plus accentuées qui n'ont été trouvées en Grönland que dans la région du Nord-Est; il faut y en ajouter une 9e, savoir le *Juncus triglumis* L. var. *Copelandi* B. & F. Vient ensuite:

Comparaison du Nord-Est et du Nord-Ouest du Grönland, tabl. I, p. 354—365. Les deux premières colonnes contiennent les Phanérogames et les Cryptogames vasculaires du Grönland Occidental, à environ 69°—71° Lat. N.[1]) et celles du

---

[1]) A cet effet l'on a consulté principalement Joh. Lange et L. K. Rosenvinge: Conspectus floræ groenlandicæ (Medd. om Grönland, III) et les notes prises par l'auteur durant ses voyages dans le Gronland Occidental 1889 et 1890 (Medd. om Gronland, XV).

Scoresby Sund. Les trois dernières colonnes ont pour but de rendre sensible l'extension des espèces dans le Scoresby Sund: A. la Jamesons Land; B. la Danmarks Ö, la Gaaseland et les terres les plus rapprochées; C. les fiords intérieurs: le Vestfjord, le terrain de la Röde Ö et le Gaasefjord. (Dans ces trois dernières colonnes, un ? indique que l'espèce en question n'a pas été trouvée au lieu désigné, mais qu'on l'y trouvera vraisemblablement.)

Tandis que le nombre des familles est de **54** pour la totalité du Grönland, le tableau I fait ressortir que la part du Grönland Occidental, à environ 69°—71° Lat. N., est de **40** (quant aux 14 familles qui manquent, voy. la note 1 au bas de la page 365; ce sont pour la plupart des Entomophiles décidées et presque toutes des familles qui ne sont représentées en Grönland que par une espèce); le contingent du Scoresby Sund est de **30** (les 10 familles manquantes sont mentionnées dans la note 2 au bas de la page 365. Les nombres mis dans les parenthèses qui suivent le nom de famille, indiquent le nombre d'espèces qui représente cette famille dans le Grönland Occidental, à environ 69°—71° Lat. N.). Pour la totalité du Nord-Est du Grönland, à environ 70°—75° Lat. N., le nombre est de **31** (les *Polemoniaceæ* manquent au Scoresby Sund).

On trouve à peu près le même rapport entre les nombres d'espèces représentant les familles du Scoresby Sund et du Grönland Occidental, à environ 69°—71° Lat. N.: voy. le tableau de la page 366. Les familles qui ne sont pas portées au tableau, ne sont représentées dans l'une et l'autre région que par une ou deux espèces. Généralement parlant, le rapport des familles en fait d'abondance en espèces est identique à ce qu'il est dans tout le reste du Grönland (comp. Warming, Meddel. om Grönland, XII, p. 167) et dans l'ensemble des régions arctiques (ibid., p. 168).

Voici le nombre des espèces en tenant compte des limites assignées par l'auteur: pour le Grönland entier (1895), **374**; pour le Grönland Occidental, à environ 69°—71° Lat. N., **241**; pour le Scoresby Sund, **161**; pour l'ensemble du Nord-Ouest du Grönland, à environ 70°—75° Lat. N., **165** [1]); pour la Danmarks Ö, environ **100**.

---

[1]) Les 4 espèces qui manquent au Scoresby Sund, mais se trouvent plus au Nord dans le Grönland Oriental, sont énumérées dans la note 2 au bas de la page 367.

Voy., p. 367, la liste des espèces et variétés assez accentuées qu'on trouve au Scoresby Sound, mais qui manquent dans le Grönland Occidental, à environ 69°—71° Lat. N.; somme totale: 11.

Le tableau I met en relief celles des espèces qui préfèrent la portion externe du fiord et celles qui ne se trouvent que dans les plus internes des ramifications du fiord. Parmi les espèces que, sur la côte occidentale du Grönland, à environ 69°—71° Lat. N., on rencontre au bord même du littoral, il y en a beaucoup qu'on ne rencontre pas dans le Scoresby Sund avant d'avoir cheminé longtemps en remontant le fiord. Certaines espèces qui, à l'embouchure du Scoresby Sund, furent trouvées au niveau même de la mer, ne se présentèrent dans les fiords intérieures qu'à des altitudes considérables (par exemple, le *Papaver*, le *Potentilla emarginata*); cette même relation nous attend dans le Sud-Ouest du Grönland, où quelques-uns des types plus septentrionaux ne se rencontrent que haut dans les rochers. L'intérieur du fiord a toujours une flore „plus méridionale" que son embouchure.

Tableau II, p. 369—376. Dans ce tableau sont placées en regard les espèces de Phanérogames et de Cryptogames vasculaires connues provenant du Nord-Est du Grönland, au Nord du Scoresby Sund, savoir **A**: celles de Hold-with-Hope et du cap Broer Ruys; **B**: celles qui ont été collectionnées par la deuxième expédition allemande au fiord François-Joseph (les espèces qui s'y trouvèrent exclusivement, sont marquées *) dans les îles Sabine et Clavering, etc. et **C**: les espèces recueillies par Sabine, sans doute dans l'île Sabine, y compris les espèces du Grönland Occidental, à environ 72°—74° 30′ Lat. N. (**D**) et les espèces connues comme venant du Grönland Occidental au N. de la baie de Melville (**E**). La partie intermédiaire de la côte occidentale (d'environ 74° 30′ à environ 76° Lat. N.) est inconnue au point de vue botanique et sous d'autres rapports. Quant aux sources bibliographiques employées, voy. la note au bas de la page 368.

Le nombre des espèces trouvées est donc 90 pour le Nord-Ouest du Grönland au N. de la baie de Melville; pour le Nord-Ouest du Grönland à environ 72°—74° Lat. N., 134; pour le Nord-Est du Grönland, à environ 73°—75° Lat. N., 90; pour Hold-with-Hope et le cap Broer Ruys, 71.

Il y a trois familles qui, représentées au Scoresby Sund, font défaut dans le Nord-Est, à environ 73°—75° Lat. N. Ce sont: 1° les *Halorrhageæ*; 2° les *Callitrichineæ*; 3° les *Lentibularieæ*.

La longue liste de la page 377 contient les espèces et variétés plus accentuées qui, trouvées dans le Nord-Est du Grönland, à environ 73°—75° Lat. N., font défaut dans le Nord du Grönland Occidental, à environ 72°—74° 30' Lat. N. (celles qui portent une †, se trouvent dans le Grönland Occidental au N. de la baie de Melville).

En voici qui sont communes au Grönland Occidental (au N. de la baie de Melville) et au Nord-Est du Grönland, à environ 70°—75° Lat. N., mais ne se trouvent pas dans le reste du Grönland: *Dryas octopetala* L. f. *typica*, *Saxifraga flagellaris*, *Salix arctica* Pall. f. *typica*.

Les pages 378 et suiv. traitent la question de la

Situation du Nord-Est du Grönland sous le rapport de la géographie botanique.

D'une part, M. Warming (voy. la bibliographie indiquée dans la note 1 au bas de la page 378) regarde le détroit de Danemark comme formant dans son ensemble la ligne de démarcation entre une flore européenne, qui en occuperait le rivage oriental (l'Islande), et un flore arctique américaine établie sur le littoral d'Ouest (le Grönland). D'autre part, M. Nathorst voit dans la glace de l'intérieur la limite entre les flores européenne et américaine. L'auteur du présent mémoire arrive à ce résultat, que la végétation du Nord-Est du Grönland a un cachet plutôt arctique américain qu'européen. En étudiant la distribution des types qui affectent d'habiter, les uns l'Ouest, les autres l'Est du Grönland même, ce même auteur en vient à regarder la flore du Nord-Est du Grönland comme tout aussi arctique américaine que la flore de la partie correspondante du Grönland Occidental; l'élément oriental n'est, relativement parlant, pas plus fort dans le Nord-Est du Grönland que dans le Nord-Ouest.

Le tableau I, p. 382—383, indique la distribution en Grönland des types occidentaux; le tableau II, la distribution en Grönland des types orientaux. La tranche horizontale indique la distribution des espèces; une † signifie que l'espèce en question a seulement été trouvée dans une ou quelques localités entre les latitudes citées.

Le Grönland Oriental,

à 70°—71° Lat. N., a 12 types occidentaux, 11 types orientaux.
Le Grönland Occidental,

à 70°—71° Lat. N., a 16 types occidentaux, 16 types orientaux.
à 70°—69° - - - 20 - - 16 - -

Le Grönland Oriental,

à 73°—74° Lat. N., a 7 types occidentaux, 4 types orientaux.

Le Grönland Occidental,

à 73°—74° Lat. N., a 7 types occidentaux, 4 types orientaux.

La flore pouvait-elle se maintenir au Scoresby Sund durant la période glaciaire?

M. Warming admet (*loc. cit.*) que les types formant „l'essence" de la flore du pays se sont maintenus dans le Grönland durant la période glaciaire. M. Nathorst, au contraire, pense que la majeure partie de la flore grönlandaise a dû immigrer en Grönland après cette période.

Se basant sur diverses observations, surtout des stries de frotte-ment très distinctes que porte une cime haute de 1570^m, celle d'un rocher du Vestfjord, l'auteur en conclut que, dans l'intérieur du Scoresby Sund, aucune plante n'a pu survivre à la période glaciaire.

D'Angmagsalik, à environ 65°40′ Lat. N., M. E. Bay a rap-porté 64 espèces de Phanérogames et de Cryptogames vasculaires, dont les noms figurent dans la liste des pages 391—392. Celles qui y portent une *, sont nouvelles pour cette localité. Quant aux sources bibliographiques concernant la flore d'Angmagsalik, voy. la note au bas de la page 391.

Il est hors de doute qu'en y regardant de plus près on trouvera un nombre d'espèces au moins deux fois aussi grand. Ce qu'il y a de remarquable, c'est le manque de types occidentaux, tel que le signale M. Nathorst. L'auteur est d'avis que pourtant ces types pourront se trouver, si l'on cherche mieux, ce qui est d'une nécessité urgente.

Diatomées marines du Grönland Oriental.

Par

E. Östrup.

Les collections étant à peu près tous conservées dans l'alcool, ont été toutes soumises à une préparation chimique (alcide sulfurique et bichromate de potassium). Mais en dehors des spécimens nettoyés chimiquement, je me suis servi de spécimens seulement lavés, et ne les ai soumis qu'à une incandescence sur la lamelle couvre-objet. Chaque collection a donc subi deux analyses, l'une préparée et l'autre lavée. Quand on analyse le Plancton, on obtient en général le meilleur résultat en employant au lavage l'eau distillée; car nombre de spécimens sont très impressionnables au traitement chimique (comp. *Chætoceras debilis* et *Chæt. septentrionale*).

Le classement des matières a été fait d'après Cleve et Grunow. La dernière monographie des *Naviculaceæ* pàr Cleve n'a pas pu servir, car ·elle ne m'est parvenue qu'après la mise au net du manuscrit ou à peu près.

P. 399—403: liste des localités où se sont faites les collections. P. 399—milieu de la page 400: Diatomées de Plancton. P. 400—403: Diatomées recueillies sur les glaces flottantes et dans ces glaces (la banquise, *Storis*).

P. 403—405: voy. les numéros d'ordre (employés dans le texte dans ce qui suit) et les localités qui y correspondent. P. 405—406: liste des ouvrages cités. P. 463—466: remarques générales.

La plupart des collections de Plancton ont cela de marquant qu'un très petit nombre d'espèces forment la presque totalité des matériaux; par conséquent, à l'égard de ces collections, on peut donner auxdites espèces la désignation caractéristique indiquée au bas de la page 463 et au haut de la page 464. Dans le n° 21, diverses espèces de *Nitzschia* semblent prédominer; peut-être pourrait-on donner à ces collections — comme au n° 31 — le nom de *Plancton secondaire*; car il est problable que ces spécimens ont d'abord été emprisonnés dans la glace.

La collection provenant de l'Hekla-Havn et marquée H. H., affecte un rang spécial; son cachet, c'est la multitude d'*Amphoræ*, ainsi que les grands types des groupes *Navicula*, les *Lyræ* et les *Didymæ*. La collection n° 43 c („impureté de la glace") comprend nombre de

types, surtout du groupe *Navicula*, sect. *Pinnularia*, et en le déter-
minant on a fait un fréquent usage du travail de Lagerstedt sur
les Diatomées d'eau douce du Spitzberg et de l'île de Beeren Eiland.
Ce „mélange d'impuretés de la glace" est dû sans doute au vent,
qui a transporté sur la glace la poussière de la terre. Les collec-
tions d'argile du fond de la mer étaient pour la plupart sans
Diatomées. Dans les collections d'argile retirées du fond du Scoresby
Sund, les types discoïdes prédominaient.

Quant à l'itinéraire de la banquise à travers l'océan Glacial, je ne
me risque pas à exprimer une opinion arrêtée et basée sur les Dia-
tomées. Comme „types Wankarema" (comp. Cleve dans Peterm.
Mitth. 1892, Ergh. 105, p. 107) on peut nommer les espèces énumérées
p. 465, qu'on trouve soit dans des spécimens typiques répondant
suffisamment à la description et aux illustrations de Cleve, soit
aussi en une telle exubérance de variétés que, d'après l'unique con-
clusion possible pour moi, Cleve aurait mis en place dans le système
certaines variétés, s'il les avait rencontrées parmi ses sujets d'ana-
lyse. Si l'on ajoute à cela les trois nouvelles espèces *Navicula
perlucens*, *Stauroneïs Hartzii* et *Chætoceros septentrionale*, qui pour
ainsi dire caractérisent l'ensemble des spécimens fournis par la glace,
le tout prend à mes yeux un aspect tel que je n'ose avancer aucune
conclusion ultérieure en me basant sur les Diatomées.

Un point spécial que présentent les Diatomées marines du groupe
des *Naviculacées* telles qu'on les a ici, c'est la fréquente appa-
rence de types à striation robuste, dérasée et asymé-
trique. Dans ses Diatomées de la terre François Joseph, p. 103,
Grunow a fait une remarque à ce sujet, mais il n'en donne aucune
explication, et je dois déclarer que sur ce point je n'y comprends
pas davantage.

Appendice.
Par
N. Hartz.

Plancton.

1°. Tandis que le détroit de Davis est caractérisé par un
Plancton bien marqué de *Thalassiosira Nordenskiöldii*, cette espèce n'a
fait que des apparitions relativement rares dans le courant glacial
à l'Est du Grönland. 2°. La grande quantité de glace en fusion
qui souvent rendait presque entièrement douce l'eau de la surface,

a donné lieu à ce que la vie de Plancton parmi les glaçons de la banquise à l'Est du Grönland a été si restreinte: il fallait descendre un peu, avant de trouver une flore de Diatomées plus abondante. 3°. Les Diatomées de Plancton se présentaient souvent dans le courant glacial en fortes agglomérations, atteignant et même dépassant la grosseur d'un poing fermé, fait que je n'ai jamais constaté dans le détroit de Davis, où les Diatomées sont toujours uniformément réparties dans l'eau.

D'où viennent les Diatomées de la banquise?

Comme l'a aussi fait ressortir, p. 465, M. Östrup, il est évident qu'une partie des Diatomées sont jetées sur la glace par le vent, d'autres pouvant y être entraînées par les torrents. Nombre de types pélagiens embarqueront naturellement sur la glace par un gros temps, quand les lames passent par-dessus le bord des banquises. Cependant la grande majorité des spécimens recueillis tant sur la glace que dedans, a sans doute été tout simplement emprisonnée par la gelée dans la glace en voie de formation.

L'apparition des Diatomées dans la glace en agglomérations plus ou moins fortes, concorde avec leur rôle de Plancton.

Les agglomérations qui avaient séjourné assez longtemps enfermées dans la glace, étaient de part en part déteintes et incolores; d'autres agglomérations qui n'étaient pas restées si longtemps dans la glace, n'avaient de décoloré que la partie externe, l'intérieur ayant conservé sa couleur vert-brun.

L'intérieur du Scoresby Sund manqua totalement de Diatomées de Plancton durant l'hiver; même au commencement d'avril, je n'ai pris de Diatomées dans la drague que je tenais suspendue sous la glace (à 2 mètres et à 8 mètres au-dessous de la face inférieure de la glace). Vanhöffen[1]), faisant des observations dans le fiord d'Umanak (Grönland Occidental), a constaté qu'à partir du milieu de mai, les Diatomées commençaient à pulluler dans le Plancton du fiord: dès le 22 mars il trouva des Diatomées à la face inférieure de la glace.

Page 469: table des espèces.

---

[1]) Frühlingsleben in Nordgrönland. Verhdlg. d. Ges. f. Erdkunde zu Berlin 1893.

Lightning Source UK Ltd.
Milton Keynes UK
UKHW021820140219

337217UK00005B/586/P